Informatik aktuell

Herausgeber: W. Brauer
im Auftrag der Gesellschaft für Informatik (GI)

Winfried Görke   Hermann Rininsland
Max Syrbe (Hrsg.)

Information als Produktionsfaktor

22. GI-Jahrestagung
Karlsruhe, 28. September bis 2. Oktober 1992

Springer-Verlag
Berlin Heidelberg New York
London Paris Tokyo
Hong Kong Barcelona
Budapest

Herausgeber

W. Görke
Universität Karlsruhe
Institut für Rechnerentwurf und Fehlertoleranz
Postfach 6980, W-7500 Karlsruhe 1

H. Rininsland
Kernforschungszentrum Karlsruhe GmbH
Hauptabteilung Ingenieurtechnik
Postfach 3640, W-7500 Karlsruhe 1

M. Syrbe
Fraunhofer Gesellschaft zur Förderung der angewandten Forschung e.V.
Leonrodstraße 54, W-8000 München 19

CR Subject Classification (1992): K.6.0, K.6.4

ISBN-13: 978-3-540-55960-3   e-ISBN-13: 978-3-642-77810-0
DOI: 10.1007/978-3-642-77810-0

Satz: Reproduktionsfertige Vorlage vom Autor/Herausgeber

33/3140-543210 – Gedruckt auf säurefreiem Papier

VORWORT

In einer nun schon respektablen Anzahl von jährlich erscheinenden Tagungsbänden stellt die Gesellschaft für Informatik (GI) die Beiträge ihrer Jahrestagungen der Öffentlichkeit vor. Natürlich kann stets nur ein kleiner Bereich der technischen und wissenschaftlichen Entwicklungen angesprochen werden, die mit der Informatik in unmittelbarem Zusammenhang stehen. Für diese 22. Jahrestagung wurde deshalb das Motto

"Information als Produktionsfaktor"

ausgewählt, da hierdurch ein derzeit wichtiges Themenfeld für Anwendungen der Informatik besonders in der Wirtschaft beschrieben wird. Es soll darauf hinweisen, daß der Einsatz informationstechnischer Systeme

zur innerbetrieblichen Integration und Automatisierung von Produktionsprozessen
sowie zur
zwischenbetrieblichen Vernetzung der Teilprozesse der Produktion

eine zunehmend größere Rolle in der deutschen Industrie und im Dienstleistungsgewerbe spielt. Auch nachdem ein solches Motto vorgegeben ist, bildet die Aufstellung eines alternativen und doch anspruchsvollen Tagungsprogramms eine keineswegs leichte und selbstverständliche Aufgabe. Für sie konnte Herr Prof. Dr. M. Syrbe gewonnen werden, der sich trotz seiner zahlreichen Verpflichtungen als Präsident der Fraunhofer-Gesellschaft dafür in besonderer Weise einsetzte und vor allem durch das Spektrum eingeladener Hauptvorträge dafür sorgte, daß ein Programm entstand, das die unterschiedlichen Aspekte von den methodischen Grundlagen über die Systemarchitektur bis zu den Anwendungen in ansprechender Weise berücksichtigt. Dies geschieht auch durch den Einbezug der schon traditionellen GI-Fachgespräche und das Anwendungsprogramm, in dem vor allem die regionalen Industrieunternehmen die Gelegenheit erhalten sollen, auf besondere Entwicklungen und Möglichkeiten aufmerksam zu machen.

Im vorliegenden Tagungsband spiegelt sich dieses Programmkonzept wider. Der erste Teil umfaßt die 13 Hauptvorträge, darunter 3 aus dem Ausland, deren Autoren bereit waren, rechtzeitig ein Manuskript für die detaillierte Veröffentlichung zur Verfügung zu stellen. Ihr Themenspektrum umfaßt zahlreiche Einzelaspekte des Tagungsmottos, etwa den Produktionsfaktor Information selbst, das Produzieren im Netzverbund, die Möglichkeiten der Integration der Informationstechnik in die industrielle Produktion, aber auch Werkzeuge für die integrierte Ablauforganisation oder die Einbindung zwischenbetrieblicher Informationsflüsse. Weitere Punkte sprechen die Möglichkeiten der integrierten Fertigung an, die andererseits auf Software in offenen Umgebungen Bezug nehmen und vor allem auch Wirtschaftlichkeitsfaktoren gebührend berücksichtigen müssen. In engem Zusammenhang hierzu stehen die Enwicklungen der Entwurfsautomatisierung, deren Wissensdarstellung im Hinblick auf zunehmend intelligente Systeme wesentlich ist, die aber vor allem für Mikrosysteme eine unabdingbare Voraussetzung darstellen. Schließlich bilden die Ansätze zur Erstellung komplexer Software für sicherheitsrelevante Aufgaben sowie Haftungsfragen für die Erzeugnisse einer integrierten Produktion und die Koordinationsbestrebungen zur integrierten Fertigung weitere Übersichtsthemen.

Insgesamt 7 Fachgespräche wurden ausgewählt, um einzelne Fragestellungen unter dem Aspekt des Standes der gegenwärtigen Forschung in insgesamt 50 Beiträgen näher zu erörtern. Hierbei haben sich die verschiedenen GI-Fachgruppen dazu bereit erklärt, die Einführungsreferate zu organisieren und auszuwählen und zu Themengruppen zusammenzustellen, die Einzelaspekte des Tagungsmottos näher erläutern, wobei auch kontroverse Darstellungen nicht ausgeklammert werden sollten. Auch hier läßt sich ein breit angelegtes Spektrum erkennen, das von der Qualitätssicherung im Softwareproduktionsprozeß über Informationssysteme zur Berücksichtigung des Umweltschutzes und Robotersysteme bis zur Modellierung und Steuerung für die Produktion und Aspekten der Arbeitsplätze und des Menschen im Produktionsprozeß reicht.

Weiterhin seien die 10 Referate des Anwendungsprogramms erwähnt, das auf Fertigungssteuerung, Informations- und Organisationssysteme in der Praxis eingeht und dabei auch neue Software- und Hardwaretechnologien betrachtet. Es wurde durch Herrn Dr. K. Overlach, IBP Pietzsch, Ettlingen, koordiniert und zusammengestellt, dem für diese Mühe besonderer Dank gebührt.

Aus dem Blickwinkel der Tagungsorganisation läßt sich sagen, daß durch die in diesem Band dokumentierte Tagung das ursprünglich anvisierte Ziel erfolgreich erreicht wurde, durch das oben erwähnte Motto den gegenwärtigen Stand der Informatik in Teilbereichen zu erläutern und die Entwicklungstendenzen deutlich zu machen. Man kann deshalb nur wünschen, daß das Buch nicht nur den Tagungsteilnehmern eine willkommene Hilfe zur Vertiefung einzelner Themenbereiche bietet und als Referenz der diskutierten Probleme zur Verfügung steht, sondern auch denjenigen einen Einblick in den Themenkreis vermitteln kann, die nicht die Gelegenheit hatten, an der Tagung persönlich teilzunehmen.

Abschließend sollen einige Worte des Dankes nicht vergessen werden, denn nur durch den oft kaum sichtbaren Einsatz vieler Helfer ist das Gelingen einer solchen Tagung überhaupt erreichbar. Vor allem möchte ich dem Programmausschuß und dessen Vorsitzendem, Herrn Prof. Syrbe, für die engagierte Mitarbeit und konstruktiven Vorschläge danken, die schließlich zum vorliegenden Tagungsprogramm geführt haben. Dazu gehören auch die Fachgesprächsleiter, die ich nur bitten kann, diesen Dank auch an die aktiven Mitglieder ihrer Fachausschüsse weiterzuleiten. Nicht zuletzt sei den Autoren für ihren Beitrag gedankt, durch den ja überhaupt eine solche Tagung erst zustande kommt. Eine besondere Erwähnung gebührt der Organisation der Tagung, wobei die eigentliche Arbeit von Herrn Dr.

H. Rininsland und seinen Mitarbeitern vom KfK aufzubringen war, aber auch die Fakultät für Informatik der Universität Karlsruhe mitwirkte.

Schließlich seien die Geschäftsführung der GI für die allgemeine Unterstützung und der Springer-Verlag für die fristgemäße Herstellung des Tagungsbandes dankend erwähnt. Nicht vergessen möchte ich auch die Förderer der Tagung, die durch ihre Spende zu deren Gelingen nicht unerheblich beigetragen haben.

Karlsruhe, im Juni 1992　　　　　　　　　　　　　　　　　　Winfried Görke

Tagungsleitung
Prof. Dr.-Ing. W. Görke, Universität Karlsruhe

Anwendungsprogramm
Dr.-Ing. K. Overlach, c/o IBP Pietzsch GmbH

Tutorien
Prof. Dr. L. Gmeiner, Fachhochschule Karlsruhe

"20 Jahre Fakultät für Informatik"
Dr. Barthelmeß, Universität Karlsruhe

Programmausschuß
Prof. Dr. M. Syrbe (Vorsitzender), Fraunhofer-Gesellschaft, München
Prof. Dr. H. Bonin, Fachhochschule Nord-Ost-Niedersachsen, Lüneburg
Prof. Dr. M. Broy, TU München
Prof. Dr. H.J. Bullinger, Fraunhofer-Institut für Arbeitswirtschaft u. Organisation, Stuttgart
Prof. Dr. W. Coy, Universität Bremen
Prof. Dr. J. Encarnaçao, Fraunhofer-Institut für Graphische Datenverarbeitung, Darmstadt
Prof. Dr.-Ing. W. Görke, Universität Karlsruhe
Prof. Dr.-Ing. S. Jähnichen, Technische Universität Berlin
Dr. A. Jaeschke, Kernforschungszentrum Karlsruhe
Prof. Dr. A. Kuhn, Fraunhofer-Institut für Materialfluß und Logistik, Dortmund
Prof. Dr. K. Kurbel, Universität Münster
Prof. Dr.-Ing. P. Lockemann, Universität Karlsruhe
Dr.-Ing. K. Overlach, IBP Pietzsch GmbH, Ettlingen
Dr. h.c. H. Plattner, SAP AG, Walldorf
W. Pollmann, Daimler Benz AG, Stuttgart
Prof. Dr. P.P. Spies, Universität Oldenburg
Prof. Dr. H.U. Steusloff, Fraunhofer-Institut f. Informations- u. Datenverarbeitung, Karlsruhe
Prof. Dr. H. Trauboth, Kernforschungszentrum Karlsruhe
Dr. I. Varsek, Digital Equipment, Karlsruhe

Studierendenprogramm
D. Fox, Universität Karlsruhe

Organisationskomitee
Dr. H. Rininsland (Leiter), Kernforschungszentrum Karlsruhe
Fr. M. Filke, Kernforschungszentrum Karlsruhe
Fr. H. Knierim, Kernforschungszentrum Karlsruhe
K. Müller, Kernforschungszentrum Karlsruhe

Inhaltsverzeichnis

Anwendungsprogramm

Hauptvorträge

Information als Produktionsfaktor

Prof. Dr.-Ing. Hartmut Weule
Vorstand Forschung und Technik
Daimler-Benz Aktiengesellschaft
Epplestraße 225
7000 Stuttgart 80

1. Einleitung

Der internationale Wettbewerb spitzt sich weiter zu. In Japan wurde 1989 durch das Ministerium für Internationalen Handel und Industrie (MITI) ein international getragenes Programm für ein künftiges modernes Produktionssystem initiiert - das Intelligent Manufacturing System (IMS), das diesen Wettlauf noch weiter beschleunigt. Es soll auf zukunftsorientierten Technologien und Arbeitsformen basieren, der Globalisierung der Märkte und den gestiegenen Umweltanforderungen Rechnung tragen und der Entwicklung und Implementierung einer völlig neuen Generation von intelligenten Engineering-, Produktions- und Logistiksystemen dienen.

Die technologische Spannweite des ehrgeizigen Vorhabens überdeckt eine Vielzahl anspruchsvoller Themen, darunter solche wie die Entwicklung autonomer, verteilter Systeme einschließlich intelligenter, selbstorganisierender und sich selbst wartender Systeme; den Einsatz von Mikrosystemen; die Schaffung von Verfahren für Entwurf, Simulation und flexible Konfiguration von Produkten und Fertigungprozessen, die durch Methoden der künstlichen Intelligenz (KI) gestützt sind, sowie Mensch-Maschine-Schnittstellen. Auch die globale Vernetzung von Unternehmensfunktionen und die Einbeziehung von Geschäftspartnern mit Hilfe fortschrittlicher Kommunikationstechnik bilden Schwerpunkte innerhalb des IMS-Programms.

Es ist keine Frage, daß bei der Umsetzung der IMS-Vision die Informationstechnik eine herausragende Rolle spielen wird. Genauso unzweifelhaft ist auch die massive Unterstützung, die Japans Forschungseinrichtungen, Industrieunternehmen und das MITI bei der Realisierung des langfristigen Konzepts durch die japanischen Informatiker erhalten werden.

Angesichts dieses ehrgeizigen Konzepts ist die Zeit reif, daß sich Deutsche wie Europäer kritisch fragen, wie sie im internationalen Vergleich abschneiden. Was haben sie den Japanern entgegenzusetzen, wenn diese mit aller Kraft die IMS-Vision verfolgen? Sind die Informatiker der Alten Welt in der Lage, ebenso profunde Beiträge für die zukünftige Gestaltung der Produktion zu liefern? Denn die letztlich entstehenden intelligenten Produktions- und Kommunikationsstrukturen werden die industrielle Kultur nachhaltig verändern und demjenigen erhebliche Wettbewerbsvorteile einbringen, der sie als erste erfolgreich einsetzen kann.

Langfristig wird in diesem Wettlauf über nichts weniger entschieden als über die Zukunft des Industriestandortes Europa. Denn wenn es im Vergleich zu konkurrierenden Standorten nicht gelingt, effiziente Produktions- und Infrastrukturen zu gestalten, finden über kurz oder lang Forschung und Wertschöpfung außerhalb des Kontinents statt. Welche dramatischen Folgen der aggressive Verdrängungswettbewerb haben kann, ist hinlänglich aus den Markteinbrüchen in der Unterhaltungselektronik, der Feinmechanik und Optik oder der Computertechnik bekannt.

Wie eine kürzlich von der Unternehmensberatung Diebold vorgelegte Studie[1] belegt, ist der deutsche Maschinenbau inzwischen ebenfalls am Scheideweg angekommen: Derzeit erleidet die Branche einen signifikanten Verlust von Weltmarktanteilen, währenddessen japanische Hersteller ihre Präsenz in Europa ausweiten. Ursachen sind unter anderem in verspäteten Reaktionen auf Veränderungen in der Wertschöpfungsstruktur zu suchen: Im Wettbewerb entscheiden immer mehr Applikations-Know-how sowie die Kompetenz eines Systemanbieters, und der Anteil von Elektronik und Informationstechnologie am Produkt steigt überproportional an.

2. Der Produktionsfaktor Information - Begriffsbestimmung und Meßbarkeit

In den letzten Jahren ist die Wirtschaft derart von der Informationstechnik abhängig geworden, daß die Ökonomen inzwischen darüber diskutieren, ob die dispositiven betrieblichen Produktionsfaktoren* um eine weitere Größe ergänzt werden müssen: die Information. Denn in den Wirtschaftseinheiten werden sämtliche Aufgabenerfüllungsprozesse durch Informationsbeziehungen miteinander verbunden, so daß ihre

---

* Betriebliche Produktionsfaktoren bestehen nach WÖHE[2] zum einen aus Elementarfaktoren (Ausführende Arbeit, Betriebsmittel und Werkstoffe) und zum anderen aus dispositiven Faktoren (Leitung, Planung, Organisation und Überwachung).

reibungslose Erfüllung in hohem Maße vom Integrationsgrad der Informationssysteme der Unternehmen abhängt[3]. Insbesondere stellen Informationen - so wie es bereits der englische Philosoph Francis Bacon auf die kurze Formel "Wissen ist Macht" gebracht hat - wesentliche Entscheidungsgrundlagen für alle Managementprozesse dar.

Obwohl sich in der Wirtschaftwissenschaft bislang noch keine allgemein anerkannten Definitionen durchgesetzt haben, soll in Anlehnung an STAHLKNECHT[4] bei der Betrachtung der Information als Produktionsfaktor folgendes verstanden werden:

- Information - jedes zweckorientierte beziehungsweise zielgerichtete Wissen im Unternehmen,
- Informationsverarbeitung (IV) - alle Vorgänge der Erfassung, Speicherung, Verarbeitung im engeren Sinne (Umformung) und Übertragung,
- Informationstechnik (IT) - die Gesamtheit aller materiell-technischen und personellen Ressourcen der Informationsverarbeitung in der Unternehmung.

Sofern die Information die Wirtschaftlichkeit eines Unternehmens beeinflußt, sollte es eindeutige und verifizierbare Größen geben, die diese Beziehung hinreichend beschreiben. Doch zeigt der Blick in die Wirtschaftspraxis, daß es keine allgemeingültigen Relationen zwischen Information (Aufwandsgrößen für Informationsverarbeitung) und Betriebsökonomie (dem zahlenmäßig erfaßbaren Nutzen im Unternehmen) gibt.

Vergleichen heute Unternehmen bei der Bewertung ihrer Betriebsdaten auch die Leistung ihrer Informationsverarbeitung, bedienen sie sich unterschiedlicher synthetischer Kennzahlen. So setzen sie die Aufwendungen für Informationsverarbeitung (IV) mit gewissen betriebswirtschaftlichen Kennziffern in Beziehung. Es entstehen Größen, die zwar eine Vergleichbarkeit ermöglichen, im einzelnen jedoch nur eine begrenzte Aussagekraft haben. Beispielsweise werden Quotienten gebildet aus IV-Ausgaben pro

- Gesamtumsatz beziehungsweise Anzahl der Beschäftigten,
- pro Eigenkapitalrendite,
- Produktionsmenge,
- Gesamtausgaben oder
- Stückzahl.

Indes zeigen empirische Untersuchungen, daß die Daten stark streuen. Gesetzmäßige Zusammenhänge oder gar mathematische Korrelationen zwischen IT-Aufwand und betrieblichen Leistungsindikatoren lassen sich nicht nachweisen.

3. Status des Produktionsfaktors Information in der betrieblichen Praxis

Mit dem Ziel, den Produktionsfaktor Information in der Wirtschaft näher zu charakterisieren, hat das Unternehmen Daimler-Benz kürzlich gemeinsam mit deutschen mittelständischen und Großunternehmen der stückgüterproduzierenden Industrie eine Reihe von Analysen erarbeitet. Im gegenseitigen Gedankenaustausch wurde erörtert,

- welche Transparenz der Faktor Information im Unternehmen aufweist,
- wie die Informationsverarbeitung in praxi gehandhabt wird und
- wie ihre Ergebnisse gemessen werden.

Im Ergebnis wurden Stärken wie auch Schwächen der betrieblichen Informationsverarbeitung dingfest gemacht und der Handlungsbedarf für eine Verbesserung der Situation abgeleitet. Die Resultate der Erhebungen werden nachfolgend dargestellt.

3.1. Einsatzfelder der Informationsverarbeitung

Noch werden in den Unternehmen die betrieblichen Einsatzfelder der IV überwiegend nach Funktionalbereichen - wie Rechnungswesen, Produktion oder Vertrieb - ausgewiesen. Die erst im Ansatz befindliche Betrachtungsweise der Informationsverarbeitung nach Prozeßketten beziehungsweise Wertschöpfungsketten wird durch die bisher vorherrschenden Kennzahlensysteme nicht gefördert.

Der funktionelle Durchdringungsgrad - der Anteil bisher eingeführter informationstechnischer Funktionen an den durch Informationsverarbeitung (IV) überhaupt unterstützbaren Aufgaben in einer Geschäftsstruktur - erreicht erwartungsgemäß im Verwaltungsbereich (Personal- und Rechnungswesen usw.) mit 80 bis 90 Prozent sein Maximum im Unternehmen (vgl. Abb.1). Den zweitgrößten Anteil weist mit 70 bis 80 Prozent der Vertrieb auf.

In den technischen Bereichen (Logistik, Entwicklung und Produktion) fällt die IV-Durchdringung im Durchschnitt zwar deutlich geringer aus (60 bis 70 Prozent). Aber sie erreicht bei einzelnen Bausteinen beachtliche Werte: Sowohl bei der Betriebsdatenerfassung (BDE) als auch bei Konstruktion und Verfahrensentwicklung (CAD/CAE) etwa 70 Prozent, bei Produktionsplanung und Steuerung (PPS) bis zu 65 Prozent und in der Produktion (CAM) rund 60 Prozent der möglichen funktionellen Abdeckung. Die Unternehmen beurteilen die Einbeziehung der Informationstechnik in den Funktional-

bereichen zwar relativ zufriedenstellend, bemängeln aber nahezu einhellig die unzureichende Integration der einzelnen Bausteine auf dem Weg zur computerintegrierten
Produktion (CIM). Deshalb richten sie ihre für die nächsten Jahre anstehenden IV-Investitionen auf die zunehmende Verknüpfung der vorhandenen Anwendungen aus sowie
auf den Ausbau der Bereiche Produktentwicklung, Produktionsplanung und -steue-
rung, Vertrieb und Logistik.

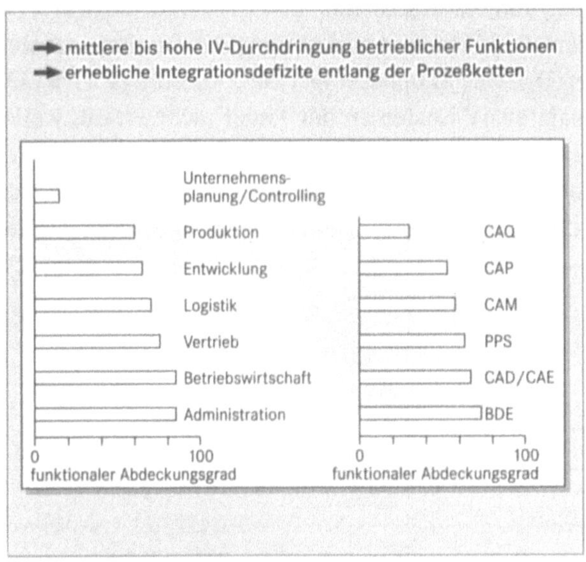

Abb. 1: Funktioneller Durchdringungsgrad der Informationstechnik in ausgewählten
Geschäftsstrukturen; Produktion und Entwicklung aufgesplittet nach com-
putergestütztem Qualitätsmanagement (CAQ), computergestützter Arbeitsplanung (CAP) und Produktion (CAM), Produktionsplanung und Steuerungssystem (PPS), computergestützter Konstruktion (CAD) und Produktentwicklung (CAE) sowie Betriebsdatenerfassung (BDE)

Zunehmend größere Bedeutung als dem IV-Durchdringungsgrad einzelner Funktional-
bereiche und Strukturen messen die untersuchten Unternehmen jedoch der intelligenten IV-Unterstützung der Planungsfunktionen - beispielsweise durch den Einsatz fortschrittlicher Software-Werkzeuge ("Tools") für Simulationen. Auch von der Integration
dieser Bausteine entlang der Prozeßketten - wie etwa durch eine konsistente, funktions-
übergreifende Datenorganisation - versprechen sie sich eine deutliche Verbesserung
des Gesamtwirkungsgrades der Informationsverarbeitung.

3.2. Transparenz und Struktur der IV-Kosten

Die Kosten der betrieblichen Informationsverarbeitung liegen nach Angaben der untersuchten Unternehmen in der stückgüterproduzierenden Industrie in einer Größe von etwa zwei Prozent des Geschäftsumsatzes. Die Werte schwanken hierbei um ein bis drei Prozent; auch fünf Prozent wurden genannt. Die ausgewiesenen IV-Kosten (vgl. Abb. 2) verteilen sich durchschnittlich zu zirka 60 Prozent auf Sachkosten (einschließlich Abschreibungen und Kapitalkosten für Hard- und Software) sowie zu 35 Prozent auf Personalkosten. Fünf Prozent mit steigender Tendenz machen die Ausgaben für Dienstleistungen Dritter ("Outsourcing") aus. Allerdings wird ein Anteil von 20 bis 30 Prozent der gesamten IV-Kosten in der Regel nicht erfaßt, weil er sich nur bedingt zuordnen läßt. Dazu gehören beispielsweise Aufwendungen für Systemgestaltungsleistungen in Anwendungsbereichen oder informationstechnische Ausrüstungen in der Fertigung, die teilweise dem Produktionsequipment zugeordnet werden können.

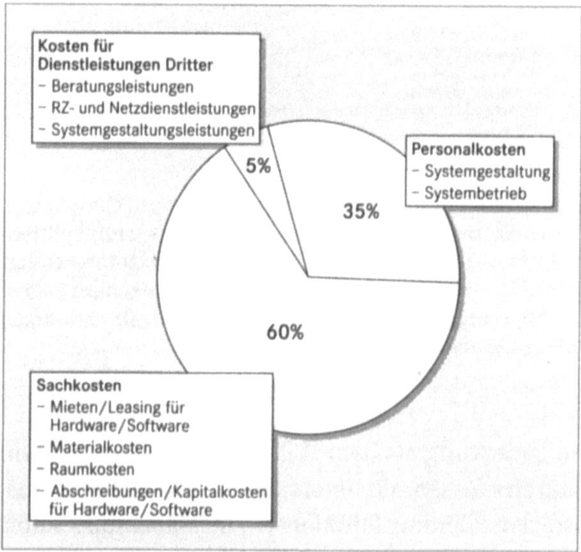

Abb. 2: Kostenstruktur der Informationsverarbeitung

3.3. Bewertung des IV-Nutzens

Die Analyse zeigt, daß sich die Zielsetzungen bei der Investition von Informationstechnik in den letzten Jahren wesentlich verändert haben: Während in der Vergangenheit die Informationsverarbeitung fast ausschließlich als Rationalisierungsmittel betrachtet wurde, dient sie heute in wachsendem Maße als strategisches Instrument im Wettbewerb (vgl. Abb. 3). Typische Zielgrößen sind nicht mehr allein die Kostensenkung, sondern auch die Verkürzung der Auftragsabwicklung oder der Produktentwicklung, die Intensivierung von Geschäftsverbindungen mit Lieferanten, Vertriebspartnern und Auftraggebern oder Verbesserungen der Produkt- und Leistungsqualität.

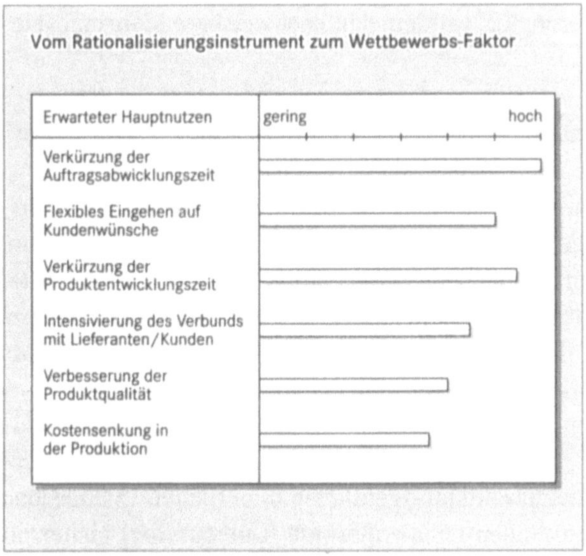

Abb. 3: Zielsetzungen bei IV-Investitionen

Die mögliche quantitative Erfassung des IV-Nutzens steht jedoch im umgekehrten Verhältnis zur strategischen Bedeutung des Faktors: Bei IV-Anwendungen, die auf Rationalisierung ausgerichtet sind, kann die Wirkung noch mit herkömmlichen Methoden der Kostenrechnung - wie dem Return of Invest (ROI) - berechnet werden. Für die Bewertung strategisch orientierter Ziele muß man sich schon qualitativer Techniken bedienen, wie beispielsweise der Nutzwert- oder Portfolioanalyse. Nachteilig wirkt darüber hinaus, daß sich IV-Maßnahmen häufig nur schwer von anderen Aktivitäten zur Optimierung von Unternehmensprozessen isolieren lassen. Deshalb versuchen einzelne Unternehmen, mit Hilfe der Prozeßkostenrechnung eine bessere Kosten-Nutzen-Transparenz zu erreichen.

Obgleich der mangelnde Nachweis der IV-Wertschöpfung als eines der zentralen Probleme des IV-Managements erkannt wird, gelingt es einigen Unternehmen, zumindest projektbezogen den Beitrag zur Stärkung der Wettbewerbsposition zu dokumentieren. So belegen Firmen durch IV-Investitionen in die CAD/CAM-Prozeßkette in einzelnen Abschnitten bis zu 30 Prozent Produktivitätssteigerungen oder Verkürzungen der Entwicklungszeiten in derselben Größenordnung. Bei einem Hersteller von flexiblen Fertigungszellen, Transferstraßen und Montagelinien wurde mit Hilfe eines Simulationssystems die Fertigungszeit um 15 Prozent verkürzt. Daneben konnte die Produktqualität so verbessert werden, daß nachweisbare Mehrumsätze eintraten.

3.4. Organisation der betrieblichen Informationsverarbeitung

Der Aufbau und die Struktur der Informationsverarbeitung in den untersuchten Unternehmen folgen in der Regel der Geschäftsfeld- und Führungsstruktur. Bei kleinen, funktional organisierten Unternehmen ist meist ein zentrales Ressort mit der Gesamtverantwortung für die zentrale IV-Funktion betraut. In Unternehmen mit divisionaler Struktur liegt die Verantwortung für das operative IV-Management innerhalb der Geschäftsbereiche. Für spezielle übergreifende Aufgaben - wie die IV-Strategie des Unternehmens - ist aller Regel nach eine zentrale Stabsabteilung zuständig.

Im Gegensatz zur lautstark geführten öffentlichen Diskussion spielt das Verlagern einzelner IV-Funktionen nach außerhalb (Outsourcing) bisher noch keine so große Rolle, obwohl eine Reihe guter Gründe dafür spricht: Management- und Mitarbeiterkapazitäten lassen sich besser konzentrieren, und IV-Fixkosten können angesichts des Kostendrucks reduziert werden. Gewöhnlich beschränkt sich das Outsourcing auf technische Dienstleistungen ("Facility Management"), während die strategische Planung und wettbewerbsrelevante Kernaufgaben im Unternehmen verbleiben. Ein begrenztes Outsourcing wie etwa von Rechenzentrums- und Netzservices - ziehen jedoch die Unternehmen in ihre Zukunftsüberlegungen ein.

Einen überaus kritischen Punkt der betrieblichen Informationsverarbeitung stellt die Prozeßkette der Softwareentwicklung dar. Wie die Analysen belegen, hält ihre Produktivität mit den ständig komplexer werdenden Informationssystemen nicht Schritt: Eine durchgängige methoden- und toolgestützte, ingenieurmäßige Software-Entwicklung findet nicht einmal ansatzweise statt.

3.5. Abläufe der Informationsverarbeitung

Die heute in den Unternehmen vorhandenen IV-Abläufe entstanden überwiegend in den 80er, in den Großunternehmen teilweise bereits in den 70er Jahren. Sie sind stark durch die damals vorherrschende tayloristische Arbeitsorganisation geprägt. Heute findet man funktional-orientierte Anwendungen und inkonsistente, hoch redundante Datenbestände vor, die mit großem personellen Aufwand gepflegt werden müssen.

Die für eine notwendige Beschleunigung der IV-Prozesse erforderliche Parallelisierung von Teilabläufen ist so nicht möglich. Beispielsweise können in der CAD/CAM-Prozeßkette die Produktdaten in der Regel kaum für die Gestaltung des Fertigungsprozesses genutzt werden. Eine automatische Übernahme in die einzelnen PPS-Systeme ist nicht gegeben. Moderne Methoden - wie Expertensysteme zur Konfiguration von Fertigungsvorrichtungen oder zur Störungsdiagnose - werden zwar in einzelnen Fällen benutzt; sie gehen aber über das Experimentierstadium kaum hinaus.

Als von zentraler Bedeutung für die effektive IV-Unterstützung der Produktion kristallisiert sich immer mehr die Mensch-Maschine-Schnittstelle heraus. Erst wenige Lösungen bedienen sich eines fortschrittlichen, objektorientierten grafischen Mensch-Maschine-Dialogs oder ergonomischer Darstellungstechniken in der Prozeßvisualisierung.

3.6. IV-Management und IV-Controlling

Die meisten Unternehmen betreiben eine periodische IV-Planung. Teilweise wird auch nach strategischem und operativerem Aspekt differenziert. Nur bei einem Teil der Unternehmen ist die IV-Planung fest in die Unternehmensplanung integriert. Allerdings wurde in den Untersuchungen sichtbar, daß die Erfolgskontrolle erhebliche Defizite aufweist. So wird Projekt- und Produktcontrolling nur partiell unternommen: Ergebniskontrolle und Nachkalkulation erfolgen allenfalls stichprobenartig. Lediglich in Rechenzentren der Datenverarbeitung kommen ausgefeilte Kennzahlensysteme zur Anwendung.

Mit den Untersuchungen wurde eine weitere Schwäche der betrieblichen Informationsverarbeitung zutage gefördert: In fast allen Unternehmen fehlt ein integriertes Qualitätsmanagement für die Informationsverarbeitung. Die Zertifizierung eines Qualitätsmanagements nach dem Standard ISO 9000, wie sie bei den größeren Softwarehäusern
angestrebt wird, faßt derzeit kaum einer der Anwender ins Auge.

4. Zusammenfassende Bewertung

Resümierend läßt sich feststellen, daß die Informationsverarbeitung in den untersuchten Firmen der stückgüterherstellenden Industrie einerseits zwar anerkannte und wirksame Beiträge zum unternehmerischen Erfolg liefert, aber andererseits durch fehlende
integrative Lösungen wertvolle Potentiale verschenkt (vgl. Abb. 4). Insbesondere haben
die untersuchten Unternehmen erkannt, daß der bisherige Arbeitsansatz beträchtliche
Probleme verursacht: IV-Lösungen werden nämlich funktionalorientiert auf bestehende
tayloristische Organisationsstrukturen und Unternehmensprozesse aufgesetzt, und dabei bleibt der ganzheitliche Geschäftsablauf nur unzureichend berücksichtigt. Die
ganzheitliche Optimierung von Unternehmensprozessen einschließlich der Ablauf- und
Führungsorganisation ist erst im Entstehen.

Mittlerweile weist die IV-Landschaft eine nur schwer beherrschbare Komplexität auf,
die bedrohlich die Handlungsfähigkeit der IV-Organisation einschränkt. Einseitige Abhängigkeiten von herstellerdeterminierten Infrastrukturen zwingen die Unternehmen
zur kostspieligen Weiterverfolgung des ursprünglich eingeschlagenen Weges. Andererseits werden innovative Lösungen der IT-Forschung, beispielsweise bei KI-gestützten
Verfahren im Bereich des Produkt- und Prozeßengineerings oder der objektorientierten
Software-Entwicklungsumgebungen, nur unzureichend in praxisgerechte Produkte
weiterentwickelt.

Als Ausweg forcieren die Unternehmen zum einen den massiven Einsatz von Stan-
dard-Anwendungssoftware, um ihre Entwicklungskapazität von der Pflege der
Altlasten freizubekommen. Zum anderen wird durch den Übergang zu offenen
Systemen die Kommunikationsfähigkeit und Mehrfachnutzung ("Portabilität") von
Anwendungen auf der Basis herstellerunabhängiger Standards erhöht, was zum
besseren Schutz des IV-Investment beiträgt. Während tendenziell größere Unternehmen
den Weg zu offenen Systemen kompromißloser beschreiten, setzen kleinere
Unternehmen deutlicher auf Standard-Anwendungssoftware und installieren meist

nur dann offene Systeme, wenn damit eine kurzfristige und eindeutige Kostenredu-
zierung verbunden ist.

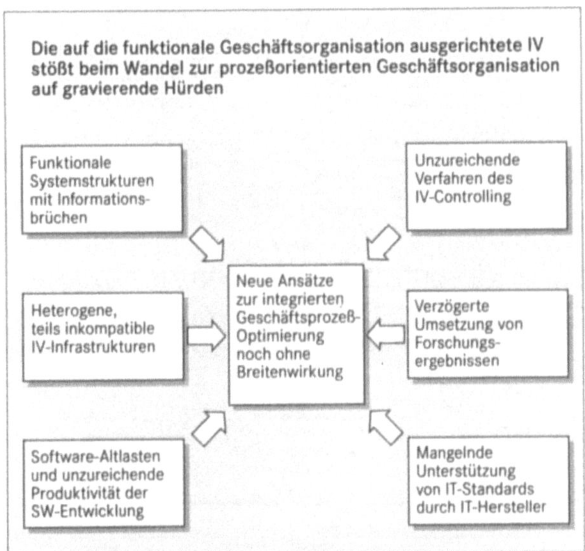

Abb. 4.: Bilanz der betrieblichen Informationsverarbeitung

Was diese Prozesse hemmt, ist das nur zähe Vorankommen der Standardisierung sowie
die in weiten Bereichen mangelnde Unterstützung der IT-Standards durch die IT-
Hersteller. Im Bereich der Standardsoftware mangelt es darüber hinaus an Konzepten,
die eine flexible und benutzergerechte Konfigurierbarkeit von Komponenten - auch von
individuell erstellten - ermöglichen. Alle Beteiligten sind sich jedoch einig, daß der
Gesamtprozeß der IV-Umgestaltung nur durch wirksame Verfahren eines IV-Control-
lings zustandekommen kann.

5. Künftige Ziele für die Informationsverarbeitung

Mit den neuen Herausforderungen des Wettbewerbs (vgl. Abb. 5) verschieben sich auch
die Ziele der Informationsverarbeitung. In den Vordergrund unternehmerischen Han-

delns rücken strategische Aufgaben zur Optimierung des Leistungsdreiecks "Kosten - Zeit - Qualität", insbesondere unter globalen, Umwelt- und sozialen Aspekten. Prozesse und Strukturen werden flexibler und schlanker, und Entscheidungskompetenzen verlagern sich nach unten (flachere Hierarchien). Mit globalen Kooperationen und Allianzen ergänzen die Vertragspartner ihr Produkt- und Leistungsspektrum. Der Sieg im Wettbewerb der Zeit in Marketing, Entwicklung und Produktion stellt die zentrale unternehmerische Herausforderung dar.

Abb. 5: Unternehmen und ihr Umfeld im wettbewerbsbedingten Wandel

Um diese Zielstellung wirksam zu unterstützen, ist es notwendig, sowohl Effektivität als auch Effizienz der Informationsverarbeitung zu steigern (vgl. Abb. 6). Das wird einmal erreicht, indem Informationsprozesse optimiert und - gestützt auf eine durchgängige Datenorganisation sowie offene Infrastrukturen - in schlanke, flexibel konfigurierbare IV-Anwendungen abgebildet werden. Zum anderen ist die Komplexität zu reduzieren sowie eine reibungslose Zusammenarbeit zwischen Anwendern und IV-Stellen auf der Basis eines integrierten Qualitäts- und Projektmanagements zu gewährleisten.

Durch Nutzung von Outsourcing-Angeboten kann die IV-Organisation ihren Handlungsspielraum erweitern.

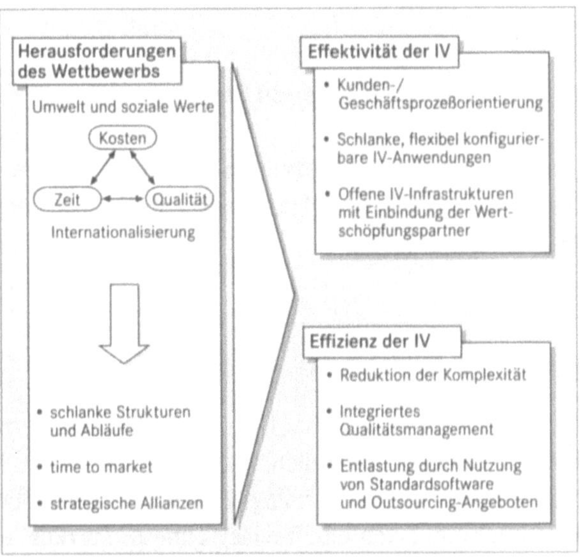

Abb. 6: Herausforderungen an die Informationsverarbeitung

Speziell im Produktionsbereich stellen sich eine Reihe neuer Herausforderungen: So sind die computergestützte Produktentwicklung und Fertigungsprozeßgestaltung (CAD/CAM) zur schnelleren Abwicklung mit Hilfe von Standards und einheitlichen Produktdatenmodellen so zu gestalten, daß ein durchgehender Entwicklungsprozeß ("Simultaneous Engineering") ermöglicht wird. Entscheidend ist, daß KI-gestützte Engineering-Verfahren und Software-Werkzeuge (Tools) bei Entwurf, Simulation, Konfigurierung und Generierung die Ingenieure wirksam bei der kosten- und qualitätsoptimierten Produktentwicklung und Produktionsprozeßgestaltung unterstützen. Das reicht vom Produktdesign bis hin zu Fabriklayout und Arbeitsplänen.

Über In-Prozeß-Messung und KI-gestützte Stördiagnose kann dann der Automatisierungsgrad von Werkzeugmaschinen und flexiblen Fertigungszellen erhöht werden, Arbeitspläne und NC-Programme werden sich unter Nutzung eines Produktdatenmodells generieren und optimieren lassen. Im Bereich der Vernetzung erhöhen zukünftig innovative Konzepte - wie etwa die drahtlose Kommunikation auf Basis von Mikrowellen - die Flexibilität verteilter Systeme und senken die Kosten. Über standardisierte Dienste - beispielsweise den elektronischen Geschäftsdatenaustausch - werden die Wertschöpfungspartner über Kontinente und Zeitzonen hinweg in die Wirtschaftsprozesse eingebunden.

6. Folgerungen für Industrie, Forschung und Staat

Aus der Diskrepanz zwischen den aufgezeigten Defiziten und den zukünftigen Herausforderungen resultiert ein erheblicher Handlungsbedarf. Im folgenden werden dazu einige Schwerpunkte herausgearbeitet.

6.1. Forschung

Die Grundlagenforschung hat in Deutschland und Europa international ausgezeichnete Positionen erlangt. Drunter sind solch wichtige Gebiete wie Produktionstechnologie, System-Engineering, Software-Technologie, Künstliche Intelligenz, C-Technologien und Kommunikationstechnik. Nach der Devise "Time to Market" erzielen jedoch Innovationen aus den genannten Basistechnologien nur dann Wirkung, wenn sie auch zügig anwendungsorientiert umgesetzt werden. Darin liegt aber ein Hauptdefizit in Deutschland. Mangelnde Anwendungsorientierung und fehlende Einsicht, daß der rasche Transfer von Wissen in praxisreife Produkte existenzielle Bedeutung hat, scheinen die Ursache zu sein. Nicht von ungefähr gibt es kaum ein deutsches Software-Produkt, das sich auf dem Weltmarkt durchgesetzt hat. Deshalb bedarf es dringend einer engeren Partnerschaft zwischen Forschung, Anwendern und IT-Herstellern. Denn nur so kann eine rasche Umsetzung von Forschungsergebnissen in marktfähige Produkte gelingen.

Wesentliche Inputs für die Produktion müssen folgende Gebiete der anwendungsorientierten IT-Forschung bieten:

- Referenzmodelle für CIM-Architekturen sowie integrierte Produkt-, Prozeß- und Funktionsmodelle als Basis für zukunftsweisende IV-Strukturen in der Produktion,

- fortgeschrittene Simulationsverfahren für Entwurf und Optimierung komplexer Systeme hinsichtlich Funktionalität und Zeitverhalten zur Unterstützung des Simultaneous Engineering,
- KI-gestützte, "intelligente" Lösungen im Bereich der Prozeßleittechnik und der Mensch-Maschine-Schnittstelle,
- intelligente Prozeßkontrollsysteme unter Einbeziehung von Fuzzy-Logic und
- objektorientierte Engineering-Umgebungen sowie technisch-organisatorische Gesamtkonzepte für wiederverwendbare Software zur drastischen Reduzierung der Entwicklungskosten.

Entscheidend ist bei all diesen Themen die rasche Verfügbarkeit neuentwickelter Produkte.

6.2. Industrie

Von den Herstellern von Informationsverarbeitungstechnik wird erwartet, daß sie ihre Produktpolitik vorrangig an den Bedürfnissen der Anwender ausrichten. Die Produzenten sollten "offene Systeme" nicht nur in Lippenbekenntnissen preisen, sondern sich konsequent der Entwicklung solcher Systeme und standardgerechter Produkte widmen. Es dürfte klar sein, daß der unternehmerische Erfolg der Hersteller wie auch der Anwender auf Dauer nur über das partnerschaftliche Zusammenwirken gewährleistet werden kann.

Konkret erwarten die Anwender standardisierte, variabel konfigurierbare IV-Produkte, insbesondere Standard-Anwendungssoftware sowie Werkzeuge zur Modellierung, Planung, Simulation, Implementierung und den Test von Informations- und Automatisierungssystemen. Für den weichen Übergang ("Migration") zu offenen Systemen werden Methoden und Werkzeuge benötigt. Damit gesichert ist, daß die Produkte den neuesten Stand der Technik repräsentieren und auch praxistauglich sind, sollten die IV-Hersteller im gesamten Prozeß der Spezifikation, Entwicklung und Freigabe sowohl mit der Forschung als auch den Anwendern eng kooperieren. Da ein einzelner Hersteller außerstande ist, die breit gefächerte Palette des IV-Produktspektrums aus eigener Kraft abzudecken, sind strategische Allianzen zwischen Herstellern mehr denn je erforderlich. Insbesondere trifft dies für deutsche und europäische Softwarehäuser zu, die nur über den Weg der Kooperation mit weltweit agierenden Partnern in die Lage versetzt werden, sich auf internationalem Parkett zu präsentieren.

6.3. Staat

Die Informationstechnik spielt für die wirtschaftliche Entwicklung moderner Industrienationen eine entscheidende Rolle. Denn über die Sicherung der Wettbewerbsfähigkeit produzierender Unternehmen hinaus ist sie Schlüsseltechnologie für den technischen Fortschritt in fast allen Branchen. So sind beispielsweise Entwicklung und Produktion von Mikroelektronik, Displaytechnologie, System- und Softwaretechnologie, aber auch von Steuerungs- und Leittechnik, die alle vordringlich weiter auf- und ausgebaut werden müssen, eng mit dem Niveau der deutschen Informatik verbunden.

Auch der Staat muß mit industriepolitischen Rahmenbedingungen das Seine dazu beitragen, um den Produktionsstandort Deutschland zu erhalten. Ihm fällt die Rolle des Moderators in einer konsensgetragenen Industriepolitik von europäischer Dimension zu. Über die Jahre wurden zwar im erheblichen Umfang Fördermittel im Rahmen der bisherigen Forschungs- und Technologieförderung aufgewandt, allerdings sind die Ergebnisse nicht im erwarteten Umfang eingetreten. Die zukünftige Forschungs- und Wirtschaftspolitik sollte sich deshalb stärker als bisher auf die Schwerpunktaufgaben konzentrieren. Insbesondere könnte mit "Groß- und Verbundprojekten" sowohl die anwendungsorientierte Forschung als auch der rasche Technologietransfer ihrer Ergebnisse in die industrielle Breitenanwendung umfassend gefördert werden. Der Staat sollte sich darauf einrichten, sich auf ausgewählten Gebieten, die eine Schlüsselstellung für den Fortschritt in anderen Branchen einnehmen, zumindest zeitweise sehr nachhaltig zu engagieren.

7. Schlußbemerkung

Nur wenn es gelingt, zwischen Forschung, IV-Herstellern, IV-Anwendern und dem Staat eine partnerschaftliche, konsensgetragene Kooperation bei der Weiterentwicklung der Schlüsseltechnologie Informationstechnik herbeizuführen sowie Innovationen in praxisgerechte Produkte umzusetzen, hat die deutsche Industrie in einem vereinten Europa eine Überlebenschance. Ich rufe die hier anläßlich der Jahrestagung der Gesellschaft für Informatik versammelten Vertreter aus Forschung, Industrie und Staat auf, die durchaus schlagkräftigen Potentiale zu bündeln, um der internationalen Herausforderung - wie ich sie am Anfang meines Beitrages geschildert habe - zu begegnen.

Literatur:

1. Diebold: Überlebensstrategie für den Werkzeugmaschinenbau. Eschborn, 1992
2. Wöhe, G.: Einführung in die allgemeine Betriebswirtschaft. München, 1990
3. Martiny, L., Klotz, M.: Strategisches Informationsmanagement. Oldenburg, 1990
4. Stahlknecht, P.: Einführung in die Wirtschaftsinformatik. Heidelberg, Berlin, New York, 1991

Die Fraktale Fabrik
Produzieren im Netzwerk

Prof. Dr. h.c. mult. Dr.-Ing. H.J. Warnecke
Fraunhofer-Institut für Produktionstechnik und Automatisierung (IPA)
Nobelstraße 12
7000 Stuttgart 80

1. Triade im Wettbewerb

Das Geschehen in der industriellen Produktion wird vor allem durch die Entwicklung und den Wettbewerb in den drei industriellen Zentren dieser Welt, Japan, USA und West-Europa, auch als Triade bezeichnet, bestimmt. Durch systematisches und intensives Forschen und Entwickeln - im Durchschnitt werden jeweils drei Prozent des Bruttosozialproduktes jährlich aufgewendet - nimmt das Wissen progressiv zu. Der Wettbewerb findet vor allem über die Geschwindigkeit des Umsetzens, die Innovation statt. Vor 20 Jahren hat in diesem Geschehen Japan in einigen wesentlichen Industriebereichen, zum Beispiel der Foto-Industrie, der Konsum-Elektronik, der Uhren-Industrie und dem Schiffbau, die Kostenführerschaft übernommen. Vor zehn Jahren erreichte es auch die Qualitätsführerschaft, und heute geht es um Zeit-Wettbewerb, die Geschwindigkeitsführerschaft in der Innovation. Dazu tragen auch wirtschaftliche Entwicklungen bei wie der Übergang vom Verkäufer- zum Käufermarkt, steigende Individualisierung und damit Variantenvielfalt der Produkte sowie deren steigende Komplexität, um Nutzerfreundlichkeit zu erreichen. Soziale Entwicklungen haben insbesondere in der Bundesrepublik Deutschland zu einer steigenden Diskrepanz zwischen Arbeits- und Freizeitwelt geführt. Der Druck auf die Unternehmen nicht nur von der Kostenseite, sondern auch in der Forderung nach human- anstatt technikzentrierter Gestaltung der Arbeitsstrukturen nimmt zu.

2. Schlüsseltechnologie Informationsverarbeitung

In diesem Geschehen nehmen Information und Kommunikation eine Schlüsselrolle ein. Es bestehen immer mehr technische Möglichkeiten zur Unterstützung von Information und Kommunikation. Die enormen Entwicklungen in der Informationstechnik in den vergangenen 20 Jahren sind allgemein bekannt. Bereits in den siebziger Jahren hat Gordon Moore, Mitbegründer der Firma Intel, den exponentiellen Verlauf von Leistungszunahme und Preisverfall elektronischer Bauelemente vorhergesagt. Während auf einem im Jahre 1970 hergestellten Speicher-Chip noch weniger als 50 Schaltkreise integriert werden konnten, sind es bei dem künftigen 16-Megabit-Chip 16 Millionen Speicherzellen auf einer Fläche von etwa 140 mm^2. Das senkt einmal die Kosten je Bit, andererseits ist aber auch ein enormer Aufwand für Entwicklung und Fertigung erforderlich. Die Firma Siemens spricht von 1,7 Milliarden DM Investitionsaufwand für den 4-Megabit-Chip, beim 64-Megabit-Chip werden 4,5 Milliarden DM geschätzt. Momentan scheint dieser Wettlauf, möglichst schnell mit der nächsten Generation auf den Markt zu kommen und damit Wettbewerbsvorteile zu erzielen, noch lange nicht abgeschlossen. Auf den 4-Megabit-Chip, der 1994 seine höchsten Produktionszahlen erreicht haben soll, werden der 16-Megabit-Chip 1997, der 64-Megabit-Chip im Jahre 2000, der 256-Megabit-Chip im Jahre 2003 und vermutlich schließlich der 1-Gigabit-Chip im Jahre 2006 folgen. Damit besteht die Möglichkeit, die Datenverarbeitung über die Informationsverarbeitung zur Wissensverarbeitung auszubauen. Trotzdem wird vermutlich zwischen Struktur und Funktion des menschlichen Gehirns in seiner relativ langsamen Signalleitung in Milli-Sekunden, aber nahezu unendlich vielen Verknüpfungen und Ein- und Ausgängen einerseits sowie dem Computer mit 1000fach schnellerer Signalgeschwindigkeit, aber einer relativ geringen Zahl von Ein- und Ausgängen an jedem einzelnen Chip eklatant bleiben. Die heute in der Entwicklung befindlichen neuronalen Netzwerke und wissensverarbeitenden Systeme sind nur ein schwaches technisches Abbild. Sie gestatten aber doch, Industrieroboter zum Beispiel durch Mustererkennung von Bildern oder Geräuschen anpassungs- und leistungsfähiger zu machen. Was aber wohl immer allen Maschinen trotz steigender Integration und Leistungsfähigkeit der Informationsverarbeitung fehlen wird, ist Kreativität. Dadurch behält der Mensch in der industriellen Produktion seine Bedeutung für das Überleben eines Betriebes, trotz aller Fortschritte in der Automatisierung.

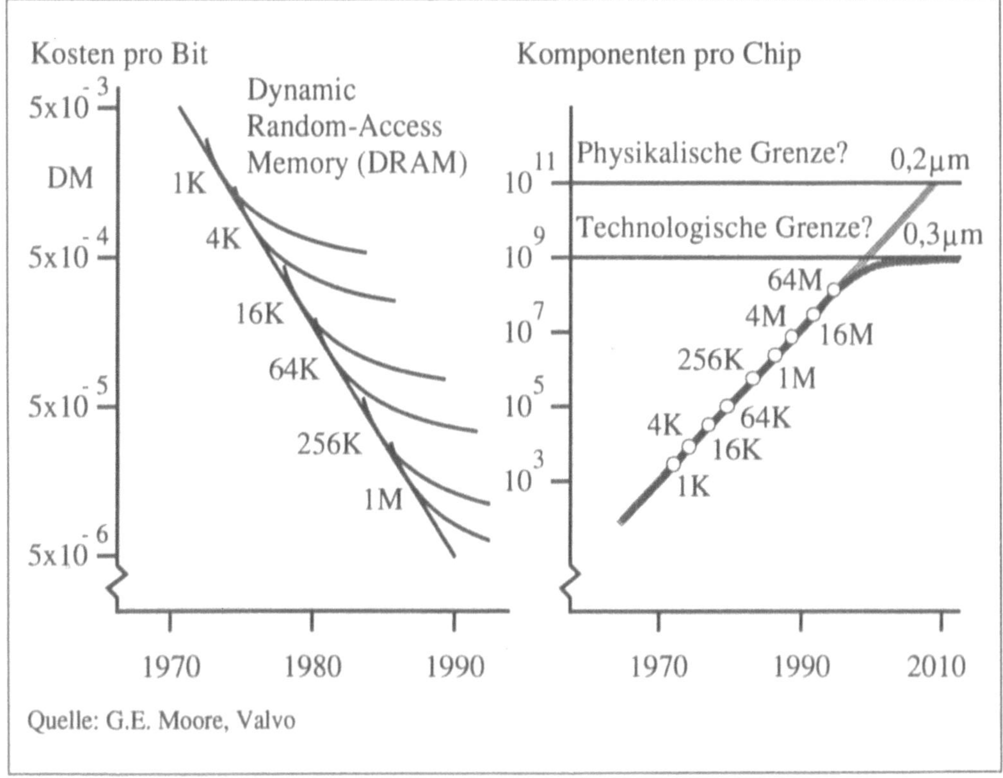

Abb. 1: Leistung und Kosten von elektronischen Bauelementen

3. Für die komplexe Fabrik gibt es keine eindeutigen Gestaltungsregeln

Die Technik-Wissenschaften, das heißt Technologie, unterstellen, daß alle Phänomene dem Prinzip von Ursache und Wirkung gehorchen: Kleine Ursache - kleine Wirkung; große Ursache - große Wirkung, also deterministisch bestimmbar ablaufen (Abb. 2). Die erforschten Teilbereiche werden zusammengefügt in dem Glauben, auf diese Weise ein exaktes Bild vom Ganzen zu erhalten. Genau darin liegt aber ein Grundirrtum: In realen Systemen können sich kleinste Ursachen aufgrund komplizierter Rückkopplungsmechanismen zu großen Wirkungen aufschaukeln. Werden diese Wirkungsketten bei der Modellbildung vernachlässigt, ist das Verhalten des Ganzen nicht vorhersagbar. So erzeugt man immer nur suboptimale Lösungen, die unter Umständen bemerkenswert vom Gesamtoptimum abweichen und eine gefährliche Zufriedenheit mit dem Erzielten erzeugen können. Wenngleich die lineare und monokausale Weltsicht bereits zu Beginn unseres Jahrhunderts mit der Quantentheorie in Frage gestellt wurde, suchen wir auch heute noch nach der "Weltformel", in der Produktionstechnik, z.B. nach der "Fabrik der Zukunft".

In jüngerer Zeit hat die Wissenschaft das Chaos als ein weiteres Grundmuster unseres Daseins zwar akzeptiert, aber bei weitem noch nicht verinnerlicht. Wenn wir täglich in dieser Umgebung unsere Aufgaben bewältigen, so gelingt dies am besten, wenn von vornherein nicht nach "der Wahrheit" oder "der Lösung" als übergeordnetem einzigem Wert gesucht wird. Wesentliches Anliegen ist es vielmehr, die Bedeutung ständiger Bemühungen und Verbesserungen in einer sich rasch wandelnden und weitgehend unberechenbaren Umgebung zu betonen. Ein Produktionssystem, eine Fabrik, unterliegt mehr entscheidenden Einflüssen als die drei oder vier, die wir als wesentlich ansehen und vorstellungsmäßig oder durch Regeln miteinander verknüpfen können.

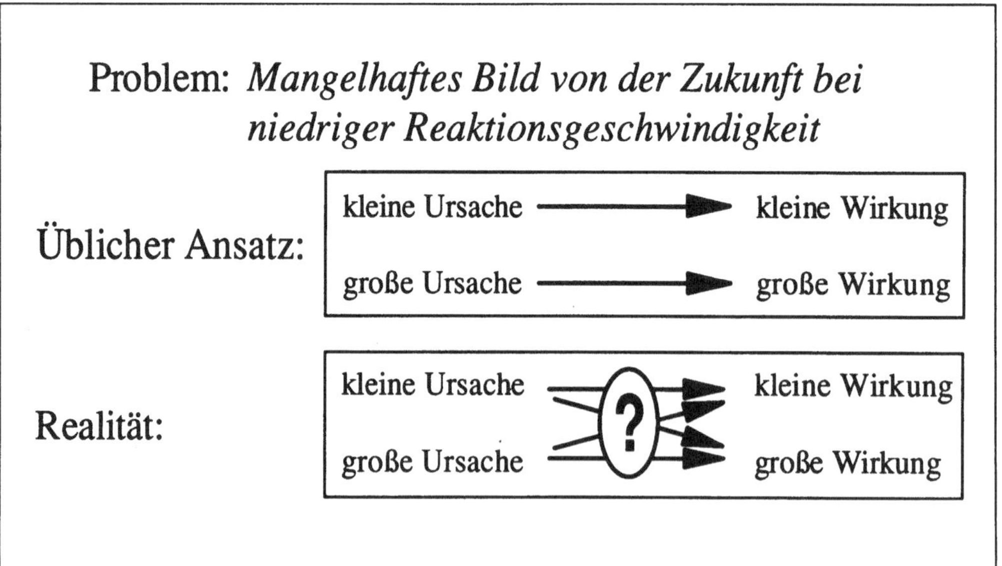

Abb. 2: Die Extrapolationsfalle

Während die Ingenieurwissenschaft bis in unsere Zeit an der Fiktion vollständig beschreibbarer Zusammenhänge festhält, haben sich die Naturforscher angesichts überraschender Beobachtungen schon vor Jahrzehnten von ihr lösen müssen. Relativitätstheorie und Quantenmechanik markieren den Abschied vom Kausalitätsprinzip. Wenn Zustände prinzipiell nicht eindeutig beschrieben werden können und aus dieser Unsicherheit die Unmöglichkeit der Vorhersage des Systemverhaltens folgt, muß das Weltbild neu geordnet werden. Es ist jetzt unsere Aufgabe, auch in den Ingenieurwissenschaften von der Individualität und Relativität der Problemlösungsmöglichkeiten Kenntnis zu nehmen und unsere Handlungen danach auszurichten.

4. Aufwandsbereich Informationsverarbeitung

Trotz fehlender betriebswirtschaftlicher Erfassung müssen wir begreifen:

- das Unternehmen ist ein informationsverarbeitendes System,

- der Informationsaufwand ist entscheidend für die Gestaltung der Produktion.

Wir können zwei wesentliche Aufwandsbereiche unterscheiden:

- technischer Informationsfluß (produkt- und prozeßorientiert),

- logistischer Informationsfluß (ablauforientiert).

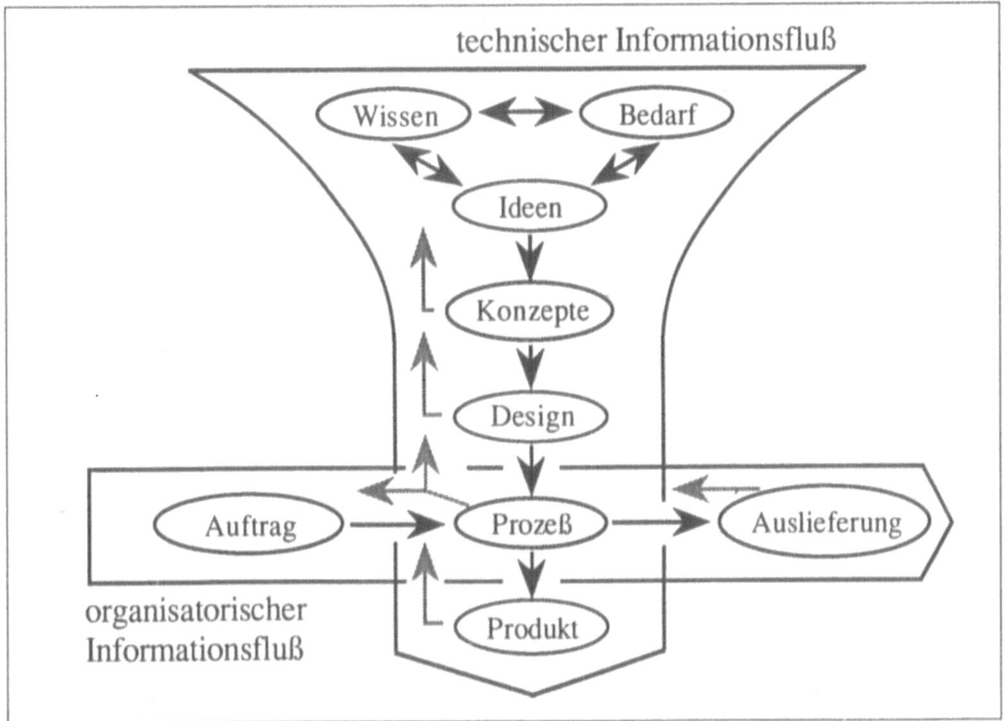

Abb. 3: Technischer und logistischer Informationsfluß im Produktionsbetrieb

Der technische Informationsfluß von der Entwicklung und Konstruktion über die Planung zum Prozeß ist vielfach noch durch wiederholte Ermittlung identischer Daten und entsprechende Redundanz gekennzeichnet. Dabei sind im CAD-System alle Informationen zur geometrischen Beschreibung des Produktes enthalten, um damit zum Beispiel die Bewegungsbahnen für Werkzeuge von Industrierobotern generieren zu können. Parallel dazu sind die technologischen Daten für die erforderlichen Bearbeitungs- und Fügevorgänge abgespeichert. Ein gemeinsames Datenmodell sowie geeignete Datenstrukturen machen die Teillösungen integrierbar. Durchgängigkeit muß aber auch rückwärts gewährleistet werden, damit später erworbene Kenntnisse bzw. Daten zur direkten Korrektur und Aktualisierung in die Entwicklung und Konstruktion zurückgeführt werden können, sei es auch nur zum Soll-Ist-Vergleich für die Qualitätssicherung. Dieser kurze und schnelle Regelkreis muß geschlossen werden, da die Toleranz der Kunden und des Gesetzgebers gegenüber Fehlern immer mehr abnimmt.

Gelingt es, die Fertigungstoleranzen zuverlässig innerhalb der zulässigen Grenzen zu halten, minimiert sich auch der informationstechnische Aufwand für die Qualitätssicherung. Bei einer Prozeßtoleranz von sechfacher statistischer Streuung verringert sich der Anteil der Fehlteile auf $3{,}4 \times 10^{-6}$. Anzustreben ist eine Prozeßfähigkeit $C_p \geq 2$ (Abb. 4). Während die Prozeßstreuung im Verantwortungsbereich der Fertigung liegt, wird die Entwurfstoleranz von der Produktentwicklung bestimmt. Die 'totale Qualität' wird somit wirtschaftlich erreichbar, da Informations- und Prozeßaufwand gleichzeitig sinken. Ein neues Produkt muß sofort, wenn es auf den Markt kommt, besser sein als das Produkt, das es ersetzt. Eine stabile, unter Qualitätsgesichtspunkten einwandfreie Produktion muß deshalb möglichst schnell nach Produktionsbeginn erreicht werden. Auf diese Weise wird der kostspielige Zeitverzug zwischen Auftreten und Erkennen von Fehlern minimiert.

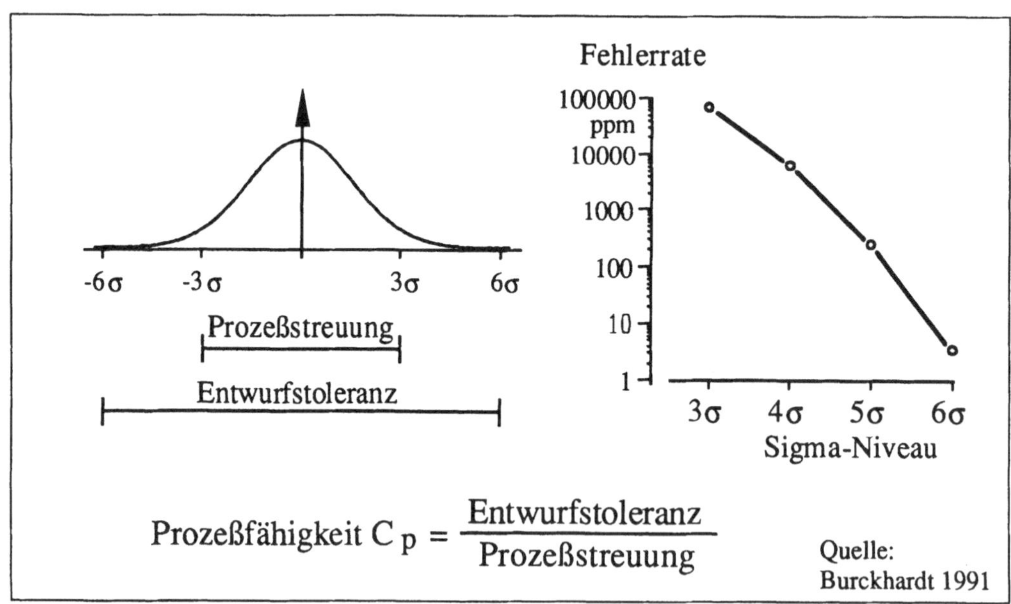

Abb. 4: Prozeßfähigkeit als statistische Größe

Der logistische oder organisatorische Informationsfluß hat den Weg von der Bestellung des Kunden oder dem Vertriebsprogramm über den Herstellprozeß zur Anlieferung einschließlich der Fakturierung zum Inhalt. Er wird durch das Produktionsplanungs- und Steuerungssystem rationalisiert. Extrem arbeitsteilige Strukturen, wie sie Taylor als scheinbar optimale Lösung hergeleitet hat, sind gekennzeichnet durch einen geringen Informationsaufwand zur Steuerung des Prozesses. Diese Informationen sind zwar vorhanden, werden als solche aber kaum noch wahrgenommen, da sie - vorab in der Arbeitsvorbereitung - einmalig festgelegt wurden: die Kurvenscheibe als mechanisch verschlüsselte Weginformation oder die Anordnung einer Fertigungslinie als Ausdruck der Abfolge von Arbeitsgängen.

Durch die Brille der Informationstechnik betrachtet, steigt bei einer auf Vielfalt fokussierten Produktion der Logistik- und Kommunikationsaufwand an, da z.B. weder die Gestalt des Werkstückes noch die Bearbeitungsfolge in Werkzeug und Fertigungseinrichtung gespeichert sind. Die Informationen sind in einer Zeichnung enthalten oder elektronisch verschlüsselt und müssen jeweils neu umgesetzt werden. Zur Gestaltung der Produktion steht uns heute ein Baukastensystem unterschiedlicher Methoden zur Verfügung, die sinnvoll zu kombinieren und anzuwenden sind. Jede Methode - genau wie jede Maschine - hat ihren begrenzten Anwendungsbereich und macht gezielte Auswahl und Substitution bzw. Methodenauswahl bei Änderung der Randbedingungen erforderlich (Abb. 5).

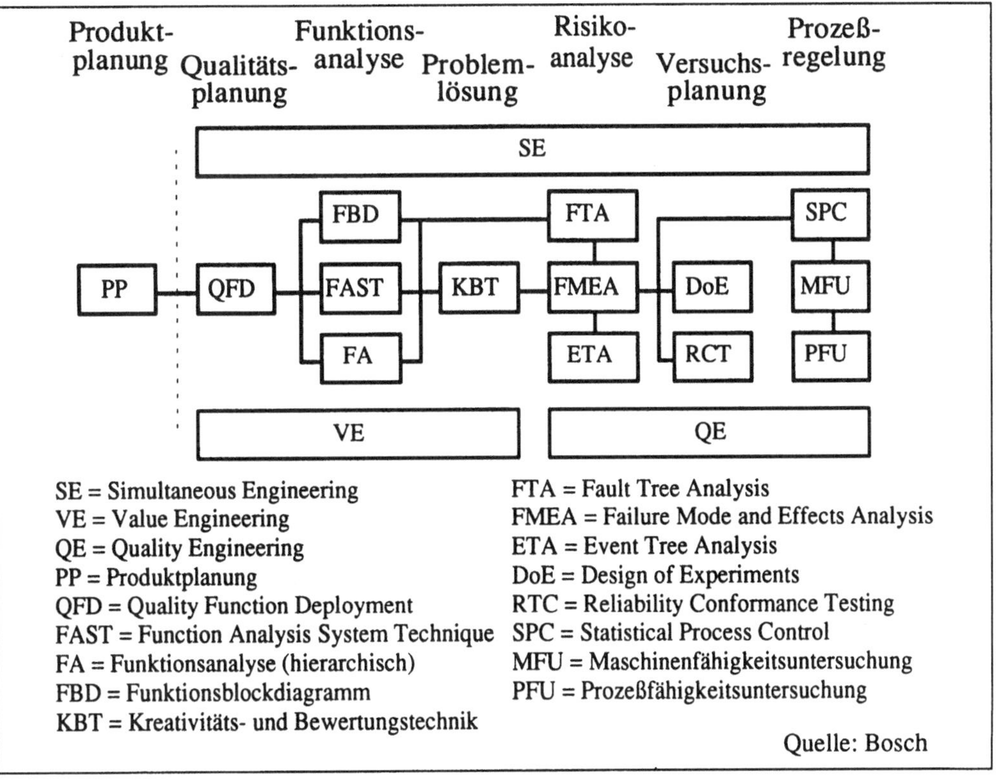

Abb. 5: Integriertes Methodensystem

Produzieren ist Umwandeln von Informationen in gestaltete Materie über gesteuerte Energie. Die gestiegenen Kosten für die Datenverarbeitung führen zu einem immer stärker werdenden Kostenbewußtsein der Anwender auf diesem Gebiet. Der Wert des Produktionsfaktors Information als vierte Ressource wird in seiner Bedeutung mehr und mehr erkannt. Die Sinnfälligkeit und Notwendigkeit der elektronischen Datenverarbeitung dafür wird nicht in Frage gestellt. Lösungen werden aber immer umfassender und komplexer, der technische Fortschritt erfordert eine ständige Anpassung und damit sehr viel Aufwand zum Erhalten der Qualifikation von EDV-Spezialisten.

Das Controlling mit Hilfe von Vollkostenbetrachtungen wird damit auch den EDV-Bereich erfassen. Aus der Erkenntnis heraus, daß die EDV-Leistungen nicht zum eigentlichen Kerngeschäft gehören, wird die Frage nach ihrem Fremdbezug mehr und mehr diskutiert. Zumindest muß man intern den Dienstleistungscharakter dieses Bereiches durch definierte Ein- und Ausgänge zur Geltung bringen. Denn sicher ist, daß Information und Kommunikation in einer Firma als entscheidender Wettbewerbsfaktor unternehmensintern beherrscht und eingesetzt werden müssen. Das schließt aber nicht aus, auswärtige Hardware-Kapazität im Netzverbund bedarfsbezogen einzukaufen und damit auch das Know-how qualifizierter hauptamtlicher EDV-Spezialisten zu nutzen.

Wenn Information als Produktionsfaktor zu betrachten ist, dann ist mit ihr genauso rationell umzugehen wie mit den Produktionsfaktoren Arbeit, Kapital und Material. Die Ansicht, wegen des

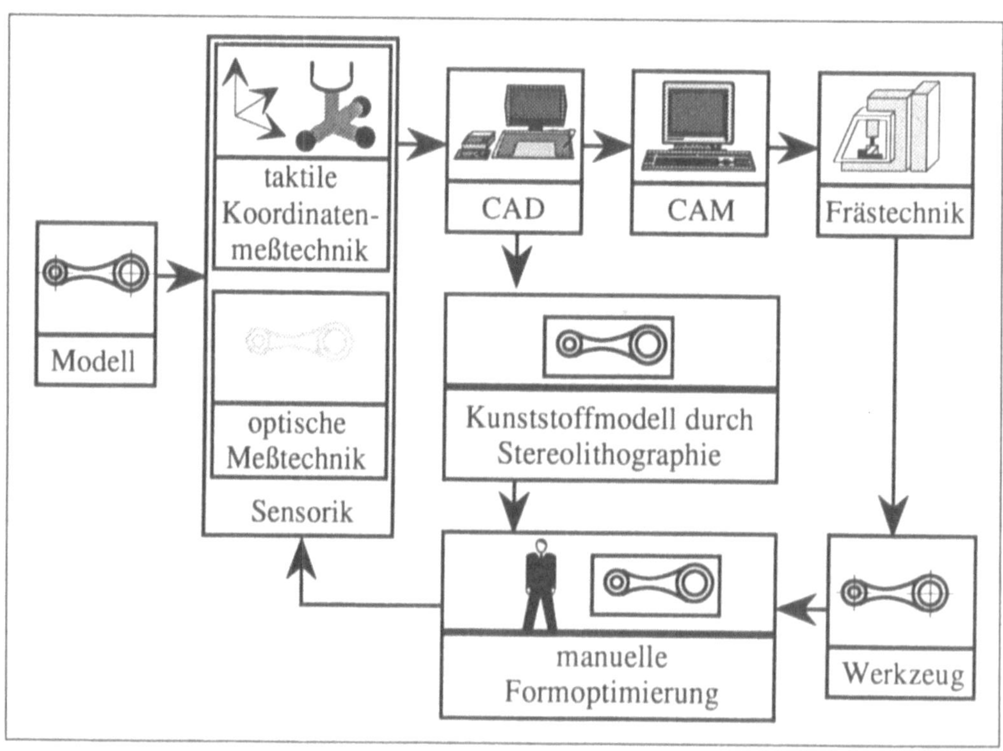

Abb. 6: CAQ-Informationsverbund

immer günstiger werdenden Preis-Leistungs-Verhältnisses der Hardware großzügig mit Informationsverarbeitung und -speicherung umgehen zu können, führt in die falsche Richtung. Das Gegenteil muß geschehen: der Informationsaufwand zum Erfüllen einer Produktionsaufgabe ist zu minimieren.

Leider scheint es wohl nicht zu gelingen, 'Information' als Kostenart zu erfassen wie Material oder Lohn. Wir können zwar die Menge erfassen, z.B. belegte Speicherkapazität, aber den Daten bzw. Informationen in der Regel keinen Wert zuweisen. So bleibt gegenwärtig nur die qualitative Einschätzung und die Forderung, Abläufe und Systeme so zu gestalten, daß sie möglichst wenig Informationsverarbeitung erfordern. Entsprechend kritisch müssen wir in Zukunft Experten- oder besser wissensverarbeitende Systeme betrachten. Sie können aber helfen, unser Problem, die Strukturierung komplexer Systeme, zu verbessern, da man Konsequenzen schneller durchleuchten kann.

5. Die Fraktale Fabrik - ein integrierender Ansatz

Das in der Fraunhofer-Gesellschaft entwickelte Konzept der Fraktalen Fabrik hat das Ziel, eine Strukturierungs- und Organisationsmethodik für den Industriebetrieb zu entwickeln. Dabei sollen bestehende Ansätze und Methoden sinnvoll integriert und auch Erkenntnisse anderer Wissenschaftsdisziplinen einbezogen werden. Somit entsteht vor dem Hintergrund des beschriebenen Szenarios der dringend benötigte Leitfaden zur Schaffung zukunftsträchtiger Fabrikstrukturen. Mit der Übernahme fremder Konzepte ist dieses Ziel kaum zu erreichen; vielmehr sollen gerade eigene Stärken und Potentiale im weltweiten Wettbewerb eingesetzt werden, um die Führungsposition zu erhalten bzw. wiederzuerlangen.

Die Fraktale Fabrik ist ein offenes System, das aus selbständig agierenden und in ihrer Zielausrichtung selbstähnlichen Einheiten - den Fraktalen - besteht und durch dynamische Organisationsstrukturen einen vitalen Organismus bildet. In Analogie zu natürlichen fraktalen Strukturen lassen sich die Grundprinzipien der Dynamik, Selbstorganisation und Selbstähnlichkeit identifizieren. Letzteres äußert sich in der Synchronisation der Zielausrichtungen aller Einzelfraktale, die nicht notwendigerweise übereinstimmen, aber der Erreichung des Unternehmenszieles dienen müssen.

Über die Erfordernis, Abläufe und Zustandsgrößen transparent zu machen, besteht in Forschung und Praxis kein Zweifel. Dabei hat man jedoch bislang viel zu sehr den Prozeß der Leistungserstellung im Auge. Die Auswirkungen umfassender Transparenz auf die Erschließung mitarbeiterbezogender Reserven sind noch kaum bekannt. Erst die Verinnerlichung von Zielen, beispielsweise ein umfassendes Qualitätsbewußtsein, schafft die Voraussetzung für einen maximalen Wirkungsgrad des Fabrikbetriebes als Ganzes. Ohne Transparenz der Zielerreichung ist hieran nicht zu denken. Die Hinwendung zu zielorientierten Gestaltungsregeln macht eine Schaffung von definierten Bewegungsräumen für die Fraktale erforderlich, in denen eine Selbstoptimierung erfolgen kann. Innerhalb und zwischen diesen Bewegungsräumen ist es sehr viel eher möglich, Kommunikation und Ressourceneinsatz bedarfsgerecht zu gestalten. Eine Wettbewerbssituation innerhalb der Fabrik fördert unternehmerisches Verständnis, Denken und Handeln aller Mitarbeiter, weil die Konsequenzen von Entscheidungen und Handlungen unmittelbar sichtbar werden. Die bereits angesprochene Transparenz stellt die wesentliche Voraussetzung zur Schaffung eines Motivationsregelkreises dar, ohne den ein langfristig tragfähiges Konzept nicht denkbar erscheint.

In der Fraktalen Fabrik werden nicht Zustände, sondern Abläufe beschrieben. Die Abbildung von Zuständen wird zurückgestuft zu einer Methode, mit der die notwendige Transparenz geschaffen wird. Dynamische Organisationsstrukturen brechen das Dogma festgefügter, unbeweglicher Organisationspläne, die kaum mehr als zeitgemäß bezeichnet werden können. Hierzu gehört auch die Bildung und Auflösung von Fraktalen als Folge veränderter Randbedingungen.

6. Informationsverarbeitung in der Fraktalen Fabrik

Der Informationsverarbeitung kommt in der Fraktalen Fabrik eine zentrale Bedeutung zu. Keinesfalls aber darf sie zum Selbstzweck werden, wie gegenwärtig allzu oft zu beobachten ist.

Wenn wir in den letzten Jahren über die Fabrik der Zukunft sprachen, lag dem die Modellvorstellung einer Fabrik zugrunde, die einer komplexen Maschine gleicht, die wir früher oder später mit den wachsenden Möglichkeiten der Informationstechnik automatisiert haben werden. Ausgehend von der automatisierten Materialbearbeitung wurden zur Gewährleistung kurzer Reaktionszeiten bei geringen Beständen durchgängige Kommunikations- und Informationssysteme entwickelt und teilweise bereits eingeführt. Ein solches durchgängiges Konzept wird als "Computer Integrated Manufacturing" (CIM) bezeichnet. Heutige CIM-Komponenten basieren auf der Dialektik einer funktions- und datenorientierten Sicht. Ein integriertes CIM-Konzept kann somit nur für alle Funktionsbereiche gleichzeitig entwickelt werden. Die hierfür notwendigen enormen Aufwendungen können nur einmal aufgebracht werden und münden dadurch in starre, hierarchische Systemstrukturen, die durch unzählige Schnittstellen zwischen den Systemkomponenten gekennzeichnet sind.

Fälschlicherweise wird häufig davon ausgegangen, daß durch den Einsatz dieser rechnergestützten Informationssysteme die Organisationsstruktur und die betrieblichen Abläufe automatisch verbessert werden könnten. Dies ist ein Trugschluß. Die vorhandenen Abläufe und Strukturen des jeweiligen Unternehmens werden dadurch eher zementiert anstatt verbessert. Eine Neuanpassung oder kontinuierliche Verbesserung der Abläufe wird auf lange Sicht unbezahlbar. Um dies zu vermeiden wird heute vielfach die Analyse und Optimierung der betrieblichen Abläufe und Strukturen vor einer CIM-Realisierung propagiert. Kurzfristig mag dieser Ansatz sicherlich den optimierten Einsatz eines CIM-Systems ermöglichen. Allerdings wird auch hiermit nur die zum Realisierungszeitpunkt optimale Struktur abgebildet. Heutige CIM-Komponenten unterstützen keine gegebenenfalls erforderlichen Anpassungen der Abläufe und Strukturen aufgrund von sich verändernden äußeren und inneren Einflußfaktoren. Dies zeigt sich deutlich am Beispiel von PPS-Systemen. Durch die *fest vorgegebenen Terminierungsalgorithmen* zur Einlastung der Fertigungsaufträge ist eine umfassende Anpassung des Produktionsprozesses an sich ändernde Randbedingungen (z. B. der Wandel von einer Massen- zu einer Sortenfertigung) nicht möglich.

In der Fraktalen Fabrik ist das Zusammenwirken der sich selbst steuernden und organisierenden Fabrik-Fraktale durch hohe Eigendynamik und maximale Reaktionsfähigkeit auf sich dynamisch ändernde Randbedingungen geprägt. Um die Vitalität der einzelnen Fabrik-Fraktale zu ermitteln, ist eine permanente Bewertung gegenüber Wettbewerbern erforderlich. An diesem Punkt wird deutlich, daß sogar der herkömmliche, zumindest starr verstandene Begriff von CIM, als ein rein technisches Mittel zur Integration computerisierter Fabrikinseln, ins Wanken gerät. Mit diesem enggefaßten Verständnis kann CIM in einer Fraktalen Fabrik nur eine untergeordnete Werkzeugfunktion besitzen. Die CIM-Systeme der Zukunft hingegen haben eine wichtige Aufgabe. Sie müssen für Fraktale einer Fabrik flexible und leistungsfähige Informations- und *Navigationssysteme* bereitstellen. Informationssysteme haben die Aufgabe, die für die Herstellung von Produkten und den Einsatz von Betriebsmitteln im Rahmen eines entsprechenden Fabrikationsprozesses nötigen Daten bereitzustellen. Neu zu entwickelnde Navigationssysteme sollen die selbständig durchzuführende, kontinuierliche Verbesserung der Leistungsfähigkeit von Fraktalen unterstützen. Diese Anforderung ist von zentraler Bedeutung, da vom Führungssystem in Zukunft lediglich die globalen Unternehmensziele vorgegeben werden, die dann auf lokaler Ebene umzusetzen sind. Statt der bisher mit Hilfe von CIM-Systemen immer detaillierter durchgeführten Kontrolle wird in der Fraktalen Fabrik lediglich eine ergebnisorientierte Beurteilung eines Fraktals durchgeführt. Die zugehörigen Organisationsstrukturen werden von jedem Fraktal selbst kontinuierlich optimiert und eventuellen Veränderungen angepaßt.

Die heutigen Entwicklungen im Bereich von CIM werden dem noch nicht in vollem Umfang gerecht, gemessen an den Anforderungen, die für eine Nutzung im Rahmen einer Fraktalen Fabrik gestellt werden. Ein wesentliches Ziel für die weltweiten Arbeiten ist die vollständige Daten- und Funktionsmodellierung über alle statischen und dynamischen Zusammenhänge einer Fabrik, um diese einer optimalen Rechnerunterstützung zugänglich zu machen. Durch Standardisierung sollen die hohen Kosten der einmaligen Spezialanwendungen von CIM gesenkt werden. Bei diesen Arbeiten ist über die Jahre das Wachsen einer Erkenntnis zu bemerken, die weg von den starren Strukturen der Daten- und Funktionssichtweise hin zur objektorientierten Sichtweise drängt. Durch die Erstellung grundlegender Modelle werden Basiswerkzeuge für ein umfassendes Kommunikations- und Informationssystem erstellt, aber Navigationssysteme sind in den laufenden Arbeiten bis heute noch nicht ersichtlich. Es ist also anzustreben, daß die weitere Entwicklung von CIM, die über die genannten Basisleistungen hinausgehen wird, die Methode des Einsatzes von CIM unter dem Blickwinkel und den Anforderungen einer Fraktalen Fabrik berücksichtigt.

Durch die gegenseitige Abhängigkeit und Beeinflussung der fraktalen Organisations- und Systemstrukturen wird die Gestaltung der zukünftigen CIM-Umgebung nicht einfacher sein. Einerseits ist eine weitaus höhere Autonomie und folglich Intelligenz der rechnergestützten Fraktale erforderlich. Andererseits wird die dezentrale Bereitstellung leistungsfähiger Navigations- und Informationssysteme notwendig. Die wachsende Eigenständigkeit und Kompetenz von Mitarbeitern erfordert wiederum einen höheren Verantwortungswillen und entsprechende Fähigkeiten aller Mitarbeiter. Insofern wird den Punkten

- Modellsprachparadigmen, wie z.B. Objektorientierung und Agentenkonzepte, die die Systematik einer fraktalen Denkweise unterstützen,
- Anwenderoffenheit und -verständlichkeit der CIM-Systeme,

- expertensystemgestützte Informationsermittlung und -verdichtung,
- Bewertungsmöglichkeiten vor dem Ausführen kostspieliger Maßnahmen durch Simulation,
- wissensbasierte Prozeßterminierungs-, ausführungs- und -regelsysteme,
- intelligente Kontrollmechanismen für kurze Rückkoppelungsschleifen zwischen Entscheider und realem Prozeß

in einer Fraktalen Fabrik sehr hohe Bedeutung beizumessen sein. CIM, als Informations- und Kommunikationswerkzeug verstanden, kann damit erheblich zu deren Erfolg beitragen.

Die Telekommunikation ist fraglos eines der weltweit größten Wachstumsfelder. In Europa beläuft sich ihr Anteil am Bruttosozialprodukt bereits auf 3,5 Prozent und wird sich, einer EG-Studie zufolge, in den kommenden Jahren verdoppeln. Das große Interesse der Industrie, sich beispielsweise auf dem Markt für digitalen Mobilfunk zu etablieren, belegt eindrucksvoll, welche Erwartungen auf dieser Entwicklung ruhen. Technologiesprünge in den Bereichen

- Digitaltechnik,

- Mobilfunk und

- Breitbandnetz

erschließen neue Anwendungen, die auch für den Prozeß der industriellen Leistungserstellung von großer Bedeutung sind. Die informationstechnische Verknüpfung mit dem Lieferanten gehört in vielen Betrieben bereits zum Alltag. Folgerichtig kann eine Fabrik auch 'disloziert' werden, so daß die physische Güterentstehung möglichst nah am Verbrauchsort vollzogen wird. Nachdem die Übermittlung von Daten, aber auch verbale und visuelle Kommunikation über große Entfernungen keine Barriere mehr darstellt, ist es vorstellbar, ein Werkstück in Europa zu entwickeln, aber sofort in einem - in einen weltweiten Fertigungsverbund eingefügtem - Dienstleistungszentrum auf einem anderen Kontinent zu fertigen. Wenngleich diese Vision noch viele Fragen aufwirft, sollte sie doch zu intensivem Nachdenken anregen. Dezentrale, autonome Strukturen begünstigen ja gerade eine räumliche Trennung.

Allerdings ist hier noch ein weiter Weg zurückzulegen. Erfahrungen mit Bildschirmarbeitsplätzen, die in die Wohnung des Arbeitnehmers verlegt wurden, können kaum als erfolgreiches Muster dienen, weil sie den Motivationsaspekt des Gemeinschaftserlebnisses vollständig ignorieren. Transkontinentale Videokonferenzen hingegen erfreuen sich steigender Beliebtheit, weil sie Zeit- und Kosteneinsparungen miteinander verbinden, wenngleich sie keinen Ersatz für das persönliche Zusammentreffen darstellen.

Sicherlich gibt es in diesem Bereich noch beträchtliche Entwicklungsdefizite, insbesondere bei Datenformaten und -schnittstellen. Auf der anderen Seite jedoch wird intensiv daran gearbeitet, und bei der Dynamik dieses Marktes ist - vergleichbar mit der Mikroelektronik in den achtziger Jahren - mit rapidem Preisverfall und entsprechender Verbreitung zu rechnen.

Heute noch zum Alltag gehörende Schwierigkeiten mit den Schnittstellen zwischen Daten und Verarbeitungsprogrammen sind zu beseitigen, denn nur ein funktionierendes System erfährt die erforderliche Akzeptanz. Für die verschiedensten Fragestellungen, die sich in der Regel kurzfristig ergeben und dann auch kurzfristig zu beantworten sind, steht den Fraktalen ein Methoden-baukasten zur Verfügung, der stetig weiterzuentwickeln ist.

Zur Unterstützung des fortlaufenden Strukturierungsprozesses benötigen die Fraktale geeignete Navigations- und Steuerungsinstrumente, um

-     ihre Position bestimmen und
-     ihre Weiterentwicklung lenken zu können.

Die Beschaffung und Auswertung dieser Informationen ist derzeit recht mühsam, weil die Viel-zahl von Informationsquellen und Datenformaten einen hohen Aufbereitungsaufwand bedingen. Für die Analyse der informellen Ebene von Systembeziehungen steht überhaupt kein Hilfsmittel zur Verfügung. Der Entwicklung eines geeigneten Instrumentariums kommt daher eine hohe Be-deutung zu.

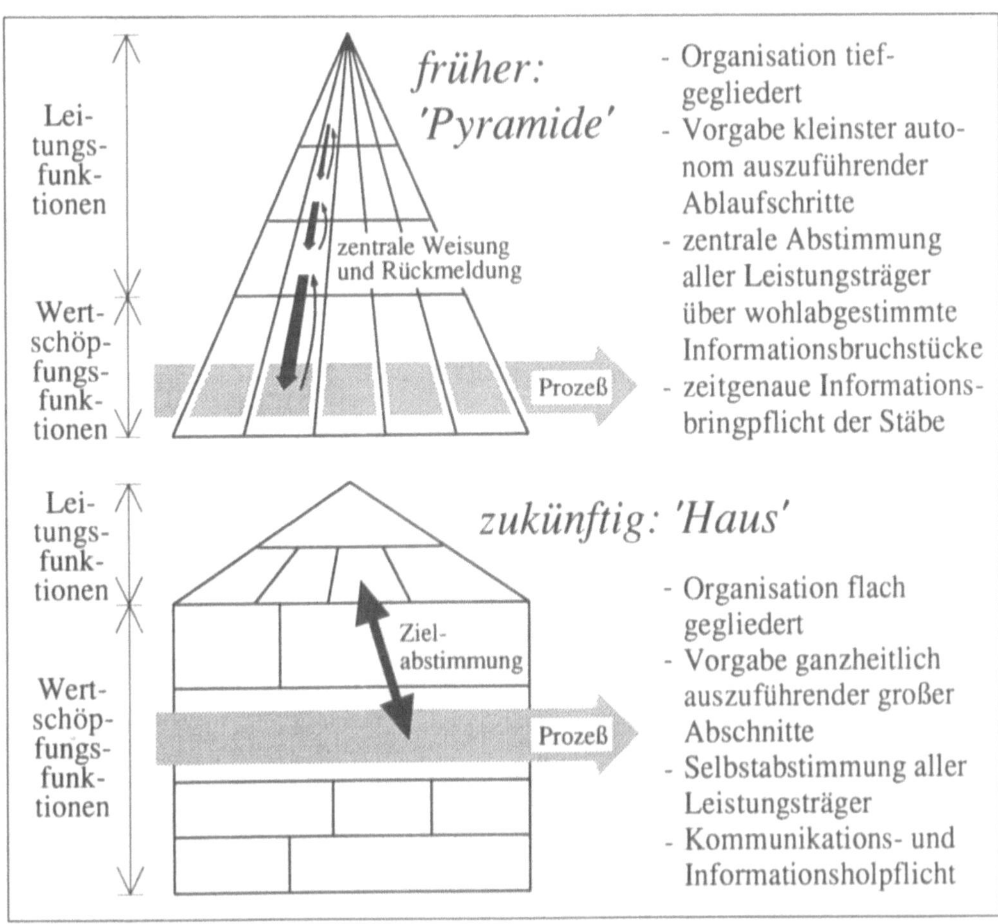

Abb. 7: Zusammenspiel von Organisation, Information und Leistungserstellung: von der Pyramide zum Haus

Die Änderung einer funktional orientierten, vertikal strukturierten Organisation in eine prozeßorientierte, horizontal strukturierte, sozusagen das Umklappen der Organisation um 90 Grad - mit gleichzeitiger Änderung der Führung im Sinne einer Dezentralisierung sowie der Abläufe im Sinne einer Integration - erfordert Mut und Aufwand. Selbst bei der Erkenntnis der Notwendigkeit ist der Schritt zur Umsetzung noch sehr groß. Es sind noch nicht ausreichend viele und schlagende Beispiele vorhanden, um diesen Weg sicher gehen zu können. Die Aufgabe ist auch so komplex, daß in jedem Betrieb ein eigener Weg gesucht werden muß, wobei in einer solchen Situation allein schon der Weg das Ziel ist.

Durch derartige Innovationen können die Stärken der europäischen Industrie wie Ausbildung, Fachkompetenz, der Wunsch nach Selbstentfaltung und Individualität gezielt wirksam gemacht werden. Erforderlich ist allerdings ein tiefgreifender Wandel von Denk- und Verhaltensweisen aller Beteiligten, das Aufgeben überholter Macht- und Führungsansprüche, das Übernehmen von mehr dezentralisierter Verantwortung bei der Wertschöpfung sowie Kooperation und Kommunikation in integrierten Abläufen, was sicher nicht schnell und leicht erreichbar ist. Die Industrie aber, die sich auf diesen Weg begibt, hat die Chance, in der Zukunft bedeutende Wettbewerbsvorteile für sich zu gewinnen.

8. Schrifttum

Burckhardt, W.:
Das produzierende Unternehmen als Zeitfalle? In: Münchener Kolloquium '91. Berlin: Springer, 1991

Dangelmaier, W.; Warnecke, H.J.:
Grenzen der Technik. In: Werkstatttechnik 80 (1990) 3, S. 145-148

Drucker, P.F.:
Neue Realitäten. Düsseldorf; Wien; New York: ECON, 1990

Drucker, P.F.:
So funktioniert die Fabrik von morgen. In: Harvard Manager (1991) 1, S. 8-17

Franke, H.; Buttler, Fr.:
Arbeitswelt 2000. Frankfurt/M.: Fischer 1991

Fuchs, J. (Hrsg.):
Das biokybernetische Modell. Unternehmen als Organismen. Wiesbaden: Gabler, 1992

Hammer, H.:
Verfügbarkeitsanalyse von flexiblen Fertigungssystemen. In: Fertigungstechnisches Kolloquium Stuttgart FTK 1991, Berlin; Heidelberg; New York u.a.: Springer, 1991

Helper, S.:
How much has really changed between US automakers and their suppliers? In: Sloan Management Review 32 (1991) 4, S. 15-28

KCIM im DIN:
Fachbericht 15: Normung von Schnittstellen für die rechnerintegrierte Produktion. Berlin: Beuth, 1987

Manufacturing Engineering 108 (1992) 1, S. 31-88
Future View

Peters, T.:
Kreatives Chaos. Die neue Management-Praxis. Hamburg: Hoffmann und Campe, 1988

Porter, M.:
Wettbewerbsvorteile. Frankfurt/M.; New York: Campus, 1989

Reich, R.:
The Work of Nations - Preparing Ourselves for 21st-Century Capitalism. New York: Knopf, 1991

Scheer, A.W.:
Wirtschaftsinformatik - Informationssysteme im Industriebetrieb. Berlin; Heidelberg; New York u.a.: Springer, 1990

Seitz, K.:
Die japanisch-amerikanische Herausforderung. München: Bonn Aktuell, 1991

Stalk, G.; Hout, Th. M.:
Zeitwettbewerb. Frankfurt/M.; New York: Campus, 1990

Ulich, E.:
Arbeitsform mit Zukunft: ganzheitlich-flexibel statt arbeitsteilig. Bern: Lang, 1989

Warnecke, H.J.:
Die Fraktale Fabrik. Berlin u.a.: Springer, 1992

Integration der Informationstechnik in die industrielle Produktion

H. E. Bertuleit
Bundesministerium für Forschung und
Technologie, Bonn

Zusammenfassung

Berichtet wird über Konzepte, Maßnahmen und Ergebnisse von FuE-Förderungen des BMFT für industrielle Prozeßinnovationen durch die Anwendung der Informationstechnik. Die Schwerpunkte sind die rechnerunterstützte Fertigungsintegration - CIM-Anwendungen, CIM-Technologietransfer, FuE zur CIM-Standardisierung - sowie das Querschnittsthema Qualitätssicherung.

Einführung

Der zunehmende Wandel vom Anbieter- zum Käufermarkt zwingt Industrieunternehmen, verstärkt auf Kundenwünsche einzugehen. Kosten und Durchlaufzeiten müssen reduziert werden, gleichzeitig sind Produktivität, Qualität und Flexibilität zu steigern. Produzierende Unternehmen stehen vor der Aufgabe, Merkmale eines Dienstleistungsbetriebs bei sich zu verwirklichen

Zu einer bedeutenden Produktionskomponente wird die Informationstechnik; die Information als wichtiger Produktionsfaktor erhält eine neue Qualität und Bedeutung. Die informationstechnische Verknüpfung der mit der Fertigung zusammenhängenden Betriebsbereiche eines Unternehmens erlaubt es, den Fertigungsprozeß in seiner Gesamtheit zu optimieren. Hierbei müssen allerdings meistens auch Strukturen, Organisationsformen und Managementinstrumente in den Betrieben verändert werden. Der optimalen Gestaltung des Zusammenwirkens von Mensch, Technik und Organisation in modernen Arbeitssystemen muß dabei besondere Aufmerksamkeit geschenkt werden.

Die zügige Lösung der hier vorliegenden know-how-intensiven Aufgaben
stellt vor allem kleine und mittlere Unternehmen vor größere Probleme.
Der Bundesminister für Forschung und Technologie will im Rahmen bestimmter Fachprogramme dazu beitragen, daß derartige Prozeßinnovationen
auf wissenschaftsgestützer Grundlage vorbereitet und beschleunigt realisiert
werden können. Angesprochen sind hier die Förderprogramme
"Fertigungstechnik" und "Qualitätssicherung".

Programm Fertigungstechnik

Dieses Programm [1] hat eine reguläre Laufzeit von 1988 bis 1992; für diesen Zeitraum hat der Bundesminister für Forschung und Technologie Förderungsmittel in Höhe von ca. 583 Mio DM bereitgestellt. Die Bewilligungsphase ist abgeschlossen, abgesehen von Sondermaßnahmen in den
neuen Bundesländern.

Der wesentliche Teil des Programms Fertigungstechnik konzentriert sich
auf den Bereich **"Rechnerintegrierte Fertigung"** und damit auf einen In-
novationsprozeß, der durch zwei Besonderheiten gekennzeichnet ist:
1. Es handelt sich um eine auf den Gesamtprozeß der Fertigung bezogene
   Rationalisierungsstrategie.
2. Es liegt eine langfristig zu begreifende prozeßhafte Strategie vor.

Die Förderungsmaßnahmen erstrecken sich auf folgende Bereiche:

1. Breitenwirksamer CIM-Technologietransfer (CIM-TT)
   Ziel dieser Maßnahme ist es, Vorteile, Probleme sowie Gestaltungs- und
   Lösungsmöglichkeiten von CIM potentiellen Anwendern - vor allem
   kleinen und mittleren Unternehmen - praxisnah und anschaulich vorzu-
   tragen und zu demonstrieren, damit diese ihre Unternehmensentschei-
   dungen auf der Basis eines soliden Grundwissens vorbereiten können.

   Zu diesem Zweck wurde vom BMFT eine Initiative angestoßen, mit der
   das Sach- und Erfahrungswissen von einschlägigen Forschungsinstituten
   im Bereich CIM beschleunigt in die industrielle Anwendung gebracht
   werden soll.

Folgende Aufgaben stehen im Mittelpunkt:
° allgemeine Informationen über den Entwicklungsstand von CIM (z.B. Entwicklungstrends, FuE-Ergebnisse, Erfahrungen),
° Durchführung von Seminaren (z.B. Einführungsveranstaltungen zu wichtigen CIM-Themen, Herausgabe von Seminarunterlagen)
° Demonstration beispielhafter CIM-Lösungen (z.B. Vorführungen von integrierten CIM-Grundbausteinen, praktische Übungen an und mit CIM-Geräten und -Einrichtungen),
° Orientierungsberatung über das grundsätzliche Vorgehen bei der Vorbereitung von CIM-Konzepten unter Einbeziehung notwendiger Qualifizierungsmaßnahmen (die nachfolgende betriebsspezifische Detailberatung wird von entsprechenden kommerziellen Unternehmen angeboten).
° Organisation von Veranstaltungen zum Erfahrungsaustausch über CIM.

Zur Realisierung dieser Maßnahme wurde 1988 ein Netz von zunächst 16 regional verteilten CIM-TT-Zentren (CIM-TTZ) aufgebaut, in denen insgesamt 46 Hochschul- und Fachhochschulinstitute interdisziplinär zusammenarbeiten; im Verlauf von 1990 und 1991 kamen 5 CIM-TTZ in den neuen Bundesländern mit 32 Instituten hinzu (siehe Bild 1).

Als wichtiger gemeinsamer Arbeitsansatz aller CIM-TTZ wurden CIM-Querschnittsthemen definiert und aufgearbeitet und gemeinsame Seminar-Unterlagen geschaffen; hieraus entsteht zur Zeit die 17 Bände umfassende Buchreihe "CIM-Fachmann".

Die CIM-TT-Zentren haben von 1988 bis Mitte 1991 fast 600 Seminare mit ca. 12.000 Teilnehmern durchgeführt. Der BMFT hat für den Aufbau und den Betrieb der CIM-TT-Zentren ca. 83 Mio DM bereitgestellt. Davon allein ca. 20 Mio DM für die 5 Zentren in den neuen Bundesländern.

Die Koordination der Aktivitäten erfolgt über den vom BMFT eingesetzten Projektträger Fertigungstechnik und Qualitätssicherung, Kernforschungszentrum Karlsruhe.

2. Standardisierung im CIM-Bereich

Da bei CIM sehr unterschiedliche fertigungstechnische Komponenten und Einrichtungen, die von verschiedenen Herstellern angeboten werden, integriert werden müssen, hat die Standardisierung einen besonders hohen Stellenwert. Eine wichtige Voraussetzung für das reibungslose Zusammenwirken von Produktionseinrichtungen ist die Kommunikationsfähigkeit der einzelnen Automatisierungskomponenten untereinander und zu den rechnerunterstützten Systemen im technischen Büro. Die schnelle Entwicklung in der Informationstechnik verlangt eine entwicklungsbegleitende Normungsarbeit.

Mit Mitteln des BMFT wurde eine CIM-Arbeitsgruppe für Standardisierungsaufgaben eingerichtet. Diese Arbeitsgruppe soll die wissenschaftliche Basis für die CIM-Standardisierung in der Bundesrepublik Deutschland stärken. Sie soll wissenschaftliche Grundlagen erarbeiten und damit der Industrie zuarbeiten und auch bei der sachverständigen Vertretung der Bundesrepublik Deutschland im Rahmen internationaler Aktionen mitwirken.

Die Leitung dieser Arbeitsgruppe, in der 13 FhG- und Universitätsinstitute mitarbeiten, hat Herr Prof. Dr. H.-J. Warnecke, Leiter des Fraunhofer-Instituts für Produktionstechnik und Automatisierung, Stuttgart, übernommen. Die Arbeiten der Gruppe werden fachlich begleitet und bewertet durch den Technischen Beirat der Kommission CIM im DIN, dem Sachverständige aus Industrie und Wissenschaft sowie aus den relevanten Normenausschüssen angehören.

Die bisher erzielten Forschungsergebnisse sind in die Normenarbeit eingeflossen und haben wesentlich zur Beschleunigung und zur Verbesserung der deutschen und europäischen Position im internationalen Standardisierungsprozeß beigetragen. Der BMFT hat für diese Aktivität ca. 20 Mio DM (1988 - 1993) bewilligt.

3. Indirekt-spezifische Förderung der CIM-Anwendung

Diese Maßnahme dient dem Ziel, einen Anstoß zur beschleunigten
Entwicklung und Anwendung der rechnerintegrierten Fertigung zu ge-
ben. Hiermit soll die Eigeninitiative der Unternehmen gestärkt werden,
rechtzeitig in den Prozeß der rechnerunterstützten Fertigungsintegration
und damit in eine zukunftsorientierte Strukturverbesserung einzusteigen.
Vor allem kleine und mittlere Unternehmen werden hier angesprochen.
Adressaten der Förderung sind rechtlich selbständige Unternehmen des
Investitionsgüter produzierenden Gewerbes, die fertigungstechnische
Geräte, Maschinen und Einrichtungen und/oder entsprechende Baugruppen oder Aggregate entwickeln, herstellen und vertreiben oder vertreiben lassen.

Gefördert werden Arbeiten zur Vorbereitung und Einführung einer
rechnerintegrierten Fertigung im eigenen Betrieb.
Hierzu zählen
- Analyse der organisatorischen, personellen und technischen Gegeben-
  heit des Betriebs im Hinblick auf eine Einführung von rechnerinte-
  grierter Fertigung,
- Entwicklung von Konzepten für die Strukturverbesserung im Unter-
  nehmen,
- Erarbeitung von betriebsinternem Knwo-how,
- Planung der Einführung,
- Entwicklung und Beschaffung von Software zur informationstechni-
  schen Vernetzung vorhandener rechnergestützter Subsysteme,
- Einführung und Erprobung,
- Schulung von Mitarbeitern.
Die Zuwendung beträgt 40 % von bestimmten Kosten/Ausgaben;
der Höchstzuschuß pro Unternehmen beträgt 300.000,00 DM. Für die
indirekt-spezifische Förderung wird ein vereinfachtes Verfahren zur
Antragstellung, Bewilligung und Abrechnung angewendet. Hiermit soll
kleinen und mittleren Unternehmen der Zugang zur Förderung erleichtert werden. Die zur Verfügung stehenden Mittel betragen insgesamt
300 Mio DM.

Dieses Förderangebot wurde von der Industrie breit aufgegriffen; insgesamt gingen 1.785 Förderanträge ein. Im Juli 1989 wurde die Bewilligungsgrenze von 300 Mio DM erreicht; damit wurde die **Bewilligungsphase** für dieses Teilprogramm **abgeschlossen**.

Förderungsmittel erhielten insgesamt 1.231 Unternehmen. Die geförderten Unternehmen haben hinsichtlich der Anzahl der Mitarbeiter folgende Struktur:

Anzahl der Mitarbeiter	Anzahl der Unternehmen	bewilligte Mittel (Angaben in %)
bis 100	44	38
101 bis 500	39	42
501 bis 1 000	9	11
1 000 bis 2 000	5	6
über 2 000	3	3
	100	100

Zu dieser indirekt-spezifischen Förderung wurde eine Untersuchung eingeleitet, um
° die Effizienz und Auswirkungen dieser Fördermaßnahmen festzustellen
° und die Zusammenhänge zwischen der Einführung von CIM und der betrieblichen Organisation, Arbeitsbelastung und Qualifikation herauszufinden.

Ziel dieser Wirkungsanalyse ist neben der Bewertung der Fördermaßnahmen vor allem Empfehlungen zur Gestaltung von Technik, Organisation und Struktur in Industriebetrieben abzuleiten, die bereits in der Programmlaufzeit an die Industrie weitergegeben werden.

Inzwischen wurden erste Ergebnisse dieser Untersuchungen vorgelegt. Diese haben noch keinen repräsentativen Charakter, zeigen jedoch Trends und typische Probleme:
° In der Mehrzahl der CIM-Projekte werden organisatorische Aspekte nur unzureichend bei der Planung aufgegriffen. Die technische Sichtweise dominiert.

° Änderungen der Arbeitsabläufe und Arbeitsorganisationen sind in den
CIM-Projekten - wenn überhaupt - im Sinne einer reaktiven Anpassung an die technische Umstellung bedacht worden.
° Hemmnisse und Barrieren für arbeitsorganisatorische Strukturinnova-
tionen sind vor allem:
- unzureichende Planungsressourcen,
- ein geringer Planungshorizont mit im hohen Maße technisch
  orientiertem Vorgehen,
- Fehlen systematischer und umfassender Systemplanung,
- hoher Druck bei Umstellungsmaßnahmen.

Die bisherigen Ergebnisse wurden auch in einer Vielzahl von Publikationen, Vorträgen, Referaten und Diskussionspapieren bekanntgemacht
sowie durch Mitarbeit in Beiräten, Arbeitskreisen und Expertengruppen
umgesetzt.

Wegen der Bedeutung rechnerintegrierter Fertigungsstrukturen für den
Aufbau der Industrie in den neuen Bundesländern hat der BMFT die indirekt-spezifische Förderung der CIM-Einführung für Unternehmen in
den neuen Bundesländern neu aufgenommen. Hierfür stehen ab
01.01.1992 zusätzlich 100 Mio DM über einen Zeitraum von 4 Jahren
zur Verfügung.

Programm Qualitätssicherung

Der Bundesminister für Forschung und Technologie hat im März 1992
das Programm Qualitätssicherung bekanntgegeben [2].

Ziel des Programms Qualitätssicherung ist es, unsere Unternehmen
durch Bereitstellung von Know-how, durch Kooperation, Information
und Diskussion zu befähigen und anzuregen, beschleunigt integrierte
Qualtitätssicherungssysteme kontinuierlich einzuführen, damit sie im
internationalen Wettbewerb bestehen können; dies gilt vor allem für
kleine und mittlere Unternehmen. Mit diesem Programm soll auch ein
Beitrag dazu geleistet werden, daß unsere Unternehmen den Anforderungen des kommenden europäischen Binnenmarktes gewachsen sind
und der Industriestandort Deutschland auch künftig attraktiv bleibt. Da-

für will der BMFT für die Jahre 1992 bis 1996 insgesamt 350 Millionen Mark bereitstellen.

Die Förderungsmaßnahmen konzentrieren sich auf folgende Bereiche:

1. Grundlagenforschung stärken

° Die Deutsche Forschungsgemeinschaft hat auf Anregung des BMFT das **Schwerpunktprogramm "Innovative Qualitätssicherung in der Produktion"** eingerichtet. Folgende Themenbereiche sollen aufgegriffen werden:
  - Methoden der präventiven Qualitätssicherung auch bei der Einführung neuer Technologien (Simulationsmethoden und wissensbasierte Systemansätze).
  - Entwicklung von verketteten Informationsprozessen (Regelkreisen) zur Qualitätsförderung und -lenkung.
  - Methoden zur qualitäts- und funktionsgerechten Werkstückbeschreibung und Tolerierung unter Berücksichtigung der Fertigungs-, Prüf- und Instandhaltungstechnologie.

  Diese Maßnahme wurde bereits gestartet; der BMFT fördert sie.

° Ferner ist vorgesehen, **Forschergruppen an Hochschulen** einzurichten, in denen mehrere Forschungsinstitute (Hochschulinstitute oder hochschulnahe Institute) unterschiedlicher Disziplinen, wie z.B. Qualitätswissenschaft, Arbeitswissenschaft, Betriebswirtschaft und Fertigungstechnik, **überregional** zusammenarbeiten. Das Thema Qualitätssicherung ist eine Querschnittsaufgabe verschiedener Fachrichtungen und erfordert diesen interdisziplinären Ansatz. Die Forschergruppen sollen Spitzenforschung auf diesem Gebiet betreiben und gleichzeitig als Basis für eine breite, qualifizierte Ausbildung dienen.

  Folgende Themen werden aufgegriffen werden:
  * Wechselwirkung der Qualitätssicherung mit der Organisation und Arbeitsgestaltung
  * Qualitätssicherung im Bereich der Produktionslogistik
  * Wissensbasierte Systeme in der Qualitätssicherung

* Qualitätssicherung im Dienstleistungsbereich
* Qualitätsinformationssysteme
* Grundlagen für Null-Fehlerproduktion in der Prozeßkette
* Wechselwirkung der Qualitätssicherung mit der Betriebswirtschaft

Diese Themen wurden im Bundesanzeiger bekanntgegeben; die Förderung hat bereits begonnen. Beteiligt sind hier insgesamt 33 Institute.

2. Verbundprojekte initiieren

Verbundprojekte sind arbeitsteilige Kooperationen von mehreren Unternehmen und Forschungsinstituten mit dem Ziel, firmenübergreifende, längerfristige Fragestellungen im vorwettbewerblichen Bereich zu bearbeiten. Solche Kooperationen sollen insbesondere auch die Umsetzung wissenschaftlicher Erkenntnisse der Forschungsinstitute in die Industrie beschleunigen.

Schwerpunkt für Verbundprojekte sind folgende Themenfelder, die in ausführlichen Fachgesprächen und Workshops mit Fachleuten aus Industrie und Wissenschaft identifiziert wurden:
° Methoden und Hilfsmittel zur Umsetzung der DIN/ISO 9000 ff. zur
    Einführung von Qualitätssicherungssystemen
° Qualitätsförderliche Organisations- und Führungsstrukturen (z.B. auch
    Qualitätszirkel)
° Informationssysteme zur Unterstützung der Qualitätssicherung in Unternehmen des produzierenden Gewerbes und des Dienstleistungssektors
° Wirtschaftlichkeitsfragen der Qualitätssicherung
° Wissensakquisition und Umsetzung qualitätsbeeinflussender Faktoren
° Qualitätssicherung bei der Integration umfangreicher Systeme

Die Förderung der einzelnen Verbundprojekte wird jeweils im Bundesanzeiger bekanntgegeben.

Das oben genannte erste Verbundprojektthema (Umsetzung DIN/ISO 90000 ff) wurde im August 1991 im Bundesanzeiger bekanntgegeben. Diese Norm ist ein Leitfaden zu den technischen, administrativen und menschlichen Faktoren, welche die Qualität von Produkten beeinflussen, und zwar für alle Phasen des Qualitätskreises von der Ermittlung der Erfordernisse bis zur Zufriedenstellung des Kunden. Angegeben sind hier (international vereinbarte) Mindestanforderungen, die Unternehmen erfüllen müssen. Sie reichen vom Einkauf mit seiner Beurteilungspflicht der Zulieferer über die Entwicklung mit der regelmäßigen Überprüfung des Projektfortschritts, der Kontrolle des Herstellungsprozesses mit der schriftlichen Fixierung aller Prozeßschritte, die Überprüfung der Lagerung der Produkte unter kontrollierten Bedingungen bis zur eventuellen Installation beim Kunden nach festgelegten Plänen. Eingeschlossen ist auch der Kundendienst mit einem Rückmeldesystem, um die Entwicklungsarbeit direkt zu beeinflussen.

Diese Bekanntmachung ist auf ein sehr großes Interesse gestoßen. Es wurden 168 Projektskizzen eingereicht. An diesen Projekten wollen sich ca. 790 Partner beteiligen. Hiervon sind ca. 600 gewerbliche Unternehmen, etwa ein Viertel davon aus den neuen Bundesländern. Kleine und mittlere Unternehmen sind mit insgesamt mehr als 90 % vertreten. Etwa 190 Interessenten sind Forschungsinstitute, Verbände und sonstige Institutionen.
Diese Reaktion zeigt das breite Interesse und große Engagement der Beteiligten.

3. Qualitätswissen breitenwirksam umsetzen

Die Aufgabenstellung der Forschergruppen und der Verbundprojekte wird so gestaltet, daß das für eine wirksame Qualitätssicherung notwendige Wissen aufbereitet und breitenwirksam zur **Qualifizierung betrieblicher Mitarbeiter** verfügbar gemacht wird. Zur Verstärkung der breiten Umsetzung von Wissen und Erfahrungen und um noch vorhandene Lücken zu schließen, soll aus bestehenden wissenschaftlichen Instituten und Einrichtungen ein **Technologietransfer-Netz** aufgebaut werden.

In einem ersten Schritt wird eine besondere Arbeitsgruppe Konzepte zur Umsetzung von Qualitätswissen in den Unternehmen entwickeln.

Dabei wird berücksichtigt, daß in Deutschland zwar bereits ein breites Seminarangebot zur Vermittlung des für die Qualitätssicherung notwendigen Fachwissens existiert, daß sich aber für die praktische Nutzung zwei Probleme herausgestellt haben:

° Das Wissens- und Lehrangebot ist sehr umfangreich; es ist schwer zu überblicken und abzuschätzen, welches Wissen für welche Aufgabenstellung wirklich notwendig und geeignet ist.
° Die Teilnehmer an solchen Lehrgängen haben in der praktischen Arbeitssituation im Unternehmen große Schwierigkeiten, dieses Wissen umzusetzen und zu vermitteln.

Die Arbeitsgruppe will diese Lücke schließen, indem sie das Wissensangebot analysiert und bewertet sowie Konzepte für die Umsetzung und praktische Anwendung des einschlägigen Fachwissens in der realen Arbeitssituation aller für Qualität verantwortlichen Arbeitsbereiche im Unternehmen entwickelt. Diese Konzepte müssen dem ganzheitlichen Ansatz der Qualitätssicherung gerecht werden. Die Ergebnisse sollen so aufbereitet werden, daß sie beispielsweise durch Verbände und Institute der beruflichen Bildung und Weiterbildung aufgegriffen und in ihren Schulungsveranstaltungen an Teilnehmer aus der Industrie vermittelt werden können, damit sie dann in der Lage sind, das Qualitätswissen in ihren Betreiben umzusetzen.

4. F&E zur Standardisierung von Schnittstellen verstärken

Normung und Standardisierung spielen im heutigen Zusammenspiel der Märkte, namentlich im Hinblick auf die Vereinheitlichung des EG-Binnenmarktes, eine entscheidende Rolle; dies gilt auch und gerade für den Bereich Qualitätssicherung.

Wie in anderen Bereichen der Technik, die einem schnellen Wandel unterliegen, kann mit der Normung von Qualitätssicherungs-Schnittstellen nicht abgewartet werden, bis sich ein bestimmter Entwicklungsstand in der Praxis bewährt hat. Vielmehr ist es nötig, Normung als integralen

Bestandteil der technischen Forschung und Entwicklung zu begreifen und die Strukturen für eine entwicklungsbegleitende Normung zu schaffen.

Qualität muß heute von den Unternehmen im Rahmen komplexer integrierter Produktions- und Dienstleistungsprozesse mit neuen, effizienten Ablauf- und Aufbaustrukturen erzielt werden. Daher ist bei der Standardisierung das Augenmerk besonders auf die Qualitätssicherungs-Schnittstellen zwischen den Funktionen und Informationsströmen eines Unternehmens zu lenken.

In Zusammenarbeit mit den DIN und einschlägigen Forschungsinstituten sollen besonders wichtige normungsrelevante FuE-Themen aufgegriffen, bearbeitet und in die Normungsarbeit eingebracht werden. Die Vorbereitungsarbeiten haben begonnen.

Abgewickelt werden die Programmaßnahmen über den

Projektträger Fertigungstechnik und Qualitätssicherung
Kernforschungszentrum Karlsruhe GmbH
Postfach 36 40
W-7500 Karlsruhe 1   Tel.: 07247/825280
und
Außenstelle Dresden
Hallwachsstr. 3
O-8027 Dresden   Tel.: 0351/4659339

Ausblick
Die Leistungsfähigkeit der industriellen Produktion wird auch künftig unsere Wettbewerbsfähigkeit, unseren Lebensstandard und unsere Lebensqualität wesentlich bestimmen und die Arbeitsplätze sichern; Dienstleistungen allein sind nicht ausreichend.

Damit **rechtzeitig** die auf uns zukommenden Herausforderungen und Probleme erkannt und ihnen mit entsprechenden Strategien begegnet werden kann, ist es notwendig, Szenarien für Anfang des nächsten Jahrhunderts zu beschreiben und zu versuchen, daraus Probleme und entsprechende Maßnahmen abzuleiten.

Abzuhandeln sind folgende Themen:

1. Die Beschäftigten (auch unter Berücksichtigung der demographischen Entwicklung)
   - Qualifikation
   - Mitgestaltung
   - Motivation
   - Attraktivität der Arbeit
2. Die Techniken
   (auch unter den Forderungen der Umweltschonung, der Energieeinsparung, der Ressourcenschonung)
3. Strukturen, Abläufe, Organisation
   (im Betrieb, zwischen Betrieben, KMU)

Die Überlegungen müssen darauf gerichtet sein, ganzheitliche Ansätze zu untersuchen und zu konzipieren. Eine interdisziplinäre Arbeitsgruppe ist dabei, diese Fragen aufzugreifen mit dem Ziel, erste Überlegungen für einen gezielten Handlungsbedarf der Wirtschaft, des Staates (z.B. Rahmenbedingungen, Vorschriften) und des BMFT (z.B. Forschung und Entwicklung) auszuarbeiten. In den künftig zu erwartenden komplexen Produkionssystemen mit einer gesamtheitlichen Betrachtung der Wertschöpfungskette wird die Anwendung der modernen Informationstechnik unverzichtbar sein. Die Wissenschaft steht hier vor neuen Herausforderungen.

Schrifttum

[1] Der Bundesminister für Forschung und Technologie:
    Fertigungstechnik, Programm 1988-92, Bonn, März 1988

[2] Der Bundesminister für Forschung und Technologie: Programm
    Qualitätssicherung 1992-96, März 1992.

CIM-TT - Standorte - Lageplan

Stand : 05/1992

CIM-TT - Standorte - Adressen

Stand : 05/1992

Aachen	**RWTH Aachen - Werkzeugmaschinenlabor** Steinbachstr. 53 b, W-5100 Aachen, Tel. (0241) 80 - 7450
Berlin	**Technische Universität Berlin - Institut für Werkzeugmaschinen und Fertigungstechnik** Pascalstr. 8 - 9, W-1000 Berlin 10, Tel. (030) 314 - 25662
Bochum	**Ruhr-Universität Bochum - Lehrstuhl für Produktionssysteme und Prozeßleittechnik** Universitätsstr. 150, W-4630 Bochum, Tel. (0234) 700 - 6303
Braunschweig	**Technische Universität Braunschweig - Institut für Werkzeugmaschinen und Fertigungstechnik** Langer Kamp 19 b, W-3300 Braunschweig, Tel. (0531) 391 - 7619
Bremen	**Universität Bremen - Institut für Betriebstechnik und angewandte Arbeitswissenschaft** Höchschulring 20, W- 2800 Bremen 33, Tel. (0421) 218 - 5579
Chemnitz	**Technische Universität Chemnitz - Fachbereich Maschinenbau II** Reichenhainer-Str. 70, O-9010 Chemnitz, Tel. (0037 / 71) 561 - 2261
Darmstadt	**Technische Hochschule Darmstadt - Institut für Produktionstechnik und Spanende Werkzeugmaschinen** Petersenstr. 30, W-6100 Darmstadt, Tel. (06151) 16 - 3756
Dortmund	**Universität Dortmund - Institut für Spanende Fertigung** Baroper-Str. 301, W-4600 Dortmund 50, Tel. (0231) 755 - 2578
Dresden	**Technische Universität Dresden - Fakultät Maschinenwesen - CIM-TT-Zentrum** Mommsenstr. 13, O-8027-Dresden, Tel. (0037 / 51) 463 - 3265
Erlangen	**Universität Erlangen-Nürnberg - Lehrstuhl Fertigungsautomatisierung / Produktionssystematik** Egerlandstr. 7, W-8520 Erlangen, Tel. (09131) 85 - 7713
Hamburg	**Technische Universität Hamburg-Harburg - CIM-TT-Zentrum** Denickestr. 17, W-2100 Hamburg 90, Tel. (040) 7718 - 3251
Hannover	**CIM-Fabrik Hannover (CFH) gGmbH** Hollerithallee 6, W-3000 Hannover 21, Tel. (0511) 27976 - 33
Kaiserslautern	**Universität Kaiserslautern - Lehrstuhl für Fertigungstechnik und Betriebsorganisation - CIM-Centrum Kaiserslautern - CCK** Gottlieb-Daimler-Straße, Gebäude 57, W-6750 Kaiserslautern, Tel. (0631) 205 - 4285
Karlsruhe	**Universität (TH) Karlsruhe - Lehrstuhl und Institut für Werkzeugmaschinen und Betriebstechnik** Kaiserstr. 12, W- 7500 Karlsruhe 1, Tel. (0721) 608 - 4014
Kiel	**Fachhochschule Kiel - Institut für CADCAM-Anwendungen** Sokratesstr. 1, W-2300 Kiel 14, Tel. (0431) 2000 - 23
Magdeburg	**Technische Universität „Otto von Guericke" - CIM-TT-Zentrum** Universitätsplatz 2, O-3010 Magdeburg, Tel. (0037 / 91) 5592 - 3552
München	**Technische Universität München - Institut für Werkzeugmaschinen und Betriebswissenschaften** Karl-Hammerschmidt-Str. 39, W-8011 Dornach, Tel. (089) 90994 - 133
Saarbrücken	**Universität des Saarlandes - Institut für Wirtschaftsinformatik - CIM-TT-Zentrum** Altenkesseler-Str. 17, W-6600 Saarbrücken 5, Tel. (0681) 7931 - 227
Stuttgart	**CIM-TT-Zentrum Stuttgart - Institutsverbund Fertigungstechnik** Holzgartenstr. 17, W- 7000 Stuttgart 1, Tel. (0711) 121 - 3811
Suhl	**Technische Hochschule Ilmenau - Institut für Präzisionstechnik und Automation** Postfach 142, O-6000 Suhl, Tel. (0037 / 66) 41025
Wismar	**Technische Hochschule Wismar - Technologisches Zentrum Maschinenbau - CIM-TT-Zentrum** Philipp-Müller-Straße, O-2400 Wismar, Tel. (0037 / 824) 53219

Systematization and Representation of Design Knowledge for Intelligent CAD Systems

Tetsuo Tomiyama
Department of Precision Machinery Engineering
Faculty of Engineering, The University of Tokyo
Hongo 7-3-1, Bunkyo-ku, Tokyo 113, Japan

1. Introduction

Developing *intelligent computer aided design systems* (ICAD) is crucial within a future advanced computer integrated manufacturing environment. There is an emphasis on the use of advanced knowledge processing techniques to incorporate more domain knowledge and intelligence that are missing from conventional CAD. Despite these efforts, there seems to exist no such truly intelligent CAD developed yet, perhaps because design knowledge is too huge and complex to be organized and dealt with by existing knowledge representation techniques (Veth 1987; Tomiyama 1991).

Since ICAD relies on heavy use of design knowledge, a number of various kinds of design knowledge bases are involved. This suggests that we should have an open architecture for ICAD. Advances of having an open architecture include better transportability, expandability, pluggability, interoperability, and platform independence. It is often the case that such an open architecture is realized by having knowledge standards (Neches *et al.* 1991), building large scale design knowledge bases, and actually collecting design knowledge. In other words, the success of ICAD development depends largely on how we can organize design knowledge in a systematic way within an open architecture.

This paper discusses the development of ICAD from a viewpoint of design knowledge systematization. Chapter 2 briefly overviews the past and current research trends of ICAD. Chapter 3 discusses the concept of future ICAD as a design knowledge environment, rather than, for instance, as a set of intelligent design tools. To organize design knowledge in such an environment, systematization and representation of design knowledge based on a standard is extremely important. In Chapter 5, we will illustrate some of our research efforts toward systematization of design knowledge for ICAD and propose an organization of design knowledge.

Chapter 6 concludes the paper.

2. Intelligent CAD: Past and Now

Since Sutherland's Sketchpad System (Sutherland 1963), which was a two-dimensional drawing system, CAD has made fruitful progresses by incorporating new concepts such as three-dimensional geometric representation, integration with CAM (Computer Aided Manufacturing), CAE (Computer Aided Engineering) integration with analytical packages such as FEM (Finite Element Method), and further serving as a framework for CIM (Computer Integrated Manufacturing). Despite the popularity and commercial success enjoyed by CAD, there still exist many deficiencies which have triggered research for a new generation CAD system (Smithers 1989).

For instance, three-dimensional systems were first considered to be innovative, revolutionary tools that could improve this situation, because they can deal with more realistic geometric representations. However, three-dimensional systems are merely drawing tools for three-dimensional objects; they can convey more information than drawings, but only geometrical information of objects, leaving any other technical information behind. We can already find a considerable number of research directions towards future CAD systems to improve this situation. Needless to say, most of work owes much to recent advances of computer science and, among other things, AI (Artificial Intelligence).

There seem to exist three distinctively different directions. One is that a future CAD system must be more *intelligent*, which is more appropriate for the name of intelligent CAD. In order to incorporate more domain knowledge and intelligence that are missing from conventional CAD, knowledge engineering technology that became popular through the 1980's looked most promising and influenced design and CAD (Gero 1985; ten Hagen and Tomiyama 1987; Akman, ten Hagen, and Veerkamp 1989; ten Hagen and Veerkamp 1991; Yoshikawa and Gossard 1989; Yoshikawa and Holden 1990; Yoshikawa and Arbab 1991; Yoshikawa *et al.* 1992). These ideas led to concepts such as *intelligent CAD systems, knowledge based CAD systems*, and *expert systems for CAD*. This might be explained by the following reasons.

(1) Knowledge engineering, by definition, aims at use of knowledge about design in a more direct way for more complicated applications.

(2) Knowledge engineering makes it possible to integrate systems at higher semantical levels. It offers methods to describe models in a flexible and powerful way.

(3) Techniques developed in artificial intelligence (e.g., various inference techniques) can improve man-machine communication.

The first generation ICAD was developed by applying the expert systems technology (Latombe 1977; Gero, 1987). Typically, a routine design problem (Brown and Chandrasekaran 1986) is given in the following way. The specifications can be decomposed into elementary subproblems each of which has a corresponding structural element. A design solution is found by combining these subelements. Thus, the whole design process can be regarded as a problem solving process, and well-known artificial intelligence techniques for problem solving can be used. However, the power of this paradigm is generally limited, just because existence of such predefined subelements is not always guaranteed for any design problems.

The second generation ICAD further incorporated abilities for constraint management and solving. This means that the design solution as a combination of subelements is now associated with a network of constraints over attributes, properties, etc. For instance, geometric entities cannot exist without fulfilling geometric constraints. Techniques for geometric reasoning and geometrical constraint management became, therefore, an essential part of the second generation ICAD (Arbab and Wing 1987).

However, with only these abilities, the system cannot handle more sophisticated information. For example, it is often advocated that constraints represent the designer's intentions that are necessary in various design stages (Suzuki *et al.* 1990). But, if the designer's intention refers to functional desires, geometric constraints cannot deal with them. A new generation ICAD must be built on deep understanding about both design processes and design objects. Some research examples of this direction includes qualitative reasoning (Dyer *et al.* 1986; Mittal *e t al.* 1986; Kiriyama *et al.* 1991), and feature based modeling (Nakajima and Gossard 1982; Dixon and Cunningham 1989) to add new problem solving abilities.

The current trends toward CIM have motivated a number of research for company wide, integrated databases. The concept of concurrent engineering (Sriram *et al.* 1991) also encourages research toward integrated databases. From a viewpoint of ICAD, it is crucial to have a framework based on knowledge engineering techniques (Rehak *et al.* 1985; Veth 1987) for integrating design process, activities, subsystems, models, and eventually design knowledge. The second direction of ICAD development, i.e., *integration*, is achieved by flexible flow of information. Product modeling (Kimura *et al.* 1983) and its elaborated version, attribute modeling, try to model not only geometry but also any formalizable attributes in the same framework.

For integration, standardization and open architecture are indispensable concepts. Figure 1 illustrates an open CAD architecture toward integration. By open, we mean any application running on that interface level becomes pluggable and platform independent. Unfortunately, the state of the art is such that we have either *de facto* or internationally agreed upon standards for the operating system (e.g., UNIX), the window management system (e.g., the X window system), the relational database management system (e.g., SQL), and the graphics package (e.g.,

GKS, CORE, and PHIGS), but not for the product data representation (STEP that stands for "STandard for the Exchange of Product model data" discussed at ISO is an example). Just like most of engineering workstations runs on the UNIX operation system, there must be a design knowledge standard. In this sense, all research about design object representation for ICAD can be regarded more to less as an effort to build a *design knowledge standard*.

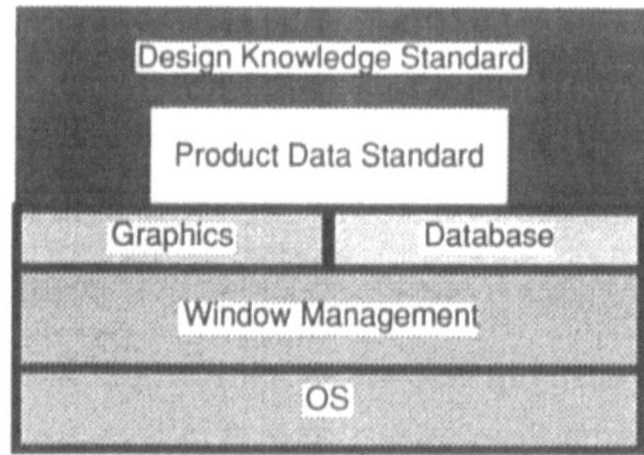

Figure 1. Open architecture for future CAD.

The third direction is that the system must be *interactive*, e.g., to allow the designer to explore more different design alternatives in a shorter time period. Virtual manufacturing is an idea that the designer virtually creates and tests an artifact totally in a computer and, to do so, a real-time design/manufacturing simulation cycle is one of the key issues. Interactiveness of the system depends also on the user-friendliness of the user interface. From this point of view, *natural* representation of design knowledge is crucial. By natural we mean that the system should understand the terminology of the domain and intentions of the designer. Natural language processing has invented many useful theories and technologies to understand the designer's intent. They can be applied to realize flexible and intelligent user interfaces.

3. Future Intelligent CAD as a Design Knowledge Environment

The third generation of ICAD should not only provide the designer with a set of intelligent design tools but also serve as an integrated framework for the management of design knowledge and information. In this sense, ICAD in the future is an intelligent design environment (Veth 1987; Xue *et al.* 1991) and this view is supported by the aspect that ICAD is an effort toward open architecture for future

CAD as discussed in the previous chapter.

Figure 2 depicts requirements for such future ICAD. At the University of Tokyo, we are currently developing such an intelligent CAD system called *IIICAD* (Intelligent Integrated Interactive CAD) (Xue *et al.* 1991).

One of the major problems for developing IIICAD is the complexity of design knowledge. Since IIICAD requires an integrated design knowledge and information management system (and this is why it is called integrated), we need to have some method and standard to describe design knowledge. However, it is extremely difficult: The only reasonable way to overcome this problem is to begin with constructing a sound, tough theoretical basis for CAD (Veth, 1987). This may include theories about design processes, design objects, and design knowledge.

In the following chapters, we describe our research efforts toward a design knowledge standard, just like graphics standards.

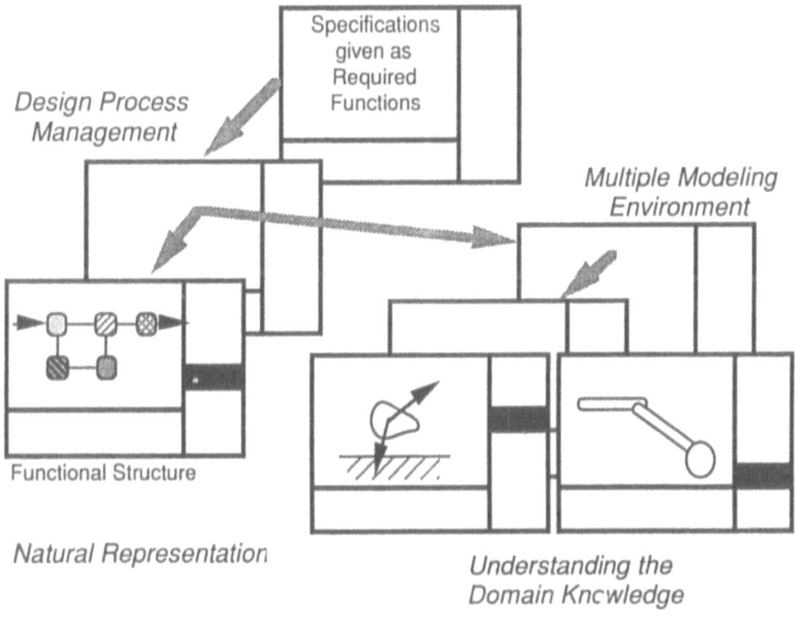

Figure 2. Requirements for future intelligent CAD.

4. Toward a Design Knowledge Standard

A considerable body of current AI research centers on the approach of very large-scale knowledge bases (VLKB). An example is the Cyc Project conducted at MCC (Lenat and Guha 1989).These projects aim at building powerful AI systems, first by collecting a large number of knowledge chunks from ontological, fundamental common knowledge to domain dependent specific knowledge, and second by providing mechanisms for reusing and sharing knowledge (Neches *et al.* 1991). The KIF Project advocates the idea of *knowledge standard* for exchanging knowledge (Genesereth and Fikes 1990). Obviously, VLKB should go hand in hand with knowledge standards.

ICAD as an intelligent system also needs to be equipped with VLKB containing design knowledge. At the University of Tokyo, as a part of the IIICAD project, we have been conducting various projects to collect design knowledge. The most significant result of these knowledge collection projects is that, if knowledge is *systematized*, the task boils down to a matter of actual collection. If not, however, it is extremely difficult even to collect knowledge.

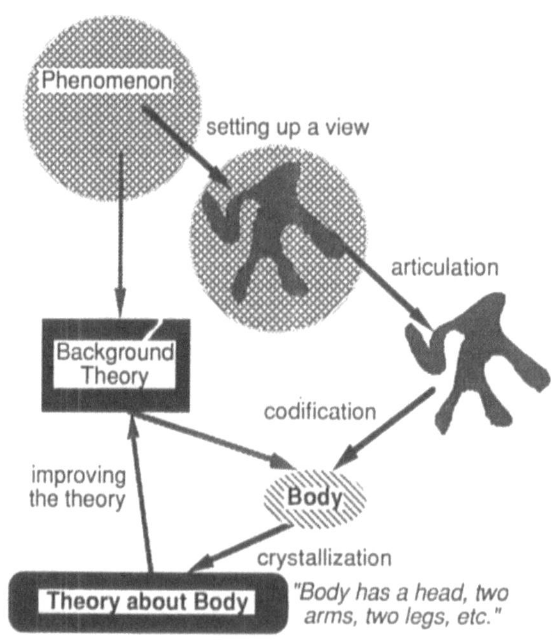

Figure 3. The knowledge systematization process.

Conventional knowledge acquisition techniques mention only about acquiring techniques and do not discuss systematizing techniques. Consequently, expert systems constructed with conventional techniques are not provided with systematically organized knowledge. This suggests that their knowledge bases are *scruffy*, i.e., unorganized or unstructured, thus difficult to maintain, and that generality of knowledge is lost. This certainly causes hard-fails of the system and prevents it from reusing and sharing. These observations support that we need a design knowledge standard for building ICAD and to do so systemization of design knowledge is indispensable.

We consider that systematization of knowledge has the following processes, *viz.*, setting up a view, articulation, codification, crystallization, and reusing and sharing of knowledge. Figure 3 illustrates the entire systematization process (Tomiyama *et al.* 1992). Figure 4 illustrates the research agenda of our group towards systematization of design knowledge.

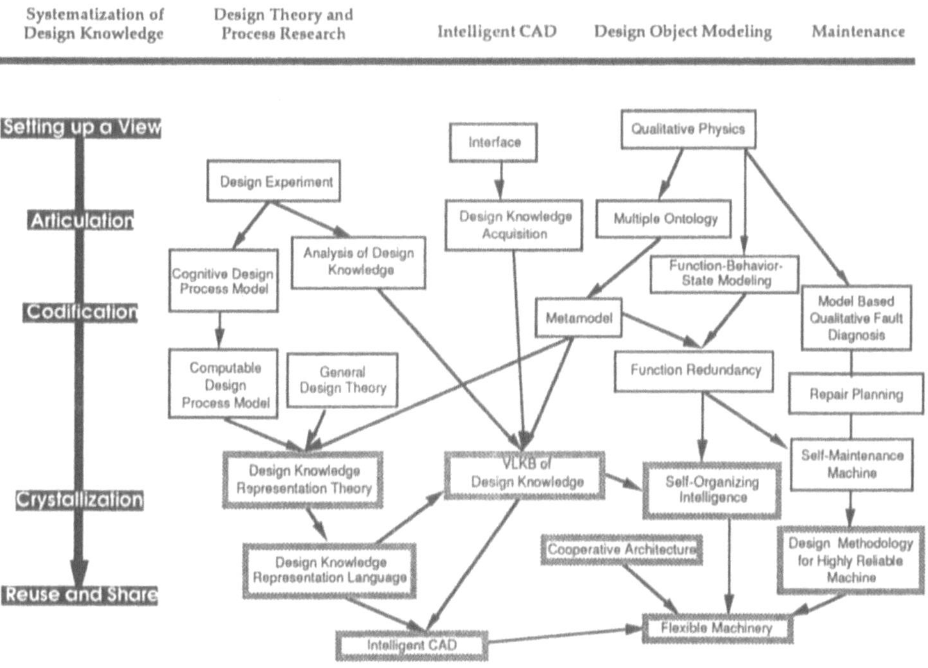

Figure 4. Systematizing design knowledge: A research agenda.

5. An Example of Systematization of Design Knowledge

In this chapter, as an example we illustrate how design knowledge regarding design objects can be systematized. Design knowledge has two types, i.e., design process knowledge and design object knowledge. There is a difference between them that design process knowledge is *process knowledge* which describes how, whereas design object knowledge is largely *fact knowledge* which describes what.

Despite the triumph of geometric modeling, there still remains issues to be studied even for design object modeling. First, the evolutionary nature of design processes influences much on the representation and design objects cannot be given a fixed or rigid representation scheme. Second, in engineering design we need to deal with the physical world anyway. Knowledge about the physical world must be incorporated into the system symbolically. Qualitative physics (Bobrow 1985) is an approach to handling this type of knowledge. The symbolic (i.e., qualitative) nature of reasoning in qualitative physics is useful to reason about behaviors from rough descriptions of the design object that will be gradually detailed.

Qualitative physics has two roles, *viz.*, to reason about dynamic behaviors of physical systems and to symbolically model their structure and behaviors. Given a set of environmental conditions, one can set up an appropriate design object model and reason about what might happen, that is, envision physical phenomena.

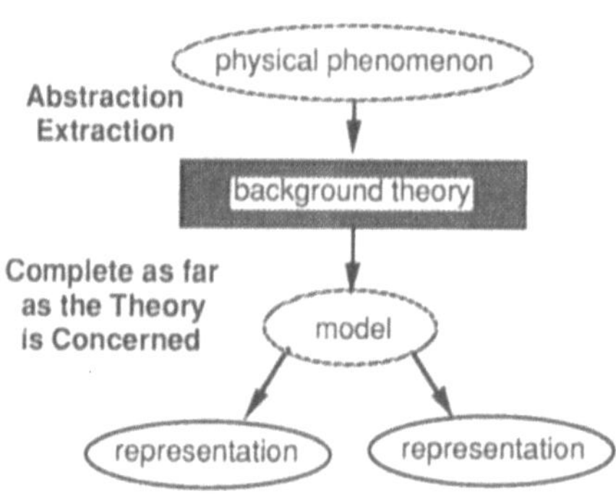

Figure 5. Modeling.

Knowledge of qualitative physics can also be used to manage multiple models in ICAD, which is an integration issue. In mechanical design, a design object can be modeled from different aspects, such as FEM analysis, kinematic analysis, and dynamic analysis. Differences among these models originate from the differences in their background theories (see Figure 5). However, obviously the models are not independent from each other and models have relationships accordingly. In a multiple modeling environment, these relationships must be maintained. Suppose, for example (Figure 6), a kinematics model of a mechanism and its distortion model. Changing motion in the kinematic model affects forces in the distortion model. This can be inferred in such a way that, since acceleration of a solid object depends on force applied to it, changes in acceleration in the kinematic model should lead to changes in force in the distortion model and, as a result, bend must be recalculated. To find such relationships among models, we use Qualitative Process Theory (Forbus 1984) and developed a new modeling framework called *metamodel* (Tomiyama et al. 1989; Kiriyama *et al.* 1991).

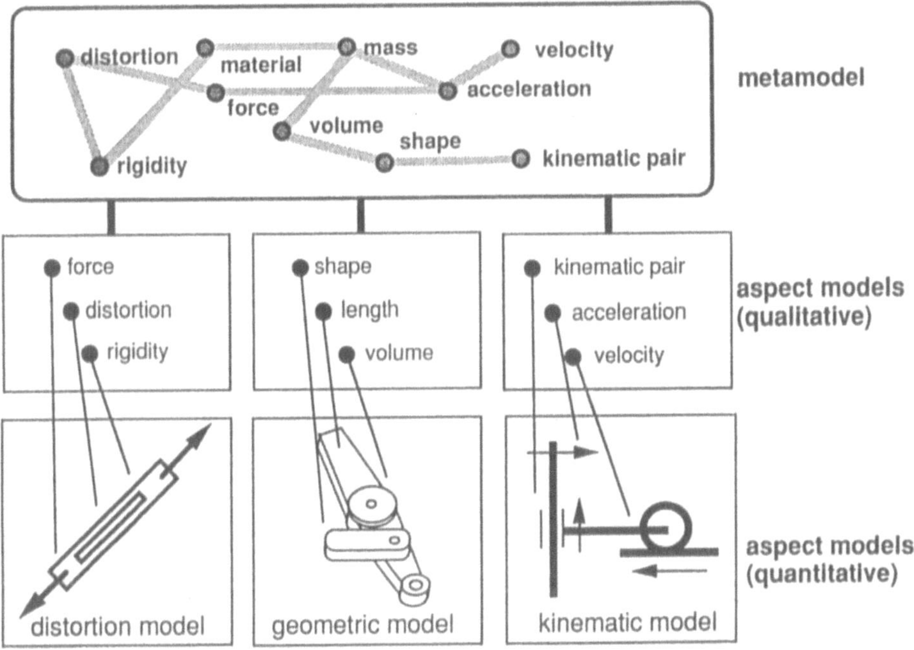

Figure 6. Metamodel mechanism.

The metamodel mechanism has symbolic representation of concepts (i.e., physical parameters and phenomena) used to represent the design object. It also has a knowledge base about relationships among these physical concepts (see Figure 7). The designer describes the design object as a combination of *physical features* that represent relationships between unit physical phenomena and entities. A qualitative reasoner tries to figure out, first, if the given combination of physical features performs the desired behaviors given as the specifications. Second, it generates necessary models for evaluation. The metamodel mechanism then prepares necessary data for each of these modelers that might be, e.g., an FEM analysis system. When the model is modified due to results of analysis, the metamodel mechanism propagates the change to other models accordingly through the network about concepts (see Figure 7).

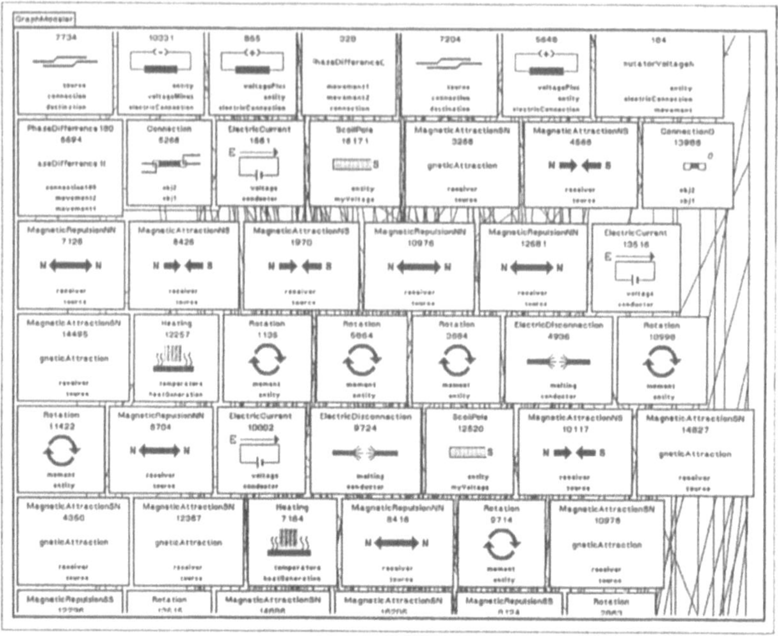

Figure 7. A conceptual network of metamodel.

Developing the metamodel mechanism and its qualitative reasoning system corresponds to the setting-up-a-view, articulation, and codification processes toward systematized design knowledge.

We started a project to build a large-scale physical feature database about engineering design knowledge to be used in the metamodel mechanism. This project of collecting physical features was aiming at intensifying codified design knowledge. We chose three engineering domains as the source of knowledge, namely kinematics, robotics, and classical physics, because (i) knowledge about these domains is fundamental for mechanical engineers, (ii) domain theories as background theories are already well established, and therefore (iii) we thought we could systematically obtain descriptions of domain knowledge from textbooks.

Figure 8 shows a screen copy of the interface of the knowledge base. The physical feature shown in the figure is a planetary gear mechanism. We have collected some thousand of physical features. The physical features stored in the database are used for qualitative reasoning about behaviors, suggesting alternative behaviors, and correlating aspect models in the metamodel mechanism. In order to use the physical features for reasoning, they must be described on the basis of the common vocabulary such as time, space, shape, and material, i.e., common ontology.

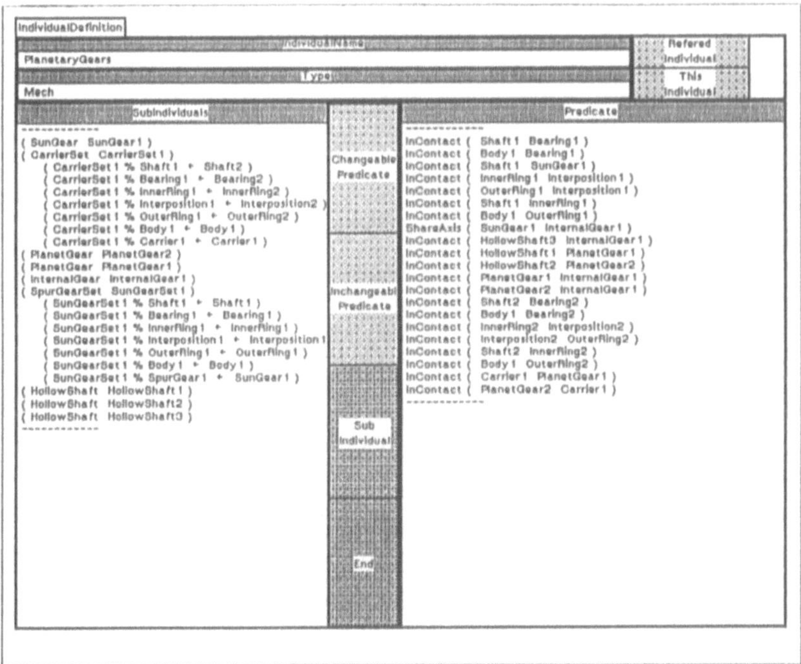

Figure 8. Physical feature database.

However, our initial estimation was too naive. For instance, a collected feature could not be used in other situations than originally described one, not because of discrepancy in the viewpoints of the knowledge collectors but because of the lack of the more unified, ontological basis than qualitative physics. In this respect, collecting naive knowledge about physical phenomena and entities (Hayes 1985) is indispensable.

Figure 9 is a proposal of improved architecture for design object knowledge. In the core, there exists a central knowledge representation scheme that can represent relationships, constraints, hierarchies, etc. There will be fundamental knowledge representation schema to represent causality, temporal relationships, spatial relationships, etc. (At this moment, for mechanical engineering design applications, we identified four kinds of such fundamental knowledge representation schema. The forth one is action ontology.) Qualitative Process Theory based knowledge, for example, will have interactions with spatial knowledge through the core knowledge representation. A geometric modeling system can, therefore, supply geometric information to other application modules (i.e., aspect models) through the central knowledge representation scheme.

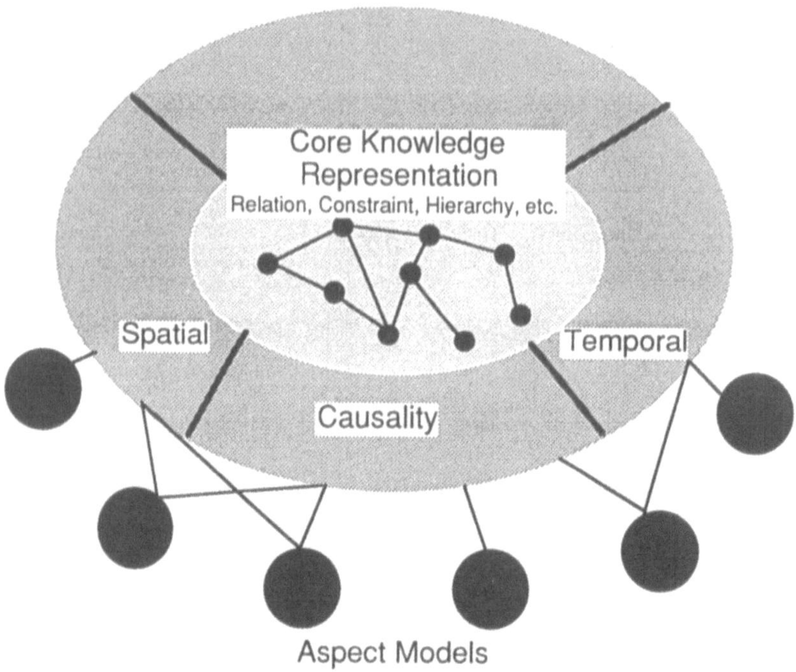

Figure 9. Design object knowledge management.

In some sense, Figure 9 is telling how a design knowledge standard should look like and what kind of elements it should include. It should be able to describe, for instance, causality, temporal and spatial knowledge. It should be able to describe relationships among them, including logical relationships to represent constraints and hierarchical specialization such as relationships inheritance and delegation. A knowledge standard certainly should describe not only the knowledge format but also ontological knowledge about concepts that have physical denotations. In other words, a knowledge standard that we consider in this paper should not only define *how* about which conventional knowledge representation techniques are concerned but also *what*.

6. Conclusions

This paper discussed how an infrastructure of next generation ICAD should be constructed and developed based on systematization of design knowledge. It is pointed out that future ICAD should serve as a design knowledge environment, rather than as a set of intelligent design tools. This requires to establish a design knowledge standard which again requests systematization and representation of design knowledge. A new methodology to manage design knowledge should be able to describe not only how design knowledge is represented but also what kind of knowledge to be presented. Systematization of design knowledge is the key research issue for arriving at such a knowledge standard and building a knowledge environment for ICAD.

The metamodel mechanism was developed by Dr. Takashi Kiriyama of Research into Artifacts, Center for Engineering (RACE) at the University of Tokyo.

References

Akman, V., ten Hagen, P.J.W., and Veerkamp, P.J.(eds.) (1989) *Intelligent CAD Systems II: Implementational Issues*. Springer-Verlag, Berlin.

Arbab, F. and Wing, J.M. (1987) Geometric reasoning: A new paradigm for processing geometric information in Yoshikawa, H. and Warman, E.A. (eds.) *Design Theory for CAD*. North-Holland, Amsterdam. 145-165.

Bobrow, D.G. (ed.) (1985) *Qualitative Reasoning about Physical Systems*. North-Holland, Amsterdam.

Brown, D.C. and Chandrasekaran, B. (1985) Expert systems for a class of mechanical design activity in Gero, J.S. (ed.) *Knowledge Engineering in Computer-Aided Design*. North-Holland, Amsterdam. 259-290.

Dixon, J.R. and Cunningham, J.J. (1989) Research in designing with features in Yoshikawa, H. and Gossard, D.C. (eds.) *Intelligent CAD, I.* North-Holland, Amsterdam. 137-148.

Dyer, M.G., Flowers, M., and Hodges, J. (1986) EDISON: An engineering design invention system operating naively in *Artificial Intelligence in Engineering*. 1:36-44.

Forbus, K. (1984) Qualitative process theory in *Artificial Intelligence*. 24:85-168.

Genesereth, M.R. and Fikes, R. (1990) *Knowledge Interchange Format Version 2.2 Reference Manual*. Technical Report Logic-90-4, Computer Science Department, Stanford University, Stanford, CA, USA.

Gero, J.S. (ed.) (1985) *Knowledge Engineering in Computer-Aided Design*. North-Holland, Amsterdam.

Gero, J.S. (ed.) (1987) *Expert Systems in Computer-Aided Design*. North-Holland, Amsterdam.

ten Hagen, P.J.W. and Tomiyama, T. (eds.) (1987) *Intelligent CAD Systems I: Theoretical and Methodological Aspects*. Springer-Verlag, Berlin.

ten Hagen, P.J.W. and Veerkamp, P.J. (eds.) (1990) *Intelligent CAD Systems III: Practical Experience and Evaluation*. Springer-Verlag, Berlin.

Hayes, P. (1985) Naive physics manifesto I: Ontology for liquids in Hobbs, J. and Moore, R. C. (eds.) *Formal Theories of the Commonsense World.* Ablex, Norwood, NJ, USA. 71-107.

Kimura, F., Sata, T., and Hosaka, M. (1983) Integration of design and manufacturing activities based on object modelling in Ellis, T.M.R. and Semenkov, O.I. (eds.) *Advances in CAD/CAM.* North-Holland, Amsterdam. 375-385.

Kiriyama, T., Tomiyama, T., and Yoshikawa, H. (1991) The use of qualitative physics for integrated design object modeling in Stauffer, L.A. (ed.) *Design Theory and Methodology – DTM '91 –*, DE-Vol. 31. ASME, New York, USA. 53-60.

Latombe, J.-C. (1977) Artificial intelligence in computer aided design: The TROPIC system in Allan, J.J., III (ed.) *CAD Systems.* North-Holland, Amsterdam. 61.

Lenat, D.B. and Guha, R.V. (1989) *Building Large Knowledge-Based Systems.* Addison-Wesley, Reading, MA.

Mittal, S, Dym, C.L., and Morjaria, M. (1986) PRIDE: An expert system for the design of paper handling systems in *IEEE Computer.* 19:102-114.

Nakajima, N. and Gossard, D.C. (1982) *Basic Study on Feature Descriptor.* MIT CAD Laboratory Technical Report No. 1. MIT, Cambridge, MA, USA.

Neches, R., Fikes, R.,Finin, T., Gruber, T.,Patil, R.,Senator, T., and Swartout, W.R. (1991) Enabling technology for knowledge sharing in *AI Magazine.* 12:36-56.

Rehak, D.R., Craig Howard, H., and Sriram, D. (1985) Architecture of an integrated knowledge based environment for structural engineering applications in Gero, J.S. (ed.) *Knowledge Engineering in Computer-Aided Design.* North-Holland, Amsterdam. 89-124.

Smithers, T. (1989) AI-based design versus geometry-based design or why design cannot be supported by geometry alone in *Computer-Aided Design.* 21:141-150.

Sriram, D., Logcher, R., and Fukuda, S. (eds.) (1991) *Computer-Aided Cooperative Product Development.* Lecture Notes in Computer Science 492, Springer-Verlag, Berlin.

Sutherland, I.E. (1963) SKETCHPAD – A man-machine graphical communication system in *Proc. of Spring Joint Computer Conference.* IEEE/ACM. 329-346.

Suzuki, H., Ando, H., and Kimura, F. (1990) Synthesizing product shapes with geometric design constraints and reasoning in Yoshikawa, H. and Holden, T. (eds.) *Intelligent CAD, II.* North-Holland, Amsterdam. 309-324.

Tomiyama, T. (1991) Intelligent CAD systems in Garcia, G. and Herman, I. (eds.) *Advances in Computer Graphics VI, Images: Synthesis, Analysis, and Interaction.* Springer-Verlag, Berlin. 343-388.

Tomiyama, T., Xue, D., Umeda, Y., Takeda, H., Kiriyama, T., and Yoshikawa, H. (1992, in printing) Systematizing design knowledge for intelligent CAD systems in Proc. of Prolamat. June 24-26, 1992, Tokyo.

Tomiyama, T., Kiriyama, T., Takeda, H., Xue, D., and Yoshikawa, H. (1989) Metamodel: A key to intelligent CAD systems in *Research in Engineering Design*. 1:19-34.

Veth, B. (1987) An integrated data description language for coding design knowledge in ten Hagen, P.J.W. and Tomiyama, T. (eds.) *Intelligent CAD Systems I: Theoretical and Methodological Aspects*. Springer-Verlag, Berlin. 295-313.

Xue, D.,Takeda, H., Kiriyama, T., Tomiyama, T., and Yoshikawa, H. (1991) An intelligent integrated interactive CAD – A preliminary report in Brown, D.C., Waldron, M.B., and Yoshikawa, H. (eds.) *Preprints of the IFIP WG 5.2 Working Conference on Intelligent CAD*. The Ohio State University, Columbus, OH, USA. 173-200.

Yoshikawa, H. and Arbab, F. (eds.), Tomiyama, T. (Managing Editor) (1991) *Intelligent CAD, III*. North-Holland, Amsterdam.

Yoshikawa, H., Brown, D.C., and Waldron, M.B. (eds.) (1992, in printing) *Intelligent CAD, IV*. North-Holland, Amsterdam.

Yoshikawa, H. and Gossard, D.C. (eds.) (1989) *Intelligent CAD, I*. North-Holland, Amsterdam.

Yoshikawa, H. and Holden, T. (eds.) (1990) *Intelligent CAD, II*. North-Holland, Amsterdam.

Wirtschaftlichkeitspotentiale von CIM

A.-W. Scheer
Institut für Wirtschaftsinformatik
Im Stadtwald, Geb. 14.1
D-6600 Saarbrücken

1. EINLEITUNG

Vermeintliche Unzulänglichkeiten traditioneller Verfahren der Investitionsrechnung haben zu erheblicher Verunsicherung bei der Beurteilung von CIM-Investitionen geführt. Nachdem sich in den vergangenen Jahren herausgestellt hat, daß die Personalkosteneinsparungen den hochgesteckten Erwartungen nicht entsprachen, schienen sich plötzlich viele Investitionen in die integrierte Informationsverarbeitung nicht mehr zu "rechnen".

Durch die Einführung von CAD (Computer Aided Design) läßt sich zwar vielfach eine Verringerung des Personalbestandes erreichen. Die damit verbundene Kostensenkung wird jedoch durch den Bedarf an höher qualifiziertem Personal weitgehend wieder ausgeglichen. Berücksichtigt man nur diese Fakten, so ist keine Investitionsrechnung nötig, um zu erkennen, daß die hohen Anschaffungskosten von CAD-Systemen den identifizierten Nutzen übersteigen. Daher liegt kein Versagen der Verfahren zur Investitionsrechnung vor, wenn aufgrund dieser Überlegungen Investitionen in CAD abgelehnt werden, sondern lediglich eine unzureichende Erfassung der Wirtschaftlichkeitspotentiale, die mit dieser Investition verbunden sind, da die Wirkungen in anderen Unternehmensbereichen nicht berücksichtigt werden. Abbildung 1 zeigt, daß in den Bereichen Materialwirtschaft, Werkzeugbau und NC-Programmierung ebenfalls Nutzeffekte der Anschaffung eines CAD-Systems erkennbar sind, die unter dem Begriff "Integrationsnutzen" subsumiert werden können. So kann durch die automatische Übertragung von der Produktgeometrie an den Werkzeugbau die Konstruktion von Werkzeugen erheblich vereinfacht werden. Durch die bessere Ausnutzung von Klassifikationssystemen und die damit verbesserte Suche nach ähnlichen Teilen kann die Teilevielfalt eingeschränkt werden. Damit wird der Dispositionsaufwand im Rahmen der Materialwirtschaft reduziert und Lagerbestände werden abgebaut. Die Übertragung der Stücklisteninformation aus dem CAD-System reduziert die Kosten der Arbeitsvorbereitung. Der gleiche Effekt wird durch die Übertragung der Produktgeometrie in die NC-Programmierung erzielt. Durch die Einbeziehung des Integrationsnutzens ergibt sich die Vorteilhaftigkeit der Investition daher auch bei Anwendung der klassischen Investitionsrechnung. Bei der Beurteilung von CIM-Investitionen ist daher den Besonderheiten solcher Maßnahmen Rechnung zu tragen.

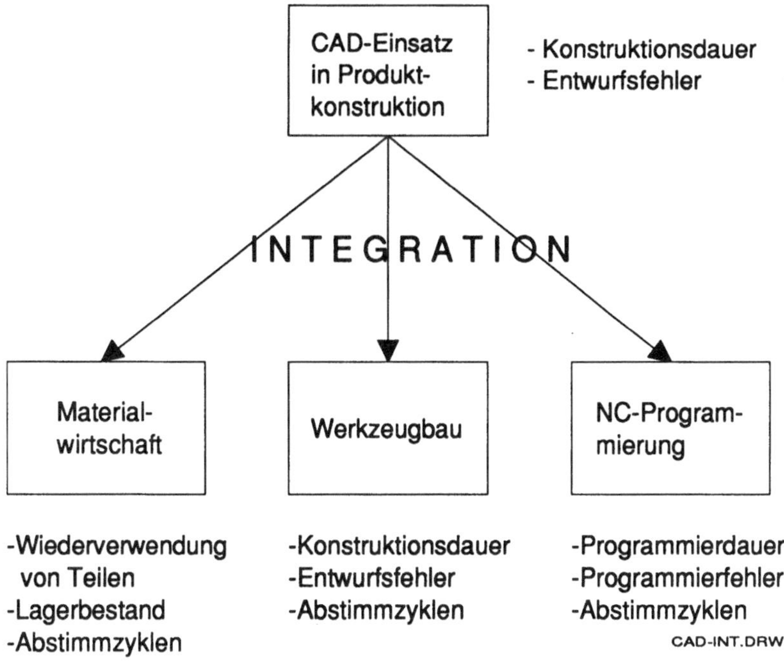

Abb. 1: Erfolgsfaktoren/Wirtschaftlichkeit[1]

2. CHARAKTERISKA VON CIM-INVESTITIONEN

Eine CIM-Investition unterscheidet sich in mehreren Aspekten von einer einfachen Rationalisierungsinvestition:

Integration. Die Wirtschaftlichkeitspotentiale von CIM ergeben sich durch die konsequente Nutzung der integrierten Informationsverarbeitung für betriebswirtschaftliche und technische Aufgaben eines Industriebetriebes. Da die Wirtschaftlichkeitspotentiale, die mit der Reorganisation betrieblicher Abläufe und der Reintegration von Funktionen erreicht werden können, weit größer sind als die Potentiale der isolierten Automatisierung bestehender Abläufe, ist Integration der wichtigste Aspekt von CIM. Durch die Informationstechnologie können verkrustete Strukturen aufgebrochen und traditionell stark voneinander abgeschottete Abteilungen wieder vernetzt werden. Die effiziente Nutzung neuer Technologien erfordert eine Optimierung der Organisation. Wie auch das oben angeführte Beispiel für CAD zeigt, können die Wirkungen von CIM daher nicht isoliert, lokal betrachtet werden. Für die Beurteilung der Wirtschaftlichkeit ist vielmehr eine ganzheitliche Betrachtung notwendig, die die Integrationswirkungen in allen Bereichen des Unternehmens berücksichtigt. Bei traditionellen Investitionsrechnungen werden im Gegensatz dazu Integrationsvorteile häufig nicht berücksichtigt und Automatisierungsnachteile, wie z.B. geringere Flexibilität bei den vorgelagerten Prozessen, zu leicht übersehen.

Strategische Ausrichtung. Eine CIM-Strategie muß das gesamte zukünftige Konzept der Unternehmung, beginnend mit der Standortfrage, der Ablauforganisation, der Aufbauorganisation, dem zu fertigenden Produktionsprogramm, dem Ausmaß an Standardisierung, dem Layout der Fabriken bis hin zur Fertigungstechnik und dem dazugehörigen Informationssystem umfassen. Damit wird CIM zum Bestandteil der strategischen Planung.

Komplexität. Bei der Einführung von CIM handelt es sich nicht um eine einzelne Investitionsmaßnahme, sondern um ein Bündel wechselseitig abhängiger Maßnahmen. Eine isolierte Betrachtung einzelner Maßnahmen ergibt zwangsläufig ein falsches Bild, da Wirtschaftlichkeitspotentiale, die erst durch eine Kombination unterschiedlicher Maßnahmen realisiert werden können, nicht berücksichtigt werden. Dies wiegt bei zeitlich versetzten Maßnahmen besonders schwer. Fehlbetrachtungen können aber auch dadurch entstehen, daß der Teil der notwendigen Maßnahmen, der keinen Investitionscharakter hat (z.B. organisatorische Veränderungen, die nicht zu Anfangsauszahlungen führen) nicht berücksichtigt wird, obwohl damit durchaus zusätzliche Nutzenpotentiale verbunden sein könnten. CIM kann nicht als Einzelprojekt realisiert werden, sondern ist ein Rahmen, der durch viele einzelne Schritte gefüllt werden muß. Besonders in einem von raschem technologischen Wandel geprägten Umfeld ist es wichtig, einen solchen stabilen Rahmen zu besitzen, innerhalb dessen die informationstechnische Infrastruktur weiterentwickelt werden kann. Sonst können sich einstmals technologisch fortschrittliche Anwendungssysteme innerhalb weniger Jahre als historischer Ballast erweisen, die außerordentlich schwer abzulösen oder weiterzuentwickeln sind. Nur ein globales Rahmenkonzept wie CIM kann diese Orientierungsaufgabe erfüllen.

Betrachtungshorizont. CIM kann nicht kurzfristig, sondern nur in einem Zeitraum von fünf bis zehn Jahren realisiert werden. Während einzelne Maßnahmen bereits durchaus kurzfristig Früchte tragen können, läßt sich das gesamte Wirtschaftlichkeitspotential nur langfristig erwirtschaften. Wer kurze Pay-off Perioden als Hauptkriterium zur Bewertung von Investitionen verwendet, der grenzt damit Investitionsprojekte, die das Unternehmen nachhaltig transformieren aus, und begünstigt leichter überschaubare kleine Projekte, die eine Annäherung an lokale Suboptima ermöglichen, jedoch ohne Aussicht, diese zu überwinden. Der lange Zeithorizont von CIM-Investitionen bedeutet auch, daß sich Fehler und Unwägbarkeiten potenzieren, mit der Folge einer Reduktion von Aussagekraft und Stabilität des zahlenmäßigen Ergebnisses. Fehler können sowohl in der falschen Schätzung von Einflußgrößen, z.B. in einem zu hoch angesetzten Kalkulationszinsfuß, als auch in der Vernachlässigung von Einflußgrößen liegen, z.B. in der Verringerung von Bearbeitungszeiten in vor- und nachgelagerten Bereichen. Unwägbarkeiten, wie die Einhaltung von Implementierungsterminen, die Aufdeckung neuer Wirtschaftlichkeitspotentiale, Lerneffekte, die Geschwindigkeit, mit der organisatorische Änderungen umgesetzt werden, die betriebliche Lernkurve oder der Widerstand gegen neue Technologien, sind nur schwer abzuschätzen, obwohl sie das Bewertungsergebnis nachhaltig beeinflussen können. Unwägbarkeiten liegen auch besonders in den Weiterentwicklungen der Technologie, den Kosten der Technologie und den damit verbundenen Auswirkungen auf die Gestaltung von Maßnahmen, die in ferner Zukunft als Teil einer CIM-Einführung realisiert werden sollen. Bei der Beurteilung einer CIM-Investition kann auf eine Schätzung dieser Unwägbarkeiten nicht verzichtet werden.

Wandel. Unabhängig von der Entscheidung für oder gegen CIM wird das Unternehmen am Ende des betrachteten Zeithorizontes ein anderes sein als zu seinem Beginn. Produkte und Märkte unterliegen ständiger Veränderung; auch die Technologie der Wettbewerber entwickelt sich fort. CIM-Projekte können daher nur unter Berücksichtigung möglicher und erwarteter Veränderungen beurteilt werden. Die Beibehaltung des Status Quo darf nicht als Maßstab für CIM-bezogene Investitionsrechnungen verwendet werden.

Quantifizierbarkeit der Einflußgrößen. Neben der Integrationsproblematik wird die Beurteilung der Wirtschaftlichkeit von Investitionen in CIM auch durch den hohen Anteil zunächst nur qualitativ zu ermittelnder Nutzenpotentiale erschwert. Dies gilt insbesondere für die nur schwer zu quantifizierenden Effekte der höheren Flexibilität und der damit verbesserten Reaktion auf Marktänderungen, für einen verbesserten Kundensvervice sowie für gesteigerte Lieferbereitschaft und höhere Termintreue.[2]

3. ANSÄTZE ZUR ERMITTLUNG DER WIRTSCHAFTLICHKEIT VON CIM

Aufgrund des langfristigen Charakters einer CIM-Investition sind statische Methoden der Investitionsrechnung nicht geeignet. Dynamische Methoden erfordern die Erfassung aller Einflußgrößen d.h. direkte und indirekte Kostensenkungen genauso wie direkte und indirekte Steigerungen der Einnahmen.[3] Qualitative Faktoren sind so weit wie möglich in monetäre Größen zu transformieren. Der Kalkulationszinsfuß ist mit besonderer Sorgfalt zu wählen, insbesondere sind pauschale Vorsichtszuschläge zu unterlassen, da bei zu hoch angesetzten Kalkulationszinsfüßen kurzfristige Investitionen bevorzugt werden, während längerfristige Investitionen, die bei Ansatz des korrekten Kalkulationszinsfußes gleich rentabel wären, rein rechnerisch abgelehnt werden müssen.[4] Grund für die Ablehnung ist dann nicht der Zwang zur exakten Kalkulation, sondern der Zwang zu kurzfristigen Erfolgen.

Um den Aufwand für die Transformation qualitativer Größen in monetäre Größen zu reduzieren, ist es sinnvoll, für eine erste Abschätzung auf andere Bewertungsverfahren zurückzugreifen.[5] Nur bei positivem Ergebnis ist dann noch eine detailliertere monetäre Analyse notwendig. Zur Erfassung qualitativer Wirtschaftlichkeitspotentiale werden Nutzwertanalysen, Scoring-Modelle und Argumentenbilanzen diskutiert.

Bei der Nutzwertanalyse werden in einem ersten Schritt die qualitativen Wirtschaftlichkeitspotentiale ermittelt und untereinander gewichtet. In einem zweiten Schritt wird der Zielerreichungsgrad für jedes Wirtschaftlichkeitspotential ermittelt und in Punkten ausgedrückt. Durch Addition der erzielten Punktwerte unter Berücksichtigung der Gewichtungsfaktoren wird schließlich ein einzelner Nutzwert ermittelt.[6,7] Aufgrund des subjektiven Charakters von Gewichtung und Bewertung eignet sich die Nutzwertanalyse eher zum Vergleich verschiedener Investitionsalternativen als für die Beurteilung einer einzelnen Investition.

In einer Argumentenbilanz können einander qualitative Nutzen- und Kosteneffekte gegenübergestellt werden. Eine grobe Beurteilung ist möglich, wenn die Länge beider Bilanzseiten verglichen wird.[8] Das Ergebnis hängt dabei von der Zahl, nicht von der Bedeutung der einzelnen Argumente ab. Daher scheint die Argumentenbilanz eher für die Erfassung und Systematisierung von Argumenten geeignet zu sein als für die Beurteilung selbst. Durch Bewertung der einzelnen Argumente läßt sich eine Argumentenbilanz auch zur Veranschaulichung von Nutzwerten verwenden.

Die Komplexität der Bewertungsverfahren kann durch die Anwendung mehrstufiger Integrationskonzepte[9] reduziert werden. Dabei wird versucht, primär lokal von weitgehend global wirkenden CIM-Maßnahmen zu trennen. Dies ermöglicht es, die Bewertungsverfahren auf die speziellen Anforderungen jeder Integrationsstufe auszurichten und die Ergebnisse systematisch zu aggregieren. Auf allen Stufen ist sicherzustellen, daß Interdependenzen mit anderen Bereichen nicht vernachlässigt werden.

4. IDENTIFIKATION UNTERNEHMENSSPEZIFISCHER WIRTSCHAFTLICH-KEITSPOTENTIALE

Obwohl die Wirtschaftlichkeitspotentiale von CIM in allgemeiner Form eingehend untersucht worden sind[10] und obwohl die genannten Bewertungsmethoden durchaus ausgereift sind, besteht nach wie vor berechtigte Skepsis an der Durchführbarkeit einer Wirtschaftlichkeitsbetrachtung für CIM. Das primäre Problem liegt dabei nicht in der Auswahl der geeigneten Bewertungsverfahren, sondern in der Komplexität eines CIM-Vorhabens, die die Erkennung der unternehmensspezifischen Wirtschaftlichkeitspotentiale erschwert. Die hohe Komplexität erfordert eine systematische Vorgehensweise, deren Kosten nur bei Verwendung computergestützter Werkzeuge in akzeptablen Grenzen gehalten werden können.

Dabei empfiehlt sich ein gestaffeltes, auf unterschiedliche Detaillierungsbenenen verteiltes Vorgehen unter Einsatz speziell für die Kommunikation mit dem Anwender entworfener Diagramme, wie sie sich bereits im Rahmen von CASE-Tools (Computer Aided Software Engineering) vielfach bewährt haben.

4.1 Vorgangskettenanalyse

Die Identifizierung von Wirtschaftlichkeitspotentialen muß sich an dem Prozeß der Leistungserstellung ausrichten und daher mit einer Analyse der betrieblichen Abläufe beginnen. Aufeinanderfolgende Vorgänge werden dabei zu einer Vorgangskette zusammengefaßt. Beispiele für Vorgangsketten sind die Auftragsabwicklung, von der Auftragsannahme über Materialwirtschaft und Produktion bis hin zum Versand oder die Neuproduktentwicklung von der ersten Idee bis zur Übergabe des ausgetesteten Produktes an die Produktion. Die gegenwärtig anzutreffenden Vorgangsketten sind tayloristisch geprägt und daher funktional stark zergliedert. Durch die damit verbundene Spezialisierung können zwar Vorteile einer beschleunigten Bearbeitung einzelner Vorgänge entstehen, viele empirische Untersuchungen in Fertigung und Verwaltung haben jedoch gezeigt, daß die Durchlaufzeiten für die gesamte Vorgangskette bei arbeitsteilig getrennten Vorgängen aufgrund der mehrfachen Informationsübertragungs- und Einarbeitungszeiten außerordentlich hoch sind und die eigentlichen Bearbeitungszeiten nur zwischen 10% und 30% der Durchlaufzeit betragen. Dieser hohe Anteil stellt daher ein erhebliches Rationalisierungspotential dar, denn zu lange Durchlaufzeiten führen zu hohen Kapitalbindungen und bedeuten bei den gestiegenen Forderungen nach kundenorientierter Flexibilität erhebliche Wettbewerbsrisiken. In Abbildung 2 ist eine typische Vorgangskette für die Auftragsbearbeitung in einem Vorgangskettendiagramm (VKD) dargestellt. Neben den Bezeichnungen der Vorgänge wird ihre Reihenfolge, die Art der verbeiteten Informationen, die Informationsflüsse, das Speichermedium (Datenbanken, Listen, Karteien etc.), die Abteilung, die den Vorgang ausführt und der Grad der DV-Unterstützung (DV-Unterstützung oder manuell) festgehalten. Die Vorgangskette gibt eine häufig anzufindende Struktur wieder: In jeder Abteilung werden zwar bereits EDV-Systeme eingesetzt, der Informationsfluß **zwischen** den Abteilungen erfolgt aber manuell über Papierbelege. Daten aus dem Auftragsannahmesystem werden an das CAD-System der Konstruktion über ein Papierformular weitergegeben. Das gleiche gilt für den Datenfluß zwischen Konstruktion und Arbeitsvorbereitung, indem die Zeichnung als Grundlage der Arbeitsplanung benutzt wird und damit wesentliche Informationen, die bereits in der Zeichnung enthalten sind, erneut manuell in das EDV-gestützte Informationssystem eingegeben werden. Auch die Übertragung der Daten aus dem Konstruktionsbereich führt zu schwerfälligen Übertragungsvorgängen und damit zu Zeitverlusten. Geometriedaten, die bereits im CAD-System erfaßt sind und für die NC-Programmierung benötigt werden, müssen aus der Zeichnung abgelesen und erneut eingegeben werden. Auch die für die Produktionsplanung und -steuerung benötigten Informationen, wie z.B. Stücklisten, werden, obwohl sie im Konstruktionsbereich bereits weitgehend bekannt sind, erneut in die Grunddatenverwaltung eines PPS-Systems eingetragen. Es zeigt sich, daß die Bearbeitung zwischen EDV-unterstützten Systemen und manuellen Vorgängen wechselt. Bei diesen organisatorischen Brüchen ergeben sich Datenredundanzen und zeitliche Verzögerungen und somit erste Ansatzpunkte für Verbesserungen. Die Anhand der Vorgangsketten gewonnenen Erkenntnisse über

- Brüche zwischen manueller und DV-Bearbeitung
- Mehrfacharbeiten / Datenredundanzen
- manuelle Tätigkeiten / DV-Durchdringungsgrad
- Aktualität
- Funktionalität / organisatorische Schwachstellen
- EDV-technische Unterstützung

sind Ausgangspunkt für eine weitergehende Erfassung der Wirtschaftlichkeitspotentiale durch die detaillierte Modellierung der gegenwärtigen Situation, die schließlich zu der Erarbeitung eines Sollkonzeptes mit einer optimierten Soll-Vorgangskette führen wird.

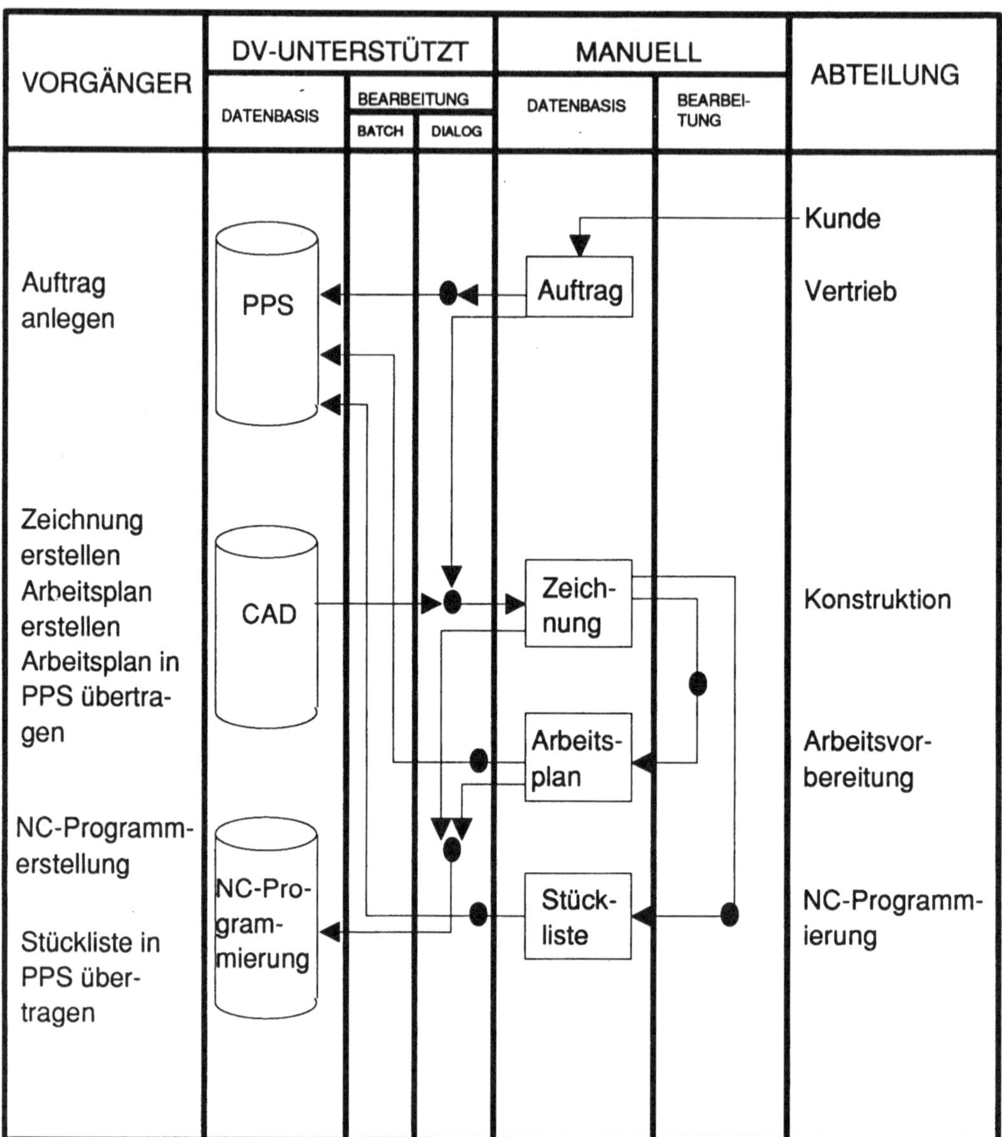

Abb. 2: Vorgangskette für die Auftragsbearbeitung

Ein Beispiel für eine Soll-Vorgangskette, bei der Daten und Vorgänge integriert wurden, zeigt Abbildung 3. Die Wünsche des Kunden bezüglich einer Variante eines Erzeugnisses werden von der Auftragsannahme angenommen und sofort über die die gleiche Datenbasis an den Konstruktionsbereich weitergeleitet. Die Geometrieinformationen der Teile werden an die Grunddatenverwaltung des PPS-Systems als automatisch generierte Stückliste übergeben. Auch die Arbeitsplanung greift auf die Konstruktionszeichnung zu. Wegen der engen Verbindung zur NC-Programmierung und durch Einsatz von EDV-verwalteten Tabellen kann auch der Arbeitsplan weitgehend automatisch erstellt werden.

Lediglich Rohteilmaße und Bearbeitungsparameter müssen vom Bearbeiter eingegeben werden. Alle Schnittstellen zwischen Vorgängen werden über eine einheitliche Datenbasis unter Fortfall der Papierbelege abgewickelt. Gleichzeitig werden die Funktionen von Vertrieb, Konstruktion und Arbeitsvorbereitung stärker miteinander verknüpft. Durch die Bezeichnung CIM-Designer wird ausgedrückt, daß Konstruktion und Arbeitsvorbereitung bei einer konsequenten Verfolgung des CIM-Gedankens stärker verschmelzen. Der CIM-Designer ist in die Auftragsbearbeitung eingeschaltet, kann bei einem engen Kundentermin Verfügbarkeitsprüfungen für die benötigten Materialien vornehmen und damit Funktionen der Materialwirtschaft ausüben. Durch die Forderung nach fertigungsgerechter Konstruktion werden Funktionen der Arbeitsvorbereitung übernommen und im Zuge einer konstruktionsbegleitenden Kalkulation auch Funktionen des Rechnungswesens.

4.2 Modellierung der Beschreibungssichten

Vorgangskettendiagramme sind ein erster Ansatz, um die gegenwärtige Situation zu erfassen und mögliche Veränderungen organisatorischer und technischer Natur zu untersuchen. Für eine detailliertere Analyse muß der Betrachtungsgegenstand jedoch systematisch zerlegt werden, um den Zuwachs an Komplexität zu verringern. An anderer Stelle wurde gezeigt, daß sich aus Vorgangsketten eine Architektur für integrierte Informationssysteme (ARIS) herleiten läßt, die als formaler Rahmen für Entwurfsprojekte verwendet werden kann.[11] Dabei muß zwischen mindestens drei Beschreibungsebenen unterschieden werden (siehe Abbildung 4), die jeweils in die Sichten Organisation, Funktion, Daten, und Steuerung aufgespalten werden können.

Die oberste Beschreibungsebene bildet dabei das **Fachkonzept**, in dem die einzelnen Sichten des Anwendungssystems unabhängig von Implementierungsgesichtspunkten modelliert werden. Dabei werden Beschreibungssprachen gewählt, die so weit formalisiert sind, daß sie Ausganspunkt für eine konsistente EDV-technische Implementierung sein können. Das Fachkonzept ist daher eine detaillierte und konsistente Beschreibung der fachlichen, nicht aber der informationstechnischen Anforderungen an ein Informationssystem. Durch die Trennung dieser Anforderungen von den informationstechnischen Anforderungen und Rahmenbedingungen ist es möglich, auf technologische Änderungen zu reagieren ohne die fachlichen Anforderungen neu erheben zu müssen.

Das **DV-Konzept** entsteht durch die Anpassung der Fachmodelle an die Anforderungen der Strukturen von Implementierungswerkzeugen (z.B. Maskengeneratoren, Entwurfsumgebungen für bestimmte Programmiersprachen, Datenbankentwurfswerkzeuge etc.) ohne dabei jedoch einen Bezug zu einer konkreten Implementierungsplattform (spezielle Hardware, Betriebssystem etc.) herzustellen. Dadurch wird die Portierbarkeit der entsprechenden Modelle gesichert.

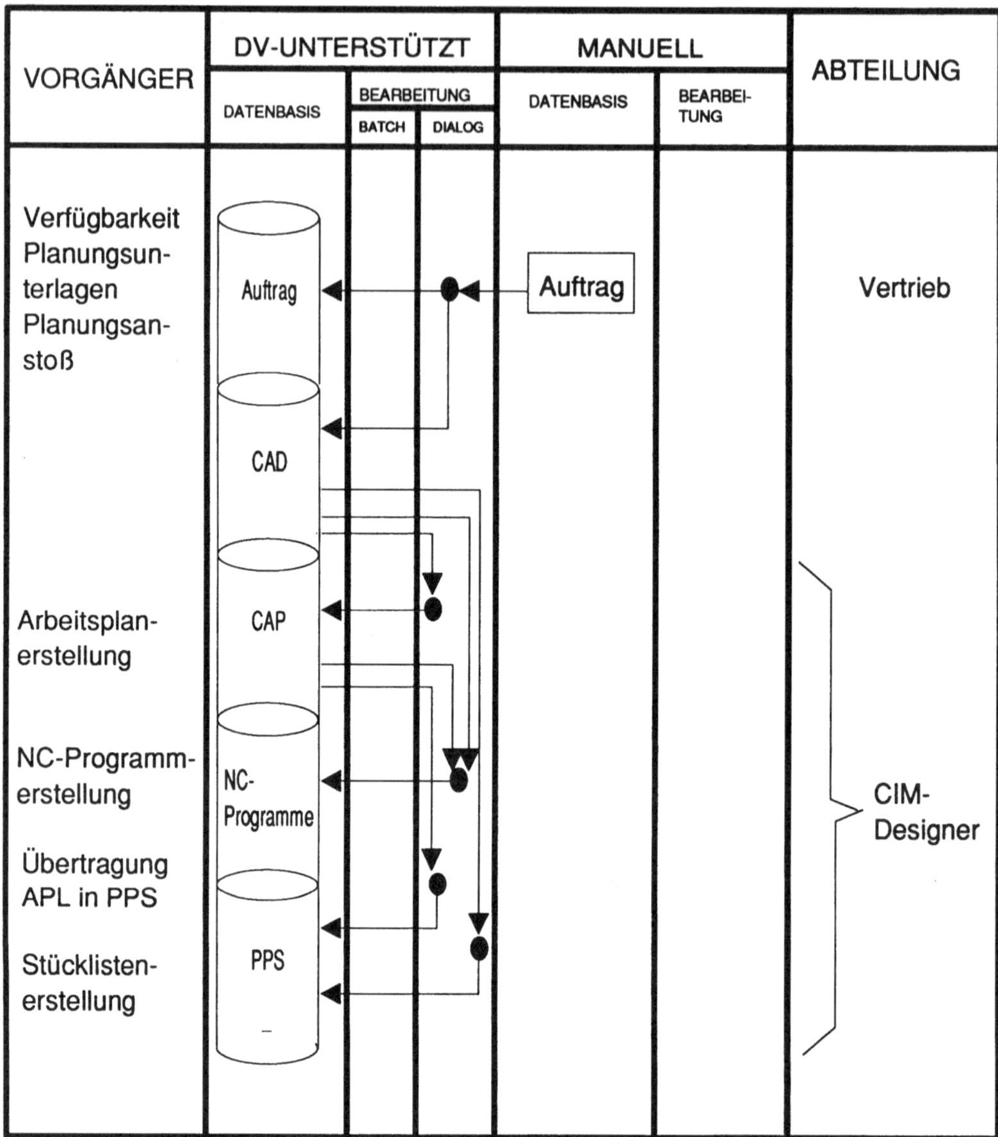

Abb. 3: Vorgangskette für die Auftragsbearbeitung (Soll)

Auf der untersten Beschreibungsebene findet sich schließlich die **technische Implementierung**, bei der die Anforderungen in ein konkretes System mit den entsprechenden physischen Datenbankstrukturen, Hardwarekomponenten und Programmsystemen umgesetzt worden sind. Diese Ebene ist sehr eng mit der Entwicklung der Informationstechnologie verknüpft und unterliegt daher starkem Wandel. Viele Fehlschläge von CIM-Projekten sind darauf zurückzuführen, daß ausschließlich diese Ebene betrachtet wurde, ohne die fachlichen und organisatorischen Rahmenbedingungen einer ebenso detaillierten Analyse unterzogen zu haben. Gerade auf dieser Ebene ist die Gefahr groß, sich mehr von dem technisch für realisierbar Gehaltenen als von dem (auf der Ebene des Fachkonzeptes beschriebenen) ökonomisch Sinnvollen leiten zu lassen.

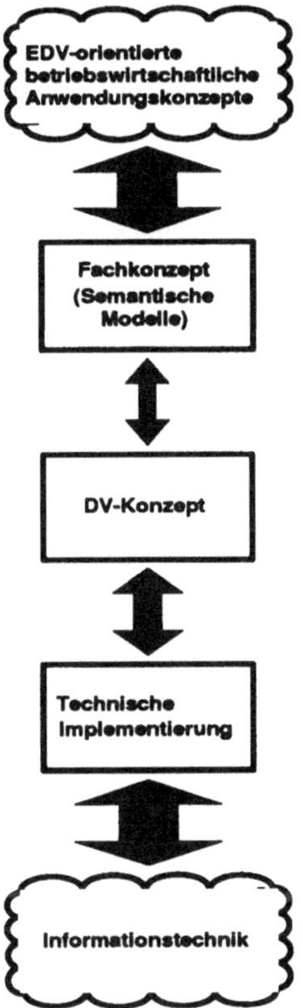

Abb. 4: Ebenen zur Beschreibung eines betriebswirtschaftlichen Informationssystems

Für ein betriebswirtschaftliches Informationssystem sind auf jeder Beschreibungsebene die folgenden Sichten zu bilden:

Funktionssicht. Eine Funktion ist eine Verrichtung an einem Objekt zur Unterstützung eines oder mehrerer Ziele. Innerhalb der Funktionssicht werden einzelne Vorgänge und Vorgangsketten näher beschrieben indem sie in Funktionshierarchien aufgespalten werden und dabei für jede Funktion Regeln angegeben werden, nach denen Input-Daten in Output-Daten transformiert werden.

Datensicht. Mit Hilfe der Datensicht werden Klassen von Informationen erfaßt, die im Rahmen von betrieblichen Vorgängen benötigt werden. Dabei kann es sich um Daten über Objekte handeln, die bei der Leistungserstellung benötigt werden, oder um Daten über Ereignisse, die einzelne Vorgänge anstoßen oder den Abschluß von Vorgängen anzeigen. Für die Datensicht stehen auf allen Beschreibungsebenen weit verbreitete Beschreibungssprachen, wie z.B. das Entity-Relationship Modell[12] zur Verfügung.

Organisationssicht. Da Informationssysteme zur Unterstützung von organisatorischen Abläufen verwendet werden, müssen hier die Organisationseinheiten und ihre Beziehungen untereinander beschrieben werden. Dabei muß auch festgehalten werden, welche Eigenschaften der Organisationseinheiten als Anwender der Informationstechnologie berücksichtigt werden müssen.

Steuerungssicht. Aufgabe der Steuerungssicht ist es, die getrennt behandelten Sichten (Funktion, Daten, Organisation) wieder zu verbinden. Die Beschreibung von Prozessen spiegelt dabei das dynamische Verhalten des Systems wider.

Eine systematische Erfassung der unterschiedlichen Sichten kann nur werkzeuggestützt erfolgen. Der Aufwand kann erheblich gesenkt werden wenn, im Gegensatz zur der gegenwärtigen Praxis bei CASE-Tools, die einzelnen Sichten nicht vollständig neu entworfen werden müssen, sondern wenn Referenzmodelle herangezogen werden können, die nur geringfügig abgeändert werden müssen. Ein Ausschnitt eines derartigen Referenzmodells für die Funktionssicht, das Bestandteil des am Institut für Wirtschaftsinformatik entwickelten Werkzeug CIM-Analyzer ist, ist in Abbildung 5 dargestellt.[13] Jede der dargestellten Teilfunktionen wird dabei wiederum in Elementarfunktionen zerlegt, für die verschiedene Charakteristika, wie z.B. der Grad der DV-Unterstützung festgehalten werden. Analog wird ebenfalls bei den Referenzmodellen der anderen drei Sichten vorgegangen, wobei die Auswahl der Referenzmodelle anhand von betriebstypogischen Merkmalen erfolgt. Anhand der Referenzmodelle können unternehmensspezifische Wirtschaftlichkeitspotentiale mit dem CIM-Analyzer rasch identifiziert und bewertet werden.

Die Verbindung der verschiedenen Ebenen des Phasenmodells mit den vier Sichten ergibt die in Abbildung 6 dargestellte ARIS-Architektur.

4.3 Szenarienbildung und Simulation

Die Abhängigkeit der Wirtschaftlichkeitspotentiale von unterschiedlichen Rahmenbedingungen und Investitionsentscheidungen kann anhand der beschriebenen Sichten untersucht werden. Durch die Bildung unterschiedlicher Szenarien können z.B. Veränderungen im Anforderungsprofil an einzelne Mitarbeiter in Abhängigkeit von unterschiedlichen Marktentwicklungen untersucht werden. Durch eine Verbindung aller Sichten können die Kosten für die Verwaltung redundanter Daten in Abhängigkeit von unterschiedlichen Integrationsszenarien ermittelt werden. Die Erkennung von Automatisierungsalternativen ist anhand einer Analyse des Funktionsmodells möglich.

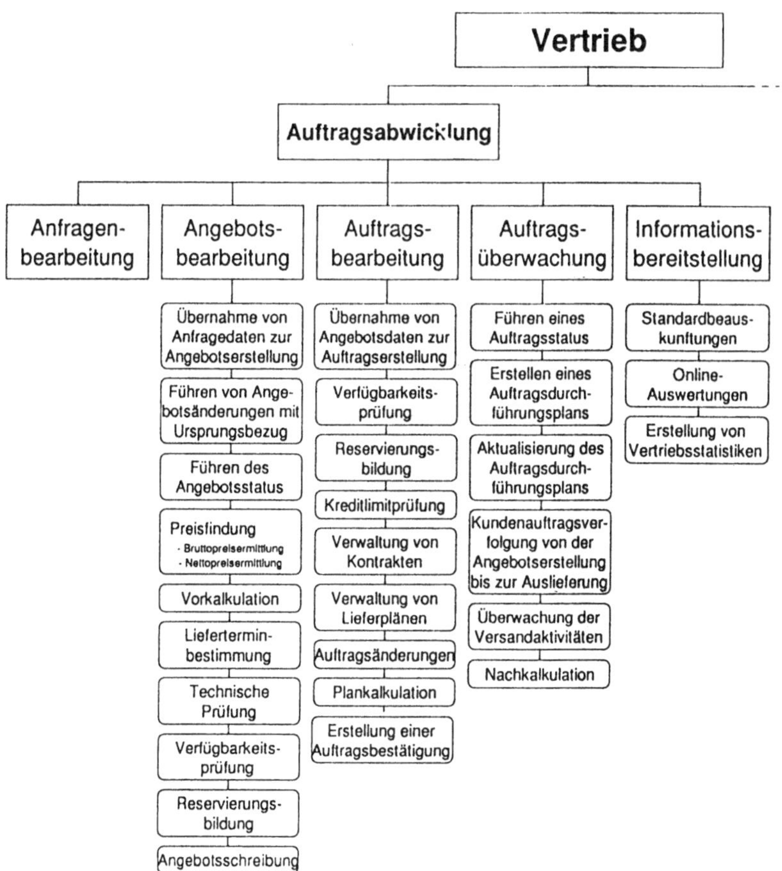

Abb. 5: Referenzfunktionsmodell für den Vertrieb (Ausschnitt)[14]

Auswirkungen von CIM-Maßnahmen können auch anhand von aus den verschiedenen Sichten abgeleiteten dynamischen Modelle analysiert werden. Durch die Simulation von Abläufen können dabei Veränderungen der Durchlaufzeiten, Auslastungen, Warteschlangen, Bearbeitungskosten etc. abgeschätzt werden. Abbildung 7 enthält ein einfaches Simulationsmodell, das durch eine geringfügige Verfeinerung der Vorgangskette aus Abbildung 2 gewonnen werden konnte. Die Auftragsbearbeitung wird durch ein Startereignis angestoßen, den Auftragseingang. Im Gegensatz zu der abstrakteren Darstellung als Vorgangskette sind hier die Ablaufbeziehungen detaillierter beschrieben. So ergibt sich z.B., daß in 65% aller Fälle auf bestehende Zeichnungen, Stücklisten und Arbeistpläne zurückgegriffen werden kann und bei immerhin 30% der Aufträge die Produktionsunterlagen neu erstellt werden müssen. Es ist möglich, die Parallelität von Vorgängen abzubilden, wie das Beispiel der Stücklisten- und NC-Programmerstellung zeigt. Für die weiteren Wirtschaftlichkeitsüberlegungen sind dabei insbesondere Häufigkeiten wichtig, mit denen einzelne Pfade verfolgt werden. So kann erhebliches Wirtschaftlichkeitspotential darin liegen, nicht die Produktivität der Zeichnungserstellung zu steigern, sondern die Häufigkeit der Zeichnungserstellung, z.B. durch die Bildung von Teilefamilien, erheblich zu senken. Dadurch muß

Know-How in den Vertrieb verlagert werden und gleichzeitig können nicht nur die lokalen Kosten für die Zeichnungserstellung vermindert werden sondern auch die Folgekosten für die Erstellung von Arbeitsplänen, Stücklisten und NC-Programmen. Da die Simulationsmodelle aus den einzelnen Sichten weitgehend automatisch generiert werden können, kann eine Vielzahl unterschiedlicher Problemstellungen und Gestaltungsalternativen in einzelnen Szenarien untersucht werden. Dabei ist es möglich, auch Veränderungen der Umweltparameter, so z.B. die Steigerung der Anzahl von Aufträgen in die Überlegungen mit einzubeziehen, und ihren Einfluß auf die Durchlaufzeiten und Kapazitätsbelastungen zu ermitteln. Die Anwender benötigen dazu keine Simulationskenntnisse. Der mit der Simulation verbundene Zwang zur Quantifizierung ermöglicht eine genaue Berechnung und Validierung von Organisationsvorhaben ex ante und liefert bessere Daten zur Fundierung der Wirtschaftlichkeitsanalysen.[15]

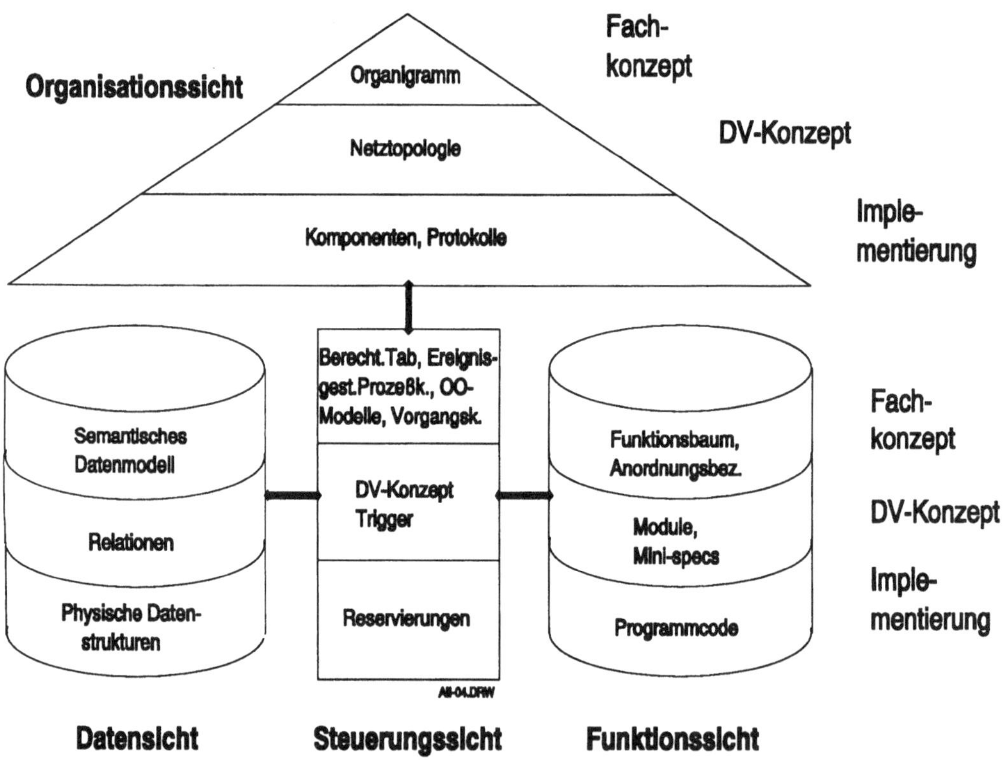

Abb. 6: ARIS-Architektur

5. BEWERTUNG

Durch die systematische, an der Architektur Integrierter Informationssysteme ausgerichteten Vorgehensweise, wird eine detaillierte Beschreibung der gegenwärtigen Situation (Ist) und der durch die CIM-Investition zu verwirklichenden zukünftigen Situation (Soll) erreicht. Die in diesem Prozeß aufgedeckten Wirtschaftlichkeitspotentiale verringern das Problem der Quantifzierbarkeit und der monetären Bewertung erheblich, so daß eine dynamische Investitionsrechnung (unter der Berücksichtigung der Umweltveränderungen) hier durchaus aussagekräftige Ergebnisse zu liefern vermag.

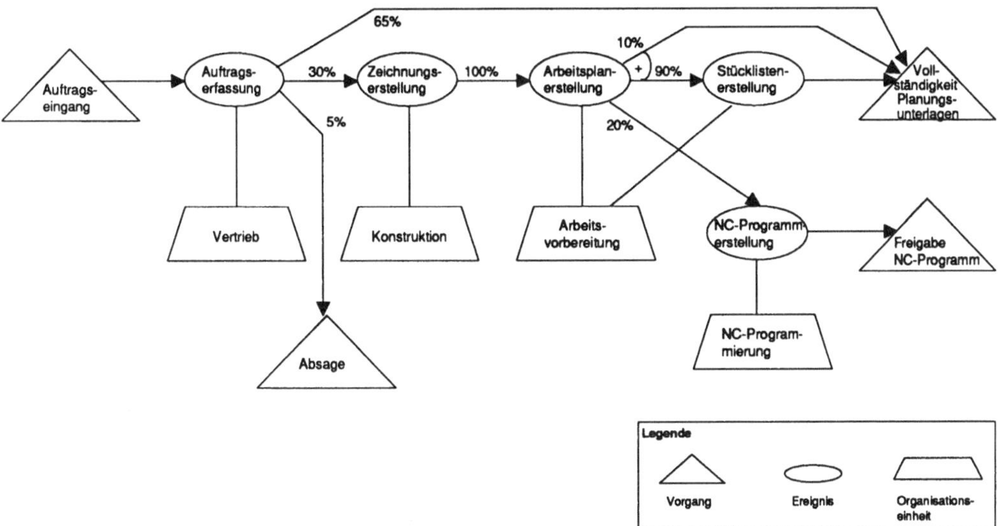

Abb. 7: Simulation einer Auftragsbearbeitung

6. AUSBLICK

Durch den Einsatz der Informationstechnologie und darauf abgestimmte ablauf- und aufbauorganisatorische Strukturen können vielfältige unternehmensspezifische Wirtschaftlickeitspotentiale ausgeschöpft werden. Die Beurteilung eines konkreten CIM-Vorhabens erfordert daher eine detaillierte Analyse der bestehenden Strukturen und die Ableitung eines Sollkonzeptes. Je detaillierter die Analyse ist, desto klarer treten die Wirtschaftlichkeitspotentiale des gesamten CIM-Projektes zutage und desto unproblematischer, zuverlässiger und stabiler ist die Gegenüberstellung von Kosten und Nutzen. Bei werkzeuggestützer Analyse können die entwickelten Modelle darüber hinaus unmittelbar als Grundlage der weiteren Implementierungsaktivitäten eingesetzt werden. Für die korrekte Beurteilung eines CIM-Projektes ist daher nicht so sehr die Wahl eines raffinierten Bewertungsverfahrens ausschlaggebend, sondern die systematische und umfassende Identifikation der unternehmensspezifischen Wirtschaftlichkeitspotentiale.

Literatur:

[1] vgl. Scheer, A.-W.: Computer Integrated Manufacturing - Informations

[2] vgl. Schumann, M.; Mertens, P.: Nutzeffekte von CIM-Komponenten und Integrationskonzepten (Teil 1). In: CIM Management 3/1990, S.45-51.

[3] vgl. Becker, M.: Strategie und Wirtschaftlichkeitsnachweis beim Informatikeinsatz. In: io Management Zeitschrift 59 (1990) Nr.3, S.59-63.

[4] vgl. auch Kaplan, S.: CIM-Investitionen sind keine Glaubensfrage. In: Harvard Manager 3/1986, S.78-85.

[5] vgl. Rall, K.: Berechnung der Wirtschaftlichkeit von CIM-Komponenten. In: CIM-Management 3/1991, S.12-17.

[6] vgl. Zangemeister, C.: Nutzwertanalyse in der Systemtechnik. 4. Auflage, Berlin 1976.

[7] Niemeier, J.; Lenhart, H.: Informations-Controlling. In: FB/IE 39 (1990) 3, S.108-114.

[8] vgl. Wildemann, H.: Investitionsplanung und Wirtschaftlichkeitsrechnung für flexible Fertigungssysteme, Stutgart 1987, S.162.

[9] vgl. Niemeier, J.; Lenhart, H.: Informations-Controlling. In: FB/IE 39 (1990) 3, S.108-114.

[10] vgl. Schreuder, S.; Upmann, R.: Wirtschaftlichkeit von CIM - Grundlage für Investitionsentscheidungen. In: CIM-Management 4/1988, S.10-16.

[11] vgl. Scheer, A.-W.: Architektur Integrierter Informationssysteme - Grundlagen der Unternehmensmodellierung. Berlin 1991.

[12] vgl. Chen, P.P.: The Entity-Relationship Model - Toward a unified view of data. In: ACM Transactions on database systems, Vol.1, No. 1, March 1976, pp.9-36.

[13] Jost, W.; Keller, G.; Scheer, A.-W.: Konzeption eines DV-Tools im Rahmen der CIM-Planung. In: ZfB 61 (1991) 1, S.33-64.

[14] Jost, W.: EDV-gestützte PPS-Planung mit dem CIM-Analyzer. In: Fachtagung PPS-Software der 90er Jahre 5.-6. Mai 1992, Saarbrücken, 1992, S.3-22.

[15] vgl. Scheer, A.-W.; Brandenburg, V.; Krcmar, H.: CAPSIM (Computer am Arbeitsplatz Simulation) - Ein Hilfsmittel für zur Gestaltung wirtschaftlicher CAP-Systeme. Veröffentlichungen des Instituts für Wirtschaftsinformatik, Heft 14, 2.Aufl. 1980.

Werkzeuge für die integrierte Ablauforganisation

Prof. Dr.-Ing. Hans-Jörg Bullinger

Dipl.-Kfm. Wolfram Kläger

Dipl.-Kfm. Alexander Roos

Fraunhofer-Institut für Arbeitswirtschaft und Organisation (IAO)

Nobelstr.12

7000 Stuttgart 80

Einleitung

Neue Trends im Unternehmensumfeld bedingen neue Ablaufstrukturen, die ständig an die neuen Anforderungen adaptiert werden müssen. Für Gestaltung, Management und Betrieb der neuen Strukturen sind geeignete Werkzeuge erforderlich. Diese Werkzeuge müssen die Integration der Ablauforganisation in verschiedenen Dimensionen wie Integration von Informationssystemen, Aufbau- und Ablauforganisation oder Büro- und Produktionsprozesse oder Kooperationsprozesse über mehrere Unternehmen hinweg unterstützen.

1   Trends im Unternehmensumfeld

Der gegenwärtige Handlungsspielraum einer Unternehmung, verstanden als Potential seiner Fähigkeiten zur Zukunftsbewältigung, ist das Ergebnis von Ereignissen und Entscheidungen in der Vergangenheit. Diese Weisheit gilt in besonderer Weise für die Organisation und die Informationsverarbeitung einer Unternehmung. Dabei hat sich die Technologie als einer der wichtigsten treibenden Faktoren etabliert (vgl. Preuss / Pickenpack / Koll 1991).

Dieser Umbruch im Verständnis der ablauforganisatorischen Möglichkeiten vollzieht sich vor dem Hintergrund von verschiedenen Trends in der Unternehmensumwelt:

- **Veränderte Märkte, verändertes Kundenverhalten**

Der Markt fordert von den Unternehmen eine immer größere Anpassungsfähigkeit an die aktuellen Kundenwünsche, d.h. zum einen eine sehr schnelle Reaktion auf Nachfrageverschiebungen, zum anderen die Fähigkeit, problemspezifisch angepaßte Lösungen schnell anbieten zu können. Vielfalt und Variantenreichtum im Produktspektrum wachsen dadurch sehr stark an. Mit den höheren Ansprüchen an die Funktionalität der Produkte wird deren Komplexität und damit auch die Anzahl der Komponenten eines Produktes zunehmend erhöht. Auch verlangt der derzeit sehr populäre Versuch, sich zum "Lean Enterprise" zu entwickeln, eine enge Anbindung von Büro- und Produktionsprozessen zwischen Zulieferern und Abnehmern (vgl. Womack / Jones / Roos 1992).

- **Konvergenz in der technischen Entwicklung**

Der Preisverfall bei gleichzeitiger Leistungssteigerung im Hardwarebereich und die Verfügbarkeit leistungsfähiger Netzwerke auch über große Entfernungen haben der betrieblichen Informationsverarbeitung in den letzten Jahren völlig neue Perspektiven eröffnet. Diese werden unter den Stichworten

- Multi- / Hypermedia

- Verteilte Systeme

- Downsizing

- Normen und Standards

diskutiert - um nur einige Beispiele herauszugreifen (vgl. z.B. Bullinger / Fröschle / Hofmann 1992, Niemeier 1992). Für die aktuelle Entwicklung scheint allerdings besonders charakteristisch zu sein, daß bislang isolierte Trends mehr und mehr konvergieren. Ein "Downsizing" bislang zentralisierter Systeme etwa ist ohne herstellerübergreifende Standards (Unix) nicht vorstellbar.

- **Gewandeltes Integrationsverständnis**

Der Trend führt weg vom lange gehegten "totalen" Integrationsanspruch. Dieser bezog sich primär auf das bereichs- oder gar unternehmensweite Zusammenfügen von Strukturen und Infrastrukturen. Inzwischen hat man gelernt, daß der Integrationsgedanke auf anderen Wegen möglicherweise leichter verwirklicht werden kann. Beispiele für Vorhaben, in die viel Lehrgeld geflossen ist, sind: das Scheitern des ersten Anlaufes bei Management-Informationssystemen (MIS), die Diskussion um den angeblich "fragwürdigen" Nutzen der Bürokommunikation (BK) sowie verschiedene Projekte im Bereich "Computer Integrated Manufacturing" (CIM). Heute gelten viele CIM-Versuche als Investitionsruinen.

Unter die Kategorie des "totalen" Integrationsanspruchs fallen vermutlich auch die verschiedenen, aktuellen Vorschläge, unternehmensweite Datenmodelle und Systemarchitekturen in Angriff zu nehmen.

Rascher und nachhaltiger dürfte dagegen solchen Projekten Erfolg beschieden sein, die eine partielle Integration der Unternehmensaktivitäten anstreben. Der Weg hin zu diesem wesentlich bescheidener anmutenden Ziel ist allenthalben als sogenannte "Vorgangs-" oder "Prozeßorientierung" erkennbar. Beispiele dafür sind

-       die Renaissance einiger "alter" MIS-Gedanken, neuerdings jedoch viel stärker an den Geschäftsprozessen eines Unternehmens ausgerichtet;

-       die Weiterentwicklung der Bürokommunikation zur Vorgangsunterstützung und "Computer Supported Cooperative Work" (CSCW) sowie

-       die Dezentralisierung und Flexibilisierung der Fertigungsprozesse.

Das Leitmotiv für die partielle Integration heißt also: Besser direkt in die interne und externe Kopplung der Geschäftsprozesse investieren, als mit unüberschaubarem Aufwand an umfassenden Infrastrukturkonzepten laborieren!

2   Ansatzpunkte in "Fabrik" und "Büro"

Die oben genannten Trends lassen die Bedeutung der Ablauforganisation in einem neuen Licht erscheinen. Auf zwei Ansatzpunkte soll beispielhaft eingegangen werden.

2.1   Der Produktionsverbund

Fallstudien bei Zulieferern der Automobilindustrie, die komplexere Produkte in mittleren bis großen Serien herstellen, zeigten, daß die Unternehmen den vielfältigen Veränderungen in ihrem Umfeld mit unterschiedlichen Strategien begegnen:

Auf der einen Seite werden, um die Produktionskosten zu senken, einzelne Werke eines Unternehmens produktbezogen spezialisiert. Die einzelnen Werke konzentrieren sich zukünftig nur noch auf bestimmte Bearbeitungsanforderungen mit einer geringen Fertigungstiefe und auf das zur Herstellung des Produktes notwendige, werkspezifische Produkt- und Produktions-Know-how.

Auf der anderen Seite wird, um der Forderung nach einer größeren Kundennähe gerecht zu werden, eine Präsenz der Unternehmen mit eigenen Werken im Umfeld des Kundens angestrebt. Die Werke im direkten Umfeld des Kunden ermöglichen es, diesen kurzfristig und flexibel sowohl hinsichtlich der Art als auch der Anzahl der bestellten Produkte zu beliefern.

Um den strategischen Spielraum zu nutzen, den ein größerer Binnenmarkt bietet, wird der Entwicklungs- und Produktionsprozeß in der Serienfertigung zunehmend in know-how-intensive und kostenintensive, sowie in arbeitsintensive Teilprozesse aufgegliedert. Die arbeitsintensiven Teilprozesse sind dadurch gekennzeichnet, daß die auszuführenden Tätigkeiten nicht oder nur bedingt in vollautomatisierten Fertigungsprozessen durchgeführt werden können.

Die Folge der neuen Strategien, mit denen die Unternehmen einen flexibleren und zugleich effizienteren Produktionsprozeß realisieren, hat auch Auswirkungen auf die Unternehmensstruktur. Das Unternehmen wird zum Verbund verschiedener Werke mit unterschiedlichen technologischen Fähigkeiten, wobei jeweils mehrere Werke am Herstellungsprozeß eines Endproduktes beteiligt sein können. Die einzelnen Werke des Produktionsverbundes ergänzen oder ersetzen sich dabei hinsichtlich der Bearbeitung der verschiedenen Produkte (vgl. Roos et. al. 1992).

Das Verbinden von Werken bedingt neue Ablaufstrukturen und Planungs-/ Steuerungsinstrumente zur Koordination dieser Unternehmensteile. Allerdings ist festzustellen, daß bezogen auf einzelne Fertigungsstätten, die Vorgangs- und Prozeßorientierung heute eine Selbstverständlichkeit ist. In der Fertigungsautomation haben sich mittlerweile die verschiedensten Werk- und Denkzeuge, die die Computerindustrie zur Verfügung gestellt hat, durchgesetzt. Komplette Fertigungsprozesse werden mit ihrer Hilfe durchgängig unterstützt. Dies reicht von der Idee bis zur Fertigung und Logistik eines Produktes in den einzelnen Werken, teilweise sogar bereits über den Bereich einer einzelnen Unternehmung hinaus. Dementsprechend haben sich völlig neue (Vorgangs-) Strukturen im Fertigungsbereich entwickelt (z. B. "Just-In-Time").

2.2 Kooperationsverbund im Büro

Die anfängliche Euphorie über die "Office Automation" hat längst realistischeren Erwartungen Platz gemacht (vgl. Kläger / Stiefel / Rathgeb 1991):

*   BK ist offenbar nicht gleich DV: Die bewährten Methoden greifen nicht, die bekannten Auswirkungen passieren nicht. Die Diskussion hat sich verlagert - weg von der Technik, hin zu IV-Gesamtkonzepten und dem betriebswirtschaftlichen Nutzen der Informationstechnik. Zielsetzung und Methodik der BK-Einführung werden in Frage gestellt.

*   BK ist offenbar nicht nur Infrastruktur: Werkzeuge für Text / Grafik / Mail bereitstellen und abwarten reicht nicht aus. Investitionen in die Technikausstattung der Büroarbeitsplätze

rechnen sich erst, wenn Netze und zentrale Hintergrundsysteme in das Kalkül einbezogen werden.

- BK ist keinesfalls der Lückenbüßer für unzureichende DV-Lösungen: Viele Anwender scheinen immer noch auf das "Dressing" für den bereits installierten "Technik-Salat" zu hoffen. Gezielt oder unbewußt wird dabei übersehen, daß Innovation ohne Veränderung nicht zu haben ist. Und speziell der Erfolg von BK-Projekten ist in den Veränderungen zu suchen, die im organisatorischen und geschäftlichen Bereich erzielt werden (vgl. auch Kerber 1991).

Die im letzten Jahrzehnt verstärkten Bemühungen um die Integration von DV- und BK-Funktionen haben den Fokus der organisatorischen Gestaltungsarbeit verschoben:

- Die Gestaltungsparameter Struktur, Ablauf und Ressourceneinsatz werden in ihrer Wechselwirkung gesehen. Insbesondere soll die Organisations- und Personalentwicklung mit dem Technikeinsatz Schritt halten.

- Die verrichtungsorientierte Arbeitsteilung und Spezialisierung nach tayloristischen Grundsätzen hat weitgehend ausgedient. Insbesondere muß das gewohnte Bereichs- und Abteilungsdenken der Einsicht weichen, daß die letztlich relevante Leistung einer Organisation *quer zur Hierarchie*, dem externen Kunden gegenüber erbracht wird. Die Technik soll die Organisationseinheiten im Verbund darin unterstützen, daß jede Einheit für sich einen effektiven Beitrag zur ökonomischen Gesamtleistung erbringen kann.

- Informationsverarbeitung und "Business" gehören zusammen. Neben die Rationalisierung tritt die Wettbewerbsfähigkeit als Hauptmotivation für IV-Projekte. Die traditionelle Kostenorientierung ist deshalb um einen Leistungs- und Qualitätsmaßstab zu ergänzen. Denn speziell "das" Büro ist offensichtlich mehr als nur eine Gemeinkosten-Senke.

Als tragfähiges Konzept zur Realisierung dieser Anforderungen wird die Vorgangsunterstützung gesehen. Vorgangsunterstützung durch Informationssysteme bedeutet die Integration statischer Informationsobjekte (v.a. Dokumente) mit der Definition und Automatisierung dynamischer Sequenzen von Bürotätigkeiten. Die Unterstützung durch derartige Systeme ist also zu einem großen Teil auf die Kooperation im Rahmen von arbeitsteiligen Vorgängen ausgerichtet. Dies bedeutet, daß die Einbeziehung mehrerer Arbeitsplätze in verschiedenen Bereichen eine wesentliche Rolle spielt. Die reine „Mechanisierung" einzelner Informationsverarbeitungstätigkeiten spielt dabei eine eher untergeordnete Rolle (vgl. Kläger / Stiefel / Rathgeb 1991).

Das Denken in Prozessen im Gegensatz zur bereichsorientierten, funktional abgegrenzten Sicht gewinnt offenbar für die gesamte Leistungserstellung und Auftragsabwicklung eines Unternehmens an Bedeutung. Mit dem Einsatz entsprechender IV-Systeme kann eine Re-Integration bisher überzogen arbeitsteilig durchgeführter Aufgaben erreicht werden. Zeitaufwendige Koordinations- und Kommunikationsaufgaben sowie Doppelarbeiten lassen sich beseitigen.

3   Einordnung der zu integrierenden Abläufe

Generell sind die Werkzeuge hinsichtlich ihrer Zielsetzung für die Gestaltung bzw. das Management von Vorgängen oder für die Steuerung und Automatisierung zu unterscheiden. Außerdem sind unterschiedliche Werkzeuge in den einzelnen Integrationsphasen zum unternehmensspezifischen CIB-System erforderlich.

Typologie von Vorgängen

Vor der Definition von Anforderungen an Werkzeuge zur Gestaltung und Steuerung von Abläufen müssen diese in jedem Fall klassifiziert werden. So sind für unterschiedliche Typen von Vorgängen unterschiedliche Werkzeuge erforderlich. Im Bereich einmaliger, unstrukturierter Vorgänge ("Projekte") finden z.B. Netzplantechniken Anwendung. Für den Bereich strukturierter und zyklisch auftretender Vorgänge (z.B. Aufträge) sind spezielle Vorgangsunterstützungssysteme geeignet.

Drei wesentliche Kriterien zur Einordnung von Vorgängen können definiert werden: Strukturiertheit, Häufigkeit und Sensibilität hinsichtlich der Verfügbarkeit. Beispielvorgänge unterschiedlicher Strukturiertheit und Häufigkeit sind in der folgenden Tabelle zusammengefaßt:

Häufigkeit Strukturiertheit	zyklisch selten	häufig	azyklisch selten	häufig	einmalig
strukturiert	Jahres-abschluß erstellen	Wochen-bericht der Kosten-rechnung erstellen	Inventa-risierung Fertigungs-anlage	Buchung von Waren-eingängen	Konkursbilanz erstellen
teilstrukturiert	Verbalteil des Jahres-/ Monatsabschlußberichts erstellen		Forderungseinzug beim Kunden		Erstellung einer Brücke durch ein Bauunternehmen
unstrukturiert	Analyse von Inventurdif-ferenzen		Erstellung eines F+E Berichts		Konstruktion einer Raumfähre

Entwicklungsstufen zum "Computer Integrated Business" (CIB)

Die Realisierung des unternehmensspezifischen CIB-Systems vollzieht sich in vier Stufen (vgl. Bullinger 1990). Speziell im Hinblick auf die Ablauforganisation sind diese Stufen durch folgende Merkmale gekennzeichnet (vgl. Rathgeb / Roos 1991):

Stufe	Charakteristika und Zielsetzung	Hardware / Software-Aspekte	Vorgangs-unterstützung
1. Stand-Alone Systeme	• Geringe Bedeutung von Standards • Hauptzielsetzung ist eine größere Effizienz für einzelne Aufgaben • Zentralisierte DV-Abteilung; Bürovorgänge werden von anderen Abteilungen geregelt	• Stand alone PC z.B. für Textverarbeitung • Mainframes für Buchhaltung etc. • Keine Netzwerke	• Vorgänge werden über organisatorische Regelungen definiert
2. Sektor-Integrierte Informations-Systeme	• Hauptzielsetzung ist die Optimierung der IV-Technologie in einzelnen Abteilungen • Nutzung traditioneller BK-Systeme	• Electronic Mail • PC-Netzwerke mit File-servern für Textverarbeitung • gemeinsame Datenaustauschformate werden definiert (z.B. PICT, TIFF)	• Vorgänge werden über organisatorische Regelungen definiert • zusätzlich können Benutzer eigene Sequenzen definieren
3. Inter-disziplinäre Informations-Systeme	• Hauptzielsetzung ist das Prozeßmanagement bezogen auf einzelne Geschäftseinheiten	• LANs • Vorgänge werden durch Vorgangssteuerungssysteme analysiert, gesteuert und optimiert.	• Vorgangsunterstützungssysteme
4. Unternehmens relevante Informations-Systeme	• Kommunikation und Kooperation mit verbundenen Unternehmen • Hauptzielsetzung ist das unternehmensübergreifende Geschäftsprozeßmanagement (Konzept der "Wertkette")	• WANs • Hohe Bedeutung von Standards (ODA / ODIF, X.400)	• Verbundene Vorgangsunterstützungssysteme

4   Der Unterstützungsbedarf durch Werkzeuge

Ein Unterstützungsbedarf ist hinsichtlich folgender Phasen der Vorgangsgestaltung gegeben:

Vorgänge erkennen

Um Vorgänge anhand ihrer charakteristischen Merkmale identifizieren zu können, darf ein Gestaltungswerkzeug nicht bei der klassischen Aufgabenstrukturierung stehenbleiben (vgl. z.B. die Methoden und Werkzeuge zur Unterstützung von organisatorischen Aufgabenanalysen oder von funktionsorientierten DV-Systemanalysen). Vielmehr sollte eine Unterstützung gewährleistet sein im Hinblick auf

- das Erkennen von Objekten und Ereignissen in Arbeitssystemen,

- das Selektieren von gestaltungsrelevanten Vorgängen im Sinne einer ABC-Analyse,

- das Dokumentieren von Zusammenhängen zwischen organisatorischen Einheiten und Regelungen auf der einen Seite und den IS-Komponenten auf der anderen Seite.

Eine systematische Untersuchung und ganzheitliche Beschreibung von Vorgängen im Rahmen einer sogenannten Vorgangsanalyse setzt zum Beispiel voraus, daß integrativ

- die Vorgangsstruktur,
- die Stellenstruktur,
- die vorgangsorientierte Aufgabenstruktur,
- die vorgangsorientierte Tätigkeitsstruktur sowie
- die vorgangsorientierte Dokumenten- und Ablagestruktur

eines Untersuchungsfeldes abgebildet und ausgewertet werden können.

Vorgänge modellieren

Im Rahmen der Vorgangsanalyse werden die zur Leistungserstellung notwendigen Vorgänge identifiziert und in ihren Bestandteilen und wesentlichen Parametern untersucht. Liegen die in der Vorgangsanalyse abgeleiteten Vorgangsdaten vor, so kann die Vorgangsstruktur in einem entsprechenden Modell dargestellt werden. Dieses Vorgangsmodell bildet eine gemeinsame Diskussionsbasis für die Vorgangsoptimierung und die IV-Systemgestaltung (vgl. Abb.4-1).

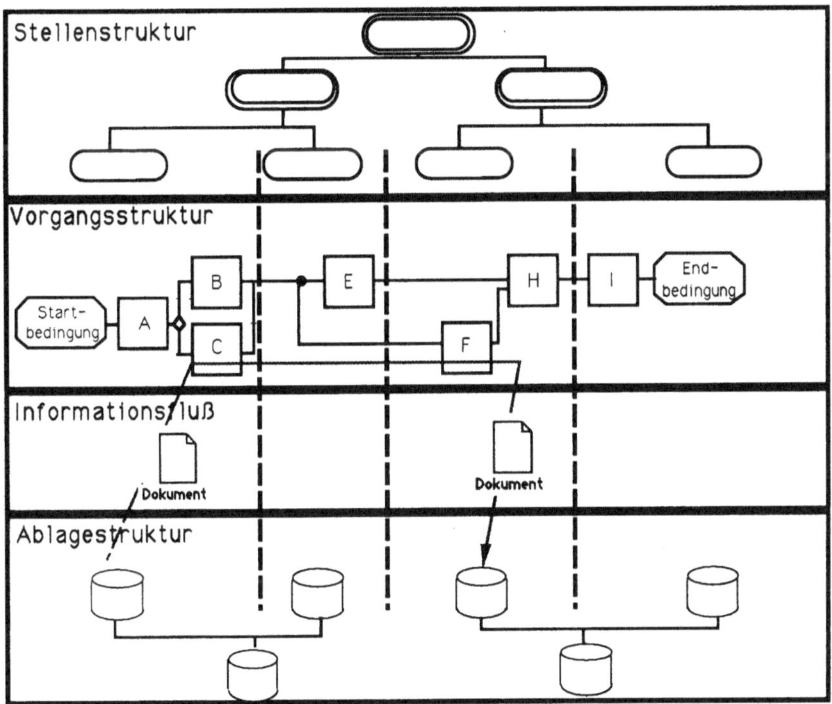

Abb. 4-1: Schema eines integrativen Vorgangsmodells (Kläger / Stiefel / Rathgeb 1991)

Vorgangsverwaltung

Ist ein Vorgangstyp modelliert, so kann er aktiviert werden und damit bei Eintreten der Startbedingungen zur Ausführung gebracht werden. Während der Ausführung von Vorgängen muß die Möglichkeit bestehen, den Bearbeitungsstatus zu erfragen und evtl. korrigierend oder steuernd einzugreifen, um Sonderfälle und Ausnahmesituationen handhaben zu können. Hierfür werden entsprechende Funktionen benötigt, die die Verwaltung der Vorgangsdefinitionen ("Typen") wie auch der laufenden Vorgänge ("Instanzen") unterstützen.

Vorgangsausführung

Funktionalitäten zur Vorgangsausführung ermöglichen die rechnergestützte Abarbeitung von einzelnen Vorgängen entsprechend der gültigen Vorgangsdefinition und der sich für den jeweiligen Einzelvorgang ergebenden Ausführungsbedingungen. Je nach Implementierungsansatz werden Vorgangsdokumente zwischen den vorgangsbeteiligten Stellen verschickt, entsprechende Anwendungsprogramme für einzelne Arbeitsschritte angestoßen oder Informationen zur Vorgangssteuerung in gemeinsam genutzten Datenbanken bereitgestellt. Auch die Überwachung zeitlicher Rahmenbedingungen und die rechtzeitige Erinnerung an Termine und Zeitlimits können hier genannt werden.

5 Kategorien von Werkzeugen für die integrierte Ablauforganisation

5.1 Anforderungen an Werkzeuge

- Die Werkzeuge müssen situationsgerecht sein: Allgemein kann gesagt werden, daß Werkzeuge dem Einsatzzweck (Gestaltung, Steuerung, etc.), und der Integrationsstufe angemessen sein müssen, wie in den vorherigen Kapiteln beschrieben.

- Die Werkzeuge müssen der Benutzergruppe angemessen sein (z.B. graphisch-interaktive Werkzeuge für Nicht-DV-Spezialisten).

- Die Analysewerkzeuge müssen ein prozeßorientiertes Vorgehen ermöglichen und die Modellierung aller relevanten Abhängigkeiten zwischen den (verteilten) Informationssystemen, der Aufbau- und der Ablauforganisation ermöglichen.

- Die Gestaltungswerkzeuge müssen als intersubjektive Entscheidungsgrundlage dienen können: In jeder Unternehmung wird geplant - auch der Einsatz von Informations- und Kommunikationstechnologien. Nur wird dieser in der einen Unternehmung mehr implizit und informal, in der anderen mehr explizit und formal geplant. Wesentlich für den Weg zum unternehmensspezifischen CIB-System ist die Sicherstellung der Ergebnisqualität und Kommunizierbarkeit.

- Neue Maßstäbe zur Ermittlung der Wirtschaftlichkeit müssen unterstützt werden: Selbst bei sich ständig verbessernden Preis / Leistungsverhältnissen imTechnikbereich wird die Kapitalbindung zunehmen. Die Wirtschaftlichkeitsrechnung kann sich nicht mehr ausschließlich an vordergründigen ökonomischen Kennzahlen orientieren. Geht man davon aus, daß der Umgang mit Informationen eine Rolle bei der Erringung von Wettbewerbsvorteilen für die Unternehmung spielt, dann sind vor allem qualitative Nutzenkriterien wie in Kapitel 6 beschrieben, zu berücksichtigen.

- Durchgängige Werkzeuge sind erforderlich: Insbesondere sind durchgängige Planungs- und Gestaltungswerkzeuge, welche eine Verknüpfung von der Unternehmungsstrategie über die organisatorische Planung bis hin zum technischen Konzept ermöglichen, notwendig (zu einem solchen Ansatz siehe z.B. Reim / Meitner 1991).

- Planungs- und Gestaltungswerkzeuge sollen Entscheidungen unterstützen, nicht ersetzen. Gerade rechnergestützte Methoden dürfen die Kreativität des Planers und Organisators nicht ausblenden.

- Die technischen Potentiale verteilter Informationssysteme eröffnen große organisatorische Gestaltungsspielräume. Diese wurden bislang kaum ausgeschöpft. Bestehende und "bewährte" Strukturen und Abläufe werden in der Regel erst dann hinterfragt, wenn beispielsweise das Standard-Softwarepaket eine Anpassung erforderlich macht (vgl. z.B. Niemeier / Reim 1990).

- Steuerungswerkzeuge müssen in doppelter Hinsicht flexibel an die Organisation angepaßt werden können: Erstens sollen die individuellen Anforderungen möglichst umfassend erfüllt sein und zweitens sollen zukünftige Änderungen möglichst reibungslos implementierbar sein.

- Wesentlich größere Aufmerksamkeit muß künftig den Werkzeugen zum Risikomanagement gewidmet werden, d.h. Fragen der Betriebssicherheit im Sinne von Verfügbarkeit, Zuverlässigkeit und Wartbarkeit aller technischen Komponenten sowie Fragen der Informationssicherheit im Sinne von Vertraulichkeit, Integrität, Überprüfbarkeit und Identifizierbarkeit (vgl. Meitner / Steinacker 1992).

Weiterhin ist es nun mehr denn je notwendig, das interdisziplinär verteilte Wissen über Methoden und Werkzeuge zur Unterstützung des Gestaltungsprozesses systematisch zusammenzutragen. Nachhaltige Erfolge in der praktischen Realisierung "neuer" Vorgangs- und Prozeßketten sind künftig nur noch durch gemeinsame Anstrengungen zu erzielen. Analog dazu wird niemand erwarten, daß das zum Teil notwendige, "radikale" Umdenken die Einführungs- und Betriebsprobleme verringert. Bei fehlender organisatorischer Resonanz, sei sie durch mangelnde Mitarbeiterqualifikation oder durch unangemessene Konzepte verursacht, besteht nach wie vor die Gefahr, daß CIB-Projekte zu teuren Fehlinvestitionen werden.

5.2 Das Spektrum der informationstechnischen Unterstützung der Ablauforganisation

Das Gesamtspektrum an technischen Unterstützungssystemen zur Gestaltung, Durchführung und Steuerung ist sehr groß. In Einzelbereichen wie der Steuerung von Produktionsabläufen sind bereits eine Vielzahl von Werkzeugen mit ausreichender Funktionalität auf dem Markt (PPS-Systeme, Leitstände). In diesem Bereich sind allerdings Änderungen im Hinblick auf verteilte Systeme und die Lenkung von Produktionsverbünden zu erwarten. Auch im Bürobereich zeigt die Industrie großes Interesse, allerdings sind bislang lediglich Prototypen von Vorgangssteuerungssystemen verfügbar, deren Funktionalität häufig noch nicht ausreichend entwickelt ist.

Allgemein ist der Bereich der Steuerung und Automatisierung von Abläufen besser durch Werkzeuge unterstützt, als der Analyse- und Gestaltungsbereich. Vor allem fehlen bislang noch solche Werkzeuge, die eine durchgängige Unterstützung ohne Medienbrüche leisten (vgl. z.B. Niemeier 1990, Reim 1991).

Abbildung 5-3 gibt einen Auszug aus dem Methodenspektrum des IAO wieder. Ein Großteil der nachfolgend genannten Methoden und Werkzeuge wurde speziell für das Management verteilter Informationssysteme entwickelt:

- DISDES (Design and Management of Distributed Information Systems) unterstützt die Modellierung und Bewertung von Büroabläufen und Organisationsstrukturen. Darauf aufbauend erlaubt es die Ermittlung von Anforderungen an verteilte Informationssysteme als Basis eines CIB-Systems (vgl. Abb. 5-1, Reim / Roos 1990 und 1991).

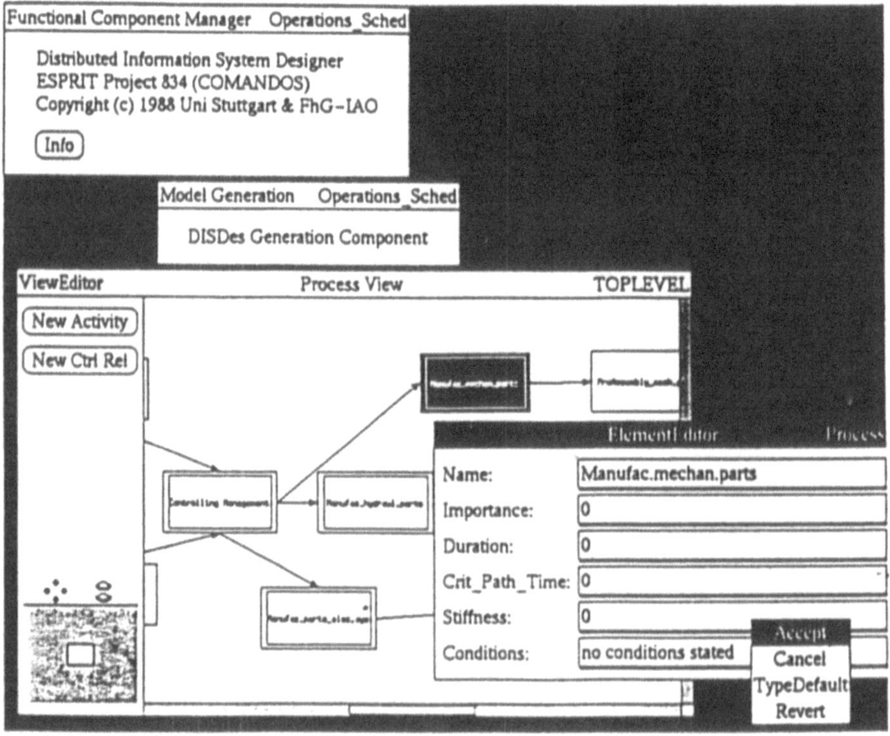

Abbildung 5-1: Graphisch-interaktive Modellierung von Abläufen mit DISDES

- Office-COMMANDER (Communication Analysis for the Definition of Requirements) unterstützt die Erhebung und Analyse von Kommunikationsstrukturen sowie z.B. die Erstellung von Techniknutzungsprofilen in Büroumgebungen (vgl. Abb. 5-2). Dieses Werkzeug für Organisatoren hat mittlerweile eine hohe Stabilität erreicht auf der Basis umfassender Erfahrungen mit Beratungsprojekten in unterschiedlicher Größenordnung und Umgebung, verbunden mit jeweils spezifischen Gestaltungszielen.

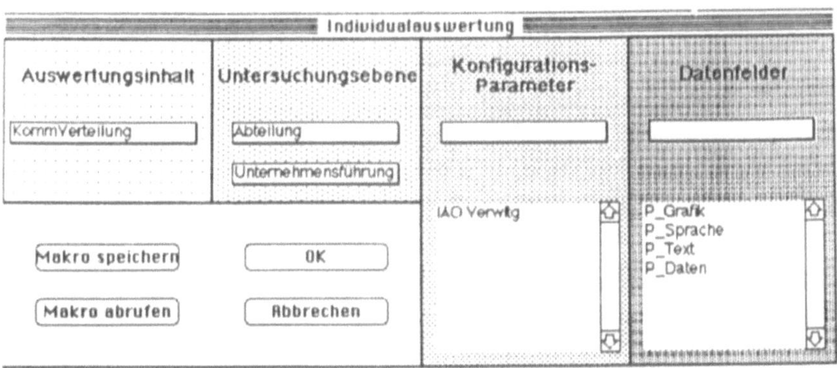

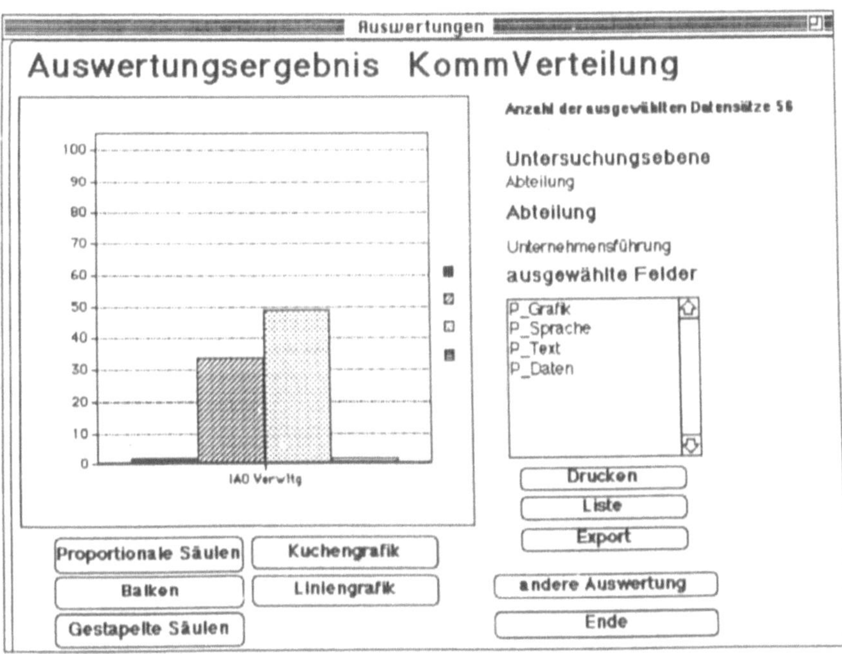

Abbildung 5-2: Rechnergestützte Kommunikationsanalyse mit Office-COMMANDER

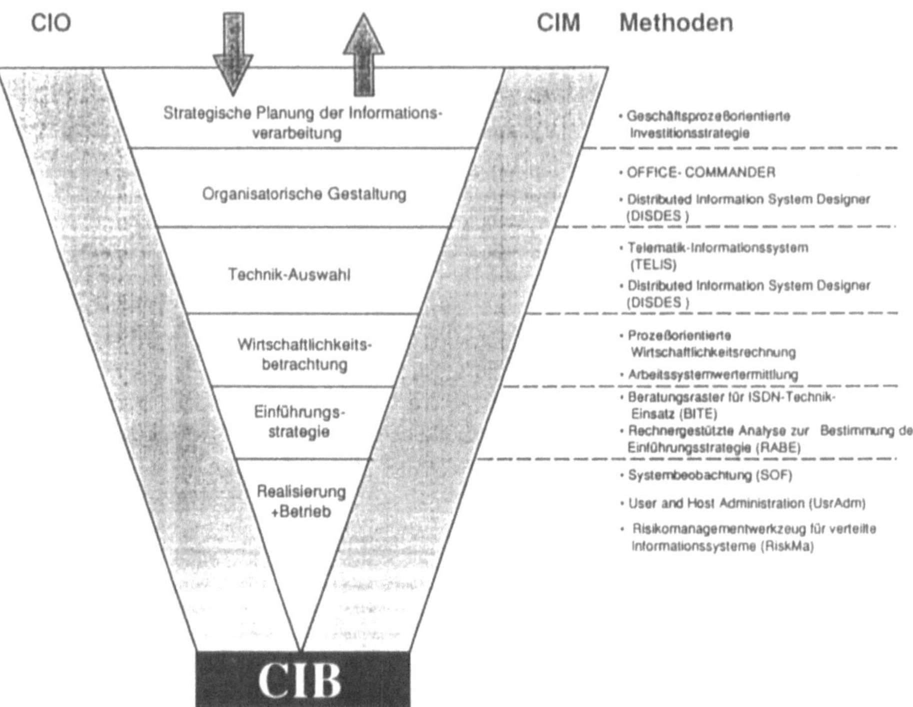

Abbildung 5-3:   Das IAO-Methoden-Spektrum zum CIB-Konzept

- UsrAdm (User and Host Administration) unterstützt die Modellierung eines verteilten Rechnersystems, die Abfrage von Informationen von der Systembeobachtungseinrichtung, die Erkennung von Engpässen und das Anstoßen von Änderungen der Systemkonfiguration. Somit wird eine Anpassung des Systems an die strukturellen Änderungen des Unternehmens in adaptiver Weise ermöglicht (vgl. Hofstetter / Roos 1990).

- RiskMa (Risk Management for Distributed Information Systems) unterstützt die Ermittlung von Gefahren und die Auswahl von Sicherungsmaßnahmen in einem verteilten Informationssystem. Insbesondere werden Abhängigkeiten im System analysiert (vgl. Meitner / Teuber 1990 und Meitner 1991).

- SOF (System Observation Facility in Distributed Information Systems) ist eine im verteilten Informationssystem integrierte Servicefunktion, die Informationen für das Systemmanagement sammelt und verdichtet. Es ist eine Basisfunktion für die Werkzeuge UsrAdm und RiskMa.

Auf der Basis von DISDES und Office-COMMANDER laufen derzeit mehrere Forschungs- und Beratungsprojekte, die in ein integriertes, rechnergestütztes Tool zur vorgangsorientierten Gestaltung von Arbeits- und Informationssystemen münden sollen.

6   Nutzenaspekte

Während in einigen Bereichen (z.B. PPS-Systeme) der Nutzen unbestritten ist, ist der Nutzen der prozeßorientierten Steuerung im Bürobereich erst aufzuzeigen. Offenbar gibt es hier immer noch vergleichsweise große Ressentiments, sei es mit Blick auf die Erfahrungen mit "nutzlosen" BK-Projekten oder sei es aufgrund einer eher skeptischen Beurteilung der technischen Machbarkeit oder sei es aufgrund der vorschnellen Gleichsetzung von Vorgangssteuerung und dem "PPS für's Büro".

Einen weiteren, in seiner Bedeutung kaum zu unterschätzenden Fallstrick auf dem Weg zur integrierten Gestaltung der Geschäftsprozesse stellt nach wie vor die Problematik der Nutzenmessung und -bewertung dar. Da erfahrungsgemäß die qualitativen Vorteile die quantitativen Vorteile deutlich überwiegen, hängt alles davon ab, inwieweit diese Einschätzungen methodisch fundiert zustandekommen und möglichst allen Beteiligten, inklusive den Entscheidungsträgern transparent werden.

Untersuchungen und erste praktische Erfahrungen haben als wichtigste Vorteile der Vorgangsunterstützung gegenüber einem reinen Bürokommunikationssystem aufgezeigt:

*   Reduzierung von Wartezeiten (Rückfragen, Nicht-Anwesenheit),

*   Schnelleres Generieren neuer Vorgänge,

*   Durchgängige Weiterverarbeitung ohne Medienbrüche,

*   Bearbeitungszeiten können verfolgt werden,

*   Engpaßanalysen werden stark vereinfacht,

*   Kürzere Durchlaufzeiten.

Erheblichen Zusatznutzen verspricht die Vorgangsunterstützung dadurch, daß Bearbeitungsreihenfolgen erzwungen werden. können Beispielsweise bleiben "unangenehme", aber wichtige Vorgänge nicht mehr bis zum letztmöglichen Termin liegen. Da die Vorgänge rechnergestützt abgearbeitet werden, kommen weitere Rationalisierungsvorteile durch schnellere und flexiblere Suchverfahren zum Tragen. Auch der Bearbeitungszustand eines Vorgangs kann jederzeit festgestellt werden. Die Wiederverwendbarkeit von Informationen wächst. Die Vorgänge werden transparent, die Beschäftigten verstehen die Abläufe besser.

Erfahrungen aus dem Produktions- und Fertigungsbereich zeigen, daß bei breitem Einsatz der Techniksysteme viele Nutzenaspekte sich erst mit relativ großer zeitlicher Verzögerung zeigen.

Die Kosten eines CAD-Systems beispielsweise lassen sich fast nie aus einer Einzelplatz- Betrachtung rechtfertigen. Der Nutzen wird in der Regel erst erkennbar, wenn z.B. die Stücklistengenerierung oder eine NC-Kopplung genutzt werden. Für die Vorgangskommunikation läßt sich aus diesen Erfahrungen ableiten, daß ihr Nutzen erst dann deutlich sichtbar wird, wenn viele Vorgänge bearbeitet werden. Erst dann kommt die Fixkostendegression für Hardware, Schulung und Systemadministration zum Tragen.

7 Zusammenfassung

Die Schaffung neuer Ablaufstrukturen und ihre ständige Adaption an Umweltveränderungen ist unausweichlich, z.B. im Hinblick auf die aktuell stark favorisierte Zielsetzung, "schlanke", innovative Unternehmensstrukturen zu schaffen. Dabei gilt es die große Komplexität integrierter Abläufe zu beherrschen. Der hohe Unterstützungsbedarf resultiert aus den vielfältigen technischen, organisatorischen und soziologischen Anforderungen. Bei diesen Werkzeugen bestehen vor allem im Analyse- und Gestaltungsbereich noch Defizite. Interdisziplinäre Forschung und Entwicklung ist zur Lösung dieser Aufgabenstellungen notwendig: Wissen aus den Bereichen Computer Aided Software Engineering (CASE), Werkstatt- und Produktionssteuerung, Büro-Organisationsforschung, Computer Supported Cooperative Work (CSCW), Projektmanagement und Management verteilter Informationssysteme muß integriert werden, um zu praxistauglichen Werkzeugen zu gelangen.

Literatur

Bullinger, H.-J. (1990)

Strategische Bedeutung verteilter Informationssysteme, in: Verteilte Informationssysteme in der betrieblichen Anwendung, IAO-Forum, Springer-Verlag 1990

Bullinger, H.-J. / Fröschle, H.-P. / Hofmann, J. (1992)

Multimedia - Von der Medienintegration über die Prozeßintegration zur Teamintegration, erscheint in: Office Management 6 / 1992

Hofstetter, I. / Roos, A. (1990)

Leistungsbeobachtung und Systemmodifikation in einem Netzwerk von Arbeitsstationen, in: Suginfo 2 / 90, S.4-9

Kerber, G. (1991)

Ganzheitliche Vorgangsbearbeitung im Büro, in: Wang-Presseseminar: Neue Entwicklungen in der Büroautomation, Elektronische Bild- und Dokumentenverarbeitung als Teil der integrierten Vorgangsbearbeitung, o.O. 1991

Kläger, W. / Rathgeb, M. / Stiefel, K.-P. (1991)

Quer zur Hierarchie - Methodenkonzept zur vorgangsorientierten Gestaltung der Bürokommunikation, in: Fortschrittliche Betriebsführung / Industrial Engineering 40 (1991), S. 118 - 126

Meitner, H. / Steinacker, M. (1992)

Sicherheitsmaßnahmen für verteilte Systeme; Office Management 5 / 1992 S. 6-16 ff.

Meitner, H. (1991)

Modellierung und Analyse von Ausfallrisiken in verteilten Informationssystemen, in: Lippold, H. / Schmitz, P. / Kersten, H. (Hrsg.): Sicherheit in Informationssystemen, Braunschweig 1991, S. 75-87

Meitner, H. / Teuber, V. (1990)

Werkzeuggestützter Aufbau und Optimierung von Netzwerken, in: Verteilte Informationssysteme in der betrieblichen Anwendung, IAO-Forum, Springer-Verlag 1990

Niemeier, J. (1990)

Einsatz von Methoden und Werkzeugen bei Informationsvorhaben in der Bundesrepublik Deutschland - Eine Bestandsaufnahme, in: VDI-Berichte Nr. 858 (1990), S. 161 - 187

Niemeier, J. (1992)

Mobile Business: Eine organisatorische Herausforderung, Vortrag auf dem 1. Europäischen Fachkongreß Mobile Computing, Stuttgart 1992

Niemeier, J. / Reim F. (1990)

Welchen Einfluß haben verteilte Informationssysteme auf die betriebliche Organisation?, in: Verteilte Informationssysteme in der betrieblichen Anwendung, IAO-Forum, Springer-Verlag 1990

Preuss, W. / Pickenpack, W. / Koll, P. (1991)

Aufbau eines strategischen Informationsmanagements, in: Office Management 11 / 1991, S. 26 - 35

Rathgeb, M. / Roos, A. (1991)

Office Procedure Support Systems on the Basis of Distributed Open Sytems, in: Bullinger, H.-J. (Hrsg.): Human Aspects in Computing, Elsevier Science Publishers B.V., 1991

Reim, F. (1991)

Entwicklung eines Verfahrens zur rechnerunterstützten Gestaltung verteilter Informationssysteme, Springer Verlag 1991

Reim, F. / Meitner, H. (1991)

A Toolset for Administration and Management of Distributed Information Systems, in: Bullinger, H.-J. (Hrsg.): Human Aspects in Computing, Elsevier Science Publishers B.V. 1991

Reim, F. / Roos, A. (1990)

DISDES: Ein Gestaltungswerkzeug zur Verbindung von Analyse und Gestaltung verteilter Informationssysteme, in: Verteilte Informationssysteme in der betrieblichen Anwendung, IAO-Forum, Springer-Verlag 1990

Reim, F. / Roos, A. (1991)

Ein Werkzeug für alle Fälle, in: net **44** Heft 12, S. 532 - 535

Roos, A. / Laubscher, H.-P. / Rosenberger, N. / Kroneberg, M. (1991)

Steuerungstechnische Koordination eines Produktionsverbundes: Ein Lösungsansatz für einen Automobilzulieferer, Online Kongreß, Velbert 1992

Womack, J. P. / Jones, D. T. / Roos D. (1992)

Die zweite Revolution in der Autoindustrie, Frankfurt / New York 1992

Zwischenbetriebliche Informationsflußintegration und ihre Einbindung in CIM

von

Horst Wildemann

Prof. Dr. Horst Wildemann, Lehrstuhl für Betriebswirtschaftslehre mit Schwerpunkt Logistik, Technische Universität München
An dieser Untersuchung waren meine wissenschaftlichen Mitarbeiter Herr Dipl. Inform., Dipl. Kfm. Roman Bauer und Herr Dipl. Ing. Marcus Gemmerich beteiligt. Ihnen danke ich für die die tatkräftige Mitarbeit.

1. Anforderungen an die Informationsflußintegration

Die Integration bisher arbeitsteilig organisierter Funktionen eröffnet den Unternehmen ein neues Rationalisierungspotential. Integration führt zu effizienten Produktionsfunktionen und somit zu anhaltenden Wettbewerbsvorteilen. Die Gestaltungsmöglichkeiten integrierter Produktions- und Informationssysteme sind jedoch sehr vielfältig. Handlungsspielräume bestehen in der Wahl des Integrationsgrades, der Methode der Integration (organisatorisch, technisch über Schnittstellen oder technisch mit einem geschlossenen System) und der Reihenfolge der gewählten Integrationsschritte. Integrierte Produktions- und Informationssysteme können nur in Ausnahmefällen von Unternehmen in kurzer Zeit aufgebaut werden. In den meisten Fällen muß die Integration über einen längeren Zeitraum über geplante Einzelmaßnahmen (Integrationsschritte) erreicht werden. Viele Unternehmen sehen sich nicht in der Lage, dieses komplexe dynamische Problem zu lösen. Die Rationalisierungspotentiale der Integration werden deshalb nur teilweise erschlossen. Mit Hilfe einer operationalen Methode die es erlaubt, den Nutzen der auszuwählenden und die zeitliche Abfolge von Integrations- und Reorganisationsprozessen zu planen, kann eine größere Zahl von Unternehmen eigene Integrationsstrategien entwickeln und die neue Dimension der Rationalisierung für sich nutzen.

Bei der Einführung und Integration von Informationstechnologien stehen Klein- und Mittelbetriebe in einer besonderen Situation. Einerseits verlangt der Markt kurzfristige flexible Lieferungen von Produkten mit großen Variantenzahlen zu niedrigen Preisen. Hieraus ergibt sich ein hoher Wettbewerbsdruck, der noch verstärkt diejenigen Klein- und Mittelbetriebe trifft, die sich in der Situation eines Zulieferanten zu größeren Unternehmen befinden und damit dem "Druck des Großen" ausgesetzt sind. Gesucht werden daher Produktionskonzepte, die eine nachfragegenaue Produktion ohne gleichzeitigem Ansteigen von Beständen ermöglichen. Hierzu können integrierte Informationstechnologien einen erheblichen Beitrag leisten. Auf der anderen Seite sind die Ressourcen, die Klein- und Mittelbetrieben zur Einführung von Informationstechnologien zur Verfügung stehen, in der Regel begrenzt. Solche Restriktionen bestehen nicht nur in finanzieller, sondern auch in personeller Hinsicht. Häufig stehen nicht ausreichend qualifizierte Mitarbeiter zur Planung und späteren Anwendung von Informationstechnologien zur Verfügung. Klein- und Mittelbetriebe sind damit in besonderem Maße auf methodische Unterstützung bei der Planung und Realisierung von CIM angewiesen. Dies gilt sowohl für die strategische, als auch für die operative Entscheidungsebene. Auf der strategischen Ebene gilt es die geeigneten Integrationsfelder zu erkennen, woraus auf der operativen Ebene die richtigen Integrationsbereiche auszuwählen sind. Auf diesem Weg soll eine optimale Erschließung von Integrationspotentialen erreicht werden.

Für Klein- und Mittelbetriebe ergibt sich der Zwang zur Integration nicht nur aus einer Optimierung der internen Abläufe, sondern auch aus den Forderungen des Marktes. Insbesondere auf Zulieferanten der Automobilindustrie kommen Anforderungen zu, Geometrie- und Auftragsdaten in Form elektronischer Information aufzunehmen und zu verarbeiten (vgl. Wildemann 1988a) ergeben sich für die mittelständische Zulieferindustrie dann, wenn die digitalen Informationen im Unternehmen möglichst ohne manuelle Eingriffe weiterverarbeitet werden können. Eingehende CAD-Zeichnungen können als Basis der innerbetrieblichen Betriebsmittelkonstruktion dienen, Prüfstandards können für CAQ und SPC im Unternehmen genutzt werden. Die eingehenden Aufträge und Liefereinteilungen werden im Rahmen der produktionssynchronen Beschaffung seitens der Abnehmer (vgl. hierzu Wildemann 1988b) in kürzeren zeitlichen Rhythmen eintreffen, so daß eine manuelle Bearbeitung kostenintensiv wird. Die Veränderungen von Seiten der Abnehmeranforderungen und der technischen Möglichkeiten lassen es erwarten, daß gerade Klein- und Mittelbetriebe großen Nutzen aus der Anwendung integrierter Systeme ziehen werden. Ähnlich wie in der konventionellen Datenverarbeitung im administrativen Bereich werden jedoch die Wege, die Klein- und Mittelbetriebe einschlagen nicht identisch sein mit dem Vorgehen in Großunternehmen. Eine Übertragung von deren Erfahrungen ist nicht ohne weiteres möglich. Es wird ein Weg für CIM zu entwickeln sein, der organisatorische und technische Lösungen gezielt kombiniert einsetzt und auf die Bedürfnisse kleiner und mittlerer Betriebe anpaßt. Auch für diese Gruppe von Unternehmen wird die interne und externe Integration für die Sicherung der Überlebensfähigkeit von zunehmender Bedeutung sein.

Die Integration von informationsverarbeitenden Vorgangsketten im dispositiven Bereich erfordert eine ähnliche Verzahnung der einzelnen Aufgaben, wie sie auf der operativen Ebene durch das Just-In-Time Konzept in den Materialflußströmen realisiert worden ist. Integration ist insofern für Klein- und Mittelbetriebe eine wichtige Aufgabe, die jedoch nicht darin gesehen werden kann, lediglich bestehende Abläufe zu automatisieren (vgl. Wildemann 1990). Informationstechnische Integration erfordert eine optimierte Organisationsstruktur der indirekten Bereiche des Unternehmens .

2. Lösungsansatz zur Informationsflußintegration

2.1 Thesen zur Informationsflußintegration

Der entwickelte Ansatz zur Informationsflußintegration zeigt einen Lösungsweg, welcher auf folgenden Ansatzpunkten basiert (vgl. Wildemann 1991):

- Basis für eine wettbewerbswirksame Integrationsstrategie bildet die Orientierung an den kritischen Erfolgsfaktoren,

- die organisatorische Integration ist die grundlegende Voraussetzung für den effizienten Einsatz von DV-technischen Integrationswerkzeugen,

- zur Beurteilung des Autonomiegrades von Informationssegmenten ist eine Bewertung der

- eine Beurteilung des Integrationsstatus muß die Datenart, die einem Informationfluß zugrunde liegt, berücksichtigen und

- zur Charakterisierung von Informationsflüssen sind klar abgrenzbare Kriterien notwendig, die es erlauben, den Informationsstrom vollständig zu beschreiben.

Ein wesentlicher Schritt auf dem Weg, die vorhandenen Integrationslücken zu schließen, besteht in der Bildung von Informationssegmenten (vgl. Abbildung 1). Durch den Einsatz der Segmentierung, d.h. der Bildung von weitgehend autonomen Einheiten unter Informationsflußaspekten und der nachgelagerten Durchführung von sowohl DV-technischer als auch organisatorischer Integrationsmaßnahmen lassen sich die Integrationspotentiale erschließen. Grundlage für die Bildung der richtigen Informationssegmente ist die Analyse der vorhandenen Informationsflüsse mit einer eingehenden Bewertung der Beziehungen. Erst darauf aufbauend lassen sich die geeigneten Integrationsschritte unter dem optimalen Einsatz von Integrationswerkzeugen auswählen. Mit diesem Ansatz lassen sich Informationssegmente mit einem effektiven Integrationsgrad bilden, die geeignet sind, den wachsenden Anforderungen des Marktes gerecht zu werden.

Für eine Klassifikation von Informationen steht aufgrund der Vielschichtigkeit der Eigenschaften von Information eine sehr große Menge von Merkmalen zur Verfügung. Aus dieser Menge wurden die Merkmale ausgewählt werden, die eine besondere Aussagekraft im Hinblick auf das zugrundeliegende Untersuchungsziel besitzen. Gleichzeitig müssen die Merkmale eine hinreichende Varietät von Ausprägungen besitzen, die eine Klassifizierung erst ermöglicht.

Neben der Klassifizierung, der Aufteilung einer Menge in Teilmengen unter einem bestimmten Kriterium oder anhand eines Merkmales, muß aber auch eine Abstufung der Merkmalsausprägungen und eine Zuordnung einer Gewichtung zu den einzelnen Ausprägungen möglich sein. Eine Auswahl von Informationsmerkmalen zur Klassifizierung und Bewertung von Informationsströmen muß einige allgemeine logische Anforderungen, die für jede Klassifizierung von Gültigkeit sind, berücksichtigen. Auf jeder Stufe der Untersuchung müssen eindeutig bestimmte Klassifikationsmerkmale als Grundlage für die Einteilung beibehalten werden. Die Klassifizierung muß so weit wie möglich erschöpfend sein, d.h. die Summe der Teilmengen muß ein teilbares Vielfaches ergeben. Des weiteren muß die Klassifizierung ausschließlich sein, d.h. sie muß gewährleisten, daß sich die Teilmengen nicht überschneiden.

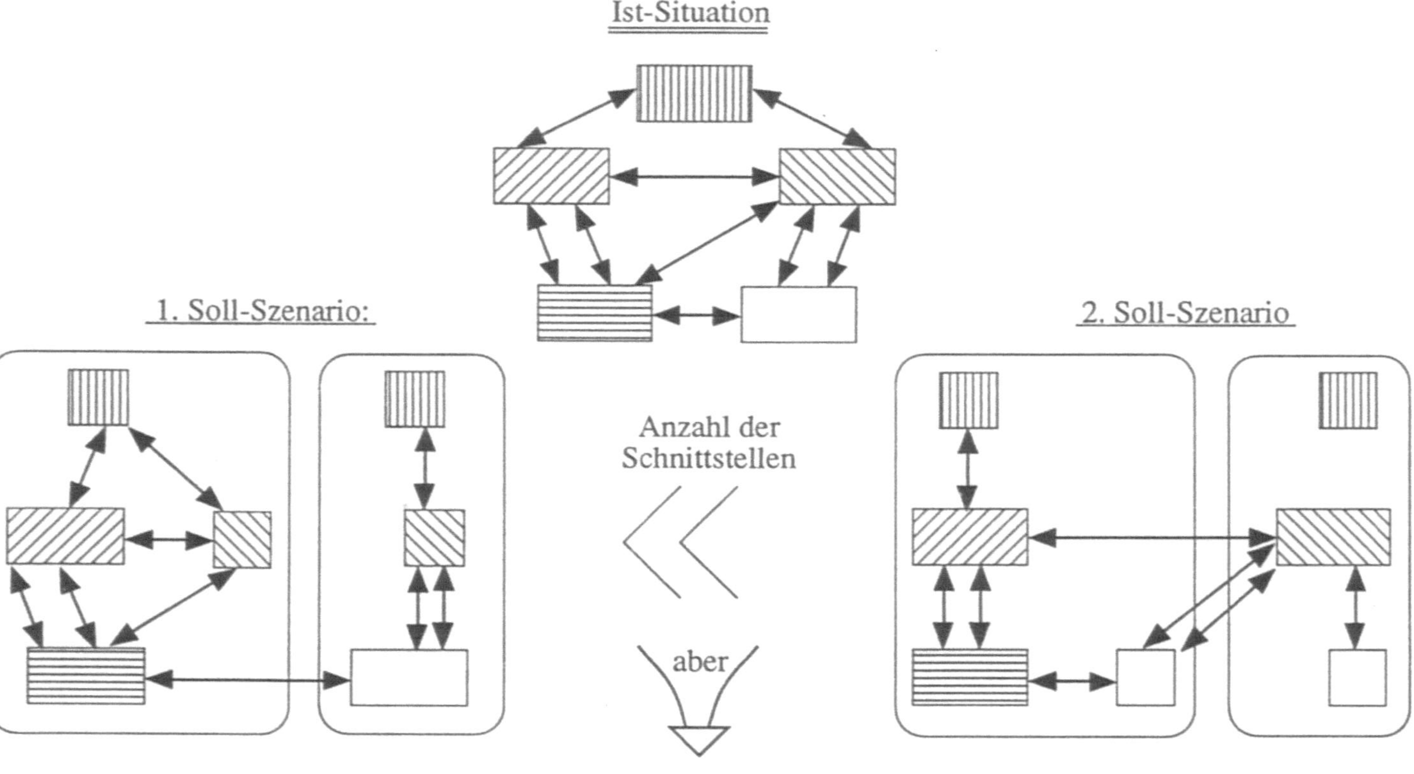

Abbildung 1: Wirkungsweise von Segmentierung und Integration

2.2 Bewertung von Informationsflüssen

Die Informationsflußanlyse charakterisiert die Informationsströme zwischen Funktionen anhand der Informationswertigkeit und des Integrationsstatus. Die Informationswertigkeit wird durch die folgenden, weitgehend voneinander entkoppelten Kriterien bestimmt:

- Informationsrelevanz für die Funktionserfüllung des Informationsempfängers,

- Koordinationsbedarf,

- Informationsvolumen pro Übertragungsereignis,

- Übertragungshäufigkeit der Information,

- Aktualitätsanforderung an die Information und

- Qualitätsanforderung an die Information.

Die Informationsrelevanz für die Funktionserfüllung des Informationsempfängers beschreibt die Wichtigkeit der Information für die Funktion und damit auch indirekt für den Gesamtprozeß. Ähnlich dem Kriterium der Aktualitätsanforderung geht es hier in erster Linie um die Identifikation der Informationen, die für die Funktionserfüllung notwendig sind und deren Fehlen oder Unvollständigkeit bei den beteiligten Funktionen eine Verzögerung des gesamten Auftragsdurchlaufes verursacht. Eine objektive Einschätzung dieses Merkmales ist nur sehr schwer möglich. Die subjektive Einschätzung kann aber zumindest ein ausreichender Anhaltspunkt für die Wichtigkeit von empfangenen Informationen in Bezug auf die jeweilige Aufgabenerfüllung sein (vgl. Gast 1985).

Das Kriterium Koordinationsbedarf soll verdeutlichen, inwieweit ein Regelkreis in der Informationsbeziehung vorhanden ist. Er beantwortet dadurch auch die Frage, ob es sich um einen ein- oder zweiwertigen Informationsfluß handelt. Die Höhe des Koordinationsbedarfs und damit die Wertigkeit für eine Integration der Funktionen läßt sich unter anderem aus der "Art der Interdependenz" zwischen den Funktionen ableiten (vgl. Treuling 1990).

Das Informationsvolumen pro Übertragungsereignis und die Übertragungshäufigkeit der Information dienen zur Beschreibung des Informationsvolumens pro Betrachtungsperiode. Zur Bewertung des Kriteriums ist das maximale Volumen als Maßstab heranzuziehen. Dabei kann dieses Maximum auch von einer Informationsbeziehung stammen, die nicht im Integrationsfeld liegt. Das Kriterium Informationsvolumen steht in direktem Zusammenhang mit der Übertragungshäufigkeit der Information und liefert erst in Verbindung damit eine Aussage über die tatsächliche Informationsmenge, die zwischen zwei Stellen ausgetauscht wird. Die Bewertung

die Einführung von Informationstechnologien, da alle Informationen in der Regel gespeichert werden müssen und die Abschätzung der Speicherkapazität sich an diesem Kriterium orientiert. Eine weitere Bedeutung kommt diesem Kriterium hinsichtlich der Auswahl eines geeigneten Übertragungsmediums zu, das in der Lage ist, sowohl die zeitlichen Anforderungen zu erfüllen, als auch die geforderte quantitative Kapazität bereitstellen zu können.

Das Kriterium der Aktualität einer Information steht in Zusammenhang mit dem Kriterium der Übertragungshäufigkeit. Eine Information, die stündlich oder täglich neu angefordert wird, verursacht auch im selben Intervall einen Informationstransport. Ist das Transportmedium oder die Organisation nicht in der Lage, diese Intervalle einzuhalten, kommt es zwangsläufig zu Verzögerungen. Ungenaue oder unvollständige Informationsübermittlung beziehungsweise Kommunikation können diese Verzögerung ebenso verursachen, da aufgrund von notwendigen Nachfragen und Klärungen eine Verzögerung bei der Informationsweiterleitung eintritt. Die Anforderung an die Informationsqualität ist deshalb in Zusammenhang mit diesem Kriterium zu bewerten. Der Nutzen einer Information nimmt ab, je größer die zeitliche Differenz zwischen tatsächlicher Übermittlung und dem Zeitpunkt des Informationsbedarfes ist. Im Extremfall ist eine zu spät übermittelte Information für den Empfänger vollkommen nutzlos und kann sogar zusätzliche Kosten verursachen. Eine Preisänderung von Zukaufteilen muß einem Konstrukteur rechtzeitig mitgeteilt werden, damit dieser durch Verwendung alternativer Teile entsprechend seiner Kostenverantwortlichkeit reagieren kann (vgl. Brenig 1990).

Die Qualitätsanforderung an die Information beinhaltet im wesentlichen zwei Fragestellungen für den Anwender. Zum einen ist festzustellen, ob die Folgefunktion auch mit einer unvollständigen Information eine Aktivität starten kann, zum anderen müssen die Auswirkungen einer inhaltlich falschen Information auf den Gesamtprozeß beurteilt werden.

Die Gewichtung der Kriterien ist unternehmensspezifisch vorzunehmen. Die Bewertung der Kriterien kann sich der bekannten Analysemethoden bedienen, wobei aus Effizienzgründen der Interviewmethode der Vorrang zu geben ist. Die Informationswertigkeit ergibt sich aus der Summe der bewerteten und gewichteten Kriterien. Das Ergebnis diese Analyseschrittes ist die Informationswertigkeitsmatrix.

Der Integrationsstatus ist durch die Ausprägung der organisatorischen und / oder DV-technischen Integration bestimmt, wobei die Wahl des Beurteilungskriteriums entscheidend von der Informationsart beeinflußt wird. Handelt es sich zum Beispiel um codierte strukturierte Daten, so ist der Grad der DV-Integration maßgebend. Für uncodierte Informationen ist der Grad der organisatorischen Integration stärker zu berücksichtigen.

3. Vorgehensweise zur Informationsflußintegration

Anhand des Lösungsansatzes wurde eine PC-gestützte Informationsflußanalysemethodik entwickelt, die es gestattet, Integrationspotentiale in der Auftragsabwicklung aufzuzeigen. Dieses Stufenkonzept eignet sich insbesondere für Klein- und Mittelbetriebe, da ein strukturiertes, systematisches und zielführendes Vorgehen bei der Integration vorgegeben wird. Das entwickelte Konzept gliedert sich in die folgenden Stufen (vgl Abbildung 2):

- Definition der Integrationsfelder,

- Definition der Integrationsbereiche,

- Definition des Integrationsgrades und

- Definition der Integrationswerkzeuge.

Die Definition der Integrationsfelder erfolgt anhand der Bestimmung von Geschäftsprozeß-, Produktgruppen- und Wertschöpfungsgrenze (vgl. Abbildung 3). Die Geschäftsprozeßgrenze ist durch den Prozeß der Auftragsabwicklung definiert. Die Produktgruppengrenze und die Wertschöpfungsgrenze sind abhängig von der Wettbewerbssituation, der Unternehemenstrategie und den kritischen Erfolgsfaktoren. Die Wertschöpfungsgrenze soll dabei alle Funktionen des Geschäftsprozesses, die eine relevante Beeinflußung des Erfolgsfakors Zeit ermöglichen, einschließen. So ist zum Beispiel bei der externen Integration nicht nur die direkte Schnittstelle zwischen Zulieferer und Abnehmer zu untersuchen, sondern es sind auch die internen Funktionen jeder Seite, die bei der Abwicklung des Subprozesses betroffen sind, in die Untersuchung mit einzubeziehen. Die ermittelten Integrationsfelder enthalten somit Teilprozesse der Auftragsabwicklung und haben den Charakter von vertikalen Segmenten. Die Frage, welche Integrationsfelder untersucht werden, hängt wiederum von der Wettbwerbssituation und der Unternehmensstrategie ab. Hier bieten sich zwei Möglichkeieten an: Früheinstieg und Späteinstieg. Der Früheinstieg soll durch Flexibilitätssteigerung Wettbwerbsvorteile ermöglichen. Der Späteinstieg folgt aus dem Zwang, die Wettbewerbsvorteile der Konkurrenz aufholen zu müssen.

Es gilt innerhalb der definierten Integrationsfelder, die richtigen Integrationsbereiche zu definieren. Diese Informationssegmente werden über Integrationspotentiale bestimmt, wobei letztere das Ergebnis der Informationsflußanalyse sind. Die Elemente der Integrationsfelder sind die Funktionen, die zur Aufgabenerfüllung innerhalb des Prozesses notwendig sind. Die Verbindung der Funktionen wird durch Informationsströme zwischen jeweils zwei Funktionen beschrieben. Dazu werden die Funktionen in einer quadratischen Sender-Empfänger-Matrix angeordnet. Jedes Element dieser Informationsmatrix, welches ungleich Null ist, zeigt demnach an, wo Informationen wie fließen.

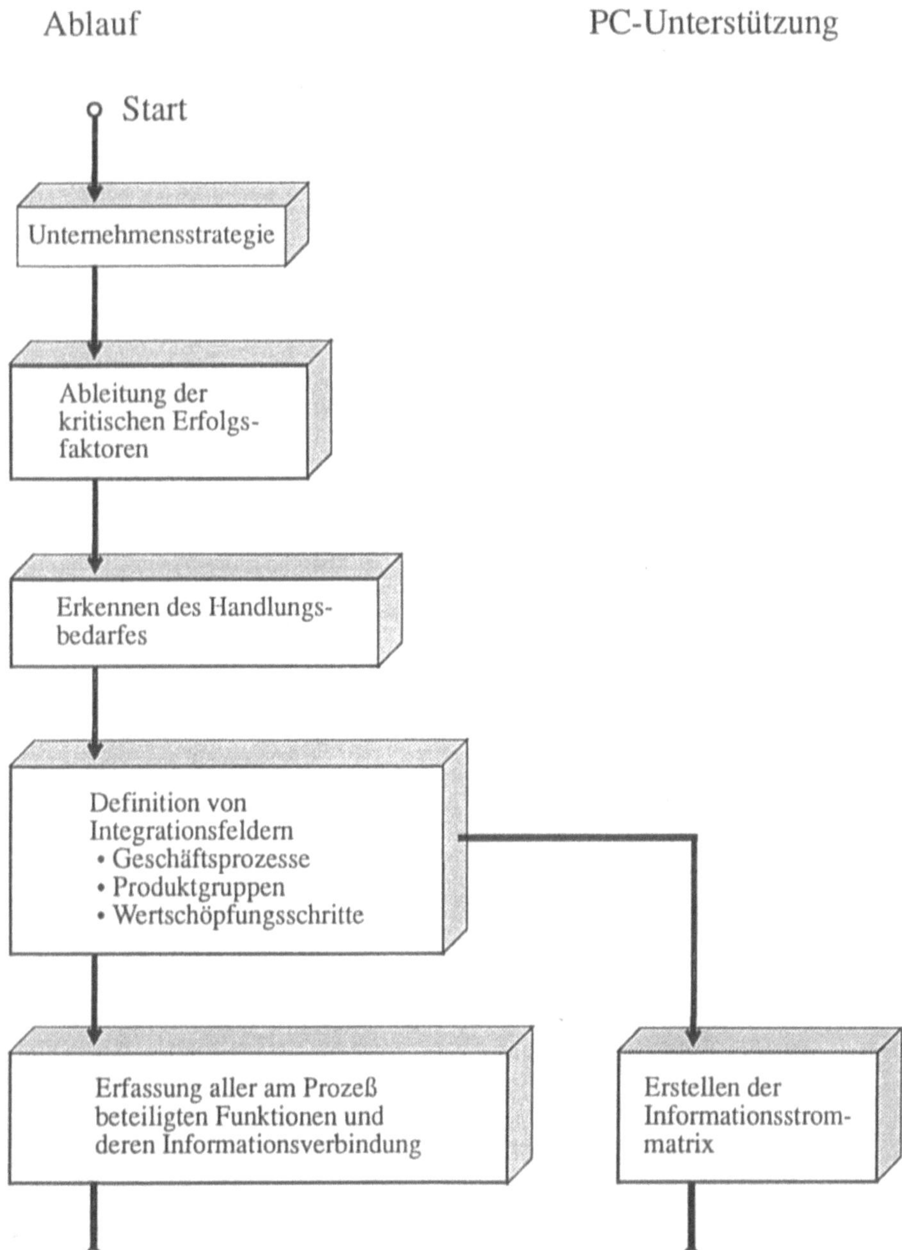

Abbildung 2.a: Stufenkonzept I

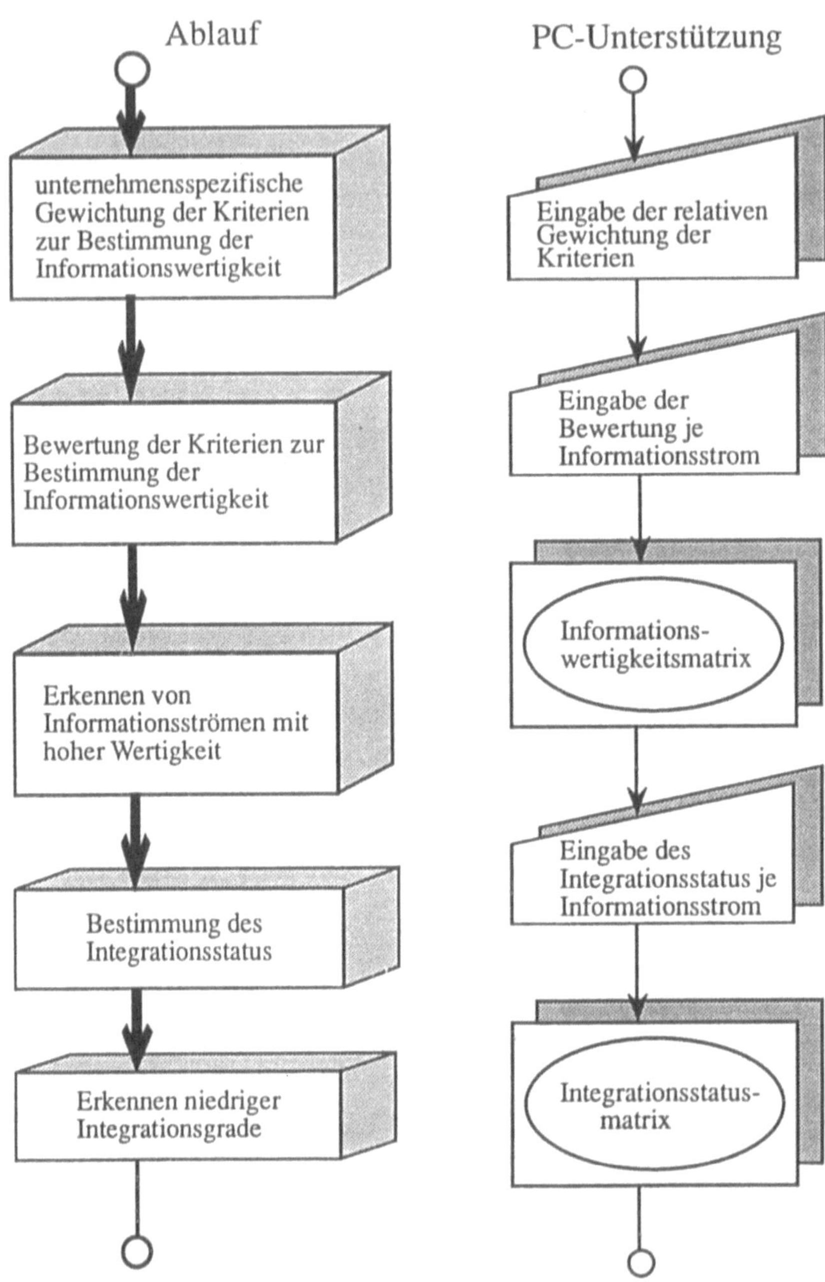

Abbildung 2.b: Stufenkonzept II

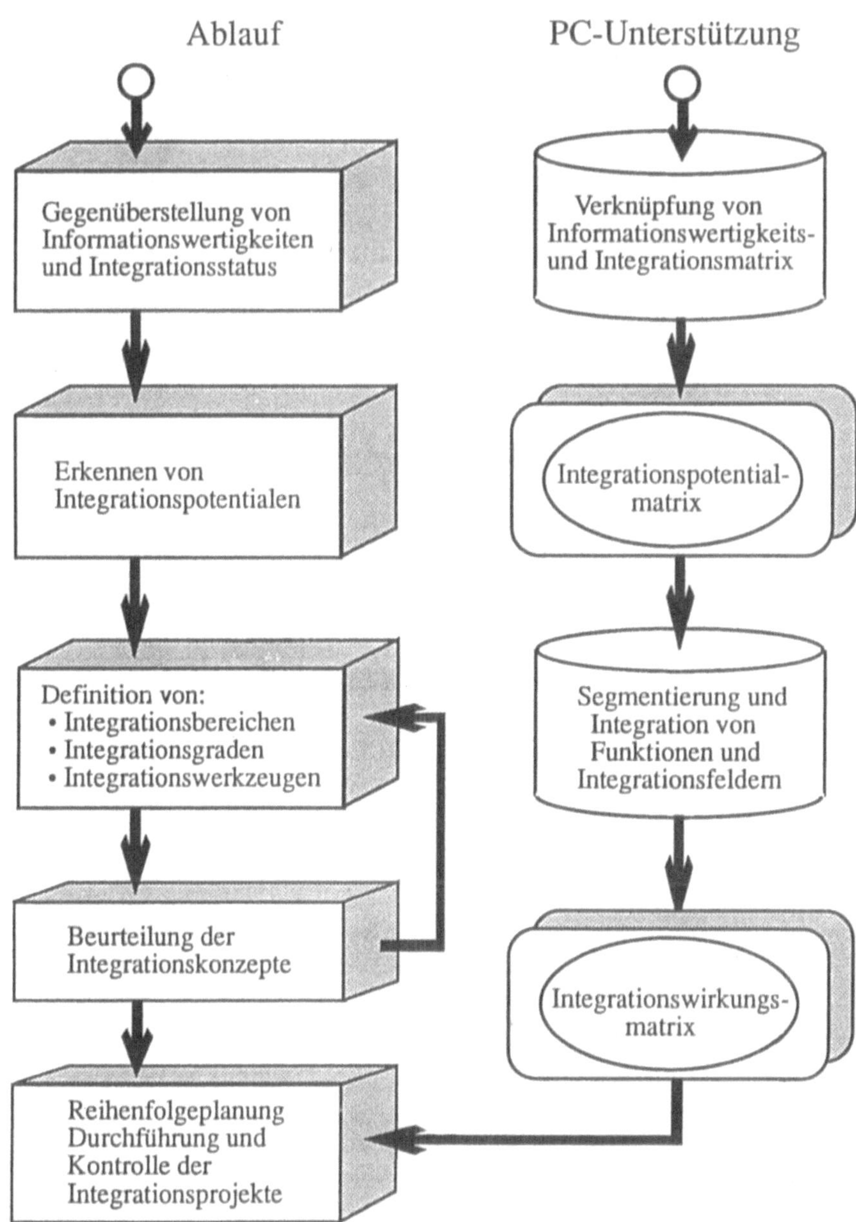

Abbildung 2.c: Stufenkonzept III

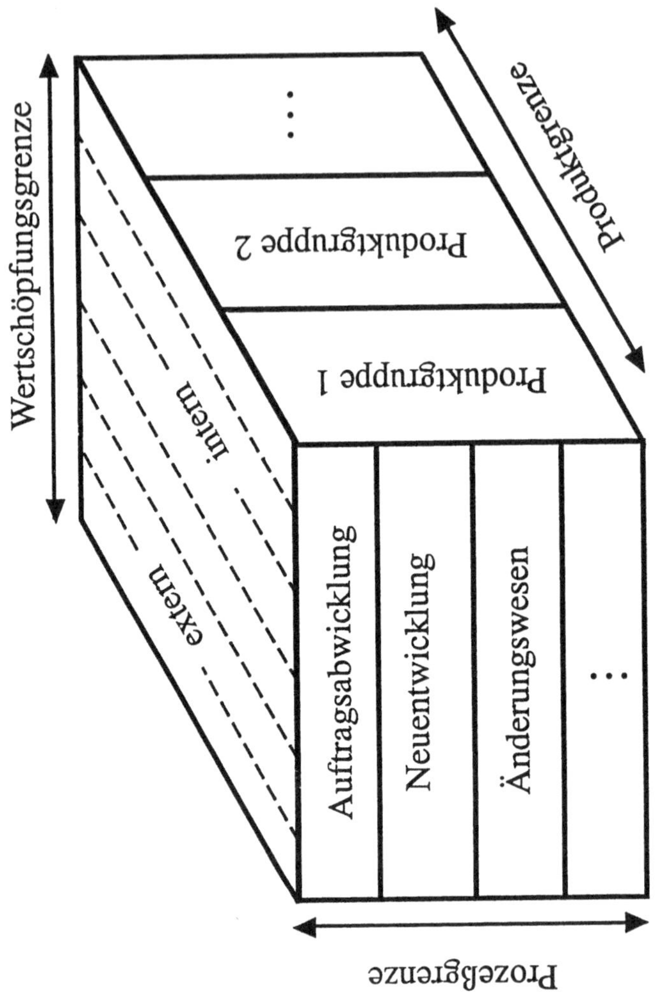

Abbildung 3: Abgrenzung von Integrationsfeldern

Im Folgeschritt sind nun anhand der im Lösungsansatz beschrieben Kriterien Informationswertigkeit und Integrationsstatus zu bestimmen. Die Herleitung der Integrationspotentiale wird durch die Verknüpfung von Informationswertigkeits- und Integrationsstatusmatrix erreicht. Die so gewonnene Integrationspotentialmatrix zeigt dem Anwender, wo die Ansatzpunkte für eine Integration liegen (vgl. Wildemann 1991).

Die Integrationsbereiche sind im Folgeschritt durch Funktionssegmentierung und Funktionsintegration zu definieren. Die anzuwendenden Integrationswerkzeuge ergeben sich aus der Informationsart, jedoch sind auch mehrere Werkzeuge in verschiedenen Kombinationen anwendbar. Auf diese Weise lassen sich verschiedene Szenarien für die Integration entwickeln, wobei das ideale Szenario durch eine Integrationswirkungsmatrix, bei der jedes Integrationspotential den Wert Null annimmt, beschrieben wird. Vor der Auswahl eines Szenarios müssen nun noch die erforderlichen Investitionen abgeschätzt werden. Weiterhin muß geprüft werden, inwieweit die Konzepte in die Untenehmensstrategie passen oder ob Restriktionen durch andere Projekte bestehen. Auf diese Weise werden Integrationsschwerpunkte, Integrationsgrad und Reihenfolge eindeutig bestimmt.

Zur Planung, Durchführung und Controlling des Integrationskonzeptes sind Projektmanagement-Methoden anzuwenden. Anhand der Integrationswirkungsmatrix kann dabei stets der Grad der Ausschöpfung der Integrationspotentiale ermittelt werden.

4. Zusammenfassung und Ausblick

Wirtschaftliche Vorteile aus der elektronischen Kommunikation zwischen Abnehmer und Lieferant ergeben sich für die Zulieferindustrie nur dann, wenn die digitale Information der Auftragsabwicklung, der Werkzeug- und der technischen Produktänderungsdaten sowie der Daten aus der Qualitätssicherung möglichst ohne manuelle Eingriffe formuliert werden. Zunächst sind dazu die vorhandenen Integrationspotentiale durch Informationflußbewertung und Integrationsstatuserfassung zu bestimmen. Die Definition des Integrationsgrades, die Auswahl der Integrationsmethode und die Festlegung der Reihenfolge der gewählten Integrationsschritte ermöglichen dann eine effiziente Erschließung der erfolgsrelevanten Integrationspotentiale.

Die ersten Pilotanwendung des Stufenkonzeptes in Klein- und Mittelbetrieben zeigte, daß die Integrationspotentiale mit Hilfe des PC-Tools schnell aufgezeigt werden können. Die knappen Ressourcen können zielgerichtet und wirksam für die lohnenden Integrationspotentiale eingesetzt werden. Dadurch werden Produktivitäts- und Zeitvorteile bei verbesserter Datenqualität erzielt. Die Wahl der Integrationswerkzeuge wird maßgeblich durch die Art der Integrationsfelder beeinflußt. Für externe Integrationsfelder wurden die DV-technischen Maßnahmen bevorzugt. Dabei kamen insbesondere Datenfernübertragung und Barcode zum Einsatz. Im Bereich der internen Integrationsfelder wurde eine Beschleunigung des Ablaufes vor allen Dingen durch die

Das vorliegende Stufenkonzept und PC-Tool zur Integration der Auftragsabwicklung ist somit insbesondere für Klein- und Mittelbetriebe geeignet, da es ermöglicht, die knappen Ressourcen gezielt auf die erfolgsrelevanten Integrationspotientale anzusetzen.

5. Literaturverzeichnis

Brenig, H. (1990):
>
> Informationsflußbezogene Schnittstellen bei industriellen Produktionsprozessen, Information Management 1/1990, S. 28-39.

Gast, O. (1985):
>
> Analyse und Grobprojektierung von Logistik-Informationssystemen, Aachen 1985.

Treuling, W. (1990):
>
> Entscheidungen gut vorbereiten, fir+iaw Mitteilungen,2(1990), S. 3-6.

Wildemann, Horst (1988a):
>
> Einführung und Verbreitung von CIM in den Unternehmen, in: Wildemann, Horst (Hrsg.): Arbeitsunterlagen zur 5. Arbeitskreissitzung " Einführungsstrategien für neue Technologien in Produktion und Logistik", internes Arbeitspapier, Universität Passau 1988, S. 15-101.

Wildemann, Horst (1988b):
>
> Produktionssynchrone Beschaffung, Handbuch für die Einführung einer Just-In-Time Belieferung, Zürich - München 1988

Wildemann, Horst (1990):
>
> Einführungsstrategien für eine computerintegrierte Produktion (CIM), München 1990

Wildemann, Horst (1991):
>
> Informationsflußintegration in der Auftragsabwicklung, Forschungsbericht, Technische Universität München 1991

Anwendungssoftware in offenen Umgebungen

Dr. h.c. Hasso Plattner
Dr. Peter Tillert
SAP AG
Neurottstraße 16
6909 Walldorf

1. Einleitung

Der Begriff Offenheit ist in aller Munde. Egal, ob es um Hardware oder Software geht, überall rufen Kunden und Anbieter einander dieses Reizwort zu; die einen in Form einer Forderung, die anderen als Versprechung. Kein anderes Thema beherrscht gegenwärtig die Debatten in der DV-Welt so hartnäckig, kaum ein anderes Thema wird so unterschiedlich interpretiert.

Überall knüpft man hochgesteckte Erwarten an den aktuellen Trend zu mehr Offenheit in der Datenverarbeitung; es stellt sich die Frage, welche dieser Erwartungen berechtigt sind, welche nicht?

Dieser Vortrag behandelt vorrangig zwei Aspekte von Offenheit in der kommerziellen Datenverarbeitung.

Zum einen erlaubt es die zunehmende Offenheit von Hardwaresystemen mehr und mehr, Rechner unterschiedlichster Bauart in Client/Server-Konfigurationen miteinander zu kombinieren. Einige Konsequenzen dieser Entwicklung sollen in diesem Vortrag diskutiert werden.

Zum anderen scheinen heute die Chancen für ein Zusammenwachsen von Inseln in der betrieblichen Datenverarbeitung - Stichwort Systemintegration - größer als noch vor einigen Jahren. Wir alle haben in der Vergangenheit gelernt, daß es viel einfacher ist, Lösungen für Teilprobleme zu bauen, als diese Teillösungen dann im Nachhinein zu einer Kooperation zu bewegen. Mit wachsender Offenheit der Systeme erscheinen nun Pläne zur Zusammenführung separater Teillösungen, die früher keine Aussicht auf Erfolg gehabt hätten, zumindestens bedenkenswert. Auch davon soll im Folgenden die Rede sein.

2. Die Client/Server-Philosophie

Zunächst aber zur augenfälligsten Konsequenz der Offenheit, dem Trend zu Client/ Server-Konfigurationen.

Die Frage nach Konzepten für die Verteilung von Aufgaben auf mehrere Rechner ist fast so alt wie der Computer selbst. Im Bereich der technisch-wissenschaftlichen Datenverarbeitung wurden praktisch umsetzbare Antworten vor etwa fünfzehn Jahren gefunden. Seit dieser Zeit werden massiv parallele Rechner für numerische Probleme mit einigem Erfolg kommerziell vertrieben. Die verteilte Verarbeitung von Programmen gilt hier mittlerweile als wohlverstandene Aufgabe.

Auf dem Gebiet der betriebswirtschaftlichen Anwendungssysteme ist dies heute noch nicht der Fall. Hier war man in den letzten zwei Jahrzehnten hauptsächlich mit einem fast entgegengesetzten Problem befaßt: mit dem Problem, die vielen isolierten Systeme, die für einzelne Anwendungsbereiche in den Unternehmen vorhanden waren, zu einem integrierten Gesamtsystem zusammenzuschmieden. Die physische Verteilung von Aufgaben tauchte dabei vorwiegend als Symptom für ein vorläufig ungelöstes Integrationsproblem auf. Ein gutes Beispiel ist der Bereich CAD, wo aus Kapazitätsgründen die Verteilung auf mehrere Rechner unumgänglich war. Notgedrungen wurden hier isolierte Subsysteme geschaffen und die Integration blieb mehr oder weniger außen vor.

Heute nun, wo Integration zu einer selbstverständlichen Anforderung an Anwendungssysteme geworden ist, fangen wir an, umgekehrt zu fragen: Wie läßt sich ein zentralistisches Gesamtsystem so auf mehrere Rechner verteilen, daß wir die mühsam erarbeitete Integration nicht wieder einschränken oder ganz aufgeben? Grundsätzlich stehen dabei zwei mögliche Ansätze für die Verteilung von Anwendungen zur Debatte:

- Horizontale Verteilung: Ein Anwendungssystem zur Steuerung des gesamten Unternehmens, wie unsere Produkte R/2 und R/3, setzt sich aus mehreren Teilanwendungen zusammen: Es gibt einzelne Module für die Finanzbuchhaltung, für die Materialwirtschaft, für das Personalwesen usw. Als horizontale Verteilung möchte ich die Strategie bezeichnen, einem Rechner jeweils die Aufgaben eines oder mehrerer solcher Module zu übertragen.

- Vertikale Verteilung: Ein anderer Ansatz besteht darin, die einzelnen Module danach zu durchleuchten, welche ihrer Teile der Integration mit anderen Modulen besonders stark bedürfen und welche anderen Teile weitgehend isoliert ablaufen können. Letztere wären dann Kandidaten für die Dezentralisierung in einem sogenannten vertikalen, also anwendungsübergreifenden Verteilungskonzept.

Die Nutzung von PCs als graphischen Front-Ends kann als früher Einstieg in die vertikale Verteilung gesehen werden. Heute entstehen nun Szenarien, in denen die vertikale Verteilung von integrierten Systemen neben der reinen Präsentationsebene auch den Bereich der Anwendungslogik erfaßt. Mit unserem neuen Produkt R/3, das wir in diesem Jahr freigegeben haben, gehen wir genau diesen Weg: Innerhalb jedes einzelnen Moduls von R/3 werden datenbankorientierte und dialogorientierte Teile identifiziert. Letztere laufen dezentral, also nahe beim Benutzer ab, erstere dagegen weiterhin auf einem zentralen Rechner, dessen Rolle sich nun zu der eines reinen Datenbank-Servers wandelt.

Als nächste Stufe der Entwicklung steht die Verteilung der Daten von Anwendungssystemen auf mehrere Datenbanken auf dem Programm. Erste Schritte in diese Richtung wurden in Teilbereichen bereits unternommen in Form von Subsystemen, die einerseits integriert mit einem zentralen System, andererseits aber auch weitgehend autonom einen Teilbereich der betrieblichen DV unterstützen. Ein gutes Beispiel wäre ein elektronischer Leitstand, der - auf der Grundlage einer eigenen Datenbasis - die Feinplanung von Arbeitsabläufen dezentral "vor Ort" bewerkstelligt, während die Grobplanung auf der Basis verdichteter Werte zentral und daher in enger Abstimmung mit anderen Modulen, wie Materialwirtschaft, Controlling usw., erfolgen kann. Wie man solche Ansätze zu horizontaler Verteilung ausbauen kann, ohne die Integration des

Gesamtsystems zu gefährden, wird eine der wesentlichen Fragestellungen im Bereich kommerzieller DV in den nächsten Jahren sein.

Für beide Ansätze zur Verteilung von Anwendungssystemen liefert die Client/Server-Philosophie wertvolle Beiträge. Sie verlangt die logische Trennung von Programmsystemen in einzelne Teile, die einerseits als Server gewisse Dienstleistungen anbieten und andererseits als Klienten gewisse Dienstleistungen in Anspruch nehmen. Diese logische Trennung liefert dann die Grundlage für die anschließende physische Verlagerung der herausgebildeten Programmteile auf unterschiedliche Rechner.

Die Client/Server-Methodik ist vielseitig verwendbar und stellt andererseits recht wenige Vorbedingungen an die Offenheit der unterliegenden Hardware. Sie ist daher ein brauchbares Instrumentarium auch für die Verteilung von Anwendungen über ein breites Spektrum von Rechnern unterschiedlicher Anbieter hinweg.

Solche Interoperabilität, also die grundsätzliche Möglichkeit, Produkte verschiedener Hersteller in einem Client/Server-Verbund integriert zu betreiben, wird von den Kunden mehr und mehr gefordert. Dabei sind hauptsächlich zwei Argumentationsketten wirksam:

- Mehrere Rechner, mehrere Anbieter, mehr Freiheit: Der Kunde wird in seinen Hardwareplanungen flexibler, weil er sich nicht mehr so stark wie früher an einen Hardwareanbieter bindet und weil er Rechenleistung schrittweise in die Gesamtkonfiguration einfügen kann.

- Mehrere Rechner, mehr Leistung, mehr Komfort: Gelingt es, Anwendungsteilen von großen, zentralen Rechnern weg auf kleinere, dezentrale Rechner zu verlagern, so kann das günstigere Preis-/Leistungsverhältnis kleinerer Rechner besser ausgeschöpft werden. Dadurch wird sehr häufig Bedienkomfort erschwinglich, auf den man andernfalls verzichten müßte.

Es soll nun kurz an konkreten Beispielen dargestellt werden, daß die Hoffnung auf mehr Funktionalität zu geringerem Preis durch die Verteilung von Anwendungen durchaus ihre Berechtigung hat.

Schon die graphische Oberfläche kann den Bedienkomfort von Anwendungen beträchtlich erhöhen. Natürlich ist dies kein Effekt, der notwendigerweise eintritt. Es ging einige Zeit ins Land, bis man lernte, die neuen graphischen Bedienelemente so einzusetzen, daß die Qualität der Oberflächen wirklich zunahm. Heute allerdings sind Informationen zum vernünftigen Einsatz graphischer Bedienelemente in hinreichendem Umfang vorhanden und niemand mehr bestreitet die positiven Auswirkungen gut gestalteter Oberflächen: Der Benutzer braucht weniger Zeit, sich in die Bedienung des Systems einzuarbeiten; er braucht weniger technische Details - wie z.B. Funktionscodes - auswendig zu lernen sondern kann sich mehr auf die inhaltliche Seite "seiner" Anwendung konzentrieren; er kann allgemeine Prinzipien in der Bedienoberfläche intuitiv erfahren, was ihn in die Lage versetzt, einen größeren Teil der Anwendungsfunktionalität, die das System bereithält, zu erkunden und für seine Zwecke zu nutzen.

Zweitens kann man, wenn graphikfähige Workstations als Präsentationsrechner zur Verfügung stehen, ganz neue Arbeitstechniken in die Anwendungen einbauen. Ein Beispiel hierfür ist die optische Archivierung von Dokumenten. Sie besteht darin, daß beim Eingang eines Belegs, z.B. einer Rechnung, nicht nur die auf ihr enthaltenen Informationen formatiert ins Anwendungssystem eingegeben werden, sondern zusätzlich ein Bit-Image mit einem Scanner eingelesen und ebenfalls gespeichert wird. Dieses Abbild des Belegs kann sich ein Sachbearbeiter dann jederzeit am Bildschirm anzeigen lassen. Der Sachbearbeiter kann dadurch z.B. zweifelhafte Angaben direkt überprüfen, ohne sich den Originalbeleg aus dem Archiv beschaffen zu müssen.

Drittens hat die vertikale Abspaltung von dialogorientierter Anwendungslogik und ihre Verlagerung auf dezentrale Rechnerkapazitäten zur Folge, daß ein Benutzer, der diese Teile der Anwendungslogik nutzt, nicht mehr mit allen anderen Benutzern des Systems um Rechenzeit konkurriert. Vor diesem Hintergrund wird man die Frage, welche Komfortfunktionen in Dialogabläufen vorzusehen sind, möglicherweise ganz anders entscheiden, als in einem zentralistischen System.

Nehmen wir als Beispiel das Bearbeiten eines Kontos. Da in einem zentralistischen System Rechnerleistung eine knappe Ressource ist, die möglichst ökonomisch auf die einzelnen Benutzer verteilt werden muß, wird man dazu neigen, nur die nötigsten Grundfunktionen in eine Anwendung einzubauen; im Falle der Kontenbearbeitung etwa das Blättern und das Positionieren auf eine vorgegebene Stelle. Auf Sonderfunktionen, wie das Sortieren des Kontos, das Summieren seiner Posten nach bestimmten Bedingungen oder interaktive Eingriff in die Darstellung des Kontos am Bildschirm würde man tunlichst verzichten. Nicht nur, daß diese Sonderfunktionen sehr viel Rechnerleistung in Anspruch nehmen, vor allem würden sie ständig mit den Aktionen anderer Benutzer konkurrieren, so daß deren Zugriff auf den zentralen Rechner unvertretbar behindert würde.

Einschränkungen wie diese bestrafen den Benutzer, der möglichst regen Gebrauch von den Leistungen des Anwendungssystems macht. Dabei müßte es doch gerade das Ziel sein, den Nutzen, den ein Benutzer überhaupt aus dem Anwendungssystem ziehen kann, zu optimieren. In einem verteilten System ist dies eher möglich. Verlagert man mehr und mehr Anwendungslogik auf dezentrale Rechner, so belasten komfortable Sonderfunktionen nur noch den persönlichen Computer desjenigen, der sie in Anspruch nimmt. Außerdem werden sie - wegen des günstigeren Preis-/Leistungsverhältnisses kleinerer Rechner - relativ billiger.

3. Der Ruf nach dem Systemintegrator

Daß die integrierte Arbeitsweise von Anwendungssystemen mehr und mehr als selbstverständlich vorausgesetzt wird, wurde oben bereits festgestellt. Dies ist aber im Grunde nur ein Teilaspekt des Problems. Betrachtet man zusätzlich das systemtechnische Umfeld, in dem die Anwendungen sich bewegen, so wird die Aufgabe der Integration noch einmal um Größenordnungen anspruchsvoller.

Da ist zunächst einmal die technologische Integration des Anwendungssystems in die Systemsoftware, also die optimale Einbettung in das Betriebssystem, die Netzwerksoftware, das Datenbankmanagementsystem und die Präsentationssoftware, zu leisten. Im Falle eines verteilten Systems sind eventuell nicht nur ein Betriebssystem, eine Datenbank usw., sondern jeweils mehrere unterschiedliche Produkte zu berücksichtigen.

Sodann muß eventuell auf unterschiedliche Softwareentwicklungsplattformen für die Weiterentwicklung der Anwendungssysteme Rücksicht genommen werden. Dabei geht es nicht nur um unterschiedliche Programmiersprachen, sondern in letzter Zeit auch verstärkt um unterschiedliche CASE-Technologien, die z.B. für das Design von Anwendungen verschiedene Methoden der Daten- und Funktionsmodellierung propagieren. Eventuell gilt es, Schnittstellen zwischen verschiedenen Data Dictionaries aufzubauen und zu unterhalten.

Hinzu kommen verschiedene Monitore und Werkzeuge für die Systemadministration sowie für das Konfigurationsmanagement. Auch dieses Gebiet kann in einer verteilten Welt nahezu beliebige Komplexität annehmen. Und schließlich eröffnet der Bereich Office & Communication eine Fülle von Feldern, auf denen Integration dringend geboten ist, wie etwa EDI oder Electronic Mail.

Das wachsende Bewußtsein für Offenheit hat zur Folge, daß auf allen diesen Ebenen Produkte entstehen, die - zumindestens prinzipiell - miteinander integrierbar sind. Durch die Standardisierung von Protokollen, Sprachen usw. werden auch auf dem Softwaremarkt Möglichkeiten geschaffen, Werkzeuge unterschiedlicher Hersteller im Verbund einzusetzen. Wie die Integration aber im Einzelfall zu bewerkstelligen ist, dafür gibt es kaum einfache Anleitungen. Der Anwender selbst wäre jedenfalls, ließe man ihn mit dieser Aufgabe allein, in der Regel überfordert. Es ist verständlich, daß er in dieser Situation nach Komplettlösungen, nicht nur in anwendungsfunktioneller, sondern auch in technologischer Hinsicht, verlangt.

Als naheliegender Adressat dieser Forderung wird immer häufiger der Anbieter der Anwendungssoftware auserkoren. Ihm fällt damit mehr und mehr auch die Rolle eines Systemintegrators zu: Es reicht nicht aus, Anwendungslösungen anzubieten, sondern man muß auch Konzepte mitliefern, wie diese Anwendungslösungen in das Systemumfeld des Kunden einzugliedern sind.

Ein sinnvoller Ansatz dazu ist es, das Anwendungssystem gleich so zu konzipieren, daß es als gemeinsame Oberfläche über eine Vielzahl der oben genannten Werkzeuge dienen kann; Werkzeuge, die nun wiederum vom Hersteller der Anwendung selbst, vom Hardwarehersteller oder von Spezialanbietern stammen können. Ohne ein gewisses Maß an Offenheit käme man allerdings mit diesem Ansatz nicht weit, selbst große Anwendungshäuser müßten vor der Aufgabe der Systemintegration kapitulieren.

Aus dieser Perspektive erhalten Standardisierungsmaßnahmen eine ganz andere Bedeutung als die, von der man üblicherweise ausgeht. Die landläufige Vorstellung ist, daß Offenheit es dem Kunden selbst erlauben soll, für jeden Teilbereich die jeweils beste Softwarekomponente aus dem Marktangebot auszuwählen. Realistischer scheint mir eine ganz andere Sicht der Dinge: Offenheit versetzt den Systemanbieter in die Lage, ein Gesamtsystem zu offerieren, daß sich in allen Teilbereichen der jeweils besten Komponenten bedient.

Um ein Beispiel aus einer ganz anderen Industrie zu geben: Ein Standard legt fest, wie ein Tachometer aussehen muß, damit er eingebaut werden kann, nicht, wie das fertige Auto aussieht. Das heißt: Standards nutzen in erster Linie dem Autohersteller. Erst in zweiter Linie profitiert auch der Kunde, denn aufgrund des Standards kann der Autohersteller die jeweils geeignetsten Bauteile für die Konstruktion verwenden.

Zum Abschluß noch einige Gedanken über das Verhältnis von Standardlösung und individueller Lösung. Ein denkbarer Einwand dagegen, dem Lieferanten der Anwendungssoftware auch die Verantwortung für die Systemintegration zu überlassen, könnte lauten: Anwendungssoftware ist heute in den meisten Fällen Standardsoftware, auf dem Gebiet der Systemintegration sind dagegen für jeden Kunden individuelle Lösungen zu finden.

Der erste Teil dieser Argumentation ist unbestritten. Im Bereich kommerzieller Anwendungen ist seit mindestens zehn Jahren ein deutlicher Trend zur Standardsoftware erkennbar; es gibt keine Anzeichen dafür, daß dieser Trend sich in naher Zukunft abschwächen würde. Das Hauptargument für die Standardlösung ist dabei in den meisten Fällen nicht nur, daß sie in der Anschaffung sehr viel billiger ist als die Eigenentwicklung, sondern vor allem, daß sie vom Hersteller gewartet und kontinuierlich weiterentwickelt wird.

Das gleiche Argument, das im Bereich der Anwendungssoftware für die Standardlösung spricht, gilt aber erst recht auf dem umfassenderen Gebiet der Systemintegration: Die einmal geschaffene Lösung ist höchstens im Moment ihrer Inbetriebnahme der Weisheit letzter Schluß. Die Weiterentwicklung der Anforderungen an die betriebliche DV und die parallel verlaufende Weiterentwicklung der technischen Möglichkeiten führen dazu, daß jede Lösung in relativ kurzer Zeit schon wieder veraltet sein wird. Systemintegration ist also - ebenso wie Anwendungsentwicklung - keine einmalige, sondern eine ständige Aufgabe.

Lassen wir die Anwendungen für einen Moment beiseite und schauen wir uns nur einmal an, welche Quantensprünge die SAP-Software in den letzten Jahren allein auf technologischem Gebiet mitgemacht hat, um ständig auf der Höhe der Zeit zu sein: Der Einführung des Data Dictionary und der 4GL-Sprache ABAP/4 in der zweiten Hälfte der 80er Jahre folgte zum Ende des Jahrzehnts die grafische Präsentation nach CUA-Richtlinien. Etwa gleichzeitig wurde die Unterstützung relationaler Datenbanken eingeleitet, eine Entwicklung, die mit dem R/3, das nur noch auf relationalen Datenbanken läuft, abgeschlossen wurde. Die Konzepte für die vertikale Verteilung von Anwendungen nach Client/Server-Gesichtspunkten im R/3 wurden bereits erwähnt. Gleichzeitig erfolgte die Freigabe der ersten Satellitenanwendungen als Einstieg in die horizontale Verteilung; die Unterstützung verteilter Datenbanken ist, wie gesagt, als nächster Schritt abzusehen.

Alle diese Neuorientierungen hatten zwar auch positive Auswirkungen auf die Qualität der Anwendungssysteme, hervorgerufen wurden sie aber jeweils durch Änderungen im systemtechnischen Umfeld, in dem die Anwendungssysteme sich bewegen. In jedem einzelnen Fall dienten Industrie- und de-facto-Standards als Leitlinien.

Wie zum Eingang des Kapitels festgestellt wurde, verbreitert sich - im Zuge von mehr Offenheit - das Umfeld, das bei der Systemintegration berücksichtigt werden muß. Gleichzeitig bedeutet mehr Offenheit aber auch das Entstehen von mehr und tragfähigeren Standards. Es sollte daher möglich sein, ähnlich den Standardlösungen für die Anwendungen nach und nach auch Standardlösungen für die Systemintegration zu erarbeiten.

Developing Complex Software
for Critical Systems

Peter G. Neumann[*]

No one sees further into a generalization than his own knowledge of details extends. William James

Abstract   There is a huge gap between the theories of computing and the practice of developing applications that must satisfy extremely critical application requirements such as human safety and mission survivability – which in turn may impose stringent demands for computer and communication system reliability, availability, security, integrity, real-time responsiveness, and (in many cases) correctness of the application software. Experience shows that such systems are vulnerable to a wide variety of misfortunes – including malicious misuse (by insiders and outsiders), hardware faults, software flaws, development malpractice, and 'acts of God' – with potentially devastating consequences. The challenge is to ensure that development efforts can address these problems, while at the same time recognizing the implications of certain intrinsic limitations, both technological and social.

This paper addresses system requirements, known types of vulnerabilities, past crises that illustrate the difficulties encountered, some constructive techniques for developing dependable systems, and various remaining concerns. Special emphasis is placed on effective structuring of requirements, system designs, and software developments, coordinated under a suitably generalized system perspective capable of transcending narrowly conceived requirements.

1   Requirements of Applications and Systems

We take a generalized approach here in which the functionality at any hierarchical layer may be viewed as a system – for example, a user-application environment, a database management system, or a computer operating system. In particular, application requirements typically depend upon the satisfaction of a wide variety of lower-layer requirements, some of which are identified here.

The concepts encompassed in the German word *Sicherheit* are particularly important in this paper. That word is overloaded with the English-language meanings of *safety*, *security*, *assurance*, and *certainty*. Each of these four distinguishable concepts is meaningful here, as seen in Section 6.

---

[*]Principal Scientist, Computer Science Laboratory, SRI International, 333 Ravenswood Ave., Menlo Park, CA 94025-3493, USA. Presented at the 22. Jahrestagung der Gesellschaft für Informatik (GI), 30 September – 2 Oktober 1992, Karlsruhe, Germany.

1.1 Application Requirements

We explore two particular application requirements as illustrative of critical properties, namely, human safety and application survivability. In each case, the property is viewed as a system property where the system is the application itself.

- **Human safety** is a property relating to a system's ability to preserve human well-being, for example in medical therapy or in a nuclear power plant. It is a property of the application as a whole, although it has lower-layer manifestations as well.

- **System survivability** is a property relating to a system's ability to satisfy and to continue to satisfy certain stated requirements in the presence of arbitary adversities. *Application survivability* is system survivability where the system is considered to be the entire application, with its given requirements.

Human safety and application survivability are overarching requirements for many applications. Such critical application properties typically depend on many lower-layer properties, as noted in Section 1.2. Other illustrative highest-layer application properties (not considered here) could involve the financial solvency of a multinational corporation and the integrity of a computerized election.

1.2 System Requirements

Critical application requirements such as those noted in Section 1.1 tend to depend on a surprisingly large collection of computer and communication system requirements, including (for example) security, reliability, and performance. They also depend in many ways on human behavior. Furthermore, in some cases human-safety attributes of the application may depend on certain aspects of application survivability, for example, in fly-by-wire aircraft control systems and nuclear-power automated shutdown systems. However, in certain cases (e.g., if a fail-safe mode of operation can be permitted), application survivability may not be necessary to maintain human safety, although certain system survivability properties may be necessary.

All properties may have attributes of functional safety[1] (for example, correctness) and liveness (e.g., timely availability). Alpern and Schneider, 1985, show that every property can be expressed as a combination of functional safety properties and liveness properties, relative to definitions that have evolved from Lamport (and differing somewhat from earlier Petri net formulations). Intuitively, functional safety properties imply that nothing bad happens, while liveness implies that eventually something good happens. Indeed, most application-layer requirements (e.g., human safety) and system-layer requirements have components of each type.

We do not need a precise distinction here between these two types of properties. However, we recognize that some of the desired properties have time-dependent aspects – particularly in highly distributed systems.

---

[1]We use the term *functional safety* here to distinguish this concept from *human safety*.

Failure of a system or subsystem to enforce any of a variety of system properties may result in a loss of human safety, or application survivability, or both. Some of the typically necessary underlying properties are illustrated next. (In a given application, some of these properties may be satisfied because of external constraints.) In each case, the term 'system' can equally well imply an entire computer-communication system or subsystem.

Some of the necessary properties are largely time-independent, although some have certain time-dependent attributes. We first consider the general properties and then reconsider those that have specific real-time attributes. For simplicity, we include networking and communications issues as an integral part of the system issues, particularly in distributed systems.

Necessary system security properties:

- *System integrity.* Preventing malicious (and to some extent accidental) effects on the hardware, system software, and intercommunications.

- *System availability.* Preventing system and communication outages, and even temporary unavailability of resources. Such outages may include malicious or accidental denials of system services.

- *System confidentiality.* Preventing the undesired dissemination or acquisition of sensitive system code and data, particularly that which can compromise the application – for example, knowledge of the system design, a specific algorithm, a piece of code, a password, a cryptographic key, a network authenticator, or a piece of equipment, could lead to a system subversion.

- *Authorization and accountability of systems and users.* Assuring that a system is incapable of controlling which subsystems and which users are using it. Otherwise it may be vulnerable to spoofing attacks, penetrations, and other forms of misuse. After any such attack, the system's inability to provide real-time or at least rapid accountability and audit-trail analysis may lead to additional compromises of survivability.

- *Data integrity.* Preventing undesired alteration of input data, internal stored data, or output data. Data integrity includes internal data consistency (particularly important in a highly dispersed environment) as well as external consistency with the real world.

- *Data availability.* Preventing disruptions in timely access to data, including sensor data in a control system. Multiple versions of critical data and alternative sensors can help increase data availability.

- *Data confidentiality.* Preventing undesired data disclosure. For example, a penetrator could obtain sensitive data that would compromise the application's ability to fulfill its requirements in a hostile environment.

Although the above security issues all imply attempts to constrain usage by users, operators, system programmers, and administrators, they inevitably depend to some extent on compliant system use by those people. Misuse by apparently authorized individuals is a serious potential problem in many applications.

Necessary system reliability properties:

- *Fault tolerance.* Preventing undesirable effects resulting from failures of underlying hardware components, subsystems, or indeed the entire system. Fault tolerance is essentially both a system integrity issue and a system reliability issue. Constructive use of redundancy is essential. Survivability is a particular concern when the nominal fault-tolerance coverage is exceeded.

- *Functional correctness.* Assuring that a flaw in the application or in the computer operating system, or a human error in system maintenance, cannot compromise the application. Good software engineering, development practice, and system operation are important but clearly are not enough by themselves.

It is useful to note that the security and reliability properties have some time-dependent attributes, such as the following.

Necessary time-dependent security properties:

- *Real-time availability* (including the system, data, and other resources). Ensuring that real-time processing can be done in a timely way, protecting against maliciously or accidentally caused delays.

- *Real-time accountability* such as anomaly detection and audit-trail analysis, as discussed in Lunt et al., 1992.

Necessary time-dependent reliability properties:

- *Timely detection and correction of deviant system behavior,* including reconfiguration in the face of nontolerated faults or penetrations. Recovery from serious outages may or may not be allowed to incur long time delays or intense human interaction. In cases where human intervention is not possible, extremely careful and thorough advanced planning is necessary.

Necessary performance properties:

- *Functional timeliness,* such as strict bounds in hard-real-time systems, or best-effort intentions in fuzzy-real-time systems.

One of the major challenges of system development and operation is to understand *a priori* all the relevant requirements, as well as their implications on lower system layers (including hardware and communications), and to organize the system development accordingly.

2 Deviations from Expected System Behavior

System problems may arise as violations of any combination of requirements or of any individual requirement. We illustrate some of the complexity with a just a few selected cases. (No attempt is made to cover the spectrum.)

- *ARPAnet collapse,* 27 October 1980. A hardware implementation weakness (the lack of parity checking in memory), two transient hardware faults in memory, and a latent weakness in the software algorithm for garbage collection combined to permit bogus status messages to propagate throughout the entire network, saturate memory, and down the network for four hours. Because of the way the ARPAnet maintenance was done, this fault mode could have been triggered intentionally by an intruder's malicious insertion of two or more bogus status messages that would have had the identical effect. (See Rosen, 1981.)

- *ARPAnet Northeast disconnect,* 12 December 1986. A backhoe cut seven supposedly independent links, all of which happened to be housed in the same conduit. Knowledge of such a physical weak link in a critical network could lead to an attractive target for a malicious attack.

- *AT&T collapse,* 15 January 1990. A flaw in the switch recovery algorithm resulted in repetitive propagation of crashes throughout every switching system using that recovery software. A maliciously caused crash of a single switch would have had the identical results. (This example illustrates the combination of reliability and security threats, because external development and maintenance routes into the switch control systems are known to have been used by penetrators on various occasions.) (See Neumann, 1990a.)

- *Further telephone problems.* There were problems in mid-1991 with telephone cables and switches in the Washington D.C., Los Angeles, Pittsburgh, and San Francisco areas. On 14 June 1991, two parallel cables were cut by a backhoe in Annandale, Virginia. The Associated Press, perhaps having learned from the above-noted seven-links-in-one-conduit episode, had requested two separate cables for their primary and backup circuits. Both were cut at the same time! On 15 July 1991, a San Francisco Bay Area Sprint fiber-optic cable was cut, affecting long-distance service for 3.5 hours. Rerouting through AT&T caused congestion there as well. On 27 June 1991, telephone service in the Washington D.C. and Los Angeles areas was seriously affected for several hours. Those problems were later traced to a flaw in the Signaling System 7 protocol implementation and attributed to an untested code patch. A San Francisco outage was traced to maintenance that went amiss in attempting to repair a faulty clock. (See ACM *Software Engineering Notes,* 16(3):16-17, 1991. See Neumann, 1991a, for a discussion of weak-link faults and correlated events.) Another telephone switching system outage caused the three major New York airports to shut down for four hours on 17 September 1991; AT&T's backup generator hookup failed while a Number 4 ESS switching system in

Manhattan was running on internal power. In response to a voluntary power-usage reduction, the system was running on standby batteries for six hours until the batteries depleted. However, this was undetected because the alarms had previously been disconnected, because they had been repeatedly activated by construction in the area!

- *Security violations.* Numerous security violations have occurred, including system break-ins, malicious code attacks, and internal misuse, caused by intruders or by legitimate users. Classes of misuse are discussed by Neumann and Parker, 1989. Many examples of past security misuse are cited by Neumann, 1992.

The extensive collection of cases cited by Neumann, 1992, suggests that the causes of such problems are extremely varied, often being due to human foibles (e.g., ignorance, incompetence, carelessness, laziness, overwork, boredom), with respect to the entire gamut of system development and operation (establishment of requirements, system design and implementation, administration, maintenance, and use). In addition, some of the problems can be attributed in part to natural disasters (lightning, earthquake, flood, etc.).

The lessons to be learned are numerous. Distributed systems are intrinsically risky. They may have unanticipated global fault modes (Neumann, 1990b). Security and reliability are inextricably linked. People are always a potential weak link.

3   Structuring the System Development

Careful system design and software development can contribute significantly to an application's ability to satisfy its requirements.

We elaborate here on a few of the main principles that can contribute to the development of safe, secure, and reliable distributed systems. All of these principles (abstraction, virtualization, encapsulation, mediation, separation of concerns, least privilege, least common mechanism, suitable naming, secure defaults) can contribute to greater system integrity. Most of them contribute to greater confidentiality as well. Some of them also add to system reliability and availability. Furthermore, they contribute to the less visible attributes of ease of maintenance and evolvability, and to the ease of evaluating the resulting systems.

We observe that good system security practice can also have important benefits for reliability, human safety, and survivability.

- *Abstraction.* System abstractions should reflect natural functional operations and data structure manipulations. Principles of encapsulation and information hiding are vital (e.g., Parnas, 1972, 1974). The object-oriented paradigm is also useful (including polymorphism and inheritance as well as encapsulation and abstraction. To a first approximation, system decomposition should be such that no abstraction has to depend upon another abstraction that is intrinsically less trustworthy. To a second approximation, there may be trusted exceptions, although they must be treated with special care and determined to have no adverse effects. This is particularly important with respect to hierarchical (vertical) abstraction, because violations of hierarchical ordering often can lead to security vulnerabilities. With respect to horizontal abstraction (that is, modularity within a layer), this ordering of trustworthiness is also useful, for example, to avoid circular dependencies. Hierarchical abstraction can be used effectively when the underlying layers can be depended upon to enforce certain system properties such as multilevel security and multilevel integrity (for example, see Neumann, 1986 and 1990c) that cannot be compromised by higher layers, as is the case in SeaView, a multilevel secure database management system (DBMS) (discussed in Section 5.1).

- *Virtualization.* Details of the internals underlying the interface to any particular abstraction should be kept invisible – wherever that is advantageous. Examples include distribution of control, distribution of resources, the presence and use of local (e.g., internal) names, storage locations, and concurrency strategies. Dependencies on less trustworthy abstractions can also be carefully hidden, to prevent malicious or accidental compromise of the lower layer. Only the more trustworthy abstraction should be exported. Details of system and network configuration and reconfiguration can be hidden, to great advantage. In general, virtualization is desirable as long as it does not adversely affect performance. In some cases, such as in the hiding of local cache memories, it can actually improve performance. Proper encapsulation is important to ensure that virtualization is not subverted by its implementation.[2]

- *Protection-based accessing and complete mediation.* The addressing mechanisms in the hardware and the access control mechanisms in the operating system(s) should provide completely mediated access to all resources, with no possibilities for bypassing those controls. Various accessing mechanisms can be used, such as protection rights, capabilities, and object orientation. A *capability* is essentially a token that can be used to logically access a certain object. It typically has associated with it sufficient information to enable physical access, and includes access rights for particular operations. Revocation of access permissions and prevention of spoofing are essential. The notion of a trusted computing base (TCB) of NCSC-TCSEC, 1985, involves an encapsulated, nonbypassable means for complete mediation of all security sensitive operations. It is particularly valuable for those properties such as multilevel security (MLS) that cannot be compromised from higher layers.

- *Separation of concerns/duties/authorizations.* Fundamental to design and system development is the notion of separation of concerns. This principle has

---

[2]Some authors refer to virtualization and invisibility of mechanism to as *transparency*, although that usage seems to convey the opposite image – something that one sees through, which *reveals* the insides, rather than opacity or opaqueness, which masks the insides. Opaqueness of an interface may be equated with transparency of its mechanisms in the sense that the mechanism appears transparent to the invoker. Thus, although we can speak of an interface that virtualizes its internals, it is the mechanism – and not the interface – that is transparent. However, because the interface is opaque, the transparency of the internals would appear to be irrelevant (and invisible)!

several manifestations, including functional decomposition of the design according to separate functional needs, separation of duties on the part of system developers, separation of privileges in system operation, and separation of users in the user community to enhance the principle of least privilege, discussed next. Closely related is the principle of separation of policy and mechanism, which dictates that there should be a clean decoupling between what is to be done and how it is to be done; that principle is also related to the principle of virtualization.

- *Least privilege.* In conjunction with the principle of separation of duties, the principle of least privilege dictates that only those privileges that are really needed should be conferred. Superuser mechanisms (e.g., as in UNIX) violate the principle of least privilege by permitting omnipotent powers, but, despite being unsound, are widely used because of their convenience; however, their use pervasively undermines attempts to provide separation of concerns.

- *Least common mechanism.* A variant of the notion of separation of concerns is the principle of least common mechanism, which suggests that the same mechanism should not be used for radically different purposes – particularly if a mechanism used for one trusted purpose could be subverted when used for another purpose. Note that the superuser mechanism is used for all sorts of purposes, many of which would be better off with more constrained mechanisms.

- *Global versus local names.* When a nonlocal object must be named unambiguously, that object must have some sort of a globally unique name. For example, such a globally unique name for an object could consist of a completely qualified tree-structured path of names or a combination of global and local names, where either of these name components could be explicit or implicit.

- *Use of secure defaults.* Knowing what accesses are actually permitted is somewhat more difficult in distributed systems than in centralized systems. Choosing defaults that are intrinsically nonpermissive unless otherwise specified is usually much safer than the opposite alternative, namely, choosing open defaults that are generally permissive unless explicitly forbidden.

- *Open design versus assumptions of secrecy.* It can be potentially dangerous to assume that something on which security critically depends can be kept secret. Under certain circumstances, it may be appropriate to depend upon cryptographic keys. However, it is often a mistake to assume that something (including a key or password) cannot be obtained overtly or surreptitiously, e.g., derived or inferred. Dependence on the secrecy of the security policy itself, the system design, its implementation, or its documentation may provide only an illusion of security. System understandability also contributes to human safety and survivability, and to the subtended system requirements.

- *Adherence to standards and criteria.* Criteria for evaluating system products and actual system installations can be very beneficial. For example, the U.S. Department of Defense (DoD) Trusted Computer Security Evaluation Criteria (TCSEC) specified by the National Computer Security Center (NCSC) are embodied in the Orange Book (NCSC-TCSEC, 1985), which is interpreted by the Trusted Network Interpretation (Red Book, NCSC-TNI, 1990; NCSC-TNIG, 1990), and the Trusted Database Interpretation (Lavender Book, NCSC-TDI, 1991), plus other supporting documents (e.g., NCSC-TCSECG, 1985). The European criteria (ITSEC, 1991) and the Canadian criteria (CTCPEC, 1990) provide greater guidance relating to integrity. Adherence to such criteria can provide sound systems on which to build applications, although a system on which lives depend would also benefit from human-safety-critical system standards such as the British Ministry of Defence (MoD) DefStan 00-55 and 00-56 (UK-MoD, 1991a and 1991b, respectively). However, such criteria and standards must not be considered as panaceas – the existing ones all leave many potential problems uncovered.

Each of these principles may manifest itself in the system design. More importantly, each principle must also be observed and applied throughout the implementation, maintenance, and long-term evolution, not just *a priori*. Of course, this simplified enumeration does not provide the complete answer – indeed, there are no easy answers.

4   Interdependencies Among Requirements

It is essential that systems be designed with all of their critical requirements in mind from the outset, and that the tradeoffs among those requirements be accommodated explicitly. In such cases, some of the negative interdependencies can be avoided or at least minimized. In other cases, there are often nasty interactions among the different requirements, particularly when new requirements are added *post hoc*.

Interdependencies involving security, reliability, and performance can take a variety different forms:

- *Security.* Needs for confidentiality and integrity can have negative impacts on system adaptability, system performance, and ease of use and administration. Needs for high availability can seriously impede performance, as can stringent accountability requirements. Dependence on intrinsically less trustworthy subsystems is undesirable with respect to system security (particularly integrity), but is often necessary with respect to reliability – which seeks to provide more dependable functionality despite reliance upon less trustworthy components. This conceptual divergence suggests the use of virtualized hierarchical designs, as noted above, exportation only interfaces that are reliable and secure.

- *Reliability.* Serializability and functional correctness can have serious impacts on system performance, particularly in highly distributed environments. Extreme fault tolerance may be very demanding, as in the case of Byzantine agreement (e.g., Lamport et al., 1982).

- *Performance.* In addition to the above-noted potential negative effects of security and reliability on performance, stringent real-time requirements may demand relaxation of certain other requirements, such as overrides of certain security requirements. Performance optimization may actually undermine security and reliability requirements – for example, if compartmental separations in the design are relaxed in the implementation, or if components that can be compromised must be depended upon for critical functions.

A priori recognition of these tradeoffs can help to reduce their negative effects.

5 Formal Methods

Formal methods have long been recognized as having enormous potential for specifying and analyzing properties of critical systems. That potential is now slowly being realized, although there are still major difficulties in applying those methods to real systems. This section identifies a few of the recent advances.

5.1 Analysis of System Security and Reliability

Of particular relevance are methods that evaluate whether the desired requirements and other properties are met by a system design, and that also can prove whether that the implementation is consistent with the design. Significant progress has been made in recent years in demonstrating whether a particular module specification enforces a simple security property such as no-adverse-flow with respect to mandatory confidentiality. For example, tools for checking specifications exist for specifications using SRI's formal methodologies, HDM (Feiertag and Neumann, 1979; Feiertag, 1980) and EHDM (von Henke and Rushby, 1988; Rushby, 1989a). Some success has also been seen in characterizing application-oriented security properties, as in the case of SeaView (Proctor, 1991), a multilevel secure database management system. SeaView uses a trusted computing base (NCSC-TCSEC, 1985) to enforce multilevel security on relations in such a way that there is no trust for multilevel security in the database management system (Lunt et al., 1990) – although there is trust in the DBMS for database integrity. The underlying TCB enforces multilevel security in such a way that the database implementation cannot compromise that property.

Similar approaches can be used for proving that a specification satisfies certain reliability properties (e.g., Moser et al., 1987) and certain application-layer system properties regarding human safety (Leveson, 1986; Rushby and von Henke, 1991; Rushby, 1989b; Santel et al., 1988; UK-MoD, 1991a and 1991b).

Of particular long-term importance is the notion of being able to formulate and prove properties of layered systems by relating the different layers to one another. Substantial groundwork has been laid for such efforts (e.g., the basic work of Robinson and Levitt, 1977, and of Abadi and Lamport, 1989) in modeling hierarchical abstraction. See also more recent work in progress by Rushby 1991. Efforts at Computational Logic, Inc. (Bevier 1989; Bevier et al., 1989; Hunt, 1989; Moore 1989a and 1989b; Young, 1989) have carried out detailed specifications and proofs for a 'stack' of modules, providing a formal path of reasoning from high-level abstractions down to the hardware implementation. However, few practical efforts have been carried out, and hierarchical abstraction remains not well understood by most researchers and developers.

Almost all of the techniques and approaches noted here are somewhat more generally applicable than just for flow properties and other security properties. For example, given a set of system properties, it is possible to formalize those properties and show whether they are satisfied by the functionality at the particular layer of abstraction, and then to show how the satisfaction of those properties subtends lower-layer properties upon which they depend. Some of the related properties – particularly real-time performance – require detailed analysis of the implementation, not just the design.

5.2 Analysis of Concurrency Problems

With the intent of being able to identify specific concurrency problems in a particular system design and its implementation, it is desirable that the system development methodology permit the representation of concurrency constraints in specifications, and analyze whether those abstract constraints are sound, and if so whether they are consistently satisfied by the implementation. The intrinsic concurrency problems to be analyzed arise in synchronization, cooperation, contention, and atomic transactions, for example. It is then vital that programming languages and programs constructively support the concurrency approaches taken in the specifications.

An important body of knowledge on managing concurrency and related problems of cooperating processes is due to E.W. Dijkstra and C.A.R. Hoare (e.g., Dijkstra, 1968a and 1976; Hoare, 1985). This work represents a major milestone, reflecting a unified view of multiprogramming of independent tasks and concurrent programming of cooperating processes within a common framework that deals with mutual exclusion, semaphores, and guarded commands that are suitably unaffected by interrupts and interference from other processes. That work also addresses the problems of deadlock avoidance, also considered by Dijkstra and others in the THE system (Dijkstra, 1968b). More recent work (e.g., Andrews and Schneider, 1983; Lamport, 1989) adds notably to the burgeoning literature on formal methods and programming concepts relating to concurrent programming. That literature includes a multitude of specification techniques such as temporal logics and interval logics, as well as concurrency primitives, programming language constructs, and programming languages enhancing the formal analysis of deadlocks, critical and noncritical race conditions, and functional safety and liveness properties. Formal analysis of real-time performance and other real-time constraints is closely related. Also relevant is an analysis of concurrency problems in distributed database systems, found in Bernstein and Goodman, 1981.

6 Remaining Problems

In this brief overview, we identify some significant progress toward developing systems intended to satisfy application requirements for human safety (*Sicherheit*) and survivability (*Überlebensfähigkeit*), with appropriate system security (*Systemsicherheit*) and reliability (*Zuverlässigkeit*), and with suitably high assurance (*Zusicherung* – although *assurance* is also a dictionary translation of *Sicherheit*). Unfortunately, such systems can never guarantee certainty (*Gewissheit* – although *certainty* is also a dictionary translation of *Sicherheit*). Much work remains to be done to increase the quality of the resulting systems and the assurance they provide.

- We must increasingly address the totality of real requirements, including those illustrated here, within a common developmental and operational framework. Inattention to any requirements may ultimately compromise the entire application. The interdependencies among the different requirements must be well understood, both within each layer (horizontally) and among the different layers (vertically).

- We must increasingly and pervasively integrate good system engineering and software engineering practice into the development of critical systems. This requires improvements not only in technology and its uses, but also in prudent governmental regulation and oversight, corporate responsibility, public awareness, education, and international cooperation.

- We must increasingly stress critical-system research and development. We need to develop high-assurance subsystems, to reason about the properties of systems composed out of such subsystems, and to reason about the effects of incremental changes. We also need detailed and meticulously documented practical applications of formal models to realistic system developments.

7 Conclusions

This paper reflects on how to employ constructive system techniques for the management of complexity (for example, see Neumann, 1974, 1986, 1990a, 1990b, 1990c, 1991b). Developing systems for critical applications requires much greater care than conventional software. We must be able to generalize beyond system designs and implementations that minimally comply with incomplete and narrowly conceived requirements. This necessitates an understanding of the interdependencies and trade-offs among the totality of requirements; structuring the design according to necessary dependencies on lower layers and their relative trustworthiness; and making full use of such structures in the system development process. Systematic use of the principles and techniques noted here can help greatly in developing complex systems with critical requirements. This is deceptively simple in concept, but very difficult to achieve in practice. Overall, we must be much more careful in anticipating and avoiding the risks inherent in critical applications.

References

M. Abadi and L. Lamport (1989) Composing specifications. In J.W. de Bakker, W.-P. de Roever, and G. Rozenberg, editors, *Stepwise Refinement of Distributed Systems: Models, Formalisms, Correctness*, REX Workshop, Mook, The Netherlands, Springer-Verlag, Lecture Notes in Computer Science, vol. 230, 1–41.

B. Alpern and F. B. Schneider (1985). Defining liveness. *Information Processing Letters*, 21 (4=Oct):181–185.

G.R. Andrews and F.B. Schneider (1983) Concepts and notations for concurrent programming. *ACM Computing Surveys*, 15(1=Mar):3–43.

P.A. Bernstein and N. Goodman (1981) Concurrency control in distributed database systems. *ACM Computing Surveys*, 13(2=Jun):185–221.

W.R. Bevier (1989) Kit and the short stack. *Journal of Automated Reasoning*, 5(4=Dec):519–30.

W.R. Bevier, W.A. Hunt, Jr., J S. Moore, and W.D. Young (1989) An approach to systems verification. *Journal of Automated Reasoning*, 5(4):411–28.

CTCPEC (1990) *Canadian Trusted Computer Product Evaluation Criteria.* Canadian Systems Security Centre, Communications Security Establishment, Government of Canada. Final Draft, version 2.0. (A 1992 draft version 3.0 is under review.

E.W. Dijkstra (1968a) Co-operating sequential processes. In F. Genuys (editor), *Programming Languages*, Academic Press, 43–112.

E.W. Dijkstra (1968b) The structure of the THE multiprogramming system. *Comm. ACM*, 11(5=May), 341–346.

E.W. Dijkstra (1976) *A Discipline of Programming.* Prentice-Hall, Englewood Cliffs, NJ.

R.J. Feiertag and P.G. Neumann (1979) The foundations of a provably secure operating system (PSOS). In *Proc. National Computer Conf.*, AFIPS Press, 329–334.

R.J. Feiertag (1980) A technique for proving specifications are multilevel secure. Tech Report CSL-109, Computer Science Laboratory, SRI International, Menlo Park, CA.

C.A.R. Hoare (1985) *Communicating Sequential Processes.* Prentice-Hall.

W.A. Hunt Jr. (1989) Microprocessor design verification. *Journal of Automated Reasoning*, 5(4):429–460.

ITSEC (1991) *Information Technology Security Evaluation Criteria (ITSEC), Provisional Harmonised Criteria (of France, Germany, the Netherlands, and the United Kingdom)*, European Communities Commission. Version 1.2, ISBN 92-826-3004-8, available from the Office for Official Publications of the European Communities, L-2985 Luxembourg, item CD-71-91-502-EN-C, *or* UK CLEF, CESG Room 2/0805, Fiddlers Green Lane, Cheltenham UK GLOS GL52 5AJ, *or* GSA/GISA, Am Nippenkreuz 19, D 5300 Bonn 2, Germany.

L. Lamport, R. Shostak, and M. Pease (1982) The Byzantine generals problem. *ACM TOPLAS*, 4(3=Jul):382–401.

L. Lamport (1989) A simple approach to specifying concurrent program systems. *Comm. ACM*, 32(1=Jan):32–45.

N.G. Leveson (1986) Software safety: Why, what and how. *ACM Computing Surveys*, 18(2=Jun):125–163.

T.F. Lunt, D.E. Denning, R.R. Schell, M. Heckman, and W.R. Shockley (1990) The SeaView security model. *IEEE Trans. Software Engineering*, 16(6=Jun):593–607.

T.F. Lunt, A. Tamaru, F. Gilham, R. Jagannathan, C. Jalali, P.G. Neumann, H.S. Javitz, and A. Valdes (1992) A real-time intrusion-detection expert system (IDES). Tech Report CSL-92-05, Computer Science Laboratory, SRI International, Menlo Park, CA.

J S. Moore (1989a) A mechanically verified language implementation. *Journal of Automated Reasoning*, 5(4):461–92.

J S. Moore (1989b) System verification. *Journal of Automated Reasoning*, 5(4):409–410.

L. Moser, P.M. Melliar-Smith, and R. Schwartz (1987) Design verification of SIFT. Contractor Report 4097, NASA Langley Research Center, Hampton, VA.

NCSC-TCSEC (1985) *Department of Defense Trusted Computer System Evaluation Criteria (TCSEC)*. National Computer Security Center. DOD-5200.28-STD, Orange Book.

NCSC-TCSECG (1985) *Guidance for Applying the Trusted Computer System Evaluation Criteria in Specific Environments*. National Computer Security Center. CSC-STD-003-85.

NCSC-TNI (1990) *Trusted Network Interpretation (TNI)*. National Computer Security Center. NCSC-TG-011 Version-1, Red Book.

NCSC-TNIG (1990) *Trusted Network Interpretation Environments Guideline*. National Computer Security Center. NCSC-TG-011 Version-1.

NCSC-TDI (1991) *Trusted Database Management System Interpretation of the Trusted Computer System Evaluation Criteria (TDI)*. National Computer Security Center. NCSC-TG-021, Version-2, Lavender Book.

P.G. Neumann (1974) Toward a methodology for designing large systems and verifying their properties. In *4. Jahrestagung der GI*, Springer-Verlag, Lecture Notes in Computer Science, vol. 26:52–66.

P.G. Neumann (1986) On hierarchical design of computer systems for critical applications. *IEEE Trans. Software Engineering*, SE-12(9=Sep):905–920. Reprinted in Rein Turn (editor), *Advances in Computer System Security*, 3, Artech House, Dedham MA, 1988.

P.G. Neumann (1990a) Beauty and the beast of software complexity – elegance versus elephants. In W.H.J. Feijen, A.J.M. van Gasteren, D. Gries, and J. Misra (editors), *Beauty is our Business, A Birthday Salute to Edsger W. Dijkstra* (11 May 1990), Springer-Verlag, Chapter 39:346–351. (ISBN 0-387-97299-4).

P.G. Neumann (1990b) The computer-related risk of the year: Distributed control. In *Proc. 5th Annual Conference on Computer Assurance, COMPASS 90*:173–177. (IEEE 90CH2830)

P.G. Neumann (1990c) On the design of dependable computer systems for critical applications. Tech Report CSL-90-10, Computer Science Laboratory, SRI International, Menlo Park, CA.

P.G. Neumann (1991a) The computer-related risk of the year: Weak links and correlated events. In *Proc. 6th Annual Conference on Computer Assurance, COMPASS 91*, NIST:5–8. (IEEE 91CH3033-8)

P.G. Neumann (1991b) Managing complexity in critical systems. In D. Frailey (editor), *Managing Complexity and Modeling Reality: Strategic Issues and an Action Agenda*, ACM, New York, NY: 2-36 – 2-42. (ISBN 0-89791-458-9)

P.G. Neumann (1992) Illustrative risks to the public in the use of computer systems and related technology: index to RISKS cases as of 23 December 1991. *ACM Software Engineering Notes*, 17(1=Jan):23–32. (At-least-quarterly cumulative updates to this index are available on request, including more recent references.)

P.G. Neumann and D.B. Parker (1989) A summary of computer misuse techniques. In *Proc. 12th National Computer Security Conference*, Baltimore, MD, NIST/NCSC:396–407.

D.L. Parnas (1972) On the criteria to be used in decomposing systems into modules. *Comm. ACM*, 15(12=Dec).

D.L. Parnas (1974) On a 'buzzword': Hierarchical structure. In *Information Processing 74 (IFIP*, Software:336–339. North-Holland Publishing Co.

N.E. Proctor (1991) SeaView formal specifications. Tech Report, Computer Science Laboratory, SRI International, Menlo Park, CA.

L. Robinson and K.N. Levitt (1977) Proof techniques for hierarchically structured programs. *Comm. ACM*, 20(4=Apr):271–283.

E. Rosen (1981) Vulnerabilities of network control protocols. *ACM SIGSOFT Software Engineering Notes*, 6(1=Jan):6–8.

J.M. Rushby (1989a) Verifying noninterference security policies. Tech Report, Computer Science Laboratory, SRI International, Menlo Park, CA.

J.M. Rushby (1989b) Kernels for safety? In T. Anderson, editor, *Safe and Secure Computing Systems*, Blackwell Scientific Publications, Chapter 13:210–220 (Proceedings of a Symposium held in Glasgow, October 1986).

J.M. Rushby (1991) Composing trustworthy systems. Tech Report, Computer Science Laboratory, SRI International, Menlo Park, CA.

J.M. Rushby and F. von Henke (1991) Formal verification of algorithms for critical systems. *ACM Software Engineering Notes*, 16(5=Dec):1–15 (*Proc. SIGSOFT '91, Software for Critical Systems*).

D. Santel, C. Trautmann, and W. Liu (1988) The integration of a formal safety analysis into the software engineering process: An example from the pacemaker industry. In *Proc. Symposium on the Engineering of Computer-Based Medical Systems*, Minneapolis, MN:152–154, IEEE Computer Society.

UK-MoD (1991a) *Interim Defence Standard 00-55, The Procurement of Safety Critical Software in Defence Equipment.* U.K. Ministry of Defence. (DefStan 00-55, Part 1, Issue 1: Requirements; Part 2, Issue 1: Guidance.)

UK-MoD (1991b) *Interim Defence Standard 00-56, Hazard Analysis and Safety Classification of the Computer and Programmable Electronic System Elements of Defence Equipment.* U.K. Ministry of Defence. (DefStan 00-56).

F. von Henke and J.M. Rushby (1988) Introduction to EHDM. Computer Science Laboratory, SRI International, Menlo Park, CA 94025.

W.D. Young (1989) A mechanically verified code generator. *Journal of Automated Reasoning*, 5(4):493–518.

Ergebnisse der Arbeit des BMFT-CIM-Ausschusses

L. Hoffmann
Präsident des Deutschen Instituts für Wirtschaftsforschung, Berlin

Die vom Bundesministerium für Forschung und Technologie im Mai 1990 einberufene CIM-Kommission hat den Versuch unternommen, einen von Fachleuten und Sozialpartnern gleichermaßen getragenen Bericht über die Konsequenzen einer Ausbreitung von CIM-Systemen sowie entsprechenden Systemen zwischenbetrieblicher Vernetzung zu erstellen. Die Kommission stellte fest, daß der Diskussionsstand zu den drei untersuchten Problemfeldern - betriebliche Aspekte des CIM-Einsatzes, überbetriebliche Folgen und Folgen zwischenbetrieblicher Vernetzung - sehr unterschiedlich ist. Dementsprechend richten sich ihre Empfehlungen teils auf eine kontinuierliche Erweiterung des Informationsstandes, die mit der laufenden Entwicklung Schritt hält, und teils auf die Beseitigung identifizierter Defizite. Diese betreffen unter anderem die Implementierung von CIM-Strategien sowie die Gestaltung von Arbeitsprozessen bei CIM-Anwendungen.

Das vollständige Manuskript stand bei Drucklegung nicht zur Verfügung.

Produkt- und Produzentenhaftung bei integrierter Produktion

Prof. Dr. M. Lehmann, Dipl.-Kfm., Universität und MPI, München

1.   Transaktionskostenvorteile der integrierten Produktion

Der Wirtschaftsnobelpreisträger 1991, Ronald Coase[1], hat vor
allem die Bedeutung der Existenz von Transaktionskosten[2] in den
Mittelpunkt seiner wissenschaftlichen Untersuchungen gestellt.
Der Vergleich von betriebsexternen Transaktionskosten mit be-
triebsinternen Organisationskosten ist häufig entscheidend für
unterschiedliche unternehmerische Strategien, etwa "to make it
or to buy it". Transaktionskosten, also insbesondere Informa-
tions-, Such-, Abschluß- und alle sonstigen Austauschkosten
(einschließlich aller Rechtsverfolgungs- und Durchsetzungskosten)
von marktmäßig organisierten Austauschvorgängen (Geld gegen Ware
oder Dienstleistung) stellen auch die Begründung für die Theorie
der "nature of the firm"[3] dar, die Antwort auf die Frage geben
soll: Warum gibt es überhaupt Unternehmungen, also kooperative

---

[1]   Coase, R., The Nature of the Firm, in Economica 4 (1937),
       S. 386 ff.

[2]   Vgl. den hervorragenden Überblick bei Picot, A., Ronald H.
       Coase - Nobelpreisträger 1991. Transaktionskosten: Ein
       zentraler Beitrag zur wirtschaftswissenschaftlichen Analy-
       se, WiSt 1992, 79 ff.; ders., Ökonomische Theorien der
       Organisation - Ein Überblick über neuere Ansätze und deren
       betriebswirtschaftliches Anwendungspotential, in v. Ordel-
       heide, u. a. (Hrsg.), Betriebswirtschaftslehre und ökonomi-
       sche Theorie, 1991, S. 143 ff.; s. auch Williamson, O. E.,
       Die ökonomischen Institutionen des Kapitalismus. Unterneh-
       men, Märkte, Kooperationen, 1990, S. 21 ff.; Lehmann, M.,
       BGB und HGB - Eine juristische und ökonomische Analyse,
       1983, S. 277 ff.; Furubotn, E. G., General Equilibrium
       Models, Transaction Costs, and the Concept of Efficient
       Allocation in a Capitalist Economy, JITE 149 (1991), S. 662
       ff.
       Etwa 50 % des Bruttosozialprodukts der westlichen
       Industrieländer entfallen auf Transaktionskosten, vgl.
       North, D. C., Transaction Costs, Institutions and Economic
       History, ZgS 40 (1984), S. 7 ff.

[3]   Vgl. Coase, a. a. O., Fußn. 1; zusammenfassend Williamson/
       Winter (Hrsg.), The Nature of the Firm - Origins, Evolu-
       tion, and Development, New York (Oxford) 1991; vgl. auch
       die weiteren Hinweise bei Lehmann, GmbHR 4/1992, 200 ff.,
       204.

Gebilde mit hierarchischer Struktur und interner Arbeitsteilung.

Die Existenz von unterschiedlich hohen Transaktionskosten und unterschiedlichen Eigenfertigungskosten ist gegenwärtig eine der Hauptursachen für die evolutive Herausbildung[4] von neuen Formen der industriellen Kooperation und für ein ständiges Fortschreiten und auch wieder Zurückweichen ("trial and error") neuer Techniken der integrierten Produktion, gleich unter welchen neu-modischen Begriffen auch immer diese betrieblichen Optimierungsprozesse laufen: Just in time[5], strategische Allianzen[6] oder CAD/CAM/-CIM-Kooperationen[7].

2. Zivilrechtliche Haftung für moderne Industriegefahren

Diese primär kosteninduzierten Entwicklungen neuer Spielarten der horizontal integrierten Produktion haben jedoch auch eine haftungsrechtliche Kehrseite der Medaille; es geht um die Produkt- und Produzentenhaftung bei integrierter Produktion[8]. Dabei spielt vor allem der Einsatz von Software eine entscheidende Rolle, denn die Software ist haftungsrechtlich bislang noch in weiten Zügen terra incognita geblieben, ein weißer Fleck auf der

---

4) Vgl. Lehmann, M., Das Prinzip Wettbewerb. Ein gemeinsames Gesetz der Evolution für Biologie, Ökonomie und Wirtschaftsrecht?, JZ 1990, 61 ff.; ders., BB 1982, 1997 ff.

5) Vgl. dazu Lehmann, M., Just in time: Handels- und AGB-rechtliche Probleme. Verlagerung der Wareneingangskontrolle und Öffnung der Qualitätsdatenverarbeitung, BB 1990, 1849 ff.

6) Vgl. Klaue, S., Strategische Allianzen zwischen Wettbewerbern, BB 1991, 1573 ff.; Hollmann, H. H., WuW 1992, 293 ff.

7) Vgl. etwa Schmid, K., Computer-Vertragsrecht in Theorie und Praxis, 1990, S. 23 ff.; s. auch Spur, G. (Hrsg.), Neue Wege der Werkstattprogrammierung und Integration in CIM-Architekturen, VDI-Handbuch, 1991, passim; Czap, H., Produktionsplanung und Produktionssteuerung im Wandel, WiSt 1991, 486 ff.

8) Vgl. dazu erste Hinweise bei Lehmann, M., BB 1990, 1854 ff.; ders., Produkt- und Produzentenhaftung für Software, NJW 1992 (in Erscheinung), vgl. dort bei Fußn. 34.

Landkarte der Haftung für gefährliche Industrieprodukte[9]. Sowohl aus rechtsdogmatischer als auch aus volkswirtschaftlicher Sicht sollte jedoch prinzipiell von Anfang an kein Zweifel darüber bestehen, daß für Hard- und Software eine adäquate Produzenten- und Produkthaftung zu entwickeln ist. Denn auch Software birgt in sich ein nicht unerhebliches Gefahrenpotential[10]; z. B. ein computergesteuertes Gerät der Medizintechnik, der Flugsicherung oder der Robotik kann versagen und zu erheblichen Personen- und bzw. oder Sachschäden führen[11]. Eine präventiv und kompensatorisch wirkende Haftung auf Schadensersatz ist prinzipiell zu

bejahen, denn volkswirtschaftlich betrachtet wird die Kostentragung für die Produktion und das Inverkehrbringen von gefährlichen Industrieprodukten durch die Produzentenhaftung demjenigen, nämlich dem Hersteller, zugewiesen, der als "cheapest risk avoider" und als "cheapest insurer" diesen Risikobereich am besten beherrschen kann. Es soll eine negative Externalisierung von Produktgefahren, ein Abwälzen dieser Kosten auf den Verbraucher, vermieden werden, weil dieser für eine Verbesserung des

---

[9]   Vgl. aus haftungsrechtlicher-dogmatischer Sicht allgemein Deutsch, E., Das neue System der Gefährdungshaftungen: Gefährdungshaftung, erweiterte Gefährdungshaftung und Kausal-Vermutungshaftung, NJW 1992, 73 ff.

[10]   Vgl. etwa v. Randow, G., Computer, Käfer, Katastrophen, Bild der Wissenschaft 7/1991, S. 42 ff.; SZ, Beilage CeBIT 1992, v. 10.03.1992, S. XVI, Vertrauen ist gut - Skepsis ist besser. Die angeblich zuverlässige Computertechnik enttäuscht immer wieder.

[11]   Auffällig ist allerdings, daß es bislang weltweit noch keine Gerichtsentscheidungen zur Produkthaftung für Software gibt; lediglich in der Literatur finden sich zahlreiche Hinweise; vgl. etwa Engel, F.-W., Produzentenhaftung für Software, CR 1986, 704 f.; Heussen, B., Produkthaftung, in Computerrechtshandbuch (Beck) 1991, Gruppe 48; Koch, F. A., Produkthaftung für Software, Informatik-Spektrum 1989, 337 ff.; Hoeren, Th., Produkthaftung für Software, PHI 1989, 138 ff.; Lehmann, M., Produkt- und Produzentenhaftung für Software, NJW 1992 (in Erscheinung).

Sicherheitsstandards der modernen Industrieprodukte[12] nichts beitragen kann. Der Kostendruck der Haftung und der Versicherungsleistungen internalisiert aber diese Aufgabe der Verbesserung des Sicherheitsstandards von modernen Industrieprodukten in den Wettbewerbsmechanismus, so daß ein funktionierendes Marktsystem die Erfüllung dieser Aufgabe am kostengünstigsten anzubieten vermag; dabei muß allerdings vorausgesetzt werden, daß die Marktmechanismen funktionieren und daß Wettbewerb auf den jeweiligen Teilmärkten herrscht[13].

3.   Grundzüge der Produzenten- und Produkthaftung

Beeinflußt durch die amerikanische Rechtsentwicklung zur "products liability"[14] hat die deutsche Zivilrechtsliteratur und Rechtsprechung[15] in den 60er Jahren begonnen, ein eigenes deliktsrechtliches Institut der Produzentenhaftung zu entwickeln. Abweichend von der allgemeinen deliktsrechtlichen Haftung gem. §§ 823 ff. BGB wurden dabei für den Kläger vor allem weitreichende Beweiserleichterungen (Beweislastumkehr hinsichtlich des Verschuldens, Anscheinsbeweis hinsichtlich der Pflichtverletzungen, Kausalitätsvermutungen) gewährt, die rechtsdogmatisch sich

---

[12]   Dies gilt nicht nur für die Großindustrie, sondern z. B. auch für jeden Koch, der etwa einen durch Salmonellen vergifteten Hochzeitspudding "produziert", vgl. BGH, DB 1992, 777 ff.

[13]   Vgl. dazu Lehmann, a. a. O., Fußn. 2, S. 118 ff.; s. auch Hager, G., PHI 1/1991, S. 2 ff., 10 f.

[14]   Vgl. jetzt die Ansätze zu einer gesetzlichen Regelung in den USA, Röhm/Gröbbels-Janka, Produkthaftpflicht in den USA 1992. Der bevorstehende Durchbruch eines Bundesprodukthaftungsgesetzes, RIW 1992, 200 ff.; s. auch Lehmann, a. a. O., Fußn. 2, S. 119 ff.; v. Hülsen, H.-V., RIW/AWD 1981, 1 ff.; Lorenz, W., RabelsZ 34 (1970) S. 14 ff.

[15]   Vgl. beginnend mit der berühmten BGH-Entscheidung, NJW 1969, 269 – Hühnerpest; aus der Kommentarliteratur vgl. Palandt/Thomas, BGB, 50. Aufl. 1991, § 823 Rdz. 201 ff.; Schmidt/Salzer, Produkthaftung, Band I – IV, 2. Aufl. 1990, passim; v. Westphalen (Hrsg.), Produkthaftungshandbuch, 1989, passim; Kullmann/Pfister, Produzentenhaftung, Loseblatt ab 1980, 1500 ff.; s. auch Kötz, H., Deliktsrecht, 4. Aufl. 1988, S. 155 ff.

mit einer Gesamtanalogie zu den §§ 831, 832, 833, 834, 836 ff.
BGB (Haftung für vermutetes Verschulden) begründen läßt. Entstanden ist dadurch ein umfangreiches Fallrecht der Produzentenhaftung, denn es gibt eine Reihe von "leading decisions" mit Schrittmacherfunktion[16]: Hühnerpest, Feuerwerkskörper, Schwimmerschalter, Gaszug, Honda, Mineralwasserflasche, Expander, Pferdebox, Milupa, Salmonellen-Pudding. Jeder Produzent haftet danach für

- Konstruktionsfehler,
- Fabrikationsfehler (ohne unverschuldete Ausreißer), Instruktionsfehler,
- Produktbeobachtungsversäumnisse (ohne Beweislastumkehr hinsichtlich des Verschuldens).

Leitsatzartig formuliert: Wird bei der bestimmungsgemäßen Benutzung eines Produkts eine Person oder eine Sache hinsichtlich des Integritätsinteresses dadurch geschädigt, daß das Produkt fehlerhaft hergestellt war, muß der Hersteller beweisen, daß ihn im Hinblick auf diesen Fehler kein Verschulden trifft. Auch dem Gerätesicherheitsgesetz kommt als Schutzgesetz in Verbindung mit § 823 Abs. 2 BGB insoweit erhebliche praktische Bedeutung zu.

Diese relativ strenge deutsche Produzentenhaftung hat, u. a., die EG-Kommission dazu bewogen, um Wettbewerbs- und Haftungsbarrieren nationaler Art abzubauen und den Verbraucherschutz[17] in der EG zu verbessern, die EG-Richtlinie 85/374 EWG[18] über die Haftung für fehlerhafte Produkte[19] zu erlassen. Auf dieser Richtlinie

---

[16] Vgl. die weiteren Einzelheiten bei Lehmann, a. a. O., Fußn. 11, NJW 1992 in Fußn. 5.

[17] Vgl. dazu den neuen Titel XI (Art. 129a ff.) des Maastrichter Vertrages über die Europäische Union.

[18] Vom 25.07.1985, ABl. EG Nr. L 210/29 v. 07.08.1985.

[19] Vgl. weiterhin den Gemeinsamen Standpunkt des EG-Ministerrats vom 23.12.1991 hinsichtlich einer demnächst in Kraft tretenden Richtlinie über die allgemeine Produktsicherheit (Vorschriften des öffentlichen Rechts).

fußt unser deutsches Produkthaftungsgesetz[20], in Kraft seit 01.01.1990, das eine Gefährdungshaftung, eine Haftung ohne Verschulden jedem Produzenten auferlegt. Aus Art. 13 dieser Richtlinie und § 15 Abs. 2 ProdHaftG resultiert, daß Produzenten- und Produkthaftung nebeneinander stehen, also Anspruchsgrundlagenkonkurrenz gegeben ist.

Die deliktsrechtliche Produzentenhaftung gem. §§ 823 ff. BGB geht prinzipiell insgesamt weiter als die Produkthaftung nach dem ProdHaftG weil:

- § 823 BGB keine Haftungshöchstbeträge bei Personenschäden vorsieht (§ 10 ProdHaftG: 160 Mio. DM)

- § 823 BGB bei Sachschäden immer eingreift (§ 1 ProdHaftG: nur bei Verbrauchersachschäden)

- § 847 BGB Schmerzensgeld gewährt (kein Schmerzensgeld nach dem ProdHaftG)

- § 823 BGB keine Begatellgrenze kennt (§ 11 ProdHaftG: Selbstbeteiligung bis 1125 DM; vgl. auch Art. 9 EG-Richtlinie 85/374/EWG).

Die Produzentenhaftungsansprüche verjähren außerdem erst in 30 Jahren, die aus Produkthaftung (vgl. § 13 ProdHaftG) erlöschen schon nach 10 Jahren ab Inverkehrbringen der schadensstiftenden Produkte.

Das Produkthaftungsgesetz geht allerdings in einigen Punkten weiter, denn es gewährt auch Schadensersatz für den "Ausreißer", d. h. für jeden nicht vom Produzenten verschuldeten Fabrikationsfehler, etwa bei einer Serienfertigung von Produkten[21]. Außerdem haftet nach dem Produkthaftungsgesetz auch jeder EG-Importeur als Quasi-Hersteller gem. § 4 II ProdHaftG, während nach den Grundsätzen der deliktischen Produzentenhaftung gem. §§ 823 ff. BGB eine Importeurhaftung nur unter ganz eingeschränkten Umständen eingreifen kann, etwa, wenn der Importeur Kenntnis von dem

---

[20]   ProdHaftG, BGBl. I, 2198, 1989; vgl. dazu ausführlich allgemein Kullmann, H.-J., Produkthaftungsgesetz, 1990; Kullmann/Pfister, a. a. O., Fußn. 15, 3600 ff.; Taschner/Frietsch, Produkthaftungsgesetz und EG-Produkthaftungsrichtlinie, 2. Aufl. 1990.

[21]   Vgl. Lehmann/Hinsch, Produkthaftung betrifft jetzt auch die sogen. Ausreißer, Computerwoche v. 12.04.1991, S. 32.

Fehler hat oder dadurch erlangt, daß er Reklamationen oder sonstige Hinweise auf die Gefährlichkeit eines Produkts aus seinem Kundenkreis erhält. Jeder Kläger wird im Prozeß daher nur Schadensersatz verlangen und der Richter muß dann nach unseren allgemeinen Rechtsgrundsätzen ("jura novit curia") sowohl die Grundsätze der von der BGH-Rechtsprechung entwickelten Produzentenhaftung als auch das Produkthaftungsgesetz berücksichtigen.

4. Produzenten- und Produkthaftung für Software - Ein Überblick

Da bei integrierter Produktion regelmäßig Hard- und Software zum Einsatz kommen, sollen in einem kurzen Überblick die speziellen Fragen der Produzenten- und Produkthaftung für Software[22] angesprochen werden, denn hinsichtlich der Hardware ergeben sich grundsätzlich keine Besonderheiten.

A. Produzentenhaftung für Software

Will man die allgemeinen Rechtsprechungsgrundsätze zur Produzentenhaftung zusammenfassen, kann man den folgenden Leitsatz aufstellen: Wird bei der bestimmungsgemäßen Verwendung von Standard-Software und bzw. oder -Hardware eine Person oder Sache dadurch geschädigt, daß diese Produkte oder eines dieser Produkte fehlerhaft sind bzw. ist, so haftet der oder haften die Hersteller gem. §§ 823 ff. BGB nach den allgemeinen Grundsätzen der verschuldensabhängigen Produzentenhaftung; jeder Hersteller kann allerdings beweisen, daß ihn hinsichtlich etwaiger Fehler kein Verschulden trifft (Beweislastumkehr sowie weitere Beweiserleichterungen). Auch für Software und Hardware haftet jeder Hersteller für eventuelle Schutzpflichtverletzungen, die zu einer Verletzung der Integritätsinteressen der Benutzer dieser industriell hergestellten Güter führen. Ein schwieriges und von der Rechtsprechung und Literatur noch nicht endgültig gelöstes Problem ist die Abgrenzung dieser deliktsrechtlichen Produzentenhaftung von vertraglichen Ansprüchen wegen Schlechtleistung gem. §§ 459 ff.

---

[22] Vgl. zusammenfassend Lehmann, a. a. O., Fußn. 11.

BGB (Sachmängelhaftung) und zur Haftung wegen positiver Vertrags-
verletzungen (Problem des sogenannten weiterfressenden Sachman-
gels)[23].

B.   Produkthaftung für Software

Jede Hardware ist immer als ein Produkt gem. §§ 1, 2 ProdHaftG
zu betrachten, denn Produkte im Sinne dieses Gesetzes sind auf
jeden Fall alle beweglichen Sachen i. S. des § 90 BGB.
Deswegen wird für Software von manchen in der Literatur[24] unter
Hinweis auf § 90 BGB jede Haftung nach dem Produkthaftungsgesetz
verneint: Software sei kein "körperlicher Gegenstand", also keine
Sache i. S. des § 90 BGB. Dabei wird aber übersehen, daß das
deutsche Produkthaftungsgesetz auf die EG-Richtlinie 85/374/EWG
über die Haftung für fehlerhafte Produkte zurückgeht und daher
in erster Linie europäisch-autonom auszulegen ist. Die Terminologie des BGB darf daher nicht in erster Linie für eine Auslegung
des ProdHaftG ausschlaggebend sein.
In der Literatur wird daher ganz überwiegend[25] zu recht vertreten, daß auch Software (Standard- und Individual-Software) genauso, wie ausdrücklich in § 2 ProdHaftG erwähnt, Elektrizität, als
ein Produkt im Sinne des Produkthaftungsgesetzes zu betrachten
ist; es handelt sich nämlich regelmäßig um ein industriell herge-
stelltes und unter Umständen auch gefährliches Gut, das wie jede
andere "Sache" am Markt entgeltlich vertrieben wird. Die Produkthaftung will den modernen Industriegefahren entgegentreten, so
daß auch unter dem Gesichtspunkt des Sinn und Zwecks dieses

---

[23]   Vgl. BGH, NJW 1983, 810 - Gaszug: Stoffgleichheit verneint:
       Produzentenhaftung; NJW 1983, 812 - KFZ-Hebebühne: Stoff-
       gleichheit bejaht: nur §§ 459 ff. BGB, keine Produzenten-
       haftung; aus der Literatur vgl. Steffen, VersR 1988, 977
       ff.; Foerste, VersR 1989, 455 ff.; Marburger, AcP 192
       (1992) 1 ff., 6 f.; Lehmann, a. a. O., Fußn. 11, bei Fußn.
       25 ff.

[24]   Vgl. v. Westphalen, NJW 1990, 83 ff., 87.; differenzierend
       Produkthaftungshandbuch/v. Westphalen, a. a. O., Fußn. 15,
       Bd. 2, S. 66 ff.

[25]   Vgl. die Hinweise bei Lehmann, a. a. O., Fußn. 11, in Fußn.
       18; sowie bei Kullmann/Pfister, a. a. O., Fußn. 15, 3603 ,
       S. 5.

Instituts unseres Haftungsrechts eine Produkthaftung für Software nach dem Produkthaftungsgesetz bejaht werden muß. Hätte dieses Ergebnis die EG-Richtlinie nicht bewirken wollen, so hätte dies einer ausdrücklichen Ausnahmeregelung, etwa wie für die Agrarerzeugnisse (vgl. dazu auch § 2 S. 2 ProdHaftG), bedurft.

Dieses Ergebnis, daß Standard- und Individual-Software im Rahmen des Produkthaftungsgesetzes als "Produkt", als Sache, zu betrachten sind, wird auch noch dadurch gestützt, daß die BGH-Rechtsprechung Software auch hinsichtlich anderer rechtlicher Fragen regelmäßig als Sache behandelt. Dies ist z. B. der Fall bei §§ 459 ff. BGB, wenn es um die Frage der Haftung für Sachmängel geht[26] oder z. B. beim seinerzeitigen Abzahlungsgesetz, als es im Zusammenhang mit Software-Mängeln bei Standard-Software um die Frage des Vorliegens eines Verkaufs einer beweglichen Sache gegen Teilzahlungen ging[27].

Zusammenfassend ist daher festzuhalten, daß <u>Software als Produkt</u> dem Produkthaftungsgesetz unterliegt und auch ansonsten im deutschen Zivilrecht insbesondere vom BGH häufig genauso wie eine Sache behandelt wird. Eine Produkhaftung nach dem Produkthaftungsgesetz für Software ist daher prinzipiell zu bejahen[28]. Eine Produkthaftung kann daher insbesondere relevant werden für:

- computergesteuerte medizinisch-technische Geräte, Computer-

---

[26] Vgl. grdl. BGH, NJW 1988, 406 - Anwendbarkeit der §§ 459 ff. BGB.

[27] Vgl. BGH, NJW 1990, 320 = EWiR § 1 AbzG 1/90, 105 m. zust. Anm. Lehmann: Anwendung des Abzahlungsgesetzes, auch wenn die Software vom Verkäufer auf die Festplatte des Käufers unmittelbar überspielt wird. Vgl. in diesem Zusammenhang auch BGH, NJW 1990, 1290; Auch bei einem Handelskauf, der die Lieferung von Hardware und Standard-Software zum Gegenstand hat, sind die kaufrechtlichen Sondervorschriften des HGB, §§ 377, 378 HGB, Untersuchungs- und Rügepflichten, zumindest entsprechend ("analog") anwendbar. Aus der Literatur vgl. dazu allg. Marly, J., Software-Überlassungsverträge, 1991, S. 32 ff., 62 ff., 218 ff.; Schneider, Jochen, Praxis des EDV-Rechts, 1990, S. 696 ff.; Hoeren, Th., Software-Überlassung als Sachkauf, 1989, passim.

[28] Vgl. Taschner/Frietsch, a. a. O., Fußn. 20, S. 230: "Derjenige, der für die Software die Verkehrssicherungs- oder Sorgfaltspflicht zu tragen hat, unterfällt der allgemeinen Haftung..."

tomographen, Laboranalysegeräte;
- Verkehrssteuerungsgeräte, etwa Flugsicherungscomputer;
- Industrieroboter, computergesteuerte Werkzeugmaschinen, etc.;
- CAM-, CAD-, CIM-Systeme;
- computergesteuerte Militärtechnikgeräte.

Das Produkthaftungsgesetz beschränkt sich auch nicht auf "industriell" gefertigte Standard- oder Serien-Produkte, weil diese, ursprünglich in der EG-Richtlinie vorgesehene, Einschränkung im Zuge der Beratungen wieder fallengelassen worden ist[29], so daß die Richtlinie alle gewerblich, mit Kommerzialisierungsabsicht hergestellten Produkte betrifft. Das Produkthaftungsgesetz erfaßt daher auch prinzipiell <u>Individual</u>-Software, sofern diese zu gewerblichen Zwecken erstellt und vertrieben wird, genauso wie jede <u>Standard</u>-Software[30].

5. Produzenten- und Produkthaftung bei integrierter Produktion - Sonderfragen

A. Gesamtschuld und Innenausgleich

Kooperieren mehrere selbständige Unternehmen bei der Herstellung eines Produkts (horizontale Arbeitsteilung), bestimmt zunächst § 4 ProdHaftG, daß sie alle als Hersteller gesamtschuldnerisch gem. § 5 ProdHaftG in Verbindung mit den §§ 421 ff. BGB haften, gleich ob sie Grundstoffhersteller, Teilprodukthersteller oder Endprodukthersteller sind; entsprechendes gilt auch für den Quasi-Hersteller, d. h. ein Unternehmen, das sich durch das Anbringen seines Namens, seines Warenzeichens oder eines anderen

---

[29] Vgl. Taschner/Frietsch, a. a. O., Fußn. 20, S. 227; Schmidt/Salzer-Hollmann, EG-Richtlinie Produkthaftung, Bd. I, Deutschland, 1. Aufl. (1986), Art. 1, Rdnr. 64; s. auch Koutses/Lütterbach, RDV 1989, 5 ff. (9).

[30] Vgl. Taschner/Frietsch, a. a. O., Fußn. 20, S. 228: "Ohne Bedeutung ist es auch, ob es sich um eine Serienanfertigung, um eine Sonderanfertigung innerhalb einer Serie oder um ein individuell gefertigtes Einzelstück handelt"; vgl. ebenso Heymann, CR 1990, 176 ff.; vgl. auch Kullmann, a. a. O., Fußn. 20, S. 8.

unterscheidungskräftigen Kennzeichens als Hersteller ausgibt (vgl. § 4 Abs. Satz 2 ProdHaftG). Dies gilt freilich nur für das Außenverhältnis: der geschädigte Verbraucher soll sich an alle diese Hersteller halten können. Eine derartige Produkthaftung ist gem. § 14 ProdHaftG auch nicht vertraglich abdingbar; sie stellt zwingendes Recht dar. Im Innenverhältnis[31], also zwischen den verschiedenen Herstellern, bestimmt § 5 Satz 2 ProdHaftG in Verbindung mit § 426 Abs. 1 BGB, daß die Haftung und damit also die Regreßmöglichkeiten, letztlich davon abhängen, "inwieweit der Schaden vorwiegend von dem einen oder dem anderen Teil verursacht worden ist".
Die Gerichte müssen hier eine Quotelung je nach Verursacher- bzw. Verschuldensanteil der jeweiligen Hersteller vornehmen[32]. Dieser Innenausgleich kann vor oder nach einem Schadensfall vertraglich zwischen den Parteien näher geregelt werden; z. B. können die Partner einer integrierten Produktion von vornherein bestimmen, wer letztlich wirtschaftlich die Kosten einer Produkthaftung zu übernehmen hat. Diese Abrede kann aber nie Außenwirkung entfalten, d. h. Dritten gegenüber kann sie keinerlei rechtliche Wirkung bekommen[33]. Auch eine Öffnung der Qualitätsdatenverarbeitung im Zusammenhang mit einer Verlagerung der Wareneingangskontrolle kann das Regime dieser zwingenden Produkthaftung gegenüber Dritten nicht abändern; allenfalls im Innenverhältnis kann der Ausgleich durch derartige Vertragsgestaltungen beeinflußt werden[34].

---

[31] Vgl. zu diesem Problem auch Lehmann, BB 1990, 1849 ff., 1854.

[32] Z. B. ein Teilehersteller, der einen Produkthaftungsfall nur zu 1/3 verursacht hat, muß auch nur 33,3 % des Schadens und der Kosten tragen; den Rest muß der Endhersteller übernehmen; jeder der vom Kläger zuerst auf den vollen Betrag in die Schadensersatzhaftung genommen wird, kann einen entsprechenden Rückgriff bei seinen Mitverursachern nehmen (Innenausgleich der Gesamtschuldner gemäß des Verursacher- bzw. Verschuldensanteils).

[33] Unklar v. Westphalen, 40 Jahre Der Betrieb, Festschrift 1988, 223 ff., 240; kritisch dazu Lehmann, BB 1990, 1854.

[34] Lehmann, BB 1990, 1854.

B.   Der Expander-Fall

In der BGH-Entscheidung Expander[35] wurden für die Produzentenhaftung gem. §§ 823 ff. BGB erste Abgrenzungslinien zum Ausschluß
einer Fabrikations- und Konstruktionsverantwortung eines sogenannten _Auftragsfertigers_ gezogen; dieser haftet nicht, wenn er
von dem Hersteller eines Endprodukts (Expanderhersteller) beauf-
tragt worden ist, bestimmte Produktteile (Kunststoffgriffe) unter
Verwendung der ihm von dem Endprodukthersteller zur Verfügung
gestellten Formen (im Spritzgußverfahren aus Kunststoff) herstellt. Bei _horizontaler_ Arbeitsteilung hat "grundsätzlich der
Besteller die Bestimmungsgewalt über die Konstruktion einschließlich der Materialauswahl" und es trifft daher "den Auftragsfertiger in erster Linie die Fabrikationsverantwortung ... Da jeder
an einer solchen Arbeitsteilung beteiligte Unternehmer aber auch
in bestimmten Grenzen auf den Produktionsbeitrag des anderen zu
achten hat, ist auch der Auftragsfertiger nicht von jeder Verantwortung für die Konstruktion des von ihm hergestellten End-
oder Teilprodukts freigestellt ... Zur Gefahrenabwähr muß er ...
immer dann beitragen, wenn er bei der Ausführung der ihm über-
tragenen Tätigkeit die Gefährlichkeit der Konstruktion erkennen
kann, sofern er konkreten Anlaß für die Annahme haben muß, daß

---

[35]   BGH, NJW - RR 1990, 406 = DB 1990, 577: Der Gummizug eines
Expanders hatte sich am Handgriff gelöst und war in das
Auge des Klägers geschnellt, so daß dieser erblindete. Vgl.
allgemein zur Haftung bei zwischenbetrieblicher Arbeitsteilung Kullmann/Pfister, a. a. O., Fußn. 15, Bd. 1, 3250,
S. 1 ff.; Produkthaftungshandbuch/Foerste, a. a. O., Fußn.
15, Bd. 1, S. 425 ff.
Zur Produkthaftung im Konzern vgl. Hommelhoff, P., ZIP
1990, 761 ff.; Oehler, W., ZIP 1990, 1445 ff.
Davon zu unterscheiden sind Probleme aufgrund einer vertikalen Arbeitsteilung (Hersteller - Zulieferer), vgl. etwa
dazu OLG Frankfurt, DB 1991, 1451 - Keine Produzentenhaftung bei reiner Funktionsstörung infolge eines fehlerhaften
Teils (Regler für ein ABS-System); vgl. dazu allgemein
Kullmann/Pfister, a. a. O., Fußn. 15, 3250, S. 3 ff.; Lemp-
penau, J., Die Haftung des Zulieferer-Unternehmens nach den
Grundsätzen der Produzentenhaftung, DB 1980, 1679 ff.; s.
auch Tiedtke, K., NJW 1990, 2961 ff. Hier ist grundsätzlich
von dem Prinzip der Eigenverantwortlichkeit jedes Herstellers auszugehen.
Zur Haftung von Lizenzgeber und Lizenznehmer vgl. ausführlich Ann, Ch., Produkthaftung des Lizenzgebers, 1991, S. 75
ff.

der für die Konstruktion Verantwortliche diesem Umstand nicht genügend Rechnung getragen hat"[36].

Es kommt also maßgeblich darauf an, welche technischen Kenntnisse dieser Auftragsfertiger hat bzw. haben muß; grundsätzlich kann er sich auf seine Fabrikationsverantwortung konzentrieren (zur Vermeidung von sogen. Fabrikationsfehlern), aber er muß auch entsprechend seines allgemeinen, pflichtgemäßen Kenntnisstandes einen Blick auf die Konstruktion des Endprodukts werfen. Der Auftragsfertiger z. B. von Software für eine Drehmaschine oder von Sitzen für ein Automobil darf nicht seine Augen vor der potentiellen Gefährlichkeit seines Teilprodukts im Zusammenhang mit dem Endprodukt verschließen. Insgesamt sollte daher vorsichtigerweise auch im Fall einer horizontalen Arbeitsteilung immer vom Grundsatz der Eigenverantwortung[37] jedes Herstellers für kausal auf seinen Arbeitsbeitrag beruhende Produktfehler ausgegangen werden.

C. § 1 Abs. 3 ProdHaftG - Haftungsausschluß bei vollständiger Fremdsteuerung

Der Hersteller eines Grundstoffs oder Teilprodukts haftet für fehlerhafte Produkte gemäß § 1 Abs. 3 ProdHaftG nicht, "wenn der Fehler durch die Konstruktion des Produkts in welches das Teilprodukt eingearbeitet wurde, oder durch die Anleitung des Herstellers des Produkts verursacht worden ist". Dieser gesetzliche Haftungsausschluß[38] wird für die integrierte Produktion zum Dreh- und Angelpunkt werden[39], denn häufig resultiert hier die entscheidende Fehlerursache aus der Konstruktion des Endprodukts

---

36) BGH, DB 1990, 577 r. Sp. - Expander.

37) Kullmann/Pfister, a. a. O., Fußn. 15, 3250, S. 3 ff.; zur vertikalen Arbeitsteilung s. auch in Fußn. 35 a. E.

38) Vgl. dazu Kullmann/Pfister, a. a. O., Fußn. 15, 3602, S. 22a ff.; Produkthaftungshandbuch/Foerste, a. a. O., Fußn. 15, S. 410, 425 f. zur Produzentenhaftung; Produkthaftungshandbuch/v. Westphalen, Bd. 2, S. 108, 132 ff. zur Produkthaftung.

39) Vgl. Lehmann, a. a. O., Fußn. 11, bei Fußn. 34.

bzw. aus der Anleitung dieses Herstellers. Gerade weil viele Auslegungsprobleme im einzelnen insoweit noch nicht endgültig geklärt sind[40], sollte der entscheidende Grundgedanke auch hier die Risikobeherrschbarkeit im technischen Sinn hinsichtlich des jeweiligen Produktfehlers sein. Je intensiver im konkreten Einzelfall die horizontale Zusammenarbeit ist, je integrierter eine Produktion geplant und durchgeführt wird, desto eher sind alle Beteiligten als gesamtschuldnerisch haftende Hersteller zu betrachten; § 1 Abs. 3 ProdHaftG führt zu keinem Haftungsausschluß. Je dominanter demgegenüber die technische Führungsrolle eines der an einer integrierten Produktion beteiligten Unternehmens ist, während der oder die anderen Unternehmen eigentlich als eine "verlängerte Werkbank"[41] des ersteren qualifiziert werden können, desto eher wird für diese letzteren der Haftungsausschluß des § 1 Abs. 3 ProdHaftG eingreifen können. Wegen der Beweislastregel des § 1 Abs. 4 ProdHaftG muß der eine Haftung verneinende Produzent das Vorliegen der Haftungsausschlußvoraussetzungen des § 1 Abs. 3 ProdHaftG, also kurz seine technische Fremdsteuerung, unter Beweis stellen; er muß sich gleichsam "exkulpieren" können. Dies kann natürlich auch durch vorherige vertragliche Absprachen zwischen den Parteien bei Eintritt in eine integrierte Produktion klarstellend festgelegt werden, etwa dergestalt, daß das eine Unternehmen für die Konstruktion des Endprodukts allein verantwortlich zeichnet, während das andere nur eine Teilverantwortlichkeit für die reine Fabrikation eines oder mehrerer Teile übernimmt; entsprechen diese Vereinbarungen den objektiven Gegebenheiten, kann dies zu einer Ausklammerung des oder der Teilhersteller aus der Produkthaftung auch gegenüber Dritten führen. Grundsätzlich ist jedoch wegen § 14 ProdHaftG (Unabdingbarkeit der Produkthaftung) auch § 1 Abs. 3 ProdHaftG nicht parteidispositiv.

---

[40]   Vgl. a. a. O. in Fußn. 38 jeweils mit weiteren Hinweisen.

[41]   Ebenso Produkthaftungshandbuch/v. Westphalen, a. a. O., Fußn. 15, Bd. 2, S. 135.

6. **Zusammenfassung: Haftung entsprechend den jeweiligen Risikobeherrschungsmöglichkeiten**

Im Zweifel haften alle Teilnehmer an einer integrierten Produktion gesamtschuldnerisch als Hersteller gegenüber dem Verletzten im Rahmen der Produzenten- und Produkthaftung; der Innenregreß erfolgt entsprechend des jeweiligen Verursachungs- bzw. Verschuldensanteils. Gegenüber dem verletzten Dritten ist eine Haftung eines Teilnehmers nur dann ausgeschlossen, wenn ein anderer die alleinige Konstruktionsverantwortung für das gesamte Produkt übernommen hat und der Produktfehler auf einem Konstruktionsmangel beruht. Die Haftung bei horizontaler Arbeitsteilung folgt somit der jeweiligen Risikobeherrschung bzw. der entsprechenden Risikobeherrschungspflicht.

Recent Developments in CAD and CIM
for Microsystems

Stephen D. Senturia

Barton L. Weller Professor of Electrical Engineering

Microsystems Technology Laboratories

Department of Electrical Engineering and Computer Science

Masschusetts Institute of Technology

Cambridge, MA, 02139, USA

1. Introduction

The use of computer-aided design (CAD) and associated computer-aided engineering (CAE) in microelectronic design is well developed. CAD tools for design, simulation, and verification are in wide use. (For convenience, all tools, whether used for design, simulation, or verification, will be generically referred to in this paper as "CAD".) CAD toolsets have been developed for semi-custom design, for example, with gate arrays, making VLSI truly accessible to a broad range of customers. On the manufacturing side, computer-integrated manufacturing (CIM) tools for scheduling, lot tracking, and process control are routinely used. New developments in this field are in two principal areas:

(1) *Linking of CAD and CIM in a single system.* In the microelectronics world, this is being done through the development of object-oriented database systems and associated data representations for semiconductor processes and for the "state of the wafer" during the process. With suitable data representations, it is possible to use a common language for design, simulation, design verification, scheduling, lot tracking, and process control. Such a language, called the *process flow representation (PFR)*, is under development at the Massachusetts Institute of Technology (MIT) (McIlrath, 1990). The PFR is a central theme in the MIT computer-aided-fabrication environment (*CAFE*) (McIlrath, 1992). CAFE and the PFR are described in Section 2 of this paper.

(2) Microelectromechanical systems (MEMS), such as might be made with integrated circuit technology enhanced with micromachining, require new kinds of CAD/CAE tools. We are developing a system at MIT called *MEMCAD* (Senturia, 1992). When MEMS devices are made using planar technology, such as photolithography, the fabrication process consists of a set of photomasks plus a sequence of process steps. The photomasks specify two dimensions, while the process specifies primarily the third dimension. However, a designer needs to understand the behavior of the full three-dimensional structure, and therefore needs a three-dimensional solid model. The goal of our MEMCAD system is to permit the creation and simulation of three-dimensional models of microelectronic structures specified by their masks and process sequence. The MEMCAD system is described in Section 3.

2. CAFE and the PFR.

2.1 Background. The definition of *computer-aided-fabrication (CAF)* systems for microelectronic devices grew out of a cooperative activity of five U.S. universities (MIT, Stanford, the University of California at Berkeley, Rensselaer Polytechnic Institute, and the Microelectronics Center of North Carolina), the Semiconductor Research Corporation (SRC), and the Defense Advanced Research Projects Agency (DARPA). The goal of such systems was to provide, within the various university fabrication facilities, test-beds for research on software to support semiconductor manufacturing. The requirements (Penfield, 1984) were that: (1) the system should be open and extensible; (2) the system should be modular with robust interfaces between components; (3) the system should be built on standard and well-understood hardware and software platforms; and (4) the system should be easy to learn and use. The required system capabilities address three general areas: plant management (machines, facilities, people); product management (wafers, lots), and process management (simulation, equipment control). One goal was to provide support for a paperless factory, with all records maintained through an on-line database.

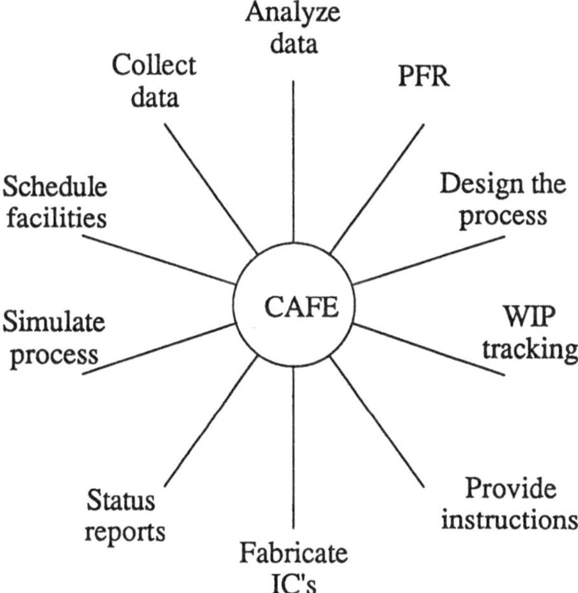

Figure 1. Applications supported by CAFE.

2.2 CAFE. The MIT *computer-aided fabrication environment (CAFE)* was developed in response to these requirements (McIlrath, 1992). The underlying principle is that CAFE should integrate all phases of integrated circuit fabrication throughout the cycle of design, simulation, documentation, optimization, fabrication, and maintenance of the manufacturing process (see Fig. 1). The CAFE architecture is shown in Figure 2. The *infrastructure* includes the UNIX operating system and an object-oriented database platform comprised of the relational database INGRES in combination with the MIT-developed GESTALT (Heytens, 1989) which implements the object-oriented functionality using the primitives of INGRES. Data objects are defined in terms of their attributes, some of which can be references to other data objects. The set of data objects and their cross references comprise the CAFE *schema*. The form of data objects representing process steps has been standardized into the hierarchical process flow representation (PFR), which is discussed separately below. FABFORM is a forms-based user interface. It is a highly programmable and flexible textual interface generator which supports an event model of user interaction. Screens contain arbitrary arrangments of background text and fields. Fields can be used both for data entry and to initiate execution of procedures. The CAFE menu system is implemented in FABFORM, and provides menu-driven access to the entire set of CAFE functions. Programmatic interfaces either use the PFR or other CAFE schema, or tie directly to GESTALT. Applications have been developed to support scheduling, process simulation, process control, data collection and analysis, and individual paperless lab notebooks (see Fig. 1). On-line scheduling of individual machines, logging of machine usage for accounting purposes, and on-line status reports on equipments and lots are available both from within and outside the MIT Integrated Circuits Laboratory fabrication area.

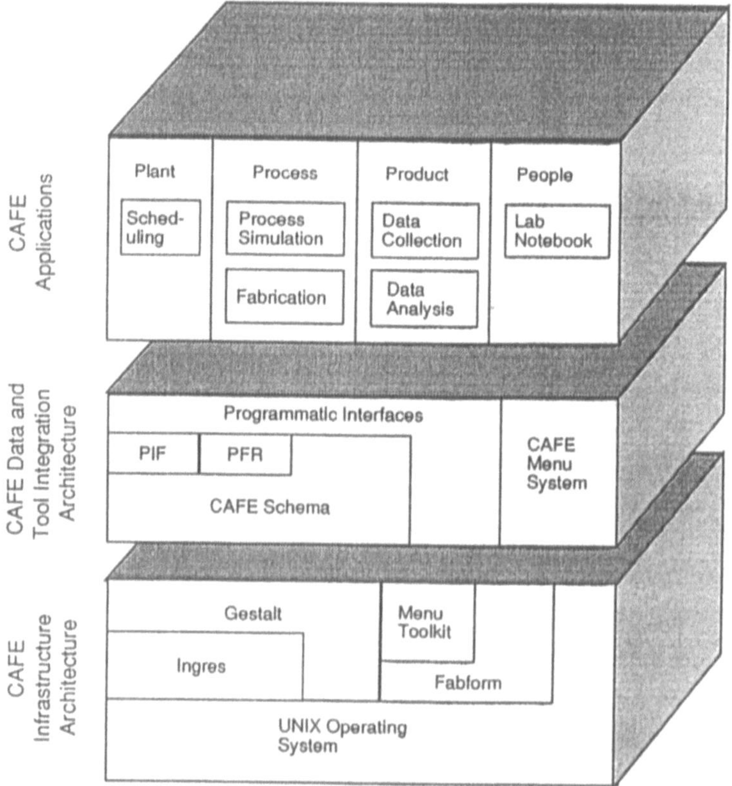

Figure 2. CAFE architecture.

2.3 PFR. Central to the entire CAFE system is the concept that a semiconductor manufacturing process specification actually contains information that can also be used for many other functions, such as for design, simulation, lot tracking, and scheduling. One way to lower the barrier between design and manufacturing is to exploit this base of common information. This led to the concept of a unified *process-flow representation* (*PFR*) (McIlrath, 1990) which functions as a computer language for expressing a complete process flow. The PFR-defined data-objects have a standardized form, and support hierarchical references. Figure 3 is an example PFR text describing the first process step in the MIT Baseline CMOS process (stress-relief-oxide). Note that the *:body* attribute of theSRO is a compound operation containing two steps, the *rca-clean*, which is an independently defined object, and the actual oxide growth defined in the *:body* attribute of the "SRO-furnace processing" operation. Note also that the PFR description includes documentation of the *purpose* of the process step, the *time required* (for scheduling), *constraints* on time between steps, in this case the rca clean and the furnace processing, and two attributes (discused below) called *change-wafer-state* and *treatment*, which are essential to the underlying model of semiconductor processes. The oxidation operation also specifies which machine is used, and which recipe of machine settings is to be used, thus permitting automatic downloading of the correct machine settings during actual fabrication.

When a semiconductor wafer goes through a process step, it experiences what is called a *treatment,* exposure to various chemicals and/or thermal cycles. In the oxidation example just given, the furnace conditions during the treatment, together with the recipe which specifies the gas ambient describe the wafer exposure. The rca-clean step consists of three specific steps, the organic clean, the oxide clean, and the ionic clean, each of which can be further described in terms of treatments which call for immersions in specific chemical baths for specific times. Clearly, a process flow could be specified by a linear list of treatments or machine recipes of settings, each with full detail. This is what is typically found in the "traveller" that accompanies wafer runs. Instead, the PFR supports a heirarchical description of the treatment sequence, which is extremely useful for complex processes. In addition, for purposes of process design or process control, it is important to capture the *effect* of a process step in terms of the change in the wafer topography that is produced by the process step, because the device being fabricated is typically specified in terms of its topography and dimensions, not its treatments. Process simulators such as SUPREM2 simulate the process effect from a sequence of treatments (see Fig. 4). By linking the *change-wafer-state* attribute to the *treatment* and *recipe* within the PFR, both descriptions are carried together and support either conceptual design, process simulation, or the actual manufacturing sequence. An extensive discussion of the process modeling framework underlying the PFR and CAFE can be found in (Boning, 1992).

In actual use, a process flow is described by a hierarchical set of PFR objects, representing a tree whose leaves correspond to the individual treatments, effects, or settings. The PFR can be edited with a standard text editor. Parsers then capture the tree structure; recently, a process editor has been developed which uses the tree representation directly. The MIT fabrication facility is in the process of converting all of its unit step processes to PFR descriptions, so that all fabrication and lot tracking will be PFR-based. When a new lot of wafers is started through the fabrication line, a wafer-lot data object is created which is bound to an image of the PFR for that lot. As the lot progresses through the fabrication sequence, data on the lot's progress as well as monitoring data (such as the oxide thickness measurement called for in the PFR example) are recorded in the database, bound to the individual PFR steps. Reports can be generated showing the lot's status, any process variations which occured during actual fabrication, and the measured data from that particular lot.

```
(define stress-relief-oxide
  (operation
    (:documentation
     "Stress Relief Oxide
       Purpose is to mimimize the stress effects
       of intride deposition and processing."
    (:time-required
      (:mean (:hours 7 :minutes 15)
        :range (:minutes 5)))
    (:body
      (operation
        (:documentation
         "These two steps have to be done right
          after each other"
        (:permissible-delay  :minimal)
        (:body
          rca-clean
          (operation
            (:documentation  "SRO  furnace  processing")
            (:change-wafer-state
              (:oxidation
                :thickness
                (:angstroms  (:mean  430  :range  20))))
              (:treatment
              (furnace-rampup-treatment
                :final-temperature  (:mean  950  :range  10))
              (furnace-dryox-treatment
                :temperature 950  :time  (:minutes  100))
              (furnace-rampdown-treatment
                :start-temperature  950))
              (:time-required (:hours 5  :minutes  0))
              (:machine  GateOxTube)
              (:settings     :recipe  210))))

      (inspect-thickness          :where  "Center Wafer:
                                  :film-type  "oxide"
                                  :machine   "ellipsometer"))))

(define rca-clean
  (operation
    (:documentation
     "General purpose RCA clean operation,
      with short 50-a HF dip."
    (:time required (:hours  2))
    (:body
      rca-sc1   ;Organic Clean
      rca-hfdip      ;Oxide Clean
      rca-sc2)));Ionic  Clean
```

Figure 3. PFR representation of an oxidation step.

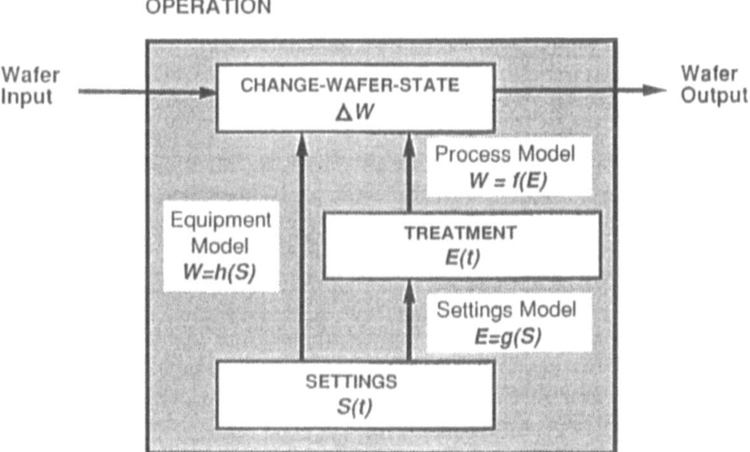

Figure 4. Process step model including settings, treatment, and effect.

Because the PFR contains information on the time required for the step and constraints on permissible delays between steps, the same PFR used either for simulation or actual fabrication can also be used to support scheduling. Finally, the presence of the recipe within the PFR permits interfacing with dynamically adjusted recipes to achieve optimized machine performance. A run-by-run controller which implements recipe optimization is described in (Sachs, 1991)

3. Microelectromechanical CAD (MEMCAD)

3.1 Background. The use of micromachining techniques in conjunction with the lithography-based microfabrication techniques developed for integrated circuits permit the creation of wholly new structures, with interesting three-dimensional shapes, and with mechanical functionality. The most widely used example is the silicon diaphragm pressure sensor, shown schematically in Figure 5. Sensors such as this are used in automotive engine controls, in instrumentation for buildings an factories, in avionics, and in blood-pressure measurement.

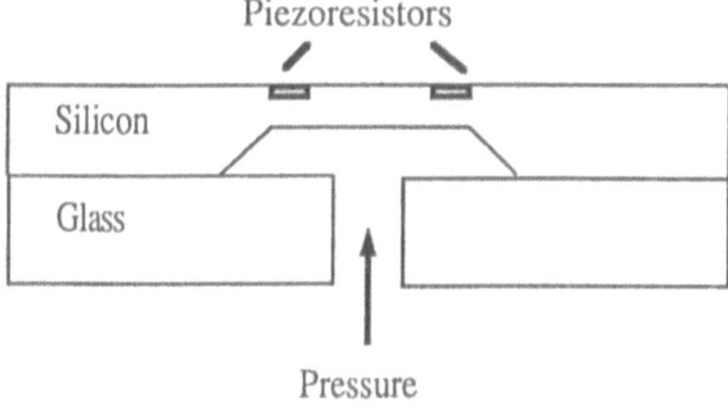

Figure 5. Shematic cross section of silicon pressure sensor.

Microelectronic devices which combine mechanical and electronic functionality have been given the generic name *Microelectromechanical Systems*, or *MEMS*. The range of MEMS devices now under development is vast: accelerometers, flow meters, valves and pumps, electrostatic motors, and many more. As the fabrication capabilities for these types of devices has grown, the need for CAD tools which suppport efficient design has increased dramatically. While some of the CAD requirements, such as photomask layout and process simulation, can be shared with miroelectronic Technology CAD (TCAD), the intrinsically three-dimensional character of MEMS devices as well as their emphasis on both mechanical and electrical behavior, create totally new CAD needs. These requirements were first defined in 1987 (Senturia, 1987), and include:

- Generation of a 3-D geometric model, either automatically, using the mask data and process sequence, or directly, using solid-modeling tools.
- Capture of the process dependences of material properties, particularly residual stresses which directly affect mechanical behavior.
- Provision for meshing and visualization of the 3-D structure and its simulated behavior.
- Simulators for mechanical behavior, electrical behavior, and for responses to various coupled loads, such as thermomechanical, electromechanical, and fluid-induced forces.

Since 1987, several groups, including our own, have reported progress in this area (Koppelman, 1989; Maseeh, 1990; Harris, 1990; Crary, 1990; Zhang, 1990; Buser, 1990, Koide, 1991; Séquin, 1991; Buser, 1992; Harris, 1992). In particular, Koppelman has addressed the generation of a three-dimensional geometric model from mask and process data with his OYSTER program; Cary and Zhang have created a workbench for optimizing the design of particular structures, such as a diaphragm pressure sensor; and Buser, Kiode, and Séquin have concentrated on simulation of the shapes of structures that result from anisotropic etching of silicon.

3.2 The MIT MEMCAD System. The MEMCAD system being developed at MIT is attempting to address all the requirements cited above within the framework of a single architecture (see Figure 6). As with all such systems, its conception, architecture, and implementation have been evolutionary (Senturia 1987; Maseeh, 1990; Harris, 1990; Senturia, 1991, Senturia, 1992). One feature of our MEMCAD system is the creation of a three-dimensional solid geometric model from a process description and a mask set in a format which can be passed directly to mechanical simulation tools, such as finite-element codes. This is the role of the *Structure Simulator* in Fig. 6. The resulting geometric model is passed to PATRAN, a general-purpose mechanical CAD system which has a well-documented Neutral File, provision for meshing and visualization, and fully implemented links to a variety of commercially available finite-element modeling programs. The geometric solid model is merged with material property data from the *Material Property Database* (discussed further below). The

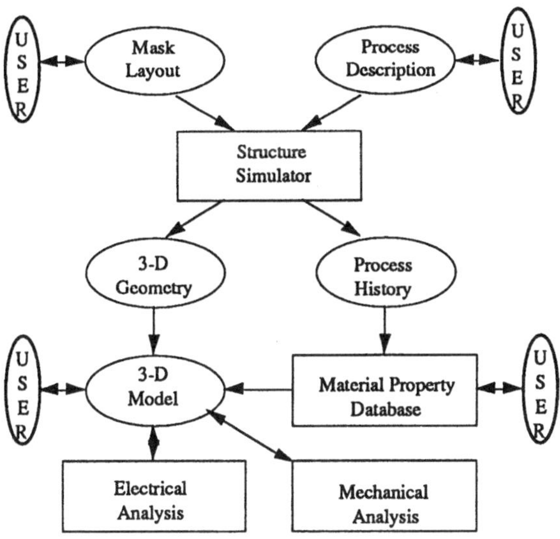

Figure 6. MEMCAD architecture.

model is then meshed in PATRAN, loads and boundary conditions are applied, and the desired analysis (mechanical, electrical, etc.) is carried out with an appropriate simulator. In the present MEMCAD version, the finite-element modeling code ABAQUS is used for mechanical and thermomechanical simulations, and the MIT-developed FASTCAP (Nabors, 1991) for electrical analysis (explained in more detail below).

The Structure Simulator function is central to the effectiveness of a MEMCAD system, and it has not been possible, in this case, to use codes available from others for this purpose. For example, OYSTER (Koppelman, 1989) performs the function of creating a polyhedral geometric model from a process description plus a mask set, but it has not been interfaced to mechanical CAD for subsequent meshing and simulation of the device under study. Recently, we have developed a very approximate 3-D solid modeler which forms the solid by appropriate extrusion of the overlaid-mask set (Harris, 1992). This is a powerful approach for creating models with certain limitations (no sloped side-wall features, and no conformal coatings), and readily permits direct interface with PATRAN. The field of integrated circuit Technology CAD (TCAD) is moving toward full three-dimensional simulation of process steps, and as this occurs, it will be possible to form meshed 3-D structures via process simulation. However, it is often desired to create a 3-D model without the heavy computational burden of full 3-D process simulation, and no solution for arbitrary geometric features has yet been reported.

A second important feature of the MEMCAD system is the Material Property Database (Maseeh, 1990; Shulman, 1991; Senturia, 1991). In microelectronics, the properties of thin-film materials, especially their residual stress, can depend on the details of the fabrication sequence. In addition, these properties can differ from those in bulk material. We are developing an object-oriented database of material properties as part of the MEMCAD system, which will include various material classes, and the process-dependence of the different properties. We feel that the object-oriented architecture provides an critically needed versatility in the data representations needed for this problem. A preliminary version of this database using GESTALT/INGRES as the platform has been demonstrated (Shulman, 1991). During that demonstration, it was found that the original schema would require revision to include a "microstructure" attribute (see Senturia, 1991). Further, the problem of how to represent the changes in material properties that occur during post-deposition processing, such as high-temperature annealing, requires further research.

The third important feature of the MEMCAD system is the simulation function, which in the present version includes both electrical and mechanical simulation. Mechanical simulation with finite-element analysis is well-known. The electrical-analysis capabilities of FASTCAP, however, require further explanation. FASTCAP (Nabors, 1991) was developed for the purpose of calculating the capacitances between arbitrary 3-D arrays of conductors. Previous approaches to this problem solved for the electrostatic fields in the space between the conductors. FASTCAP, however, uses boundary-element methods, reducing the meshing requirements from all of 3-D space to just the surfaces of the conductors (a 2-D mesh). Further, by using accelerated solution methods, FASTCAP exhibits a run-time which is linearly proportional to the number of mesh panels on the conductor surfaces. Thus, very complex geometries, such as the inter-conductor capacitances of the interconnect structure of Figure 7, can be readily analyzed.

We have already reported on the combined use of ABAQUS and FASTCAP to solve electromechanical problems, such as the calculation of the pressure dependence of the capacitance of a capacitive diaphragm pressure sensor (Johnson, 1991). We have also used these simulation tools iteratively to find the deformation which results from electrostatic forces in some simple cases (a clamped beam suspended above a ground plane). The idea is that when voltages are applied between conductors, mechanical forces are created which can produce deformation. The deformation in turn creates modification of the charge distribution, hence, changes in the force. By iterating until self-consistency is obtained between the charge distribution and the deformation, one can analyze a range of electromechanical problems.

The next major goal in the area of simulation is to include fluid mechanics and fluid-induced forces. With each new added capability, a whole new range of simulation and design problems becomes accessible.

4. Conclusion

This paper has described two recent developments in CAD and CIM for microsystems: the MEMCAD system for microelectromechanical systems such as sensors and actuators, and the CAFE system based on the PFR language for fully integrated treatment of integrated circuit design, simulation, scheduling, and manufacture. The present brief report should be viewed only as an introduction to the basic ideas, which are developed more fully in the cited literature.

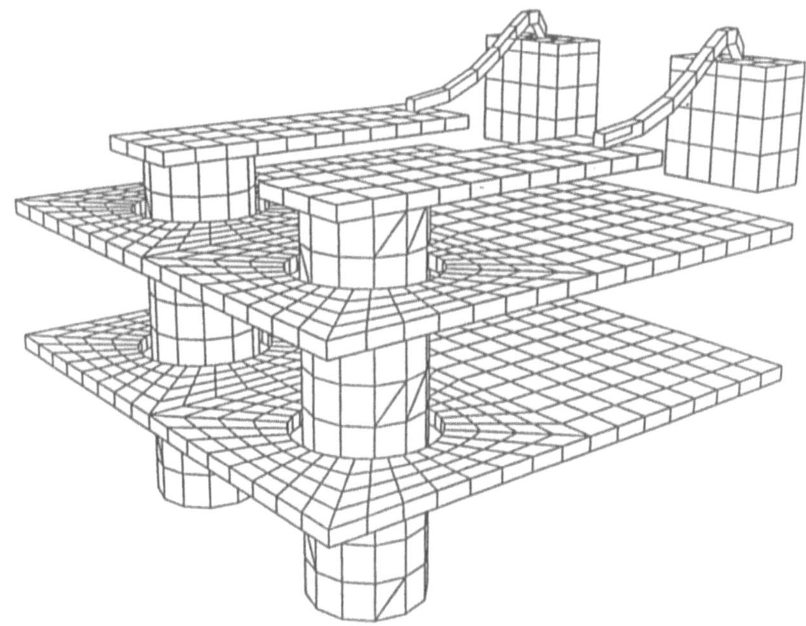

Figure 7. Meshed example of 3-D four-conductor interconnect.

Acknowledgment

The author is indebted to Michael McIlrath and Donald Troxel of MIT for their assistance in providing background and artwork on the CAFE system, and to Michael McIlrath for his critical reading of the manuscript.

References:

Boning, D. S., McIlrath, M. B., Penfield, P. L., Jr., and Sachs, E. M. (1992) A general semiconductor process modeling framework, *IEEE Trans. on Semiconductor Manufacturing*, in press.

Buser R., de Rooij, N.F. (1990) CAD for silicon anisotropic etching, *IEEE Micro Electro Mech. Systems*, Napa Valley CA, Feb. 1990, pp. 111-112.

Buser, R.A., Crary, S.B., Juma, O.S. (1992) Integration of the Anisotropic-Silicon-Etching Program ASEP within the CAEMEMS CAD/CAE Framework, *IEEE Micro Electro Mech. Systems*, Travemünde, Germany, February, 1992, pp. 133-138.

Crary, S.B., Zhang, Y. (1990) CAEMEMS: An integrated computer-aided engineering workbench for micro-electro-mehanical systems,*IEEE Micro Electro Mech. Systems*, Napa Valley, CA, Feb., 1990, pp. 113-114.

Harris, R.M., Maseeh, F., Senturia, S.D. (1990) Automatic generation of a 3-D solid model of a microfabricated structure, *IEEE Worskhop on Solid-State Sensors and Actuators*, Hilton Head, SC, June 1990, pp. 36-41.

Harris, R.M., Senturia, S.D. (1992) A solution to the mask overlay problem in Microelectromechanical CAD (MEMCAD), *IEEE Workshop on Solid-State Sensors and Actuators*, Hilton Head, SC, June 1992, in press.

Heytens, M.L., Nikhil, R.S. (1989) GESTALT: An expressive database programming system, *ACM SIGMOD Record*, 18: 54-67.

Johnson, B.P., Kim, S., White, J.K., Senturia, S.D. (1991) MEMCAD capacitance calculations for mechanically deformed square diaphragm and beam microstructures, *6th Int'l. Conf. Solid-State Sensors and Actuators (Transducers '91)*, San Francisco, CA, June 1991, pp. 494-497.

Koide, A., Sato, K., Tanaka, S. (1991) Simulation of two-dimensional etch profile of silicon during orientation-dependent anisotropic etching, *IEEE Micro Eletro Mech Systems*, Nara, Japan, Feb. 1991, pp. 216-220.

Koppelman, G. M. (1989) OYSTER: a three-dimensional structural simulator for micromechanical design, *Sensors and Actuators* 20:179-185.

Maseeh, F., Harris, R.M., Senturia, S.D. (1990) A CAD architecture for microelectro-mechanical systems, *IEEE Micro Electro Mech. Systems*, Napa Valley, CA, Feb., 1990, pp. 44-49.

McIlrath, M.B., Boning, D.S. (1990) Integrating semiconductor process design and manufacture using a unified process flow representation, *Second Intl. Conf. on CIM*, Troy NY, May, 1990.

McIlrath, M.B., Troxel, D.E., Heytens, M.L., Penfield, P.L.,Jr., Boning, D.S., Jayavant, R. (1992) CAFE - The MIT Computer-Aided Fabrication Environment, *IEEE Trans. on Components, Hybrids, and Manufacturing Technology*, in press.

Nabors, K., White, J.K. (1991) FASTCAP: A multipole-accelerated 3-D capacitance extraction program, *IEEE Trans. on CAD*, 10:1447-1460.

Penfield, P.L.,Jr., *et. al.*, (1984) Requirements for computer-aided fabrication, MIT VLSI-Memo No. 84-200, MIT Microsystems Technology Laboratory.

Sachs, E. Guo, R.-S., Ha, S. Hu, A. (1991) Process control for VLSI fabrication, *IEEE Trans. Semiconductor Manufacturing*, 4:134-144.

Senturia, S.D. (1987) Microfabriated structures for the measurement of the mechanical properties and adhesion of thin films, *4th Int'l. Conf. on Solid-State Sensors and Actuators (Transducers '87)*, Tokyo, June, 1987, pp. 11-16.

Senturia, S.D. (1991) Mechanical properties of microelectronic materials: How to handle the process dependences?, *1991 MRS FAll Meeting Abstracts*, p. 156; also in Nix, W.D., Bravman, J.C., Arzt, E, Freund, L.B., eds., *Thin Films: Stresses and Mechanical Properties III*, MRS Symposium Volume 239, in press.

Senturia, S.D., Harris, R.M., Johnson, B.P., Kim, S., Nabors, K., Shulman, M.A., and White, J.K. (1992) A computer-aided-design system for Microelectromechanial Systems (MEMCAD), *J. Micromechanical Systems*, 1:3-13.

Séquin, C.H. (1991) Computer simluation of anisotropic crystal etching, *6th Int'l. Conf.Solid-State Sensors and Actuators (Transducers '91)*, San Francisco, June 1991, pp. 801-806.

Shulman, M.A., Ramaswamy, M., Heytens, M.L., Senturia, S.D. (1991) An object-oriented material-property database architecture for microelectromechanical CAD, *6th Int'l. Conf.Solid-State Sensors and Actuators (Transducers '91)*, San Francisco, June 1991, pp. 486-489.

"Concurrent Engineering" -
Nur ein Schlagwort oder Schlüssel für den Markterfolg von Unternehmen?

H. Grabowski
Institut für Rechneranwendung im Maschinenbau, Universität Karlsruhe

In den meisten Branchen hat sich das Verhältnis der Entwicklungszeit und Markteinführung von Produkten zur Vermarktungszeit in der Vergangenheit stark verschlechtert. Abhilfe ist nur durch eine dramatische Verkürzung von Auftragsdurchlaufzeiten (time to market) zu erwarten. Erreicht werden kann dies nicht allein durch eine höhere Automatisierung, sondern durch eine Abkehr vom heute vielfach vorherrschenden Taylor'schen Prinzip der Arbeitsteilung hin zur parallel-versetzten oder ganzheitlichen Bearbeitung von Aufträgen. Informationsverarbeitende Systeme in Verbindung mit begleitenden Maßnahmen sind zur Realisierung unabdingbar. In diesem Beitrag werden die im Zusammenhang mit "Concurrent Engineering" stehenden DV-Lösungen, Fragen der Qualifikation der Mitarbeiter, organisatorische Umstellungen, Erfahrungen aus praktischen Einsätzen und in der Forschung befindliche Konzepte behandelt.

Das vollständige Manuskript stand bei Drucklegung nicht zur Verfügung.

Fachgespräche

Qualitätssicherung im Software-Produktionsprozeß

Qualitätssicherungsmaßnahmen müssen in den Software-Produktionsprozeß eingebettet sein. Sie können i.a. nicht nach einem starren Raster erfolgen, sondern müssen an den Bedarf eines Projektes angepaßt werden. Die Planung des Qualitätssicherungsprozesses muß selbst wieder als Teil des Software-Produktionsprozesses vorgesehen werden. Qualitätssicherungsmaßnahmen können entweder selbst Bestandteil des Software-Entwicklungsprozesses (im engeren Sinn) sein oder es kann sich um selbständige Aktivitäten handeln. Neben allgemeinen Maßnahmen zur Qualitätssicherung müssen für einzelne Klassen von Softwaresystemen detailliertere Definitionen des Qualitätsbegriffs und Heuristiken zur Planung und Anwendung von Techniken entwickelt werden. Dies soll exemplarisch für Informationssysteme und interaktive Systeme aufgezeigt werden.

Fachgesprächsleiter: Prof. Dr. Udo Kelter, Fernuniversität Hagen

Planung von Softwareentwicklung und Qualitätssicherung mit Hilfe von Vorgehensmodellen

Joachim Franz
Ploenzke Informatik
Geschäftsstelle Bundesministerien / Bundesbehörden
Wilhelmstr. 48
6200 Wiesbaden

Überblick

Vorgehensmodelle stellen ein hilfreiches Instrumentarium für die Gestaltung des Software-Entwicklungsprozesses dar. Die Planung der einzelnen Aktivitäten wird durch ihre Verwendung stark vereinfacht, und die Projektabwicklung wird standardisiert und dadurch beherrschbarer.

Dieser Aufsatz beschreibt die Rolle, die Vorgehensmodelle im Zusammenhang mit der Qualitätssicherung spielen. Hier wird zum einen die Verwendung von Vorgehensmodellen als Mittel der konstruktiven Qualitätssicherung, zum anderen der Nutzen, der sich aus der Verwendung von Vorgehensmodellen für die Projektplanung ergibt, beschrieben. Anhand von Beispielen bekannter Vorgehensmodelle wird erläutert, daß dieser Nutzen speziell für die Planung von Einzelmaßnahmen der analytischen und konstruktiven Qualitätssicherung begrenzt ist. Dies trifft sowohl für Vorgehensmodelle zu, in denen die Qualitätssicherungsmaßnahmen nur pauschal beschrieben werden (wobei der Nutzen per definitionem gering ist) als auch für solche, in denen diese explizit und sehr detailliert beschrieben werden.

In Kapitel 3 wird ein Verfahren beschrieben, das nach einer auf einem Vorgehensmodell basierenden Planung von Entwicklungsaktivitäten systematisch eine ebenso fundierte und detaillierte Planung der Qualitätssicherungsmaßnahmen zuläßt.

1 Sinn und Zweck von Vorgehensmodellen

1.1 Vorgehensmodelle als Mittel der konstruktiven Qualitätssicherung

Die gängige Bezeichnung "Software-Engineering" für die methodische Entwicklung von Software ergibt sich aus der Erkenntnis, daß es sich hierbei nicht, wie man früher meinte, um eine "Kunst" handelt, sondern um eine Ingenieursdisziplin wie viele andere auch. Der mit dieser Entwicklung verbundene Übergang "von der Kür zur Pflicht" ist gekennzeichnet durch umfangreiche Forschungsarbeit in allen am Software-Entwicklungsprozeß beteiligten Teildisziplinen (Datenmodellierung, Funktionsmodellierung, Kommunikation, Strukturierung, Programmierung, Test etc.) sowie dem Projektmanagement und der Qualitätssicherung.

Hintergrund für diese Überlegungen ist die Notwendigkeit, den Gesamtprozeß sowie alle Teilprozesse so zu beschreiben, daß die Ergebnisse optimal den vorgegebenen Anforderungen entsprechen. Um dies auf angemessene, gesicherte und nachvollziehbare Weise tun zu können, ist es erforderlich, die Entwicklungsprozesse zu verstehen und zu beherrschen. Dieses ist der Grundgedanke der konstruktiven Qualitätssicherung.

Für jede Ingenieursdisziplin ist es selbstverständlich, für immer wiederkehrende, gleichartige Aufgaben Musterpläne für die Vorgehensweise und die Ergebnisse zu entwickeln und im Laufe der Zeit zu optimieren. Ziel hiervon ist einerseits, für neue Projekte auf bereits vorhandene Erfahrungen gezielt zurückgreifen zu können, andererseits, die einzelnen Projekte vergleichbar zu machen. Die durch die Beherrschung des Planungsprozesses und die daraus resultierende Klarheit bei der Ausführung der Aktivitäten freiwerdenden Kapazitäten können eingesetzt werden, um (je nach Priorität) die Qualität zu erhöhen, die Kosten zu reduzieren oder Termine einzuhalten.

Neben den Methoden für die Bearbeitung einzelner Schritte im Software-Entwicklungsprozeß (s.o.) wird eine Methode benötigt, um diesen Prozeß zu strukturieren. Dies leistet ein Vorgehensmodell, indem es die einzelnen Aktivitäten beschreibt, sie in logische Beziehungen zueinander setzt und die Ergebnisse den Aktivitäten zuordnet. Es ist somit ein Hilfsmittel für das Projektmanagement und die Qualitätssicherung, deren Aufgabe es ist, sowohl Aktivitäten als auch Ergebnisse der Entwicklung bzw. der Prüfung zu planen und zu überwachen.

1.2 Ausrichtung von Vorgehensmodellen auf den Entwicklungsprozeß

Es liegt in der Natur des Menschen, daß er nach vorne gerichtet, zielorientiert und von daher eher produktiv eingestellt ist. Aus diesem Grunde ist es verständlich, daß auch in der Softwareentwicklung primär diejenigen Aktivitäten analysiert, beschrieben und methodisiert werden, die zur Schaffung eines Ergebnisses führen. Tut man dies für den gesamten SE-Prozeß, so ergibt sich ein Vorgehensmodell, das den Entwicklungsprozeß vollständig beschreibt.

Jeder komplexe Entwicklungsprozeß, und sei er auch noch so gut beschrieben, kann zu Ergebnissen führen, die nicht den Anforderungen oder Erwartungen entsprechen. Aus diesem Grunde ist es erforderlich, neben den reinen Entwicklungsaktivitäten solche Aktivitäten durchzuführen, deren Aufgabe es ist, die entwickelten Ergebnisse zu verifizieren oder zu validieren. Diese Prüfaktiväten zu planen und durchzuführen ist eine Hauptaufgabe der Qualitätssicherung.

In den bekannten Vorgehensmodellen ist es jedoch keineswegs selbstverständlich, die Prüfaktivitäten angemessen zu berücksichtigen. Es muß ein Ziel sein, daß sowohl die Entwicklungs- als auch die Prüfaktivitäten gleichermaßen mithilfe eines Vorgehensmodells geplant werden können.

In welcher Form dies geschehen kann, wird im weiteren erläutert. Dabei wird gezeigt, wie die Qualitätssicherung geplant werden kann, wenn man von einem Vorgehensmodell ausgeht, das ausschließlich Entwicklungsaktivitäten enthält.

1.3 Qualitätssicherung in ihrer Rolle als "Meta-Aktivität"

Der Zusatz "Meta" bezeichnet immer einen Übergang auf eine andere Betrachtungsebene. Er wird dann erforderlich, wenn durch die Verwendung eines abstrakten Begriffs die Unterschiedlichkeit der konkreten Begriffe nicht mehr ausgedrückt werden kann. Als Meta-Aktivitäten kann man also alle die Aktivitäten bezeichnen, die andere Aktivitäten zum Gegenstand haben. Offensichtlich ist das Projektmanagement in diesem Sinne eine Meta-Aktivität, da es (zumindest) die Entwicklungsaktivitäten plant.

In einem Softwareentwicklungsprojekt (oder allgemein in jedem Projekt) kann man, bezogen auf die Prüfaktivitäten innerhalb der Qualitätssicherung, von fünf Betrachtungsebenen sprechen:

- der Ebene der Prüfaktivitäten für Entwicklungsergebnisse (Produktprüfung),
- der Meta-Ebene der Prüfaktivitäten für Entwicklungsaktivitäten (Prozeßprüfung),
- der Meta-Ebene für die Planung der Produktprüfung,
- der Meta-Meta-Ebene für die Planung der Prozeßprüfung,
- der Meta-Meta-Ebene für die Prüfung des Projektmanagements.

Der Umgang mit diesen Ebenen, vor allem der Wechsel zwischen ihnen bei der täglichen Arbeit, ist extrem schwierig und dennoch erforderlich. Durch eine geschickte Projektorganisation kann man erreichen, daß die Mehrzahl der Projektmitarbeiter sich nur auf einer oder maximal zwei Ebenen bewegen müssen. Für den Projektleiter und mehr noch für den Qualitätssicherungsverantwortlichen ist es jedoch unvermeidbar, sich mit Aktivitäten auf allen Ebenen zu befassen.

Die hierfür erforderliche Transparenz wird durch Vorgehensmodelle zweifellos erhöht. Zwingende Voraussetzung für eine optimale Transparenz ist es allerdings, daß im Vorgehensmodell zwischen den verschiedenen Ebenen klar unterschieden wird. Für alle Projektbeteiligten muß erkennbar sein, wo im Vorgehensmodell (bzw. wo in anderen Konzepten) die für die Erfüllung ihrer Projektrolle erforderlichen Regelungen zu finden sind.

2 Beschreibung der Qualitätssicherung in Vorgehensmodellen

2.1 Beschreibungsbedarf zum Thema Qualitätssicherung

Generell stellt sich die Frage, welche Themen in einem Vorgehensmodell zur Software-Entwicklung behandelt werden sollten. Übergreifende Themen, die nicht spezifisch für die Software-Entwicklung sind, wie z.B. Projektmanagement, Projektcontrolling, Projektorganisation und auch Teile der Qualitätssicherung, können (und sollten) sehr wohl in separaten Handbüchern beschrieben werden. Ist z.B. ein Projektmanagement-Handbuch vorhanden, so gibt das Vorgehensmodell einem ausgebildeten Projektleiter zur Durchführung eines Softwareprojekts lediglich die Informationen, die für die Software-Entwicklung spezifisch sind. Ähnliches gilt, wenn ein Qualitätssicherungs-Handbuch vorhanden ist.

Wesentlicher Bestandteil eines Vorgehensmodells ist es daher, die speziellen Entwicklungsschritte (Meilensteine, Phasen, Aktivitäten) und Entwicklungsergebnisse (Dokumente) zu beschreiben und in logische Beziehungen zueinander zu setzen. Diesen Teil eines Vorgehensmodells kann man auch als **Vorgehensmodell im engeren Sinne bezeichnen.** Es bildet somit die Grundlage für die Projektplanung und dient dazu, daß **gleichartige** Projekte immer **gleich** abgewickelt werden. Da es aber (fast) keine **gleichen** Projekte gibt, kann ein Vorgehensmodell in konkreten Projekten in der Regel nicht direkt eingesetzt werden. Detaillierte Vorgehensmodelle können nur angewendet werden, wenn diese Details angepaßt werden. Allgemein gehaltene Vorgehensmodelle passen zwar häufig aufgrund ihres hohen Abstraktionsgrades zum konkreten Projekt, die erforderlichen Details müssen jedoch erst erarbeitet werden.

Aufgrund dieses Anpassungsbedarfs, der bereits für die Entwicklungsaktivitäten beträchtlich sein kann, stellt sich die Frage nach einer expliziten Behandlung von Prüfaktivitäten für Produkte und Prozesse in Vorgehensmodellen. Dies hätte zur Folge, daß entsprechend der Anpassung der Entwicklungsaktivitäten auch die Prüfaktivitäten angepaßt werden müssen. Darüberhinaus hängen Art und Umfang der Prüfaktivitäten auch in beträchtlichem Maße von den projektspezifischen Qualitätsanforderungen ab, so daß der Nutzen einer expliziten Einbeziehung in das Vorgehensmodell fraglich ist.

In Kapitel 3 wird beschrieben, wie eine Projektplanung für Entwicklung und Prüfung nach bestimmten Kriterien erfolgen kann, ohne daß die Prüfaktivitäten im Vorgehensmodell explizit eingeordnet sind.

2.2 Zuordnung der Teilaspekte zu entsprechenden Konzepten

Für die in Kapitel 3 beschriebene Vorgehensweise für die Projektplanung reicht es aus, wenn im Vorgehensmodell die Prüfaktivitäten für Entwicklungsergebnisse und -aktivitäten **aufgeführt** und **erläutert** sind. Dies beinhaltet für jede Prüfaktivität die in Frage kommenden Objekte der Prüfung (Produkte und Prozesse) und die in Frage kommenden Prüfmethoden. Die jeweilige Auswahl ist von den projektspezifischen Qualitätsanforderungen abhängig.

Die Frage nach der Auswahl und der Einordnung der Prüfaktivitäten in den Projektverlauf kann durch einige einfache Regeln verdeutlicht werden, die Bestandteil eines QS-Handbuchs sein könnten und in Kapitel 3 vorgestellt werden. Dieses QS-Handbuch sollte auch Fragen der Organisation und der Aufgaben der Qualitätssicherung regeln und einige Aussagen zu den Grundlagen enthalten.

2.3 Inhalte von bekannten Vorgehensmodellen zum Thema Qualitätssicherung

Eine weitverbreitete Einteilung des Softwareentwicklungsprozesses beinhaltet auf oberster Detaillierungsebene folgende Schritte (wobei die Bezeichnungen im einzelnen variieren):

- Anforderungsanalyse
- Fachkonzept
- DV-Konzept
- Realisierung
- Modultest
- Integrationstest
- Installationstest
- Wartung

Diese Einteilung beinhaltet einige Schwächen:

- für die ersten drei Schritte (Anforderungsanalyse, Fachkonzept und DV-Konzept) sind keine Prüfaktivitäten berücksichtigt,
- der 5. Schritt (Modultest) ist eine reine Prüfaktivität,
- der 6. und 7. Schritt (Integrationstest und Installationstest) sind als Test deklariert, beinhalten aber sehr wohl Entwicklungsaktivitäten (die Integration der Module bzw. die Installation des Systems),
- der 8. Schritt (Wartung) sollte außerhalb des eigentlichen Projekts organisiert werden.

Insgesamt zeigt sich, daß die für die gewünschte Transparenz im Sinne des Meta-Ebenen-Konzepts erforderliche Trennung von Entwicklungs- und Prüfaktivitäten nicht klar vorgenommen wird. Daraus ergeben sich zunächst Schwierigkeiten bei der Zuordnung der Zuständigkeiten zwischen Entwicklung und Qualitätssicherung und als Folge davon Probleme mit der Produkt- und Prozeßqualität.

2.3.1 Vorgehensmodell im Software-Entwicklungsstandard der Bundeswehr [1]

Das Vorgehensmodell regelt als technischer Standard die Softwarebearbeitung im Bereich der Bundeswehr durch die einheitliche und verbindliche Vorgabe von Aktivitäten und Produkten (Ergebnissen), die bei der Softwareerstellung und den begleitenden Aktivitäten für Qualitätssicherung, Konfigurationsmanagement und technisches Projektmanagement anfallen.

Diese grobe Einteilung der Betrachtungsweisen für ein Projekt ähnelt der erwähnten Meta-EbenenStruktur und kommt im Vorgehensmodell dadurch zu Ausdruck, daß die jeweiligen Aktivitäten und Produkte in sogenannten Submodellen beschrieben werden:

- Submodell Softwareerstellung,
- Submodell Qualitätssicherung,
- Submodell Konfigurationsmanagement,
- Submodell Projektmanagement.

Das Submodell Softwareerstellung beschreibt alle Aktivitäten und Produkte, die zur reinen Entwicklung von Software erforderlich sind; es ist somit ein Vorgehensmodell im engeren Sinne. Die Submodelle Qualitätssicherung und Projektmanagement werden zunächst relativ unabhängig vom Submodell Softwareerstellung vorgestellt. Es wird im wesentlichen erläutert, mit welchen planerischen Methoden und Hilfsmitteln diese Aufgaben durchzuführen sind.

In der Anlage 1 ist demgegenüber eine sehr detaillierte Beschreibung des Zusammenspiels der Submodelle enthalten, die kaum noch Spielraum für projektspezifische Anpassungen bezüglich der Prüfaktivitäten gibt. Der Nutzen dieser detaillierten Darstellung scheint fraglich, da man davon ausgehen muß, daß der den Prüfaktivitäten zugrundeliegende Entwicklungsprozeß ohnehin an die Projektsituation angepaßt werden muß. Dabei kann man erwarten, daß auch der zur Erreichung der Allgemeingültigkeit des Vorgehensmodells explizit beschriebene Anpassungsprozeß ("Tailoring") noch zu wenig Spielraum läßt, so daß über die "zulässigen" Anpassungen hinaus weitere vorgenommen werden müssen. Da sich dies auch auf die Planung der Prüfaktivitäten auswirkt und diese darüberhinaus von den projektspezifischen Qualitätsanforderungen abhängen, stellt sich die Frage, ob in diesem Fall der Aufwand für die Anpassung nicht höher ist als der für eine Planung ohne Vorgehensmodell, insbesondere wenn hierfür eine Methode vorhanden ist (s. Kapitel 3).

2.3.2 ISOTEC-Vorgehenskonzept (Ploenzke Informatik) [2]

ISOTEC (= Integrierte Software-Technolgie) ist ein Verbund von Konzepten und Methoden für die integrierte Softwareentwicklung im kommerziellen Bereich. Neben Methodenkonzepten für die phasenspezifischen Aufgaben enthält es zur Beschreibung der übergreifenden Aufgaben

- das Vorgehenskonzept,
- das Projektmanagementkonzept,
- das Administrationskonzept und
- die Qualitätssicherung.

Das Vorgehens**konzept** beinhaltet verschiedene Vorgehens**modelle**, die die Erfordernisse an bestimmte Projektsituationen berücksichtigen (klassische Neuentwicklung, vertikale Weiterentwicklung, evolutionäre Entwicklung, Einführung von Standardsoftware).

Alle vier Methodenhandbücher enthalten, entsprechend der Meta-EbenenStruktur aus Kap. 1.3, Aussagen zu den Teilaspekten der Qualitätssicherung. Die im ISOTEC-Vorgehenskonzept enthaltenen Vorgehensmodelle kann man im wesentlichen als Vorgehensmodelle im engeren Sinne bezeichnen: Sie beinhalten hauptsächlich Aussagen über die Aktivitäten des Entwicklungsprozesses (Aktivitäten, Ergebnisse, Einteilung in Meilensteine und Abschnitte, logische Abhängigkeiten zwischen Aktivitäten). Die in jedem Abschnitt vorgesehenen Qualitätssicherungsaktivitäten sind

- eine QS-Planungsaktivität (Meta-Aktivität) und
- eine "Dummy"-Aktivität, die die projektbegleitende Durchführung aller geplanten QS-Aktivitäten beinhaltet.

Das Vorgehenskonzept sagt zum Thema analytische Qualitätssicherung also lediglich aus, daß sie zu planen und durchzuführen ist und gibt Hinweise darauf, wie dies zu erfolgen hat. Exakte Angaben, an welchen Stellen des Entwicklungsprozesses welche Ergebnisse mit welchen Methoden zu prüfen sind, werden nicht gemacht. Als Grundlage für diese Planung dient eine Beschreibung der üblichen Methoden im Handbuch Qualitätssicherung. Die Planung der Qualitätssicherung wird also nicht im gleichen Maße unterstützt wie die Planung der Entwicklung. Aus den bereits erwähnten Gründen ist dies auch nicht erforderlich, wenn ein Verfahren wie das in Kap. 3 beschriebene eingesetzt wird.

3 Anwendung von Vorgehensmodellen zur Planung von Softwareentwicklung und Qualitätssicherung

3.1 Abhängigkeiten der verschiedenartigen Projektaktivitäten

In einem Projekt sind grundsätzlich zwei Arten von Aktivitäten zu unterscheiden:

- Entwicklungsaktivitäten und
- Prüfaktivitäten.

Die Prüfaktivitäten wiederum kann man aufgrund ihrer Ziele weiter differenzieren. Sie dienen

- der **Verifikation** der Ergebnisse, d.h. der Prüfung, ob die Ergebnisse die zuvor definierten Anforderungen erfüllen, und
- der **Validation** der Ergebnisse, d.h. der Prüfung, ob die Ergebnisse die tatsächlichen Anforderungen erfüllen.

Aus den Verifikationsmaßnahmen können Fehlerberichte (Abweichungen der Entwicklungsergebnisse von den Anforderungen) entstehen, die dazu führen, daß die Entwicklungsaktivität oder Teile davon erneut durchgeführt werden müssen. Sie können auch dazu führen, daß die Entwicklungsaktivität selbst Gegenstand einer Prüfaktivität wird. Aus den Validationsmaßnahmen können Änderungen der Anforderungen entstehen, die dazu führen, daß Entwicklungsaktivitäten wiederholt oder ganz neue Entwicklungsaktivitäten durchgeführt werden müssen. In diesem Fall ist in der Regel ein umfangreicher neuer Planungsprozeß erforderlich.

Bei der im folgenden beschriebenen Planung der Prüfaktivitäten wird berücksichtigt, daß ein komplexer Zusammenhang zwischen Entwicklungsaktivitäten, Prüfaktivitäten und weiteren QS-Aktivitäten besteht, wie er in Abb. 1 veranschaulicht ist. Hieraus kann eine Vorgehensweise für die projektbegleitende Anpassung der Planung abgeleitet werden (Wiederholung von Aktivitäten, Anstoß von Folgeaktivitäten, Einfügung neuer Aktivitäten).

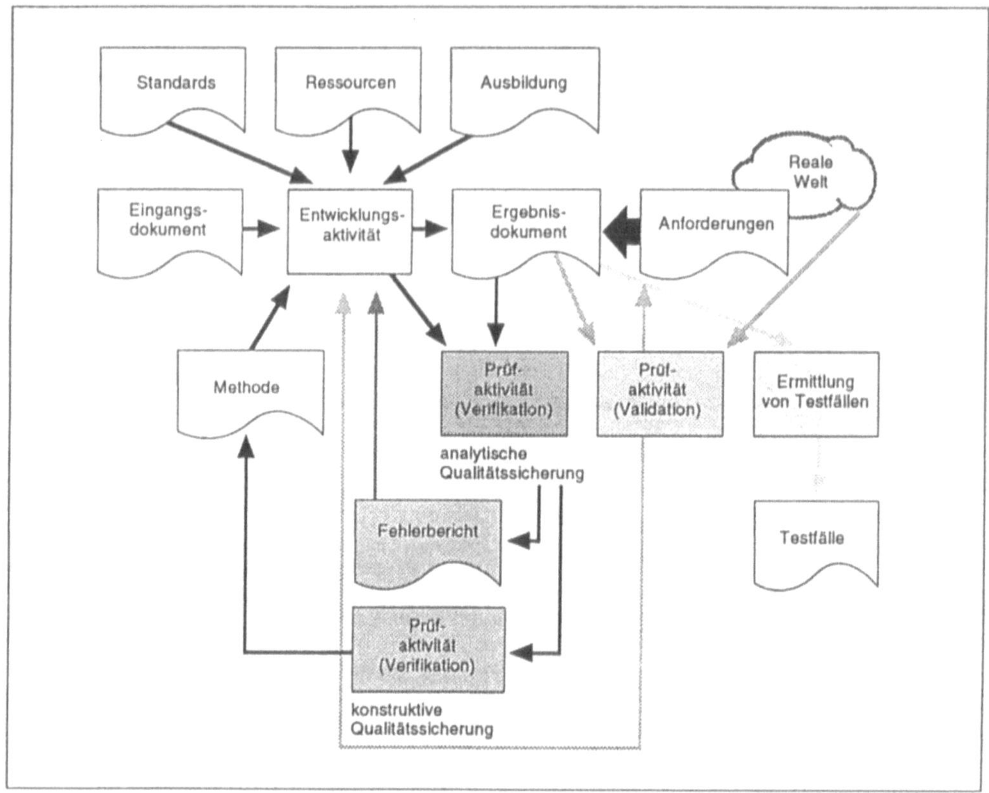

Abb.1: Zusammenhang zwischen Entwicklungs- und Prüfaktivitäten

3.2 Projektstrukturplan und Netzplan als Elemente der Projektplanung

Der **Projektstrukturplan** ist das zentrale Ordnungsinstrument für das Projektmanagement. Er bildet sowohl die Grundlage für die Gestaltung der Projektorganisation als auch für die verschiedenen Aufgaben im Rahmen der Projektplanung:

- Planung und Kontrolle des Projektablaufs
- Ableitung des Informations- und Berichtswesens
- Planung der Termine
- Planung der Zeit
- Planung der Kosten
- Planung der Einzelaktivitäten
- Planung des Kapazitätsbedarfs

Zur Darstellung der Ablaufstrukturen für die im Projektstrukturplan enthaltenen Aktivitäten dient ein **Netzplan**. Er verdeutlicht insbesondere die logische und zeitliche Aufeinanderfolge von Aktivitäten.

3.3 Schritte zum integrierten Projektplan

3.3.1 Auswahl eines geeigneten Vorgehensmodells

Ein Vorgehensmodell erfüllt seinen Zweck, die Projektplanung für ein konkretes Projekt zu unterstützen, dann am besten, wenn es der für dieses Projekt tatsächlich erforderlichen Vorgehensweise möglichst nahekommt. Da man die tatsächlich erforderliche Vorgehensweise jedoch vor Projektbeginn nicht hinreichend genau kennt, muß man Vermutungen darüber anstellen bei welchem Vorgehensmodell man mit möglichst wenig Anpassungen zu einer adäquaten Projektplanung kommt. Dabei muß klar sein, daß es das **optimale Vorgehensmodell** für alle Projekte nicht gibt und daß auch nach der Auswahl eines geeigneten Vorgehensmodells immer noch ein Anpassungsbedarf besteht. Vorschriften, die die genaue Einhaltung eines bestimmten Vorgehensmodells verlangen, führen daher unweigerlich zu Schwierigkeiten, da unnötigerweise mit viel Aufwand versucht wird, auch die für das konkrete Projekt nicht relevanten Anforderungen zu erfüllen.

Einige Vorgehensmodelle sehen einen Anpassungsvorgang ("Tailoring") zwar explizit vor, aber auch diese Möglichkeiten sind häufig zu eng, um eine optimale Vorgehensweise zu ermöglichen. Die Vorschriften zur Tailoring sind in gewissem Sinne genauso feste Vorschriften wie die "Basisvorschriften" und können daher nur das berücksichtigen, was im voraus abzusehen ist. Auch mit diesen "Tailoringsvorschriften" können nicht alle denkbaren Projektsituationen abgedeckt werden.

Ein Beispiel für Auswahlkriterien für ein geeignetes Vorgehensmodell ist in [2, pp. 48, 58, 66, 72] enthalten.

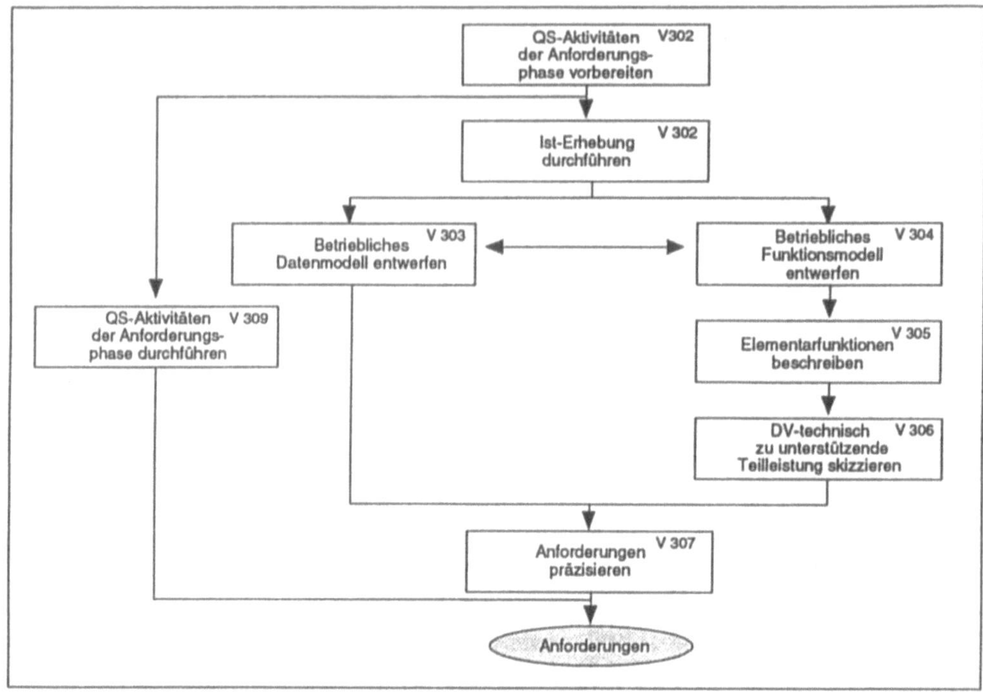

Abb. 2a: Auswahl ISOTEC-Vorgehensmodell "klassische Neuentwicklung"
(hier: Abschnitt "Anforderungen analysieren")

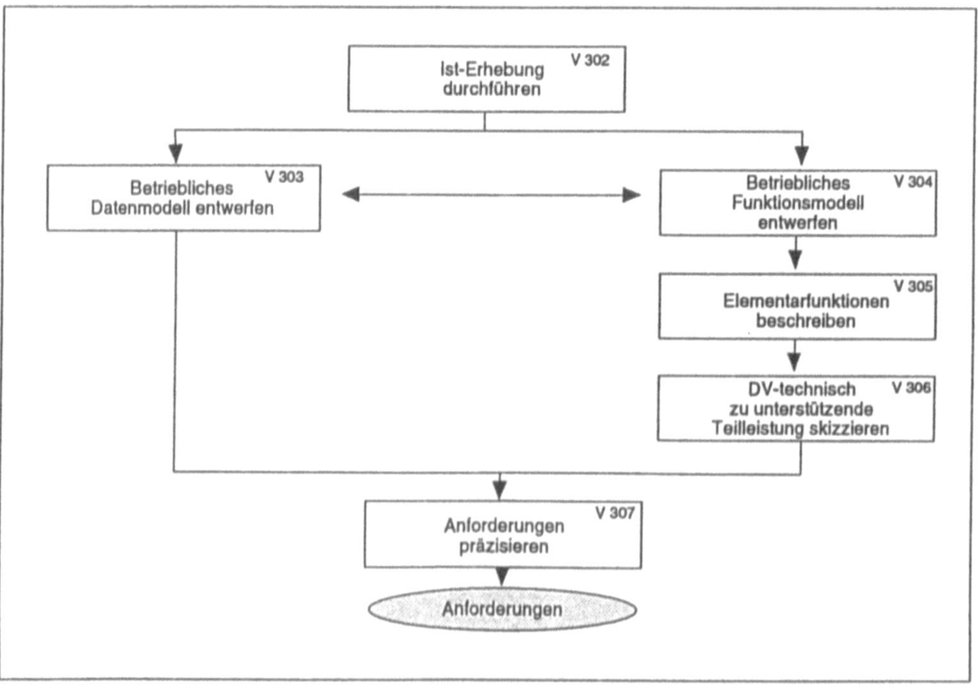

Abb. 2b: Schritte 1 und 2: Planungs- und QS-Aktivitäten werden gestrichen (V 301, V 309)

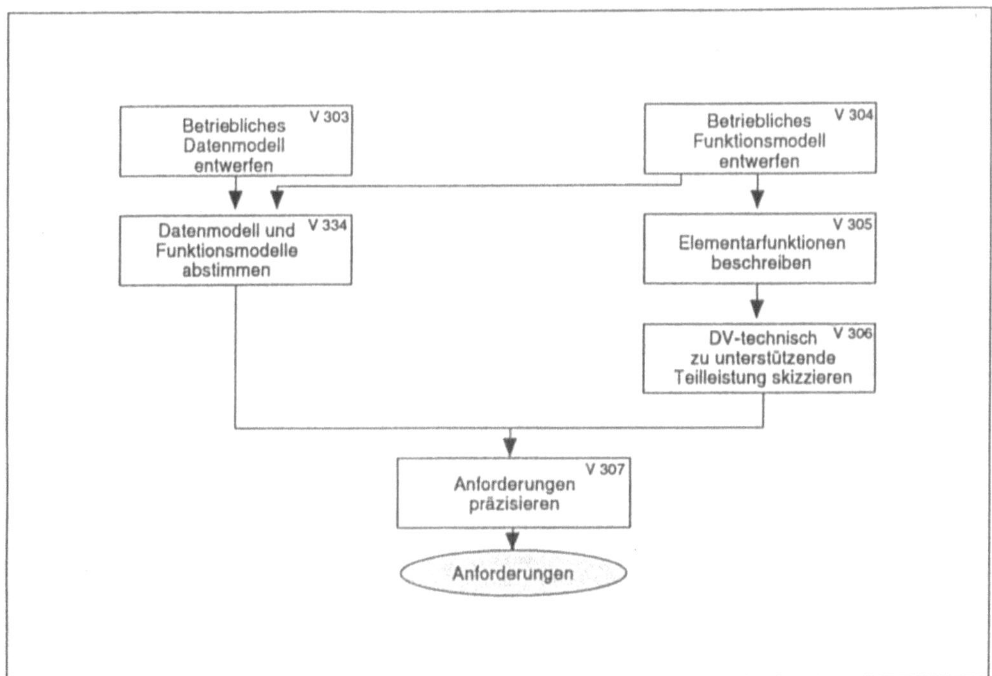

Abb. 2c: Schritte 3 bis 5: Teilergebnisse und -aktivitäten werden nach Bedarf gelöscht bzw. ergänzt und verknüpft (V 302 entfällt, da innovatives System, V 334 wird ergänzt, da hohe Bedeutung der Abstimmung)

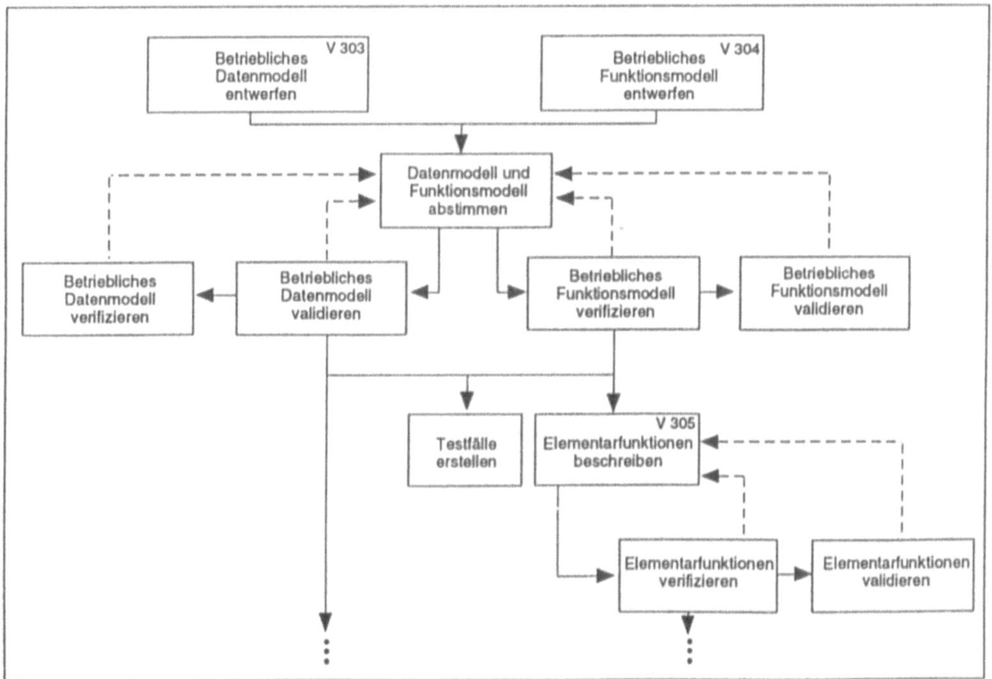

Abb. 2d: Ergänzung der qualitätsbezogenen Aktivitäten

3.3.2 Erstellung eines Entwicklungsplans durch Einfügen, Weglassen und Umsetzen von Aktivitäten und Ergebnissen

Eine große Zeitersparnis bei der Planung eines Projekts kann man erreichen, wenn man für die in Frage kommenden Vorgehensmodelle vorbereitete Musterpläne zur Verfügung hat. Daß hierfür die Unterstützung durch ein Projektmanagementtool nützlich (und für ein praktizierbares Projektcontrolling praktisch zwingend) ist, braucht wohl nicht extra betont zu werden.

Ziel dieses Schrittes ist ein Plan, der nur die Entwicklungsaktivitäten enthält. Zur Ableitung dieses Plans aus dem Musterplan des ausgewählten Vorgehensmodells empfiehlt es sich, wie folgt vorzugehen:

1) Streiche die ggf. enthaltenen Planungsaktivitäten.

2) Streiche die ggf. enthaltenen QS-Aktivitäten.

3) Vergleiche die Teilergebnisse des gewünschten Projektergebnisses mit denen des Vorgehensmodells. Lösche überflüssige und ergänze fehlende Teilergebnisse.

4) Betrachte diejenigen Aktivitäten, die zu den gelöschten oder ergänzten Teilergebnissen führen und lösche oder ergänze diese Aktivitäten entsprechend.

5) Überprüfe vorhandene und ergänze fehlende Abhängigkeiten zwischen den jetzt vorhandenen Aktivitäten.

Dieser Ablauf ist in Abb. 2 dargestellt.

Da der Musterplan eines Vorgehensmodells automatisch ein Netzplan ist, kann direkt in ihm geändert werden. Ein Projektstrukturplan, der in der "normalen" Projektplanung (d. h. ohne vorliegenden Musterplan) der erste Schritt ist, ist in diesem Fall nur die statische Betrachtungsweise der im Netzplan enthaltenen Aktivitäten. Sind die erforderlichen Änderungen so gravierend, daß die Vollständigkeit und Widerspruchsfreiheit der Planung nur mithilfe eines Projektstrukturplans nachgewiesen werden kann, so kann dieser aus dem Netzplan abgeleitet werden.

3.3.3 Erstellung eines Gesamt-Projektplans durch Ergänzung der qualitätsbezogenen Aktivitäten und Ergebnisse

Der Qualitätssicherungsverantwortliche plant die Prüfaktivitäten im Projekt auf der Basis der Pläne für die Entwicklungsaktivitäten und der Prüfaktivitäten aus einem für dieses Projekt geeigneten Vorgehensmodell.

Weitere Aktivitäten, die vom QS-Verantwortlichen zu planen sind, sind solche, die der Vorbereitung späterer Prüfaktivitäten dienen. Dies ist dann der Fall, wenn die Ergebnisse der Entwicklungsaktivität in einer späteren Prüfaktivität zur Verifikation der dortigen Ergebnisse gebraucht werden (Ermittlung von Testfällen).

Bei der Strukturierung der Qualitätssicherung werden die oben beschriebenen Zusammenhänge zwischen Entwicklungs- und Prüfaktivitäten berücksichtigt. Dabei wird zunächst von dem Grundsatz ausgegangen, daß für jedes Entwicklungsergebnis und für jede Entwicklungsaktivität irgendeine Art von Prüfaktivität eingeplant werden muß. Natürlich sind Art und Umfang projektspezifisch festzulegen.

Ergebnis der Planung sollte ein Projektstrukturplan und ein Netzplan für das Gesamtprojekt sein (s. Abb. 2d).

3.4 Vorgehensweise zur schrittweisen Verfeinerung von Projektplänen unter Berücksichtigung von Abhängigkeiten

Ein Vorgehensmodell stellt die Aktivitäten auf einer bestimmten Verfeinerungsstufe dar. Nimmt man diese als Ausgangspunkt für die Erstellung des Projektstrukturplans und des Netzplans, so ergibt sich aus verschiedenen Gründen die Notwendigkeit zu späteren Änderungen:

- die Aktivitäten müssen bezüglich ihrer Funktion verfeinert werden,
- die Aktivitäten müssen bezüglich ihres Objektes verfeinert werden,
- die Verfeinerung erfolgt schrittweise jeweils für die nächste Entwicklungsphase,
- die Planung muß korrigiert werden.

Während Änderungen im Projektstrukturplan relativ unproblematisch sind, erfordern Änderungen im Netzplan die Beachtung der definierten Abhängigkeiten. Es stellt sich vor allem die Frage, wie sich eine auf einer höheren Stufe definierte Abhängigkeit im Laufe der Verfeinerung auf die dadurch neu entstehenden Aktivitäten vererbt.

Ist z.B. der Beginn der Hauptaktivität B vom Ende der Hauptaktivität A abhängig, so heißt dies nicht automatisch, daß der Beginn **aller** Teilaktivitäten von B auch vom Ende **aller** Teilaktivitäten von A abhängig ist. Würde man diese einfach ungeprüft übernehmen, so entstünden Abhängigkeiten, die den Projektfortschritt unnötig beeinträchtigen.

Um dies nach Möglichkeit zu vermeiden, muß für jede neu entstehende Teilaktivität von B geprüft werden, von welchen Teilaktivitäten von A sie tatsächlich abhängig ist (s. Abb. 3).

3.5 Detaillierte Planung als Grundlage für die Ermittlung von Qualitätskosten

Eine Aufgabe des Projektmanagements ist es, die entstandenen Kosten zu kontrollieren mit dem Ziel, bei zu hohen Kosten für Teilaufgaben entsprechende Korrekturmaßnahmen einzuleiten. Hierfür ist es erforderlich, eine aussagekräftige Kostenstellenstruktur zu haben, um die tatsächlichen Kostenursachen zu finden und an den Stellen anzusetzen, die die größte Einsparung versprechen.

Die entscheidende Aussage über Kosten im Zusammenhang mit Qualität ist das Verhältnis von Herstellungskosten, Fehlerverhütungskosten, Prüfkosten und Fehlerkosten. Diese Aussage kann nur gemacht werden, wenn die Pläne so detailliert sind, daß eine Zuordnung tatsächlich erfolgen kann.

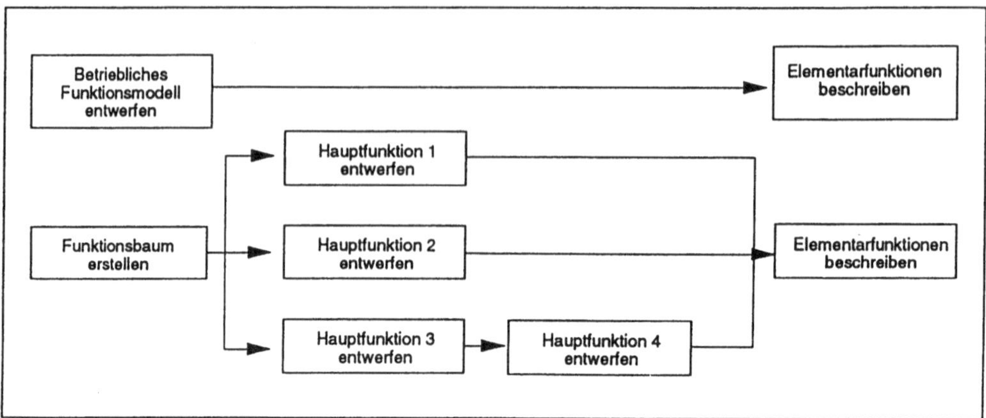

Abb. 3a: Verfeinerung der Aktivität und Verknüpfung mit nicht verfeinerter Folgeaktivität

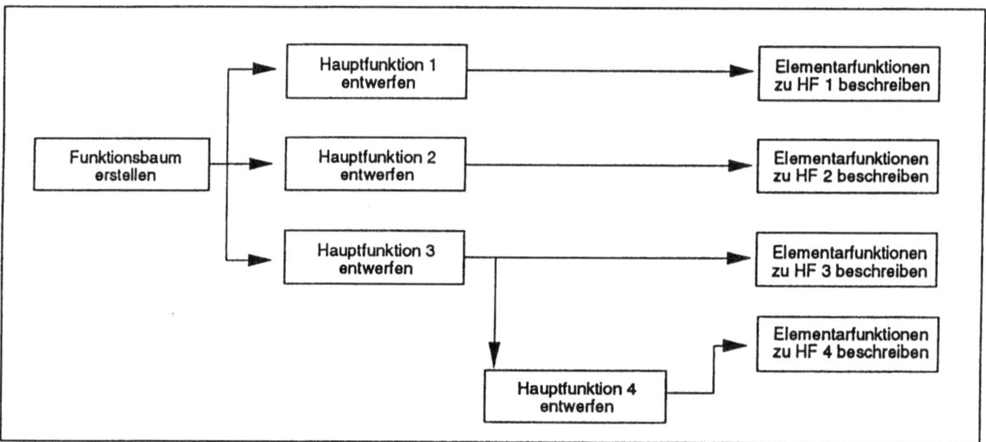

Abb. 3b: Verfeinerung einer Folgeaktivität und Verknüpfung mit bereits verfeinerter Vorgängeraktivität

Um diese Aussagen machen zu können, genügt es nicht, alle Kosten für die Entwicklung und Prüfung eines Ergebnisses einer einzigen Aktivität zuzuordnen. Hierzu ist es erforderlich, die bereits aus anderen Gründen empfohlene Detaillierung der Planung auch zur Kostenerfassung zu nutzen. Hierdurch kann die bereits erwähnte Kostenstruktur abgebildet werden.

Diese Kostenstruktur basiert auf folgenden Fragen:

- Wieviel kostet die Entwicklung des Produkts bei optimaler Arbeitsweise? (Herstellungskosten)
- Wieviel kosten entwicklungsbegleitende Maßnahmen zur Verhütung von Fehlern? (Fehlerverhütungskosten)
- Wieviel kostet die Prüfung des Produkts bei optimaler Arbeitsweise? (Prüfkosten)
- Wieviel kostet die Behebung von Fehlern durch Wiederholung von Teilen der Entwicklung? (Fehlerkosten, vermeidbare Herstellungskosten)
- Wieviel kostet die wiederholte Prüfung von nachgebesserten Ergebnissen? (Fehlerkosten, vermeidbare Prüfkosten)
- Welche Kosten werden durch die Auslieferung fehlerhafter Produkte verursacht? (Fehlerkosten, Gewährleistung, Haftung)

Durch die Analyse dieser Kostenarten können die Ursachen für überhöhte Gesamtkosten ermittelt werden und an den richtigen Stellen Maßnahmen zur Abhilfe eingeleitet werden.

Literatur:

[1] Allgemeiner Umdruck 250; Software-Entwicklungsstandard der Bundeswehr; Vorgehensmodell, Februar 1991

[2] Isotec Vorgehenskonzept. Version 2.2. Ploenzke Informatik, Wiesbaden 1991

Software-Wartung
auf der Grundlage von Reviews

Stefan Dißmann
Universität Dortmund
Informatik X
Postfach 50 05 00
4600 Dortmund 50
E-mail: dissmann@udo.informatik.uni-dortmund.de

Kurzfassung

Das Software-Review ist eine Form der analytischen Qualitätssicherung. Es kann jedoch auch als vorbereitende Maßnahme für die konstruktive Qualitätssicherung eingesetzt werden. Die während eines Reviews erhobenen und den Gutachtern präsentierten Fakten und Begründungen sind geeignet, als Informationsbasis für die folgenden Entwicklungsschritte zu dienen. Insbesondere für die Lösung der speziellen Probleme der Software-Wartung kann diese Informationsbasis einen wesentlichen Beitrag leisten. Die Dokumentation der während eines Reviews gegebenen Informationen in der Form von Entwicklungstransformationen zwischen verschiedenen Anforderungen wird vorgestellt. Die Auswertung dieser Entwicklungstransformationen zur Planung und Abschätzung von Wartungsvorgängen als praktische Nutzung dieser Informationen wird am Beispiel vorgeführt.

1. Einleitung

Das Software-Review stellt eine etablierte und bei der Software-Entwicklung häufig eingesetzte Form der analytischen Qualitätssicherung dar, die der Überprüfung von Zwischen- und Endergebnisse der Entwicklung dient. Ein Teil der Informationen, die im Verlauf eines Reviews explizit gemacht werden müssen, lassen sich auch als Grundlage für die spätere Wartung wirksam einsetzen, da sie dazu dienen können, dort auftretende mögliche Informationsdefizite zu verringern. Im vorliegenden Text wird diese weitergehende und in der Praxis bisher nicht genutzte Möglichkeit vorgestellt. Eine entsprechende Vorgehensweise, die mit geringem Mehraufwand die Dokumentation zusätzlicher und nützlicher Informationen aus dem Vorgang des Software-Reviews erlaubt, und eine darauf aufbauende Vorgehensweise zur Analyse dieser Informationen werden charakterisiert und an einem Beispiel verdeutlicht. Es wird dargestellt, in welcher Weise die analytische Qualitätssicherungsmaßnahme des Software-Reviews als Vorbereitung für die spätere konstruktive Sicherung der Qualität auf der Basis verbesserter Informationen dienen kann.

Im vorliegenden Text werden zunächst die Aufgaben und Tätigkeiten bei der Abwicklung von Reviews beschrieben. Anschließend wird ein Teil der bei der Wartung von Software-Produkten auftretenden Probleme charakterisiert. Die Darstellung der Informationsgewinnung aus Reviews und die Sicherung dieser Informationen für die Wartung bilden den Kern des Papiers. Die Verwendung der gewonnenen Informationen während der Wartung wird durch die Angabe geeigneter Vorgehensweisen zur Analyse und Interpretation erläutert. Ein Ausblick auf die Umsetzbarkeit der vorgestellten Ideen und die weiteren in diesem Bereich geplanten Arbeiten schließt das Papier ab.

2. Software-Reviews

Ein Software-Review ist ein geplanter und strukturiert ablaufender Analysevorgang, bei dem ein während der Software-Entwicklung entstandenes Teilprodukt, z.B. ein Entwicklungsdokument oder eine Programmkomponente, einer Gruppe von Gutachtern vorgestellt und erläutert wird. Die Gutachter hinterfragen, kommentieren und bewerten das Ergebnis (vgl. [1]). Ein Review kann zu jedem Zeitpunkt und für jedes Zwischenprodukt einer Software-Entwicklung vorgenommen werden. Es erlaubt auch eine wirksame Überprüfung von nicht-formalen Dokumenten, die insbesondere in den frühen Phasen der Software-Entwicklung anfallen [2]. Die Durchführung von Reviews zur Sicherstellung der Qualität von Software ist in der industriellen Software-Entwicklung ein allgemein anerkanntes Vorgehen [3].

Die Aufgaben eines Reviews sind das Aufdecken von Fehlern und Mängeln des untersuchten Teilprodukts, das Bestimmen und Lokalisieren von Fehlerursachen, das Überprüfen des Einhaltens von Standards und das Überprüfen der Erfüllung der Anforderungen von Benutzern und Entwicklern. Diese Aufgaben können nur erbracht werden, wenn ein Review sorgfältig geplant, organisiert und durchgeführt wird.

Der Ablauf eines Reviews besteht aus mehreren Schritten. Zunächst wird ein begrenzter Teil des Produkts als Prüfobjekt für das Review festgelegt. Eine Gruppe von kompetenten Gutachtern wird ausgewählt [4, 5] und zur Vorbereitung des Reviews mit Informationen über das Prüfobjekt versehen. Den Kern eines jeden Reviews bildet eine Reviewsitzung, bei der zunächst eine Präsentation des Prüfobjekts durch den Entwickler stattfindet. Dabei werden die gewählten Lösungen vorgestellt, begründet und erläutert. In der Diskussion mit den Gutachtern werden Probleme aufgedeckt, geklärt oder für eine weitere Bearbeitung vorgemerkt. Zum Abschluß wird ein Bericht angefertigt, der die wesentlichen Ergebnisse der Reviewsitzung zusammenfaßt.

Ein Aspekt, der den Erfolg von Reviews in der Praxis bewirkt, ist die Notwendigkeit der direkten und systematischen Kommunikation zwischen den Entwicklern und kompetenten und vorbereiteten Gutachtern. Die Entwickler sind gezwungen, ihre während der Entwicklung getroffenen Entscheidungen rational zu begründen. Allein die dafür notwendige Reflexion im Vorfeld des Reviews führt in vielen Fällen zum Erkennen von Fehlern und Unzulänglichkeiten.

Die Reviewsitzung kann als komprimiertes Aufrollen des Entwicklungsvorgangs für das zu prüfende Teilprodukt verstanden werden, um die gewählten Lösungen gegenüber den Gutachtern zu motivieren und zu rechtfertigen. Ein Review ist daher nicht nur die Analyse der produzierten Entwicklungsergebnisse, sondern beinhaltet zwangsläufig als häufig unbeachteten Nebeneffekt immer auch eine kritische Untersuchung des zugrundeliegenden Entwicklungsvorgangs. Im Gespräch zwischen Entwicklern und Gutachtern werden dabei gerade solche ablaufbestimmenden Informationen ausgetauscht, die selbst nicht Inhalt der untersuchten Teilprodukte sind, sondern für deren Entstehen verantwortlich sind.

3. Probleme der Software-Wartung

Software-Wartung umfaßt alle Entwicklungsaktivitäten, die nach der Fertigstellung einer ersten Produktversion durchgeführt werden, um Fehlerkorrekturen, Änderungen zur Befriedigung neuer oder veränderter Anforderungen oder Anpassungen an veränderte Umgebungen vorzunehmen.

Software-Produkte sind komplexe Systeme, die ihre Aufgaben durch die systematische und planvolle Zusammenarbeit verschiedener Teile erfüllen. Modifikationen an solchen Systemen, die für die Wartung notwendig sind, erfordern das Verstehen der funktionalen und nicht-funktionalen Anforderungen, das Verstehen der Realisierung dieser Anforderungen und das Verstehen des Zusammenwirkens der verschiedenen Komponenten der Realisierung. Ohne eine hinreichende Dokumentation, die dieses Verstehen unterstützt, wird Wartung zu einer schwierigen und aufwendigen Aufgabe.

Die Informationen, die in den verschiedenen, während der Software-Entwicklung entstehenden Dokumenten, i.d.R. mindestens Pflichtenheft, Systementwurf und Programm, festgehalten werden, beschreiben den Zustand eines Produkts zu ausgezeichneten Zeitpunkten. Die Transformationen, die von einem dieser Zustände zum folgenden geführt haben, sind nicht Teil der Beschreibung, d.h. werden nicht explizit und detailliert erläutert. Abhängigkeiten, die zwischen verschiedenen Produktteilen existieren, sind daher der vorhandenen Dokumentation nicht direkt zu entnehmen, sondern müssen in einem aufwendigen Analyseprozeß aus dieser ermittelt werden.

Im Verlauf einer Software-Entwicklung werden insbesondere nicht-funktionale Anforderungen zunehmend durch entsprechende funktionale Eigenschaften realisiert, beispielsweise Anforderungen an die Laufzeit durch die Auswahl und Implementierung eines geeigneten Algorithmus. Wird die entstehende Beziehung nicht explizit dokumentiert, ist sie anhand von Zustandsbeschreibungen nur noch schwer und mit großem Aufwand rekonstruierbar. Vorgehensweisen, die die Rekonstruktion von Entwicklungsabhängigkeiten unterstützen, werden unter dem Begriff "Reverse Engineering" [6, 7] zusammengefaßt.

Probleme bei der Wartung werden daher in vielen Fällen durch den nur schwer nachvollziehbaren und nicht dokumentierten Entwicklungsprozeß bewirkt. Änderungen während der Wartung werden auf der Grundlage einer unzureichenden Informationsbasis vorgenommen und erzeugen unerwünschte Seiteneffekte [2]. Wartung erfordert daher in der Regel einen hohen Aufwand [8], der weniger durch die Komplexität der Änderungen als durch die mangelhafte Aussagekraft der vorhandenen Informationen für die Planung und Durchführung begründet ist.

4. Informationsgewinnung aus Reviews

Einen zentralen Inhalt von Reviewsitzungen bildet genau die Ermittlung, Darstellung und Überprüfung der Beziehungen und Abhängigkeiten zwischen den verschiedenen Produktteilen, deren fehlende explizite Beschreibung bei der Wartung zu zahlreichen Problemen führt. Die Informationen, die die Rechtfertigung des Entwicklers gegenüber den Gutachtern ermöglichen, unterstützen auch das bei der Wartung unbedingt benötigte Wissen über die Zusammenhänge zwischen den verschiedenen Produktteilen. Es bietet sich daher an, den Review-Vorgang nicht nur als analytische Qualitätssicherungsmaßnahme aufzufassen, die der Überprüfung von fertiggestellten Produktteilen dient, sondern auch als konstruktive Maßnahme, die in einfacher Weise der Erfassung von für die spätere Wartung dringend benötigten Informationen dient. Das Ergebnis eines Reviews ist dann nicht nur ein Mängelbericht für die analysierten Produktteile, sondern auch eine detaillierte Erfassung der sich aus dem Entwicklungsvorgang ergebenden Zusammenhänge zwischen Produktteilen und Entwicklungsdokumenten. Diese Beschreibung kann als eine komprimierte Darstellung des Entwicklungsvorgangs aufgefaßt werden.

Die Idee, zusätzlich zu den Zustandsbeschreibungen auch die Entwicklungsgeschichte ("design history") als Vorgang festzuhalten, wurde in [9] entwickelt. Verschiedene Methoden und Werkzeuge [10, 11, 12, 13,

14] sind vorgeschlagen worden, die die verschiedenen Aktionen der Entwicklung wie die Erarbeitung von Problemstellungen, die Zuordnung alternativer Lösungsstrategien und -ideen und deren Bewertung und Auswahl festhalten. Sie haben sich jedoch nicht durchsetzen können, obwohl die erfaßten Informationen sowohl für den laufenden Entwicklungsvorgang als auch für die spätere Wartung verwertbar sind. Die Notwendigkeit, jede Entwicklungsaktivität nicht nur zu dokumentieren sondern auch durch geeignete Begründungen zu belegen, führt zu einem erheblichen Entwicklungsmehraufwand. Zusätzlich wird der Entwicklungsvorgang in einen formalen Rahmen gepreßt, der die Kreativität der Entwickler einschränkt. Gerade die für die Weiterentwicklung und Wartung durchaus wünschenswerte Dokumentation von nicht ausgewählten Entwicklungsalternativen lenkt zudem von dem eigentlichen Ziel der Entwicklung, der Erstellung eines anforderungskonformen Produkts, ab. Die erfaßte Informationsmenge ist unübersichtlich, umfangreich und läßt sich während der Entwicklung nur schwer systematisieren, da die Relevanz einzelner Fakten teilweise erst im Verlauf des folgenden Entwicklungsvorgangs erkennbar wird. Der Entwicklungsaufwand steigt derart, daß ein wirtschaftlicher Ausgleich durch die Vorteile, die sich aus den dokumentierten Fakten im Verlauf der Entwicklung ergeben, nicht erfolgen kann.

Aus ökonomischen Gründen muß daher der Aufwand für die Informationserhebung reduziert werden. Hier bieten sich zwei Vorgehensweisen an. Die Menge der erhobenen Informationen kann vermindert werden oder der Zeitraum der Informationserhebung kann eingeschränkt werden. Beide Vorgehensweisen können nicht unabhängig voneinander betrachtet werden, da beispielsweise der Zeitpunkt der Informationserhebung den möglichen Umfang an Informationen bestimmt. Werden Informationen erst nach Abschluß eines Entwicklungsvorgangs bei der Durchführung eines Reviews herausgearbeitet, so wird nicht der reale Entwicklungsvorgang sondern nur eine idealisierte Beschreibung desselben gegeben. Zum Zeitpunkt des Reviews müssen nur noch die Entwicklungsentscheidungen kommentiert und begründet werden, die für das Erreichen des untersuchten Ergebnisses tatsächlich relevant sind. Diese nicht realitätsäquivalente Darstellung muß jedoch für die Gutachter plausibel, nachvollziehbar und akzeptierbar sein, um deren Zustimmung und damit einen erfolgreichen Abschluß des Reviews zu erreichen. Der Anteil der während des Reviews betrachtbaren und damit erfaßbaren Menge von Entwicklungsabhängigkeiten ist dadurch eingeschränkt. Der erfaßbare Teil ist jedoch insbesondere auch für die Wartung nutzbar.

Die während der Reviewsitzung gegebenen Informationen zu Problembeschreibungen und -lösungen sind in vielen Fällen informal und kaum strukturiert erfaßbar. Durch ihre Komplexität sind diese Informationen nur schwer durch Analysehilfsmittel so zu bewältigen, daß sie in der Wartung gezielt und wirkungsvoll einsetzbar sind.

Eine weitere Verringerung der Menge aufgezeichneter Informationen und damit des Aufwands der Informationserhebung ist daher aus pragmatischen Gründen notwendig. Diese Verringerung ist möglich, wenn davon ausgegangen wird, daß das wesentliche Wartungsproblem in dem Erkennen von den bei der Entwicklung eines komplexen Systems entstandenen Abhängigkeiten aus der Vielzahl der Informationen liegt. Sind die Abhängigkeiten identifizierbar, so lassen sich technische Begründungen für diese Abhängigkeiten durch den Fachmann ableiten. Die für die Wartung zu dokumentierenden Abhängigkeiten lassen sich unter dieser Voraussetzung auf Aussagen wie beispielsweise "ist entstanden aus", "wurde berücksichtigt bei" oder "wird realisiert durch" beschränken. Die Zahl dieser Aussagen läßt sich auf wenige mögliche, formal definierbare Zusammenhänge reduzieren, die durch informale Ergänzungen begründet werden können, jedoch auch ohne diese verständlich, interpretierbar und bei der Wartung verwertbar sind.

Die Vorteile dieser Vorgehensweise sind offensichtlich. Eine beschränkte Anzahl von vorgegebenen und formal abgegrenzten Beziehungen erlaubt ein Erfassen der Abhängigkeiten ohne großen Dokumentationsaufwand, da nur bereits existierende Dokumentationsteile miteinander verknüpft werden müssen, ohne daß zusätzlich eine Erläuterung der Art der Verknüpfung erfolgen muß. Die Abhängigkeiten müssen nicht gesondert entwickelt oder herausgearbeitet werden, sondern ergeben sich aus der Rechtfertigung der geleisteten Arbeit während der Reviewsitzung. Der Aufwand für die Erfassung von Abhängigkeiten ist gering. Weiterhin erlaubt die Dokumentation von vorgegebenen und formal abgegrenzten Beziehungen eine einfache Auswertung der gesammelten Informationen während der Wartung, da insbesondere auch werkzeugunterstützte Vorgehensweisen zur Analyse definiert und eingesetzt werden können.

5. Informationserhebung durch Dokumentation von Entwicklungstransformationen

Ein möglicher Mechanismus für die Aufzeichnung der bei der Entwicklung entstehenden Abhängigkeiten zwischen verschiedenen Produktteilen ist in [15, 16, 17] präsentiert worden. Eine Modifikation des Mechanismus wird im folgenden zunächst vorgestellt und anschließend dazu benutzt, um an einem einfachen Beispiel den Umfang der erhobenen Informationen zu demonstrieren. In Kapitel 6 wird die Verwendung dieser Informationen zur Unterstützung des Wartungsvorgehens vorgeführt.

Die während einer Software-Entwicklung erstellten Dokumente können als Sammlungen von Anforderungen an das zu erstellende Software-Produkt aufgefaßt werden, die aus unterschiedlichen Sichtweisen und mit unterschiedlichen Zielsetzungen formuliert werden. So stellt das Pflichtenheft die Anforderungen des Auftraggebers dar, während die Software-Architektur software-technische Anforderungen des Entwicklers beschreibt. Das diese Anforderungen erfüllende Programm kann als eine Menge von Anforderungen des Programmierers betrachtet werden, die durch die Übersetzung und anschließende Ausführung erfüllt werden. Im Rahmen dieser Betrachtungsweise ist der Vorgang der Software-Entwicklung eine Transformation von textuell oder graphisch dokumentierten Anforderungen in andere Anforderungen. Dabei kann die Sichtweise geändert werden, wie etwa bei der Gestaltung des Systementwurfs auf der Grundlage des Pflichtenhefts, oder aber Transformationen können innerhalb einer Sichtweise vorgenommen werden, beispielsweise bei der schrittweisen Verfeinerungen eines Sachverhalts innerhalb einer Modulhierarchie.

Drei grundlegende <u>Entwicklungstransformationen</u> können unterschieden werden, die <u>Substitution</u>, die <u>Generierung</u> und die <u>Realisierung</u>. Statt der möglichen formalen Definition, wie sie in [15] vorgenommen worden ist, wird an dieser Stelle nur eine informale Charakterisierung dieser Entwicklungstransformationen gegeben. Eine Substitution ist die teilweise oder vollständige Ersetzung einer bereits gestellten Anforderung durch eine andere Anforderung. Die Generierung beschreibt das Auftreten einer neuen Anforderung in einem Dokument, die keine bereits bestehende Anforderung ersetzt. Die Realisierung zeigt an, daß eine Anforderung erfüllt ist und in der weiteren Entwicklung nicht mehr substituiert werden muß. Entweder ist eine realisierte Anforderung im Rahmen von Substitutionen so ersetzt worden, daß die Erfüllung der ersetzenden Anforderungen auch die Erfüllung der substituierten Anforderung garantiert, oder aber die Erfüllung der Anforderung ist direkt erfolgt, beispielsweise durch die erfolgreiche Übersetzung eines Programmteils.

Die atomaren Entwicklungstransformationen reichen aus, um die aus Software-Entwicklungsvorgängen resultierenden Zusammenhänge effizient beschreiben zu können. Entwicklungstransformationen zwischen Anforderungen werden jedoch nicht autonom vorgenommen, sondern sind vielmehr durch den gesamten Entwicklungszustand geprägt, der durch die Menge aller gestellten Anforderungen gegeben ist. Jeder Entwicklungstransformation kann daher eine als <u>motivierender Kontext</u> bezeichnete Menge von Anforderungen zugeordnet werden. Der motivierende Kontext umfaßt solche Anforderungen, die die konkrete

Gestaltung oder Umsetzung einer Anforderung beeinflussen, d.h. motivieren, ohne dabei jedoch selbst substituiert oder realisiert zu werden.

Die durch Entwicklungstransformationen mit motivierenden Kontexten erfaßbaren Zusammenhänge werden nun an einem einfachen Beispiel erläutert. Der aus einer Entwicklung gewählte Ausschnitt ist klein, damit die dokumentierten Abhängigkeiten überschaubar und verständlich bleiben.

Beispiel:

> Aufgrund der Wünsche des Auftraggebers für eine einfache Kundenverwaltung werden u.a. die folgenden Anforderungen generiert:
>
> Anf_1: "Die Benutzerfunktion 'Kundenanzeige' listet die Kunden in alphabetischer Reihenfolge auf. Die Liste wird nach spätestens 5 Sekunden auf dem Bildschirm angezeigt."
>
> Anf_2: "Die Benutzerfunktion 'Lieferorte' listet die Standorte der Kunden nach aufsteigenden Postleitzahlen auf."
>
> Anf_3: "Das Software-Produkt soll bei zukünftigen Änderungen der Hardware leicht portierbar sein."
>
> Anf_1 wird im Systementwurf teilweise substituiert durch:
>
> Anf_4: "Die Benutzerfunktion 'Kundenanzeige' wird durch Anwendung der Prozeduren 'DB-suche-Kunden', 'Sortiere-Kunden' und 'Anzeigen' geleistet."
>
> Anf_1 und Anf_4 werden teilweise substituiert durch:
>
> Anf_5: "Die Prozedur 'Sortiere-Kunden' stellt innerhalb von maximal 3 Sekunden eine sortierte Liste bereit."
>
> Anf_3 wird bei der Implementierung substituiert durch:
>
> Anf_6: "Das Produkt wird in der Programmiersprache C implementiert."
>
> Anf_5 wird substituiert durch:
>
> Anf_7: "Die Prozedur 'Sortiere-Kunden' arbeitet nach dem Quicksort-Algorithmus."
>
> Anf_7 wird substituiert und Anf_6 wird teilweise substituiert durch:
>
> Anf_8: Quellprogramm der C-Implementierung des Quicksort-Algorithmus
> Anf_8 wird realisiert durch die korrekte Übersetzung des Quellprogramms.
>
> Anf_2 wird im Systementwurf substituiert durch:
>
> Anf_9: "Die Benutzerfunktion 'Lieferorte' wird durch die Prozeduren 'DB-suche-Orte', 'Sortiere-Orte' und 'Anzeigen' geleistet."
>
> Anf_9 wird bei der Implementierung teilweise substituiert durch:
>
> Anf_{10}: "Die Prozedur 'Sortiere-Orte' arbeitet nach dem Quicksort-Algorithmus."
> Anf_{10} besitzt als motivierenden Kontext die Anforderung Anf_8, da auf die nach Anf_7 notwendige Implementierung des Quicksort-Algorithmus zurückgegriffen werden kann.

Anmerkung zum Beispiel:
Im vorangehenden Beispiel wurde der Quicksort-Algorithmus gewählt, um eine vom Auftraggeber vorgegebene Zeitbedingung aus Anf_1 einzuhalten. Der Zusammenhang zwischen der Zeitbedingung in Anf_1 und dem Algorithmus in Anf_8 ist nicht offensichtlich. Die Wahl von Quicksort für Anf_{10} hängt von Anf_8 ab. Diese Beziehung ist nur aus der expliziten Angabe des motivierenden Kontextes erkennbar.

6. Informationsverwendung bei der Software-Wartung

Die Analyse der durch die grundlegenden Entwicklungstransformationen mit motivierenden Kontexten repräsentierten Informationen kann bei der Software-Wartung Unterstützung bieten. Ausgangspunkt für die Untersuchung bildet dabei immer das Geflecht der Beziehungen zwischen den verschiedenen, während der Entwicklung gestellten und substituierten Anforderungen. In diesem Geflecht werden Substitutionsabhängigkeiten, die sich aus Substitutionen ergeben, und Motivationsabhängigkeiten unterschieden, die sich aus den motivierenden Kontexten ergeben. Die Analyse der Substitutions- und Motivationsabhängigkeiten hilft bei dem systematischen Erkennen von möglichen Problemen während der Software-Wartung und deren Lösungen, da die für das Reverse Engineering notwendigen Informationen bereits erhoben sind und nur noch ausgewertet werden müssen.

- Das vorhandene und zu wartende Software-System kann einfacher und schneller verstanden werden.

  Der motivierende Kontext für eine Anforderung und die durch diese Anforderung substituierten Anforderungen unterstützen das Verständnis der konkreten Formulierung, des Inhalts und der Umsetzung dieser Anforderung. Die Entwicklungstransformationen bieten ein Gerüst, anhand dessen die Zusammenhänge zwischen verschiedenen, während der Entwicklung entstandenen Produktteilen nachvollzogen werden können.

- Bei der Änderung einer Anforderung kann deren Bedeutung für die Gesamtleistung des zu wartenden Software-Systems erkannt werden.

  Anhand von Substitutionen kann die Umsetzung und Realisierung einer Anforderung beobachtet werden und so die für die Wartung notwendige Überarbeitung zielgerichtet und vollständig erfolgen. Der motivierende Kontext begründet die konkrete Aussage einer Anforderung, so daß notwendige oder wünschenswerte Inhalte und die dafür notwendigen Änderungen ebenfalls erkennbar werden. Die Auswirkungen von Änderungen können überblickt und abgeschätzt werden.

- Bei der Änderung einer Anforderung können mögliche, aus der Änderung resultierende Seiteneffekte frühzeitig und umfaßend erkannt werden.

  Das Zurückverfolgen der Sequenzen von Substitutionen, die zu einer zu ändernden Anforderung führen, offenbart die Anforderungen, deren Realisierung durch eine Änderung zumindest gefährdet wird. Unerwünschte und in ihrem Ausmaß nicht unmittelbar erkennbare Seiteneffekte von Änderungen können aufgedeckt und berücksichtigt werden.

- Bei der Änderung einer Anforderung ist eine einfache und auf einer fundierten Basis erfolgende Schätzung des Aufwands für den Gesamtumfang aller notwendigen Änderungen bei Erhaltung des gewünschten Leistungsumfangs des Software-Systems möglich.

Am Beispiel des im vorangehenden Kapitel durch Entwicklungstransformationen beschriebenen Entwicklungsausschnitts wird nun das Vorgehen bei der Verwertung der erhobenen Informationen vorgestellt und erläutert.

Fortsetzung des Beispiels:

Die im vorangehenden Kapitel eingeführten Beispieltransformationen ergeben ein Geflecht von Abhängigkeiten, das sich graphisch veranschaulichen läßt. Dabei werden die folgenden Symbole verwandt:

◯	Generierung	⟶	Substitution durch
▢	Realisierung	⟶▸	motivierender Kontext für

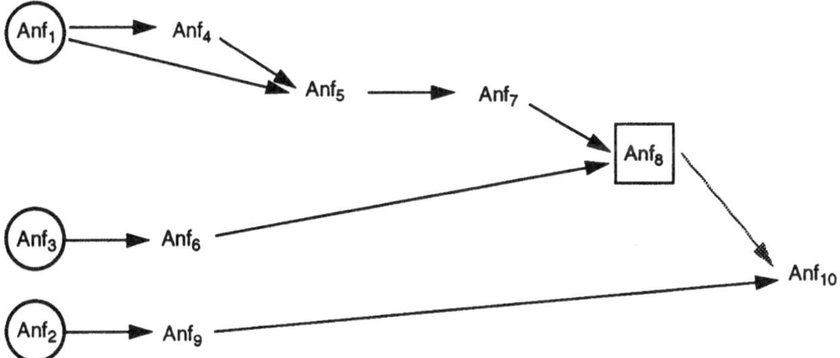

Aus der graphischen Darstellung läßt sich unmittelbar ableiten, daß beispielsweise eine Änderung von Anf_5 eine Änderung von Anf_7 zur Folge hat und daß die Anforderungen Anf_8 und Anf_{10} überprüft und eventuell den neuen Bedingungen angepaßt werden müssen.

Die nach einer Änderung von Anf_8 - Quicksort hat sich im Test als nicht schnell genug herausgestellt - ersatzweise gestellte geänderte Anforderung Anf_8' muß immer auch die Anforderungen Anf_6 und Anf_7 erfüllen. Ist dieses nicht möglich, so müssen Anf_6 und Anf_7 eventuell überdacht und geändert werden, wobei diese Änderungen Auswirkungen auf die ihnen zugrundeliegenden Anforderungen Anf_1, Anf_3, Anf_4 und Anf_5 besitzen können, die entsprechende Berücksichtigung finden müssen.

7. Ausblick

Die Darstellung von Beziehungen zwischen verschiedenen Teilen von Dokumenten sind grundsätzlich durch das Anbringen von Verweisen in diesen Dokumenten möglich. Versuche, ein solches manuelles Vorgehen einzusetzen, scheitern jedoch selbst bei einfachen Projekten an der Vielzahl der Abhängigkeiten. Praktikabel ist das vorgestellte Vorgehen daher nur dann, wenn von der Prämisse ausgegangen werden kann, daß alle während der Entwicklung erstellten Teilprodukte direkt durch Software-Werkzeuge weiterbearbeitet werden können. Dann kann durch eine entsprechende Werkzeugunterstützung die Erhebung der grundlegenden Entwicklungstransformationen während der Reviewsitzung durch das Verknüpfen der entsprechenden Produktteile erfolgen.

Ein Werkzeug, das eine solche Verknüpfung und auch die anschließende Analyse von Textdokumenten unterstützt und überwacht, ist als Ergebnis einer Diplomarbeit [18] erstellt worden. Die ersten Versuche der Informationserhebung und -analyse zeigen, daß die Auswertung der Substitutions- und Motivationsabhängigkeiten eine brauchbare und nicht triviale Unterstützung der Qualitätssicherung bei der Software-Entwicklung und -Wartung darstellt. Die Frage, ob Software-Reviews in der beschriebenen Form durch dieses Werkzeug wirksam unterstützt werden können, muß durch weitere Experimente beantwortet werden.

Eine weitere Voraussetzung für den Einsatz der beschriebenen Vorgehensweise ist ein angepaßter Reviewprozeß, der die Notwendigkeit einer permanenten Datenerfassung während der Begutachtung berücksichtigt und erzwingt. Hier muß ein formales Reviewverfahren definiert werden, das durch eine geeignete Abstimmung zwischen organisatorischen und inhaltlichen Maßnahmen mit geringem zusätzlichen Aufwand eine lückenlose und widerspruchsfreie Dokumentation der grundlegenden Entwicklungstransformationen erlaubt.

Ein Nebeneffekt des hier beschriebenen Vorgehens ist die Möglichkeit, die Durchführung des Reviews und damit auch die Qualität des Reviewergebnisses zu bewerten. Werden Substitutions- und Motivationsabhängigkeiten während eines Reviews explizit notiert, so kann während oder im Anschluß an das Review festgestellt werden, welche Abschnitte der begutachteten Produktteile während des Reviews nicht oder nur unzureichend motiviert, begründet oder in den Gesamtzusammenhang eingebettet worden sind. Insbesondere lassen sich explizit dokumentierte Abhängigkeiten zwischen verschiedenen Produktteilen auch über die Grenzen verschiedener Reviews hinweg miteinander vergleichen, so daß Mißverständnisse und Inkonsistenzen bei dem Zusammenwirken verschiedener Teile des Software-Systems aufgedeckt werden können. Die Dokumentation von atomaren Entwicklungstransformationen kann daher zugleich der analytischen Qualitätssicherung des Reviewprozesses und der konstruktiven Qualitätssicherung des Wartungsvorgangs dienen.

8. Literatur

[1] IEEE Standard 729-1983: Glossary of Software Engineering Terminology, 1983

[2] Wallmüller, E.: Software-Qualitätssicherung in der Praxis, München 1990

[3] Fagan, M.: Advances in Software Inspections,
in: IEEE Transactions on Software Engineering, SE-12, No. 7, 1986

[4] Parnas, D.: Active Design Reviews: Principles and Practices,
in: Proceedings of the 8th International Conference on Software Engineering 1985

[5] Schnurrer, K.: Programminspektionen, in: Informatik-Spektrum 1988, S. 312-322

[6] Chikofsky, E.J., J.H. Cross II: Reverse Engineering and Design Recovery: A Taxonomy,
in: IEEE Software, January 1990, S.13-18

[7] Choi, S.C., W. Scachi: Extracting and Restructuring the Design of Large Systems,
in: IEEE Software, January 1990, S. 66-73

[8] Wiener, R., R. Sincovec: Software Engineering with Modula-2 and Ada, New York 1984

[9] Freeman, P.: Towards Improved Review of Software Designs
in: Tutorial on Software Design Techniques, IEEE 1983, S. 542-547

[10] Hart, C.F., J.J. Shilling: An Environment for Documenting Software Features
in: ACM SIGSOFT Dec. 1990, S. 120-132

[11] Potts, C., G. Bruns: Recording the Reasons for Design Decisions
in: Proceedings of the 10th International Conference on Software Engineering 1988, S. 418-427

[12] Lubars, M.D.: Representing Design in an Issue-based Style
in: IEEE Software, July 1991, S. 81-89

[13] Wile, D.S.: Program developments: Formal explanations of implementations
in: Communications of the ACM, Vol. 26, Nov. 1983, S. 902-911

[14] Brown, D.C., R. Bansal: Using Design History Systems for Technology Transfer
in: Computer-Aided Cooperative Product Development, MIT-JSME Workshop 1989,
S. 544-559

[15] Dißmann, S.: Anforderungsflüsse in der Software-Entwicklung als Grundlage für die Qualitätssicherung, Universität Dortmund, Fachbereich Informatik, Forschungsbericht 362/1990 (Dissertation)

[16] Dißmann, S., V. Zurwehn: Das AT-Paradigma zur methodischen Integration des Benutzermodells in den Software-Entwicklungsprozeß
in: GI Softwaretechnik-Trends 11, Heft 3, 1991, S. 150-154

[17] Zurwehn, V.: Die Methode der Anforderungsflußanalyse zur Qualitätssicherung bei der Entwicklung von Software-Produkten, Universität Dortmund, Fachbereich Informatik, Forschungsbericht 361/1990 (Dissertation)

[18] Bunse, C., D. Ohrndorf: Ein Softwarewerkzeug zur Erfassung und Analyse von Abhängigkeiten zwischen Entwicklungsdokumenten, Universität Dortmund 1992 (Diplomarbeit)

Komplexitätsmaße im Software-Entwicklungsprozeß

**Phasenübergreifende Kennzahlen zur Bewertung von (Zwischen-) Produkten
in der Software-Entwicklung**

Christof Ebert

Institut für Regelungstechnik und Prozeßautomatisierung, Universität Stuttgart,
Pfaffenwaldring 47, 7000 Stuttgart 80, Deutschland. (e-mail: ebert@irp.e-technik.uni-stuttgart.dbp.de)

Zusammenfassung

Im Verlauf der Entwicklung eines Softwareprojektes entsteht eine Folge von Entwicklungsergebnissen, die sich durch die in jeder Phase auftretenden Ziele unterscheiden. In der Aufgabenstellung werden die aus der Sicht des späteren Anwenders nötigen Anforderungen an das zu entwickelnde System in Form eines Lastenhefts festgelegt. In einem nächsten Schritt wird eine fachtechnische Lösungskonzeption als Bestandteil eines Pflichtenhefts festgelegt. Auf diese Lösungskonzeption folgt ein rechnerspezifischer Entwurf der Software- und möglicherweise der Hardwarestruktur, der die Realisierung der Lösungskonzeption beschreibt. Schließlich erfolgt die Implementierung dieses Entwurfs auf einem Rechnersystem. Beim Übergang zwischen den beschriebenen Phasen, die natürlich nicht nur in der skizzierten Richtung durchlaufen werden, treten Erhöhungen der Komplexität der Entwicklungsergebnisse auf. Der Begriff der Komplexität wird in diesem Zusammenhang im Sinne von "Kompliziertheit" verstanden. Vor dem Hintergrund einer frühzeitig einsetzenden Qualitätssicherung beschreibt dieser Artikel Möglichkeiten zum Einsatz von Komplexitätsmaßen bei der Software-Entwicklung. Dabei wird auf die Bedeutung eines definierten Entwicklungsprozesses für alle Phasen eingegangen.

1   Einleitung

The elucidation of the concepts of complexity and complication will be the task of science in the 20th century as it was in the 19th century for the concepts of energy and entropy.

John v. Neumann (1950)

In den vergangenen zehn Jahren haben wenige Gebiete im Bereich des Software-Engineering soviel Aufmerksamkeit gewidmet bekommen, wie die sogenannten Komplexitätsmaße. Allerdings wurden die von Anfang an hoch gesteckten Erwartungen in Richtung einer direkten Einflußnahme auf Parameter wie Qualität oder Produktivität durch solche Kenngrößen bisher nicht oder nur äußerst begrenzt erreicht. Eine symptomatische Beobachtung, die dieses Phänomen vielleicht erklären kann, ist die fehlende Akzeptanz von Ergebnissen aus der Software-Engineering Forschung in der Praxis der Software Erstellung sowie die falsche Anwendung statistischer Verfahren zur Auswertung, die dann natürlich zur Ablehnung führen muß [1]. Methoden und Werkzeuge des Software-Engineering werden häufig noch immer viel zu spät - und in der Regel erst dann, wenn Projekte bereits als gescheitert zu betrachten sind - in der Praxis eingesetzt.

In der Literatur werden verschiedene Arten der Komplexität unterschieden [2]. Softwaremaße zur Bestimmung der Komplexität können unterteilt werden in solche, die die *probleminhärente* Komplexität oder Schwierigkeit beschreiben und solche, die die *lösungsabhängige* Komplexität betrachten (vgl. Abb. 1). Während die erstere die Struktur der Problemstellung als zu untersuchendes Objekt hat, betrachtet letztere die Komplexitätserhöhung durch die Art der gewählten Lösungskonzeption und deren Umsetzung in ein lauffähiges Programm. Eine andere Art der Unterscheidung verschiedener Formen von Komplexität geht von der nach außen empfundenen Schwierigkeit aus. Während die *rechnerische* Komplexität die Anzahl einzelner Rechenschritte und die Größe des verwendeten Algorithmus in Abhängigkeit unterschiedlicher Eingangsgrößen charakterisiert, versucht die *psychologische* Komplexität, ein Maß für die kognitiven Aspekte oder die vom Menschen empfundene Schwierigkeit beim Arbeiten mit Software zuzuordnen. Die Komplexität eines Softwaresystems, die hier betrachtet werden soll, hat Aspekte sowohl der rechnerischen als auch der psychologischen Komplexität [3]. Darüber hinaus ist sie eine Eigenschaft, die jene Teile eines umgebenden Systems beeinflußt, das mit dem betreffenden Softwaresystem zusammenwirkt [4].

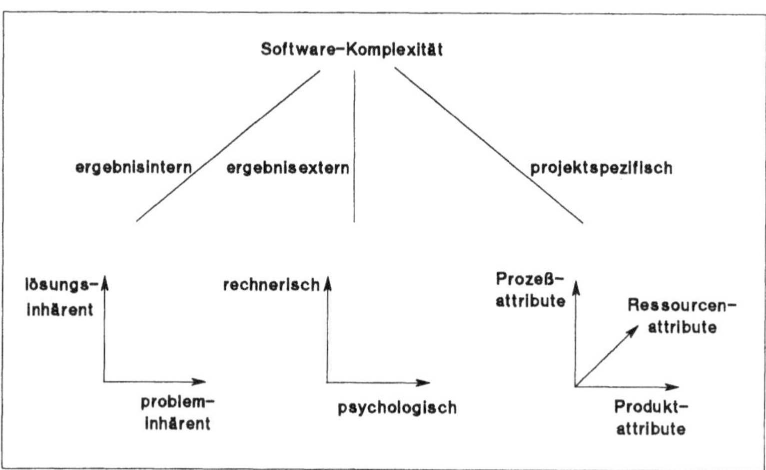

Abb. 1: Klassifikationsansätze für die Software-Komplexität

Komplexitätskenngrößen sind Maße zur Quantifizierung einzelner Teilaspekte der Komplexität von Softwaresystemen. In der Vergangenheit wurden insbesondere Produktmaße für Programme (sog. Code-Maße) und in jüngerer Zeit, durch die Abbildung dieser Maße auf Entwurfsumgebungen, solche für den Software-Entwurf definiert. Weil genau diese Abbildung ein sehr einfacher Weg ist (z.B. kann mit dem topologischen Verfahren der zyklomatischen Komplexität nach T. McCabe sowohl die Zahl elementarer Kontrollflußpfaden in Programmen als auch in Programmentwürfen bestimmt werden [5]), wurden viele bekannte Produktmaße der Komplexität von Programmen einfach auf Spezifikationssprachen übertragen. Die Untersuchung des Komplexitätsverlaufs bei der Entwicklung von Software-Systemen erfordert allerdings über die Betrachtung der Komplexitätskenngrößen für Programmentwürfe und Programme hinaus auch bereits Maße für die Komplexität von Lösungskonzeptionen solcher Systeme. Verschiedene Ergebnisse einzelner Phasen im Entwicklungsprozeß erfordern speziell zugeschnittene und angepaßte Maße und keine "zurechtgeschusterten" Quellcodemaße!

Während die zunächst wahrgenommene Komplexität in erster Linie von der Schwierigkeit der gegebenen Aufgabenstellung abhängt, kann im Laufe des beschriebenen Entwicklungsprozesses eine Komplexitätserhöhung durch die gewählte Lösungskonzeption und deren Umsetzung in ein lauffähiges Programmsystem auftreten. Die Quantifizierung der Komplexität und eine Modellierung der Zusammenhänge zwischen den Komplexitätsmaßen und ihren Ursachen im Entwicklungsprozeß sowie ihren Folgen auf den Prozeß und seine Ergebnisse dienen der Projektsteuerung [6].

Wichtig sind insbesondere Entwurfsmaße, denn diese erlauben die frühzeitige Bestimmung von möglicherweise kritischen Produkt- oder Prozeßaspekten [5]. Je früher aber solche Eigenschaften aufgefunden und korrigiert werden können, desto günstiger wirkt sich dies auf die Projektkosten aus [7]. Die Anwendung von Komplexitätsmaßen im gesamten Entwicklungsprozeß und die daraus resultierenden frühzeitig anwendbaren Qualitätsmodelle sind in *Abb. 2* skizziert. Wichtig für den phasenübergreifenden Einsatz solcher Kenngrößen ist der obere Teil der Grafik. Der vorliegende Aufsatz verfolgt zwei Ziele. Zunächst wird die Bedeutung und Auswahl von Komplexitätskennzahlen für den Software-Entwicklungsprozeß einführend beschrieben (Kap. 2), wobei allerdings aus Platzgründen keine bestimmten Maße vorgestellt werden. Danach wird auf die Relevanz eines definierten Entwicklungsprozesses beim Einsatz solcher Maße eingegangen und Hinweise zur praktischen Anwendung gegeben (Kap. 3).

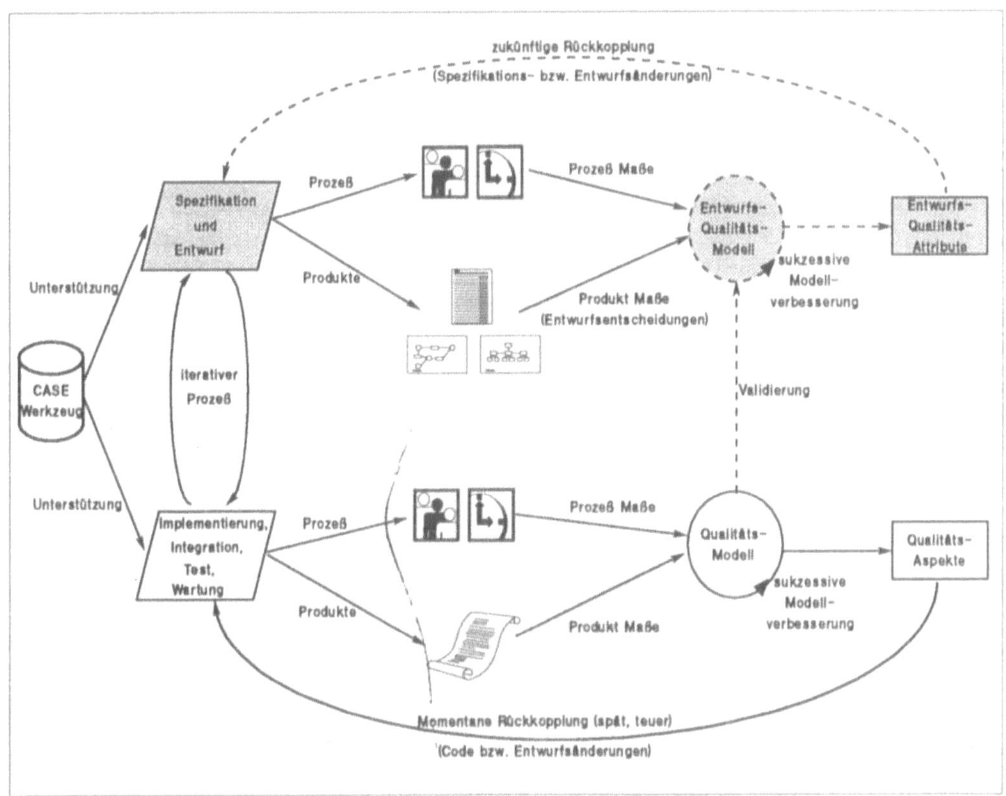

Abb. 2: Komplexitätsmaße und Qualitätssicherung in der Software-Entwicklung

2 Die Auswahl von Komplexitätsmaßen

Zahlreiche neuere Untersuchungen im Bereich des Software Engineering haben ergeben, daß gerade jene Fehler und Unzulänglichkeiten, die in den frühen Phasen der Entwicklung (also während der konzeptionellen oder fachtechnischen Lösung und während des Entwurfs) auftreten, den größten Einfluß auf die spätere Software haben [7]. Sie sind auch am aufwendigsten zu reparieren. Die Bestimmung von Komplexitätskennzahlen aus einer Spezifikation oder aus einem Entwurf wird als Instrument zur früh einsetzbaren Projektkontrolle gesehen [5]. Die Anwendung von statistischen Techniken zum Vergleich von Projekten oder einzelnen Objekten (z.B. Entwurfskomponenten) ermöglicht in Kombination mit Erfahrungswerten aus der Qualitätskontrolle vergangener Projekte, möglicherweise problematische Objekte zu finden und verschiedene Entwurfsansätze zu vergleichen.

Das Hauptproblem bei der Anwendung von Komplexitätsmaßen ist, wie eingangs beleuchtet, die häufig fehlende klare Beschreibung des Ziels ihres Einsatzes. Üblicherweise werden hohe Komplexitätswerte mit einer schlechten Qualität assoziiert und umgekehrt. Dieses Verfahren kulminiert in der Festlegung eines einzigen Hybridmaßes, das verschiedene Qualitätsaspekte (z.B. Fehleranzahl, Zuverlässigkeit) oder vorherzusagende Prozeßparameter (z.B. Aufwand, Wartbarkeit) per se zu messen vorgibt. Allerdings ist Qualität eine sehr subjektive Größe, die unter verschiedenen Betrachtungsweisen ganz unterschiedliche Schwerpunkte hat (z.B. aus der Sicht von Systemanalytikern, Kunden oder Projektleitern). Viele dieser Facetten der vorherzusagenden Qualität konkurrieren zudem, beispielsweise Aufwand und Zuverlässigkeit. Schließlich existiert die Untugend, nicht mit einem zu analysierenden Problem zu beginnen, sondern stattdessen Produktaspekte, die sich als meßbar erweisen, zu bestimmen und anschließend mittels statistischer Verfahren Korrelationen mit irgendwelchen Qualitätseigenschaften zu suchen [1].

Das "*Goal/Question/Metric*" (Ziel/Frage/Maß) Paradigma von Basili und Rombach [6,7] stellt ein Verfahren dar, mit dessen Hilfe zunächst Ziele festgelegt werden und dann über exakte Fragen ganz charakteristische Maße bestimmt werden. Das Ziel soll beispielsweise ein Verfahren sein, mit dessen Hilfe verschiedene Entwürfe hinsichtlich des Qualitätsfaktors Wartbarkeit verglichen werden können. Es soll also nicht die Wartbarkeit vorhergesagt werden (was ohnehin noch nicht möglich ist), sondern verschiedene Entwürfe verglichen werden und problematische Module hervorgehoben werden. Da die Untersuchungen frühzeitig während der Entwurfsphase durchgeführt werden sollen, kommen nur Maße in Frage, die Entwurfsaspekte analysieren. Zwei daraus folgende mögliche Fragen sind Beziehungen zwischen der Wartbarkeit und der externen Komplexität bzw. der örtlichen Komplexität. Zur Extrahierung von Maßen muß nun der Entwurf und dessen Beschreibungssprache betrachtet werden. Es müssen also jene meßbaren Entwurfsaspekte ausgewählt werden, die zur externen oder örtlichen Komplexität beitragen. Die Betrachtung des Entwurfs vor dem gegebenen Ziel suggeriert bereits, daß Wartungsarbeiten einfacher sind, je lokaler sie sind. Die Untersuchung von Modulen wird also in der Betrachtung von Informationsflüssen (externe Komplexität) und Funktionalität (örtliche Komplexität) münden. Aus dieser eher abstrakten Modellierung von Zusammenhängen sind nun in einem dritten Schritt konkrete meßbare Komplexitätskennzahlen vorzuschlagen. Hierbei bieten sich die Maße des Informationsflusses (Fan-In und Fan-Out von Modulen), die Zahl globaler Datenstrukturen und die Zahl aufgerufener (oder inkorporierter) Funktionen an. Diese Maße müssen schließlich in praktischen Entwürfen angewendet und auf ihre Aussagekraft hin untersucht werden. Damit ist das Goal/Question/Metric Modell in diesem Fall exemplarisch angewendet worden, und die erhaltenen Maße können in neuen Entwürfen eingesetzt werden.

Bei der Auswahl phasenübergreifender Komplexitätskennzahlen kann gleich vorgegangen werden. Das Ziel ist die Extraktion von Maßen, die auf die Ergebnisse verschiedener Phasen angewendet werden können. Damit ist auch die Fragestellung festgelegt: *Welche externen oder strukturellen Elemente einer zu untersuchenden Einheit tragen zur Komplexität bei, und welche örtlichen oder internen Elemente tragen dazu bei?* Die Modellierung der Vorgehensweise im gesamten Entwicklungsprozeß assoziiert einige Zusammenhänge, die schließlich auf einzeln anwendbare Maße führen. Solche Zusammenhänge sind durch strukturelle Betrachtungen zu erhalten. Die Komplexität eines aus einzelnen Komponenten zusammengesetzten Systems wird erfahrungsgemäß bestimmt durch die Anzahl der Komponenten, die Zahl verschiedenartiger Komponenten und durch die Relationen zwischen den Komponenten [5]. Mögliche Komplexitätskennzahlen, die sich frühzeitig einsetzen lassen, sind beispielsweise die Zahl verwendeter Prozeduren je Modul, die Zahl elementarer Eingangs- bzw. Ausgangsdatenelemente (Fan-In und Fan-Out) je Funktion und Modul, die Zahl globaler Daten oder die Anzahl von Kontrollflußverzweigungen oder paralleler Tasks. Die Beschränkung auf rein strukturelle Kenngrößen wird jedoch kaum allen Aspekten des konzeptionellen Vorgangs gerecht, weswegen gerade hier noch einige weitere Maße zu definieren sind. Diese Untersuchungen können sich an der Beobachtung orientieren, daß Software-Systeme durch das Vorhandensein bestimmter Eigenschaften gekennzeichnet sind:

❑ Struktur (Ein System besteht aus einer Menge von Teilen, die untereinander und mit der Umgebung in wechselseitiger Verbindung stehen);

❑ Dekompositionsprinzip (Auftreten von über- und untergeordneten Teilproblemen; Menge von Teilen, die ihrerseits wieder in eine Anzahl in wechselseitiger Beziehung stehender Untersysteme zerlegt werden können);

❑ Dynamik (Systembestandteile unterliegen in Struktur und Zustand zeitlichen Veränderungen; z.B. Folge, Auswahl oder Wiederholung);

❑ Kausalität (Beziehungen der Teile untereinander und deren Veränderungen sind eindeutig determiniert; spätere Zustände können nur von ihnen zeitlich vorangegangenen abhängig sein);

❑ Nichtdeterminiertheit (im Gegensatz zur kausalen Abhängigkeit von Zuständen von vorhergegangenen können Ereignisse willkürlich und unabhängig voneinander eintreten und damit natürlich das gesamte Systemverhalten beeinflussen);

❑ Kommunikation (Bestimmung logischer Abläufe durch Prozesse / Teilnehmer, z.B. Dialoganwendungen, Echtzeitprobleme, parallele Prozesse);

❑ Datenfluß (logischer und physischer Datenaufbau und -zusammenhang).

Im Zusammenhang mit der Auswahl von Komplexitätskenngrößen spielen sowohl maßtheoretische als auch statistische Grundlagen eine Rolle. Es ist sicherlich unzureichend, Relationen wie *"komplexer als"* willkürlich zu verwenden oder gar verschiedene Maße in dieser Form miteinander zu vergleichen. Obwohl von Maßen gesprochen wird, sind systematische Untersuchungen unter Zuhilfenahme der Maßtheorie selten [8,9]. Maße bilden die Eigenschaft eines Objekts, beispielsweise eines Software-Entwurfs in Zahlen ab. Maße repräsentieren eine Skala im Sinne der Maßtheorie. Eine Aussage der Form *"Modul A ist doppelt so komplex wie Modul B"* erfordert mindestens eine Rationalskala, während die Aussage *"das arithmetische Mittel der zyklomatischen Komplexität beträgt 5,4"* bereits mindestens eine Intervallskala erfordert. Zu einem Maß gehört keine bestimmte Skala, diese hängt einzig vom Standpunkt des Betrachters ab. Allerdings erfordern bestimmte statistische Verfahren, wie bereits gezeigt wurde, auch passende Skalen. In der Regel ist die Verwendung klassischer statistischer Verfahren zur Auswertung von Komplexitätskenngrößen nicht möglich, da die Maße nicht normalverteilt vorliegen. Statt dessen sind sie häufig positiv, diskret und häufen sich bei Werten nahe Null. Deshalb müssen zum Vergleich von Komplexitätskenngrößen stets entweder robuste, nichtparametrische statistische Verfahren angewendet werden, oder aber ihre Skala ist auf Rationalniveau zu bringen [8]. In allen Fällen ist eine äußerst exakte Betrachtung der Wertebereiche, der Mediane und der Skalen notwendig.

3 Komplexitätskennzahlen im Software-Entwicklungsprozeß

Maße sind kein Selbstzweck. Deshalb sind Produktmaße allein nicht ausreichend, um Ziele wie die Verbesserung der Qualität, der Wartbarkeit oder der Produktivität zu erreichen. Solche Ziele sind nur zu erreichen, wenn der Entwicklungsprozeß evaluiert wird. Da dies automatisch erfolgen soll, ist die Konsistenz von Prozeßparametern wichtig. Vor der Festlegung von Maßen und einer daraus resultierenden Qualitätsmodellierung mit dem Ziel der korrektiven Verbesserung muß der Entwicklungsprozeß definiert werden. Qualitätseinbußen durch falsch und eher willkürlich eingesetzte Methoden und Werkzeuge (ganz zu schweigen von den Projektbeteiligten) können nicht *herausgemessen* oder *-modelliert* werden.

Die Vorgabe eines Vorgehensmodells bei der Software-Entwicklung verlangt formalisierte Beschreibungssprachen für alle Zwischenergebnisse des Prozesses. Die konsistente Verwendung solcher Formalismen wiederum erfordert das Einhalten vorgegebener Methoden. Beschreibungssprachen allein sind keine Methoden, obwohl sie häufig als solche verkauft werden. Natürlich müssen die Methoden problemangepaßt sein. Häufig kommt zudem eine Projektabhängigkeit hinzu, denn erst das exakte Anpassen von Methoden, Formalismen, Werkzeugen und Personaleinsatz an bestimmte Projekte erlaubt eine sukzessive Verbesserung des Prozesse und seiner Ergebnisse. Bei diesem letzten Schritt allerdings ist der Einsatz verschiedener Komplexitätsmaße unabdingbar. Der Zwang, bestimmte Eigenschaften verschiedener Zwischenergebnisse einzelner Prozeßphasen quantitativ und reproduzierbar zu messen hilft also bei der Etablierung eines Vorgehensmodells.

Der Versuch, einen Entwurfsprozeß zu charakterisieren zeigt häufig die vorhandenen aber nicht wahrgenommenen Schwachstellen auf. Erfahrungsgemäß dominieren konzeptionslos zusammengestellte Werkzeuge und falsch angewendete Methoden [6,7]. Während des Entwurfsvorgangs kann es beim Übergang von der fachtechnischen Lösungskonzeption zu einer Software-Hardware-Struktur, mit der diese Lösungskonzeption verwirklicht wird, zu einem sogenannten Strukturbruch kommen [10]. Dies bedeutet, daß die als Ergebnis der Anforderungsanalyse vorliegende Struktur der fachtechnischen Lösung (z.B. Regelkreisstruktur in der Automatisierungstechnik) einen ganz anderen Charakter haben kann als die vom Entwickler beim Systementwurf festgelegte Struktur (z.B. Modul- oder Taskstruktur, verteiltes Rechnersystem). Die Ursache dafür ist die Verschiedenheit der Randbedingungen: Während bei der Lösungskonzeption nur das funktionelle Verhalten betrachtet wird, werden beim Software-Entwurf die durch die einzusetzende Software- und Hardwaretechnik sinnvollen oder aus Effizienzgründen nötigen Strukturen betrachtet.

Der Strukturbruch verhindert, bedingt durch verschiedene Darstellungsformen, einen einheitlichen Systementwurf, so daß bei Spezifikation *und* Entwurf von Null angefangen werden muß, obwohl viele Informationen bereits vorliegen. Dadurch wird aber auch die phasenübergreifende Anwendung von Komplexitätsmaßen erschwert. Die häufig geringe formale Basis der Beschreibung einer Lösungskonzeption macht Analysen und frühe Simulationen nahezu unmöglich. Der Zwang zum Führen zweier strukturfremder Modelle für fachtechnische Lösung und Entwurf wirkt sich umso störender aus, je stärker in einem Projekt diese beiden Teile miteinander verzahnt sind. Es zeigt sich, daß ein einziges Modell, in dem lösungsorientierte und entwurfsorientierte Komponenten trennbar und bezeichenbar sind, wesentlich besser wäre. Der Strukturbruch zwischen den Ergebnissen verschiedener Entwicklungsschritte von Software-Hardware-Systemen als Folge einer unterschiedlichen Betrachtungsweise ist jedoch nicht ein immer in Kauf zu nehmendes Problem. Dies wurde für die Schritte nach der Lösungskonzeption allgemein dargestellt [11] und anhand spezieller Formalismen auch für den Übergang von der Lösungskonzeption zum Entwurf [10,12]. Grundsätzlich ist bei der Überwindung des Strukturbruchs darauf zu achten, die mögliche Problemklasse stark einzuschränken. Ein Beispiel für eine eingeschränkte Problemklasse stellen

Benutzeroberflächen dar, die meist frühzeitig exakt spezifiziert werden müssen und dann automatisch in den jeweiligen Programmcode umgesetzt werden.

Steht eine eingeschränkte Problemklasse zur Verfügung, können Umsetzungsregeln definiert werden, mit deren Hilfe eine formale Spezifikation entweder in eine Entwurfssprache oder direkt in eine Programmiersprache umgesetzt werden kann (z.B. von Petri-Netzen in eine Entwurfssprache und danach in Ada [13]). Auf diese Weise entfällt der ansonsten notwendige Neuanfang für eine veränderte Struktur des Entwurfs. Dies ist in *Abb. 3* dargestellt, wo zwischen drei Problemgruppen unterschieden wurde. Dabei gibt es zu jeder Problemklasse problemangepaßte Beschreibungssprachen zur Darstellung der fachtechnischen Lösung, des Entwurfs und des lauffähigen Programms. Auf der Ebene der Implementierung manifestiert sich diese Anpassung an die Problemstruktur in verschiedensten Programmiersprachen. Beim Übergang von einer Beschreibungssprache zu einer solchen, die für das jeweilige Problem ungeeignet ist, kommt es unweigerlich zum Strukturbruch, denn dann sind die Sichtweisen der unterschiedlichen Ebenen zu verschieden. Bei der Spezifikation von automatisierungstechnischen Systemen beispielsweise sind hierarchische Prädikats-Transitions-Netze eine solche Möglichkeit zur Formalisierung fachtechnischer Lösungskonzeptionen mit Zustandsübergängen, Synchronisationen und Datenflüssen, während der Einsatz der Strukturierten Analyse (SA) aufgrund ungenügender Möglichkeiten zum Darstellen von Echtzeitanforderungen nicht geeignet ist [10,14].

Beim Einsatz von derart ausgewählten Komplexitätsmaßen ist allerdings zu beachten, daß der Formalisierungsgrad und die verwendete Beschreibungssprache vor allem in der fachtechnischen Lösung und - abgeschwächt - im Entwurf einen sehr großen Einfluß auf die Komplexität haben können. Eine Beschreibungssprache, die nicht adäquat zur untersuchenden Problemklasse ist, erfordert häufig unnötige Hilfskonstruktionen, die natürlich auf der entsprechenden Ebene sehr verzerrend wirken. Andererseits können auf diese Weise die Auswirkungen verschiedener Vorgehensweisen auf den Komplexitätsverlauf verglichen werden, was vielleicht sogar zur Festlegung auf eine optimale Beschreibungssprache für die gewählte Problemklasse führen kann.

4 Zusammenfassung

Frühzeitig eingesetzte Komplexitätsmaße für alle Phasen des Software-Entwicklungsprozesses sind eine Möglichkeit zur Kontrolle des Prozesses und seiner Ergebnisse. Damit können solche Maße zur Qualitätsverbesserung beitragen. Sie erfordern allerdings die Vorgabe einer eingeschränkten Klasse von Problemen und ein hierfür zugeschnittenes Vorgehensmodell für den Entwicklungsprozeß. Das Ziel ist deshalb zunächst die Verfolgung des Komplexitätsverlaufs und nicht die Verringerung einzelner Komplexitätskenngrößen. Während dieses erste Ziel mittels der beschriebenen Vorgehensweise über passende Fragen, Vermutungen und daraus resultierend bestimmte Maße erreicht werden kann, setzt das andere Ziel neben der Erreichung des ersten auch Erfahrungen mit den Auswirkungen bestimmter gemessener Aspekte auf bestimmte Qualitätseigenschaften in der jeweiligen Phase voraus. Dies erfordert eine Betrachtung einer Serie ähnlicher Projekte einer Problemklasse, die Verfolgung des Komplexitätsverlaufs, die Variation nur weniger einflußnehmender Prozeßgrößen und die Betrachtung bestimmter Qualitätseigenschaften. Dazu sind aber zunächst eine veränderte Fragestellung und demzufolge andere modellhafte Beziehungen nötig. Außerdem gibt es durchaus Anteile der Komplexität, die einander gegenläufig beeinflussen und dadurch ein Minimieren beider Anteile verhindern (beispielsweise verringert die Verfeinerung der Funktionalität die interne Komplexität eines Moduls, aber sie erhöht gleichzeitig auch die externe oder strukturelle Komplexität). Nur jene Konzepte, die einen sinnvollen Ausgleich solch gegenläufiger Anteile erlauben, sind von Nutzen.

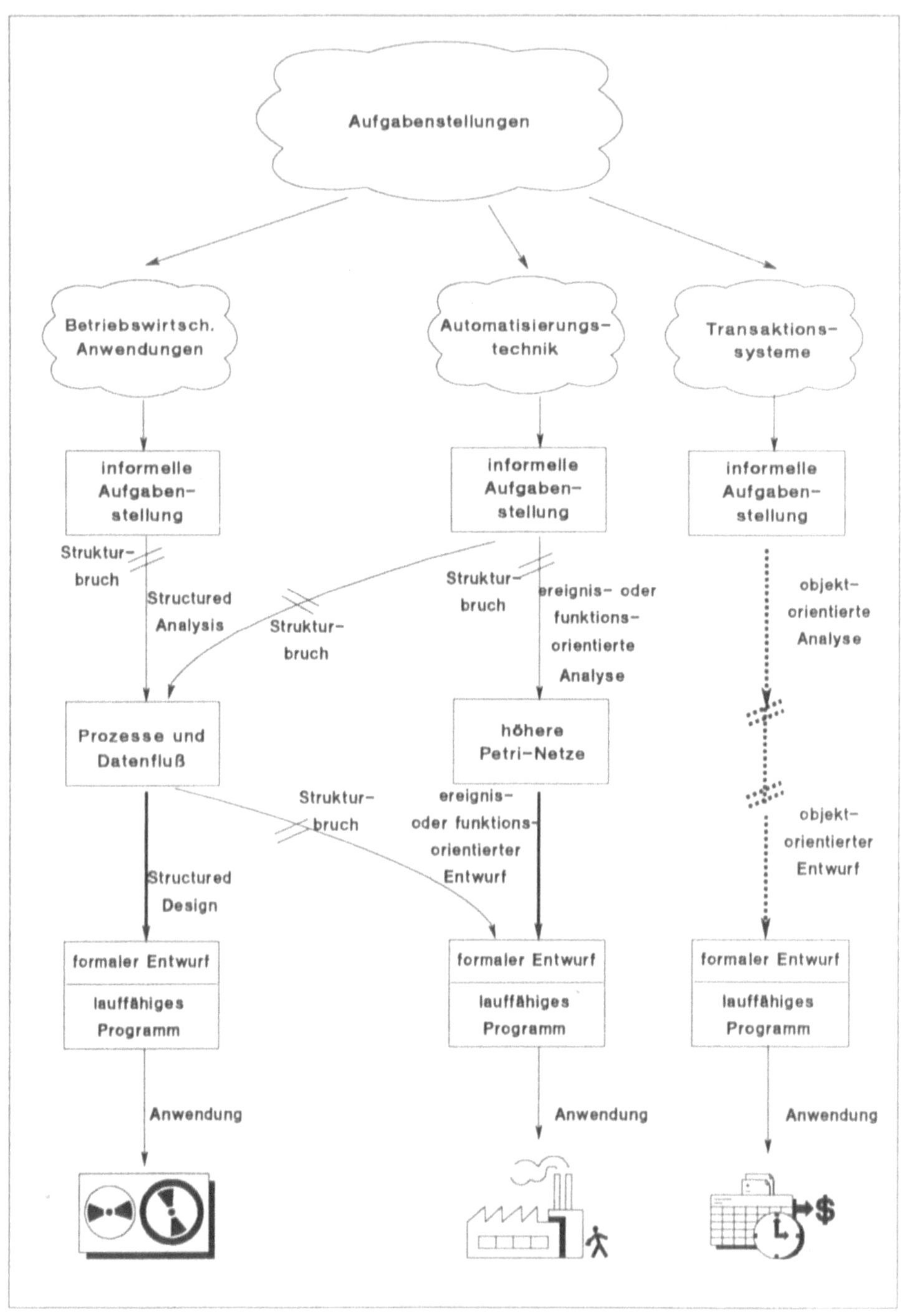

Abb. 3:   **Einsatz von problemklassenadäquaten, formalen Zwischensprachen**

Literatur

[1]   Kearney, J. K., R. L. Sedlmeyer, W. B. Thompson, M. A. Gray und M. A. Adler: Software Complexity Measurement. *Comm. of the ACM*, Vol. 29, No. 11, S. 1044 - 1050, Nov. 1986.

[2]   Peliti, L. und A. Vulpiani: Measures of Complexity. Springer Verlag, Berlin, 1988.

[3]   Perlis, A., F. Sayward und M. Shaw: Software Metrics: An Analysis and Evaluation. MIT Press, Cambridge, MA, USA, 1981.

[4]   Curtis, B.: In Search of Software Complexity. Proceedings of the IEEE Workshop of Quantitative Software Models, S. 95-106, IEEE Comp. Soc. Press, Los Alamitos, CA, USA, Oct. 1979.

[5]   Card, D. N. and R. L. Glass: Measuring Software Design Quality. Prentice Hall. Englewood Cliffs, N.J., USA, 1990.

[6]   Basili, V. R. and H. D. Rombach: The TAME Project: Towards Improvement-Oriented Software Environments. *IEEE Transactions on Software Engineering*, pp. 758 - 773, Jun. 1988.

[7]   Selby, R. W. and V. R. Basili: Analyzing Error-Prone System Structure. *IEEE Transactions on Software Engineering*, Vol. 17, No. 2, pp. 141 - 152, 1991.

[8]   Zuse, H.: Software Complexity: Measures and Methods. De Gruyter. Berlin, 1991.

[9]   Schmidt, M.: Über das Messen und Bewerten von Software Qualität mit Maß und Metrik. In: *Software Metriken*, Hrsg.: H. Fromm und A. Steinhoff, Gesellschaft für Informatik, Herrenberg, 1987.

[10] Glinz, M.: Probleme und Schwachstellen der Strukturierten Analyse. In: *Requirements Engineering '91*, Hrsg.: M. Timm, Springer Verlag, Berlin, 1991.

[11] Balzer, R., T. Cheatham and C. Green: Software Technology for the 1990's: Using a New Paradigm. IEEE Computer, Vol. 16, No. 11, pp. 39 - 45, 1983.

[12] Zave, P. and W. Schell: Salient Features of an executable Specification Language and its Environment. *IEEE Transactions on Software Eng.*, Vol. 12, No. 2, pp. 312-325, 1986.

[13] Ebert, C., P. Baur und M. Repnow: Petri-Netze als Front-End-Tool für CASE-Umgebungen bei der Entwicklung von Echtzeitsystemen. *In: Konferenzband zur ECHTZEIT '92*. München, 1992.

[14] Ebert, C. and H. Oswald: Complexity Measures for the Analysis of Specifications of (Reliability Related) Computer Systems. *Proc. of the IFAC SAFECOMP*, Pergamon Press, London, 1991.

Danksagung

Ich danke Prof. D. Rombach sowie Prof. D. Gustafson für Gespräche und Anregungen über die Bedeutung eines exakt definierten Entwurfsprozesses zur phasenübergreifenden Verfolgung des Komplexitätsverlaufes. Diese Arbeit wird von der DFG unterstützt.

Qualität von Informationssystemen

Klaus Pohl, Stephan Jacobs, Matthias Jarke
Informatik V, RWTH-Aachen, Ahornstr. 55, 5100 Aachen
{pohl, jacobs, jarke}@informatik.rwth-aachen.de

Abstract. *Derzeitige computerunterstützte Werkzeuge zur Erstellung von Informationssystemen (IS) berücksichtigen weder die Qualität der zu erstellenden Systeme noch die des Entwicklungsprozesses in zureichendem Maße. In dieser Arbeit werden die Anforderungen an qualitätsorientierte CASE-Umgebungen für Informationssysteme charakterisiert und schrittweise eine Vorgehensweise entwickelt, mittels der durch prozeßorientierte Repository-Technologie die Ansätze von Total Quality Management (TQM) in Software-Entwicklungsumgebungen eingebracht werden können.*

1 Einleitung

Bei der Entwicklung von Informationssystemen (IS) rücken Qualitätsaspekte immer mehr in den Mittelpunkt. Es stellt sich daher die Frage, wie die gewünschte Qualität eines Softwareprodukts erreicht bzw. garantiert werden kann? Neuere Ansätze wie Objektorientierung und Kooperation bieten jeweils nur Teilantworten. Existierende CASE-Tools (computerunterstützte Softwareentwicklungs-Werkzeuge) beeinflussen die Qualität des erzeugten Produkts nur wenig. Untersuchungen bekannter CASE-Tools ergaben, daß sich deren Einsatz vor allem positiv ausgewirkt hat auf die Produktivität und die Verwendung von Softwarestandards, nicht jedoch auf die qualitätsorientierte Verbesserung des gesamten Entwicklungsprozeß (siehe z.B. [29]). Im Gegensatz dazu zeigen Erfahrungen aus der Produktionsindustrie, daß der Produktionsprozeß und nicht das Produkt im Mittelpunkt eines qualitätsorientierten Ansatz stehen muß. Eine stetig steigende Produktqualität kann nur garantiert werden, wenn der Produktionsprozeß ständig im Hinblick auf bessere Qualitätserzeugung verbessert wird (siehe [11], [30]). Unter diesem Gesichtspunkt kann das Ziel qualitätsorientierter Softwareentwicklungsumgebungen nur die Erfassung und ständige Verbesserung aller am Softwarelebenszyklus beteiligter Prozesse sein. Dies erfordert sowohl die Definition und Integration aller Prozesse des Lebenszyklus, Dokumentation und Messbarkeit einzelner Prozeßergebnisse, darauf basierende Methoden zur ständigen Prozeßverbesserung, als auch die Einbindung von Aspekten der Gruppenarbeit.

Ziel dieser Arbeit ist, die Auswirkung dieses Ansatz für die Entwicklung von IS zu untersuchen. In Kapitel 2 werden Methoden zur Erreichung von Softwarequalität insbesondere am Beispiel von IS erläutert. Am Beispiel der Entwicklung eines einfachen IS werden in Kapitel 3 Mängel derzeitiger CASE-Umgebungen aufgezeigt, die in Kapitel 4 schrittweise durch Erweiterung derzeitiger Repositorytechnologien behoben werden. In Kapitel 5 werden diese Schritte zusammengefaßt.

2 Qualität von Software

2.1 Sicherung von Softwarequalität

Die Qualität eines Produkts wird meistens durch Qualitätskontrollmaßnahmen (ISO 9001) und Qualitätssicherungsmaßnahmen (ISO 8402) gewährleistet. Durch Qualitätssicherungsmaßnahmen werden unternehmensweite Qualitätsrichtlinien umgesetzt und die ordnungsgemäße Durchführung der zuvor definierten Qualitätskontrollmaßnahmen überwacht.

Das *Testen von Softwareprodukten* ist die wohl älteste Qualitätskontrollmaßnahme im Bereich der Software-Entwicklung. Durch Tests können zwar Fehler in einem Softwareprodukt aufgedeckt, aber niemals deren Abwesenheit gezeigt werden [13]. Die Qualität eines Softwareprodukts kann daher durch Tests nicht gewährleistet werden. Ein erster Schritt in Richtung prozeßorientierte Softwarequalitätskontrolle sind *structured walkthroughs* [44]. Bei *structured walkthroughs* werden (Teil–)Ergebnisse (Analyse, Design, Programm oder Test) des Softwareprozeß sowie deren Entstehung kontrolliert, indem die Ergebnisse von ihren Erzeugern anderen Entwicklern präsentiert werden. Die Grundidee von *Inspektionen* [15] ist ebenfalls, die während des Softwareprozeß erzeugten (Zwischen-) Ergebnisse zu kontrollieren. Im Gegensatz zu *structured walkthroughs* sind die Personen, die das Ergebnis produzierten, am Inspektionsprozeß nicht beteiligt. Bisherige Erfahren zeigen, daß die Durchführung von *Inspektionen* die Softwarequalität deutlich verbessert (siehe [5], [16], [17]). Die Integration von formalen Spezifikations– und Entwurfsmethoden in den Softwareentwicklungsprozeß sowie Programmentwicklung ohne –ausführung bilden die Grundidee des *cleanroom*–Ansatz [27]. Dieser Ansatz beruht auf inkrementeller Softwareentwicklung, bei der die Ergebnisse jeder Entwicklungsphase ausgeführt und getestet werden können. Das Übersetzen und Testen von Programmen erfolgt aber nicht durch die jeweilige Entwicklungsgruppe, sondern durch andere Personen. Dadurch wird unverständliche Programmierung vermieden, sowie die Wartbarkeit der Produkte erleichtert (siehe [37], [19]). Dieser Ansatz ermöglicht zudem die Anwendung von statistischer Prozeßkontrolle auf den Softwareprozeß [8].

2.2 Softwareprozeßmanagement

Auf einer abstrakteren Ebene wurden in mehreren Forschungsvorhaben formale Prozeßmodelle zur Steuerung und Dokumentation des Softwareentwicklungsprozeß entwickelt. Hierfür wurden z.B. Methoden aus den Gebieten Verteilte Künstliche Intelligenz (z.B. [14]), Objekt-Orientierte Wissensrepräsentation (z.B. [23]) und Petri-Netze (z.B. [26]) verwendet. Detaillierte Prozeßmethodologien auf einer informelleren Basis (z.B. NAVIGATOR [42]) verdeutlichen, wie Qualitätsorientierung in allen Phasen des Softwareprozeß eingebracht werden kann.

Eine Antwort auf die Frage, *"Wie kann ein Unternehmen ein Softwareprozeßmodell einführen und dessen ständige Verbesserung erreichen?"*, wurde am Software Engineering Institute (SEI, Carnegie Mellon University, USA) entwickelt. Das *software process maturity* Modell [20] teilt Softwareentwicklungsprozesse in fünf Kategorien ("Reife-Ebenen") ein. Für jede Ebene wurden deren charakteristischen Eigenschaften, sowie die zur Erreichung der nächsthöheren Ebene benötigten Aktionen definiert (siehe Tab. 1).

Prozesslevel	Charakteristische Eigenschaft	Notwendige Aktionen
anfänglich	Chaotisch - Kosten, Zeitplan und Qualität sind nicht vorhersagbar	Grösse und Kosten abschätzen, Zeitplan entwerfen, Verpflichtung des Managements zur Qualitätssicherung
wiederholbar	Intuitiv - Kosten und Qualität sehr unterschiedlich, einsichtige Kontrolle des Zeitplans, informelle und ad hoc Methoden	Entwicklung von Definitionen und Standards für Prozesse, Zuweisung von Prozessmitteln, Einführung von Methoden (Anforderungsanalyse, Design, Inspektionen und Tests)
definiert	Qualitativ - verlässliche Kosten und Zeitpläne, steigende aber nicht vorhersagbare Qualität	Einführung von Prozessmessungen und quantitativen Qualitätszielen, -plänen und -messungen
gemanaged	Quantitativ - statistische Kontrollen zur Produktqualität	Quantitative Produktionspläne, prozessorientierte Arbeitsumgebung, ökonomisch rechtfertige, technische Investitionen
optimierend	Quantitative Grundlage für kontinuierliche Prozessautomatisierung und -verbesserung	Fortlaufende Betonung von Prozessmessungen und -methoden zur Fehlerverhinderung

Tab. 1: Die fünf Reife-Ebenen eines Softwareentwicklungsprozeß ([20, Seite 56])

2.3 TQM (Total Quality Management)

Im Gegensatz zu traditionellen Ansätzen der Qualitätssicherung betont TQM nicht das Prüfen, sondern das Erzeugen von Qualität. Im Mittelpunkt von TQM steht daher der Produktions-*Prozeß* und nicht das *Produkt*. Ziel eines Unternehmens wird dadurch die ständige Verbesserung der Qualität des Produktionsprozeß, wodurch automatisch eine Verbesserung der Produktqualität erzielt wird. Die wesentlichen Grundideen von TQM spiegeln sich im TQM-Dreieck (siehe Abb. 1) wieder.

Die Betriebsleitung wird zur ständigen Qualitätssteigerung und somit zum ständigen Bemühen der Prozeßverbesserung verpflichtet (*Verpflichtung des Managements*). Durch die *Prozeßkontrolle* werden Daten über die einzelnen Prozeßausführungen gewonnen. Diese bilden die Grundlage für die Erarbeitung von notwendigen Prozeßverbesserungen durch alle am Prozeß beteiligten Personen (*Gruppenarbeit*). Aufgabe des Managements ist es schließlich, die Umsetzung dieser Verbesserungen zu gewährleisten. Die Ansätze von Deming [11] und Oakland [30] stellen also sowohl die ständige Verbesserung des Prozeß, als auch die Verantwortung aller am Prozeß beteiligten Gruppen in den Vordergrund. Dagegen betont der Ansatz von Humphrey [20], ebenso wie verwandte Ansätze (siehe z.B. [32], [26]), eher die Struktur und Meßbarkeit des Prozeß. Die "Reife-Ebenen" von Humphrey eignen sich jedoch, den TQM-Ansatz in die Softwareentwicklung zu integrieren.

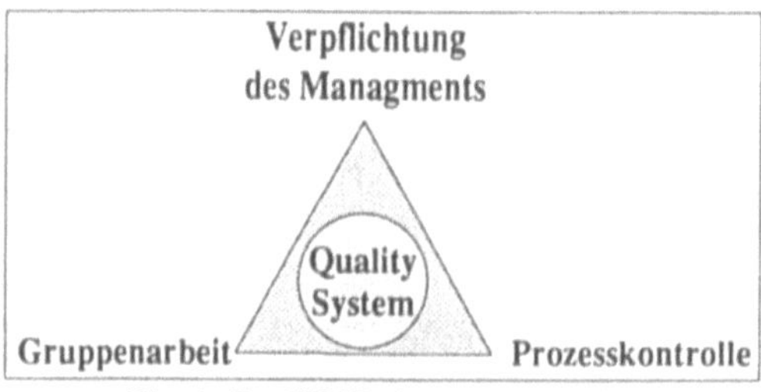

Abb. 1: Das TQM-Dreieck ([30, Seite 15])

Welchen Einfluß hat nun die Integration beider Ansätze auf CASE-Tools? Bei der Beantwortung dieser Frage beschränken wir uns aus zwei Gründen auf die Entwicklung von Informationssystemen. Zum einen ermöglicht eine solche Einschränkung eine genauere Analyse sowie die Betrachtung domänenspezifischer Qualitätsmerkmale. Zum anderen können wir auf schon bestehende Erfahrungen aus dem DAIDA-Projekt [24] bei der Entwicklungsunterstützung für Informationssysteme zurückgreifen.

2.4 Informationssysteme (IS)

Wir betrachten ein IS als einen Prozeß, der Produkte (Informationen) erzeugt, und sich an die ständig verändernden Anforderungen seiner Umgebung anpassen muß. Ein IS verkörpert also kein Produkt, von dem zu einem Zeitpunkt eine Endversion existiert, sondern wird kontinuierlich an die Änderungen seiner Umwelt angepaßt. Die Qualitätsmerkmale eines IS werden durch die Verbindung des Systems mit den anderen 'Prozessen' seiner Umwelt definiert. Die Umgebung eines IS kann in drei verschiedene Welten aufgeteilt werden (siehe Abb. 2). Ein IS betrachtet Informationen aus einen bestimmten Teil der Welt (*Gegenstandswelt*), wird von einem Teil der realen Welt, den Nutzern, betrieben (*Benutzerwelt*) und in einer anderen Teilwelt (*Entwicklungswelt*) entwickelt. Jede dieser Teil-Welten weist unterschiedliche Merkmale auf und verfolgt verschiedene Ziele. Die Qualitätsmerkmale eines IS lassen sich diesen Teil-Welten zuordnen. So können beispielsweise Merkmale wie Repräsentationsgenauigkeit, –konsistenz und –vollständigkeit der Gegenstandswelt bzw. Merkmale wie Wartbarkeit und Wiederverwendbarkeit der Entwicklungswelt zugeordnet werden (siehe Abb. 2). Ein IS muß jedoch auch Qualitätsfaktoren berücksichtigen, die sich auf Abhängigkeiten zwischen den Teil-Welten beziehen. Beinhaltet die Gegenstandswelt beispielsweise Personen oder Unternehmen, so ist *Datenschutz* ein Merkmal, das eine Beziehung zwischen der Gegenstandswelt und der Benutzerwelt ausdrückt. Ein anderes Beispiel einer Beziehung zwischen den Teil-Welten ist die *Beteiligung* der Benutzer eines IS an der Entwicklung dieses Systems (siehe Abb. 2).

Betrachtet man ein IS als Prozeß, der Informationen produziert, so kann ein Softwareinformationssystem als Meta-Prozeß angesehen werden, mit dessen Hilfe ein IS entwickelt wird (siehe Abb. 3). Ein Softwareinformationssytem (Repository) muß einerseits geeignete Konstrukte zur Verfügung stellen, um den Entwicklungsprozeß zu definieren und dessen Ausführung zu unterstützen und zu dokumentieren.

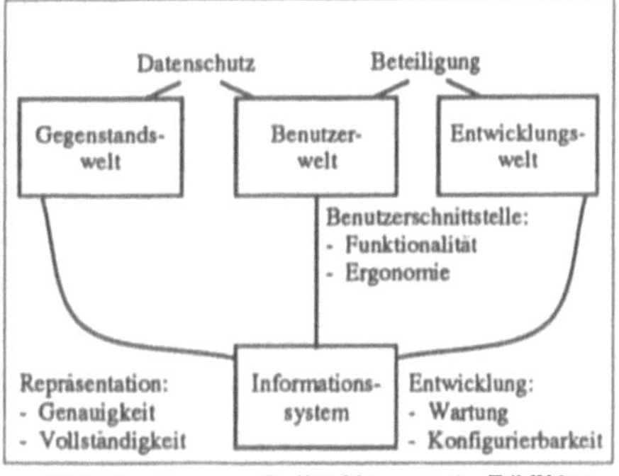

Abb 2: Zuordnung von Qualitätsfaktoren zu den Teil-Welten

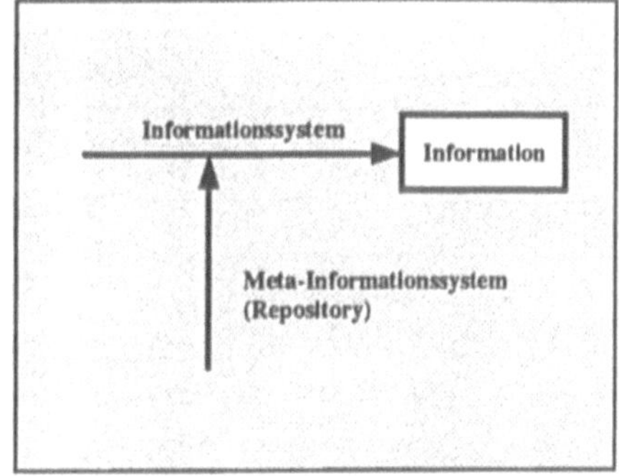

Abb. 3: Informationssystem als Prozeß

Anderseits muß es Erkenntnisse über den Prozeß entsprechend verwalten und ständige Prozeßverbesserung unterstützen. Erfüllt ein Repository diese Eigenschaften, so kann es die Basis für eine qualitätsorientierte Softwareentwicklungs-Umgebung bilden. Die Qualitätsorientierung des gesamten Lebenzyklus eines IS kann aber nur dann gewährleistet werden, wenn zusätzlich zu dem Repository auch die einzelnen CASE-Tools die Erzeugung von Qualität unterstützen. Dieser Aspekt wird anhand des Beispiels in Kapitel 3 verdeutlicht.

3 Qualität von Informationssystemen und CASE: Ein (Gegen-) Beispiel

Eine Gruppe bestehend aus Systementwicklern und Nutzern hat die Anforderungen für ein Personal-Informationssystem festgelegt und durch Entity-Relationship Diagramme (ER, [7]) und Strukturierte Analyse (SA, [10]) dargestellt. Das resultierende konzeptuelle Datenmodell (siehe Abb. 4) enthält Entities, wie beispielweise *Abteilung* und *Projekt*, und Beziehungen, wie z. B. die Zugehörigkeit von Personen zu Abteilungen (*gehört zu*). Durch eine Integritätsbedingung wurde festgelegt, daß Personen nur an Projekten ihrer Abteilung arbeiten dürfen. Zur Einstellung von Personen wurden zwei Aktivitäten (SA-Bubbles) definiert. Die eine, um eine Person für eine Abteilung einzustellen, die andere, um eine Einstellung für ein spezielles Projekt vorzunehmen. In objektorientierter Terminologie stellt die zweite Funktion eine Spezialisierung der ersten Funktion dar.

Angenommen der Systementwickler verwendet ein CASE-Tool, das aus einem ER-Diagramm automatisch eine Spezifikation für eine Datenbank generiert und diese anschließend in eine relationale Datenbank überführt. Zusätzlich bietet das CASE-Tool die Möglichkeit jede durch ein SA-Diagramm dargestellte Aktivität automatisch in eine Spezifikation einer Datenbanktransaktion zu überführen. Aus dieser Spezifikation kann (erneut automatisch) eine Benutzerschnittstelle zur Ein- bzw. Ausgabe von Daten sowie eine Implementierung der Transaktionen generiert werden. Durch Verwendung dieses CASE-Tools werden die Anforderungen unseres Beispiels zunächst in eine Spezifikation überführt (siehe Abb. 4) und aus dieser automatisch ein IS generiert. Dieses IS wird, nachdem durch Tests die Funktionsfähigkeit nachgewiesen wurde, beim Kunden installiert.

Zur Verwunderung des stolzen CASE-Tool Besitzers ist der Kunde mit dem IS unzufrieden. Er beschwert sich über das umständliche Hin- und Herwechseln zwischen zwei Fenstern beim Einstellen von Personal. Der unbefangene Programmierer zieht ein Buch über konzeptuelle Modellierung zu Rate und stellt fest, daß es bei spezialisierten Transaktionen ausreicht, den speziellsten Fall zu implementieren; in unserem Beispiel die Transaktion zur Einstellung von Personen für Projekte. Werden Personen für eine Abteilung eingestellt, so wird einfach eine fiktive Projektnummer vergeben. Nach entsprechender Änderung des Programmcodes und erneuten Tests wird das Informationssytem beim nun zufriedenen Kunden installiert.

Diese durchaus übliche Vorgehensweise läßt sich wie folgt charakterisieren: Das CASE-Tool erzeugt einen Vorschlag, falls dieser den Erwartungen nicht entspricht, ändert man einfach das Ergebnis. Betrachtet man diese aus der Sicht von TQM, so lassen sich folgende Probleme feststellen:

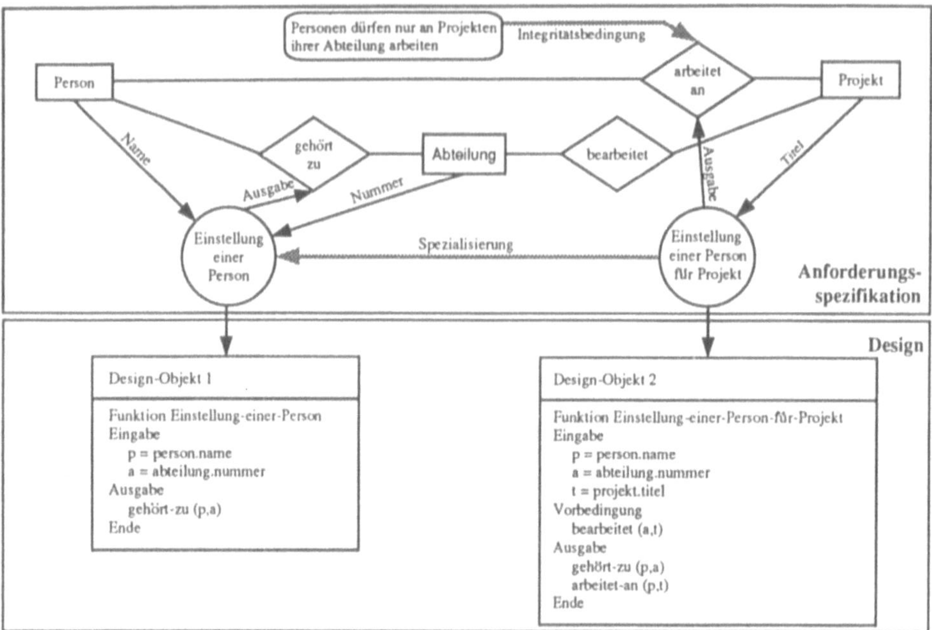

Abb. 4: Anforderungen und der daraus abgeleitete Designentwurf des Personal-Informationssystems

(1) Manuelle Änderung von Ergebnissen des CASE-Tools sind im nachhinein weder erkennbar noch nachvollziehbar; abgesehen von einer eventuellen Versionsnummer der Dateien.

(2) Es wurde nicht dokumentiert, daß eine bekannte spezielle Methode (von nun an Methode 2 genannt) zur Abbildung von isA[1] Hierarchien verwendet wurde.

(3) Die Gründe, die der zweiten Methode den Vorzug gegenüber der Methode des CASE-Tools gaben, kennt nur der Programmierer. Das Fehlen der (qualitätsorientierten) Dokumentation der Entscheidungen behindert Gruppenarbeit und Qualitätsbewußtsein.

(4) Die Qualität des IS wurde nicht erzeugt, sondern durch (unbeabsichtigtes) Testen des Benutzers verbessert. Da kein Mechanismus vorhanden ist, um Erfahrungen beispielsweise in Form von Regeln zu generalisieren, können zukünftige ähnliche Fehler nicht vermieden werden. Es fehlt eine Prozeßdefinition, in der solche Erfahrungen festgehalten werden.

(5) Unklar ist, ob Benutzerfreundlichkeit der alleinige Grund für die Anwendung der Methode 2 war. Die Verwendung dieser Methode könnte durchaus durch organisationsspezifische Richtlinien angeordnet (bzw. verboten) worden sein. Organisationsspezifische Regelungen, die auf Qualitätsfaktoren beruhen, und ständig verbessert bzw. an Veränderungen angepaßt werden, müssen daher bei einer Prozeßdefinition berücksichtigt werden.

(6) Es ist unwahrscheinlich, daß alle Verbesserungsvorschläge von ein und derselben Person stammen. Ständige Prozeßverbesserung kann deshalb nur durch entsprechende organisatorische und technische Unterstützung der qualitätsorientierten Zusammenarbeit aller Beteiligten am Softwareprozeß (Nutzer, Systemanalytiker, Entwickler, etc.) erreicht werden.

Das obige Beispiel enthält mehrere organisationsspezifische Faktoren, die durchaus unabhängig von CASE-Tools betrachtet werden könnten. Nirgendwo ist jedoch ein positiver Einfluß des CASE-Tools sichtbar. Einzige Ausnahme stellt die wiederholte Ausführung der programmierten Funktionen des Tools dar; aber nur für den Fall, daß das CASE-Tool ausschließlich Methoden enthält, deren Anwendung und Auswirkungen dem Prozeß außerhalb des Tools bekannt sind.

Aus diesem Beispiel lassen sich zwei Schlußfolgerungen ableiten. Erstens können Maßnahmen abgeleitet werden (siehe [21]), die eine Einbettung der CASE-Tools in eine qualitätsorientierte Umgebung

---

[1] Mit Hilfe von isA-Beziehungen lassen sich in der objekt-orientierten Modellierung Spezialisierungen ausdrücken. Eine genaue Beschreibung von isA findet sich in [4]

ermöglichen; z.B. müssen die verwendeten Methoden eindeutig definiert, sowie neue Methoden integriert bzw. Entscheidungen als Grundlage für Gruppenarbeit dokumentiert werden. Zweitens wird deutlich, daß TQM nicht durch Verwendung einzelner CASE-Tools realisiert werden kann. Neben der Vielzahl von organisatorischen Methoden zur Einführung und Unterstützung von TQM, erscheint zur Zeit eine technische Unterstützung von TQM durch entsprechende Kommunikations-, Kooperations- und Koordinationsmöglichkeiten sinnvoll, wie sie beispielweise von Repositories und Design-Informationssystemen angeboten werden.

4 Von Repositories zu Qualitäts-Informations-Systemen

Ein Repository ist ein zentrales Softwareinformationssystem, das verschiedene CASE-Tools integriert. Standardisierungsbestrebungen wie beispielsweise die europäische PCTE-Initiative [41] und kommerzielle Ankündigungen wie beispielsweise AD/Cycle [36] haben das Interesse an dieser Technologie verstärkt. Während frühere Repositories meist Objekte und deren Abhängigkeiten verwalteten, versuchen neuere Ansätze Prozeßzusammenhänge und sogar Managementaspekte zu integrieren.

In diesem Kapitel wird der Einsatz von Repositorytechnologie zur Unterstützung des Qualitätsmanagements mit dem Ziel einer ständigen Prozeßverbesserung betrachtet. Dieses erfolgt in einzelnen Schritten die sich grob an den von Humphrey [20] vorgeschlagenen *process maturity level* orientieren (siehe Tab. 1). Im Gegensatz zu Humphrey, der meist Managementaspekte betont, stellen wir Gruppenunterstützung in den Vordergrund. Jeder Schritt wird anhand des Beispiels aus Kapitel 3 eingeführt. Dadurch wird schrittweise ein Metamodell eines qualitätsorientierten IS entwickelt, welches als grundlegendes Datenmodell für die Entwicklung eines geeigneten Repositories verwendet werden kann und teilweise in unserem Software-Informationssystem ConceptBase [22] realisiert wurde. Weitere Details zu diesem Modell werden in [21] beschrieben.

4.1 Objekte und Abhängigkeiten: Nachvollziehbare Entwicklungshistorie

Damit der Entwicklungsprozeß eines IS nachvollziehbar und bewertbar wird, müssen zunächst Änderungen die durch unterschiedliche Werkzeuge erzeugt werden, in einer einheitlichen Art und Weise prozeßweit festgehalten werden. Die meisten Repositories bieten Möglichkeiten zur Dokumentation von Abhängigkeiten zwischen Objekten und deren Verursacher. In unserem Beispiel würden bei der Verwendung eines solchen Repositories zwei Aktionen repräsentiert. Zum einen das Mapping (Abbildung) der Anforderungen in ein Design durch Verwendung des CASE-Tools, zum anderen die Revision dieses Mappings durch den Programmierer (siehe Abb. 5).

Trotz dieser Repräsentation bleibt ein Problem bestehen: Der direkte Bezug zwischen den Anforderungen und dem letztlich entstandenen Design geht durch die manuelle Nachbesserung verloren.

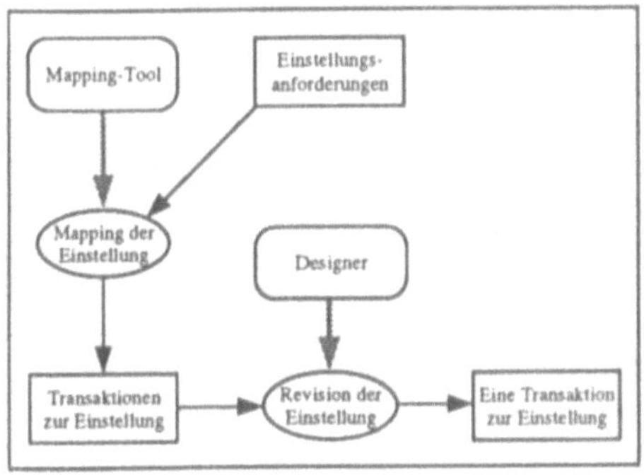

Abb. 5: Dokumentation des Entwicklungsprozesses

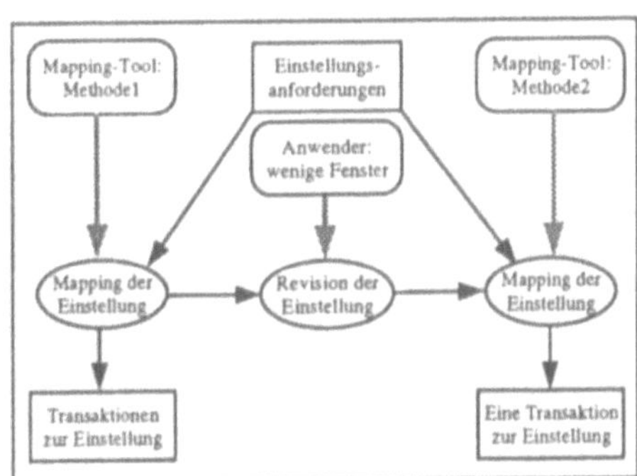

Abb. 6: Entwicklungsprozeß bei der Verwendung eines CASE-Tools mit mehreren Methoden

Eventuell wurden bei der Entwicklung des Designs nicht dokumentierte Anforderungen verwendet. Ein Softwaredokumentationssystem muß daher als Grundlage für Nachvollziehbarkeit und Wiederholbarkeit detailliertere Repräsentationsmöglichkeiten für Beziehungen zwischen den einzelnen Komponenten des Systems anbieten.

Das Problem der Nachvollziehbarkeit könnte gelöst werden, indem das CASE-Tool für das Mapping von Aktivitäten, die in einer *isA*–Hierarchie zueinander stehen, eine Auswahl zwischen beiden Methoden anbietet. Aufgrund der Beschwerden des Kunden würde der Programmierer die Wahl von Methode 1 (überführen jeder Aktivität in eine Transaktion) revidieren und nun Methode 2 (zusammenfassen spezialisierter Aktivitäten in einer Transaktion) verwenden. Die Dokumentation dieses Entwicklungsprozeß ist in Abbildung 6 dargestellt. Nun ist dokumentiert, daß es sich bei den beiden erzeugten Designs um Varianten handelt, die aus den gleichen Anforderungen gewonnen wurden.

Der in diesem Kapitel vorgestellte Verbesserungsschritt behebt zwar die Probleme 1 (Dokumentation der Änderung) und 2 (Dokumentation der Methode) unseres Beispiels aus Kapitel 3, verdeutlicht aber gleichzeitig eine weitere wichtige Anforderung an CASE-Tools: Es genügt nicht, die Ausführung eines Werkzeugs zu dokumentieren; zusätzlich muß die innerhalb eines Werkzeugs getroffene Auswahl zwischen den Methoden im Repository repräsentiert werden.

4.2 Dokumentation der Gründe einer Entscheidung

Tatsächlich waren an der Entscheidung, die zu der Revision des Designs im letzten Abschnitt führte, mehrere Personen beteiligt; insbesondere der sich beschwerende Benutzer des Systems. Durch qualitätsorientierte Zusammenarbeit dieser Personen, etwa durch Design-Inspektionen oder Prototyping, hätte der Fehler vor der Auslieferung des Produkts festgestellt und behoben werden können.

Um Entscheidungen für die aktuelle Systementwicklung aber auch für spätere Wartungsarbeiten bzw. Änderungen verständlich und somit nachvollziehbar zu machen, wird in vielen Veröffentlichungen (z.B. [33]) vorgeschlagen, die Gründe einer Entscheidung in Form von Argumentationen innerhalb des Systems zu verwalten. In Abbildung 7 ist die Begründung für die Revision durch das Benutzerargument "weniger Fenster" gegeben. Im Allgemeinen werden mehrere Argumente, die entweder für oder gegen eine Entscheidung angeführt werden, zwischen den Mitgliedern der Entwicklungsgruppe ausgetauscht. Diese Argumente können sich sowohl auf Anforderungen als auch auf Methoden beziehen. Durch das Verwalten dieser Argumente wird das Problem 3 (Dokumentation von Entscheidungen) aus Kapitel 3 aufgehoben und in der Terminologie von Humphrey der *Wiederholbare Prozeß* (siehe Tab. 1) erreicht. Existierende Systeme (z.B. REMAP [12], [34]) demonstrieren, wie Modellierung auf dieser Ebene Wiederholbarkeit von Prozessen unterstützt.

4.3 Abstraktion durch Entscheidungsklassen und Prozeßregeln

Aufgrund eines Benutzerwunschs werden nach einiger Zeit zusätzliche Ein- und Ausgaben bei der Einstellungsaktivität benötigt. Da nach der in Abbildung 6 eingeführten Erweiterung der Prozeß nun wiederholbar ist, fügt der Entwickler (inzwischen möglicherweise sein Nachfolger) die entsprechenden Attribute zum ursprünglichen Anforderungsmodell von Abbildung 4 hinzu und wendet erneut Methode 2 des CASE-Tools an. Dadurch hat er ganz nach Vorschrift eine neue Version des IS erzeugt. Nach den üblichen Tests wird diese beim Kunden installiert, welcher sich erneut beschwert. Diesmal ist der Grund für die Beschwerde das *Verschwinden* von einzelnen Maskenfeldern vom Bildschirm. Untersuchungen ergeben, daß der Bildschirm des Nutzers kleiner als der des Entwicklers ist. Offensichtlich wurde bei den Entscheidungen, die zur Auswahl von Methode 2 führten, eine nicht-funktionale Anforderung, die Bildschirmgröße, übersehen. Als Konsequenz beschließt das Entwicklungsteam, daß die Wiederholbarkeit des Prozeß nicht ausreicht sondern eine generische Regel benötigt wird. Die Regel, die nach Austausch verschiedener Argumente vom Team definiert wird, lautet: *"Wähle zum Mapping von spezialisierten Aktivitäten Methode 2, wenn die zu generierende Transaktion über weniger als zehn Attribute verfügt, sonst Methode 1."*

Einführung von Prozeßmodellen. Operationen des Repositories auf der Betrachtungsebene einzelner Projekte reichen zur Unterstützung solcher Entscheidungen nicht mehr aus. Die Modellierungs– und Operationsebene muß nun auf eine abstraktere Ebene angehoben werden; von der Ebene der einzelnen Prozeßausführungen (Projekte) auf die Ebene der Prozeßdefinitionen. Es genügt nicht mehr über generelle Klassen wie *Design-Objekte, Entscheidungen* oder *Argumente* zu reden, sondern diese sind als Grundbausteine zur Definition von Prozeßmodellen anzusehen. Durch Spezialisierung dieser Bausteine entstehen Klassenhierarchien, durch die *Metaobjekte*, wie beispielsweise funktionale Anforderungen (Design-Objekte), nicht-funktionale Ziele (abstrakte Argumente) und Methoden (Entscheidungsklassen) repräsentiert werden. Die oben eingeführte generische Regel kann nun als Entscheidungsklasse oder Methode zur Entscheidungsfindung modelliert werden. In Abbildung 7 ist diese generische Prozeßregel dargestellt. Mögliche Eingaben dieser Regel sind spezialisierte, funktionale Aktivtäten (*Hierarchie von Aktivitäten*), die durch Anwendung einer Methode in *Transaktionsspezifikationen* überführt werden. Die Regel, die von einer bestimmten Personengruppe (*Prozeß-Team*) festgelegt wurde, trifft abhängig von nicht-funktionalen Zielen (*wenige Fenster* und *limitierte Größe*) eine Auswahl zwischen zwei Methoden.

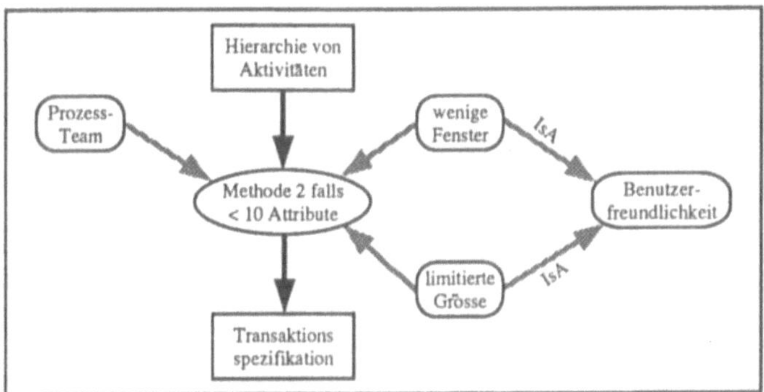

Abb. 7: Prozeßdefinition mit auf Qualität basierten Entscheidungsregeln

In aktuellen Forschungsprojekten werden derzeit einige Meta-Modelle zur Beschreibung von generischen, qualitätsorientierten Softwareentwicklungsprozessen entwickelt. Durch eine Kombination dieser Ansätze kann das Problem 4 (Prozeßdefinition) aus Kapitel 3 gelöst, und unser Prozeßmodell wird nach Humphrey zum *Definierten Prozeß* (siehe Tab. 1).

Strukturieren von kooperativen Entwicklungsprozessen. Im CAD^0 Meta-Modell [25] können sowohl Objekt-, Ziel und Entscheidungsklassen als auch erzeugte Abhängigkeiten zwischen diesen Klassen dargestellt werden. Darüberhinaus ist es möglich, auch Gruppen– und deren Kommunikationsstrukturen einheitlich zu repräsentieren und zu den Klassen in Beziehung zu setzen. Durch Verwendung dieses Modells können sowohl Gruppenaspekte als auch Prozeßdefinitionen repräsentiert und Verbindungen zwischen beiden modelliert werden. Repräsentiert man dieses Modell, den Prozeß und die Gruppenaspekte in einer Wissensrepräsentationssprache mit Klassifikationsmechanismus, und stellt man zusätzlich durch eine Bedingung sicher, daß jedes Objekt, jede Abhängigkeit und jede Aktion ausschließlich Instanz einer in der Prozeßdefinition enthaltenen Objekt-, Abhängigkeits- bzw. Aktionsklasse sein darf, so können Qualitätssicherungsaktivitäten[2] automatisch unterstützt werden. Nicht definierte Aktionen bzw. nicht in der Prozeßdefinition festgelegte Ausgaben einer Aktion erzeugen beim Einfügen in die Wissensbasis eine Verletzung der Bedingung (siehe [24]). Qualitätsorientierte Entwicklungsmethoden sowie deren Anwendung während des Entwicklungsprozeß können mit dem vorgestellten Modell jedoch nicht direkt repräsentiert werden. Außerdem können Handlungen, die außerhalb der Prozeßdefinition (Prozeßverletzungen) durchgeführt werden, nicht entsprechend dargestellt werden. Gerade diese weisen jedoch auf eventuelle Fehler in der Prozeßdefinition hin, und bilden somit die Grundlage für eine Prozeßverbesserung.

Qualitätsorientiertes Design. Ein Formalismus zur Repräsentation von nicht-funktionalen Anforderungen sowie deren Verwendung innerhalb des Designprozeß wird von Mylopoulos et al. [28] vorgestellt.

---

[2] In ISO 8402 wird Qualitätssicherung (Quality Assurance) als die Managementfunktionen definiert, die die Qualitätspolitik (Quality Policy) festlegen und umsetzen; Qualitätspolitik ist definiert als alle Qualitätsintentionen und -ziele einer Organisation die seitens der Geschäftsführung formal definiert werden.

Mit diesem Formalismus lassen sich Ziele sowie drei Arten von Methoden zur Erreichung dieser Ziele darstellen und Abhängigkeiten zwischen den Zielen und den Methoden generieren. Abbildung 7 kann als Beispiel einer Instanz dieses Modells betrachtet werden. Die drei Methoden lauten:

(1) *Zerlegungsmethoden*, die ein Ziel in Teilziele überführen, durch deren Erfüllung das Gesamtziel erreicht wird; (in Abb. 7 die Unterteilung des Ziels Benutzerfreundlichkeit).

(2) *Zielerfüllungsmethoden*, die ein Ziel erfüllen (die Mapping-Methoden des Beispiels).

(3) *Argumentationsmethoden*, die die Abhängigkeiten zwischen Zielen und Methoden erzeugen (die Tatsache, daß die zwei Methoden sich gegenseitig ausschließen, es für die Anwendung jeder Methode mehrere Gründe gibt und daher eine Benutzerentscheidung erforderlich ist).

Die Anwendung einer Methode zur Erfüllung eines Teilziels kann unerwünschte Auswirkungen auf die Erfüllung anderer Teilziele haben. Diese Seiteneffekte werden durch entsprechende Regeln dargestellt. Der gewählte Ansatz ist qualitativ, da nur positive oder negative Auswirkungen betrachtet werden, und erfordert deshalb in Konfliktsituationen eine Entscheidung des Benutzers. Im Gegensatz dazu, stellen Sylla und Arinze [40] eine Methode vor, die eine quantitative Auswahl von Prozeßkomponenten unter Berücksichtigung mehrerer Qualitätsmerkmale ermöglicht. Im Gegensatz zum *Testen* auf Softwarequalität wird in beiden Ansätzen durch geeignete Methodenauswahl die *Erzeugung* von Qualität unterstützt.

Domänenanalyse für qualitätsorientierte Prozeßmodelle. Ein qualitätsorientiertes Metamodell für einen Entwicklungsprozeß kann zu einem domänenspezifischen Prozeßmodell spezialisiert werden, indem detailliertes Wissen über domänenspezifische Qualitätsmerkmale sowie Methoden zu deren Erfüllung hinzugefügt werden. Erst dadurch wird erreicht, daß durch den Entwicklungsprozeß ein Produkt entsteht, das den gewünschten Qualitätsanforderungen entspricht. Durch Analyse der domänenspezifischen funktionalen und nicht-funktionalen Anforderungen können wiederverwendbare Methoden und Richtlinien zur Erreichung der spezifischen Qualitätsmerkmale gewonnen werden. Die Ergebnisse einer solchen Analyse bilden zudem die Grundlage zur Definition von domänenspezifischen Repositorystrukturen für angepaßte Prozeßausführung und –management. Domänenanalyse wird in den Projekten KBSA [18], ASPIS [1] und DAIDA [24] bzw. in den dort geschaffenen CASE-Tools verwendet, um funktionale Anforderungen in Designs und Implementierungen abzubilden.

Versions- und Konfigurationsmanagement. Ein umfassendes Modell zur konzeptuellen Versions- und Konfigurationsverwaltung wurde in [35] vorgestellt und prototypisch realisiert. Die der Abbildung 5 zugrundeliegende Entscheidung würde in diesem Modell der Klasse Revision zugeordnet; die Entscheidung aus Abbildung 6 der Klasse Versionsentscheidung. Durch die Repräsentation der Semantik beider Klassen, und deren Verwendung innerhalb des Konfigurationsmanagement-Prozeß, sowie der Tatsache, daß das erste Mapping einen bezüglich der Anforderungen konsistenten Design-Entwurf erzeugte, kann automatisch gefolgert werden, daß die Konfigurationsvariante, die durch das zweite Mapping (siehe Abb. 6) erzeugt wurde, ebenfalls konsistent ist. Für die in Abbildung 5 dargestellte Veränderung gilt dieses nicht, da es sich hier nicht um eine Variante sondern eine Revision handelt.

4.4 Unterstützung von TQM: Strukturen zur Prozeßverbesserung

Nachdem wir aufgezeigt haben, wie Entwicklungsprozesse für ein IS definiert und dokumentiert werden können, kommen wir zum Kern von TQM: Wie können Prozeßdefinitionen unter Verwendung von Daten über ausgeführte Prozesse ständig verbessert werden? Wir betrachten nun also in der Prozeß–Klassifikation von Humphrey den *Gemanageten und Optimierenden Prozeß* (siehe Tab. 1) jedoch unter Berücksichtigung von Teamarbeit, die von derzeitigen Repositorytechnologien kaum unterstützt wird. Leider können wir die oben aufgeworfene Frage nicht vollständig beantworten. Allerdings werden wir drei Grundelemente aufzeigen, die notwendiger Teil einer solchen Lösung sind. Diese Grundelemente können jeweils einer Ecke des in Abbildung 1 dargestellten TQM-Dreiecks zugeordnet werden:

Prozeßkontrolle: Wie sind Prozeßdefinitionen und –beobachtungen miteinander zu verbinden?

Gruppenarbeit: Wie ist Prozeßverbesserung durch Teams zu unterstützen?

Verpflichtung des Managements: Wie können Prozeßveränderungen dokumentiert bzw. unterstützt werden?

Prozeßdefinitionen und –beobachtungen. Statistische Daten über den Prozeß können durch Tests bzw. Inspektionen gewonnen werden. Für die Verwendung von aus Prozeßbeobachtungen gewonnenen Erkenntnissen zur Prozeßverbesserung gibt es verschiedene Ansätze; beispielsweise das Erkennen von kritischen Prozeßkomponenten und Qualitätsproblemen in einzelnen Projekten [39] oder die sukzessive Konstruktion einer Bibliothek mit wiederverwendbaren Prozeß– und Qualitätsmodellen, die aus Prozeßuntersuchungen gewonnen werden. Der Versuch den Softwareprozeß zu quantifizieren und somit meßbar zu machen, bildet die Grundlage des TAME-Projekts [2]. In einem Meta-Modell werden die Ziele und Methoden unter Verwendung des GQM (goal-question-metric) Modells verbunden. GQM stellt einen Mechanismus zur Verfügung, durch den Planungs-, Konstruktions-, Analyse-, Lern- und Rückkopplungsarbeiten formalisiert werden können. Ziele einzelner Arbeitsschritte werden zunächst auf eine geeignete Menge von quantifizierbaren Fragen abgebildet, die wiederum durch geeignete Metriken ausgedrückt werden. Die Metriken werden ihrerseits verwendet, um die Ausführung von Methoden innerhalb des aktuellen Prozeß zu bewerten, und somit die Grundlage für Prozeßverbesserungen zu erhalten. Im Gegensatz zu [28] werden die Beziehungen zwischen den Zielen und den Methoden nicht explizit auf Klassenebene verwaltet. Dadurch sind Prozeßverbesserungen nur umständlich auszudrücken. Ein ähnliches Modell (Factor-Criterion-Metrics [6]) bildet die Grundlage für Expertensysteme (siehe [43]), mit deren Hilfe Qualitätsinformationen über methodenbasierte Designprozesse ermittelt werden können.

Gruppenunterstützung zur Prozeßverbesserung. Um Diskussionen innerhalb von Gruppen verständlich zu machen, und aus ihnen vernünftige Resultate gewinnen zu können, ist es notwendig, Strukturen für den Argumentationsprozeß zu definieren. Unter den durch Experimente verifizierten Modellen erscheint uns das von Rittel vorgeschlagene IBIS (Issue-Based Information System) Modell (siehe Abb. 8 a) am geeignetsten, vorausgesetzt es wird in geeigneter Art und Weise mit den Prozeßinformationen verbunden. Im gIBIS System [9] wurde diese Verbindung durch die Erweiterung des IBIS-Modells um nicht-formale (Hyper-)Texte hergestellt. Das gIBIS Modell wurde seinerseits im REMAP-Projekt [34] auf formaler Ebene mit der Dokumentation von Anforderungsentscheidungen verbunden.

Solche Modelle repräsentieren alle innerhalb einer Diskussion ausgetauschten Standpunkte und Argumente und werfen so neue Diskussionspunkte auf; beispielsweise die Notwendigkeit einer Prozeßverbesserung. In Abbildung 8 b ist die Diskussion dargestellt, die das Entwicklungsteam veranlaßt hat, den Wiederholbaren Prozeß (Abb. 6) in einen Definierten Prozeß (Abb. 7) zu überführen. Allerdings repräsentiert das IBIS-Modell lediglich die Diskussion. Es stellt keine gesprächsunterstützenden Operationen zur Verfügung. Die Gruppe betrachtet, ganz im Sinne von TQM, positive und negative Ergebnisse des Definierten Prozeß und bildet daraus eine Generalisierung in Form einer Regel. Es ist der Gruppe freigestellt, ob sie ein Ergebnis des definierten Prozeß als Beispiel für eine notwendige Prozeßverbesserung ansieht oder nicht und welche Erkenntnisse sie aus diesem Beispiel für die Prozeßverbesserung zieht.

Dokumentation und Beeinflussung von Prozeßverbesserung durch Meta-Operatoren. Natürlich kann die *Verpflichtung des Managements* nicht durch eine Repositorytechnologie ersetzt werden. Geeignete Repositorytechnologie kann jedoch das Management unterstützen, indem die von einer Gruppe entwickelten Änderungen formal spezifizierten Prozeßveränderungskriterien genügen müssen, deren Einhaltung durch das Repository festgestellt bzw. erzwungen werden kann. Durch die Einführung von Meta-Operatoren kann die Kontrolle von Prozeßveränderungen durch das Management erleichtert werden. Diese Operatoren bilden zudem die Grundlage für die formale Repräsentation der Prozeßveränderung und gewährleisten, daß Prozeßverbesserung im Gegensatz zum reinen IBIS-Modell nicht mehr willkürlich durchgeführt werden kann. Da die Festlegung einer vollständigen und umfassenden Menge solcher Operatoren noch Gegenstand laufender Forschungsprojekte ist, geben wir hier nur einige Beispiele.

Ein typisches Beispiel für eine *induktive Generalisierung* stellt der in Abbildung 8 b dargestellte Prozeß dar. Operatoren für induktive Generalisierungen wurden beispielsweise für das Lernen von Design-Regeln [12] und das Erzeugen von Entscheidungsbäumen zur Analyse von Meßwerten aus Software-Resource-Metriken [38] definiert. Die im TAME-Projekt [31] entwickelte 'Erfahrungsbibliothek' wird ebenfalls durch Generalisierungen gewonnen. Der folgende Verfeinerungsprozeß zeigt einen anderen Meta-Operator auf: *Parametrisierung* von Prozeßdefinitionen. Angenommen unser Beispiel-IS ist so erfolgreich, daß es nun in andere Systemumgebungen portiert werden soll. Einige dieser Umgebungen verwenden Workstations, die über sehr viel größere Bildschirme verfügen, wodurch durch die Anwendung unserer Prozeßregel erneut zu viele Fenster erzeugt werden. Das Entwicklungsteam entscheidet daher, die Bildschirmgröße als Parameter der Auswahlregel (*wähle Methode 2 wenn weniger als 10 Attribute*)

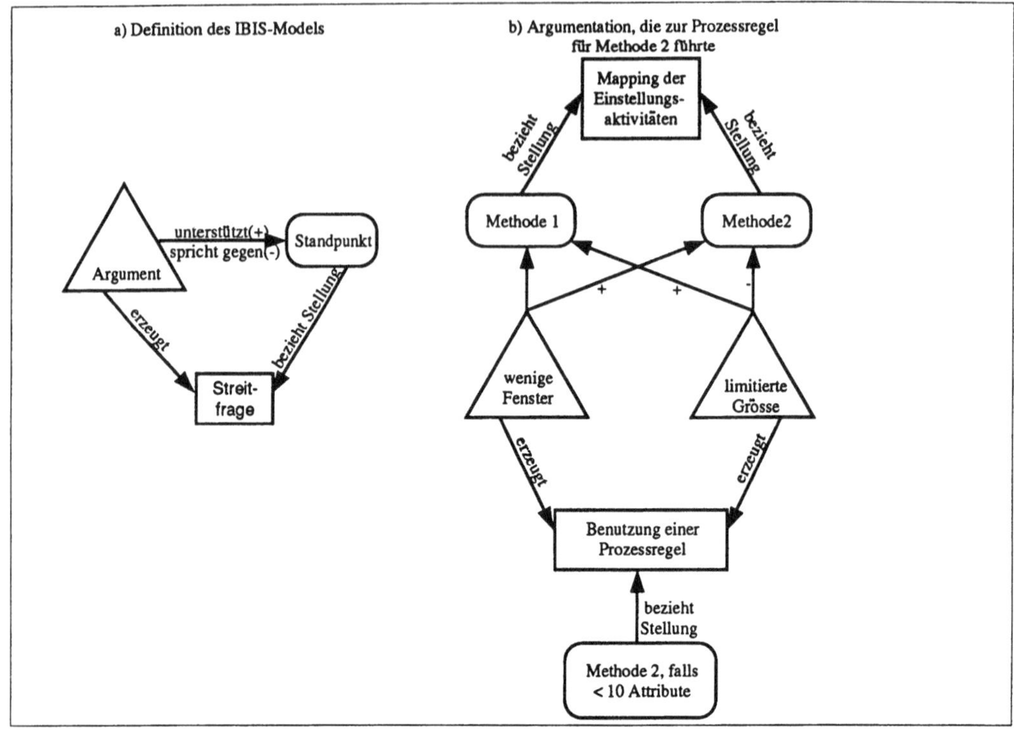

Abb. 8: Definition des IBIS-Modells und dessen Anwendung zur Prozeßverbesserung

zu übergeben, um die Attributanzahl abhängig von der aktuellen Bildschirmgröße gestalten zu können (*wähle Methode 2 wenn weniger als (x*Bildschirmgröße) Attribute*). Ein weiterer Operator könnte mit *nicht monotone Erweiterungen* bezeichnet werden. Bei sehr großen Bildschirmen ist es aus Gründen der Aufnahmefähigkeit des Benutzers sinnvoll die maximale Anzahl von Attributen pro Fenster zu beschränken (beispielsweise auf 15), wodurch indirekt die Anwendbarkeit von Methode 2 eingeschränkt wird. Die oben definierte Regel muß daher um beispielsweise " ... *solange die Anzahl der Attribute kleiner als 15 ist*" erweitert werden. Borgida und Williamson [3] verwenden Methoden aus dem Bereich des Maschinellen Lernens um aufgrund solcher Ausnahmen notwendig gewordene Veränderung von Integritätsbedingungen im Bereich von Datenbankschemata durchzuführen.

Als letztes Beispiel wollen wir die Softwareentwicklung unter dem Aspekt des *simultaneous engineerings* betrachten. *Simultaneous engineering* verzichtet auf eine traditionelle Phasenstruktur und betrachtet gleichzeitig alle Aspekte des Software-Lebenszykluses, also auch Benutzerfreundlichkeit und Wartbarkeit des Systems. Durch Einbeziehung der Wartungsaspekte beschließt das Entwicklungsteam zwischen Ein- und Ausgaben und 'interner' Verarbeitung zu unterscheiden. Dadurch wird eine Version von Methode 1 definiert, bei der die Transaktionen, die aus hierarchisch übergeordneten Aktivitäten gewonnen wurden (z.B. Einstellen eines Angestellten), von den aus hierarchisch untergeordneten Aktivitäten gewonnen Transaktionen (z.B. Einstellen eines Angestellten für ein Projekt) als Unterprogramme aufgerufen werden. Die Spezifikationen für die Bildschirmein- und -ausgaben werden durch eine gesonderte generische Methode erzeugt, die analog zu den zwei bisherigen Methoden die Aspekte der Benutzerfreundlichkeit berücksichtigt. Dadurch wird die Wart- und Konfigurierbarkeit des Systems erleichtert. Natürlich ist eine solche Anpassung des Entwicklungsprozeß abhängig von der Möglichkeit methodische Änderungen im CASE-Tool integrieren zu können. Dadurch wird unsere Feststellung verdeutlicht, daß für qualitätsorientierte Repositories eine andere Generation von CASE-Tools erforderlich ist.

5 Zusammenfassung

Durch ein einfaches Beispiel wurden aus Sicht des Qualitätsmanagements notwendige Verbesserungen derzeitiger CASE-Tools gezeigt und anschließend deren Einbettung in eine qualitätsorientierte Softwareentwicklungsumgebung für Informationssysteme (kurz: Qualitätsinformationssystem) betrachtet. Die Ergebnisse dieser Analyse sind in Tabelle 2 dargestellt.

Processlevel	Repository-konzepte	betrachtete Probleme	Anforderungen an CASE-Tools
wiederholbar auf Projekt- (Instanz) Ebene	- Werkzeuge und Methoden - Abhängigkeiten - Entscheidungen und deren Grunde	- Nachvollziehbarkeit des Prozesses - Wiederholbare Operationen	- Betrachtung des gesamten Lebenszyklus - Einbindung der Repositories - Sichtbarkeit von (Zwischen-) Ergebnissen
definiert auf Umgebungs- (Klassen) Ebene	- Produktionsdokumentation - Spezifikation der Sprachen, Methoden und Tools - qualitätsorientierte Prozessmodelle - Qualitätskontrolle und Sicherungsmodelle - Unternehmensmodelle - Versions- und Konfigurationsmanagement	- Erzeugen von Qualität - Standardisieren des Entwicklungsprozesses - unternehmensspezifische Softwareentwicklung (Referenzmodelle)	- Externe Kontrolle über Methodenauswahl - synchronisierte Verwendung von Werkzeugen und Repository
gemanaged/optimierend unter Berücksichtigung der TQM Philosophie	- Prozessbewertungsmodelle - Abhängigkeiten zwischen Zielen und Metriken - Prozessrepräsentationsmodelle - Grupenarbeitsmodelle - Operatoren zur Prozessverbesserung	- Messbarkeit der Prozesse - Gruppenunterstützung - Prozessverbesserung	- Austauschbare Methoden und zusammengesetzte Werkzeuge - Mehrbenutzerschnittstelle - Zugänglichkeit für Messungen

Tab. 2: Zusammenfassung der Anforderungen an CASE-Tools und Qualitätsinformationssysteme

Basierend auf diesen Ergebnissen wurde in Kapitel 4 schrittweise ein auf den Prinzipien von TQM aufbauender Ansatz für eine Softwareentwicklungsumgebung definiert. Durch diesen Ansatz ergaben sich einerseits notwendige Erweiterungen derzeitiger Repositorytechnologien, anderseits wurden an ein zu integrierendes CASE-Tool unabdingbare Anforderungen gestellt. Hierzu gehören sowohl die formale Definition jeder im CASE-Tool verwendeten Methode als auch deren Sichtbarkeit von außen, sowie die Kontrolle über die Anwendung einer Methode durch das Repository. Eine methodische Umsetzung dieser Anforderungen als auch die umfassende Untersuchungen von Prozeßverbesserungs-Operatoren sind Gegenstand aktueller Forschungsarbeiten. Dieses gilt auch für die in unserem Ansatz nicht betrachteten Aspekte, wie z.B. Interaktion zwischen Mensch und Maschine und geeignete Präsentation des im Repository gespeicherten Wissens auf verschiedenen Abstraktionsebenen.

Der vorgestellte Ansatz wird derzeit im Rahmen des vom BMFT geförderten Forschungsprojekts "Wissensbasierte Methoden der Qualitätssicherung" in Zusammenarbeit mit Maschinenbauinstituten, sowie innerhalb des interdiziplinären Esprit-Projekts NATURE evaluiert und weiterentwickelt.

Referenzen

[1] M. J. Aslett, D. Mellgren, Y. F. Yan, and F. Pietri. ASPIS: A Knowledge-Based Approach To Systems Development. In *Proceedings of the ESPRIT Conference*, pages 334–344, Brussels, Belgium, 1989.

[2] V. R. Basili and H. D. Rombach. The TAME Project: Towards Improvement-Oriented Software Environments. *IEEE Transactions on Software Engineering*, 14(6):758–773, June 1988.

[3] A. Borgida and K. Williams. Accommodating Exceptions In Databases And Refining The Schema By Learning From Them. In *Proceedings 11th Int. Conference on Very Large Data Bases*, pages 72–81, Stockholm, 1985.

[4] Ronald J. Brachman. What IS-A Is and Isn't: An Analysis of Taxonomic Links in Semantic Networks. *Computer*, 16(10):30–36, 1983.

[5] M. Bush. Improving Software Quality: The Use of Formal Inspections at the Jet Propulsion Laboratory. In *Proceedings 12th Int. Conference on Software Engineering*, pages 196–199, Nice, France, 1990.

[6] J. Cavano and J. McCall. A Framework for the Measurement of Software Quality. In *Proceedings of the ACM Workshop on Software Quality Assurance*, pages 133–139, 1978.

[7] P. P. S. Chen. The Entity-Relationship Approach: Towards a Unified View of Data. *ACM Transactions on Database Systems*, 1(1), 1976.

[8] R. Cobb and Mills H. Engineering Software under Statistical Quality Control. *IEEE Software*, pages 44–54, November 1990.

[9] J. Conklin and M. L. Begeman. gIBIS: A Hypertext Tool for Exploratory Policy Discussion. *ACM Transactions on Office Information Systems*, 6(4):303–331, 1988.

[10] T. DeMarco. *Structured Analysis and System Specification*. Prentice Hall, Inc. Englewood Cliffs, 1979.

[11] W. E. Deming. *Out of the Crisis*. Center for Advanced Engineering Study, Cambridge, Massachusetts, Massachusetts Institute of Technology, 1986.

[12] V. Dhar and M. Jarke. Dependency Directed Reasoning and Learning in System Maintenance Support. *IEEE Transactions on Software Engineering*, 14(2):211–228, 1988.

[13] E. W. Dijkstra. *Structured programming*. Nato Science Committee, software engineering techniques edition, 1970.

[14] M. Dowson. Integrated project support with IStar. *IEEE Software*, 4(4):6–15, 1987.

[15] M. E. Fagan. Design and Code Inspections to Reduce Errors in Program Development. *IBM Systems Journal*, 15(3):182–211, 1976.

[16] M.E. Fagan. Advances in Software Inspections. *IEEE Transactions on Software Engineering*, 12(7):744–751, 1986.

[17] L. H. Fenton. Response to the SHARE software service task force report. In *IBM Corp.* Kingston, NY, 1984.

[18] C. Green, D Luckham, R. Balzer, T. Cheatham, and C. Rich. Report on a Knowledge-Based Software Assistant. In C. Rich and R. C. Waters, editors, *Readings in Artificial Intelligence and Software Engineering*, pages 377–428. Morgan Kaufman, San Mateo, Ca, 1986.

[19] A.R. Hevner, S.A. Becker, and L.B. Pedowitz. Integrated CASE for Cleanroom Development. *IEEE Software*, 9(2):69–76, 1992.

[20] W. S. Humphrey. *Managing the Software Process*. Addison-Wesley, 1990.

[21] K. Jarke, M.and Pohl. Quality Informations Systems and Information Systems Quality. Technical Report 92–7, Aachener Informatik Berichte, RWTH-Aachen, 1992.

[22] M. Jarke. ConceptBase V 3.0 User manual, Report MIP-9106. Technical report, University of Passau, Germany, 1991.

[23] M Jarke, M. A. Jeusfeld, and T. Rose. A Software Process Model for Knowledge Engineering in Information Systems. *Information Systems*, 15(1):86–115, 1990.

[24] M. Jarke, J. Mylopoulos, J.W. Schmidt, and Y. Vassiliou. DAIDA An Environment for Evolving Information Systems. *ACM Transactions on Information Systems*, 10(1), 1992.

[25] M. Jarke and T. Rose. Specification Management with CAD°. In P. Loucopoulos and R. Zicari, editors, *Conceptual Modeling, Databases, and CASE*. John Wiley, Chichester, UK, 1991.

[26] N. H. Madhavji, V. Gruhn, W. Deiters, and W Schäfer. Prism: Methodology and Process-oriented Environment. In *Proceedings 12th Int. Conference on Software Engineering*, pages 277–288, Nice, France, 1990.

[27] H.D. Mills, M. Dyer, and Linger R.C. Cleanroom Software Engineering. *IEEE Software*, pages 19–25, September 1987.

[28] J. Mylopoulos, L. Chung, and B. Nixon. Representing and Using Non-Functional Requirements: A Process-Oriented Approach. *IEEE Transactions on Software Engineering*, 18(6), 1992.

[29] R. J. Norman and J. F. Jr. Nunamaker. CASE Productivity Perceptions of Software Engineering Professionals. *Communications of the ACM*, 32(9):1102–1108, 1989.

[30] J.S. Oakland. Total Quality Management. In *Proceedings 2nd Inernational Conference on Total Quality Management*, pages 3–17, Oxford, 1989. Cotswold Press Ltd.

[31] M. Oivo and V. R. Basili. Representing Software Engineering Models: The TAME Goal Oriented Approach. *IEEE Transactions on Software Engineering*, 18(6), 1992.

[32] L. Osterweil. Software Processes are Software too. In *Procceedings 9th Int. Conference on Software Engineering*, pages 2–13, Monterey, Ca, 1987.

[33] C. Potts and G. Bruns. Recording the Reason for Design Decisions. In *Proceedings of the 10th Int. Conference on Software Engineering*, pages 418–427, Singapore, 1988.

[34] B. Ramesh and V. Dhar. Process-Knowledge Based Group Support in Requirements Engineering. *IEEE Transactions on Software Engineering*, 18(6), 1992.

[35] T. Rose, M. Jarke, M. Gocek, C.G. Maltzahn, and H.W. Nissen. A Decision-based Configuration Process Environment. *Special Issue on Software Process Support, IEEE Software Engineering Journal*, 6(5):332–346, 1991.

[36] J.W. Sagawa. Repository Manager Technology. *IBM Systems Journal*, 29(2):209–227, 1990.

[37] R.W. Selby, V.R. Basili, and F.T. Baker. Cleanroom Software Development: An Empirical Evaluation. *IEEE Transactions on Software Engineering*, 13:1027–1037, 1987.

[38] R.W. Selby and A.A. Porter. Learning From Examples: Generation and Evaluation of Decision Trees for Software Resource Analysis. *IEEE Transactions on Software Engineering*, 14(12):43–1757, 1988.

[39] R.W. Selby, A.A. Porter, D.C. Schmidt, and J. Berney. Metric-Driven Analysis and Feedback Systems for Enabling Empirically Guided Software Development. In *Proceedings 14th Int. Conference on Software Engineering*, pages 288–298, Austin, Tx, 1991.

[40] C. Sylla and B. Arinze. A Method for Quality Precoordination in a Quality Assurance Information System. *IEEE Transactions on Engineering Management*, 16(3):245–256, 1991.

[41] I. Thomas. Writing Tools for PCE and PACT. In *Proceedings ESPRIT 88 Conference*, pages 453–459, Brussels, Belgium, 1988.

[42] E. Waldmüller. Software Quality Management. *Microprocessing and Microprogramming*, 32(1-5):609–616, 1991.

[43] S.S. Yau, Y.-W. Wang, Huang; J.G., and J.E. Lee. An Integrated Expert System Framework for Software Quality Assurance. In *Proceedings 14th Int. Computer Software & Applications Conference*, pages 161–166, Chicago, Il, 1990.

[44] E. Yourdon. *Structured Walkthroughs (3rd edn.)*. Yourdon Press, New York, 1985.

Messung der Gebrauchstauglichkeit interaktiver Software.[1]

MATTHIAS RAUTERBERG
Institut für Arbeitspsychologie (IfAP)
Eidgenössische Technische Hochschule (ETH)
Nelkenstr. 11, CH-8092 Zürich

1. Einleitung

Die Entwicklung moderner Technologie ist aus der ersten Phase, bei der es im wesentlichen darum ging, funktionstüchtige und benutzbare Systeme zu erstellen, herausgewachsen und in die zweite Phase eingetreten mit dem Anspruch, nicht nur funktionstüchtige Systeme, sondern auch benutzungsgerechte Systeme zu gestalten (Klotz 1991). Die Forschung auf dem Gebiet der benutzungsgerechten Systemgestaltung wurde zunächst maßgeblich im anglo-amerikanischen Raum betrieben (Martin 1973). Die ersten Übersichtsarbeiten erschienen Anfang der 80er Jahre (Ramsey & Atwood 1979; Shackel 1979; Eason 1981), erste Leitfäden mit konkreten Gestaltungshinweisen folgten (Smith & Aucella 1982; Spinas, Troy & Ulich 1983; Smith & Mosier 1986). Seitdem ist die Forschung zum Bereich Mensch-Computer Interaktion ("human computer interaction") international etabliert. Die Ergebnisse dieses Forschungsgebietes sind zum Teil in nationale Normen (zB. DIN 66 234; Dzida, Herda & Itzfeldt 1978), bzw. neuerdings in internationale Normungsaktivitäten (zB. ISO 9241) eingegangen (Jüptner 1991).

Eines der Hauptprobleme bei der Anwendung der einzelnen genormten Vorschriften, Leitsätze, bzw. Gestaltungskriterien liegt darin begründet, daß "es derzeit noch nicht möglich ist, die Erfüllung einzelner der genannten Leitsätze objektiv zu überprüfen, da geeignete Überprüfungsverfahren noch nicht bekannt sind. Wenn Prüfverfahren bekannt sind, bedarf es noch einer Weiterentwicklung dieser oder weiterer Normen, z.B. hinsichtlich quantifizierbarer Größen und anwendungsspezifischer Anforderungen." (DIN 66 234, Teil 8, 1988:1). Es wird im folgenden aufgezeigt und diskutiert, welche sinnvollen und praktikablen Möglichkeiten zur Zeit bestehen, die Gebrauchstauglichkeit interaktiver Softwareprodukte zu messen und zu beurteilen (Kirakowski & Corbett 1990).

2. Gebrauchstauglichkeit = Benutzbarkeit + Benutzungsfreundlichkeit

Softwareprodukte müssen zuallererst einmal ihre Gebrauchstauglichkeit unter Beweis stellen. Gebrauchstauglichkeit setzt sich zusammen aus Benutzbarkeit und Benutzungsfreundlichkeit. Benutzbar ist interaktive Software, wenn sie mit aufgabenangemessener Funktionalität ausgestattet ist. Mit Arbeitsaufgabe ist der 'Schnittpunkt' zwischen Organisation und Benutzer gemeint (Volpert 1987:14) und muß die folgenden Eigenschaften aufweisen (Ulich 1991:157):

- *Ganzheitlichkeit*: Benutzer erkennen die Bedeutung und den Stellenwert ihrer Tätigkeit; sie erhalten entsprechende Rückmeldung über den eigenen Arbeitsfortschritt aus der Tätigkeit selbst.
- *Anforderungsvielfalt*: Unterschiedliche Fähigkeiten, Kenntnisse und Fertigkeiten können von dem Benutzer eingesetzt werden; einseitige Beanspruchungen können vermieden werden.
- *Möglichkeiten der sozialen Interaktion*: Schwierigkeiten können gemeinsam zwischen den Benutzern bewältigt werden; gegenseitige Unterstützung hilft Belastungen besser ertragen.
- *Autonomie*: das Selbstwertgefühl und die Bereitschaft zur Übernahme von Verantwortung wird durch Autonomie gestärkt; ebenso wird die Erfahrung vermittelt, nicht einfluss- und bedeutungslos zu sein.
- *Lern- und Entwicklungsmöglichkeiten*: die allgemeine geistige Flexibilität bleibt erhalten; berufliche Qualifikationen werden erhalten und weiterentwickelt.

Diese Anforderungen lassen sich am besten im Rahmen partizipativer Softwareentwicklung verwirklichen (Rauterberg 1992) und betreffen die Spezifikation der Organisations- und Werkzeugschnittstelle (Dzida 1987).

Warum die Benutzbarkeit von der Benutzungsfreundlichkeit unterschieden werden muß, möge das folgende fiktive Beispiel verdeutlichen:

---

1 Der vorliegende Beitrag entstand im Rahmen des Forschungsprojekt BOSS - Benutzer-orientierte Softwareentwicklung und Schnittstellengestaltung (Förderkennzeichen 01 HK 706-0), das vom BMFT (AuT-Programm) gefördert wird.

Eine Firma gibt bei einem Softwarehaus die Entwicklung eines komplexen Produktions-, Planungs- und Steuerungssystem zu einem bestimmten Festpreis in Auftrag. Nach einer Woche schickt das Softwarehaus die neueste Version der Cobol-Programmierumgebung für die vom Auftraggeber gewünschte Zielmaschine und bittet in einem Begleitschreiben um Überweisung des fälligen Festpreises mit dem Hinweis darauf, daß die gelieferte Lösung sämtliche gewünschten Funktionen beinhaltet und zudem vollständig durch den Auftraggeber an seine individuellen Bedürfnisse anpaßbar ist.

Aus diesem - zugegeben extremen - Beispiel können wir lernen, daß die Benutzungsfreundlichkeit von entscheidender Bedeutung ist: zwar ließe sich die Benutzbarkeit im Sinne der vollständigen Funktionserfüllung bei diesem Beispiel als gegeben behaupten, aber die Benutzungsfreundlichkeit ist für den Auftraggeber mit Sicherheit in keiner Weise gewährleistet.

2.1. Benutzbarkeit

Um die Benutzbarkeit eines Softwareproduktes sicherzustellen, muß in den frühen Phasen der Softwareentwicklung eine Analyse der Arbeitsaufträge und eine Analyse der Arbeitstätigkeiten durchgeführt werden (Ulich 1991):

Analyse der Arbeits-Aufträge: Bei der Auftrags- und Bedingungsanalyse wird schrittweise eine vertiefende Analyse von Arbeitsaufträgen durchgeführt (Hacker & Matern 1980). Die Auftragsanalyse dient der Gewinnung von organisationalen Gestaltungsvorschlägen und gliedert sich in sieben Schritte: 1. Gliederung des Produktionsprozesses und der betrieblichen Rahmenbedingungen. 2. Identifizierung des Arbeitsprozesses innerhalb des Produktionsprozesses. 3. Auflisten der Eigenschaften des zu bearbeitenden Produktes bzw. des zu steuernden Prozesses. 4. Analyse der Arbeitsteilung zwischen den Beschäftigten. 5. Beschreibung der Grobstruktur der Arbeitsaufträge. 6. Festlegung der objektiven Freiheitsgrade bei der Bewältigung der Arbeitsaufträge. 7 Erfaßung der Häufigkeiten von identischen und seltenen Arbeitsaufträgen pro Arbeitsschicht. Als Methoden werden eingesetzt: Analyse betrieblicher Dokumente (die Dokumentenanalyse); die sich ergebenden Informationen werden durch stichprobenartige Beobachtungen von Arbeitsabläufen und Befragungen ergänzt (das Beobachtungsinterview); spezifische Informationen können nur über ausführliche Befragungen betrieblicher Spezialisten erhalten werden (das Experteninterview) (siehe auch Macaulay et al. 1990).

Analyse der Arbeits-Tätigkeiten: Für die Erarbeitung von arbeitsplatzbezogenen Gestaltungsvorschlägen ist es oft unumgänglich, eine Tätigkeitsanalyse durchzuführen (Ulich 1991:72ff). Sie liefert Kenntnisse über Abläufe, Auftrittshäufigkeiten und Zeitanteile der einzelnen Teiltätigkeiten. Folgende drei Schritte sind dabei zu beachten: 1. Analyse der Ablaufstruktur der Arbeitstätigkeit hinsichtlich der enthaltenen Teiltätigkeiten. 2. Entwicklung eines Kategoriensystems zur präzisen Erfassung aller Teiltätigkeiten. 3. Erfassung der Art, Auftrittshäufigkeit und Zeitanteil der einzelnen Teiltätigkeiten über die gesamte Arbeitsschicht der ArbeitnehmerInnen hinweg. Während die globale Analyse der Arbeitsaufträge in dem zu analysierenden Arbeitssystem im Rahmen traditioneller Softwareentwicklung teilweise zum Tragen kommt, wird die Analyse der Arbeitstätigkeiten und der Auswirkungen dieser Tätigkeiten weitgehend außer acht gelassen. Einen systematischen Überblick über mögliche Analyse- und Gestaltungsmaßnahmen gibt Upmann (1989:114) (siehe auch Baitsch et al. 1989; Dzida et al. 1990; Lim, Long & Silcock 1990).

Die Benutzbarkeit interaktiver Software entscheidet darüber, ob das Softwareprodukt im geplanten Aufgabenkontext von den Endbenutzern überhaupt sinnvoll verwendbar ist (Carroll 1988). Die Messung der Benutzbarkeit erfolgt über die Messung der Benutzungsfreundlichkeit (Spencer 1985; Brooke et al. 1990; Kirakowski & Corbett 1990).

2.2. Benutzungsfreundlichkeit

Unter Benutzungsfreundlichkeit ("usability") versteht man ganz allgemein
"the ease of use and acceptability of a system or product for a particular class of users carrying out specific tasks in a specific environment; where 'ease of use' affects user performance and satisfaction, and 'acceptability' affects whether or not the product is used" (Bevan, Kirakowski & Maissel 1991:652).

Wenn die Benutzbarkeit gewährleistet ist, bleibt noch offen, wie gut die aufgabenbezogene Funktionalität von dem jeweiligen Benutzer im Rahmen seiner Tätigkeit genutzt werden kann. Zur Messung der Benutzungsfreundlichkeit lassen sich drei Meßansätze unterscheiden (Bevan, Kirakowski & Maissel 1991:651):
- *der interaktions-zentrierte Meßansatz* (IM); Benutzungsfreundlichkeit läßt sich über Eigenschaften der Interaktion zwischen Benutzer und System selbst messen (Performanz, psycho-mentale Leistungen, etc.);
- *der benutzer-zentrierte Meßansatz* (BM); subjektive Beurteilungen des Benutzers lassen sich im Rahmen dieses Ansatzes erfassen (subjektive Ratings, Beanspruchungen, kognitive Eigenschaften, etc.);
- *der produkt-zentrierte Meßansatz* (PM); die Benutzungsfreundlichkeit des Systems wird in ergonomischen Eigenschaften des Produktes selbst bestimmt (Maskenaufbau, Dialogtechnik, etc.).

Jede Messung setzt sich aus dem Inhalt der Messung und der Form, unter der die Messung verläuft, zusammen (Zülch & Englisch 1991). Die Inhalte der Messung von Benutzungsfreundlichkeit sind Kriterien zur benutzer-orientierten Dialoggestaltung. In wie weit das jeweilige Kriterium erfüllt sein sollte, wird im Rahmen der Messung normativ vorgegeben. Um den Ausprägungsgrad eines Kriteriums bestimmen zu können, muß eine Meßvorschrift erstellt werden; dieser Vorgang wird 'Operationalisierung' genannt (Sarris 1990:142). Zum Zwecke einer empirischen Messung müssen also Zuordnungen ("Operationalisierungen") zwischen theoretischen Konstrukten (z.B. "Flexibilität") und messbaren Phänomenen (z.B. Bearbeitungszeit) getroffen werden.

2.3. Kriterien zur Gestaltung gebrauchstauglicher Software

Aus der Fülle möglicher Kriteriensammlungen (siehe Reiterer 1990) wird hier das empirisch am besten abgesicherte Konzept von Ulich (1991; Ulich et al. 1991) vorgestellt. Ulich (1991:256ff) unterscheidet basierend auf handlungspsychologischen Überlegungen drei Bereiche: "Aufgabenorientierung", "Kalkulierbarkeit als Voraussetzung für Kontrolle" und "Kontrolle".

Der Bereich "Aufgabenorientierung" wurde bereits oben unter dem Aspekt der Benutzbarkeit besprochen. Der Bereich "Kalkulierbarkeit..." umfaßt die folgenden Kriterien (Ulich 1991:258-259):

"Transparenz: Benutzer/innen sollten erkennen können, ob ein *eingegebener Befehl* behandelt wird oder ob das System auf weitere Eingaben wartet. Bei längeren Vorgängen sollte das System *Zwischenzustandsmeldungen* abgeben können.

Konsistenz: Die *Antwortzeiten* des Systems sollten wenig variieren; wichtiger als kurze Antwortzeiten sind regelmässige und damit kalkulierbare Intervalle. Das System sowie dessen *Antwortverhalten* sollten für Benutzer/innen transparent und konsistent sein; ähnliche Aktionen sollten ähnliche Ausführungen bewirken, andernfalls muss dies durchschaubar gemacht werden. ...

Kompatibilität: Bei der *Darstellungsform* für Einzelinformationen sollte ebenso wie für ganze Bilder ggf. auf Übereinstimmung mit entsprechenden gedruckten Vorlagen oder Unterlagen geachtet werden. *Sprache* und begriffliche Komplexität des Dialoges sollten an den Gepflogenheiten und Kenntnissen des spezifischen Benutzerkreises orientiert sein; anstelle von EDV-Kürzeln sollte mit den jeweils fachspezifischen Begriffen der Benutzer/innen gearbeitet werden können.

Unterstützung: *Dialoghilfen* sowohl zu inhaltsbezogenen wie zu vorhergehensbezogenen Aspekten sollte von den Benutzer/innen während des Dialogs jederzeit abgerufen werden können; das Betätigen einer allfälligen Help-Taste sollte gegenüber anderen Befehlen einen Sonderstatus einnehmen. Das System sollte eine *Rückfragemöglichkeit* derart bereitstellen, dass auf eine Aufforderung durch die Benutzer/innen hin ggf. ausführlichere Antworten abgegeben werden".

Der Bereich "Kontrolle" wird durch die folgenden Kriterien beschrieben:

Flexibilität ist die "Summe objektiv vorhandener Freiheitsgrade zur selbständigen Setzung und Erreichung von (Teil-) Zielen durch variable Abfolge von (Teil-) Schritten" (Spinas 1987:146).

Individuelle Auswahlmöglichkeiten: der Benutzer kann das Systemverhalten durch die Einstellung von Systemparametern auf seine individuellen und aufgabenbezogenen Bedürfnisse abstimmen.

Individuelle Anpassungsmöglichkeiten ist "die Möglichkeit der eigenständigen Gestaltung und dementsprechend auch der Erweiterung objektiver Tätigkeitsspielräume" (Spinas 1987:177).

Partizipation beinhaltet die verschiedenen Formen und Grade der Benutzerbeteiligung bei der Systementwicklung (Spinas, Waeber & Strohm 1990; Rauterberg 1992).

Um nun diese inhaltlichen Kriterien messen zu können, müssen sie 'operationalisiert' werden (Peercy 1981; Whitefield, Wilson & Dowell 1991:72). Die am häufigsten verwendeten Meßskalen für bestimmte Eigenschaften des Interaktionsprozesses werden nur 'lose' - wenn überhaupt - inhaltlichen Kriterien zugeordnet. Rengger (1991:658) konnte zeigen, daß in ca. 500 Veröffentlichungen gefundene Operationalisierungen in folgende vier Bereiche aufgeteilt werden können:

- *Benutzbarkeits-Indikatoren*: Messung der Entfernung des erreichten Bearbeitungszustandes in Bezug auf den angestrebten Zielzustand (Meßskalen: Produktgüte, Mängelrate,Verhältnis von Produktgüte zu Mängel, Genauigkeit, Effektivität).
- *Leistungs-Indikatoren*: Messung der Güte des Bearbeitungsprozeßes in zeitlichen Dimensionen (Meßskalen: Bearbeitungsgeschwindigkeit, Lösungsgrad, Effizienz, Produktivität, Produktivitätszuwachs).
- *Handhabungs-Indikatoren*: Messung der Fähigkeiten der Benutzer die zu testenden Eigenschaften des Systems benutzen zu können (Meßskalen: Anzahl Fehler, Anzahl interaktive Probleme, Handhabungsschwierigkeiten, Funktionsnutzung, Interaktivität).
- *Qualifizierungs-Indikatoren*: Messung der Fähigkeiten und Anstrengungen der Benutzer zum Erlernen, Verstehen und Erinnern der Systemnutzung (Meßskalen: Lernfähigkeit, Lernzeitraum, Lernrate).

Der folgende Bereich muß unbedingt noch hinzugenommen werden (Boucsein 1987; Kishi & Kinoe 1991):

- *Belastungs-Indikatoren*: Messung der vom Benutzer vor, während und nach der Systemnutzung erlebte emotionale und mentale Stress. Stress läßt sich über psychophysiologische Maße (Boucsein 1987; Wiethoff, Arnold & Houwig 1991), über Videoaufnahmen (Rauterberg 1988), und über Fragebögen (Apenburg 1986) messen.

Ein gutes Meßverfahren sollte sich nicht nur durch die Eigenschaften der "Objektivität", der "Reliabilität" und der "Validität" (siehe unten), sondern sich auch durch einen *minimalen Meßaufwand* auszeichnen. Dies ist einer der Gründe, warum ein großes Interesse daran besteht, den aufwendigen interaktions- und benutzer-zentrierten Meßansatz durch den weniger aufwendigen produkt-zentrierten Meßansatz zu ergänzen. Es gibt jedoch Kriterien wie z.B. "Transparenz", welche sich nur im Bezug auf die Wahrnehmungs- und Interpretationsleistung des Benutzers messen lassen, sodaß der interaktions-, bzw. benutzer-zentrierte Meßansatz sich wahrscheinlich nicht vollständig durch den produkt-zentrierten Meßansatz ersetzen läßt.

3. Arten der Messung von Gebrauchstauglichkeit

Durch die Modellierung, bzw. Simulierung des Benutzers oder des interaktiven Systems versucht man, den Meßaufwand beim Einsatz empirischer Tests zu reduzieren. Wenn sowohl die Software, als auch der Benutzer nur als Modell gegeben ist, handelt es sich um einen formal-analytischen Ansatz ("keystroke level model": Card, Moran & Newell 1983; "cognitive complexity theory": Kieras & Polson 1985).

Tabelle 1: Übersicht über die vier verschiedenen Ansätze zur Bestimmung der Gebrauchstauglichkeit interaktiver Systeme (in Anlehnung an Whitefield, Wilson & Dowell 1991:74 und Kishi & Kinoe 1991:600)

		Benutzermodell	**realer Benutzer**
Com-puter	**simuliert**	[formal-analytische Methode]	benutzer-zentrierter Meßansatz (BM)
	realisiert	produkt-zentrierter Meßansatz (PM)	interaktions-zentrierter Meßansatz (IM)

Da die Modellannahmen der formal-analytischen Methoden noch nicht ausgereift sind, werden wir auf diesen Ansatz nicht weiter eingehen (zur einschlägigen Kritik siehe

Greif & Gediga 1987, Karat & Bennett 1991, Benyon 1992). Wir werden zuerst den am häufigsten eingesetzten IM, dann den BM und zum Schluß die bisher möglichen Meßkriterien im Rahmen des PM vorstellen. Die Zuordnung zu einem dieser Meßansätze bestimmt die Quelle, für welche die jeweilige Meßskala definiert ist. Oft werden IM und BM im Rahmen von empirischen Tests gemeinsam eingesetzt. Eine empirische Messung setzt sich aus einer Datenerhebungs- und einer Datenaufzeichnungsmethode, sowie einer Auswertungs-, bzw. Meßvorschrift zusammen. So sollte z.B. die Datenerhebungsmethode des "lauten Denkens" stets durch eine Datenaufzeichnungsmethode (Tonband oder Video) ergänzt werden. "Logfile recording" ist dagegen lediglich eine Datenaufzeichnungsmethode, welche sich z.B. gut im Kontext der Datenerhebungsmethoden eines interaktions-zentrierten Meßansatzes einsetzen läßt.

3.1. Der interaktions-zentrierte Meßansatz (IM)

Wenn die Meßskala Eigenschaften des Interaktionsprozesses zwischen Benutzer und System mißt, handelt es sich um den interaktions-zentrierten Meßansatz (IM). Es lassen sich verschiedene Aspekte des Interaktionsprozesses messen (siehe Tabelle 2). Leistungsfähige Datenaufzeichnungsmethoden sind: Testleiterprotokollierung, Video-Aufzeichnung des Bildschirminhaltes ("screen-recording"), des Benutzers, sowie der Eingabeschnittstelle, automatische Aufzeichnung der benutzten Dialogoperatoren ("logfile-recording") (Crellin, Horn & Preece 1990). Als brauchbarer Kompromiß hat sich eine Kombination zwischen "logfile-recording" und unmittelbarer Testleiterprotokollierung ergeben (Müller-Holz et al. 1991:418).

Tabelle 2:   Zuordnung interaktionsbezogener Meßskalen zu den fünf Meßbereichen

Benutzbarkeit	Produktgüte, Mängelrate,Verhältnis von Produktgüte zu Mängel, Genauigkeit, Effektivität (Rengger 1991), Art und Anzahl benutzter Funktionen (Moll 1987)
Leistung	Aufgabenbearbeitungsgeschwindigkeit (Rauterberg 1990), Anzahl Dialogoperatoren, durchschnittliche Bearbeitungszeit pro Dialogoperator, durchschnittliche Dauer der Pausen zwischen zwei Dialogoperatoren (Ackermann & Greutmann 1987), Übergangswahrscheinlichkeiten zwischen verschiedenen Dialogoperatoren (Schmid & Meseke 1991)
Handhabung	Art und Anzahl benutzter Dialogoperatoren, Art und Anzahl Fehler, Art und Anzahl interaktiver Probleme ("interaktive Deadlocks"), Art der Problemlöse-Strategie, angestrebte Bearbeitungsziele ("lautes Denken"), Blickbewegungen (Fleischer et al. 1984)
Qualifizierung	Art und Anzahl von Problemlöse-Strategiewechsel, Zeit für die Benutzung des Hilfesystems-, bzw. der Dokumentation, Überlegungszeitschwellen (Ackermann & Greutmann 1987)
Belastung	psychophysiologische Maße: Herzrate, Atmung, Hautleitfähigkeit, EEG, etc. (Wiethoff, Arnold & Houwig 1991), bipolare Videoratingskalen (Rauterberg 1988)

Die Datenaufzeichnung auf Video oder Tonband ist zwar sehr praktisch, benötigt aber bei der Auswertung einen doppelten bis dreifachen zeitlichen Auswertungsaufwand. Um diesen Auswertungsaufwand zu minimieren, empfiehlt es sich möglichst viele Daten während der Testung mitzuerheben (Vossen 1991). Die wichtigsten Daten lassen sich oftmals problemlos auf dem Testleiterprotokollbogen vermerken.
Um die vom Benutzer jeweils angestrebten Bearbeitungsziele messen zu können, wird er gebeten, seine kognitiven Ziele während der Aufgabenbearbeitung laut auszusprechen ("lautes Denken"). Problematisch ist diese Datenerhebungsmethode, wenn der Benutzer ungeübt im Verbalisieren oder sehr intensiv mit der zu bearbeitenden Aufgabenstellung beschäftigt ist, weil dann der Benutzer dazu neigt, mit dem Aussprechen

aufzuhören. Die Videokonfrontationsmethode (Neal & Simons 1984; Moll 1987) kann die Schwächen der Datenerhebungsmethode des "lauten Denkens" zum Teil ausgleichen.

3.2. Der benutzer-zentrierte Meßansatz (BM)

Alle Meßwerte, die ausschließlich über Eigenschaften des Benutzers erhoben werden, gehören zum benutzer-zentrierte Meßansatz (BM). Es lassen sich zwei Meßwertbereiche ausmachen: Eigenschaften des Benutzers selbst und/oder Eigenschaften des simulierten Systems gemessen über die Einschätzungen seitens des Benutzers (siehe Tabelle 3).

Tabelle 3:   Zuordnung benutzerbezogener Meßskalen zu den fünf Meßbereichen

Benutzbarkeit	Aufgabeneigenschaften (Rudolph, Schönfelder & Hacker 1987), Beurteilungsskalen (Shneiderman 1987:402-407, Spinas 1987)
Leistung	Fragebögen zur Messung der Intelligenz, der Leistungsmotivation, der Aufmerksamkeitsspanne, etc.
Handhabung	Handhabungsbogen (Spinas 1987, Rauterberg 1991), "Questionnaire for User Interface Satisfaction (QUIS)" (Chin, Diehl & Norman 1988)
Qualifizierung	Zeit zur Bewältigung eines Trainingprogramms, "Questionnaire for User Interface Satisfaction (QUIS)", Wissensfragebogen (Dutke 1988), Vorerfahrungsfragebogen (Rauterberg 1991)
Belastung	Fragebogen zur Messung psychomentaler Belastungen (Apenburg 1986)

Als Datenerhebungsmethoden kommen zum Einsatz: "walk-through", Inspektion der Simulation (z.B. Datenmodell, Spezifikation, Prototyp, etc.), Interviews und Fragebögen.

3.3. Der produkt-zentrierte Meßansatz (PM)

Bei dem produkt-zentrierten Meßansatz (PM) werden Eigenschaften des Softwareproduktes direkt am Produkt selbst gemessen. Das Benutzermodell ist eingebettet in die Operationalisierungen der verwendeten Meßwertskalen. Es gibt drei mögliche Zugangsweisen: Kriterien (z.B. DIN 66 234), Checklisten (z.B. EVADIS) und quantitative Maße (Gunsthövel & Bösser 1991).
Grundsätzlich ist für diesen produkt-zentrierten Meßansatz eine Beschreibungssprache für Eigenschaften von Benutzungsoberflächen notwendig, welche nicht zu allgemein ist, aber auch nicht zu spezifisch am technischen Detail hängen bleibt. Der "Granulationsgrad" dieser Beschreibungssprache sollte so gewählt sein, daß die verwendeten Beschreibungskonstrukte die spezifischen Eigenschaften der verschiedenen Oberflächentypen hinreichend genau differenzieren können, aber dennoch auf möglichst viele Oberflächentypen einheitlich anwendbar sind. Die DIN 66 234 Teil 8 verzichtet von vorneherein auf ihre Überprüfbarkeit und begnügt sich mit beispielhaften Beschreibungen. Das EVADIS-Verfahren stellt den Prüffragen eine Erläuterung der technischen Komponenten der Benutzungsschnittstelle voran (Oppermann et al. 1988:21-23).
Das Beschreibungskonzept der "interaktiven Aufsetzpunkte" (Rauterberg, in Vorbereitung) erlaubt es nun, nicht nur verschiedenste Arten von Benutzungsoberflächen einheitlich zu beschreiben, sondern auch wesentliche Unterschiede zwischen diesen Oberflächen einfach darzustellen. Es lassen sich in Abhängigkeit von der jeweiligen interaktiven Bedeutung verschiedene Mengen von Aufsetzpunkten unterscheiden: repräsentationale Interaktionspunkte (RIPe) und funktionale Interaktionspunkte (FIPe); unterscheidet man nun die Funktionalität in Dialogfunktionen und Anwendungsfunktionen, so erhält man dialog-funktionale Interaktionspunkte (DFIPe) und anwendungs-funktionale Interaktionspunkte (AFIPe); sind diesen beiden Typen von FIPen jeweils wahrnehmbare Repräsentationen auf der Ein/Ausgabeschnittstelle zugeordnet, so ergeben sich repräsentierte dialog-funktionale Interaktionspunkte (RDFIPe) und repräsentierte

anwendungs-funktionale Interaktionspunkte (RAFIPe). Aufbauend auf diesen Beschreibungskonstrukten lassen sich nun Kriterien wie "Flexibilität", "individuelle Auswahl" und "individuelle Anpassung" in quantifizierbare Formeln überführen.

4. Die Güte der Messung

Messen ist die Zuordnung von Zahlen (numerisches Relativ) zu Objekten und deren Eigenschaften (empirisches Relativ) mit dem Ziel einer isomorphen oder homomorphen Abbildung (Kirakowski & Corbett 1988:156). Damit verbunden sind die Objektivität, die Reliabilität und die Validität einer Messung (Lienert 1989), weil jede Messung durch systematische und/oder zufällige Meßfehler beeinflußt wird. Das Ergebnis einer Messung wird Skala genannt, die durch das geordnete Tripel (A, Z, Ω) mit A als empirischen Relativ, Z als numerischen Relativ und Ω als Zuordnungsfunktion definiert ist. Zu jedem empirischen Relativ gibt es eine Menge numerischer Relative, die durch alle diejenigen Transformationen gegeben sind, welche die Isomorphie- oder Homomorphiebedingungen der Abbildung bewahren. Skalen mit gleichen Transformationseigenschaften haben dasselbe Meß- bzw. Skalenniveau.
Es lassen sich vier verschiedene Meßniveaus unterscheiden: die Nominal-Skala, die Ordinal-Skala, die Intervall-Skala und die Verhältnis-Skala. Die Möglichkeiten der Nominal- und Ordinal-Skalen werden oftmals unterschätzt oder ganz außeracht gelassen. Wenn man z.B. im Rahmen einer Produktprüfung feststellen muß, ob eine bestimmte Produkteigenschaft vorhanden, bzw nicht vorhanden ist, dann entspricht dies einer Messung auf Nominal-Skalenniveau. Die folgende Tabelle zeigt die Eigenschaften dieser vier Meßniveaus:

Tabelle 5: Übersicht über die vier verschiedenen Meßskalen und ihre Eigenschaften

	Nominal-Skala	Ordinal-Skala	Intervall-Skala	Rational-Skala
andere Bezeichnungen	topologische Skalen "qualitative" Skalen		metrische Skalen "quantitative" Skalen	
definierte Relationen	= ≠	= ≠ < >	= ≠ < > + -	= ≠ < > + - * /
zulässige Transformation	alle eindeutigen	alle monotonen	x'= bx + a mit b≠0	x'= bx mit b≠0
Interpretation	gleich / ungleich Relationen im numerischen Relativ geben entsprechende Eigenschaften des empirischen Relativs wieder	kleiner / größer Relationen im numerischen Relativ geben entsprechende Eigenschaften des empirischen Relativs wieder	Differenz-Relationen im numerischen Relativ geben entsprechende Eigenschaften des empirischen Relativs wieder	Verhältnis-Relationen im numerischen Relativ geben entsprechende Eigenschaften des empirischen Relativs wieder
Erwartungswert	Modalwert	Median	arithmetisches Mittel	geometrisches Mittel

5. Testen, Messen und Beurteilen

Objektivität, Reliabilität und Validität haben die vor allem pragmatische Funktion, daß unterschiedliche Tester hinsichtlich einer bestimmten Testung zu vergleichbaren Ergebnissen gelangen (Landauer 1988). Eine hohe Reliabilität garantiert die intersubjektive Erfahrbarkeit im Gegensatz zu raum-zeitlich singulärer und individueller Erfahrung. Aus diesem Grund ist eine hohe Reliabilität eine notwendige, wenn gleich keine hinreichende, Voraussetzung für die Validität einer Messung. Die Forderung nach der Reproduzierbarkeit von Testergebnissen erfordert ein Konstanthalten aller "relevanten" Testbedingungen. Je besser diese Forderung erfüllbar ist (z.B. in einigen Bereichen der Naturwissenschaften), desto leichter ist die Beurteilbarkeit der Meßergebnisse und damit die Erkenntnisgewinnung.
Die Meßergebnisse eines Test, die ausschließlich unter künstliche Laboratoriumsbedingungen gewonnen wurden, haben jedoch eine geringe "ökologische" Validität (Benda

1983). Die Minimierung der großen Variabilität der zu messenden Phänomene in ihrem "natürlichen" Entstehungskontext, um eine möglichst hohe Reliabilität zu erreichen, steht der Forderung nach "ökologischer" Validität entgegen. Da aber zugleich eine hohe Reliabilität eine notwendige Voraussetzung für Validität ist, befindet sich der Tester in einem Dilemma, das nur zu lösen ist, indem man entweder hofft, daß auf der Grundlage einer Vielzahl von artifiziellen Testergebnissen sich eine umfassende und alltagsrelevante Beurteilung abgeben läßt, oder indem man multivariate Testdesigns wählt, um so der Vielfalt aller "relevanten" Einflußgrößen auf das Meßergebnis zumindest einigermaßen gerecht werden kann (Tabachnik & Fidell 1989). Mögliche Zielkonflikte (Greutmann & Ackermann 1989) zwischen verschiedenen Kriterien lassen sich konstruktiv durch die Abhängigkeitsmatrix (Evans & Marciniak 1987: 180) und die Paarvergleichsmethode (Sherwood-Smith 1989:87) lösen.

5.1 Test auf Übereinstimmung ("conformance")

Der "Test auf Übereinstimmung" (Dzida 1992) mit ausgewählten Kriterien und normativ vorgegebenen Soll-Werten dient der Überprüfung, in wie weit ein Softwareprodukt dem jeweils ausgewählten Kriterium genügt. Um die Meßbarkeit zu ermöglichen, muß ein Meßprotokoll mit einem normativ gesetzten Soll-Wert und dem un-, bzw. günstigsten Fall vorgegeben werden (siehe Tabelle 6).

Tabelle 6: Meßprotokoll z.B. für den Test der Installationssoftware einer Workstation (aus Whiteside, Bennett & Holtzblatt 1988:795)

Produktei- genschaft	Test- aufgabe	Meßskala	im un- günstig- sten Fall	im güns- tigsten Fall	SOLL- Wert	IST-Wert
Installier- barkeit	Installieren einer Work- station	Bearbei- tungszeit	ein Tag mit Hilfestel- lung	10 Minuten ohne Hilfe- stellung	eine Stunde ohne Hilfe- stellung	viele kön- nen über- haupt nicht installieren

5.2. Benutzungsorientierte Benchmarktests ("benchmarking")

Benutzungs-orientierte Benchmark-Tests (bBTs) lassen sich in zwei Arten unterteilen: *induktive* und *deduktive bBTs* (Rauterberg 1991). Die induktiven bBTs sind bei der Evaluation eines (z.B. vertikalen) Prototypen, oder einer (Vor)-Version zur Gewinnung von Gestaltungs- und Verbesserungsvorschlägen, bzw. zur Analyse von Schwachstellen in der Gebrauchstauglichkeit einsetzbar. Induktive bBTs können immer dann zum Einsatz kommen, wenn nur *ein* Prototyp, bzw. *eine* Version der zu testenden Software vorliegt. Demgegenüber verfolgen deduktive bBTs primär den Zweck, zwischen mehreren Alternativen (mindestens zwei Prototypen, bzw. Versionen) zu entscheiden. Zusätzlich lassen sich jedoch auch mit deduktiven bBTs Gestaltungs- und Verbesserungsvorschläge gewinnen. Zur Abschätzung der Kosten für einen benutzungsorientierten Benchmarktest im Verhältnis zu seinem Nutzen siehe Rauterberg (1991, S.13-16).

5.3. Fehler und Fallen beim Testen ("pitfalls")

Da interaktions- und benutzer-zentrierte Meßansätze zur Zeit am besten entwickelt sind, müssen bei dieser Messung unbedingt folgende Punkte beachtet werden (Holleran 1991):
- die Testaufgabe ist dem Aufgabenkontext des potentiellen Benutzerkreises zu entnehmen;
- die Testung sollte in dem "natürlichen" Arbeitskontext der Benutzer erfolgen;
- die Auswahl der Benutzer sollte repräsentativ sein (Bortz 1984:239-347);
- die Testung ist mit mindestens sechs verschiedenen Benutzern durchzuführen, um die Auswertung mit inferenzstatistischen Methoden zu ermöglich, damit eine möglichst gute Generalisierbarkeit der Meßergebnisse gewährleistet wird (Bortz 1989);

- manchmal ist es wichtig, daß der Testleiter nicht auch gleichzeitig Entwickler der zu testenden Software ist (Bortz 1984:61-62);
- es sollten möglichst alle relevanten Einflußgrößen gleichzeitig gemessen werden;
- die Meßmethode sollte so objektiv, reliabel und valide wie möglich sein.

6. Fazit

Um eine gebrauchstaugliche Software zu gewährleisten, muß die Gebrauchstauglichkeit bestimmt, d.h. gemessen werden können. Gebrauchstauglichkeit läßt sich am prägnantesten durch Kriterien inhaltlich ausfüllen, welche auf der Grundlage arbeitswissenschaftlicher Forschungen entwickelt wurden. Diese inhaltlichen Kriterien lassen sich zur Zeit am besten im Rahmen von drei verschiedenen Meßansätzen (interaktions-, benutzer- und produkt-zentriert) messen. Die Messung kann auf vier unterschiedlichen Meßniveaus erfolgen, wobei das Meßniveau weitgehend durch die Art der zu messenden empirisch beobachtbaren Eigenschaft festgelegt wird. Eine Messung sollte objektiv, reliabel und valide sein. Die Erhebung und Aufzeichnung der Daten, sowie die Auswertung zu Meßwerten sollte mit einem möglichst geringen Aufwand erfolgen können.

Der Aufwand für die Messung ließe sich dadurch verringern, möglichst viele Eigenschaften, welche zur Zeit nur interaktions- oder benutzer-zentriert messbar sind, produkt-zentriert zu messen. Jede Messung setzt eine Zuordnung von inhaltlichen Kriterien zu messbaren Eigenschaften der Realität voraus. Dazu stehen arbeitswissenschaftlich abgesicherte Kriterien, sowie das ausgereifte Methodenspektrum der Testtheorie, der Testplanung, der Skalierungstheorie und der angewandten Statistik zur Verfügung. Es ist zur Zeit also sehr gut möglich, die Gebrauchstauglichkeit von Software in einem hinreichenden Ausmaß messen und beurteilen zu können. Man muß es nur tun.

7. Literaturverzeichnis

Ackermann, D / Greutmann, T, 1987: Interaktionsgrammatik und kognitiver Aufwand. In: Schönpflug, W / Wittstock, M (Hrsg.) Software-Ergonomie ' 87 "Nützen Informationssysteme dem Benutzer?". Stuttgart: Teubner. 262-270

Apenburg, E, 1986: Befindlichkeitsbeschreibung als Methode der Beanspruchungsmessung. Zeitschrift für Arbeits- und Organisationspsychologie 30(1):3-14

Baitsch, C / Katz, C / Spinas, P / Ulich E, 1989: Computerunterstützte Büroarbeit - Ein Leitfaden für Organisation und Gestaltung. Zürich: Verlag der Fachvereine.

Benda, von, H, 1983: Feldversuch zur Gestaltung des Mensch-Maschine-Dialogs im Verwaltungsbereich. In: Balzert, H (ed.) Software-Ergonomie. Stuttgart: Teubner. 266-277

Benyon D., 1992: The role of task analysis in systems design. Interacting with Computers, 4(1):102-123

Bevan, N / Kirakowski, J / Maissel, J, 1991: What is usability? In: Bullinger, H-J (ed.) Human Aspects in Computing: Design and Use of Interactive Systems and Work with Terminals. Amsterdam London New York: Elsevier. 651-655

Bortz, J, 1984: Lehrbuch der empirischen Forschung. Berlin Heidelberg New York: Springer.

Bortz, J, 1989: Statistik. Berlin Heidelberg New York Tokyo: Springer.

Boucsein, W, 1987: Psychophysiological investigation of stress induced by temporal factors in human-computer interaction. In: Frese, M / Ulich, E / Dzida, W (eds.) Human Computer Interaction in the Work Place. Amsterdam: Elsevier (North-Holland). 163-181

Brooke, J / Bevan, N / Brigham, F / Harker, S / Youmans, D, 1990: Usability statements and standardisation - work in progress in ISO. In: Diaper, D / Gilmore, D / Cockton, G / Shackel, B (eds.) Human-Computer Interaction INTERACT'90. Amsterdam New York: North-Holland. 357-361

Card, S K / Moran, T P / Newell, A, 1983: The psychology of human-computer interaction. Hillsdale, NJ: Lawrence Erlbaum.

Carroll, J, 1988: Integrating Human Factors and Software Development. In: Soloway, E / Frye, D / Sheppard, S B (eds.) Proceedings of CHI'88 "Human Factors in Computing System". New York: ACM. 157-159

Chin, J P / Diehl, V A / Norman, K L, 1988: Development of an instrument measuring user satisfaction on the human-computer interface. In: Soloway, E / Frye, D / Sheppard, S B (eds.) Proceedings of CHI'88 "Human Factors in Computing System". New York: ACM. 213-218

Crellin, J / Horn, T / Preece, J, 1990: Evaluating Evaluation: A Case Study of the Use of Novel and Conventional Evaluation Techniques in a Small Company. In: Diaper D et al. (eds.) Human-Computer Interaction - INTERACT '90. Amsterdam: Elsevier Science. 329-335

DIN 66 234, Teil 8, 1988: Bildschirmarbeitsplätze - Grundsätze ergonomischer Dialoggestaltung. Beuth-Verlag GmbH, Burggrafenstaße 6, D-1000 Berlin 30.

Dutke, S, 1988: Lernvorgänge bei der Bedienung eines Textkommunikationssystems. Frankfurt Bern New York Paris: Lang.

Dzida, W, 1987: On tools and interfaces. In: Frese, M / Ulich, E / Dzida, W (eds.) Psychological Issues of Human Computer Interaction in the Work Place. Amsterdam: Elsevier (North-Holland). 339-355

Dzida, W, 1992 (in press): A methodological framework for software-ergonomic evaluation. In: van der Veer, G / Arnold, A G (eds.) Proceedings of "Interacting with Computers - Preparing for the Nineties". Amsterdam: Elsevier.

Dzida, W / Freitag, R / Hoffmann, R / Valder, W, 1990: Bridging the gap between task design and interface design In: Diaper, D / Gilmore, D / Cockton, G / Shackel, B (eds.) Human-Computer Interaction INTERACT'90. Amsterdam New York: North-Holland. 239-245

Dzida, W / Herda, S / Itzfeldt, W D, 1978: User-perceived quality of interactive systems. IEEE Transactions on Software Engineering SE-4(4):270-276

Eason, K, 1981: An annoted bibliography of user-friendly systems. In: Murray, G (ed.) User-friendly systems. Maidenhead, UK: Infotech International.

Evans, M W / Marciniak, J J, 1987: Software Quality Assurance and Management. New York: Wiley.

Fleischer, A G / Becker, G / Knabe, K P / Rademacher, U, 1984: Analyse der Augen- und Kopfbewegungen bei der Textverarbeitung. Zeitschrift für Arbeitswissenschaft 38(3):156-160

Greif, S / Gediga, G, 1987: A critique and empirical investigation of the "one-best-way-models" in human-computer interaction. In: Frese, M / Ulich, E / Dzida, W (eds.) Psychological Issues of Human Computer Interaction in the Work Place. Amsterdam: Elsevier (North-Holland). 357-377

Greutmann, T / Ackermann, D, 1989: Zielkonflikte bei Software-Gestaltungskriterien. In: Maaß, S / Oberquelle, H (Hrsg.) Software-Ergonomie '89 "Aufgabenorientierte Systemgestaltung und Funktionalität". Stuttgart: Teubner. 144-152

Gunsthövel, D / Bösser, T, 1991: Predictive metrics for usability. In: Bullinger, H-J (ed.) Human Aspects in Computing: Design and Use of Interactive Systems and Work with Terminals. Amsterdam London New York: Elsevier. 666-670

Hacker, W / Matern, B, 1980: Methoden zum Ermitteln tätigkeitsregulierender kognitiver Prozesse und Repräsentationen bei industriellen Arbeitstätigkeiten. In: Volpert, W (ed.) Beiträge zur psychologischen Handlungstheorie. (Schriften zur Arbeitspsychologie, Vol. 28; Ed.: E Ulich). Bern: Huber. 29-49

Holleran, P A, 1991: A methodological note on pitfalls in usability testing. Behaviour and Information Technology 10(5):345-357

Jüptner H, 1991: Stand der europäischen und internationalen Normung im Bereich der Ergonomie. Zeitschrift für Arbeitswissenschaft, 45(4):213-215

Karat, J / Bennett, J, 1991: Modelling the user interaction methods imposed by designs. In: Tauber, M J / Ackermann, D (eds.) Mental Models and Human Computer Interaction 2. Amsterdam: Elsevier (North-Holland). 257-269

Kieras, D / Polson, D, 1985: An approach to the formal analysis of user complexity. International Journal of Man-Machine Studies 22:365-394

Kirakowski, J / Corbett, M, 1988: Usability and measurement. In: Bullinger, H-J et al. (eds.) Information Technology for Organizational Systems. Amsterdam: Elsevier. 153-157

Kirakowski, J / Corbett, M, 1990: Effective methodoloy for the study of HCI. Amsterdam: North-Holland.

Kishi, N / Kinoe, Y, 1991: Assessing usability evaluation methods in a software development process. In: Bullinger, H-J (ed.) Human Aspects in Computing: Design and Use of Interactive Systems and Work with Terminals. Amsterdam London New York: Elsevier. 597-601

Klotz, U, 1991: Die zweite Ära der Informationstechnik. Harvard Manager 13(2):101-112

Landauer, T K, 1988: Research methods in human-computer interaction. In: Helander, M (ed.) Handbook of Human-Computer Interaction. Amsterdam: Elsevier. 905-928

Lienert, G A, 1989: Testaufbau und Testanalyse. München Weinheim: Psychologie Verlagsunion.

Lim, K Y / Long, J B / Silcock, N, 1990: Integrating human factors with structered analysis and design methods: an enhanced conception of the extended Jackson System Development Method. In: Diaper, D / Gilmore, D / Cockton, G / Shackel, B (eds.) Human-Computer Interaction INTERACT'90. Amsterdam New York: North-Holland. 225-230

Macaulay, L / Fowler, C / Kirby, M / Hutt, A, 1990: USTM: a new approach to requirements specification. Interacting with Computers 2(1):92-118

Martin, T M, 1973: Design of man-computer dialogues. Englewood Cliffs, N.J.: Prentice Hall.

Moll, T, 1987: Über Methoden zur Analyse und Evaluation interaktiver Computersysteme. In: Fähnrich, K-P (ed.) Software-Ergonomie. München Wien: Oldenbourg. 179-190

Müller-Holz, B / Aschersleben, G / Hacker, S / Bartsch, T, 1991: Methoden zur empirischen Bewertung der Benutzerfreundlichkeit von Bürosoftware im Rahmen von Prototyping. In: Frese, M / Kasten, C / Skarpelis, C / Zang-Scheucher, B (Hrsg.) Software für die Arbeit von morgen. Berlin Heidelberg New York: Springer. 409-420

Neal, A S / Simons, R M, 1984: Playback - a method for evaluating the usability of software and its documentation. In: Janda, A (ed.) Proceedings of CHI'83 "Human Factors in Computing Systems". Amsterdam New York Oxford: North-Holland. 78-82

Oppermann, R / Murchner, B / Paetau, M / Pieper, M / Simm, H / Stellmacher, I, 1988: Evaluation von Dialogsystemen - der software-ergonomische Leitfaden EVADIS. Berlin New York: de Gruyter.

Peercy, D E, 1981: A software maintainability evaluation methodology. IEEE Transactions on Software Engineering SE-7(4):343-351

Ramsey, H R / Atwood, M E, 1980: Man-computer interface design guidance state of the art. The Proceedings of the Human Factors Society - 24th Annual Meeting. 83-89

Rauterberg, M, 1988: Video-rating - a reliable and valide evaluation method for the man-computer interaction (MCI). In: Adams, A S / Hall, R R / McPhee, B J / Oxenburgh, M S (eds.) Proceedings of 10th Congress of the International Ergonomics Association "Designing a better World" vol. II. 633-635

Rauterberg, M, 1990: Experimentelle Untersuchungen zur Gestaltung der Benutzungsoberfläche eines relationalen Datenbank-systems. In: Spinas, P / Rauterberg, M / Strohm, O / Waeber, D / Ulich, E (Hrsg.) Projektbericht Nr. 3 zum Forschungs-projekt "Benutzerorientierte Softwareentwicklung und Schnittstellengestaltung (BOSS)". Institut für Arbeitspsychologie, Zürich: Eidgenössische Technische Hochschule.

Rauterberg, M, 1991: Benutzungsorientierte Benchmark-Tests: eine Methode zur Benutzerbeteiligung bei Standardsoftwareent-wicklungen. In: Spinas, P / Rauterberg, M / Strohm, O / Waeber, D / Ulich, E (Hrsg.) Projektbericht Nr. 6 zum For-schungsprojekt "Benutzerorientierte Softwareentwicklung und Schnittstellengestaltung (BOSS)". Institut für Arbeitspsy-chologie, Zürich: Eidgenössische Technische Hochschule.

Rauterberg, M, 1992: Partizipative Modellbildung zur Optimierung der Softwareentwicklung. In: Studer, R (ed.) "Informa-tionssysteme und Künstliche Intelligenz", Informatik Fachbericht Nr. 303. Berlin New York: Springer. 113-128

Rauterberg, M, (in Vorbereitung): Spezifikation und Entwurf von Benutzungsoberflächen - das Konzept der interaktiven Auf-setzpunkte.

Reiterer, H, 1990: Ergonomische Kriterien für die menschengerechte Gestaltung von Bürosystemen. Dissertation. Sozial- und Wirtschaftswissenschaftliche Fakultät, Wien: Universität Wien.

Rengger, R, 1991: Indicators of usability based on performance. In: Bullinger, H-J (ed.) Human-Aspects in Computing: Design and Use of Interactive Systems and Work with Terminals. Amsterdam: Elsevier. 656-660

Rudolph, E / Schönfelder, E / Hacker, W, 1987: Tätigkeits-Bewertungs-System für Geistige Arbeit. Psychodiagnostisches Zentrum, Humboldt-Universität, Oranienburger Strasse 18, D-O-1020 Berlin.

Sarris, V, 1990: Methodologische Grundlagen der Experimentalpsychologie. Band 1: Erkenntnisgewinnung und Methodik. Müchen Basel: Ernst Reinhard.

Schmid, U / Meseke, B, 1991: Deskription und Analyse komplexer Verhaltenssequenzen - Benutzerstrategien beim Arbeiten mit CAD-Systemen. Zeitschrift für experimentelle und angewandte Psychologie 38(2):307-320

Shackel B, 1979: Infotech State of Art Report, Vol 1.: man-computer communication. Maidenhead, UK: Infotech Interna-tional.

Sherwood-Smith, M, 1989: The evaluation of computer-based office systems. unpublished dissertation. Department of Com-puter Science, University College Dublin, Belfield, Dublin 4 (Ireland).

Shneiderman, B, 1987: Designing the User Interface. Reading: Addison-Wesley.

Smith, S L / Aucella, A F, 1986: Design guidelines for the user interface to computer-based information systems. MITRE Technical Report MTR 8857.

Smith, S L / Mosier, J N, 1986: Guidelines for Designing User Interface Soft- ware. Technical Report ESD-TR-86-278, U.S.A.F. (NTIS No. AD-A177 198). Electronic Systems Division, Hanscom Air Force Base, Massachusetts U.S.A.

Spencer, R H, 1985: Computer usability testing and evaluation. Englewood Cliffs: Prentice Hall.

Spinas, P, 1987: Arbeitspsychologische Aspekte der Benutzerfreundlichkeit von Bildschirmsystemen. Dissertation. Institut für Arbeitspsychologie, Zürich: Eidgenössische Technische Hochschule.

Spinas, P / Troy, N / Ulich, E, 1983: Leitfaden zur einführung und Gestaltung von Arbeit mit Bildschirmsystemen. München: CW Publikation

Spinas, P / Waeber, D / Strohm, O, 1990: Kriterien benutzerorientierter Dialoggestaltung und partizipative Softwareentwick-lung - eine Literaturaufarbeitung. In: Spinas, P / Rauterberg, M / Strohm, O / Waeber, D / Ulich, E (Hrsg.) Projektbericht Nr. 1 zum Forschungsprojekt "Benutzerorientierte Softwareentwicklung und Schnittstellengestaltung (BOSS)". Institut für Arbeitspsychologie, Zürich: Eidgenössische Technische Hochschule.

Tabachnik, B G / Fidell, L S, 1989: Using multivariate statistics. New York: HarperCollins.

Ulich, E, 1991: Arbeitspsychologie. Stuttgart: Poeschel.

Ulich, E / Rauterberg, M / Moll, T / Greutmann, T / Strohm, O, 1991: Task Orientation and User-Oriented Dialogue Design. International Journal of Human Computer Interaction 3(2):117-144

Upmann, R, 1989: Aufgaben- und nutzerorientierte Gestaltung rechnergestützter, kooperativer Arbeitssysteme in den indirekten Produktionsbereichen mittelständischer Maschinenbauunternehmen. In: Maass, S / Oberquelle, H (eds.) Software-Ergonomie '89. (Berichte des German Chapter of the ACM, Vol. 32). Stuttgart: Teubner. 110-122

Volpert, W, 1987: Psychische Regulation von Arbeitstätigkeiten. In: Kleinbeck, U / Rutenfranz, J (eds.) Arbeitspsychologie. (Enzyklopädie der Psychologie, Themenbereich D, Serie III, Vol. I). Göttingen: Hogrefe. 1-42

Vossen, P, 1991: Rechnerunterstützte Verhaltensprotokollierung und Protokollanalyse. In: Rauterberg, M / Ulich, E (Hrsg.) Posterband zur Software-Ergonomie '91. Institut für Arbeitspsychologie, Zürich: Eidgenössische Technische Hochschule. 181-188

Wiethoff, M / Arnold, A G / Houwig, E M, 1991: The value of psychophysiological measures in human-computer inter-action. In: Bullinger, H-J (ed.) Human-Aspects in Computing: Design and Use of Interactive Systems and Work with Ter-minals. Amsterdam: Elsevier. 661-665

Whiteside, J / Bennett, J / Holtzblatt, K, 1988: Usability engineering - our experience and evolution. In: Helander, M (ed.) Handbook of Human-Computer Interaction. Amsterdam: Elsevier Science. 791-817

Whitefield, A / Wilson, F / Dowell, J, 1991: A framework for human factors evaluation. Behaviour and Information Techno-logy 10(1):65-79

Zülch, G / Englisch, J, 1991: Procedures to evaluate the usability of software products. In: Bullinger, H-J (ed.) Human As-pects in Computing: Design and Use of Interactive Systems and Work with Terminals. Amsterdam London New York: Elsevier. 614-620

Zum Stand software-ergonomischer Evaluation

Karl-Heinz Rödiger und Wolfgang Hampe-Neteler

Universität Bremen, Fachbereich Mathematik/Informatik
Postfach 33 04 40, W-2800 Bremen 33

Zusammenfassung

Der vorliegende Beitrag ist das Ergebnis einer Untersuchung von Methoden und Verfahren zur software-ergonomischen Evaluation [14]. Ziel der Untersuchung war, den Kenntnisstand in diesem Gebiet aufzuarbeiten und zu versuchen, die unterschiedlichen Ansätze einzuordnen und zu bewerten. Hierzu wurde eine Taxonomie entwickelt, anhand derer die verschiedenen Verfahren klassifiziert wurden, und die hier zur Diskussion gestellt wird. Über die Untersuchungsergebnisse hinausgehend wird in diesem Beitrag zudem der Versuch einer Standortbestimmung software-ergonomischer Evaluation im Spannungsfeld zwischen Arbeitsanalysen und Software-Qualitätssicherung unternommen. Die zentralen Thesen dieses Beitrags sind: software-ergonomische Evaluation krankt an ihrer Zwitterstellung zwischen Arbeitsgestaltung und Softwareentwicklung. Eine dauerhafte Besserung ist nur zu erzielen, wenn sie integraler Bestandteil eines umfassenden Konzepts von Software-Qualitätssicherung wird.

1 Zentrale Fragen software-ergonomischer Evaluation

Wenn heutzutage zwischen 29% und 88% des zu entwickelnden Codes eines interaktiven Softwaresystems von der Benutzungsschnittstelle eingenommen werden [22], nimmt es nicht Wunder, daß die Prüfung und Bewertung der software-ergonomischen Qualität in der wissenschaftlichen Diskussion einen breiten Raum einnimmt. Das vorhandene Spektrum an Methoden und Verfahren stellt sich für Software-entwickler, die die von ihnen entworfene Schnittstelle evaluieren wollen, ebenso wie für Anwender und Benutzer, die wissen wollen, welche Schnittstelle für eine bestimmte Arbeitsaufgabe die geeignete ist, jedoch einigermaßen unüberschaubar dar.

1.1 Kriterien

Auswahl und Einsatz software-ergonomischer Evaluationsmethoden und -verfahren sind abhängig von dem Anlaß, zu dem, und dem Anwendungsgebiet, für das bewertet werden soll. Dies gilt auch für die unterschiedlichen Kriterien, bezüglich derer Schnittstellen evaluiert werden. Während im deutschsprachigen Raum überwiegend auf Basis der DIN-Norm 66 234 Teil 8 "Grundsätze ergonomischer Dialoggestaltung" [6] mit den Kriterien Aufgabenangemessenheit, Selbstbeschreibungsfähigkeit, Steuerbarkeit, Erwartungskonformität und Fehlertoleranz Systeme bewertet werden, hat sich das internationale Equivalent, der ISO-Standard (-entwurf) 9241 Part 10 [16] mit den gleichen Kriterien wie denen der DIN-Norm und den beiden zusätzlichen Individualisierbarkeit und Erlernbarkeit, noch nicht durchgesetzt. Außerhalb des DIN-Einflußbereichs werden in den Verfahren großenteils eigene Kriterienraster entwickelt.

So legen Clegg et al. [4] für Benutzbarkeit die folgenden Kriterien zugrunde: Erlernbarkeit, Kontrollierbarkeit, Aufwand, Antwortzeiten, Ein-/Ausgabebehandlung, Fehlerbehandlung und Fehlervermeidung. Ravden and Johnson [26] arbeiten mit den Kriterien visuelle Klarheit, Konsistenz, Kompatibilität, informative Rückmeldungen, Explizitheit, angemessene Funktionalität, Flexibilität und Kontrolle, Fehlervermeidung und -korrektur sowie Benutzerführung und -unterstützung. In QUIS [24] finden sich die Kriterien einfache Benutzung, Erlernbarkeit, ästhetisches Erscheinen, Nicht-Einschüchterung (unintimidating), Eindruck, hohe Funktionalität, schnelle und übersichtliche Eingabemöglichkeiten, klare Rückmeldungen, Fehlertoleranz und Spaß an der Nutzung.

Auch im Einzugsbereich der DIN 66 234 Teil 8 gehen Verfahren von unterschiedlichen Kriterienzusammenstellungen aus. Teilweise werden Hierarchien gebildet [20], oder es werden weitere Kriterien hinzugefügt [25]. Bei vielen Untersuchungen heißt das manchmal einzige Kriterium Performanz mit den Ausprägungen Zeit und Fehlerhäufigkeit, so beispielsweise in [29].

1.2 Methoden

Die verwendeten Methoden sind in der Mehrzahl sozialwissenschaftlichen Ursprungs; sie werden für die software-ergonomische Bewertung oft nur angepaßt. Die Begrifflichkeit ist uneinheitlich; dies gilt sowohl für den zugrundeliegenden Methodenbegriff als auch für die Charakterisierung der einzelnen Methoden. Mündliche Befragungen (Interviews) werden meist nur in Verbindung mit anderen Methoden, z. B. der Videokonfrontation eingesetzt. Schriftliche Befragungen in Form von Fragebögen oder Checklisten sind sehr verbreitet; eine neue Variante sind Online-Befragungen, bei denen Fragen über Konzepte und Handhabung im zu untersuchenden System implementiert werden. Beobachtungen werden oft im Zusammenhang mit Videokonfrontation und Logfileaufzeichnung verwendet. Experimente werden in unterschiedlichen Varianten, meist jedoch als Laborexperimente eingesetzt. Sie werden oft zum Vergleich von Evaluationsmethoden oder von Schnittstellen benutzt. Experimentelle Walkthroughs werden in verschiedenen, z.T. sehr unterschiedlichen Varianten angewendet. Verbreitet ist - in Verbindung mit anderen Methoden - die Evaluation entlang einer Standardaufgabe. Im Zusammenhang mit der Untersuchung von Dialogschnittstellen hat sich die Kombination von Logfileaufzeichnungen, simultanem lauten Denken und Videokonfrontation bewährt, da so die kognitiven Aktivitäten der Benutzer vergleichsweise vollständig erfaßt werden können. Neben Online-Befragung und Logfileaufzeichnung werden Walkthroughs und Erhebungen mittels Fragebögen, vor allem aber auch die Auswertungen zunehmend rechnergestützt durchgeführt. Um die unterschiedlichen Ansätze zu verdeutlichen, werden im folgenden einige bekannte Verfahren mit ihren jeweiligen Methoden skizziert.

Die grundlegenden Methoden der Evaluation sehen Clegg et al. [4] in Interviews, Meetings und Arbeitssitzungen. Meetings haben den Zweck, mehr Informationen z.B. durch Gruppeninterviews einzuholen, oder Lösungen bzw. Wege zur Überprüfung der Situation zu finden. Arbeitssitzungen sind eine spezielle Form des Meetings, die der ausführlichen Erarbeitung von Details und möglichen Lösungswegen sowie der Auswertung der Evaluation dienen. Als Vorstufe zur eigentlichen Evaluation sollen vorbereitende Untersuchungen genutzt werden. Als mögliche Ergänzung zu den grundlegenden Methoden erörtern Clegg et al. spezielle Methoden der Datengewinnung wie Fragebögen und Checklisten, Walkthrough, Beobachtung, Benutzertagebücher, Logbuchaufzeichnungen, Aufgabenanalyse, vergleichende Tests und Unternehmensstatistiken.

Hauptmerkmal der von Ravden and Johnson [26] als aufgabenorientiert bezeichneten Methode ist, daß die Evaluatoren Arbeitsaufgaben mit dem System ausführen. Dieses ist der erste Schritt, bevor Fragen einer ausführlichen, an Kriterien orientierten Checkliste beantwortet werden. Aufgabenorientierung wird u.a. damit begründet, daß Aufgaben das Arbeiten mit dem System realistisch und repräsentativ wiedergeben können und die Funktionalität des Systems am effektivsten demonstrieren; außerdem schließt diese Art der Evaluation mehr als nur die Benutzungsoberfläche ein Performanzaspekte und Schwierigkeiten beim Arbeiten mit dem System können ihrer Meinung nach so am besten identifiziert werden.

Ein Beispiel für eine vergleichende Untersuchung stellt der Beitrag von Jeffries et al. [18] dar. Die Autoren untersuchen vier Methoden auf ihre Leistungsfähigkeit. In dieser Studie wird eine Schnittstelle mit heuristischer Evaluation, Evaluation anhand von Software Guidelines, Cognitive Walkthrough und Usability Testing vorwiegend auf Konsistenz, Recurring (mehrmals auftauchende Probleme) und auf generell auftauchende Probleme, im Gegensatz zu nur partiell auftauchenden Problemen, untersucht. Heuristische Methode bedeutet hier, abweichend von anderen Definitionen: Software-Ergonomen mit Erfahrung untersuchen die Schnittstelle hinsichtlich bekannter Eigenschaften; Cognitive Walkthrough bedeutet prospektive Evaluation durch Entwickler anhand typischer Arbeitsaufgaben und anschließenden Vergleich zum Verhalten normaler Benutzer. Usability Testing wird von Benutzern unter erfahrener Leitung durchgeführt. Die Benutzer lernen dabei die Schnittstelle in einer ersten Phase kennen und lösen dann vorgegebene Aufgaben.

Die heuristische Methode steht im Mittelpunkt vieler Untersuchungen (z.B. [23]). Es handelt sich dabei um eine Form des freien oder halbstandardisierten Expertenurteils entsprechend den verbreiteten Kriterien. Ziel der sog. subjektiven Methode im Beitrag von Chin et al. [3] ist die Messung von Benutzungszufriedenheit.

Mit formalisierten Modellen wird versucht, die kognitive Strukturierungsleistung eines Benutzers mathematisch abzubilden und daraus Schlüsse auf das voraussichtliche Benutzerverhalten zu ziehen. Diese Modelle haben inzwischen unterschiedliche Entwicklungsstufen durchlaufen, die in [11] dargestellt werden. Bei diesen Modellen ist das Hauptkriterium das Zeitverhalten. Obwohl an der Weiterentwicklung und Verbesserung dieser Verfahren immer noch in großem Umfang gearbeitet wird, haben sie bis jetzt kaum praktische Bedeutung erlangt.

Beispiel für einen Vergleich einer graphischen Benutzungsschnittstelle mit einer zeichenorientierten mittels der personenorientierten Methode ist die Studie, die Microsoft und Zenith Data Systems in Auftrag gegeben haben [29]. Whiteside et al. [32] haben in einer früheren Untersuchung einen ähnlichen Vergleich durchgeführt. Ulich et al. [30] beschreiben Videoselbstkonfrontation in Verbindung mit Logfile-Aufzeichnungen und simultanem lauten Denken als eine gute Methodenkombination.

1.3 Taxonomie

Zur Bewertung und Auswahl von Evaluationsmethoden und -verfahren ist eine Taxonomie hilfreich und notwendig. Bisherige Klassifizierungen (z.B. [15], [19]) haben den Nachteil, daß sie sich zu sehr am existierenden Spektrum orientieren und, abhängig von der gewählten Perspektive, zu einseitigen Einteilungen kommen. Der folgende Versuch einer Systematisierung ist aus sozialwissenschaftlichen Arbeiten abgeleitet und berücksichtigt den Stand der Forschung in der Software-Ergonomie. Die wesentlichen Gesichtspunkte bei der Beurteilung von Evaluationsmethoden sind:

1   Evaluationszweck
2   Evaluationsschwerpunkte
3   Theoretische Fundierung
4   Grad der Formalisierung

Die hier gewählten Dimensionen sind nicht orthogonal, d.h. es wird nicht gelingen, existierende Evaluationsverfahren eindeutig einem dieser Gesichtspunkte zuzuordnen; zum anderen steht man vor dem Problem, zum Teil willkürlich geprägte Ordnungsmerkmale in den einzelnen Verfahren in dieses Schema transponieren zu müssen.

Evaluationszweck
Obwohl von vielen Verfahren oder Untersuchungen nicht explizit benannt, steht am Beginn jeder software-ergonomischen Bewertung die Frage, zu welchem Zweck, mit welchem Ziel oder mit welcher Absicht wird evaluiert? Folgende Zwecke lassen sich unterscheiden: Systementwicklung, Bewertung von Systemvarianten bez. Aufgabenangemessenheit und Vergleich verschiedener Systeme zur Auswahl oder zur Marktorientierung.

Evaluationsschwerpunkte
Bei Bewertungen der Benutzungsfreundlichkeit der Mensch-Rechner-Interaktion sind folgende Schwerpunkte zu berücksichtigen: Benutzungsschnittstelle, Benutzer, die zu erledigenden Arbeitsaufgaben sowie die organisatorische Einbettung des Softwaresystems. Entsprechend lassen sich die Evaluationsverfahren bzw. einzelne bewertende Untersuchungen einteilen in system-, personen-, aufgaben- und organisationsorientierte Evaluation.

Theoretische Fundierung
Einige Evaluationsverfahren beziehen sich explizit auf theoretische Grundlagen; bei anderen ist dies nur implizit oder überhaupt nicht feststellbar. In vielen Verfahren werden Kriterien als Bezugsgrößen benannt, für die vorgeblich theoretische Begründungen existieren. Für eine Einordnung und Bewertung der Verfahren bildet die theoretische Fundierung eine gute Grundlage. Folgende Differenzierung wird vorgeschlagen:

1   Softwaretechnischer/software-ergonomischer Bezugsrahmen
   - Evaluation im Softwareentwicklungsprozeß (Prototyping, Qualitätssicherung)
   - Modelle von Benutzungsschnittstellen
   - Software-ergonomische Kriterien

2   Kognitionspsychologischer Bezugsrahmen
   - Bewußtsein und Aufmerksamkeit
   - Wahrnehmung
   - Gedächtnis
   - Denken, Problemlösen, Entscheiden
   - Lernen und Üben

3   Arbeitspsychologischer Bezugsrahmen
   - Handlungstheorie
   - Motivation
   - Beanspruchung und Belastung

4   Organisationspsychologischer Bezugsrahmen
   - Organisationsstrukturen
   - Organisationsgestaltung
   - Gruppen und soziale Prozesse .

Grad der Formalisierung
Inhärente Bestandteile eines jeden Analyse-, Prüf- und Bewertungsverfahrens sollten Angaben über dessen Objektivität, Validität und Reliabilität sein. Nur wenige Verfahren geben Auskunft über ihre Güte. Für die Aussagekraft, Reproduzierbarkeit und Übertragbarkeit der Ergebnisse sind dies jedoch unabdingbare Kenngrößen. Andererseits lassen sich aus der jeweiligen Verfahrensanlage einige Merkmale ableiten:

1   Standardisierung
    • unstandardisiert
    • halbstandardisiert
    • standardisiert

2   Quantifizierbarkeit
    • Datenerhebung
    • Datenauswertung
    • Ableitung von Maßnahmen

3   Testtheoretische Güte
    • Objektivität
    • Reliabilität
    • Validität

4   Verfahrensökonomie
    • Qualifizierung der Evaluatoren
    • Einsatz
    • Auswertung

5   Rechnerunterstützung
    • Datenerhebung
    • Auswertung .

2   Bewertung software-ergonomischer Evaluationsmethoden und -verfahren

Bezüglich der Evaluationsmethoden fällt, wie zuvor erwähnt, auf, daß der Sprachgebrauch sehr heterogen ist, daß die Methoden unterschiedlich bezeichnet werden bzw. unter einer Methode durchaus Verschiedenes verstanden wird. Eine in diesem Sinne interpretationsfähige Methode ist augenscheinlich die heuristische Evaluation [18, 23], die den Evaluatoren große Freiheiten im Urteil über die Benutzbarkeit einer Schnittstelle läßt. Des weiteren fällt bei den Methoden auf, daß ihr theoretischer Bezugsrahmen sehr unterschiedlich ist. Weder wird eindeutig klar, auf welchen Konzepten von Benutzbarkeit sie aufbauen, noch sind die psychologischen Modelle und Annahmen über den Benutzer ausgewiesen. Eine Ausnahme bilden hier die Arbeiten, die sich auf GOMS oder ähnliche Modelle beziehen. Die dieser Modellvorstellung zugrundeliegenden reduktionistischen Annahmen über Benutzer sind jedoch überaus kritikwürdig [12].

Schaut man die elaborierten Evaluationsverfahren an, stellt man fest, daß auch sie sehr unterschiedlich sind: in ihrem theoretischen Bezugsrahmen ebenso wie in den verwendeten Methoden, den zugrundeliegenden Kriterien, der konkreten Vorgehensweise und besonders auch bezüglich der Anforderungen an die Evaluatoren. Diese können unabhängige Software-Ergonomie-Experten oder Softwareentwickler ebenso wie die Benutzer selbst sein.

Evaluationszweck

In den meisten Beiträgen zur Evaluation wird der Frage, welches der Zweck der Bewertung ist, nur wenig Beachtung geschenkt. Dabei hat der Grund, aus dem heraus Systeme oder Systemausprägungen bewertet werden, nicht unerheblichen Einfluß auf die Wahl der Methoden. So gibt es einen engen Zusammenhang zwischen den Methoden und Werkzeugen der Softwareentwicklung und den dazu einzusetzenden Methoden der Evaluierung. Evaluationen durch Benutzer sind beispielsweise in der Systementwicklung nur in partizipativen Prozessen möglich. Meistgenannter Zweck ist die Softwareentwicklung, innerhalb derer sich die Aufgabe stellt, ein Produkt bezüglich seiner Benutzbarkeit bewerten zu müssen. Die elaborierten Verfahren [4, 25, 26] beziehen darüber hinaus die Verbesserung des arbeitsorganisatorischen und technischen Umfelds mit ein. Dieses ist z.B. dann wichtig, wenn eine Anforderungsspezifikation auf die Einbettung in ein Gesamtsystem hin geprüft werden soll.

Evaluationsschwerpunkte

In den meisten Arbeiten zur Evaluation wird ausschließlich die Mensch-Rechner-Schnittstelle untersucht, wobei nicht immer klar zwischen Schnittstelle und funktionalem Kern sowie zwischen Konzepten und Implementierungen unterschieden wird [29]. Was ist bewiesen, wenn die Überlegenheit einer ikonischen

Schnittstelle gegenüber einer menügesteuerten festgestellt wird? Eine alleinige Umwandlung einer zeichenorientierten in eine graphische Schnittstelle ohne Beachtung z.B. von Funktionalität verbessert außer vielleicht der visuellen Klarheit einer Schnittstelle nichts.

Oft wird vernachlässigt, daß Benutzungsschnittstellen nicht für alle Benutzer gleich gut geeignet sind. Benutzer sind oft die wirklich Kompetenten, die die Eignung eines Systems für ihre Aufgabenstellung beurteilen können [26]. Hieraus ist für Evaluationsverfahren abzuleiten, daß sie stärker nach Benutzergruppen differenzieren und die Kompetenz der Benutzer in die Verfahren einbeziehen sollten. Darüber hinaus ist zu berücksichtigen, ob alle betroffenen Benutzer gleichermaßen von dem System oder den Systemvarianten profitieren [13].

Problematischer als das bisher Gesagte jedoch ist, daß die meisten Evaluierungen von Benutzungsschnittstellen immer wieder mit den gleichen Systemen und Aufgabenstellungen durchgeführt werden. Dies setzt nicht nur die Probleme der Arbeitswelt in ein schiefes Licht; die damit erzielten Ergebnisse haben auch nur beschränkte Aussagekraft. In Leitfäden und Style Guides für Benutzungsschnittstellen wird oft festgestellt, daß Schnittstellen für industrielle Anwendungen durchaus von der in der Bürowelt üblichen Schreibtischmetapher abweichen können. Untersuchungen zu Schnittstellen in industriellen Anwendungen sind jedoch selten; daß sie beispielsweise Einfluß auf die Benutzbarkeitskriterien haben, wird auch in den Verfahren nicht ausreichend thematisiert. Insgesamt ist festzustellen, daß die am häufigsten untersuchten Aufgaben wenig mit den wirklichen Aufgabenstellungen in der Arbeit zu tun haben.

Die organisatorische Einbettung eines Softwaresystems ist nur selten Gegenstand von Evaluierungen, obwohl sie als wichtige Komponente einer Schnittstelle durchaus anerkannt ist [13]. Zu begrüßen ist in dieser Hinsicht das Verfahren von Clegg et.al. [4], das diesen Aspekt ausdrücklich miteinbezieht. In einem ganzheitlichen Ansatz von Arbeits- und Technikgestaltung, wie er vor allem in Skandinavien bekannt ist, stellt sich darüber hinaus die Frage nach den Wechselwirkungen von Arbeitsorganisation und Benutzungsschnittstelle; denn, was taugt das beste Schnittstelle bei unzumutbarer Arbeit?

Theoretische Fundierung

In nahezu allen Verfahren und in einzelnen Untersuchungen zur Benutzungsfreundlichkeit wird ein softwaretechnischer/software-ergonomischer Bezugsrahmen berücksichtigt. Immer werden Kriterienraster entwickelt, auf die sich das jeweilige Verfahren bezieht; oft werden Bezüge zum Softwareentwicklungsprozeß hergestellt. Auf Modelle von Benutzungsschnittstellen hingegen wird nur selten Bezug genommen. Kognitionspsychologische Fundierungen der Methoden und Verfahren finden sich vor allem in den Bereichen Wahrnehmung sowie Lernen und Üben. Sie fließen dort in die Formulierung der Kriterien ein [4, 26, 29]. Arbeits- und organisationspsychologische Bezüge werden hingegen selten hergestellt. Zwar finden sich in einigen Verfahren Aufgabenanalysen [4, 11, 25, 26], jedoch mangelt es, ausgenommen in [4] und [25], an einer Vision von humaner und zufriedenstellender Arbeit. Stattdessen werden inhaltlich möglicherweise anspruchsvolle Aufgaben nach tayloristischem Muster in kleinere Einheiten zerstückelt. Bleibt dieses in Evaluationen unberücksichtigt, besteht die Gefahr, daß Technikeinsatz zum Selbstzweck verkommt, und die damit zu bewältigende Arbeit nicht mehr hinterfragt wird.

Grad der Formalisierung

Die meisten Methoden und Verfahren der Evaluation können als halbstandardisiert bzw. standardisiert bezeichnet werden. Eine Ausnahme bildet hier die heuristische Methode [18, 23], bei der die Nachvollziehbarkeit der Ergebnisse stark von der Person und der Anzahl der Evaluatoren abhängt [23]. Wenn Verfahren bei der Datenerhebung quantifizieren, stellen sie im wesentlichen auf Performanz, ermittelt durch Zeitmessung und Fehlerhäufigkeiten, ab; dies tun vor allem die formalisierten Methoden. Andere Verfahren, z.B. [24], unterstützen die Datenauswertung durch Quantifizierung. Hilfreich wäre es, wenn Evaluationsmethoden jedoch nicht nur quantifizierbare Ergebnisse erbringen, sondern Anleitung zu konkreten Gestaltungsmaßnahmen geben.

Von jedem elaborierten Evaluationsverfahren erwartet man, daß es bestimmte Ansprüche an Objektivität, Reliabilität und Validität erfüllt. Dabei setzt man voraus, daß das Verfahren überhaupt zu brauchbaren Ergebnissen führt, d.h. zu solchen Ergebnissen, die entweder die Auslegung der Schnittstelle bestätigen oder zu konkreten Verbesserungen anregen. Das Verlangen nach testtheoretischer Güte darf also nicht zum Selbstzweck werden. Bevor man aufwendige Untersuchungen zur Überprüfung der Verfahrensgüte unternimmt, sollte man daher zuvor die Brauchbarkeit getestet haben. Das Problem bei den existierenden Verfahren ist, daß sie größtenteils Forschungsergebnisse sind und daher hinsichtlich ihrer testtheoretischen Qualität allenfalls unter Laborbedingungen überprüft werden konnten. Hinweise, wie aus Bewertungen entsprechende Schlüsse zu ziehen sind, finden sich selten in Untersuchungen oder Verfahrensbeschreibungen. Allenfalls findet man vage Andeutungen, daß Benutzungsschnittstellen aufgrund von Evaluationen verändert wurden.

Verfahrensökonomie ist eines der gravierendsten Probleme bei der Evaluierung. Wenn der dabei zu treibende Aufwand für die Qualifizierung der Evaluatoren, den Einsatz des Verfahrens und die Auswertung der Ergebnisse jedoch in ein Mißverhältnis zum Entwicklungsaufwand der Benutzungsschnittstelle selbst gerät - wobei dieses Mißverhältnis nur schwer absolut anzugeben ist -, ist das Evaluationsverfahren allenfalls noch unter wissenschaftlichen Gesichtspunkten zu rechtfertigen. Die Bestimmung eines angemessenen Evaluierungsaufwands gehört zu den schwierigsten Aufgaben. Hierauf haben beispielsweise auch Karat [19] und Lewis et al. [21] hingewiesen.

3   Software-ergonomische Evaluation zwischen Arbeitsanalyse und Software-Qualitätssicherung

Bei dem heute notwendigerweise zu betreibenden Aufwand für die Entwicklung graphischer Benutzungs-oberflächen und den damit verbundenen Kosten, verwundert es nicht, daß sich der Prüfung und Bewertung von software-ergonomischen Eigenschaften eines interaktiven Softwaresystems ein beträchtliches Forschungsinteresse zuwendet. Eine eigenständige software-ergonomische Evaluation, wie sie sich in den hier diskutierten Ansätzen darstellt, unterliegt jedoch einigen grundsätzlichen Problemen, die mit eigenen Mitteln, d.h. allein mit einer Verfahrensverbesserung, nicht zu beheben sind.

An anderer Stelle [28] wurde schon darauf hingewiesen, daß ein Alleinvertretungsanspruch des Gebietes Software-Ergonomie für Gestaltungsfragen jeglicher Art, von der Arbeits- über die Organisations- zur Technikgestaltung, zwar aus der Genesis dieser Teildisziplin heraus verständlich wird, jedoch keiner strengeren Prüfung standhält. In ähnlicher Weise stellen sich jedoch einige Evaluationsverfahren dar, die wegen der hohen Affinität zu Fragen der Arbeitsgestaltung, auf die schon allein das oft diskutierte Kriterium der Aufgabenangemessenheit verweist, gleich noch Teile von Arbeitsanalyseverfahren in das eigene integrieren. Hier ist jedoch Vorsicht geboten, da hiermit nicht nur Grundsätze der Verfahrensöko-nomie verletzt werden; da bei einer solchen Anleihe aus verständlichen Gründen immer nur Teile von elaborierten und in sich geschlossenen Arbeitsanalyseverfahren in software-ergonomische Evaluations-verfahren übernommen werden, liegt die Gefahr eines nur selektiven Umgangs mit der anderen Wissen-schaftsdisziplin nahe: man übernimmt das, was in das eigene Konzept paßt und aus Zeitgründen vertretbar erscheint. Gerade die bedingungsbezogenen arbeitsanalytischen Verfahren (z.B. VERA, KABA, TBS [9]) sind wegen ihrer theoretischen Fundierung nicht nur in Auszügen anwendbar. An dieser Stelle ist den Entwicklern software-ergonomischer Evaluationsverfahren anzuraten, zwar die Bezüge zu Arbeitsgestaltung und deren Bewertungsverfahren herzustellen, sich jedoch dann auf die ureigenen Fragestellungen zu beschränken. Auch der Anspruch, eventuell in interdisziplinären Teams von Arbeitspsychologen und Softwareentwicklern zu neuen integrierten Verfahren zu gelangen, erscheint zumindest unter verfahrensökonomischen Gesichtspunkten nicht einlösbar.

Die Lösung dieses Dilemmas und damit die Gestaltungsmaxime für Arbeits- und Technikgestaltungsvorhaben kann nur lauten, zunächst Arbeit unter Humangesichtspunkten zu gestalten, die Ergebnisse dieses Gestaltungsprozesses mittels arbeitsanalytischer Verfahren zu evaluieren und dann erst mit der Softwareentwicklung und der ergonomischen Gestaltung von Benutzungsoberflächen zu beginnen, mithin also eine klare Trennungslinie zwischen Arbeitsgestaltung und Softwareentwicklung zu ziehen. Eine solche deutliche Trennung spricht nicht gegen iterative oder zyklische Vorgehensweisen in Gestaltungsvorhaben, in denen die Zwischenergebnisse von Arbeitsgestaltung und Technikentwicklung immer wieder überprüft, aufeinander bezogen und einer Revision unterzogen werden. Es spricht hingegen für eine saubere Methodentrennung und Kompetenzabgrenzung zwischen den beteiligten Disziplinen.

An dieser Stelle eröffnet sich das nächste Problem software-ergonomischer Evaluation: nahezu alle Verfahren unterstellen eine strikte Trennung zwischen Entwicklung des funktionalen Kerns eines interaktiven Softwaresystems und dessen Benutzungsschnittstelle, zwischen Softwareentwicklung und Entwicklung der Benutzungsoberfläche. Bekanntermaßen hat diese Vorstellung ihren Ausgangspunkt in dem in der Software-Ergonomie verbreitetsten Modell von Benutzungsschnittstelle: dem sog. IFIP-Modell, das die Möglichkeit einer anwendungsunabhängigen Entwicklung von Schnittstellen unterstellt. Jeder jedoch, der schon einmal eine Schnittstelle implementieren mußte, weiß, daß man bei der Frage nach deren konkreter Ausgestaltung sehr schnell bei der nächsten Frage landet: welche Aufgabe soll mit dieser Oberfläche bearbeitet werden? Die anwendungsunabhängige Entwicklung von Benutzungsoberflächen ist von daher eine Fiktion. Für die Praxis der Softwareentwicklung muß dies sicherlich nicht sonderlich betont werden.

Ein eigenständiges, von den Problemen des Software Engineering klar abzugrenzendes Wissenschaftsgebiet Software-Ergonomie, in dem ein abgrenzbarer Forschungsgegenstand mit eigenständigen Methoden bearbeitet wird, ist unbestreitbar notwendig. Immer dann jedoch, wenn gestaltet bzw. Software entwickelt werden soll, ist diese Trennung nicht mehr aufrecht zu erhalten. Fragen angemessener Funktionalität und angemessener Benutzung sind zu eng miteinander verwoben, als daß man sie unabhängig voneinander behandeln könnte. Wenn in Kriterienkatalogen zur Software-Ergonomie verlangt wird, Benutzungsoberflächen sollten aufgabenangemessen gestaltet werden, so bedeutet dies zunächst, daß die Aufgabe durch angemessene Softwarewerkzeuge, eben eine angemessene Funktionalität unterstützt werden muß; damit verbunden sollte die Oberfläche angemessen bezüglich der Aufgabe *und* bezüglich der durch die Software realisierten Funktionalität gestaltet werden. Dieser Zusammenhang wird zwar in der software-ergonomischen Diskussion kaum bestritten. Betrachtet man jedoch die Standards wie CUA von IBM, OSF/Motif oder OPEN LOOK (vgl. hierzu [14]), so vermitteln sie den Eindruck, als stellten sie die Lösung für beliebige Anwendungssoftware dar.

Als Ergebnisse wissenschaftlicher Forschung zur Prüfung und Bewertung von Benutzungsschnittstellen sind die hier behandelten Evaluationsverfahren sicherlich wichtige Beiträge. Sollen sie jedoch praxisrelevant werden, müssen sie den Zusammenhang zwischen funktionalem Kern und Oberfläche auf der Entwicklungsseite auch auf der Seite der Qualitätssicherungsmaßnahmen einlösen. Mehr noch, soll ihnen nicht ein Schicksal ähnlich den Arbeitsanalyseverfahren drohen, die in der Softwareentwicklung kaum zur Kenntnis genommen oder eingesetzt werden, müssen sie sich schon aus Gründen der Verfahrensökonomie in ein einheitliches Konzept von Software-Qualitätssicherung integrieren. Arbeiten zu einem einheitlichen Konzept von Qualitätssicherung und -kontrolle bezogen auf ein gesamtes interaktives System stehen aus; sie software-ergonomischen Evaluationsverfahren leisten hierzu bisher keinen Beitrag.

Bisherige Konzepte von Software-Qualitätssicherung berühren software-ergonomische Aspekte nur am Rande. Die dazu vorgeschlagenen Vorgehensweisen versuchen entweder, Benutzbarkeit über das Kriterium Zeit, z.B. zum Erlernen des Systems oder zur Aufgabenbewältigung zu erfassen [1]; oder sie reduzieren Benutzungsfreundlichkeit auf wenige, nicht unbedingt spezifisch software-ergonomische Aspekte [31]. Meist werden funktionelle Aspekte von Benutzbarkeitsfragen getrennt behandelt, wobei letztere eher wie Fremdkörper in der Qualitätssicherung erscheinen. Benutzer werden oft erst in den Abnahmetest einbezogen. Die Trennung von Funktions- und Handhabungsaspekten, wie sie auch von seiten der Softwareentwicklung betrieben wird, wirkt sich allerdings negativ auf die Produkt aus. Dabei muß eine Spezifikation beispielsweise sowohl bez. Vollständigkeit, Konsistenz und Korrektheit der in ihr enthaltenen funktionellen Anforderungen wie auch der Anforderungen an die Benutzungsschnittstelle geprüft werden. Funktionale Güte eines Systems ist z.B. dann nicht gegeben, wenn eine falsch konzipierte Benutzungsschnittstelle den Zugriff auf bestimmte Funktionen erschwert; ebenso ist ein System, das hervorragend benutzbar ist, bestimmte Funktionen jedoch fehlerhaft ausführt, unbrauchbar. In der Literatur zur Qualitätssicherung [1, 5, 31] wird zwar die Bedeutung von Benutzungsaspekten hervorgehoben, methodische wie integrative Hinweise finden sich aber kaum.

Überlegungen, wie software-ergonomische Evaluation in die Qualitätssicherung einbezogen werden kann, müssen von einem Vorgehensmodell der Qualitätssicherung ausgehen und Integrationspunkte für die software-ergonomische Prüfung und Bewertung identifizieren. Entlang einem Vorgehensmodell sind für jede Entwicklungsaktivität entsprechende software-ergonomische Evaluationsaktivitäten vorzusehen. Die Wahl der Methoden ist von den aufgaben- und handhabungsspezifischen Qualitätsmerkmalen für die jeweilige Phase abhängig. Allgemein [5] wird zwischen konstruktiver und prüfender/analytischer Qualitätssicherung unterschieden. Evaluation ist eine prüfende/analytische Methode; die Entwicklung von Benutzungsschnittstellen entlang von Standards oder Richtlinien hingegen gehört zur konstruktiven software-ergonomischen Qualitätssicherung. Analytische Vorgehensweisen können im Softwareentwicklungsprozeß die notwendige Voraussetzungen für den nächsten Entwicklungsschritt schaffen; konstruktive zielen auf Fehlervermeidung und Kostendämpfung ab. Wenn bei konstruktivem Vorgehen zusätzlich exploratives Prototyping eingesetzt wird, wird der notwendige Restrukturierungsaufwand erheblich sinken.

4 Ausblick

Verfahren der software-ergonomischen Evaluation werden als autonome Verfahren in der Softwareentwicklung kaum Beachtung finden. Sie werden nur dann angemessen berücksichtigt werden, wenn sie sich in Maßnahmen zur Qualitätssicherung integrieren. Die Probleme sind - anders als bei Fragen der Arbeitsgestaltung und -analyse - in vielerlei Hinsicht ähnlich; deshalb wird hier ein integrierender Ansatz zum Ziel führen. Für die Software-Qualitätssicherung wie für die software-ergonomische Evaluation versprechen neuere Vorgehensmodelle oder Vorgehensweisen wie z.B. das Spiralmodell [2], Prototyping oder objektorientierte Ansätze [10, 32] bessere Rahmenbedingungen, da sie Qualitätssicherungsaspekte, z.B. in Form von Risikoanalysen [2] integrieren und vermehrt Benutzer in die Beurteilung einbeziehen.

5 Literatur

[1] Asam, R., N. Drenkard und H.-H. Maier: Qualitätsprüfung von Softwareprodukten, Berlin 1986.
[2] Boehm, B.: A spiral model of software development and enhancement, IEEE Computer 21 (1988) No. 5, pp. 61-72.
[3] Chin, J.P., V.A. Diehl, and K.L. Norman: Development of an Instrument Measuring User Satisfaction of the Human-Computer Interface, in: CHI '88 Conference Proceedings, New York 1988, pp. 213-218.

[4]	Clegg, C.W., P. Warr, T. Green, A. Monk, N. Kemp, G. Allison, and M. Lansdale: People and Computers - How to Evaluate Your Companys New Technology, Chichester 1988.

[5]	Deutsche Gesellschaft für Qualität e.V. (DGQ) und Nachrichtentechnische Gesellschaft im VDE (NTG): Software-Qualitätssicherung, Berlin 1986.

[6]	Deutsche Institut für Normung e.V.: DIN 66 234 Teil 8: Bildschirmarbeitsplätze, Grundsätze ergonomischer Dialoggestaltung, Berlin 1988.

[7]	Deutsche Institut für Normung e.V.: DIN 66 285: Informationsverarbeitung - Anwendungssoftware; Gütebedingungen und Prüfbestimmungen, Berlin 1990.

[8]	Dzida, W.: Evaluation Model, Testing products for conformity with ergonomic standards, submitted to ISO TC 159/SC 4/WG 5, St. Augustin 1990.

[9]	Frieling, E.: Analyse weist den Weg, Bundesarbeitsblatt 10/1990, S. 11-17.

[10]	Gibson, E.: Objects - Born and Bred, BYTE 15 (1990) No. 10, pp. 245-254.

[11]	Green, T.R.G., F. Schiele, and S.J. Payne Formilisable models of user knowledge in human-computer interaction, in: van der Veer, G.C. et al. (eds.), Working with Computers, London 1988, pp. 3-46.

[12]	Greif, S. and G. Gediga: A Critique and Empirical Investigation of the "One-Best-Way-Models" in Human-Computer Interaction, in: Frese, M., E. Ulich, and W. Dzida (eds.), Psychological Issues of Human-Computer Interaction in the Work Place, Amsterdam 1987, pp. 357-377.

[13]	Grudin, J.: The Case Against User Interface Consistency, Communications of the ACM 32 (1989), pp. 1164-1173.

[14]	Hampe-Neteler, W. und K.-H. Rödiger: Software-Ergonomie - Verfahren der Evaluierung und Standards zur Entwicklung von Benutzungsoberflächen, Bericht Nr. 2/1992, Universität Bremen, Fachbereich Mathematik/Informatik, Bremen 1992.

[15]	Howard, S. and D. M. Murray: A Taxonomy of Evaluation Techniques for HCI, in: Bullinger, H.-J. and B. Shackel (eds.), Human-Computer Interaction - INTERACT '87, Amsterdam 1987, pp. 453-459.

[16]	International Organization for Standardization: ISO 9241: Ergonomic Requirements for Office Work with Visual Display Terminals (VDTs), Part 10: Dialogue Principles, First Committee Draft, September 1991.

[17]	International Organization for Standardization: ISO 9241: Ergonomic Requirements for Office Work with Visual Display Terminals (VDTs), Part 11: Guidance on Usability Specification and Measures (Committee Draft), Januar 1992.

[18]	Jeffries, R., J.R. Miller, C. Wharton, and K.M. Uyeda: User Interface Evaluation in the Real World: A Comparison of Four Techniques, in: CHI '91 Conference Proceedings, New York 1991, pp. 119-124.

[19]	Karat, J.: Software-Evaluation Methodologies, in: Helander, M. (ed.), Handbook of Human-Computer Interaction, Amsterdam 1988, pp. 891-903.

[20]	Lang, J. und H. Peters: Erhebung ergonomischer Anforderungen an Software, die überprüfbar und arbeitswissenschaftlich abgesichert sind, München 1988.

[21]	Lewis, C., P. Polson, C. Wharton, and J. Rieman: Testing a Walkthrough Methodology for Theory-Based Design of Walk-up-and-Use Interfaces, in: CHI '90 Conference Proceedings, New York 1990, pp. 235-242.

[22]	Myers, B.A.: Creating User Interfaces by Demonstration, San Diego, CA 1988.

[23]	Nielsen, J. and R. Molich: Heuristic Evaluation of User Interfaces, in: CHI '90 Conference Proceedings, New York 1990, pp. 249-256.

[24]	Norman, K.L. and B. Shneiderman: Questionnaire for User Interaction Satisfaction, Human/ Computer Interaction Laboratory, University of Maryland, College Park, MD 1988.

[25]	Oppermann, R., B. Murchner und H. Reiterer: Evaluation von Dialogsystemen. Der software-ergonomische Leitfaden EVADIS II, Vorabversion vom 25.03.1991, St. Augustin 1991.

[26]	Ravden, S. and G. Johnson: Evaluating Usability of Human-Computer Interfaces, Chichester 1989.

[27]	Rieman, J., S. Davies, D.C. Hair, M. Esemplare, P.Polson, and C. Lewis: An Automated Cognitive Walkthrough, in: CHI '91 Conference Proceedings, New York 1991, pp. 427-428.

[28]	Rödiger, K.-H.: Software-Ergonomie als Gegenstand der Informatik-Ausbildung, in: Bubb, H. und W. von Eiff (Hrsg.), Innovative Arbeitssystemgestaltung, Köln 1992, S. 251-264.

[29]	Temple, Barker & Sloane, Inc.: The Benefits of the Graphical User Interface, Lexington, MA 1990.

[30]	Ulich, E., M. Rauterberg, T. Moll, T. Greutmann, and O. Strohm: Task Orientation and User-Oriented Dialog Design, Int. Journal of Human-Computer Interaction 3 (1991) No. 2, pp. 117-144.

[31]	Wallmüller, E.: Software-Qualitätssicherung in der Praxis, München 1990.

[32]	Whiteside, J., S. Jones, P.S. Levy, and D. Wixon: User Performance with Command, Menu, and Iconic Interfaces, in: CHI '85 Conference Proceedings, New York 1985, pp. 185-191.

[33]	Wirfs-Brock, R.J. and R.E. Johnson: Surveying Current Research in Object-Oriented Design, Communications of the ACM 33 (1990) No. 9 , pp. 104-124.

Informationssysteme für den Umweltschutz in der Produktion

Der Faktor Umwelt gewinnt zunehmend Einfluß auf die Gestaltung der industriellen Produktion und ist mitentscheidend für die Machbarkeit, Wirtschaftlichkeit und Zuverlässigkeit technischer Verfahren. Er stimuliert die Entwicklung neuer Lösungen, die nicht nur alle Produktions- und Dienstleistungsprozesse entlang der Wertschöpfungskette, sondern auch die Bereiche Ressourcen- und Energieverbrauch, Produktnutzung sowie Entsorgung/Recycling integriert berücksichtigt. Hierbei sind neben den technischen Systemen auch die organisatorischen Abläufe und der 'Faktor Mensch' einzubeziehen. Als Teil dieser neuen Lösungskonzepte werden künftig betriebsüberdeckende und überbetriebliche Umweltmanagementsysteme (UMS) zur Unterstützung von Planungs-, Steuerungs- und Überwachungsfunktionen in der Produktion dienen. In der ganzheitlichen Betrachtungsweise, Zielstellung, Funktionalität, Struktur und Methodik ergeben sich hier deutliche Bezüge und Parallelen zu Computer-Integrated-Manufacturing (CIM)-Systemen. Mit der Implementierung von CIM-Komponenten in den Unternehmen steht bereits eine umfaßende Produktionsdatenbasis zur Verfügung, die sich zunehmend auch für Umweltschutzaufgaben nutzen läßt. Zukünftige Entwicklungen müssen jedoch stärker aufeinander abgestimmt sein und zu einer Integration der Konzepte und Systeme im Produktions- und Umweltbereich führen. Das Fachgespräch soll die Anforderungen an industrielle Umweltmanagementsysteme/CIM-Systeme unter Berücksichtigung der Zielstellungen und Vorschriften des Umweltschutzes diskutieren und Lösungswege, Konzepte, Systemstrukturen und realisierte Ansätze für UMS/CIM-Systeme vorstellen.

Fachgesprächsleiter: Dr. A. Jaeschke, Kernforschungszentrum Karlsruhe

"Umwelt-PPS" - Ein weiterer Baustein einer CIM-Architektur?

H.-D. Haasis, O. Rentz
Institut für Industriebetriebslehre und Industrielle Produktion
Universität Karlsruhe
Hertzstr. 16, W-7500 Karlsruhe 21

Zusammenfassung

Produktionswirtschaftliche Entscheidungen sind zunehmend daran ausgerichtet, neben einer wirtschaftlichen Leistungserstellung im Betrieb ebenfalls einen produktionsintegrierten Umweltschutz zu realisieren und Möglichkeiten der gebotenen Emissions- bzw. Abfallvermeidung, -reduzierung und Reststoffverwertung mit zu berücksichtigen. Zur Unterstützung dieser Aufgaben können computerunterstützte betriebliche Umweltinformationssysteme eingesetzt werden. Insoweit als diese Systeme über Dokumentationsaufgaben hinaus ebenfalls Planungsaufgaben wahrnehmen sollen, lassen sie sich etwa in Anlehnung an herkömmliche Produktionsplanungs- und -steuerungssysteme (PPS-Systeme) konzipieren. Diese sind jedoch betriebsbezogen um umweltbezogene Datensätze und Funktionalitäten zu ergänzen. Entsprechend einem bereichsübergreifenden Ansatz ist für ein derartiges System dessen informationswirtschaftliche Eingliederung in eine CIM- bzw. CIP-Architektur vorzusehen.

In diesem Beitrag werden ausgehend von einer Zusammenstellung der Anforderungen eines produktionsintegrierten Umweltschutzes an die Produktionsplanung und -steuerung das Anforderungsprofil eines computerunterstützten "Umwelt-PPS"-Systems aufgezeigt sowie eine Eingliederung eines derartigen Systems in eine informationswirtschaftliche Gesamtvernetzung konzeptionell vorgestellt.

1 Anforderungen des betrieblichen Umweltschutzes an die Produktionsplanung und -steuerung

Ein produktionsintegrierter Umweltschutz verfolgt das Ziel, Maßnahmen zur Emissions- bzw. Abfallvermeidung, -verminderung und Reststoffentsorgung nicht (im Rahmen einer Partialbehandlung) isoliert, sondern gemeinsam auch im Hinblick auf Problemverlagerungen und Auswirkungen auf den eigentlichen Produktionsprozeß als auch auf die mit dem Prozeß verbundenen betrieblichen und außerbetrieblichen Produktionsprozesse (Produktionsverbund) zu betrachten. Durch dessen explizite Berücksichtigung bei produktionswirtschaftlichen Entscheidungen wird das betriebliche Zielsystem entsprechend erweitert [7, 9, 11]. Ausdruck hierfür sind etwa zunehmend postulierte betriebliche Umweltschutz-Leitlinien [1]. Obgleich die Realisierung eines produktionsintegrierten Umweltschutzes zunächst technische Möglichkeiten zur Emissions- bzw. Abfallvermeidung, -minderung und Stoffaufbereitung voraussetzt, sind ebenfalls unterstützend organisatorische Maßnahmen etwa im Zusammenhang mit einer betrieblichen Produktionsplanung und -steuerung erforderlich. Deren Aufgabe ist es bekanntlich, bestimmte Tätigkeitsfolgen zur Gestaltung eines effizienten Produktionsablaufs zeitlich und örtlich zu planen, zu steuern und zu kontrollieren. Ausgangspunkt für die Produktionsplanung bildet üblicherweise das gewünschte Produktprogramm sowie die entsprechende Produktionsprogrammplanung, also die Planung von Produktarten und -mengen. Ihr schließt sich die Ermittlung der hierfür erforderlichen Einsatzgüter in qualitativer und quantitativer Sicht an. Schließlich folgt die auftrags- und anlagenorientierte Termin- und Kapazitätsplanung [5]. Aufgaben der Produktionssteuerung sind die kurzfristige Durchsetzung des Produktionsprogramms und die Überwachung des Arbeitsfortschritts und der kapazitiven Belastungssituation der Produktionsanlagen. Ergebnisse der Produktionsplanung und -steuerung sind konsistent der Fertigungs- bzw. Prozeßleitebene zu übergeben [10]. Die konkrete Ausgestaltung dieser Kernaufgaben unterscheidet sich jedoch erheblich je nach Industriebetrieb bzw. Produktionstyp (z.B. zusammenbauende Industrie, chemische Industrie).

Anforderungen des betrieblichen Umweltschutzes an die Produktionsplanung und -steuerung bedingen, diese Kernaufgaben sowohl um entsprechende Datensätze als auch um weitere Aufgaben (Funktionalitäten) zu ergänzen. Hierbei sind notwendigerweise betriebs- bzw. branchenspezifische Unterschiede im Produktionstyp, aber auch in der betrieblichen Emissions- und Abfallcharakteristik zu beachten, also etwa in der Menge unterschiedlicher Emissions- und Abfallarten, im Abfallvolumen, im zeitlichen Anfallmuster, im Quellenpark und/oder in der Emissions- bzw. Abfallursache. So sind etwa Betriebe der Fertigungsindustrie im Vergleich zu Betrieben der chemischen Industrie weit mehr charakterisiert durch verschnitt- bzw. ausschußbedingte Abfälle (anstelle etwa gasförmiger Emissionen) oder recyclingorientierte Montagevorschriften (anstelle von einen emissionsarmen Betrieb gewährleistenden Rezepturen).

Unter Beachtung dieser Differenzierung ist beispielsweise die Kernaufgabe "Produktionsprogrammplanung" sowohl um Optionen zur Berücksichtigung von Nachfrageänderungen beim Konsumenten, beispielsweise eine Abkehr von abfallintensiven Produkten zu abfallarmen Produkten, als auch um Optionen zur Analyse möglicher vom Betrieb eingeleiteter Änderungen des Produktionsprogramms, beispielsweise zur Minderung von Produkthaftungsrisiken oder zur Erschließung neuer Märkte, zu ergänzen. Zur Unterstützung dieser Kernaufgaben können bekanntlich mathematische Methoden des Operations Research eingesetzt werden. Die Anwendung dieser Methoden bedingt eine Abbildung des gesamten Beziehungsgeflechts zwischen Beschaffung, Produktion und Umwelt, also insbesondere eine Abbildung aller Material-, Stoff- und Energieströme und die diese durchlaufenden Bearbeitungs- bzw. Umwandlungsstufen. Hierzu zählen betriebliche Material- und Energieflußmodelle, welche, etwa in Anlehung an bereits beispielsweise in der Prozeßindustrie und Energiewirtschaft eingesetzte überbetriebliche Modelle [8], um einen Abfall- bzw. Emissionsteil zu ergänzen sind. Im Emissionsteil dieser Modelle werden u.a. sowohl optionale Material- und Stoffströme sowie technische Maßnahmen zur Emissionsminderung als auch Emissionsgrenzwerte berücksichtigt. Durch Optimierung bzw. Simulation verschiedener Ansatzmöglichkeiten zur Emissionsminderung und/oder Reststoffentsorgung entlang der Produktionskette (z.B. Einsatzstoffbeschaffung, Änderung des Produktionsverfahrens, Reststoffaufbereitung) lassen sich Auswirkungen (z.B. auf eine Problemverschiebung von Luft in Wasser) auf die Emissions- und Abfallsituation identifizieren und gegenüberstellen [3, 6].

Eine Ergänzung der Kernaufgabe "Mengenplanung" betrifft in erster Linie die Berücksichtigung umweltbezogener Kriterien bei der Auswahl zu beschaffender Einsatzgüter, etwa Aufarbeitbarkeit bzw. Recyclierbarkeit von Teilen, Stoffzusammensetzung und -eigenschaften von Roh- und Hilfsstoffen.

Bei der Termin- und Kapazitätsplanung geht es bekanntlich um die Planung des zeitlichen und kapazitätsmäßigen Ablaufs der Aufträge. Ergebnisse dieser Planung sind terminierte Aufträge und Kapazitätsbedarfslisten. Eine umweltorientierte Erweiterung dieser Kernaufgabe läßt sich etwa dadurch realisieren, daß

- Anlagen mit höheren Wirkungsgraden und geringeren Verbrauchs- und Emissionsfaktoren vorrangig eingesetzt werden (optimale Ausnutzung von Roh-, Hilfs- und Betriebsstoffen);

- auf eine gleichmäßige Kapazitätsbelegung geachtet wird (Verminderung emissionsintensiver An- und Abfahrvorgänge);

- bei der Durchlaufterminierung unnötige Liegezeiten vermieden werden (Verminderung lagerungsbedingter Emissionen);

- abfallintensive Umrüstmaßnahmen durch eine geeignete Reihenfolgeplanung vermindert werden.

So zeigen sich umweltinduzierte Auswirkungen auf die Reihenfolgeplanung beispielsweise dann, wenn entsprechend der ersten Alarmstufe bei Vorliegen von Smogbedingungen in Smoggebieten bestimmte Feuerungsanlagen nur noch mit Teillast oder emissionsarmen Brennstoffen betrieben werden dürfen.

Die Kernaufgaben der herkömmlichen Produktionsplanung und -steuerung sind zur Unterstützung eines produktionsintegrierten Umweltschutzes darüberhinaus auf Rest- und Abfallstoffe zu übertragen. Dieses bedeutet einerseits die Integration einer etwa an eine Mengenplanung angelehnte Entsorgungsplanung (z.B. Anfallmengenermittlung, Entsorgerauswahl, Bestellschreibung, Bestandsführung, etwa in Abstimmung mit Anforderungen der Abfall- und Reststoffüberwachungs-Verordnung) sowie die Integration einer Termin- und Kapazitätsplanung für Aufbereitungsanlagen und Entsorgungseinrichtungen.

2 Anforderungsprofil eines computerunterstützten "Umwelt-PPS"-Systems

Das Anforderungsprofil eines "Umwelt-PPS"-Systems unterscheidet sich aus hardware- und betriebssoftwaretechnischer Sicht i.a. nicht von anderen betrieblichen Informationssystemen, ist jedoch naturgemäß bezüglich zu erfüllender Aufgaben eines produktionsintegrierten Umweltschutzes von diesen verschieden. Diese zu erfüllenden Aufgaben erfassen den Funktions- und Leistungsumfang der Anwendungssoftware inklusive deren methodische Hilfsmittel und bestimmen, je nach Ausprägung, die Eignung oder Nicht-Eignung eines "Umwelt-PPS"-Systems [2, 3]. Dieses hat im wesentlichen zwei Aufgabengruppen abzudecken: intern eine Unterstützung bei der dispositiven Planung, Steuerung und Kontrolle von Maßnahmen zur Emissions- bzw. Abfallvermeidung, -verminderung und Reststoffentsorgung; extern eine Unterstützung zur Intensivierung des Dialogs zwischen Betrieb und Kunden, Lieferanten, Behörden und Öffentlichkeit. Ausgehend von einer Darstellung der betrieblichen Istemissions- und Abfallsituation sind u.a. eine Schwachstellenanalyse sowie entscheidungsorientierte Planungs- und Steuerungsansätze in dieses zu integrieren. Dementsprechend sind innerhalb eines "Umwelt-PPS"-Systems Module anzubieten zur

- Dokumentation: Emissionsstatistiken, Reststoffentsorgungsnachweise, Sicherheitsdatenblätter, etc.;

- Planung: methodische Ansätze zur Simulation bzw. Optimierung von Material- und Energieflußsystemen sowie zur Maßnahmengenerierung;

- Steuerung: Umsetzungsvorgaben an Fertigungs- bzw. Prozeßleitebene;

- Überwachung: Schwachstellenanalysen bzw. Soll-Ist-Vergleiche.

Ferner sind Schnittstellen zu weiteren betrieblichen und überbetrieblichen Informationssystemen vorzusehen, etwa zu Technologiedatenbanken [4], Stoffdatenbanken und Datenbanken zur Umweltforschungsdokumentation.

3 Konzeption eines "Umwelt-PPS"-Systems und dessen Eingliederung in eine informationswirtschaftliche Gesamtvernetzung

3.1 Prinzipielle Möglichkeiten zur Konzeption

Die Konzeption eines betrieblichen Umweltinformationssystems (BUIS) kann sowohl von einer Kopplung bereits bestehender Insellösungen als auch von einer umweltorientierten Erweiterung bereits eingesetzter Informationssysteme ausgehen. Daneben können BUIS ebenfalls vollständig neue Konzepte beinhalten. Die Systemkonzeption bedingt zunächst eine Bestandsaufnahme der bereits im Betrieb vorhandenen Einrichtungen zur Erfassung und Verarbeitung umweltrelevanter Daten, der bestehenden Informationsflüsse im Umweltbereich (etwa zwischen Produktionsabteilungen, Sicherheitsabteilungen, Brandschutz und Geschäftsleitung) und der gegebenen EDV-technischen Ausstattung des Betriebes von Bedeutung.

Eine Kopplung bestehender Insellösungen, wie z.B. Gefahrstoffdatenbanken, Deponiemanagementsysteme oder Emissionsüberwachungssysteme, muß der Schnittstellenproblematik bei der Verknüpfung autonomer Systeme Rechnung tragen. Zu lösende Probleme betreffen die Kompatibilität von Übertragungsprotokollen, Datenformaten etc.. Eine fehlende globale Systemsicht behindert den Aufbau eines integralen Informationssystems aus unabhängigen Teilsystemen.

Neue Konzepte bieten zwar den Vorteil, daß die Entwicklung von BUIS nicht durch die Anpassung an bereits bestehende Hard- und Softwarerahmenbedingungen behindert wird. Andererseits ist eine komplette Neuentwicklung im allgemeinen mit einem nicht zu vernachlässigenden personellen und finanziellen Aufwand sowie signifikanten organisatorischen Umstellungen verbunden.

Eine Orientierung an bestehenden Informationssystemen mit geeigneter Erweiterung um umweltorientierte Datensätze und Funktionalitäten wirft ebenfalls die Problematik der Anpassung an vorhandene Software- und Hardwarekonzepte auf. Aufgrund der bereits vorhandenen bereichsübergreifenden Systemsicht und den implementierten Schnittstellen zu weiteren Informationssystemen, verbunden mit der integralen Betrachtung des gesamten Produktionsprozesses, erscheint diese Variante jedoch in Bezug auf die Umsetzung eines produktionsintegrierten Umweltschutzkonzeptes am erfolgversprechendsten. Da ebenfalls herkömmliche PPS-Systeme dispositive Aufgaben der Planung, Steuerung, aber auch der Überwachung und Kontrolle übernehmen, ist es naheliegend, ein BUIS an die Konzeption von PPS-Systemen ("Umwelt-PPS") anzugliedern. Dennoch muß auch bei diesem Ansatz ein besonderes Augenmerk auf die Schnittstellenproblematik, insbesondere im Hinblick auf den Datentransfer zwischen weiteren Informationssystemen, gelegt werden.

3.2 Datenmodelle und Funktionalitäten eines "Umwelt-PPS"-Systems

Datenmodelle für "Umwelt-PPS"-Systeme beschreiben das Informationsgerüst der für eine umweltorientierte Produktionsplanung und -steuerung notwendigen Daten und ihrer gegenseitigen Verknüpfungen (u.a. auch mit bestehenden Datenbeständen). Unterschiedliche Produktionsstrukturen und Emissions- bzw. Abfallcharakteristiken von Industriebetrieben bedingen, diese branchen- und/oder betriebstypisch anzulegen. So sind etwa zur Realisierung eines "Umwelt-PPS"-Systems für die Fertigungsindustrie u.a. folgende Stammdateien zu erweitern bzw. neu anzulegen:

- Teilestammdatei: zusätzliche Beschreibung einsetzbarer Teile bezüglich Aufarbeitbarkeit bzw. Recyclierbarkeit;

- Hilfsstoffdatei: zusätzliche Beschreibung einsetzbarer Hilfsstoffe mittels Attributen wie etwa Zugehörigkeit zu Gefahrstoffklassen, Stoffzusammensetzung, Toxizität;

	Datenbasis											Aufgaben				Ziele			
	Teilestamm	Stückliste	Kapazitäten	Lagerorte	Arbeitspläne	Kunden/Lieferanten	Umweltnormen	Teilebestand	Recycling	Emissionen	Bewegungen	Planung	Steuerung	Überwachung	Dokumentation	Ressourcen schonen	Emissionen vermeiden	Wiederverwendung	geordnete Entsorgung
Programmplanung	●		●				●		●	●		◉			◉	○	○	○	
Bedarfsermittlung	●	●						●	●	●		○			○	○	○	○	
Bestandskontrolle			●					●				○		◉	●		○		○
Recyclingplanung	●	●				●			●	●		○	◉	◉	◉	○	○	○	○
Entsorgungsplanung						●	●		●	●		○		◉	◉		○		○
Terminplanung					●				●			○			◉		○	○	
Kapazitätsplanung			●		●		●	●	●	●		◉			●		○	○	
Reihenfolgeplanung			●		●				●	●		◉	◉	◉	◉	○	○	○	
Materialsteuerung				●	●			●		●	●		◉	◉	●	○	○	○	○
Versandplanung-steuerung						●			●		●	◉	◉	◉	○	○	○		
Entsorgungssteuerung						●				●	●		◉	◉	●		○		○

Legende:	
●	BUIS–PPS–Funktion greift besonders auf diese Datenbestände zurück
◉	BUIS–PPS–Funktion unterstützt besonders diese BUIS–Aufgabe
○	BUIS–PPS–Funktion fördert die Erreichung des Umweltzieles

Abbildung 1: Funktionalitäten und Datenbasis eines "Umwelt-PPS"-Systems

- Stücklistenstrukturdateien: Erweiterung um "Umwelt"-Varianten (z.B. recyclierbare Teile);

- Betriebsmitteldatei: Angaben über Wartungsintervalle, Auslastungs- und Nutzungsgradkennzahlen, Energieverbräuche, Hilfsstoffverbräuche, Emissionswerte, Störfallwahrscheinlichkeiten;

- Lagerdatei: Erfassung potentieller Lagerorte für Rest- und Abfallstoffe, Gefahrstoffe;

- Arbeitsplandatei: Erweiterung um optionale Fertigungs- und Montagearbeitspläne, aber auch um Aufbe- bzw. Aufarbeitungsarbeitspläne, Demontagearbeitspläne;

- Kundendatei: Erweiterung um umweltbezogene Kundenanforderungen, Kundenverträge über Rücknahmevereinbarungen;

- Entsorgerdatei: Angaben etwa über Entsorgungsbetriebe für Rest- und Abfallstoffe, Entsorgungschargen und -kosten;

- Lieferantendatei: Erweiterung um umweltbezogene Kriterien (z.B. Emissionssituation, Vorleistungen);

- Umweltnormendatei: Erfassung betriebsrelevanter Grenzwerte für Stoffe, Produkte und Anlagen, eigene Betriebsvereinbarungen, Kundenverträge.

Neben einer Verfeinerung bestehender Bestandsdateien, beispielsweise von Teilebestandsdateien in aufarbeitbare Teile und nicht recyclierbare Teile, sind u.a. Reststoff- und Abfallbestandsdateien zu integrieren. Diese enthalten etwa Angaben über Art, Menge, Zusammensetzung, Anfallort, -zeitpunkt, -frequenz und spätest möglichen Recyclingzeitpunkt. Des weiteren sind beispielsweise Energie- und Hilfsstoffverbrauchsdateien sowie Umweltbelastungsprofildateien zur Erfassung der aktuellen betrieblichen Emissions- und Abfallsituation anzulegen.

Die Verknüpfung dieser Datenbestände ist in Abhängigkeit ausgewählter Aufgaben zu betrachten (vgl. Abbildung 1). Diese richten sich zunächst an bereits bestehenden Kernaufgaben (Funktionalitäten) aus, also Produktionsprogrammplanung, Mengenplanung und Termin- und Kapazitätsplanung. Darüberhinaus sind sie auf Rest- und Abfallstoffe zu übertragen: Entsorgungsplanung und -steuerung.

So sind beispielsweise zur Unterstützung der Funktion Entsorgungsplanung zur Gewährleistung einer gezielten und sicheren Verwertung bzw. Entsorgung aller anfallenden Reststoffe und Abfälle einerseits etwa Informationen über relevante Umweltnormen, Stoffcharakteristika sowie inner- und überbetriebliche Recyclingmöglichkeiten erforderlich; andererseits werden Daten über potentielle Entsorger sowie Abfallanfallmengen benötigt. Für eine Kapazitätsplanung, eine Reihenfolgeplanung und einen Kapazitätsabgleich werden u.a. Informationen aus der Betriebsmitteldatei, Entsorgungskapazitätendatei, Arbeitsplandatei und Umweltnormendatei benötigt. Entsprechend können weitere Verknüpfungen mit Datenbeständen in Datenmodellen dargestellt werden.

3.3 Einbindung eines "Umwelt-PPS"-Systems in eine informationswirtschaftliche Gesamtvernetzung

Im Rahmen einer informationswirtschaftlichen Gesamtvernetzung (CIM- bzw. CIP-Konzept) eines Industriebetriebes ist die Kopplung des "Umwelt-PPS"-Systems mit weiteren betrieblichen Informationssystemen vorzusehen (vgl. Abbildung 2). In Abhängigkeit zu erfüllender Funktionen des Systems ist hierbei ein effizienter Datenaustausch zu gewährleisten. Dieser Datenaustausch beträfe etwa einen Austausch von Emissionsmeßwerten und Reststoffanfallmengen mit Prozeßleitsystemen, von Stoffdaten mit Laborinformationssystemen, von Energieverbrauchs- und Emissionswerten sowie von Wartungsintervallen mit dem Modul Anlagenmanagement oder von Einsatzstoffsubstitutionsmöglichkeiten mit F&E-Informationssystemen.

Die Realisierung eines derartigen computerunterstützten "Umwelt-PPS"-Systems ist im wesentlichen jedoch davon abhängig, inwieweit es gelingt, etwa entsprechende branchentypische und aufgabenspezifische Datenmodelle für eine möglichst breite Anwendungsgruppe zu entwickeln; gelingt dies, so bilden "Umwelt-PPS"-Systeme einen wesentlichen Baustein zur Unterstützung einer dispositiven Planung, Steuerung und Kontrolle eines produktionsintegrierten Umweltschutzkonzeptes.

Literatur

[1] Bundesverband Junger Unternehmer der ASU e.V. (BJU): Umweltschutz als Teil der Unternehmensstrategie. Bonn 1989.

[2] Haasis, H.-D.; Hackenberg, D.; Hillenbrand, R.: Betriebliche Umweltinformationssysteme. In: Information Management, (1989)4, S. 46 - 53.

[3] Haasis, H.-D.: Umweltintegrierte Produktionsplanung und -steuerung in der Industrie. In: Fleischer, G.: Vermeidung und Verwertung von Abfällen 2. Berlin 1990, S. 69 - 87.

[4] Hackenberg, D.; Hillenbrand, R.; Rentz, O.: Informationssystem für Umwelttechnologien - Umwelttechnologiedatenbank. KfK-PEF Schriftenreihe Nr. 66. Karlsruhe 1990.

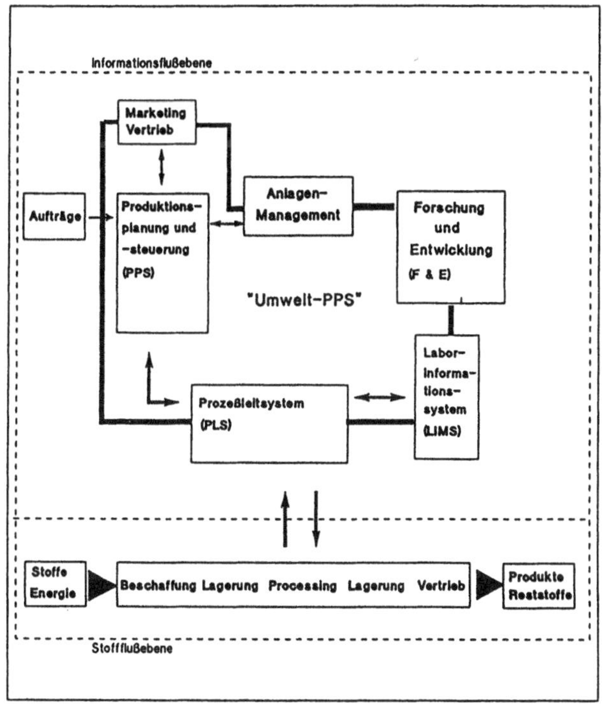

Abbildung 2: Ein "Umwelt-PPS"-System als Teil einer informationswirtschaftlichen Gesamtvernetzung

[5] Hahn, D.; Laßmann, G. (Hrsg.): Produktionswirtschaft - Controlling industrieller Produktion. Band 2. Heidelberg 1989.

[6] Hammerschmid, R.; Rentz, O.: Methodische Planung regionaler Entsorgungsalternativen - Dargestellt für Reststoffe aus der Rauchgasreinigung für Baden-Württemberg. In: Müll und Abfall, (1990)7, S. 451 - 457.

[7] Kreikebaum, H. (Hrsg.): Integrierter Umweltschutz. Eine Herausforderung für das Innovationsmanagement. Wiesbaden 1990.

[8] Rentz, O.; Haasis, H.-D.; Morgenstern, Th.; Remmers, J.; Schons, G.: Optimal Control Strategies for Reducing Emissions from Energy Conversion and Energy Use in all Countries of the European Community. KfK-PEF Schriftenreihe Nr. 72. Karlsruhe 1990.

[9] Steger, U.: Umweltmanagement: Erfahrungen und Hilfsmittel einer umweltorientierten Unternehmensstrategie. Wiesbaden 1988.

[10] Tuma, A.; Haasis, H.-D.; Rentz, O.: Eine Methodik zur Konstruktion und Auswahl emissionsorientierter Produktionssteuerungsmechanismen. In: Proc. 22. Jahrestagung der Gesellschaft für Informatik. Karlsruhe 1992.

[11] Wicke, L.; Haasis, H.-D.; Schafhausen, F.; Schulz, W.: Betriebliche Umweltökonomie. München 1992.

Eine Methodik zur Konstruktion und Auswahl emissionsorientierter Produktionssteuerungsmechanismen

A. Tuma, H.-D. Haasis, O. Rentz
Institut für Industriebetriebslehre und Industrielle Produktion
Universität Karlsruhe
Hertzstr. 16, W-7500 Karlsruhe 21

In industriellen Produktionsprozessen werden zur Herstellung von Industrieprodukten Stoffe und Energiearten bereitgestellt, verändert, gelagert und transportiert. Als Kuppelprodukte werden Stoffe in flüssiger, gasförmiger und fester Form emittiert. Umweltrelevante Probleme treten im Verlauf des gesamten Stoff- und Energieflußprozesses auf. Auf betrieblicher und überbetrieblicher Ebene sind Produktions- und Emissionsminderungsanlagen durch Stoff- und Energieströme miteinander verbunden.

Aufgrund dieser Interdependenzen muß bei der Planung und Steuerung emissionsarmer Produktionssysteme von einem produktionsintegrierenden Ansatz ausgegangen werden. Von besonderer Bedeutung ist in diesem Zusammenhang die Konstruktion und Auswahl von Produktionssteuerungsmechanismen, die die wechselseitigen Abhängigkeiten zwischen den einzelnen Produktionsstufen adäquat berücksichtigen. Ihre Aufgabe ist es, die Energie-, Material- und Stoffflüsse so zu steuern, daß unter Berücksichtigung der durch die vor- und nachgeschalteten Produktionsstufen gegebenen Rahmenparameter die zur Verfügung stehenden Ressourcen möglichst optimal ausgenutzt und die durch den Produktionsprozeß enstehenden Emissionen, soweit dies aus technischen Gründen möglich ist, minimiert werden.

1. Entwurf eines Systems zur Steuerung von Energie-, Material- und Stoffflüssen auf der Basis emissionsorientierter Produktionssteuerungsmechanismen

Der Entwurf eines Systems zur Steuerung von Energie-, Material- und Stoffströmen auf der Basis emissionsorientierter Produktionssteuerungsmechanismen kann auf zwei unterschiedlichen Ansätzen aufbauen:

Grundgedanke des ersten Ansatzes ist es, soweit möglich, das gesamte Produktionssystem unter Berücksichtigung aller relevanten Interdependenzen in ein umfassendes Modell abzubilden und ganzheitliche Steuermechanismen zu identifizieren.

Der zweite Ansatz geht von der Entwicklung eigenständiger Systeme für jede Produktionseinheit aus, die so konzipiert sein müssen, daß sie störungs- oder prozeßbedingte Schwankungen der Input-/Outputströme vor- bzw. nachgeschalteter Produktionsstufen berücksichtigen.
Die Entwicklung eines umfassenden Modells erscheint aufgrund der Komplexität eines realen Produktionssystems mit einer Vielzahl verfahrenstechnischer Restriktionen und Interdependen-

zen wenig praktikabel. Aufgrund dieser Problematik sowie einer erhöhten Transparenz und Flexibilität empfiehlt sich die Entwicklung einzelner auf einen speziellen Prozeß abgestimmter Systeme. Um die informationstechnische Verknüpfung dieser Systeme mit übergeordneten Planungssystemen und damit auch mit anderen Produktionseinheiten zu gewährleisten, sollten sie in eine bestehende CIM-Architektur eingebunden werden. Diese Konzeption gewährleistet infolge der globalen Systemsicht und den implementierten Schnittstellen zwischen den einzelnen Informationssystemen (PPS-Systeme, Prozeßleitstände) die integrale Betrachtung des gesamten Produktionsprozesses.

2. Anforderungsprofil emissionsorientierter Produktionssteuerungsmechanismen zur Steuerung von Energie-, Material- und Stoffströmen

Emissionsorientierte Produktionssteuerungsmechanismen müssen sowohl prozeßspezifische Restriktionen als auch die durch die vor- und nachgeschalteten Produktionsstufen gegebenen Rahmenparameter berücksichtigen. Diese umfassen im wesentlichen produktions-, verfahrens- und emissionsspezifische Parameter und bilden die Grundlage für eine bereichsübergreifende emissionsorientierte Produktionssteuerung. Wesentliche Aufgaben bzw. Eigenschaften einer emissionsorientierten Produktionssteuerung sind:

- die Einhaltung gegebener Emissionsgrenzwerte (d.h. das gegebene Produktionsprogramm muß zeitlich und mengenmäßig so auf die einzelnen Aggregate verteilt werden, daß alle Grenzwerte eingehalten werden können),

- die Gewährleistung der termingerechten Durchführung des Produktionsprogrammes (d.h. die vom übergeordneten PPS-System der aktuellen Planungsperiode zugeordneten Aufträge müssen so auf die einzelnen Aggregate verteilt werden, daß alle produktions- und verfahrensbedingten Restriktionen (z.B. verfügbare Kapazitäten, Reihenfolgebeziehungen, max. Wartezeiten zwischen zwei Produktionsstufen, Kopplung einzelner Aggregate) berücksichtigt bzw. eingehalten werden können),

- die Gewährleistung einer ressourcenschonenden Produktionsweise als Folge einer möglichst optimalen zeitlichen Abstimmung des Bedarfs bzw. des Anfalls der Output-/Inputströme mit den von den vor- bzw. nachgeschalteten Produktionsstufen gegebenen Rahmenparametern (z.B. Anpassung des Energiebedarfs an das jeweilige Angebot, zeitliche Abstimmung des Anfalls alkalischer Abwasserströme mit dem Rauchgasvolumenstrom eines vorgelagerten Kraftwerkes zur Neutralisation in einem entsprechenden Prozeßschritt, Steuerung von Schadstoffströmen unter Berücksichtigung gegebener Entsorgungskapazitäten),

- die Berücksichtigung von störungs- oder prozeßbedingten Schwankungen der Output-/Inputströme vor- bzw. nachgeschalteter Produktionsstufen (z.B. Ausfall eines Kraftwerkes, Reduzierung der Kapazität eines Kraftwerkes infolge von Smog, wechselnde Lastprofile),

- die Stabilität gegenüber Verfahrensumstellungen (z.B. Implementation einer Rauchgasentschwefelungsanlage, Verwendung eines neuen Brennstoffes).

3. Methodik zur Konzeption emissionsorientierter Produktionssteuerungsmechanismen zur Steuerung von Energie-, Material- und Stoffströmen

Das methodische Vorgehen bei der Entwicklung emissionsorientierter Produktionssteuerungsmechanismen wird von der Menge und der Art der benötigten Daten sowie den produktionstechnischen Restriktionen geprägt. Theoretisch können die Planungs- und Steueralgorithmen entweder durch optimierende Verfahren (z.B. LP-Ansätze, Branch&Bound, Dyn. Optimierung) oder durch Heuristiken (z.B. Prioritätsregelverfahren) abgebildet werden.
Aufgrund der Komplexität der realen Systeme empfiehlt sich der Einsatz von heuristischen Verfahren. Wesentliche Aufgabe bei der Entwicklung von emissionsorientierten Produktionssssteuerungsmechanismen ist somit die Identifikation geeigneter Prioritätsregeln. Diese können eine Funktion unterschiedlichster Parameter sein z.B. von:

- Betriebsdaten (z.B. Rauchgasvolumenstrom, pH-Wert im Speicherbecken),
- verfügbaren Kapazitäten (einschließlich Lager-, Ver- und Entsorgungskapazitäten),
- Anfallprofilen der Input-/Outputströme,
- Energiebedarfsfunktionen der einzelnen Aufträge,
- der Art und Menge der mit der Bearbeitung der potentiell einzuplanenden Aufträge implizierten Abwasserströme und
- terminlichen Restriktionen.

Aufgrund der sich dynamisch ändernden Produktionssituation müssen in Abhängigkeit der aktuellen Parameter unterschiedliche Zielkriterien bzw. eine unterschiedlich gewichtete Kombination dieser Kriterien (z.B. niedriger Energiebedarf, spezielle Anforderungen an den pH-Wert der Abwässer der einzuplanenden Aufträge etc.) bei der Konstruktion von Prioritätsregeln berücksichtigt werden. Dies impliziert die Verwendung eines regelbasierten Systems, das je nach Produktionssituation die Auswahl des einzuplanenden Auftrages steuert. Da Entscheidungen in komplexen Produktionssystemen zwangsläufig mit Unsicherheit behaftet sind, empfiehlt sich die Verwendung einer fuzzyfizierten Regelbasis.

Ausgehend von diesen Überlegungen kann die Konstruktion und Auswahl geeigneter Prioritätsregeln für ein spezielles Produktionssystem in einem zweistufigen Prozeß erfolgen, der gegebenenfalls mehrfach durchlaufen werden muß.

- Zunächst ist anhand gegebener Beispieldaten und unter Verwendung intuitiv abgeleiteter Prioritätsregeln der Einfluß veränderter Rahmenbedingungen (z.B. Schwankungen der Input-/ Outputströme vor- bzw. nachgeschalteter Produktionssysteme) auf spezielle Zielgrößen (z.B. Erfüllung des Produktionsprogrammes bei gegebener Kapazität) zu untersuchen. Da das Beziehungsgeflecht zwischen Zielgrößen, Rahmenbedingungen und Prioritätsregeln i. allg. nicht in dem benötigten Umfang am realen Produktionssystem untersucht werden kann, ist eine möglichst realitätsnahe Abbildung der zu untersuchenden Produktionseinheit in ein entsprechendes Modell erforderlich. Für die Abbildung der i. allg. äußerst komplexen dynamischen Produktionsprozesse bieten sich aufgrund endsprechender Modellierungsmöglichkeiten Simulationssysteme (z.B. SLAM) sowie objektorientierte Ansätze (z.B. auf der Basis von Smalltalk) an.

- Ausgehend von den Ergebnissen dieses Schrittes müssen, falls nötig, modifizierte Prioritätsregeln konstruiert werden (d.h. die Auswahlregeln, Zugehörigkeitsfunktionen und Verknüpfungsoperatoren müssen entsprechend justiert werden). Die Validität der modifizierten Prioritätsregeln kann wiederum anhand eines entsprechenden Simulationslaufes überprüft werden. Dieses iterative Vorgehen ist solange zu wiederholen, bis die Ergebnisse der aktuellen Prioritätsregeln einen bezüglich der Erfüllung der Zielkriterien zufriedenstellenden Wert liefern.

4. Modellierung und Implementation eines Systems zur Konstruktion und Analyse von Produktionssteuerungsmechanismen am Beispiel eines vernetzten Produktionssystems aus der Textilindustrie

Der beschriebene Ansatz zur Konstruktion und Analyse geeigneter Prioritätsregeln zur Steuerung der Energie,- Material- und Stoffflüsse in einem vernetzten Produktionssystem wurde anhand eines Beispiels aus der Textilindustrie (Abb. 1) verifiziert.

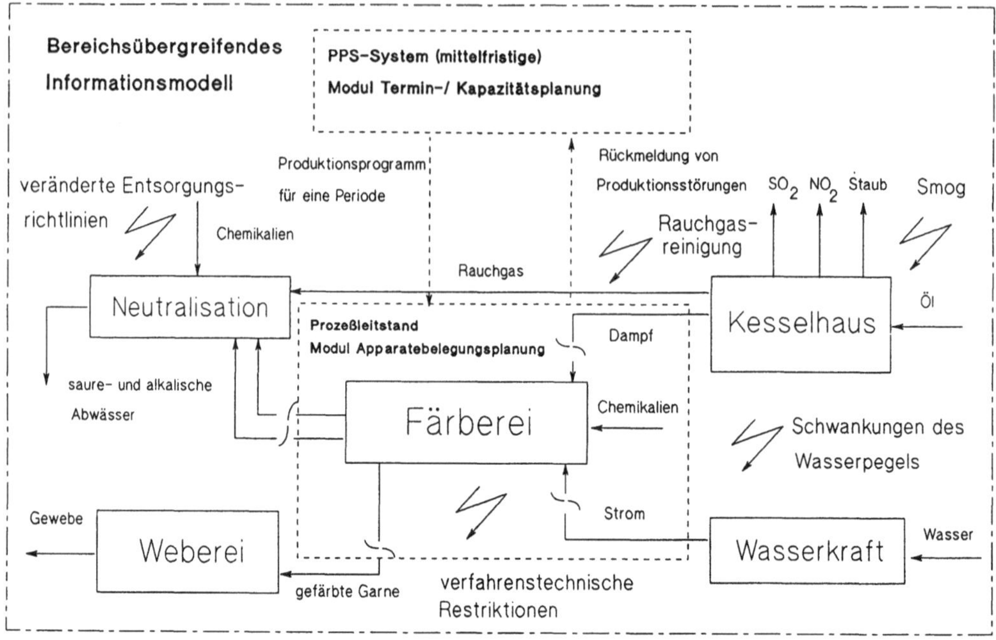

Abb.1: Struktur eines vernetzten Produktionsprozesses am Beispiel einer Färberei

4.1 Modellierung und Implementation

Die Modellierung und Implementation eines entsprechenden Systems erfolgte in zwei Stufen:

- zunächst wurde ein Simulationsmodell des Produktionssystems erstellt,
- in einem zweiten Schritt wurde ein Fuzzy-Expertensystem zur Berechnung von Prioritätskennzahlen für die potentiell einzuplanenden Aufträge sowie zur Verfahrensauswahl in Abhängigkeit
der Produktionssituation entwickelt. Dieses System ist On-Line mit dem Simulationssystem gekoppelt und steuert die Simulation des Produktionsprozesses.

Die Modellierung des Produktionssystems umfaßte neben der Abbildung:

- der Produktionsstruktur (Typ und Anzahl der einzelnen Aggregate, Verknüpfungsbeziehungen
zwischen den einzelnen Aggregaten),
- verfahrenstechnischer Größen (z.B. Energiebedarfsfunktionen, potentielle Produktionsverfahren, Reihenfolgebeziehungen),
- der zur Verfügung stehenden Ressourcen (z.B. Kapazitäten der Aggregate sowie der Ver- und
Entsorgungseinrichtungen) und
- systemtechnischer Größen (z.B. Warteschlangen)

auch die Entwicklung von Prozeduren zur Berechnung entscheidungsrelevanter Parameter. Diese beinhalten einerseits Parameter, die den aktuellen Systemzustand charakterisieren wie z.B.:

- zur Verfügung stehende Kraftwerksleistung (Kesselhaus, Wasserkraftwerk),
- pH-Wert im Abwasserbecken,
- Rauchgasvolumenstrom und
- eine Kennzahl bezüglich des Fertigungsfortschrittes,

andererseits umfassen sie auftragsspezifische Werte wie z.B.:

- Energiebedarf (Strom, Heißwasser) und
- pH-Wert der durch einen speziellen Auftrag implizierten Abwässer.

Diese Parameter bilden die Eingangsgrößen für ein Fuzzy-Expertensystem, das in einer zweiten Stufe implementiert wurde. Das Fuzzy-Expertensystem wird bei jeder Einplanungsentscheidung aufgerufen, d.h. immer dann, wenn aufgrund der Produktionssituation ein Aggregat mit einem neuen Auftrag belegt werden kann. Es besteht aus zwei Subsystemen:

- Das erste Teilsystem entscheidet aufgrund der aktuellen Werte der Systemparameter:

    -- verfügbare Kraftwerksleistung (Kesselhaus, Wasserkraftwerk),
    -- Fertigungsfortschritt

mit welchem Typ von Produktionsverfahren (z.B. Kurzzeitfärbeverfahren) der nächste Auftrag bearbeitet werden sollte. Auf das Simulationsmodell bezogen bedeutet dies, welcher Ast im Simulationsnetzwerk (Abb. 3) durchlaufen werden sollte.

- Das zweite Modul berechnet auf der Grundlage der Systemparameter:

    -- verfügbare Kraftwerksleistung (Kesselhaus, Wasserkraftwerk),
    -- pH-Wert im Abwasserbecken,
    -- Rauchgasvolumenstrom und
    -- Fertigungsfortschritt

sowie der auftragsspezifischen Parameter:

- Energiebedarf (Strom, Heißwasser),
- pH-Wert der durch den Auftrag implizierten Abwässer

für jeden potentiell einplanbaren Auftrag einen Prioritätswert. Diese Prioritätswerte werden an das Simulationssystem zurückgegeben, das im nächsten Schritt den Auftrag aus der Warteschlange einplant, der vom Fuzzy-Expertensystem den höchsten Prioritätswert erhalten hat. Ein Auftrag erhält dann einen relativ hohen Prioritätswert, wenn sowohl sein Energiebedarf (Strom, Heißwasser), als auch die durch ihn implizierten Abwässer mit dem momentanen Systemzustand (Energieangebot, pH-Wert im Abwasserbecken etc.) korrelieren. Abbildung 2 stellt beispielhaft Membershipfunktionen und Regeln für die Bewertung der einzelnen Aufträge hinsichtlich des Kriteriums "Abwasser" dar.

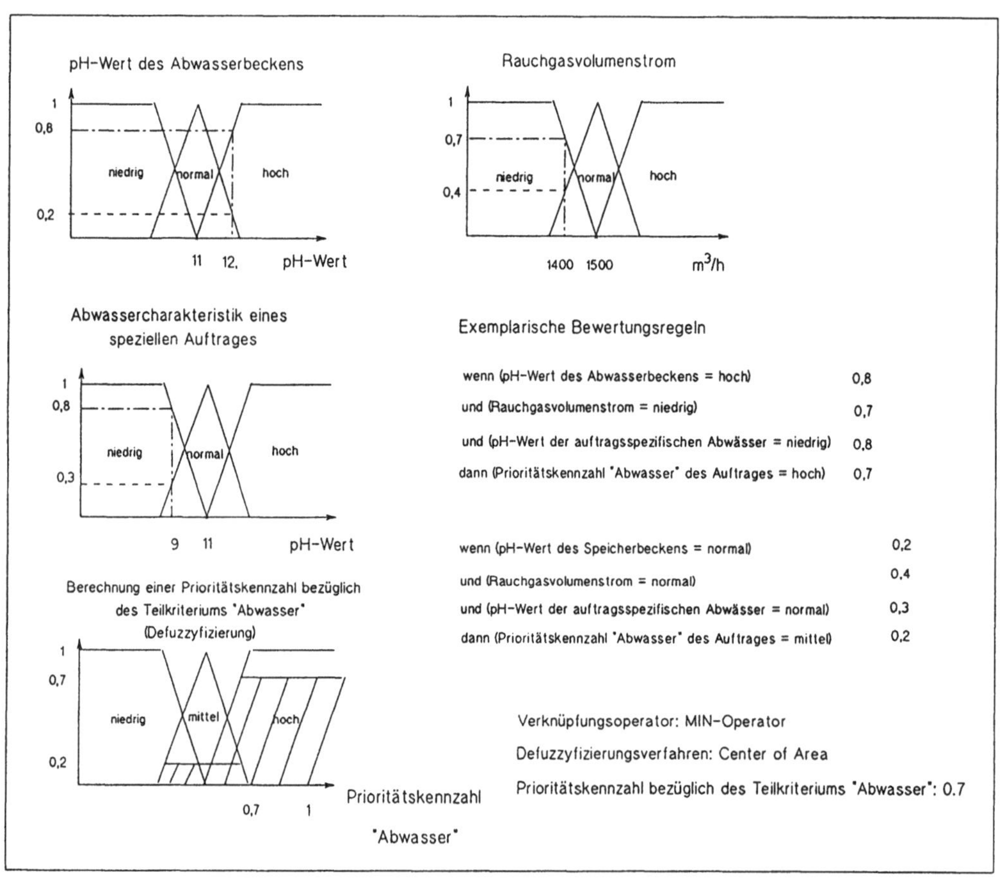

Abb. 2: Exemplarische Regeln und Membershipfunktionen für die Bewertung der einzelnen Aufträge hinsichtlich des Kriteriums "Abwasser"

Die Implementation des Simulationsmodells erfolgte mittels des Simulationssystems SLAM II.
Gründe hierfür waren:

- der prozeßorientierte Simulationsansatz von SLAM II,
- die Mächtigkeit der Sprachelemente,
- die Möglichkeit der Einbindung von benutzergeschriebenen FORTRAN-Subroutinen,
- die graphische Programmierung und
- die Möglichkeit zur Animation der Simulationsergebnisse.

Diese Eigenschaften gewährleisten sowohl ein hohes Abstraktionsniveau bei der Modellierung als
auch einen hohen Grad an Flexibilität und ermöglichen so eine effiziente, problemgerechte Programmierung.

Programmtechnisch wurde so vorgegangen, daß die Struktur des Produktionssystems, die Warte-
schlangen sowie Teile der verfahrenstechnischen Restriktionen graphisch programmiert wurden
(Abb. 3), während die Kontrollstrukturen, die zugrunde liegenden Datenbanken sowie die
Schnittstelle zu dem Fuzzy-Expertensystem in FORTRAN implementiert wurden.

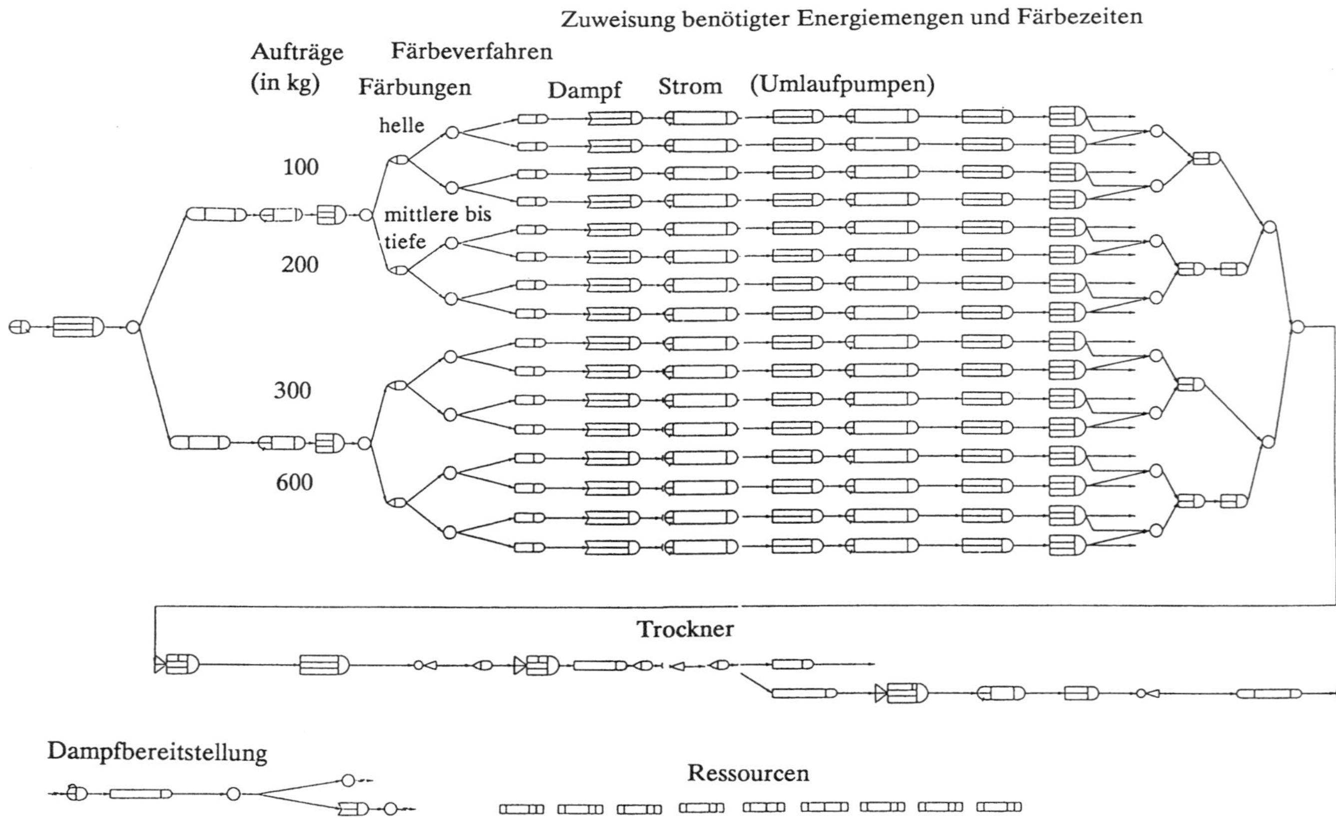

Abb. 3: SLAM-Netz des Produktionssystems Färberei

Die Implementation des regelbasierten Systems erfolgte auf einer Fuzzy-Shell. Die Gründe hierfür waren:

- die graphische Benutzeroberfläche,
- eine Bibliothek von Membershipfunktionen,
- eine Bibliothek von Verknüpfungsoperatoren,
- umfangreiche Monitormöglichkeiten und
- die direkte Erstellung eines präcompilierten C-Codes.

Diese Eigenschaften ermöglichen eine schnelle Programmierung und somit ein optimales Analysewerkzeug zur Identifikation geeigneter Regeln, Membershipfunktionen und Verknüpfungsoperatoren in Abhängigkeit verschiedener Produktionsszenarien.

4.2 Darstellung der Simulationsergebnisse

Von entscheidender Bedeutung für die Analyse der Simulationsläufe ist die Auswertung und Darstellung der Simulationergebnisse. Hierzu wurden folgende Methoden implementiert:

- Balkendiagramme (z.B. Auslastung der Aggregate, Ausnutzung der Ressourcen etc.)
- Histogramme (z.B. Termintreue, Durchlaufzeiten etc.),
- Plots (z.B. Durchsatz in Abhängigkeit der Simulationszeit),
- Listen sowie eine
- Animation des Simulationslaufes.

Die Animation erlaubt es zu jeder Zeit den aktuellen Systemzustand darzustellen und trägt so wesentlich zur Analyse des dynamischen Systemverhaltens bei. Im einzelnen können folgende Parameter im zeitlichen Verhalten analysiert werden:

- die Simulationszeit,
- die Länge der Warteschlangen,
- die erledigten Aufträge,
- der Zustand der einzelnen Aggregate,
- die Anzahl der bisher mit einem bestimmten Aggregat bearbeiteten Aufträge,
- der Pegel des Abwasserbeckens,
- der pH-Wert des Abwasserbeckens,
- die Anzahl der bisher mit einem bestimmten Produktionsverfahren bearbeiteten Aufträge,
- die momentan benötigte Leistung und die bisher umgesetzte Energie.

5. Schnittstellen zu PPS-Systemen

Ein wesentliches Ergebnis dieser Untersuchung ist die Beantwortung der Frage, ob und gegebenenfalls unter welchen Umständen die Auswahl geeigneter Priortitätsregeln auf Leitstandsebehe (kurzfristige Planung) ausreicht, um das geforderte Auftragsvolumen der aktuellen Planungsperiode bei Berücksichtigung zusätzlicher Randbedingungen (z.B. veränderter Entsorgungsrichtlinien) zu bewältigen bzw. in welchen Fällen es notwendig ist, bereits auf PPS-Ebene (mittelfristiger Planungshorizont) modifizierte Planungsalgorithmen einzusetzen (hierarchische Produktionsplanung).

In Anbetracht der benötigten Plan- sowie entscheidungsrelevanter Rahmendaten vor- bzw. nachgelagerter Produktionsstufen müssen Systeme zur Steuerung einer emissionsarmen Produktion auf Leitstandsebene in ein ganzheitliches Informationskonzept eingebettet werden. Von besonderer Bedeutung sind hierbei die Schnittstellen zu den PPS-Systemen. Der Datenaustausch zwischen der Leitstandsebene und dem übergeordneten PPS-System muß folgende Informationen umfassen:

- produktionsspezifische Daten,

- Rahmendaten, die die jeweilige Produktionseinheit direkt oder indirekt betreffen und

- Daten über den aktuellen Produktionsstand oder eventuelle Störungen.

Die produktionsspezifischen Daten betreffen u.a.:

- Planungsdaten (Planungsdaten umfassen im wesentlichen den vom Termin- und Kapazitätsplanungsmodul des übergeordneten PPS-Systems ermittelten mittelfristigen Produktionsplan. Diese Informationen bilden die Basis für eine Feinplanung des Produktionsprozesses. Aufgabe der Feinplanung ist es, ausgehend von den Vorgaben des PPS-Systems, die Durchführbarkeit des gegebenen Produktionsplans zu prüfen und die einzelnen Aufträge den Aggregaten so zuzuweisen, daß das geforderte Produktionsprogramm bei gegebener Kapazität ressourcensparend umgesetzt werden kann.),

- Auftragsdaten (z.B. Mengenangaben, Qualitätsanforderungen) und

- Stammdaten (z.B. Rezepturen).

Die entscheidungsrelevanten Rahmeninformationen umfassen u.a.:

- Bestandsdaten (z.B. Lagerdaten benötigter Einsatzstoffe, Verfügbarkeit der benötigten Energiemengen differenziert nach Energieformen, potentielle Entsorgungskapazitäten),

- umweltspezifische Daten (z.B. Emissionsmeßwerte, Daten über eine eventuell vorliegende Smogsituation) und

- produktions- oder prozeßbedingte Einflußgrößen vor- bzw. nachgelagerter Produktionsstufen (z.B. Energierestriktionen aufgrund eines erhöhten Energieverbrauchs bei Anfahrprozessen vor- bzw. nachgeschalteter Produktionsstufen).

Neben den vom PPS-System auf die Leitstandsebene übermittelten Daten müssen auch umgekehrt Informationen über den aktuellen Produktionsstand sowie über eventuelle Störungen an das PPS-System zurückgemeldet werden. Diese Daten bilden die Grundlage für Umplanungen auf PPS-Ebene bzw. die Rahmeninformation für die vor- und nachgelagerten Produktionseinheiten.

Literatur:

Tuma, A., Haasis, H.-D., Rentz, O.: Entwicklung einer Methodik zur Konzeption eines Prozeßleitstandes für die Planung und Steuerung von Energie-, Material- und Stoffflüssen. In: Proceedings der 7. Fachtagung Abfallwirtschaft der Deutschen Gesellschaft für Abfallwirtschaft e. V. , Magdeburg 1992.

Haasis, H.-D., Hackenberg, D., Hillenbrand, R.: Betriebliche Umweltinformationssysteme. In: Information Management, 4. Jg., 1989, S. 46-53.

Zimmermann, H.-J.: FUZZY SET THEORY AND ITS APPLICATIONS. Kluwer Academic Publishers, Boston, Dordrecht, London 1991.

Pritsker, A., Pegden, C.: Introduction to Simulation and SLAM. Systems Publishing Corporation. West Lafayette, Indiana 1990.

Reiling, W., Prozeßoptimierung zur Minimierung der Umweltbelastung mit Hilfe der quasi-dynamischen Simulation am Beispiel eines Kohlekraftwerkes mit Rauchgasreinigung. Dissertation, erscheint 1992.

Hackenberg, D., Hillenbrand, R., Rentz, O.: Modulares Datenbankbasiertes Informationssystem für Emissionsminderungstechniken: 8. Symposium "Informatik im Umweltschutz", München 1991, Springer Verlag, Berlin.

Anforderungen an ein ökologisch orientiertes Logistik-Informationssystem

Lorenz M. Hilty, Arno Rolf
Fachbereich Informatik
Universität Hamburg

Zusammenfassung

Moderne Produktionsformen stützen sich zunehmend auf logistische Funktionen. Durch verbesserte Koordination aller raum-zeitlichen und qualitativen Transformationsprozesse entlang der Produktionsketten werden Lagerbestände und Durchlaufzeiten minimiert. Logistische Informationssysteme bilden hierfür die informationstechnische Infrastruktur. In vielen Märkten bilden sich Netzwerke solcher Systeme unter der Zielsetzung, logistische Ketten auch über die Grenzen einzelner Unternehmen hinaus zu optimieren. Aufgrund dieser Entwicklung kann sich die Forderung nach umweltschonender Produktion nicht allein auf die Produktionsprozesse im engeren Sinne (qualitative Transformation von Gütern) beziehen, sondern muß das gesamte Logistiksystem einschließlich der darin ablaufenden Transport-, Lagerungs- und Umschlagprozesse (raum-zeitliche Transformationen) berücksichtigen. In diesem Beitrag definieren wir Anforderungen an ein Logistik-Informationssystem, das die ökologisch relevanten Wirkungen logistischer Systeme erfaßt und ihre ökologische Bewertung unterstützt.

1. Produktion, Engineering und Logistik

Die wachsende Bedeutung der Logistik hat eine Reihe von Ursachen. Zum einen wird die klassische Massenproduktion, deren Effizienz vorwiegend auf der *repetitiven* Ausführung von Tätigkeiten beruht, in vielen Branchen durch eine Fertigung in kleineren Losgrößen verdrängt. Auf gesättigten Märkten können sich die Unternehmen nur durch größere Variantenvielfalt und kürzere Innovationszyklen behaupten. Damit sind zunächst Engineering und Marketing, also die *kreativen* Tätigkeiten des Unternehmens gefordert. Häufige Produktionsumstellungen, steigende Lagerkosten aufgrund der wachsenden Typenvielfalt und die zunehmende Bedeutung des Lieferservice im Wettbewerb machen in der Folge die *koordinierenden* Tätigkeiten und damit die Logistik eines Unternehmens zum entscheidenden Faktor (vgl. Sauerbrey 1991).

Leitbild der modernen Logistik ist das *Just-in-Time*-Konzept, das in der Praxis sehr unterschiedliche Ausprägungen findet. Es beruht auf der Überlegung, daß Bestände weitgehend durch mangelnde Koordination der Prozesse entlang einer logistischen Kette entstehen (Aufkommens- und Bedarfspuffer). Folglich können sie durch eine verbesserte zeitliche Abstimmung dieser Prozesse reduziert werden. Nach bisherigen Erfahrungen wurden durch die Realisierung von Just-in-Time-Konzepten Bestandsverringerungen von 30-70 % und Raumersparnisse von 40-60 % erzielt. Es wird geschätzt, daß bis zum Jahr 2000 30-40 % aller Produkte nach dem Just-in-Time-Konzept gefertigt werden (Zahlen nach Pignitter 1990).

In der Öffentlichkeit ist vor allem die Just-in-Time-Produktion in der Automobilindustrie bekannt, bei der die Zulieferfirmen teilweise zu einer minutengenauen Anlieferung ihrer Teile an das Montageband des Hauptherstellers verpflichtet werden, was in der Regel zu einer Erhöhung der Transportfrequenzen führt.

Ein weiteres Beispiel für die Optimierung logistischer Ketten ist der weltweite Handel mit Schnittblumen, deren Produktion heute zu 60 % vom holländischen Dorf Aalsmeer aus gesteuert wird. Dabei werden aktuelle Informationen über die Marktentwicklung laufend an computergesteuerte Gewächshäuser in aller Welt übermittelt (vgl. Läpple 1990). Ohne die Möglichkeiten der modernen, computergestützten Logistik wäre die marktgesteuerte Produktion von Schnittblumen und der weltweite Handel mit dieser leicht verderblichen Ware – einschließlich der transportbedingten Umweltbelastung – kaum denkbar.

Mit der Neukonstruktion logistischer Abläufe in Unternehmen und strategischen Unternehmensnetzwerken etablieren sich neue raum-zeitliche Organisationsmuster, die in der Regel nicht umweltverträglich sind (zur Begründung s. Rolf/Page/Hilty 1992, Henckel 1990 und unter dem Aspekt des EG-Binnenmarktes auch Holzapfel 1992).

Wir sind der Auffassung, daß die Logistik unabhängig vom heute beschrittenen, zu weiterer Umwelt-zerstörung führenden Entwicklungspfad grundsätzlich auch Chancen für die Entlastung der Umwelt bietet. Transportvermeidung durch Substitution, Transportverlagerung auf umweltschonende Verkehrsmittel, Bündelung von Ver- und Entsorgungsströmen und Vermeidung von Verpackungsabfällen sind Ziele, die eine ökologisch orientierte Logistik kennzeichnen. Alternativen zum heute beschrittenen Entwicklungspfad werden spätestens dann ins Bewußtsein gelangen, wenn sich Just-in-Time-Konzepte heutiger Ausprägung durch verstopfte Straßen oder durch Überlastung des Luftraumes selbst ad absurdum führen. Langfristig wird die Versöhnung von Logistik und Ökologie im Sinne einer "Ökologistik" (vgl. Macher 1991, Hilty 1992) eine faktische Notwendigkeit werden. Übergeordnetes Ziel ist eine Umkehrung der heutigen Glo-balisierungstendenz in Richtung ökologisch effizienter regionaler Produktions- und Verteilungsstrukturen.

2. Die Chance einer ganzheitlichen Perspektive

Ein Logistiksystem ist im allgemeinen Fall ein Netz von Material-, Energie- und Informationsflüssen. Die betriebswirtschaftliche Effizienz eines solchen Systems läßt sich, wie Logistiker betonen, nur durch eine ganzheitliche Betrachtung, durch "logistisches Systemdenken", entscheidend verbessern (vgl. Pfohl 1990, Jünemann 1989, Sauerbrey 1991, Pignitter 1990). Die Optimierung von Subsystemen allein muß nicht zu einer Effizienzverbesserung des Gesamtsystems führen, ja sie kann sich sogar kontra-intuitiv auswirken. In einer Organisation ist die Logistik eine *Querschnittsfunktion*, die alle Abteilungen durchdringen muß.

Bei der Zuordnung von *Logistikkosten* (wie Transport-, Lagerhaltungs, Verpackungs-, Umschlag-, EDV-Kosten usw.) zu *Logistikleistungen* (wie Lieferzeit, Liefertreue, Lieferflexibilität usw.) stellen sich Zurech-nungs- und Bewertungsprobleme. Welche Kosten sind z.B. einem erreichten Lieferbereitschaftsgrad von 90 % zuzurechnen? Wie sind qualitativ unterschiedliche Leistungen (z.B. mittlere Lieferzeit, Liefertreue und andere Aspekte des Lieferservice) zu bewerten? Ziel der Logistik ist es, entsprechende Erfassungs-, Zurechnungs- und Bewertungsprozesse im Sinne eines *Logistik-Controlling* im Betriebsablauf fest zu verankern, so daß eine dauerhafte Optimierung des Systems erreicht wird (vgl. Jünemann 1989).

Wer sich mit betrieblichem Umweltschutz befaßt, wird in diesen – hier nur angedeuteten – Forderungen und Problemstellungen der Logistik bekannte Elemente entdecken. Denn auch der betriebliche Umweltschutz erfordert eine ganzheitliche Betrachtungsweise im Sinne des Systemdenkens, damit nicht durch Insellösungen Probleme nur verlagert und u. U. sogar verschärft werden. Auch hier stellen sich Zurechnungsprobleme (z.B. bei Umweltnutzungen) und Bewertungsprobleme, wenn zwischen qualitativ unterschiedlichen Belastungsfaktoren wie Energie- und Materialverbrauch, Abfälle unterschiedlichster

Toxizität und Verwertbarkeit, Flächennutzungen und Unfallrisiken abzuwägen ist. Und schließlich soll sich auch der betriebliche Umweltschutz nicht in einer einmaligen Öko-Bilanz erschöpfen, sondern in Form eines *Öko-Controlling* eine dauerhafte ökologische Optimierung des Unternehmens herbeiführen (vgl. hierzu den Beitrag von Büttner in diesem Band).

Bezüglich der Denkweise und der methodischen und organisatorischen Probleme sind Logistik und betrieblicher Umweltschutz also eng verwandt. Damit eröffnet sich die Chance, Logistik-Informationssysteme (LIS) mit entsprechenden Erweiterungen als Öko-Controlling-Systeme zu nutzen. Die speziellen Anforderungen, die ein solches ökologisch orientiertes LIS zu erfüllen hat, wollen wir im folgenden entwickeln.

3. Öko-Bilanzen und logistische Systeme

Öko-Bilanzen dienen dazu, die Umweltwirkungen betrieblicher Tätigkeiten zu erfassen, zu bewerten und darzustellen. Am weitesten fortgeschritten ist das IÖW-Konzept der Öko-Bilanzierung (Hallay 1990). Es sieht vier Arten von Bilanzen vor:

- Betriebsbilanz
- Prozeßbilanz
- Produktbilanz
- Substanzbetrachtung

Diese Instrumente sind nicht speziell für die Untersuchung logistischer Systeme entwickelt worden. In Abgrenzung zu diesen Instrumenten, die wir im folgenden kurz diskutieren, läßt sich aber aufzeigen, wie eine dem ganzheitlichen, logistischen Denken angepaßte Öko-Bilanz aussehen kann.

Eine *Betriebsbilanz* erfaßt die stofflichen und energetischen Inputs und Outputs eines Betriebes, wobei dieser als "black box" betrachtet wird. Da sich durch neue Kooperationsformen immer mehr Logistiksysteme der sog. *Meta-Ebene* bilden (Unternehmensnetzwerke), ist die Perspektive der Betriebsbilanz für unsere Zwecke zu eng. Durch Produktionsauslagerungen, wie sie heute häufig vorkommen, werden auch Umweltbelastungen aus dem Betrieb ausgelagert, wobei die Gesamtbelastung (etwa durch längere Transportwege oder schlechtere Umweltstandards beim externen Produzenten) sogar zunehmen kann.

Eine *Prozeßbilanz* erfaßt die stofflichen und energetischen Inputs und Outputs eines Prozesses. Ein Prozeß ist dabei als "Abfolge von funktionalen, räumlich und zeitlich eng zusammenhängenden Arbeitsschritten" innerhalb eines Betriebes definiert (Hallay 1990, S. 37). Prozeßbilanzen sind zur Untersuchung der Elementarprozesse eines Logistiksystems geeignet (s.u.). Der Gedanke liegt nahe, diesen Ansatz auf komplexe logistische Prozesse auszudehnen, indem man die Bedingung "räumlich zusammenhängend" aus der Definition des Prozesses streicht. Denn die Innovation moderner Logistik-Konzepte besteht ja gerade darin, daß Prozesse *räumlich verteilt* ablaufen, Arbeitsabläufe an weit entfernten Standorten exakt koordiniert werden können. Eine in diesem Sinne verallgemeinerte Prozeßbilanz hätte jedoch den Nachteil, daß sie Synergieeffekte zwischen verschiedenen Prozessen in einem Logistiksystem (gemeinsame Nutzung von Verkehrswegen, Fahrzeugen, Verpackungsmaterial, Lagerflächen usw., Nutzung von Kuppelprodukten) nicht erfaßt.

In einer *Produktbilanz* wird der gesamte ökologische Lebenszyklus eines Produkts in Hinblick auf Emissionen, Nutzungen und Eingriffe in Umweltgüter erfaßt. Dieser Bilanztyp scheint auf den ersten Blick die logistischen Aspekte am besten zu berücksichtigen, denn die logistische Kette ist ja sozusagen in den ökologischen Lebenszyklus eines Produkts eingeflochten. Jedoch berücksichtigt die Produktbilanz wie die verallgemeinerte Prozeßbilanz keine Synergieeffekte, die in diesem Fall zwischen mehreren Produkten entstehen können, die ein gemeinsames Logistiksystem durchlaufen. Weitreichende Vorschläge zur produktübergreifenden Optimierung logistischer Systeme sind aus dem Bereich der Regions- und Citylogistik bekannt (vgl. ISRT 1991).

Zusätzlich sieht das IÖW-Konzept eine *Substanzbetrachtung* vor, d.h. eine Untersuchung *dauerhafter* betrieblicher Umweltnutzungen oder -beeinträchtigungen wie z.B. Flächennutzung, Landschaftseinschnitte oder Bodenverunreinigungen. Für die ökologische Bilanzierung eines Logistiksystems müßten zusätzlich *temporäre* Flächennutzungen, insbesondere von Verkehrswegen, untersucht werden.

Zusammenfassend läßt sich feststellen, daß das *Systemdenken der Logistik* in die beschriebenen Öko-Bilanzen (und andere Ansätze dieser Art) noch keinen Eingang gefunden hat. Aus diesem Grund verwenden wir einen neuen Ökobilanz-Typ, die *Systembilanz*, um Logistiksysteme zu untersuchen.

4. Die Systembilanz

Wir haben Logistiksysteme bereits als Systeme von Material-, Energie- und Informationsflüssen definiert. Ein Logistiksystem tauscht auf zweierlei Weise mit seiner Umgebung Materie und Energie aus: Erstens auf kontrollierte Weise an den sog. Lieferpunkten und Empfangspunkten, und zweitens durch unkontrollierte Aufnahme und Abgabe (Emission) von Stoffen und Energieformen (s. Abb. 1). Die unkontrollierte Aufnahme (z.B. von Luftsauerstoff oder Umgebungswärme) werden wir im folgenden vernachlässigen, weil dieser Kanal implizit in den drei anderen Kanälen (Anlieferung an Lieferpunkten, Bereitstellung an Empfangspunkten, Emissionen) enthalten ist. Zusätzlich ist das System auf dauerhafte und zeitweilige Nutzungen angewiesen, z.B. werden Lagerflächen und Verkehrswege benötigt.

Die *ökonomische Leistung* eines logistischen Systems besteht darin, daß es an den Lieferpunkten die richtigen Güter in der richtigen Menge und Qualität zum richtigen Zeitpunkt verfügbar macht. Der "richtige Zeitpunkt" bedeutet nicht "früh genug", sondern "gerade rechtzeitig", damit Pufferbestände und die damit verbundenen Lagerhaltungs- und Kapitalbindungskosten vermieden werden.

Diese Leistungsforderung gilt auch für jedes Subsystem des Logistiksystems, das wir ebenfalls als logistisches System auffassen. Logistiksysteme sind also *rekursiv strukturiert*, wobei die Rekursion bei elementaren Transformationsprozessen (wie Transport, Lagerung, Umschlag) terminiert. Zu den Elementarprozessen können bei Bedarf aber auch qualitative Transformationen (wie chemische Umwandlung oder Montage) gezählt werden, so daß unser Ansatz die Produktion im engeren Sinne nicht ausschließt, sondern vielmehr in einen umfassenderen Systemzusammenhang stellt. Produktion wird in ihrer Einbettung in Raum- und Zeitüberbrückungsprozesse betrachtet.

Diese umfassendere Perspektive erscheint uns notwendig, weil die Raum- und Zeitberbrückungsfunktionen von Systemen sowohl ökonomisch als auch ökologisch immer mehr ins Gewicht fallen. Im Anwachsen der weltweiten Stoffströme wird eine Hauptursache der fortschreitenden ökologischen Zerstörung gesehen: "Erst durch die quantitativen Abfallprobleme sind wir überhaupt darauf gestoßen worden, daß es weitgehend unabhängig von speziellen Schadstoffen ein quantitatives Stoffproblem gibt." (v. Weizsäcker 1991, S. 7).

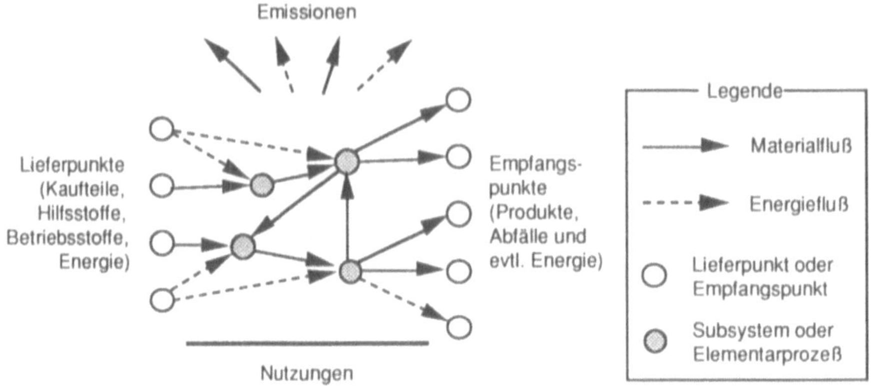

Abb. 1: Ein Logistiksystem und seine Schnittstellen zur Umwelt (ohne Informationsflüsse)

Bei der Systembilanz ist im Gegensatz zu anderen Öko-Bilanzen der Untersuchungsgegenstand nicht a priori eingegrenzt. Andere Öko-Bilanzen scheinen sich auf einen klar konturierten Gegenstand wie einen Betrieb, einen betrieblichen Prozeß oder ein Produkt zu beziehen. Ein Logistiksystem hat dagegen keine "natürlichen" Grenzen, es kann an seinen Liefer- und Empfangspunkten stets noch ausgeweitet werden, d.h. die Herkunft von Material und Energie oder der Lebensweg von Produkten und Abfällen läßt sich theoretisch beliebig weit verfolgen. Dieses Abgrenzungsproblem, das sich übrigens auch bei Produktbilanzen stellt, muß im Einzelfall pragmatisch gelöst werden. Es wäre sicher zu eng, eine Systembilanz für einen einzelnen Betrieb vorzunehmen. Interessantere Fälle liegen dann vor, wenn mehrere Betriebe eines Unternehmens oder Netze von kooperierenden Unternehmen (logistische Meta-Systeme) betrachtet werden.

Die Logistik hat ein umfassendes *technisch-wirtschaftliches* Effizienzdenken eingeführt und viele Instrumente zu seiner Umsetzung geschaffen (vgl. Pfohl 1990). Wir stellen diesem das *physikalisch-ökologische* Effizienzdenken gegenüber, das von den physikalischen Prozessen eines Logistiksystems ausgeht, diese ökologisch bewertet und das Ziel anstrebt, die Systemleistung mit geringeren Umweltbelastungen zu erbringen.

Die Leistung eines logistischen Systems, wie oben definiert, bezeichnen wir als seine *Hauptwirkung*. Jedes logistische System hat eine Reihe von *Nebenwirkungen*, die in Kauf genommen werden. Dazu gehören u.a. die Umwandlung von hochwertiger Energie in Abwärme, die Umwandlung von hochwertigen Materialien in Abfall (z.B. Verpackungsabfälle), der Eintrag von Stoffen und Energie in die Umweltmedien (Emissionen) sowie Flächennutzungen. Die Systembilanz besteht in der Erfassung und ökologischen Bewertung der Hauptwirkung und der Nebenwirkungen eines Logistiksystems.

Auch die Hauptwirkung ist dabei auf ökologische Belastungen zu untersuchen. Wenn die Leistung eines Distributionssystems z.B. darin besteht, daß quecksilberhaltige Batterien an Kunden geliefert werden, so muß nicht nur der Energie- und Materialaufwand für Transport, Lagerung usw. als ökologischer Negativposten zu Buche schlagen, sondern auch die Hauptwirkung selbst, nämlich die Verteilung toxischer Stoffe durch das Produkt[1]. Selbst ein vollständiges Recycling aller Inhaltsstoffe der Batterien – was praktisch unmöglich ist – wäre wiederum mit Belastungen durch die entsprechende Entsorgungslogistik und die

---

[1] Zur Relevanz des Beispiels: Durch Batterien gelangen jährlich 50 Tonnen Quecksilber in Umlauf (Henckel/Nopper 1990).

aufwendigen Prozesse zur Extraktion der Stoffe verbunden. Ein System der Entsorgungslogistik, das Materialien zusammenführt, sortiert und Stoffe entmischt, kann eine ökologisch positive Hauptwirkung haben, der die logistischen Nebenwirkungen als Kosten gegenüberzustellen sind.

Die grundlegende Anforderung an ein *ökologisch orientiertes Logistik-Informationssystem (ÖKO-LIS)* ist das Vorhandensein einer ökologischen Komponente, die Systembilanzen erstellt. Die Aufgabe der ökologischen Komponente ist in Abb. 2 schematisch dargestellt. Den Ausgangpunkt bilden die im LIS verfügbaren *logistischen Daten*, die u.a. Auskunft über alle Güterbewegungen innerhalb des Systems geben. In einem ersten Schritt sind aus diesen Daten die stofflichen und energetischen Inputs und Outputs sowie die Flächennutzungen des Systems abzuleiten. Hierzu sind zusätzliche Daten erforderlich, nämlich

- *produktbezogene Daten*, die die Zusammensetzung der Produkte aus Materialien mit den jeweiligen Masseanteilen angeben;
- *materialbezogene Daten*, die die Zusammensetzung der Materialien aus chemischen Stoffen mit den jeweiligen Masseanteilen angeben;
- *prozeßbezogene Daten*, die für jeden im System ablaufenden Elementarprozeß die Quantität und Qualität seines Energieflusses, seiner Emissionen und seiner Flächennutzung angeben. Die Erhebung dieser Daten für einen Elementarprozeß geschieht durch eine einmalig vorgenommene Prozeßbilanz.

Wir erhalten so die Daten der *physikalischen Ebene*, d. h. Daten, die physikalische Sachverhalte beschreiben, ohne sie zu bewerten. Eine korrekte physikalische Beschreibung der Systemabläufe ist Voraussetzung für eine ökologische Bewertung. Im folgenden formulieren wir einige Grundsätze der Gewinnung und der Bewertung dieser Daten, ohne allerdings schon ein vollständiges Konzept für ein ÖKO-LIS vorstellen zu können.

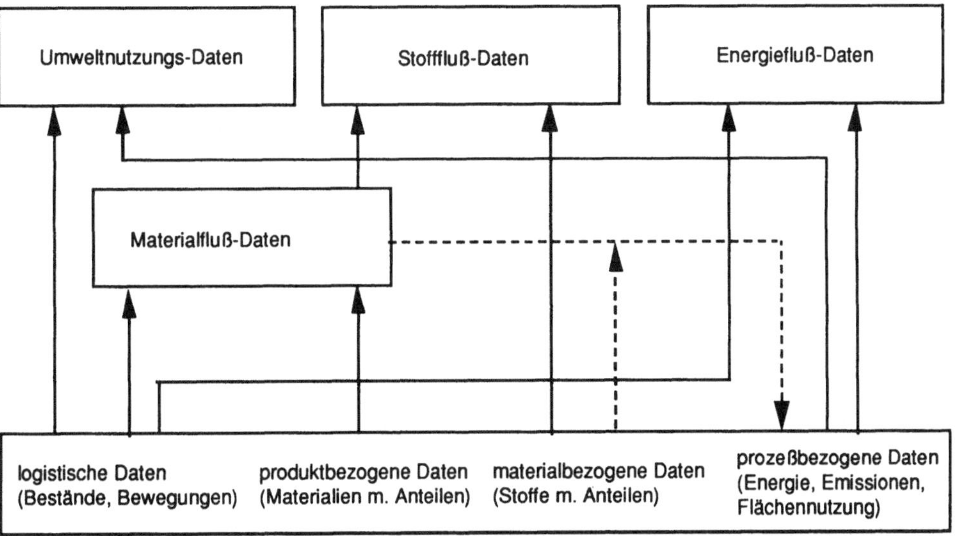

Abb. 2: Gewinnung der Daten der physikalischen Ebene in einem ökologisch orientierten LIS

Energieflüsse:

Energie kann nicht vernichtet, sondern nur umgewandelt werden. Das bedeutet, daß die einem System z.B. in chemischer Form (fossile Energieträger) oder elektrischer Form zugeführte Energie wieder vollständig, größtenteils in Form von Abwärme, an die Umwelt zurückgegeben wird. Dies kann grundsätzlich durch Emission in ein Umweltmedium (Luft, Wasser) geschehen oder aber durch kontrollierte Abgabe an einem Empfangspunkt (z.B. Nutzung der Prozeßwärme zur Fernheizung). Auch innerhalb des Systems bestehen bei entsprechender Prozeßkopplung Möglichkeiten zur Abwärmenutzung.

Diese Möglichkeiten sollen aber nicht die Illusion nähren, es könnte einen geschlossenen "Energiekreislauf" geben, denn aufgrund des zweiten Hauptsatzes der Thermodynamik erhöht jede Energienutzung die Entropie des Systems und ist somit irreversibel. *Höchste Priorität hat daher die Verringerung des totalen Energiedurchsatzes des Systems.*

Lärm und Erschütterungen sind energetische Emissionen, die aufgrund ihrer medizinisch-biologischen Wirkung gesondert zu bewerten sind. Lärmbelastungen können Krankheiten (Bluthochdruck, Herz-/Kreis-lauferkrankungen) auslösen.

Stoffflüsse:

Die Stoffflüsse in einem Logistiksystem können sich in vielfältiger Weise vereinigen oder aufspalten. Grundsätzlich werden dabei Stoffe chemisch oder mechanisch verbunden oder aber getrennt (extrahiert, wiedergewonnen). Auf Materialflußebene werden vereinigende Knoten als *Konzentrationspunkte*, Verzweigungen als *Auflösepunkte* bezeichnet (vgl. Pfohl 1990). Auf der physikalischen Ebene findet an einem Konzentrationspunkt jedoch in der Regel keine Erhöhung, sondern im Gegenteil eine Verringerung der Konzentration von Stoffen statt, da jede Vermischung oder Verbindung verschiedener Stoffe die Konzentration des einzelnen Stoffes verringert.

Eine Konzentrationsverringerung ist ökologisch negativ zu bewerten, weil der Energieaufwand zur Wieder-gewinnung eines Stoffes mit sinkender Konzentration zunimmt (vgl. Abschnitt 5). Bei ganzheitlicher Betrachtung der Stoff- und Energieflüsse sind also Vermischung, Verdünnung, Verteilung usw. irrever-sible Vorgänge. *Höchste Priorität hat daher die Vermeidung der Vermischung von Stoffen.* Die effektivsten Maßnahmen hierfür sind die Verwendung einer möglichst geringen Anzahl von (möglichst stoffreinen) Materialien und die Vermeidung untrennbarer Kombinationen von (stofflich verschiedenen) Materialien, weil die mangelnde Trennbarkeit bei der Entsorgung mit hoher Wahrscheinlichkeit zu einer stofflichen Vermischung führt. Dies gilt für Produkte und Abfälle (z.B. Verpackungsabfälle) in gleichem Maße.

Stoffliche Outputs in Form von Emissionen (flüssig, gas- oder staubförmig) sind besonders ungünstig, weil dabei Stoffe in praktisch irreversibler Weise in Umweltmedien eingetragen werden. Die Reinigung von Umweltmedien (durch natürliche oder technische Prozesse) ist zwar möglich, der Energieaufwand wächst aber mit zunehmender Verstreuung der Stoffe ins Unermessliche.

Die Emissionen von Elementarprozessen lassen sich – wenn sie nicht gemessen werden – aus dem beobachteten Materialschwund, also der Differenz zwischen den kontrollierten materiellen Inputs und Outputs des Prozesses, unter Zuhilfenahme der materialbezogenen Daten berechnen (gestrichelte Pfeile in Abb. 2). Bereitet die Erfassung oder Zurechnung des Energiedurchsatzes von Prozessen Schwierigkeiten, so kann dieser auf Basis physikalischer Zusammenhänge aus dem stofflichen Durchsatz geschätzt werden.

Materielle Energieträger spielen in einem Logistiksystem eine Doppelrolle: Sie tragen nicht nur zum Energie-, sondern zusätzlich auch zum Stoffdurchsatz des Systems bei. Die (meist fossilen) materiellen Energieträger müssen z.B. transportiert werden und verursachen teilweise schon beim Umschlag (z.B. Betanken) stoffliche Emissionen. Bei der Verbrennung fossiler Energieträger stellen die stofflichen Emissionen (z.B. das Treibhausgas CO_2) das Hauptproblem dar.

Umweltnutzungen:

Alle Transformationsprozesse (Transport, Lagerung, Umschlag, qualitative Transformationen) nutzen neben Energie und Materie auch Fläche, ein knappes Umweltgut. Bei der temporären Nutzung von Verkehrswegen (oder auch Umschlagplätzen wie Hafen oder Güterbahnhof) muß berücksichtigt werden, daß die hierfür vorgehaltene Infrastruktur eine permanente Umweltnutzung (mit teilweise irreversiblen Folgen für Landschaft, Flora, Fauna) darstellt, die vom jeweiligen Prozeß zu einem bestimmten Anteil genutzt wird. Auch die *Abnutzung* der Infrastruktur durch logistische Prozesse ist zu berücksichtigen. Beispielsweise gibt es neuere Untersuchungen, nach denen ein einzelner sehr großer LKW mehr Straßenschäden verursachen kann als 100 000 PKWs (Holzapfel 1992). Die Zurechnung und Bewertung solcher Nutzungen wirft noch ungelöste methodische Probleme auf.

Umweltrisiken:

In unseren bisherigen Überlegungen sind wir davon ausgegangen, daß die Prozesse eines Logistiksystems störungsfrei ablaufen. In der Praxis läßt sich dies nur mit einer bestimmten Wahrscheinlichkeit sicherstellen, die in der Regel statistisch geschätzt werden kann. Daraus ergeben sich

- *direkte Umweltrisiken,* insbesondere zusätzliche Emissionen durch Anlagenstörfälle und Transportunfälle,
- *indirekte Umweltrisiken,* insbesondere das Risiko der Beschädigung von Produkten und Anlagen, das einen bestimmten mittleren Aufwand für die Schadensbehebung (Folgekosten) nach sich zieht.

Auch die Umweltrisiken sind nicht isoliert, sondern im Systemzusammenhang zu optimieren. Die Optimierung des Gesamtsystems kann beinhalten, daß vermeidbare Risiken in Kauf genommen werden, z.B. könnte es bei einem Produkt X in der Bilanz günstiger sein, ein bestimmtes Transportschadensrisiko zuzulassen, als generell aufwendigere Transportverpackungen zu verwenden.

Umweltrisiken können grundsätzlich in die Daten der Systembilanz aufgenommen werden, indem die zu erwarteten Zusatzbelastungen (zusätzliche Stoff- und Energieflüsse) mit der Wahrscheinlichkeit des Schadensfalles gewichtet werden. Zusätzlich ist allerdings dem Prinzip der *Risiko-Aversität* Rechnung zu tragen: Ein höherer Schaden mit entsprechend geringerer Wahrscheinlichkeit ist negativer zu bewerten als ein geringerer Schaden mit entsprechend höherer Wahrscheinlichkeit (vgl. hierzu Steger 1991).

Die zunehmende Nutzung von IuK-Techniken zur Steuerung logistischer Systeme führt in der Regel nicht zur Verringerung von Umweltrisiken, da durch den Einsatz komplexer Software neue Fehlerquellen und Verletzlichkeiten eingeführt werden. Kein Softwareprodukt ist fehlerfrei, und in der Praxis gelingt wegen der Komplexität solcher Produkte oft nicht einmal die Beseitigung der bekanntgewordenen Fehler (zur Begründung s. Valk 1987).

5. Das Bewertungsproblem

Zur ökologischen Optimierung eines Logistiksystems müssen die berechneten Größen der physikalischen Ebene (ökologische Kosten) im Verhältnis zur Leistung des Systems möglichst weit reduziert werden. Das Bewertungsproblem tritt auf, wenn mehrere qualitativ unterschiedliche (inkommensurable) Größen auf eine mögliche Maßnahme entgegengesetzt reagieren, wenn z.B. zwischen Energie- und Stoffdurchsatz, zwischen Stoff A und Stoff B oder zwischen Emissionen in Luft oder Wasser abzuwägen ist.

In solchen Fällen läßt es sich nicht umgehen, eine Bewertung vorzunehmen. Dies kann explizit durch Indexbildung geschehen (die Bewertung äußert sich dann in Gewichtungsfaktoren) oder implizit durch die Priorisierung von Zielen ("Der Verzicht auf Stoff X ist uns wichtiger als die Senkung des Energieverbrauchs um 10 %"). Die Bewertung ist nicht vollständig objektivierbar und erfordert letztlich, daß ein gesellschaftlicher Konsens gefunden wird (vgl. Binswanger 1990).

Dennoch gibt es naturwissenschaftliche Grundlagen, an denen sich eine Bewertung orientieren kann. Hierzu gehört der zweite Hauptsatz der Themodynamik, der Entropiesatz. Er hat zwei wesentliche Implikationen, die wir hier nicht im Detail begründen. *Erstens:* Die Nutzung von Energie ist ein irreversibler Vorgang, der die Energie entwertet. Die abgegebene Wärme ist nicht mehr in dem Maße nutzbar wie die ursprünglich eingesetzte Energie. *Zweitens:* Je geringer die Konzentration eines Stoffes ist, desto höher ist der Energieaufwand, den seine Extraktion erfordert (vgl. auch Faber 1983, Binswanger 1989).

Wir haben uns auf diese Gesetzmäßigkeiten bereits bei der Diskussion der Stoff- und Energieflüsse im Logistiksystem bezogen. Wenn in einem "Konzentrationspunkt" des Logistiksystems Materialien mechanisch verbunden werden, so genügt es aber offenbar nicht, nur die Stoffkonzentrationen zu betrachten. Materialien können ohne Vermischung mechanisch so eng verbunden werden, daß eine spätere Trennung sehr aufwendig wird. Wünschenswert wäre daher die Definition einer Kennzahl *ökologische Produktkomplexität* als Schätzung für den Aufwand zur Wiedergewinnung der Stoffe aus einem Produkt. Dieser Index wäre abhängig von der Anzahl und den Konzentrationen der Inhaltsstoffe, von Art der Verbindung der Materialien (Demontagefähigkeit, Trennbarkeit) und möglicherweise weiteren Attributen zu berechnen. Interessant ist, daß Logistiker unabhängig von ökologischen Zielen einen "Komplexitätszuschlag" für Produkte fordern, um die komplexitätsbedingten Logistikkosten zu erfassen (vgl. Sauerbrey 1991, S. 73f).

Auch bei der Aufspaltung von Stoffflüssen an "Auflösepunkten" des Logistiksystems ist die Stoffkonzentration kein ausreichendes Bewertungskriterium. Zweifellos ist die Verteilung eines toxischen oder klimatisch wirksamen Stoffes ökologisch schädlicher als die Verteilung eines wirkungsarmen Stoffes. Der Grad der Verteilung eines Stoffes durch ein Logistiksystem muß also mit seiner *Umweltgefährlichkeit* gewichtet werden. Hier stellt sich das Problem, daß die biologischen und klimatischen Wirkungen von Stoffen heute in geringerer Rate erforscht werden, als neue Stoffe in Umlauf gebracht werden. Auch unter diesem Gesichtspunkt ist es daher günstig, eine möglichst geringe Anzahl von (bekannten) Stoffen zu verwenden.

Die hier nur skizzierten Grundsätze der Bewertung müssen sich in praktikablen Berechnungsverfahren niederschlagen, die in das ökologisch orientierte LIS implementiert werden. Bei der Bildung entsprechender Algorithmen besteht immer ein Spielraum, der durch einen Prozeß der Konsensbildung zumindest innerhalb der betreffenden Organisation ausgefüllt werden sollte. Zur Unterstützung dieses Prozesses ist der Gedanke des *Methodenpluralismus* und als informationstechnische Infrastruktur ein *Methodenbanksystem* (als Bestandteil des ÖKO-LIS) nützlich, in welchem unterschiedliche Bewertungsmethoden nebeneinander verwendet, flexibel verknüpft und verglichen werden können.

6. Bedarfsgesteuerte Informationsgewinnung

Bewertung kann allgemein als das Bindeglied zwischen Beschreibung und Entscheidung aufgefaßt werden. Dabei ist die Ebene der beschreibenden Daten (Sachebene) von den Bewertungsmethoden (Wertebene) möglichst klar zu trennen (vgl. Weiland 1991). Die Information auf Sachebene ist in der Praxis stets unvollständig. Fehlende Daten müssen häufig geschätzt werden, und empirisch gewonnene Daten haben grundsätzlich eine begrenzte Genauigkeit und Zuverlässigkeit. Viele Informationssysteme werden nach dem impliziten Prinzip aufgebaut, die Information auf der Sachebene zunächst zu maximieren (soweit die Kosten der Datenerhebung tragbar erscheinen), um anschließend Bewertungen und Entscheidungen vorzunehmen. Dies hat gerade im Umweltbereich schon häufig zur Entstehung von "Datenfriedhöfen" geführt.

Eine weitere wichtige Anforderung an ein ÖKO-LIS besteht somit darin, daß es eine *bedarfsgesteuerte Informationsgewinnung* unterstützt: Aus einer konkreten Entscheidungssituation wird dabei unter Berücksichtigung der explizit (nach Möglichkeit algorithmisch) formulierten Bewertungsmethoden formal abgeleitet, welche Daten in welcher Genauigkeit benötigt werden, um eine eindeutige Entscheidung zu ermöglichen. Das System muß also in der Lage sein, Sensitivitätsanalysen durchzuführen und dabei auch die geschätzten Fehler vorhandener Daten zu berücksichtigen. Wir untersuchen zur Zeit, wie weit Methoden der *qualitativen Simulation* und die *Fuzzy Logic* geeignet sind, dieses Konzept zu realisieren.

Literatur:

Binswanger, H.-Ch. (1989): Ökologisch orientierte Wirtschaftswissenschaft. In: Glaeser, B (Hrsg.): Humanökologie. Grundlagen präventiver Umweltpolitik. Westdeutscher Verlag, Opladen

Binswanger, H.-Ch. (1990): Qualitative Elemente der Messung. In: Qualitatives Wachstum. Ein Kolloquium der vier wissenschaftlichen Akademien der Schweiz. Wissenschaftspolitik, Beiheft 48

Faber, M., Niemes, H., Stephan, G. (1983): Entropie. Umweltschutz und Rohstoffverbrauch. Eine naturwissenschaftlich-ökonomische Untersuchung. Springer-Verlag, Berlin.

Hallay, H., Hildebrandt, E., Rfriem, Reinhard (1990): Die Ökobilanz. Ein betriebliches Informationssystem. Schriftenreihe des Instituts für ökologische Wirtschaftsforschung (IÖW) Berlin, Bd. 27/89

Hilty, L. M., Page, B., Rolf, A. (1992): Logistik, Ökologie und die Rolle der Informatik. In: Page (1992), S. 223-234.

Henckel, D. (1990): Telematik und Standortwahl. In: Telematik und Umwelt. Deutsches Institut für Urbanistik (DIfU), Berlin. S. 198-217.

Henckel, D., Nopper, E. (1990): Umweltwirkungen der Telematik. In: Telematik und Umwelt. Deutsches Institut für Urbanistik (DIfU), Berlin. S. 14-43.

Holzapfel, H. (1992): Europäischer Binnenmarkt: Auswirkungen auf den Güterverkehr. In: Jahrbuch Ökologie 1992. C. H. Beck, München. S. 233-241

ISRT (1991): Stadverkehr 2000. Gutachten des Instituts für Stadt-, Regional- und Transportforschung e.V., Hamburg.

Jünemann, R. (1989): Materialfluß und Logistik. Springer-Verlag, Berlin.

Läpple, D. (1990): Vom Gütertransport zur logistischen Kette – Neue Anforderungen an Güterverkehrsnetze in einer international arbeitsteiligen Gesellschaft. Mitteilungen der Deutschen Akademie für Städtebau und Landesplanung e.V., 1/34

Macher, F. (1991): Logistik stellt sich der ökologischen Verantwortung. In: Von Umweltschädlichkeit zur -verträglichkeit, 1. Umweltforum Austria. TÜV Rheinland, Köln.

Page, B., Rolf, A., Hilty, L. M., Schröder, W. (Hrsg.) (1992): Umwelt und Informatik. Mitteilung Nr. FBI-HH-M203, Fachbereich Informatik, Universität Hamburg.

Pignitter, E., Tiefenbrunner, M. (1990): Logistik-Seminar. TÜV Rheinland, Köln.

Pfohl, H.-Ch. (1990): Logistiksysteme. 4. Auflage, Springer-Verlag, Berlin.

Rolf, A., Page, B., Hilty, L. M. (1992): Informatik und Ökologie – eine widersprüchliche Beziehung. In: Page (1992), S. 1-10.

Valk, R. (1987): Der Computer als Herausforderung an die menschliche Rationalität. Informatik Spektrum 10/87, S. 57-66.

Weiland, U. (1991): Umweltbewertung mit EXCEPT. IBM, IWBS-Report 195.

v. Weizsäcker, E. U. (1992): Stofflawinen überrollen die Natur. Hamburger Rundschau, Ausgabe 4/92.

Ökologisches Controlling

Ein strategisches Konzept fordert die betrieblichen Informationssysteme

Dipl.-Ing. Sebastian Büttner
PSI Gesellschaft für Prozeßsteuerungs-
und Informationssysteme mbH
Bernsaustraße 4-6
W-5620 Velbert 15

Zusammenfassung

Die Themen Umweltschutz und Rationalisierung werden beim Konzept des ökologischen Controllings gemeinsam bearbeitet. Grundlage für die sinnvolle und effiziente Einführung in den betrieblichen Alltag ist die Ergänzung der bisherigen Entscheidungsgrundlagen. Neben die technische Spezifikation und die wirtschaftliche Spezifikation tritt die ökologische Spezifikation als gleichwertige Informationsbasis für alle betrieblichen Entscheidungen. Als methodische Hilfe für die ökologische Optimierung des Betriebes durch Öko-Controlling kann die Ökobilanz dienen, die in zwei Ausprägungen entwickelt und erprobt wird. Eine davon ist besonders für den Einsatz im Betrieb geeignet und kann durch ein spezielles Informationssystem optimal unterstützt werden. Ein Ansatz für die Integration eines solchen Umweltinformationssystems in die Informationslandschaft des Betriebes wird vorgestellt, der die Grundlage für ein zielführendes Öko-Controlling darstellt.

1. Was ist Öko-Controlling?

Zum Ende des zwanzigsten Jahrhunderts lassen sich in der ersten Welt, insbesondere in Mitteleuropa, zwei große Trends in der Entwicklung der Wirschaft beobachten. Der eine ist schon etwas älter und läuft unter dem Stichwort Rationalisierung, der andere ist relativ jung und läuft unter dem Stichwort Umweltschutz.

Die Rationalisierung zielt, wie der Name andeutet, auf rationellen Einsatz aller Ressourcen, also auf sparsame Nutzung der drei klassischen Produktionsfaktoren Arbeit, Boden und Kapital. Neuerdings ist der Produktionsfaktor Information als gleichwertig erkannt und hinzugenommen worden, und gelegentlich wird statt "Boden" die gesamte Umwelt als Produktionsfaktor bezeichnet.

Der Umweltschutz hält spätestens seit den ersten Umweltgesetzen Einzug in den betrieblichen Alltag, neuerdings nicht mehr nur als Reaktion auf externe Zwänge, sondern auch als Ausdruck eines wohlverstandenen Interesses an der Sicherung des langfristigen Bestandes des Unternehmens. Hier bricht sich die Erkenntnis Bahn, daß ohne Rücksicht auf die Ökologie auf Dauer keine Ökonomie möglich ist.

Beide Trends wachsen seit einigen Jahren zu einem gemeinsamen Bereich zusammen, der als ökologische Rationalisierung bezeichnet werden kann. Die Betriebswirtschaftslehre hat mit neuen

Themen wie ökologische Unternehmenspolitik, Umweltschutz als Chefsache oder Öko-Controlling diese neuen Aufgaben erkannt und die theoretische Durchdringung begonnen. Besonders deutlichen Bezug auf die beiden Wurzeln Rationalisierung und Umweltschutz nimmt dabei die Bezeichnung Öko-Controlling, mit dem Kürzel Öko auf den Umweltschutz und mit dem Begriff Controlling auf die Rationalisierung.

Definitionen des ökologischen Controllings gibt es viele, die Literatur zu diesem Thema wächst gegenwärtig exponentiell. Fast alle Definitionen lehnen sich mehr oder weniger an die Definition des klassischen Controllings an, das die Überwachung, Steuerung und Regelung des Betriebsablaufs als Inhalt und Aufgabe hat. Mit dem Öko-Controlling soll also der Betrieb im Hinblick auf seine Umweltwirkungen optimiert werden. Manche Autoren sprechen davon, daß die "Umweltleistung" des Betriebes verbessert beziehungsweise maximiert werden soll. Im angloamerikanischen Raum ist das Konzept der "environmental performance indicators" für die Messung dieser Größe entwickelt worden. Allerdings ist diese Bezeichnung insofern unglücklich gewählt, als im allgemeinen die "Umweltleistung" eines Betriebes in der Verringerung von Umweltverbrauch und Umweltbelastung besteht, also eigentlich nur in einer Verringerung seiner Zerstörungsleistung.

Controlling und analog dazu auch Öko-Controlling werden allgemein auf der Ebene des mittleren Managements angesiedelt, auf der die strategischen Ziele in operative Maßnahmen übersetzt werden. Auf dieser Ebene soll also neben den klassischen Zielen der Unternehmensführung also auch der Umweltschutz zum Zuge kommen.

2.   Warum Öko-Controlling?

Verschiedene Gründe werden für ein ökologisches Controlling und für eine ökologische Orientierung der Unternehmensführung angegeben. Sie lassen sich ganz grob in zwei Gruppen einteilen. Zum einen die indirekt ökonomischen Gründe, wie Sensibilisierung der Verbraucher bzw. Kunden, Eroberung neuer Marktsegmente, Kosteneinsparmöglichkeiten durch verbesserte Ressourcennutzung und Vermeidung von Umweltkosten. Zum anderen die direkt ökologischen Gründe, wie Verantworung für die Nachwelt, Interesse von Betriebsangehörigen, ethische Grundsätze und persönliche Motivation.

Viele dieser Gründe reichen schon alleine aus, um einen Betrieb für das Thema Umweltschutz zu interessieren, aber in Kombination sind sie kaum noch abzuweisende Argumente für eine systematische betriebliche Umweltpolitik. Diese sollte darauf zielen, die Umweltrelevanz aller betrieblichen Abläufe zu erkennen und bei allen Entscheidungen zu berücksichtigen. Hier fehlt es im Allgemeinen an detaillierten und verläßlichen Informationen über die direkten und indirekten Umweltwirkungen der betrieblichen Abläufe. Dies wiederum heißt konkret, daß die bisher üblichen Entscheidungsgrundlagen und -hilfen ergänzt werden müssen. Hierfür und für die systematische und ganzheitliche, alle Umweltmedien betreffende, Überwachung und Optimierung wird Öko-Controlling empfohlen.

3.   Betriebliche Informationssysteme

Bisher werden betriebliche Entscheidungen im wesentlichen auf zwei Informationsgrundlagen getroffen. Zum einen aufgrund von Anforderungen und Rahmensetzungen der *Betriebstechnik*, sowie nach dem

Stand der Technik allgemein. Hierzu gehören interne und externe Standards, die die technische, physikalische oder chemische Spezifikation von Prozessen, Anlagen und Produkten betreffen. Man kann dies die technische Spezifikation nennen, die einer Entscheidung zugrunde gelegt wird. Beispiele für diese Informationsgrundlagen sind etwa die technischen Normen und Standards.

Zum andern werden die Anforderungen und Rahmensetzungen der *Betriebswirtschaft* berücksichtigt. Hierzu gehören insbesondere die Informationen zu Kosten, erwarteten Erträgen, Rückzahlzeiten und Kostensenkungspotentialen der betrachteten technischen und organisatorischen Maßnahmen. Dies kann man als wirtschaftliche Spezifikation bezeichnen. Beispiele für diese Informationsgrundlagen sind etwa die internen monatlichen Wirtschaftsberichte, die in fast allen Betrieben erstellt werden.

Daneben muß in Zukunft als drittes Standbein aller Entscheidungen eine ökologische Spezifikation als Rahmensetzung der *Betriebsökologie* treten. Diese muß in ähnlicher Detaillierung ausgearbeitet und standardisiert werden, wie es die technische und wirtschaftliche Spezifikation schon heute sind (technische Normen und Regelwerke, Regeln der betrieblichen Buchführung, etc.). Ansätze hierzu finden sich zahlreich in der neueren betriebswirtschaftlichen Literatur und mittlerweile auch in einer breiteren, politischen Diskussion bis hin zum Entwurf für eine EG–Richtlinie zum Umwelt–Audit, der gegenwärtig diskutiert wird. Hierzu gehören auch die Bemühungen um standardisierte Grundlagendaten für vergleichende Ökobilanzen, die etwa von der jüngsten Enquête–Kommission des Deutschen Bundestages ("Schutz des Menschen und der Umwelt – Bewertungskriterien und Perspektiven für umweltverträgliche Stoffe und Stoffkreisläufe in der Industriegesellschaft") geliefert werden sollen.

Jede dieser drei Spezifikationen braucht eine Entsprechung im betrieblichen Informationswesen, etwa in Form eines besonderen Informationssystems, um die nötigen Informationen für alle anstehenden Entscheidungen aktuell und brauchbar zur Verfügung zu stellen.

Die technische Spezifikation kann auf eingefahrene und zum Teil hochentwickelte Systeme in fast allen Betrieben zurückgreifen. Beispiele sind hier die technische Dokumentation der Verfahren, Maschinen und Anlagen, aber auch technische Handbücher, Arbeitsanweisungen und einschlägige Normen. Die Sammlung, Archivierung und Pflege technischer Merkblätter und Informationen zu allen verwendeten Materialien ist heute Standard in der betrieblichen Materialwirtschaft.

Insbesondere bei der wirtschaftlichen Spezifikation können die betrieblichen Informationssysteme sich heute sehen lassen. Ausgeklügelte Systeme der Buchführung und ein standardisiertes externes Rechnungs- und Bilanzwesen sind Grundlage aller betrieblichen Entscheidungen. Hier ist die Automatisierung und Rationalisierung mittels EDV am weitesten fortgeschritten. Das Controlling hat sich dabei zum Ziel gesetzt, die interne Nutzung dieser Informationen, etwa über Kennzahlen, zu verbessern, also das Informationssystem in diesem Punkt weiter zu rationalisieren, zu optimieren und für ein effizientes Management zu nutzen.

Für die Unterstützung des dritten Standbeins, der ökologischen Spezifikation, wurden einige vielversprechende Ansätze entwickelt, von denen einer, das Öko-Controlling, im Folgenden näher erläutert und auf seine Anforderungen an das betriebliche Informationswesen befragt werden soll.

4. Die Ökobilanz als methodisches Werkzeug

Zentrales Hilfsmittel zur Strukturierung und Darstellung der ökologischen Relevanz aller betrieblichen Abläufe ist beim Öko-Controlling die sogenannte Ökobilanz, die in zwei hauptsächlichen Ausprägungen entwickelt und erprobt wird. Beide Methoden zur ökologischen Bilanzierung bauen auf eine möglichst detaillierte und quantifizierte Darstellung aller Stoff- und Energieströme, die mit einer Anlage, einem Produkt oder einem Verfahrensschritt verbunden sind. Dies entspricht der Erfahrung, daß Umweltschäden im Allgemeinen durch stoffliche Belastungen hervorgerugen werden oder auf diese zurückgeführt werden können. Die Umweltwirkungen dieser Stoff- und Energieströme werden je nach Methode verschieden bewertet und verarbeitet.

Die eine Ausprägung der Ökobilanz setzt auf die Quantifizierung der Umweltbelastungen. Die Umweltnutzung durch Ressourcenverbrauch und die Umweltbelastung durch Emissionen werden in Beziehung zu Grenzwerten gesetzt, um auf diese Weise Maßzahlen für die relative Belastung zu erhalten. Diese werden auf "Umweltkonten" verbucht, die meist nach den Umweltmedien differenziert werden. Neben den direkten Belastungen aus dem betrachteten Produktionsschritt oder Betrieb werden diesen Konten auch anteilig alle Umweltbelastungen aus indirekten und mittelbar beteiligten Stoff- und Energieströmen belastet, so daß sich theoretisch eine quantifizierte Summe aller direkten und indirekten Umweltbelastungen einer Anlage, eines Produktes oder Prozesses aufstellen läßt.

In diese Gruppe der Ökobilanz-Systematiken gehören Ansätze, wie die ökologische Buchführung von Müller-Wenck, oder die Stoff-Fluß-Bilanz von Thomé und Franke. Sie seien zusammenfassend als "quantifizierende" Methoden der Ökobilanz bezeichnet.

Dem gegenüber stehen Ansätze zur qualitativen, nicht quantitativen Bewertung der ökologischen Relevanz von Stoff- und Energieströmen. Eine dieser "nichtquantifizierenden" Methoden ist die Ökobilanz-Systematik des Instituts für Ökologische Wirtschaftsforschung (IÖW) in Berlin. Sie wurde in Zusammenarbeit mit dem Materialwirtschaftler Stahlmann von der Fachhochschule Nürnberg erarbeitet und ist für den Einsatz im Betrieb besonders tauglich. Bei dieser Ökobilanz-Methode werden die Elemente der Stoff- und Energieströme, also Materialien, Energien, Emissionen und Produkte, anhand eines Satzes wichtiger Kriterien mit A, B oder C bewertet (ABC-Analyse), je nachdem, ob bei dem entsprechenden Element ein Problem (A), ein mögliches Problem (B), oder kein Problem (C) vorliegt. Dies ergibt das sogenannte Ökoprofil eines Materials, das dann ohne weitere Quantifizierung der Umweltwirkungen als Grundlage für die Optimierung der betrieblichen Abläufe, etwa bei Investitionsentscheidungen oder Verfahrensumstellungen.

Ein Beispiel für die damit mögliche entscheidungsorientierte Aufbereitung der ökologischen Information zeigt Abb. 1. Sie zeigt eine automatisch erzeugte Grafik zur Gegenüberstellung mehrerer ökologischer Profile von Einsatzstoffen (hier: sieben technische Gase) wieder, die mit einem Prototypsystem der PSI zur Bearbeitung von Ökobilanzen erstellt wurde (siehe unten). Links stehen übereinander die zur Bewertung angesetzten Kriterien, nach rechts in den Spalten sind die bewerteten Stoffe mit den jeweils vergebenen Ausprägungen A, B oder C aufgeführt. Im oberen Bereich der Abbildung stehen Typ und Bezeichnung der Grafik, sowie Bezugsjahr und Name des Betriebes ("Umweltfreund"). Man erkennt unmittelbar den Nutzen der grafischen Zusammenstellung, die den komprimierten Überblick über eine Vielzahl einzelner ökologischer Informationen erlaubt.

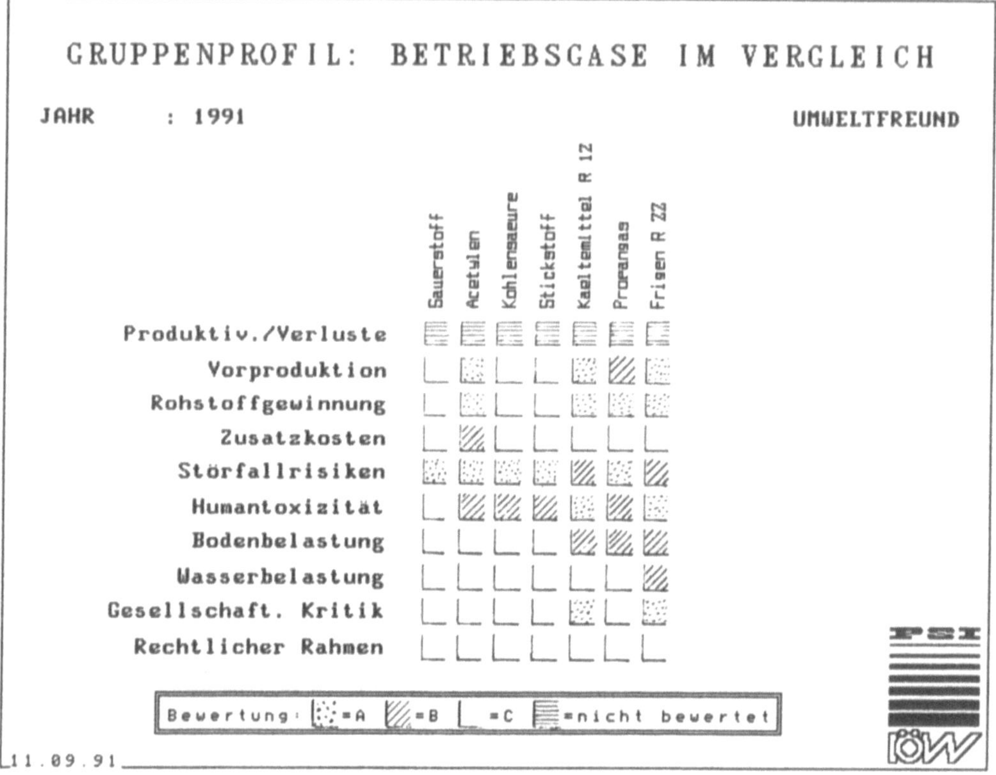

Abb. 1: Beispiel einer Gegenüberstellung mehrerer Ökoprofile

Der Vorteil dieser nichtquantifizierenden Ökobilanz-Methode liegt in der einfachen Durchführung der Bewertung, die nicht durch ausgedehnte wissenschaftliche Recherchen vorbereitet werden muß, sondern prinzipiell mit den im Betrieb vorliegenden Informationen durchführbar ist. Neben der Erstellung der Ökoprofile sieht die Methode besondere Auswertungen vor, die je nach Bedarf unterschiedliche Sichten auf die gleichen Daten erzeugen. Hier sind insbesondere die drei Arten der Ökobilanz zu nennen, die Betriebs-, die Prozeß- und die Produktbilanz. Diese bieten eine systematische und ganzheitliche Grundlage für die ökologische Optimierung des Betriebes, indem sie als Schritt im Controlling-Kreislauf zur Maßnahmenplanung und damit zur iterativen Verbesserung der Situation genutzt werden können (vgl. Abb. 2).

5.   Anforderungen an die Datenbasis

Aus der oben entwickelten Perspektive zur Erweiterung der betrieblichen Entscheidungsgrundlagen um die ökologische Komponente folgt, daß auch das betriebliche Informationswesen einer entsprechenden Erweiterung bedarf. Neben der technischen Dokumentation und dem wirtschaftlichen Rechnungs- und Berichtswesen muß ein Umweltinformationssystem etabliert werden, um durch Kombination aller drei Entscheidungsgrundlagen eine solide Basis für alle betrieblichen Entscheidungen zu errichten.

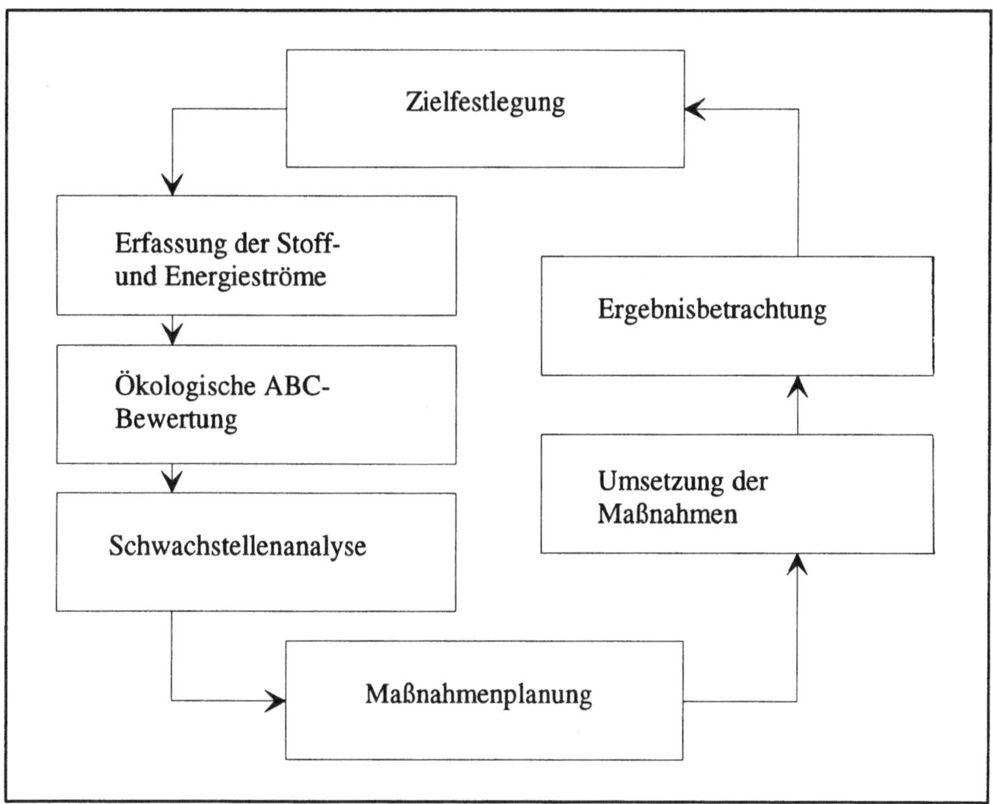

Abb. 2: Der Öko-Controlling-Kreislauf

Ähnlich wie bei einem geographischen Informationssystem (GIS) verschiedene Sichten auf die selbe Region unabhängig voneinander verwaltet und bei Bedarf verknüpft (verschnitten) werden, müssen die Informationen der drei betrieblichen Informationssysteme getrennt bearbeitet, aber räumlich und zeitlich eindeutig verknüpft werden können. Im Unterschied zum GIS müssen die Informationen jedoch zeitlich viel komplexer erfaßt und verwaltet werden, um die Feinsteuerung der Betriebsabläufe unterstützen zu können. Dies gilt sowohl für die technischen, als auch für die wirtschaftlichen Daten, und mit Einschränkung auch für die ökologischen, da die Umweltrelevanz der Stoff- und Energieströme in erster Näherung nicht so starken Schwankungen unterworfen ist wie ihre technische und wirtschaftliche Bedeutung.

Aus der Erfahrung mehrerer Beratungsprojekte in verschiedenen mittelständischen Industriebetrieben, bei denen es um die Einführung von Öko-Controlling und Ökobilanzierung ging, kann ein erster Umriß für die benötigte Datenbasis abgeleitet werden. Diese Anforderungen werden in weiteren Projekten geprüft und in Vorschläge zur Standardisierung der Informationsgrundlagen für die Ökobilanz überführt. Der heutige Stand der benötigten Daten ist in der folgenden Tabelle 1 zusammengefaßt. In der linken Spalte steht der Bezug der Informationen, in der mittleren die nähere Beschreibung derselben und in der rechten Spalte sind mögliche inner- und außerbetriebliche Quellen aufgeführt.

Gruppen	Informationen	mögliche Quellen
Sroff- und Energiefluß	Inputs und Outputs (Namen, Gruppen, Materialnummern); Mengen (Maßzahl, Einheit); Lager- und Einsatzorte (räumlich und systematisch); Lager- und Einsatzzeiten (Termine, Fristen); Transformationen (Verbindung, Trennung, Umwandlung);	Materialwirtschaft, PPS-System, Einkaufslisten, etc.
Informationsfluß	Quelle (Stelle, Person, Zeit); Qualität (Geltung, Sicherheit, Genauigkeit, Verfalldatum); Träger (Medium, Systemort); Weg (Routinepfad, Weitergabe, Verfügbarkeit); Verknüpfung (Berichte, Auswertungen, Kennzahlen, Statistik, Ökobilanzen); Ziel (Ablage, Weiterverarbeitung, Berichtswesen);	Organisationshandbuch Berichtswesen, Arbeitsanweisungen, etc.
Wertungen	Relevanz (Grenzen, Alarme, Hinweise); Ökologische Bewertung ABC (Kriterien, Einstufung, Begründung, Person, Zeitpunkt); Sicherheitseinstufung (Klasse, Begründung, Person, Zeitpunkt); Einstufungsinformationen (Quellen, Beschränkungen);	Katastrophenplan, Sicherheitsdatenblätter, Umweltinformationen

Tab. 1: Umriß der Datenbasis für ein Umweltinformationssystem

Aus dieser Zusammenstellung ist zu ersehen, daß die meisten der benötigten Informationen bereits heute im Betrieb vorhanden sind oder sein sollten. Lediglich die näheren Angaben zur ökologischen Qualität der Einsatzmaterialien oder die detaillierte Aufstellung der Stoff- und Energieströme im Bereich der Emissionen und Abfälle sind meist nicht in geeigneter Qualität vorhanden. Hier müssen also zunächst Lieferantenbefragungen durchgeführt und Emissions- oder Abfallkataster eingerichtet werden.

Konzepte für Umweltinformationssysteme im Betrieb sind in den letzten Jahren in großer Zahl entwickelt worden, sie müssen im betrieblichen Alltag erprobt und optimiert werden, bevor sich hier Standards harauskristallisieren. Wichtig ist, daß die heute weit verbreitete Mehrfacherfassung und -haltung der benötigten Daten in Zukunft vermieden wird. Dies erscheint möglich, wenn die vorgenannten Überlegungen zu den drei Spezifikationen als Standbeinen aller betrieblichen Entscheidungen ernst genommen und in ein einheitliches Datenmodell des Betriebes umgesetzt werden.

6. Entwicklungsschritte

Für die erwähnten Beratungsprojekte wurde ein PC–basierter Prototyp zur Unterstützung der Datenerfassung, –strukturierung und –auswertung für die Ökobilanzierung nach der Methode des IÖW entwickelt. Dieser Prototyp bildet alle wesentlichen Funktionen dieser Ökobilanz–Methode ab, ist allerdings für den betrieblichen Einsatz noch nicht geeignet, da die Datenbasis vorhandener EDV–Anlagen mit ihm nicht direkt nutzbar ist. Ein Modell für den Einsatz des Prototyps UCS1 (Umwelt–Controlling–System Nr. 1) zeigt Abb. 3.

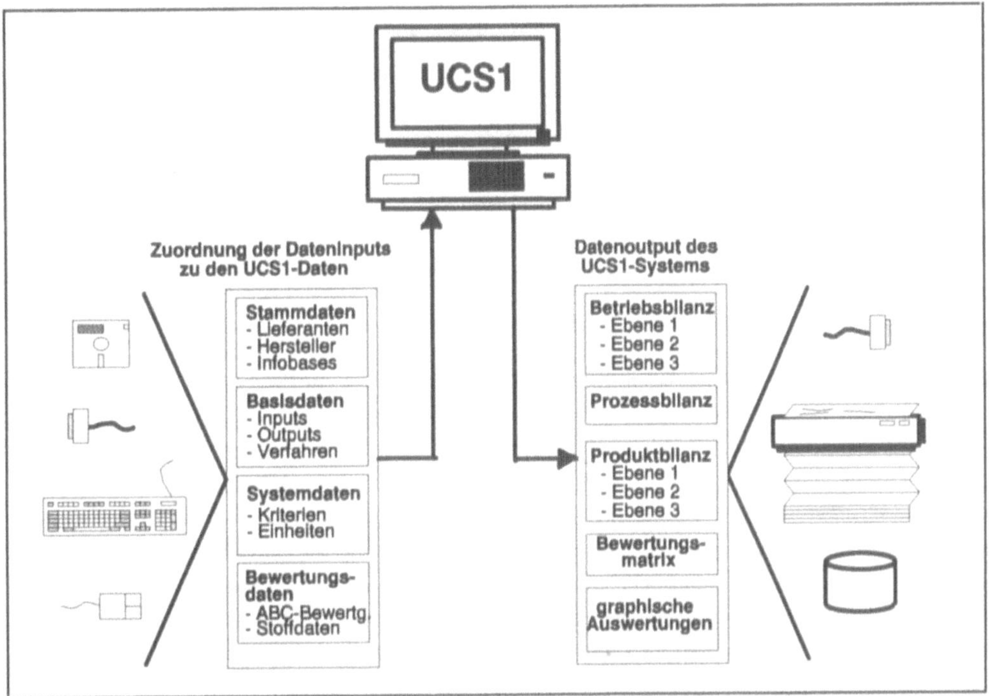

Abb. 3: Modell zum Öko–Controlling mit Prototyp UCS1

Mit diesem Prototyp werden derzeit mehrere Projekte vom IÖW und der PSI bearbeitet, um damit Erfahrungen und Anforderungen an eine verbesserte Funktionalität zu sammeln. Parallel dazu wird die Anbindung eines sogenannten "Huckepack–Systems" an bestehende PPS–Systeme konzipiert und ebenfalls in Praxisprojekten erprobt. Dies läuft unter dem Stichwort Praxisforschung, da dabei eine enge Kooperation zwischen Forschung (Institut), Entwicklung (Softwarehaus) und Anwendung (Kunde) gepflegt wird. Der große Vorteil dieser Lösung besteht darin, daß der größte Teil der für die Ökobilanz benötigten Stoff– und Energieflußinformationen im PPS–System schon vorhanden ist und nur noch um die spezifischen Bewertungs– und Auswertungsroutinen ergänzt werden muß. Ein Modell für diese Lösung zeigt Abb. 4.

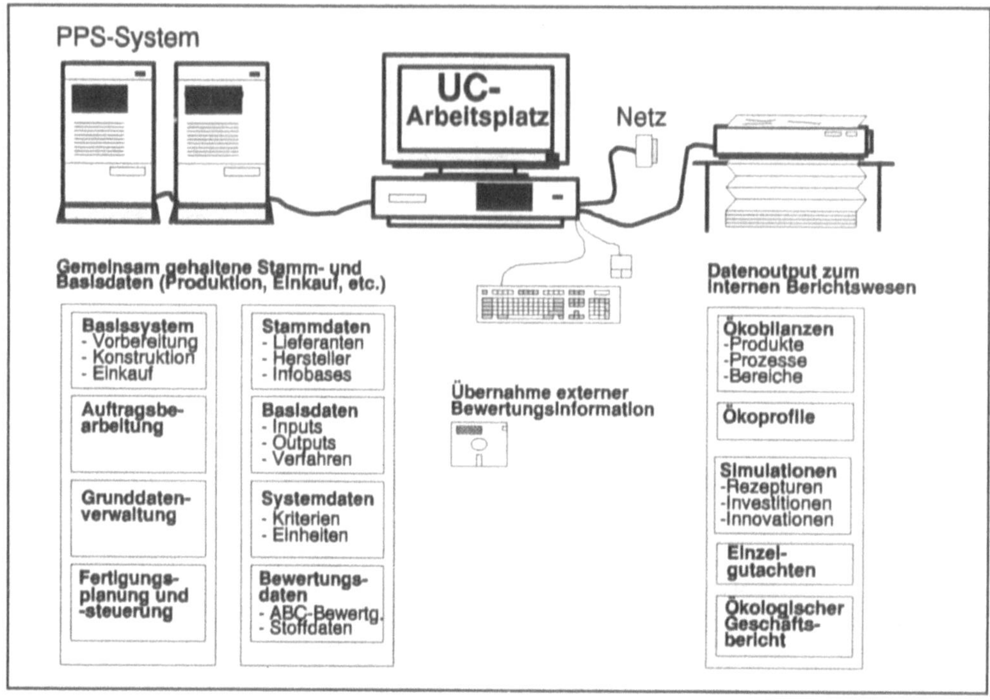

Abb. 4: Modell für ein "Huckepack–System" zum Öko–Controlling mit PPS–Anbindung

Der nächste Schritt, der gegenwärtig erst im Ideenstadium ist, wird dann die Integration der drei oben genannten betrieblichen Informationssysteme "Technik", "Wirtschaft" und "Umwelt" auf einheitlicher technischer Grundlage sein. Ein betrieblicher Umwelt–Arbeitsplatz wird mit allen notwendigen Informationen und Funktionalitäten versorgt, die zur Bearbeitung der umweltbezogenen Aufgaben gebraucht werden. Dabei wird in Zukunft wohl keine Rolle mehr spielen, ob diese Aufgaben gesetzlich vorgeschrieben (Betriebsbeauftragte), oder ob sie vom Betrieb freiwillig wahrgenommen werden (Öko––Controlling). Entscheidend wird die sinnvolle Bündelung und informationstechnische Unterstützung dieser Aufgaben sein.

Dies eröffnet die Perspektive für eine Synthese von Rationalisierung und Umweltschutz. Ähnlich wie bei der technischen und wirtschaftlichen Rationalisierung und Optimierung wird die systematische und ganzheitliche ökologische Optimierung der Produktion vielfältige Innovationen mit sich bringen. Dies betrifft natürlich auch die Informationslandschaft im Betrieb, die weiter zusammenwachsen wird. Ein Modell für ein integriertes Umweltinformationssystem zeigt Abb. 5. Mit einer derartigen Informationsbasis können technische, wirtschaftliche und ökologische Spezifikationen als gleichwertige Grundlagen für alle betrieblichen Entscheidungen aufbereitet werden.

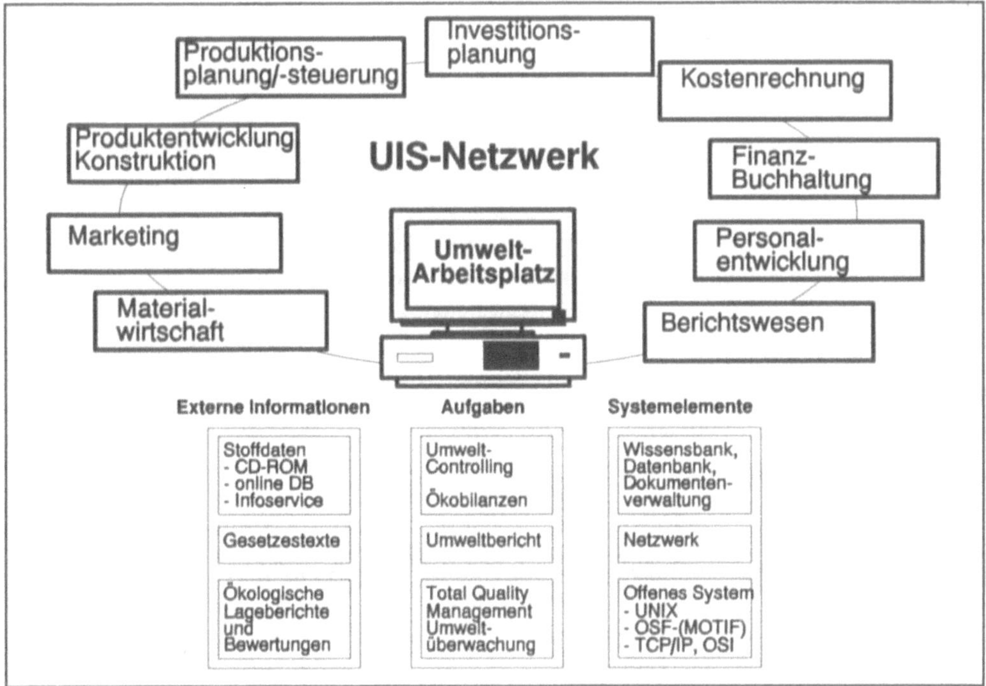

Abb. 5: Modell eines integrierten betrieblichen Umweltinformationssystems

7.   Ausblick

Derzeit sind im Bereich der ökologischen Unternehmenspolitik und der dafür empfohlenen Instrumente und Methoden vielfältige Entwicklungen zu beobachten. Auf europäischer Ebene existiert der Entwurf einer EG–Richtlinie für ein Umwelt–Audit (Environmental Auditing) und eine Empfehlung der Internationalen Industrie– und Handelskammer für die davon unabhängige Durchführung im Betrieb. In Nordamerika wird an vielen Stellen das Konzept der "Environmental Performance Indicators" erprobt und weiterentwickelt. In Deutschland arbeitet eine Arbeitsgruppe des Umweltbundesamtes an der Zusammenstellung von Grundlagendaten für quantifizierte Ökobilanzen im Bereich Verpackungen, aufbauend auf ähnliche Studien des Schweizerischen Umweltbundesamtes. Der Verband der Chemischen Industrie (VCI) und die Sozialdemokratische Partei Deutschlands (SPD) beteiligen sich prägend an der Diskussion und die oben erwähnte Enquête–Kommission "Schutz des Menschen und der Umwelt" soll Perspektiven und Bewertungskriterien für umweltverträgliche Stoffkreisläufe in der Industriegesellschaft entwickeln.

An einigen Lehrstühlen wird zum Thema ökologische Unternehmensführung und Umweltinformationssysteme geforscht, viele Konzepte haben schon Eingang in die akademische Lehre gefunden und werden in einer zunehmenden Zahl von Unternehmen praktisch erprobt. Auch hier besteht großes Interesse an der Verfeinerung und Standardisierung der Methoden.

In ähnlicher Weise wie bei der Entwicklung von Standards für das betriebliche Rechnungswesen im letzten Jahrhundert werden diese Bemühungen zur Herausbildung besonders geeigneter Methoden führen. Dies braucht allerdings Zeit und vor allem ein paralleles Erproben und Ausprobieren vieler verschiedener Ansätze in der Praxis. Betriebliche Informationssysteme werden bei dieser Entwicklung eine wichtige Rolle spielen, wenn es gelingt, die ökologischen Informationen als gleichwertigen Produktionsfaktor ernst zu nehmen und in die betrieblichen Entscheidungswege zu integrieren.

Beeinflußt durch eine Vielzahl gesetzlicher Regelungen werden die beiden Trends zu Rationalisierung und Umweltschutz im Betrieb sich langsam und gemeinsam weiter entwickeln. Möglicherweise können hier neuere politische Ansätze zur ökologischen Steuerreform, wie sie etwa von Weizsäcker empfohlen wird, die Dynamik der Entwicklung positiv unterstützen. Es geht im Übergang zum Jahrhundert der Umwelt um nicht weniger als die schnelle und effiziente Ökologisierung der industriellen Produktion.

Weiterführende Literatur (Auswahl)

Bundesverband Junger Unternehmer: BJU–Umweltschutzberater. Köln 1989.
Hallay, Hendric: Die Ökobilanz. Schriftenreihe des IÖW Nr. 27/89, Berlin 1990.
Meffert, Heribert und M. Krichgeorg: Marktorientiertes Umweltmanagement. Stuttgart 1992.
Pronk, Jan und M. Haq: Sustainable Development. From Concept to Action. Summary of the Hague Symposium of Nov. 1991, Den Haag 1992.
Simonis, Udo E. (Hg.): Ökonomie und Ökologie. Auswege aus einem Konflikt. 6. Aufl. Karlsruhe 1991.
Simonis, Udo E.: Strukturwandel der Wirtschaft und Entlastung der Umwelt. In: Steger, Ulrich (Hg.): Handbuch des Umweltmanagements. München 1991.
Seidel, Eberhard und H. Menn: Ökologisch orientierte Betriebswirtschaft. Stuttgart 1988.
Stahlmann, Volker: Umweltorientierte Materialwirtschaft. Wiesbaden 1988.
Wassermann, Otmar et al.: Die schleichende Vergiftung. Frankfurt 1990.
Weizsäcker, Ernst Ullrich von: Erdpolitik. Ökologische Realpolitik an der Schwelle zum Jahrhundert der Umwelt. Darmstadt 1989.
Winter, Georg: Das umweltbewußte Unternehmen. München 1987.

Informationsdienste

"Forschungsinformationsdienst Ökologisch orientierte Betriebswirtschaftslehre", Prof. E. Seidel, Gesamthochschule Siegen, Hölderlinstr. 3, W–5900 Siegen.
"IÖW/VÖW–Informationsdienst", Institut für Ökologische Wirtschaftsforschung, Giesebrechtstr. 13, W–1000 Berlin 12.

Konzeption eines Umweltinformationssystems für den industriellen Bereich

Dipl.-Inform. Martin Overlack
PSI Gesellschaft für Prozeßsteuerungs-
und Informationssysteme mbH
Bereich Umweltinformationssysteme
Bernsaustr. 4-6
5620 Velbert 15 (Neviges)

Zusammenfassung:

Der Einsatz von betrieblichen Umweltinformationssystemen stellt eine Notwendigkeit dar, wenn eine aktive ökologische Unternehmenspolitik gewährleistet werden soll. In diesem Artikel wird auf die wesentlichen Ansatzpunkte und die Motivation für den Einsatz solcher Umweltinformationssysteme eingegangen. Es werden die fachlichen und informationstechnischen Anforderungen betrachtet, ein Konzept für ein betriebliches Umweltinformationssystem vorgestellt und Möglichkeiten aufgezeigt, wie ein solches System sich in die DV-Struktur eines Unternehmens integrieren läßt.

1. Einleitung

Umweltschutz als Querschnittsfunktion durchdringt alle Phasen des betrieblichen Produktions- und Vertriebsprozesses. Aktive ökologische Unternehmenspolitik verlangt die Einbeziehung aller umweltrelevanten Aspekte in die gesamte Enscheidungs- und Handlungsstruktur des Unternehmens. Neben der Erfüllung der staatlichen Auflagen ist eine vorausblickende, umfassend ökologisch orientierte Unternehmensentwicklung notwendig. Einen nicht unwesentlichen Anteil spielt dabei die Gewinnung von unternehmerischen Handlungsfreiräumen und deren Nutzung für strategische Marktvorteile. Durch den Aufbau umfassender Umweltcontrollingsysteme können diese Anforderungen effizient gewährleistet werden.

Ebenso steigen die Anforderungen im öffentlichen Bereich. Verschärfte Gesetzgebungen der Abfall- und Reststoffentsorgung sowie in der Luft- und Gewässerüberwachung sind nur einige Beispiele für die umfangreichen Anforderungen, denen sich Kommunal-, Länder- und Bundesverwaltungen im Umweltschutz stellen müssen. Dies hat wiederum Rückwirkungen auf die betriebliche Umweltstrategie.

Ohne konsequenten Einsatz der Informationstechnologie ist kein wirkungsvoller Umweltschutz möglich. Umweltrelevante Daten und Informationen müssen in den verschiedensten Bereichen erfaßt, zusammengeführt, analysiert und aussagefähig aufbereitet werden. Die Computerisierung ist zwingend, da man von der eindimensionalen Betrachtung immer mehr zu einer mehrdimensionalen übergeht, bei der Daten aller Umweltbereiche kontrolliert und interpretiert werden müssen, um bestehende Wechselwirkungen aufzuzeigen [Hunscheid 88].

Mit diesem Ansatz werden sowohl innere und äußere ökologische Anforderungen an die Unternehmen berücksichtigt, als auch der Rahmen für ganzheitliche Umweltschutzlösungen geschaffen.

Auf der betrieblichen Seite sind im wesentlichen vier Schritte vorzunehmen, um die Grundlage einer aktiven ökologischen Unternehmenspolitik zu schaffen:

1. Aufbau eines betriebsbezogenen Umweltinformationssystem auf der Basis der bestehenden DV-Infrastruktur.

2. Integration von Verfahren zur Bewertung der vom Unternehmen ausgehenden Umweltwirkungen bezogen auf Ressourceneinsatz, Produkt und Produktion/Prozeß.

3. Die Einbindung von Umweltschutzaspekten in die betrieblichen Entscheidungsabläufe bei Forschung und Entwicklung, Konstruktion, Beschafffung, Produktion, Marketing.

4. Die Einbeziehung der Mitarbeiter in die Umweltschutzbelange des Unternehmens.

Dabei müssen alle fünf Phasen des ökologischen Produktlebenszyklusses der hergestellten Produkte wie Rohstoff- und Energiegewinnung, Produktionsverfahren, Produktverwendung, Entsorgung und Transport berücksichtigt werden.

Vergleichbare Ansätze zu einer ganzheitlichen Betrachtung finden sich in den Überlegungen des CIM mit seinen vielfältigen Ausprägungen. Zwar gibt es heute noch nicht die vollkommene CIM-Fabrik, aber die strategischen Ansätze mit dem Einsatz der Informationstechnologie haben unter der übergeordneten Betrachtungsweise wesentlich die betrieblichen Abläufe in den Fertigungsunternehmen geprägt. [Roenick 90, Söhnchen 90]

Für ein innerbetriebliches Umweltinformationssystem heißt das, daß hier keine völlige Neukonzeption auf der grünen Wiese entstehen muß, im Gegenteil: Häufig verfügen die Unternehmen bereits über umfangreiches DV-gestütztes Datenmaterial, welches unter neuen Gesichtspunkten gewertet und gewichtet werden muß. Kann dieses Datenmaterial mit den spezifischen Umweltinformationen verknüpft werden, so kann mit Hilfe der so zu analysierenden Daten ein umfangreiches ökologisch orientiertes Kennzahlensystem aufgebaut werden.

Der bisherige Einsatz von Umweltinformationssystemen läßt erkennen, daß diese mehrfachen Nutzen bringen. Generell ist ein nicht zu unterschätzendes Potential an Kosteneinsparungen bei Energieträgern vorhanden, das durch eine detaillierte Erhebung von Verbrauchsdaten und ihre Zuordnung zu Produkten und Kostenstellen realisiert werden kann. Entsprechendes gilt im Abfallbereich und beim Roh-, Hilfs- und Betriebsstoffverbrauch.

Insgesamt ist hervorzuheben, daß ein systematisches und ganzheitliches Umweltinformationssystem in Zukunft für alle unternehmerischen Entscheidungen wichtig werden wird, und zwar in einem Maße wie bisher beispielsweise Systeme der Kostenrechnung. Daneben spielt im Zusammenhang mit dem neuen Umwelthaftungsrecht schon heute das Umwelt-Monitoring und die detaillierte Dokumentaion aller umweltrelevanten Vorgänge im Betrieb eine unter Umständen entscheidende Rolle für den Erfolg eines Betriebes im Wettbewerb.

2. Inhalte und Aufgabenfelder eines betriebl. Umweltinformationssystems

Ein betriebliches Umweltinformationssystem (betr. UIS) muß Anforderungen aus unterschiedlichen Sichten gerecht werden. Sie lassen sich differenzieren in operationale Aufgaben auf Ebene der Sachbearbeiter, Aufgaben der Umweltschutzbeauftragten (medienbezogen) und übergeordnete Aufgaben zur Unterstützung unternehmerischer Entscheidungen. [Treibert 91]

Operationale Aufgaben

- Betriebliche Abfallwirtschaft mit Entsorgungsnachweis und Begleitscheinverfahren
- Emissionsüberwachung mit Erstellen der Emissionserklärung
- Abwasserüberwachung mit dem Führen von Nachweisbüchern
- Ökobilanzierung mit Bewertungsverfahren für Rohstoffe und Produkte

Operationale Aufgaben werden auf der Sachbearbeiterebene durchgeführt. Es sind dies z.B. die täglichen Aufgaben in einem Reststoffverwertungs- und Abfallentsorgungszentrum eines Unternehmens. Hierunter fallen die Planung der Entsorgung, die Zwischenlagerung, die Analyse (Probennahme, Probenverwaltung), die Vorbereitung von Abfall/Reststoffen zu deren Entsorgung (Wiegen, Zusammenstellen nach Abfall/Reststoffart) und das Führen der gesetzlich vorgeschriebenen Nachweisbücher.

Im Bereich des Immissionsschutzes stellen die Probenahme und Wartungsarbeiten weitere regelmäßig durchzuführende Aufgaben dar. Der Gesetzgeber schreibt Aufzeichnungen über die Erfüllung solcher Aufgaben in der Regel in Form von Betriebstagebüchern vor. Der hierbei entstehende Dokumentations- und Verwaltungsaufwand kann beträchtlich sein, wie das Beispiel des Entsorgungs- und Begleitscheinverfahrens zeigt.

Die Bearbeitung der gesetzlich vorgeschriebenen Dokumentationen, Genehmigungsunterlagen, Transportpapiere etc. obliegt spiegelbildlich sowohl den Unternehmen als auch den Überwachungsbehörden.

Aufgaben der Umweltschutzbeauftragten

Für den technischen Bereich der innerbetrieblichen Überwachung schreibt der Gesetzgeber die Bestellung von Umweltschutzbeauftragten vor. Es handelt sich hierbei u.a. um:

den Gewässerschutzbeauftragten,

den Immissionsschutzbeauftragten,

den Störfallbeauftragten,

den Abfallbeauftragten und

den Strahlenschutzbeauftragten.

Deren Rechte und Pflichten sind in den entsprechenden Gesetzen genau festgelegt. Die Umweltschutzbeauftragten beraten die Betreiber der Anlagen in Angelegenheiten, die für die Sicherheit der Anlage und für den Schutz vor schädlichen Einwirkungen der Umwelt notwendig sind. Darüberhinaus erstatten sie dem Betreiber der Anlage einen jährlichen Bericht über getroffene und beabsichtigte Maßnahmen, die dazu geeignet sind, vorgefundenen Mißstände zu beheben und die Betriebsabläufe ökologisch zu optimieren.

Übergeordnete Maßnahmen für unternehmerische Entscheidungen

In Abbildung 1 ist der Betrieb aus einer übergeordneten Sicht dargestellt. Für unternehmerische Entscheidungen beispielsweise der Investitionsplanung oder der Erarbeitung umweltrelevanter Zielvorgaben für das Unternehmen ist die Zusammenführung unterschiedlicher Daten aus den in der Abbildung genannten Themenbereichen notwendig. Die dazu notwendige mehrdimensionale Betrachtung des Unternehmens erfordert einerseits die übersichtliche Darstellung kumulierter Umweltdaten z.B. Abfallmengenströme und andererseits die Berücksichtigung einer Vielzahl weiterer Informationen, die z.B. zur Beurteilung der Umweltrelevanz einer Anlage herangezogen werden müssen.

Die oben genannten Sichten auf das betr. UIS kennzeichnen die Benutzerklassen des Systems und die Vielseitigkeit der Visualisierungsformen, mit denen ökologische und ökonomische Daten dargestellt werden müssen, nachdem sie über entsprechende Auswertungsmethoden miteinander verknüpft worden sind.

Wesentlich ist die Transparenz der betrieblichen Funktionen in Bezug auf ökologische und ökonomische Gesichtspunkte. Während die ökonomischen bereits durch die Kostenrechnung berücksichtigt wird, ist die ökologische Betrachtung noch weitgehend unberücksichtigt, und fehlt damit als Basis für ein effizientes Umweltcontrolling. Hierbei spielen die durch die Umweltbelastung verursachten Kosten eine große Rolle.

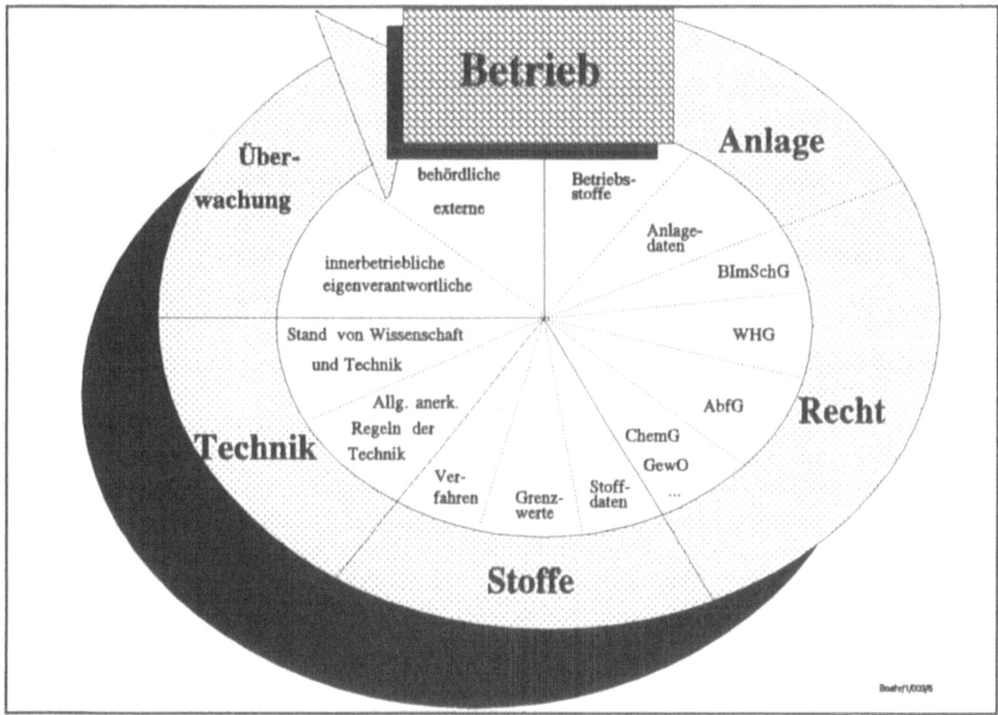

Abb. 1: Übergeordnete Sicht auf den Betrieb

Diese sind verursachergerecht den einzelnen Produkten zuzuordnen, um so ökologische und ökonomische Optimierungen durchführen zu können. Dabei sollte der Stand der Wissenschaft und Technik stets berücksichtigt werden. Alleine die zeitliche Verzögerung von der Erkenntnis einer Umweltbelastung bis zu deren Umsetzung durch den Gesetzgeber ist in der Regel ökologisch nicht vertretbar, so daß die aktuelle Gesetzgebung als Grundlage ökologischer Entscheidungen nicht immer ausreicht.

Inhaltliche Schnittstellen zu CIM-Bereichen

Die folgende Abbildung stellt die fachinhaltlichen Schnittstellen zu CIM-Bereichen dar. Auf Vollständigkeit ist dabei aus Gründen der Übersichtlichkeit verzichtet worden. Ebenso sei darauf hingewiesen, daß die eindeutige Zuordnung einer "Umweltfunktion" zu einer CIM-Komponente nicht immer möglich ist.

Aus dieser allgemeinen Beschreibung der Inhalte und Aufgabenfelder von innerbetrieblichen Umweltinformationssystemen sollen nun die Anforderungen abgeleitet werden, die an ein solches System gestellt werden.

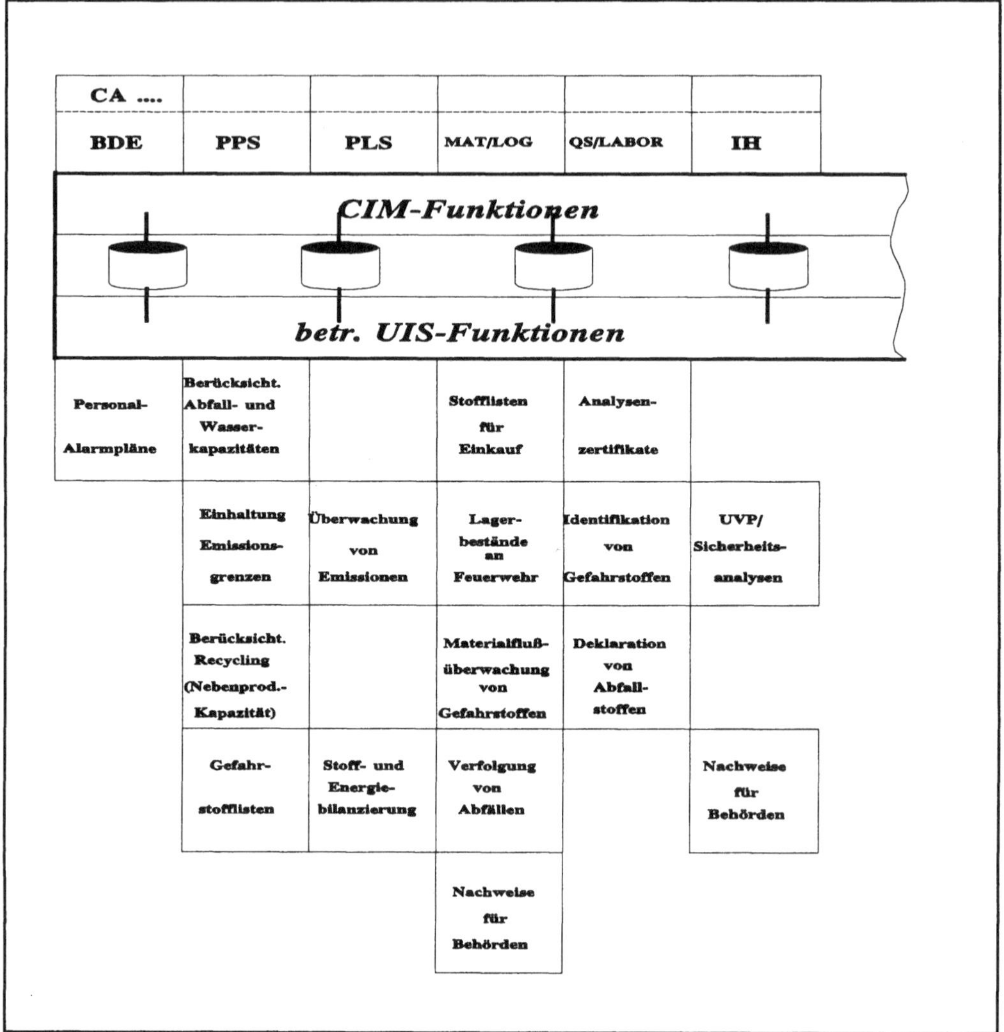

	BDE	PPS	PLS	MAT/LOG	QS/LABOR	IH
Personal-Alarmpläne	Berücksicht. Abfall- und Wasser-kapazitäten		Stofflisten für Einkauf	Analysen-zertifikate		
	Einhaltung Emissions-grenzen	Überwachung von Emissionen	Lager-bestände an Feuerwehr	Identifikation von Gefahrstoffen	UVP/ Sicherheits-analysen	
	Berücksicht. Recycling (Nebenprod.-Kapazität)		Materialfluß-überwachung von Gefahrstoffen	Deklaration von Abfall-stoffen		
	Gefahr-stofflisten	Stoff- und Energie-bilanzierung	Verfolgung von Abfällen		Nachweise für Behörden	
			Nachweise für Behörden			

Abb. 2: Schnittstelle zwischen betr. UIS und CIM–Bereichen

3. Anforderungen an ein betriebliches Umweltinformationssystem

Anforderungen an ein betriebliches Umweltinformationssystem lassen sich differenzieren nach unterschiedlichen Standpunkten der Anwender eines solchen Systemes, wie sie im vorigen Kapitel bereits vorgestellt wurden. Sie ergeben sich des weiteren aus Sicht der Anwendung, aus Sicht der Informationstechnik und von einem übergeordneten allgemeinen Standpunkt aus.

In den meisten Betrieben wird bereits in größerem Umfang DV eingesetzt. Das betr. UIS hat sich in diese Landschaft einzufügen. Es ist dabei von Fall zu Fall zu klären, ob die vorhanden Anwendungen in das betr. UIS integriert werden können oder ob ein übergeordnetes System zu schaffen ist. Dies hängt von Art und Umfang der eingesetzten Systeme und dem des betr. UIS ab. Im folgenden wird davon ausgegangen, daß die DV–technisch gehaltenen Daten verteilt und in heterogenen Informationssystemen gehalten werden. Dabei liegt in der klassischen DV keine Trennung zwischen Daten und Methoden vor, mit denen sie bearbeitet werden können. Das Wissen ist also nur über die entsprechende Anwendung (Informationssystem) zugänglich.

Für den Anwender stehen insbesondere die Eigenschaften der Zuverlässigkeit, Effizienz und Benutzerfreundlichkeit im Vordergrund, die auf den Systemverbund zu beziehen sind, mit dem er arbeitet und nicht isoliert auf die Einzelsysteme. Dabei handelt es sich nicht um einen Anwender, sondern um unterschiedliche Gruppen / Benutzerklassen, die in Abhängigkeit ihrer Aufgabengebiete verschiedene Sichten auf die (z.T. differenzierenden) Informationen benötigen. [Overlack 91]

Die Diversität der in den Unternehmen eingesetzten Hard– und Softwarekomponenten und die Notwendigkeit dieselben zu unterstützen bzw. zu nutzen, bedingt die Berücksichtigung möglichst vieler Standards im Bereich der Kommunikation (TCP/IP, ISO/OSI,...), der Datenbanksysteme (DB2, SQL, Ingres, Oracle,...), der Betriebssysteme (Unix, VMS,...), der Benutzerschnittstellen (OSF/Motif, Open Look, Presentation Manager,...) und der Integrationsvorhaben (New Wave, SAA, X/Open,...).

Das betr. UIS soll nach allen Seiten offen sein und über entsprechende Zugänge verfügen, so daß das in ihm gehaltene Wissen über standardisierte Methoden zugänglich ist. Dieser Zugang kann entweder über eine Benutzerschnittstelle oder über Datentransfer geschehen. In diesem Zusammenhang ist die Einführung eines einheitlichen Datenaustauschformates wichtig, um die Anzahl und die Komplexität der zu schaffenden Schnittstellen zwischen den Systemen gering zu halten. Dieses Protokoll kann ebenfalls Informationen zur Visualisierung der Daten beinhalten.
In Abhängigkeit der Benutzerschnittstelle des Systemes, von dem aus der Benutzer sich Zugang verschafft zu dem betr. UIS, sind die Informationen entsprechend zu visualieren. Aufgrund der Vielfalt der auf dem Markt verfügbaren und verbreiteten (graphischen) Benutzerschnittstellen (graphical user interface, GUI) [Rumpf 90], ist es sinnvoll, eine abstrahierende Beschreibung von Dialogen zu wählen, um eine möglichst große Anzahl von Systemen zu erfassen, oder Werkzeuge einzusetzen, die eine problemlose Kopplung und Portierung zwischen den einzelnen GUIs ermöglichen. Die Definition einer solchen Dialogbeschreibungssprache ist bezüglich alpha–numerischer Informationen relativ unproblematisch [Overlack 91]; schwieriger ist dies bei den graphischen Informationen.

4. Konzeption eines modularen betr. UIS

In diesem Kapitel soll auf die grundlegenede fachliche Konzeption eines betr. UIS eingegangen werden. Hierbei wird auf den Erfahrungen aufgesetzt, die durch das Umweltinformationssystem PSIoecos gesammelt werden konnten.

Die Vielfalt der Anwendungsgebiete von betr. Umweltinformationssystemen und die individuelle betriebliche Organisationsstruktur, in die das betr. UIS zu integrieren ist, bedingen, daß es nicht **ein** betr.

UIS (mit Produktcharakter) gibt. Der Adaptions- und Ergänzungsaufwand erfordern vielmehr die Entwicklung eines Kernsystemes, welches modular aufgebaut ist und an die Gegebenheiten des Unternehmens in geeigneter Weise angepaßt werden kann.

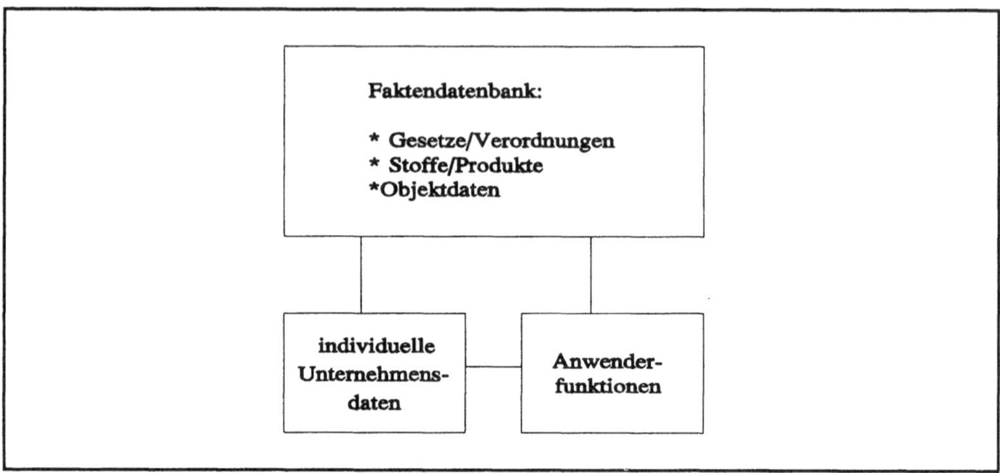

Abb. 3: Basissystem des UIS PSIoecos

Aus den o.g. Anforderungen lassen sich folgende Unterteilung eines betr. UIS ableiten. Aus der Art des Unternehmens (z.B. der in ihm eingesetzten Produktionsverfahren) ergibt sich eine umweltbezogene Einteilung in die Module Luft, Wasser, Boden und Abfall. Innerhalb dieser Komponenten werden die entsprechenden Aufgabengebiete der operationalen Ebene, der Umweltschutzbeauftragten und der Führungsebene berücksichtigt.

Den einzelnen Bausteinen (Anwenderfunktionen) ist ein Basissystem gemeinsam, in dem medienübergreifende Informationen gehalten werden bzw. solche, die keinen direkten Bezug zu einem Medium haben.

Das so entstehende modulare Bausteinsystem ist derart aufzubauen, daß ein umfangreicher Datenbestand an Gesetzen und Verordnungen mit betriebsindividuellen Informationen gekoppelt werden kann, um das System auf die speziellen Umweltschutzbelange des einzelnen Unternehmens zuzuschneiden.

Bestandteile dieses Basissystems sind die entsprechenden Gesetze und Verordnungen des Umweltrechtes (Abfallgesetz, Wasserhaushaltsgesetz, Chemikaliengesetz, Bundesimmissionsschutzgesetz, ...), Stoff- und Produktinformationen und objektbezogene Informationen (zu Betriebsstätten, Anlagen, Lägern, Transportmitteln, ...).

Als weitere wichtige Komponente des Basissystems sind die individuellen Unternehmensdaten zu nennen, die z.B. Betriebsstätten, Genehmigungen, Produktionsprozesse und eingesetzte Stoffe umfassen.

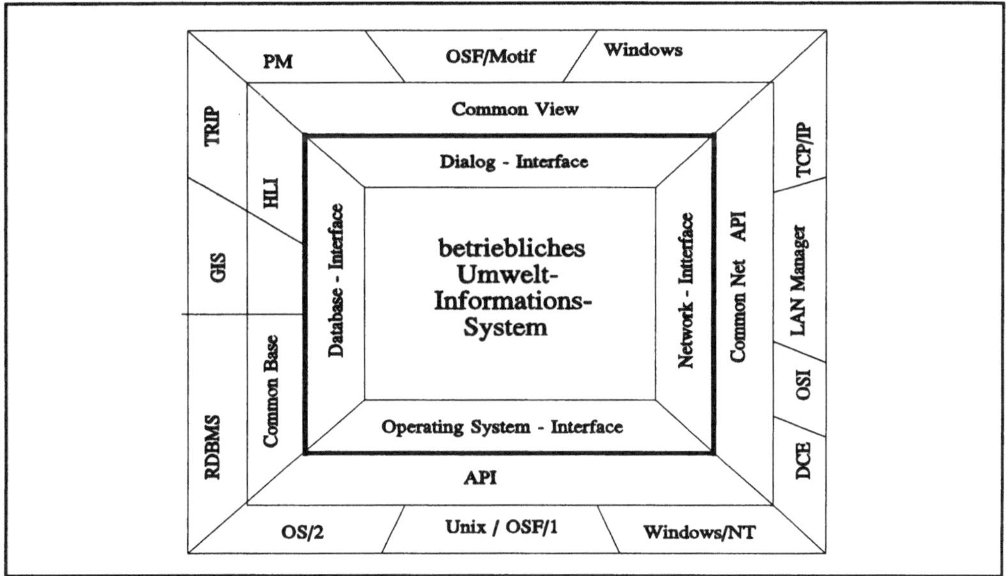

Abb. 4: Architektur des (betr.) UIS PSIoecos

Unter dem Gesichtspunkt der Datenhaltung gilt es Daten mit stark dokumentarischem Charakter (Gesetze und Verordnungen), Bewegungsdaten (Meß– und Überwachungsdaten), graphische Informationen (Karten, Auswertungen) und Vorgangsinformationen zu berücksichtigen. In der geeigneten Verknüpfung dieser Informationsarten und in der Verfügbarkeit von Methoden auf diesem heterogenen Datenbestand liegt ein besonderer Schwerpunkt bei der Entwicklung eines betr. UIS.

5. Integration in das Unternehmen

Für die Einbindung des betr. UIS in die vorhandene DV–Struktur des Unternehmens sind zwei wesentliche Vorraussetzungen zu erfüllen. Zum einen müssen sowohl das betr. UIS als auch die anderen Anwendungen über geeignete Schnittstellen verfügen, um einen Informationsaustauch zwischen den Systemen zu ermöglichen. Zum anderen bedarf es Methoden der Informationsinterpretation, um die Daten qualitativ und quantitativ aufeinander abzubilden. Als Grundvoraussetzung ist hierbei die Systemoffenheit zu nennen, wie sie sich in der Architektur von PSIoecos wiederspiegelt. Eine Netzwerk–Schicht ermöglicht die Kommunikation auf abstrakter Ebene, losgelöst von spezifischen Protokollen. Gleiches gilt für den Bereich der Datenhaltung und der Visualisierung. Gerade unter dem Aspekt der heterogenen DV–Struktur innerhalb des Betriebes betrachtet, erscheint die Verwendung eines objekt–orientierten Systemansatzes sinnvoll. So ist es möglich, nicht nur einen einfachen Datenaustausch über beispielsweise eine Dateischnittstelle zu gewährleisten, sondern auch die auf den Objekten definierten Methoden als Dienstleistungen in dem Systemverbund anzubieten.

Allerdings ist eine solche objekt–orientierte Integration nicht immer möglich. Schließlich müssen dies alle

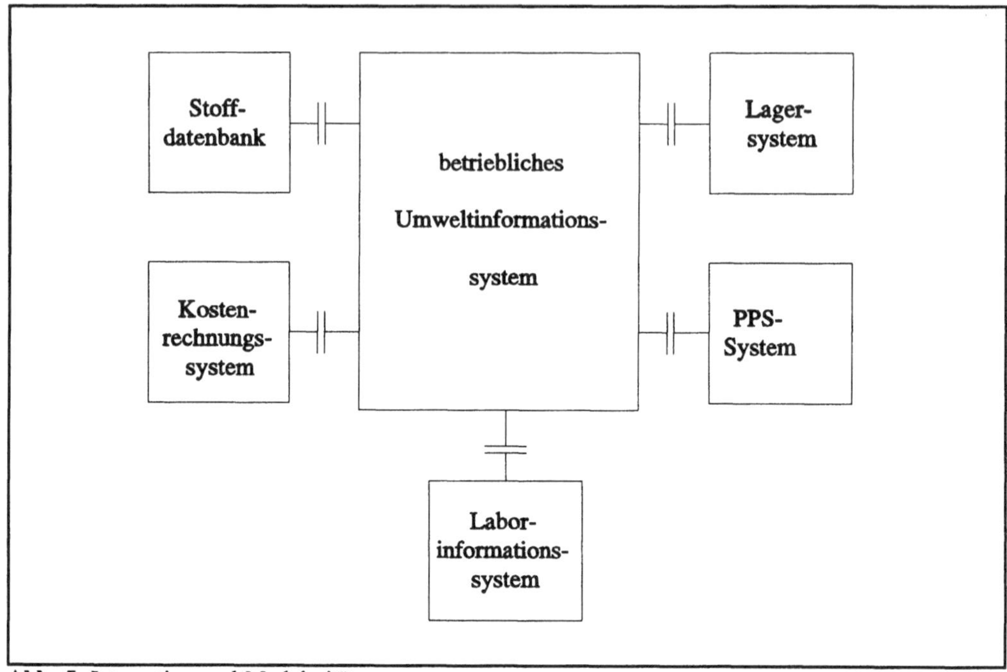

Abb. 5: Integration und Modularität

integrierten Systeme unterstützen. Pragmatischerweise ist es demnach notwendig, schrittweise zu integrieren. Hierbei kann man nach drei Integrationsansätzen unterscheiden:

    anwendungsorientierte Integration
    dienstorientierte Integration
    objekteorientierte Integration.

Während bei der anwendungsorientierten Integration die Oberfläche einer einzelnen Anwendung allen anderen zur Verfügung gestellt wird und somit der Zugriff auf die Daten ausschließlich über die Benutzerschnittstelle der Anwendung erfolgt, ist es bei den letzten beiden Ansätzen möglich Dienste und Objekte zu formulieren und dem Gesamtsystem zur Verfügung zu stellen [Overlack 91].

Für die Integration von Laborinformationssystemen ist eine Dienstschnittstelle notwendig, die den Datenaustausch zwischen betr. UIS und dem LIMS gewährleistet. Anders hingegen stellt sich der Sachverhalt bei den Stoffdatenbanken dar. In Abhängigkeit der Information, die aus dieser benötigt wird, ist es notwendig, nicht nur Daten, sondern Wissen zur Verfügung zu stellen (z.B. Gefährlichkeit von Stoffen unter bestimmten Umweltbedingungen).

Literaturangaben

Hunscheid 88
>Hunscheid, J.:
>"PSI-Studie: Informationstechnik im Umweltschutz"
>PSI GmbH Velbert-Neviges, 1988

Overlack 91
>Overlack, M.:
>"Integration des Altlastenexpertensystems XUMA in ein Umweltinformationssystem"
>Kernforschungszentrum Karlsruhe, KfK 4933, 1991

Roenick 90
>Roenick, Ch.:
>"Informationstechnik im Umweltschutz"
>in: Informationstechnik im Dienste der Umwelt, Sonderveröffentlichung, Umweltmagazin, 1990, Vogel Verlag Würzburg, S.19-22

Rumpf 90
>Rumpf, Ch.:
>"Toolkits und User-Interface Design Systems auf X-Windows"
>in: Software-Trends (GI-SE), Band 10, Heft 2, Oktober 1990, S.48-76

Söhnchen 90
>Söhnchen, P.G.:
>"Integriertes Umweltmanagement"
>in: Informationstechnik im Dienste der Umwelt, Sonderveröffentlichung, Umweltmagazin, 1990, Vogel Verlag Würzburg, S.23-32

Treibert 91
>Treibert, R.:
>"Konzeption von Informationssystemen für Umweltschutz und Sicherheitstechnik"
>in: GfS-Information, Heft 1, 14.Jahrgang, Dez. 1991, S.50-57

Konzept eines Umweltüberwachungs- und Umweltinformationssystems für Industriebetriebe

A.Rudolf
Abt. VF1432
Dornier GmbH
Postfach 1420
7990 Friederichshafen 1

1. Einleitung

Im Rahmen des Synergieprojektes "Industrielle Emissions- und Abwasserüberwachung" bei der Daimler-Benz AG wurde ein Gesamtkonzept für ein modernes und forschrittliches Umweltinformations- und Umweltüberwachungssystem erstellt.
Bei der Entwicklung des Konzepts wurde besonders auf Ausbaubarkeit,
Modularität und auf Einbeziehung moderner, fortschrittlicher Konzepte
Wert gelegt. Das beschriebene System soll insbesondere zur Emissionsüberwachung (Luft und Wasser) im industriellen Bereich geeignet sein. Es wird
weiterhin Daten über umweltrelevante Vorgänge (Emissionen über Luft, Wasser; Genehmigungsdaten; behördliche Fristen; etc.) im Werk speichern, bereitstellen, auswerten und nach verschiedenartigen Auswertekriterien abrufbar halten.

2. Gesetzliche Randbedingungen

Ausgehend von den bedrohlich zunehmenden Umweltbelastungen durch Luftver-
unreinigungen, laufen weltweit Bemühungen um eine Reduzierung der Emissionen insbesondere auch derjenigen aus Industrieanlagen. Um die Einhaltung entsprechender Auflagen und Vereinbarungen sicherstellen zu können,
ist eine zuverlässige Emissionskontrolle erforderlich, wie sie national
in ihren Grundzügen im Umweltrecht der Bundesrepublik festgelegt ist.

Ein großer Teil der internationalen Emissions-Reduzierungsverpflichtungen
wird in der Bundesrepublik durch Maßnahmen erfüllt, die sich auf das
Bundes-Immissionsschutzgesetz in Verbindung mit der Großfeuerungsanlagen-
-Verordnung (13.BImSchV) und der 4. BImSchV bzw. der Technischen Anleitung zur Reinhaltung der Luft (TA-Luft) stützen.

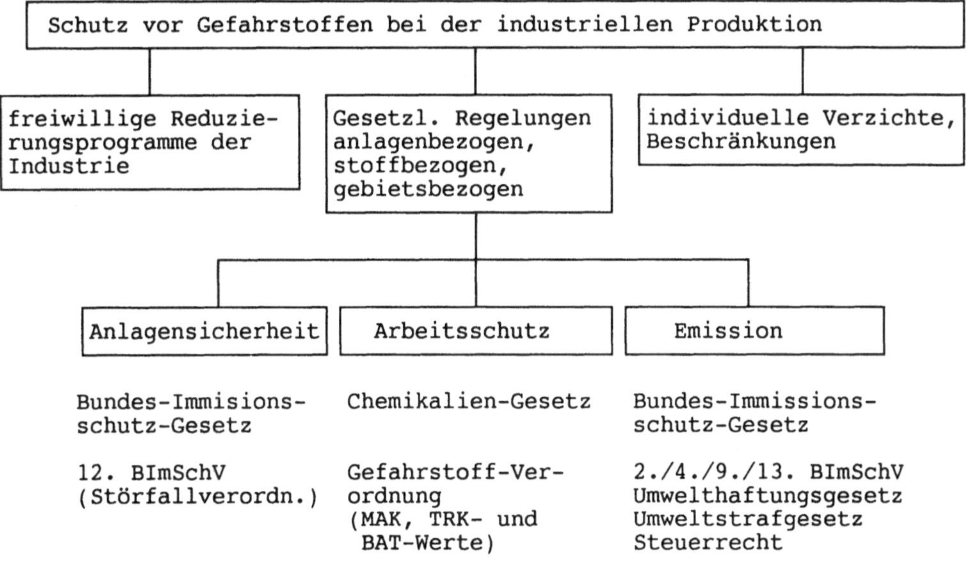

Abb.1 : Schutz vor Gefahrstoffen bei der industriellen Produktion

Abb.1 gibt den umweltpolitischen Rahmen für den Schutz vor industriellen
Emissionen in der Bundesrepublik wieder.

3. Systemkonzept

Das Umweltinformations- und -überwachungssystem soll die Emissionsüberwa-
chung (Luft und Wasser) im industriellen Bereich ermöglichen. Es muß wei-
terhin alle Daten über umweltrelevante Vorgänge (Emissionen über Luft,
Wasser; Reststoffe; Genehmigungsdaten; behördliche Fristen; Kataster für
Wasser, Boden, Luft; Arbeitsstellenmeßdaten; Meßfristen) im Werk spei-
chern, bereitstellen, auswerten und nach verschiedenartigen
Auswertekriterien abrufbar halten.
Zur vollständigen Abdeckung der Umweltüberwachungsaufgabe gehört auch das
Erfassen von Immissionsdaten, Labordaten sowie Meteorologiedaten.

3.1 Systemtechnische Randbedingungen

Folgende grundsätzlichen Anforderungen sind beim Entwurf des Systems zu berücksichtigen:

- **moderne Benutzerschnittstelle**
  - o basierend auf X11-Standard (MOTIF)
  - o Benutzerführung
  - o Hilfefunktionen

- **Grafikeinsatz**
  - o Darstellung flächenhaft verteilter Informationen (z.B. für Ausbreitungsrechnung, Lagepläne, Darstellung von Gefahrenbereichen, etc.)
  - o Diagrammdarstellungen
  - o Verbesserung und Beschleunigung der Dateninterpretation
  - o Verknüpfung grafischer und nichtgrafischer Informationen (z.B. Emission mit Fertigungsprozeßparametern).

- **Einsatz einer relationalen Datenbank mit SQL-Schnittstelle**
  - o Flexibilität bei der Auswertung der Daten
  - o leichter Datenaustausch mit anderen Systemen
  - o Datensicherheit durch Transaktionskonzept
  - o Einbeziehung anderer Daten (z.B. Gefahrgut, Vorschriften, etc.)

- **Einbeziehung wissensbasierter Methoden**
  - o Unterstützung bei der Interpretation
  - o Vorschlag für Maßnahmen

- **portables Betriebssystem**
  - o Einsatz unterschiedlicher Rechner
  - o bessere Vermarktbarkeit
  - o zukünftige Verfügbarkeit von Standardapplikationen

- **verteilte Rechenleistung**
  - o höhere Rechenleistung
  - o höhere Verfügbarkeit
  - o Systemgröße genau an (evtl. wachsenden) Bedarf anpaßbar.

- **Ausfallsicherheit durch Redundanz wichtiger Komponenten**
- **transparentes Netzwerk**

4. Funktionskomponenten

Die Meßnetz- sowie die Informations- und Auskunftsebene des Umweltinformations- und Umweltüberwachungssystems stellen die verbindenden Glieder zwischen der Meßwerterfassungsebene und den Anwendern dar.

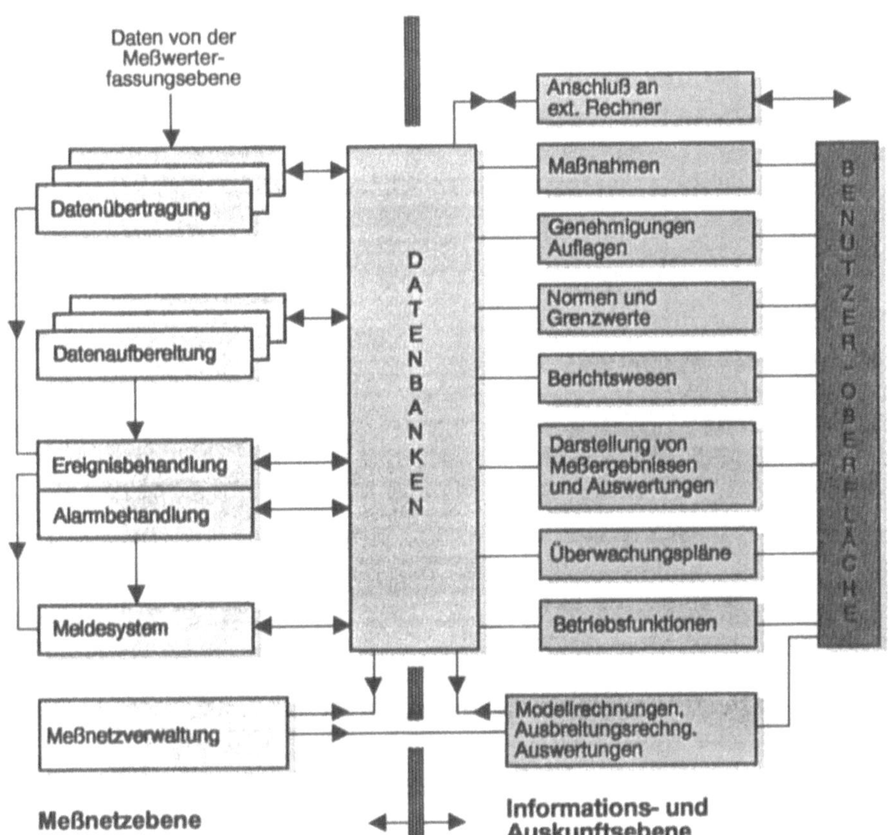

Abb.2 : Funktionskomponenten

Es werden die von der Meßwerterfassungsebene bereitgestellten Daten übernommen, in das interne Format umgewandelt, geprüft und in der Datenbank abgelegt. Aufgrund der Konfiguration und Voreinstellung des Systems werden mit den empfangenen Informationen weitergehende Auswertungen und daraus abgeleitete Aktionen durchgeführt.

Die Funktionen der Umweltzentrale sind als Übersicht in Abb.2 dargestellt.

Die einzelnen Funktionen können als Server im Gesamtsystem fungieren und falls erforderlich auf verschiedenen Rechnern im Gesamtsystem verteilt werden. So können Server für die Meßnetzfunktion, für Ausbreitungsrechnungen, für das Berichtswesen, etc. existieren.

Im Client/Server-Modell, stellen die Funktionen der Bedienoberfläche den Client dar und der/die Server werden durch die Datenbanken des System repräsentiert.

4.1 Funktionen der Meßnetzebene

Die Funktionen der Meßnetzebene sind in der linken Hälfte der Abb.2 im Rahmen des Gesamtsystems dargestellt.

Datenübertragung

Die Datenübertragung hat die Aufgabe, Daten von der Erfassungsebene zur Datenverarbeitung und -speicherung zu übertragen. Es werden nur schichtenorientierte Kommunikationsstandards nach dem ISO-Referenzmodell eingesetzt. Die Einhaltung dieser Anforderung ermöglicht die problemlose Einbindung verschiedener Kommunikationswege und -typen unter einer Oberfläche.

Datenaufbereitung

Die Datenaufbereitung ist zuständig für die Umsetzung der von den Datenübertragungsfunktionen empfangenen Daten. Die Koordination zwischen Datenübertragung und Datenaufbereitung wird durch das allgemeines Steuerungsystem durchgeführt.

Ereignis- und Alarmbehandlung

Die Ereignisbehandlung verwaltet die Informationen über das Auftreten von Ereignissen, das Alarmierungssystem ist für die Auslösung sowie die Behandlung von Alarmen zuständig. Die ereignisauslösenden Funktionen reichen die von ihnen festgestellten Ereignisse an die Ereignisbehandlung weiter.

Meldesystem

Das Meldesystem nimmt die Funktion eines Nachrichtenverteilers wahr. Die von der Ereignisbehandlung und Alarmierung generierten Meldungen werden an die verschiedenen Ausgabegeräte weitergeleitet.
Die von der Alarmierung gemeldeten Alarme werden an vordefinierte Alarmdrucker weitergeleitet. Quittierpflichtige Alarme bleiben solange aktiv, bis sie von autorisierten Systembenutzern quittiert wurden.

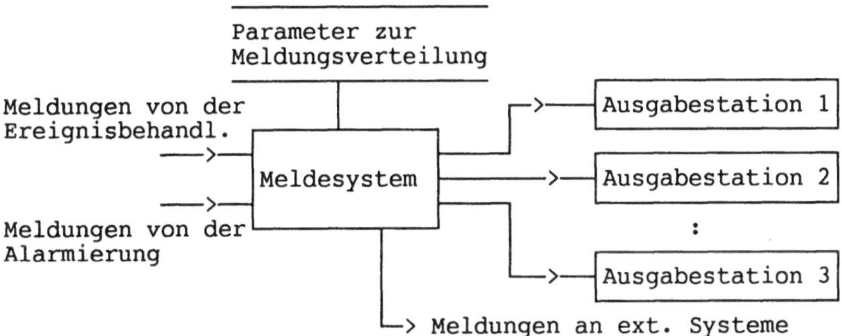

Abb.3 : Das Meldesystem

Steuerung und Verwaltung automatischer Funktionen

Die Steuerung und Verwaltung automatischer Funktionen im Meßnetz erfolgt durch eine eigenständige Funktion (Meßnetzverwaltung). Sie hat die Aufgabe, automatische Funktionen im Meßnetz zu aktivieren und deren Ablauf zu überwachen.
Die Ausführungsparameter für die von der Meßnetzverwaltung verwalteten Aufgaben sind über Dialogfunktionen darstell- und änderbar.

<u>Steuerung der Systemzeit über Funkuhr</u>

Im Umweltüberwachungssystem wird eine DCF77-Funkuhr zur Kontrolle der rechnereigenen Systemuhr eingesetzt. Die Zeit der Funkuhr ist periodisch zu lesen und mit der Zeit der Systemuhr zu vergleichen. Der Zeittakt der Überprüfung wird über die Steuerung und Verwaltung automatischer Funktionen bestimmt.

4.2 Funktionen der Informations- und Auskunftsebene

Das Dialogsystem stellt ein komfortables Instrument für die Bedienung des Systems dar und bildet die Brücke zwischen den Benutzern und dem Anwendungssystem. Es bietet für alle Benutzer eine einheitliche Bedienoberfläche entsprechend der durch OSF-Motif festgelegten Vorgehensweise. Die Funktionen der Informations- und Auskunftsebene sind in der rechten Hälfte der Abb.2 dargestellt.

4.2.1 Darstellung von Meßergebnissen und Auswertungen

Die Darstellungen von Meßergebnissen und Auswertungen (Ausgabefunktionen) bilden eine der Hauptdialogkomponeneten.

<u>Allgemeine Anforderungen sind:</u>

o Die Darstellungen sind wahlweise auf grafikfähigen Bildschirmen, Druckern oder Plottern ausgebbar. Die sinnvollen und möglichen Ausgabegeräte werden bei der Auswahl angezeigt. Eine Defaulteinstellung des Ausgabegerätes ist für jede Ausgabefunktion möglich.
o Die Darstellungen sind wahlweise als Balken- oder Kurvendiagramm möglich.
o Die Darstellung ist über frei wählbare Zeiträume möglich.

<u>Auswahl von Meßstellen</u>

Die Auswahl der Meßstellen erfolgt über eine schematische Darstellung der Werksteile, Gebäude und Meßstellen. Diese Darstellung wird als Basisinformation bei der Aktivierung des Dialogs eingeblendet und erst nach erfolgter Auswahl von nachfolgenden Dialoginformationen überlagert.

<u>Aufgabenspezifische Darstellungen</u>

Es werden alle von der TA-Luft und der Großfeuerungsverordnung vorgeschriebenen Ausgaben verfügbar sein. Die hierfür erforderlichen Auswertungen und Ausgaben sind im Rundschreiben des BMU vom 26.7.1988 - IG12 -
556 134/4 beschrieben.

4.2.2 Einbinden von Software-Produkten

Eine wichtige Eigenschaft ist die Fähigkeit, weitere komplexe Software-Produkte unter einer gemeinsamen Oberfläche einbinden zu können.
Wenn die Bedienoberfläche der einzubindende Software nach dem gleichen
Standard für Bedienoberflächen (wie z.B. Motif oder DecWindows) entwik-
kelt wurden, ist eine nahezu einheitliche Bedienung gewährleistet.

4.2.3 Maßnahmen

Mit dieser Funktion können Maßnahmenkataloge erstellt und verwaltet werden. Die Maßnahmen können einzelnen Ereignissen bzw. Alarmen des Systems
zugeordnet werden.
Die Bandbreite für die Realisierung einer solchen Funktion reicht von
einfachen datenbankverwalteten Maßnahmenkatalogen auf Textbasis bis hin
zu einem integrierten oder dezentralen KI-System.
Sofern keine besonderen Anforderungen bestehen, wird eine Lösung mit Maß-
nahmenkatalog auf Datenbankebene als ausreichend angesehen.

4.2.4 Genehmigungen, Normen und Berichte

In einer speziellen Datenbank werden anlagenspezifische Genehmigungen und
Auflagen gespeichert und für Abfragen bereitgehalten. Die hier zu spei-
chernden Informationen stellen eine Mischung aus Texten und numerischen
Werten dar.

In einer weiteren Datenbank werden allgemeingültige Normen und Grenzwerte
gespeichert und für Abfragen bereitgehalten. Sie dienen dem Anwender als
Informationsquelle für die aktuell gültigen und zu verwendenden Normen

und Grenzwerte. Hierbei ist zu berücksichtigen, inwieweit solche Datenbanken bereits am Markt verfügbar sind.

Die Funktion Berichtswesen soll den Betreiber bzw. die Benutzer des Systems bei der Erstellung von speziellen Berichten unterstützen. Soweit möglich, sind die gewünschten Berichte vollständig durch das System zu erstellen.
Beispielsweise können die erforderlichen Emissionserklärungen erstellt werden.

4.2.5 Modellrechnungen und Ausbreitungsrechnungen

Informationen, die aus Modellrechnungen bzw. Ausbreitungsrechnungen gewonnen werden, sollen zur Abschätzung der Schadstoffbelastung in der Umgebung einer oder mehrerer Emissionsquellen dienen.
Will man modellmäßig darstellen, wie sich Schadstoffe, die z.B. aus einem Schornstein austreten, in der Atmosphäre ausbreiten, so kann man auf verschiedene numerische Modelle zurückgreifen. Sie unterscheiden sich erheblich im erforderlichen Rechenaufwand aber auch in der Breite ihrer Anwendbarkeit.

Zu den einfachsten Modellen gehört das **Gaußfahnen-Modell**, auf das z.B. auch in der TA-Luft zurückgegriffen wird.

Zu den anspruchsvolleren und aufwendigeren Modellen gehören die **Lagrange-Modelle**. Mit ihnen wird der Weg einzelner repräsentativer Aerosolteilchen auf dem Computer simuliert.

Für die Darstellung der Ergebnisse einer Ausbreitungsrechnung bieten sich raumbezogene Darstellungen mit eingeblendeten Hintergrundinformationen an. Die Belastungsdaten können in Form von Isolinien oder Isoflächen über der Hintergrundinformation dargestellt werden.

5. Perspektiven zur Realisierung

Das im Rahmen des Synergieprojektes "Industrielle Emissions- und Abwasserüberwachung" entwickelte Konzept, in das die Erfahrungen der industriellen Praxis eingeflossen sind, dient bei Dornier als Basis einer Produktentwicklung für ein industrielles Umweltüberwachungs- und Informationssystem.

Zur Zeit befindet sich das Überwachungssystem in der Entwicklung. Diese Systemkomponente wird Mitte 1993 zum Einsatz kommen.

Mit Hilfe der automatischen, kontinuierlichen Emissionsüberwachung wird es rationeller als bisher möglich sein vorbeugenden Umweltschutz zu betreiben, sowie die Werkseinrichtungen auf die Einhaltung von innerbetrieblichen Vorgaben und gesetzlichen Vorschriften hin zu überwachen.

Optimierung der Prozeßführung
durch prozeßadaptive graphische Benutzeroberflächen

Ralf Denzer

Universität Kaiserslautern
Fachbereich Informatik
Postfach 3049
6750 Kaiserslautern

Abstract

Die Führung eines verfahrenstechnischen Prozesses ist ein komplexer Entscheidungsprozeß. Ein Charakteristikum dabei ist, daß bei Störfällen derart große Informationsflüsse entstehen, daß Operateure überlastet werden können. Störfälle beeinflussen i.d.R. die Umwelt dadurch, daß der Prozeß in einen ungünstigen Systemzustand verfällt, z.B. durch unvollständig ablaufende Reaktionen.

In solchen Störfällen kommt es darauf an, möglichst schnell Ursachen und Wirkungen zu analysieren, damit der Prozeß wieder stabilisiert werden kann. Insbesondere sollen Sicherheitsabschaltungen vermieden werden, da diese einhergehen können mit Belastungen der Umwelt und das Wiederanfahren oft ein langwieriger Prozeß ist, in dem eine Anlage i.d.R. nicht optimal arbeitet. Wenn also im Titel von Optimierung gesprochen wird, so handelt es sich um die Optimierung dieses spezifischen Prozeßzustandes.

Der Beitrag beschreibt die Möglichkeiten graphischer Benutzeroberflächen, um in solchen Fällen unter Verwendung des ingenieurmäßigen Wissens über eine Anlage einen optimal gefilterten Informationsfluß zu erreichen. Dabei wird insbesondere eine klare Abgrenzung zu Diagnosesystemen gezogen.

1. Einleitung

Viele technische Systeme haben die Eigenschaft, daß sich Bediener, also Operateure, einer großen Anzahl von Einzelinformationen gegenübergestellt sehen, welche i.d.R. sämtlichst in kritischen Situationen von Bedeutung sein können. Ganz allgemein kann man sagen, daß

- die Mengen an relevanten Daten groß ist,

- die kausalen und temporalen Abhängigkeiten komplex sind,

- die zeitliche Informationsdichte stark schwanken kann und

- diese in Störfällen besonders hoch sein kann.

Insbesondere kann es in Störfällen dazu kommen, daß eine große Menge von Alarmmeldungen in sehr kurzer Zeit entsteht, welche den Operateur wahrlich überfluten kann. Dieser Fall wird in der Literatur durch den Terminus *cognitive overload* beschrieben [1]. Man kann hier durchaus von mindestens hunderten von Alarmen in wenigen Minuten oder in weniger als einer Minute ausgehen. Solche Informationsflüsse sind vom Menschen nur schwer zu beherrschen.

Diese Informationen werden heute bei den i.d.R. computergesteuerten Leitsystemen über die Benutzerschnittstelle, also einen oder mehrere Bildschirme, den Operateuren präsentiert. Ohne Übertreibung kann man sagen, daß die heute dort eingesetzte Technologie nicht gerade für den Aufbau entsprechender Informationsfilter geeignet ist, welche Operateuren in Störfällen dabei helfen könnten, sich auf die *in dem aktuellen Prozeßzustand wesentliche Information* zu beschränken. Hierzu benötigt man auch vollkommen andere Konzepte von Benutzeroberflächen als sie gebräuchlich sind.

Aus dieser Einsicht heraus wurde im Rahmen des TAMARA/TPAS-Projektes [2] des Kernforschungszentrums Karlsruhe (KfK) vom Institut für Datenverarbeitung in der Technik des KfK gemeinsam mit der Arbeitsgruppe Computergraphik der Universität Kaiserslautern ein Prototyp eines Visualisierungssystems für komplexe Prozesse entwickelt [3,4].

Vorliegender Beitrag behandelt die Möglichkeiten prozeßadaptiver graphischer Benutzeroberflächen [5]. Technische Konzepte des Systems werden nur kurz in Kapitel 4 dargestellt, sie können in [3,4,6,7] nachgelesen werden. Die Konzepte wurden anhand des Prototypen auch in anderen Bereichen der Umweltinformatik angewandt, insbesondere bei Luftgütemeßnetzen, welche in Umweltinformationssystemen die am meisten technisch ausgerichteten Teilsysteme darstellen. Die hiermit verbundenen Arbeiten sind in [8,9,10] ausführlich beschrieben.

2. Wissensbasierte Methoden in der Prozeßtechnik

Ausgehend von der Notwendigkeit, Operateure bei der Führung technischer Anlagen besser zu unterstützen, wurden von Beginn der 80-er Jahre an insbesondere im Bereich der wissensbasierten Systeme neue Verfahren entwickelt. So werden neue Verfahren in den Bereichen Regelungsstrategien (supervisory control), Optimierung, Ablaufsteuerung, Alarmmanagement, Entscheidungsunterstützung (decision support), Entwurf, Simulation und vieles mehr diskutiert. Aus der Fülle der Publikationen sei z.B. [11,12,13] zu nennen. Einen guten Überblick kann man sich anhand [14,15] verschaffen.

Viele der Systeme zur Entscheidungsunterstützung basieren dabei letztlich auf dem Ansatz eines Diagnosesystems, d.h. sie versuchen, intellektuell hochstehende Vorgänge zu automatisieren. Ein Hauptkritikpunkt an dieser Vorgehensweise ist, daß man hierzu ein vernünftiges Prozeßmodell benötigt, denn was ist eine Diagnose wert, wenn das Modell von unzureichender Qualität ist? Die Problematik um Modelle im Allgemeinen ist bekannt. Oft ist es zu teuer, zu aufwendig oder zu langwierig, bis man ein brauchbares Modell zur Verfügung hat und selbst dann deckt dieses i.d.R. nur einen Teil der Verhaltensweisen eines Prozesses ab. Außerdem gibt es Prozesse, die - zumindest in Teilen - ausgesprochen stochastisch ablaufen. Andere Verfahren wie z.B. numerische Beobachter verfolgen wiederum vollkommen andere Ansätze und Philosophien als die zuvor genannten Systeme.

Es ist erstaunlich, daß hinter der Philosophie vieler Systeme anscheinend das Ziel steckt, Operateuren möglichst viele Entscheidungen abzunehmen, sie also von einem Teil ihrer intellektuellen Arbeit zu befreien. Aufgrund unserer Erfahrungen hielten wir diese Vorgehensweise nicht für sinnvoll. Ein weiteres Charakteristikum ist, daß bei den meisten Systemen versucht wird, eine Vielzahl von Aufgaben in einen

Monolithen zu packen, was aufgrund der unterschiedlichen Philosphien der einzelnen Teilsysteme i.d.R. zu komplizierten Architekturen führt.

Ein alternativer Weg hierzu wurde im Rahmen unseres Projektes eingeschlagen. Wir gingen von folgenden Grundannahmen aus:

- Es ist auf absehbare Zeit nicht möglich, mit rein informationstechnischen Mitteln einen Prozeß derart zu erfassen, daß man daraus zu jedem Zeitpunkt vollständige und richtige Aussagen ableiten kann; der Mensch ist auf absehbare Zeit bei vielen Prozessen ein unverzichtbarer Faktor.

- Der Mensch ist in der Beurteilung sehr komplexer Situationen besser als die Maschine.

- Der Bediener Mensch benötigt in der Hauptsache die Geschwindigkeit der Maschine bei der Informationsfilterung. Er benötigt keine Entscheidungen, sondern Hinweise auf die Informationen, die für einen bestimmten Prozeßkontext wichtig sind.

- Die für einen Prozeßkontext wichtigen Informationen lassen sich zu einem großen Anteil aus dem ingenieurtechnischen Wissen bei der Konstruktion einer Anlage ableiten.

- Die graphische Benutzeroberfläche soll mit diesem Wissen unter Verwendung der gemessenen Prozeßzustände adaptiert werden.

- Wenn Teilmodelle wie z.B. Beobachter, Diagnosesysteme oder z.B. Qualitätskontrolle existieren, so sollen diese separat ablaufen. Die von diesen Systemen generierte Information soll aber in die Benutzeroberfläche in einer homogenen Art mit einfließen.

Abb. 1 zeigt ein solches verteiltes, entscheidungsunterstützendes System. In dem Fall, daß Komponenten wie Beobachter o.Ä. nicht vorhanden sind, existiert lediglich eine (oder mehrere) Prozeßschnittstellen. Die graphische Benutzeroberfläche soll jeweils an bestimmte Situationen angepaßt werden. Welche Informationen man hierzu verwenden kann und wie dies geschieht, wird in der Folge erläutert.

3. Verfügbares Prozeßwissen

Welche Arten von Wissen über einen Prozeß vorhanden sind, hängt natürlich vom Prozeß selbst und auch vom Aufbau der meßtechnischen und steuerungstechnischen Einrichtungen ab. Im allgemeinen kann man aber sagen, daß für Situationen wie den cognitive overload eine Fülle von Informationen aus den steuerungstechnischen Beziehungen der Anlage geschöpft werden kann. Wir haben also z.B.

- dynamisch gemessene Meßwerte und Alarme

- steuerungstechnische Abhängigkeiten, welche z.B. aus einem Alarm einen Folgealarm generieren können; diese sind oft für die Informationsflut in Störfällen ursächlich.

- Graphisch assoziierte Informationen wie z.B. technische Dokumentationen, welche semantisch mit bestimmten Alarmen verknüpft sein können.

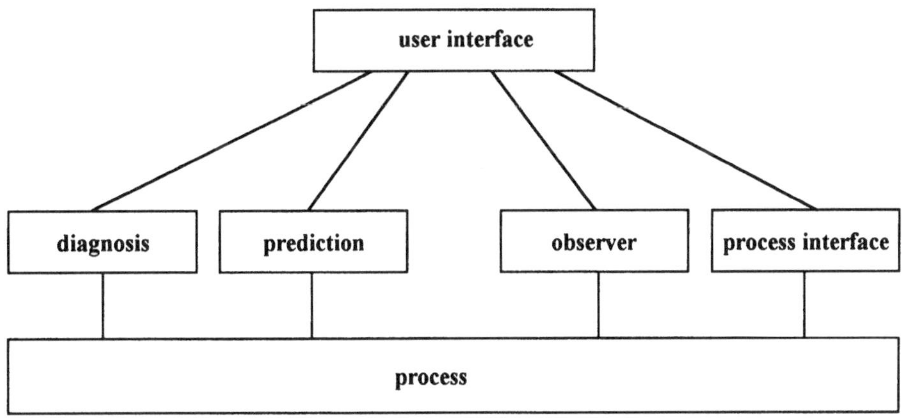

Abb. 1: Verteiltes Decision Support System

- Beziehungen der Art: "Wenn Temperatur X ... und Druck Y ..., dann benötigen wir Informationen über Z1 und Z2, hingegen ist die Information Z3 lästig".

Von diesen wenigen Klassen von möglichen Informationen haben wir uns bei unseren Untersuchungen in der Hauptsache auf die ersten drei Punkte beschränkt, also auf all jenes, was aus der Meß- und Steuerungstechnik der Anlage hervorgeht. Die Verwendung heuristischer Aussagen gemäß Punkt 3 haben wir nicht untersucht, halten wir aber auch für äußerst vielversprechend.

4. Technisches Konzept

Das technische Konzept beruht in der Hauptsache auf zwei Grundkomponenten

- einem verteilten Objektmodell zum Datenaustausch und

- einem graphisch-interaktiven Objektmodell zur Gestaltung der Oberflächen.

Die Notwendigkeit der Verteiltheit des Gesamtystems geht aus der Feststellung hervor, daß man nicht in der Lage ist, ein monolithisches System zu konstruieren, welches so unterschiedliche Aufgaben bewältigt wie z.B. (wissensbasierte) Diagnose und (numerische) Beobachtung eines Prozesses, ohne daß die interne Softwarearchitektur darunter leidet. Darüberhinaus sind technische Prozesse von ihrer Natur her verteilte Systeme. Berücksichtigt man dies nicht, so geht man an der Praxis vorbei.

Das Objektmodell zum Datenaustausch nutzt eine einfache Beschreibung von Prozeßinformation. Diese besteht jeweils aus dem Tupel

(Object, Attribute, Type, Significance, Value)

Dabei ist der Wert **Value** des Attributs **Attribute** eine Einzelinformation vom Typ **Type** eines Objektes **Object**. Unter der Signifikanz **Significance** einer solchen Information wird ein Entscheidungsprozeß verstanden, der angibt, wann eine solche Information im verteilten System ausgetauscht wird (z.B. zyklisch, bei absoluter Änderung um n% u.Ä.). Jedes Objekt im verteilten System kann nun über einen *request* angeben, woher eine solche Einzelinformation kommt. Der request wird beschrieben durch

```
request        {
               TO:               NODE_s, APP_s, O_s, A_s
               FROM:             NODE, APP, O, A
               DATA TYPE:        <name-of-type>
               SIGNIFICANCE:     <name-of-criteria>
               }
```

Die Information für das Attribut **A** des Objektes **O** residiert also durch eine solche Deklaration auf dem Quellknoten **NODE_s** in Applikation **APP_s** und dort im Attribut **A_s** des Objektes **O_s**. Für jedes Signifikanzkriterium existiert dann eine Menge von Regeln, wann die Information an den anfragenden Prozeß transportiert wird. Eine Information, die außerhalb des lokalen Prozesses residiert, wird *externe Information* genannt. Eine Verknüpfung einer lokalen Information mit einer externen Information geschieht durch einen request. Wird ein request durch einen externen Prozeß befriedigt, so existiert für die Zukunft eine Verbindung zwischen der lokalen Kopie der Information und dem externen Original der Information.

Das verteilte System besteht aus einer asynchronen Message-Schicht, mit der die Nachrichten ausgetauscht werden. Über dieser Schicht befinden sich Sprachschichten, welche den Austausch zu unterschiedlichen Programmiersprachen bewerkstelligen. Wir haben solche Schichten für C, OPS5 und PROLOG implementiert.

Das Konzept externer Information ist konsequenterweise bis in die Objektbeschreibung der graphischen Oberfläche fortgesetzt. Anhand sog. *externer Attribute* (ein externes Attribut ist eine nicht-graphische Eigenschaft eines Objektes, deren Original eine externe Information ist) ist es möglich, ohne Programmierung direkt Informationen in die graphisch-interaktiven Objekte einzubetten und damit auch die Benutzerschnittstelle mit zu steuern.

Die graphische Benutzeroberfläche wird beschrieben durch hochwertige graphische Objekte, welche aus einer Kombination von internen und externen technischen Attributen, internen MOTIF bzw. DECWindows-Objekten und OPS5-Regeln bestehen. Hinter einem Objekt bzw. einer Klasse im graphischen System verbergen sich hoch aggregierte Einheiten, welche i.d.R. ein Welt-Objekt inklusive der vollständigen Interaktion beschreiben. Dies bezeichnen wir als *integrierte Modellierung*. Das technische Konzept kann detailliert in [3,4,6,7] nachgelesen werden.

5. Graphische Filterungstechniken

Die erste Stufe in der Gestaltung sinnvoller graphischer Benutzeroberflächen für die Prozeßführung besteht darin, sämtliche wichtigen Prozeßinformationen zu verwenden, d.h. *die graphische Sicht des Systems muß vollständig sein* und insbesondere den Wechsel zu anderen Medien wie Papier unnötig machen. Hierdurch wächst zwar gegenüber konventionellen Techniken die Informationsmenge rapide an, was aber durch sorgfältigen Entwurf der Oberfläche gemäß den folgenden beiden Stufen letztlich keine Rolle spielt.

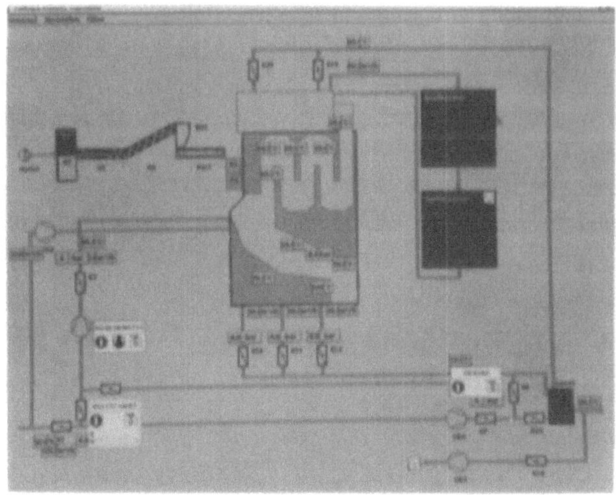

Abb. 2: Verlagerung von Objektinformation

Die zweite Stufe besteht darin, *das Aussehen der Oberfläche dem Prozeßzustand anzupassen*, was wir als *optische Filterung* bezeichnen. Optische Filterung dient dazu, den Fokus auf die jeweils wichtige Information zu lenken und weniger wichtige Information in den Hintergrund zu verdrängen oder zu verbergen. Hierfür sind eine Reihe von Konzepten anwendbar. Optische Filterung kann man z.B. erreichen durch

- farbliche Kodierung, z.B.

  - Aggregate bzw. Meßstellen, welche von sich aus ausfallen (sog. Primärstörungen): *rot*

  - Aggregate bzw. Meßstellen, welche als Folge anderer ausfallen (Folgestörungen bzw. Sekundärstörungen): *orange*

  - Aggregate, welche aufgrund Sicherheitsabschaltungen blockiert sind (Verriegelungen): *grau*

- Verlagerung von Objektinformation in den Dialog mit dem Objekt (siehe Menüs in Abb. 2); dadurch wird verhindert, daß das Bild zu dicht wird

- selektives Ein-/Ausblenden einzelner Objekte, z.B.

  - man blendet nur primär wichtige Information ein (Primärinformation)

  - weniger wichtige Größen blendet man nur auf Wunsch ein (Sekundärinformation)

♦ Sekundärinformation wird dann automatisch eingeblendet, wenn dort ein Fehlerfall (Primärstörung) vorliegt

- selektives Ein-/Ausblenden bzw. Überlagern von ganzen Teilprozessen analog dem voranstehenden Punkt (Abb. 3)

Alle diese Techniken sind direkt anwendbar anhand des bekannten steuerungstechnischen Wissens über den Prozeß.

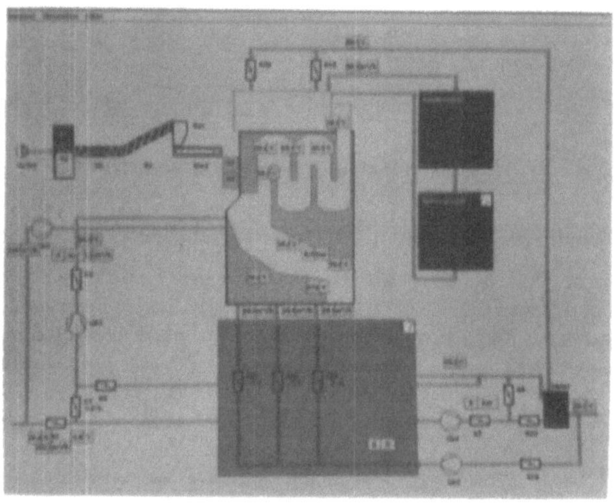

Abb. 3: Selektives Überblenden von Teilprozessen

In der dritten Stufe wird der Dialog des Benutzers mit der graphischen Repräsentation von Weltobjekten gemäß dem aktuellen Prozeßzustand optimiert. Diese *Dialogfilterung* genannte Technik dient dazu, die Interaktion zu beschleunigen, unnötige und unmögliche Interaktionsschritte zu verhindern und auch dazu, die gemäß Stufe 2 verborgene Information schnell verfügbar zu machen. Bei der Dialogfilterung werden die Dialogabläufe modifiziert, d.h. Menüs, Dialog-Boxen u.s.w. werden jeweils in optimaler Weise angepaßt, wenn nötig werden auch ganze Dialogteile umgestaltet oder weggelassen. Ein ausführliches Beispiel zur Dialogfilterung kann [5] entnommen werden. Die Abb. 2 und 3 stammen im Übrigen von einer graphischen Benutzeroberfläche für den Feuerungsteil der TAMARA-Anlage [2].

In einer weiteren Stufe kann man sogenannte *paradigm shifts* verwenden. Darunter versteht man eine Umschaltung der Präsentationsform, z.B. von der gezeigten graphischen Darstellung hin zu einer funktionalen Blockdarstellung. Wir haben diese paradigm shifts in diesem Fall nicht implementiert, aber anhand der Praxis kann man eine Reihe von sinnvollen Anwendungen für diese Technik insbesondere bei Störfällen ableiten.

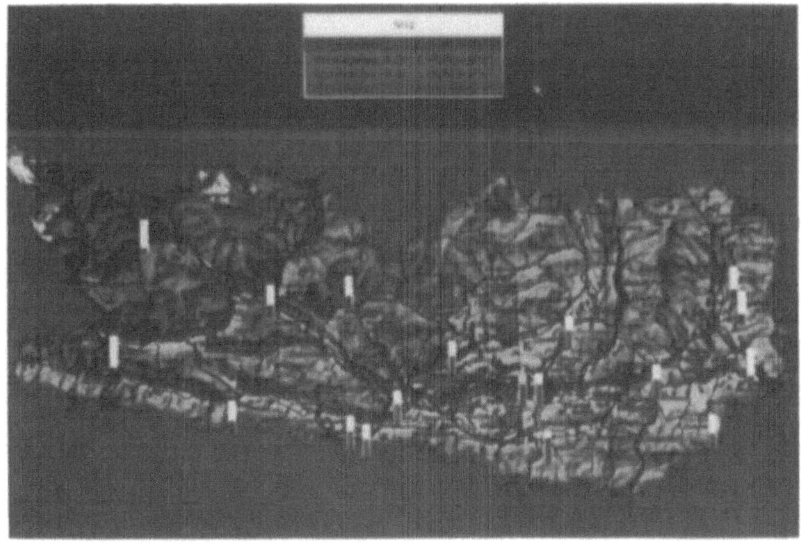

Abb. 4: Graphische Oberfläche für das Luftgütemeßnetz Kärnten

Die gezeigten Konzepte wurden auch für Benutzeroberflächen in Teilen von Umweltinformations-systemen angewandt. Im Rahmen einer Kooperation der AG Computergraphik mit dem Österreichischen Forschungszentrum Seibersdorf (ÖFZS) haben wir auch für Luftgütemeßnetze graphische Oberflächen implementiert.

Luftgütemeßnetze werden zum kontinuierlichen Monitoring von Luftschadstoffen und meteorologischen Daten genutzt. Ein Luftgütemeßnetz ist ein verteiltes Rechnersystem mit einer Meßnetzzentrale, in der ein Informationssystem betrieben wird. Ein solches System besitzt alle Eigenschaften eines verteilten technischen Prozesses. Als Beispiel zeigen wir die Benutzerschnittstelle für das Luftgütemeßnetz Kärnten (das Meßnetz wurde vom ÖFZS implementiert), siehe Abb.4. Eine vollständige Beschreibung der Dialogkonzepte kann in [10] nachgelesen werden. Mit diesen Kooperationen versuchen wir, unsere neuartigen Konzepte Schritt für Schritt in die Praxis umzusetzen.

6. Zusammenfassung

Interaktive graphische Benutzeroberflächen sind ein geeignetes Mittel zur Entscheidungsunterstützung sowohl im technischen als auch im verwaltungsbezogenen Umweltschutz. Es läßt sich allerdigns nicht übersehen, daß Oberflächen wie die gezeigten nach wie vor mit sehr großem Aufwand verbunden sind. Hieraus erwächst eine klare Forderung an die Hersteller von Basissystemen, die Umweltinformatiker in Zukunft mit geeigneteren Werkzeugen zu unterstützen.

Danksagung

Die dargestellten Arbeiten wurden maßgeblich gefördert durch Dr. Andreas Jaeschke (KfK) und Prof. Dr. Hans Hagen (Universität Kaiserslautern). Nicht zu vergessen sei mein Freund und Kollege Dipl. Ing. Gerald Schimak vom ÖFZS.

Literatur

[1] Sachs P., ESCORT - an Expert System for Complex Operations in Real Time, proc. of the Alvey workshop on deep knowledge, IEE, London, 1985

[2] Denzer R., Informatikeinsatz im prozeßnahen Bereich an einer Pilotanlage zur schadstoffarmen Müllverbrennung, in: Jaeschke A., Geiger W., Page B. , Informatik im Umweltschutz, 4. Symposium, Karlsruhe, November 1989, Informatik-Fachbericht 228, Springer, 1989

[3] Denzer R., Visualisierung in komplexen Systemen und deren Anwendung im Umweltschutz, Dissertationsschrift, Universität Kaiserslautern, 1991

[4] Denzer R., Visualisierung in komplexen Systemen und deren Anwendung im Umweltschutz, KfK-Bericht 5001, Kernforschungszentrum Karlsruhe, 1992

[5] Denzer R., Hagen H., Kira G., Koob F., Using Process Knowledge for Adaptive User Interfaces, in: Rzevski G., Adey R.A. , Applications of Artificial Intelligence in Engineering VI, Oxford, 1991, Computational Mechanics Publications, Elsevier Applied Science

[6] Denzer R., A Distributed Knowledge Based Architecture for Process Guidance and Decision Support, angenommen zur Publikation bei Applications of Artificial Intelligence in Engineering VII, University of Waterloo, 1992, Computational Mechanics Publications, Elsevier Applied Science

[7] Denzer R., Koob F., Kira G., Object-Oriented Dialogue Modeling for Environmental Software Systems, in: Denzer R., Güttler R., Grützner R., Visualisierung von Umweltdaten 1991, 2. Workshop, Schloß Dagstuhl, November 1991, Informatik Aktuell, Springer, 1992

[8] Denzer R., Application of Visualization in Environmental Protection, Dagstuhl Seminary on Scientific Visualization, Schloß Dagstuhl, August 1991, Springer

[9] Denzer R., Interactive Visualization of Environmental Measurement Networks, in: Denzer R., Güttler R., Grützner R., Visualisierung von Umweltdaten 1991, 2. Workshop, Schloß Dagstuhl, November 1991, Springer, Informatik Aktuell, 1992

[10] Denzer R., Schimak G., Visualization of an Air Quality Measurement Network, in: Hälker M. Jaeschke A. , 6. Symposium Informatik für den Umweltschutz, München, Dezember 1991, Informatik-Fachbericht 296, Springer, 1991

[11] Khanna R., Moore R.L., Expert Systems Involving Dynamic Data for Decisions, proc. of the international Expert Systems Conference, Oxford, 1986

[12] IEE Colloquium on The Use of Expert Systems in Control Engineering, London, IEE Digest No. 1987/27, 1989

[13] Alty J.L., Mullin J., Dialogue Specification in the GRADIENT Dialogue System, in: Sutcliffe A., Macaulay L. (eds.), People and Computers V, proc. of the 5. Conference of the British Computer Society HCI Specialist Group, Nottingham, September 1989, Cambridge University Press

[14] Tzafestas G. (ed.), Knowledge-Based System Diagnosis, Supervision and Control, Plenum Press, New York, 1989

[15] Stock M., AI Theory and Applications in Process Control and Management, McGraw-Hill, 1989

Autonome Robotersysteme

Autonome Robotersysteme stoßen auf zunehmendes Interesse, da sie ein erhebliches Potential für zukünftige Anwendungen in der industriellen Fertigung sowie in Dienstleistungsbereichen darstellen. Die systematische theoretische Durchdringung der Steuerungs- und Regelungsproblematik sowie der fortgeschrittene Entwicklungsstand autonomer Systeme erlauben erste Anwendungen. So existiert bereits eine Reihe von autonomen mobilen Robotersystemen, die Transportaufgaben, Handhabungen und Überwachungsaufgaben übernehmen können. Die 6 Beiträge des Fachgesprächs behandeln die Themen:

- Modelle und Anwendung autonomer Systeme
- Bahnplanungsverfahren
- Architektur autonomer Systeme
- Mensch-Maschine-Schnittstelle
- Anwendungen von Methoden aus der Robotik in der Chirurgie
- Modellierung zeitvarianter Roboterszenarien

Fachgesprächsleiter: Prof. Dr.-Ing. R. Dillmann

Anwendung neuronaler Netze zur Steuerung komplexer Kinematiken am Beispiel von Laufmaschinen

Karsten Berns und Stefan Piekenbrock

Gruppe „Interaktive Planungstechnik" ,
Forschungszentrum Informatik an der Universität Karlsruhe,
Haid-und-Neu-Straße 10–14,
7500 Karlsruhe 1

ZUSAMMENFASSUNG – Um bei der Fortbewegung von Robotern die Vorteile der Bewegung auf Beinen auszunutzen und die Nachteile konventioneller Steuerungsverfahren zu umgehen, werden hier Konzepte und Forschungsergebnisse zum Einsatz neuronaler Netze bei Einzelbeinsteuerung und Beinsynchronisation vorgestellt.

1 Einleitung

Roboter auf Rädern oder Kettenfahrzeugen sind heute weltweit im Einsatz. Sie benötigen jedoch zu ihrer Fortbewegung eine ihnen angepaßte Umgebung (z.B. Straßen), die ihnen mit hohem Kostenaufwand und teilweise erheblichen Eingriffen in die natürliche Umgebung geschaffen werden muß. Aus diesem Grunde wird versucht, Roboter zu entwickeln, die sich auf Beinen fortbewegen (daher der Begriff *Laufmaschinen*) und somit auch in schwierigem Gelände operieren können. Die sich hieraus ergebenden Vorteile von Laufmaschinen werden allerdings mit einer wesentlich aufwendigeren Steuerung erkauft. Dies ist auch der Grund dafür, warum Laufmaschinen noch nicht in großem Maße kommerziell eingesetzt werden.

Um beim Bau von Laufmaschinen die mechanische Konstruktion festzulegen, geht man zunächst von den Anforderungen aus, die von seiten des Einsatzgebietes her stammen. Hierbei tritt eine Reihe von Hauptproblemen auf – beispielsweise die Energieversorgung, das Gewicht der Gesamtkonstruktion bzw. der Beine, die Auswahl geeigneter Antriebsmechanismen und die Übertragung der Antriebskräfte – die bis heute nur in Einzelfällen gelöst sind. Ausgehend von einer so konstruierten Maschine werden Steuerungen implementiert, die dann nur durch sehr großen Aufwand an die Erfordernisse angepaßt werden können. Ähnlich wie beim Design anderer automomer Systeme gilt hier, daß die beste Steuerung kaum Konstruktionsfehler beheben kann. Zwar sind Regeln für eine steuerungsfreundliche Konstruktion von Laufmaschinen bekannt, allerdings gibt es immer noch sehr viele Detailprobleme, die nicht allgemein gelöst werden können.

Die Steuerung einer Laufmaschine hat die Aufgabe, die Maschine an einen bestimmten Ort zu bewegen. Dafür müssen – wie auch in der Robotik bei der Steuerung von Manipulatoren – die Problembereiche Trajektorienplanung, Kinematik und Dynamik der Maschine, sowie Sensordatenverarbeitung betrachtet werden, wobei in diesem Beitrag vorwiegend die Kinematik betrachtet wird.

Bei der Steuerung von Laufmaschinen unterscheidet man nach [Todd 85] zwei Grundkonzepte. Zum einen wird eine vollständige analytische Beschreibung versucht, zum anderen setzt man Referenztrajektorien bzw. Endliche Automaten zur Bestimmung von Bewegungsabläufen ein.

Für das erste Konzept gilt, daß eine vollständige analytische Beschreibung heute nur für Laufmaschinen mit wenig Freiheitsgraden, eingeschränkten Bewegungsmöglichkeiten der Beine oder bei wenigen Teilkörpern möglich ist. Um diese Methode dennoch allgemein einsetzen zu können, bestimmt man zunächst ein stark vereinfachtes Modell der physikalischen Laufmaschine, bei dem etwa Wechselwirkungen mehrerer sich in der Stemmphase befindlicher Beine nicht berücksichtigt werden. Dieses Modell wird dann vollständig analytisch beschrieben. Neben der Vereinfachung der Modelle ist hierbei ein Nachteil, daß die entstehenden mathematischen Ausdrücke nicht geschlossen gelöst werden können, sondern durch numerische Approximationen berechnet werden müssen. Diese Berechnungen sind meist immer noch so aufwendig, daß die Echzeitforderung kaum eingehalten werden kann. Vukobratovic war einer der wenigen, die eine exakte analytische Beschreibung für die Steuerung eines Zweibeiners entwickelt haben [Vukobratovic 90]. Weitere Beispiele für dieser Steuerungsklasse findet man in [Shaw 91] und [Shih 87].

Die zweite Klasse von Steuerungsverfahren teilt sich in Endliche Automaten und Referenztrajektorien auf. Bei Endlichen Automaten werden vordefinierte Bewegungsmuster durch Zustandsübergänge in festen Zeitabschnitten beschrieben, die dann durch Sensordaten getriggert werden. Ein Zustand im Endlichen Automat kann beispielsweise genutzt werden, um eine bestimmte Beinbewegung auszulösen oder von einer Bewegungsphase in die nächste zu gelangen, wobei die einzelnen Bewegungen entweder fest vorgegeben sind oder analytisch bestimmt werden. Diese Steuerungsmethode wurde schon in den sechziger Jahren beim berühmt gewordenen Phoney Poney [McGhee 77] und bei der 3-D-Hopping-Machine [Raibert 86] eingesetzt. Die größten Nachteile dieser Methode sind die schlechte Erweiterbarkeit und die geringe Fehlertoleranz. Um echtzeitfähige Steuerungen zu entwickeln, werden für die Einzelbeinsteuerung oft Referenztrajektorien eingesetzt. Diese geben zu jedem Zeitpunkt die Gelenkwinkel bzw. bei einer Dynamiksteuerung die Momente in jedem Gelenk an. Um diese unflexible und nicht auf äußere Einflüsse reagierende Steuerung an reale Anforderungen anzupassen, werden Mischformen gewählt, bei denen nur einige Freiheitsgrade über Referenztrajektorien bestimmt und die anderen abhängig von den gemessenen Umweltbedingungen berechnet werden.

2 Kinematiksteuerung von Laufmaschinen

Die eben beschriebenen konventionellen Verfahren sind jedoch sehr aufwendig und unflexibel. Daher ist ein „intelligenter" Ansatz zur Steuerung wünschenswert, der in der Lage ist, auch auf unerwartete Hindernisse zu reagieren.

Aus diesem Grund werden in der Gruppe „Interaktive Planungstechnik" für die Steuerung von Laufmaschinen Neuronale Netze untersucht, da gegenüber den analytischen Methoden

- neuronale Steuerungsmodelle *erlernt* werden,
- aufgrund der hoch parallelen Verarbeitungsweise eine Bewegungssteuerung in Echtzeit durchgeführt werden kann,
- durch die hohe Fehlertoleranz Störungen aus der Umwelt leicht bewältigt werden können,
- hohe Adaptivität und leichte Erweiterbarkeit vorliegt.

Die Idee dabei ist, eine unabhängig von der konkreten Laufmaschine lernende Steuerung zu erwerfen, die sich während des Einsatzes an Umweltbedingungen anpassen und ihr Verhalten optimieren kann. Im folgenden werden dazu die bisher erzielten Ergebnisse bezüglich der neuronalen Einzelbeinsteuerung und der Beinsynchronisation einer sechsbeinigen Laufmaschine kurz vorgestellt. Vertiefende Literatur zu den entsprechenden Verfahren sind jeweils angegeben. Auf die Grundkonzepte der verschiedenen Netztypen kann in diesem Artikel nicht eingegangen werden, hierzu wird auf [Brause 91] verwiesen.

2.1 Neuronale Netze zur Einzelbeinsteuerung

Um die Komplexität der lernenden Steuerung zu reduzieren, wurden die untersuchten Ansätze immer hierarchisch in höhere Beinkoordination, Beinsynchronisation und Einzelbeinsteuerung unterteilt (siehe Abbildung 1).

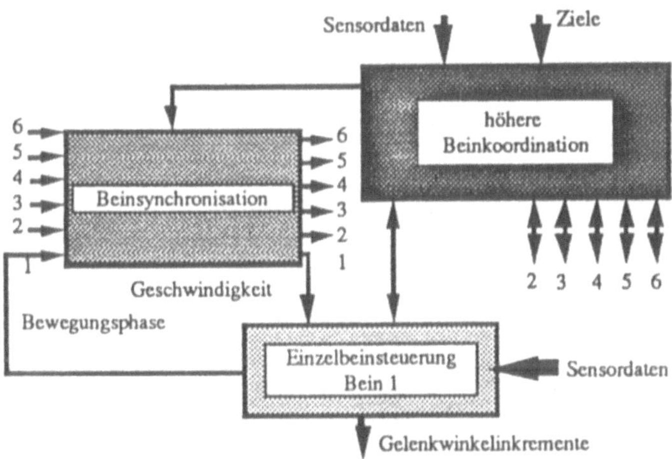

Abb. 1. Hierarchisches Grundkonzept zur Steuerung einer Laufmaschine mit n Beinen (hier $n = 6$). Die mit Ziffern 2 bis 6 bezeichneten Pfeile sind wie die Pfeile der Nummer 1 jeweils mit einer separaten Einzelbeinsteuerung verbunden.

Bei der Einzelbeinsteuerung (siehe Abbildung 2) wird vom Gedanken der Referenztrajektorien ausgegangen, die aber im Gegensatz zu den Table-look-up-Verfahren modifizierbar und in hohen Maße fehlertolerant sind.

Zum Aufnehmen der benötigten Trajektorien wurde in der Gruppe „Interaktive Planungstechnik" ein Modell einer sechsbeinigen Laufmaschine entwickelt, die in ihrer Geometrie einer Stabheuschrecke entspricht (siehe Abbildung 3), da vor allem in der Stemmphase, bei der drei bzw. vier Beine bei einer insektenartigen Bewegung gleichzeitig aktiv sind, die Gelenkstellungen nicht ohne enorm großen mathematischen Aufwand bestimmbar sind. Mit dem Modell können die Winkel der drei Gelenke pro Bein in einer Abtast-

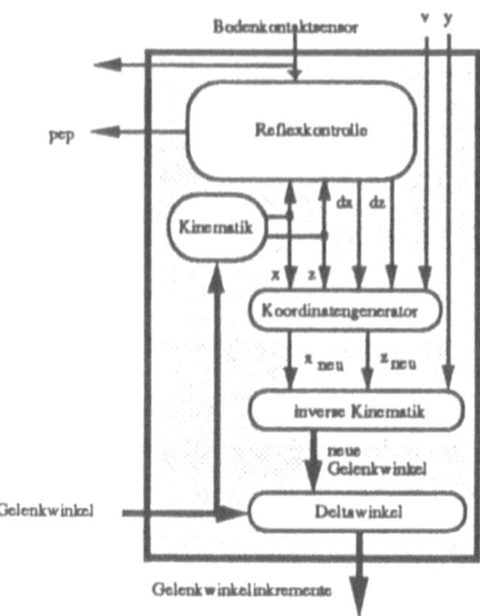

Abb. 2. Modulares Konzept zur Einzelbeinsteuerung. Der Ausgang *pep* (powerstroke extreme position) gibt an, ob der Fuß des Beines die minimale x-Koordinate erreicht hat.

rate von $\frac{1}{1000}$ aufgenommen und die so gewonnenen Beintrajektorien zum Teachen der Einzelbeinsteuerung eingesetzt werden.

Ein Backpropagation-Netz zur Steuerung eines Roboterbeins

Der Steuerungsalgorithmus wurde eingelernt, um einfache Gehbewegungen in der Ebene (bestehend aus einer Schwing- und einer Stemmphase) und die Bewegungsfolge beim Treppensteigen zu koordinieren. Die zum Teachen des Netzes notwendigen Trajektorien wurden mit Hilfe von Regeln erzeugt, wie beispielsweise „kontinuierliches Anheben des Fußpunktes um 15° pro Zeitschritt bis maximale Höhe erreicht, danach wieder kontinuierliches Absenken" oder „das Kniegelenk wird kontinuierlich von der entsprechenden Startstellung in die Endwinkelstellung überführt". Ein Modell des Roboterbeins ist in Abbildung 4 dargestellt [Berns 90].

In Abbildung 5 ist das Backpropagation-Netz , das zur Steuerung verwendet wurde, gezeigt. Zum Eintrainieren des Netzes wurden Paare bestehend aus dem aktuellen Zustand (Gelenkwinkel, taktiler Sensor, Zielvorgabe der Hüfte bzw. des Fußes) und den zugehörigen Steuerimpulsen (Änderung der Gelenkwinkel) verwendet. Nach wenigen Lernzyklen wurden die eingelernten sowie geringfügig geänderten Trajektorien fehlerfrei durchlaufen. Bei mehreren sich stark unterscheidenden Trajektorien war es nicht möglich, diese in ein Netz einzulernen. Bemerkenswert war, daß sich die Fehler beim Laufen mehrerer Schritte nicht aufsummierten, sondern immer in Richtung der eingelernten Trajektorie korregiert wurden

Mit dem vorgestellten Ansatz konnten Trajektorien für das Laufen in der Ebene, beim Treppensteigen, sowie für das Laufen auf einer schiefen Ebenen und bei kleinen Unebenheiten des Geländes eingelernt werden. Darüberhinaus waren Übergänge zwischen diesen Bewegungsklassen problemlos möglich.

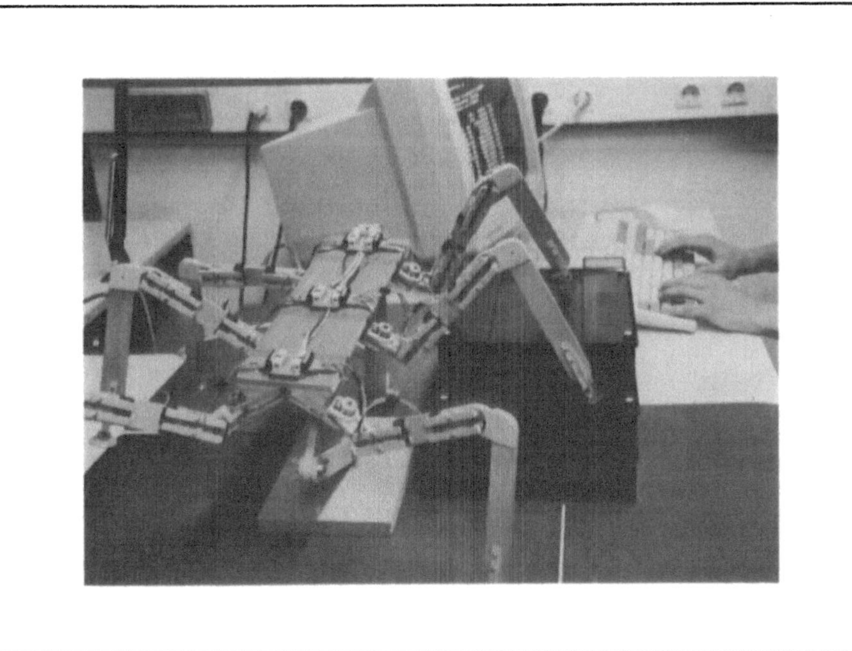

Abb. 3. Das INSECT-Modell [Cordes 92]

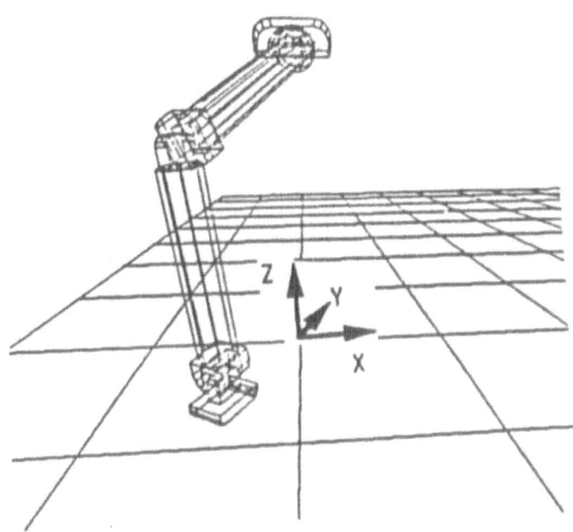

Abb. 4. Modell des zu steuernden Einzelbeins. Jedes der drei Beingelenke hat nur einen Freiheitsgrad; das Hüftgelenk setzt sich daher aus zwei Scharniergelenken zusammen.

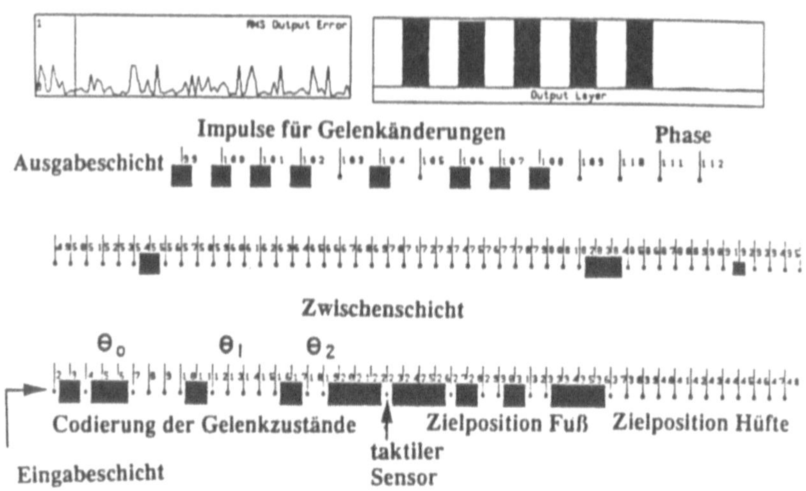

Abb. 5. Darstellung des Backpropagation-Netzes zur Steuerung des Einzelbeins

Das Backpropagation-Netz besteht aus drei Schichten mit 47 Eingangs-, 14 Ausgabe-neuronen und 50 Neuronen in der Zwischenschicht. Die Ausgabeneuronen bestehen aus $3*4$ Neuronen, die die Impulse für die Gelenkänderung (im Bereich von $\pm 7°$) in Graycode präsentieren und 2 Neuronen, die den Übergang von der Stemm- in die Schwingphase anzeigen. In den Eingangsneuronen sind die aktuellen Gelenkwinkel ($3*7$ Neuronen) sowie die gewünschte Zielposition des Fußes bei der Schwingphase ($3*4$ Neuronen) und die der Hüfte bei der Standphase ($3*4$ Neuronen) in Graycode präsentiert. Zusätzlich zeigt ein Neuron an, ob der taktile Sensor Kontakt hat. Mit 50 Neuronen in der Zwischenschicht konnte eine leistungsfähige Beinsteuerung erreicht werden.

Bei größeren Störungen von außen (z.B. Kräfte, die auf die Gelenke einwirken) sowie bei plötzlich auftretenden unerwarteten Ereignissen (Bein setzt auf einem Hindernis auf) traten allerdings große Probleme auf. Die Bewegung wurde anschließend meist nicht mehr korrekt weitergeführt. Hier zeigte sich die Beschränkung einfacher Backpropagation-Netze. Versuche mit sehr großen Netzen brachten auch keine hinreichend guten Ergebnisse, da sich hier vor allem die in der Literatur ausführlich beschriebenen Nachteile von Backpropagation-Netzen (Generieren von Beispielen, lokale Minima, schlechte Generalisierung, Finden geeigneter Netztopologien, sehr zeitaufwendiger Lernprozeß) auswirken. Zur Zeit werden daher Rückgekoppelte Netze, wie beispielsweise rekurrente Backpropagation-Netze oder Spatio-Temporale Netzwerke [Hecht-Nielsen 90], untersucht, die für das Einlernen von Sequenzen geeigneter scheinen.

Steuerung der Dynamik eines Roboterbeins

Am Lehrstuhl B für Mechanik der Technischen Universität München (Prof. Pfeiffer)

wurde ein insektenartiges Bein entwickelt, sowie eine Simulation der Beindynamik implementiert. Für dieses Bein wurde in der Gruppe „Interaktive Planungstechnik" eine Dynamiksteuerung für einfache Grundbewegungen entwickelt, die auf einem Kohonen-Netz basiert.

Dieser Ansatz ist von der Arbeit von Ritter abgeleitet, der sich mit der Kinematiksteuerung eines Roboterarms beschäftigt [Ritter 91]. Kern dieses Verfahrens sind vier Kohonen-Netze, die linear angeordnet die Winkelstellungen der drei Gelenke repräsentieren. Die Kohonen Netze bestehen jeweils aus 500 Neuronen. Zu jedem dieser Neuronen wird nun eine geeignete Matrix gelernt, die die Momente für die Antriebselemente der drei Gelenke bestimmt.

Die vier Kohonen Netze steuern

- die Trajektorie für die Stemmphase,
- zwei Trajektorien mit unterschiedlicher Phasenlänge für die Schwingphase
- und eine Trajektorie für Situationen, in denen Kollisionen vorkommen.

Durch die zwei unterschiedlichen Trajektorien für die Schwingphase, ist es möglich beliebige dazwischenliegende Trajektorien durch Interpolation zu erzeugen. Die Netze werden zunächst nur für eine mittlere Geschwindigkeit eintrainiert. Eine Geschwindigkeitsreglung wird ausgehend von den bestimmten Momenten analytisch errechnet.

Die Tests haben gezeigt, daß mit diesem Ansatz, die Momente für beliebige Trajektorien erlernt werden konnten, wobei die Reglung unterschiedlicher Geschwindigkeiten keine Probleme bereitete [Müller 92]. Störungen, wie beispielsweise der frühzeitige Abbruch der Schwingphase, stellen für die Steuerung keine Probleme dar. Dies ist ein wichtiges Kriterium bei Gangarten in unebenem Gelände. Bei Abweichung von der Idealtrajektorie war die Tendenz der Steuerung, immer in den Idealzustand einzuschwingen. Die Nachteile bei diesem Ansatz sind, daß teilweise zu große Momente berechnet wurden, die sich nur schwer mit der realen Maschine umsetzen ließen und daß die Steuerung wenig fehlertolerant bezüglich leicht geänderter Beingeometrien war. Diese Probleme lassen sich aber teilweise durch Modifikation der Lernfunktion oder erneutes Einlernen beheben.

Die Steuerung wird z.Z. auf den Prozessor des realen Beins übertragen und getestet. Gleichzeitig soll ein Vergleich zu der in der Gruppe von Prof. Pfeiffer implementierten Steuerung erstellt werden.

Konnektionistischer Ansatz zur Reflexkontrolle
Das im folgenden beschriebe modulare Konzept einer Einzelsteuerung hat als Kern ein Reflexmodul, das als Perzeptron implementiert ist. Die Gewichte dieses Netzes sind aber nicht eingelernt, sondern wurden über Regeln bestimmt. Das Reflexmodul hat die Aufgabe, die Trajektorie des Fußpunktes über einzelne oder Kombinationen von Reflexen zu steuern. Die folgenden vier Reflexe reichen für die Kinematiksteuerung aus:

- Up-Reflex zum Anheben der Beins,
- Forward-Reflex zur Vorwärtsbewegung während der Schwingphase,
- Down-Reflex, um den Fuß aufzusetzen,
- Back-Reflex zum Zurückziehen des Fußes in der Stemmphase.

Durch geeignete Anordnung der Geometrie der Beine lagen bei diesem Ansatz die Fußpunkte der simulierten Laufmaschine nur in x,z-Ebene des Körperkoordinatensystems.
Das Auslösen bestimmter Reflexe war daher nur von der x- und z-Koordinate und von
einem Bodenkontaktsensor abhängig. Das Modul der Reflexkontrolle bestimmt die Änderungen in x, und z-Richtung. Aus den so gewonnenen Werten und einer Geschwindigkeitskomponente, wurden die Koordinaten des Fußpunktes und daraus die Gelenkwerte
ermittelt (siehe Abbildung 6).

Der Vorteil dieser Implementierung ist, daß die Komponenten, die relativ leicht analytisch beschrieben werden können, herkömmlich bestimmt wurden, während die Berechnung der Reflexe, die durch das große Rauschen der Sensoren im hohen Maße fehlertolerant sein muß, mit Hilfe eines neuronalen Netzes gelöst wurde. Die Gewichte des Netzes
waren zwar vorstrukturiert, könnten aber mit einfachen Lernregeln wie dem Perzeptron
Lernen an reale Bedingungen angepaßt werden.

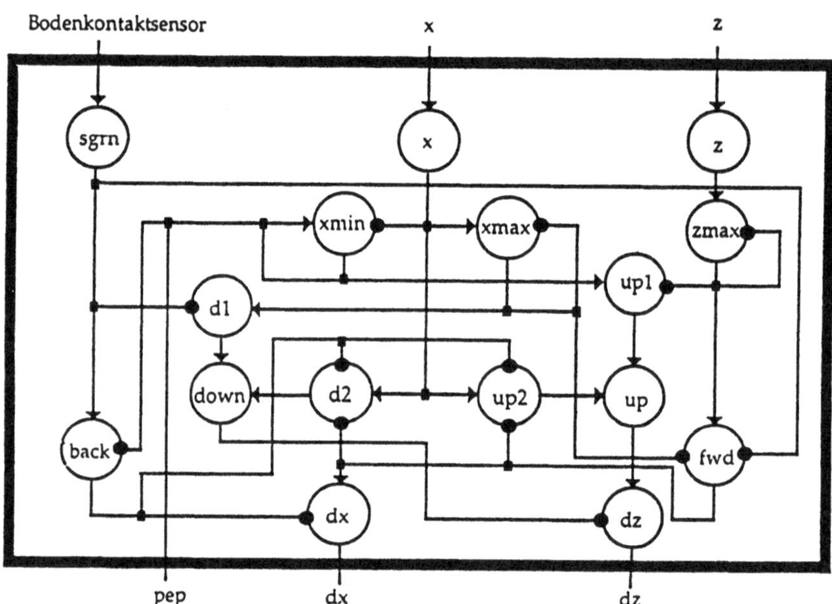

Abb. 6. Topologie des Netzes zur Reflexkontrolle

2.2 Beinsynchronisation mit neuronalen Netzen

Die Beinsynchronisation baut in der untersuchen Steuerungsarchitektur auf der Einzelbeinsteuerung auf. Ausgehend von Zuständen, die von der Sensorik der Einzelbeinsteuerung geliefert werden – wie beispielsweise „Fuß hat Bodenkontakt", „Fuß ist an der Position angelangt, bei der normalerweise ein Übergang von der Schwing- in die Stemmphase
bzw. umgekehrt stattfindet", oder „der Fuß hat den höchst möglichen bzw. niedrigsten
Punkt erreicht" –, ist es die Aufgabe der Beinsynchronisation, an die Beinsteuerung

geeignete Befehle zu schicken, die entweder einen Phasenübergang von der Stemm- in die Schwingphase und umgekehrt oder die Geschwindigkeit der Bewegung steuern. Die Synchronisation muß in jedem Fall so arbeiten, daß die Maschine nicht umkippen kann, möglichst schnelle Bewegungen ausführt, statisch stabil ist und energetisch günstig arbeitet. Im folgenden sind zwei Ansätze zur Beinsynchronisation beschrieben, die zum einen mit Hilfe eines Backpropagation-Netzes und zum andern mit Reinforcement Learning realisiert wurden.

Ein Backpropagation-Netz zur Steuerung der Beinkoordination
Als Eingabe in das Backpropagation-Netz dienten die oben genannten Zustände (siehe [Keating 91]). Als Ausgaben wurde einer der 5 Befehle (Schwingphase, Stemmphase, Stop, Fuß auf den Boden drücken, Fuß anheben) pro Bein ausgewählt (siehe Abbildung 7). Insgesamt bestand das Netz aus 90 Neuronen. Die Trainingsmuster wurden über Regeln generiert, die biologischen Beobachtungen der Beinkoordination einer Stabheuschrecke abgeleitet sind [Cruse 90]. Diese Regeln beschreiben allerdings nicht jede Situation. Tests mit dem so gelernten Backpropagation-Netz haben gezeigt, daß aufgrund der Generalisierungseigenschaft des Netzes jede bei einem „normalen" Gang (Tetrapod- oder Tripodgang) auftretende Situation korrekt gesteuert wurde. Bei Ausnahmen, wie beispielsweise 6 Beine in der Luft, kam ohne zusätzliches Trainieren kein gewünschter Tripodgang mehr zustande. Ein weiterer Nachteil ist, daß man zunächst aus allgemeinen Regel Beispiele generieren muß, die dann zum Trainieren der Netze verwendet werden. Daher werden z.Z. Versuche unternommen, das Bereichswissen zur Vorstrukturierung der Netze zu verwenden. Hierzu wird die von [Shavlik 89] vorgestellte Kombination aus Explanation-based Learning und Backpropagation-Netz getestet, um die Regeln zur Vorstrukturierung des Netzes (initiale Gewichte und die Topologie werden bestimmt) einzusetzen. Dieses Netz soll nach der Vorstrukturierung mit Ausnahmesituationen eingelernt werden. Diese Vorgehensweise hat im Vergleich zu einfachen Backpropagation-Netzen den Vorteil, daß die Lernphase erheblich verkürzt wird und die Leistung des Netzes bzgl. Ausnahmesituationen steigt.

Worst-Case-Reinforcement-Learning zur Steuerung der Beinsynchronisation
Die Idee bei diesem Ansatz ist, über einfache Bewertungsfunktionen, die beispielsweise ein Umkippen der Maschine feststellen, die Anzahl der sich nicht bewegenden Beine messen oder ein Durchrutschen der Beine beobachten, eine geeignete Beinsynchronisation zu lernen. Der Nachteil bei Reinforcement-Verfahren ist, daß der Lernprozeß nur mit einer geringen Anzahl von Zuständen möglicht ist. Daher wurden für die Beine nur die Zustände „Bein hat Bodenkontakt" und „Bein ist an der hintersten Position der Stemmphase angelangt" an die Steuerung weitergegeben. Die Ausgabe des Netzes bestimmt ein Geschwindigkeitsvektor, der angibt, ob sich das Bein bewegen soll oder nicht. Der Vorteil des Worst-Case-R-Lernens ist, daß ein risikoloses Verhalten des Agenten gelernt wird, d.h. das Verhalten wird unter Annahme der schlechtesten Bedingungen optimiert. Ein weiterer Vorteil ist, daß sich die Adaptivität des Verfahrens an sich ändernde Umweltbedingungen nicht durch zufälliges Ausprobieren und Bewerten einer Aktion, sondern nur mit Hilfe der auftretenden R-Signale steuern läßt. Gegenüber anderen Verfahren konnte eine Unempfindlichkeit in bezug auf die Zeitquantisierung und die Auflösung der

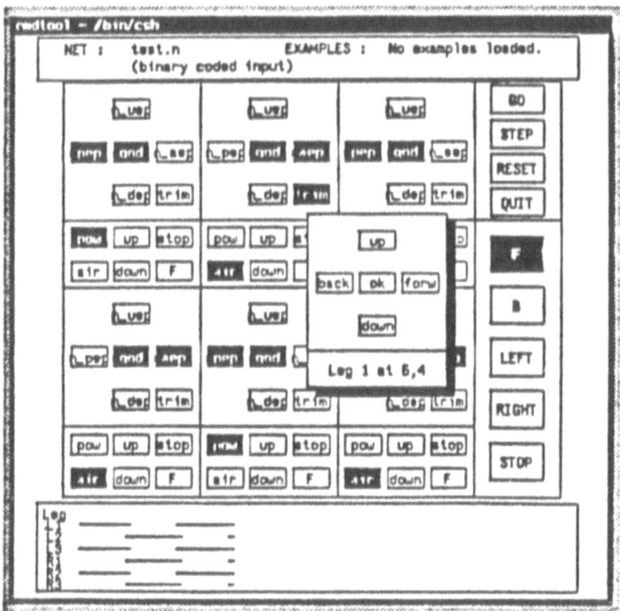

Abb. 7. Simulator zum Testen beliebiger Beinsynchronisationen für eine sechsbeinige Laufmaschine. Die oberen Felder zeigen die aktuellen Zustände der Beine (schwarz ausgefüllt), die unten anschließenden geben die an die Einzelbeinsteuerungen geschickten Steuerbefehle an. Das untere Feld stellt für die 6 Beine dar, ob Bodenkontakt (schwarze Linie) vorliegt oder nicht.

sensorischen Funktion erzielt werden. Mit diesem Verfahren wurden umfangreiche Test durchgeführt, die die Beinbewegung einer sechsbeinigen Laufmaschine koordinieren sollten (siehe Abbildung 8). Abhängig von den eingestellten Parametern konnte nach 200 bis 600 Versuchen Laufen in der Ebene gelernt werden. Beim anschließenden Erlernen des Übersteigens von Hindernissen waren weit weniger Versuche nötig. Da dieses Verfahren immer weiter lernt, konnte selbst bei starken äußeren Störungen, wie beispielsweise dem Entfernen der mittleren Beine, in kurzer Zeit ein statisch stabiler Gang wieder gelernt werden. Weitere Angaben finden sich in [Heger 92].

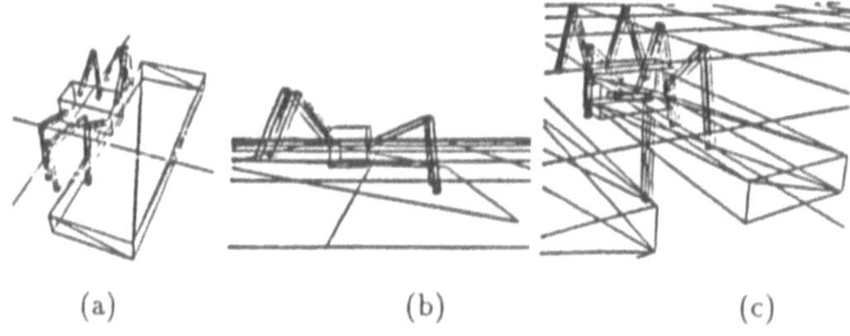

Abb. 8. Erlernen der Beinsynchronisation für das Übersteigen eines Quaders (a), für das Laufen auf einer schiefen Ebene (b) und beim Übersteigen eines Spaltes (c).

3 Ausblick

In den bisherigen Arbeiten in der Gruppe „Interaktive Planungstechnik" wurde hauptsächlich die Kinematik einer Laufmaschine betrachtet. Dabei zeigte sich, daß komplexe Kinematiken mit neuronalen Netzen gelernt werden können. Bei Backpropagation-Netzen zeigte sich teilweise die Schwierigkeit, Sequenzen zu lernen und geeignete Beispiele zu generieren. Diese Probleme sollen mit den vorgestellten Erweiterungen behoben werden. Das Ziel für das Erlernen der Kinematiksteuerung mit konnektionistischen Ansätzen ist, möglichst wenig a-priori-Information vorzugeben. Daher wurden R-Verfahren untersucht, die mit relativ einfachen Bewertungsfunktionen die Beinkoordination erlernt haben. Diese Verfahren sollen auf beliebige Einzelbeinsteuerungen und Beinkoordinationen übertragen werden.

Als zukünftige Erweiterungen sind das Berücksichtigen der Dynamik der Laufmaschinen und die Verarbeitung von externen Sensordaten zu nennen, um zum einen die Simulation noch realitätsnaher zu gestalten und zum anderen es der Laufmaschine zu gestatten, einen optimalen Weg durch eine unstrukturierte Umgebung zu planen (etwa durch das Erkennen von Hindernissen mit Kameras oder Ultraschall) und auf unvorhergesehene Ereignisse wie plötzliches Abrutschen eines Beines auf schwierigem Untergrund zu reagieren.

Literatur

[Berns 90] K. Berns, K. Peter. Ansätze zum Einsatz neuronaler Netze zur Steuerung von Laufmaschinen – Steuerung eines Einzelbeins. In U. Rembold, R. Dillmann, P. Levi (Hrsg.), *Autonome Mobile Roboter: 6. Fachgespräch*, S. 293–304. Institut für Prozeßrechentechnik und Robotik, Universität Karlsruhe, Nov. 1990.

[Brause 91] R. Brause. *Neuronale Netze*. Teubner, Stuttgart, 1991.

[Cordes 92] St. Cordes. Entwicklung und Konstruktion eines Modells einer 6-beinigen Laufmaschine zur Generierung von Beintrajektorien. Interner Bericht, Forschungszentrum Informatik an der Universität Karlsruhe, April 1992.

[Cruse 90] H. Cruse. What mechanisms coordinate leg movement in walking arthropods? *Trends in Neurosciences*, **13**(1):15–21, 1990.

[Hecht-Nielsen 90] R. Hecht-Nielsen. *Neurocomputing*. Addison–Wesley Publishing Company, 1990.

[Heger 92] M. Heger. Hierarchisches konnektionistisches Konzept zur Reflexkontrolle einer Laufmaschine. Diplomarbeit, Forschungszentrum Informatik an der Universität Karlsruhe, Feb. 1992.

[Keating 91] J. Keating. Ein graphisches Simulationssystem zum Testen Neuronaler Steuerungen für die Koordination einer sechsbeinigen Laufmaschine. Studienarbeit, Forschungszentrum Informatik an der Universität Karlsruhe, Juli 1991.

[McGhee 77] R. B. McGhee. Control of legged locomotion systems. In *Proceedings of the 18th Automatic Control Conference*, S. 205–215, San Francisco, Juni 1977.

[Müller 92] B. Müller. Dynamische Steuerung eines Roboterbeins mit Kohonen-Netzen. Diplomarbeit, Forschungszentrum Informatik an der Universität Karlsruhe, Aug. 1992.

[Raibert 86] M. H. Raibert. *Legged Robots that Balance*. The MIT Press, Cambridge, Massachusetts, 1986.

[Ritter 91] H. Ritter, Th. Martinetz, K. Schulten. *Neuronale Netze, Eine Einführung in die Neuroinformatik selbstorganisierender Netzwerke*. 2. erweiterte Auflage. Addison–Wesley Publishing Company, 1991.

[Shavlik 89] J. W. Shavlik, G. G. Towell. An Approach to Combining Explanation-based and Neural Learning Algorithms. In J. W. Shavlik, T. G. Dietterich (Hrsg.), *Readings in Machine Learning*, S. 828–839. Morgan Kaufmann Publishers, San Mateo, California, 1989.

[Shaw 91] J. Shaw, M. C. Mulder, C. Meeker. Mathematical Model of a Multi-Segment, Multi-Joint Biped: Summary and Observations. In *Proceedings of the 1991 IEEE International Conference on Robotics and Automation*, S. 2098–2105, April 1991.

[Shih 87] Liang Shih, A. A. Frank, B. Ravani. Dynamic Simulation of Legged Machines Using a Compliant Joint Model. *The International Journal of Robotics Research*, 6(4), 1987.

[Todd 85] D. J. Todd. *Walking Machines – An Introduction to Legged Robots*. Anchor Press, Essex, England, 1985.

[Vukobratovic 90] M. Vukobratovic, B. Borovac, D. Surla, D. Stokic. *Biped Locomotion*. Springer–Verlag, Heidelberg, Berlin, New York, 1990.

Motion Planning in Dynamically Changing Environments: A Robust On-Line Approach

Extended Abstract

Hartmut Noltemeier*   Thomas Roos   Christian Zirkelbach

Universität Würzburg

Abstract

Given a moving robot in a well-known static terrain where additionally unexpected moving objects are assumed to appear. The problem we are concerned with is to provide collision free motions to our vehicle under certain restrictions, as given start and final position, among others, using robust and on-line algorithms.

To solve this class of problems, we combine two recently developed data structures, the *monotone bisector* tree*, to extract the required local information from the global scene and the *dynamic Voronoi diagram* which allows motion planning with a high degree of security even in dynamic scenes.

In this way, we have implemented this approach and have already got very promising experimental results.

1 Basic Concepts

In this work, we are going to present two practical data structures which allow efficient on-line motion planning in dynamic scenes. The designed concepts are easy to implement (see [HoBe 92]) leading to simple and robust algorithms for adaptive motion planning.

Representation of the Scene

The appropriate and efficient representation of proximity information in large sets of objects is a crucial problem in a wide range of applications (cf. [No 89]). However, we will not try to give an account of this field but emphasize some special applications in motion planning. First of all, any collision avoiding algorithm has to retrieve the objects close to the moving robot. To solve this problem efficiently, we will use a geometric data structure, the so-called *monotone bisector* tree* (MBT*).

---

*This work was supported by the Deutsche Forschungsgemeinschaft (DFG) under contract (No 88/6 - 4) and (No 88/10 - 2).

Imagine a finite set S of objects in d-dimensional Euclidean[1] space $\mathbb{E}^d$ and a site $e_1 \in \mathbb{E}^d$. Then, the *monotone bisector* tree* MBT*(S, e_1) is a binary tree which is constructed as follows. In the first step, we select a second spitting value $e_2 \neq e_1$ and partition set S into two non-empty disjoint subsets S_1 and S_2. Thereby all objects of S_1 lie closer to e_1 than to e_2 (S_2 inversely). Afterwards, MBT*(S_1, e_1) and MBT*(S_2, e_2) turn to be the two subtrees of the root $\omega = (e_1, e_2)$. So, each object in S is related to its nearest neighbor e_1 or e_2 and these serve now as *cluster centers* of the elements in S_1 and S_2, respectively. Notice that e_1 and e_2 are reached down to their corresponding subtrees. Altogether, the construction can be viewed as a recursive bisection process (see figure 1).

Figure 1: The partition of 200 objects induced by the monotone
bisector* tree. The cluster centers are displayed as ●.

The use of cluster centers can be easily motivated by the example of a fixed-radius query. For that, we define the *cluster radius* RADIUS(e_i) of a cluster center to be the maximum distance of e_i to any object related to e_i. In fact, by representing a cluster element by its cluster center, the cluster radius estimates the "loss of spatial information".

Returning to our query problem (with a query point p), the search process can prune the subtree of the current cluster center e_i if $d(p, e_i) -$ RADIUS$(e_i) \geq$ MAXDIST holds. Thereby, MAXDIST denotes a suitable "limitation of proximity". On the other hand, the whole subtree can be accepted, if $d(p, e_i) +$ RADIUS$(e_i) \leq$ MAXDIST. Notice, that the construction of the tree provides monotonously decreasing cluster radii on any path from the root down to any leaf (justifying the term: *monotone* bisector* tree).

In fact, the generation of representative cluster centers (with small cluster radii) is the general goal of this clustering technique. Surprisingly, we can construct a partition of a scene which is not only sensitive to the spatial position of the objects in S, but generates geometrically decreasing cluster radii. Additionally, the whole bisector* tree is guaranteed to possess logarithmic height and can be constructed in only $O(n \log n)$ time and $O(n)$ space, if the distance between a site and an object of S can be computed in constant time

---

[1] In fact, all results apply to other Minkowskian L_p-metrics and even more general distance functions, as well (see [NoRoZi 91] and [Zi 91]).

(see [Zi 91]). This enables us to use this robust data structure for fast *spotlighting* local information (compare figure 4).

This general concept of information retrieval, as described above, allows us to support a great variety of proximity queries related to motion planning by only one single data structure. For instance, we can answer nearest-neighbor queries, fixed-radius queries, ray-shooting queries and objects-hitting curve retrieval very efficiently. In particular, extensive experimental results indicate that these queries can be processed in optimal $O(\log n + k)$ time, where n is the number of objects and k the size of the output.

Local Path Planning

The second problem concerned is the design of adequate motion planning strategies under knowledge of the local environment. For that, we introduce another well-known geometric data structure, the so-called *Voronoi diagram*, which can be imagined as follows. Again, we are given a finite set S of objects in d-dimensional Euclidean space $\mathbb{E}^d$. Now, the Voronoi diagram is a partition of this space into maximal regions – so-called *Voronoi regions* – so that all points within a given region have the same nearest object in S. In other words, we relate to each object in S those points of $\mathbb{E}^d$ which are closer to that object than to all other objects. The boundary of the Voronoi regions decay into *Voronoi faces* and *Voronoi points*. In the planar case, the construction of the Voronoi diagram takes $O(n \log n)$ time and $O(n)$ space, but in higher dimensional spaces, $O(n^{\lceil \frac{d}{2} \rceil})$ time and space may be necessary (cf. [Se 90]).

Figure 2: The planar Voronoi diagram of a set of convex polygons.

For our purpose, we use a *dynamic* variant of Voronoi diagrams (see [Ro 91]). In that case, the objects are allowed to vary continuously over time. As the objects move, the corresponding Voronoi diagram passes through a continuous deformation, but at certain critical instants in time, *topological events* occur that cause a relevant change in the topology of the Voronoi diagram. However, if the dynamic scene is represented by a topology-oriented data structure (as, e.g., the quad-edge data structure [GuSt 85] or higher dimensional variants), the topological structure of the Voronoi diagram can be efficiently maintained over time (compare [Ro 91] and [RoAl 92]). In fact, each topological event can be handled in optimal $O(\log n)$ time by numerically robust update algorithms (cf. [SuIr 89]). Additionally, insertions and deletions of single objects can be handled very efficiently. In fact, extensive experimental results (cf. [Al 91]) substantiate the dynamic Voronoi diagram to be a useful and flexible data structure in practice.

Now, the Voronoi diagram in its static or dynamic variant is known to possess lots of properties providing its applicability in motion planning. For example, it is well-known that the Voronoi faces locally are the *safest paths* in the dynamic scene, because they maximize the minimum distance to at least two objects (cf. [AbMü 88] for the two-dimensional case). Moreover, there exist simple strategies to decide the existence of feasible paths from a given starting point to a final position (see [Roh 91] and [RoNo 91b]).

Finally, it is the idea to combine both data structures obtaining robust on-line algorithms for planning the motion of a disc in a (partially) dynamic scene.

2 Motion Planning with Local Information

Now, we turn over to the main topic of this paper: planning the motion of a robot (represented by a disc) in a large scene of geometric objects where additionally unexpected moving objects are assumed to appear. Thereby, certain restrictions – as, e.g., given start and final position, or target direction – may be added. However, our approach allows also more general (local and global) motion planning strategies, e.g., in order to reconnoiter unknown terrain. Following natural phenomena, our robot is endowed with local intelligence in order to solve local problems thereby approaching some global "target".

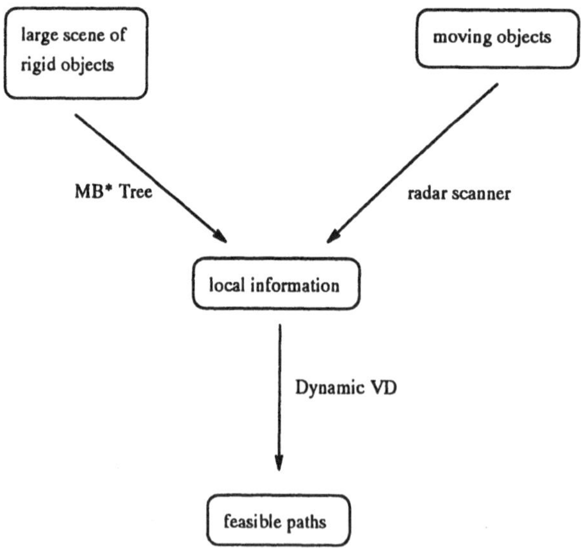

Figure 3: Extracting the local information from the scene.

First of all, we assume that the robot knows the positions of the static objects (e.g., a coarse ground plan). Moreover, the robot is equipped with a local *radar scanner* (or something similar) to identify position and – to some extend – at least the coarse velocity of the currently visible moving objects. Indeed, modelling realistic scenes requires the combination of the capabilities mentioned. Both facilities provide the actually necessary information about the *local environment* of the robot (see figure 3). In fact, the fast access to local information is a bottleneck of most on-line motion planning algorithms.

To overcome this difficulty, we first build up a monotone bisector* tree for the previously known static objects of the scene. Next, we process a fixed-radius query for the current position of our robot. This query is repeated whenever the robot reaches the boundary of the previous fixed-radius environment (see figure 4). As outlined above, this query takes only logarithmic time which is advantageous if the global scene is very large. Additionally, the local radar scanner provides permanent local information about the currently visible static and moving objects (which are assumed to be only a few). The separated retrieval of static and dynamic local information, combined with local path-planning algorithms, is a promising strategy to overcome this bottleneck.

Figure 4: Covering the path of the robot with fixed-radius environments.

At next, we make use of the dynamic Voronoi diagram to guarantee motion planning with a high degree of security in this local scene. Our strategy is based on the corresponding sequence of (local) Voronoi diagrams using the well-known fact that the Voronoi faces locally are the safest paths in this dynamic scene. So, if the moving robot stays on (or at least close to) these dynamic Voronoi faces we maintain a local maximum of security. Surprisingly, the existence of feasible paths in static and dynamic scenes is even equivalent to the existence of feasible paths "in the Voronoi diagram" (compare [O'DuYa 85] and [RoNo 91a]). Both facts imply that the Voronoi diagram provides an adequate tool for planning the motion of the robot in this dynamic scene. However, we should notice that staying on the dynamic Voronoi faces is only useful and necessary, if the *clearance*, i.e. the minimum distance of the robot to the currently interesting objects is "small" (with respect to the velocity of the moving objects). Otherwise, our approach can be combined with any desired goal-oriented *local strategy*.

If the whole scene is known in advance, it is possible to combine *local* and *global strategies*, to avoid unnecessary (and arbitrary long) detours. Indeed, there exists a simple approach (cf. [RoNo 91a] and [RoNo 91b]) which guarantees that the moving center of the robot stays on the dynamic Voronoi diagram thereby approaching the final position (local optimization). To satisfy the global condition we adopt a static technique by Rohnert [Roh 91] who uses *maximum bottleneck spanning trees* to decide efficiently if there is a feasible path between two arbitrary points in the plane. Indeed, using *dynamic maximum spanning trees* this technique can be generalized to higher dimensions and general objects, as well.

Recently, we have also implemented these approaches. Preliminary experimental results indicate that the combined methods result in efficient and robust (on-line) algorithms [HoBe 92].

References

[AbMü 88]   S. Abramowski and H. Müller, *Collision avoidance for nonrigid objects*, in H. Noltemeier (Ed.): ZOR – Zeitschrift für Operations Research, Vol. 32, 1988, pp 165–186

[Al 91]   G. Albers, *Dreidimensionale dynamische Voronoi Diagramme*, Diploma thesis, Universität Würzburg, 1991

[Au 90]   F. Aurenhammer, *Voronoi Diagrams – a survey of a fundamental geometric data structure*, Technical Report B 90-09, Fachbereich Mathematik, Serie B Informatik, FU Berlin, Nov. 1990

[BiNo 91]   H.-P. Bieri and H. Noltemeier (Eds.), *Computational geometry – methods, algorithms and applications*, Proc. 7th Workshop on Computational Geometry CG'91, Bern, Switzerland, March 1991, LNCS 553

[CaReRe 90]   J. Canny, A. Rege and J. Reif, *An exact algorithm for kinodynamic planning in the plane*, Proc. 6th ACM Symposium on Computational Geometry, Berkeley, California, 1990, pp 271–280

[GuMiRo 91]   L.J. Guibas, J.S.B. Mitchell and T. Roos, *Voronoi diagrams of moving points in the plane*, Proc. 17th International Workshop on Graph-Theoretic Concepts in Computer Science, Fischbachau, Germany, June 1990, LNCS 570, pp 113–125

[GuSt 85]   L.J. Guibas and J. Stolfi, *Primitives for the manipulation of general subdivisions and the computation of Voronoi diagrams*, ACM Transactions on Graphics, Vol. 4, No. 2, April 1985, pp 74–123

[HoBe 92]   P. Holaj and A. Beck, *Bewegungsplanung mit dynamischen Voronoi Diagrammen*, Tech. Report, Universität Würzburg, 1992

[KeSh 90]   K. Kedem and M. Sharir, *An efficient motion planning algorithm for a convex polygonal object in two-dimensional polygonal space*, Discrete & Comput. Geometry, Vol. 5, 1990, pp 43–75

[No 88]   H. Noltemeier, *Computational geometry and its applications*, Proceedings Workshop CG '88, Universität Würzburg, März 1988, LNCS 333, Springer, 1988

[No 89]   H. Noltemeier, *Voronoi trees and applications*, in H. Imai (ed.): "Discrete Algorithms and Complexity" (Proc.), Fukuoka, Japan, 1989

[NoRoZi 91]   H. Noltemeier, T. Roos and C. Zirkelbach, *Partitioning of complex scenes of geometric objects*, Proc. 15th IFIP Conference on System Modelling and Optimization, Zurich, Switzerland, Sept. 1991, to appear

[O'DuYa 85]   C. Ó'Dúnlaing and C.K. Yap, *A retraction method for planning the motion of a disc*, Journal of Algorithms, Vol. 6, 1985, pp 104–111

[Roh 91]   H. Rohnert, *Moving a disc between polygons*, Algorithmica, Vol. 6, 1991, pp 182–191

[RoNo 91a]   T. Roos and H. Noltemeier, *Dynamic Voronoi diagrams in motion planning (extended abstract)*, Proc. 7th Workshop on Computational Geometry CG'91, Bern, Switzerland, March 1991, LNCS 553, pp 227–236

[RoNo 91b]   T. Roos and H. Noltemeier, *Dynamic Voronoi diagrams in motion planning: Combining local and global strategies*, Proc. 15th IFIP Conference on System Modelling and Optimization, Zurich, Switzerland, Sept. 1991, to appear

[Ro 91]   T. Roos, *Dynamic Voronoi diagrams*, PhD thesis, Universität Würzburg, Sept. 1991

[RoAl 92]   T. Roos, G. Albers, *Maintaining proximity in higher dimensional spaces*, Proc. 17th International Symposium on Mathematical Foundations of Computer Science MFCS'92, Prague, August 1992, to appear in LNCS

[Se 90]   R. Seidel, *Linear programming and convex hulls made easy*, Proc. 6th ACM Symposium on Computational Geometry, Berkeley, California, 1990, pp 211–215

[SuIr 89]   K. Sugihara and M. Iri, *Construction of the Voronoi diagram for one million generators in single-precision arithmetic*, private communications, 1989

[Ya 85]   C.K. Yap, *Algorithmic motion planning*, in J.T. Schwarz and C.K. Yap (Eds.), Advances in Robotics, Vol. 1, Lawrence Erlbaum Associates, 1985

[Zi 91]   C. Zirkelbach, *Monotone Bisektor* Bäume unter Minkowski Metrik*, Tech. Report, 1991

Wegplanung in der stereotaktischen Bestrahlungschirurgie

Achim Schweikard*

John Adler [†]

Jean-Claude Latombe [‡]

Stanford University

Stanford, CA 94305-4110

Kurzfassung

In der stereotaktischen Neurochirurgie ist ein Photonenstrahl zur Bestrahlung eines Tumors auf einer geeigneten Bahn zu führen. Im Gegensatz zu Standardverfahren zur Wegbestimmung sind die Bedingungen für die Planung durch die zu erreichende Dosisverteilung gegeben. Die Bewegung des Photonenstrahls ist so zu planen, daß die Dosis in bestimmten kritischen Bereichen in der Tumorumgebung beschränkt bleibt. Zu hohe Dosen in kritischen Bereichen führen zu schweren Nebenwirkungen. Wir beschreiben geometrische Verfahren zur Wegbestimmmung für den Photonenstrahl. Die Implementierung verbindet die entwickelten Verfahren mit einem weitverbreiteten tomographiegeführten Bestrahlungssystem. Dieses System basiert auf einem fünffachsigen Gelenkmechanismus, mit dem der Strahl während der Aktivierung bewegt wird. Die Dosisverteilungen zu berechneten Wegen werden mit den Dosisverteilungen aus manuell geplanten Bewegungen verglichen. Die Entwicklung von geometrischen Verfahren in dieser

*Robotics Laboratory, Computer Science Dept., Stanford University

[†] Division of Neurosurgery, Stanford Medical Center

[‡] Robotics Laboratory, Computer Science Dept., Stanford University

Anwendung ist Teil eines Projekts, das sich mit Wegbestimmungsverfahren zu erweiterten Randbedinungen befaßt.

Schlüsselbegriffe: Geometrisches Schließen, Bahnplanung, Bahnoptimierung, stereotaktische Bestrahlung.

1 Einleitung

Wegbestimmungsverfahren sind ausgehend von industriellen Anforderungen untersucht worden [1], [6]. In typischen Anwendungen sind geometrische Daten zur Beschreibung von beweglichen Objekten und Hindernissen vorgegeben. Zusätzlich sind Ausgangs- und Zielstellungen für die Objekte gegeben, und es ist eine kollisionsfreie Bewegung zwischen Ausgangs- und Zielstellung zu berechnen. Erweiterte Problemstellungen berücksichtigen zusätzlich dynamische oder nichtholonomische Randbedinungen.

Im folgenden werden Verfahren zur Planung geeigneter Bewegungen für einen Photonenstrahl zur Tuomrbehandlung beschrieben. Im Gegensatz zu Standardverfahren zur Wegbestimmung sind hier die Randbedingungen durch die zu erreichende Dosisverteilung gegeben. Im einzelnen sind folgende Bedingungen zu berücksichtigen:

- Überschneidungen zwischen Strahl und kritischen Bereichen sind zu vermeiden.

- Im gesunden Gewebe ist die Überschreitung einer Maximaldosis zu vermeiden, während die Dosis im Tumor den vorgeschriebenen Wert erreicht.

Zu hohe Dosis in kritischen Bereichen führt zu schweren Nebenwirkungen wie Lähmung oder Erblindung des Patienten.

Ein verbreitetes System zur Tumorbehandlung ist das modifizierte Brown-Roberts-Wells-System (BRW-System) [3], [5]. Dieses System besteht aus einem Gelenkmechanismus mit fünf Freiheitsgraden, der eine 6 MeV Photonenquelle bewegt. Die Photonenquelle erzeugt einen zylindrischen Strahl mit variablem Radius. Zur Behandlung wird ein Metallrahmen am Kopf des Patienten befestigt. Durch CT- oder MR-Tomographie die Lage des Tumors in bezug auf den stereotaktischen Metallrahmen ermittelt. Während der Bestrahlung ist der Rahmen über ein Gestell mit dem Gelenkmechanismus verschraubt. Dadurch läßt sich die

Beziehung zwischen den Tomographiedaten und der Bewegung des Strahls herstellen. Das in
[3], [5] beschriebene System arbeitet mit einfachen Standardbewegungen, die im Bedarfsfall
von Hand im Hinblick auf Überschneidungen mit kritischen Bereichen nachoptimiert werden.
Es zeigt sich, daß durch Wegbestimmungsverfahren eine deutliche Verringerung der Dosis in
kritischen Bereichen erreicht werden kann; Bewegungen zu vorgegebenen Dosisverteilungen
können explizit berechnet werden, oder es kann entschieden werden, daß keine Bewegung mit
vorgegebenen Charakteristiken existiert.

2 Wegbestimmung

Grundlage für die Wegbestimmung ist ein Verfahren, mit dem alle Konfigurationen des Strahls
berechnet werden, in denen der Strahl keinen kritischen Bereich schneidet. Dabei wird zunächst
angenommen, daß der Tumor durch eine Kugel approximiert wird, und die Strahlachse den
Kugelmittelpunkt trifft. Der Strahlradius ist gleich dem Kugelradius. Zusätzlich wird anfangs
davon ausgegangen, daß die kritischen Bereiche Polyeder sind. Die kritischen Bereiche werden
Hindernisse genannt. Zu berechnen ist eine Darstellung aller Konfigurationen, in denen die
Strahlachse den Kugelmittelpunkt trifft, und der Strahl nicht durch kritische Bereiche geht.
Diese Konfigurationen werden freie Konfigurationen genannt.

2.1 Projektion von Konfigurationshindernissen

Wir betrachten eine Einheitskugel im Raum. Der Mittelpunkt der Einheitskugel fällt mit dem
Mittelpunkt der Zielkugel zusammen. Die Halbkugel oberhalb der $x - y-$Ebene wird obere
Halbkugel genannt. Die Konfigurationen, in denen die Strahlachse durch den Mittelpunkt der
Zielkugel geht, können eindeutig durch den Durchstoßpunkt der Strahlachse durch die obere
Halbkugel H dargestellt werden.

Die freien Konfigurationen, d.h. die Konfigurationen, in denen der Strahl keine kritischen
Bereiche trifft, liegen in Gebieten $R_1, \ldots, R_n$ auf der Halbkugel H. Die Gebiete $R_1, \ldots, R_n$
sind durch Segmente von Großkreisen und Kurvenbögen auf der Halbkugel begrenzt. Zur
Berechnung einer einfachen Darstellung der freien Konfigurationen wird folgendes Verfahren
benutzt.

Wir betrachten einen Würfel, der die Zielkugel enthält. Die Kantenlänge des Würfels ist der Durchmesser der Zielkugel. Die Konfigurationshindernisse in bezug auf Würfel und kritische Bereiche sind Polyeder und können explizit berechnet werden [2].

Die Kanten der Konfigurationshindernisse werden auf die Halbkugel H projiziert. Dabei ist es ausreichend, alle Endpunkte von Kanten und zusätzlich alle Punkte, in denen eine Kante die $x - y$-Ebene durchsticht, auf H zu projizieren. Durch die Projektion ergeben sich polygonale Bereiche auf der Halbkugel, d.h. Bereiche, die durch Segmente von Großkreisen begrenzt sind.

2.2 Kinematische Bedingungen

Das CT-geführte stereotaktische System nach Lutz und Winston benutzt einen 6 MeV Linearbeschleuniger zur Erzeugung eines Photonenstrahls mit variablem Radius. Die Wirkung der Tumorbestrahlung mit diesem System ist in vielen Fällen untersucht worden [5]. Das System besteht aus einem Sockel mit vier Bewegungsachsen und einer drehbaren Brücke. Die Stellung des Sockels kann über drei Translations- und eine Rotationsachse verändert werden. Der Photonenstrahl kann durch die Drehung der Brücke während der Aktivierung relativ zum Patienten bewegt werden (Figur 1).

Die Drehachse der Brücke, die Drehachse des Sockels, und die Achse des Strahls schneiden sich stets in einem Punkt. Beim Standardverfahren zur Tumorbestrahlung in [3] wird folgende Bahn benutzt. Durch Verschiebung des Sockels entlang der Translationsachsen wird erreicht, daß der Zielkugelmittelpunkt mit dem Schnittpunkt der Drehachsen übereinstimmt. Der Strahlradius wird gleich dem Radius der Zielkugel gesetzt. Hierzu wird ein Bleivorsatz mit dem vorgegeben Radius in die Brücke eingesetzt. Anschließend wird die Drehachse des Sockels in eine feste Winkelposition α_1 gebracht. In dieser Position wird die Brücke innerhalb eines Winkelbereiches β_1 bis β_1' verfahren, während der Strahl aktiviert ist. Dadurch wird der Strahl entlang eines Bogens bewegt; während der gesamten Bewegung liegt der Tumor innerhalb des Strahls. Anschließend wird die Sockeldrehachse in eine Winkelstellung α_2 gebracht, und ein weiterer Bogen durch Bewegung der Brücke erzeugt. Das Standardverfahren in [3] besteht darin, den Sockelwinkel nacheinander in vier verschiedene Winkelpositionen $\alpha_1, \ldots, \alpha_4$ im Abstand von jeweils 45 Grad zu bringen, und in jeder Winkelposition eine Bogenbewegung der Brücke auszuführen. Dadurch kann zugesichert werden, daß Gewebe innerhalb der Zielkugel

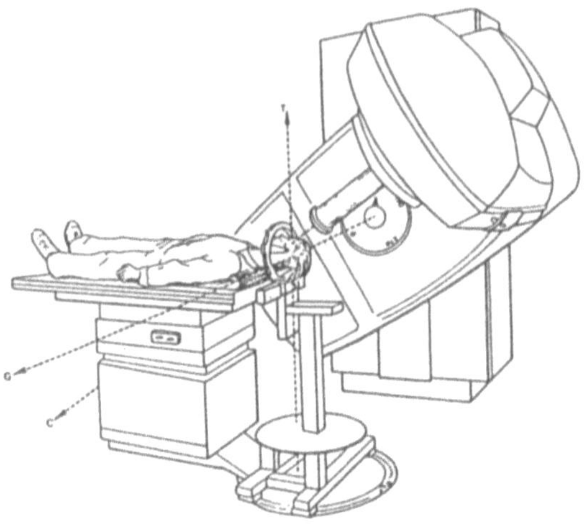

Figur 1: Modifiziertes BRW-System mit 6 MeV Linearbeschleuniger [5]; Drehachsen T, G und Strahlachse C schneiden sich im Zielkugelmittelpunkt

eine viermal höhere Dosis absorbiert als alle Punkte außerhalb der Zielkugel. Die Wirkung und Dosisverteilung bei diesem Standardverfahren sind einfach visualisierbar; die Dosisverteilung kann mit Standardmethoden in klinischem Einsatz berechnet werden. Von den Standardbahnen wird abgewichen, falls in kritischen Bereichen in der Tumorumgebeng eine stark erhöhte Dosis ermittelt wird. In diesem Fall werden entweder die Sockelwinkel $\alpha_1, \ldots, \alpha_4$ oder die Bogenbereiche $\beta_1, \beta_1', \ldots, \beta_4, \beta_4'$ für die Brücke verändert. Anschließend wird die Dosisverteilung neu berechnet. Während der gesamten Planungs- und Behandlungszeit ist der Metallrahmen mit dem Kopf des Patienten verschraubt, und der Patient ist bei Bewußtsein.

2.3   Bahnberechnung

Das entwickelte geometrische Verfahren basiert auf der Berechnung der freien Konfigurationen aus der Beschreibung von Hindernissen. Anschließend werden zu vorgegebener Bogenzahl k Winkelwerte $\alpha_1, \ldots, \alpha_k$ und $\beta_1, \beta_1', \ldots, \beta_k, \beta_k'$ berechnet, die geeignete Bögen im freien Bereich darstellen. Damit wird erreicht, daß die erzeugte Dosisverteilung ähnlich einfach zu visualisieren ist wie beim Standardverfahren, und die hohen Sicherheitsanforderungen der Behandlung können eingehalten werden. Weiterhin können die berechneten Bahnen mit dem Standardsystem nach Winston und Lutz ausgeführt werden. Die betrachteten Bögen können als Segmente von Großkreisen auf der oberen Einheitshalbkugel H beschrieben werden. Diese Segmente liegen stets in Ebenen durch den Kugelmittelpunkt. Großkreise werden durch die zugehörigen Normalenvektoren auf der oberen Einheitshalbkugel dargestellt. Die Normalenvektoren bilden die duale Halbkugel D zur Halbkugel H.

Wir betrachten eine projizierte Hinderniskante k. k ist Segment eines Großkreises auf der Halbkugel H. Die Menge aller Großkreise, die k schneiden, wird durch eine Zelle auf der dualen Halbkugel dargestellt. Diese Zelle wird von zwei Großkreisen begrenzt. Die projizierten Hinderniskanten bestimmen daher ein Arrangement von Großkreisen auf der dualen Halbkugel D. Die Teilmenge aller Großkreise im freien Bereich wird durch die Vereinigung von Zellen im Arrangement auf der dualen Halbkugel dargestellt. Figur 1 zeigt, daß alle Bögen, die vom beschriebenen stereotaktischen System ausgeführt werden können, in Ebenen liegen, die die Sockeldrehachse T enthalten. Diese Ebenen und die darin enthaltenen Großkreise werden vertikal genannt.

Die vertikalen Großkreise werden durch Punkte auf einem Bogen b auf der dualen Halbkugel dargestellt. Die Segmente von b, die freie Großkreise darstellen, werden mit dem folgenden Verfahren bestimmt. Die Schnittpunkte der dualisierten Hinderniskanten mit dem Bogen b werden sortiert. Die Schnittpunkte zerlegen den Bogen b in Segmente. Anschließend wird ein beliebiger Punkt p in einem ersten Segment ausgewählt. r bezeichnet die Anzahl der Hinderniskanten, die der von p dargestellte Großkreis trifft. Danach werden die Nachbarsegmente in der von der Sortierung bestimmten Ordnung durchlaufen. Bogensegmente mit $r = 0$ werden ausgegeben.

Wir betrachten zwei Ebenen p und q, die freie vertikale Großkreise enthalten. Durch Wahl von Ebenenpaaren mit hinreichend großem Winkel γ läßt der Überschneidungsbereich der zugehörigen Bögen verkleinern. Zu Großkreisen $g_1, \ldots, g_k$ bezeichnet γ_{ij} den Winkel zwischen den Ebenen, die g_i und g_j enthalten. Mit dem folgenden Verfahren läßt sich zu vorgegebenen Werten k und γ entscheiden, ob freie Großkreise $g_1, \ldots, g_k$ existieren, die vertikal sind, und für die alle Winkel γ_{ij} größer als γ sind. Die zu bestimmenden Großkreise werden durch Punkte in den zuvor berechneten freien Teilstücken von b dargestellt. Für zwei Punkte p und q auf b bezeichnet $\gamma(p, q)$ den Winkel zwischen den von p und q dargestellten Ebenen. Zu wählen sind also k Punkte $p_1, \ldots, p_k$ in den freien Teilstücken von b, für die $\gamma(p_i, p_j) > \gamma$ ist. Sind $p_1, \ldots, p_k$ solche Punkte, dann kann durch Verschiebung aller Punkte erreicht werden, daß wenigstens ein Punkt auf einem Endpunkt eines freien Segments von b liegt. Zunächst wird für p_1 ein beliebiger Segmentendpunkt gewählt, und es wird geprüft, ob die Punkte $p_2, \ldots, p_k$ in der vorgeschriebenen Art auf die freien Segmente verteilt werden können. Durchläuft p_1 nacheinander alle Segmentendpunkte, dann kann entschieden werden, ob Punkte $p_1, \ldots, p_n$ mit dem gegebenen minimalen Winkelabstand γ exisitieren.

3 Implementierung

Ein interaktives System zur Bestimmung von geeigneten Bahnen für das modifizierte BRW-System nach Lutz und Winston wurde auf einer Silicon Graphics Arbeitsstation in C implementiert. Das System wurde in das stereotaktische System des Stanford Medical Center integriert. Dieses Standardsystem ist seit zwei Jahren im Einsatz und enthält eine Komponente zur Dosisberechnung und Visualisierung. Mit dem Standardsystem werden im Durchschnitt wöchentlich 1-2 Patienten behandelt. Zur Visualisierung der berechneten Bahnen konnte das vorhandene System zur Berechnung der Dosisverteilung ohne Änderung benutzt werden.

In praktischen Einsatz zeigt sich, daß die Berechnung von freien Großkreisen im allgemeinen nicht ausreicht. In vielen Fällen gibt es keine freien Großkreise mit ausreichendem Winkelabstand. Daher wurden die implementierten Verfahren erweitert. Zu vorgegebenem Minimalwert δ werden k Ebenen mit ausreichendem Winkelabstand γ bestimmt, für die zusätzlich gilt, daß die Gesamtlänge der freien Bogensegmente in jeder Ebene $\geq \delta$ ist.

3.1 Approximation des Zielbereichs

In vielen Fällen liegen kritische Bereiche in der unmittelbaren Umgebung des Tumors, und der Tumor kann nicht durch eine Kugel im freien Bereich approximiert werden. Im Standardsystem werden in diesem Fall mehrere Kugeln zur Approximation des Tumors benutzt. Zur Berechnung einer geeigneten Approximation der Tumorbereiche durch Kugeln wurde ein geometrisches Verfahren implementiert. Dieses Verfahren basiert auf einem randomisierten inkrementellen Verfahren zur Bestimmung der kleinsten Kugel, die eine Menge von Punkten im Raum enthält

3.2 Beispiel

Mit dem erweiterten System wurden Bahnen für 11 früher behandelte Fälle neuberechnet. In allen Fällen wurden die Dosiswerte zu den damals ausgeführten Bahnen mit den Dosiswerten der berechneten Bahnen verglichen. Figur 2 zeigt eine Konfiguration mit zwei kritischen Bereichen in einem axialen Schnitt. Die kritischen Bereiche sind durch Polygone B und OC umrandet. Der Tumor liegt zwischen den Bereichen B und OC. Im vorliegenden Fall besteht der Tumor aus zwei Bereichen, die durch Kugeln mit den Radien 7,5 und 10 mm approximiert werden.

Die Dosisverteilung zu den berechneten Bahnen wird in Figur 2 und Figur 3 sowie Tabelle 1 mit der Dosisverteilung aus der manuell bestimmten Bahn verglichen. In beiden Fällen wurden vier Bögen benutzt; die gezeigte Dosisverteilung ergibt sich bei Behandlung einer Zielkugel mit Radius 10 mm. Die Bahnplanung basiert auf einer Tomographie, die parallele Schnittebenen im Abstand von 5 mm berechnet. Tabelle 1 vergleicht die Dosiswerte an den Eckpunkten der Polygone zur Umrandung der kritischen Bereiche. Spalte 1 der Tabelle enthält Markierungen der Punkte. Die Spalten a) und c) zeigen die Dosiswerte zur manuell geplanten Bahn bzw. zur berechneten Bahn in cGy. Die Spalten b) und d) zeigen die gleichen Dosiswerte als Prozentwerte bezogen auf die Dosis im Zielkugelmittelpunkt.

4 Schlußbemerkungen

Die Kinematik des modifizierten BRW-Systems schränkt die möglichen Bahnen für die Strahlenquelle stark ein. Diese Einschränkungen können ungünstige Dosisverteilungen erzeugen, wenn kritische Bereiche und Tumorbereiche entlang einer Koordinatenachse liegen. Das implementierte Bahnplanungssystem wurde daher erweitert. Bahnen, die vom erweiterten System berechnet werden, bestehen aus Bogensegmenten auf beliebigen, nicht notwendig vertikalen Großkreisen. Diese Bahnen sind mit dem Standardsystem nicht ausführbar; die Wirkung dieser Bahnen ist jedoch ähnlich einfach zu beschreiben, wie die Wirkung der Standardbahnen; es erscheint möglich, damit weitere Verbesserungen der Dosisverteilung zu erreichen. Zur Ausführung dieser Bahnen wird zur Zeit ein stereotaktisches System bestehend aus einem [4].

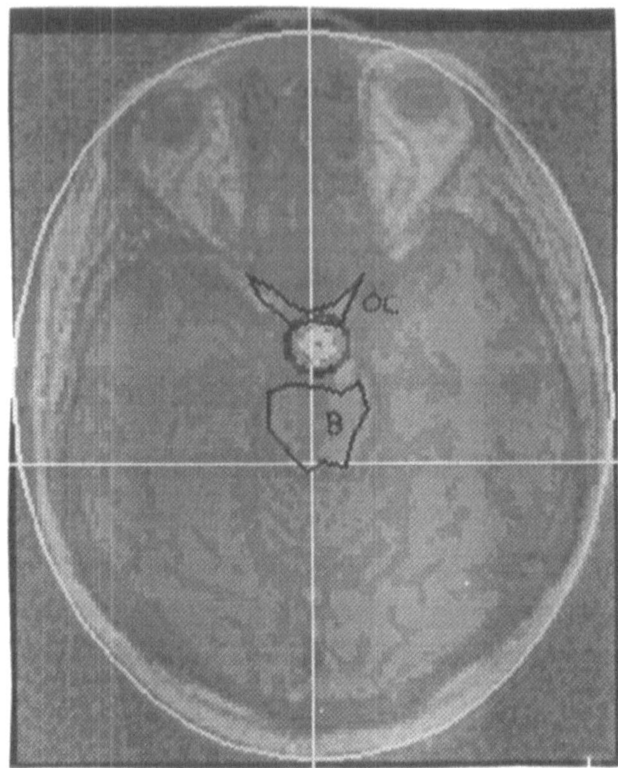

Figur 2: Kritische Bereiche B (Stammhirn), OC (Sehnerv und Chiasmus). Tumorbereich liegt zwischen B und OC. Dosisverteilung zu manuell geplanter Bewegung; Dosis dargestellt durch Grauwerte in Schritten zu je 400 cGy. Schwarzer Bereich in der Tumorumgebung stellt Punkte mit Dosis zwischen 400 und 800 cGy dar.

sechs-achsigen Industrieroboter mit hoher Transportlastkapazität und einer kompakten und energiereichen Photonenquelle entwickelt.

Die Autoren danken Bill Hanemann, Paul Hemler, Todd Koumrian und David Martin vom Stanford Medical Center sowie der Deutschen Forschungsgemeinschaft für die Unterstützung dieser Arbeit.

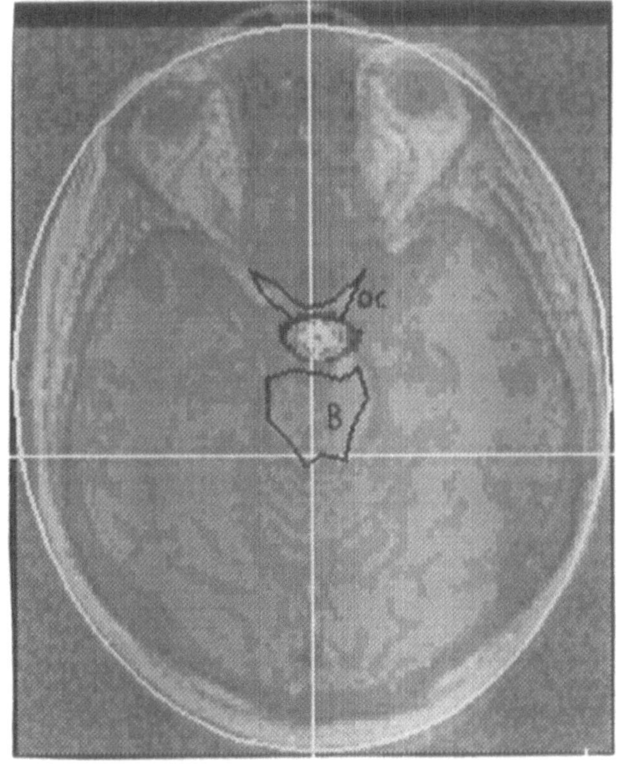

Figur 3: Dosisverteilung zu berechneter Bahn

Literatur

[1] Latombe, J.-C. *Robot Motion Planning.* Kluwer, Boston, 1991.

[2] Lozano-Pérez, T. Spatial planning: A configuration space approach. *IEEE Transactions on Computers,* C-32(2):108–120, 1983.

[3] Lutz, W., Winston, K. R., Maleki, N. A System for Stereotactic Radiosurgery with a Linear Accelerator. *Int. J. Radiation Oncology Biol. Phys.,* 14, 373–381, 1988.

manuell geplante Bahn   berechnete Bahn

	a)	b)	c)	d)
OptNerve.3	27.8	1.4	0.0	0.0
OptNerve.3	173.3	8.7	24.3	1.2
OptNerve.3	159.8	8.0	14.5	0.7
OptNerve.3	46.3	2.3	0.0	0.0
OptNerve.3	57.4	2.9	0.4	0.0
OptNerve.3	35.9	1.8	0.0	0.0
OptNerve.3	140.9	7.0	4.1	0.2
OptNerve.3	199.0	9.9	29.1	1.5
BrStem.3	146.7	7.3	3.3	0.2
BrStem.3	200.5	10.0	7.9	0.4
BrStem.3	70.0	3.5	0.5	0.0
BrStem.3	24.8	1.2	0.0	0.0
BrStem.3	21.7	1.1	0.0	0.0
BrStem.3	17.8	0.9	0.0	0.0
BrStem.3	19.4	1.0	0.0	0.0
BrStem.3	17.9	0.9	0.0	0.0
BrStem.3	24.0	1.2	0.0	0.0
BrStem.3	31.1	1.6	0.0	0.0
BrStem.3	116.0	5.8	8.1	0.4
BrStem.3	104.0	5.2	0.6	0.0
Chiasm.3	322.1	16.1	229.8	11.5
Chiasm.3	404.3	20.2	219.0	11.0
Chiasm.3	364.9	18.2	248.3	12.4
Chiasm.3	135.3	6.8	6.1	0.3
Chiasm.3	174.0	8.7	23.5	1.2
Isocenter-1	1991.5	99.6	1986.0	99.3

Tabelle 1: Dosis an den Eckpunkten der Polygone B und OC; Einheit cGy bzw. Prozentwerte bezogen auf die im Dosis Zielkugelmittelpunkt. a) Dosis für manuell bestimmte Bahn (cGy); b) Dosis für manuell bestimmte Bahn in Prozent; c) und d): Dosiswerte für berechnete Bahn in cGy bzw Prozent.

[4] Welzl, E., Smallest enclosing disks. Technical Report B 91-09, Institut für Informatik, FU Berlin, 1991.

[5] Winston, K. R., Lutz, W. Linear Accelerator as a Neurosurgical Tool for Stereotactic Radiosurgery. *Neurosurgery*, 22, 3, 454–464, 1988.

[6] Yap, C. K. *Algorithmic Motion Planning.* in: *Algorithmic and Geometric Aspects of Robotics*, Schwartz, J. T. and Yap, C. K. (eds.). Lawrence Erlbaum, Hillsdale, NJ., 1987.

Teilsysteme für autonome Operationen in halbstrukturierter Umgebung

Volker G. Vogelgesang, Wilfried Jakob, Erwin Stratmanns*
Kernforschungszentrum Karlsruhe
Institut für Angewandte Informatik
Abteilung für Lernende Systeme
Email volker.vogelgesang@ire.kfk.dbp.de

Zusammenfassung

Es werden die Konzeptionen für zwei Teilsysteme vorgestellt, die es einem ferngesteuerten Fahrzeug erlauben sollen, in halbstrukturierter Umgebung bestimmte Operationen autonom durchzuführen. Das erste Teilsystem besteht aus einem Fahrzeug mit Ultraschallsensorik und aus dem dazugehörigen Kontrollsystem ASTRA. Die Aufgaben von ASTRA liegen in der zweidimensionalen Kartierung der Umgebung und in der Routenplanung unter Vermeidung von Kollisionen. Für die Routenplanung wird ein Ansatz mit Hilfe genetischer Algorithmen verfolgt. Das zweite Teilsystem besteht aus einem 3D-Laserscanner zur Erfassung der dreidimensionalen Geometrie der Umgebung sowie dem Objekterkennungssytem SOLAR. Einzelne Objekte sollen von SOLAR identifiziert und jeweils deren Position und Orientierung ermittelt werden. Die Algorithmik beider Teilsysteme ist gut parallelisierbar.

1 Einleitung

Strukturierte Umgebungen sind dadurch gekennzeichnet, daß Position und Orientierung von Objekten a-priori bekannt sind. Solche Umgebungen finden sich beispielsweise in der automatisierten industriellen Fertigung. Wenn jedoch Position und Orientierung einzelner Objekte nicht oder nur ungenau bekannt sind, wird die Umgebung im folgenden als halbstrukturiert bezeichnet. Ein Beispiel für halbstrukturierte Umgebungen stellt das Gebäudeinnere von großtechnischen Anlagen wie zum Beispiel von Kernkraftwerken dar, weil über die Lage von Anlagenteilen meist keine exakten Angaben vorliegen. Um Wartungs- und Reparaturarbeiten auch unter für den Menschen gefährlichen Bedingungen durchführen zu können, werden bisher mobile Roboter eingesetzt, deren Funktionen weitgehend von einem Bediener ferngesteuert werden. Da aber die reine Fernsteuerung gerade von sich oft wiederholenden Arbeitsabläufen sehr zeitintensiv ist und an den Bediener hohe Anforderungen stellt, ist eine gewisse Autonomie mobiler Roboter in halbstrukturierter Umgebung wünschenswert. Insbesondere die folgenden Operationen sollten autonom durchgeführt werden:

- Aufbauen neuer Karten, Ergänzen und Modifizieren bereits vorhandener Karten

- Navigieren unter Vermeidung von Kollisionen mit Hindernissen

- Identifizieren von einfachen dreidimensionalen Objekten und Ermitteln ihrer Position und Orientierung, um sie manipulieren zu können.

---

*Institut für Reaktorsicherheit

Die obigen Aufgaben werden in zwei Teilsysteme aufgeteilt. Das Teilsystem ASTRA (Adaptives System zur Routenplanung und Fahrzeugsteuerung) übernimmt die beiden ersten Funktionen, während die dritte Teilaufgabe dem Teilsystem SOLAR (System für Objekterkennung mit Hilfe eines Laser Radars) zufällt. Die beiden Komponenten sollen mittelfristig in ein System integriert werden.

2 Teilsystem ASTRA

2.1 Fahrzeug

Zu Testzwecken wird bisher ein Fahrzeug verwendet, das aus einem omnidirektionalen dreirädrigen Fahrwerk mit integrierter Odometrie besteht. Darüberhinaus ist es mit 24 Ultraschallsensoren und 12 Infrarotabstandsschaltern ausgestattet. Auf dem Fahrzeug selbst befinden sich drei Rechner. Der 'Fahrzeugrechner' steuert das Fahrwerk an. Über 36 Kommandos lassen sich Werte für Geschwindigkeit, Beschleunigungs- und Bremsrampen, Weglängen und bewegungsabhängige Bedingungen vorgeben oder Encoderwerte abfragen. Mit Hilfe eines 'Sensorrechners' können die Zustände der US- und IR-Sensoren über 9 weitere Kommandos abgefragt werden. Der 'Kommunikationsrechner' soll den Datenaustausch zwischen Fahrzeug und Host über eine Funkstrecke abwickeln. Außerdem erlaubt er eine flexible Erweiterung des Fahrzeugs um weitere Sensor- und Steuerungssysteme. Als stationärer Host dient ein Transputercluster mit 32 Knoten.

2.2 Darstellung des Problems

Das Teilsystem ASTRA soll mit Hilfe der Ultraschallabstandssensoren eine zweidimensionale Karte erstellen und die kollisionsfreie Navigation eines Fahrzeugs ermöglichen. In diesem Rahmen wird allerdings nur auf das letztere Problem eingegangen. Der Ansatz zur Navigation basiert auf dem von Blume [Blu90] vorgeschlagenen Konzept zum evolutionsbasierten Lernen, das im Prinzip eine Suche in hochdimensionalen Räumen durchführt. In dem Konzept wird das Navigieren von einem Start- zu einem Zielpunkt als Folge von Basisaktionen oder kurz als 'Aktionskette' repräsentiert. Basisaktionen stellen elementare Kommandos für die Fahrzeugsteuerung dar. Die Güte einer Aktionskette wird durch eine Bewertungsfunktion ermittelt. In diese Funktion gehen unterschiedlich gewichtete Kriterien ein, wie Abstand zur Zielposition, Abstände zu Hindernissen oder Länge und Dauer einer Wegstrecke. Das Ziel besteht nun darin, eine gemäß gegebener Bewertungsfunktion optimale Aktionskette zu finden. Dieses Optimierungsproblem soll durch einen genetischen Algorithmus gelöst werden, der Aktionsketten in bestimmter Weise generiert und anschließend bewertet. Aus der Abfolge der Basisaktionen einer ausgewählten Aktionskette resultiert implizit eine Trajektorie für die auszuführende Bewegung. Der geometrische Verlauf der Trajektorie wird also nicht explizit festgelegt.

2.3 Vorarbeiten

In einer ersten Testimplementierung wurde das Verfahren an der Planung und sensorbeeinflußten Durchführung von Bewegungsabläufen eines simulierten Industrieroboters erprobt.

Die Testaufgabe bestand im Finden einer Aktionskette, um mit dem Greifer ein vorgegebenes Ziel unter Vermeidung von Hindernissen möglichst genau zu erreichen. Kriterien der Bewertungsfunktion waren Abstände des Greifers von Hindernissen, die Bewegungsdauer, der Energieverbrauch und die Geradlinigkeit der resultierenden Trajektorie. Der simulierte Roboter konnte bis zu 16 rotatorische Achsen haben. Weitere Informationen über die Kinematik standen dem System nicht zur Verfügung. Die Aktionsplanung des Roboters fand auf der Ebene der Ansteuerung einzelner Achsen statt: es wurden unter anderem Motorströme mit Rampen gesetzt, Winkelgeber und Geschwindigkeitsmesser pro Achse gelesen oder Abstandssensoren am Greifer abgefragt. Die Aktionsebene wurde bewußt niedrig angesetzt und damit "schwierig" gestaltet, um das Lernverfahren in einer Situation mit großer Parameteranzahl und unter konkurrierenden Zielvorgaben erproben zu können.

Die Leistungsfähigkeit des Verfahrens wurde u.a. an dem folgenden Beispiel untersucht. Der genetische Algorithmus sollte für einen 5-achsigen Roboter eine Lösung in einem 40-dimensionalen Raum suchen. Die erste Implementierung benötigte dazu auf einem IBM-PC (Compaq Deskpro 386/387, 33MHz) ca. 9 Stunden. Dies ist ein durchaus akzeptables Ergebnis angesichts der Komplexität der Aufgabe und der für ein Number-Crunching-Verfahren eher bescheidenen Hardware. Durch die Anwendung der Ergebnisse von Gorges-Schleuter [GS90] auf dem Gebiet der Populationsstrukturen genetischer Algorithmen konnte die Leistung des Verfahrens bei gleicher Hardware um den Faktor 15 gesteigert werden. Um eine gute Bahn zu erhalten, werden also im Durchschnitt ca. 35 Minuten benötigt.

Gegenwärtig wird das Verfahren unter Ausnutzung der inhärenten Parallelität genetischer Algorithmen auf ein Transputernetz mit 32 Prozessoren portiert. Erste Messungen zeigen, daß dadurch bei vorsichtiger Schätzung eine Beschleunigung um das 25- bis 30-fache erreicht werden kann. Der Algorithmus ist so ausgelegt, daß er real hardware-skalierbar ist: eine Verdoppelung der Transputerzahl führt also nahezu zu einer Verdoppelung der Leistung.

2.4 Strategie von ASTRA

Die Optimierung von Ketten primitiver Aktionen soll von dem Problem der Kollisionsvermeidung mehrachsiger Roboter auf die kollisionsfreie Navigation eines Fahrzeugs übertragen werden.

Ausgehend von den mit der Roboter-Testimplementierung gemachten Erfahrungen wurde ein Handlungsmodell für ein Fahrzeug entworfen. Es enthält neben den elementaren Bewegungsfunktionen des Fahrzeugs Sensoranweisungen, bedingte Verzweigungen und Kollisionsmonitore mit Ausweich- und Notaktionsketten. Unter einer Aktionskette wird eine Handlungssequenz zum Erreichen eines vorgegebenen Ziels verstanden. Ein Kollisionsmonitor überwacht zyklisch die ihm zugeordneten Ultraschallsensoren. Bei Unterschreitung erlernter Schwellwerte wird eine Ausweichbewegung mit Hilfe einer assoziierten Aktionskette ausgeführt. Die Infrarotsensoren bilden neben mechanischen direkt wirkenden Schaltern den Not-Kreis des Systems. Bei seiner Aktivierung führt das System eine der ebenfalls erlernten Notreaktionen aus.

Es gibt also zwei Ebenen der trainierbaren Kollisionsvermeidung: die über die Ultraschallsensoren gesteuerte Ausweichebene und die Notreaktionsebene basierend auf den Infrarotsensoren für den Fall des Versagens der ersten Ebene. Das Verhalten des Fahrzeugs wird an exemplarischen Hindernissen trainiert. Es verfügt danach über einen Satz erlernter Sensormuster, denen ebenfalls erlernte Reaktionen zugeordnet sind. Bei Auftreten einer Hindernissituation werden die erlernten Sensormuster der Reihe nach geprüft. Wenn keines zutrifft, liegt ein neues Hindernis vor und es muß entweder ein möglichst ähnliches Muster gesucht werden oder das System generiert neue Ausweichaktionsketten und erprobt sie.

In der Umsetzung dieses Konzeptes soll das Fahrzeug zunächst ohne Karte ein Ziel unter Kollisionsvermeidung ansteuern, dessen Richtung und Entfernung ständig bekannt ist. Diese Informationen können von einem Peilsender des Ziels oder bei bekannter Ist-Position aus einer Karte stammen. Es hat also permanent das Bestreben, auf möglichst direktem Weg zum Ziel zu gelangen. Mit dieser Aufgabenstellung soll die elementare Kollisionsvermeidung erprobt werden. Insbesondere ist das Verhalten des Lernverfahrens beim Auftauchen neuer unbekannter Hindernisse von Interesse.

Auf den ersten Experimenten aufbauend soll eine zweidimensionale Karte implementiert werden, in der die bei den Fahrten gesammelten Daten einzutragen sind. Die Karte wird dann entsprechend den bekannten Hindernissen bei der Routenplanung zu Grunde gelegt. Bei dieser Ausbaustufe sollen auch konventionelle Routenplanungsverfahren mit genetischen verglichen werden.

Die Benutzung einer Karte gestattet nicht nur die Sammlung und Ausnutzung von Erfahrungswissen über die Umwelt sondern erlaubt auch zwei neue Handlungsstrategien. Die erste dient dem Verlassen einer Sackgasse. Wenn der Kollisionsmonitor zu oft (unmittelbar) hintereinander aufgerufen wird, befindet sich das Fahrzeug eventuell in einer Sackgasse. Es kann dann die letzten n Punkte rückwärts anfahren. Nach Erreichen des Rücksetzpunktes kann die Zielfahrt wieder aufgenommen werden, wobei die bei den Hindernissen getroffenen Fehlentscheidungen nun bekannt sind und vermieden werden können. Die zweite betrifft das Verhalten bei neuartigen Hindernissen. Ausgehend von den Karten- und den aktuellen Sensordaten kann ein neues hypothetisches Hindernis erzeugt werden. Daran kann das System simulierte Ausweichreaktionen evolutionär erproben und schließlich erfolgversprechende neue Aktionsketten ausprobieren. Dies entspricht in gewisser Weise dem Nachdenken eines Menschen, wenn er feststellen muß, daß sein bisheriger Erfahrungsschatz nicht zur Lösung einer Aufgabe ausreicht.

Auf weitergehende Details wie die Bewertung und genetische Codierung von Aktionsketten kann in diesem Zusammenhang nicht eingegangen werden.

3 Teilsystem SOLAR

3.1 Laserscanner

Während für die Navigation zunächst die Daten der Ultraschallsensoren verwendet werden, basiert die Objekterkennung auf Abstandsbildern von 3D-Laserscannern. Laserscanner bestehen aus einer Laserabstandsmeßeinheit und einer Spiegelbaugruppe zum Ablenken des Laserstrahls. Die Abstandsmeßeinheit wiederum besteht aus einer Laserquelle und einer Detektorschaltung. Im Falle des Laserradars dient die Laufzeit des Laserlichts zwischen Aussende- und Detektionszeitpunkt als Maß für den Abstand. Im Falle des Triangulationsscanners wird aufgrund der geometrischen Beziehung zwischen Sender, Auftreffpunkt und Empfänger der Abstand ermittelt. Für das geplante Einsatzgebiet ist ein Abstandsmeßbereich von 0.5m-10m ausreichend. Die Spiegelbaugruppe besteht insbesondere bei 3D-Laserscannern aus einem zweifach axial-gelagerten Spiegel, so daß die Strahlrichtung über die Achswinkel in Kugelkoordinaten adressiert werden kann. Typische Winkelinkremente für die Kugelkoordinaten liegen zwischen 0.1°–5°. Indem pro Abtastpunkt der Abstand gemessen wird, entsteht schließlich ein vollständiges Abstandsbild.

Abstandsbilder haben den Vorteil, daß sie nur von der Geometrie der Umgebung abhängig sind. In der Pixelhelligkeit eines Videobildes hingegen sind implizit Informationen über die Oberflächenbeschaffenheit (Farbe, Relief, Reflektionseigenschaft), das räumliche Medium (Nebel, Rauch), Lichtquellen (Farbe, Richtung, Anzahl, diffus-gerichtet) und über die Objekte (Geometrie, Anordnung im Falle des Schattenwurfs) enthalten. Aufgrunddessen ist es schwierig, aus Videobildern die räumliche Form der Umgebung in Gestalt *dicht* besetzter Abstandsbilder zu gewinnen.

3.2 Problembereich

Ziel ist es, durch die Objekterkennung den Ist-Zustand innerhalb eines Ausschnitts der Umgebung eines ferngesteuerten Fahrzeugs zu ermitteln. Dazu sollen die sichtbaren Objekte identifiziert und deren Position und Orientierung ermittelt werden. Weitere Anwendungsgebiete der Objekterkennung im Einsatz zusammen mit einem mobilen autonomen Roboter sind [KKK90]:

1. Greifen und Manipulieren von Objekten

2. Objektorientierte Beschreibung von Missionen

3. Kartieren erkannter Objekte

4. Vereinfachte Ortsbestimmung mit Hilfe erkannter Objekte und einer vorhandenen Karte

5. Vereinfachte Routenplanung und Vermeidung von Kollisionen mit Objekten

Insbesondere zum Greifen von Objekten (Punkt 1) und zur objektorientierten Taskbeschreibung (`Biege nach dem dritten Objekt rechts ab`, Punkt 2) ist die 3D-Objekterkennung notwendig.

Während in einer 'Objektkarte' (Punkt 3) identifizierte Objekte jeweils mit ihrer Position und Orientierung eingetragen sind, wird durch eine 'Hinderniskarte' nur festgehalten, an welchen Stellen der Umgebung Material vorhanden ist. Aufgrund der Datenreduktion der Objektkarte gegenüber der Hinderniskarte können Ortsbestimmung und Routenplanung (Punkt 4 und 5) vereinfacht werden.

Damit Objekte korrekt von Laserscannern erfaßt werden können, müssen die Objekte allerdings bestimmte technologische Voraussetzungen aufweisen [Bes88a]:

- Hohe Starrheit

- Niedrige Absorbtion

- Niedrige Transmission

- Diffuse Reflektion

Bezüglich der drei ersten Eigenschaften verhalten sich die meisten Objekte im Inneren großtechnischer Anlagen günstig: die Objekte sind starr, nicht oder nur schlecht absorbierend und nicht durchsichtig. Lediglich spiegelnde, z.B. metallische Objekte bereiten Schwierigkeiten, da Laserscanner nur dann die Abstände ermitteln können, wenn der Strahl diffus reflektiert wird. Allerdings tritt bei Verwendung von Videobildern dieses Problem in anderer Form auf, da im Falle metallischer Objekte unverhältnismäßig viele nicht-geometrische Kanten detektiert werden.

Die vorherrschenden Objekte sind konstruierte reguläre Objekte wie Container, Fässer, Wände, Treppen, Schächte und Rohre. Gerade wenn sich Rohre auf mittlerer Höhe befinden und von den Ultraschallsensoren nicht mehr erfaßt werden, ist eine reine zweidimensionale Kartierung der Umgebung nicht mehr ausreichend.

Da die Aufnahmezeit für ein vollständiges Bild hoher Auflösung im Bereich einiger Sekunden bis über eine Minute liegt, soll der 3D-Laserscanner nicht während der Fahrt, sondern lediglich an diskreten Punkten der Umgebung eingesetzt werden. Die Umgebung kann als nicht-bewegt bzw. als statisch angenommen werden, da sich in der geplanten Einsatzumgebung meist nur statische Anlagenteile befinden und sich aufgrund gefährlicher Umgebungsbedingungen keine Menschen bewegen.

3.3 Vorverarbeitung und Merkmalsextraktion

Die Erkennung von Objekten durch SOLAR verläuft in den Schritten

1. Vorverarbeitung,

2. Merkmalsextraktion und

3. Wiedererkennung.

Bisher wurden Teile der Vorverarbeitung und grundlegende Algorithmen für die Merkmalsextraktion implementiert. Die Vorverarbeitung selbst besteht aus zwei Schritten. In dem ersten Schritt sollen die Kugelkoordinaten ggf. durch Interpolation in äquidistant abgetastete kartesische Koordinaten umgewandelt werden. Da Laserscanner weiterhin von einer Vielzahl von Störgrößen beeinflußt werden, sind die resultierenden Abstandsbilder beträchtlich verrauscht [Bes88a]. In einem zweiten Schritt wird daher der Rauschanteil zunächst durch Anwenden von Binomialfiltern vermindert.

Durch die Filterung werden allerdings auch Kanten abgerundet und abgeflacht, da keine Information über die geometrische Struktur der Umgebung einfließt. Verfahren, die solches Wissen verwenden, existieren im Bereich der Bildrestauration [Wei91], werden jedoch aufgrund des erhöhten Rechenaufwandes hier nicht eingesetzt.

Nach der Vorverarbeitung werden in jedem Punkt der Abstandsbildfunktion die Gauß'sche und die mittlere Krümmung extrahiert. Diese differentialgeometrischen Größen haben den Vorteil, daß sie invariant unter Translation und Rotation sind. Außerdem charakterisieren sie Abstandsbilder genügend allgemein, so daß die Merkmalsextraktion unabhängig von zu erkennenden Objektmodellen ist. Vorteilhaft ist ebenfalls, daß es die Krümmungen als lokale Merkmale erlauben, auch teilweise verdeckte Objekte zu identifizieren.

Krümmungsmerkmale einer Abstandsbildfunktion $z = f(u, v)$ werden extrahiert, indem die digitale Fläche f differentialgeometrisch analysiert wird. Zur Berechnung lokaler differentialgeometrischer Größen in einem Punkt $P_0 = f(u_0, v_0)$ sind lediglich die ersten und zweiten partiellen Ableitungen f_u, f_v, f_{uu}, f_{uv} und f_{vv} in P_0 notwendig. Die Ableitungen werden nach dem Verfahren von Besl [Bes88b] ermittelt. Als Funktion der Ableitungen werden schließlich die Gauß'sche und die mittlere Krümmung berechnet, die Orte hoher Krümmung wie Kanten- oder Eckpunkte von Objekten detektieren. Wünschenswert ist vor allem die Extraktion von Eckpunkten, da unter Umständen zeitaufwendige Segmentierungsansätze wie die Kantenverfolgung oder das Regionenwachstum entfallen können.

3.4 Strategie der Wiedererkennung

Die extrahierten Merkmale und ihre räumlichen Beziehungen werden danach in einen attributierten Graphen abgebildet. Den Knoten des Graphen werden Merkmale wie z.B. Stellen hoher Krümmung zugeordnet. Die Kanten des Graphen hingegen werden mit Merkmalen attributiert, die die dreidimensionalen räumlichen Beziehungen zwischen den Merkmalen der Knoten beschreiben.

Liegen nun alle zu erkennenden Objekte ebenfalls als attributierte Graphen vor, so besteht das Erkennungsproblem darin, innerhalb dieses Szenengraphen die Graphen der Objektmodelle als Teilgraphen zu finden. Dieses sog. Subgraphisomorphieproblem ist allerdings np-vollständig [HN91]. Bisher wird das Problem durch Suchverfahren gelöst, die den Suchraum mit Hilfe von Heuristiken und geometrischen Constraints einschränken. Solche Objekterkennungssysteme werden beispielsweise von Fan [Fan90] in kompakter Form verglichen.

Hier sollen jedoch Verfahren eingesetzt werden, die das Subgraphisomorphieproblem über die Optimierung einer globalen Energiefunktion lösen [Tre91]. Diese haben den Vorteil, daß befriedigende Lösungen nicht stark von der Anzahl der zu erkennenden Merkmale abhängen. Zwar wird i.a. nicht das globale Optimum der Funktion erreicht, jedoch bieten schon lokale Optima akzeptable Lösungen. Zur Lösung des kombinatorischen Optimierungsproblems werden zur Zeit künstliche neuronale Netze untersucht, da diese Ansätze den Vorteil guter Parallelisierbarkeit bieten.

Durch die Optimierung soll vor allem erreicht werden, daß auch teilweise verdeckte Objekte erkannt werden können. Dies ist sehr wichtig, da Objekte i.a. von verschiedenen Standpunkten des Fahrzeugs aus betrachtet werden und sich infolgedessen Objekte gegenseitig verdecken. Falls die Erkennung teilweise verdeckter Objekte nicht oder nicht eindeutig möglich ist, können diese notfalls aus anderer Blickrichtung erkannt werden. Ein ähnliches Problem stellt die Berührung zweier Objekte dar, weil an den Kontaktstellen unerwartete Krümmungen auftreten, die nicht in Übereinstimmung mit Objektmodellen gebracht werden können.

4 Ausblick

Die Testergebnisse für die Kollisionsvermeidung eines mehrachsigen Roboters zeigen, daß durch den implementierten genetischen Algorithmus Aktionsketten mit hoher Güte gefunden werden. Der Algorithmus soll deshalb auch für die Routenplanung von ASTRA getestet werden.

Die ersten Schritte in SOLAR glätten ein Abstandsbild und berechnen Gauß'sche und mittlere Krümmungen. Die Krümmungsmerkmale besitzen Invarianz gegenüber Translation und Rotation und stellen daher die Grundlage zur invarianten Identifizierung von Objekten dar. Die Teilsysteme sollen mittelfristig integriert werden, indem beide auf einer gemeinsamen Datenrepräsentation arbeiten.

Literatur

[Bes88a] P.J. Besl. Active optical range imaging sensors. In J. Sanz, Hrsg., *Advances in Machine Vision: Architectures and Applications*. Springer-Verlag, New York, 1988.

[Bes88b] P.J. Besl. *Surfaces in range image understanding*. Springer Series in Perception Engineering. Springer-Verlag, New York, 1988.

[Blu90] C. Blume. A system for simulated intuitive learning. In H.-P. Schwefel und R. Maenner, Hrsg., *1st International Workshop on Parallel Problem Solving from Nature (PPSN I)*, Seiten 48–54, Dortmund, 1–3 Oktober 1990. Springer-Verlag.

[Fan90] T.-J. Fan. *Describing and recognizing 3-D objects using surface properties*. Springer Series in perception engineering. Springer-Verlag, New York, 1990.

[GS90] M. Gorges-Schleuter. Explicit parallelism of genetic algorithms through population structures. In H.-P. Schwefel und R. Maenner, Hrsg., *Proceedings of 1st International Workshop on Parallel Problem Solving from Nature (PPSN I)*, Dortmund, 1–3 Oktober 1990. Springer-Verlag.

[HN91] L. Herault und J.-J. Niez. Neural networks and combinatorial optimization: a study of np-complete graph problems. In E. Gelenbe, Hrsg., *Neural Networks - Advances and Applications*, Seiten 165–213. Elsevier, Amsterdam, 1991.

[KKK90] K. Kluge, T. Kanade und H. Kuga. Car recognition for the CMU NavLab. In T. Kanade, Hrsg., *Vision and Navigation: The Carnegie Mellon NavLab*, Kapitel 6, Seiten 95–96. Elsevier, Amsterdam, 1990.

[Tre91] V. Tresp. A neural architecture for 2-D and 3-D vision. In B. Radig, Hrsg., *Proceedings 13. DAGM-Symposium Mustererkennung 1991*, Seiten 437–445, München, 1991. Springer-Verlag.

[Wei91] U. Weidner. Informationserhaltende Filterung digitaler Bilder und ihre Bewertung. In B. Radig, Hrsg., *Proceedings 13. DAGM-Symposium Mustererkennung 1991*, Seiten 193–201, München, 1991. Springer-Verlag.

Architektur und Implementierung eines autonomen Robotersystems

M. Damm, D. Kappey und J. Schloen

Institut für Prozeßrechentechnik und Robotik
Prof. Dr.-Ing. U. Rembold, Prof. Dr.-Ing. R. Dillmann
Universität Karlsruhe, Kaiserstr. 12,
7500 Karlsruhe, F.R.G.

Tel: (0721) 608 - 4264 / Fax: (0721) 60.67.40
email: damm@ira.uka.de

Kurzfassung

In einem autonomen Robotersystem, das in der Lage ist, selbständig in einer realen, dynamischen Umwelt komplexe Aufgaben durchzuführen, müssen Planungs-, Bewegungs- und Sensorsystem eng zusammenarbeiten. Die Leistungsfähigkeit des Gesamtsystems hängt dabei nicht nur von den Fähigkeiten der Einzelsysteme, sondern entscheidend von deren Integrationsgrad ab. In der vorliegenden Arbeit soll die notwendige Kooperation der Einzelsysteme am Beispiel von Teilkomponenten des autonomen Robotersystems KAMRO aufgezeigt werden. Eine dieser Komponenten ist die Bewegungssteuerungsebene der Manipulatoren, die die unterschiedlichen Anforderungen der Planungsebene umsetzt und zudem eine einfache Einkopplung externer Sensorik erlaubt. Eine weiteres Modul ist das Bildverarbeitungssystem, welches mit verschiedenen Kameratypen für die Objekterkennung und zur Unterstützung von Greif- und Fügeoperationen eingesetzt wird. Anhand eines Anwendungsszenarios soll exemplarisch die Integration dieser beiden Systemkomponenten demonstriert werden.

Einführung

Eines der Hauptziele der aktuellen Forschung in der Robotik ist die Entwicklung autonomer Robotersysteme. Im Rahmen dieser Arbeiten sollen Systeme entwickelt und realisiert werden, die menschenähnlich an Hand einer abstrakten Aufgabenbeschreibung konkrete Roboteraktionen planen und diese dann sensorunterstützt ausführen können. Beim Auftreten von unvorhergesehenen Ereignissen müssen spezielle Ausnahmebehandlungen durchgeführt und Unsicherheiten in gewissem Umfang, welche keine echten Fehler darstellen, vom System selbständig kompensiert werden, so daß die Systemaufgabe immer noch erfüllt werden kann. Im Bereich der Montage entsprechen die Ungenauigkeiten und Unsicherheiten der realen Welt z.B. Positionierungsfehler des Roboters oder ungenauen Lagen von zu manipulierenden Objekten. Die für die Erfassung der Umwelt am häufigsten eingesetzten Sensoren bei Montagesystemen sind Kraft-Drehmoment-Sensoren, Entfernungssensoren und Bildverarbeitungssysteme. In den meisten Systemen werden jedoch nur einzelne dieser Sensortypen verwendet, so daß damit nur begrenzte Aufgabentypen und Experimente durchgeführt werden können.

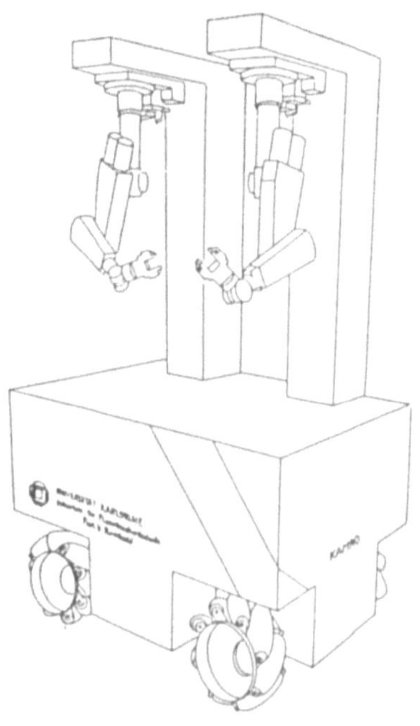

Abb. 1. Das KAMRO-System

Notwendig für die autonome Ausführung von Aufgaben ist zum einen der gleichzeitige Einsatz verschiedenartiger Sensoren, um unterschiedliche Umweltdaten aufzunehmen, und zum anderen eine enge Zusammenarbeit zwischen der Bewegungssteuerung und dem Sensorsystem.

Als eine mögliche Realisierung eines autonomen und mobilen Robotersystems wird zur Zeit am Institut für Prozessrechentechnik der Universität Karlsruhe ein mobiles Zweiarm-Robotersystem entwickelt. Der **Karlsruher Autonome Mobile Roboter (KAMRO)** besteht aus den Hauptkomponenten Fahrzeug, zwei Robotern vom Typ PUMA 260 und einem Sensorsystem (Abb.1). Im gegenwärtigem Entwicklungsstadium besteht dieses aus mehreren Ultraschallsensoren für die mobile Plattform, zwei Kraft-Drehmoment-Sensoren für die beiden Manipulatoren, einer Overhead-Kamera zwischen den beiden hängenden Robotern und zwei am Handgelenk der Roboter angebrachten Handkameras.

Im folgenden werden nach einem Überblick über das gesamte Robotersystem zuerst die wesentlichen Komponenten der Manipulatorbewegungssteuerung und des Bildverarbeitungssystems beschrieben. Anschließend wird die enge Kopplung der Systeme am Beispiel einer sensorunterstützten Zweiarm-Montageoperation exemplarisch erläutert.

Das Robotersystem

Das Steuerungssystem des Zweiarmrobotersystems KAMRO besteht aus zwei Hauptkomponenten: dem on line task-level Planungssystem FATE (**F**ault-**T**olerant **R**obot **E**xecutive System) und dem Echtzeit-Robotersteuerungssystem REROCS (**R**eal-Time **R**obot **C**ontrol System). Beide Komponenten sind auf unterschiedlichen Rechnersystemen implementiert und durch ein lokales Netzwerk miteinander verbunden (Abb. 2). Neben diesen beiden Systemen umfaßt das Robotersteuerungssystem ein komplexes Bildverarbeitungs- und Objekterkennungssystem.

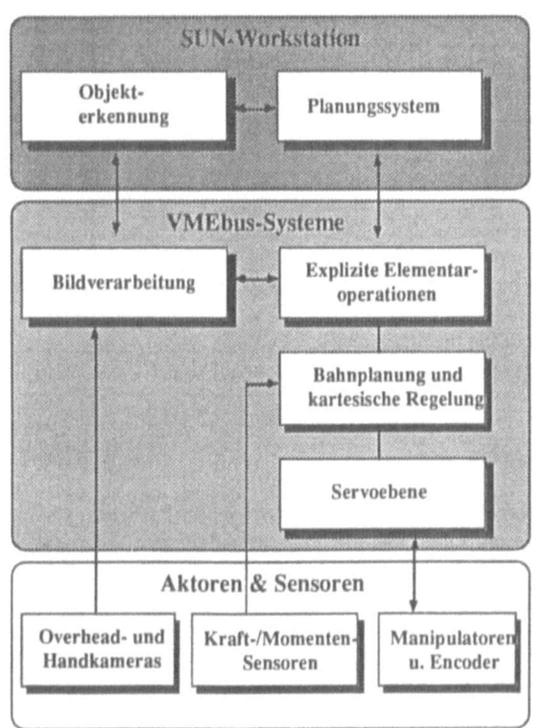

Abb. 2. Systemarchitektur

Die Hauptaufgabe des Planungssystems ist die Interpretation eines impliziten Aktionsplans, die Aktivierung des Objekterkennungssystems, falls die aktuelle Position eines Montageteiles nicht bekannt ist, und die Generierung einer Folge von expliziten Roboteraktionen, die von dem Echtzeit-Robotersteuerungssystem ausgeführt werden. Als Eingabe erhält es einen Aktionsplan und eine Wissensbasis, die die aufgabenspezifischen Informationen enthält. Der Aktionsplan ist ein Vorranggraph, der eine von KAMRO auszuführende Aufgabe beschreibt. Diese Beschreibung wird vorgenommen unter Verwendung von Unteraufgaben, sogenannten *Impliziten Elementar-Operationen* (IEO), und Vorrangbeziehungen, die sie untereinander besitzen.

Die operationale Schnittstelle zwischen dem Planungs- und dem Echtzeit-Robotersteuerungssystem wird durch einen Satz leistungsfähiger Roboteroperationen, den sogenannten *Expliziten Elementar-Operationen* (EEO) gebildet. Dabei handelt es sich um komplexe sensorunterstützte Operationen, die Unsicherheiten der realen Welt berücksichtigen, indem sie ein aktives Reagieren auf Sensorwerte innerhalb begrenzter Freiräume zulassen. Bei der Montage sind dies z.B. Positions- und

Orientierungsabweichungen der Objekte, die durch die Kraft-Drehmoment-Sensoren bzw. die Handkameras ermittelt werden.

Neben Navigationsaufgaben für das Fahrzeug wurden im Rahmen unseres Projektes für die Durchführung von einarmigen und eng koordinierten zweiarmigen Montageaufgaben die folgenden Operationen realisiert:
- Transfer (1-/2-Arm): Grobpositionierung des Roboters in kartesischen Koordinaten,
- Finemotion (1-/2-Arm): Feinpositionierung in der Umgebung von Objekten,
- Setgripper (1-Arm): Einstellen der Öffnungsweite des Greifers,
- Setarm (1-Arm): Bewegung des Roboters auf der Basis von Gelenkwinkeln,
- Join (1-/teilweise 2 Arm): Herstellen von Kontaktbeziehungen zwischen zwei Objekten,
- Grasp (1-Arm): Kraftsensorunterstützes Greifen eines Objektes,
- Detach (1-Arm): Kraftsensorunterstützes Loslassen eines Objektes,
- Screw (1-Arm): Kraftsensorunterstützes Schrauben mit Hilfe eines Maulschlüssels,
- Disjoin (1-Arm): Aufheben einer definierten Kontaktbeziehung zweier Objekte.

Jede EEO wird durch ein entsprechendes *Elementar Operationen Modul* (EOM) realisiert. Bei komplexeren Operation wie z.B. einer Schrauboperation wird innerhalb des entsprechenden EOMs das durch die EEO spezifizierte Ziel in eine Sequenz einfacherer sensorunterstützter Bewegungsprimitiven zergliedert, die wiederum je nach Aufgabe unterschiedlich parametrisierte Bewegungskommandos aufrufen. Jede Bewegungsprimitive ist zuständig für die Durchführung einer bestimmten Teilaufgabe einer EEO. Hierzu gehören z.B. das Herstellen von Kontaktbeziehungen, unterschiedliche taktile Feinsuchbewegungen oder verschiedene Arten von Einfügebewegungen [5,10].

Neben den taktilen Kraft-Drehmoment-Sensoren verfügt der KAMRO über ein Bildverarbeitungssystem, das alle Aufgaben von der Bildaufnahme bis hin zur Merkmalsextraktion übernimmt und ein Objekterkennungssytem, das mit den extrahierten Merkmalen die Erkennung und Lagebestimmung von Werkstücken durchführt [6].

Das Bildverarbeitungssystem arbeitet mit einer stationären Overhead-Kamera und zwei an den Endeffektoren angebrachten Miniaturkameras, sogenannten Handkameras. Das System stellt Serverfunktionen in Form von höheren Bildverarbeitungskommandos verschiedenen Client-Systemen, wie z.B. dem Objekterkennungssytem oder der Robotersteuerung, zur Verfügung. Durch das Client-Server-Prinzip und der damit verbundenen klaren Schnittstellendefinition ist das Gesamtsystem modular aufgebaut.

Das Planungssystem aktiviert, falls während der Generierung der Expliziten Elementar-Operationen die aktuelle Position einzelner Montageteile nicht bekannt ist, das Objekterkennungssystem, das wiederum das Bildverarbeitungssystem anstößt. Da Planungs- und Objekterkennungssystem nur lose über eine Kommandoschnittstelle geringen Umfanges gekoppelt sind, können beide Systeme parallel arbeiten. Die Ausgabe des Objekterkennungssystems sind die erkannten Objekte mit ihrer Lage und Erkennungswahrscheinlichkeit. Mit Hilfe dieser Sensordaten generiert daraufhin das Planungssystem die aktuellen Parameter für die vom Robotersteuerungssystem auszuführenden Transfer-, Greif- und Fügeoperationen.

Die Bewegungssteuerung des Manipulatorsystems

Um Unsicherheiten der realen Welt berücksichtigen zu können, bedarf es eines fortgeschrittenen Steuerungssystems für die Aktuator- und Sensorkomponenten, das die Zuverlässigkeit bei der Ausführung elementarer Bewegungsoperationen erhöht. Das sensorintegrierte Bewegungssteuerungssystem stellt somit die zentrale Komponente des Realzeit-Robotersteuerungssystems dar. Das im folgenden beschriebene System steuert zwei Roboter vom Typ PUMA 260 in einer hängenden Konfiguration. Beide Roboter sind jeweils mit einem am Institut entwickelten Greifersystem mit integriertem Kraft-Drehmoment-Sensor und einer Sony XC-77 als Handkamera ausgestattet.

Aufgrund der hohen Rechenanforderungen ist das Echtzeit-Robotersteuerungssystem auf einem Multiprozessorsytem implementiert, das sich direkt auf dem mobilen Roboter befindet. Im gegenwärtigen Zeitpunkt besteht es aus (Abb.3):

- einer 68020-CPU-Karte, die die Kommunikation mit dem Planungssystem über ein lokales Netz (Ethernet) und die Echtzeitkommunikation mit dem Bildverarbeitungssystem über einen Echtzeitbus (Bitbus) durchführt,
- zwei 68020-CPU-Karten mit mathematischem Coprozessor für die kartesischen Steuerungs- und Regelungsprozesse jedes Manipulators,
- zwei Sensorinterfacekarten für die Ansteuerung der Greifer und der Kraft-Drehmoment-Sensoren,
- vier 68000-CPU-Karten mit analogen Ein- Ausgabekomponenten für die Regelung von je drei Achsen der zwei PUMA 260 Roboter und
- einer Globalspeicherkarte für die Kommunikation und Synchronisation der einzelnen Prozessorkarten untereinander.

Die Schnittstelle zwischen den realisierten Bewegungsprimitiven und dem Bewegungsteuerungssystem, bildet ein Satz spezieller Bewegungs- und Sensorkommandos, die als *Extended Motion Command Language* (EMCL) bezeichnet werden. Realisiert sind sowohl elementare Bewegungskommandos, die ein Bewegungssegment für einen einzelnen Manipulator spezifizieren, als auch Kommandos für koordinierte Bewegungen beider Manipulatoren. Die Synchronisation der beiden Bewegungssteuerungen erfolgt hier im Gegensatz zu konventionellen Systemen nicht auf Aufgabenebene, sondern auf der wesentlich niedrigeren Interpolationstaktebene.

Eine EMCL-Anweisung wird durch einen Bewegungs- und Sensorparameterblock spezifiziert, der die Bewegungsparameter, wie z.B. Bahntyp, Geschwindigkeit, Beschleunigung, und die zum Einsatz kommenden Regler und deren Parameter sowie Schwellwerte für die Sensoren enthält. Dieser Bewegungs- und Sensorparameterblock wird von der jeweiligen Bewegungsprimitive mit den aufgabenspezifischen Werten belegt. Die genaue system- und aufgabenspezifische Handhabung der Parameter, d.h. die Trajektoriengenerierung, die Regelalgorithmen, die Rückkopplung und Überwachung von Sensorwerten oder auch die Synchronisationsmechanismen zwischen Sensor- und Bewegungskomponenten wird dann vom Bewegungssteuerungssytem ausgeführt. Die Bewegungssteuerung selbst läßt sich grob in die folgenden Prozesse aufteilen [9]:

- Trajektoriengenerierung mittels kartesischer oder gelenkwinkelorientierter Interpolation. Insbesondere können auch Trajektorien für koordinierte Bahnen beider Roboter berechnet werden, wobei die notwendige Synchronisation auf Interpolationstaktebene stattfindet.
- Hybride Positions- und Kraftregelung unter Verwendung externer Sensoren, wie z.B. eines im Handgelenk integrierter Kraft-Drehmoment-Sensors. Die Regelung kann sowohl für das Einarm- als auch für das koordinierte Zweiarmsystem angewendet werden, so daß *compliant motions* neben dem Einarmbetrieb auch im koordinierten Zweiarmbetrieb möglich sind.
- Koordinatentransformation zur Generierung der Gelenkwinkel aus den kartesischen Positionen als Sollwertvorgaben an die Gelenkregler und umgekehrt zur Berechnung der kartesischen Istposition aus den Daten der Winkelencoder in den Gelenkantrieben. Die Transformationen beziehen sich jeweils auf einen speziellen Roboter.

Durch die Generierung von Freiräumen für die Ausführung von Operationen ist es möglich, auch komplexere Operationen, bei denen kleinere Positions- und Orientierungskorrekturen durchgeführt werden müssen, autonom auszuführen. Zu diesen komplexeren Operationen gehören neben dem Herstellen von verschiedenen Fügeverbindungen mit einem Einarmsystem, das Schrauben eines Roboters mit einem Maulschlüssel und das Herstellen einer Ein-Punkt-Fügeverbindung mit zwei Robotern.

Bei der Durchführung komplexer Echtzeitaufgaben durch ein Zweiarm-Manipulatorsystem muß dessen Regelungssystem insbesondere die Stabilität des Gesamtsystems gewährleisten und die Anforderungen der externen Sensorik berücksichtigen. Weiterhin ist die Ausführungsgüte von Manipulatorbewegungen von ausschlaggebender Bedeutung.

Konventionelle Robotersteuerungen bieten zur Zeit nur aufgabenunabhängige, fest konfigurierte Gelenkregler, wobei diese Steuerungssysteme auch nur für einen einzelnen Roboter ausgelegt und für einen eng koordinierten Mehrarmbetrieb noch nicht kommerziell erhältlich sind.

Somit war es ein Ziel bei der Erweiterung des KAMRO-Systems ein fortgeschrittenes Reglerkonzept für die Servoebene der Bewegungssteuerung zu entwickeln und zu realisieren. Die wichtigsten Gründe für eine

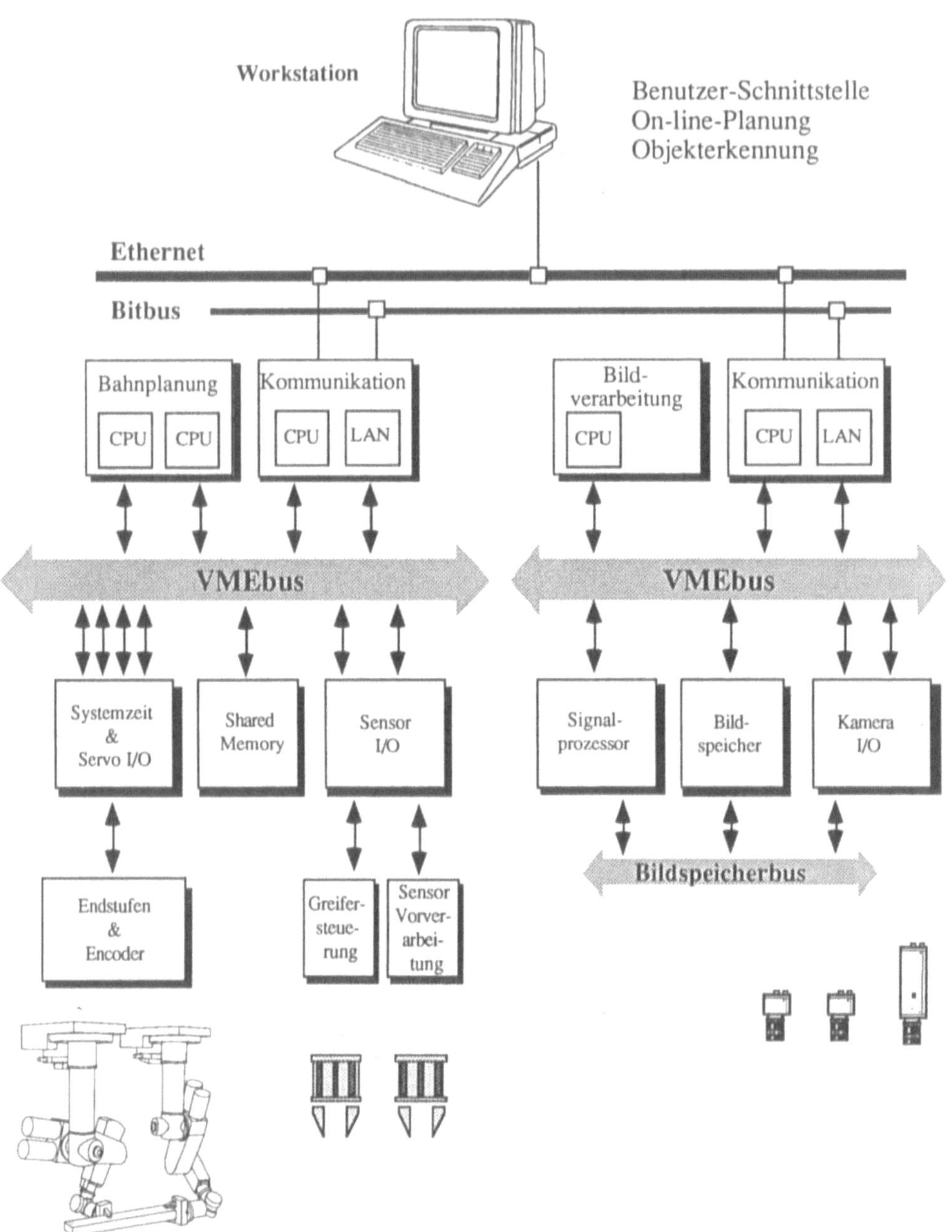

Abb. 3. Hardwarearchitektur

Eigenentwicklung waren die für die Ausführung koordinierter Zweiarmbewegungen notwendige enge Synchronisation beider Manipulatoren während eines Reglertaktes, die Notwendigkeit eines adaptiven Reglerkonzeptes und die Möglichkeit zur Einkopplung unterschiedlicher asynchron arbeitender Sensoren, sowohl in die Bahnplanung als auch direkt in die Robotersteuerung.

Das Regelungskonzept der Roboterechtzeitebene wurde speziell für die Berücksichtigung wechselnder Anforderungen an das Manipulatorsystem ausgelegt, die sich aus der Ausführung unterschiedlicher Aufgabentypen ergeben. So ist es zum Beispiel für eine *Pick and Place* -Aufgaben sinnvoll, Regleralgorithmen und -parameter zu benutzen, die hohe Geschwindigkeiten erlauben, jedoch bezüglich ihrer Bahntreue keinen zu hohen Anforderungen unterliegen. Dem gegenüber steht die Forderung einer hohen Bahntreue bei Fügeoperationen mit Unterstützung taktiler oder optischer Sensoren, um Verschiebungen der Objekte und Beschädigungen der Sensorik zu vermeiden. Diese Aktionen werden im allgemeinen mit niedriger Geschwindigkeit ausgeführt.

Aus den oben aufgeführten Gründen wurde ein Konzept für eine adaptive dreistufige Kaskaden-Regelung entwickelt und realisiert. Die Schleife mit der höchsten Zeitanforderung ist ein kommerzieller analoger PI-Hardware-Stromregler. Diesem übergeordnet ist ein adaptiver Einzelachs-Positionsregler, dem von der Bahnplanung eine Aufgabenspezifikation mitgeteilt wird. Gemäß der erteilten Aufgabe, der momentanen Geschwindigkeit und der Lastverteilung wird von der Achssteuerung eigenständig der am besten passende Regleralgorithmus mit den zugehörigen Parametern ausgewählt. Die oberste Hierarchiestufe des Regler-konzeptes bildet ein hybrider Kraft-Positionsregler auf der kartesischen Steuerungsebene. Mittels diesem kann während eines Bewegungssegmentes jeder der sechs kartesischen Freiheitsgrade wahlweise kraft- oder positionsgeregelt werden [8].

Für die Achssteuerung eines Manipulators werden zwei Prozessorkarten verwendet, die jeweils drei Achsen eines Manipulators regeln. Die Algorithmen sind besonders für den Einsatz im Zweiarmsystem ausgelegt, wobei die Synchronisation untereinander und mit den anderen beiden Achsreglerkarten im 1,6 ms Takt stattfindet. Auf allen Achssteuerungskarten ist eine zweischichtige Hierarchie realisiert. Auf der oberen Ebene liest ein Interpreter die Befehle und Daten der Bahnplanung und setzt sie in eine interne Darstellung um. Der Interpreterdurchlauf wird durch Timer-Interrupts unterbrochen, die die untere Schicht aktivieren. Dieser sogenannte Echtzeitkern enthält die Algorithmen für die Einzelachsregelung der Roboter-antriebe und stellt Synchronisationsmechanismen für die gesamte Manipulatorsteuerung zur Verfügung. Die Achssteuerung bildet bzgl. der Synchronisation die zentrale Komponente der Roboter-Echtzeitsteuerung. Hierbei werden alle Achsreglerkarten beider Manipulatoren untereinander und die Achssteuerung mit der Bahnplanung und der Sensorik synchronisiert. Nach Beendigung eines Interpreterdurchlaufes wird auf ein spezielles Synchronisationssignal vom Echtzeitkern gewartet, bevor der Zyklus wiederholt wird [1].
Das realisierte adaptive Konzept für die Achssteuerung erlaubt die Anpassung der Regelung an die durch-zuführende Aufgabe. Hierzu werden verschiedene Reglertypen und Parameter in einer Tabelle abgelegt. Diese werden von dort entsprechend dem Anforderungsprofil der Bahnplanung vom Interpreter ausgewählt und dem Echtzeitkern zur Verfügung gestellt. Weitere Kriterien für die Wahl der Achsregler aus dieser Tabelle sind die Sollgeschwindigkeit und die Lage der Armglieder des Manipulators im Schwerkraftfeld. Diese werden vom Interpreter eigenständig bestimmt.
Die realisierten Achsregler sind vom Typ *P*, *PID* und *LEAD-LAG*. Die notwendigen Parameter werden extern mittels eines rekursiven Identifikations- und Optimierungsalgorithmus ermittelt. Zur Extraktion der Reglerparameter wird eine der Aufgabe entsprechende Manipulatorbahn gefahren und die Ist- und Soll-werte, sowie die Stellgröße werden aufgezeichnet. Aus der Ist- und Stellgröße werden die Parameter des Streckenmodelles für diesen Arbeitspunkt angenähert. Anschließend werden mit dem angepaßten Streckenmodell, der Ist- und der Sollgröße mittels eines Optimierungsverfahrens die freien Parameter des gewünschten Regleralgorithmus ermittelt.

Die Kommunikation zwischen der Servoebene und der kartesischen Steuerungsebene sowie mit allen im System verfügbaren VMEbus-Peripheriekarten erfolgt über *shared memory*-Mechanismen. Die Schnittstelle zwischen kartesischer Bahnplanung und Achssteuerung bildet eine Menge von Funktionen, die die steue-rungsunspezifischen Befehle in die zugehörigen Globalspeicherbereiche schreiben bzw. Daten von dort lesen.

Das Bildverarbeitungssystem

Auf Grund der hohen Informationsdichte der Bilddaten und der daraus resultierenden Aufgabenkomplexität ist die Bildverarbeitung sowohl physikalisch wie auch logisch ein eigenständiges System und nicht wie z.B. der Kraft-Momenten-Sensor in die Robotersteuerung integriert. Die Aufgaben des Bildverarbeitungssystems reichen von der Bildaufnahme über die ikonische Bildverarbeitung bis zur Merkmalsextraktion, die eine symbolische Szenenbeschreibung erzeugt. Mit diesen Merkmalen werden dann vom Objekterkennungssystem Montageteile erkannt bzw. von der Robotersteuerung Korrekturbewegungen zur Feinpositionierung der Manipulatoren berechnet [2,7].

Intern gliedert sich das Bildverarbeitungssystem in drei Module. Die unterste Ebene bildet das *Hardware & Image Handler-Modul*. Es stellt Funktionen zur Verfügung, mit denen die hardwareabhängigen Systemparameter abgefragt und gesetzt werden können. Außerdem beinhaltet es eine dynamische Bild- und Bildspeicherverwaltung, so daß automatisch bei jedem Kommando der interne Status aktualisiert wird. Im zweiten Modul, dem *Merkmalsextraktionssystem*, sind die Bildoperatoren für Filterungen und Bildreduktionen und die höheren Merkmalsextraktionsroutinen zusammengefaßt. Welche Bildmerkmale extrahiert werden, ist dabei von der zu erfüllenden übergeordneten Aufgabe abhängig. Werden die Merkmale z.B. für eine komplette Szenenerkennung benötigt, so müssen alle Szenenmerkmale extrahiert werden, ist dagegen Vorwissen, wie z.B. bei einer Fügebewegung, über bestimmte Merkmale vorhanden, können diese gezielt ermittelt werden. Die oberste Ebene des Bildverarbeitungssystems bildet das Kommunikationsmodul, das die Schnittstelle für die verschiedenen Client-Systeme realisiert. Alle Kommandos an das Bildverarbeitungssystem laufen über dieses Modul und werden hier auf Funktionen des Hardware & Image Handler- und des Merkmalsextraktionsmoduls abgebildet.

Die Hardware des Bildverarbeitungssystems besteht aus einem VMEbus-basierten Multiprozessorsystem, das sich ebenso wie die Robotersteuerung direkt im Fahrzeug befindet. Im einzelnen beinhaltet das System (Abb. 3):

- eine 68020-CPU-Karte für die Kommunikation mit den Client-Systemen. Die Kommunikation geschieht entweder über Ethernet oder bei Aufgaben mit Echtzeitanforderungen über Bitbus,
- eine 68020-CPU-Karte, die die eigentliche Bildverarbeitung durchführt und als Master für die speziellen Bildverarbeitungskarten dient,
- eine Video-Ein-/Ausgabekarte für die Kamera und Monitorsynchronisation,
- eine VideoIntefaceKarte für den Anschluß von 4 Kameras,
- eine Bildspeicherkarte mit 4 MByte Bildspeicher,
- eine Signalprozessorkarte für low-level Bildoperationen, deren hohe Verarbeitungsleistung durch assembleroptimierte Programmierung und einen 128 bit breiten parallelen Zugriff auf den Bildspeicher erzielt wird.

Obwohl die Overhead- und die zwei Handkameras mit denen das Bildverarbeitungssystem arbeitet die gleichen Bildformate haben, gibt es wesentliche Unterschiede zwischen den Kameratypen. Da Handkameras, um die Kinematik und Dynamik der Manipulatoren nicht zu beeinträchtigen, möglichst klein und leicht sein müssen, werden dafür CCD-Kameras mit abgesetztem Kamerakopf eingesetzt. Aus den gleichen Gründen sind sie, obwohl sie im Gegensatz zur Overhead-Kamera unterschiedliche Aufnahmepositionen einnehmen, weder mit Motor-Zoom noch -Focus ausgestattet. Diese Einschränkung wird kompensiert, indem die Handkameras mit Hilfe der Manipulatoren jeweils in eine mögliche Aufnahmeposition zum Objekt gebracht werden. Um eine gleichmäßige Bildausleuchtung zu erzielen, führen beide Handkameras Beleuchtungsringe mit, die rund um das Objektiv angebracht sind. Da die Leuchtstärke vom System einstellbar ist, kann sie optimal auf die auszuführende Aufgabe angepaßt werden. Im Gegensatz zur Overhead-Kamera besitzen die Handkameras die Möglichkeit, im Shutter-Mode Bildaufnahmezeiten von bis zu einer millionstel Sekunde zu erzielen. Dies wird immer dann benötigt, wenn sich der Manipulator bei der Bildaufnahme bewegt und das Objekt trotzdem scharf abgebildet werden soll. Im realen Betrieb beträgt die Bildaufnahmezeit aber mindestens 1/250 sec, da bei noch schnelleren Zeiten die eingesetzte Beleuchtung nicht ausreicht.

Die Schnittstelle des Bildverarbeitungssystems umfaßt neben Befehlen für das Objekterkennungssystem auch Kommandos, die zur Unterstützung von Greif- und Fügeoperation eingesetzt werden, um z.B. taktile Suchoperationen zu verkürzen. Von der Robotersteuerung werden dabei die erwarteten Merkmale, ihre Position in Weltkoordinaten und ein Freiraum, der die maximal zulässige Abweichung angibt, gesendet. Das Bildverarbeitungssystem nimmt mit der entsprechenden Handkamera die Zielumgebung auf und bestimmt die aktuelle Merkmalsposition. Ist das erwartete Merkmal nicht vorhanden bzw. liegt es außerhalb des angegebenen Freiraumes, wird die Roboterbewegung abgebrochen und eine Fehlerbehandlung gestartet.

Für die Greif- und Fügeunterstützung sind zur Zeit zwei spezielle Kommandos realisiert. Beim Kommando *einpunkt* soll der Schwerpunkt eines Objektes bzw. Loches berechnet werden. In diesem Fall ist der Schwerpunkt gleichzeitig auch Greif- oder Fügepunkt und es reicht aus, diesen exakt zu bestimmen. Dieser Fall tritt bei allen rotationssymmetrischen Teilen, wie z.B. Stiften oder runden Löchern, auf. Bei dem Kommando *parallele_kanten* ist neben der Position auch die Orientierung der beiden parallen Kanten zu berechnen. Dieser Fall tritt beim Greifen von nicht rotationssymmetrischen Objekten und beim Fügen von Stiften in nicht runde Löcher auf.

Der Einsatz externer Sensorik für die Ausführung von Montageaufgaben

Am Beispiel einer konkreten Aufgabe soll die Zusammenarbeit der Echtzeit-Robotersteuerung mit der Objekterkennung und dem Bildverarbeitungssystem einerseits und die Verwendung von Kraft-Drehmoment-Sensoren zur Unterstützung von Greif- und Fügeoperationen andererseits erläutert werden.

Eine vom Zweiarm-Robotersystem durchzuführende exemplarische Aufgabe besteht darin, ein Ventilrad koordiniert mit zwei Armen zu greifen, aufzunehmen, auf eine quadratische Achse zu fügen und dort zu drehen. Da die exakte Position des Ventilrades, wie auch der Achse, a priori unbekannt sind, müssen zunächst mit Hilfe des Objekterkennungssystems die Teile erkannt und ihre aktuelle Position und Orientierung ermittelt werden.

Dazu aktiviert das Objekterkennungssystem, da ihm keine Szenenmerkmale vorliegen, das Bildverarbeitungsystem, um die Merkmalsextraktion durchzuführen. Durch Parameter wird spezifiziert, mit welcher Kamera das Bild aufgenommen werden soll -in diesem Fall mit der Overhead-Kamera-, in welcher Weltposition sich die Kamera befindet und welche Merkmale extrahiert werden sollen. Nachdem das Bild aufgenommen, die Merkmale bestimmt und an das Objekterkennungssystem gesendet wurden, wird dort mit diesen Merkmalen ein Suchbaum aufgebaut, der an seinen Blättern unterschiedlich komplexe Hypothesen über die Lage der Objekte enthält. Sowohl die Hypothesengenerierung als auch deren Verifikation geschieht mit Hilfe von Fuzzy-Regeln. Treten bei der Erkennung Probleme auf, z.B. wenn zu suchende Objekte gar nicht oder nur teilweise, so daß sie nicht sicher erkannt werden können, im Bildbereich liegen, wird ein Handkameraeinsatz geplant und durchgeführt.

Hierzu wird zunächst die Aufnahmeposition für die Handkamera bestimmt. Ist das Objekt teilweise sichtbar, wird aus der Hypothese und den eingelernten Objektmerkmalen eine Position berechnet, so daß weitere Merkmale von diesem Objekt im Sichtbereich der Handkamera liegen. Anschließend wird ein Bewegungsbefehl an die Robotersteuerung abgeschickt, mit dem die Handkamera in die gewünschte Position bewegt wird. Danach können wieder aus dem mit der entsprechenden Handkamera aufgenommenen Bild die Merkmale extrahiert werden. Hierbei wird bei der Bildaufnahme auf unterer Ebene automatisch die Beleuchtung aktiviert. Die Merkmalsextraktion wird dabei jeweils in Abhängigkeit vom Abbildungsmaßstab durchgeführt. Falls ein bestimmtes Objekt erkannt werden soll und dieses sich nicht im Sichtbereich der Overhead-Kamera befindet, wird eine handkameragesteuerte Suche gestartet. Diese umfaßt den gesamten vom Manipulatorsystem erreichbaren Arbeitsraum, abzüglich des von der Overhead-Kamera einzusehenden Sichtbereiches.

Nachdem die Objekte erkannt wurden und das Planausführungssystem die für den nächsten Planungsschritt notwendigen EEOs generiert hat, wird das Bildverarbeitungssystem zur Unterstützung von Greif- und Fügeoperation eingesetzt. Um ein exaktes Greifen und ein paßgenaues Einfügen ohne eine zeitaufwendige taktile Suchoperatione zu ermöglichen, werden die zum Greifen bzw. Fügen benötigten Objektmerkmale nochmals direkt vor der Operation durch die am Endeffektor befestigte Handkamera bestimmt. Dafür wird die Kamera durch den Roboter so positioniert, daß die Merkmale im Bildmittelpunkt liegen. Im Gegensatz zu den durch die Overhead-Kamera ermittelten Merkmalen, sind diese Merkmale sicherer, da sie erst kurz vor der Operation bestimmt werden, und ihre Position ist genauer, da zum einen die Handkamera bei gleicher Auflösung einen viel kleineren Sichtbereich hat und zum anderen die Merkmale relativ zum Tool-Center-Point des Roboters ermittelt werden und deshalb dessen Absolutpositioniergenauigkeit als

Unsicherheitquelle entfällt. Obwohl die Gesamtoperation durch eine zusätzliche Roboterbewegung und eine Bildaufnahme mit Merkmalsextraktion enthält, wird sie in der Regel schneller durchgeführt als eine rein taktile Suchoperation, da diese, um das Objekt nicht zu verschieben und den Roboter nicht zu beschädigen, nur langsam ausgeführt werden kann.

Ein weiterer Sensor zur Unterstützung von fehlertoleranten Montageoperation ist ein Kraft-Drehmoment-Sensor. Die direkte Interpretation von Kräften und Drehmomenten und deren Rückkopplung im Interpolationstakt der Roboter-Echtzeitsteuerung in die Bahnplanung ermöglicht unter Verwendung eines hybriden Kraft-Positionsreglers die Ausführung von sensorüberwachten und -geführten Bewegungen. Hierzu zählen z.B. Greif-, taktile Such-, Einfüge- und Schrauboperationen, bei denen mit Hilfe des Kraft-Drehmoment-Sensors aktiv kleine Positionierungsabweichungen ausgeglichen und definierte Kontaktbeziehungen hergestellt werden können [8,10].
Beim Transport oder Fügen eines starren Objektes durch ein Zweiarm-Robotersystem treten zusätzlich zu möglichen externen auch interne, d.h. im Objekt wirkende Kräfte auf, die durch die Positionierungsungenauigkeiten der beiden Manipulatoren verursacht werden. Um sowohl die internen als auch die externen Kräfte mittles eines hybriden Kraft-Positionsreglers einprägen zu können, muß jeder Manipulator über einen eigenen Kraft-Drehmoment-Sensor verfügen. Mit den Meßwerten beider Sensoren jeweils werden die externen und internen Kräfte berechnet [3,4,9]. Desweiteren ist hierzu eine im Interpolationstakt des Regelungssystems synchronisierte Bewegungssteuerung für beide Manipulatoren notwendig, wie sie z.B. durch das Echtzeit-Robotersteuerungssytem des KAMRO realisiert wurde.

Zusammenfassung

In der vorliegenden Arbeit wurde die Architektur und Realisierung eines fortgeschrittenen autonomen Robotersystems vorgestellt, das derzeit am Institut für Prozeßrechentechnik und Robotik der Universität Karlsruhe entwickelt wird. Eine wichtige Teilkomponente ist das adaptive Bewegungssteuerungssystem, das die Voraussetzung für die Ausführung von aufgabenangepaßten sensorgeführten Manipulatorbewegungen darstellt. Im Gegensatz zu kommerziellen Systemen können bei diesem Regelungskonzept die Einzelachs-Positionsregler aufgabenspezifisch parametrisiert werden.
Eine weitere Teilkomponente für die Erhöhung der Gesamtautonomie ist das Bildverarbeitungssystem, das mit verschiedenen Kameratypen arbeitet und sowohl für die Objekterkennung als auch für die Montageunterstützung eingesetzt wird.
Anhand eines speziellen Zweiarm-Experimentes wird die enge Kooperation zwischen der Bildverarbeitung und dem Robotersteuerungssystem aufzeigt. Dies gilt besonders für den Handkameraeinsatz, bei dem einerseits die exakten Greif- und Fügepositionen für die Manipulatoren mit Hilfe der Handkameras bestimmt werden und andererseits die Manipulatoren zur Bildaufnahmepositionierung der Handkameras verwendet werden.

Anmerkung

Diese Arbeit wurde am Institut für Prozeßrechentechnik und Robotik, Prof. Dr.-Ing. U. Rembold und Prof. Dr.-Ing. R. Dillmann, Universität Karlsruhe, Fakultät für Informatik, 7500 Karlsruhe 1, durchgeführt. Das Vorhaben wird durch die Deutsche Forschungsgemeinschaft im Sonderforschungsbereich 314 gefördert.

Literatur

[1]   Dieterle, W.: Entwürf und Implementierung einer taskadaptierbaren Regelung für einen Industrieroboter. Diplomarbeit, Universität Karlsruhe, Institut für Prozeßrechentechnik und Robotik (1991)
[2]   Gandolfo, F.; Sandini, G.; Tistarelli, M.: Towards vision guided manipulation. Fifth Int. Conf. on Advanced Robotics, ICAR 91, Pisa (1991)

[3]   Graf, J.; Meier, W.: Two Arm Coordination Using Trajectory Optimization and an Integrated Hybrid Control System. Int.Symp. on Advanced Robot Technology, Tokyo (1991)

[4]   Graf, J.: Entwicklung von Verfahren zur Trajektorienplanung für kooperierende Mehrarmroboter unter Berücksichtigung des Sensoreinsatzes. Diplomarbeit, Universität Karlsruhe, Institut für Prozeßrechentechnik und Robotik (1990)

[5]   Hörmann, A.; Meier, W.; Schloen, J.: A Control Architecture for an Advanced Fault-tolerant Robot System. Int. Conf. on Intelligent Autonomous Systems 2, Amsterdam (1989)

[6]   Kappey, D.; Raczkowsky, J.: Knowledge-based object recognition with uncertainty handling mechanisms. Int. Conf. on Intelligent Autonomous Systems 2, Amsterdam (1989)

[7]   King, F.J. et al: Vision Guided Robots for Automated Assembly. Int. Conf. on Robotics and Automation, Philadelphia (1988)

[8]   Lang, J.: Entwurf einer Kraftregelung für einen Industrieroboter unter besonderer Berücksichtigung der Modellbildung und experimentellen Identifikation. Diplomarbeit, Universität Karlsruhe, Institut für Prozeßrechentechnik und Robotik (1990)

[9]   Meier, W.: Fortgeschrittene Steuerungsarchitekturen für autonome Robotersysteme (2): Ausführung von sensorgeführten Bewegungen durch ein Mehrarmrobotersystem. 5. GI Fachgespräche: Autonome mobile Systeme, München (1989)

[10]   Schloen, J.: Untersuchung von fehlertoleranten Fügeoperationen. Diplomarbeit, Universität Karlsruhe, Institut für Prozeßrechentechnik und Robotik (1988)

[11]   Uchiyama, M.; Dauchez,P.: A Symmetric Hybrid Position/Force Control Scheme for the Coordination of Two Robots. IEEE Int.Conf. on Robotics and Automation, Philadelphia (1988)

Integration, Fusion und Planung in der Multisensordatenverarbeitung[*]

G. Grunwald
Institut für Robotik und Systemdynamik
DLR-Oberpfaffenhofen
Münchenerstr. 20
8031 Oberpfaffenhofen
e-mail: df2e@vm.op.dlr.de

1. Einleitung

In den letzten Jahren ist das Interesse an einem synergetischen Gebrauch mehrerer Sensoren stark gewachsen, um die Fähigkeiten intelligenter Maschinen und Systeme zu steigern [LK89]. Dies liegt vor allem daran, daß der Gebrauch von Einzelsensoren fundamentalen Beschränkungen bezüglich der Erfaßbarkeit der realen Welt unterliegt, da die einzelnen Sensoren jeweils nur sehr partielle Beschreibungen liefern können. Darüberhinaus gibt es aber auch andere Gründe, Multisensorsysteme zu verwenden, um die inhärenten Nachteile von Einzelsensorsystemen zu verringern. Messungen der Sensoren sind ungenau, partiell, gelegentlich falsch und häufig geometrisch und geographisch unvergleichbar mit anderen Messungen [DW88]. Durch Sensordatenfusion können diese durch die Sensoren induzierten Ungenauigkeiten reduziert werden. Um die reale Welt jedoch zielgerichtet zu beobachten, ist ein Sensorplanungssystem erforderlich, das die dazu notwendigen Sensoren und Sensordatenverarbeitungsprozesse bestimmt. Im nächsten Abschnitt werden in einem kurzen Überblick Sensorintegration und Sensordatenfusion vorgestellt. Abschnitt 3 gibt eine Übersicht auf einige Sensorplanungssysteme und diskutiert deren unterschiedlichen Ansätze. Im Abschnitt 4 wird ein Konzept eines Sensorplanungssystems für kooperierende Sensoren in einer dynamischen Umwelt vorgestellt.

2. Integration und Fusion

In der Literatur wird im Zusammenhang mit Multisensorsystemen von Sensorintegration und Sensorfusion gesprochen. Diese Begriffe werden dabei teilweise für unterschiedliche Aspekte in der Multisensorik benutzt, teilweise synonym. [BDS89] verstehen unter dem Begriff Sensorintegration (Fusion) das Erhalten spezifischer Informationen, um ein System nutzbringend zu steuern. In [Hac90] wird unter Sensorfusion der Prozeß verstanden, der die Ausgaben mehrerer Geräte so verknüpft, daß einzelne Eigenschaften einer Umgebung beschrieben werden können. Die Sensorintegration hingegen ist für den korrekten Einsatz verschiedener Sensoren verantwortlich, um eine bestimmte Aufgabe zu lösen. [LK89] definieren die Multisensorintegration als das Zusammenwirken der Informationen, die durch mehrere Sensoren geliefert werden, um eine Aufgabe zu erfüllen. Multisensorfusion wird dagegen etwas enger gefaßt und bezieht sich auf jede Stufe des Integrationsprozesses, wo gerade eine Kombinierung oder Fusion unterschiedlicher Sensorinformationen in ein einheitliches Repräsentationsschema stattfindet. In [RM88], [Pau88] wird ausschließlich von Sensordatenfusion gesprochen. Unter diesem Begriff wird all das zusammengefaßt, was notwendig ist, um alle Daten der Sensoren kombinieren und als Eingangsgröße für eine intelligente Weiterverarbeitung zur Verfügung stellen zu können. Demgegenüber wird in [HS84]

---

[*] Teile dieser Arbeit werden durch den NATO Collaborative Research Grant No. CRG 910994 gefördert.

nur von Sensordatenintegration gesprochen. Darunter verstehen die Autoren einen Mechanismus, die verfügbaren Daten aller Sensoren in eine kohärente niedere Repräsentationsebene der dreidimensionalen Welt einzufügen. Andere Autoren wie [DW88], [SdK88] machen keinerlei Unterscheidungen zwischen Sensordatenintegration und Sensordatenfusion und verwenden diese Begriffe synonym. Aus diesen unterschiedlichen Auffassungen kristallisieren sich folgende Definitionen für Sensorfusion und –integration heraus, wie sie sinngemäß auch in [LL88] zu finden sind.

Multisensorintegration beschäftigt sich mit dem systematischen Gebrauch von Sensoren, um die Handhabungsfähigkeiten eines Robotersystems optimal zu nutzen .

Multisensorfusion bezieht sich auf den systematischen Gebrauch von Sensordaten, die direkt aus unterschiedlichen Quellen kommend in einem einheitlichen Repräsentationsschema kombiniert oder fusioniert werden.

In den letzten Jahren wurden eine Reihe unterschiedlicher Methoden entwickelt, um unterschiedlichste Sensordaten miteinander zu fusionieren. Bei allen Methoden werden explizit oder implizit die Unsicherheiten mitberücksichtigt, die durch die ungenauen Sensordaten hervorgerufen werden. Es folgt ein kleiner Überblick.

2.1 Kalman Filter

Das Kalman Filter ist ein optimaler rekursiver Algorithmus, der alle zur Verfügung stehenden Meßwerte entsprechend ihrer Genauigkeit verarbeitet. Um den aktuellen Systemzustand zu schätzen, benötigt das Kalman Filter Informationen über das dynamische Verhalten des Systems, Informationen über statische Kenngrößen der Rauschquellen und der Meßstörungen der Sensoren, sowie Kenntnisse über den Anfangszustand des Gesamtsystems. In [BDS89] wird in einem Bildverarbeitungssystem zur Bestimmung der Lage, Orientierung und Geschwindigkeit eines beweglichen Objektes die Kalman Filter Theorie eingesetzt. Da das Standard Kalman Filter nur für lineare Systeme eingesetzt werden kann, schlagen [GRdSV89] zur numerischen Fusion von Geometriedaten ein erweitertes Kalman Filter (*Extended Kalman Filter*) vor. Dazu müssen die unabhängigen Zufallsvektoren, die nichtlinear sein können, linearisiert, d.h approximiert werden. Für dezentralisierte Multisensorsysteme verwenden [DWRH90] ein dezentralisiertes Kalman Filter, das sowohl für den linearen als auch nichtlinearen Fall gilt.

2.2 Bayes' scher Schätzer

Das Bayes'sche Prinzip benutzt a priori Informationen über die Häufigkeit der einzelnen Zustände, die auftreten können. Der Vorteil dieser Methode liegt darin, daß Zustände desto stärker ins Gewicht fallen, je wahrscheinlicher ihr Auftreten ist, so daß Zustände, die praktisch nicht auftreten, auch im Verarbeitungsprozeß nicht berücksichtigt werden. Ähnlich dem Kalman Filter treten auch beim Bayes'schen Modell Probleme auf, falls die Zufallsvektoren nichtlinear sind oder sich die Sensoren nicht nach dem Gauß'schen Prinzip verhalten. [Hag90], [HM90] schlagen zur Lösung dieses Problems ein gitterbasiertes Bayes'sches Prinzip vor. Sie gehen davon aus, daß die Klasse der Wahrscheinlichkeitsverteilungen für a priori und a posteriori Verteilungen durch partiell konstante Dichtefunktionen beschrieben werden kann. Diese Dichtefunktionen werden durch eine geeignete Wahl der Parameterräume definiert. [DW88] beschreibt einen Sensor als einen Bayes'schen Beobachter geometrischer Zustände der Welt. In seinem Multisensorsystem betrachtet er die Sensoren als ein zusammenarbeitendes Team. Die Gesamtaussage gewinnt er mit einem Multi-Bayes'schen Schätzer, der als Eingabe die Bayes'schen Schätzungen der Einzelsensoren nimmt. [LL88] verwenden als Schätzer für Einzelsensoren das Fisher Modell, um die Informationen als möglicherweise fehlerhaft markieren zu können. Die Sensorinformationen, die den gleichen "consensus" haben, werden mit Hilfe eines globalen Bayes'schen Modells weiterverarbeitet.

2.3 Evidentes Schließen

Als *Evidential Reasoning* oder auch *Shafer-Dempster-Reasoning* wird eine weitere Fusionsmethode bezeichnet, die man als eine Verallgemeinerung des Bayes'schen Prinzips ansehen kann. Sie ermöglicht es, unsichere Informationen aus unterschiedlichen Sensoren auf verschiedenen Abstraktionsebenen zu fusionieren. Bei dieser Repräsentationsform werden jedoch keine apriori Informationen vorausgesetzt. Die Unsicherheiten im Fusionsprozeß betrachtet man als Grad der Überzeugung, wobei alle Hypothesen paarweise verschieden sein müssen. Mit dieser Methode ist es möglich, einer Menge von Aussagen eine Zuverlässigkeit zuzuordnen, im Gegensatz zum Bayes'schen Prinzip, bei dem jede Einzelaussage bewertet werden muß. Der Ausfall oder ein Qualitätsverlust einzelner oder mehrerer Sensoren fällt nicht mehr so stark ins Gewicht. [Bog87] stellt die Verwendbarkeit der *Shafer-Dempster* Theorie anhand eines Multisensorsystems vor, das zur Zielidentifikation von künstlichen Objekten in einer natürlichen Umgebung dient. [Rac89] verwendet diese Theorie um festzustellen, welchen Beitrag ein vorher extrahiertes Merkmal zur Gesamthypothese beisteuert.

2.4 Fuzzy-Set Theorie

Die *Fuzzy-Set* Theorie als Methode zur Repräsentation von Vagheit unterscheidet sich von den vorangegangenen Methoden darin, daß sie nicht die Gültigkeit der Daten selbst bewertet, sondern das auf den Sensordaten basierende imperfekte Wissen darstellt. In der *Fuzzy-Set* Theorie wird die (partielle) Zugehörigkeit eines Elementes zu einer oder mehrerer Mengen über eine charakteristische Funktion definiert. Der Grad der Zugehörigkeit wird auf das Intervall [0, 1] abgebildet. Somit ist diese Theorie in der Lage, linguistische Ungenauigkeiten wie groß, klein, schwer, nah, fern auszudrücken. Durch die beliebige Definierbarkeit der charakteristischen Funktionen können die *Fuzzy-Sets* den jeweiligen Anforderungen des Fusionsprozesses angepaßt werden. Diese Flexibilität drückt implizit auch einen Nachteil der charakteristischen Funktionen aus. Es gibt kein allgemeingültiges Modell zur Festlegung der Funktionen. Dies geschieht vielmehr intuitiv. [Rac89] bewertet die Qualität gemessener geometrischer Merkmale mit *Fuzzy* Funktionen. Die charakteristischen Funktionen werden nach empirisch festgelegten Werten vorgegeben.

3. Planung in der Multisensorik

Durch den Einsatz von Multisensorsystemen werden Roboter- und Arbeitszellen mit mehr Intelligenz ausgestattet, da die Sensoren eine Vielzahl unterschiedlicher Informationen zur Verfügung stellen. Durch die daraus resultierende Komplexität sowohl in der Konfiguration von Sensoren als auch in der Sensordatenverarbeitung ist ein Planungssystem erforderlich. Ziel der Sensorplanung ist, die Leistungsfähigkeit der Sensordatenfusion und –integration durch eine geeignete Wahl und Anzahl von Beobachtungen gemäß einer gestellten Aufgabe und dem gegenwärtigen Systemzustand zu verbessern. Im folgenden werden einige Sensorplanungssysteme unter dem Gesichtspunkt der Rückkopplung auf den Sensorfusionsprozeß vorgestellt. Es wird dabei zwischen einer indirekten Rückkopplung, d.h. die Planung hat keinen unmittelbaren Einfluß auf die Sensorverarbeitung, und einer direkten Rückkopplung unterschieden. Ein ausführlicher Überblick findet sich in [Gru91].

3.1 Indirekte Rückkopplung

Der Vorteil der indirekten Kopplung besteht darin, daß es keine durch die Sensordatenfusion erzwungenen engen zeitlichen Rahmenbedingungen gibt, womit die Planung sehr viel sorgfältiger erfolgen kann. Darüber hinaus ist eine enge Kopplung an ein Roboterplanungssystem möglich.

3.1.1 Sensorpositionierung

Automatische Sensorpositionierung ist auch eine Form der Sensorplanung, da sie aufgrund eines bestimmten Aufgabenprofils und einer vorgegebenen Sensorkonfiguration erfolgt. So haben [BHHJ83] das Verhältnis zwischen der Anzahl der verfügbaren Sensoren und der Verarbeitungsgeschwindigkeit untersucht und dies in einer Funktion über die Antwort und den dazugehörigen Rechenzeiten beschrieben.

Andere Planungssysteme wie von [CDW90] beschäftigen sich mit der optimalen Plazierung eines oder mehrerer Sensoren, um eine erwartete Situation besser verarbeiten und falls notwendig eine andere Sensorposition bestimmen zu können.

3.1.2 CAGD-basiertes Computer-Sehen

Im Rahmen des Gebietes Computer Integriertes Fertigen (*CIM*) stellen [HH89] einen integrierten Ansatz von CAD und Robotik vor. Sie entwickelten eine Methode zur automatischen Generierung von Erkennungsstrategien basierend auf CAGD–Modellen. Prinzipiell kann man diese Vorgehensweise als *Offline*–Planung bezeichnen, da die Daten zur Objekterkennung vor dem Einsatz sowohl objekt- als auch aufgabenspezifisch erzeugt werden. Der Prozeß zur automatischen Erzeugung von Merkmalen ist eine Verkettung mehrerer Filter, die jeweils auf der vollständigen, theoretischen Merkmalsmenge arbeiten. Die Filter wählen die Merkmale nach den Kriterien *Seltenheit, Robustheit, Vollständigkeit, Kosten, Konsistenz* und *Brauchbarkeit des Filters* aus. Ziel dieser Filteroperationen ist der Strategiebaum, der Suchstrategien repräsentiert, um Objekte zu erkennen und deren Lage und Orientierung zu bestimmen. Die über den Strategiebaum erstellte Objekthypothese wird anschließend mit Hilfe des hypothetisierten geometrischen Modells verifiziert.

3.2 Direkte Rückkopplung

Das Hauptproblem der direkten Rückkopplung besteht in den harten Zeitbedingungen, die während des Sensorverarbeitungsprozesses eingehalten werden müssen. Aber durch eine Integration der Planung in die Sensordatenverarbeitung besteht die Möglichkeit, das Sensorverhalten individuellen Einflüssen anzupassen. Der Nachteil der indirekten Rückkopplung besteht gerade darin, daß die ausgewählte Strategie nur auf apriori Informationen basieren kann. Falls einige Voraussetzungen fehlerhaft oder falsch sind, führt dies zu einer nichtoptimalen Handlungsweise oder gar zum Abbruch der Aktion.

3.2.1 Planung von Sensorstrategien für Multisensorsysteme

Am *Robot Vision Laboratory* der Purdue Universität wird von [HCK88], [HK89] an einem Planungssystem zur Auswahl von Sensorstrategien in einer Roboterarbeitszelle mit Multisensorfähigkeiten gearbeitet. Ziel dieses Ansatzes ist, aus dem aktuellen Wissen über den Zustand der Welt eine Sensoroperation vorzuschlagen, die den besten Erfolg verspricht, ein Objekt eindeutig zu identifizieren. In diesem System muß die Objektrepräsentation zwei Schlüsselfunktionen erfüllen. Zum einen wird der Raum für Sensoroperationen quantisiert, da alle systemweiten Objektmerkmale in Mengen zusammengefaßt sind, die von einem bestimmten Sensor aus einem bestimmten Blickwinkel beobachtet werden können. Hutchinson et.al. benutzen dazu als Repräsentationschema den Aspektgraphen [Cas84]. Aus den detektierten Sensorinformationen werden geeignete Hypothesen über die Identität, Lage und Orientierung der Objekte erstellt. Dazu werden vier Bewertungskriterien herangezogen und entsprechend ihrer Gewichtung verknüpft. Die Bewertungskriterien sind Konsistenzkriterien und setzen sich aus der Konsistenz des Merkmalsvergleiches, der Objektkonsistenz, der relationalen Konsistenz und der Aspektkonsistenz zusammen. Das resultierende Ergebnis beinhaltet damit Hypothesen und deren Glaubhaftigkeit. Als Repräsentationsschema wird die Shafer-Dempster Theorie verwendet.

3.2.2 Aufgabenorientierte Sensordatenfusion und Sensorplanung

[Hag90] stellt in seinen Arbeiten ein aufgabenorientiertes Sensordatenfusions- und Planungssystem vor. Sein System basiert auf einem geometrischen Modell, einem Sensormodell und einem Taskmodell. Das Geometrische Modell besteht aus implizit formulierten Superellipsoiden. Das Sensormodell setzt die real meßbaren Größen mit den Modellparametern der Superellipsoiden in Beziehung, unter Berücksichtigung der durch die Sensoren induzierten Fehler. Um Sensorplanung zu ermöglichen, definiert Hager ein Task Modell, daß die Informationsgewinnung und die Datenfusion zielgerichtet beeinflußt. Das System soll sich auf solche geometrischen Aspekte konzentrieren, die die höchste Aussagekraft für die gegenwärtige Aufgabenstellung haben. Diese zielgerichtete Informationsgewinnung stellt einen dynamischen Prozeß dar, der durch die Verwendung von *Utility*–Funktionen, einem entscheidungstheoretischen Ansatz, gelöst wird. Da es in der *Online*–Planung wichtig ist, daß daraus resultierende Ergebnisse rechtzeitig zur Verfügung stehen, werden die Zeitkosten für Informationsgewinnung im voraus berechnet.

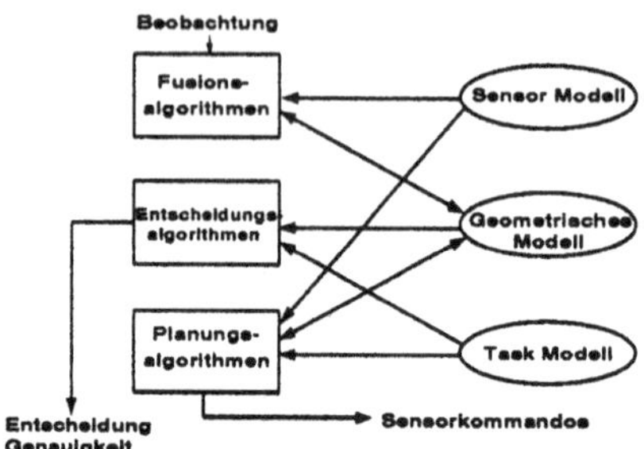

Bild 1 Logische Struktur des Fusions- und Planungssystems (nach [Hag90b])

Diese sind u.a. abhängig von der Wahl der Sensorparameter, den Werten der unbekannten Parameter, der Organisationsstruktur des Sensorsystems, sowie durch externe Bedingungen, die durch geometrische Umstände der gegenwärtigen Situation hervorgerufen werden. Bei der Kostenaufstellung ergibt sich das Problem, daß sich durch eine einzige neue Sensorbeobachtung kein positives Ergebnis einstellen muß. Dies wird erst durch eine Sequenz von Beobachtungen erreicht. Das Ergebnis dieses Kostenvoranschlages wird herangezogen, um zu entscheiden, ob sich der Aufwand für neue Informationen lohnt. Um eine entgültige Entscheidung für das weitere Vorgehen treffen zu können, müssen auch die Kosten berechnet werden, die daraus resultieren, daß man eine falsche Entscheidung mangels ausreichender Informationen getroffen hat.

4. Ein Sensorplanungssystem für kooperierende Sensoren in einer dynamischen Umwelt

In diesem Abschnitt wird das Konzept eines Sensorplanungssystems vorgestellt, dessen Schwerpunkt nicht darin liegt, einzelne Sensoren gemäß einer Aufgabe mit Aufträgen zu versorgen, sondern vielmehr aus allen verfügbaren Sensoren diejenigen auszuwählen, die gemeinsam diese gestellte Aufgabe lösen. Dies bedeutet, daß nicht nur die einzelnen zu erwartenden Sensordaten berücksichtigt werden, sondern auch die darauf basierenden Fusionsergebnisse. Das Sensorplanungssystem stellt die Schnittstelle zwischen einem aufgabenorientierten Roboterprogramm, einem Montageplanungssystem oder einem Operator und den Sensoren dar. Im folgenden wird das Konzept *Planungssystem für kooperierende Sensoren* vorgestellt.

4.1 Globalstruktur

Das Sensorplanungssystem erhält seine Aufträge je nach Bedarf und Anwendung von unterschiedlichen Anforderern (Bild 2). So kann die Sensorplanung an ein übergeordnetes Montageplanungssystem angeschlossen werden, was vor allem für autonome Anwendungen sinnvoll ist. Die Montagepläne sollen dabei als reagierende Pläne [McD90] formuliert werden, um die Flexibilität auch während der Planabarbeitung, die durch den Gebrauch von Sensoren gegeben ist, auszunutzen. Ein anderer Auftraggeber kann ein implizit formuliertes Roboterprogramm sein, das z.B. mit Hilfe eines Offline-Programmiersystems entworfen wird. Im Zusammenspiel mit einem Sensorsimulationssystem, wie es in unserem Institut entwickelt worden ist, können somit offline sensorbasierte Roboterprogramme hergestellt werden. Darüber hinaus kann auch ein Operator in einer Telerobotikanwendung Aufträge an das Sensorplanungssystem geben, um z.B. unkritische, zeitintensive oder sich immer wiederholende Operationen automatisch durchführen zu lassen. Dieser Teleoperationsmodus ist vor allem dann sinnvoll, wenn es große Kommunikationsverzögerungen gibt, wie sie z.B. in der Weltraumrobotik üblich sind.

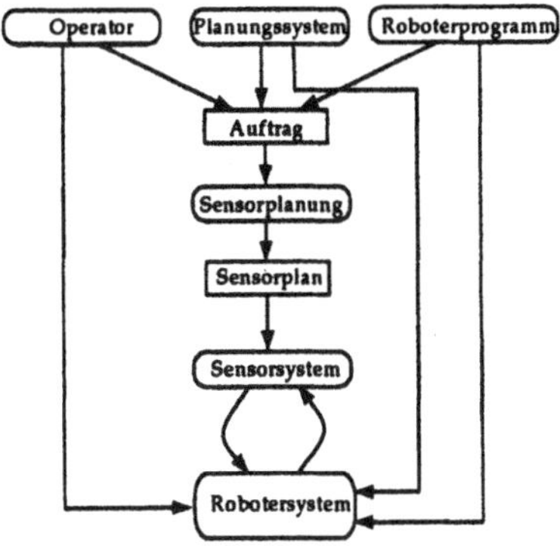

Bild 2 Globales Planungsschema

4.2 Programmierung

Die Aufträge, die an das Sensorplanungssystem gegeben werden, haben entweder einen atomaren Charakter, d.h. sie werden von dem Sensorplanungssystem nicht mehr weiter unterteilt

1. *grasp (OBJ)*: Greifen eines bestimmten Objektes.
2. *release (OBJ)*: Loslassen des gegriffenen Objektes.
3. *connect (OBJ_1, OBJ_2)*: Verknüpfen von Objekt_1 mit Objekt_2.
4. *recognize (Unknown)*: Erkennen eines Objektes an einer bestimmten Stelle.
5. *position_orientation (OBJ)*: Bestimmung von Position und Orientierung des Objektes.
6. *approach (OBJ)*: Annäherung an ein bestimmtes Objekt.

oder sie haben einen abstrakteren Charakter, der implizit eine weitere Unterteilung in atomare Einheiten einschließt.

1. **track (OBJ)** : *recognize (OBJ); position_orientation(OBJ); follow(OBJ);*
2. **servo (OBJ)** : *recognize (OBJ); position_orientation(OBJ); approach (OBJ); grasp (OBJ);*

Vom Sensorplanungssystem selbst werden nur atomare Sensoraktionen verplant, die aber in Abhängigkeit zu bereits geplanten oder noch nachfolgenden Aktionen stehen können. Die Aufträge enthalten neben der Angabe des oder der interessierenden Objekte noch weitere Parameter, die für eine erfolgreiche Abarbeitung des Planes notwendig sind. Zu diesen Parametern gehören Zeitkriterien, wann die Aufträge gestartet werden sollen (absolut, relativ), wie lange die Operationen dauern dürfen (Zeitpunkt, Dauer), Anfangs- und Endbedingungen, die erfüllt sein müssen, um die Task zu starten bzw. deren korrekte Ausführung zu verfizieren, sowie implizit oder explizit formulierte Genauigkeitskriterien.

4.3 Sensorplanung

Die Funktionsweise des Sensorplanungssystems wird anhand eines Montageexperimentes für den Zusammenbau einer Gitterstruktur erläutert. Dieses Experiment stammt aus dem **RO**boter Technologie **EX**periment (ROTEX), das während der nächsten bemannten deutschen Weltraummission D2, geplant für Januar 1993, durchgeführt wird. Der Roboter ist mit einem multisensoriellen Greifer ausgestattet. In ihm sind ein steifer und ein nachgiebiger sechsachsiger Kraft/Momenten-Sensor, eine Stereo-CCD-Kamera und ein Abstandssensor für größere Distanzen integriert. Zusätzlich befinden sich in den beiden Fingern jeweils 4 weitere Abstandssensoren, von denen zwei in Richtung des gegenüberliegenden Fingers messen und zwei in die z-Richtung des Greifers. Um eine Übersichtsinformation von der kompletten Arbeitszelle zu erhalten, gibt es noch eine weitere fest fixierte Stereokamera. Eine ausführliche Beschreibung der Sensorik und der ROTEX Experimente findet sich in [Hir88] und [HGBH91].

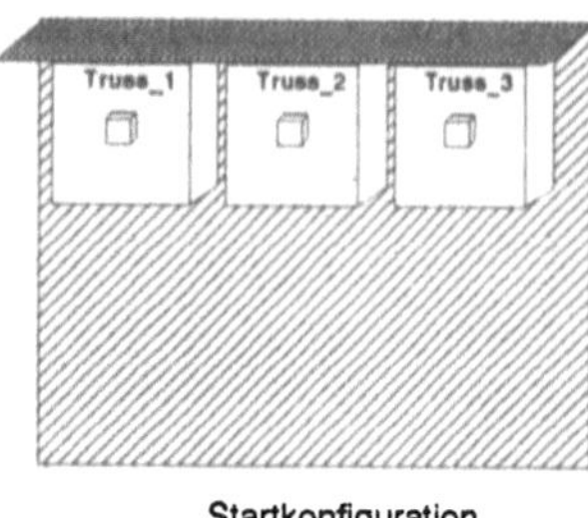

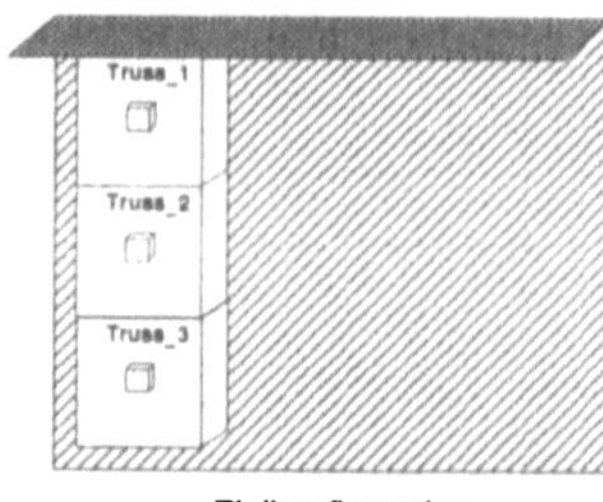

Startkonfiguration
Zielkonfiguration

Bild 3 Das ROTEX Montageexperiment

Das Experiment besteht in der Montage der horizontal angeordneten Gitterelemente (TRUSS) zu einem vertikalen Gerüst (Bild 3). Zur Montage eines Elementes werden an das Sensorplanungssystem folgende Aufträge gegeben:

servo (TRUSS_2)
approach (TRUSS_1)
connect (TRUSS_2, TRUSS_1)
release (TRUSS_2)

Betrachtet man einen Auftrag, so ist es für das Planungssystem wichtig, den Suchraum, der aus den einzelnen Sensoren und Sensorverarbeitungsprozessen besteht, möglichst schnell einzugrenzen. Dazu werden die Sensoren daraufhin untersucht, ob und inwieweit sie überhaupt sinnvolle Informationen bzgl. des atomaren Auftrages liefern können. Greift man aus dem Montageexperiment die Operation **servo**(TRUSS_2) heraus, so eignen sich für die atomaren Aufträge *recognize*(TRUSS_2), *position_orientation*(TRUSS_2) und *approach*(TRUSS_2) vor allem die bildverarbeitenden Sensoren. Der Einsatz von Kraft/Momentensensoren ist in diesen Phasen nicht geeignet, da sie keine relevanten Informationen bzgl. des Auftrages liefern können. Die Auswahl bestimmt lediglich die potentiell möglichen Sensoren. In dieser Planungsstufe hat man noch kein Wissen, ob die Sensoren in der zu erwartenden Situation auch taskrelevante Informationen liefern. Hat man potentielle Sensoren gefunden, gilt es bei den weiteren Untersuchungen der Sensoren und Sensordatenverarbeitungsprozesse die Sensormerkmale oder Sensoreigenschaften zu bestimmen, die die realen Sensoren voraussichtlich detektieren werden. Dies wird mit Hilfe einer Sensorsimulation durchgeführt.

Die durch die Simulation gewonnen Sensorinformationen werden daraufhin untersucht, inwieweit sie die aufgabenspezifischen Freiheitsgrade einschränken. Dies bedeutet, daß eine Sensortask in zweierlei Hinsicht interpretiert werden muß. Zum einen soll sie Sensorinformationen liefern, wie die Bestimmung von Position und Orientierung eines Objektes, zum anderen soll die Sensorinformation direkt zum Steuern des Roboters verwendet werden. In Termen von Freiheitsgraden formuliert, bedeutet dies für *position_orientation (OBJ)*, daß die Positionskoordinaten x, y, z und die Orientierungswinkel α, β, γ für das Objekt bestimmt werden müssen. Von anderer Qualität sind die Freiheitsgrade, wenn es darum geht den Roboter, sensorbasiert zu verfahren. Hier gilt es, den *Tool Center Point* oder den Greifer differentiell kartesisch zu kommandieren, was bedeutet, die translatorischen Komponenten d_x, d_y, d_z und die rotatorischen Anteile δ_x, δ_y, δ_z mit Hilfe von Sensorinformationen zu bestimmen. Um die Flexibilität bzw. die Robustheit bzgl. der Ungenauigkeiten oder Abweichungen des Weltmodells zu gewährleisten, müssen die Sensorinformationen immer relativ interpretiert werden. Dies bedeutet, daß z.B. die Position und Orientierung eines Objektes nicht absolut in Weltkoordinaten berechnet werden, sondern relativ zu den Sensoren oder dem Greifer. Auf diese Art können implizit die Endbedingungen definiert werden, die die einzelnen atomaren Operationen nach ihrer Ausführung erfüllen müssen.

Die Bewertung der Sensormuster und deren Aussagekraft bzgl. der Reduktion von Freiheitsgraden wird für alle potentiellen Sensoren durchgeführt. Anhand der Ergebnisse entscheidet das Planungssystem, welche Sensoren für die Durchführung der Aufgabe herangezogen werden. Im einfachsten Fall gibt es ei-

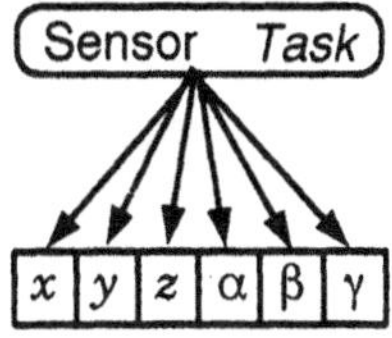

Bild 4 Planabarbeitung mit nur einem Sensor

nen Sensor, der vom Anfang bis zum Ende der atomaren Operation alle 6 Freiheitsgrade kontrollieren kann (Bild 4). In der Regel werden jedoch mehrere Sensoren nötig sein, die parallel die Freiheitsgrade steuern. So ist z.B. die Endbedingung von *approach*(TRUSS_2), daß sich der Greifer zentriert senkrecht über dem Gittergriff und parallel zu den Griffen der Struktur befinden muß. Diese Bedingungen können über einen einzelnen Sensor nicht erreicht werden. Deswegen müssen in der Endphase von *approch*(TRUSS_2) zu den Bildinformationen die nach vorne gerichteten Abstandssensoren hinzukommen. Erst mit Hilfe dieser fusionierten Daten können die Bedingungen hinreichend genau eingehalten werden (Bild 5). Die Fusion

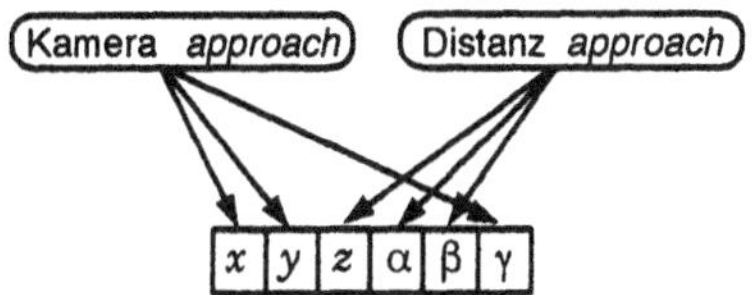

Bild 5 Parallele Planabarbeitung

ist notwendig, da die Bildverarbeitung in der Regel nicht in der Lage ist, den Abstand in z-Richtung genügend genau zu bestimmen. Gleiches gilt für Rotationen um die x-Achse bzw. um die y-Achse der Kameraebene. Diese drei Freiheitsgrade können genauer von den vier Abstandssensoren aus den Greiferfingern bestimmt werden. Somit sind an der "Feinannäherung" insgesamt fünf Sensoren beteiligt.

In dem bisherigen Beispiel ist man davon ausgegangen, daß es einen Sensor gibt, der von Anfang bis zum Ende der ganzen atomaren Aktion relevante Informationen beisteuert. Diese Situation ist jedoch aufgrund der Sensorkonfiguration nicht immer gegeben. Das Sichtfeld der Handkamera ist abhängig von der Stellung des Roboters, so daß es wahrscheinlich ist, daß zu Beginn der **servo**(TRUSS_2) Operation aus der Handkamera keine oder nur partielle Informationen über die Gitterstruktur zu erhalten sind. Die Bodenkamera kann jedoch fast immer die Gitterstruktur sehen. Lediglich, wenn sich der Greifer der TRUSS_2 nähert, wird ihr Sichtfeld durch den Roboter eingeschränkt. Solche Bedingungen stellen an das Sensorplanungssystem besonders hohe Anforderungen, da es keinen dominierenden Sensor gibt, der während der ganzen atomaren Aktion führend ist. Deshalb ist in dem Sensorplanungssystem ein Kooperationsschema integriert, das es möglich macht, zwischen Sensoren umzuschalten. Das Kooperationsschema untersucht dazu die Bedingungen, die einen Wechsel zwischen Sensoren erlauben. In der Regel kann nicht davon ausgegangen werden, daß die beteiligten Sensoren zum Zeitpunkt des Wechsels direkt vergleichbare Werte liefern, so daß eine einfache Substitution eines Sensors mit einem anderen erfolgen kann. Daher sind spezielle Übergabemechanismen notwendig, um den Wechsel sicher, robust und problemlos zu gestalten. Für das Beispiel bedeutet dies, daß über die Bodenkamera eine Relation zwischen Greifer und TRUSS_2 hergestellt wird, die es der Handkamera gestattet, die Struktur ebenfalls zu sehen. Nähert sich der Greifer seinem Ziel, wird das Blickfeld der Bodenkamera vom Roboter eingeschränkt, so daß sie ab einem bestimmten Zeitpunkt die Steuerung nicht mehr weiter durchführen kann, da die korrekte Relation Greifer-Objekt nicht mehr bestimmbar ist. Dieses Kooperationsschema ist vor allem dann notwendig, wenn das Multisensorsystem in einer nicht wohlstrukturierten Umgebung eingesetzt wird, wenn die Zahl der zu berücksichtigenden Objekte groß und die Dynamik des Systems hoch ist.

Kann das Planungssystem eine atomare Operation nicht vollständig verplanen, weil die Sensorik nicht in der Lage ist, alle notwendigen Freiheitsgrade zu steuern, erfolgt eine Rückmeldung an den Auftraggeber. Das übergeordnete Montageplanungssystem kann dann dazu veranlaßt werden, einen neuen Plan zu erstellen oder falls möglich die Sensorplanung mit den notwendigen Informationen versorgen. In einer Telerobotikanwendung kann der Operator entscheiden, ob er selbst die nicht durch die Sensoren steuerbaren Freiheitsgrade kontrolliert. Kann z.B. das Bodenkamerasystem nur die rotatorischen δ_x, δ_y, δ_z und die translatorischen Anteile d_x, d_y hinreichend genau steuern, muß der Operator die δ_z-Komponente mit Hilfe seines Eingabegrätes übernehmen, um die Aufgabe dennoch durchführen zu können.

4.4 Zusammenfassung

Das Sensorplanungssystem ist die Schnittstelle, die ausgehend von einem Roboterprogramm, einer Teleoperatoranweisung oder einem Montageplan Sensoren und Sensortasks bestimmt, um eine Operation sensoriell zu unterstützen. Dazu brauchen in dem Auftrag keine expliziten Anweisungen für spezielle Sensoren enthalten zu sein. Das Sensorplanungssystem bestimmt autonom die notwendigen Sensoren und Sensordatenverarbeitungsprozesse, verifiziert die Durchführbarkeit und informiert den Auftraggeber über mögliche Defizite seitens des Multisensorsystems. Die Schwerpunkte des Sensorplanungssystems liegen auf der Planung kooperierender Sensordatenverarbeitung in einer dynamischen Umgebung, die Bestimmung der detektierbaren Sensormerkmale mittels Sensorsimulation und Verikation der Durchführbarkeit der gestellten Aufgabe.

5. Schlußbemerkung

In dem vorliegenden Beitrag wurden unterschiedliche Aspekte der Multisensordatenverarbeitung mit Schwerpunkt Sensorplanung vorgestellt. Der kurze Überblick auf die Integration und Fusion von Sensoren und Sensordaten hat aufgezeigt, daß insbesondere die Unsicherheiten der Sensordaten und die Vagheit der darauf basierenden Schlußfolgerungen wesentlichen Einfluß auf die Zuverlässigkeit des Multisensorsystems haben. Durch Sensorplanung kann die Leistungsfähigkeit der Sensordatenfusion und -integration aufgabenspezifisch gesteigert werden. Das im vorangegangenen Abschnitt vorgestellte Konzept eines Sensorplanungssystems für kooperierende Sensoren geht über die bisherigen Ansätze hinaus, indem Sensoren nicht einzeln verplant werden, sondern als Team. Gemeinsam können sie so über die Sensordatenfusion einen weitergehenden Beitrag zur Erfüllung der Aufgabe leisten als es mit Einzelsensoren möglich ist.

Literatur

[BDS89]   J.G. Balchen, F. Dessen, and G. Skofteland. Sensor Integration Using State Estimators. *NATO Advanced Research Workshop, Marathea, Italy*, 1989.

[BHHJ83]   B. Beni, S. Hackwood, L.A. Hornak, and J.L. Jackel. Dynamic Sensing for Robots: An Analysis and Implementation. *Int. Journal Robotics Research*, 2(2):51–61, 1983.

[Bog87]   P. L. Bogler. Shafer-Dempster Reasoning with Applications to Multisensor Target Identification Systems. *IEEE Systems, Man and Cybernetics*, 1987.

[Cas84]   G.M. Castore. *Solid Modeling, Aspect Graphs and Robot Vision*. 1984. in [PB 84].

[CDW90]   A. Cameron and H. Durrant-Whyte. A Bayesian Approach to Optimal Sensor Placement. *The Int. Journal of Robotics Research*, 9(5), 1990.

[DW88]   H.F. Durrant-Whyte. *Integration, Coordination and Control of Multi-Sensor Robot Systems.* Engineering and Computer Science. Kluwer Academic Publishers, Boston, 1988.

[DWRH90]   H.F. Durrant-Whyte, R. Rao, and H. Hu. Toward Fully Decentralized Architecture for Multi Sensor Data Fusion. *Proc. of the IEEE Int. Conf. on Robotics & Automation*, 1990.

[GRdSV89] P. Grandjean and A. Robert de Saint Vincent. 3–D Modelling of Indoor Scenes by Fusion of Noisy Range and Stereo Data. *CH2750–8/89/0000/0681$01.00 IEEE89*, 1989.

[Gru91]   G. Grunwald. Integration, Fusion und Planung in der Multisensordatenverarbeitung. *DLR-OP Institut für Robotik und Systemdynamik*, 1991. Interner Bericht, IB 515–91–11.

[Hac90]   J.K. Hackett. Multisensor Fusion: A Perspective. *Proc. of the IEEE Int. Conf. on Robotics & Automation*, 1990.

[Hag90]   G. Hager. *Task Directed Sensor Fusion and Planning: A Computational Approach.* Kluwer Academic, 1990.

[HCK88]   S.A. Hutchinson, R.L. Cromwell, and A.C. Kak. Planning Sensing Strategies in a Robot Workcell with Multi-Sensor Capabilities. *Proc. of the IEEE Int. Conf. on Robotics & Automation*, 1988.

[HGBH91]   G. Hirzinger, G. Grunwald, B. Brunner, and H. Heindl. A Sensor-based Telerobotic System for the Space Robot Experiment ROTEX. 2. *International Symposium on Experimental Robotics*, 1991. Toulouse, France.

[HH89]   C. Hansen and T. Henderson. CAGD – Based Computer Vision. *IEEE – Transaction on Pattern Analysis and Machine Intelligence*, 11(11), 1989.

[Hir88]   G. Hirzinger. The Telerobotic Concepts of ROTEX — Germany's First Step Into Space Robotics. *39th I.A.F., Bangalore, India*, 1988.

[HK89]   S.A. Hutchinson and A.C. Kak. Planning Sensing Strategies in a Robot Workcell with Multisensor Capabilities. *IEEE Transactions on Robotics and Automation*, 5(6), 1989.

[HM90]   G. Hager and M. Mintz. Task-Direkted Multi Sensor Fusion. *Proc. of the IEEE Int. Conf. on Robotics & Automation*, 1990.

[HS84]   T. Henderson and E. Shilcrat. Logical Sensor Systems. *Journal of Robotics Systems*, 1(2):169–193, 1984.

[LK89]   R.L Luo and M. G. Kay. Multisensor Integration and Fusion in Intelligent Systems. *IEEE Transactions on Systems, Man and Cybernetics*, 19(5), 1989.

[LL88]   R.L. Luo and M. Lin. Robot Multi Sensor Fusion and Integration: Optimum Estimation of Fused Sensor Data. *Proc. of the IEEE Int. Conf. on Robotics & Automation*, 1988.

[McD90]   D. McDermott. Planning Reactive Behavior: A Progress Report. In J. Allen, J. Hendler, and A. Tate, editors, *Innovative Approaches to Planning, scheduling and Control*. 1990.

[Pau88]   L. Pau. Sensor Data Fusion. *Journal of Intelligent and Robotic Systems*, pages 103–116, 1988.

[Rac89]   J. Raczkowsky. *Ein Konzept für die Multisensordatenverarbeitung in der Robotik.* PhD thesis, Fakultät für Informatik, Universität Karlsruhe (TH), 1989.

[RM88]   J.M Richardson and K.A Marsh. Fusion of Multisensordata. *The International Journal of Robotics Research*, 7(6), 1988.

[SdK88]   S.W Shaw, R. deFigueiredo, and K. Krishen. Fusion of Radar and Optical Sensors for Space Robotic Vision. *Proc. of the IEEE Int. Conf. on Robotics & Automation*, 1988.

Anwendung von Virtual Reality bei Telerobotik zur Verbesserung der Mensch-Maschine-Schnittstelle[*]

Dipl.-Inform. Sigrid Wenzel, Dipl.-Inform. Rüdiger Kottkamp

SimulationsDienstleistungsZentrum GmbH

Emil-Figge-Straße 76

4600 Dortmund 50

Im Rahmen dieses Artikels wird am Beispiel des Einsatzes von Telerobotik im Weltraum basierend auf den Ideen von Virtual Reality (VR) ein neues Mensch-Maschine-Konzept zur intuitiven Benutzerführung bei der Definition von Experimenten in einem Weltraumlabor vorgestellt. Neben einer Herleitung des Konzeptes auf der Basis bestehender konventioneller Interaktionsmodelle und -techniken und einer Beschreibung der VR-Benutzerschnittstelle für die Beispielanwendung werden darüber hinaus die heute noch vorhandenen anwendungsspezifischen Problemfelder sowie die Schwachstellen in der verfügbaren Hard- und Software aufgezeigt.

1 Motivation

Heutige Anwendungen im Rahmen des Einsatzgebietes der Telerobotik (Fernsteuerung von Robotern) erfahren durch die gegenwärtig zur Verfügung stehenden Mensch-Maschine-Schnittstellen (Man-Machine-Interface — MMI) nur ungenügende, für den Benutzer nicht ausreichende, bedarfsgerechte Unterstützung. Die langwierige, benutzerunfreundliche Handhabung der Instrumente ist sowohl durch die aufwendige und oftmals fehleranfällige Steuerung aufgrund der eingesetzten Interaktionsmedien (z.B. Joystick) als auch durch die nicht problemadäquaten und anwendungsorientierten Benutzerschnittstellenkonzepte bedingt. Die sich daraus ergebenden Akzeptanzprobleme, z.B. bei der Durchführung von Experimenten, werden durch die bei der Fernsteuerung von Robotern geforderten spezifischen Kenntnisse im Bereich der Roboter-Kinematik noch verstärkt. Weitere Problemfelder ergeben sich durch die kameragestützte Experimentkontrolle als ein nur unzureichender Feedbackmechanismus zur Überprüfung des Experimentablaufes, da die Qualität der Bilddarstellung aufgrund ungünstiger Lichtverhältnisse und einer möglichen Verdeckung von zu manipulierenden Objekten eine eindeutige Entscheidungsfindung des Betrachters nicht immer zuläßt und damit die Steuerung der Roboter erschwert.

---

[*] Dieses Thema ist Gegenstand des Forschungsprojektes VITAL, das von der Deutschen Agentur für Raumfahrtangelegenheiten (DARA) und dem Land Nordrhein-Westfalen gefördert wird.

Ein gezielter und effizienter Einsatz der Telerobotik zur Durchführung von Experimenten in einem Weltraumlabor kann daher mit den bestehenden Hardwarekonfigurationen und Konzepten nicht erreicht werden.

Gegenwärtig arbeiten Mitgliedsfirmen der Aktionsgemeinschaft luft- und raumfahrtorientierter Unternehmen in Nordrhein-Westfalen e.V. (ALROUND) an dem von der DARA (Deutsche Agentur für Raumfahrtangelegenheiten) und dem Land Nordrhein-Westfalen geförderten Pilotprojekt VITAL (Anwendung von Virtual Reality bei Telerobotik), dessen Ziel die Untersuchung der Einsatzmöglichkeiten neuer Technologien und Konzepte zur Verbesserung der Mensch-Maschine-Schnittstelle im Hinblick auf eine einfache und sichere Handhabung der verwendeten Instrumentarien zur Durchführung von Experimenten im Weltraumlabor ist. Besonderes Augenmerk wird auf die Beseitigung der Defizite im Hinblick auf die bestehenden Interaktionsmöglichkeiten zur Robotersteuerung und auf die Feedbackmechanismen gelegt, so daß für den geplanten Anwender eine Reduzierung der Komplexität der Experimentabwicklung bewirkt werden kann. Die Darstellung konsistenter und transparenter Funktionsabläufe bei der Steuerung von Robotern führt dazu, daß auch ohne die Einschaltung von Roboter-Experten der Fachwissenschaftler in die Lage versetzt wird, eigenständig Experimente abzuwickeln.

2   Virtual Reality (VR) — Neue Konzepte der Mensch-Maschine-Schnittstelle

Zur Verdeutlichung des Einsatzes von VR im Rahmen der Realisierung einer Mensch-Maschine-Schnittstelle (Benutzerschnittstelle) werden im folgenden zunächst die prinzipiellen Ablaufstrukturen der Kommunikationsschnittstelle Mensch-Maschine vorgestellt und ein Interaktionsmodell auf der Basis von VR hergeleitet. "Interaktion" und "Dialog" werden dabei als Synonyme verstanden und ganz allgemein als "zweckgerichteter wechselseitiger Informationsaustausch zwischen zwei Dialogpartnern" [Nagler 82] unter Einbeziehung der Kriterien gemeinsamer Zeichen- und Bedeutungsvorrat beider Dialogpartner sowie Verfolgung eines bestimmten Dialogzweckes charakterisiert. Ein Dialogsystem bzw. interaktives System beschreibt jede Form von Echtzeitkommunikation zwischen einem Menschen, einem datenverarbeitenden System (als Einheit aus Hardware, System- und Anwendungssoftware) und den in dem System enthaltenen Daten auf der Basis einer Mensch-Maschine-Schnittstelle.

2.1 Interaktionsmodelle

Die Beschreibung des prinzipiellen Interaktionsablaufes über eine Mensch-Maschine-Schnittstelle kann angelehnt an den bei [Eberleh 88] dargestellten Interaktionszyklus erfolgen und stellvertretend für die in der Literatur beschriebenen Interaktionsmodelle (vgl. z.B. [Guedj 80], [Hanusa 83]), die sich im wesentlichen durch ihre internen Ablaufstrukturen sowie die Wechselwirkungen und Abhängigkeiten ihrer Komponenten unterscheiden, verwendet werden.

Bild 2.1 verdeutlicht die für konventionelle Benutzerschnittstellen typische Struktur, die insbesondere eine *strikte Trennung der Dialogpartner* vorsieht. Die Kommunikation der Partner erfolgt dabei über ein im Rechner hinterlegtes, seitens des Benutzers interpretierbares und nachvollziehbares "Modell" (Benutzer- oder auch Umwelt-Modell), das wechselseitig entsprechend des Dialogablaufes von beiden Partnern modifiziert wird.

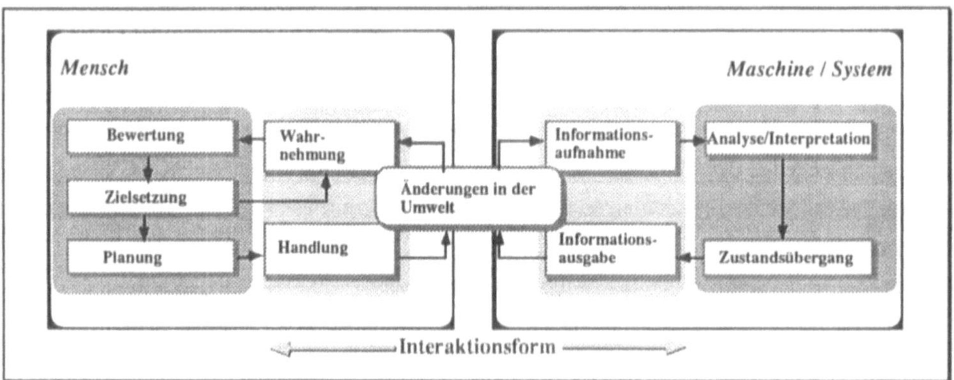

Bild 2.1 — Allgemeines konventionelles Interaktionsmodell (angelehnt an [Eberleh 88])

Im Gegensatz hierzu wird der Mensch durch den Einsatz von VR zunehmend *integraler Bestandteil* der Benutzerschnittstelle und des zu modifizierenden "Umwelt-Modells". Das führt zum einen zu einer Aufhebung der Trennung der Dialogpartner und ihrer Interaktionsmechanismen und damit zu einer übergreifenden Interaktionsform; zum anderen wird über diese Verbindung die Schnittstelle zwischen den Dialogpartnern unschärfer formuliert, da die "virtuelle Welt im Rechner" zur Umgebung des Menschen umfunktioniert wird und Wahrnehmung und Handlung als Teile des menschlichen Interaktionszyklus stärker in das interne Ablaufschema des Rechnersystems eingebettet werden (vgl. Bild 2.2).

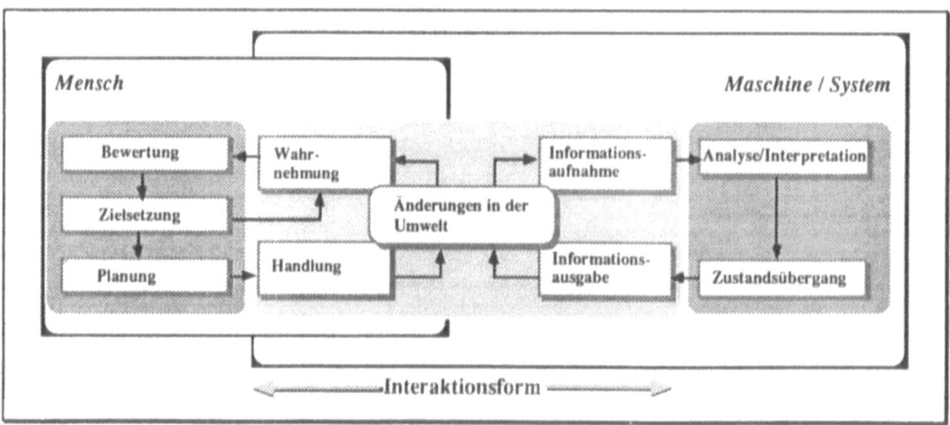

Bild 2.2 — Interaktionsmodell auf der Basis von VR

2.2 Interaktionsformen

Zur Umsetzung von Benutzerschnittstellen werden heute verschiedene Interaktionsformen bzw. -techniken (vgl. auch Bild 2.1) verwendet, die sich entsprechend der Dominanz der Dialogpartner in

(a) *benutzergeführte* Interaktionsformen (z.B. über Abfragesprachen, Kommandosprachen),

(b) *systemgeführte* Interaktionsformen (z.B. Dialog mit Eingabeanweisung, Formulare, Menüs) und

(c) *gemischte / multimodale* Interaktionsformen (z.B. Dialog mit wechselnder Initiative bzw. alternativen Eingabemöglichkeiten, direkte graphische Manipulation)

klassifizieren lassen. Die konsequente Weiterführung der Integration des Benutzers in die betrachtete Umwelt nach dem in Kapitel 2.1 beschriebenen Interaktionsmodell für VR führt zur aufgaben- und benutzeradäquaten Umsetzung der Benutzerschnittstelle auf der Basis der Interaktionsform (c) unter zusätzlicher Einbeziehung von Gestik-Input. Das Prinzip der VR ermöglicht dabei über die Integration der *räumlichen* Komponente beliebige Realitäten als *dreidimensionale*, möglichst realistische Kopien im Rechner abzulegen und in Echtzeit zu visualisieren. Das sogenannte Umwelt-Modell repräsentiert den relevanten Realitätsausschnitt und zeichnet sich insbesondere durch ein vorgegebenes virtuelles Umfeld, die in ihm definierten beweglichen Bestandteile wie z.B. Objekte und Informationselemente und den auf ihnen erlaubten Funktionen aus. Dieser erweiterte Ansatz, der darüber hinaus aufgrund seiner Interaktionsmethodiken verstärkt eine *intuitive* Benutzbarkeit des Systems ermöglicht, kann als multimodale, direkt manipulative Interaktionsform verstanden werden.

2.3 Feedbackmechanismen

Entsprechend der erweiterten Interaktionsmöglichkeiten sind die bei konventionellen Mensch-Maschine-Schnittstellen existierenden Feedbackmechanismen wie Cursor-, Selektions- und Kommandofeedback sowie sonstige Informationsdienste (vgl. z.B. [Newman/Sproull 86]) bei einem Einsatz von VR bedarfsgerecht zu ergänzen:

- direkte Rückkopplung aller benutzerseitigen Bewegungen und Positionsveränderungen,
- optisches und —insbesondere bei Greifgesten relevant — taktiles Selektionsfeedback bei intuitiver Benutzung und Interaktion mit Objekten in der VR,
- direkte Visualisierung aller durchgeführten Objektmodifikationen,
- Feedback bezüglich der auszuführenden Kommandos des zugehörigen Anwendungsprogramms*) ,

---

*) Bei einem Einsatz von VR in Anwendungsbereichen, in denen über VR auch auf die Realität zugegriffen wird (z.B. Telerobotik), sind Veränderungen in der Realität dem Benutzer über die VR mitzuteilen.

- benutzeradäquate, zweckgerichtete Informationsanzeigen (z.B. über virtuelle Anzeigeelemente oder auf virtuellen Monitoren).

Der Aspekt der Echtzeitfähigkeit bei den zu realisierenden Feedbackmechanismen kommt in VR-gestützten Systemen noch wesentlich stärker als in konventionellen Systemen zum Tragen. Neben den üblichen Akzeptanzproblemen führt bei VR-gestützten Mensch-Maschine-Schnittstellen fehlende Echtzeitfähigkeit bei der Generierung eines Bildausschnittes zu einer derart starken Belastung des Betrachters, daß diese Negativeindrücke ein sinnvolles Agieren mit dem System nicht mehr erlauben.

2.4 Visualisierung der dreidimensionalen Szenen

Die für eine möglichst realitätsnahe Visualisierung der dreidimensionalen Szenen erforderlichen Effekte (Lichtquellen, Schattenwurf, Oberflächenreflektion, etc.) sowie die Methodiken zur effektiven Berechnung der Dynamik in der VR sind zum gegenwärtigen Zeitpunkt Gegenstand der Forschung. Die grundlegenden Ansätze sind den Konzepten der Computer Graphik (vgl. [Newman/Sproull 86], [Foley et al. 90]) zu entnehmen und sollen im Rahmen dieses Artikels nicht näher betrachtet werden.

2.5 Interaktionsmedien

Zur Integration des Benutzers in die virtuelle Umwelt reichen die heute gängigen Interaktionsmedien wie Maus, Joystick, Tablett etc. nicht aus. Um die Interaktion und Bewegung des Benutzers in der Scheinwelt zu ermöglichen, stehen als Interaktionsmedien u.a. ein helmgestütztes Display (*EyePhone*), ein Datenhandschuh (*DataGlove*, *FeedbackGlove*) oder auch ein *SpaceBall* zur Verfügung.

Über das EyePhone werden seitens eines hochleistungsfähigen Graphik-Rechners aufbereitete stereoskopische Bilder der virtuellen Umwelt dem Betrachter übertragen, die jeweils entsprechend der vorgenommenen Kopfbewegungen angepaßt werden, um den aktuellen Blickwinkel nachzubilden. Der DataGlove dient der Eingabe von Befehlen z.B. mittels Gesten sowie dem Zugriff auf die manipulierbaren und beweglichen Komponenten des Umwelt-Modells zur Durchführung der geplanten Aufgaben. Ein FeedbackGlove als erweiterter DataGlove ermöglicht darüber hinaus die taktile Rückkopplung über eine Feedbacksteuerung auf in dem Handschuh integrierte Druckpolster z.B. zur Vermittlung von Widerstand beim Greifen eines Gegenstandes. Der SpaceBall wird neben dem DataGlove als zusätzliches Eingabemedium für spezielle graphische Eingaben und schnelle Bewegungen im Raum eingesetzt. Die kombinierte Verwendung dieser Interaktionsmedien erlaubt dem Benutzer, sich innerhalb des Umwelt-Modells gezielt zu bewegen und zu interagieren. Mit der Realisierung der Mensch-Maschine-Schnittstelle unter Einsatz von VR wird dem Bediener des Instrumentariums der Eindruck vermittelt, seine Interaktionen quasi in der abgebildeten Welt durchzuführen.

Die Liste der aufgeführten Interaktionsmedien ist unter dem Aspekt der in Kapitel 3 beschriebenen Beispielanwendung erstellt und erhebt keinen Anspruch auf Vollständigkeit; eine detaillierte Beschreibung der Interaktionsmedien ist u.a. in [Balaguer/Mangili 91], [Strothotte et al. 92] oder auch [Weber 91] zu finden.

3 Einsatz von VR bei Telerobotik im Weltraum

Die Umsetzung der oben beschriebenen theoretischen Konzepte erfolgt anhand eines konkreten Anwendungsfalles ([Vital 91], [Vital 92]), um zum einen die prinzipielle Machbarkeit, zum anderen aber auch die mit dem Einsatz von VR verbundenen noch zu lösenden Problemstellungen zu diskutieren. Für den betrachteten Einsatzfall wird folgende Situation zugrunde gelegt:

> *Ein Weltraumlabor ist mit speziellen experimentabhängigen Geräten und Vorrichtungen und einem oder mehreren Robotern, die für die Durchführung der Experimente herangezogen werden, ausgestattet. In dem dazugehörigen Versuchslabor auf der Erde befindet sich ein Wissenschaftler (mission scientist), der ohne Spezialkenntnisse auf den Gebieten der EDV- und Robotertechnik die Aufgabe hat, mittels Fernsteuerung der Roboter ein bestimmtes Experiment im Weltraumlabor durchzuführen.*

Für die Robotersteuerung sind zwei Betriebsarten, der Automatikbetrieb und die Telemanipulation, zu unterscheiden. Im Automatikbetrieb interpretiert die Benutzerschnittstelle Aktionen des Benutzers und sendet Teilaufgaben zur Abarbeitung an die Robotersteuerung; bei der Telemanipulation werden die mittels DataGlove durchgeführten Handbewegungen des Benutzers (z.B. das Schütteln einer Probe) direkt in Roboterbewegungen umgesetzt.

Die zu entwickelnde Benutzerschnittstelle soll über die Darstellung eines aufgabenspezifischen Realitätsausschnittes dem Wissenschaftler eine intuitive Steuerung und Kontrolle des Experimentes und damit eine intuitive Programmierung vollständiger Arbeitsabläufe mittels DataGlove und EyePhone erlauben. Aus den benutzerseitigen Manipulationen in der VR werden dabei automatisch Roboterbewegungen generiert.

3.1 Konzeptioneller Aufbau der VR-Benutzerschnittstelle

Auf der Basis des in Bild 2.2 verdeutlichten Interaktionsmodells für VR wird die dort gekennzeichnete Interaktionsform durch die in Bild 3.1 visualisierte Mensch-Maschine-Schnittstelle zwischen dem in der VR agierenden Benutzer und der im Rahmen dieses Projektes eingesetzten Robotersteuerung IRCS (Intelligent Robot Control System)[*] als Kopplung zum realen Weltraumlabor konkretisiert. Der konzeptionelle Aufbau läßt sich in

---

[*] Der Schritt in die Realität erfolgt über die Ankopplung des Roboterlabors CIROS des Institutes für Roboterforschung (IRF) an der Universität Dortmund. Die IRCS stellt die Robotersteuerung dieses Labors dar.

- die *Interaktionsmedien* zur Wahrnehmung und Manipulation des Umwelt-Modells — VR (vgl. auch Kapitel 2.5)

und

- das *Umwelt-Modell — VR* mit seinen Komponenten und der für den Benutzer zur Verfügung gestellten Funktionalität als Repräsentation des relevanten Realitätsausschnittes des Weltraumlabors

gliedern. Die verwendeten *Interaktionsmedien* entsprechen der im Rahmen des Projektes VITAL eingesetzten VR-Hardware (VPL RB2 Model 2 Virtual Reality System bestehend aus einem EyePhone HRX, einem DataGlove und einem Macintosh II fx Host-Rechner; die Bildgenerierung wird über zwei Silicon Graphics IRIS 4D/310 VGXT realisiert).

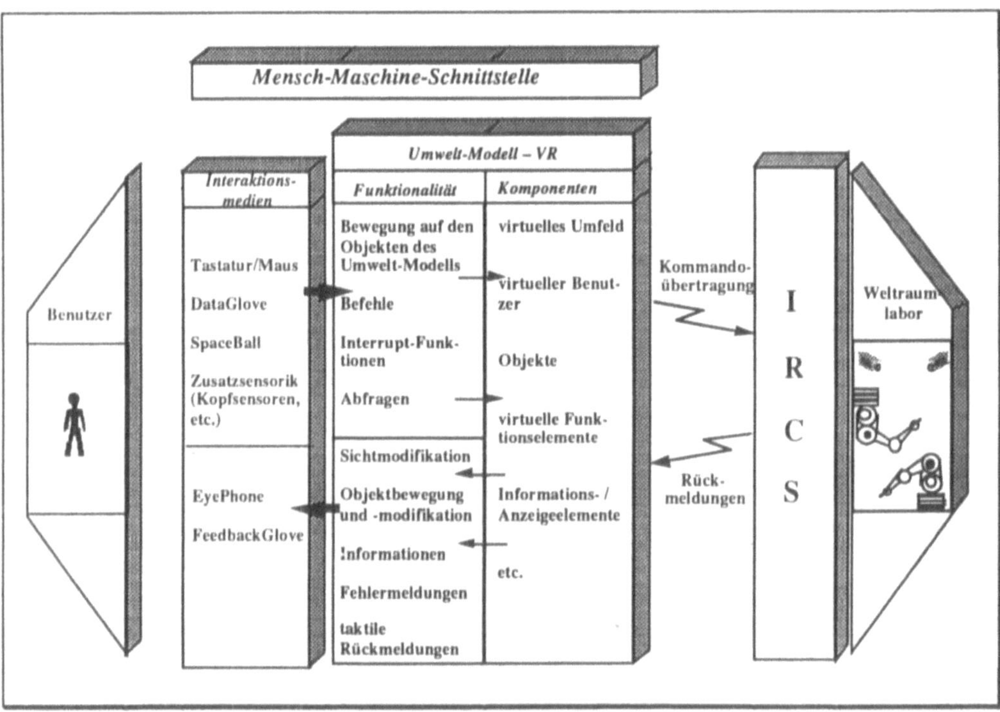

Bild 3.1 — Umsetzung der Mensch-Maschine-Schnittstelle für Telerobotik

Das *Umwelt-Modell — VR* konzentriert sich auf die geforderte Gesamtfunktionalität des Systems und die damit verbundenen Anforderungen an die Darstellung und Verwaltung der innerhalb der VR relevanten Komponenten. Als wesentliche Bestandteile des Modells sind zu nennen:

(1) das **virtuelle Umfeld** als das darzustellende Weltraumlabor:

Das virtuelle Umfeld wird über sogenannte *feste* Objekte dargestellt, die eine nicht veränderbare Position in der aktuellen VR besitzen. Hierzu zählen z.B. Öfen, Slots, Fächer, Abdeckplatten und Laborwände. Die Racks selber werden nicht explizit als Objekte geführt; sie werden direkt über ihre Bestandteile wie z.B. Ofen, Abdeckplatten oder sonstige bewegliche Objekte (siehe (3)) beschrieben.

(2)   die seitens des Benutzers verwendeten Interaktionsmedien DataGlove und EyePhone als **virtuelle Interaktionsobjekte** (Hand, Kopf):

Die zur Definition von benutzerseitigen Bewegungen oder zur intuitiven Benutzung von sich in der VR befindlichen Objekten (z.B. Greifen des Schubladengriffs zum Öffnen der Schublade) notwendigen Interaktionen in der VR erfolgen grundsätzlich über Gestik-Eingabe mittels DataGlove. Die zu verwendenden Gesten sind dabei über die Positionen der Finger definiert. Dieses Eingabemedium reicht jedoch nicht aus, wenn eine Greifintention (z.B. Greifen einer Probe) parallel mit einer Bewegungsgeste (z.B. gehe mit dieser Probe von Position A nach Position B) zu beschreiben ist. Aus diesem Grund können die Bewegungen des Benutzers in der VR über das zusätzliche Eingabemedium "SpaceBall" definiert werden.

Die Sicht in der VR wird über die Position und Bewegung des Kopfes gesteuert; Betrachtungsstandort, Blickrichtung und -winkel bestimmen den darzustellenden Ausschnitt und die Ansicht der Szene.

(3)   die innerhalb der VR zu **manipulierenden Objekte,** die sich wie folgt klassifizieren lassen:

- *Bewegliche* Objekte wie Schubladen, Klappen oder Schalter erhalten im Gegensatz zu festen Objekten eine eingeschränkte Bewegungsfreiheit und sind positionsabhängig mit einem festen Objekt gekoppelt.

- *Freie* Objekte wie Proben oder Platinen sind im Rahmen der aktuellen VR beliebig positionierbar und werden über den Positionierungsvorgang beweglichen oder festen Objekten zugeordnet.

(4)   die **virtuellen Funktionselemente:**

Über die unter (2) aufgeführten Eingabemedien hinaus sind zusätzlich in der Realität nicht existierende Funktionselemente in Form eines virtuellen Funktionstabletts dem Benutzer zur Verfügung zu stellen, um Funktionen abzudecken, die nicht in der VR abzubilden sind, aber eine direkte Steuerfunktion aktivieren müssen. Hier sind insbesondere das Starten oder Stoppen eines Experimentes, das Umschalten zwischen den Betriebsarten der Robotersteuerung oder auch die Realisierung eines Not-Aus des gesamten Systems (*emergency stop*) zu berücksichtigen. Die Selektion der einzelnen Funktionen erfolgt über Fingerzeig mittels DataGlove.

(5)   die **Informations- und Anzeigeelemente** zur Darstellung von benutzerrelevanten Statusinformationen z.B. über zusätzlich zu modellierende Objekte in der VR wie Uhren, Temperaturanzeigen, etc.

Der Roboter selbst ist nicht Bestandteil der VR, da er implizit über die Bewegungen und Aktionen des Benutzers gesteuert wird; Roboterarme, Greifer und Sensoren sind damit bei der Nachbildung des Weltraumlabors nicht zu berücksichtigen.

Um die Objekte mit ihren Positionsveränderungen innerhalb der VR leicht zu handhaben, ist es zweckmäßig, sie in einer hierarchischen Struktur zu verwalten, die es erlaubt, Abhängigkeiten zwischen Objekten zu definieren. Ein in der Hierarchie übergeordnetes Objekt "vererbt" die ihm geltenden Positionsveränderungen und Transformationen an alle ihm untergeordneten Objekte oder kann gezielt Attribute eines ihm zugeordneten Objektes verändern. Bild 3.2 verdeutlicht anhand eines Beispiels eine mögliche Objekthierarchie.

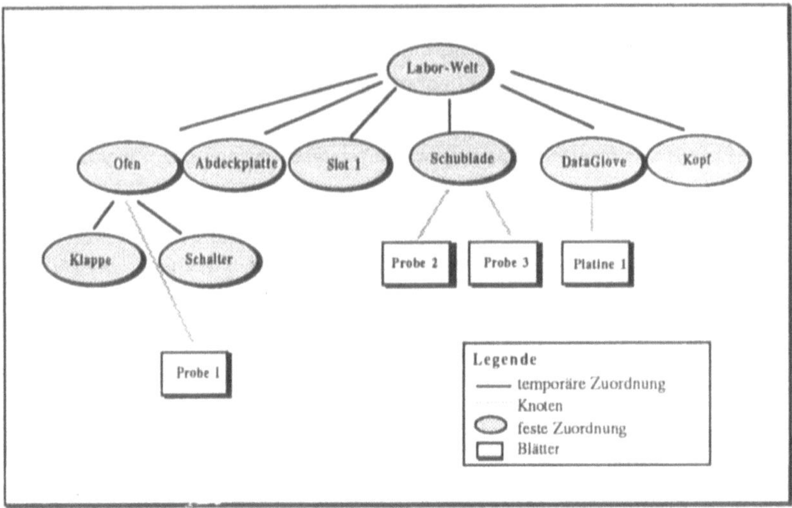

Bild 3.2 - Beispiel zur Verdeutlichung der Objekthierarchie

3.2 Anwendungsspezifische Problemfelder

Ein wesentlicher Unterschied zu ersten bestehenden Anwendungsfeldern für VR z.B. in der Architektur oder im Bereich der Unterhaltungsindustrie liegt in der direkten Kopplung des VR-Systems mit der Realität und des dadurch bedingten direkten Realitätsbezugs. Damit muß das Umwelt-Modell der Mensch-Maschine-Schnittstelle nicht nur einen realitätsnahen Ausschnitt der zu betrachtenden Umwelt widerspiegeln; aufgrund der Kopplung mit der Realität sind zusätzlich Modellabgleiche zu fahren, um sicherzustellen, daß das Umwelt-Modell mit der Realität korreliert. Dies bedingt die Verwaltung interner Datenmodelle der beteiligten Anwendungsprogramme (hier: IRCS) und die Definition von Verifikationsmechanismen zur Gewährleistung der Konsistenz der Modelle. Beim Eintreten von Störfällen im Weltraumlabor und der anschließenden Fehlerbehandlung werden die durch den Realitätsbezug bedingten Schwierigkeiten besonders deutlich. Verstärkt wird die oben beschriebene Problematik darüber hinaus durch die bestehenden Zeitverzögerungen bei im Weltraum durchzuführenden Aktionen, die durch geeignete Feedbackmechanismen kompensiert werden müssen.

Weitere Problemfelder sind in der z.T. möglicherweise noch eingeschränkten intuitiven Benutzbarkeit zu sehen. Bei konkreten Anwendungen wird recht schnell deutlich, daß für den Benutzer *eine* Hand zur Interaktion oftmals unzureichend ist bzw. die Verwendung nur einer Hand die Reihenfolge der Benutzeraktionen beeinflußt (So ist z.B. das Öffnen eines Ofens, um eine Probe hineinzulegen, die zuvor aus einer Schublade genommen wurde, nicht möglich, wenn der Benutzer bereits die Probe in der Hand hält.) Zusätzliche Interaktionsmedien (hier: SpaceBall) oder auch die Einführung von Funktionselementen können evtl. Abhilfe schaffen.

3.3 Schwachstellen der verfügbaren Hard- und Software

Obwohl das im Rahmen des Projektes eingesetzte VR-System (als erste Generation) dem heutigen Stand der Technik entspricht, reicht die Leistungsfähigkeit insbesondere der Interaktionsmedien DataGlove (Anzahl der zur Verfügung stehenden Sensoren zur Erkennung der Fingerpositionen) und EyePhone (Auflösung der Monitore) für gezielte Anwendungen noch nicht aus. Es ist aber zu erwarten, daß die nächsten Generationen die bestehenden Defizite ausgleichen. In bezug auf den DataGlove werden ebenfalls im Rahmen des Forschungsprojektes VITAL ergänzende Entwicklungen vorgenommen.

Softwaretechnische Schwachstellen sind insbesondere in der bestehenden Bildqualität und -generierung zu sehen. Sowohl über die Anzahl darzustellender Polygone als auch über die realitätsnahe Form der Darstellung (Schatten, Lichtquellen, Texturen) werden zum heutigen Zeitpunkt die Möglichkeiten der Modellierung — stellt man den Aspekt der Echtzeitfähigkeit in den Vordergrund — noch stark eingeschränkt.

Ein möglicherweise neuer Entwicklungsschwerpunkt, der über die hier beschriebenen Verbesserungsvorschläge hinausgeht, liegt in der Einbindung neuer Techniken, um z.B. das Einspielen von Videosequenzen oder die Ausgabe von Experimentergebnissen über virtuelle Monitore per MultiMedia zu erreichen.

4 Ausblick

Trotz der heute noch bestehenden hard- und softwaretechnischen Schwachstellen läßt sich auf der Basis der bisher durchgeführten Studien und Experimente bereits erkennen, daß in der Telerobotik über den Einsatz von VR eine Verbesserung der Mensch-Maschine-Schnittstelle erreicht werden kann. Die entwickelten Konzepte werden daher in weiteren Arbeitsschritten so umgesetzt, daß ein prototypisches Experimentierumfeld für ein erstes Basisexperiment entsteht. Anhand dieses Prototypen soll eine Evaluierung der Benutzerschnittstelle im Hinblick auf die Belastungssituationen des Bedieners, mögliche Fehlverhalten, Arbeitsqualität und Zeitbedarf bei der Durchführung von Aufgaben durchgeführt und das grundsätzliche Akzeptanzverhalten untersucht werden, um daran anschließend gezielt die zweckgerichtete Gestaltung der Mensch-Maschine-Schnittstelle fortzuführen.

Literatur

[Balaguer/Mangili 91]: Balaguer, F.; Mangili, A.: "Virtual Environments". In: Maganenat-Thalmann, N.; Thalmann, D. (Hrsg.): New Trends in Animation and Visualization, 1991, John Wiley & Sons, Chichester, New York, S.91-106.

[Eberleh 88]: Eberleh, E.: "Klassifikation von Dialogformen". In: Balzert, H.; et al. (Hrsg.): Einführung in die Software-Ergonomie, 1988, Walter de Gruyter, Berlin, New York, S.101-120.

[Fähnrich/Ziegler 87]: Fähnrich, K.-P.; Ziegler, J.: "Software-Ergonomie: Stand und Entwicklung". In: Fähnrich, K.-P.(Hrsg.): Software-Ergonomie, 1987, R. Oldenbourg Verlag GmbH, München, S.9-28.

[Foley et al. 90]: Foley, J.; van Dam, A.; Feiner, S.; Hughes, J.: "Computer Graphics; Principles and Practice". Second Edition, 1990, Addison-Wesley, New York.

[Guedj 80]: Guedj, R.A. et al. (Hrsg.): Methodology of Interaction. 1980, North Holland, Amsterdam.

[Hanusa 83]: Hanusa, H.: "Tools and Techniques for the Monitoring of Interactive Graphics Dialogues". In: Int. J. Man-Machine Studies 19, 1983, S.163-180.

[Helsel/Roth 91]: Helsel, S.K.; Roth, J.P.: "Virtual Reality, theory, practice, promise". Meckler Verlag, 1991.

[Ilg/Ziegler 87]: Ilg, R.; Ziegler, J.: "Interaktionstechniken". In: Fähnrich, K.-P. (Hrsg.): Software-Ergonomie, 1987, R. Oldenbourg Verlag GmbH, München, S.107-117.

[Krüger 91]: Krüger, M.W.: "Artificial Reality II". 1991, Addison-Wesley, New York.

[Nagler 82]: Nagler, R.: "Entwurf benutzerfreundlicher Dialogsysteme aus der Sicht menschlicher Informationsverarbeitung". In: Schauer, H.; Tauber, M.J. (Hrsg.): Informatik und Psychologie; 1982, Oldenbourg Verlag, Wien, München, S.24-38.

[Newman/Sproull 86]: Newman, W.M.; Sproull, R.F.: "Grundzüge der interaktiven Computergrafik". 1986, MacGraw-Hill Book Company GmbH, Hamburg.

[Strothotte et al. 92]: Strothotte, Th.; Emhardt, J.; Reichert, L.: "Virtuelle Realität: Ein Überblick". In: Hinz, V.; Lorenz P.; Strothotte, Th. (Hrsg.): Visualisierung und Präsentation von Modellen und Resultaten der Simulation, 1. Fachtagung am 18. und 19. März 1992 in Magdeburg, S.25-27.

[VITAL 91]: "VITAL — Anwendung von Virtual Reality bei Telerobotik". 1. Zwischenbericht, Dokumenten-Nr. VITAL/CAE/0003, 15.11.1991.

[VITAL 92]: "VITAL — Anwendung von Virtual Reality bei Telerobotik". 2. Zwischenbericht, Dokumenten-Nr. VITAL/CAE/0005, 21.02.1992.

[Weber 91]: Weber, G.: "Interaktionsformen neuerer Eingabegeräte für die Graphikanimation". In: Lorenz P.; Klöditz, Chr. (Hrsg.): Computeranimation, 3. Fachtagung am 06. und 07. Februar 1991 in Magdeburg, S.70-82.

Interoperabilität und Mobilität von Arbeitsplätzen

Wirtschaft und Verwaltung, Forschung und freie Berufe werden in immer stärkerem Maße von der Verfügbarkeit und rechtzeitigen Bereitstellung von Information abhängig. Information wird mehr und mehr zu einer Einflußgröße, die neben den klassischen Produktionsfaktoren Kapital, Rohstoff und Personal die Leistungsfähigkeit eines Unternehmens entscheidend bestimmt. Durch die moderne Informationstechnik wird eine Mobilität von Arbeitsbereichen unterstützt. Hierdurch können verteilte Tätigkeiten mit neuen Arbeitsformen entstehen, die z.B. durch Gleitzeit-, Gleitortarbeit und verteilte gleichzeitige Teamarbeit geprägt sind. Für das Fachgespräch gibt es in diesem Zusammenhang Beiträge, die insbesondere

- Aspekte des kooperativen Zusammenwirkens im Sinne von Interoperabilität,
- Werkzeuge (Groupware), Datenschutz und mögliche Trends von Standards,
- mobile Endgeräte

ansprechen.

Fachgesprächsleiter: Prof. Dr. P. Jensch, Fachbereich Informatik, Universität Oldenburg

Eine Kommunikationsarchitektur für die Integration von CIM-Anwendungssystemen und Groupware

Oliver Hermanns
Lehrstuhl für Informatik IV
RWTH Aachen
Tel.: 0241/80 4571
Ahornstraße 55, W-5100 Aachen

1. Einleitung

Das unter dem Schlagwort CIM (Computer Integrated Manufacturing) verfolgte Ziel der datentechnischen Integration aller an der Produktentstehung beteiligten Teilbereiche einer Unternehmung wird heute in der Praxis noch nicht erreicht. Die Gründe hierfür liegen unter anderem in der mangelnden Interoperabilität der in den Unternehmensbereichen eingesetzten hochspezialisierten aber herstellerspezifischen CAx-Anwendungssysteme (CAx ≈ Computer Aided ...). Im Rahmen der seit Herbst 1991 an der RWTH-Aachen tätigen DFG-Forschergruppe SUKITS (Software- und Kommunikationsstrukturen in technischen Systemen) wird ein offenes Konzept für die Integration bestehender, heterogener CIM-Insellösungen entwickelt /EWM92/. Dabei wird neben der *technologischen Integration*, also der einfachen Kopplung von Einzelsystemen bzw. Inseln, eine *funktionale Integration* angestrebt, welche die Möglichkeiten bereichsübergreifender Arbeitsvorgänge nutzbar macht. Das Integrationsmodell bezieht neben klassischen Ansätzen wie Daten- und Vorgangsintegration auch die vermehrte Unterstützung von Gruppenarbeit mit ein.

Das Forschungsgebiet der *Computer Supported Cooperative Work (CSCW)* beschäftigt sich generell mit der Rolle von Informations- und Kommunikationstechnologien bei der Gruppenarbeit. Unter dem Begriff *Groupware* werden in diesem Zusammenhang Werkzeuge verstanden, die bei der Interaktion von Personen für den Informationsaustausch und die Koordination Bedeutung erlangen /LeKr91/. Arbeitsteilung und Gruppenarbeit bilden wesentliche Elemente der industriellen Produktentwicklung. Die weite Verbreitung leistungsfähiger Rechnersysteme (beispielsweise CAD-Systeme) und die durch CIM-Ansätze vorangetriebene Kopplung dieser Systeme eröffnen auch Perspektiven zur Einbringung von Konzepten der CSCW in Integrationsansätze. Hierdurch kann neben der rein technischen Zusammenfassung der Anwendungssysteme auch die Kooperation von Arbeitsgruppen, und damit die funktionale Integration, unterstützt werden.

Der vorliegende Beitrag gibt zunächst einen genaueren Überblick über die Zielsetzung des SUKITS-Projekts, wobei insbesondere die Anforderungen an das zu entwickelnde Integrationsmodell und die zugrunde liegende Kommunikationsinfrastruktur dargestellt werden. Daraufhin werden die Möglichkeiten der Integration von Groupware in CIM-Systeme erörtert. Im letzten Abschnitt schließlich wird die angestrebte Kommunikationsarchitektur beschrieben, wobei insbesondere auf die anwendungsbezogenen Dienste eingegangen wird, welche auch die Einbeziehung von Groupware in CIM-Systeme unterstützen.

2. Gegenstand des SUKITS-Projektes

Ziel des SUKITS-Projektes ist die Entwicklung einer offenen und gemäß den betriebsorganisatorischen Erfordernissen konfigurierbaren Integrationsbasis für bestehende CAx-Anwendungssysteme, welche den gesamten technischen Bereich von der Konstruktion bis zur Fertigung überdeckt /SUK91/. Diese Basis muß einerseits den Austausch von Informationen und Dokumenten zwischen den Teilbereichen einer Unternehmung unterstützen - also eine einheitliche Sichtweise auf alle produktbezogenen Daten gewährleisten, und andererseits als koordinierende Instanz bei der Produktentwicklung und -erstellung dienen. Bestehende Anwendungssysteme sollen ebenso leicht eingebunden werden können wie solche, die später neu hinzukommen.

Die zentralen Aufgaben der Verwaltung von produktbezogenen Dokumenten und der Koordination von Aktivitäten sollen von einem dedizierten System, dem *CIM-Manager*, übernommen werden. Als Rückgrat der technologischen Integration wird parallel dazu eine offene Kommunikationsarchitektur entwickelt, welche mittels geeigneter Dienste eine transparente Kopplung der Anwendungssysteme unterstützt. Die Integration von Produktdatenmodellen wie STEP (Standard for the Exchange of Product Model Data) oder PDES (Product Data Exchange using STEP) mittels dedizierter *Datentransformatoren* soll den semantikerhaltende Austausch von Dokumenten zwischen unterschiedlichen Anwendungssystemen ermöglichen. Wesentlich an diesem Ansatz ist der Umstand, daß die Dokumente nicht zentral im CIM-Manager gehalten werden, sondern lokal in den Anwendungssystemen verbleiben. Damit treten Datenübertragungen und -transformationen nur beim Austausch der Dokumente zwischen verschiedenen Systemen auf.

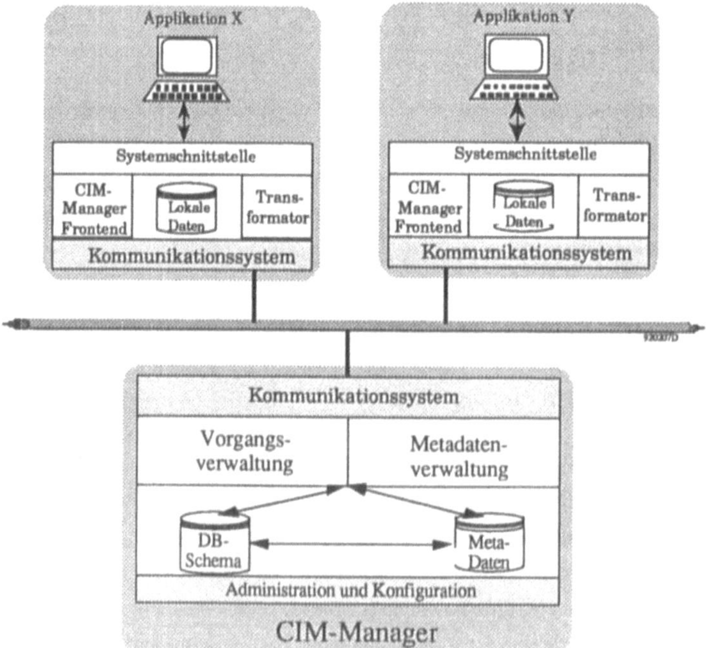

Abb.1: SUKITS-Integrationsmodell

Der CIM-Manager übernimmt die Verwaltung und Konsistenzerhaltung aller produktbezogenen Informationen /KSW92/. Dazu hält er für jedes Dokument einen Satz von Metadaten (Verwaltungsinformationen), wie Lokalitätsreferenzen, Versionsnummern oder Zugriffsrechte. Die realen Dokumente werden, ohne Betrachtung ihres Inhaltes, lediglich referenziert. Dadurch werden einerseits die durch unterschiedliche Repräsentationsformen auftretenden Probleme verringert, andererseits können auch Metadaten über nicht elektronisch gespeicherte Dokumente (z.B. Zeichnungsarchiv) verwaltet werden. Der Aufbau der Metadatensätze bleibt frei konfigurierbar. Die zweite wesentliche Aufgabe des CIM-Managers liegt in der Vorgangsverwaltung. Es können Muster von Voraussetzungen und Aktionen definiert werden, so daß bei Eintritt bestimmter Ereignisse (Ereigniskombinationen) ein Benachrichtigungs-Mechanismus Meldungen an Arbeitsplätze oder Benutzer/Gruppen versendet. So führt beispielsweise die Freigabe der auftragsbezogenen Dokumente aus Konstruktion und Arbeitsvorbereitung zur Generierung eines Fertigungsauftrages und einer Meldung an ein Auftragsleitsystem.

Die Funktionen und Dienste der Integrationsplattform werden den Anwendungssystemen über ein Schnittstellenmodul (CIM-Manager Front-End) angeboten. Die in der Anforderungsdefinition /SUK92/ genauer spezifizierten Funktionen umfassen Datenanfragen, Transformatoraufrufe, Kommunikationsdienste, etc. In Abbildung 1 wird das SUKITS-Integrationsmodell schematisch dargestellt.

Den zweiten Grundbestandteil des angestrebten Integrationsmodells bildet die offene Kommunikationsarchitektur. Der schnelle und problemlose Austausch von Informationen zwischen Arbeitsbereichen wie Konstruktion, Arbeitsplanung oder Fertigung wird durch eine durchgängige Kommunikationsinfrastruktur erst ermöglicht /Kle90/. Diese muß heutigen, wie auch zukünftig zu erwartenden Anforderungen an die Funktionalität der Kommunikationsdienste genügen. Die Strukturierung der Anforderungen erfolgt nach drei Gesichtspunkten, von welchen hier die Kommunikationsstrukturen besprochen werden:

- Anwendungsumgebung
  Unter diesen Gesichtspunkt fällt die Modellierung von Anwendungssystemen und -szenarien sowie deren Anforderungen an anwendungsangepaßte Kommunikationsdienste und eine einheitliche Schnittstelle zum Kommunikationssystem.

- Informations- und Datenstrukturen
  Der Austausch von Dokumenten wird durch die Verwendung unterschiedlicher interner Darstellungsformate in heterogenen Anwendungssystemen erheblich erschwert. Der Aspekt Datenstrukturen untersucht, welche Informationen in den Systemen verarbeitet werden (z.B. Text, Rastergraphik, Geometrie, Ton, ...) und welche Datenstrukturen hierbei verwendet werden.

- Kommunikationsstrukturen
  Hierunter werden Anforderungen an die physikalische Kopplung der Systeme, die Funktionalität der Protokollmechanismen sowie die zu erbringende Bandbreite und die Dienstgüte betrachtet. Aus den Anforderungen heraus wird ein geeignetes funktionales Protokollprofil entwickelt, welches sich im wesentlichen aus stabilen internationalen Standards zusammensetzen soll.

Eine Grundvoraussetzung der angestrebten Offenheit bildet die Normenkonformität der verwendeten Dienste und Protokolle. Aus diesem Grund wird das Protokollprofil anhand des durch das ISO-Referenzmodell (ISO-RM) für offene Systeme /ISO84/ gesetzten Rahmens entwickelt. Dabei liegt der Gestaltungsschwerpunkt im Anwendungs- (ISO-RM Schichten 5-7) und Formatprofil (Datentransformatoren). Das Transportprofil (ISO-RM Schichten 1-4) muß auf etablierten und verbreiteten Protokollen und Netzwerken aufbauen. Aus Platzgründen wird in dieser Arbeit in erster Linie auf die Gestaltung des Anwendungsprofils eingegangen, da sich hier die von den zu integrierenden Systemen nutzbare Funktionalität manifestiert.

Bei der Untersuchung von Arbeitsschwerpunkten im technischen Bereich wurden die folgenden typischen Anwendungsklassen identifiziert:

- Ein- und Ausgabe von Dokumenten auf unterschiedlichen physikalischen Geräten (Drucker, Fax, ..),

- Electronic Mail für den asynchronen Austausch von Nachrichten,

- Speicherung, Abruf und Transfer von Dateien, Dokumenten, Statusinformationen, etc,

- Zugriff auf entfernte Datenbanken,

- Direkter Zugriff auf entfernte Systeme; entfernte Arbeitssitzungen etc,

- Benutzerinformation (Directory) über Adressen und Kommunikationsmöglichkeiten von Teilnehmern, Systemen und Ressourcen,

- Transaktionsverarbeitung; bspw. beim Aufruf eines Konvertierungsprogrammes und

- Überwachung und Steuerung von Geräten mit relativ geringer lokaler Verarbeitungskapazität.

Für die Ausführung derartiger Anwendungen werden einige unterstützende Basismechanismen benötigt, welche vom Kommunikationssystem erbracht werden müssen:

- Direkter Nachrichtenaustausch zwischen Benutzern,

- Multicastkommunikation, d.h. Nachrichtensendung "einer an viele",

- Datenkonvertierung zum Austausch von Dokumenten unterschiedlicher Syntax und Kodierung,

- Authentisierungsmechanismen sowie

- Zugriff auf eine zentrale Uhr; für Zeitstempel, Synchronisation, etc.

Aspekte wie Multicastkommunikation oder Authentisierungen werden von den derzeit verbreiteten Netzarchitekturen noch unzureichend unterstützt, hier müssen geeignete Protokolle entwickelt und spezifiziert werden. Im Bereich der Datenkonvertierung sind neutrale Datenaustauschformate zu definieren.

Die von den Anwendungen geforderte Funktionalität läßt sich auf eine kleinere Anzahl idealtypischer anwendungsbezogener Dienste von Kommunikationssystemen abstrahieren. Es handelt sich hierbei um

- Dateizugriff und -übertragung,

- Terminalemulation,

- Transaktionsverarbeitung,

- Electronic Mail und

- Namens- und Verzeichnisdienste (Directory).

3. Einbeziehung von Groupware in Integrationsansätze

Der arbeitsteilige Prozeß der Produkterstellung wird von den heute verfügbaren Anwendungssystemen nur unzureichend unterstützt. *Büroautomatisierungssysteme* steuern und koordinieren die durch Einzelpersonen durchgeführten Bürovorgänge. *Bürokommunikationssysteme* unterstützen den Informationsaustausch zwischen Arbeitsplätzen. *Groupware* dagegen versucht die Arbeitsgruppe als Ganzes zu unterstützen und nicht den Einzelnen im Zusammenhang mit gruppenbezogenen Tätigkeiten zu steuern /LeKr91/. In diesem Sinne ermöglicht die Unterstützung von Groupware in CIM-Systemen einen zusätzlichen Schritt in Richtung *funktionaler Integration*. Weitere Ansatzpunkte und Vorteile des Groupwareeinsatzes werden in /KöZo91/ erörtert.

Um nun eine systemweite Gruppenunterstützung zu ermöglichen, werden Werkzeuge benötigt, welche die Strukturierung und Bearbeitung der gemeinsamen Aufgabe durch eine Gruppe erleichtern. Grundanforderungen an solche Werkzeuge sind Interoperabilität und die Fähigkeit, Informationen unter verschiedenen Benutzern zu teilen /Wil91/. Ohne im Detail auf die Einsatzmöglichkeiten von Groupware eingehen zu wollen, soll an dieser Stelle erörtert werden, welche Basismechanismen eine Integrationsplattform, wie die im Rahmen von SUKITS diskutierte, zur Verfügung stellen muß, um auch Groupware in die Integrationsszenarien einbeziehen zu können. Hierzu müssen zunächst die durch Groupware induzierten zusätzlichen Anforderungen an die Integrationsbasis geklärt werden.

Naiv betrachtet besteht im Kontext des SUKITS-Ansatzes kein Unterschied zwischen der Integration eines CAx-Anwendungssystems und der Integration von Groupware-Werkzeugen in ein CIM-Szenario. Der zentrale zusätzliche Aspekt liegt in den erhöhten Anforderungen an Funktionalität und Bandbreite des Kommunikationssystems einerseits und Transaktionsgeschwindigkeit koordinierender Instanzen, wie dem CIM-Manager, andererseits. Wesentlich ist, daß die angestrebte Integrationsbasis bereits die Konnektivität der Anwendungssysteme liefert und mit dem CIM-Manager ist auch eine Instanz zur Verwaltung persistenter und unter Benutzern teilbarer Informationen vorhanden. Da der CIM-Manager für die Unterstützung von Vorgängen ausgelegt ist, bietet er auch bereits rudimentäre Koordinationsmechanismen an.

Aus den üblichen Klassifikationsansätzen für Groupware /EGR91/ lassen sich die zusätzlichen Anforderungen an die SUKITS-Integrationsbasis recht gut ableiten. Betrachtet man Groupware unter den orthogonalen Aspekten zeitlicher und räumlicher Benutzung so ergibt sich die in Abbildung 2 gezeigte Taxonomie. Für die Integrationsbasis, insbesondere aber das Kommunikationssystem, ergibt sich danach die Aufgabe Dienste bereitzustellen, welche die interaktive Ausführung verteilter Aktionen ebenso problemlos ermöglichen, wie die direkte Interaktion. Sie muß also die Lücke zwischen den Anwendungserfordernissen und den bereits angebotenen allgemeineren Basisdiensten (wie Nachrichtentransfer oder Teilnehmerinformationen) schließen, damit aus der vorhandenen Konnektivität eine echte Interoperabilität wird.

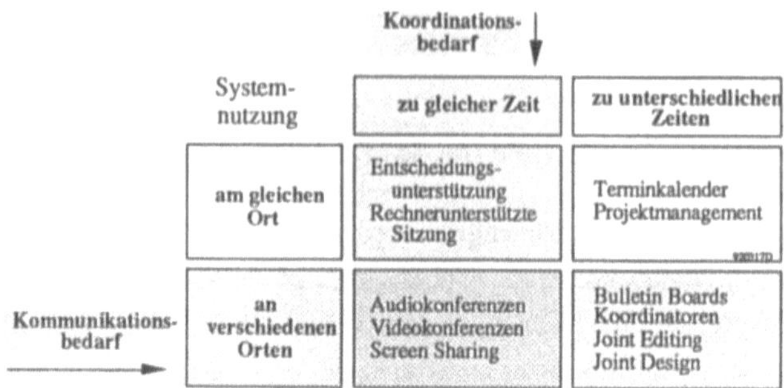

Abb. 2: Klassifikationsansatz für Groupware (in Anlehnung an /LeKr91/)

Nach der in Abbildung 2 gezeigten Klassifizierung ist offensichtlich, daß die gleichzeitige Systemnutzung durch mehrere Benutzer geeignete Koordinationsmechanismen erfordert. Diese können entweder in jedem Werkzeug einzeln realisiert sein, andererseits kann auch eine gemeinsame Teilmenge von Koordinationsdiensten definiert werden, welche die Integrationsbasis zur Verfügung stellt und von den einzubindenden Systemen genutzt wird. Die Systemnutzung an verschiedenen Orten setzt Kommunikation zwischen den jeweiligen Arbeitsplätzen voraus. Dabei hängt die von den Diensten geforderte Funktionalität entscheidend von der zeitlichen Komponente und dem Kommunikationsaufkommen der Anwendung ab. Asynchron benutzte Systeme wie Bulletin Boards benötigen Dienste die mit Electronic Mail vergleichbar sind, allerdings eine gemeinsame Sicht auf persistente Datenobjekte erlauben. Werkzeuge wie Joint Editing wo gleichzeitig und verteilt an einem Dokument gearbeitet wird, verlangen Echtzeitreaktionen des Kommunikationssystems sowie formal strukturierte Koordinationsmechanismen. Wenn außerdem große Datenmengen übertragen werden müssen, wie etwa bei Videokonferenzen (Bewegtbild) wird zusätzlich ein breitbandiger Übertragungskanal nötig.

Zu der von Groupware geforderten Funktionalität anwendungsbezogener Dienste zählt unter anderem:

- Datei- und Programmsharing in verteilten Anwendungen,

- Ton- und Bewegtbildübertragung in Punkt-zu-Punkt und Multipoint-Verbindungen,

- Ton- und Bewegtbildeinbindung in Dokumente, Datenbanken und Electronic Mail Systeme,

- Automatische Einrichtung von Kommunikationsverbindungen zwischen Benutzergruppen.

4. Die Kommunikationsarchitektur des Integrationsmodells

Wie bereits in Abschnitt 2 angedeutet, orientiert sich die vorgesehene Kommunikationsarchitektur /Her92b/ am ISO-Referenzmodell für offene Systeme. Insbesondere die in den vorangehenden Abschnitten beschriebenen Anforderungen an Offenheit und Funktionalität der Dienste lassen sich durch Verwendung international genormter Protokolle erfüllen. Es soll an dieser Stelle im wesentlichen auf die vorgesehenen

Protokolle und Dienste der Anwendungsebene eingegangen werden, da eine detaillierte Beschreibung der unterliegenden Netzwerkarchitektur den Rahmen dieses Beitrages überschreiten würde.

4.1 Ein Modell zur Anbindung der Anwendungssysteme

Den grundlegenden Rahmen für die Anbindung der einzubeziehenden Anwendungssysteme an das Kommunikationssystem bildet das 1991 zum internationalen Standard (IS) erhobene *Distributed Office Applications Model (DOAM)* /ISO91a/. Das am Client-Server Modell /Svo85/ orientierte DOAM legt Prinzipien zur Definition von Dienstelementen der Anwendungsebene des ISO-RM fest (siehe Abb. 3). Prinzipiell wird davon ausgegangen, daß Anwendungssysteme in Büroumgebungen eine verteilte Struktur besitzen können und daß die eigentlichen Anwendungsfunktionen durch einen oder mehrere, an beliebiger Stelle im Kommunikationsverbund befindliche *Server* realisiert werden. Der Benutzer (-prozeß) arbeitet lediglich mit dem lokal in seinem System befindlichen *Client*, welcher die Funktionalität des Servers nutzbar macht. Dadurch wird die verteilte Struktur der Systeme verborgen. Client und Server nutzen die Dienste speziell angepaßter Dienstelemente der ISO-Anwendungsebene (SASE ≈ Specific Application Service Element). Diese wiederum kommunizieren nach den Regeln eines anwendungsbezogenen Protokolls (x-access-protocol), welches auf der Basis allgemeiner Dienstelemente der Anwendungsebene (CASE ≈ Common Application Service Element) realisiert ist. Insbesondere wird hierbei das Dienstelement ROSE (Remote Operations Service Element, ISO 9072) benutzt. DOAM bildet damit sowohl eine Grundlage für die Definition eigener OSI-Dienstelemente und Protokolle als auch den Rahmen zur Festlegung einheitlicher Schnittstellen zu den Diensten der Anwendungsebene des ISO-RM.

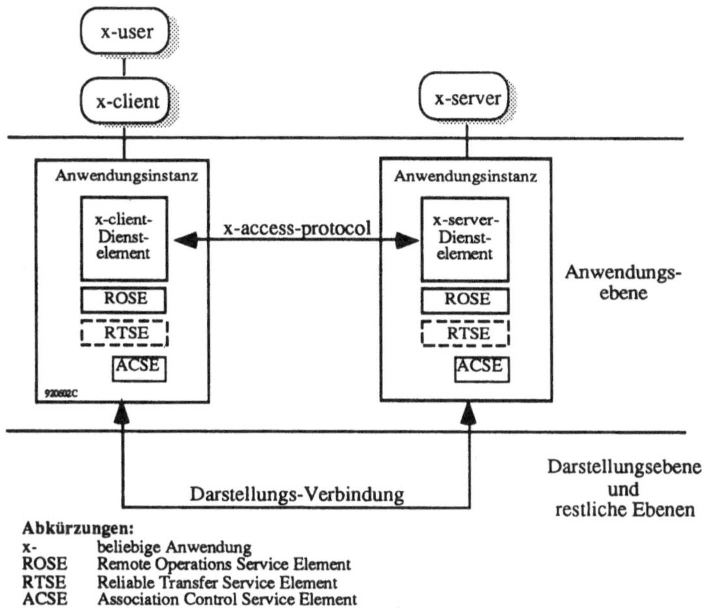

Abkürzungen:

x-	beliebige Anwendung
ROSE	Remote Operations Service Element
RTSE	Reliable Transfer Service Element
ACSE	Association Control Service Element

Abb.3: Client- und Server-Dienstelemente in der ISO-Anwendungsebene

Die beschriebene Auslegung von DOAM für verteilte Büroanwendungen schafft weiterhin eine passende Basis für die Einbeziehung des CIM-Managers welcher den Server für bestimmte Anwendungen bildet (z.B. Metadaten- und Vorgangsverwaltung), sowie der Anwendungssysteme welche mittels lokaler Clients die Funktionalität des Servers nutzen können. Ebenso wird auf der Basis von DOAM die Spezifikation von Diensten welche die Integration von Groupware-Werkzeugen unterstützen möglich. Dies gilt insbesondere, da das Modell auch die Definition verteilter Server und die Kommunikation zwischen Servern unterstützt.

4.2 Das SUKITS-Protokollprofil

Dem Transportsystem (Ebenen 1-4) liegen Lokale Netze nach dem CSMA/CD oder Token-Ring Prinzip zugrunde. Darauf setzt das Verbindungslose ISO-Protokoll der Netzwerkebene (CLNP ≈ Connectionless Network Protocol, ISO 8473) auf, welches eine transparente Sicht auf die unterliegenden Netzwerke sicherstellt. Als Option werden auch Netze mit höherem Durchsatz, wie der FDDI-Ring sowie Anbindungen an öffentliche Netze (X.25 oder ISDN) unterstützt. Für die Anbindung echtzeitfähiger Netzwerkstrukturen, wie sie in der Fertigung eingesetzt werden, sind Brücken (Bridges) auf Netzwerkebene vorgesehen. Das verbindungsorientierte Transportprotokoll (ISO 8073) gewährleistet den gesicherten End-End-Transport der Daten und stellt den Anwendungen die ISO-Transportklassen 0 und 4 zur Verfügung.

Dem Anwendungsprofil (Ebenen 5-7) liegen die ISO-Steuerungs- (ISO 8327) und Darstellungsprotokolle (ISO 8823) zugrunde. Hierbei sind beide Protokolle für die Abbildung der von den Anwendungsdiensten geforderten Dienstgüteparameter (Quality of Service, QoS) auf die Transportschicht zuständig. ASN.1 Konverter (Abstract Syntax Notation 1, ISO 8824) sind wesentlicher Bestandteil der Darstellungsebene, um Unabhängigkeit von den lokalen syntaktischen Formaten der Anwendungssysteme zu erhalten.

Ausschlaggebend für die von den anzubindenden Systemen nutzbare Funktionalität der Integrationsplattform ist die Gestaltung der Anwendungsebene des Kommunikationssystems. Diese ist gemäß der ISO-Norm über die Struktur der Anwendungsebene (ISO 9545) aufgebaut. Hier sind die ISO-Protokolle Electronic Mail (MHS ≈ Message Handling System, X.400), Arbeitssitzungen auf entfernten Rechnern mittels virtueller Terminals (VT ≈ Virtual Terminal, ISO 9040), Dateizugriff über Rechnernetze (FTAM ≈ File Transfer Access and Management, ISO 8571) und Teilnehmer-Informationsdienste (DS ≈ Directory Service, X.500) vorgesehen. Für die speziellen Belange der Integration im technischen Büro müssen diese Dienste jedoch erweitert bzw. angepaßt werden. So sind erweiterte Mailfunktionen, wie Mailfilterung, Empfangsbestätigung oder Express-Mail zur Unterstützung der Vorgangsverwaltung wünschenswert.

Zur Befriedigung der durch die Metadatenanfragen an den CIM-Manager anfallenden Kommunikationsanforderungen bietet sich der Standard *Document Filing and Retrieval* (DFR) /ISO91b/ an. Dieser ist für die Abwicklung von Datenzugriffen über Netzwerke ausgelegt, mit der Besonderheit, daß die Ablage heterogener Dokumente in einem "Umschlag" von Zusatzinformationen und der Direktzugriff auf diese Informationen unterstützt werden. Sollen größere Datenbanken in das System eingebunden werden, so kann die Anwendungsebene durch die ISO-Norm *Remote Database Access (RDA, ISO-DIS 9579)* erweitert werden.

SUKITS-Dienste, welche die Gruppenkommunikation unterstützen nutzen in hohem Maße die bereits durch die Directory und Electronic Mail Protokolle angebotenen Dienste. Mögliche Architekturmodelle hierfür werden in /Ben91/ und /JHF92/ beschrieben. Diese Ansätze definieren beide einen sogenannten *Gruppenkommunikationsdienst* mit integrierter Verwaltung gemeinsam benutzter Objekte. Dieser Dienst ist derzeitiger Gegenstand der Forschung im SUKITS-Rahmen.

4.3 Implementierungsbasis eines Kommunikationsprototypen

Neben der Konzeptionierung des funktionalen Profils stellt sich die Frage, wie eine praktische Realisierung dieser Kommunikationssystems zu erreichen ist. Da die Verbreitung ISO-konformer Netzwerkarchitekturen noch ausgesprochen gering ist, wurde ein Migrationskonzept /Her92a/ zum Übergang von den derzeit verfügbaren Architekturen, wie TCP/IP, X.25 oder herstellerspezifische Netzwerke, zu dem beschriebenen Profil entwickelt. Dazu kann die Kommunikationsplattform ISODE (ISO Development Environment) verwendet werden /Ros90/. Es handelt sich dabei um eine - praktisch im Public Domain verfügbare - Implementierung von ISO Protokollen der Schichten 5 bis 7, welche sowohl auf der weit verbreiteten TCP/IP Protokollfamilie als auch auf X.25 aufsetzen. Dem Anwender wird mittels dieser Software die Nutzung der leistungsfähigen Dienste der ISO-Anwendungsebene ermöglicht.

Aufgrund der funktionalen Verwandtschaft des ISO-Transportprotokolls der Klasse 0 und des TCP-Protokolls, definiert ISODE einen ISO-konformen Transportdienst unter Zuhilfenahme der TCP-Dienste /RoCa87/. Hierdurch wird die Umsetzung der Internet- auf die ISO-Welt erreicht. Auf dieser Schnittstelle baut dann die Implementierung der ISO-Steuerungsschicht (ISO 8327) und darauf die der ISO-Darstellungsschicht (ISO 8822/23) auf. Neben den im Paket enthaltenen Anwendungsprotokollen VT, MHS, FTAM und DS wird auch die eigene Implementierung von Anwendungsprotokollen unterstützt. Ein weiterer zentraler Aspekt ist, daß bei einem späteren Übergang des Transportsystems (ISO-Schichten 1 bis 4) von TCP/IP zu OSI keine Anpassungsarbeiten in den höheren Ebenen mehr notwendig sind.

5. Zusammenfassung und Ausblick

Die Gestaltung des SUKITS-Integrationsmodells gestattet mithin die Einbeziehung von CSCW-Werkzeugen. Dies wird insbesondere durch eine an den Stand der internationalen Normung angelehnte Kommunikationsarchitektur erreicht. Der gegenwärtige Arbeitsschwerpunkt im Kommunikations-Teilprojekt liegt in der Konkretisierung des Protokollprofils und der Erarbeitung eines Interaktionsmodells zur Beschreibung der Kommunikationsabläufe zwischen den einzubeziehenden Anwendungssystemen und dem CIM-Manager.

Erheblicher Forschungsaufwand muß insbesondere noch in die Integration von Diensten zur Unterstützung von Echtzeit-Groupware gemäß Abbildung 2: "Teilnehmer zur gleichen Zeit an unterschiedlichen Orten", gesteckt werden. Diese Art der Multicastkommunikation stellt erhöhte Anforderungen an alle in der Kommunikationsarchitektur eingesetzten Protokolle. Es müssen hoher Durchsatz und schnelle Routing-Entscheidungen ebenso gewährleistet werden, wie Ausfallsicherheit und Transparenz der Dienste. Die

Anwendungsebene muß Mechanismen zur Koordination der häufig den Ort wechselnden Benutzeraktionen zur Verfügung stellen.

Ein Nahziel der Bestrebungen ist die Implementierung eines Prototyps der Integrationsbasis und dessen Erprobung und Evaluierung mit den Projektpartnern.

Literatur

/Ben91/   Benford, S., "Building group communication on OSI", Computer Networks and ISDN Systems 23 (1991), S.87-90.

/EGR91/   Ellis, C.A., Gibbs, S.J., Rein, G.L., "Groupware", CACM Jan. 1991/Vol. 34, No.1, S.38

/EWM92/   Eversheim, Weck, Michaeli, Nagl, Spaniol, "The SUKITS-Projekt: An approach to a posteriori Integration of CIM components", erscheint in Proc. zur GI Jahrestagung 1992.

/Her92/   Hermanns, O., "Migration towards a functional profile for industrial networks", erscheint in Proc. of the EFOC/LAN 1992.

/Her92b/   Hermanns, O., "Ein offenes Kommunikationskonzept zur Vernetzung von CAD-Systemen", erscheint in Proc. der VDI-Fachtagung Datenverarbeitung in der Konstruktion '92.

/ISO84/   International Standard 7498 "Information Processing Systems - Open Systems Interconnection - Basic Reference Model", 1984.

/ISO91a/   International Standard 10031 "Text and office Systems - Distributed Office Applications Model (DOAM)", 1991.

/ISO91b/   International Standard 10166 "Text and office Systems - Document Filing and Retrieval (DFR)", 1991.

/JHF92/   Jakobs, K., Hermanns, O., Fichtner, M. "Usind the Directory to support CIM-Management", erscheint in Proc. of the Factory 2000 Conference University of York, Juli 92.

/Kle90/   Klevers, Th., "Systematik zur Analyse des Informationsflusses und Auswahl eines Netzwerkkonzeptes für den planenden Bereich", Diss. RWTH-Aachen, 1990.

/KöZo91/   König, R., Zoche, P., "Möglichkeiten und Grenzen von ´Cooperative Work´", IFB 293, Springer 1991.

/KSW92/   Kiesel, N., Schwartz, J., Westfechtel, B., "Object and process management for the Integration of heterogenous CIM components", erscheint in Proc. zur GI Jahrestagung '92.

/LeKr91/   Lewe, H. Krcmar, H., "Das aktuelle Schlagwort: Groupware", Informatik Spektrum (1991)14: S.345-348.

/Ros90/   Rose, M.-T., "The Open Book", Prentice Hall 1990.

/RoCa87/   Rose, M.T.; Cass, D.E. "ISO transport services on top of the TCP:Version 3", The Internet Activities Board, RFC 1006, 1987

/SUK91/   "Software- und Kommunikationsstrukturen in technischen Systemen" Antrag an die Deutsche Forschungsgemeinschaft, RWTH-Aachen 1991.

/SUK92/   "Anforderungen an den CIM-Manager und die Kommunikationsinfrastruktur", interner Bericht des SUKITS Projekts, RWTH-Aachen, 1992.

/Svo85/   Svoboda, L., "The Client/Server Model of Distributed Procesing", IFB 95, S. 485, Springer 1985.

/Wil91/   Wilson, P. "Computer Supported Cooperative Work: origins, concepts and research initiatives", Computer Networks and ISDN Systems 23 (1991), S.91-95.

Kooperatives Arbeiten im Kontext
wechselnder Anwendungen

A. Barth, A. Hewett, P. Jensch
Carl von Ossietzky Universität Oldenburg
Fachbereich Informatik
2900 Oldenburg

Zusammenfassung

Computerunterstütztes kooperatives Arbeiten erleichtert es, mit mehreren Personen an verschiedenen Orten über ein Problem zu diskutieren. Die Informationen zu dem Problem werden dabei mit Hilfe des Computers verwaltet und können aus verschiedenen Modalitäten zusammengesetzt sein (Text, Graphiken, Bilder).

Dieser Bericht beschreibt ein Konzept für computerunterstützte Konferenzen. Dabei wird besonderen Wert auf einen gemeinsamen virtuellen Arbeitsbereich und auf das Akzeptanzproblem bei Computerkonferenzen gelegt.

1. Einführung

In den letzten Jahren wurden Standardisierungen in der Kommunikationsindustrie vorgenommen. Diese Standardisierungen ermöglichen es, Informationen auf elektronischem Wege zu versenden. Immer mehr Personen stellen inzwischen fest, daß die dabei angebotenen Möglichkeiten zur Informationsübertragung nicht mehr ausreichen [7]. Insbesondere werden heute sogenannte on-line Fähigkeiten bei der Datenübertragung gefordert. Dabei soll es ohne Zeitverlust möglich sein, mit einer anderen Person über einen Computer zu kommunizieren. Dies kann z. B. mit Hilfe einer computerunterstützten Konferenz geschehen. Um ein Konzept für computerunterstützte Konferenzen aufstellen zu können, müssen zunächst konventionelle Konferenzen betrachtet werden.

Eine Konferenz besteht aus zwei oder mehreren Personen, die sich treffen und ein Problem diskutieren. Als Ziel einer solchen Diskussion wird meistens ein gemeinsames Ergebnis angesehen, das entsprechend notiert und bearbeitet werden muß. Natürlich braucht das Problem in der Diskussion nicht abschließend gelöst zu werden. Selbst völlige Uneinigkeit über die Lösung kann ein Resultat einer Diskussion sein, das notiert werden kann. Solche Konferenzen gibt es in vielen Bereichen: Im medizinischen Bereich konferieren z. B. Ärzte über eine Diagnose oder das weitere Vorgehen bei der Therapie von Patienten, wobei die Ergebnisse auf den Informationen über die Patienten (Krankheitsverlauf, Bilder) basieren. In einem Unternehmen kann z.B. in der Konstruktionsabteilung über die Konstruktion eines neuen Produktes diskutiert werden. Auch hierbei basieren die Informationen der Konferenzteilnehmer auf Berichten, Bildern und Graphiken.

Eine offensichtliche Einschränkung einer konventionellen Konferenz liegt in dem Zwang der Anwesenheit aller Teilnehmer in einem Raum. Diese Einschränkung kann durch Video-Konferenzen aufgehoben werden, wobei die Konferenz mit Hilfe von Kameras, Bildschirmen, Mikrophonen und Lautsprechern durchgeführt wird. Obwohl Video-Konferenzen in der Geschäftswelt weit verbreitet sind, ist diese Form der Kommunikation wegen der hohen Bandbreite bei der Informationsübertragung für den täglichen Gebrauch sehr teuer. Außerdem werden zum Teil hochaufgelöste Bilder verwendet (z. B. in der Medizin), so daß die relativ niedrige Auflösung einer Videokamera nicht akzeptabel ist. Diese Probleme können durch ein Versenden der Bilder vor der Konferenz an alle Teilnehmer gelöst werden. Dann ergeben sich allerdings eventuell während der Konferenz Synchronisationsprobleme (z. B. "Welches Bild meinen Sie?").

Ein anderer Ansatz zur Lösung der Probleme von klassischen Konferenzen wird durch Computerunterstützung erreicht. Dabei können Computer entweder die visuelle Komponente der Videokonferenzen ersetzen oder zu deren Unterstützung eingesetzt werden. Bei computerunterstützten Konferenzen wird sich die Diskussion auf die Informationen, die bei jedem Teilnehmer auf dem Bildschirm angezeigt werden, konzentrieren und nicht wie bei klassischen Konferenzen auf die Informationen auf Papier oder Film. In jedem Fall darf allerdings die Wichtigkeit einer Sprechverbindung zwischen den Konferenzteilnehmern nicht unterschätzt werden [1].

Als Voraussetzung für computerunterstützte Konferenzen müssen die meisten Informationen in digitaler Form zur Verfügung stehen. Durch die Einführung von preiswerten digitalen Netzwerkverbindungen (ISDN) zu weit entfernt liegenden Orten (WAN) wird eine Realisierung von computerunterstützten Konferenzen praktikabel.

Der hier vorgestellte Ansatz für computerunterstützte Konferenzen basiert auf dem Konzept eines Dokuments, das in einem virtuellen Arbeitsbereich verändert werden kann. Innerhalb des virtuellen Arbeitsbereichs können Bilder angesehen, bearbeitet und erzeugt werden sowie textuelle und sprachliche Annotationen zugefügt werden. Außerdem können die Aktionen der anderen Teilnehmer der Gruppe visualisiert werden.

Computerunterstützte Konferenzen müssen vom Anwender aktzeptiert werden, um regelmäßig verwendet zu werden. Zur Unterstützung der Akzeptanz der Anwender und für Schulungsmaßnahmen wird das Konzept des *Journaling* vorgestellt.

2. Szenarien des computerunterstützten kooperativen Arbeitens

2.1 Allgemeine Szenarien

Die Szenarien des computerunterstützten kooperativen Arbeitens können grob durch Zeit/Ort Bedingungen in vier Typen aufgeteilt werden:

1. *selber Ort, selbe Zeit*
    Klassische Besprechungen: Technisch können diese Besprechungen folgendermaßen ablaufen: Mehrere Bildschirme stellen ein Bild dar, das aus Informationen von verschiedenen Personen einer Gruppe zusammengesetzt ist. Mehrere parallel verwendbare Eingabemöglichkeiten (Tastatur, Zeiger) erlauben die laufende Kontrolle des Systems durch einen Verantwortlichen. Eine Synchronisation der Aktivitäten muß diszipliniert durchgeführt werden und kann technisch z. B. über Sprache oder als Reaktion auf eine bestimmte Situation erfolgen.

2. *selber Ort, unterschiedliche Zeit*
    Unterstützung von administrativen Aufgaben, Projektgruppen oder anderen Situationen, in denen Aufgaben in funktionale Teile aufgeteilt werden. Dies kann z. B. verwendet werden, wenn Daten von mehreren Personen nacheinander bearbeitet werden müssen. In einem Unternehmen wird z. B. eine Abrechnung von mehreren Personen nacheinander überprüft. Im medizinischen Bereich kann es sich um ein Untersuchungsergebnis handeln. das von einem Arzt aufgenommen und von anderen ausgewertet wird. Datensicherheit und Datenintegrität müssen dabei vom System gewährleistet werden, da unterschiedliche Personen dasselbe Dokument bearbeiten können.

3. *verschiedene Orte, selbe Zeit*

Konferenzen mit on-line interaktiven Reaktionen. Dies ist der Fall, wenn z. B. ein entfernter Spezialist hinzugezogen werden muß oder sterile und nicht sterile Umgebungen getrennt werden müssen. Um dieses Szenario effektiv zu nutzen, müssen einige Voraussetzungen erfüllt sein: (1) Es existiert entweder eine Kommunikationsmöglichkeit mit hoher Bandbreite zwischen den beteiligten Rechnern, um eine schnelle Übertragung der Bilder zu ermöglichen, oder (2) mit Hilfe von Prefetch-Verfahren können Kommunikationsmöglichkeiten mit mittlerer Bandbreite genutzt werden.

4. *verschiedene Orte, unterschiedliche Zeit*

Dies ist im wesentlichen eine Erweiterung von Typ 2. Hierduch kann z. B. ein Antrag mit Hilfe des Computers bearbeitet werden, der zunächst angefordert, dann von einer Person ausgefüllt und danach eventuell von mehreren Personenen bearbeitet wird. Dieses Szenario kann z. B. mit Hilfe von electronic mail implementiert werden.

Diese grundlegenden Typen von computerunterstützten kooperativem Arbeiten haben unterschiedliche Anforderungen in Bezug auf die Modellierungstechniken und die technischen Möglichkeiten. Dieser Bericht konzentriert sich auf die Darstellung des kooperativen Arbeitens vom Typ 3 und dabei insbesondere auf computerunterstützte Konferenzen.

2.2 Konferenz-Szenario

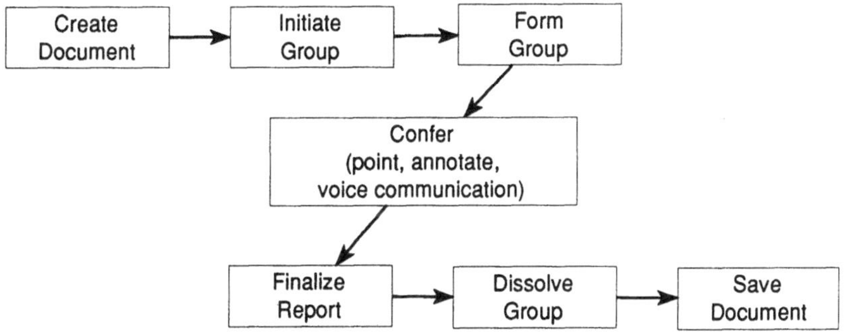

Abbildung 1: Allgemeines Konferenzszenario

Im folgenden werden typische Schritte dargestellt, die zum Einleiten, Abhalten und Beenden einer Computerkonferenz ausgeführt werden (Abbildung 1). Zunächst sollte ein Dokument erzeugt werden (Create Document), das die Informationen für die Konferenz enthält. Dieser Schritt ist nicht zwingend notwendig, da es möglich ist, während der Konferenz ein Dokument zu erzeugen. Er verringert allerdings die Arbeit während der Konferenz und bietet die notwendigen Informationen zur Vorbereitung an. Danach muß eine Gruppe aufgebaut werden, die aus den Teilnehmern der Konferenz bestehen soll. Die Teilnehmer werden eingeladen (Initiate Group) und die Konferenz erhält eine Identifikation und ein Thema. Als drittes müssen die eingeladenen Personen der Gruppe diese Einladung annehmen und sich als aktive Teilnehmer der Konferenz zu erkennen geben (From Group), so daß die Gruppe aufgebaut und die Konferenz beginnen kann. Wenn sich die Gruppe zusammengefunden hat (evtl. räumlich getrennt, aber zeitlich gleichzeitig), können die Teilnehmer über ein Thema (Problem) konferieren, in dem Informationen auf den graphischen Bildschirmen der Rechner verändert werden oder in dem sprachlich über ein entsprechendes Kommunikationsmedium diskutiert wird (Confer). Wenn die Konferenz beendet worden ist, werden im nächsten Schritt normalerweise die Ergebnisse der Konferenz in einem Bericht zusammengefaßt (Finalize Report). Danach kann die Gruppe aufgelöst werden (Dissolve Group).

3. Dokumentenstruktur

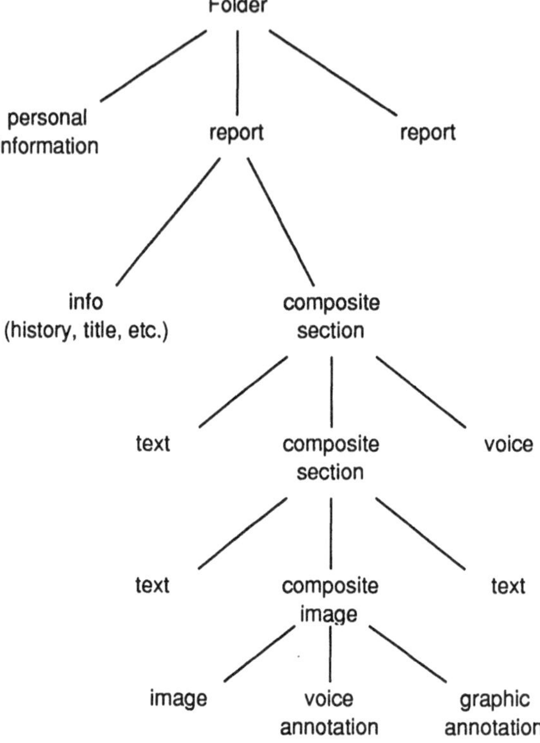

Abbildung 2: Beispiel einer Dokumentenstruktur

Ein Dokument ist hier eine Sammlung von verschiedenen Arten von Informationen in einem strukturierten Objekt. Folgende Informationsarten werden im bisherigen Ansatz betrachtet:

-       Strukturierte Informationen (z. B. Name, Alter, Geschlecht)
-       Texte (z. B. Berichte)
-       Bilder (z. B. Röntgenbilder in der Medizin, Sattelitenbilder für Wetterauswertungen)
-       Animationen (z. B. 3D-Rekonstruktionen)
-       Annotationen aller oben genannten Arten (z. B. graphische, sprachliche, textuelle)

Diese Informationen können in einem multimedialen/multimodalen Dokument mit einer hierarchischen Struktur (siehe Abbildung 2) zusammengefaßt werden. Eine Struktur (Folder) kann z. B. zunächst personenbezogene Informationen und danach mehrere Berichte enthalten, wobei jeder Bericht aus Texten, Bildern und Sprachannotationen bestehen kann. Die Bilder können graphische und sprachliche Annotationen enthalten. Die Dokumentenstruktur wurde sehr einfach gehalten, da wir die Möglichkeiten des kooperativen Arbeitens untersuchen und nicht eine komplette und universelle Dokumentenstruktur definieren wollen. Aus diesem Grund haben wir den ODA Dokument Standard nicht betrachtet [2].

4. Gemeinsamer virtueller Arbeitsbereich

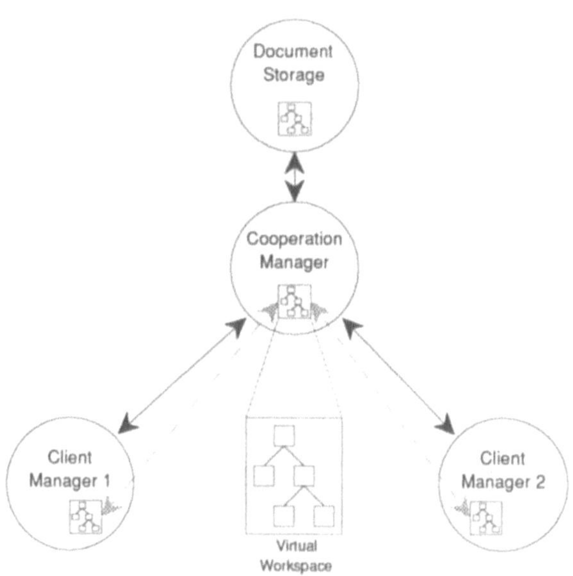

Abbildung 3: Kooperatives Bearbeiten in einem gemeinsamen virtuellen Arbeitsbereich.

4.1 Kooperationsmanager

Wie schon vorher erwähnt, konzentriert sich unser Ansatz auf einen gemeinsamen virtuellen Arbeitsbereich, wie er in Abbildung 3 dargestellt wird. Dieses Bild zeigt auch (in vereinfachter Form) einige Komponenten der Architektur, die benötigt wird, um Computerkonferenzen zu unterstützen. Der wichtigste Punkt ist hierbei ein Monitorprozeß (Kooperationsmanager), der alle Aktionen der Konferenz kontrolliert (Kontrollautorität). Der Kooperationsmanager verwaltet Informationen über die Teilnehmer der Konferenzgruppe (Name, Ort, Netzwerkadresse), überwacht die Rollen der Teilnehmer und besitzt die einzig gültige Kopie des in der Konferenz verwendeten Dokuments. Jeder Konferenzteilnehmer startet einen Clientprozeß des Kooperationsmanagers (z. B. client manager 1) und jeder dieser Prozesse erhält eine Kopie (eventuell nur der momentan betrachteten Teile) des Dokuments. Der Kooperationsmanager verwaltet die Gruppensicht auf das Dokument und seine Komponenten, wobei alle Benutzerinteraktionen in einem gemeinsamen virtuellen Arbeitsbereich geschehen. Ein Teil dieses Bereichs ist dabei das Dokument. In Bild 3 wird nicht dargestellt, daß jeder Client auch einen lokalen Arbeitsbereich verwalten kann, der vollständig unabhängig von Wechselwirkungen der Gruppenteilnehmer ist. Dieser lokale Arbeitsbereich kann als temporäre Ablage für Ideen verwendet werden, die der Benutzer nicht jedem Teilnehmer zugänglich machen will. Die Informationen des lokalen Arbeitsbereichs können jederzeit in den gemeinsamen virtuellen Arbeitsbereich übernommen werden, wenn der Benutzer dies wünscht.

4.2 Verteile Client/Server Architektur

Bei der bisher beschriebenen Architektur handelt es sich um eine verteilte Client/Server Architektur. Jede Komponente des Systems kann auf einem eigenen Rechner installiert werden; die Clientprozesse kommunizieren über ein Netzwerk mit dem Kooperationsmanager. Wie bei jedem verteilten System müssen auch hier Deadlock-Probleme gelöst und Datenintegrität gewährleistet werden. Außerdem muß sichergestellt werden, daß die sichtbare Repräsentation des Dokuments bei jedem Gruppenmitglied konsistent ist. Man betrachte nur die Situation, in der Benutzer 1 eine Annotation in einem Bild verschieben möchte und Benutzer 2 zur selben Zeit versucht, dieselbe Annotation neu im Bild zu plazieren. Falls keine Methoden realisiert werden, um diese Art von Aktionen zu verhindern, kann die Datenkonsistenz nicht gewährleistet werden.

Eine Lösung zu diesem Problem kann durch eine generelle Kontrollstrategie mit dem Namen *token passing* erreicht werden. In der einfachsten Form existiert dabei nur ein Token für das gesamte Dokument. Dieser Token wird zwischen den Teilnehmern weitergereicht und nur der Besitzer des Tokens erhält die Rechte für Veränderungen am Dokument. Jeder Teilnehmer, der einen Beitrag zur Konferenz leisten möchte, muß den Token vom bisherigen Besitzer anfordern, der der Übernahme des Tokens zustimmen muß. Dieser Ansatz ist relativ einfach, hat aber den Nachteil, daß es immer nur einer Person zu einer bestimmten Zeit erlaubt ist, aktiv an der Konferenz teilzunehmen.

Ein zweiter Ansatz, den wir verfolgen, ist die Hauptmotivation für den Kooperationsmanager, die Clientmanager und die hierarchische Dokumentenstruktur. Hierbei ist die Kopie des Dokuments bei dem Client keine *echte* Kopie in dem Sinne, daß diese Kopie unabhängig vom Kooperationsmanager verändert werden kann. Alle Operationen auf Komponenten des Dokuments müssen vor der Ausführung durch den Clientmanager vom Kooperationsmanager autorisiert (erlaubt) werden. Jede Komponente des Dokuments wird als atomares Objekt angesehen, wobei der Kooperationsmanager Sicherheitsmechanismen (Locks) für Unterbäume und Blätter der Dokumentenstruktur verwaltet. Falls der Benutzer die Position einer Annotation verändern will, kann folgende Folge von Meldungen (messages) zwischen Clientmanager und Kooperationsmanager (informell beschrieben) auftreten:

1   Der Clientmanager fragt an, ob der Kooperationsmanager Objekt X sperrt.
2   Falls keine Sperren für das Objekt X oder eines seiner Eltern in der Dokumenthierarchie existieren, sperrt der Kooperationsmanager das Objekt X und antwortet mit einer Erfolgsmeldung.
3   Der Clientmanager erlaubt der Benutzungsoberfläche, Objekt X neu zu positionieren.
4   Wenn die Positionierung ausgeführt wurde, meldet der Clientmanager dem Kooperationsmanager die neue Position von Objekt X.
5   Der Kooperationsmanager trägt die neue Position in seine Dokumentenstruktur ein, verteilt die neue Position von Objekt X an jeden beteiligten Clientmanager und hebt die Sperrung des Objekts auf.
6   Die anderen Clientmanager bringen ihre Datenstruktur auf den neuesten Stand und positionieren Objekt X neu.

Falls Objekt X schon gesperrt war, würde die Anforderung einer Sperre zurückgewiesen werden und der Clientmanager würde jede Veränderung des Objekts durch den Benutzer verhindern. Ähnliche Arten von Sperrprotokollen und Netzwerkinteraktionen sind für Einfüge-, Änderungs- und Löschoperationen von Unterbäumen und Blättern der Dokumentenstruktur verfügbar.

Durch die beschriebene Netzwerkinteraktion und die Sperrprotokolle wird die Konsistenz jeder gleichzeitigen Benutzersicht innerhalb des gemeinsamen virtuellen Arbeitsbereichs auf das Dokument gesichert, so daß Deadlocks nicht auftreten können, da dieser Sperrmechanismus wie eine Art impliziter Semaphormechanismus implementiert werden kann.

Obwohl die Meldungen relativ komplex aussehen, handelt es sich meist um Statusangaben von relativ kleiner Bandbreite. Ein Ausnahme hierzu sind Informationen (z. B. Bilder), die während der Konferenz dem Dokument zugefügt werden. Deshalb ist es nützlich, die Dokumente vor der Konferenz vorzubereiten und zu verteilen.

5. Anwendungen des Journaling

5.1 Journaling

Beim Journaling werden Systemoperationen aufgezeichnet und abgespielt. Dies kann prinzipiell auf verschiedenen Ebenen geschehen. Für das kooperative Arbeiten sind alle Benutzeraktionen und Kommunikationsoperationen von besonderem Interesse, so daß nur diese aufgezeichnet werden sollen. Bisher haben wir allerdings nur die Operationen betrachtet, die im Zusammenhang mit der Benutzungsoberfläche auftreten.

In einer graphischen Benutzungsumgebung sind die meisten Operationen ereignisorientiert. Manipulationen eines Benutzers lösen die Ereignisse aus, auf die das System reagiert und die beim Journalling aufgezeichnet werden. Beim Abspielen müssen die aufgezeichneten Ereignisse durch das wiederholt werden. Das Programm soll dabei nicht merken, ob diese Ereignisse vom Benutzer oder vom Journaling-Mechanismus kommen.

In einer verteilten Umgebung ergeben sich durch diesen Ansatz einige Probleme:

- Daten werden über Netzwerkverbindungen zu den verschiedenen Benutzern gesendet. Beim Abspielen der Ergeignisse kann nicht garantiert werden, daß eine Antwort auf ein Ereignis über das Netz zum selben Zeitpunkt wie bei der Aufzeichnung eintrifft. Deshalb können Folgeereignisse auf Daten zugreifen, die noch gar nicht vorhanden sind. Das Problem ist durch eine Kombination von Kommunikationsoperationen und Benutzersereignissen und der Beachtung von zeitlichen Abhängigkeiten zu lösen.
- Falls bei der Aufzeichnung Daten einer Datenbank verändert werden, muß ein Mechnismus geschaffen werden, der beim Abspielen den alten Zusatand wieder herstellt. Das bedeutet im Prinzip, daß am Anfang einer Aufzeichnung die relevanten Teile des Zustands gespeichert werden müssen.

Beide Probleme lassen sich auch durch rein lokale Operationen beseitigen. Beim Aufnehmen der Ereignisse wird der jeweilige Zustand vor dem Eintreffen der Ereignisse lokal gespeichert. Falls nun Objekte angefordert werden (z. B. von einer Datenbank), muessen auch diese lokal zwischengespeichert werden. Beim Abspielen der aufgenommenen Ereignisfolge werden dann die Daten nicht direkt angefordert, sondern lokal zur Verfuegung gestellt (lokales Journalling). Dabei darf das Programm allerdings nicht merken, daß das Objekt nicht von der Datenbank sondern von dem lokalen Rechner stammt.

5.2 Anwendungen

Interaktionen in dem oben beschriebenen Konzept einer Computerkonferenz sind relativ frei von Restriktionen. Jeder Konferenzteilnehmer kann jede Komponente des Dokuments ändern. Dies ist für die Testphase des Systems sicherlich ausreichend, später müssen allerdings Datenschutzaspekte beachtet werden. Deshalb werden die Benutzeraktionen häufig in einem Rollenmodell beschrieben [3]. Dabei bekommt jeder Konferenzteilnehmer eine Rolle zugewiesen, durch die Zugriffs- und Änderungsbeschränkungen definiert werden. Ein Problem ergibt sich bei der Definitionen der Rollen, da nur duch Beobachtungen von Konferenzgruppen die Rollen vernünftig bestimmt werden können. Dies kann mit Hilfe des Journaling geschehen, in dem zunächst ohne Restriktionen gearbeitet und jede Konferenz aufgezeichnet wird. Aus dem gespeicherten Verhalten der Benutzer können dann teilweise die Rollen abgeleitet werden.

Computerunterstütztes kooperatives Arbeiten wird nur akzeptiert werden, wenn die Konferenzen für den Menschen möglichst natürlich ablaufen. Deshalb müssen Konferenzen studiert werden, um diese durch den Computer nachzubilden. Im allgemeinen Fall solte sogar das Gruppenverhalten von Personen für das computerunterstützte kooperative Arbeiten betrachtet werden [8]. Nach einer ersten Implementierung einer Computerkonferenz kann durch den Journaling-Mechanismus untersucht werden, in wieweit das System das Gruppenverhalten der Konferenzteilnehmer verändert oder in wieweit das System akzeptiert wird. Durch das Abspielen der aufgezeichneten Konferenzen kann dann das bisherige System bewertet und eventuell verbessert werden.

Analoges gilt auch für den Aufbau einer Benutzungsoberfläche. Auch hierbei können die Akzeptanz und Probleme einer Oberfläche für den Benutzer durch den Journaling-Mechanismus aufgezeichnet und studiert werden.

Der Journaling-Mechanismus kann auch für Demonstrationen oder Anleitungen für das System verwendet werden. Durch das Abspielen aufgenommener Sequenzen kann z. B. die Benutzung eines Konferenzsystems simuliert werden und so das System anschaulich erklärt werden.

Der Journaling-Mechanismus ist auch als Hilfsmittel bei der Programmentwicklung verwendbar. Es können Testfälle aufgezeichnet werden und somit Fehler gespeichert werden. Mit Hilfe der Testfälle können dann die Fehler reproduziert werden und so kann auch überprüft werden, ob ein Fehler beseitigt wurde. Außerdem muß jede neue Version alle korrekten Testfälle der alten Version mit demselben Ergebnis bearbeiten können.

6. Prototyp Implementierung

Ein Prototyp einer kooperativen Konferenzumgebung ist gerade in der Entwicklung.
Der Prototyp wird zunächst für Anwendungen im medizinischen Bereich entwickelt und baut auf einer früheren Arbeit mit einem flexiblen ISDN Netzwerk Modell [4,5] auf, obwohl er auch auf andere Netzwerktechnologien anzupassen ist. Für unseren Prototyp wird momentan das Ethernet verwendet. Meldungen zwischen den verschiedenen Systemen werden durch Remote Procedure Calls basierend auf dem TCP/IP Netzwerkprotokoll versendet. Dieser Bericht streift nur die Probleme der Benutzungsoberfläche und der Datenbasis für die Dokumente des Prototypsystems. Der Prototyp wurde portabel konzipiert, um einfach auf verschiedene Unix-Arbeitsrechner und Fenstersysteme angepaßt zu werden. Momentan verwenden wir die graphische Benutzungsoberfläche NeXTStep wegen ihrer Möglichkeiten beim Prototyping und beim Journaling.

7. Schlußbemerkungen

Dieser Bericht beschreibt ein Konzept für dokumentbasierte Computerkonferenzen mit Hilfe eines gemeinsamen virtuellen Arbeitsbereichs. Effiziente Kontrollstrategien zur Regulierung der Benutzeraktionen und zur Sicherung der Datenkonsistenz werden durch Sperrprotokolle in einer hierarchischen Dokumentenstruktur realisiert. Mit Hilfe des Journaling-Konzeptes kann das Verhalten der Benutzer studiert und damit die Benutzungsumgebung verbessert werden.

Bisher ist die unterstützte Dokumentenstruktur sehr einfach und etwas inflexibel. Alle Informationen, die während einer Konferenz benötigt werden, müssen in ein Dokument kopiert werden. Eine interessante Erweiterung wäre es, eine Art Hypermedia-dokumentenstruktur zuzulassen, wobei die Dokumentkomponenten Verbindungen zu Informationen in anderen Systemen aufnehmen können.

Dieser Bericht ist Teil einer Kooperation mit den städtischen Kliniken Kreyenbrück/Oldenburg, der Telenorma GmbH (Bosch Telecom), der VW-Stiftung (Informatik-Systeme) und der deutschen Bundespost, Telekom.

8. Literatur

[1]   S. Gale. "Adding Audio and Video to an Office Environment", in J. Bowers and S. Benford (eds), Studies in computer supported cooperative work: Theory, practice, and design, North-Holland, 1991

[2]   A. Karmouch, L. Orozco-Barbosa, N. D. Georganas, M. Goldberg, "A Multimedia Medical Communications System", IEEE Journal on Selected Areas in Communications, Vol. 8, No. 3, pp 325-339. April 1990

[3]   H. T. Smith, P. A. Hennesy, G. A. Lunt, "An Object-Oriented Framework for Modelling Organisational Communication", in J. Bowers and S. Benford (eds), Studies in computer supported cooperative work: Theory, practice, and design, North-Holland, 1991

[4]   P. Jensch, H. Niemann, "Multimedia Medical Communication with ISDN Technologies - Early Experiences", SPIE (Symposium Medical Imaging IV), Vol. 1234, pp 610-616, Newport Beach, Calif, Febr. 1990

[5]   A. Hewett, J. Schwanke, L. Köhler, P. Jensch, G.-H. Reil, H. Niemann, "Multimedia Communication with ISDN-Technologies - Applications in Radiologie and Cardiology Departments", Computers in Cardiology, IEEE Catalog No 90CH3011-4 pp 199-202, Computer Society, Chicago, Sept. 1990

[6]   A. Hewett, J. Schwanke, L. Köhler, G.-H. Reil, H. Niemann, P. Jensch, "Connecting Distributed Image Databases using ISDN", First European Conference on Biomedical Engineering, pp 255-256, Nice, Febr. 1991

[7]   S. R. Newcomb, N. A. Kipp, V. T. Newcomb, "The HyTime Hypermedia/Time-based Document Structuring Language", Communications of the ACM, November 1991, Vol 34, No. 11, pp 67-83

[8]   J. Grudin, "CSCW Introduction", Comunications of the ACM, December 1991, Vol 34, No. 12, pp 31-34

Durchgängige Kommunikation für heterogene Systeme in der rechnerintegrierten Fertigung

Michael Solvie
Lehrstuhl für Fertigungsautomatisierung
und Produktionssystematik
Universität Erlangen–Nürnberg
Egerlandstraße 7–9
8520 Erlangen

Geert Solvie
Institut für Telematik
Universität Karlsruhe
Postfach 6980
7500 Karlsruhe

Kurzfassung

Ausgehend von einer Analyse der Kommunkationsbedürfnisse in der moderenen rechnerintegrierten Fertigung werden verschiedene Migrationsansätze auf ihre Eignung für diesen speziellen Anwendungsfall untersucht. Ein Beispiel verdeutlicht die Realisierbarkeit derartiger Ansätze sowie die Möglichkeit, den entstehenden Aufwand mit Hilfe eines entsprechend konzipierten Werkzeuges einzugrenzen.

1. Einleitung

Homogene Systemlandschaften mit einer einheitlichen Kommunikation sind in der Realität nur sehr selten anzutreffen. Stattdessen ist sie geprägt von unterschiedlichen Systemen unterschiedlicher Herkunft und ebenso uneinheitlicher Leistungsfähigkeit. Dieser Umstand erschwert eine übergreifende Kommunikation erheblich. Neben dem rein pragmatischen Lösungsansatz, dem Problem über jeweils neue, spezielle Kopplungen zu begegnen, gewinnt der Gedanke des Einsatzes offener Kommunikationssystem, die durch Bevorratung entsprechender Protokolle eine gute Ausgangsbasis auch z.B. für rechnerunterstützte Gruppenarbeit darstellen, immer mehr an Bedeutung. Dieser Trend ist auch in der rechnerintegrierten Fertigung zu beobachten. Hier sind allerdings spezielle Randbedingungen sowohl bzgl. der zu integrierenden Kommunikationsteilnehmer als auch bzgl. deren Anforderungen an die Kommunikation zu berücksichtigen. Ein Übergang von den derzeit eingesetzten proprietären Kommunikationslösungen zu offenen Kommunikationssystemen ist nur im Rahmen eines evolutionären Vorgehens – *Migration* – praktikabel.

In modernen Fertigungsumgebungen hat die Bedeutung von Information als Produktionsfaktor in den letzten Jahren stark zugenommen. Es tritt die Notwendigkeit auf, die *richtige Information* zum *richtigen Zeitpunkt* am *richtigen Ort* zur Verfügung zu stellen. Neben den sich daraus ergebenden Anforderungen an die Datenadministration sind auch technische Gesichtspunkte zu berücksichtigen. Insbesondere ist die Verteilung der In-

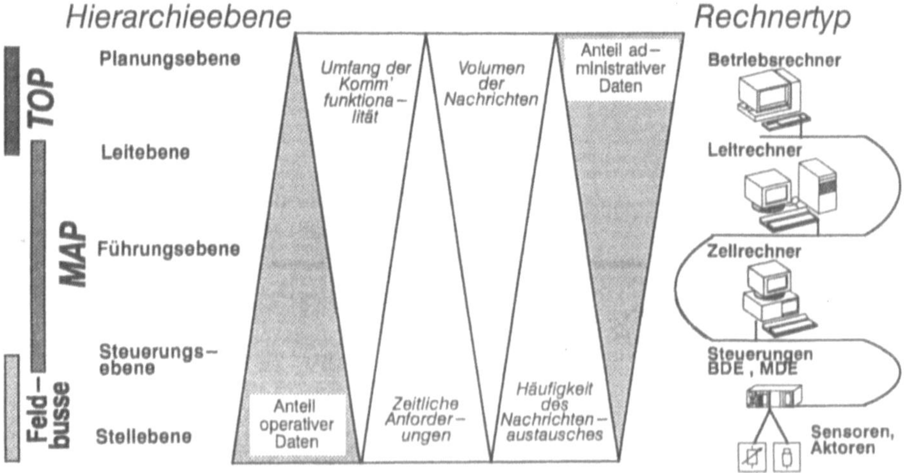

Abb. 1   Kommunikation in der rechnerintegrierten Fertigung

formation zwischen den üblicherweise dezentralen Informationsquellen und –senken ohne den Einsatz leistungsfähiger Kommunikationssysteme nicht mehr denkbar. Abbildung 1 stellt die Kommunikationsteilnehmer in den verschiedenen Ebenen der rechnerintegrierten Fertigung mit ihren jeweiligen Anforderungen an das Kommunikationssystem dar.

2. Kommunikation in der rechnerintegrierten Fertigung

Für die Kommunikation in der rechnerintegrierten Fertigung existieren bereits definierte Protokollprofile. Sie erstrecken sich bei vergleichender Einordnung in das Hierachiemodell der rechnerintegrierten Fertigung auf die Ebenen oberhalb der Stellebene (vgl. Abb. 1). Für die Kommunikation in der Planungs– und Leitebene wurde die *TOP*-Protokollarchitektur (*Technical and Office Protocol*) definiert. Protokolle der *MAP*–Protokollarchitektur (*Manufacturing Automation Protocol*) sind speziell zur Befriedigung der Kommunikationsbedürfnisse der Leit–, Führungs– und Steuerungsebene ausgewählt worden. Für die Kommunikation in der Stellebene ist die volle MAP–Protokollarchitektur zu mächtig, zu teuer und kann auch die Bedürfnisse bezüglich des Zeitverhaltens nicht befriedigen.

Sowohl die MAP– als auch die TOP–Protokollarchitektur basieren auf dem ISO–OSI Basis–Referenzmodell und verwenden international standardisierte Kommunikationsprotokolle für alle Schichten des Protokollstapels. Damit ermöglichen Sie über die *Interconnectivity* hinaus auch die *Interoperability* unterschiedlicher Systeme in der industriellen Umgebung. Die Verwendung definierter Anwenderschnittstellen, wie z.B. des MAP–*Application Layer Interface* erlaubt darüber hinaus auch die *Interchangeability* für Anwendungen. In der Stellebene werden vornehmlich sog. *Feldbusse* für die Kommunikation im prozeßnahen Bereich eingesetzt. Auf Basis internationaler Standards existiert im Berich der Feldbusse noch keine mit MAP oder TOP vergleichbare Protokollarchitektur. Entsprechende Aktivitäten werden von der IEC (*International Electrotechnical Commission*) im Technical Committee 65 vorangetrieben. Auf nationaler Ebene existieren bereits Standards für den Feldbusbereich, so z.B. der deutsche *PROFIBUS* (PROcess FIeld BUS, DIN 19245) [Bend90]. Als Grundlage für eine weiterführende Betrachtung der MAP–Protokollarchitektur wird im folgenden das ISO–OSI Basis–Referenzmodell kurz vorgestellt.

2.1 Das ISO–OSI Basis–Referenzmodell

Das OSI Basis–Referenzmodell wurde 1984 von der ISO (International Organization for Standardization) als internationaler Standard ISO 7498 verabschiedet. Das Ziel dieses, sowie weiterer OSI Standards, sind *offene Kommunikationssysteme*. Das Basis–Referenzmodell gliedert das Kommunikationssystem in sieben funktional getrennte Schichten, die hierarchisch angeordnet sind. Jede *höhere* Schicht verwendet die Dienste, die ihr von der direkt *unter* ihr liegenden Schicht angeboten werden, um eigene Dienste mit Hilfe eines speziellen Protokolls zu erbringen. Für jede dieser Schichten sind weitere Standards spezifiziert. Die Aufgaben, die den einzelnen Schichten zukommen, stellen sich wie folgt dar:

❏ *Schicht 7: Die Anwendungsschicht*

Die Anwendungsschicht bildet die eigentliche Schnittstelle zur Anwendung. Sie stellt spezielle, für einzelne Anwendungen spezifische Dienstmengen bereit, die zum Teil auch miteinander kombiniert werden können [Beve90]. Dazu gehören u.a. ACSE (zur Verwaltung von Anwendungsassoziationen), ROSE (zur Ausführung entfernter Operationen), FTAM (zum Zugriff auf und zur Verwaltung von Dateispeichern im Netz), Directory Service (zum Zugriff auf und zur Verwaltung von Verzeichnissen) und MMS (zur Kommunikation zwischen Automatisierungskomponenten).

❏ *Schicht 6: Die Darstellungsschicht*

Die Darstellungsschicht ermöglicht es den Anwendungen unabhängig von der Darstellung ihrer Informationen (z.B. Kodierung von Zeichen und Zahlen) miteinander zu kommunizieren.

❏ *Schicht 5: Die Kommunikationssteuerungsschicht*

Aufgabe der Kommunikationssteuerungsschicht ist es, dem Benutzer geeignete Mechanismen zur Synchronisation und Resynchronisation zur Verfügung zu stellen.

❏ *Schicht 4–1: Die transportorientierten Schichten*

Die Schichten 4–1 (Transportschicht, Vermittlungsschicht, Sicherungsschicht und Bitübertragungsschicht) lassen sich zu den transportorientierten Schichten zusammenfassen. Die Aufgabe dieser Schichten ist es, dem Benutzer eine zuverlässige und effiziente Ende–zu–Ende Datenübertragung zur Verfügung zu stellen.

2.2 MAP – das Protokollprofil für die rechnerintegrierte Fertigung

In Fertigungseinrichtungen herrscht bis heute mit der großen Heterogenität der Fertigungssysteme eine ebenso große Vielfalt an unterschiedlichen, im Regelfall nicht interoperablen Kommunikationssystemen. Der amerikanische Konzern *General Motors* begann 1980 damit, über die Definition eines standardisierten Protokollstapels diesem Umstand Abhilfe zu schaffen. In der aktuellen Version 3.0 der MAP–Spezifikation [EMUG89], [EMUG92] werden die in Abbildung 2 dargestellten Protokolle für die einzelnen Schichten vorgegeben.

In der dem Benutzer direkt zur Verfügung stehenden Schicht, der Anwendungsschicht, findet sich neben den Protokollen ACSE, FTAM und Directory Service insbesondere die *Manufacturing Message Specification,* auf die in dem folgenden Abschnitt noch vertieft eingegangen wird. MMS wird allgemein als das wichtigste Protokoll der Anwendungsschicht von MAP identifiziert.

Das *Application Interface* ist eine standardisierte Schnittstelle für die Protokolle der MAP–Anwendungsschicht. Es definiert eine Programmierschnittstelle für die Programmiersprache "C" sowie Mechanismen, die dem Benutzer Routineaufgaben abnehmen und damit auch die Erstellung von auf MAP–Anwendungsprotokollen basierenden Applikationen vereinfachen.

	Application Interface (AI)			
7	Directory Service DIS 9594	FTAM IS 8571	**MMS ISO–IS 9506**	
	ACSE ISO–IS 8649/50			MAP Network Management
6	Kernel ISO–IS 8822/23 ASN.1 ISO–IS 8824/25			
5	Kernel IS 8326/27 (Full Duplex)			
4	ISO–IS 8072/73 Class 4			
3	ISO–IS 8473 ISO–DIS 9542 ISO–IS 8384, 8648	CLNS ES–IS		
2b	ISO–IS 8802–2 Type 1			
2a	ISO–IS 8802–4 Token Bus Medium Access Control	ISO–IS 8802–3 CSMA/CD		
1	ISO–IS 8802–4 (Broadband)	ISO–IS 8802–4 (Carrierband)	ISO–IS 8802–3	

Abb. 2 *MAP–Protokollprofil*

2.3 MMS – Standardisierte Kommunikation in der Fertigung

MMS, das von der ISO 1988 als IS 9506 Teil 1 und 2 [ISO90] für die Dienstdefinition bzw. Protokollspezifikation verabschiedet wurde, beinhaltet eine Vielzahl von Diensten und Objekten zur Kommunikation zwischen Automatisierungskomponenten wie z.B. Robotersteuerungen und übergeordneten Ebenen der Fabrik. Es beruht auf der Anwendung der Konzepte *Objektorientierung* und *Client–Server Architektur,* wobei der Client unter MMS immer durch das System repräsentiert wird, das eine Anfrage stellt. Unter einem Server wird demzufolge das diese Anforderung bearbeitende System verstanden. Im Regelfall verkörpert der Server das Fertigungssystem, das Aufträge wie z.B. das Laden und Ausführen von Programmen oder die Abfrage von Werten einer Variablen von einem in der Fertigungshierarchie höher angesiedelten System entgegennimmt und ausführt.

Die Dienste von MMS, die auf definierte MMS–Objekte wirken, sind im Rahmen von Dienstgruppen zusammengefaßt:

- **Environment and General Management**
  Verwaltung von Assoziationen zwischen MMS–Kommunikationspartnern.

- **VMD Support**
  Unterstützungsdienste für das "Virtuelle Fertigungsgerät" (VMD, Virtual Manufacturing Device). Das VMD–Objekt des MMS–Servers beinhaltet die Modellierung des realen Fertigungsgerätes.
- **Domain Management**
  Behandlung von *Domains*, z.B. Laden, Löschen, Statusabfrage.
- **Program Invocation Management**
  Verwaltung (Kreieren, Laden, Löschen, Starten etc.) von *Program Invocations*.
- **Variable Access**
  Zugriff und Verwaltung von MMS–Variablen.
- **Semaphore Management**
  Behandlung von Semaphoren zur Gewährleistung von gegenseitigem Ausschluß.
- **Event Management**
  Dienste für die Definition, das Löschen, die Attributabfrage, die Statusabfrage etc. von Objekten, die Ereignisse modellieren.
- **Journal Management**
  Protokollierung von Information z.B. über den Eintritt von Ereignissen.
- **Operator Communication**
  Ausgabe und Einlesen von Daten an einer Bedienstation.

Um besondere Ansprüche und Randbedingungen der modellierten Systeme berücksichtigen zu können, sind Begleitstandards (*Companion Standards*) für die Bereiche Prozeßleittechnik, Numerische–, Roboter– und Speicherprogrammierbare Steuerungen verfügbar. Die Festlegung der einzelnen Begleitstandards in internationalen Normen befindet sich in unterschiedlich weit fortgeschrittenem Stadium.

Zunehmend gewinnt der Aspekt der Durchgängigkeit der Kommunikation durch alle Ebenen der Hierarchie, angefangen bei der Planungs– über die Leit–, Führungs– und Steuerungs– bis hinunter zur Stellebene, an Bedeutung. Mit dem hier kurz vorgestellten MMS verfügt man im Bereich der rechnerintegrierten Fertigung über ein Kommunikationsprotokoll, das diesem Anspruch weitestgehend gerecht wird. Dies gilt insbesondere unter folgenden Aspekten:

- Im Bereich der prozeßnahen Kommunikation werden Systeme wie z.B. PROFIBUS oder FIP (*Factory Instrumentation Protocol*, AFNOR C46–602, –603, –604) eingesetzt, die in der Anwendungsschicht die Konzepte von MMS bzw. MMS selbst in angepaßter Form enthalten.
- Die Ausdehnung der Anwendbarkeit von MMS auf den TOP–Bereich ist beschlossen.

Akzeptanzprobleme treten heutzutage insbesondere durch die mangelnde Verfügbarkeit von entsprechenden Produkten auf. Diesem Umstand kann durch die im folgenden vorgestellten Ansätze begegnet werden.

3. Migrationsansätze

Unter dem Begriff der *Migration* wird hier der Übergang von Kommunikationssystemen mit Protokollen, die zu keinem internationalem Standard konform sind, zu OSI–standardkonformen Kommunikationssystemen verstanden.

Der zu beobachtende Wunsch nach immer mehr Interoperabilität von unterschiedlichen Systemen und Unabhängigkeit von einzelnen Herstellern sind die häufigsten Auslöser für Migrationsaktivitäten. Unterstützung finden sie dabei in immer leistungsfähiger werdenden Rechensystemen, die eine Abwicklung des vollen OSI–Protokollstapels und die im Rahmen einiger der vorgestellten Migrationsansätze zu übernehmenden Zusatzaufgaben bewältigen.

3.1 Ansätze zur Unterstützung der Einführung von standardisierten Kommunikationsprotokollen

Im folgenden werden einige Ansätze kurz vorgestellt und anschließend allgemein und bzgl. ihre Eignung für den Bereich der Fertigungsautomatisierung bewertet. Die meisten Ansätze, die die Einführung standardisierter Kommunikationsprotokolle unterstützen können, sind bereits häufig genutzt worden, um Kommunikation zwischen Systemen verschiedener existierender Kommunikationssystemwelten zu ermöglichen. Andere Ansätze sind dagegen bisher nicht eingesetzt worden, da sie nur beim Übergang von einem Kommunikationssystem zu einem anderen sinnvoll sind.

Hier werden nur solche Ansätze betrachtet, die auf der Anwendungsebene angesiedelt sind. Ansätze, die auf der Transportebene (z.B. *Transportschicht Gateways*) oder Vermittlungsebene operieren, sind nicht geeignet, den Übergang von einem Kommunikationssystem zu einem anderen bis hoch zur Anwendungsebene zu unterstützen.

3.1.1 Dual Stack Ansatz

Der Dual Stack Ansatz basiert auf zwei voneinander unabhängigen Kommunikationssystemen (Stacks), deren Anwendungsdienste dem Endsystem in voller Funktionalität zur Verfügung gestellt werden. Dieser Ansatz verwendet OSI Protokolle um OSI Anwendungen zu unterstützen und geeignete nicht–OSI Protokolle für nicht–OSI Anwendungen. Er erlaubt die Unterstützung sowohl der unveränderten existierenden Anwendungen durch das alte Kommunikationssystem, als auch die Unterstützung neuer Anwendungen durch das neue Kommunikationssystem. Ein Beispiel für die Realisierung des Ansatzes für OSI und TCP/IP wird in [Rose90] beschrieben. Ein weiteres Beispiel aus der Praxis ist DECnet/OSI der Digital Equipment Corp.

3.1.2 Anwendungsschicht Gateways

Netzkopplungen oberhalb der Vermittlungsschicht werden als Gateways bezeichnet. Ihre Aufgabe ist die Umsetzung von verschiedenen Protokollen aufeinander. Sie führen dabei Abbildungen von Diensten, Anpassungen von Daten und andere Aufgaben aus. Der Einsatz von Gateways insbesondere auf der Transportschicht hat sich bewährt. Auf Ebene der Schichten 5 und 6 des ISO–OSI Referenzmodells werden Gateways aufgrund der selten vorhandenen Entsprechungen derartiger Protokolle in nicht–OSI Kommunikationssystemen kaum eingesetzt. Operiert ein Gateway auf der Anwendungsschicht über vollständig unterschiedlichen Protokollstapeln, so wird es als *Anwendungsschicht Gateway* bezeichnet. [Gree86]

3.1.3 Anwendungsschicht Dienstumsetzung

Die Anwendungsschicht Dienstumsetzung basiert auf einer Reihe von Anpassungsfunktionen, die für die Dienste eines Kommunikationssystems eine Umsetzung auf die von OSI Kommunikationssystemen angebotenen Dienste innerhalb der Endsysteme vornehmen. Aufgrund der Vielzahl verschiedener Anwendungen und existierender Kommunikationssysteme ist für jedes Kommunikationssystem und für jeden Dienst, der von der Anwendung verwendet wird, eine neue Anpassungsfunktion zu erstellen.

3.1.4 Flexible Anwendungsunterstützung

Eine flexible Anwendungsunterstützung paßt sich an die Anforderungen der Anwendungen an. Sie basiert auf der Konfigurierung von Diensten und Protokollen. So werden ausschließlich solche Dienste angeboten, die von den Anwendungen benötigt werden. Sofern sich die Anwendungsunterstützung für einzelne Anwendungen auch auf die Verwendung bestimmter Protokolle, z.B. OSI konformer Protokolle, beschränken läßt, kann mit beliebigen anderen 'statischen' Anwendungsunterstützungen kommuniziert werden. Ein solches System wird in [Solv91b] vorgestellt.

3.2 Vergleich und Bewertung der Ansätze

Jeder der vorgestellten Ansätze besitzt bestimmte Vor– und Nachteile. Für den Vergleich der Ansätze sollen folgende Kriterien Anwendung finden:

<table>
<tr><td>

- *Funktionalität*
- *Ressourcenbedarf*
- *Leistungskriterien*

</td><td>

- *Transparenz*
- *Flexibilität*
- *Realisierungsaufwand*

</td></tr>
</table>

Die *Funktionalität*, die nach der Umstellung auf ein standardisiertes Kommunikationssystem noch verfügbar ist, ist ein wesentliches Kriterium bei der Auswahl eines Ansatzes. Tritt ein Verlust an Funktionalität ein, so können evtl. nicht mehr alle existierenden Anwendungen unverändert übernommen werden.

Die *Transparenz* eines Ansatzes drückt aus, in welchem Maße Anwendungen bzw. der Benutzer von der Realisierung beeinflußt werden. So verliert ein Ansatz seine Transparenz, wenn beispielsweise der Benutzer seine Anwendungen ändern muß oder sie ihm nicht mehr in vollem Leistungsumfang zur Verfügung stehen. Ziel ist eine möglichst hohe Transparenz.

Der *Ressourcenbedarf* ist ein weiteres Kriterium bei der Auswahl eines geeigneten Ansatzes. Die verwendeten Ressourcen sollten in einem angemessenen Verhältnis zur Grösse des betroffenen Systems stehen. So stellen die Systeme in den unteren Ebenen des Hierarchiemodells i.allg. weniger verwendbare Ressourcen für die Kommunikation zur Verfügung als in den höheren Ebenen.

Die *Flexibilität* eines Ansatzes ist wichtig für später mögliche Erweiterungen und Anpassungen. Damit auf Änderungen der verwendeten Kommunikationsprotokolle, seien es Erweiterungen oder Verbesserungen, mit angemessenen Aufwand reagiert werden kann, sollte ein Ansatz möglichst flexibel sein.

Auch *Leistungskriterien* wie z.B. Durchsatz und Verzögerung, spielen bei der Auswahl eines Ansatzes eine Rolle. Sie sind i.allg. vergleichbar mit denen, die auch zur leistungsmäßigen Klassifizierung von Kommunikationssystemen verwendet werden.

Für die Umsetzung von Migrationsstrategien in der Praxis ist der *Realisierungsaufwand* ein wichtiges Kriterium. Das zu erwartende Resultat sollte in einem angemessenen Verhältnis zum Aufwand stehen. Eventuell zur Verfügung stehende Werkzeuge wurden bei der Bewertung nicht berücksichtigt.

Tabelle 1 zeigt einen Vergleich der vorgestellten Ansätze, bezogen auf die beschriebenen Kriterien. Ein ⊕ bedeutet eine positive Wertung des Ansatzes bzgl. des Kriteriums. Entsprechend kennzeichnet ein ⊖ eine negative Wertung. Die Beurteilung der mit ⊙ gekennzeichneten Kriterien ist von den verwendeten Protokollen und Systemen abhängig, so daß hier keine grundsätzliche Aussage getroffen werden kann. Eine Erläuterung der Bewertung wird im folgenden gegeben:

❑ *Dual Stack*

Beim Dual Stack Ansatz bleibt die vollständige Funktionalität des bisher verwendeten Kommunikationssystems erhalten, da es parallel zum neuen System betrieben wird. Allerdings steigt dadurch der Ressourcenbedarf stark an. Die Flexibilität dieses Ansatzes ist beschränkt. Änderungen eines der verwendeten Protokolle erfordern aufwendige Anpassungsarbeiten bei jedem Kommunikationsteilnehmer, der dieses Kommunikationssystem verwendet. Bei den Leistungskriterien zeigt der Dual Stack Ansatz keine wesentlichen Einbußen gegenüber dem herkömmlichen verwendeten Kommunikationssystem. Der Ansatz ist für den Benutzer nur bei Nutzung von Funktionen aus der Schnittmenge der Funktionalitäten der beiden Kommunikationssysteme transparent. Der Realisierungsaufwand wächst linear mit der Anzahl verschiedener Kommunikationssysteme und ist somit vergleichsweise hoch.

❑ *Anwendungsschicht Gateways*

Die größte Einschränkung beim Einsatz von Anwendungsschicht Gateways ist der zu erwartende Verlust an Funktionalität. Die Funktionalität des Gateways ist i.allg. durch die Schnittmenge der Funktionalitäten der beteiligten Systeme gegeben. Transparenz ist somit nur möglich, wenn funktional gleichwertige Protokolle vorliegen. Zusätzlicher Ressourcenbedarf tritt nur bei den Systemen auf, die mit Gatewayfunktionalität ausgestattet werden. Die Flexibilität dieses Ansatzes ist gering, da jede Änderung eines der umzusetzenden Protokolle evtl. mit erheblichen Änderungen im Anwendungsschicht Gateway verbunden sein kann. Bei den Leistungskriterien zeigt der Ansatz zusätzliche Verzögerungen und Durchsatzverluste bei der Kommunikation über die Grenzen eines Kommunikationssystems hinweg, die durch die Bearbeitung im Anwendungschicht Gateway auftreten. Der Realisierungsaufwand wächst linear mit der Anzahl zu integrierender heterogener Kommunikationssysteme, sofern ein Kommunikationssystem als gemeinsame Basis verwendet wird.

❏ *Anwendungsschicht Dienstumsetzung*

Die Anwendungsschicht Dienstumsetzung ist i.allg. nicht mit einem Verlust an Funktionalität verbunden und bleibt so gegenüber dem Benutzer transparent. Unterscheiden sich die von der Anwendung verwendeten Dienste des nicht–OSI Kommunikationssystems wesentlich von denen die ein OSI Kommunikationssystem anbietet, wird allerdings der Aufwand für eine Anpassungsfunktion oberhalb der anwendungsorientierten Schichten sehr groß und kann u.U. sogar zur Definition eigener Protokolle für die Anpassungsfunktion führen. Damit steigt auch der Bedarf an Ressourcen und es treten zusätzliche Verzögerungen bei der Kommunikation auf. Die Flexibilität dieses Ansatzes ist nur gering, da bei Änderungen der verwendeten Protokolle und Dienste erheblicher Aufwand bei der Änderung der Anpassungsfunktionen erforderlich werden kann.

❏ *Flexible Anwendungsunterstützung*

Wenn die flexible Anwendungsunterstützung eingesetzt wird, kommt es zu keinem Verlust an Funktionalität, da genau die Dienste und Protokolle ausgewählt werden können, die die geforderte Funktionalität realisieren. Der Ressourcenbedarf für diesen Ansatz ist allerdings höher als der für eine 'statische' Anwendungsunterstützung. Zusätzliche Verzögerungen treten nur durch die Konfigurierung auf, die vor oder bei dem Verbindungsaufbau stattfindet. Die Flexibilität ist neben der Transparenz ein großer Vorteil dieses Ansatzes. Ihr steht jedoch ein verhältnismäßig hoher Realisierungsaufwand gegenüber.

Ansätze / Kriterien	Dual Stack	Anwendungsschicht Gateways	Anwendungsschicht Dienstumsetzung	Flexible Anwendungsunterstützung
Funktionalität	⊕	⊖	⊕	⊕
Transparenz	⊖	◎	⊕	⊕
Ressourcenbedarf	⊖	⊕	◎	⊖
Flexibilität	⊖	⊖	⊖	⊕
Leistungskriterien	⊕	◎	◎	◎
Realisierungs–aufwand	⊖	◎	◎	⊖

Tab. 1 *Die vorgestellten Ansätze im allgemeinen Vergleich.*

3.3 Migration in der rechnerintegrierten Fertigung

Im Umfeld der rechnerintegrierten Fertigung werden besondere Anforderungen an eine Migrationsstrategie gestellt. Bei der Auswahl einer solchen Strategie sind insbesondere folgende Gesichtspunkte zu berücksichtigen:

- Große Leistungsbandbreite bei den Kommunikationsteilnehmern: von leistungsfähigen Rechnersystemen bis hin zu einfachen Geräten ohne Eigenintelligenz.
- Entsprechend heterogene Kommunikationsanforderungen und existierende Kommunikationslösungen.
- Die meistens Fertigungssysteme sind als "Lösung" von einem Hersteller bezogen worden. Eingriffe innerhalb des Systems sind deshalb nur schwer möglich.
- Wirtschaftliche Gesichtspunkte, insbesondere die Sicherung der Investionen in Fertigungssysteme und die Vermeidung von durch den Migrationsprozeß bedingten Produktionsausfallzeiten.

Die Heterogenität der Systeme, deren Leistungsfähigkeit mit der Hierachieebene von der Stellebene an wächst, sowie die unterschiedlichen Kommunikationsanforderungen lassen eine getrennte Betrachtung und Bewertung von Migrationsstrategien für die eher administrativ bzw. eher technisch ausgerichteten Bereiche sinnvoll erscheinen.

❏ *Dual Stack*

Für den Einsatz in der Fertigungsautomatisierung ist der Dual Stack Ansatz nur in den höheren Ebenen des Hierarchiemodells geeignet, da der Ressourcenbedarf für die unteren Ebenen zu hoch ist.

❏ *Anwendungsschicht Gateways*

Der Einsatz von Anwendungsschicht Gateways ist in den niederen Ebenen des Hierarchiemodells möglich, wenn die vorhandenen Zeitbeschränkungen trotz der zusätzlich auftretenden Verzögerungen eingehalten werden können. Die allgemein negativ bewertete Flexibilität dieses Ansatzes wirkt sich hier aufgrund der einfachen verwendeten Protokolle nicht besonders stark aus. In den höheren Ebenen ist der Ansatz weniger empfehlenswert, da dort komplexere Protokolle verwendet werden und mit einem dementsprechend großen Verlust an Funktionalität zu rechnen ist.

❑ *Anwendungsschicht Dienstumsetzung*

Die Verwendung der Anwendungsschicht Dienstumsetzung kann im Einzelfall in allen Ebenen des Hierarchiemodells sinnvoll sein. Das gilt aber nur dann, wenn die Anpassungsfunktionen auf den unteren Ebenen nicht zu viele Ressourcen benötigen und nicht zu große zusätzliche Verzögerungen bewirken.

❑ *Flexible Anwendungsunterstützung*

Wegen des erhöhten Ressourcenbedarfs ist die flexible Anwendungsunterstützung nicht in den niederen Ebenen des Hierarchiemodells einsetzbar. Aber in den höheren Ebenen ist sie sehr gut geeignet heutige und auch zukünftige Kommunikationsanforderungen zu befriedigen.

Zusammenfassend läßt sich feststellen, daß der Ansatz über Anwendungsschicht Gateways sehr gut geeignet ist, die Anforderung durch die Einführung eines standardisierten Kommunikationssystem auf den unteren Ebenen des Hierarchiemodells der rechnerintegrierten Fertigung zu befriedigen, während sich auf den höheren Ebenen ein andere Ansatz empfiehlt: die flexible Anwendungsunterstützung.

4. Realisierungsbeispiel

Das nachfolgende Beispiel zeigt, wie Migrationsbestrebungen in der Praxis umgesetzt werden können. Es basiert auf Arbeiten in der Modellfabrik am *Lehrstuhl für Fertigungsautomatisierung und Produktionssystematik* in Erlangen.

4.1 Die unteren Ebenen des Hierarchiemodells

Für die unteren Ebenen wurde die Verwendung des *Anwendungsschicht Gateway* – Ansatzes ausgewählt. Als gemeinsame Basis wird MMS (vgl. Kap. 2.3) eingesetzt. Dies geschah aus der Überlegung heraus, daß MMS

- ein international genormtes Protokoll ist, das
- für seinen Anwendungsbereich konkurrenzlos ist,
- eine Obermenge der Funktionalität der derzeit in Einsatz befindlichen Kommunikationslösungen anbietet und
- sich wachsender Akzeptanz sowohl auf Anwender–, als auch auf Anbieterseite erfreut.

Die Migration zu MMS kann unter Wahrung der getätigten Investionen ohne Eingriff in die Hardware vonstatten gehen. Die Umsetzung der Protokolle erfolgt durch Software–Prozesse, die auf den leistungsfähigeren Rechnersystemen der Planungsebene abgewickelt werden. Abbildung 3 verdeutlicht vereinfacht das Vorgehen bei dieser *Migration durch Integration* [Solv91a], [Feld92]. In der ersten Etappe existieren nur sog. Kommunikationsinseln, in denen zwar eine interne Kommunikation möglich ist, jedoch nach außen hin keine Verbindung besteht. Beim Übergang zur zweiten Etappe werden diese Systeme mit Anwendungsschicht Gateways ausgerüstet, die zwischen dem herstellerspezifischen Protokoll und MMS umsetzen. Die Ausbreitung von MMS im Bereich der rechnerintegrierten Fertigung führt die Migration in die dritte Etappe. Darin

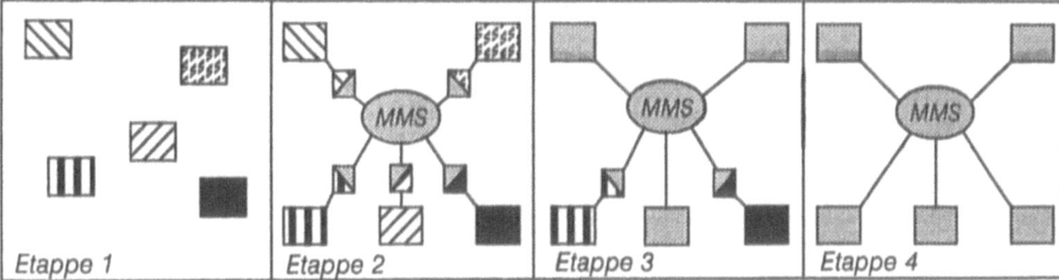

Abb. 3   *Migrationsetappen*

verfügen einige Systeme bereits über eigene MMS–Kommunikationsfähigkeit und können ohne Protokollumsetzung an der Kommunikation teilnehmen. Endzustand des Migrationsvorganges ist die vierte Etappe: Alle eingesetzten Systeme können auf Basis eigener Leistungen MMS als Kommunikationsprotokoll verstehen. Für den Anwender stellt sich insbesondere der Vorteil ein, daß er sich nach Erreichen der zweiten Etappe nur noch mit einem Kommunikationsprotokoll auseinandersetzen muß: MMS.

Als problematisch hat sich der Aufwand zur Realisierung von Protokollumsetzungen bei der Verfolgung dieses Migrationsansatzes erwiesen. Zur Vereinfachung der Erstellung von Protokollumsetzungen wurde deshalb das im folgenden Abschnitt vorgestellte Werkzeug konzipiert und realisiert.

4.2 CAGG

CAGG – Computer Aided – *MMS* – Gateway Generator ist ein Softwarewerkzeug, das dem Benutzer alle automatisierbaren Aufgaben bei der Erstellung von MMS–Protokollumsetzungen abnimmt. Konzeptuell besteht eine solche Protokollumsetzung aus vier Modulen mit folgenden Aufgaben:

1. Abwicklung des MMS Protokolls

2. Abwicklung der weiteren, benötigten ISO–Protokolle

3. Abwicklung des spezifischen Protokolls

4. Umsetzung der Protokolle aufeinander

Abbildung 4 stellt die einzelnen Module sowie die Rolle des CAGG bei der Erstellung einer Protokollumsetzung dar.

CAGG stellt dem Benutzer als Grundbaustein das MMS–Protokollmodul und das ISO–Protokollmodul zur Verfügung. Für die Erstellung des Umsetzungsmoduls wird vom Werkzeug eine einheitliche Schnittstelle angeboten, die es dem Benutzer gestattet, an definierten Stellen die Aktionen des spezifischen Protokolls zu spezifizieren. Für dieses Protokoll wird eine programmiersprachliche Schnittstelle vorausgesetzt, die es erlaubt, die Kommunikationsfunktionalität dieses Protokolls anzusprechen.

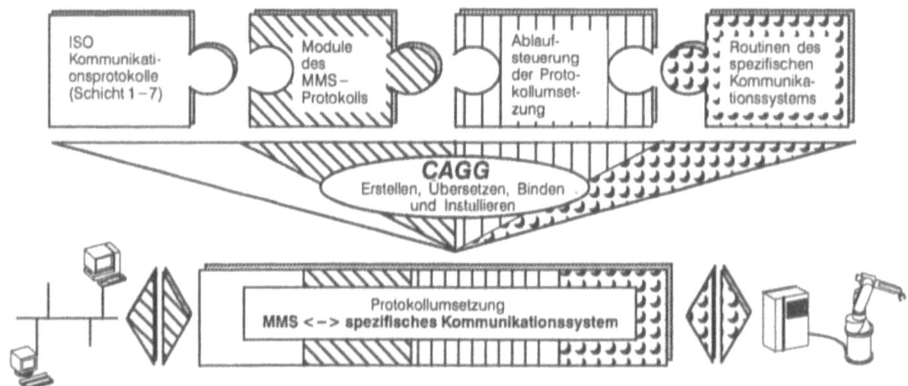

Abb. 4   *Erstellung einer Protokollumsetzung*

Dabei ist die Umsetzung von Diensten des MMS–Protokolls auf Dienste des spezifischen Protokolls weitaus leichter zu automatisieren, als jene in die andere Richtung, denn durch das in MMS genutzte Konzept mit bestätigten und unbestätigten Diensten wird ein Rahmen für die Umsetzung der einzelnen Dienste vorgegeben, der vom Anwender nur noch mit der Reaktion des spezifischen Protokolls versehen werden muß. Wo es möglich und sinnvoll ist, wird dabei dem Benutzer die Auswahl zwischen den Umsetzungsprinzipien *staging* und *in–situ* [Rose90] sowie die Möglichkeit der Simulation von Diensten angeboten.

Die Umsetzung der Funktionalität der spezifischen Protokolle auf die des MMS Protokolls läßt sich aufgrund deren Heterogenität leider weitaus weniger stark automatisieren. Hier vermindert CAGG den Erstellungsaufwand für Protokollumsetzungen insbesondere durch die Bereitstellung einer komfortablen Schnittstelle für den Aufruf von MMS–Diensten aus einer entsprechenden Funktionsbibliothek.

Auch bei der notwendigen Verwaltung von MMS–Objekten, internen Zuständen des MMS–Protokollautomaten, der Abbildung des VMD auf das reale Fertigungsgerät etc. wird der Benutzer durch das Werkzeug unterstützt. Der Umfang des Werkzeuges wird durch Module für u.a. kontextsensitive Hilfe, Management von Umsetzungsprojekten, automatische Generierung von *make*–Dateien und die Installation der erstellten Protokollumsetzung abgerundet.

4.3 Die oberen Ebenen des Hierarchiemodells

Für die höhreren Schichten der Unternehmenshierarchie wurde der Ansatz Dual Stack gewählt. Auf den unter dem Betriebssystem UNIX laufenden Rechnern des Lehrstuhl werden oberhalb der Vermittlungsschicht sowohl ISO–Protokolle als auch ARPANET–Protokolle angeboten. Unterstützt wird dieser Ansatz insbesondere durch die freie Verfügbarkeit einer Entwicklungsumgebung für ISO–Protokolle, der ISODE (ISO Development Environment).

5. Zusammenfassung und Ausblick

In dem vorliegenden Beitrag wurde die Notwendigkeit der Migration zu standardisierten Kommunikationsprotokollen aufgezeigt. Es wurden dafür verschiedene existierende und auch neue Lösungsansätze kurz vorgestellt, analysiert und allgemein sowie in Bezug auf die Bedürfnisse der Fertigungsautomatisierung bewertet. Dabei stellte sich heraus, daß im Umfeld der Fertigungsautomatisierung verschiedene Ansätze in Abhängigkeit von der Stellung der betrachteten Systeme im Hierarchiemodell Verwendung finden können. An einem Beispiel wurde die Realisierbarkeit der Migration zu OSI Kommunikationsprotokollen in der rechnerintegrierten Fertigung demonstriert.

Es ist zu erwarten, daß innovative Anwendungen wie z.B. *Computer Supported Cooperative Work*–Systeme für die Befriedigung ihrer Ansprüche an den notwendigen Datenaustausch neue Anforderungen an Kommunikationssysteme stellen [Jako90]. Deshalb sollte bei der Migration darauf geachtet werden, ein Höchstmaß an Flexibilität zu gewährleisten, um nicht in Zukunft erneut vor Migrationsproblemen zu stehen.

Literatur

[Bend90] Bender, K. *PROFIBUS*. München: Carl Hanser Verlag 1990

[Beve90] Bever, M. "ISO–OSI–Anwendungschicht". Informatik–Spektrum Heft 3 (1990), Band 13. S. 163,164. Springer Verlag.: Berlin u.a., 1990

[EMUG89] European MAP Users Group. *Manufacturing Automation Protocol Specification* Version 3.0, 1989

[EMUG92] European MAP Users Group. "MAP 3.0 Extensions to include 802.3 Ethernet". Presseinformation. Swansea: April 1992

[Feld92] Feldmann, K; Franke, J; Solvie, M. "Protokolle unter einem Hut". Elektronik 2/92, München: Franzis'–Verlag, 1992

[Gree86] Green, P.E. "Protocol Conversion". IEEE Transactions on Communications, vol. com–34. No.3 New York: 1986.

[Jako90] Jakobs, K. *What's beyound the Interface – OSI Networks to support Cooperative Work*. Aachener Informatik–Berichte Nr. 90–7. Aachen: Fachgruppe Informatik der RWTH, 1990

[ISO90] International Organization for Standardization *Manufacturing Message Specification* IS 9506 Part 1 (Service Definition), Part 2 (Protocol Specification), 1990

[Solv91a] Solvie, M. *Konzept für die Integration heterogener Kommunikationsprotokolle in eine standardisierte Kommunikationsumgebung*. Diplomarbeit am Lehrstuhl für Fertigungsautomatisierung und Produktionssystematik der Friedrich–Alexander–Universität Erlangen–Nürnberg. 1991

[Solv91b] Solvie, G. "An extended OSI–architecture in support of transition to OSI". In AUUG 91 Conference Proceedings, pages 329–348, Syndney (Australia): Australian Open Systems Users Group, September 1991.

[Rose90] Rose, M.T. *The Open Book*. Englewood Cliffs: NJ Prentice Hall, 1990

Modellgestützte Verfahren für die Produktion

Die Flexibilitätsanforderungen an Produktionssysteme nehmen ständig zu. In dem damit entstehenden Spannungsfeld zwischen steigender Komplexität der Aufgaben und geringer werdendem Planungshorizont haben sich die Modellierung und die Simulation der Produktionsverfahren als unverzichtbare Hilfsmittel entwickelt. Mit ihrer Hilfe werden neue simulationsgestützte Methoden und Instrumente für die Planung und Betriebsführung von Produktionssystemen entworfen und eingeführt. Als Stichworte für diese Vorgehensweise stehen:

- Modelle zur Optimierung von Organisation und Produktionsanlagen
- Simulation als Hilfsmittel bei der Entwicklung von Organisationsstruktur und Produktionsabläufen
- Methoden zur Verbesserung von Termineinhaltung und Minimierung von Durchlaufzeiten sowie zur Durchlaufplanung und Betriebsmittelbelegung in Echtzeit
- Integration von Methoden und Modellen zu vollständigen Produktionssystemen

In dem Fachgespräch sollen die Möglichkeiten zur Steigerung von Effizienz und Flexibilität der industriellen Produktion durch Modellierung und Simulation von Organisation und Produktionsabläufen für Anwender dargestellt werden. Wege für die Einführung und Nutzung dieser neuen Methoden und Instrumente im Betrieb sollen aufgezeigt werden.

Das Fachgespräch widmet sich in vier Vorträgen zunächst den Fragen der Modellierung und Simulation von Produktionssystemen. Drei weitere Vorträge behandeln die Planung und simulationsgestützte Planevaluierung in der flexiblen Fertigung. In zwei abschließenden Vorträgen wird die Integration von Produktionsverfahren aufgezeigt. Die Beiträge stammen aus der Wissenschaft ebenso wie aus der Industrie und verdeutlichen den wichtigen Aspekt der Kooperation zwischen Forschung und Anwendung für eine effiziente Lösung von Fragen der Modellierung und Planung in der Produktion.

Fachgesprächsleiter: Prof. Dr. H. Steusloff,
Fraunhofer-Institut für Informations- und Datenverarbeitung IITB,
Karlsruhe

Objektorientierte Modellierung der Produktionsorganisation[1]

Thomas Grobel, Christoph Kilger und Stefan Rude

Universität Fridericiana (TH) Karlsruhe
D-7500 Karlsruhe

Zusammenfassung

Die Planung eines künftigen Produktes oder auch einer künftigen Produktion erfordert die Bewertung von möglichen Realisierungsvarianten. Die Bewertung kann mit Hilfe von Simulationsverfahren erfolgen, die es ermöglichen, den Betrieb der künftigen Einrichtung bereits im Planungsstadium durchzuspielen mit dem Ziel, eine optimale Variante auszuwählen.

Um Simulationsverfahren auf dem Rechner einsetzen zu können, ist die Modellierung der Varianten Voraussetzung. In diesem Aufsatz wird vorgeschlagen, alle für die Simulation von Produktionsvorgängen relevanten Daten aus einem integrierten Produkt-/Produktionsmodell zu beziehen. Das Produkt-/Produktionsmodell umfaßt sämtliche für die Planung von Produktionsabläufen relevanten Bereiche eines Unternehmens. Für den konzeptionellen Entwurf des PPM wird eine objektorientierte Modellierungsmethode eingesetzt.

Dieser im Sonderforschungsbereich 346 der Universität Karlsruhe verfolgte generelle Ansatz wird im vorliegenden Beitrag am Beispiel der Planung von Organisationsstrukturen für eine künftige Produktion gezeigt.

1. Einleitung

Das Planen künftiger Produkte bis hin zu ganzen Produktionseinrichtungen stellt ein grundsätzliches Ingenieurproblem dar. Hierbei sind unterschiedliche Ziele zu verfolgen, die sich durch geringe Planungszeit, möglichst geringe Kosten, hohe Qualität des Planungsergebnisses, etc. kennzeichnen lassen. Probleme bereiten grundsätzlich die Unvorhersagbarkeit gewisser Einflußgrößen, die Notwendigkeit, auf Erfahrungswissen zugreifen zu müssen, das jedoch meist verstreut oder nur in den Köpfen erfahrener Mitarbeiter vorhanden ist, die zunehmende Komplexität der zu berücksichtigenden Einflüsse, sowie entstehende Planungskosten in Abhängigkeit vom verwendeten Planungsverfahren.

Ein Ansatz zur Lösung dieser Probleme stellt der Einsatz von Simulationssystemen für Planungsaufgaben dar. In diesem Aufsatz wird das Simulationssystem FEMOS (Fertigungs- und Montage-Simulator) vorgestellt, das an der Universität Karlsruhe entwickelt wurde. Mit Hilfe von FEMOS können unterschiedliche Organisationsstrukturen von Produktionsabläufen modelliert und die Auswirkungen von Änderungen der Organisationsstrukturen auf die Produktionsabläufe untersucht werden. Hierbei kann beobachtet werden,

---

[1] Dieser Beitrag enthält Ergebnisse des von der Deutschen Forschungsgemeinschaft (DFG) geförderten Sonderforschungsbereiches 346 " Rechnerintegrierte Konstruktion und Fertigung von Bauteilen," Teilprojekt A1 (Prof. Dr. P. Lockemann), A2 (Prof. Dr.-Ing. Dr. h.c. H. Grabowski) und A3 (Prof. Dr.-Ing. Dipl.-Wirtsch.-Ing. G. Zülch).

daß in einzelnen Bereichen eines Unternehmens häufig Insellösungen eingesetzt werden, die jedoch in nahezu allen Fällen auf Daten anderer planender Bereiche aufbauen und deren Ergebnisse wiederum Voraussetzung für die Planung in anderen Bereichen sind.

In diesem Beitrag wird daher vorgeschlagen, ein integriertes Produkt-/Produktionsmodell (PPM) als Basis für die Simulation von Produktionsabläufen einzusetzen. Das Produkt-/Produktionsmodell beschreibt sowohl die zu fertigenden Produkte als auch die Produktionseinrichtungen und -abläufe (bis hin zu technischen Details). Ein solches Modell kann für eine Vielzahl unterschiedlicher Simulationsexperimente eingesetzt werden. Die Verwendung eines einheitlichen Modells erleichtert darüberhinaus die Vergleichbarkeit der Ergebnisse.

Seit Beginn der achtziger Jahre werden objektorientierte Datenbanksysteme für den Einsatz in ingenieurwissenschaftlichen Bereichen diskutiert. Aufgrund der Vorteile objektorientierter Datenmodelle in diesen Bereichen wurde das Produkt-/Produktionsmodell objektorientiert modelliert und mit Hilfe des objektorientierten Datenbanksystems GOM (KEMPER u.a. 1991) implementiert.

In Abschnitt 2 wird begründet, warum Simulationsverfahren zur Bewertung von Produktionsstrukturen notwendig sind. Weiterhin werden die Anforderungen an ein Simulationsmodell in diesem Bereich beschrieben. Abschnitt 3 gibt einen Überblick über das Produkt-/Produktionsmodell und führt in die objektorientierte konzeptionelle Modellierungsmethode OMK[2] ein, mit deren Hilfe das PPM spezifiziert wird. Abschnitt 4 stellt die Architektur des Simulationssystems FEMOS vor, und zeigt die Ergebnisse einer Beispielsimulation. Der letzte Abschnitt faßt die Ergebnisse des Papiers kurz zusammen.

2. Simulation zur Bewertung von Organisationsstrukturen

2.1 Motivation

Nachdem sich die Erkenntnis immer weiter durchsetzt, daß eine alleinige Optimierung der Fertigung den Erfordernissen des heutigen Marktes nicht mehr gerecht werden kann, steht die Forderung nach einer logistischen Sichtweise des gesamten Produktionssystems im Mittelpunkt der Diskussion. Rationalisierungsmaßnahmen ausschließlich im technischen Bereich sind nicht geeignet, um kurze Durchlaufzeiten und eine hohe Termintreue bei einer gleichzeitig stark steigenden Variantenvielfalt von Produkten zu erreichen.

Da der Anteil der Durchlaufzeiten eines Auftrages im Bereich der eigentlichen Fertigung heute bei einer Einzel- und Kleinserienfertigung nur noch zwischen 40 und 50% der gesamten Auftragsdurchlaufzeit beträgt (vgl. LOOS 1989, S. 15; SCHNIER 1990, S. 1; PAUL, BORGES 1991, S. 17), muß bei der Gestaltung eines Produktionssystems der gesamte Auftragsdurchlauf und damit speziell die produktionsvorbereitenden Funktionen betrachtet und organisatorisch optimiert werden. Hierdurch werden die konventionellen, funktional geprägten Organisationsstrukturen von erzeugnisorientierten Konzepten abgelöst, in deren Mittelpunkt die Auftragsabwicklung über das gesamte Produktionssystem steht (Bild 2.1-1). Die Notwendigkeit organisatorischer Veränderungen wird mittlerweile zwar weitgehend anerkannt, eine systematische Beschäftigung mit möglichen Auswirkungen organisatorisch-technischer Maßnahmen fehlt derzeit allerdings noch.

---

[2] OMK - Objektorientierte Modellierungsmethode Karlsruhe

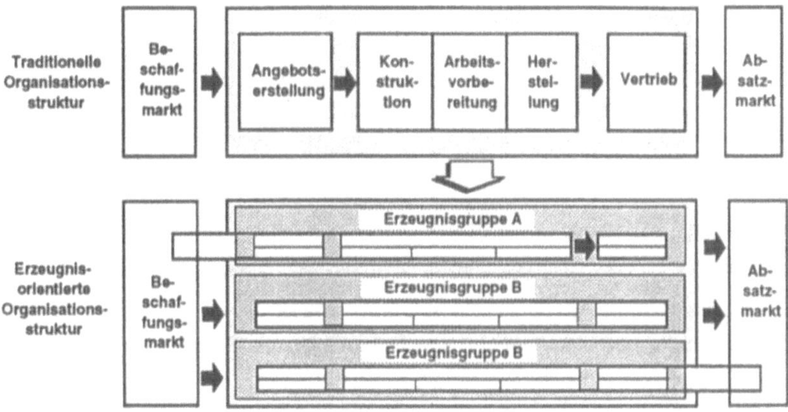

Bild 2.1-1:   Veränderung der Organisationsstrukturen (in Anlehnung an Zülch, Grobel 1991)

Aufgrund des hohen unternehmerischen Risikos, mit dem organisatorische Veränderungen verbunden sind, ist eine prospektive Abschätzung ihrer möglichen Auswirkungen unverzichtbar. Insbesondere, wenn diese Maßnahmen mit Investitionen verbunden sind, muß ein Wirtschaftlichkeitsnachweis bzw. ein Nachweis anhand betriebsorganisatorischer Kennzahlen erbracht werden. Zum jetzigen Zeitpunkt sind allerdings auf Grund der komplexen Wirkzusammenhänge keine Methoden bekannt, die einen umfassenden Wirtschaftlichkeitsnachweis erlauben (vgl. RALL 1991, S. VII.24.03 f.). Ein entscheidender Aspekt hierbei ist die Berücksichtigung der Wirkungen auf das dynamische Systemverhalten, da im Mittelpunkt der heutigen Bemühungen eine Flußoptimierung bezüglich der Auftragsbearbeitung, namentlich eine Verkürzung der Durchlaufzeiten steht. Diesbezügliche Vorteile veränderter Strukturen zeigen sich aber nur durch Anwendung einer Methode, die die Konkurrenz der Aufträge um die beschränkten Kapazitäten nachbilden kann.

Da sich die Auswirkungen von Änderungen der Organisationsstruktur auf die Wirtschaftlichkeit der Produktionsabläufe mit Hilfe analytischer Verfahren nicht - oder nur unzureichend - abschätzen läßt, bietet es sich an, ein Modell des Produktionssystems zu erstellen, und die Wirtschaftlichkeit verschiedener Varianten der Organisationsstruktur durch *Simulation der Produktionsabläufe* zu ermitteln.

Die quantifizierte Bewertung von Organisationsstrukturen mit Hilfe eines Simulationsverfahrens wurde bisher aus betriebsorganisatorischer Sicht nur anhand spezieller Fragestellungen (vgl. LUCZAK, REUSCHENBACH, STEIDEL 1990) oder eingegrenzt auf den Bereich der Fertigung (vgl. ZÜLCH 1989, S. 292 f.) vorgenommen. Ein umfassender, allgemeingültiger Ansatz fehlt bisher.

2.2   Anforderungen an das Simulationsmodell

Ausgangspunkt für die Simulation von Produktionsabläufen unter alternativen Organisationsstrukturen ist ein Simulationsmodell, das den in der Simulation betrachteten Ausschnitt des Unternehmens repräsentiert. Wegen der Komplexität eines solchen Modells wird das Modell zunächst auf einer konzeptionellen (logischen) Ebene spezifiziert; jede Ausprägung des konzeptionellen Modells entspricht einem konkreten Zustand des Unternehmens. Im Rest dieses Abschnitts wird beschrieben, wie der bei der Erstellung des konzeptionellen Modells zu betrachtende Ausschnitt des Unternehmens eingegrenzt werden kann und mit welchen Hilfsmitteln das konzeptionelle Modell erstellt und implementiert wird.

Um Produktionssysteme bewerten zu können, muß das konzeptionelle Modell sowohl die Produktionsstrukturen selbst auch die Produktionsabläufe repräsentieren können. Da die genaue Gestaltung der Abläufe von technischen Details der zu fertigenden Produkte abhängt, muß die Produktstruktur ebenfalls in das konzeptionelle Modell aufgenommen werden. Es wird daher ein Modell zur Repräsentation von Produkt- und Produktionsstrukturen benötigt, welches im folgenden kurz als *Produkt-/Produktionsmodell* (PPM) bezeichnet wird. An das PPM werden folgende Anforderungen gestellt:

- Das PPM muß komplex strukturierte Gegenstände repräsentieren können, beispielsweise die Geometrie von Rohteilen und Bauteilen, Werkzeugen, Einspann-Vorrichtungen u.ä.

- Neben komplex strukturierten Gegenständen sollte das PPM auch Abläufe des betrachteten Unternehmensausschnitts modellieren, sofern diese für die Simulation benötigt werden.

Die hier gestellten Anforderungen erfüllt am ehesten eine objektorientierte Modellierungsmethode, die sowohl die Modellierung komplexer Strukturen als auch die Zuordnung von Verhalten zu den Strukturen erlaubt. Eine solche Modellierungsmethode wird im dritten Abschnitt dieses Aufsatzes vorgestellt.

Um das konzeptionelle Modell in einer Simulation einsetzen zu können, muß es zunächst in ein implementiertes Modell tranformiert werden. Hierzu kann entweder die Programmiersprache eines Simulationssystems oder das Datenmodell eines Datenbanksystems verwendet werden. Da das Simulationsmodell bereits auf konzeptioneller Ebene objektorientiert spezifiziert wird, sollte auch zur Implementierung eine objektorientierte Programmiersprache eingesetzt werden.

Bereits seit Mitte der 60-er Jahre werden objektorientierte Programmiersprachen im Simulationsbereich eingesetzt. Beispiele für objektorientierte Simulationssprachen sind SIMULA-67 (DAHL/ MYRHAUG/ NYGAARD 1970) und HIT (BEILNER/STEWING 1970). Bei der Verwendung einer Programmiersprache für die Implementierung des PPM kann das Modell direkt zur Durchführung von Simulationsexperimenten eingesetzt werden; außerdem ergibt sich eine sehr effiziente Implementierung, da kein Transformationsaufwand zwischen Simulationssystem und Datenbanksystem erforderlich ist. Diesen Vorteilen stehen jedoch eine Reihe von Nachteilen gegenüber, die bei der Verwendung eines Datenbanksystems zur Realisierung des PPM vermieden werden.

Der größte Nachteil liegt in der starken Abhängigkeit zwischen den Datenstrukturen des PPM und dem eigentlichen Simulationsprogramm. Diese Abhängigkeit führt dazu, daß das in der Programmiersprache implementierte PPM nur für die mit diesem Simulationsprogramm durchführbaren Experimente eingesetzt werden kann. Ist das PPM dagegen Teil eines Datenbankschemas, so kann von beliebigen Programmen über die Programmierschnittstelle des verwendeten Datenbanksystems auf das PPM zugegriffen werden.

Der zweite Nachteil bei der Implementierung des PPM in einer Programmiersprache ist die fehlende Datenbankfunktionalität wie z.B. die persistente Datenspeicherung, Mehrbenutzerbetrieb, Konsistenzsicherung im Fehlerfall und Verwaltung des Datenbankschemas in einer Schemadatenbasis. Wird das PPM mit Hilfe eines Datenbanksystems implementiert, so können die Simulationsdaten und -ergebnisse dauerhaft gespeichert werden, um die Auswertung und den Vergleich verschiedener Varianten zu erleichtern. Weiterhin ist es bei Verwendung eines Datenbanksystems zur Implementierung des PPM möglich, dieses in ein Informationssystem zu integrieren, das den aktuellen Zustand des Unternehmens widerspiegelt. Durch die jeweils aktuellen Unternehmensdaten erhält man zum einen aussagekräftigere Simulationsergebnisse, zum anderen wird es möglich, die Simulation zur Bewertung von Alternativen bei der Steuerung von Prozessen einzusetzen.

3. Das Produkt-/Produktionsmodell (PPM)

Das Produkt-/Produktionsmodell ist ein konzeptionelles Referenzmodell für sämtliche Bereiche eines Unternehmens, welche die Konstruktion und Fertigung von Produkten sowie die Planung der damit verbundenen Vorgänge und Strukturen umfaßt. In der Literatur finden sich bisher nur integrierte Datenmodelle für die betriebswirtschaftlichen Bereiche von Unternehmen. Das von Scheer (SCHEER 1988) veröffentlichte Unternehmensdatenmodell beschränkt sich in den primär technischen Funktionen von Unternehmen auf die Modellierung grober Zusammenhänge; es fehlt die Erfassung technischer Details, wie beispielsweise die geometrischen und technologischen Parameter von Bauteilen und Maschinen. Diese sind aber für die exakte Modellierung von Produktionsvorgängen unerläßlich. Beispielsweise beschränken sich die Produktdaten bei Scheer auf die Elementklassen *Zeichnung, Körper* und *mengentheoretische Verknüpfung*. Ohne an dieser Stelle auf Details eingehen zu wollen, kann davon ausgegangen werden, daß dieser Detaillierungsgrad für technische Anwendungen aus Konstruktion und Arbeitsvorbereitung zu grob ist.

Wie im vorigen Abschnitt dargelegt wurde, ist ein objektorientiertes Datenmodell für die konzeptionelle Spezifikation des PPM besonders geeignet. Der nächste Abschnitt beschreibt kurz die im SFB 346 entwickkelte Modellierungsmethodik OMK, mit deren Hilfe das PPM repräsentiert wird. Der darauffolgende Abschnitt zeigt die Strukturierung des PPM.

3.1 Objektorientierte Datenmodellierung mit OMK

Objektorientierte Datenmodelle beschreiben die reale Welt als Sammlung von *Objekten*, die zueinander in Beziehung stehen. Jedem Objekt ist eine bestimmte Struktur sowie ein anwendungsspezifisches Verhalten in Form von Operationen zugeordnet. Struktur und Operationen modellieren die Eigenschaften des Objektes in der realen Welt. Bei der Erstellung eines objektorientierten Modells abstrahiert man von einzelnen Objekten, indem Objekte mit gleichen Eigenschaften zu einer *Objektklasse* zusammengefaßt werden. Die Eigenschaften einer Objektklasse werden mit Hilfe eines *Objekttyps* beschrieben.

Im SFB 346 wurde die objektorientierte Modellierungsmethode Karlsruhe (OMK) entwickelt, die sich stark an die Modellierungsmethode OMT anlehnt (RUMBAUGH 1991). OMK ist gegenüber OMT dahingehend erweitert, daß es die schrittweise Verfeinerung eines konzeptionellen Modells bis hin zu einer (teilweisen) Implementierung in einer objektorientierten Datenbankprogrammiersprache grafisch unterstützt. Im folgenden werden die Eigenschaften von OMK anhand eines einfachen Beispiels aus dem Produkt-/Produktionsmodell beschrieben Eine vollständige Beschreibung der Modellierungsmethode OMK findet sich in KILGER und ZACHMANN 1991.

<u>Bild 3.1-1</u> zeigt einen Ausschnitt aus dem PPM, der den Transport von Gegenständen mit Hilfe von Transportmitteln beschreibt. Es enthält fünf Objekttypen, von denen zwei nicht näher spezifiziert sind (*Ort* und *Verkehrsweg*). Der Objekttyp *Betriebsmittel* modelliert allgemeine Betriebsmittel; er besitzt zwei Untertypen *Transportmittel* und *Transporthilfsmittel* (das Dreieck symbolisiert die is-a-Relation). Die Eigenschaften eines Objekttyps sind in Ovalen an dem Rechteck notiert, das den Objekttyp beschreibt. Beispielsweise besitzt der Typ *Betriebsmittel* die beiden Eigenschaften *Bezeichnung* und *BM-Nr*. Objekttypen können (wie Entity-Typen im Entity-Relationship-Modell) zueinander in Beziehung stehen. In OMK wird dies analog zum Entity-Relationship-Modell durch Rauten symbolisiert. Dem Objekttyp *Transportmittel* wurde weiterhin eine Operation *transp_dauer* zugeordnet. Diese berechnet in Abhängigkeit eines Start- und eines Zielortes (zwei Eingabeparameter vom Typ *Ort)* die Dauer eines Transportvorganges mit einem Transportmittel.

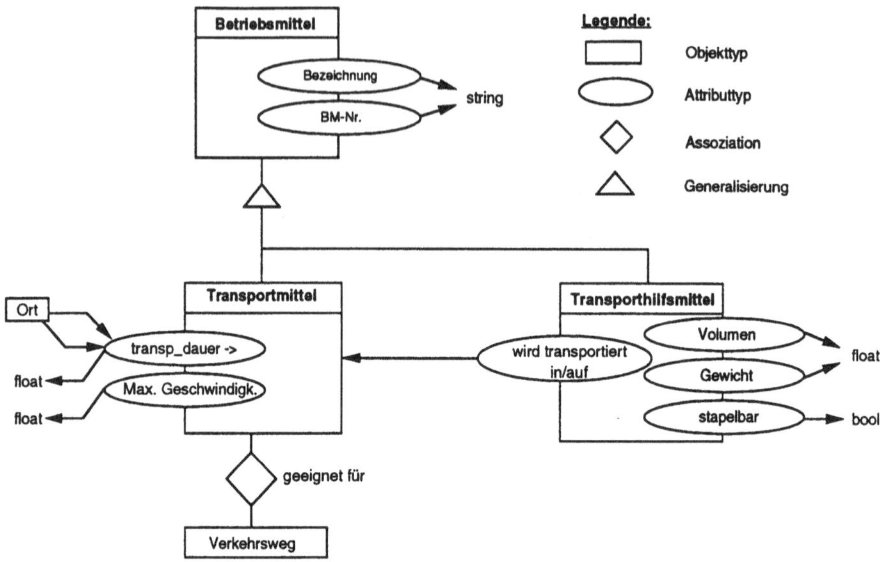

Bild 3.1-1: Ausschnitt aus dem PPM in OMK

Die Verwendung von OMK zur Modellierung des PPM ermöglicht es, das konzeptionelle Modell (halb-) automatisch in ein objektorientiertes Datenbankschema zu übersetzen.

3.2 Strukturierung des PPM

Das Produkt-/Produktionsmodell modelliert sämtliche Phasen des Produktlebenszyklus (Angebotserstellung, Konstruktion, Arbeitsvorbereitung, Herstellung, u.a.), sowie verschiedene Aspekte der Produktionsplanung. Hierzu zählen die Fertigungsmittelplanung, die Materialflußplanung, die Personaleinsatzplanung und die Informationsflußplanung. Für jeden dieser Bereiche wird ein Partialmodell erstellt, das die für den jeweiligen Bereich relevanten Aspekte repräsentiert. Durch Konsolidierung und Integration der Partialmodelle zu einem Modell entsteht das integrierte Produkt-/Produktionsmodell.

Zum Produkt-/Produktionsmodell gehören entsprechend dem Anforderungsprofil des Sonderforschungsbereichs folgende Partialmodelle:

Das *Angebotsmodell* enthält bisher eingegangene Kundenanfragen und die damit verknüpften Anforderungen, die sich aus Festforderungen, Zielforderungen und Wünschen zusammensetzen und gegebenenfalls zu einem Auftrag führen. Das *Funktionsmodell* enthält die Abbildung der Produktfunktion sowie deren Strukturierung. Ergänzt werden die Funktionen und Funktionsstrukturen durch zugeordnete physikalische Effekte.

Das *Einzelteilmodell* enthält Objekte und Objektstrukturen für die Abbildung von Einzelteilen und technischen Formelementen. Das *Geometriemodell* enthält die geometrische Abbildung eines technischen Objekts. Es ist als geometrisch-topologisches Strukturmodell ausgeführt, das die Volumengeometrie über deren begrenzende Oberflächen beschreibt. Das *Toleranzmodell* enthält die Abbildung von Abmessungs-,

Form- und Lagetoleranzen sowie physikalischer Toleranzen. Das *Oberflächenangabemodell* enthält Objekte zur Abbildung der Oberflächenbeschaffenheit, Oberflächengüte u.s.w., die mit den Oberflächen des Geometriemodells assoziiert werden können. Das *Materialeigenschaftenmodell* enthält den oder die verwendeten Werkstoffe eines technischen Objekts.

Das *Fertigungsplanungsmodell* bildet Objekte und Strukturen ab, die zur Produktfertigung erforderlich sind. Hierzu zählen insbesondere die Abbildung der Fertigungswelt (Fertigungsprogramm, Fertigungsmittel, Ausgangszustand des Werkstücks wie Rohteil oder Halbzeug und Werkstückzwischenzustände), physikalischer Wirkzusammenhänge der Fertigung und Relativbewegungen zwischen Werkzeugen und Werkstücken.

Neben diesen Partialmodellen kann das Produkt-/Produktionsmodell auch noch Informationen bezüglich Baugruppenstrukturen, Montage-, Prüf- und Qualitätsplanung enthalten, die aber für die Fertigung von Einzelteilen keine Relevanz besitzen oder von keinem Teilbereich benötigt werden.

4. Das Simulationssystem FEMOS

Das Simulationssystem FEMOS bildet das Zusammenspiel von Personal und Betriebsmitteln bei der Bearbeitung von Aufträgen ab. Aufträge werden hierbei durch die zu bearbeitenden Funktionen (Teilschritte der Auftragsbearbeitung) beschrieben. Die Veränderung der Planungsparameter *Anzahl der eingesetzten Personen*, *Zuordnung von Funktionen zu Personen* und *Arbeitsbereiche der Personen*, die die Produktionsorganisation quantitativ und qualitativ beschreiben, erlaubt hierbei das dynamische Verhalten des Produktionssystems unter verschiedenen organisatorischen Varianten zu analysieren. An das einzusetzende Simulationsverfahren müssen einige, speziell auf die Gestaltung der Produktionsorganisation abgestimmte Anforderungen gestellt werden:

- Frei wählbare Zuordnung von Funktionen zu Abteilungen,

- frei wählbare Zuordnung von Funktionen zu Personen,

- frei wählbare Zuordnung von Personen zu Abteilungen,

- Abbildung von Abteilungen mit mehreren Stellen,

- Simulation schichtunabhängiger Personalbesetzung und

- Abbildung unterschiedlicher Ablaufprinzipien.

Diese Anforderungen bildeten eine wesentliche Grundlage bei der Konzeption des Simulationssystems FEMOS. Somit kann das Zusammenwirken von Personal und Abteilungen berücksichtigt werden, unterschiedliche Qualifikationsstrukturen und Formen der Teamarbeit lassen sich darstellen.

4.1 Architektur

FEMOS wurde in der Programmiersprache C++ implementiert und besteht aus drei Hauptmoduln, die auf das objektorientierte Datenbanksystem GOM zugreifen.

- Der *MODELLIERER* ermöglicht die Abbildung des zu untersuchenden Produktionssystems in ein rechnerinternes Modell, indem Daten des Systems interaktiv über Masken eingelesen werden.

- Der *SIMULATOR* bildet den Auftragsdurchlauf durch das System gegebenenfalls unter Anwendung verschiedener Strategien der Fertigungssteuerung nach.

- Der *AUSWERTER* ermöglicht eine Auswertung der Simulationsabläufe nach verschiedenen betriebsorganisatorischen Kriterien.

- Das objektorientierte Datenbanksystem GOM verwaltet sämtliche Daten und Funktionen des PPM.

Um das dynamische Systemverhalten untersuchen zu können, fließen aus einem *Auftragspool,* der durch bestimmte Produkte, Fertigungsmengen, Start- und Liefertermine gekennzeichnet ist, die Aufträge durch die modellierte Fertigung und konkurrieren um die zur Verfügung stehenden Ressourcen. Der Simulator greift auf die Datenbasis zu und bildet den Auftragsdurchlauf ereignisgesteuert und zeitdiskret ab. Über das Versenden von Nachrichten zwischen den einzelnen Modellobjekten in Form von Ereignissen werden Zustandsübergänge ausgelöst, z.B. die Belegung und Freigabe von Personal und Betriebsmitteln. Die Aufträge werden während des Simulationslaufs in die Fertigung eingelastet und entsprechend den auszuführenden Arbeitsgängen an den jeweiligen Betriebsmitteln in Warteschlangen eingeordnet. Bedingung für die Abarbeitung eines Auftrags ist die Verfügbarkeit der notwendigen Ressourcen, z.B. *Maschine frei, Personal mit notwendiger Qualifikation verfügbar* und *Material vorrätig.*

Die *Ereignisse* bilden die Grundelemente der Simulation. Ein Ereignis besitzt drei Merkmale:

- Den *Zeitpunkt,* zu dem das Ereignis ausgelöst wird,

- ein *Ereignisprogramm,* das beim Auslösen aufgerufen wird und ggf. neue Ereignisse erzeugt - z.B. durch das Ereignis *Bearbeitungsbeginn* das Ereignis *Freigabe* erzeugt - sowie

- die *Parameter,* die diesem Ereignisprogramm übergeben werden (im Falle des Bearbeitungsbeginns sind dies beispielsweise Personal- und Auftragsnummer).

Ein Ereignis ist im Programm durch eine C++-Funktion implementiert, die mit bestimmten Parametern aufgerufen wird. Ist das Ereignisprogramm abgearbeitet, wird das Ereignis gelöscht; das zeitlich nachfolgende Ereignis wird ausgelöst. Die Simulation wird so lange weitergeführt, bis entweder das Ende des Untersuchungszeitraumes erreicht ist - dies wird durch ein spezielles Ereignis angezeigt - oder bis kein Ereignis mehr abzuarbeiten ist, die Ereignisliste also leer ist.

4.2 Beispiel - Simulation

Die Simulation mittels FEMOS soll im folgenden anhand eines Anwendungsbeispiels verdeutlicht werden. Das Ziel hierbei ist die Auftragsabwicklung in einem Unternehmen der Investitionsgüterindustrie den geänderten Markterfordernissen anzupassen. Der Ausgangszustand ist durch hohe Auftragsdurchlaufzeiten bei einem gleichzeitig geringen Grad der Termineinhaltung gekennzeichnet. Im Unternehmen wurde erkannt, daß dieser Zustand nicht durch Rationalisierungsmaßnahmen im technischen Bereich zu verbessern ist. Vielmehr sind neue, geeignete Formen der Organisation der Auftragsabwicklung zu realisieren. Die Produktion kann als auftragsbezogene Einzelfertigung charakterisiert werden, da die Produkte speziell den Kundenanforderungen angepaßt werden müssen. Da für die Fertigung eines Produktes in der Regel vorhandene Produktionsunterlagen zumindest teilweise wiederverwendet werden können, kann die Situation prinzipiell mit einer Variantenfertigung verglichen werden.

Als Funktionen des Auftragsdurchlaufes werden hier neben der Konstruktion die Stücklisten-, die Arbeitsplanerstellung und die NC-Programmierung betrachtet. Die Arbeitsplanerstellung ist wie die NC-Programmierung nach Fertigungssystemen organisatorisch untergliedert, die Mitarbeiter der NC-Programmierung sind weiter nach den eingesetzten Bearbeitungsverfahren spezialisiert. Der Aufwand für die Bearbeitung der verschiedenen Auftragsvarianten ist im wesentlichen abhängig von der Komplexität der Ausführung des Erzeugnisses und dem Grad der Wiederverwendbarkeit der Unterlagen alter Aufträge. Im Ausgangszustand liegt eine funktional orientierte Organisationsstruktur vor. Für jede der hier betrachteten Funktionen besteht eine eigene Organisationseinheit, mit der Differenzierung nach Fertigungssystemen und -technologien für Arbeitsplanerstellung und NC-Programmierung (siehe Bild 2-1, traditionelle Organisationsstruktur). Der Ausgangszustand wird im weiteren als Basis bezeichnet, die Interpretation der Ergebnisse erfolgt vergleichsweise zu dieser Basis.

Das Simulationsmodell kann direkt aus den im Produkt-/Produktionsmodell abgelegten Informationen abgeleitet werden, so daß eine schnelle Erstellung des Modells ermöglicht wird. Durch den Rückgriff auf das PPM können außerdem die in der Simulation zu berücksichtigenden Systemgrenzen einfach verändert werden, wenn es die Aufgabenstellung erfordern sollte.

Die Auswirkungen einer veränderten Organisationsstruktur werden in drei Varianten analysiert:

-   Reduzierung der organisatorischen Schnittstellen durch Aufteilung der Stücklistenerstellung zwischen Konstruktion und Arbeitsvorbereitung;

-   organisatorische Zusammenfassung der Konstruktion und der NC-Programmierung in erzeugnisorientierten Segmenten unter Beibehaltung der bestehenden Qualifikation (Einsatz von Spezialisten);

-   organisatorische Zusammenfassung der Konstruktion und der NC-Programmierung in erzeugnisorientierten Segmenten unter Anpassung der Qualifikation (Einsatz von Universalisten).

Die Ergebnisse der Simulation (Bild 4.2-1) zeigen deutlich, daß eine Vereinfachung des Auftragsdurchlaufes durch Verringerung der organisatorischen Schnittstellen zwar bereits zu einer Reduktion der Durchlaufzeiten bei einer gleichzeitigen Erhöhung der Termintreue führt. Wesentliche Verbesserungen lassen sich aber erst durch weitergehende Veränderungen der Organisationsstruktur erzielen. Die erzeugnisorientierte Strukturierung des Produktionssystems führt zu merklichen Durchlaufzeitreduzierungen, da die Zahl der in einer Einheit konkurrierenden Aufträge durch die Differenzierung nach Erzeugnissen verringert wird. Eine Analyse der Termintreue der erzeugnisorientierten Einheiten zeigt deutlich die Vorteile von an den Aufgabenumfang angepaßten Fähigkeiten der Mitarbeiter: Der Einsatz von Spezialisten führt zu Engpässen und macht organisatorisch bedingte Vorteile zunichte, die Durchlaufzeit verringert sich nur geringfügig, die Termintreue verschlechtert sich gegenüber der ersten Variante. Gelingt es, die Qualifikationen der Mitarbeiter bis hin zu universell einsetzbaren Mitarbeitern zu erhöhen, erschließt man ein erhebliches Flexibilitätspotential und erreicht eine ca. 2,5 mal höhere Termintreue gegenüber dem Ausgangszustand sowie die besten Durchlaufzeiten.

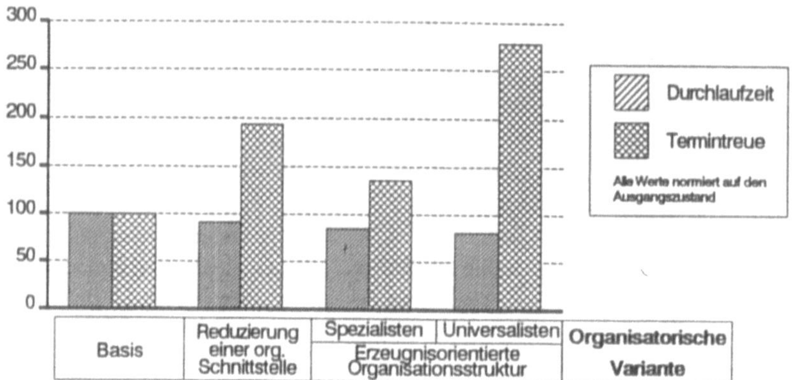

Bild 4.2-1: Ergebnisse der Simulation

Derartige quantifizierte Aussagen zum dynamischen Systemverhalten können zur Auswahl einer geeigneten Struktur herangezogen werden und lassen sich nur mit Hilfe einer Simulation ableiten. Eine rein statische Analyse könnte dagegen nur grobe Aussagen bezüglich zu erwartender Auslastungen der Abteilungen ergeben. Bei der Suche nach einer im Sinne der Zielvorgaben optimalen Organisationsstruktur stellt sich nun das Problem, wie die Ergebnisse der untersuchten Varianten bezüglich der konkurrierenden Zielsetzungen verglichen werden können, um einen Auswahlprozeß durchführen zu können. Hier steht die Möglichkeit der Bildung von Zielerreichungsgraden oder eine Rangreihenbildung mit lexikographischer Präferenzfunktion zur Verfügung (vgl. GROBEL 1992 S. 59ff).

5. Ausblick

Die Ausführungen dieses Beitrages beschränkten sich auf einen Aspekt der Planung eines Produktionssystems. Dabei wurden die Vorteile des Aufbaus auf einem integrierten Produkt-/Produktionsmodell herausgestellt. Ähnliche Vorteile werden beim Einsatz des PPMs in Angebotserstellung, Konstruktion, Arbeitsvorbereitung und anderen Planungsbereichen erwartet. Diese Fragestellungen stellen ein laufendes Forschungsthema im SFB346 dar; erste Ergebnisse finden sich in GRABOWSKI, ZÜLCH, RUDE 1992.

Literatur

BEILNER, H.; STEWING, F.-J.: Concepts and Techniques of the Performance Modelling Tool. Proc. of the European Simulation Multiconference ESM 87, Wien, Austria, 1987

DAHL, O. J.; MYRHAUG, B.; NYGAARD, K.: Simula 67: Common base language. Publication NS 22, Norsk Regnesentral (Norwegian Computing Center), Oslo, Norway, Oct 1970

GRABOWSKI, H.; ZÜLCH, G.; RUDE, S. (eds.): Rechnerintegrierte Konstruktion und Fertigung von Bauteilen. Kolloquiumsbericht des SFB 346, Kolloquium am 4. Juni 1992 an der Universität Fridericiana Karlsruhe

GROBEL, T.: Simulation der Organisation rechnerintegrierter Produktionssysteme. Karlsruhe, 1992. (Forschungsberichte aus dem Institut für Arbeitswissenschaft und Betriebsorganisation der Universität Karlsruhe, Band 3)

KEMPER, A.; MOERKOTTE, G.; WALTER, H.-D.; ZACHMANN, A.: GOM: A Strongly Typed, Persistent Object Model With Polymorphism,Tagungsband der Konferenz über Datenbanksysteme in Büro, Technik und Wissenschaft (BTW), 1991,Springer-Verlag, Informatik Fachberichte Nr. 270, Kaiserslautern 1988-217

KILGER, C.; ZACHMANN, A.: Objektmodellierung im SFB 346. Internes Arbeitspapier, Fak.für Informatik, Univ.Karlsruhe, August 1991

LOOS, U: Auftragsabwicklung verbessern - aber wie? In: CIM Management, München, 5(1989)2

LUCZAK, H.; REUSCHENBACH, T.; STEIDEL, F.: Simulation von Konstruktionsabteilungen im Hinblick auf CAD-Organisationsmodelle. In: Organisationsstrategie und Produktion. Hrsg.: Zahn, Erich. München: Gesellschaft für Management und Technologie Verlags-KG, 1990, S. 213-235. (Hochschulgruppe Arbeits- und Betriebsorganisation HAB, Forschungsbericht 2)

PAUL, H.-J.; BORGES, C.: Auftragsleitstelle - Problemlösung für eine Gesamtauftragssteuerung. In: Gesamtauftragssteuerung mit Auftragsleitstelle. Hrsg.: VDI-Gesellschaft Produktionstechnik (ADB). Düsseldorf: VDI-Verlag, 1991, S. 1-34. (VDI Berichte; 928)

RALL, K.: Berechnung der Wirtschaftlichkeit von CIM-Komponenten. In: Congress VII: CIM-Anwendungen: Erfahrungen und Perspektiven. Hrsg.: NEDEß, Ch.; Velbert: Online GmbH, 1991, S. VII.24.01-VII.24.29.

RUMBAUGH, J.; BLAHA, M.; PREMERLANI, W.; EDDY, F.; LORENSEN, W.: Object-Oriented Modeling and Design. Prentice Hall, Englewood Cliffs, NJ, 1991

SCHEER, A.W.: Wirtschaftsinformatik. Springer, 1988.

SCHNIER, L.-O.: Transparenz in den indirekten Bereichen. In: fir+iaw-Mitteilungen, Aachen, 22(1990)2

ZÜLCH, G.; GROBEL, T.: Ingenieurwissenschaftliche Methoden bei der Gestaltung von Arbeitssystemen in CIM-Konzepten. In: Congress VII: CIM-Anwendungen: Erfahrungen und Perspektiven. Hrsg.: NEDEß, Ch.; Velbert: Online GmbH, 1991, S. VII.17.01-VII.17.18.

Analytische Modellbildung von Fertigungssystemen
– Eine Fallstudie

Ottmar Gihr
IBM Deutschland
Zentrum für Produktionstechnik
Max-Eyth-Straße 6
7032 Sindelfingen

Hermann Gold, Phuoc Tran-Gia
Universität Würzburg
Lehrstuhl für Informatik III
Am Hubland
8700 Würzburg

Überblick

In diesem Artikel möchten wir die Möglichkeiten, Vorteile und Grenzen der analytischen Behandlung von logistischen Problemen in der Fertigungsindustrie aufzeigen. Für Modellbildung und Analyse werden die Methoden der Warteschlangentheorie angewendet. Die Vorteile einer analytischen Lösung liegen in der exakten und schnellen Berechnung der Resultate. Dies ist besonders wichtig bei extensiven Parameterstudien, die bei der Optimierung eines Systems oft notwendig sind. Die Grenzen der Analyse werden durch approximative Verfahren hinausgeschoben, sind jedoch durch die Komplexität oder die Funktionalität des Systems gegeben.

Das System der Gruppenbedienung wird exemplarisch behandelt. Die Analyse erfolgt mit der Methode der eingebetteten Markov-Kette.

1 Einleitung

Die Modellbildung und Leistungsanalyse von Fertigungssystemen gewinnt immer mehr an Bedeutung durch die steigende Komplexität der Systeme und den stärker werdenden internationalen Wettbewerb, der eine effiziente Betriebsweise erfordert. In diesem Beitrag möchten wir die Möglichkeiten und Vorteile der analytischen Modellbildung und Analyse aufzeigen und an dem Fallbeispiel der Dimensionierung von Gruppenbearbeitungsmaschinen demonstrieren.

Bei der analytischen Untersuchung von Fertigungssystemen wird aus dem Fertigungssystem ein stochastisches Modell abgeleitet, das mit Methoden der Warteschlangentheorie untersucht wird. Dabei ist man im allgemeinen an den Ergebnissen für das eingeschwungene (stationäre) System interessiert. Die Vorteile der analytischen Untersuchung liegen in der schnellen und exakten Berechnung der Resultate. Dies ist besonders wichtig für Parameterstudien oder Optimierung der Systemparameter.

Typische Methoden für die Analyse einfacher Systeme, meist bestehend aus Warteraum (Puffer) und Bedieneinheit, sind Markov-Prozeß, Markov-Kette und eingebettete Markov-Kette. Bei komplexeren Systemen, wie einer Fertigungslinie, werden die Methoden Markov-Prozeß oder Dekomposition zur Analyse angewendet. Bei der Methode des Markov-Prozesses sind einige Einschränkungen notwendig, die im allgemeinen in Fertigungssystemen nicht genügend gut erfüllt sind. Bei der Methode der Dekomposition wird das Gesamtmodell in die einzelnen Systeme zerlegt, die jeweils einzeln effizient untersucht werden können. Diese Dekomposition ist für einige Klassen von Modellen exakt, die auch mit der Methode des Markov-Prozesses untersucht werden können, aber im allgemeinen approximativ mit genügend guter Genauigkeit.

Die berechneten Leistungsparameter sind Durchsätze, Durchlaufzeiten ('Manufacturing Cycle Time'), Wartezeiten und Teilebestände ('Work in Progress'). Die Berechnung der Leistungsparameter ist im allgemeinen vernachlässigbar kurz.

Alternativ können die Systeme auch mit der Methode der Simulation untersucht werden. Die Simulation hat den Vorteil einer sehr genauen realitätsnahen Abbildung. Die Ausführungszeiten eines Simulationslaufs sind im allgemeinen sehr lang. Einige Stunden bis einige Tage sind keine Seltenheit. Daher müssen Simulationsläufe sehr genau geplant werden. Dies ist sehr lästig, wenn man einen großen Parameterraum abtesten will. Eine analytische Lösung ist im Gegensatz dazu sehr schnell, im Sekundenbereich, berechnet. Daher ist eine interaktive Arbeitsweise möglich, was dem Modellierer erlaubt während der Berechnung in seinem Denkprozeß zu bleiben.

Im nächsten Abschnitt werden wir die einzelnen Methoden detailiert einführen und ihre Vor- und Nachteile besprechen. Im dritten Abschnitt werden wir die Analyse von Gruppenbedienmaschinen ('Batch-Tools') mit der Methode der eingebetteten Markov-Kette darstellen. Durch die effiziente Berechnung der Leistungsgrößen lassen sich umfangreiche Parameterstudien durchführen, mit denen eine geeignete Dimensionierung durchgeführt werden kann.

Abschließend werden wir weitergehende Modelle diskutieren, wie sie bei komplexen Fertigungslinien auftreten. Dies umfaßt die 'KANBAN'-Steuerung für die Reduzierung der Teilebestände und die Steuerung nach dem Fälligkeitsdatum von Aufträgen.

2 Methoden der Analyse von Fertigungssystemen

In diesem Abschnitt werden wir die Methoden Markov-Prozeß, Markov-Kette, eingebettete Markov-Kette und Dekomposition für die Analyse von Fertigungssystemen darstellen. Es wird dabei besonderer Wert auf eine anschauliche Darstellung gelegt, und weniger auf eine mathematisch vollständige Darstellung.

2.1 Markov-Prozeß

Das charakteristische Kriterium eines Markov-Prozesses ist die Eigenschaft, daß die zukünftige Entwicklung des Prozeßes nicht von der Vergangenheit abhängt. Dieser Sachverhalt wird auch oft als Gedächtnislosigkeit bezeichnet und gilt für jeden Zeitpunkt. Dies bedingt für die Verweilzeiten in den Zuständen eine negativ exponentielle Verteilung. Dies gilt ebenfalls für alle anderen Verteilungsfunktionen. Die stationären Zustandswahrscheinlichkeiten können über ein lineares Gleichungssystem bestimmt werden. Die Leistungsparameter sind aus den Zustandswahrscheinlichkeiten berechenbar. Falls der Zustandsraum unendlich ist, kann oft mit geeigneten Reihenentwicklungen eine geschlossene Lösung gefunden werden. Für einen endlichen, aber grossen Zustandsraum kann mit numerischen Methoden eine genügend genaue Lösung bestimmt werden.

Die negativ exponentielle Verteilungsfunktion bedeutet jedoch für die Anwendung auf Probleme in der Fertigungsindustrie eine sehr starke Einschränkung. So sind zum Beispiel Bearbeitungszeiten an Maschinen im allgemeinen als konstant und nicht als negativ exponentiell anzusehen. Mit dieser Methode können daher meist lediglich sehr grundsätzliche Fragestellungen angegangen werden. So wurde etwa in einer Arbeit von Gold und Hübner [1] der prinzipielle Unterschied zwischen „Push"- und „Pull"-Steuerungsmechanismen anhand eines $M/M^{[X]}/N$ Gruppenbediensystems erörtert.

2.2 Markov-Kette

Werden die Zustandsübergänge des Systems ohne Berücksichtigung der Zeit ausgeführt, so spricht man von einer Markov-Kette. Eine Markov-Kette ist vollständig beschrieben durch die Zustandsübergangsmatrix. Für den eingeschwungenen Systemzustand (einer aperiodischen rekurrenten Markov-Kette) muß für die Lösung ebenfalls ein lineares Gleichungssystem gelöst werden. Die Markov-Kette findet vor allem Anwendung bei der zeitdiskreten Analyse von Systemen. Ein typisches Beispiel sind getaktete Systeme.

2.3 Eingebettete Markov-Kette

Die Methode der eingebetteten Markov-Kette wird angewendet, wenn der zu analysierende Prozeß kein Markov-Prozeß ist, aber Zeitpunkte in dem Prozeß gefunden werden können, an denen der Prozeß die Eigenschaft der Gedchtnislosigkeit besitzt. An diesen Punkten kann eine Markov-Kette in den zeitkontinuierlichen Prozeß eingebettet werden. Die Markov-Kette kann analytisch gelöst werden. Ausgehend von den Zustandswahrscheinlichkeiten an den eigebetteten Punkten können dann die Zustandswahrscheinlichkeiten zu jedem beliebigen Zeitpunt berechnet werden. In dem nächsten Hauptabschnitt werden wir diese Methode an dem Beispiel des Gruppenbediensystems demonstrieren.

2.4 Dekomposition

Die Methode der Dekomposition wird auf Fertigungslinein angewendet, die aus mehreren Maschinen bestehen. Das Prinzip dieser Methode ist eine Dekomposition der Fertigungslinie in einzelne Maschinen, die getrennt analysiert werden. Als verbindendes Element dient der Teilefluß von Maschine zu Maschine. Um die stationären Teileflüsse zu ermitteln müssen ein lineares und ein nicht-lineares Gleichungssystem gelöst werden. Die Leistungsparameter sind bei bekannten Teileflüssen an jeder Maschine einfach mit expliziten Formeln berechenbar. Für diese Methode wurden Softwarepakete entwickelt, die die Anwendung ähnlich einfach machen wie bei der Simulation.

3 Fallstudie: Dimensionierung von Gruppenbediensystemen

3.1 Modellierung

Ein Gruppenbediensystem stellt eine Maschine dar, die bei einem Arbeitsgang eine grössere Anzahl von Teilen gleichzeitig bearbeiten kann. Ein typisches Beispiel aus der Halbleiterfertigung sind Öfen. Ein Ofen kann z.B. mit 100 Wafern gefüllt werden. Nachdem der Ofen gestartet wurde, kann er allerdings nicht mehr geöffnet werden, bis dieser Prozeßschritt, der einige Stunden dauern kann, abgeschlossen ist. Eine wichtige Fragestellung ist nun, wann der Ofen gestartet werden soll, falls die vorliegenden Teile nicht zu einer vollen Ofenladung ausreichen.

Wir betrachten nun ein solches Gruppenbediensystem, das auf zwei verschiedene Arten in einer Fertigungsumgebung betrieben werden kann. Dabei wird durch die Einführung geeigneter lokaler Steuerungsmechanismen der Weg zur Just-in-Time Produktion geebnet. Bei der ersten Betriebsweise sprechen wir von einem „Push"-System, weil der Teilevorrat den Motor des Prozeßflusses darstellt (siehe Bild 1).

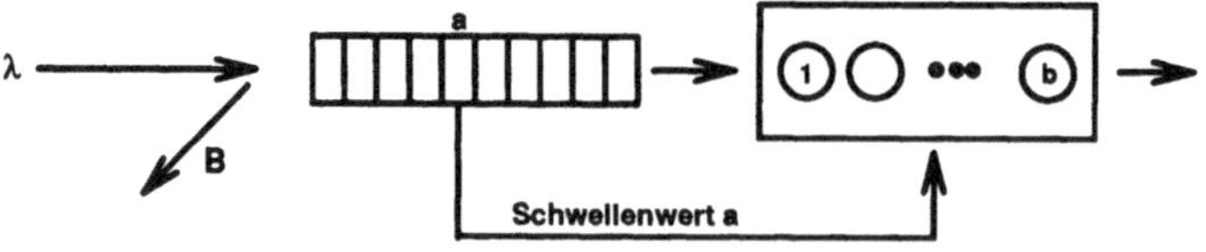

Bild 1: Das „Push"-Modell

Bei der zweiten Betriebsweise werden gemäß dem angezeigten Bedarf der nachfolgenden Maschine an vorverarbeiteten Teilen Rohteile in das Gruppenbediensystem zur Bearbeitung „hineingezogen". Wir sprechen deshalb von einem „Pull"-System (siehe Bild 2). Beide Varianten des Gruppenbediensystems werden nun mit einer Steuerungsregel betrieben, mit deren Hilfe die Ziele der Just-in-Time Produktion – kurze Durchlaufzeiten, geringer WIP, Continuous Flow – realisiert werden sollen, bei gleichzeitiger wirtschaftlicher Nutzung der Ressourcen. Diese Regel lautet wie folgt: Wenn die Bedieneinheit frei ist und sich weniger als eine Anzahl a von Aufträgen in der Warteschlange befinden, so bleibt sie inaktiv bis sich a Aufträge in der Warteschlange angesammelt haben und beginnt sofort mit dem Eintreten dieses Ereignisses die Anzahl a von Aufträgen zu bearbeiten. Befindet sich nach Beendigung einer Bedienphase eine Anzahl von mehr als a Aufträgen in der Warteschlange, so wird sofort mit der Bedienung der wartenden Aufträge, jedoch nur mit einer Anzahl nicht größer als die maximale Kapazität b der Bedieneinheit, begonnen. Die Abfertigungsdisziplin ist dabei entsprechend der Reihenfolge bei der Ankunft (First Come First Served - FCFS).

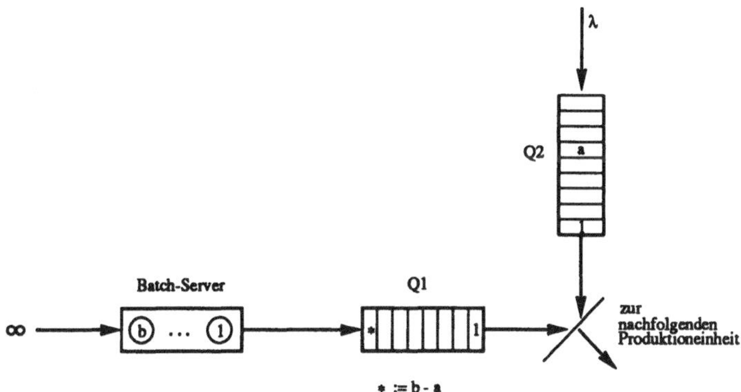

Bild 2: Das „Pull"-Modell

Im Falle des „Push"-Systems handelt es sich beim Warteraum um das Lager für vorrätige Teile, bei den Aufträgen um die Teile selbst. Für das „Pull"-System ist dagegen „Auftrag" im eigentlichen Sinn zu verstehen, nämlich als Bedarfsanzeige für ein fertiges Teil, die sich in eine Warteschlange einreiht und gemäß FCFS bearbeitet wird. Vor dem „Pull"-System wird ein unendlicher Vorrat an rohen Teilen vorausgesetzt. Der Ankunftstrom von Teilen im „Push"-Modell bzw. von Aufträgen im „Pull"-Modell habe die Markov-Eigenschaft (Gedächtnislosigkeit). Die Bedienzeit sei für beide Modelle allgemein verteilt. Aufträge bzw. Teile, die auf eine volle Warteschlange treffen, werden blockiert.

3.2 Analyse

Die Analyse der beiden vorgestellten Gruppenbedienmodelle, die wir gemäß der Kendall'schen Notation mit $M/G^{[a,b]}/1 - S$ (Push) bzw. $M/G^{[a,b]}/1 - S$ (Pull) bezeichnen, erfolgt mit Hilfe der Methode der eingebetteten Markov-Kette. Dazu betrachten wir je einen zweidimensionalen Zustandsprozess in der Zeit mit der Anzahl der wartenden Aufträge und der Restbedienzeit der Auftragsgruppe, die aktuell bedient wird. In diesen Prozess betten wir eine Markov-Kette ein, in dem wir die Betrachtung auf die Abgangszeitpunkte der Auftragsgruppen aus der Bedieneinheit, sogenannte Einbettungszeitpunkte, beschränken, zu denen der zweidimensionale Prozeß gedächtnislos ist. Eine Matrix der Übergangswahrscheinlichkeiten, die den Zusammenhang zwischen benachbarten Zuständen der eingebetteten Markov-Kette beschreibt, wird nun wiederholt auf den Initialzustand des jeweiligen Systems multiplikativ angewandt, bis wir die Zustandswahrscheilichkeiten im stationären Zustand zu den Einbettungszeitpunkten erhalten. Diese führen uns zu den Zustandswahrscheilichkeiten im stationären Zustand zu beliebigen Zeitpunkten, aus denen wir wiederum die charakteristischen Leistungsgrößen berechnen.

Sei nun die Wahrscheinlichkeit dafür, daß sich die Warteschlange für Teile im Falle des „Push"-Modells bzw. für Aufträge im Falle des „Pull"-Modells zu Einbettungszeitpunkten im Zustand "j Aufträge in der Warteschlange" mit $x(j), j = 1, \ldots, S$ (Anzahl der Warteplätze) bezeichnet. Die entsprechenden Wahrscheinlichkeiten zu beliebigen Zeitpunkten seien mit $x^*(j)$ bezeichnet.

Dann ergeben sich die charakteristischen Größen für das „Push"-Modell wie folgt.

Blockierungswahrscheinlichkeit B:

$$B = x^*(S) \tag{1}$$

mittlere Warteschlangenlänge:

$$EX^* = \sum_{i=0}^{S} i\, x^*(i) \tag{2}$$

mittlere Wartezeit eines Teiles bis zur Verarbeitung:

$$EW = \frac{EX^*}{\lambda(1 - B)},\tag{3}$$

mittlere Anzahl von Teilen in der Bedieneinheit:

$$EY = \lambda(1 - B)EH.\tag{4}$$

mittlere Größe der Gruppen, in denen Aufträge gemeinsam bedient werden:

$$EY^{(A)} = a\sum_{i=0}^{a-1} x(i) + \sum_{i=a}^{b-1} i\,x(i) + b\sum_{i=b}^{S} x(i).\tag{5}$$

Die Formeln (1), (2), (3) und (4) gelten sinngemäß auch für das „Pull"-System, wobei die Größe EW gleichzeitig auch als die mittlere Systemzeit verstanden werden darf. Weiterhin werden für das „Pull"-System folgende charakteristische Größen betrachtet.

mittlere Anzahl von fertigen Teilen im Zwischenlager Q1:

$$EX_1^* = \sum_{i=a-b}^{0} i\,x_1^*(i),\tag{6}$$

gewichtete Gesamtzahl von Teilen im Gruppenbediensystem ('Work in Progress - WIP'):

$$WIP = \alpha_2\,EX_1^* + \beta_2\,EY^*.\tag{7}$$

Kosten:

$$COST = \alpha_1\,EX_1^* + \beta_1\,EX^*.\tag{8}$$

Für eine ausführliche Darstellung der Analyse sei auf die Bericht [2] und [3] verwiesen.

3.3 Numerische Ergebnisse

Wir präsentieren nun einige ausgewählte numerische Ergebnisse für ein Gruppenbediensystem mit folgenden Parametern:

> Kapazität der Bedieneinheit $b = 32$
> Größe des Warteraums $S = 64$
> mittlere Bedienzeit $EH = 1$

Im Bild 3 ist die mittlere Wartezeit im „Push"-System als Funktion der Verkehrsintensität dargestellt. Darin enthalten ist eine Schar von Kurven mit verschiedenen Schwellenwerten ($a = 4$, $a = 16$) und verschiedenen Variationskoeffizienten für die Bedienzeit. Für den Fall deterministischer Bedienzeiten erkennen wir, daß der Schwellenwert $a = 4$ das bessere Wartezeitverhalten hervorbringt. Um stets die geringstmögliche Wartezeit zu garantieren, hätte man den Schwellenwert $a = 1$ zu wählen, d.h. der Zwang zur Gruppenbildung wäre gänzlich aufzuheben. Bei schwankenden Bedienzeiten überschneiden sich die Wartezeitkurven für die Schwellenwerte $a = 4$ und $a = 16$, da bei hoher Verkehrsintensität eine effiziente Nutzung der Bedieneinheit die Wahl einer hohen Schwelle erfordert. Bild 4 zeigt die Kosten gemäß Gleichung (8) in Abhängigkeit der Größe des Schwellenwertes a für das „Pull"-System. Dabei wurde $\alpha_1 = 5$ und $\beta_1 = 1$ gewählt.

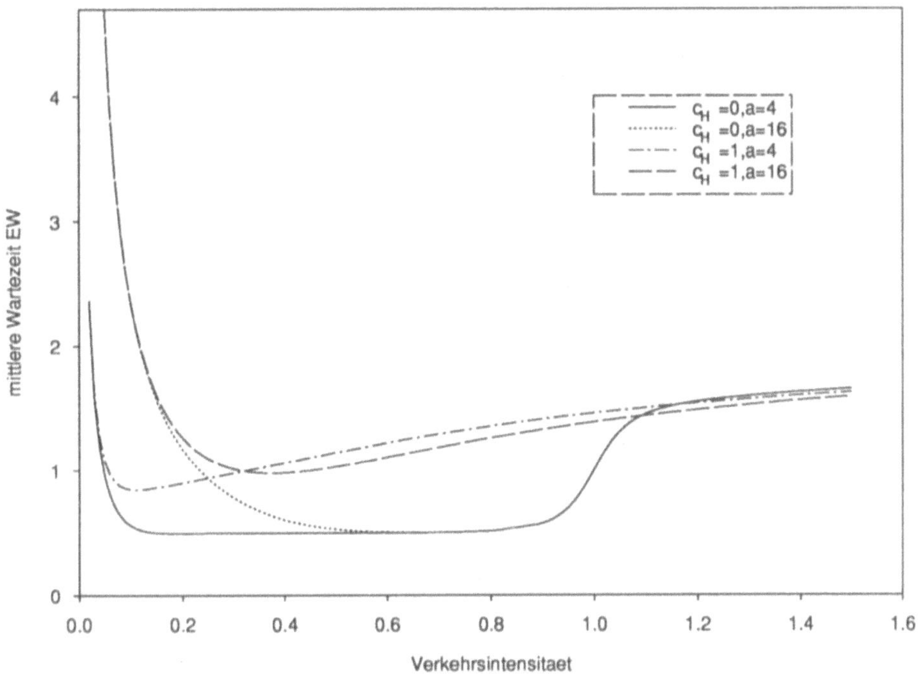

Bild 3: Wartezeitverhalten im „Push"-System

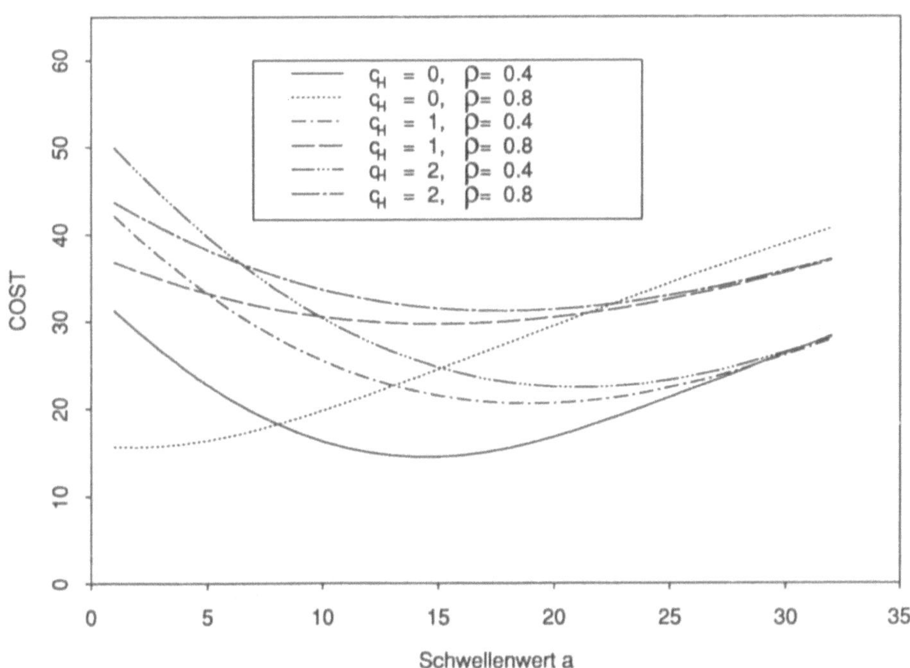

Bild 4: Kosten im „Pull"-System

4 Analytische Behandlung weiterführender Modelle

4.1 Due Date Scheduling

Das „Due Date Scheduling" im Rahmen einer Due-Date-Managementstrategie ist vielleicht die konsequenteste Art und Weise, das zentrale Ziel der Just-in-Time Philosophie - ein Produkt eben gerade rechtzeitig fertigzustellen - zu verwirklichen. Ausgehend von einem Fälligkeitsdatum für das fertige Produkt, das mit realistischem Blick für das Machbare festgelegt wurde, werden entlang des Prozessflusses, jedoch in Gegenrichtung, relative „Due Dates" an jeder Arbeitsstation bestimmt. Aufgabe des „Due Date Schedulings" ist es nun, den Prozeßfluß so zu steuern, daß die relativen „Due Dates" und insbesondere die Fälligkeitsdaten für die fertigen Produkte möglichst gut eingehalten werden. Als Konkretisierungen von „Due Date Schedules" kommen beispielsweise die folgenden Abfertigungsdisziplinen in Betracht:

- Earliest Due Date First (EDD)

- Prioritätszuweisung für Aufträge mit Verspätung

- eine begrenzte Erlaubnis zur Überholung in Verspätungsfällen

Gegenwärtig findet eine analytische Untersuchung von Produktionssystemen, die nach der Due-Date-Managementstrategie und mit einer Abfertigungsstrategie nach Priorität für verspätete Aufträge betriewben werden, statt. Die „Due Dates" werden dabei auf der Basis einer BCMP-Voranalyse (geeignete numerische Methode zur Analyse von Netzwerken aus Maschinen, die einen Markov-Prozeß bilden) der Produktionslinie bestimmt. Daraus resultiert ein Netz mit verschiedenen Auftragsklassen, Klassenwechsel und Prioritäten. Dieses wird rückverwandelt in ein Netz ohne Prioritäten durch Anpassung der Bediencharakteristiken für jede Auftragsklasse an jedem Prioritätsknoten. Eine nochmalige Analyse gibt Auskunft über die Fähigkeit, mit dem angewandten 'Due Date Schedule' und seinen speziellen Parametern Fälligkeitsdaten einzuhalten.

4.2 Kanban-Systeme

Die Implementierung der Just-in-Time-Philosophie durch ein Kanban-System verteilt die Kräfte zum „Ziehen" von Materialien in die Produktionslinie hinein und schließlich von fertigen Produkten aus der Produktionslinie heraus auf geeignet gewählte Produktionssektoren. Diese bestehen aus einer Anzahl von Produktionseinheiten, innerhalb derer die Gesamtzahl von in Bearbeitung befindlichen Teilen (WIP) beschränkt ist. Dazu erhält jeder Sektor eine auf seine spezifische obere Schranke des 'Work in Progress' bemessene Anzahl von Kanbans (japanisches Wort für Karte), die gleichsam Berechtigungen zur Weiterverarbeitung von genau einem Teiles darstellen. Verfügbare Kanbans in einem Sektor üben so eine Zugwirkung auf den vorangehenden Sektor aus. Ein Mangel an Kanbans verhindert andererseits die Überschwemmnung des Sektors mit vorverarbeiteten Teilen, die ohnehin gegenwärtig nicht weiterverarbeitet werden könnten und nur eine unnötige Erhöhung des 'Work in Progress' bewirkten.

Die Modellierung von Kanban-Systemen ist möglich, in dem man die einzelnen Sektoren als geschlossene Warteschlangennetze betrachtet, die zusätzlich sogenannte „Stop-and-Go"-Bedieneinheiten zur Reflektion der hemmenden Einflüsse benachbarter Sektoren enthalten. Dieses Modell läßt sich approximativ analysieren und kann zur Vorauswahl geeigneter Segmentierungen und Verteilungsmuster für Kanbans bezüglich einer gegebenen Produktionslinie zu Hilfe genommen werden.

5 Zusammenfassung

Wir haben in diesem Artikel die Methoden Markov-Prozeß, Markov-Kette, eingebettete Markov-Kette und Dekomposition zur mathematischen Analyse von Fertigungssystemen dargestellt. Grundsätzliche Ergebnisse können mit der Methode des Markov-Prozesses gewonnen werden. Die Abbildungstreue eines Fertigungssystems ist jedoch sehr beschränkt. Mit der Methode der eingebetteten Markov-Kette kann die Abbildungstreue erhöht werden. Die Methode der Dekomposition wird bei Fertigungslinien angewendet, die aus mehreren Maschinen bestehen.

Die Methode der eingebetteten Markov-Kette haben wir dann angewendet auf die Analyse von Gruppenbediensystemen. Abschliessend diskutierten wir die weitergehenden Modelle „Due-Date-Scheduling" und KANBAN für die Steuerung von Produktionslinien.

Literaturverzeichnis

[1] H. Gold, F. Hübner, "Multi Server Batch Service Systems in Push and Pull Operating Mode - a Performance Comparison" Research Report Nr. 26, Institute of Computer Science, University of Würzburg, 1990.

[2] H. Gold, P. Tran-Gia, "Performance Analysis of a Batch Service Queue arising out of Manufacturing System Modelling", Research Report Nr. 16, Institute of Computer Science, University of Würzburg, 1990.

[3] H. Gold, H. Grob, "Performance Analysis of a Batch Service System Operating in Pull Mode" Research Report Nr. 27, Institute of Computer Science, University of Würzburg, 1991.

Das globale Management von fertigungstechnischem Wissen als informationstechnische Herausforderung

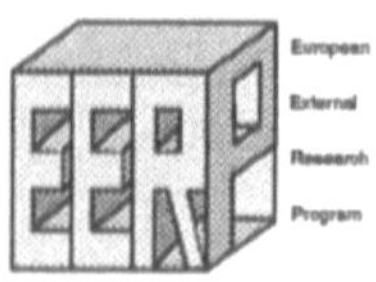

Dr.-Ing. Frank Severin
Leiter Kooperationsprogramme
öffentliche Forschung und Lehre
Digital Equipment GmbH
Freischützstraße 91
8000 München 81

1. Einleitung

In den führenden Branchen der Industrie erreichen nationale Märkte immer schneller globale Dimensionen. Daher ist es gegenwärtig eine der größten industriellen Herausforderungen, unter Benutzung einer weltweiten Ressourcenbasis, Produkte international konkurrenzfähig, erfolgreich und mit maximaler Kundenzufriedenheit zu entwickeln, zu produzieren, zu vertreiben, zu warten und umweltfreundlich zu entsorgen.

Die Hauptaufgaben sind:

- Innovationen in Systemen, Produkten und Komponenten simultan zu entwickeln, zu beherrschen und zu integrieren.
- Kooperationen interner und externer Art, das heißt im Unternehmen, mit Lieferanten, Partnern und Kunden in lokaler und globaler Zusammenarbeit zu gestalten.
- Die notwendige Kommunikation sowie Kommunikationsnetze herzustellen und dafür die neuen Kommunikations- und Informationsinstrumente zu nutzen, insbesondere in der Produktionstechnologie und vor allem
- Mitarbeiter und Mitarbeiterinnen, ebenfalls unternehmensintern und -extern, von unterschiedlichen Unternehmens-, Funktions- und Länderkulturen aufgabengerecht zu Teams zu organisieren.

Hoher Kostendruck, sinkende Produktlebenszeiten im Markt, häufige Technologieumbrüche, Gewährleistung weitgehender Aufwärtskompatibilität sowie steigende Ansprüche der Kunden bezüglich Produkt- und Servicequalität bilden das übliche Markt- und Wettbewerbsumfeld, **(Bild 1)**.

<table>
<tr><td colspan="2">

Fertigungsunternehmen

- hohe Innovationsrate
- steigende Entwicklungszeiten
- zunehmende Investitionsvolumina
- kleinere Marktfenster

- leistungsfähiges Innovationsmanagement
- weltweite Ressourcen-Nutzung
- internationale Entwicklungs- und
  Fertigungsstätten
- kontinuierliche Produkt- und
  Produktionsplanung

</td><td colspan="2">

Marktcharakteristik

- international / global

- Kostendruck / Preisdruck

- hohe Produkt- und Technologiedynamik

- sinkende Produktlebenszeiten

- Aufwärts-/Abwärtskompatibilität

- steigende Qualitätserwartungen

- hohe Serviceanforderungen

</td></tr>
<tr><td colspan="4">

Time to Market

Time to Volume, Time to Profit
richtiges Produkt zur richtigen Zeit
- Funktionalität, Zuverlässigkeit
- Preis- und Leistungsverhältnis
- Betriebs- und Wartungskosten
- Servicefreundlichkeit

</td></tr>
<tr><td>

Digital Equipment
Dr. Frank Severin

</td><td colspan="2">

Wechselwirkung, Markt und
Fertigungsunternehmen

</td><td>

Bild 1

</td></tr>
</table>

Bei verkürzter Marktlebensdauer verengt sich entsprechend auch das Fenster für die erfolgreiche Einführung eines gegebenen Produktes am Markt. Damit kommt einer sorgfältigen Produkt- und Produktionsplanung vermehrte Bedeutung zu. Steuer- und Regelmechanismen sind notwendig, die die zeitgerechte Produkteinführung am Markt sicherstellen und auch den entsprechenden Kundenservice synchronisieren.

Im einzelnen mag die Ausprägung des "Fertigungswissens" für unterschiedliche Industriezweige und Betriebe recht verschieden sein. Gemeinsames Phänomen ist jedoch der sich verschärfende Zwang zum Übergang von nationalen zu internationalen Operationen einerseits sowie von internationalen zu globalen Enterprises andererseits. Allerdings gerät die globale Produktstandardisierung in das Spannungsfeld zeitgleicher, länderspezifischer Anpassung. Kunde und Produzent sind weltweit verteilt und befinden sind meistens in wechselseitigem Rollenspiel.

Vor diesem Hintergrund hat die Firma Digital doppeltes Interesse an wirtschaftlichem Management von Fertigungswissen. Zunächst für die eigenen internen Applikationen und nach genügender Erprobung für die Herstellung von Integration Tools auf dem Sektor der Informations Technologie (IT).

2. Globales Management für gemeinsame Technologiestrategien

2.1 Architekturentwicklung

Phasenprozesse sind zukünftig nicht nur auf ein einzelnes Produkt zu beziehen. Bei verkürzten Produkt-Lebenszeiten ist es notwending, zeitlich stabile Prozeß-, Bauteil- und Architekturentwicklungen durchzuführen, die die richtigen Produktinnovationen zur richtigen Zeit ermöglichen (**Bild 2**).

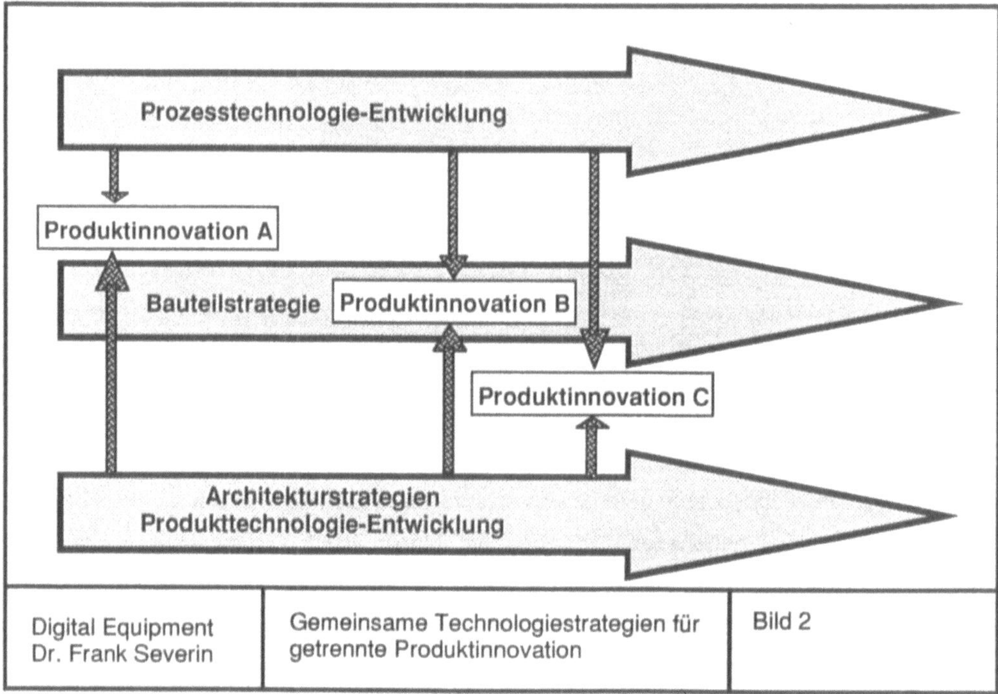

2.2 Simultanplanung und Fertigungs-Vorbereitung
- Simultan vs. traditionell sukzessiv -

In **Bild 3** sind im unteren Teil die sukzessiven Phasen der Produktentwicklung dargestellt.

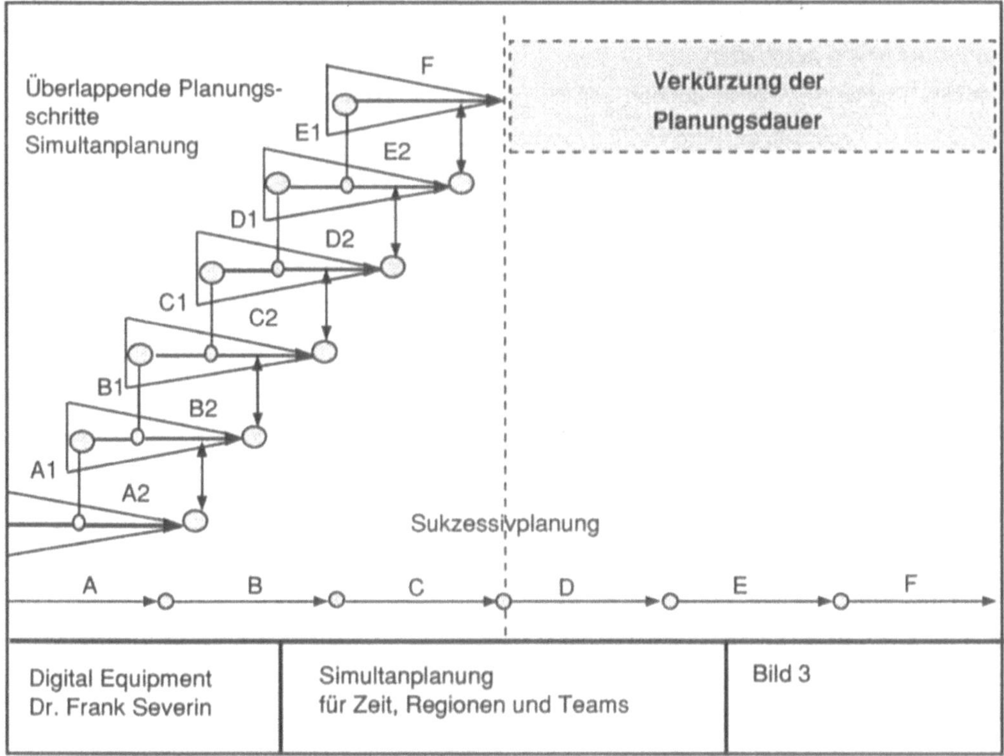

Die kritischen Befunde eines derartigen Ablaufes sind:

- die Partner Entwicklung, Fertigung und Lieferant arbeiten und entscheiden bilateral und seriell, wodurch Zeitverzögerungen, Redundanz an den Schnittstellen, unnötiger Overhead und Mehrkosten vorprogrammiert sind.
- die Technologie wird nicht produktbezogen, die Entwicklung nicht fertigungsbezogen, die Fertigung nicht technologiebezogen geplant und betrieben.
- die sequentielle Natur des Prozesses führt zu zahlreichen Iterationen, besonders beim Ende der Entwicklungsphase mit enormen Zeitverzögerungen und Kostenüberschreitungen.
- Logistik, Marketing/Vertrieb und Kundendienst sind keine vollwertigen Partner.
- Der Kunde ist überhaupt nicht integriert: "Sein" Produkt mit den von der Entwicklung definierten Spezifikationen wird von ihm "so" häufig nicht akzeptiert, führt zu zeitaufwendigen Nachbesserungen, Zeitverzögerungen und sich verschlechternder Kundenzufriedenheit.

Der serielle Prozeß ist voller "Zeitfallen". Er ist ein Relikt aus dem Taylorismus: partiell, fragmentiert und isoliert. Mit dem Konzept der Simultanplanung (s. linker oberer Bildteil) wird das Bindeglied zwischen dezentraler Informationserfassung und ganzheitlicher Informationsverarbeitung geschaffen.

Verteilte Planungsprozesse können zeitlich parallel mit aktualisierten, redundanzfreien und konsistenten Datensätzen durchgeführt werden. Bei der rechnerunterstützten Planung wird unter Einhaltung optimaler Planungsportionen, die sowohl Über- als auch Unterplanung vermeiden, der Gestaltungsspielraum zielgerichtet fokussiert. Bereits nach dem Abschluß der Grobplanung kann mit kalkulierbarem Risiko der nächste Planungsschritt begonnen werden. Die bis dahin verfügbaren Informationen weisen ausreichend große Toleranzen auf, um einen breiten Lösungsansatz auch beim Folgeschritt zuzulassen.

Während und nach Abschluß der Detaillierungsphase können gegenseitige Wirkungen aufeinanderfolgender Planungsbereiche berücksichtigt werden. Besonders vorteilhaft ist ein rechnergestütztes, dezentrales Simultanplanungskonzept bei der Planung von Komponenten mit hoher funktionaler Abhängigkeit.

Interdependenzen werden weit vor einer kostenintensiven, komponentenspezifischen Einzeldetaillierung erkannt und können gesamtoptimal gelöst werden. Die Entkopplung von arbeitsvorbereitenden Fertigungsaufgaben und Regionen ermöglicht eine zeitlich kontinuierliche Bearbeitung an 24 Std. pro Tag entlang den global verteilten Zeitzonen.

Berücksichtigt man den Marktvorteil durch eine schnelle Planungsphase sowie die geringere Wahrscheinlichkeit einer Zielgrößenänderung, so gewinnt der Zeitfaktor besondere Bedeutung bei der Optimierung von Planungs- und Investitionskosten. Die Profiteinbuße beträgt bei 50% Überschreiten der Entwicklungskosten eines Produktes nur ca. 3,5%, bei 6-monatiger Verspätung der Markteinführung jedoch über 33%, so berichten Mc Kinsey & Partner.

3. Fertigungstechnisches Wissen

3.1 Enterprise Modeling

Unterschiedliche Gremien und Arbeitskreise, auch innerhalb der GI, sowie ISO, OSI, STEP und CALS Organisationen haben versucht, generische Unternehmensmodelle zu entwickeln. Allen Abbildungen ist gemeinsam, daß sie bezogen auf die unterschiedlichsten Blickrichtungen, die Realität nur beliebig genau wiedergeben, vollständige Deckung jedoch nicht erreichen.

In **Bild 4** ist die Beziehung zwischen der realen Industriewelt und dem jeweiligen Modell dargestellt. Dabei ist die Betrachtung der realen Welt bereits auf die dort relevanten Parameter, wie z.B. die Ressourcen einer Fabrik sowie Produkte, Dienstleistungen aber auch Abfallstoffe reduziert.

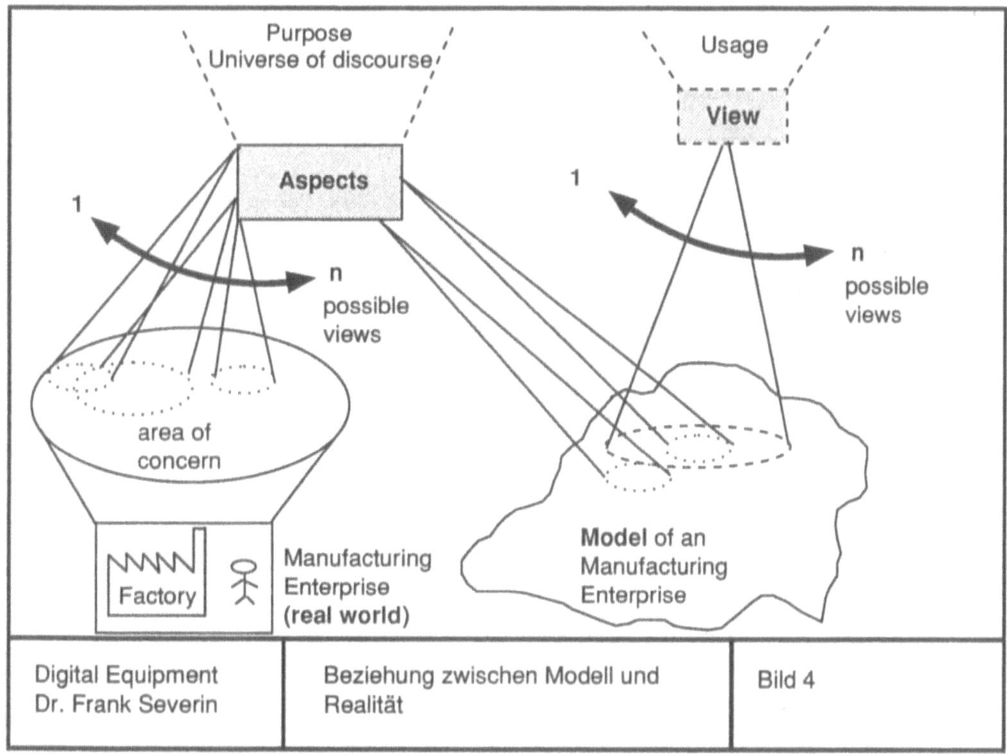

Digital Equipment Dr. Frank Severin	Beziehung zwischen Modell und Realität	Bild 4

Bezogen auf die Klassifizierung des fertigungstechnischen Wissens wurde im AK 1 der GI-Fachgruppe 4.4.2 CAM folgende Struktur erarbeitet:

- **Worüber wird Wissen benötigt?**

  Kenntnis der für die Prozeß- und Produktgestaltung wichtigen Technologieparameter, entsprechend dem jeweiligen Anforderungsprofil der Fertigungsaufgaben einerseits und den Merkmalsausprägungen einer oder mehrerer lokaler Fertigungsstätten andererseits.

- **Wofür wird Wissen benötigt?**

  z.B. Planung von Fertigungsmitteln im Rahmen der rechnergestützten Fertigung. Entscheidung, welches Produkt an welchem Standort zu welchen Kosten herstellbar ist.

- **Für welche Unternehmensebene wird Wissen benötigt?**

  Detaillierungsart und Ausprägung von Informationen unterscheiden sich bezüglich der geplanten Reichweite unternehmensübergreifend, unternehmensweit, standortbezogen, abteilungsbezogen, gruppenweit, auf einzelne Personen oder Gegenstände bezogen.

- Wissensarten

Eine mögliche Art der Einteilung ist bezüglich der Dimensionsanzahl der Wissensaus-
prägung: Daten (punktuell, ohne Dimension), Information (eindimensional), Kenntnis
(zweidimensionale Information & Struktur), Erfahrung (drei- und mehrdimensional).

Bild 5 und 6 stellen einige Elemente, Systemgrenzen und Funktionen in einer weltweit verteilten Firma dar. Das Management eines derart komplexen Systems wird zur informationstechnischen Herausforderung der nächsten Jahre.
Die Abkürzung "CIM" wird man wohl schon sehr bald mit "Corporate Information Management"
übersetzen müssen, d.h. mit dem unternehmensweiten Herstellen der richtigen Beziehung
zwischen Informationsquelle und -senke.

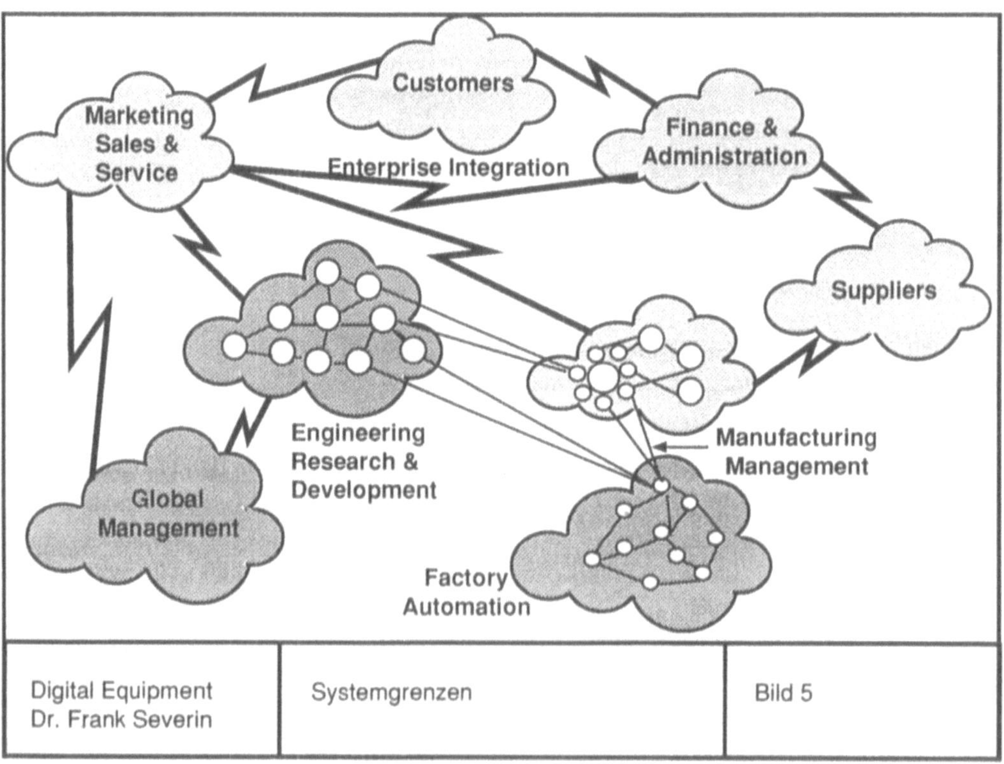

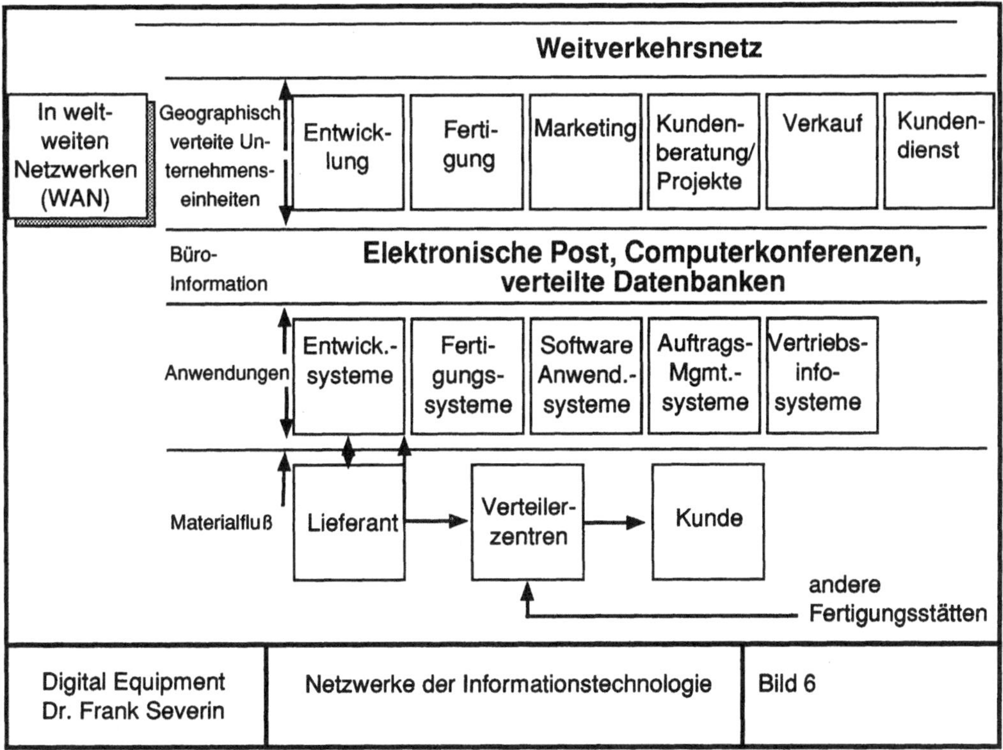

Das Konzept des integrierten Unternehmens aus IT-Sicht geht aus **Bild 7** hervor. Wie bereits organisatorisch verknüpft, so werden Unternehmensführung, die Abteilungen und der Einzelne informationstechnologisch verbunden auf der Basis der IT-Ebenen von Anwendung, von Entwicklungs-, Netzwerkplattform, Informations-Sharing, Datenmanagement und von Betriebssystemen, Hardware und deren Vernetzung.

Die Leistungsstärke von Unternehmensnetzwerken geht aus den schon weitgehend erfüllten Anforderungen der Nutzer hervor, wie sie in **Bild 8** zusammengestellt sind.

Solche Unternehmensnetzwerke sind in vielen Unternehmen/Unternehmensbereichen Realität.

Im folgenden wird ein Beispiel vernetzter, kontinentübergreifender Planung und Fertigung aus der eigenen Speicherproduktion in Amerika und Europa gegeben.

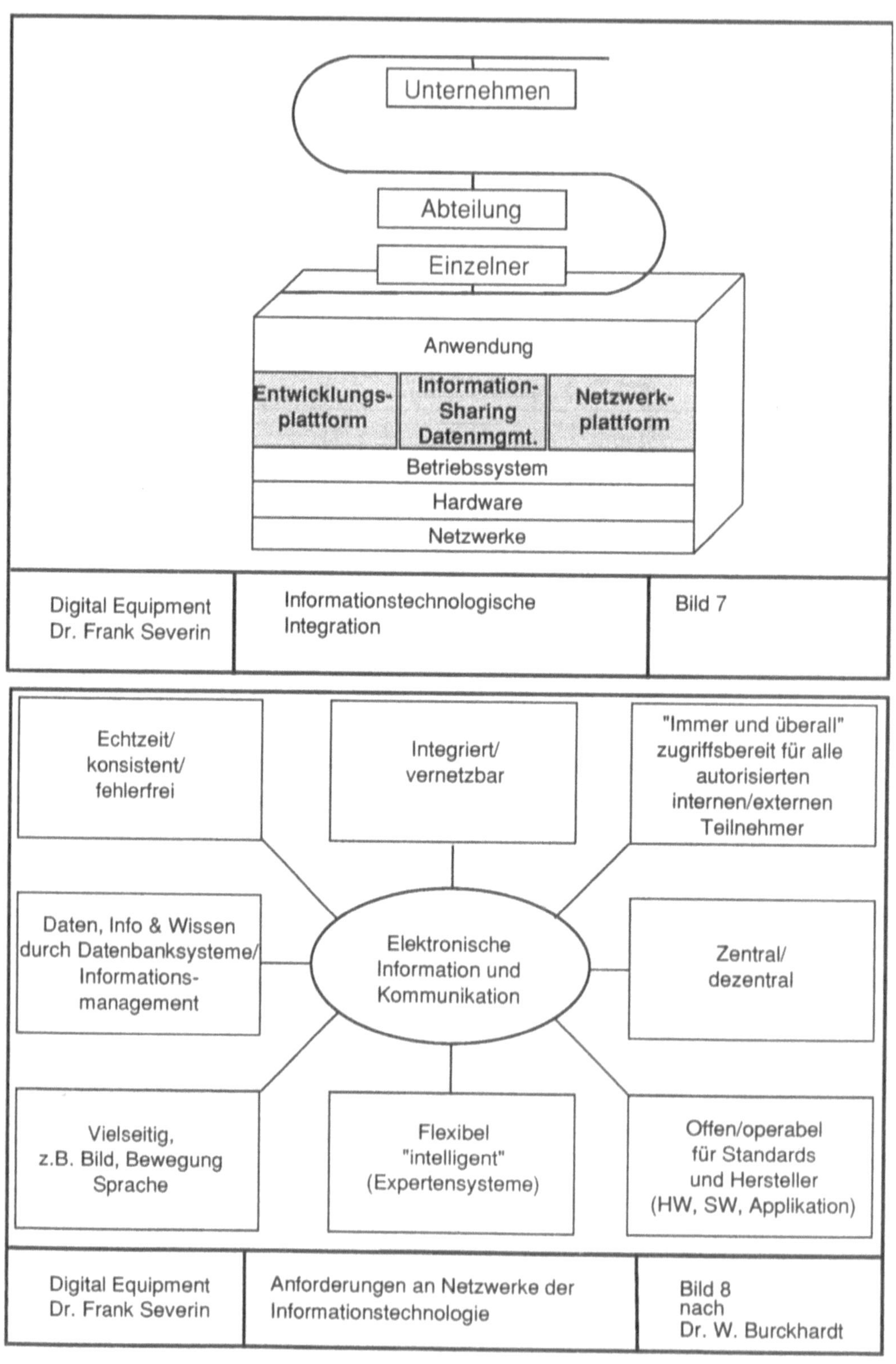
436
Unternehmen
Abteilung
Einzelner
Anwendung
Entwicklungs-plattform
Information-Sharing Datenmgmt.
Netzwerk-plattform
Betriebssystem
Hardware
Netzwerke
Digital Equipment
Dr. Frank Severin
Informationstechnologische Integration
Bild 7
Echtzeit/ konsistent/ fehlerfrei
Integriert/ vernetzbar
"Immer und überall" zugriffsbereit für alle autorisierten internen/externen Teilnehmer
Daten, Info & Wissen durch Datenbanksysteme/ Informations- management
Elektronische Information und Kommunikation
Zentral/ dezentral
Vielseitig, z.B. Bild, Bewegung Sprache
Flexibel "intelligent" (Expertensysteme)
Offen/operabel für Standards und Hersteller (HW, SW, Applikation)
Digital Equipment
Dr. Frank Severin
Anforderungen an Netzwerke der Informationstechnologie
Bild 8
nach
Dr. W. Burckhardt

3.2 Massenspeicher-Fertigung in Kaufbeuren im internationalen Verbund

Die Produktentwicklung, beispielsweise für Digital Plattenlaufwerke, findet vorwiegend in den USA statt. für die Gestaltung des Produktionsprozesses ist jedoch der jeweilige Fertigungsbetrieb verantwortlich. In Deutschland ist das die Storage and Information Management Group in Kaufbeuren.

Zulieferteile und vorgefertigte Komponenten werden weltweit bezogen, aus den USA, natürlich aus Europa aber auch aus Fernost. Die produzierten Geräte werden teilweise direkt verkauft, meist aber als Komponenten eines Computersystems ausgeliefert.

Das erfordert Abstimmung mit dem Europäischen Vertriebszentrum in Schottland. Die Kunden - vorwiegend wird der europäische Markt beliefert - erhalten in jedem Fall das gleiche Produkt, das auch in den USA vertrieben wird. Organisatorisch ist Kaufbeuren in den Unternehmensbereich Speichersysteme für USA eingebunden. Die Zusammenhänge sind in den **Bildern 9** und **10** aufgezeigt. Es sind die zwei Richtungen erkennbar in denen Integration vorhanden sein muß.

    - vertikal: von der Entwicklung eines Produkts über die Fertigung zum Vertrieb,

    - horizontal: vom Zulieferer über die Fertigung zum Kunden.

Die vertikale Richtung charakterisiert im wesentlichen den Informationsfluß, die horizontale vorwiegend den Materialfuß. Die technische Realisierung einer solchen Integration mittels der Informationstechnologie wird heute als CIM bezeichnet.

CIM ist für Digital, zumindest was das "C" betrifft, kein technisches Problem:

- Digital hat die Technologie und die Produkte für CIM,

- Computersysteme von Digital sind vernetzbar,

- Digital unterhält selbst eines der größten Computernetze der Welt. Das Netz umfaßt weltweit gegenwärtig mehr als 55000 Rechner mit etwa 124.000 angeschlossenen Teilnehmern in- und außerhalb der Digital-Welt in 82 Ländern. Monatlich werden mehr als 3.0 Millionen Mails verschickt.

- Engineering Gruppen in 14 Ländern

- 35 Fertigungs-Standorte in 13 Ländern

- 33.000 Mitarbeiter in der Bauteilfertigung

- Über 1.0 Millionen m^2 Produktionsfläche

- Über 1.6 Milliarden $ Materialbestellung pro Jahr

- Mehr als 100 Millionen $ Investment in CIM

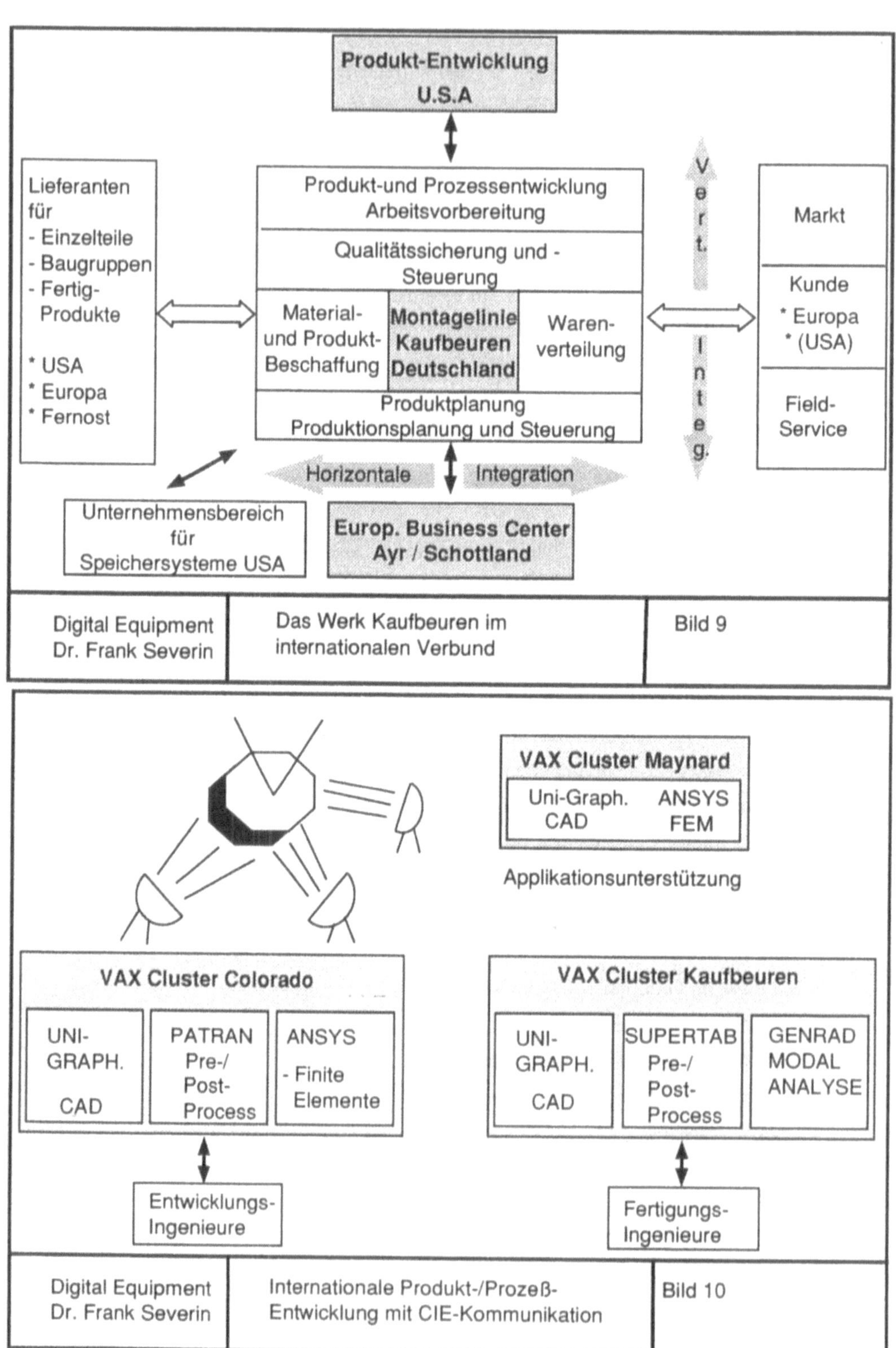

Digital Equipment Dr. Frank Severin	Das Werk Kaufbeuren im internationalen Verbund	Bild 9

Digital Equipment Dr. Frank Severin	Internationale Produkt-/Prozeß-Entwicklung mit CIE-Kommunikation	Bild 10

Diese Kooperation war derart erfolgreich, daß Hochtechnologie-Produkte in äußerst kurzer Zeit am Markt eingeführt werden konnten.

Die Storage and Information Management Group der Digital Equipment Corporation wurde mit dem LEAD-Award ausgezeichnet. LEAD steht für Leadership and Excellence in the Application and Development im Bereich Computer Integrated Manufacturing (CIM). Der Preis wird alljährlich von der Computer and Automated Systems Association of the Society of Manufacturing Engineers (CASA/SME) verliehen.

4. Informationstechnische Herausforderung
- "future computing"-

In der Industrie, besonders in USA, West-Europa und Japan vernetzen sich die Firmen zunehmend untereinander, so daß man heute annehmen kann, daß ähnlich wie bei Telefon und Fax-Anschluß ein Gateway zu elektronischen Netzen (z.B. Internet) existiert. Wir beobachten den Übergang der Firmen von der reinen Ausrüstung mit Hard- und Softwareprodukten zu deren effizienter Nutzung.

Heutige Computersysteme basieren hauptsächlich auf elektronischen Komponenten. Aber wir sehen eine zunehmende Anzahl optischer Einrichtungen (z.B. Glasfaser Leitungen und Compact Disk Speicher).

In naher Zukunft erwarten wir kristallbasierte Speicher und optische Datenverarbeitungsanlagen, später sogar biologische Chips und selbstreparierende Speichereinheiten.

Die Integrated Circuit-Technologie verwendet heute noch vornehmlich Silizium als Basiswerkstoff. Ga As - Chips werden schon sehr bald auf breiter Front höhere Rechnerleistungen bringen. In ca. 10 Jahren wird man bis auf Molekularebene konstruieren und fertigen können und sehr wahrscheinlich werden dem jeweiligen Zweck angepaßte Moleküle verwendet werden (Nanoelektronik).

Die Rechnerarchitektur wird sich von heute genutzten RISC oder CISC Konzepten in Richtung massiv parallel vernetzter Strukturen mit vielen tausend Prozessoren entwickeln, die durch neuronale Netzwerke verbunden sind und Ähnlichkeit mit der Funktionsweise des menschlichen Gehirns haben werden. Außerdem wird in derart komplexen Transaktionswelten Abschied vom Timesharing Computing genommen werden müssen, zugunsten von leistungsfähigen Client Server Prinzipien.

Derartige Architekturen ermöglichen die Grundlage für multitasking und multimediale Anwendungen, wie z.B. Audio, digitalisiertes VCR und CD-Video, Voice-Mail, Farb-Graphik, Fax, Telefon sowie ISDN-Service-Dienste. Die sinnvolle Kombination dieser Fähigkeiten erlaubt intensivere, schnellere, qualitativ bessere und damit effektivere Kommunikation, die zu klaren Wettbewerbsvorteilen führt.

Screen-Sharing oder Shared-Witheboard in Echtzeit erlauben synchrones, kooperatives Arbeiten, z.B. beim Concurrent Engineering, Qualitäts-oder Marktanalysen.

Hypermedia kann verwendet werden, um z.B. mehrstufige Fertigungsprozesse für Simulationen oder interaktive Schulungszwecke zu illustrieren. Die IT-Komponenten werden zukünftig weniger Selbstzweck oder punktueller Nutzen sein, sondern den Menschen wirkungsvoll beim Informationsmanagement unterstützen. Dabei werden sich die Grenzen zwischen der Computer Technologie, der Tele-Kommunikation und der Unterhaltungselektronik verwischen. Tele-X-dienste (-design, -monitoring, - tutoring, -editing, -selling) werden in Richtung verteilter, multimedialer und kooperierender Anwendungen konvergieren **(Bild 11)**.

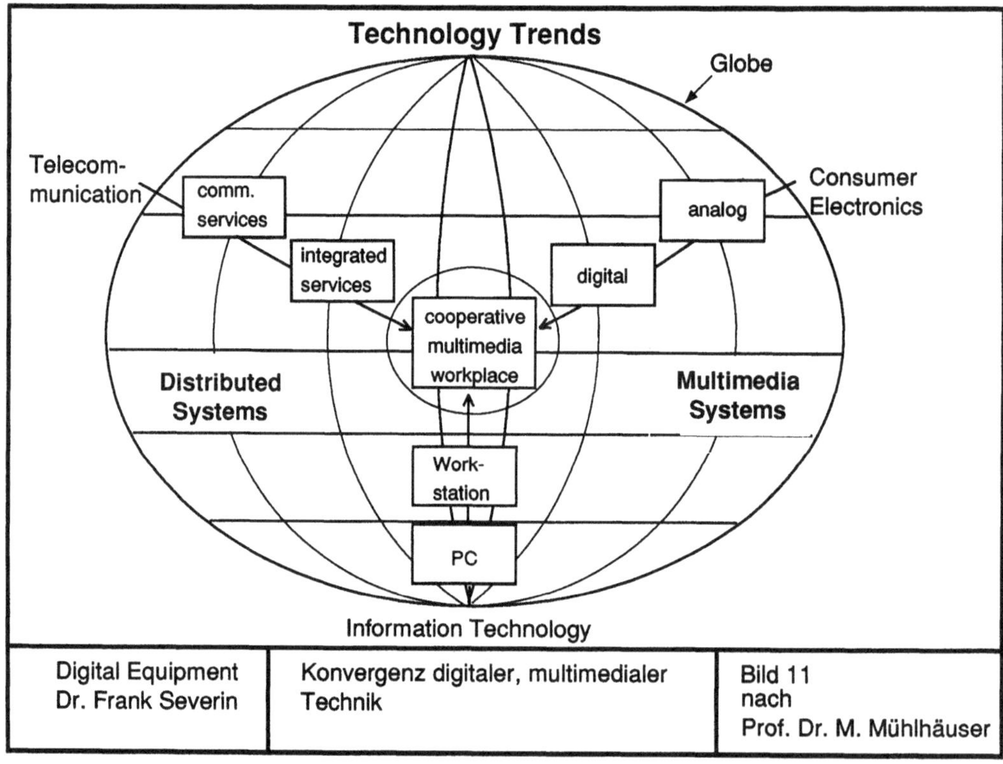

Digital Equipment Dr. Frank Severin	Konvergenz digitaler, multimedialer Technik	Bild 11 nach Prof. Dr. M. Mühlhäuser

Kommunikationssysteme in einem Unternehmen sind ähnlich wichtig wie die Wasser- oder Stromversorgung. Wenn diese ausfallen, kommt die Fertigung zum Erliegen. Daher müssen Rechnersysteme verteilt, risk-free und fault tolerant sein. Andere Anforderungen vor dem Hintergrund verschiedener Hersteller von IT-Systemen sind die Fähigkeit zur Integration von allen relevanten Komponenten in einem Rechnerverbund. Dieses ist mit offenen Systemen und dem Einhalten von weltweit gültigen Standards möglich.

Einhalten von weltweit gültigen Standards möglich.

So zwingt uns beispielsweise der elektronische Datenaustausch EDI auf der Sender- und Empfängerseite bestimmte Übertragungsprotokolle einzuhalten und die Inhalte auf gegenseitig abgestimmte Definitionen zu beziehen.

- Barcode-Leseeinrichtungen funktionieren nur sinnvoll im Zusammenhang mit einer standardisierten Kodierung.
- Das innerhalb von Digital verwendete Employee Location Finder System (ELF) enthält die Liste der Namen, Telefonnummern und Nodes von allen Mitarbeitern. Mit diesen Informationen kann man sofort den Kommunikationsdialog starten.
- Mit Softwaretools, wie beispielsweise NOTES, kann man ohne Notwendigkeit der physischen Anwesenheit an elektronischen Konferenzen teilnehmen. Es lassen sich so virtuell tagende Produkt- und Prozeß-Review Boards etablieren, die zeitlich und geographisch weitgehend entkoppelt sein können.

Die heute verbreiteten Terminals haben eine Tastatur, einen 2-D-Monitor und können Text und Zahlen speichern. In fünf Jahren wird man für den gleichen Anwenderpreis 3-D Graphik sowie Sprachein- und -ausgabe erhalten. Im nächsten Schritt kommen dann holographische Display-Systeme und dynamische 3-D Virtual Reality-Szenarien, in denen man sich mittels Data-Glove oder Data-Suit "frei" bewegen kann.

Virtuelle Produkte existieren in Netzwerken schon lange als Konstrukt, bevor sie die materielle Phase erreichen und können an regional verschiedene Fertigungsprozesse optimal angepaßt und von den am Entwicklungsprozeß beteiligten Personen "begriffen" werden.

Full-Motion-Digital-Videos auf Workstations sind bereits heute technisch realisierbar und das nicht nur im Forschungslabor sondern auch unter Industriebedingungen. Die zur Zeit noch höheren Kosten gegenüber konventionellen Workstations begrenzen allerdings die Verbreitung. Jedoch werden Hardware-Preisverfall und funktionale Leistungssteigerung auch diese Einrichtung zum zukünftigen "Commodity Product " werden lassen.

Die entscheidende Herausforderung an die zukünftige Informationstechnik, die nicht nur durch das Management von Fertigungswissen geprägt ist, scheint dennoch weniger in der Erhöhung der Leistungsfähigkeit einzelner Komponenten (z.B. Prozessoren, Speicher, FDDI) zu liegen, als vielmehr in der Integration heterogener Systeme. Das Netzwerk ist der Computer. Standalone Lösungen in der Informationstechnik werden ähnlich den Automatisierungsinseln in der Fertigungstechnik in das Gesamtsystem einbezogen.

Im folgenden werden beispielhaft einige Punkte des zukunftsorientierten System-Integration-Business aufgeführt:

- Plug and play Hardware (Standards)
- An menschliche Leistungsfähigkeit angepaßte Mensch-, Maschinen- Schnittstellen

für sämtliche Anwendungen von lebenslangem Lernen über Ausbildung, Beruf und Freizeit.

- Globale elektronische Mailsysteme mit naming service und verteilten Directories.
- Telefonnummern und e-mail Adressen auf Lebenszeit.
- Applikationsorientiertes, mobiles Computing in breitbandigen, drahtlosen Datennetzen, z.B. entlang des Materialflusses.
- Informationstechnische Basisdienste müssen für den Nutzer transparent werden. Etwa ähnlich den durchschnittlich 20 Elektromotoren in einem Personenkraftfahrzeug, die vom Fahrer keine besondere Aufmerksamkeit bei der Bedienung erfordern.

Das globale Management von fertigungstechnischem Wissen stellt an die Informations- und Rechnertechnik einerseits die Anforderung, verteilte Anwenderprogramme in einer heterogenen Soft- und Hardwareumgebung betreiben zu können, andererseits soll ein derartiges Netzwerk mit Komponenten unterschiedlicher Hersteller ein homogenes, konsistentes (seemless) System bilden.

Am Markt ist zur Zeit nur eine Plattform der OSF-DCE (Open System Foundation-Distributed Computing Environment) verfügbar, die Digital zusammen mit mehr als 45 anderen Soft- und Hardware Herstellern unterstützt.

Zeitdynamische Simulation für Design und Management
von schlanker Produktion

G. Wohland

V. Popp

G. Schmidt-Weinmar

ExperTeam SimTec GmbH

Pappenstraße 36, 4100 Duisburg 1

Zeitdynamische Nachbildung von Betriebsabläufen kann eine wichtige Grundlage für das "Argumentieren mit Daten" im Sinne des japanischen Kaizen-Prinzips bilden. Es erweist sich als geeignetes Werkzeug, die Produktion schlanker und straffer zu machen sowie die entsprechenden Terminpläne zu erstellen. Am Beispiel der Ausgestaltung einer kanbangesteuerten Fertigungszelle wird die Leistungsfähigkeit moderner Simulationstechnik (FACTOR/AIM, PRITSKER CORPORATION) demonstriert.

Einleitung

Jede Produktion besteht aus zwei unterschiedlichen Systemen, einem sozialen, das sind die Menschen und die Art wie sie zusammenarbeiten und einem technischen, das sind die Maschinen und Prozesse. Das eine System ist lebendig, das andere nicht.

Die Innovation des toten technischen Systems ist einfacher als die des lebendigen, "unberechenbaren" Systems. Deswegen wird immer wieder versucht, notwendige Innovationsprozesse auf das technische System zu beschränken. Bei "kleinen" Innovationen scheint dies möglich, bei umwälzenden Innovationsprozessen, wie sie aktuell durch die Marktanforderungen nach Flexibilität und Qualität erzwungen werden, versagt diese Methode.

Die weltweiten CIM-Havarien deuten auf diesen Zusammenhang. Über die computerintegrierte Fertigung (CIM) die menschenleere Fabrik zu erreichen, und damit die Innovation des sozialen Systems zu umgehen, war ein riesiger Fehlschlag. Es stellte sich heraus, daß die Nutzung einer großen technischen Innovation eine soziale Innovation voraussetzt.

In Japan ist mit der "schlanken" ("mageren" oder "straffen") Produktion[1] eine Produktionsweise entstanden, die für alle sichtbar besser funktioniert als alles Bekannte, aber auch von ihren Erfindern nicht schlüssig erklärt werden kann. Das "Geheimnis" dieses japanischen Erfolgs besteht eben gerade darin, daß hier eine erfolgreiche Innovation des sozialen Systems der Produktion stattgefunden hat. Deswegen, nicht wegen eines noch nicht gelüfteten "Geheimnisses", ist es eine offene Frage, ob die japanischen "Methoden" (oder Teile davon) einfach übernommen werden können; eher sollte man versuchen, die in Japan entstandene schlanke Produktion "in einen anderen Kulturkreis zu übersetzen". In Deutschland hat das Individuum einen erheblich höheren Stellenwert als in Japan; welche auf dem Individuum aufbauenden, sozialen oder kulturellen Werte könnten dazu beitragen, die Produktion in Deutschland flexibler zu gestalten? Und welche EDV-Werkzeuge könnten hierzu hilfreich sein?

Der Versuch, menschliche Fähigkeiten zu ersetzen, hat dazu geführt, daß diese heute fehlen u.a. deshalb, weil die Menschen vom Produktionsprozess durch falsch konstruierte Systeme abgeschirmt wurden. Moderne EDV-Systeme dürfen nicht Ersatz, sondern müssen Medium für menschliche Fähigkeiten sein. Die wichtigste dieser Fähigkeiten, die besonders während großer Innovationsphasen benötigt werden, ist der Umgang mit unverstandenen Systemen. Es gibt eine Reihe von theoretischen Ansätzen, die für diese Problemlage besonders geeignet scheinen: Neuronale Netze, logische Programmierung, Objektorientierung, fuzzy logic, Chaostheorie und nicht zuletzt zeitdynamische Nachbildung (Simulation) des Produktionssystems, worauf im folgenden näher eingegangen wird.

Zeitdynamische Simulation für die terminorientierte schlanke Fertigung

Ein Arbeitsprozeß mit nur einem Auftrag, mit nur einem Menschen und mit nur einer Maschine ist, bis auf statistische Ereignisse, zeitlich berechenbar und somit exakt zu planen. Viele Aufträge, viele Maschinen und viele Menschen in einer Fertigung sind mit den Methoden eines traditionellen Produktionsplanungs- und -steuerungssystems (PPS-Systems) nicht mehr exakt zu planen. Insbesondere wenn die Fertigung ständig gestört und zusätzlich mit kleinen Puffern ("lean") gefahren wird, geht die gewohnte Kausalität: "Kleine Ursache, kleine Wirkung" verloren, und das Planen und Steuern einer solchen Fertigung mit den traditionellen PPS-Systemen ist nicht mehr möglich.

Zeitdynamische Simulation "paßt" in diese Welt, da keine analytische Beschreibung des Produktionssystems benötigt wird. Nur die unverändert einfachen Elementar-Prozesse der Produktion (mit ihren elementaren Zeiten, z.B. zur Bearbeitung eines Werkstücks an einem Arbeitsschritt) und ihre Beziehungen zu ihrer (meist unmitttelbaren) Umgebung sind zum Erstellen des Simulationsmodells zu beschreiben. "Läuft" der Simulator, so werden von einem Ereigniszeitpunkt zum nächsten nacheinander alle Elementarsysteme solange "berechnet", bis alle Ursache-Wirkung-Beziehungen zur Umgebung "aufgebraucht" sind. Ist die Beschreibung (Modellierung) der Elementarprozesse korrekt, so "bewegt" sich das gesamte System im Rechner fast so, wie das reale, und diese Nachbildung der Betriebsabläufe gestattet eine Produktionsplanung und -steuerung auch in denjenigen Fällen, in denen die traditionellen PPS-Systeme versagen. Allerdings kann das reale System auf diese Weise im Rechner zwar nachgeahmt, aber sein Optimum kann so nicht berechnet werden.

In Japan ist "Kaizen" das Kernelement der schlanken Produktion. Es bedeutet soviel wie permanentes Experimentieren und Verbessern; für dieses Kaizen-typische "Argumentieren mit Daten" kann Simulation der Produktion eine wesentliche Grundlage werden. Um auf dem Markt zu konkurrieren, muß die schlanke Produktion bei möglichst kurzen Lieferzeiten mit hoher Liefermerminsicherheit arbeiten; zur Steuerung einer schlanken Produktion ist zeitdynamische Simulation ein geeignetes Werkzeug.

Die im Rechner ablaufende Simulation der Betriebsabläufe verfolgt im Modell den Fortschritt jedes Werkstattauftrags durch die Fertigung, wobei zur Bearbeitung die benötigten Ressourcen zugeordnet werden, so wie es dem Arbeitsplan des Werkstattauftrags entspricht. Als Ressourcen werden z.B. einzelne Maschinen, Maschinengruppen, Fertigungszellen, Mitarbeiter oder Transportfahrzeuge benutzt, die zur Bearbeitung eines Auftrags dann zur Verfügung stehen, wenn sie nicht belegt oder ausgefallen sind. Wenn im Simulationsmodell eine Ressource belegt ist, wird der Auftrag zur weiteren Bearbeitung bei der jeweiligen Ressource in eine Warteschlange eingereiht. Die Bearbeitungszeit, die auftrags- bzw. teilabhängig sein kann, ist relativ genau bekannt. Durch Warten der Aufträge entstehen aber "Liegezeiten", die abhängig von der Belastung und den Auftragsreihenfolgen "chaotisch" schwanken. Diese Liegezeiten, die Eingangsdaten für PPS-Systeme darstellen (meistens werden konstante Schätzwerte dafür benutzt), werden durch zeitdynamische Simulation genau berechnet[2]. Wenn mehrere Aufträge vor oder nach den Ressourcen zur Bearbeitung oder Weitergabe anstehen, sind Liegezeiten unvermeidlich, die typischerweise mehr als 80% der Durchlaufzeiten ausmachen. Durch mehrfache Anwendung des Simulationswerkzeugs ("Was-Wenn-Szenarien") können die Liegezeiten den jeweiligen Produktionszielen optimal angepaßt werden.

Die durch zeitdynamische Simulation erhaltenen Ergebnisse ermöglichen der Produktionslenkung die Beantwortung z.B. der folgenden Fragen:

- Auf welchen Maschinen soll ein Auftrag gefertigt werden? Welche Alternativen stehen zur Verfügung, ohne den Liefertermin zu gefährden?

- Sollte ein bestimmter Auftrag geteilt werden? Sollte ein bestimmter Auftrag auf einen anderen warten, um die Kapazität einer Ressource besser zu nutzen?

- Welche Auswirkung hat die Einlastung eines Eilauftrags bzw. eines Nacharbeitsauftrags?

- Wann werden bestimmte gekaufte Materialien, gekaufte oder eigengefertigte Teile gebraucht?

Außer zur Produktionsplanung und -steuerung wird zeitdynamische Simulation mit Erfolg zur Fabrikplanung und zur strategischen Produktionsplanung eingesetzt[3,4].

Simulationsgestützte Entscheidungsunterstützung im PPS-Bereich

Mit einem modernen Simulator können zahlreiche PPS-Funktionen wirkungsvoll unterstützt werden:

- **Optimales Layout einer Fertigung**
- **Werks- bzw. Ausstattungsplanung**
- **Bestimmung optimaler Arbeitspläne**
- **Unterstützung der Materialflußplanung**
- **Verbesserung der Logistik**
- **Erstellung und Visualisierung von Terminplänen**
- **Interaktive Feinplanung u.a.**

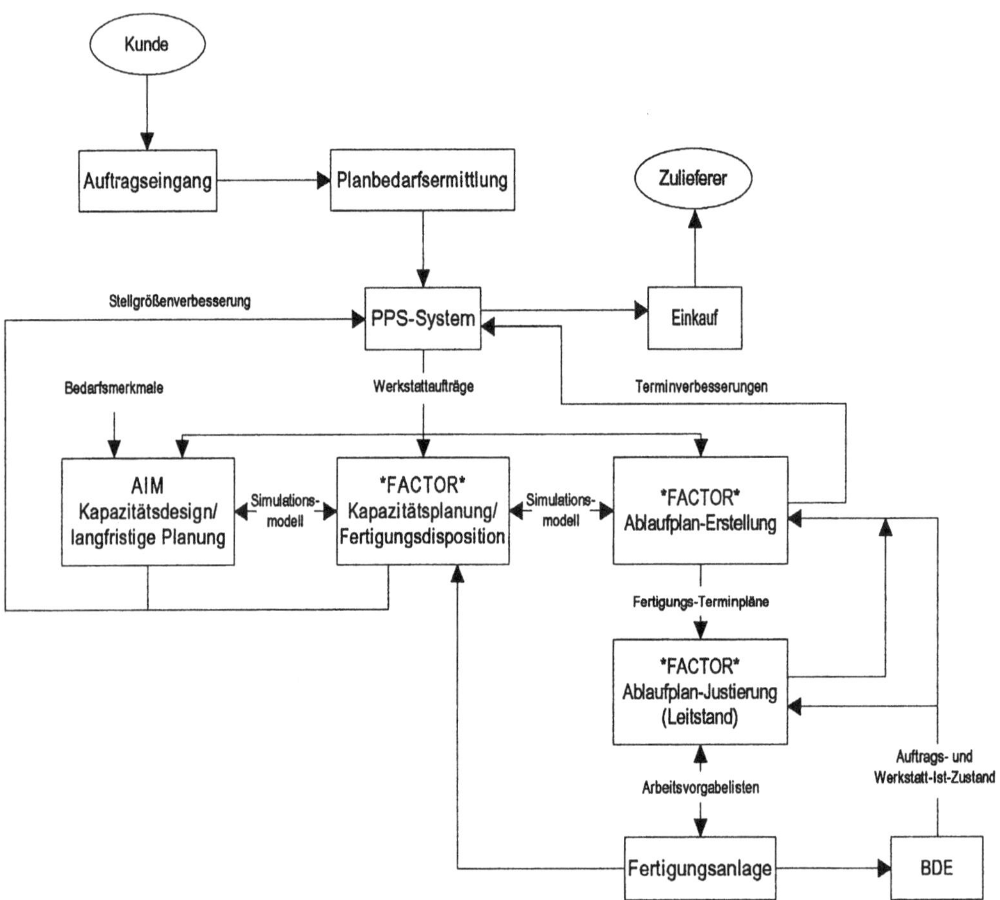

Bild 1: Simulator FACTOR mit Modul AIM im Zusammenspiel mit PPS- und BDE-System

Am Beispiel des Simulationssystems FACTOR aus dem Hause PRITSKER CORPORATION kann das Konzept einer umfassenden Entscheidungsunterstützung von PPS-Funktionen erläutert werden. FACTOR baut auf einer relationalen Datenbank auf, in der alle zur Beschreibung der Produktion erforderlichen Daten sowie Simulationsergebnisse abgelegt werden. Die zur Simulation erforderlichen Eingangsdaten werden entweder über eine Benutzeroberfläche manuell eingegeben oder über vorbereitete Schnittstellen aus den PPS- und BDE-Systemen automatisch in die FACTOR-Datenbank eingeladen, z.B. Arbeitspläne, Stücklisten, Zeitpläne für die Auftragseinlastung, Position und Beschreibung von Maschinen und Arbeitsschichtpläne (siehe Bild 1). Mit den in FACTOR bereits vorbereiteten Modellkomponenten kann eine sehr große Anzahl von verschiedenartigen, diskreten Fertigungsprozessen modelliert werden. Der Benutzer kann durch zusätzlichen Code (in C geschrieben) noch weitere Modellelemente selbst erstellen, z.B. um die standardmäßig hinterlegte Prioritätenlogik an einer bestimmten Ressource den technischen Gegebenheiten anzupassen.

In das betriebliche Informationsumfeld eingebettet erfüllt das Simulationssystem FACTOR die Anforderungen, die an eine Testumgebung zu stellen sind, mit der z.B. die Leistungsfähigkeit eines vorhandenen PPS-Systems oder die Fertigungs-, Reihenfolge- und Prioritätenlogik der Fertigung überprüft werden können.

Fabrikplanung mit FACTOR/AIM

Als FACTOR-Modul zur Fabrikplanung steht AIM zur Verfügung, das mit den übrigen FACTOR-Modulen auf einer gemeinsamen Datenbank arbeitet. Bild 1 zeigt AIM und andere FACTOR-Module im Zusammenspiel mit PPS- und BDE-Systemen.

AIM unterstützt alle Funktionen des Kapazitätsdesigns und der kontinuierlichen Kapazitätsüberprüfung im Sinne des japanischen Kaizen-Prinzips. Die AIM - Benutzeroberfläche zeigt den letzten Entwicklungsstand in Bezug auf grafische Modellentwicklung, automatische Animation, selbsterklärende Tabellen für Eingangsparameter, 2-D und 3-D grafische Präsentation der Simulationsergebnisse usw. Maschinen, Mitarbeiter, Teile, Betriebsmittel, Fließbänder, Lenkfahrzeuge, Transportfahrzeuge, Pufferbereiche, Arbeitspläne, Arbeitsschichten, Betriebskalender usw. werden von AIM direkt modelliert. Alle AIM Standard-Modellkomponenten können durch Hinzufügen von anwendungsspezifischen Regeln ergänzt werden, womit sich praktisch beliebige Fertigungssituationen modellieren lassen.

Alle Simulationsmodelle werden mit AIM automatisch animiert. Die grafische Darstellung der Modelle ist objektorientiert, sodaß grafische Modellentwicklung und Simulationslauf unmittelbar miteinander verknüpft werden können. Während der Simulator AIM läuft, wird der simulierte Status von Maschinen, Mitarbeitern, Betriebsmitteln, Pufferbereichen und zu bearbeitenden Teilen direkt auf dem Bildschirm angezeigt und animiert. Auf dem animierten Bildschirmbild kann der Anwender jede Komponente anklicken, um deren Status zu überprüfen oder zu verändern. Damit kann z.B. im Simulationsmodell durch Eingriff in die Animation eine Maschine außer Betrieb gesetzt oder ein Mitarbeiter außer Funktion gesetzt werden, um die Auswirkung dieser Ereignisse auf das simulierte Betriebsgeschehen zu beobachten.

Solche animierten und zum "Experiment" bereitgestellten Fertigungsabläufe stellen Kaizen-typische, zum "Argumentieren mit Daten" erforderliche Information dar, und zwar in anschaulicher Form. Simulierte und animierte Betriebsabläufe sind heute eminent wichtig zur Kommunikation zwischen und Ausbildung von technischen und betrieblichen Entscheidungsträgern. Bei der Einführung neuer Fertigungstechnik oder neuer Arbeitsorganisation können Simulation und Animation wesentlich dazu beitragen, Verständnis- und Akzeptanzprobleme abzubauen.

Kanban-gesteuerte Fertigungszelle

Die hier als Beispiel modellierte Fertigungszelle besteht aus vier Maschinen, einem Transportsystem und einem System von Puffern und Zwischenlägern (siehe Bild 2).
Der Fertigungsablauf stellt sich wie folgt dar:
Aus Rohlingen (Teil C) werden zunächst auf der ersten Maschine je zur Hälfte Werkstücke vom Typ "Teil A" und "Teil B" hergestellt. Die Bearbeitungszeiten sind dreieckverteilt, für Teil A mit den Parametern 0,8 min, 1 min und 1,2 min, für Teil B mit den Parametern 5 min, 6 min, 7 min.
Teil A wird dann zur zweiten Maschine transportiert und dort zu Produkt A montiert, wobei diese Montagezeit gleichverteilt ist zwischen 2 min und 10 min. Anschließend wird das Produkt A an der vierten Maschine zur Endmontage bereitgestellt.
Teil B wird zur dritten Maschine transportiert und dort zu Produkt B montiert. Die Montagezeit ist ebenfalls gleichverteilt zwischen 4 min und 8 min. Anschließend wird Produkt B an der vierten Maschine zur Montage bereitgestellt.
Aus Produkt A und Produkt B wird abschließend auf der vierten Maschine das Produkt D montiert. Die Montagezeit ist dreieckverteilt mit den Parametern 4 min, 7 min und 10 min.

1. Das "Push" - System

Im herkömmlichen System wird die Einlastung der Rohlinge durch einen festen Takt vorgegeben, hier 137 Teile C pro Tag (à 8 Stunden). Die Aufteilung in Teile, aus denen Teil A und Teil B hergestellt werden, erfolgt hier automatisch nach einem festen Schema. Die Transportlosgröße im System ist hier jeweils 1, um eine gleichmäßige Auslastung der zweiten und dritten Maschine zu gewährleisten. Vor der ersten, zweiten und dritten Maschine sind Pufferbereiche vorhanden, vor der vierten Maschine sind getrennte Materialläger für die Produkte A und B notwendig.
Auf Grund der sehr unterschiedlichen Bearbeitungszeiten und der relativ großen Streuung dieser Bearbeitungs- und Montagezeiten kann sich das System nur sehr schwer einschwingen und hat selbst nach 100 Tagen noch keinen stabilen Zustand erreicht. Dadurch bedingt müssen die Montageläger vor der vierten Maschine relativ groß dimensioniert werden, ebenso der Puffer vor der ersten Maschine.
Im Simulationszeitraum von 100 Tagen beträgt der durchschnittliche Werkstattbestand hier 90 Teile mit einem Maximum von 127 Teilen.

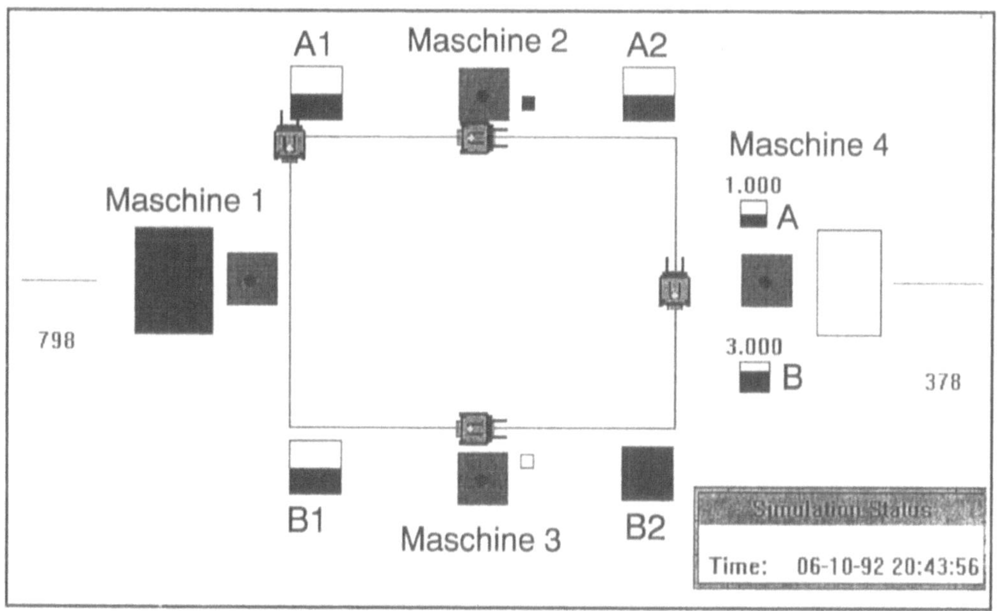

Bild 2: Animation der im Beispiel modellierten Fertigungszelle

2. Das "Pull" - System

Im "Pull" oder "Kanban" - System ist der Werkstattbestand durch die Einrichtung von Zwischenlägern und durch eine geänderte Fertigungslogik erheblich eingeschränkt (siehe Bild 2).

Im Gegensatz zum "Push"- System wird die Fertigung in diesem System durch ein Abziehen der Endprodukte (Teil D) von der vierten Maschine gesteuert. Zur Montage von Teil D werden die Produkte A und B aus den Materiallägern vor der vierten Maschine entnommen. Die Kapazität dieser Materialläger ist auf eine Losgröße beschränkt. Sinkt der Bestand in einem der Materialläger auf 0, so wird eine Bedarfsmeldung an das Zwischenlager (A2 oder B2) für das entsprechende Produkt abgesandt, die die Anlieferung eines Loses der entsprechenden Teile auslöst.

Die Zwischenläger haben jeweils die Kapazität von zwei Losgrößen. Sinkt der Bestand in dem Zwischenlager auf oder unter ein Los, so wird eine Bedarfsmeldung an die vorhergehende Maschine gesandt. Die Maschinen haben keine eigenen Pufferbereiche. Wird die zweite oder dritte Maschine nach dem Transport des zuletzt bearbeiteten Loses zum folgenden Zwischenlager A2 oder B2 freigegeben, so wird sofort ein neues Los zur Bearbeitung vom vorhergehenden Zwischenlager A1 oder B1 angefordert. Die Herstellung der Teile A oder B wird ebenso durch eine Anforderung der Zwischenläger A1 oder B1 ausgelöst.

Der Werkstattbestand kann also niemals das Maximum von 6 Transportlosen für jedes Teil überschreiten.

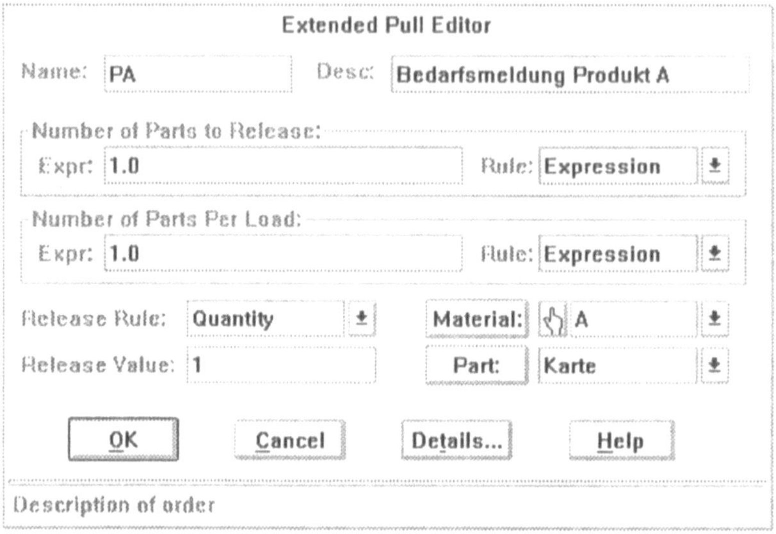

Bild 3: FACTOR/AIM Eingabemaske zur Erzeugung eines "Pull" - Auftrags

3. Die "Experimente"

Bei gleichem Aufbau der Fertigung wurden hier die folgenden Simulationsexperimente durchgeführt:

Alternative 000 - Push: Modellierung des Push - Systems

Alternative 001 - Pull: Modellierung des Pull - Systems

                       - Losgröße 2 für Teil A und Losgröße 4 für Teil B

Alternative 002 - Pull: Modellierung des Pull - Systems

                       - Losgröße 4 für Teil A und Losgröße 2 für Teil B

Alternative 003 - Pull: Modellierung des Pull - Systems

                       - Losgröße 4 für Teil A und Losgröße 4 für Teil B

Alternative 004 - Pull: Modellierung des Pull - Systems

                       - Losgröße 2 für Teil A und Losgröße 2 für Teil B

Alle Alternativen wurden über einen Zeitraum von 808 Stunden simuliert, wobei nach den ersten acht Stunden die Statistiken gelöscht wurden.

4. Simulationsergebnisse

Bemerkenswert ist, daß es in allen fünf Alternativen keinen signifikanten Unterschied in der Auslastung der einzelnen Maschinen gibt, ebenso ist in allen Systemen die Produktionsrate von durchschnittlich 67 Teilen D pro Tag gleich.

Erhebliche Unterschiede gibt es nur in der Anzahl der Teile im System und den Beständen in den Material- und Zwischenlägern.

Man erkennt aus Bild 4 insbesondere, daß das Push - System erhebliche (und stark schwankende) Materialvorräte vor der vierten Maschine, d.h. der Montage von Teilen A und B zum Endprodukt D, aufzubauen bestrebt ist. Im Gegensatz dazu bleiben diese Vorräte überall gleichmäßig gering beim Einsatz des Pull-systems. Die Simulationsergebnisse zeigen ferner, daß (bei fast gleicher Auslastung der Maschinen) die kleinste hier versuchte "Kanban-Größe", nämlich Losgröße 2 sowohl für Teile A als auch Teile B (Alternative 004), die geringsten Materialvorräte zur Folge hat.

Feinere Modellierung müßte hier natürlich auch die endliche Laufzeit der Kanbans, die z.B. auf einem Palettenwagen mitgeführt werden, berücksichtigen.

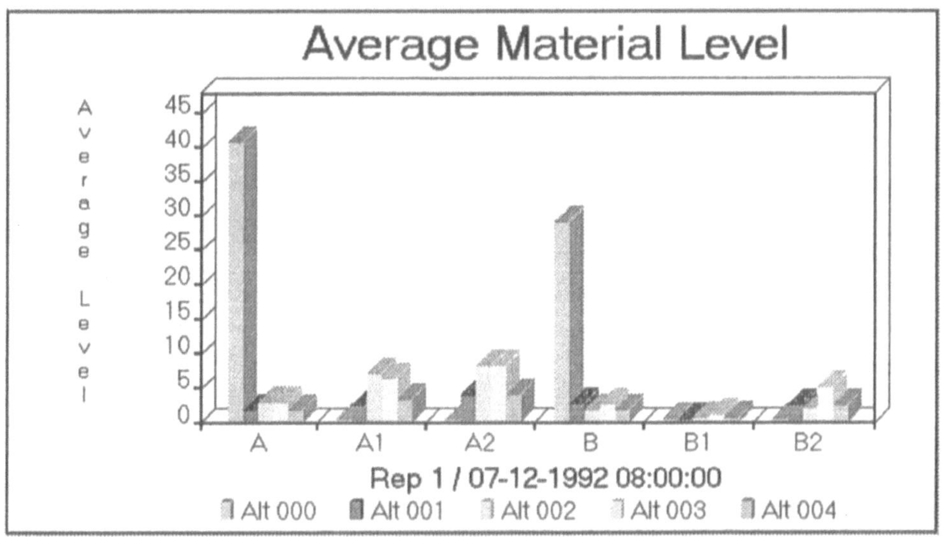

Bild 4: Materialbestand in den Zwischen- und Materiallägern

Project: FACTOR/AIM Project Kanban

Completion Date: 07-12-1992 8:00

Alt Description	Average	Std Dev	Minimum	Maximum
000 - Push	90,144	27,538	14,000	127,000
001 - Pull - Losgröße (2,4)	35,688	3,110	26,000	44,000
002 - Pull - Losgröße (4,2)	39,863	2,416	32,000	44,000
003 - Pull - Losgröße (4,4)	46,785	3,784	36,000	54,000
004 - Pull - Losgröße (2,2)	29,399	2,471	20,000	34,000

Diskussion

Allgemein ist Simulation ein Werkzeug für das 'Probehandeln im Kopf', das jedem menschlichen Handeln vorausgeht. So gesehen ist Simulation ein Werkzeug für planendes Denken, ein Denkzeug; so eingesetzt erfüllen Simulations-Systeme die neuen Anforderungen der Lean Production.

In Japan ist aus Not beim Umgang mit chaotischen Systemen eine Tugend geworden. Das ständige Basteln an der Effizienz heißt dort 'Kaizen'und ist eines der Kernelemente der Lean Production. Allerdings gilt das strenge Prinzip, daß die Optimierung nicht mit Vermutungen und Gefühlen begründet werden darf, sondern mit harten Fakten, damit auch unangenehme Maßnahmen akzeptiert werden können. Für dieses Kaizen-typische 'Argumentieren mit Daten' könnte Simulation eine wichtige Hilfe sein.

Schlanke Fertigung ist dazu da, schnell auf Unvorhergesehenes zu reagieren. Sie braucht deshalb auch einen schnell reagierenden Simulator.

FACTOR ist ein 'einfacher' Simulator, spezialisiert auf die Berechnung von Liegezeiten. Durch diese intelligente Beschränkung braucht für FACTOR kein allgemeines Modell einer Fertigung entwickelt zu werden. Das Modell, das aus den üblichen PPS- Daten generiert werden kann, genügt. Es wird vor jeder Simulation mit den PPS-Daten 'implizit' übernommen und ist deswegen immer aktuell.

Es ist bereits praktisch erwiesen, daß die Kenntnis der Liegezeiten genügt, um auch flexible Fertigung stundengenau zu planen. Die Produktion wird beruhigt und gewinnt ihre Souveränität zurück.

Literatur

1: J.P. Womack, D.T. Jones und D. Roos, *Die zweite Revolution in der Autoindustrie*, Campus Verlag, Frankfurt/New York, 1991

2: A.A.B. Pritsker, L. Ortmann und G. Schmidt-Weinmar, *Management der Liegezeiten durch zeitdynamische Simulation*, CIM MANAGEMENT, Heft 6/91

3: G. Schmidt-Weinmar und L. Ortmann, *Zeitdynamische Simulation bei PPS-Systemen*, CIM MANAGEMENT, Heft 3/91

4: M. Schmidt-Weinmar, H. Boers, A. Fonken und G. Schmidt-Weinmar, *Simulationgestützte Optimierung der Produktionsplanung in einer mehrstufigen Sortenfertigung*, Simulationstechnik, Vieweg, 1991, Arbeitsgemeinschaft Simulation (ASIM), 7. Symposium in Hagen, September 1991

Ressourcenplanung in der Flexiblen Fertigung

F. Herrmann und M. Moser
Fraunhofer-Institut für Informations-
und Datenverarbeitung (IITB), Karlsruhe

S. Engell
Lehrstuhl für Anlagensteuerungstechnik
der Universität Dortmund

1. Einleitung

In den Industrieländern haben die Kunden immer höhere und differenziertere Ansprüche an die Produkte und Leistungen. Um wettbewerbsfähig zu bleiben, müssen daher die Unternehmen ihre Produkte an den individuellen Kundenwünschen orientiert, kostengünstig mit höchster Qualität sowie termingerecht mit möglichst kurzen Lieferzeiten produzieren können. Deswegen werden in der industriellen Produktion vermehrt flexible Fertigungsstrukturen angewendet, die es ermöglichen, die hohe Vielfalt unterschiedlicher Teile in bedarfsgerechten und damit kleinen Losgrößen mit hoher

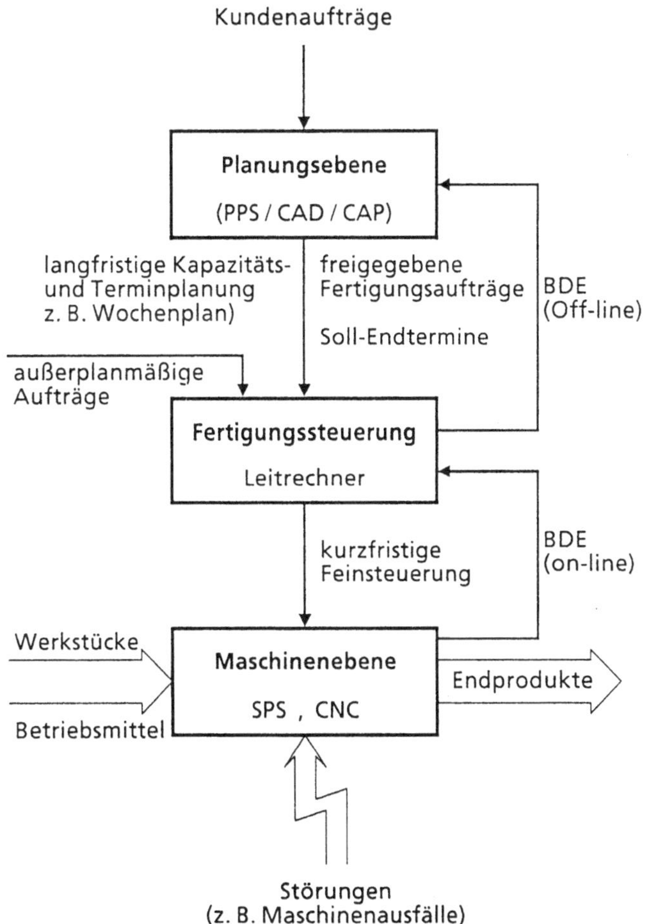

<u>Bild 1:</u> Hierarchisches Ebenenmodell zur Ressourcenplanung in der Flexiblen Fertigung

Produktivität und Qualität wirtschaftlich zu fertigen. Hieraus ergeben sich hohe Anforderungen an die Steuerung des Produktionsprozesses, denen in zunehmenden Maße durch die computerintegrierte Fertigung (computer integrated manufacturing) begegnet wird (siehe z.B. [1]). Zu diesem Zweck werden alle Ebenen eines Produktionsprozesses in ein integriertes Informations- und Steuerungssystem eingebunden. Für die Ressourcenplanung in der Flexiblen Fertigung führt dies zu einer funktionalen Struktur, die sich durch das in Bild 1 dargestellte hierarchische Ebenenmodell (siehe [1,3,5]) beschreiben läßt. Die Planungsebene legt aufgrund eines einfachen statischen Modells der Fertigung und den Ergebnissen einer off-line Betriebsdatenerfassung (BDE) eine längerfristige, grobe Kapazitäts- und Terminplanung fest. Zu gewissen Zeitpunkten gibt sie eine bestimmte Anzahl an Fertigungsaufträgen frei und übergibt die geplanten Soll-Endtermine dieser Fertigungsaufträge an die Fertigungssteuerung. Der Fertigungssteuerung ihrerseits obliegt nun die kurzfristige Feinplanung der Ressourcenbelegung, d. h. die zeitliche Zuordnung der Fertigungseinheiten, Werker und Betriebsmittel (Werkzeuge, Paletten, Vorrichtungen etc.) zu den freigegebenen Aufträgen. Das hierbei primär zu verfolgende Ziel besteht in der Einhaltung der Soll-Endtermine bei gleichzeitiger Minimierung der Durchlaufzeit von den einzelnen Aufträgen. Die begrenzte Kapazität der Ressourcen bildet dabei die wesentliche Randbedingung. Die Ressourcenbelegung wird in Form eines Belegungsplans beschrieben, der durch die untergeordnete Maschinenebene realisiert wird. Da sich der Systemzustand in der industriellen Praxis, bedingt durch Störungen (Maschinenausfälle, Personalabwesenheit etc.), Eilaufträge und Änderungen im Produktmix, kurzfristig auf unvorhersagbare Weise ändern kann, ist die Feinplanung fortlaufend zu überprüfen und ggf. anzupassen. Um die Auswirkung einer Systemzustandsänderung im Hinblick auf einen Produktionsstillstand möglichst gering zu halten, ist eine erforderliche Modifikation der Feinplanung in Echtzeit vorzunehmen. Zur Überwachung des Systemzustands erhält die Fertigungssteuerung die zur vollständigen Abbildung des akutellen Systemzustands notwendigen Betriebs- und Maschinendaten mittels einer on-line Betriebsdatenerfassung.

In dieser Arbeit wird die kurzfristige Feinplanung der Ressourcenbelegung behandelt, wobei sich die Ressourcenplanung primär auf die Betrachtung der potentiellen Engpaß-Ressourcen konzentriert. Da in der Regel die Maschinen die teuersten und deswegen knappsten Ressourcen sind, kann die Maschinenbelegung als das zentrale Problem der Ressourcenplanung angesehen werden. Die Verfügbarkeit der zur Durchführung eines Auftrags weiter benötigten Betriebsmittel, einschließlich Personal, stellt dann eine Randbedingung der Maschinenbelegung dar.

Somit wird den weiteren Betrachtungen das folgende generische nicht zyklische Werkauftragsplanungsproblem (siehe [2,5]) zugrundegelegt:

- Das System besteht aus M Arbeitsstationen (Maschine, Handarbeitsplatz, verfahrenstechnische Einheit), die jeweils zu einem Zeitpunkt eine Operation ausführen können.

- Der Arbeitsvorrat besteht aus N Aufträgen mit bekannten frühest möglichen Startzeitpunkten und Soll-Endzeitpunkten (geforderte Fertigstellungszeitpunkte); der Arbeitsvorrat kann sich zu jedem Zeitpunkt verändern.

- Ein Auftrag ist eine Folge von Operationen, die in einer festen linearen Reihenfolge bearbeitet werden müssen.
- Für jede Operation ist a priori bekannt, auf welchen Stationen sie ausgeführt werden kann und wie lange dies dauert (einschließlich Rüst- und Transportzeit); es wird angenommen, daß diese Bearbeitungszeiten unabhängig von der Planungsstrategie und deterministisch sind.
- Die Bearbeitung einer Operationen kann nicht unterbrochen werden.
- Die Wartezeiten zwischen Operationen sind nicht begrenzt, insbesondere sind die Lagerkapazität für angearbeitete und beendete Aufträge unbegrenzt.

Somit ist die Kapazität der Stationen die Hauptrestriktion. Andere Beschränkungen werden als zweitrangig angesehen und können in die frühest möglichen Startzeitpunkte integriert werden.

Im folgenden wird ferner angenommen, daß eine Operation ausschließlich von einer Station oder einer Gruppe von identischen Stationen bearbeitet werden kann.

Das Problem der optimalen Ressourcenplanung in solchen komplexen, dynamischen Systemen ist NP-vollständig, daß heißt, die Berechnungszeit wächst gewöhnlich exponentiell mit der Anzahl an Operationen im Arbeitsvorrat. Einen optimalen Belegungsplan zu finden ist für ein Problem, bei dem vier Aufträge mit jeweils vier Operationen durch drei Maschinen, die jeweils jede Operation (jedoch mit verschiedenen Bearbeitungszeiten) durchführen können, bearbeitet werden sollen, bereits eine gewaltige Aufgabe. Wird jedoch der zu betrachtende Arbeitsvorrat um lediglich eine Operation vergrößert, so erhöht sich die Anzahl der möglichen Belegungspläne um den Faktor 16. Folglich können für Probleme mit einer realistischen Größe lediglich gute Lösungen, aber keine optimalen Lösungen erreicht werden. Erschwert wird das Problem durch die Forderung der Echtzeitfähigkeit der Belegungsplanung aufgrund der unvorhersagbaren Störungen des Systemzustandes.

Für das Optimierungsproblem der Belegungsplanung können eine Reihe von Algorithmen (siehe [2]) eingesetzt werden. Beispiele hierfür sind

- Branch-and-Bound,
- dynamische Programmierung,
- Lagrangian Relaxation,
- Evolutionsstrategie und
- Simulated Annealing.

Wegen der Echtzeitanforderung an die Belegungsplanung sind diese exakten Verfahren in der industriellen Praxis jedoch nicht einsetzbar. Einsetzbar sind Näherungsverfahren wie Prioritätsregeln oder heuristische Erweiterungen derartiger Verfahren.

Im folgenden wird die Ressourcenplanung in der Fertigungssteuerung sowohl mit Prioritätsregln als auch mit einem heuristischen Branch-and-Bound-Verfahren erläutert, und anschließend werden die mit beiden Verfahren erzielten Ergebnisse gegenübergestellt. Zum Schluß wird noch ein kurzer Ausblick gegeben.

2. Prioritätsregelverfahren

Die Belegungsplanung mittels Prioritätsregeln beruht auf den folgenden drei charakteristischen Schritten:

Schritt 1: Zuerst werden alle startbereiten Operationen des Arbeitsvorrats ermittelt. Jeder derartigen Operation wird dann eine Arbeitsstation zugeordnet; wodurch Warteschlangen vor den Arbeitsstationen entstehen.

Schritt 2: Durch Berechnung von Prioritäten für die einzelnen Operationen werden die Warteschlangen sortiert.

Schritt 3: Soll einer Arbeitsstation eine Operation zugeteilt werden, so wird die erste Operation aus seiner Warteschlange, also diejenige mit der höchsten Priorität, zugewiesen. Anschließend wird mit Schritt 1 fortgefahren.

Falls es erforderlich ist, zum Beispiel bei Störungen, wird der Algorithmus mit Schritt 1 neu gestartet.

Kernpunkt ist hierbei die Berechnung der Prioritäten von Operationen, die sich auf sogenannte Grundbezugsgrößen wie

- Endtermin und Starttermin,
- Wartezeit und Operationszeit,
- Anzahl der Folgeoperationen und Operationszeiten der Folgeoperationen

bezieht. Durch Kombination und Gewichtung dieser Bezugsgrößen entsteht eine Vielzahl unterschiedlicher Prioritätskennzahlen bzw. -regeln.

Stand der Technik in der industriellen Praxis sind folgende Prioritätsregeln:

- First-In-First-Out: Es wird diejenige startbereite Operation mit der längsten Wartezeit bevorzugt.
- Kürzeste Operationszeit: Das Kriterium bevorzugt diejenige Operation, deren Bearbeitung im Vergleich zu allen anderen Operationen am frühesten beendet sein kann.
- Kürzeste Pufferzeit (Schlupfzeit): Die Pufferzeit eines Auftrags ist die Differenz aus seiner bis zum Endtermin noch zur Verfügung stehenden Restzeit und seiner Mindest-Restbearbeitungszeit; sie ist die Summe der Bearbeitungszeiten der restlichen Operationen. In diesem Fall wird die startbereite Operation eines Auftrags bevorzugt, der die kleinste Pufferzeit besitzt.

Die Klasse der so bildbaren Prioritätsregeln überstreicht im Prinzip ein Gebiet, an dessen Rändern die beiden Extreme "Zuteilung nach geringstem Zeitpuffer" und "Zuteilung nach kürzester Operationszeit" stehen; siehe [2]. Erstere Regel führt zu einer minimalen maximalen Verspätung aller Operationen, letztere zu einer relativ kleinen mittleren Verspätung bei großer maximalen Verspätung. Die Bevorzugung kurzer Operationen minimiert die mittlere Durchlaufzeit und liefert deshalb bei hoher Auslastung auch gute Werte der mittleren Verspätung. Mit den verschiedenen bekannten Prioritätsregelvarianten werden diese beiden extremen Entscheidungsphilosophien in verschiedener Weise kombiniert. Dies liefert Varianten, die günstige Kompromisse darstellen. Eine sehr effektive

Möglichkeit ist die neu entwickelte Entscheidungsregel gemäß dem gewichteten Pufferzeitverlust, bei der im Gegensatz zu den meisten anderen Regeln, die Situation nach einer Einplanung der betrachteten Operation und nicht die Konkurrenzsituation vor seiner Einplanung berücksichtigt wird [2,4].

Bei derartigen einfachen Prioritätsregeln liegt aufgrund der alleinigen Betrachtung der nächsten Zuteilung eine Beschränkung auf die zugehörige Warteschlange vor. Die Abbildung der Situation des Auftrag im Zusammenhang mit der des Gesamtsystems ist durch Kostenfunktionen in Prioritätsregeln immer nur sehr unvollkommen. Folglich ist ihr Spielraum begrenzt und kann auch nicht durch noch so gute Auswahlkriterien essentiell verbessert werden.

Zur Überwindung dieses lokalen Charakters der einfachen Prioritätsregeln wurde eine begrenzte Vorausschau entwickelt, mit der der sogenannte Abschattungseffekt (siehe [2]) vermieden werden soll. Dieser besteht darin, daß Aufträge in ihrer momentanen Warteschlange eine sehr hohe Priorität haben können, im nächsten oder übernächsten Schritt jedoch wiederum einige Zeit warten müssen, während gleichzeitig in der betrachteten Warteschlange Aufträge, mit niediger Priorität, enthalten sind, die nicht anschließend auf Engpaßmaschinen warten müßten, also unnötig durch die hochprioren verzögert werden. Die realisierten Algorithmen prüfen deshalb, wann der nächste Bearbeitungsschritt erfolgen kann und berücksichtigen dies bei der Zuteilung. Dieses Verfahren kann auch rekursiv angewandt werden, wodurch der Rechenaufwand allerdings deutlich erhöht wird.

3. Branch-and-Bound-Verfahren

Alle möglichen Bearbeitungsfolgen von Operationen lassen sich durch einen Entscheidungsbaum darstellen. Ein Kante entspricht einer Zuteilung einer Operation auf eine Arbeitsstation. Jeder Knoten repräsentiert den Teilplan, der durch die Sequenz von Kanten von der Wurzel bis zu diesem Knoten festgelegt ist. Von jedem Knoten geht für jede mögliche Folgezuteilung einer Operation auf eine Arbeitsstation eine Kante aus. Folglich bilden die Blätter des Entscheidungsbaums gerade die möglichen Belegungspläne.

Zum Finden eines optimalen Pfads - also optimalen Plans - existiert in der Literatur ein exaktes "Branch-and-Bound"-Verfahren, siehe [5], unter der Bezeichnung A*. Die Idee besteht darin, einen Teilbaum zu konstruieren, der einerseits die otimale Lösung enthält und bei dem andererseits solche Zweige nicht weiter verfolgt werden, die definitiv zu keinem optimalen Plan führen. Hierzu werden für jeden Teilplan Grenzwerte für den besten erreichbaren Gesamtplan berechnet, und aufgrund dieser werden Teilpläne ausgesondert. Im ungünstigsten Fall müssen jedoch alle Pläne erstellt und bewertet werden, um den optimalen zu finden. Für die Belegungsplanung mit dem Zielkriterium der minimalen Durchlaufzeit sind keine echtzeitfähigen Berechnungsvorschriften für solche Grenzwerte bekannt, die ein vollständiges Durchsuchen des Entscheidungsbaums im Normalfall verhindern.

Deswegen wurde ein heuristisches "Branch-and-Bound"-Verfahren [6] entwickelt, das beim Durchsuchen des Entscheidungsbaums alle Teilpläne ausschließt, die wahrscheinlich zu keinem guten Plan führen. Der entwickelte Algorithmus beruht auf den folgenden drei Schritten:

Schritt 1: Fortsetzen

Es sei ein Teilplan - möglicherweise ein leerer Plan - gegeben. Dieser Teilplan wird um mehrere verschiedene Folgen von Zuteilungen einer Operation auf eine Arbeitsstation fortgesetzt. Der realisierte Algorithmus arbeitet wie folgt:

(1) Vom Teilplan sind höchstens N Operationen startbereit. Jede Operation wird derjenigen Station zugewiesen, auf der sie am frühesten beendet werden kann (eine Operation kann nur von einer Station oder einer Gruppe gleicher Stationen bearbeitet werden).

(2) Die resultierende Menge von möglichen Operationen an Station m, $S(m)$ wird auf diejenigen Operationen reduziert, deren Bearbeitungsbeginn von dem frühesten möglichen Bearbeitungsbeginn an Station m nicht mehr als eine Konstante d abweicht. Außerdem werden die Operationen dieser Menge nach einer Prioritätsregel sortiert. Die besten s Kandidaten werden weiter betrachtet und bilden die Menge $S'(m)$.

(3) Die Maschine m^* wird bestimmt, die im Vergleich zu den anderen Maschinen den frühesten möglichen Bearbeitungsbeginn besitzt.

(4) Eine Operation o aus $S'(m^*)$ wird ausgewählt und aus der Menge definiert. Dann wird ihre Bearbeitungszeit $t_e(m^*)$ auf Maschine m^* berechnet.

(5) Für jede weitere Maschine m wird die Menge $S''(m)$ erstellt, die alle Operationen aus $S'(m)$ enthält, deren Bearbeitung vor $t_e(m^*)$ begonnen werden kann.

(6) Eine Fortsetzung des Ausgangs-Teilplans entsteht durch Hinzufügen der folgenden Einplanungen: Einerseits wird die Operation o auf die Maschine m^* eingeplant. Andererseits wird aus jeder nicht leeren Menge $S''(m)$ genau eine Operation ausgewählt und auf die Maschine m eingeplant. Eine derartige Folge von Einplanungen heißt Vektoreinplanung. Es werden alle möglichen so bildbaren Vektoreinplanungen erzeugt und jeweils dem Ausgangs-Teilplan hinzugefügt.

(7) Wiederholung von (4) - (6) bis $S'(m^*) = \{\ \}$ ist.

Diese Prozedur konstruiert also Vektoreinplanungen mit einer maximalen Länge von M, und zwar solange, bis alle Operationen in $S'(m^*)$ als initiale Operationen eingesetzt worden sind. Der Ausgangs-Teilplan wird um jede solche Vektoreinplanung verlängert, wodurch entsprechend viele neue Teilpläne entstehen. Für jeden neuen Teilplan wird dieser Prozeß solange iteriert - also Start des Teilalgorithmus bei (1) - , bis alle erzeugten Fortsetzungen eine bestimmte Länge besitzen.

Schritt 2: Bewerten

Alle Fortsetzungen von Teilplänen, die in Schritt 1 erzeugt wurden, werden bezüglich einer einfachen, monotonen Kostenfunktion geordnet. Diese Kostenfunktion bewertet zum einen die bisher vorgenommenen Einplanungen und schätzt zum anderen die Kosten für die erforderlichen Einplanungen zur Bearbeitung der restlichen Operationen ab. Zur Kostenabschätzung werden für jeden Teilplan die gewichteten Pufferzeiten von den noch nicht vollständig bearbeiteten Aufträgen aufsummiert, wobei die Pufferzeiten durch die Funktion e^{-cx} gewichtet werden.

Schritt 3: Auswählen
Von den besten p Teilplänen werden die ersten q Zuteilungen ausgewählt. Dies führt zu p neuen Teilplänen. Dann wird Schritt 1 wiederholt.
In der derzeitigen Implementierung ist der Parameter p gleich 10 und q ist identisch mit der Länge jeder Fortsetzung.

Nachdem eine Anzahl von neuen Teilplänen erzeugt worden ist oder eine Einplanungsaufforderung vorliegt, werden die frühesten r Zuteilungen der besten bisher gefundenen Fortsetzung definitiv eingeplant und der gesamte Algorithmus wird von diesem Punkt - mit einer entsprechend modifizierten Aufgabenstellung - neu gestartet. Im Moment ist der Parameter r gleich 1. Tritt eine Störung auf, so wird der Algorithmus ebenfalls nach der erforderlichen Modifikation der Aufgabenstellung neu gestartet.

Als Heuristiken zur Reduktion der Mengen S(m) wurden "Pufferzeit" (SL) und "Pufferzeit per Anzahl restlicher Operationen" (S/OPN) getestet. S/OPN erwies sich dabei am wirkungsvollsten.

4. Vergleich der beiden Verfahren

Die untersuchten Algorithmen zu den beiden Verfahrensansätzen wurden durch Langzeitsimulationen über 1000 Arbeitsschichten getestet. Eine derartig umfangreiche Simulation gewährleistet eine für die Auswertung der Simulationsergebnisse notwendige statistische Signifikanz. Simuliert wurde die Steuerung eines Flexiblen Fertigungssystems mit fünf Werkzeugmaschinen, davon zwei identischen, je einer Wasch- und einer Entgratstation und zwei Spannplätze. Dieses System entspricht einem realen Fertigungssystem in der Turboladergehäusenfertigung bei ABB in Baden/Schweiz. Die betrachten Bearbeitungsaufträge wurden mit den tatsächlichen Bearbeitungszeiten simuliert, das System wurde nur insofern verändert, als einer der beiden sehr schwach ausgelasteten Spannplätze entfernt wurde und der Auftragsmix im Interesse einer gleichmäßigeren Belastung modifiziert wurde.

Die wesentlichen Ergebnisse sind in den Bildern 2 und 3 zusammengefaßt. Dort sind die Werte der mittleren, der mittleren quadratischen und der maximalen Verspätung für die verschiedenen Typen von Algorithmen für ein Beispiel dargestellt. Berücksichtigt wurden für dieses Beispiel die besten einfachen Prioritätsregeln "CR+SPT" und "S/OPN", die neue Regel "gewichteter Pufferzeitverlust" (GPZ), das Branch-and-Bound-Verfahren mit Heuristik (B&B bzw. B&B-1 und B&B-2) und die genannten Prioritätsregeln mit partieller Vorausschau zur Vermeidung des Abschattungseffekts (Abs_CR+SPT und Abs_S/OPN). Bei den Branch-and-Bound-Verfahren mit Heuristik erfolgt die Reduktion der Mengen S(m) durch "Pufferzeit per Anzahl restlicher Operationen" und $d = 0$. Unterschiede besitzen die Verfahrensvarianten lediglich in der Einstellung der beiden Parameter c und s. Bei B&B und B&B-1 ist c = 0,01 und s = 2, demgegenüber ist bei B&B-2 c = 0,005 und s = 3.

Im Fall 1 ist das System gleichmäßig ausgelastet und die Länge der Warteschlange vor dem Spannplatz, den alle Aufträge mehrfach durchlaufen müssen und an dem das diffizilste Entscheidungsproblem entsteht, ist gering. Deshalb bringt die zusätzliche Vorausschau keinen wesentlichen Gewinn gegenüber den Prioritätsregeln. Die GPZ-Regel erweist sich als guter Kompromiß zwischen den beiden Klassen von Prioritätsregeln, für die die gezeigten die besten Repräsentanten sind: solche die unter hohem Druck nach der kürzesten Bearbeitungszeit entscheiden und solche die dann nach Dringlichkeit entscheiden. Die erste Klasse erreicht optimale Werte der mittleren Verspätung für den Preis hoher Verspätung weniger Aufträge, die zweite vermeidet extreme Verspätungen aber bewirkt höhere mittlere

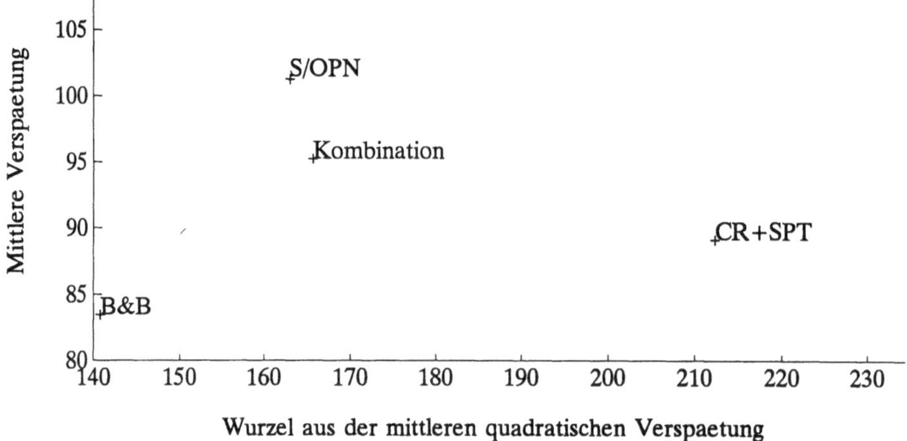

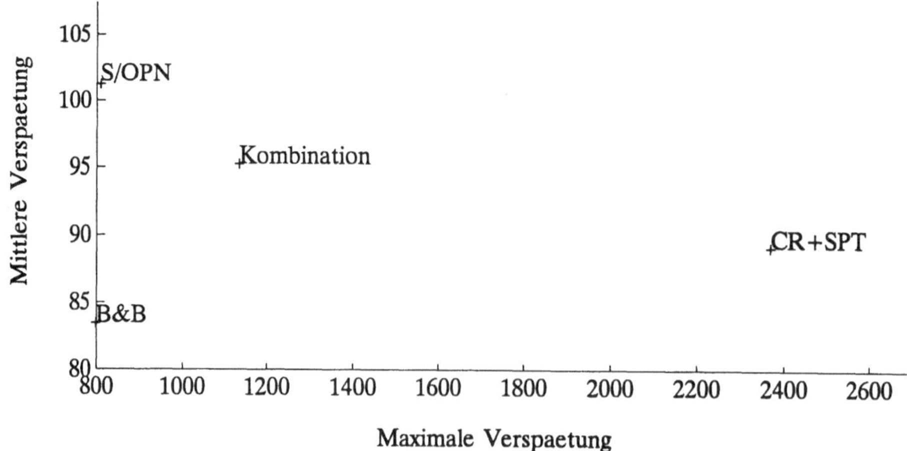

<u>Bild 2:</u> Ergebnisse der ABB-Zelle mit einem Spannplatz bei gleichmäßiger AuslastungVerspätungen

Das Branch-and-Bound-Verfahren ist in jeder Beziehung deutlich besser als alle Prioritätsregeln. Die Ergebnisse für Regeln mit Vorausschau sind nicht gezeigt, da sie nur zu unwesentlichen Verbesserungen führen.

Im Fall 2 ist die Auslastung ungleichmäßig und durch höhere Spannzeiten entstehen längere Warteschlangen vor dem Spannplatz. Für diesen Fall sind die Regeln mit Vorausschau beim Spannplatz klar am besten; ihre Ergebnisse können durch das Branch-and-Bound-Verfahren nicht erreicht werden. In dieser Situation reicht die Tiefe des Entscheidungsbaums bei der getesteten Version nicht aus. Die Anzahl der betrachteten Anwärter am Spannplatz müßte vergrößert werden.

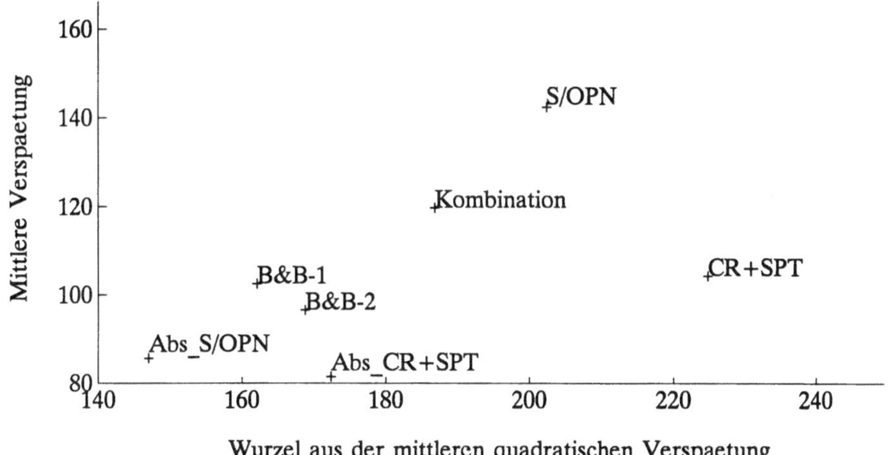

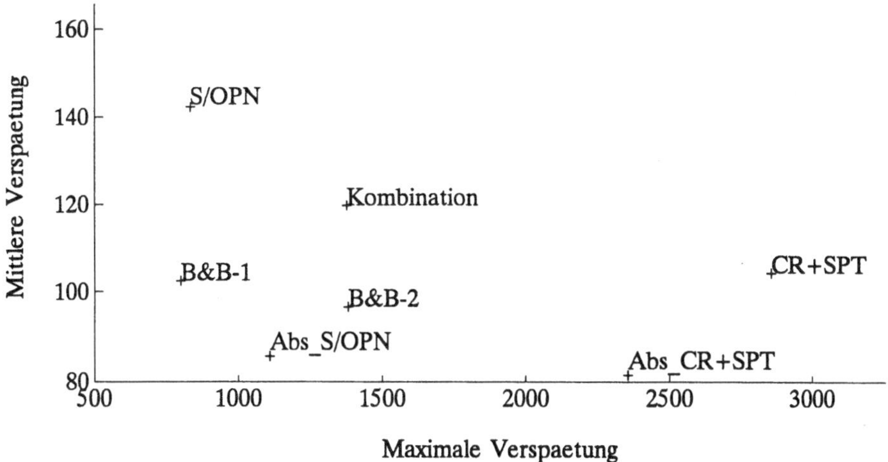

<u>Bild 3:</u> Ergebnisse der ABB-Zelle mit einem Spannplatz bei verlängerten Spannzeiten und ungleichmäßiger Auslastung (mit Abschattungseffekt)

5. Ausblick

Für die sehr allgemeine Problemklasse scheinen die beiden vorgestellten Strategien ein im wesentlichen ausreichendes Instrumentarium zur effektiven Lösung solcher Zuteilungprobleme darzustellen. Eine weiterreichende Reduzierung fehlerhafter, d.h. auf längere Sicht für die Gesamtbewertung schlechter Einzelzuteilungsentscheidungen erfordert im allgemeinen einen so großen Vorausschauhorizont, daß der Rechenaufwand wegen der kombinatorischen Explosion nicht mehr im Verhältnis zum Gewinn steht. Es ist auch zu bedenken, daß die hier verwendeten Kriterien für die Beurteilung der Güte der Algorithmen auch nur grobe Maßzahlen sind. Gewinne erscheinen eher möglich durch genauere Analyse der Struktur des Einzelproblems, d.h. z.B. durch Anwendung unterschiedlicher Heuristiken für verschiedene Warteschlangen oder durch spezielle dem Einzelproblem angepaßte Regeln zur Vermeidung typischer Fehlentscheidungen. In diesem Zusammenhang ist sicher auch an lernfähige Algorithmen zu denken, z.B. Neuronale Netze. Dabei ist zu beobachten, daß in realen Systemen die Entscheidungsvielfalt sehr häufig durch eine Fülle von technischen und organisatorischen Randbedingungen reduziert wird, so daß der Ausschluß von Alternativen, die im weiteren Verlauf zu unerwünschten Zuständen führen würden, mindestens ebenso wichtig ist, wie die Suche nach einem Optimum unter den erlaubten.

6. Literatur

[1] D. T. Koenig: Computer Integrated Manufacturing - Theory and Practice, Hemisphere Publishing Corporation, 1990.

[2] M. Moser: Regelung der Maschinenbelegung in der Flexiblen Fertigung. Interner Bericht, Fraunhofer-Institut IITB, Karlsruhe, 1992.

[3] S. Engell and M. Moser: Two-Layer On-line Scheduling of Flexible Manufacturing Systems. Second International Conference on Computer Integrated Manufacturing, Rensselaer Polytechnic Institute, Troy, 21.-23.5.1990. Proceedings pp. 435-442, IEEE Computer Society Press, 1990.

[4] S. Engell and M. Moser: Comprehensive Evaluation of Priority Rule for On-Line Scheduling: the Single Machine Case. Accepted for: 3rd Int. Conference on Computer Integrated Manufacturing, Rensselaer Polytechnic Institute, Troy, 1992.

[5] P. H. Winston: Künstliche Intelligenz, Addison Wesley, 1987.

[6] S. Engell, F. Herrmann und K. Müller: Heuristisches Branch and Bound Verfahren zur Maschinenbelegungsplanung für Flexible Fertigungssysteme. Interner Bericht, Fraunhofer-Institut IITB, Karlsruhe, 1992.

Ereignissensitive Umdisposition von Ablaufplänen

H. Henseler,
H.-J. Appelrath
Universität Oldenburg
Fachbereich Informatik
Postfach 2503
D-2900 Oldenburg (FRG)
email: {Henseler, Appelrath}@Informatik.Uni-Oldenburg.DE

Zusammenfassung

Die Produktionsplanung als Mittel der Ressourcenzuteilung in der flexiblen Fertigung nimmt zunehmend eine zentrale Stellung im dispositiven Bereich von Unternehmen ein. Mit ihrer Hilfe werden dabei in verschiedenen Schritten von der Produktionsprogrammplanung über die Primärbedarfsplanung bis hin zur Ablaufplanung immer genauere Produktionspläne erstellt, bis schließlich für jeden Auftrag genau feststeht, wann er unter Ausnutzung welcher Ressourcen gefertigt wird. Dieser Ablaufplan dient dann als Vorgabe für die Fertigung. Dem Umstand, daß bei der konkreten Umsetzung des Planes Abweichungen oder Störungen auftreten können, wird jedoch nur in geringem Maße Rechnung getragen. Unzureichende ad-hoc-Lösungen, die die Ergebnisse des PPS-Systems umgehen und den aufwendig erstellten Plan damit in Frage stellen, sind die Regel.

Diese Arbeit stellt ein neues Konzept für die Umdisposition von Ablaufplänen vor, die durch Ereignisse inkonsistent geworden sind. Solche Ereignisse können externer Art sein, wie z.B. die kurzfristige Annahme eines Eilauftrages oder Verzögerungen in der Materiallieferung, oder interner Art, wie beispielsweise der Ausfall einer Maschine. Nach einer Formalisierung des allgemeinen Ablaufplanungsproblems und des Umdispositionsproblems wird ein Algorithmus vorgestellt, der effizient die durch Ereignisse verletzten Konsistenzbedingungen durch weitgehend kontextfreie Revision des zuletzt gültigen Ablaufplanes "repariert".

1. Ablaufplanung

Aufgabe der Ablaufplanung ist die Erstellung eines Ablaufplanes aus den Vorgaben der Produktionsprogrammplanung, in der festlegt wird, welche Erzeugnisse innerhalb welcher Zeitgrenzen herzustellen sind. Die Produktion eines Erzeugnisses geschieht durch Inanspruchnahme von Ressourcen (i.a. Maschinen und Personal) anhand eines Produktplanes, der für jedes Erzeugnis vorgibt, welche Operationen in welcher Reihenfolge und mit welchen Produktionszeiten durchzuführen sind. Im Ablaufplan wird nun festgelegt, wann jede Operation auf welcher Ressource durchgeführt wird. Der Ablaufplan muß einerseits die vorhandenen technischen Restriktionen einhalten, andererseits aber auch betriebswirtschaftlich möglichst optimal, d.h. vor allem kostenminimal sein. Dies kann beispielsweise bedeuten, unter Berücksichtigung aller Termine die Durchlaufzeiten aller Erzeugnisse zu minimieren. Solche Ziele sind in der Regel konkurrierend, was die Schwierigkeit des Problems erhöht [Scheer et al. 89, Huber 90].

Ein Modell für das Ablaufplanungsproblem

Das Quadrupel $A = (M, T, P, A)$ heißt Modell für das allgemeine *Ablaufplanungsproblem*, wobei M, T, P und A wie folgt definiert sind (vgl. [Bruns 91]):

1. $M = \{M_1, ..., M_m\}$ ist eine Menge von *Maschinen*.

2. $T = \{T_1, ..., T_m\}$ ist eine Menge von *Zeitachsen*, $T_i \subseteq Z$, wobei Z definiert sei als die Menge aller Zeiteinheiten einer diskreten Zeitachse. Eine Zeitachse $T_i \in T$ gibt an, zu welchen Zeiteinheiten die Maschine M_i zur Verfügung steht und implizit wann nicht.

3. $P = \{P_1, ..., P_p\}$ ist eine Menge von *Produkten*, $P \subseteq ((Op \times (M \times \mathbb{N})^*)^*, <)^*$, Op die Menge aller *Operationen*. Jedes Produkt $P_i = \{V_{i1}, ..., V_{ik}\}$ ist durch eine Menge von *Produktionsvarianten* definiert, wobei jede Variante $V_{ij} = (\ \{\ (Op_{ij1}, \{\ (M_{ij11}, a_{ij11}), ... (M_{ij1d}, a_{ij1d})\ \}\ ), ..., (Op_{ijy}, \{\ (M_{ijy1}, a_{ijy1}), ..., (M_{ijyh}, a_{ijyh})\ \}\ )\ \}, <_{ij})$, $V_{ij} \subseteq ((Op \times (M \times \mathbb{N})^*)^*, <)$ aus einer Menge von Operationen und einer zweistelligen *Operationsvorrangrelation* auf diesen Operationen besteht. Die Operationsvorrangrelation definiert eine Vorgänger- bzw. Nachfolgerrelation auf der Menge der Operationen einer Variante, d.h. $< : Op \times Op$. Zu jeder Operation Op_{ijk} ist die Menge der für die Ausführung der Operation zur Verfügung stehenden *alternativen Maschinen* mit den entsprechenden *Ausführungszeiten* $\{\ (M_{ijk1}, a_{ijk1}), ..., (M_{ijkd}, a_{ijkd})\ \}$ gegeben, mit $M_{ijkx} \in M$ und $a_{ijkx} \in \mathbb{N}$, $1 \leq x \leq d$. Die Ausführungszeit einer Operation ist gleich der Länge des Zeitintervalls, das für die Ausführung der Operation benötigt wird.

4. $A = \{\ A_1, ..., A_n\ \}$ ist eine Menge von *Aufträgen* zur Herstellung von Erzeugnissen, $A \subseteq P \times Z \times Z \times \mathbb{N}$. Für $A_j = (P_j, s_j, e_j, p_j)$ ist $P_j \in P$ das herzustellende Produkt, $s_j \in Z$ der vorgegebene Starttermin der Produktion, $e_j \in Z$ der vorgegebene Endtermin der Produktion und $p_j \in \mathbb{N}$ eine Prioritätsangabe. Als Starttermin wird meist der frühestmögliche *Materialverfügbarkeitszeitpunkt* gewählt, der Endtermin ist meist der *Liefertermin* des Erzeugnisses an den Kunden. Die Priorität gibt die betriebswirtschaftliche Wichtigkeit des Auftrages an.

Ein Modell für den Ablaufplan

Gegeben sei ein Ablaufplanungsproblem $A = (M, T, P, A)$. Ein *Ablaufplan* $L = (\ a_1, ..., a_n\ )$ bezüglich A, $L \subseteq ((M \times Z \times Z)^*)^*$ ist eine Menge von *geplanten Aufträgen*, für jedes Element $A_i \in A$ bestimmen wir ein a_i mit der Eigenschaft: $a_i = (o_{i1}, ..., o_{io})$ ist eine Menge von *geplanten Operationen*, jedes $o_{ij} = (M_{ij}, s_{ij}, e_{ij})$ ist ein Tripel aus einer Maschine $M_{ij} \in M$, einer Startzeit $s_{ij} \in Z$ und einer Endzeit $e_{ij} \in Z$. Ein Ablaufplan weist also jedem Auftrag eine Sequenz von Operationen zu und plant diese für eine bestimmte Zeit auf eine bestimmte Maschine.

Konsistenzbedingungen zwischen Ablaufplanungsproblem und Ablaufplan

Die zwischen einem gegebenen Ablaufplanungsproblem und einem Ablaufplan bestehenden *Konsistenzbedingungen* lassen sich in zwei Gruppen unterteilen: In die, denen ein Ablaufplan genügen muß (*starke Konsistenzbedingungen*), zum anderen in die, denen ein Ablaufplan genügen sollte (*schwache Konsistenzbedingungen*). Erstere garantieren die technische Durchführbarkeit und Vollständigkeit des Planes, letztere die betriebswirtschaftliche Güte.

Starke Konsistenzbedingungen sind

K1: Eine Operation darf nur einer gemäß des herzustellenden Produktes definierten Maschine zugeordnet werden. Alle alternativen Maschinen sind gleichwertig.

K2: Einem Auftrag sind genau die Operationen zugeordnet, die einer seiner Produktionsvarianten entspricht.

K3: Jeder Auftrag wird durch die Ausführung genau einer Produktionsvariante des entsprechenden Produktes erfüllt.

K4: Alle Aufträge müssen ausgeführt werden.

K5: Die Startzeit einer Operation darf nicht kleiner sein als der Starttermin des zugehörigen Auftrages.

K6: Auf keiner Maschine ist eine Operation auf einer fehlenden Zeiteinheit der Maschine geplant.

K7: Die Ausführungsdauer einer Operation Op_{ijk} auf einer Maschine M_{ijkl} entspricht derjenigen, die durch die Ausführungszeit a_{ijkl} festgelegt ist. Jede gestartete Operation muß ohne Unterbrechung beendet werden. Das Planen über nicht vorhandene Zeiteinheiten hinweg ist erlaubt, diese Zeit wird jedoch nicht zur Ausführungszeit gerechnet.

K8: In jeder Zeiteinheit führt jede Maschine höchstens eine Operation aus.

K9: Produkte müssen in der durch die Operationsvorrangrelation der Variante festgelegten Reihenfolge der Operationen produziert werden.

Schwache Konsistenzbedingungen sind

Ka: Die Endzeit einer Operation sollte nicht größer sein als der Endtermin des zugehörigen Auftrages.

Kb: Der Plan sollte bezüglich einer festgelegten Bewertungsfunktion optimal sein.

Ein Ablaufplan $\mathbb{L}$ wird *Lösung* eines Ablaufplanungsproblems A genannt, wenn er alle starken Konsistenzregeln einhält.

2. Umdisposition

In der betrieblichen Praxis ist ein einmal erstellter Ablaufplan kurzfristig Änderungen unterworfen. Die Ausführung der Operationen z.B. wird in der Produktion selten genau die Zeitspanne benötigen, die im Ablaufplan vorgesehen ist, da die geplanten Zeiten für Operationen meist auf Erfahrungswerten aus der Vergangenheit beruhen oder geschätzt sind [Mertens et al. 89]. Weiterhin können unvorhergesehene Personalausfälle oder technische Störungen eine *Plankorrektur* notwendig machen. Solche Störungen, die im Produktionsprozeß selbst begründet sind, werden *interne Störungen* genannt.

Zum anderen können sogenannte *externen Störungen* die Rahmenbedingungen für einen Plan nachträglich ändern. So kann sich die Auftragslage ändern, weil ein Kunde seinen Auftrag zurücknimmt, oder ein Auftrag soll unter Einhaltung eines knapp bemessenen Endtermines nachträglich eingeplant werden.

Der einfachste Weg, durch einen sogenannten *Neuaufwurf* einen vollständig neuen Ablaufplan zu erstellen, ist jedoch aus mindestens folgenden Gründen nicht wünschenswert:

- Störungen treten sehr häufig auf
- Der Aufwand zum Erstellen eines neuen Ablaufplanes ist meistens sehr groß
- Schon durchgeführte Vorbereitungen für Operationen (Materialbestellung, Materialtransport, Umrüstung) wären möglicherweise hinfällig
- Viele Störungen lassen sich durch einfache Änderungen im Ablaufplan beheben.

Um solchen Störungen zu begegnen, sind folgende *Maßnahmen* denkbar [Wöhe 86, Rose 89]:

- Zeitliche Anpassung (z.B. Kurzarbeit oder Überstunden)
- Intensitätsmäßige Anpassung (z.B. höhere Laufgeschwindigkeit von Maschinen)
- Quantitative Anpassung (Stillegung von Maschinen oder erneute Inbetriebnahme früher einmal stillgelegter Maschinen)
- Betriebsgrößenänderung (Zukauf / Verkauf von Maschinen)
- Losgrößenänderung
- Auswärtsfertigung
- Zeitliche Verschiebung von Aufträgen.

Diese Sicht läßt die zwischen den Operationen bestehenden Abhängigkeiten, ausgedrückt durch die Konsistenzbedingungen, außer acht. Beim Umdisponieren in Ablaufplänen ist aber genau dies das zentrale Problem [Kurbel et al. 89].

Im folgenden wird das Umdispositionsproblem als das Finden einer neuen Lösung L' für ein geändertes Ablaufplanungsproblem A' definiert, das durch eine Störung aus dem Problem A hervorgegangen ist, zu dem bereits eine Lösung L existiert.

In der realen Produktion wird die Lösung L bei Eintreten bzw. Feststellen eines Ereignisses teilweise schon in die Wirklichkeit umgesetzt worden sein und kann nicht mehr geändert werden. Die Unterteilung in irreversible und noch änderbare Lösungsanteile geschieht anhand einer ausgezeichneten Zeiteinheit J, die die "jetzt"-Zeiteinheit als Zeitpunkt des Ereigniseintritts auf der Zeitachse Z markiert. Der Zustand einer Maschine zu einem Zeitpunkt, der kleiner ist als J, gehört der Vergangenheit an, und ist unveränderbar, während Zustände größer oder gleich J noch disponibel sind.

Der *Zustand* einer Maschine $M_i \in M$ in einer Lösung L des Ablaufplanungsproblemes $A = (M, T, P, A)$ zur Zeiteinheit $z \in Z$ ist

- A_k, wenn in der Zeiteinheit z die Maschine M_i eine Operation für einen Auftrag $A_k \in A$ fertigt
- "leer", wenn $z \in T_i$ und keine Operation auf M_i geplant ist
- "nicht betriebsbereit", wenn $z \notin T_i$.

Ein Modell für das Umdispositionsproblem

Ein Modell für das *Umdispositionsproblem* ist gegeben durch das Tripel $U = (A, L, S)$, für das gilt:

1. $A = (M, T, P, A)$ ist ein allgemeines Ablaufplanungsproblem.

2. L ist eine Lösung für A.

3. $S = (E, J)$ ist eine *Störung*, wobei E ein *Ereignis* und $J \in Z$ eine ausgezeichnete Zeiteinheit ist, zu der E eintritt.

Ein Ereignis E ist die Änderung eines Ablaufplanungsproblems. Nach dieser Definition ist nicht nur ein ein internes oder externes Störereignis, sondern auch eine Maßnahme ein Ereignis.

Die Menge $\mathbb{E} = \{ E_1, ..., E_{15} \}$ ist eine Menge von *Ereignistypen*, die wie folgt definiert sind (siehe Abb. 1): Die Spalte "i" gibt den Index des Ereignisses an. In der Spalte "Änderung" wird angegeben, welcher Wert bzw. welche Menge in $\mathbb{A}$ und $\mathbb{A}'$ durch den Eintritt dieses Ereignisses geändert werden müssen. Weiterhin sind in der Spalte "mögliche Konsistenzverletzungen" die dadurch eventuell verletzten Konsistenzbedingungen (markiert mit "X") aufgeführt.

i	Ereignis	Änderung	mögliche Konsistenzverletzung											
			J	1	2	3	4	5	6	7	8	9	a	b
Bezüglich Auftrag:														
1	Zusatzauftrag	A					X							
2	Stornieren	A	X				X							
3	Änderung Starttermin	si	X					X						
4	Änderung Endtermin	ei											X	X
5	Änderung Menge	Pi	X			X				X				
6	Änderung Priorität	pi												X
7	Produkt/Variante ändern	Pi/Vi	X	X	X	X				X				
8	Splitten	A, Pi	X			X	X			X				
Bezüglich Maschine:														
9	Störung/Reparatur	Ti							X	X				
10	Wartungsperiode	A					X							
11	Maschinenintensität	Pi	X			X				X				
12	Schichtzahl ändern	Ti	X						X	X				
13	Maschinenzahl ändern	Ti	X						X	X				
Bezüglich Operation:														
14	Rückmeldung BDE	Pi				X				X				
15	Auswärtsfertigung	Pi	X	X	X	X								

Abb. 1: Übersicht Ereignisse und mögliche Konsistenzverletzungen

Nun wird eine starke Konsistenzbedingung K_J für zwei Lösungen L und L' und einem Zeitpunkt J definiert, die die oben gemachte Trennung der Irreversibilität von Maschinenzuständen der Vergangenheit beschreibt:

K_J: Der Zustand aller Maschinen für alle Zeiteinheiten $z \in Z$, $z < J$ ist in L und L' gleich.

Lösung eines Umdispositionsproblems

Gegeben seien ein Umdispositionsproblem $U = (A, L, S)$ mit einer Störung $S = (E, J)$, und ein Ablaufplanungsproblem $A = (M, T, P, A)$. Dann ist das Tupel (A', L') *Lösung des Umdispositionsproblems* U, wenn gilt:

1. $A' = (M, T', P, A')$ ist ein allgemeines Ablaufplanungsproblem, das aus A durch Eintreten des Ereignisses E hervorgeht.
2. L' ist eine Lösung für A'.
3. L und L' sind bezüglich K_J zur Zeiteinheit J konsistent.

Betrachtet man die Tupel (A, L) und (A', L') als konsistente Datenbankzustände, so kann man ein Ereignis E, welches A verändert, als den Beginn einer *Transaktion* ansehen. Gesucht ist also eine Folge von *Reaktionen* $R_0, ..., R_n$, die, mit dem Ereignis E beginnend, (A, L) in einen konsistenten Zustand (A', L') überführt. Das Problem besteht also darin, zu ermitteln, wie solche Reaktionen aussehen können und wie ein L' zu einem U gefunden werden kann.

3. Ein Algorithmus zur Umdisposition

Nun soll ein Verfahren vorgestellt werden, welches das Umdispositionsproblem löst.

Eine *Reaktion* ist eine (evtl. leere) Folge von *Basisoperationen*, die ein Tupel (A', L_i) in ein Tupel (A', L_{i+1}) überführt. Als Basisoperationen sind das Erzeugen und Löschen von Operationen sowie das Ändern der Daten einer Operation (Maschine, Startzeit, Endzeit) erlaubt.

Das Verfahren wird also folgendermaßen arbeiten: Das Ereignis E überführt das Ablaufplanungsproblem A nach A'. Da L nun im allgemeinen keine Lösung mehr für A' ist, wird eine Reaktion R_0 notwendig, die versucht, die Inkonsistenz zu beheben. Da dies meist nicht mit nur einer Operation geschehen wird, weil entweder die Inkonsistenz nicht ganz aufgelöst oder durch R_0 eine neue Inkonsistenz verursacht wurde, werden weitere Reaktionen notwendig. Folgendes Schema zeigt den Ablauf des Verfahrens (X -Y-> Z bedeutet "X wird durch das Ereignis oder die Reaktion Y in Z überführt"):

$$
\begin{array}{llll}
(A, L) \text{ -E-> } (A', L) = & (A', L_0) & \text{-}R_0\text{->} & (A', L_1) \\
& (A', L_1) & \text{-}R_1\text{->} & (A', L_2) \\
& & \cdots & \\
& (A', L_n) & \text{-}R_n\text{->} & (A', L_{n+1}) = (A', L').
\end{array}
$$

Es ergibt sich somit ein Vorgehen wie in Abb. 2 dargestellt. Ablaufplanungsproblem und Lösung werden durch die Konsistenzbedingungen gleichsam "zusammengekettet". Während E das Problem ändert (und damit die Kette "sprengt"), ändern die Reaktionen die Lösung, um die Kette wieder zu "flicken".

Eine Reaktion R_i geht aus den vorher vorgenommenen Änderungen E, R_0, ..., R_{i-1} an (A, L) hervor, d.h. sie wird nicht aus dem Tupel (A´, L_i) abgeleitet. Eine Reaktion wird deshalb bei einer Änderung immer *postuliert*. Das heißt, bei einer Änderung des Tupels wird schon darauf geachtet, welche Inkonsistenzen entstehen, und welche Reaktionen deshalb noch durchgeführt werden müssen. Dies ist effizienter als in jedem Tupel erst alle Inkonsistenzen suchen zu müssen. Da eine Änderung durchaus mehrere Reaktionen nach sich ziehen kann, müssen diese gesammelt werden. Diese Menge bezeichnen wir mit PR ("postulierte Reaktionen").

Formal bedeutet dies: $\forall i \in \mathbb{N}_0, 0 \le i \le n+1: PR_i = \{ R_{i1}, R_{i2}, ..., R_{im} \}$

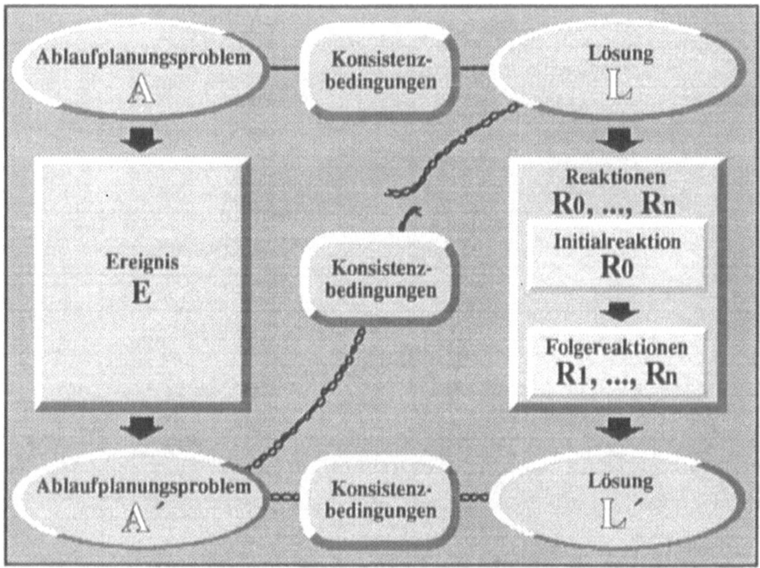

Abb. 2: Weg der Konsistenzerlangung

Als Randbedingungen für die Verarbeitung der postulierten Reaktionen gelten:

(1) PR_0 hängt nur von E ab.

(2) Jede postulierte Reaktion in PR_i wird irgendwann ausgeführt:

$\forall i \in \mathbb{N}_0, 0 \le i \le n, \forall R \in PR_i \ \exists k, i \le k \le n: (A´, L_k) \text{ -R-> } (A´, L_{k+1})$ und $R \notin PR_{k+1}$.

(3) $PR_{n+1} = \emptyset$.

Die Mengen PR_i repräsentieren also die noch zu behebenden Inkonsistenzen im Tupel (A´, L_i), die aus den postulierten, aber noch nicht durchgeführten Reaktionen bestehen. Das Verfahren wird solange

Reaktionen aus PR_i ausführen, bis die Menge PR_i für ein i leer ist, was heißt, daß ein konsistenter Zustand (A', L_i) gefunden wurde.

Abb. 3 zeigt in Form eines Flußdiagrammes den Rahmenalgorithmus für das Umplanungsverfahren (vgl. [Ow et al. 89, Smith et al. 89]). Das Verfahren benötigt an zwei Stellen die Hilfe von Heuristiken, um gute Ergebnisse zu erzielen:

- Bei der Auswahl der nächsten durchzuführenden Reaktion in PR.
- Bei der Durchführung der Reaktion selbst.

Ein Ereignis E kann gemäß Abb. 1 mehrere Konsistenzregeln verletzen. Diese lassen sich nun bezüglich des Umplanungsverhaltens klassifizieren. Ziel ist dabei eine Einteilung der Regeln in Klassen, um so Hinweise für das Vorgehen der Reaktionen zu bekommen. Hierbei hilft ein "Trick": Operationen, deren Ergänzung oder Längenänderung zu Überlappungen mit anderen Operationen führen würden, werden temporär aus dem Plan herausgenommen und auf eine virtuelle *Puffermaschine* gelegt. Dort verstoßen sie gegen keine der Konsistenzregeln K_1 bis K_8. Um zu einem konsistenten Plan zu gelangen, müssen solche Operationen dann natürlich wieder im Laufe des Umdisponierens in den Plan zurückgelangen, eventuell durch Verlegen anderer Operationen auf Puffermaschinen.

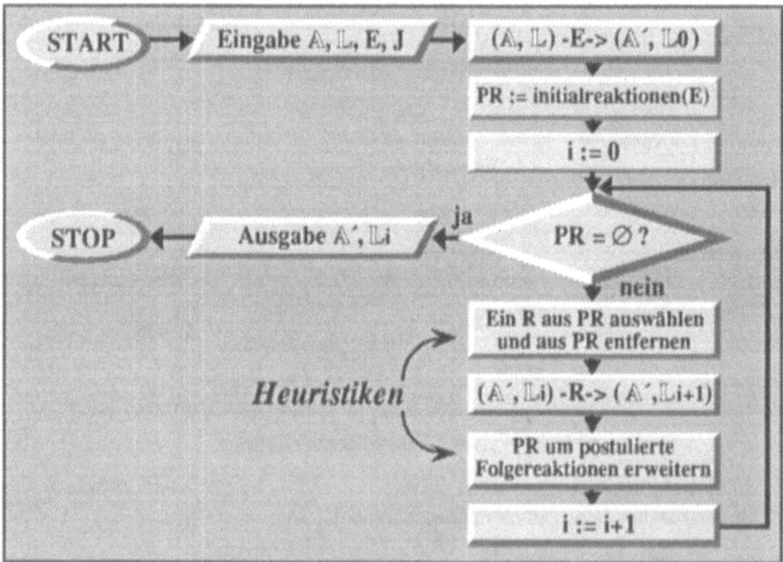

Abb. 3: Rahmenalgorithmus für das Umplanungsverfahren

Es ergibt sich eine Klassifikation der Ereignisse wie in Abb. 4 dargestellt. Auf dieser Basis kann der Umdispositionsvorgang nun unterteilt werden in die Durchführung einer *Initialreaktion*, welche nur vom eingetretenen Ereignis abhängt, und den *Folgereaktionen*, welche nur vom Inhalt der Menge PR abhängen. Diese Trennung erlaubt einerseits das Hinzufügen weiterer Ereignisse, wobei nur eine Initialreaktion ergänzt werden muß, andererseits ein davon abgekapselter Umdispositionsvorgang, der unabhängig von den Ereignissen betrachtet werden kann und so den eigentlichen algorithmischen Teil sowie die erwähnten Heuristiken beherbergt.

Eine Reaktion reduziert sich somit auf ein Entscheidungsverfahren, welche Änderung durchgeführt werden soll, um die Inkonsistenz, wegen der die Reaktion postuliert wurde, zu beheben. Dabei sind globale Nebenbedingungen zu fordern:

- Nur Konsistenzregeln aus der Konsistenzregelklasse KK_{III} dürfen verletzt werden.
- Das Verfahren muß terminieren.
- Das Verfahren sollte eine gute Lösung finden.

Konsistenz-regelklasse	enthaltene Konsistenzregeln	Umplanungsverhalten	Entstehung einer Verletzung durch
KK_I	K_J, K_8	-	gar nicht
KK_{II}	$K_1 - K_7$	einfach (eine Folgereaktion)	Ereignis
KK_{III}	K_9, K_a, K_b	schwierig (mehrere Folgereaktionen)	Ereignis, Reaktion

Abb. 4: Konsistenzregelklassen

In [Henseler 92] wird ausgeführt, wie die Einhaltung dieser Ziele durch Wahl geeigneter Heuristiken unterstützt bzw. garantiert werden kann.

4. Das System REAKTION

Das vorgestellte Verfahren ist in dem System *REAKTION* (Ereignisbasiertes Umdisponieren in Produktionsplanungssystemen) realisiert worden. Es umfaßt sowohl die automatische als auch die manuelle Unterstützung der Wiederherstellung der Konsistenz von Ablaufplänen Das System wurde in PROLOG auf einer Sun SPARCStation 2 entwickelt. Ein besonderer Augenmerk richtete sich dabei auf die Integration einer graphischen Benutzungsoberfläche zur manuellen Umdisposition .

Die Struktur von REAKTION ist in Abb. 5 zu sehen: Das System setzt sich zusammen aus den drei Moduln Basisfunktionen, Umdisposition und Benutzungsoberfläche.

Das Modul *Basisfunktionen* verwaltet die Zeitachsen und die Datenbasis. Im Modul *Umdisposition* finden sich die Heuristiken zur Steuerung der Umdisposition, die Verwaltung der Menge PR, die Reaktionen und die Ereignisse. Die *Benutzungsoberfläche* verwaltet die Eingaben des Benutzers und gibt den Plan in Form eines Gantt-Diagrammes graphisch wieder. Der Planer kann hier mit Hilfe einer Maus die Operationen verschieben, was ebenfalls als Ereignis in den Plan einfließt. Wird das Verfahren zum automatischen Umdisponieren angestoßen, lassen sich die vorgenommenen Änderungen im Plan direkt beobachten.

Die Anbindung an das System PUSSY [IS8 90], welches zur Feinplanung in der metallverarbeitenden Industrie konzipiert und implementiert wurde, demonstrierte, daß das Verfahren zum Einsatz in der betrieblichen Praxis geeignet ist. REAKTION wird derzeit in Zusammenarbeit mit einem Softwarehaus weiterentwickelt und demnächst kommerziell vertrieben.

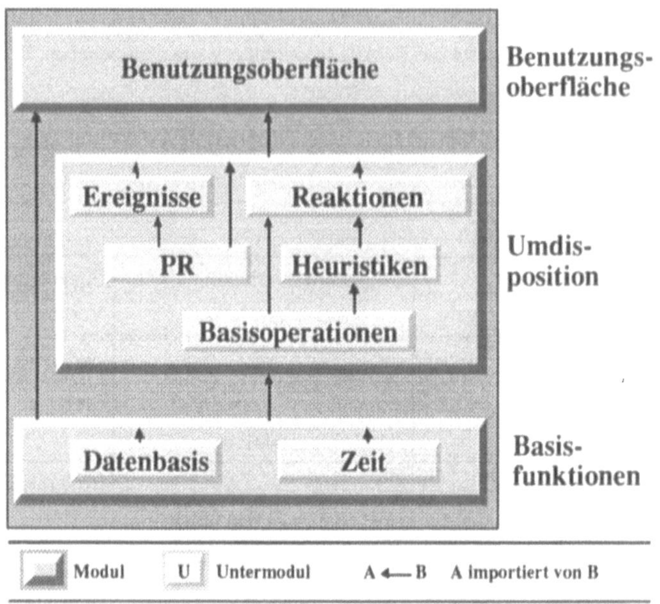

Abb. 5: Architektur von REAKTION

Literaturverzeichnis

[Bruns 91] Bruns, R., Appelrath, H.-J.: "Ein universelles Modell für Ablaufplanungsprobleme", Wirtschaftsinformatik 6/91, Verlag Vieweg.

[Henseler 92] Henseler, H.: "Ereignisbasiertes Umdisponieren in Produktionsplanungssystemen", Interner Bericht IS10, Fachbereich Informatik, Universität Oldenburg, 1992.

[Huber 90] Huber, A.: "Wissensbasierte Überwachung und Planung in der Fertigung", Erich Schmidt Verlag 1990.

[IS8 90] Sauer, J., Appelrath, H.-J. et al.:"Endbericht der Projektgruppe PUSSY (Wissensbasierte Produktionsplanungs- und -steuerungssysteme)", Interner Bericht IS8, Fachbereich Informatik, Universität Oldenburg, 1990.

[Kurbel et al. 89] Kurbel, K., Meynert, J.: "Engpaßorientierte Auftragsterminierung und Kapazitätsdisposition", in: Kurbel, K.: "Interaktive betriebswirtschaftliche Informations- und Steuerungssysteme", de Gruyter, 1989.

[Mertens et al. 89] Mertens, P., Helmer, J., Rose, H., Wedel, T.: "Ein Ansatz zu kooperierenden Expertensystemen bei der Produktionsplanung und -steuerung", in: Kurbel, K.: "Interaktive betriebswirtschaftliche Informations- und Steuerungssysteme", de Gruyter, 1989.

[Ow et al. 88] Ow, P. S., Smith, S. F., Thiriez, A.: "Reactive Plan Revision", AAAI 88.

[Rose 89] Rose, H.: "Computergestützte Störungsbewältigung beim Durchlauf von Produktionsaufträgen unter besonderer Berücksichtigung wissensbasierter Elemente", Dissertation, Nürnberg, 1989.

[Scheer et al. 89] Scheer, A.-W., Herterich, R., Zell, M.: "Interaktive Fertigungssteuerung teilautonomer Bereiche", in: Kurbel, K.: "Interaktive betriebswirtschaftliche Informations- und Steuerungssysteme", de Gruyter, 1989.

[Smith et al. 89] Smith, F. S., Ow , P. S., Matthys, D. C., Potvin, J. Y.: "OPIS: An Opportunistic Factory Scheduling System", Carnegie-Mellon University Pittsburgh, U. S. A., 1989.

[Wöhe 86] Wöhe, G.: "Einführung in die allgemeine Betriebswirtschaftslehre", 16. Aufl., Verlag Vahlen, 1986.

Verbesserung der Termineinhaltung in komplexen Fertigungsbereichen durch einen neuen Ansatz zur Plan-Durchlaufzeit-Ermittlung

Dipl.-Ing. E. Ludwig und Dr.-Ing. P. Nyhuis
Institut für Fabrikanlagen der Universität Hannover
Callinstr. 36, 3000 Hannover 1

1   Einleitung

Der zunehmende nationale sowie internationale Wettbewerb und der Wandel vom Verkäufer- zum Käufermarkt erfordert von den Produktionsunternehmen kontinuierlich eine Steigerung der Wirtschaftlichkeit. Daher steht neben der Realisierung der rechnerintegrierten Produktion insbesondere die konsequente Optimierung der Produktionsabläufe im Mittelpunkt der betriebsorganisatorischen Bemühungen in Forschung und Praxis. Die Optimierungskriterien sind dabei nicht fix, sondern werden durch die sich ändernden Umweltbedingungen geprägt. Allgemein läßt sich jedoch feststellen, daß für viele Unternehmen neben einem hohen Qualitätsniveau und kundenspezifischen Problemlösungen insbesondere eine gute Liefertermineinhaltung und kurze Lieferzeiten zu wettbewerbsentscheidenden Faktoren geworden sind. Diesen Forderungen des Marktes stehen die unternehmensinternen Forderungen nach hoher und gleichmäßiger Auslastung insbesondere der kapitalintensiven Betriebsmittel sowie einer geringen Kapitalbindung und damit niedrigen Umlaufbeständen entgegen. Der Fertigungsplanung und -Steuerung kommt bei der Realisierung dieser Ziele unbestritten eine besondere Bedeutung zu. Allerdings bieten die in der Praxis eingesetzten Planungs- und Steuerungsverfahren oft nur eine unzureichende Unterstützung bei der Umsetzung dieser sich teilweise unterstützenden aber auch gegeneinander wirkenden Ziele. Dieses wird z.B. deutlich durch die sicherlich unbefriedigende Lieferterminsituation, in der sich einzelne Unternehmen befinden. **Bild 1** zeigt die Resultate von 8 Betriebsuntersuchungen des IFA hinsichtlich der Auftrags-Endtermineinhaltung. Ähnliche Ergebnisse werden z.B. auch von [FÖR85] und [DOM88] beschrieben.

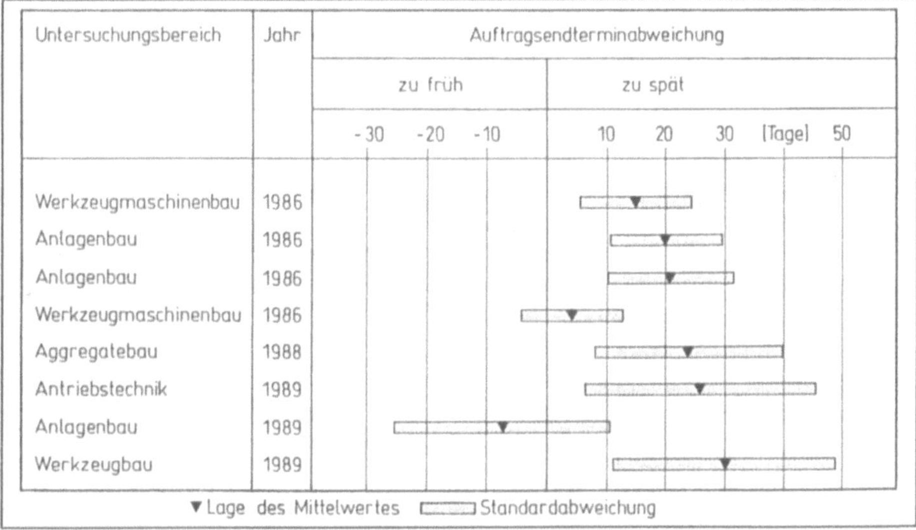

Bild 1:   Endtermineinhaltung von Fertigungsaufträgen aus Betriebsuntersuchungen

Die Ursachen für diese Abweichungen sind sehr vielschichtig (**Bild 2**). So kann in vielen Fällen festgestellt werden, daß bereits der Auftragseinstoß nicht termingerecht erfolgt. Zunehmend werden Ressourcenprobleme (z.B. fehlendes Material) zu einem bestimmenden Engpaß in der logistischen Kette. Diese Situation verschärft sich bei einem steigenden Anteil fremdbezogener Komponenten.

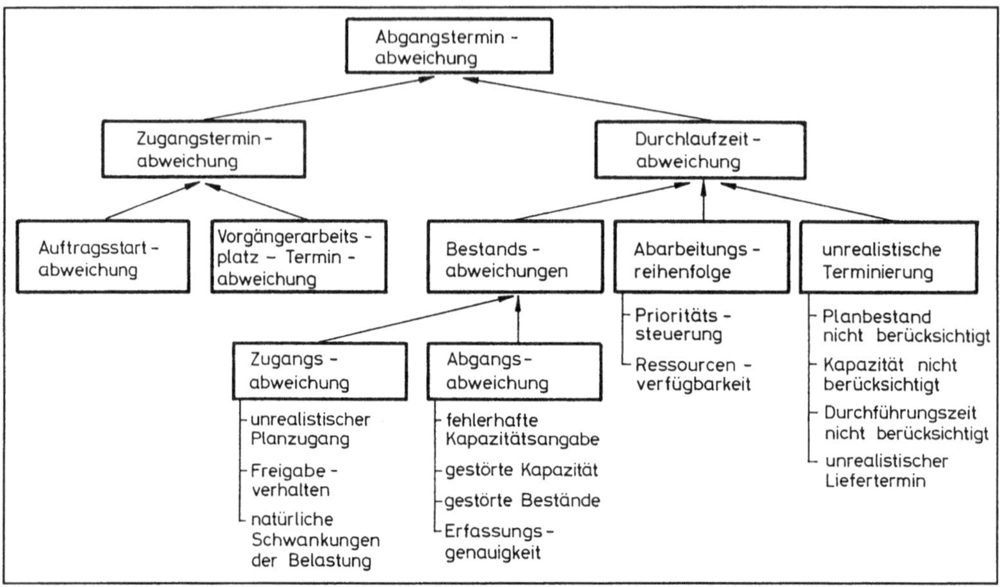

Bild 2:   Mögliche Ursachen für Abgangsterminabweichungen

Nach erfolgtem Auftragseinstoß verschlechtert sich die Terminsituation häufig zusätzlich dadurch, daß die geplanten Durchlaufzeiten der Aufträge durch die Fertigung nicht eingehalten werden können. Die Ursachen hierfür sind u.a. darin zu sehen, daß ein geplantes Bestands- und damit Durchlaufzeitniveau trotz PPS-Unterstützung vielfach nicht eingehalten werden kann. Schwankungen von Durchlaufzeiten und Beständen werden einerseits durch Prozeßstörungen hervorgerufen. Andererseits sind sie aber auch auf Planungsfehler (fehlerhafte oder unrealistische Planungsdaten) sowie auf einen ungeregelten Zugang von Aufträgen zurückzuführen. Weitgehende Abhilfe schaffen hier neue Fertigungssteuerungsansätze mit regelndem Charakter, wie die Belastungsorientierte Auftragsfreigabe oder das KANBAN-Verfahren. Diese basieren in ihren Verfahrensgrundlagen auf den logistischen Grundgesetzen [WIE87]. Dadurch sind sie in der Lage, auf die oben genannten Abweichungen regelnd zu reagieren.

Eine weitere wesentliche Ursache ist in den eingesetzten Terminierungsverfahren zu sehen, bei denen im allgemeinen keine oder nur eine vereinfachte Berücksichtigung der Bestands- und Kapazitätssituation der Arbeitsplätze vorgenommen wird. In den in der Praxis eingesetzten PPS-Systemen sind i. d. R. zur Terminierung Übergangszeitmatritzen hinterlegt, die eine arbeitsvorgangbezogene Plandurchlaufzeitermittlung erlauben sollen. Da es sich in der Praxis jedoch bislang als sehr problematisch erweist, diese Übergangszeitmatritzen mit realitätsnahen Daten zu füllen, sind viele Betriebe dazu übergegangen, pauschale Auftragsdurchlaufzeiten (ggf. differenziert nach Auftragsklassen) abzuschätzen. Dieses vereinfachte Verfahren der Terminierung hat sich lange Zeit als hinreichend erwiesen. Mit den wachsenden marktseitigen Anforderungen an die Termineinhaltung wird mit diesem Vorgehen jedoch nicht mehr die notwendige Planungssicherheit erreicht. Dies führt dazu, daß in der Praxis mit operativen Steuerungsmaßnahmen reagiert werden muß. Insbesondere findet die Prioritätssteuerung mit der Schlupfzeitregel (die Aufträge mit dem größten Verzug werden bevorzugt abgearbeitet) Anwendung.

Wenngleich sich damit die Terminsituation in gewissen Grenzen verbessern läßt, werden jedoch nicht die eigentlichen Probleme und Schwächen auf der mittelfristigen Planungsebene beseitigt. Vielmehr trägt dieses Vorgehen dazu bei, daß eine realistische Plandurchlaufzeitermittlung zusätzlich erschwert wird, da eine Berücksichtigung von Reihenfolgevertauschungen zum Zeitpunkt der Terminierung nicht möglich ist.

Ausgehend von der zuvor beschriebenen Situation soll in diesem Beitrag ein neuer Terminierungsansatz vorgestellt und evaluiert werden, der unter Berücksichtigung lokal und temporär wechselnder strategischer Zielsetzungen die Ableitung realistischer Plan-Durchlaufzeiten auf Arbeitsvorgangs- und Auftragsebene unterstützt.

Vorab ist anzumerken, daß der hier vorgestellte Ansatz für eine Werkstattfertigung mit heterogenen Produktionsbedingungen konzipiert wurde. Dies impliziert einen vernetzten Materialfluß, streuende Auftragszeiten und eine unterschiedliche Anzahl von Arbeitsvorgängen pro Auftrag.

2 Grundlagen

Die Ausgangsbasis zur Ableitung des neuen Terminierungsverfahrens besteht in einer modellmäßigen Beschreibung der Wirkungszusammenhänge zwischen der Leistung, dem Bestand und der Durchlaufzeit eines Arbeitssystems in Form sogenannter Betriebskennlinien. Diese Kennlinien charakterisieren das an den genannten logistischen Zielgrößen gemessene Verhalten eines Arbeitssystems bei einer Veränderung des wichtigsten Stellparameters der PPS, des Bestandes. **Bild 3** zeigt eine solche Betriebskennlinie. Sie verdeutlicht, daß sich die Leistung eines Arbeitssystems oberhalb eines bestimmten Bestandswertes nur unwesentlich ändert. Es liegt dann kontinuierlich ausreichend Arbeit vor, so daß keine bestandsbedingten Beschäftigungsunterbrechungen auftreten. Unterhalb dieses Bestandswertes kommt es jedoch zunehmend zu Leistungseinbußen aufgrund eines zeitweilig fehlenden Arbeitsvorrates.

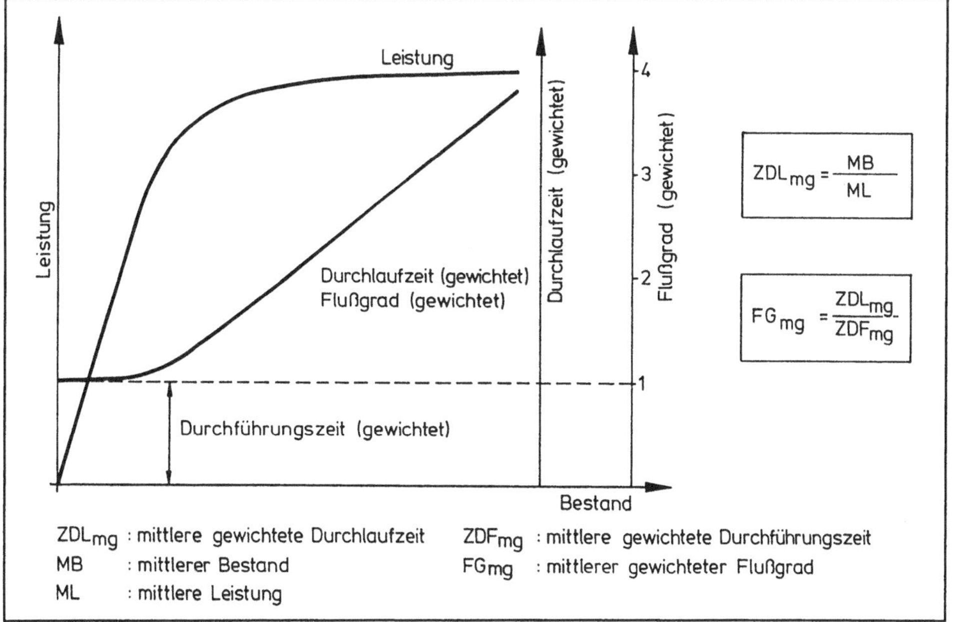

$$ZDL_{mg} = \frac{MB}{ML}$$

$$FG_{mg} = \frac{ZDL_{mg}}{ZDF_{mg}}$$

ZDL$_{mg}$: mittlere gewichtete Durchlaufzeit   ZDF$_{mg}$: mittlere gewichtete Durchführungszeit
MB   : mittlerer Bestand   FG$_{mg}$: mittlerer gewichteter Flußgrad
ML   : mittlere Leistung

Bild 3:   Allgemeine Form von Betriebskennlinien

Die Durchlaufzeit hingegen steigt oberhalb des genannten Bestandswertes proportional mit dem Bestand an. Bei Bestandsreduzierungen sinkt die Durchlaufzeit, jedoch kann sie ein theoretisches Minimum, welches sich aus der Durchführungszeit (Auftragszeit dividiert durch die Tageskapazität) der Arbeitsvorgänge und ggf. der Transportzeit ergibt, nicht unterschreiten. Die Grundlagen zu diesen Betriebskennlinien, die Möglichkeiten der Ermittlung über Simulationen bzw. über ein mathematisches Modell sowie praktische Anwendungsbeispiele wurden in [NYH91a], [NYH91b] und [WIE92] ausführlich beschrieben.

Bezieht man die Durchlaufzeit auf die Durchführungszeit, so läßt sich die Durchlaufzeitkennlinie auch als Flußgradkennlinie interpretieren. Ein so definierter Flußgrad kann unter der Voraussetzung eines losweisen Transportes von Fertigungsaufträgen minimal den Wert 1 annehmen. Analog zur Durchlaufzeit wächst auch der Flußgrad bei steigenden Beständen an.

Diese 'Normierung' der Durchlaufzeitkennlinie hat sich als besonders vorteilhaft erwiesen, um die Wirkungszusammenhänge zwischen den logistischen Zielgrößen allgemein zu beschreiben. Zahlreiche Simulationsuntersuchungen zeigten, daß sich unabhängig von den speziellen Arbeitssystem- und Auftragsbedingungen die Aussage ableiten läßt, daß bei einem Flußgrad 'kleiner 2' Materialflußabrisse und somit Leistungseinbußen vermehrt auftreten. In den Betriebskennlinien äußert sich dieses in einem zunächst schwachen und dann stärker werdenden Abfallen der Leistungskennlinie. Bei einem größer werdenden Flußgrad sind hingegen die damit verbundenen Durchlaufzeit- und Bestandserhöhungen mit keinem nennenswerten Leistungsanstieg verbunden [NYH91b].

Die hier getroffenen Aussagen, die mittlerweile auch in einer Reihe von Praxisuntersuchungen untermauert werden konnten, gelten jedoch nur bei einer Verwendung von gewichteten Mittelwerten (Gewichtungsfaktor: Auftragszeit je Arbeitsvorgang) für Durchführungszeiten und Durchlaufzeiten (siehe u.a. [WIE87]).

Da diese Größen in der Praxis nicht gebräuchlich (und zudem für Terminierungszwecke nur bedingt geeignet) sind, wurden Untersuchungen mit einer ereignisorientierten Simulation durchgeführt, bei denen auch ungewichtete Durchlaufzeitkenngrößen ausgewertet wurden. Als Zielsetzung dieser Untersuchungen sollten die Zusammenhänge zwischen den gewichteten und den ungewichteten Durchlaufzeitgrößen aufgezeigt und beschrieben werden.

Als Simulationsgegenstand wurde eine Werkstattfertigung mit 55 Arbeitssystemen in der mechanischen Fertigung sowie 13 Arbeitssystemen in vor- und nachgelagerten Fertigungsbereichen (Materialeingangskontrolle, Galvanik, Lackiererei u.a.) abgebildet. Dabei konnte auf reale Rückmeldedaten eines Unternehmens der Automobilzulieferindustrie zurückgegriffen werden. Bei den Simulationsuntersuchungen über einen Abbildungszeitraum von 32 Wochen wurden in dieser Fertigung bis zu 1.500 Aufträge mit durchschnittlich 7,8 Arbeitsvorgängen pro Auftrag (kleinster Wert: 2, größter Wert: 20) abgearbeitet. Innerhalb einer Simulationsreihe, bestehend aus sieben Simulationsversuchen, wurde der Bestand in der Fertigung mit Hilfe der belastungsorientierten Auftragsfreigabe variiert (siehe auch [NYH91b]).

Ergebnisse dieser Simulationsversuche sind zusammenfassend in **Bild 4** dargestellt. Aufgetragen sind hier die gewichteten und ungewichteten Mittelwerte pro Arbeitsvorgang für Durchlaufzeiten, Durchführungszeiten und Übergangszeiten über dem mittleren Bestand in der Fertigung. Die Graphik zeigt, daß der ungewichtete und der gewichtete Mittelwert der Durchlaufzeit einen parallelen Verlauf aufweisen, jedoch auf einem unterschiedlichen Niveau. Bei geringen mittleren Beständen strebt der gewichtete Mittelwert der Durchlaufzeit gegen den gewichteten Mittelwert der Durchführungszeit, während die ungewichtete Durchlaufzeit erwartungsgemäß das Niveau der ungewichteten Durchführungszeit annimmt. Die Differenz zwischen den (bestandsunabhängigen) Mittelwerten der Durchführungszeiten ist bei den

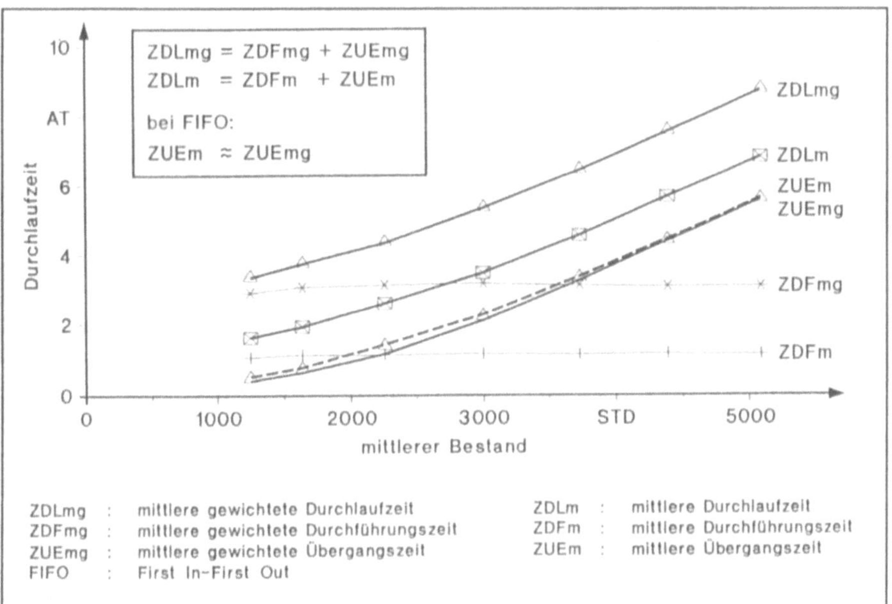

Bild 4: Durchlaufzeitgrößen in Abhängigkeit vom mittleren Bestand
(Simulationsergebnis: Mechanische Fertigung; FIFO)

Durchlaufzeiten wiederzufinden. Somit erklärt es sich auch, daß die Werte für die gewichteten und die ungewichteten Übergangszeiten nahezu deckungsgleich sind, da sich per Definition die Durchlaufzeit als Summe aus Übergangszeit und Durchführungszeit ergibt [WIE87]. Auch bei weiteren Simulationsversuchen, bei denen zusätzlich zum Bestandsniveau auch der Mittelwert und die Streuung der Durchführungszeiten durch Anwendung unterschiedlicher Losbildungsverfahren variiert wurde, ergaben sich keine prinzipiell abweichenden Ergebnisse.

Die in Bild 4 dargestellten Auswertungen basieren auf den Arbeitsvorgangs-Rückmeldungen der gesamten mechanischen Fertigung und stellen somit eine hohe Verdichtungsstufe dar. Um zu überprüfen, inwieweit sich die getroffenen Aussagen auch auf Kapazitätsgruppenebene übertragen lassen, wurden zusätzliche Detailanalysen durchgeführt. Die Ergebnisse bestätigten die Allgemeingültigkeit der Aussagen.

Als ein für die vorliegende Fragestellung relevantes Ergebnis stellte sich dabei ebenfalls heraus, daß die mittlere Übergangszeit der Arbeitsvorgänge an den einzelnen Arbeitsplätzen offensichtlich weitgehend unabhängig von den individuellen Durchführungszeiten der einzelnen Arbeitsvorgänge sind. Diese Aussage wird durch die in **Bild 5** beispielhaft dargestellte Auswertung untermauert. In diesem Bild sind für eine Kapazitätsgruppe (bestehend aus 5 Einzelarbeitssystemen) die Durchlauf- und Übergangszeiten für zwei unterschiedliche Bestandsniveaus über den Durchführungszeiten der Aufträge aufgetragen. In beiden Fällen ist die Übergangszeit nahezu konstant, während die Durchlaufzeit proportional mit der Durchführungszeit ansteigt. Die auftretenden Streuungen sind im wesentlichen auf zufallsbedingte Einflüsse (Streuungen im Zugangsprozeß, variierende Warteschlangenlänge u.ä.) und auf die unterschiedlich starke Besetzung der gebildeten Durchführungszeitklassen zurückzuführen.

Abschließend ist anzumerken, daß die zuvor dargestellten Simulationsergebnisse unter Verwendung der 'natürlichen' Prioritätsregel FIFO (First In - First Out) erzeugt wurden. Bei der ebenfalls - in weiteren

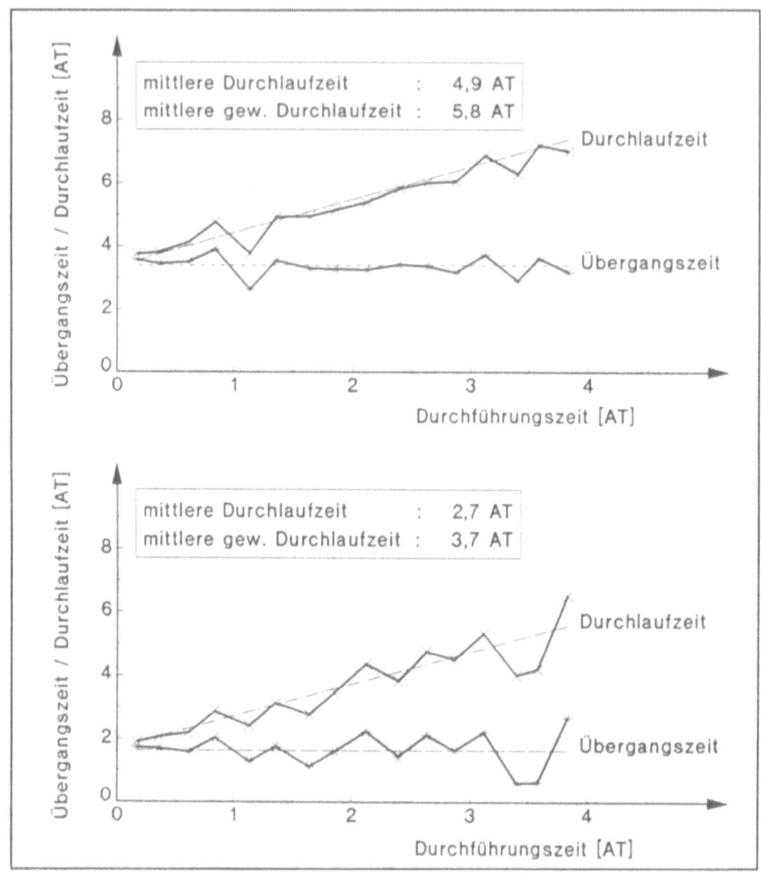

Bild 5: Durchlaufzeit und Übergangszeit in Abhängigkeit von der Durchführungszeit (Arbeitssystem 528126; FIFO)

Simulationsreihen - angewandten Schlupfzeitregel waren die ermittelten Ergebnisse weitgehend deckungsgleich, jedoch mit einer etwas stärker ausgeprägten Streuung. Die Unabhängigkeit der Übergangszeit von der Durchführungszeit ist hingegen nicht mehr bei der Anwendung der KOZ-Regel (kürzeste Operationszeit) und der LOZ-Regel (längste Operationszeit) gegeben. Dies ist auch zu erwarten, da ja bei diesen beiden Prioritätsregeln die Übergangszeiten und die Durchlaufzeiten gerade in Abhängigkeit von der Durchführungszeit beeinflußt werden.

Unter Heranziehung dieser Simulationsergebnisse sowie der in [ERD84] aufgezeigten Zusammenhänge zwischen den gewichteten und ungewichteten Durchführungszeiten läßt sich nun ein formaler Zusammenhang zwischen den Durchlaufzeitgrößen aufzeigen und für durchführungszeitunabhängige Prioritätsregeln mathematisch beschreiben (**Bild 6**). Insbesondere wird es damit auch ermöglicht, Gleichungen für die mittlere Übergangszeit und die mittlere (ungewichtete) Durchlaufzeit abzuleiten und entsprechend in den Betriebskennlinien darzustellen. Hervorzuheben ist, daß in der Berechnungsvorschrift für die Übergangszeit einerseits die Auftragsstruktur (ausgedrückt durch Mittelwert und Standardabweichung der Durchführungszeiten) enthalten ist, andererseits über den Flußgrad (vgl. Bild 3) auch das Bestands- bzw. Leistungsniveau eines Arbeitssystems einfließt. Nach allgemeiner Auffassung sind dieses genau die Größen, über die sich das logistische Potential einer Fertigung (vgl. [WIE91]) nachhaltig beeinflussen läßt.

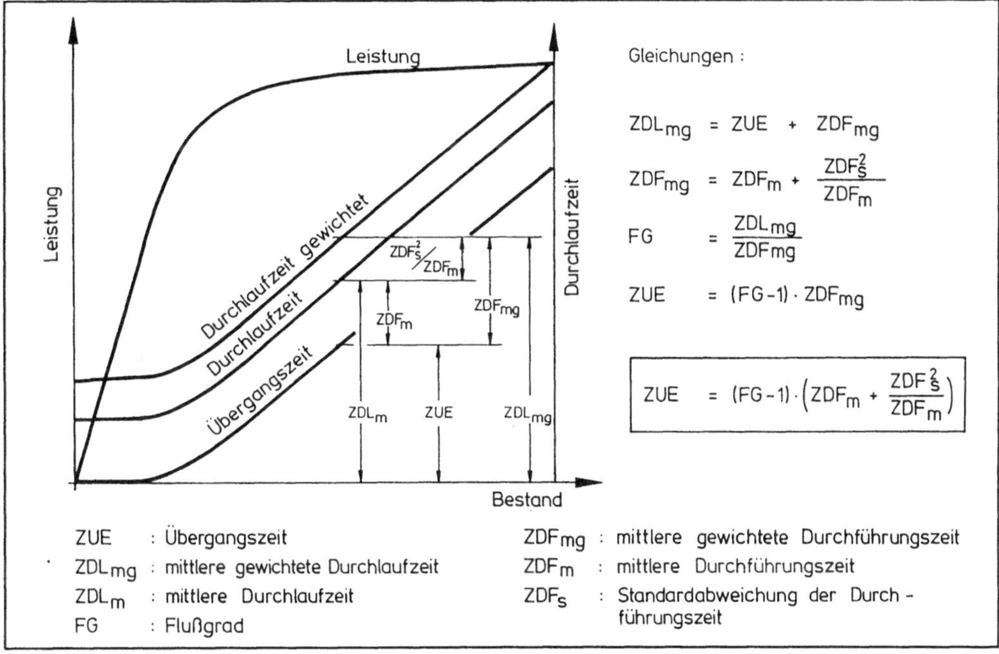

$$ZDL_{mg} = ZUE + ZDF_{mg}$$

$$ZDF_{mg} = ZDF_m + \frac{ZDF_s^2}{ZDF_m}$$

$$FG = \frac{ZDL_{mg}}{ZDF_{mg}}$$

$$ZUE = (FG-1) \cdot ZDF_{mg}$$

$$ZUE = (FG-1) \cdot \left(ZDF_m + \frac{ZDF_s^2}{ZDF_m}\right)$$

ZUE	:	Übergangszeit
ZDL_{mg}	:	mittlere gewichtete Durchlaufzeit
ZDL_m	:	mittlere Durchlaufzeit
FG	:	Flußgrad

ZDF_{mg}	:	mittlere gewichtete Durchführungszeit
ZDF_m	:	mittlere Durchführungszeit
ZDF_s	:	Standardabweichung der Durchführungszeit

Bild 6:   Zusammenhang zwischen Durchlaufzeitgrößen in der Betriebskennlinie

Damit ist die Basis geschaffen, arbeitssystemspezifische Übergangszeiten für ein angestrebtes Bestands-Leistungs-Niveau unter Berücksichtigung der jeweiligen Durchführungszeitstruktur zu ermitteln. Bei gegebenen Durchführungszeiten kommt der Fertigungsplanung die Aufgabe zu, abhängig von der jeweiligen Bedeutung des Arbeitssystems (erforderliche Auslastungssicherheit) und den aktuellen logistischen Zielsetzungen einen mittelfristig zu realisierenden Flußgrad (und damit auch eine Übergangszeit) vorzugeben und im Rahmen der Terminierung anzuwenden.

3   Flußgradorientierte Durchlaufterminierung

Für das nachfolgend vorzustellende Verfahren sind mehrere Voraussetzungen erforderlich. Zunächst ist der angesprochene mittelfristig zu realisierende arbeitssystemspezifische Flußgrad festzulegen bzw. an die jeweilige betriebs- und marktseitige Situation anzupassen. Näheres hierzu ist den Literaturstellen [LUD91], [NYH91a], [NYH91b], [WIE92] zu entnehmen. Weiterhin müssen die Auftragszeitstrukturen an den einzelnen Arbeitssystemen bekannt sein. Dazu hat es sich als hinreichend herausgestellt, z.B. mit Hilfe eines Monitorsystems [ULL91], die Mittelwerte und Standardabweichungen der Auftragszeiten kontinuierlich zu erfassen, fortzuschreiben und im PPS-System z.B. in einer Arbeitsplatz-Datei zu hinterlegen.

Mit diesen Voraussetzungen kann die eigentliche Terminierung, die in **Bild 7** mit ihren Verfahrensgrundzügen dargestellt ist, durchgeführt werden. Unter Zugriff auf den Arbeitsplan und unter Berücksichtigung des festgelegten arbeitssystemspezifischen Flußgrades sowie den Auftragszeitstrukturinformationen kann zum einen die mittlere arbeitssystemspezifische Übergangszeit und zum anderen die individuelle Arbeitsvorgangsdurchlaufzeit bestimmt werden. Die Auftragsdurchlaufzeit ergibt sich durch die Summation der Arbeitsvorgangsdurchlaufzeiten.

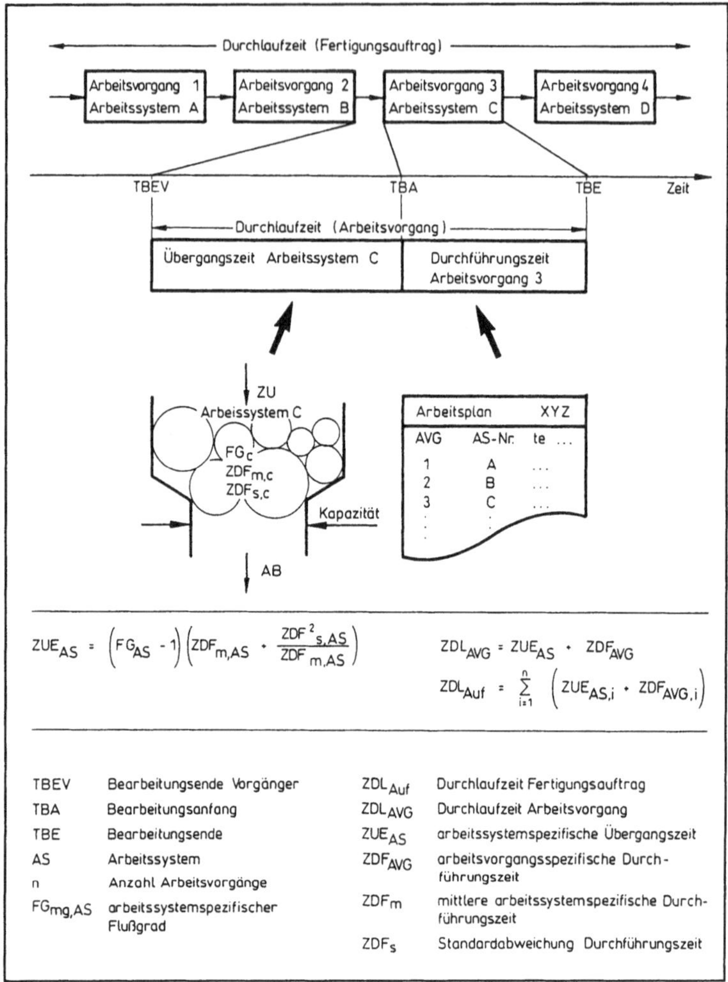

$$ZUE_{AS} = \left(FG_{AS} - 1\right)\left(ZDF_{m,AS} \cdot \frac{ZDF^2_{s,AS}}{ZDF_{m,AS}}\right)$$

$$ZDL_{AVG} = ZUE_{AS} \cdot ZDF_{AVG}$$

$$ZDL_{Auf} = \sum_{i=1}^{n} \left(ZUE_{AS,i} \cdot ZDF_{AVG,i}\right)$$

TBEV	Bearbeitungsende Vorgänger	ZDL_{Auf}	Durchlaufzeit Fertigungsauftrag
TBA	Bearbeitungsanfang	ZDL_{AVG}	Durchlaufzeit Arbeitsvorgang
TBE	Bearbeitungsende	ZUE_{AS}	arbeitssystemspezifische Übergangszeit
AS	Arbeitssystem	ZDF_{AVG}	arbeitsvorgangsspezifische Durch-führungszeit
n	Anzahl Arbeitsvorgänge		
$FG_{mg,AS}$	arbeitssystemspezifischer Flußgrad	ZDF_m	mittlere arbeitssystemspezifische Durch-führungszeit
		ZDF_s	Standardabweichung Durchführungszeit

Bild 7:   Prinzip der flußgradorientierten Terminierung

Der aufgezeigte Terminierungsansatz wurde mit umfangreichen Simulationsversuchen hinsichtlich der Planungsgüte überprüft. Die wichtigsten Ergebnisse sollen im folgenden diskutiert werden.

Bild 8 stellt zunächst für die mechanische Fertigung die Verteilung der geplanten Arbeitsvorgangsdurch-laufzeiten der der (simulativ) realisierten Ist-Durchlaufzeiten gegenüber. Bei gleichem Mittelwert ist die Verteilung der Ist-Durchlaufzeit etwas breiter als die der geplanten. Die Abweichungen sind auf Streuungen im Prozeß zurückzuführen, die im Rahmen der Planung nicht berücksichtigt werden können. Dieses sind z.B. Bestandsschwankungen, die durch den stochastischen Charakter einer Werkstatt-fertigung hervorgerufen werden. Trotz der verbleibenden Differenzen ist die Übereinstimmung dieser Verteilungen als hinreichend gut zu bezeichnen.

Dieses gilt umso mehr, wenn die Ergebnisse des neuen Ansatzes z.B. mit dem häufig angewandten Vorgehen, pro Arbeitsvorgang eine konstante Plandurchlaufzeit anzusetzen, verglichen werden. Bei den hier vorliegenden Randbedingungen ergäbe sich damit eine Trefferquote von max. 14%.

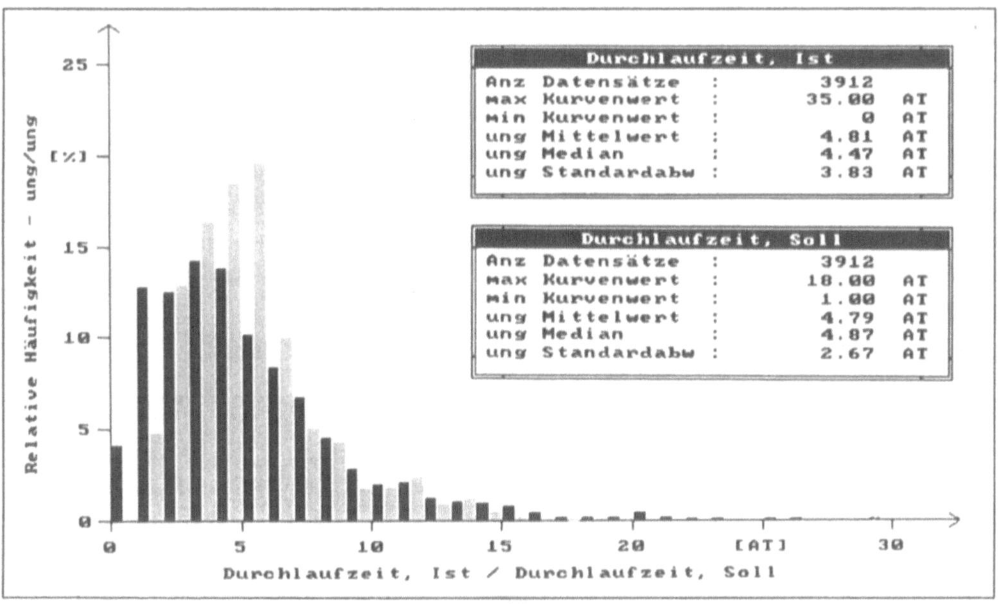

Bild 8: Planungsgüte auf Arbeitsvorgangsebene
(Simulationsergebnis: Mechanische Fertigung; FIFO)

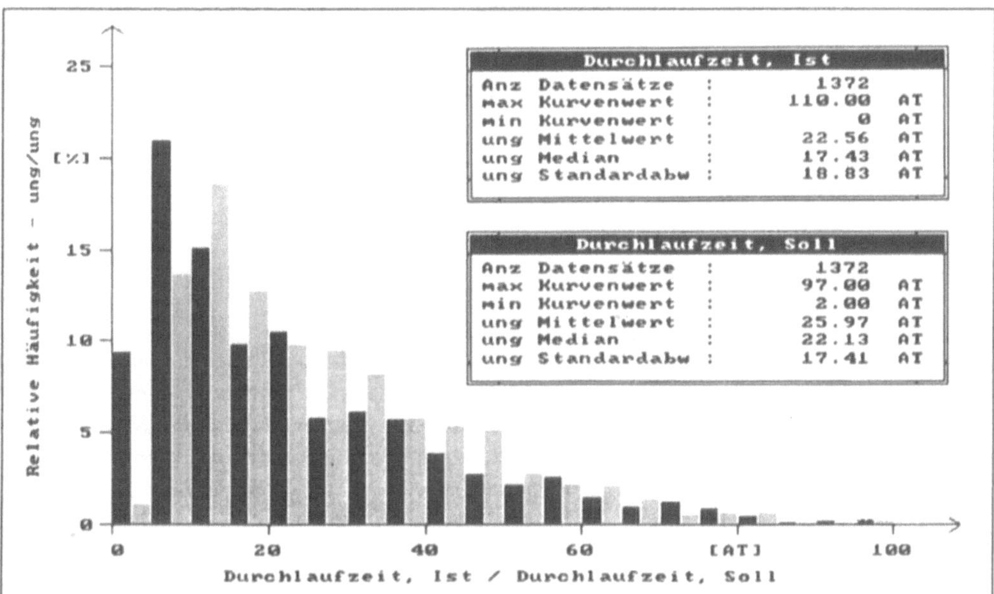

Bild 9: Vergleich der Soll- und Ist-Durchlaufzeiten auf Auftragsebene
(Simulationsergebnis: Mechanische Fertigung; FIFO)

Ein ähnlich gutes Bild ergibt sich auch bei den Auftragsdurchlaufzeiten (**Bild 9**). Bei der Interpretation ist zu berücksichtigen, daß das abgearbeitete Auftragsspektrum sehr inhomogen ist. Dieses dokumentiert sich in der großen Spannweite der Auftragsdurchlaufzeit, die auf die unterschiedliche Anzahl

Arbeitsvorgänge pro Auftrag (2 bis 20) sowie auf stark streuende Auftragszeiten (maximale Durchführungszeit pro Arbeitsvorgang: 8 Arbeitstage!) zurückzuführen ist.

Aus dem Vergleich der Verteilungen geht aber noch nicht unmittelbar hervor, wie gut die Einzelwerte der Durchlaufzeiten getroffen werden konnten. Auskunft darüber gibt die relative Terminabweichung der Aufträge, die sich auch als Durchlaufzeitabweichung interpretieren läßt. Das in **Bild 10** abgebildete Histogramm zeigt, daß die Abweichungen bei über 80% der Aufträge innerhalb einer Toleranz von ± 10 Arbeitstagen liegen. Angesichts der Tatsache, daß die Planung mehrere Wochen (teilweise auch mehrere Monate) vor dem Ablieferungstermin durchgeführt wird, ist die erzielte Planungsgenauigkeit als akzeptabel anzusehen.

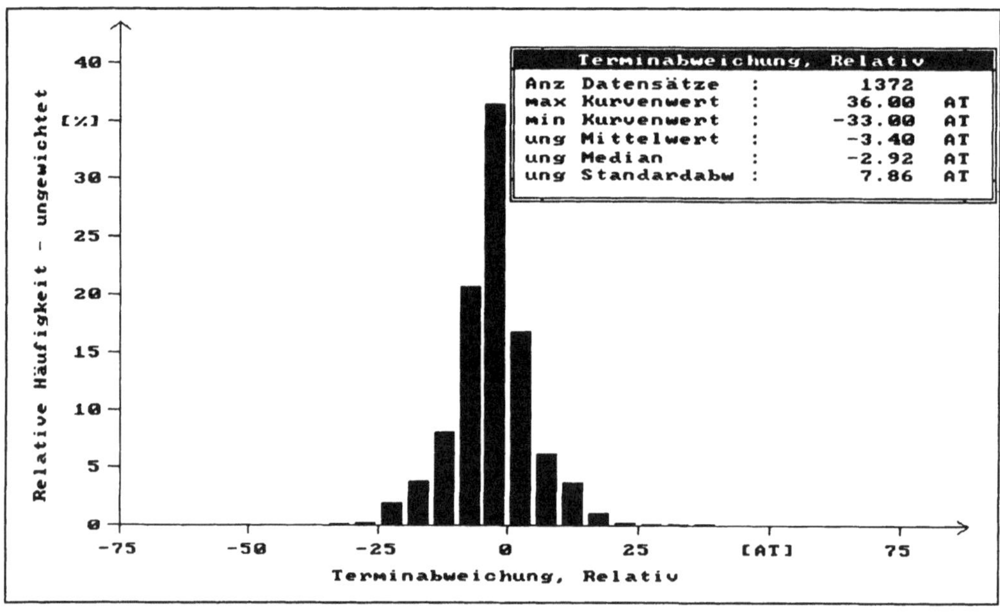

Bild 10:   Planungsgüte auf Auftragsebene
(Simulationsergebnis: Mechanische Fertigung; FIFO)

Allerdings soll noch einmal hervorgehoben werden, daß die Verfahrensgrundlagen auf der Basis einer auftragszeitunabhängigen Prioritätssteuerung (wie bei FIFO und SCHLUPF) entwickelt wurden. Nur unter dieser Voraussetzung, die in der Regel im Planungsstadium auch gegeben sein dürfte, ist die aufgezeigte Ermittlung arbeitssystemspezifischer mittlerer Übergangszeiten realitätsgerecht und deren Anwendung im Rahmen der hier dargestellten Art der Durchlaufterminierung erfolgversprechend. Zudem muß gefordert werden, daß die der Terminierung zugrunde liegenden geplanten Flußgrade auch über eine geeignete Fertigungssteuerung realisiert werden.

4 Zusammenfassung

Mit dem vorgestellten Verfahren wird die Möglichkeit geboten, auf mittelfristiger Planungsebene realitätsgerechte Auftragsdurchlaufzeiten zu ermitteln. Es ist hervorzuheben, daß der Ansatz auf den produktionslogistischen Grundgesetzen aufbaut. Deshalb ist es möglich, bereits zum Zeitpunkt der Durchlaufterminierung sowohl die Auftragszusammensetzung und das geplante Bestands-Leistungs-Niveau als auch die sich dadurch im Realbetrieb einstellenden arbeitsvorgangsindividuell unterschiedlichen Durchlaufzeiten zu berücksichtigen.

Als besonders vorteilhaft erscheint ebenfalls der Umstand, daß das Verfahren in bestehende PPS-Systeme leicht integriert werden kann. Diese nehmen oft eine Terminierung mit Übergangszeittabellen und individuellen Durchführungszeiten vor. In diesen Fällen sind lediglich die Übergangszeiten arbeitssystemspezifisch, d.h. für jede Kapazitätsgruppe, entsprechend der oben beschriebenen Vorgehensweise zu bestimmen und dort zu hinterlegen.

Das Verfahren stellt für sich allein allerdings keinen Garant dafür dar, daß die Auftragsendtermineinhaltung gewährleistet werden kann. Dazu muß vielmehr sichergestellt werden, daß auch die Zugangstermine der Aufträge den geplanten Terminen entsprechen.

5 Literatur

[DOM88]   Dombrowski, U.: Qualitätssicherung im Terminwesen der Werkstattfertigung. Dissertation Universität Hannover, Fortschritt-Berichte VDI, Reihe 2, Nr. 159, Düsseldorf 1988.

[ERD84]   Erdlenbruch, B.:   Grundlagen neuer Auftragssteuerungsverfahren für die Werkstattfertigung. Fortschritt-Berichte VDI, Reihe 2 Nr. 71, Düsseldorf 1984.

[FÖR85]   Förster, H.U.; Syska, A.: CIM heute. Bestandsaufnahme zu Stand und Auswirkungen des integrierten EDV-Einsatzes in der Produktion. In: AWF (Hrsg.): CIM-Computer Integrated Manufacturing. Tagungsunterlage zum Workshop des AWF am 9.12.1985 in Bad Soden.

[LUD91]   Ludwig, E.: Bausteine einer modellorientierten Fertigungsregelung. Beitrag zum IFA-Kolloquium am 15./16.10.1991: Modellbasiertes Planen und Steuern reaktionsschneller Produktionssysteme. Institut für Fabrikanlagen der Universität Hannover 1991.

[NYH91a] Nyhuis, P.: Betriebskennlinien - neue Ansätze zur Analyse und Planung von Produktionsabläufen. Beitrag zur Fachtagung 'Produktionsplanung und -steuerung / FORUM 1991' am 29./30.1.1991 in Schaffhausen (Schweiz).

[NYH91b] Nyhuis, P.: Durchlauforientierte Losbildung. Dissertation Universität Hannover. Fortschritt-Berichte VDI, Reihe 2, Nr. 225, Düsseldorf, 1991.

[ULL91]   Ullmann, W.; PPS benötigt Produktionsablauf-Controlling. In: Jahrbuch 'Planung + Produktion 1991', Verlag moderne industrie 1991.

[WIE87]   Wiendahl, H.-P.; Belastungsorientierte Fertigungssteuerung. Grundlagen, Verfahrensaufbau, Realisierung. Hanser - Verlag, München, Wien, 1987.

[WIE91]   Wiendahl, H.-P. und Nyhuis, P.; Betriebskennlinien - ein Ansatz zur logistischen Positionierung der PPS. Beitrag zum 8. Deutschen Logistik-Kongreß. Berlin, Oktober 1991.

[WIE92]   Wiendahl, H.-P. und Nyhuis, P.; Betriebskennlinien in der PPS - Grundlagen und Anwendungsbeispiele. Erscheint demnächst in der Zeitschrift Wirtschaftsinformatik.

Object and Process Management for the Integration of Heterogeneous CIM Components

N. Kiesel, J. Schwartz[1], B. Westfechtel
Lehrstuhl für Informatik III
RWTH Aachen
Ahornstr. 55, W−5100 Aachen, West Germany

Abstract

Due to enormous pressures from national and international marketplaces, Computer Integrated Manufacturing has become a tremendously important area of both research and development. However, the current state of the art is still characterized by islands of automation. We present an approach which is developed to bridge the gap between such islands of automation. We propose a CIM Manager which provides services for integrating heterogeneous CIM components. In this paper we focus on the object management services which provide a unified view of the data managed by different CIM components. Furthermore we discuss the process management services which assist in directing and coordinating CIM activities throughout the whole enterprise.

Zusammenfassung

Aufgrund des enormen Konkurrenzdrucks auf nationalen und internationalen Märkten ist Computer Integrated Manufacturing zu einem äußerst wichtigen Gebiet für Forschung und Entwicklung geworden. Dennoch ist der Stand der Technik immer noch durch Insellösungen gekennzeichnet. Wir präsentieren einen Ansatz, der darauf ausgerichtet ist, Automatisierungsinseln miteinander zu verbinden. Dies geschieht mit Hilfe eines CIM−Managers, der Dienstleistungen zur Integration heterogener CIM−Komponenten zur Verfügung stellt. Im vorliegenden Aufsatz konzentrieren wir uns auf die Objektverwaltung, die eine einheitliche Sicht auf die von den verschiedenen CIM−Komponenten verwalteten Daten bietet. Außerdem gehen wir auf die Prozeßverwaltung ein, mit deren Hilfe CIM−Aktivitäten im gesamten Unternehmen gesteuert und koordiniert werden.

1   Introduction

Due to enormous pressures from national and international marketplaces, Computer Integrated Manufacturing /Sch 90a/ has become a tremendously important area of both research and development. In contrast to traditional taylorism which emphasizes division of labour, the purpose of CIM is to integrate all processes carried out within an enterprise (or even across multiple enterprises). However, although progress has definitely been made in this direction, the state of the art is still characterized by islands of automation: While CIM components themselves are quite powerful, much of their power is lost due to poor interfaces between them.

---

1. supported by the Deutsche Forschungs−Gemeinschaft

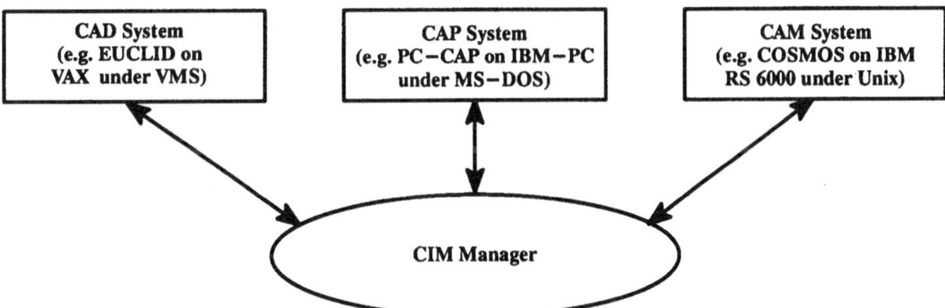

Fig. 1 A Posteriori Integration of Heterogeneous CIM Components

In response to these deficiencies, a project called **SUKITS** was launched by the Technical University of Aachen (under support of the Deutsche Forschungs−Gemeinschaft) in fall 1991. SUKITS is a joint effort of computer scientists and mechanical engineers which is devoted to bridge the gaps between islands of automation. This goal shall be achieved by providing an integrating infrastructure which is called **CIM Manager** (Fig. 1). An overall description of the project is given in /EWMNS 92/.

Although vendor−specific CIM solutions are available (e.g. IBM 400), it is unlikely that products of a single vendor satisfy all needs across the whole enterprise. Therefore, we conclude that **a posteriori integration** of heterogeneous CIM components cannot be avoided. Although a few products addressing this problem are available on the marketplace (e.g. EDCS II from DEC), integration of heterogeneous CIM components is still a great challenge for both research and development.

The SUKITS project is dedicated to developing a CIM Manager which integrates heterogeneous CIM components. Unlike e.g. the CIDAM project /Sch 90b/ which primarily addresses the integration of different relational data base systems, we do not impose any restrictions on the CIM components which are to be integrated. Integration is achieved by providing the following services:
- **Communication**: The CIM Manager provides a uniform communication system which hides the differences between various operating systems and network protocols.
- **Object management**: The CIM Manager acts as a uniform repository for all objects which are manipulated by different CIM components (e.g. CAD designs, NC programs, and working plans).
- **Process management**: In addition to recording objects and their interrelationships, the CIM Manager provides services for defining and executing CIM processes which operate on these objects.

Note that these services provide consecutive stages of integration.

Although we do acknowledge heterogeneity, we are aware of the problems of a posteriori integration. In order to reduce these problems, it is essential to develop a **framework** into which CIM components from different vendors may be integrated with acceptable effort. Then, future CIM components may be implemented with this framework in mind. In this respect, we adopt the philosophy underlying the CIM−OSA project /Ko 91, Ru 91, Qu 91/. By building prototypes (the first of which is scheduled for 1993), we hope to gain some valuable experiences which influence the design of integrating infrastructures in the CIM area.

This paper deals with the concepts for object and process management which have been developed so far. We will not go into the underlying communication services which are described in a companion paper /He 92/. In section 2 and 3, we discuss object and process management in turn. In section 4, we describe how the CIM Manager is adapted to a certain scenario. Section 5 concludes the paper by giving a short summary and an outlook on future work.

2 Object Management

The object management system provides a unified view of the data which are managed by different CIM components. In order to avoid severe bottleneck problems, we have committed ourselves to a **meta data approach**: rather than storing the data itself (the actual CAD files, NC programs, etc.), the CIM Manager merely stores descriptive data such as pointers to the actual data, last modification dates, states indicating the "maturity" (e.g. experimental − stable − released), etc.

An important task of the object management system is to permit simple access to foreign data, i.e. data managed by other CIM components. To this end, the object management system has to provide **location transparency**. Furthermore, it has to deliver data in the format which is required by the client (**representation transparency**). Therefore, it has to perform transformations between different formats as needed. Ideally, transformations should be done via a neutral data format in order to avoid the well−known n^2 problem. To execute its tasks, the object management system relies on the services provided by the communication system.

Another important task of the object management system is to accurately record the **dependencies** between data managed by different CIM components. By means of these dependencies, inconsistencies between interrelated data may be detected, and actions may be launched in order to remove these inconsistencies. For example, changes to a CAD design might affect NC programs which were derived from it; therefore, automatic, semi−automatic or manual re−derivations might be necessary. Such events may be recognized by means of the data stored in the object base. The reaction to such events falls under process management which is discussed in the next section.

Version management is another crucial requirement to an object management system for the integration of CIM components. Documents such as CAD designs, working plans, or NC programs evolve over time and are stored in different formats on different machines. It is essential to accommodate such variations, thereby accurately managing their interrelationships. Only then is it possible to reconstruct from which version a particular document was derived, how the versions differ from each other, who performed which changes, when they were performed, to reuse old versions, etc.

Our approach to version management takes both **composition** and **dependency relationships** into account. It extends the approach which was presented in /We 89, We 91/. Other approaches to version management frequently deal either with composition relationships (e.g. /KC 87, Oq 89/) or dependency relationships (e.g. /Es 88/). We feel that both relationships are essential and must be integrated into a uniform framework.

In our model, we distinguish between an **object plane** and a **version plane** (Fig. 2). During their lifetime, objects evolve into multiple versions. A version is a snapshot which records a certain state in the evolution of an object. Versions of the same object are interconnected by means of successor relationships which represent the evolution history. Furthermore, versions of different objects are related by dependency and composition relationships. The version plane contains all versions and their mutual relationships. Analogously, the object plane comprises all objects and the dependency and composition relationships between them. Entities in the object plane represent version groups and are connected with their members by means of vertical relationships. The version plane refines the object plane: each object is refined into a version group, and each relationship between two objects is refined into a set of relationships between versions of the corresponding groups.

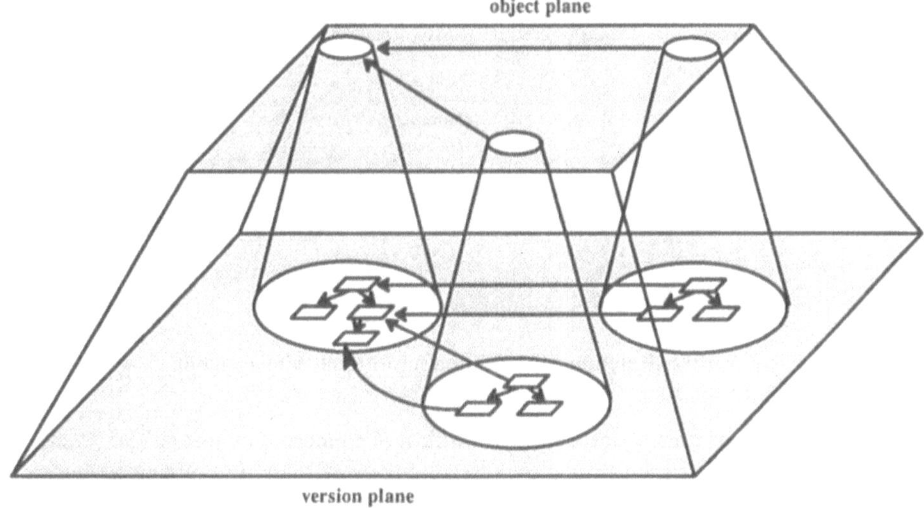

Fig. 2 The Object Plane and the Version Plane

The basic notions of the model are defined in an **entity−relationship diagram** (Fig. 3). Words in capital letters represent entity types. Labeled arrows denote relationship types. Note that labels are not unique throughout the diagram; overloading allows us to avoid artificial, distinct names for similar relationship types. An unlabeled arrow represents a specialization relationship, i.e. the source type is a subtype of the target type. A subtype inherits all attributes and relationships from its supertype(s).

In the sequel, we describe the elements of the entity−relationship diagram in turn. Note that entity−relationship diagrams are not powerful enough to express all constraints which have to hold on the instance level. In /We 89, We 91/, first order logic was used to formalize such constraints. In this paper, we refrain from formalizing constraints and content ourselves with an informal description.

The entity type *OBJECT* represents **objects** which evolve into multiple versions. Each object has a unique name. Objects are interrelated by means of **dependencies** (relationship type *DependsOn*). The notion of dependency is very general inasmuch as dependencies may be established between arbitrary objects.

According to their complexity, objects are classified into **document groups** and **documents** the latter of which are leaves w.r.t. **composition relationships** (relationship type *Contains*). Document groups may be nested, and they may share common components; however, cyclic composition relationships are not allowed. Dependency relationships must be orthogonal to composition relationships, i.e. o_1 must not depend on o_2 if o_1 is subordinate to o_2 (w.r.t. the transitive closure of composition relationships) or vice versa.

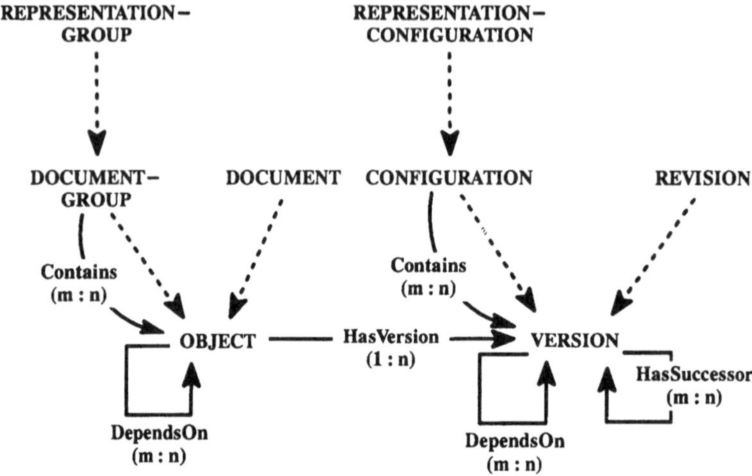

Fig. 3 Entity—Relationship Diagram for Version Management

A **version** is an instance of exactly one object to which it is connected by means of a *HasVersion* relationship. Each version is assigned a number which is unique w.r.t. the corresponding version group. To each version, say $v1$, a boolean **(internal) consistency attribute** is attached whose value is true if and only if the contents of v_1 is correct without regarding its dependency relationships to other versions (see below). A version may be frozen, i.e. it may be protected against subsequent modifications. Versions are interrelated by **successor relationships** which represent the evolution history of an object. The evolution history forms an acyclic graph which is not necessarily connected. This allows for the representations of variants which have been developed simultaneously.

Dependencies between versions refine dependencies between objects, i.e. version v_1 of object o_1 may only depend on version v_2 of object o_2 if o_1 depends on o_2. To each dependency relationship between two versions, say $v1$ and $v2$, a boolean **(external) consistency attribute** is attached whose value is true if and only if the contents of v_1 is correct w.r.t. to the contents of v_2 (e.g. an NC program correctly "implements" a CAD design).

Analogously to the distinction between document groups and documents, versions are classified into **configurations** (versions of document groups) and **revisions** (versions of documents). **Composition relationships** between versions refine composition relationships between the corresponding objects.

As discussed briefly at the beginning of this section, the object management system has to manage multiple **representations** of CAD designs, NC programs, etc. Such representations are modeled using the concepts introduced above: For each logical state in the evolution of a document, a **representation configuration** is created which contains all representations of this logical state maintained in different CIM components (e.g. in CAD systems such as EUCLID or CATIA). There is exactly one representation which is designated as the **master representation**. Only the master representation may be edited. All other representations are either copies of the master, or they have been derived by applying a suitable transformation. In either case, they depend on the master and have to be kept up to date. The CIM Manager assists with this task. Finally, in the object plane a **representation group** collects representation configurations which represent different versions of a logical state.

3   The Process Management System

In the last section we described the basic mechanisms of the object management system of the CIM Manager. It yields the first step towards a fully integrated enterprise, the data integration. In addition to this passive component, there must be an active component which monitors and controls the business process. We call this component the **process management system**. In the sequel, we discuss two aspects of process management in turn : access control and process control.

3.1   Access Control

One risk of a unified view of the data together with the communication integration described in /He 92/ is that unauthorized people get access to the information in the data repository or − even worse − are able to modify or destroy any of the data. For that reason one of the basic requirements to the process management system is to control the business process and to prevent such **unauthorized data access**.

To solve this problem, we expand our object management model with an **access control model**. The first step is to notify the CIM Manager everybody who is authorized to use any of the integrated systems or the CIM Manager itself. Therefore, like a multi user operating system the CIM Manager keeps an internal list of authorized **users**. A **super user** − the system administrator − is allowed to change this list.

But not every employee who is authorized to use one integrated CIM component is allowed to access every information in the data repository of the CIM Manager. For that reason it is necessary to relate **access rights** to every user of the system. Access rights can be granted for every data entry of the object management system, i.e. for every object and for every version. We have to distinguish between access rights for objects and versions; for example, it might occur that someone has the right to change one version, but to view all versions of a document. The access rights will be granted by the system administrator manually or during the process execution automatically.

As in a multi user file system, our base model contains the minimal set of access rights including three different types: **read, write** and **execute**. However, the system administrator may want to grant other access rights, e.g. view but not copy,   change but not create or destroy, etc. Therefore, access rights are one of the configurable parts of the CIM Manager as described in section 4.

It is not desirable that all users may be granted all types of access rights. Therefore we define **roles** /Le 88/. A role is a specific activity or function in an enterprise, e.g. CAD designer, system administrator or floor manager. In accordance to the function, every role has access rights to certain objects. The role determines the kinds of access rights which may be granted. For example, a CAD designer is authorized to access and change CAD documents but must not access NC programs. The system administrator is able to assign every user multiple roles and to grant every role access rights to objects. Thereby, the organization of project teams may be adapted as required.

The concepts described above are the basic mechanisms that allow the CIM Manager to control and monitor the business process and to yield data integration as tightly as possible without loosing any security. However, following our bottom−up approach and due to the fact that every integrated CIM component owns his private data the real degree of security depends on how the CIM components control data access. For that reason we now examine mechanisms to **encapsulate** integrated **CIM components** to guarantee that the CIM Manager may prevent unauthorized access to the data. In particular, this requires that every user and every data access is notified to and controlled by the CIM Manager.

3.2 Process Control

As described in /Ko 91/, **process integration** is the last step to a fully integrated enterprise. The claim of this level of CIM integration is to control the progress of the business process actively and automatically. Therefore, activities must be started, changes must be propagated, etc.

This level of integration should be reached by means of **process modeling**. Nowadays, process modeling is one of the most important research topics both in CIM and in software engineering. There are considerable similarities between the software production process and the technical production process so that the research results should be of interest for both groups. A lot of research projects have been concerned with process modeling. We examined approaches described in the literature in order to find out whether they may be used as a foundation for the process management system of the CIM Manager.

Document management systems like DEC's EDCSII /DEC 92/ offer a high degree of data integration and access control but lack any explicit process model. They offer only simple trigger mechanisms by means of which processes can be defined and controlled in a rather implicit, involved way. Similarly, bottom up integration mechanisms based on a **broadcast message server** like Field /Re 88/ or HP− Workbench /HP 89/ yield a high degree of integration with help of simple mechanisms but lack most of our aims described above. They offer no version management and no adaptable process model. In particular, they are not designed to support end users such as project managers who want to control development and manufacturing processes.

Process centered CASE tools like MARVEL /KBS 90/, MERLIN /DSV 88/, MELMAC /DG 90/, ARCADIA /SHO 90/ etc. offer many different mechanisms for access control and process control, e.g. rule based process models, petri−net based process models and process model extensions for the programming language ADA. But they all lack any kind of version management. Due to that fact they cannot yield one of the basic aims of CIM: information integration and consistency.

Therefore, we decided to develop a new process model on top of our object management model and our access control model. Our approach is intended to meet the following requirements (which are only partially fulfilled by the approaches cited above):
1. There must be a formal description for processes which is both precise and easy to understand.
2. Processes must be executable according to their formal descriptions.
3. The process model must support dynamic changes of the product and of the process itself.
4. Access control and version management must be fully integrated.

4 Configuring the CIM Manager

In order to actually use the CIM Manager in an enterprise, it has to be adapted to the concrete types of objects and processes which are characteristic for that enterprise. All activities which have to be carried out to this end are summarized under the term **CIM configuration phase**[2]. After the CIM Manager has been configured, it is ready to manage objects and processes at **run time**. Note that the distinction between the configuration phase and the run time phase must not exclude a posteriori modifications of the CIM schema defined in the configuration phase. As far as possible, dynamic changes to the CIM schema should be supported without sacrificing the integrity of the object base.

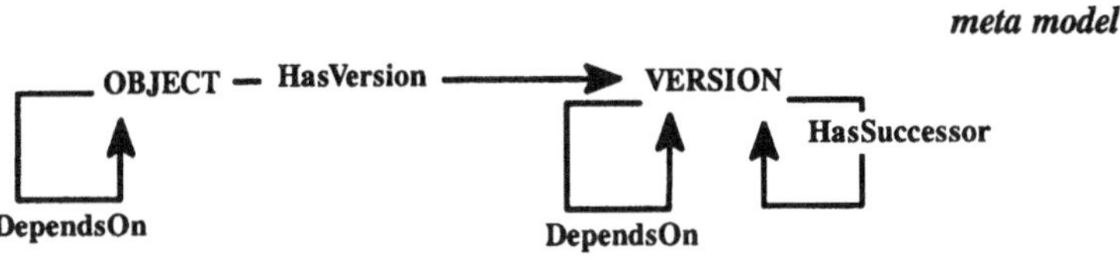

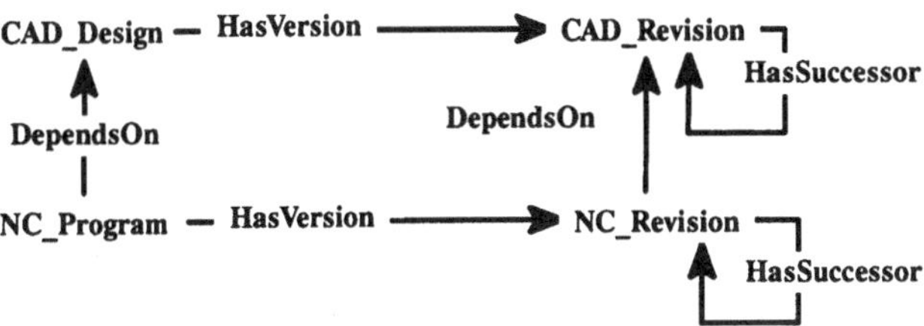

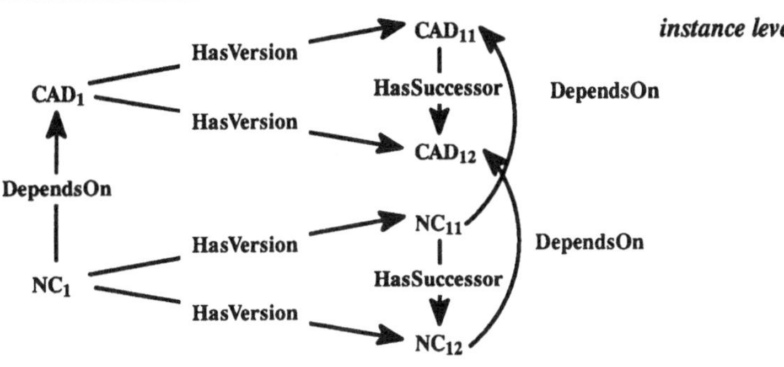

Fig. 4 Levels of Modeling

Taking these considerations into account, we distinguish between three different levels of modeling (Fig. 4):

---

2. The reader should note that the term "configuration" was used in a different way in section 2 (configurations of document groups which are to be managed by the CIM Manager at run time).

- The **meta model** defines general types of objects and relationships which are independent of a concrete scenario. In section 2, we have presented our meta model for object management (fig. 3). The meta model is defined and built into the CIM Manager a priori.
- The **concrete model** refines the meta model by defining the concrete types of objects and processes which are characteristic for an enterprise. The concrete model is defined in the configuration phase.
- Finally, the **instance level** comprises all objects and processes which are managed according to the concrete model at run time.

Thus, the configuration phase serves to bridge the gap between the meta model and the instance level by providing a concrete model.

In addition to the configuration phase as described above, another kind of configuring has to take place at run time: In the **process description phase**, the processes have to be defined which are to be performed in the **process execution phase**. Again, these phases may be intertwined, i.e. the process definition may have to be changed according to modified requirements, unexpected delays, structural changes of the product, etc. Altogether, we have to distinguish between CIM configuration, process definition and process execution.

5   Conclusion

In this paper, we have presented an approach to a posteriori integration of heterogeneous CIM components. Integration is achieved by means of a CIM Manager which provides communication, object and process management services. Our description has focused on object and process management. W.r.t. the levels of modeling, we have distinguished between meta model, concrete model and instance level. Furthermore, w.r.t. the levels of operation, we have defined the CIM configuration and the run time phase the latter of which is divided into process definition and process execution.

Ongoing and future work concerns the following areas:
- **Meta model**: While we have presented a meta model for object management, we still have to develop a meta model for process management.
- **Concrete model**: Concrete models will be defined by mechanical engineers participating in the SUKITS project.
- **Implementation**: The operability of our approach will be demonstrated by developing and using prototype implementations of the CIM Manager. The first prototype is scheduled for 1993. As far as possible, the prototype will be based on standard components (candidates are the X Window System /O xx/ for the user interface, PCTE /BGMT 88/ for object management, and standard OSI application services /Ro 90/ for communication).

Acknowledgements

The authors gratefully acknowledge the contributions of all other members of the SUKITS project: R. Große−Wienker, A. Pollack, S. Repetzki, K. Sonnenschein (Werkzeugmaschinen−Labor), D. Menzenbach, W. Schlegel (Institut für Kunststoffverarbeitung), and O. Herrmanns (Lehrstuhl für Informatik IV).

References

/BGMT 88/   G. Boudier, F. Gallo, R. Minot, I. Thomas : *An Overview of PCTE and PCTE +*, in /He 88/, 248−257, 1988

/DEC 92/   Digital Equipment : *VAX EDCS II*, internal documentation, 1992

/DG 90/   W. Deiters, V. Gruhn : *Managing Software Processes in the Environment MELMAC*, in /He 90/, 193−205, 1990

/DSV 88/   W. Deiters, W. Schäfer, K.−J. Vagts : *Formal Methods for the Description of the Software Development Process*, Tech. Report No.23, University of Dortmund, 1988

/Es 88/   J. Estublier : *Configuration Management: The Notion and the Tools*, Proceedings of the International Workshop on Software Version and Configuration Control 1988, Teubner Verlag, Stuttgart, 38−61, 1988

/EWMNS 92/ W. Eversheim, M. Weck, W. Michaeli, M. Nagl, O. Spaniol : *The SUKITS Project : An Approach to a posteriori Integration of CIM Components*, to appear in: Proceedings GI−Jahrestagung, Informatik Fachberichte, Springer Verlag, Berlin, 1992

/He xx/   P. Henderson (Ed.) : *Proceedings of the ACM SIGSOFT/SIGPLAN Software Engineering Symposia on Practical Software Development Environments*, SIGPLAN Notices bzw. Software Engineering Notes

/He 92/   O. Hermanns : *Eine Kommunikationsarchitektur für die Integration von CIM−Anwendungssystemen und Groupware*, to appear in: Proceedings GI−Jahrestagung, Informatik Fachberichte, Springer Verlag, Berlin, 1992

/HP 89/   Hewlard Packard : *Exploring HP Softbench : A Beginner's Guide*, Tech. Report, 1989

/KBS 90/   Kaiser, Barghouti, Sokolsky: *Preliminary Experience with Process Modeling in the MARVEL Software Development Environment Kernel*, 23rd Annual Hawaii International Conference on System Sciences, IEEE Computer Society, 131−140, 1990

/KC 87/   R.H. Katz, E. Chang : *Managing Change in a Computer−Aided Design Database*, Proceedings of the 13th Conference on Very Large Data Bases, 455−462, 1987

/Ko 91/   K. Kosanke : *The European approach for an Open System Architecture for CIM (CIM−OSA) − ESPRIT project 5288 AMICE*, Computing & Control Engineering Journal 5/91, 103−108, 1991

/Le 88/   C. Lewerentz : *Extended Programming in the Large in a Software Development Environment*, in /He 88/, 173−182, 1988

/Oq 89/   F. Oquendo et al. : *Version Management in the PACT Integrated Software Engineering Environment*, Proceedings of the 2nd European Software Engineering Conference 1989, 222−242

/O xx/   O'Reilly and Asociates: *The X Window System Series (8 Volumes)*, O'Reilly and Associates, 1988−1990

/Qu 91/   B. Querenet : *The CIM−OSA integrating infrastructure*, Computing & Control Engineering Journal 5/91, 118−125, 1991

/Re 88/   S. P. Reiss : *Integration Mechanisms in the FIELD Environment*, Tech. Report CS−88−18, Brown University, 1988

/Ro 90/   N. T. Rose : *The Open Book : A Practical Perspective on OSI*, Prentice Hall, Englewood Cliffs, 1990

/Ru 91/   P. J. Russell : *Modelling with CIM−OSA*, Computing & Control Engineering Journal 5/91, 109−117, 1991

/Sch 90a/   A. W. Scheer : *CIM − Der computergesteuerte Industriebetrieb*, Springer Verlag, Berlin, 1990

/Sch 90b/   A. W. Scheer et al. : *INMAS − Eine individuell konfigurierbare Schnittstelle*, Information Management 1/90, 16−26, 1990

/SHO 90/   S. M. Sutton, D. Heimbinger, L. J. Osterweil: *Language Constructs for Managing Change in Process−Centered Environments*, in /He 90/, 206−217 (1990)

/We 89/   B. Westfechtel : *Revision Control in an Integrated Software Development Environment*, Proceedings of the 2nd International Workshop on Software Configuration Management, ACM Software Engineering Notes, vol. 17−7, 96−105, 1989

/We 91/   B. Westfechtel : *Revisions− und Konsistenzkontrolle in einer integrierten Softwareentwicklungsumgebung*, Informatik Fachberichte 280, Springer Verlag, Berlin, 1991

The SUKITS Project:

An Approach to a posteriori Integration of CIM Components

W. Eversheim/M. Weck
WZL – Laboratorium
für Werkzeugmaschinen
und Betriebslehre

W. Michaeli
IKV – Institut für
Kunststoffverarbeitung

M. Nagl
Lehrstuhl für
Informatik III

O. Spaniol
Lehrstuhl für
Informatik IV

Aachen University of Technology (RWTH), 5100 Aachen, Germany

Abstract

The SUKITS Project (Software and Communication Structures in Technical Systems) is a joint research project of different institutions of the Aachen University of Technology which is funded by the German Research Council (DFG–Forschergruppe). It aims at integrating existing CIM components as tightly as possible. The solution is to study and to implement a CIM manager consisting of two basic components on top of which integration is to be realized: A component in which information about all CIM documents, relations between documents, tasks and processes is stored which altogether have to be consistent with a CIM schema to be defined in advance. We call this component object administration system. The second basic component is the communication structure, which enables the physical interconnection of CIM components as well as the transparent exchange of information between them. The following paper discusses the overall approach to the solution and gives some details about the goals, both with respect to software engineering, data base and network communication technology.

1. Introduction

Computer integrated manufacturing (abbr. CIM, see e.g. /GR 91/, /Sch 90/) is a claim for an integrated, computer–supported solution for all design, quality assurance, planning, management, and supervision activities occurring during a product life cycle from the first ideas of a product until it is leaving the factory after having been manufactured. There are wider and narrower definitions of a product life cycle and, therefore, also of CIM. We restrict our investigations to the technical activities (a) product design, (b) process planning, and (c) production planning and control and, therefore, do not regard other connected areas as company or project structure, product marketing, product policy, personnel management, logistics, product distribution or alike. Even on grounds of the restricted definition, the problem is complicated enough, because all three areas mentioned above consist of many subactivities, use many different kinds of documents, and contain many interdependencies.

CIM solutions can be characterized as being *integrated* systems consisting of different EDP–applications (e.g. CAD, CAM etc.). CIM solutions are *distributed* systems in the way that independent tasks have to be carried out by persons which work cooperatively together usually using different kinds of hardware. Integration and distribution is on the CIM product side (building a complex CIM configuration of documents, tasks, and diverse relations) as well as on the CIM process side (a process of which yields this CIM configuration). Please note, that the CIM product in this sense is the whole CIM configuration and not only the product to be manufactured and brought into market, and that the CIM process is the whole CIM development/maintenance process consisting of design, process planning, production planning and control activities and not only the technical process of assembling, turning, milling, etc. To distinguish both meanings we speak of product, process in the narrow and of CIM product, CIM process in the wide sense. We call an integrated CIM solution in the following text also integrated CIM application, CIM environment, or CIM system.

Integration and *distribution* can be found on *different abstraction levels:* (a) On a logical level describing and controlling the whole life cycle of a product within a certain CIM system, i.e. on the CIM user level, (b) on the level of developing suitable concepts, languages, methods, and tools to handle such a description and its execution, i.e. on the external modelling or CIM languages'/tools' designer level, (c) on the internal conceptual level saying how to structure and handle CIM documents, processes, dependencies, i.e. on the CIM system modeller level, and (d) on diverse software levels ranging from application–oriented levels down to basic mechanisms (CIM software engineering level) down to (e) the hardware level of computers and networks.

The CIM system is a representative of a broad class of applications in which integration and distribution becomes more and more important. Integration can be tackled into two different ways: (a) Following a *top–down* or *a priori* approach in the sense that the components to be realized are designed for tight integration. Here, the degree of integration (granularity, coupling) can be very high. The disadvantage is that existing components can hardly be taken which increases the realization effort of an overall system. Examples of such systems are to be found in research projects in software development environments, data modelling environments, VLSI systems etc. (b) The second way is to integrate existing components in a *bottom–up* or *a posteriori* manner. Here, the realization effort can be lower. The degree of integration is determined by the quality of existing components, i.e. how they fit for integration and distribution. Definitely, the degree of integration is lower in this case than in the first case.

Nevertheless, in this project we follow a very *interesting* research topic of enormous *practical* relevance for different application areas. The following questions arise: (1) How far can integration go if existing components are taken? (2) How have basic integration components to be designed and developed so that they fit into various environments with quite different hardware, system software, and application software platforms? (3) How can the effort of adapting existing components be reduced? (4) Which requirements can we derive for the components of such systems so that tight integration is easier in the future? The SUKITS–project tries to give answers to these questions.

The contents of this paper are as following: In the next chapter we discuss the state of the art in CIM and, therefore, give a motivation for the project. The next chapter introduces the approach we have taken to solve the problems described above. It is restricted to giving an overview (a joint paper discusses one of the basic components of the CIM manager). After that a short project plan is given. A summary concludes the paper.

2. The CIM Problem: Claim and Reality

The *claim* of *CIM* is to offer an integrated and automated solution for supporting all activities occurring during the whole manufacturing process from the first product idea to the time the product leaves the factory. These activities are due to the main CIM working areas, namely product design, process planning, and production planning and control. During the manufacturing process, a lot of diverse CIM documents are prepared ranging from first drawings to descriptions saying how a product is produced. These documents are internally structured (design documents e.g. may be on different levels of abstraction (overall design, detailed design), and may be related to different perspectives of the product (geometrical shape, stability etc.)). CIM documents and CIM activities are mutually dependent on each other, dependency relations describing the order of activities, mutual relations of (parts of) descriptions in diverse documents, time relations of activities, successor relations of revisions and alike. Therefore, the whole CIM process builds up or maintains large, complex, and highly nested CIM configurations. A CIM configuration describes all documents and their structure, all aspects of data integration between documents, and all administrational information on configuration as well as on CIM process control level.

Therefore, the term *"integration"* in the word "CIM" has the following four different meanings: (a) Integration means *completeness* or comprehensiveness in the sense that all problems are covered, i.e. none of them is left out to be prepared manually. (b) Integration also means concerted *cooperation* of tasks and *consistency* of underlying data in the sense that the system is giving support that no activity is left out, each activity is started at the right time, that dependencies between documents are controlled so that we end up in development or in maintenance with a consistent change of a CIM configuration. (c) Integration also means *adaptability* on the CIM product side in the sense that if a product is slightly changed one wants to have trace and change control support. (d) Integration also means *configurability*. If a new production line is opened or a new CIM environment is built up, the aspects of structuring a CIM configuration comes up. Here, existing solutions should be taken. Therefore, the aspect of configurability is often seen in combination with the aspect of heterogeneity.

The state of the art of CIM is far away from this claim. The reality is described by three situations neither of them is satisfying with respect to all facets of integration:

a) There exist good, integrated, and comfortable partial solutions, e.g. in the CAD–area, sometimes integrated with simulation. The problem is, that the underlying data are only given in a specific, representation–dependent format, interdependencies within those data and dependencies to the outside world are unknown. Clearly, this is a violation of the completeness aspect of integration.

b) In *vendor specific* and homogeneous integration *solutions* (e.g. /IBM 92/) some of the above problems are solved because the CIM realization is developed by one deliverer, and, therefore, the internal data structures, are known and used. There result problems because adapting the system can only be done by the vendor. Furthermore, such solutions usually cover only a part of the total solution. Therefore, the problems at the border of the system are the same as above. So, we have a violation of the adaptability and configurability aspects of integration.

c) In an integration of *heterogeneous partial solutions* (CAX applications), the enterprise's grown structure can be mapped onto the CIM solution. Here, nowadays, the CAX– applications are mostly stand–alone systems. Furthermore, such CAX application system are often working on different hardware/software platforms. It is difficult to integrate them, because internal data structures are unknown, dependency relations are not explicit, etc. Furthermore, no hardware/software–independent platforms for integration are available and the existing application systems are not built for being integrated. Therefore, these heterogeneous systems severely violate the corporation and consistency aspect of integration.

The *deficits* of existent solutions can be *summarized* as follows:

a) Decomposition into "functional" parts of the global problem tremendously complicates the coordination within a CIM process to end up with a consistent CIM configuration.

b) Only a small part of the necessary data is exchanged between different application systems and used twice or more, the bigger part is either not available or produced again.

c) Communication between different hardware platforms is difficult because of technical and financial reasons.

d) Vendor specific solutions only shift the integration problem without solving it properly.

We conclude that

(1) there is no way to avoid bottom–up integration because this approach is the only one which regards the enterprise structures and the aspects of completeness. Furthermore, to a certain degree the configurability aspects and heterogeneity aspects are also covered. Finally, manufacturing enterprises do not want to be dependent on one CIM vendor. On the other hand, especially if they are medium–size enterprises, they cannot afford to build a new and comprehensive solution by their own.

(2) the problem here is on the cooperation and consistency side. So, the essential question this project has to answer is how to achieve integration as tightly as possible (w.r.t. cooperation of tasks, consistency of data) in an a posteriori solution. Furthermore, this solution has to be adaptable and configurable in order to reflect the change of CIM environments taking place in reality.

3. An Approach for Solving the Problem: The CIM Manager

In the following we give a sketch how the solution to the a posteriori integration taken in the project looks like. Integration is essentially done by using the so–called *CIM manager* (c.f. fig. 1). We define the CIM manager to be all kinds of means on the system level (of the overall and integrated CIM solution) which yield integration of CAX–applications as tightly as possible.

Let us recall what we *expect* from the *CIM manager*. It has to offer *means*

a) to hide the given physical integration (existing hardware and system software of CAX- applications, existing network structure and its hardware and software solution) and it has to offer means for an independent storage of all involved data.

b) to offer suitable means for integration and distribution of CAX applications on a logical level for an existing CIM environment. This means that change control within configurations, revision control of configurations and documents, configuration control for administrating complex configurations, process control for development and maintenance processes and all its resources have to be offered.

c) for defining a CIM environment (a schema description) in order to be able to change a CIM environment or to configure a new CIM environment. Of course, this schema definition will be taken at CIM runtime control whether development/maintenance processes with all their related tasks on document and configuration level behave according to the schema.

Any *solution* able to solve the above problems, therefore, has to offer means on three different *levels*:

a) *Descriptions* of the CIM environment (of the applications, what they are used for, how they interact, how they contribute to a complex CIM solution, how the processes are built),

b) *Communication* of different applications (which information they exchange, how they communicate with a control instance).

c) *Control* (that CAX–applications, integration between CAX–applications, administration of the whole CIM solution happen as described in the schema).

The CIM manager consists of *three components* (c.f. fig. 1):

1) Extensions of the existing CAX–applications so that they behave as "standard" applications and so that they can be hooked into the integrated CIM solution.

2) A communication architecture, designed in conformance with the ISO–Open Systems Interconnection Basic Reference Model (/ISO 84/), which offers suitable services for communication between different CAX–applications and between CAX–applications and the control instance (/He 92/).

3) An object administration system for a CIM solution, which contains all necessary description data on application (the schema) and administration level (CIM project management) and which later on serves as the central component to control the well–behaved interaction of all different parts of the system (KSW 92/). We are going now to discuss these components in more detail.

The CIM *object administration system* again consists of three parts (see joint paper for more details):

1) A CIM *schema* definition component offers means to define a CIM schema. It is used to define the working areas, document classes within the working areas, mutual dependencies of document classes in a working area and between working areas, definition of configuration, revision, and process control model etc.

2) A CIM *administration* component offers means to define concrete processes, configurations, responsibilities/access rights, resource allocation statically or dynamically etc.

3) An object *runtime* system which controls a CIM environment at runtime according to the schema and administration information.

The question if *definitions* take place at *runtime* or if they can be defined *statically*, depends on the experience in a certain integrated CIM application and on the stability we have at definition (schema remains invariant) or administration (processes and configurations remain invariant) level. If it is not the case, the problem gets more complicated, because we have dynamic changes in the extreme case on all levels, i.e. if the schema is changed at runtime for a certain running integrated CIM solution.

The second component of the CIM manager to be explained is the *communication component*. It has again different tasks:

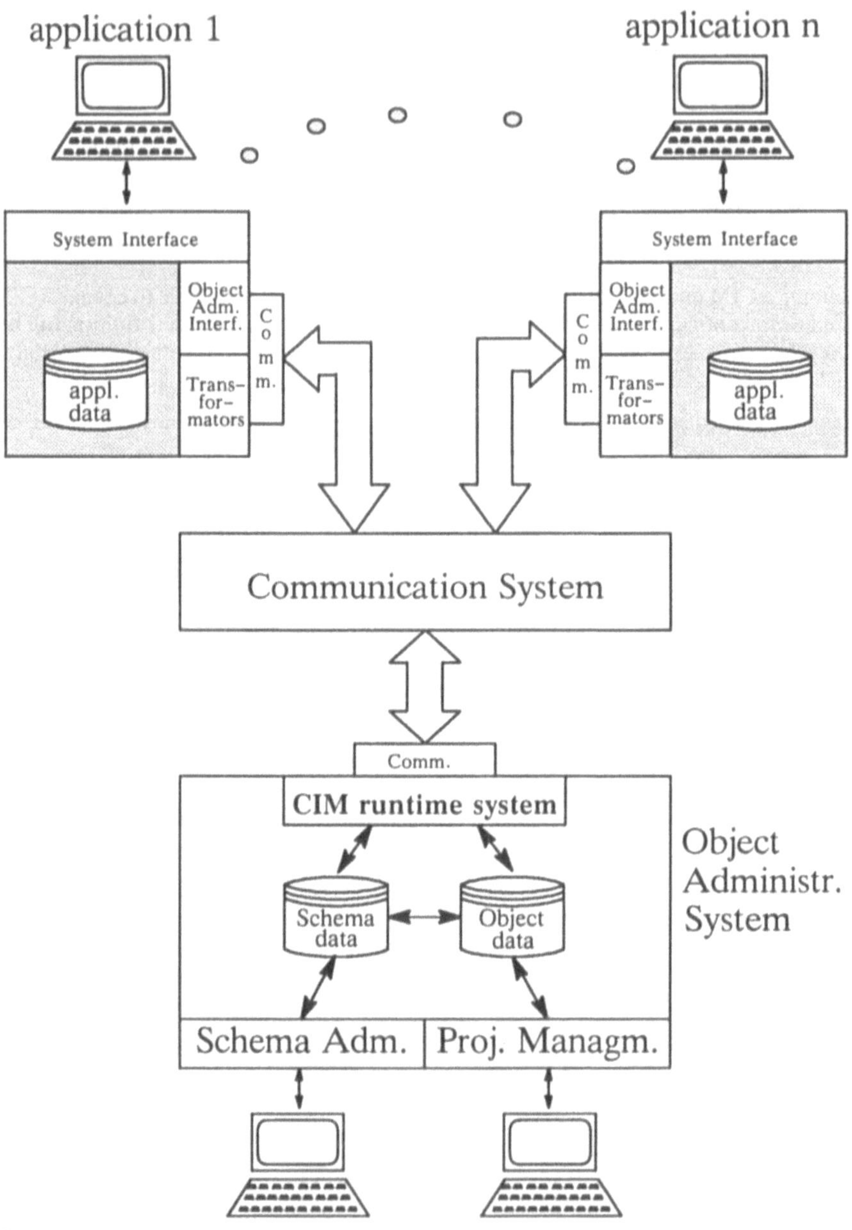

Fig. 1: The Components of the CIM-Manager

1) Its first aim is to abstract from the heterogeneity of the underlying CIM system w.r.t. hardware/ software of CAX–applications, hardware/software of network solution by offering an independent communication interface.

2) Secondly, it has to integrate different kinds of data exchange between CAX–applications. The data to be exchanged in an integrated CIM application differ not only w.r.t. their constraints but also w.r.t. their frequency and the structure of data relations.

3) Thirdly, local data representations within a specific CAX–application have to be transferred into an abstract syntax in order to allow the interpretation of these data in a heterogeneous CIM system.

The third component of the CIM manager is the standardized *extension* of any of the given specific *CAX–applications*. Again, we need three subcomponents:

1) Interface to the object administration system: This object administration system has e.g. to be informed, if documents, or subconfigurations are generated, deleted or changed.

2) Transformators: Any CAX–application contains data in a representation–specific format. To exchange data between different applications, they have to be transformed to an application–independent format and, at the target side, into an application dependent format.

3) The user interface of an existing CAX–system has to be extended in order to allow the user to access data of other applications.

Modifications of CAX application–systems have to be restricted to an absolute minimum. This is to keep the implementation effort as small as possible which has to be carried out whenever a new integrated CIM–application is built. Furthermore, we hope that these modifications consist to a great extent of *reusable components* so that we can share from the effort of extending one CIM application in order to produce the extension of another one.

In order to build up an integrated CIM solution, *uniform modelling* has to take place *through* all *different levels*. Firstly, this is the case for the external level (languages and tools for all CIM users). Secondly, on internal conceptual modelling level we have to investigate, how documents, integration between documents, administration of configurations and processes have to be modelled within the CIM manager for input, change, integration and administration of documents, configurations and processes. Finally, on CIM architecture level we have to model which subsystems occur, from which modules they are built up, and how the realization effort for these components can be limited. Here, an essential question will be to design these components so that they are adaptable and portable. Regarding the connections and commonalities between these different levels yields a uniform solution.

The CIM manager with its components (after its realization) can be taken to realize a certain integrated CIM solution efficiently. On that way, the following steps have to take place (c.f. fig. 2):

a) Extension of CAX application systems by extending the system interface, building the CIM object administration interface, and building the transformator interfaces for all applications.

b) Defining a CIM schema and connecting the applications to corresponding items of the schema.

c) Defining CIM administration data (concrete CIM documents, –configurations, –processes, and –resources) which are taken as input for the CIM runtime system.

Therefore, the CIM manager is a reference architecture for an a posteriori integration of existing CAX–systems.

In order to have a suitable and comfortable entry to the system diverse *interactive environments* are provided for (c.f. fig. 1 again):

a) The extended CAX systems can be used to get access to data of other CAX systems which was not possible for the isolated and specific application systems they stem from.

b) A CIM schema administration environment offers suitable and comfortable means for defining/ changing a CIM schema.

c) A CIM project manager environment offers means to define/and administrate concrete integrated CIM applications.

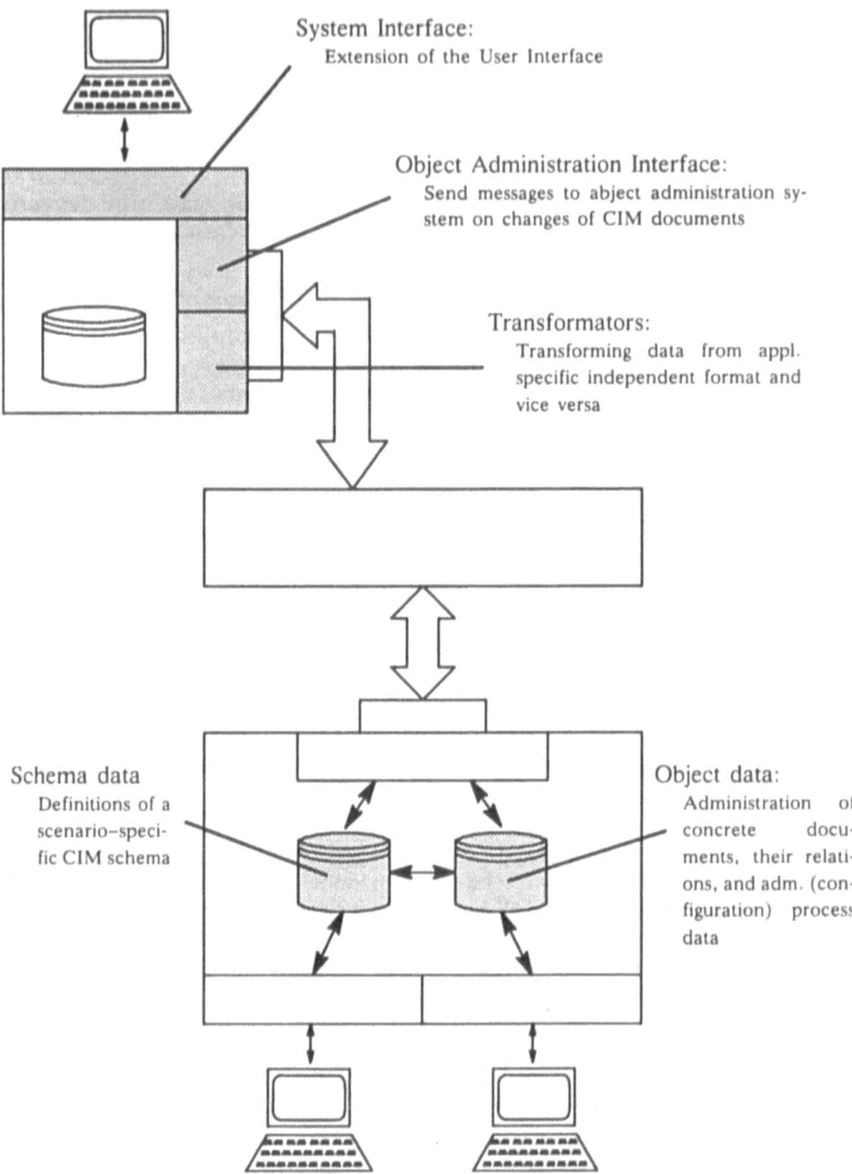

Fig 2: Steps for Integration

Let us now discuss shortly how the above CIM manager solution gives *substantial support* for the problems of CIM integration by taking three *typical integration problems*:

a) Let us assume that within a certain CIM environment the overall CIM configuration is unchanged. A change is made within one CIM document, e.g. in one design document. Then, the change has to be traced through all corresponding documents from product design to production control. On the administration level, the corresponding process definitions on the existing configuration are made which are executed later at CIM runtime.

b) A change of a product is of such a kind that it implies a new way of manufacturing. Then, in addition to the situation of a), the configuration is also changed as a subconfiguration for process planning and for production planning and control has to be built in or exchanged and this new subconfiguration has to be integrated into an existing configuration. Here we have to maintain the schema definition and we then can build up/maintain the corresponding administration definitions by taking functionalities of the corresponding applications.

c) A new product line is installed in a company already working with CIM or a company is changing from a manual solution to a CIM solution. Then a new CIM environment has to be built up using first the functionalities of the schema environment and later on of the administration environment.

Let us now *summarize* why the above *solution solves* the *integration/distribution problems* as stated above:

1) It abstracts from the heterogeneity, and the hardware and software dependency of application systems in the way that, after the extensions of those application systems are made, these applications do not give internal details on hardware/software level to the integrated CIM system.

2) It abstracts from the heterogeneity, the topology, the hardware and software dependency of the underlying communication structure as all details are hidden in the implementation of the CIM manager communication system. The extended application systems do not see these details any more.

3) It abstracts from the specific representation of data within application systems because exchange of data between different applications is now done in an abstract format.

4) It abstracts from how data in the object administration system are represented as an abstract interface to this subsystem is given for the extended applications.

5) As an existing application system (after having being extended) can be hooked into the CIM reference architecture, the CIM manager offers this mechanism serves for the completeness argument of integration.

6) Consistency of different documents of a CIM configuration and concerted cooperation of tasks of different CIM users is guaranteed by the fact that documents, integrations of documents, configurations, and processes are clearly defined on schema and administration level. Thereby, at CIM administration time, the definitions on schema level are obeyed, and at CIM runtime, the definitions on schema and administration level.

7) Configurability of integrated CIM applications is achieved by the possibility that schema and administration information can explicitly be put into the CIM object administration system by using the corresponding environments.

The *project* is planned to be carried out into *two mayor steps* each of which will be demonstrated by a running prototype. In the first step we assume that documents of applications are regarded to be atomic. Therefore, configurations, processes, and integration between CIM documents is only on a coarse-grained level. In the second step and for the second prototype application documents are regarded as being structured internally, relations between documents are fine-grained on increment-to-increment basis. The latter allows for a fine-grained editing and maintenance control between different CIM documents and for fine-grained configuration and process control.

One of the interesting aspects of this project will be how far fine-grained dependency can be supported in an a posteriori approach. Therefore, one essential of the project will be to produce a *require-*

ment specification for CIM applications such that they can be integrated later using the CIM manager of above so that tight integration between these different CIM applications is possible.

4. Subprojects, their Connection, Importance of the Project, and Comparison

The project is carried out in four *subprojects* for each of which all partners cooperate. These subprojects are the following:

(1) Selection of scenarios: The mechanical engineering institute WZL and the plastics engineering institute IKV each select a representative scenario. Both scenarios are selected in the way that they contain representatives of all above problems of integration. The WZL szenario lays emphasis on breadth (from design to manufacturing), the IKV scenario on depth (complex product under certain restrictions).

(2) Definition of the requirements: The requirements for the commonly usable components of the CIM manager and for the extensions of the specific CAX–application systems are specified. Furthermore, the requirements for languages and tools to define CIM schema and CIM administration information are specified together with the functionalities of the CIM runtime system. Furthermore, the user interface of the interactive environments is specified.

(3) The different scenarios are modelled on CIM schema, adminstration, and run time level.

(4) For both scenarios, a running prototype is built and evaluated.

These steps are carried out in *two iterations* as stated above. The first prototype on coarse–grained level is to be running in '93, the second on fine–grained level in '95. Of course, the different subprojects for both prototypes can hardly take place simultaneously.

The different *partners* of the project *contribute* with *different know–how* to the project. On the other side, there is a common understanding of the problem and an approach to its solution as sketched above so that each of them has a specific role in getting a new solution. As sketched above, a solution is not to be gained without working altogether on central problems of the approach.

The *engineering institutes* WZL and IKV have a long lasting experience in developing and using CIM solutions from hardware to applications. Different integration solutions have been worked out in the past (/Ev 87/, /WKLB 88/, and /MMB 88/). Moreover, the institutes contribute to international standardization efforts and organizations in the CIM area (/ESP 91/). However, getting a clean, adapable, extensible, and configurable solution to an integrated CIM system needs *cooperation* with computer science partners in order to consider the software engineering, data base, and communication technology state of the art.

On the other side the *computer science* partners get *new insight* to a certain problem class, namely tightly integrating distributed systems (which is one of the most challenging problems of the near future as stated above). Computer Science III group has a broad experience in building tightly integrated top–down environments in the software development environments area (/Na 92/) and is extending its knowledge to a posteriori integration. Computer Science IV group has a lot of modelling and realization know–how on networks (/SpS 91/) and gains new insight inasmuch as how network solutions are to be embedded into the architecture of integrated and distributed systems. Therefore, this project also has the impact of integrating the four groups and especially the computer science partners.

There are many other projects around, only a few of which are sketched in the following: As mentioned above they can be classified into a priori and a posteriori approaches. We only take one representative for each. In the Karlsruhe project (/SFB/) an a priori approach is followed which is based on object–orientation. An object–oriented data model is used, objects are active in the way that they send messages to other objects, and objects are stored in a distributed data base. SUKITS is based on integrating existing applications with existing application–dependent documents. Activity is explicitely modelled on process level. The project CIDAM (/CID/) also is an a posteriori approach which is based on relational data base technology for the existing applications and for the overall data description. Again, there is an active concept, called trigger, here on relations between documents. SU-

KITS does not enforce any data base technology on existing components and has explicite control of all configurations, revisions, and processes. Finally, there are many platform approaches available today as PCTE (/BGMT 88/, /ECMA 90/), CAIS (/Ob 88/), or industrial components (/IBM 89/, /DEC 91a/, /DEC 91b/, /DEC 92/) which usually do not offer all necessary resources for an a posteriori integration as described in this paper. Some lack data integration, other control integration facilities.

References

/BGMT 88/   G. Boudier/F. Gallo/R. Minot/I. Thomas: An Overview of PCTE and PCTE +, in Proc. of the 3rd ACM Symp. on Software Development Environments, 248-257, The Ass. for Computing Machinery (1988).

/CID/   CIDAM Project, Esprit Project 2527, project description

/DEC 91a/   Digital Equipment: CDD/Repository Architecture Manual (1991).

/DEC 91b/   T. Welsch: Digitals COHESION Environment, Reading, DEC (1991)

/DEC 92/   Digital Equipment: VAX EDCS II, internal documentation (1992)

/ECMA 90/   European Computer Manufacturers Association (ECMA), ECMA-149: Portable Common Tool Environment (PCTE) Abstract Specification (1990).

/ESP 91/   ESPRIT Consortium AMICE: Integrated Manufacuring – A Challenge for the 1990s, Computing & Control Engineering Journal 5/91, 101-108 (1991).

/Ev 87/   W. Eversheim u.a.: Strategien auf dem Weg zu CIM, Produktionstechnik auf dem Weg zu integrierten Systemen, Düsseldorf: VDI-Verlag (1987).

/GR 91/   H. Gotthard/D. Ruland: Entwicklung von CIM-Systemen, München: Hanser-Verlag (1991).

/He 92/   O. Herrmanns : Eine Kommunikationsarchitektur für die Intergration von CIM-Anwendungssysteme und Groupware, Proc. of GI '92 (1992)

/IBM 89/   IBM: AD/Cycle Concepts, Tech. Ber. GC26-4531-0, IBM (1989)

/IBM 92/   IBM: CIM/400, internal documentation (1992)

/ISO 84/   International Standard 7498 : Information Processing Systems – Open Systems Interconnection – Basic Reference Model (1984)

/KSW 92/   N. Kiesel, J. Schwartz, B. Westfechtel : Object and Process Managment for the Integration of Heterogeneous CIM Components, Proc. of GI '92 (1992)

/MMB 88/   G. Menges/W. Michaeli/E. Baur/V. Lessenich/V. Schwenzer: Computer-Aided Plastic Parts Design for Injection Moulding, in: Materials and Engineering Design: The next Decade Bd. 1: Engineering Design Institute of Metals, 1988 IV, Univ. of Sheffield.

/Na 92/   M. Nagl (Ed.): Building Tightly Integrated Environments – The IPSEN Approach, to be published in LNCS

/Ob 88/   P.A. Oberndorf: The Common Ada Programming Support Environment (APSE) Interface Set (CAIS), IEEE Trans. Software Engineering, vol. 14, 742-748 (1988).

/SFB/   SFB: Rechnerintegrierte Konstruktion und Fertigung von Bauteilen, project description

/Sch 90/   A.W. Scheer: CIM – Der computergesteuerte Industriebetrieb, Berlin: Springer-Verlag (1990).

/SpS 91/   O. Spaniol/M. Schümmer: Netze in der Produktion, CIM-Managment 1/91, 4-8 (1991)

/WKLB 88/   M. Weck/W. König/J. Lauscher/C. Beer: Assimilation of a common CAD/CAM-system into dies and mold manufacturing, Winter annual meeting of ASME, Chicago (1988)

Feinplanungs- und Steuerungsinstrumente für die Produktion

PPS-Systeme wiesen lange Zeit den Mangel auf, daß sie zwar die Grobplanung umfassend, die kurzfristige Fertigungssteuerung aber nur schlecht unterstützten. Informationsdefizite sowie mangelnde Flexibilität und Transparenz in der Fertigung führten zu Produktivitätseinbußen. Die "elektronischen Leitstände" schlossen die informationstechnische Lücke zwischen der Grobplanung der PPS-Systeme und der Durchführung der Fertigung. Wegen ihres Komforts und der produktivitätssteigernden Wirkung erfreuen sie sich heute bereits grosser Beliebtheit. Damit wuchsen auch die Anforderungen, da immer mehr Funktionalität, sowohl PPS- als auch softwareseitig, erwartet wird. Das Fachgespräch soll einen Überblick über den aktuellen Stand sowie über zukunftsweisende Entwicklungen geben. Während Leitstände der ersten Generation noch als Einzelsysteme konzipiert waren und auf konventioneller Softwaretechnologie basierten, müssen sie zukünftig flexibel in verteilte Umgebungen eingepaßt werden. Leistungssteigerungen und/oder bessere Integration der Leitstände in das CIM-Umfeld versprechen z.B. objektorientierte oder kooperierende wissensbasierte Systeme, genetische Algorithmen und neuronale Netze.

Fachgesprächsleiter: Prof. Dr. K. Kurbel, Universität Münster

Elektronischer Leitstand -

Entwicklung zum
Knowledge Based Leitstand [*]

Dipl.-Ing. Hermann Havermann
AHP Havermann & Partner
Gesellschaft für Informationsverarbeitung mbH
Moosstr. 5
8130 Starnberg

1. Entwicklung elektronischer Leitstandsysteme

Die Entwicklungsgeschichte von "Finite Scheduling" und elektronischen Leitstandsystemen ist noch sehr jung, im Vergleich z.B. zur MRP (Material Requirement Planning), MRP II (Management Resource Planning) und PPS (Produktionsplanung und Steuerung)-Entwicklung. Waren bereits Ende der 60er Jahre MRP-Systeme am Markt, so wurde mit der Entwicklung von Feinplanungssystemen in der Fertigung erst Anfang der 80er Jahre begonnen. Erste elektronische Leitstandsysteme werden seit 1985 in Deutschland angeboten.

Die funktionale Entwicklung elektronischer Leitstandsysteme basiert auf papierorientierten Plantafelsystemen, die zur Unterstützung der Fertigungsplanung nach dem 1. Weltkrieg in Deutschland entwickelt und zum Einsatz kamen [1]. Das Grundprinzip basiert auf den von Henry Gantt erstmalig in den 90er Jahren des vorigen Jahrhunderts genutzten Darstellungsform von Balkendiagrammen für Planungsaufgaben in der Fertigung.

Die papierorientierten Plantafelsysteme - später auch als Leitstandsysteme bezeichnet - wurden im Lauf der Zeit technisch weiterentwickelt und haben im deutschsprachigen Markt eine weite Verbreitung gefunden. Rund um die Plantafel wurde mit viel Akribie und Organisationstalent eine Ablauforganisation und Philosophie entwickelt, die vielen Fertigungsunternehmen beachtliche organisatorische und betriebswirtschaftliche Vorteile brachte.

Die Technologie dieser Leitstandsysteme ist papierorientiert und hatte mit Definition und Einführung einer CIM (Computer Integrated Manufacturing) - Philosophie das Ende der technologischen Entwicklungsmöglichkeiten erreicht, wenn auch mit Nutzung von Computerunterstützung, wie z.B. dem Ausdruck von plantafelgerechten Steckkarten und der Integration von Bildschirmen oder BDE (Betriebsdatenerfassungs)-Systemen in Plantafeln immer wieder der Versuch gestartet wurde, die Lebensdauer der praxisbewährten und erprobten Plantafelsysteme zu verlängern.

Mit Erreichen der technologischen Grenzen der papierorientierten Leitstandsysteme und gleichzeitiger Verfügbarkeit neuer leistungsfähiger Arbeitsplatzrechner wurden in Deutschland konsequenterweise elektronische Leitstandsysteme entwickelt.

---

[*] KBL - Knowledge Based Leitstand; Projekttitel des ESPRIT-Projektes 5161

Konzept und Funktionalität dieser Systeme orientierten sich sehr stark an den herkömmlichen Leitstands-organisationen, wobei jedoch von Anfang an die Zielrichtung darauf gerichtet war, dem Steuerer unter Nutzung von Rechnerleistung und Kommunikationsfähigkeit einen möglichst hohen Komfort zu bieten. So läßt sich der Funktionsumfang der seit Mitte der 80er Jahre in Deutschland entwickelten Leitstandsysteme wie folgt zusammenfassen:

- Integration mit PPS zur Übernahme von freigegebenen Fertigungsaufträgen und Rückmeldung von Planungsergebnissen und BDE-Fertigmeldungen.

- Interaktive, grafische Planungsunterstützung für die Fertigungsplanung. Die grafische Darstellung ist dabei immer balkendiagrammorientiert. Die ersten Leitstandsysteme bieten einfache automatische Planungstools. In der Regel erfolgt die Reihenfolgeplanung interaktiv vom Steuerer, der dabei sein langjähriges Fertigungs- und Planungswissen mit einbringen kann.

- Anschluß von BDE-Geräten oder Integration mit BDE oder DNC (Direct Numeric Control)-Systemen zur Aktualisierung des jeweiligen Fertigungsstatus auf der Basis von Realtime-Fertigungsmeldungen.

Die Position eines elektronischen Leitstandes in einem integrierten Fertigungssteuerungssystem ist in der folgenden Skizze dargestellt.

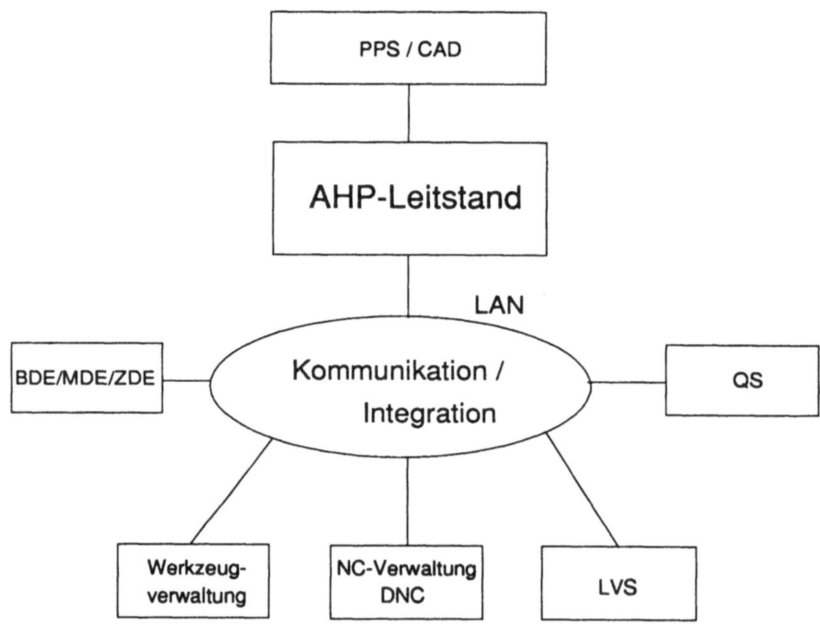

Struktur eines modularen Werkstattsteuerungssystems
mit Einsatz eines elektronischen Leitstandes

Elektronische Leitstandsysteme haben im deutschsprachigem Raum eine gute Verbreitung gefunden und sind daneben auch außerhalb dieses Raumes in Europa und USA im Einsatz, siehe auch [2].

Die Verbreitung von Leitstandsystemen wurde daneben begünstigt durch den verstärkten Wettbewerbs- und Kostendruck in der Fertigungsindustrie. Es wurde nach neuen Systemen für die Fertigungssteuerung gesucht, die eine Unterstützung bei der Erzielung von Produktionszielen hinsichtlich

- kleiner Fertigungslose,
- Einhaltung von Kundentermninen,
- Reduzierung von Durchlaufzeiten und Beständen,
- Just-in-Time-Produktion,
- steigender Variantenvielfalt der Produkte und
- besserer Auslastung hochautomatisierter und teurer Produktionsanlagen

bieten.

Elektronische Leitstandsysteme haben sich dabei bewährt, und es konnten auch nachweislich gute betriebswirtschaftliche Ergebnisse erzielt werden, siehe auch [3].

2. Funktionale Weiterentwicklung elektronischer Leitstandsysteme

In den ersten Jahren des praktischen Einsatzes elektronischer Leitstandsysteme nutzten die Steuerer in der Fertigung diese Systeme in der Regel als intelligente, elektronische Hilfe für die manuelle Reihenfolgeplanung von Aufträgen und zur Visualisierung des Planungsergebnisses sowie der Darstellung des aktuellen Produktionszustandes.

Nach einer ersten Einführungsphase wurde die Weiterentwicklung elektronischer Leitstandsysteme im wesentlichen von folgenden Faktoren beeinflußt:

- verbreiteter Einsatz in verschiedenen Branchen
- Praxiserfahrung der Anwender verlangt höhere Funktionalität
- Leistungsfähigkeit von PC's und Workstations wird ständig verbessert
- Betriebssysteme und Softwaretools für PC's und Workstations erleben dynamische Weiterentwicklung

Die Entwicklung neuer Zusatzfunktionen brachte eine neue Dimension von Planungsmöglichkeiten.
Der Leistungsumfang der neuen Funktionen soll im folgenden beispielhaft für den AHP-Leitstand beschrieben werden.

Eine schematische Darstellung der neuen Komponenten als Ergänzung des bestehenden Leitstandes wird im folgenden Bild gegeben.

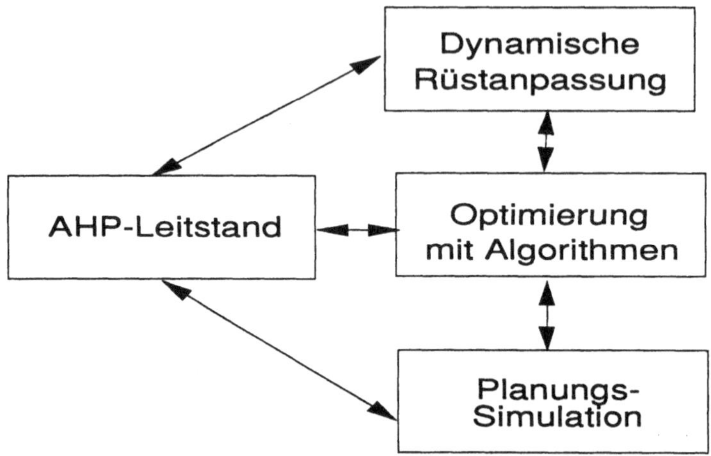

Modulare Zusatzkomponenten können ergänzend in den
bestehenden AHP-Leitstand integriert werden.

2.1 Dynamische Rüstanpassung

In einigen Branchen ergeben sich bei der Reihenfolgeplanung und Zuordnung von Aufträgen zu Maschinen Anforderungen zur Berücksichtigung reihenfolgebedingter Abhängigkeiten, so können z.B.

* in der chemischen Industrie Farbe, Material oder Materialeigenschaften oder
* in der Metallverarbeitung Materialstärke, Material, Durchmesser o.a.

einen starken Einfluß auf Rüstzeiten und Rüstkosten haben.

Wie bestimmen sich Rüstzeiten und -kosten ? [4]. Je nach Produktionsprozeß sind hier sicherlich andere Regeln maßgebend. Eine Formalisierung dieser Regeln mit klassischen Programmiersprachen führt jeweils zu erheblichen Anpassungsaufwendungen. Wichtig ist daher eine Formalisierung der Rüstregeln mit Verfahren der Künstlichen Intelligenz. Für den Leitstand unseres Unternehmens steht daher seit Mitte des Jahres 91 ein Modul zur Verarbeitung von Planungswissen zur Verfügung. Mit diesem Modul können Regeln zur Bestimmung

- reihenfolgeabhängiger Rüstzeiten und -kosten,
- dynamischer Prozeßwege und
- Constraints (Randbedingungen) zwischen Operationen (Arbeitsgängen, Chargen, Losen)

hinterlegt werden. Hierzu werden Maschinen (Aggregate, Werkzeuge und auch Qualifikationsstufen des Personals) zusätzlich zu ihrer (organisatorisch bedingten) Zuordnung zu Kostenstellen noch in sog. "Technologiegruppen" einsortiert. Eine Technologiegruppe umfaßt technisch identische Maschinen, siehe folgendes Bild. [4]

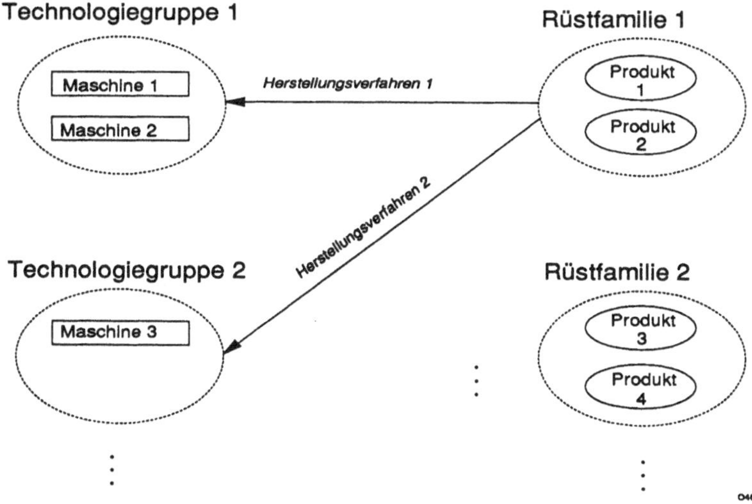

Technologiegruppen, Rüstfamilien und Herstellungsverfahren.

Von jeder Maschine im Produktionsprozeß wird ein bestimmter Verarbeitungsschritt vorgenommen. Ein (Zwischen-) Produkt wird dabei zu einem höherwertigen (Zwischen-) Produkt transformiert. Produkte, deren Herstellungsverfahren sich weitgehend gleichen, werden zu "Rüstfamilien" zusammengefaßt. Jede Operation gehört genau einer Rüstfamilie an.

Ein Herstellungsverfahren wird durch Eigenschaften beschrieben, wie z. B. das eingesetzte Material, die gewünschte Farbe oder das erforderliche Werkzeug. Welche Eigenschaften für die Berechnung der Rüstzeiten und -kosten wichtig sind, hängt von der Technologiegruppe ab. Eine Eigenschaft von Herstellungsverfahren einer Technologiegruppe "Bohrmaschinen" ist sicherlich der jeweilige Durchmesser ; für Herstellungsverfahren von Produkten, die "Färbestraßen" durchlaufen, wird die Eigenschaft "Farbe" ausschlaggebend sein.

Zur Berechnung einer reihenfolgeabhängigen Rüstzeit werden nun durch Regeln die Eigenschaften (z. B. der Durchmesser) des Herstellungsverfahrens der Vorgänger-Operation mit den Eigenschaften des Herstellungsverfahrens der Nachfolger-Operation verglichen. Für jede Technologiegruppe und jede Eigenschaft kann eine Regel hinterlegt werden. Zur Berechnung der Gesamtrüstzeit aus den Einzelrüstzeiten können vom Anwender Formeln vorgegeben werden.

Die Rüstkosten müssen nicht unbedingt proportional den Rüstzeiten sein; ein kurzer Rüstvorgang kann unter Umständen "teuerer" sein als ein langer. Daher wird die gleiche Logik, die zur Bestimmung der Rüstzeiten eingesetzt wird, auch zur Bestimmung der Rüstkosten angeboten. Es können nun Regeln zur Bestimmung der Rüstzeiten und Regeln zur Bestimmung der Rüstkosten definiert werden. Wurde keine Regel zur Bestimmung der Rüstzeit definiert, dann wird die vom PPS vorgegebene Standard-Rüstzeit eingesetzt, und die Rüstkosten bestimmen sich gemäß der "Kosten"-Regel. Wurde eine "Zeit"-Regel vorgegeben, dann werden die Rüstkosten errechnet als Produkt der Rüstzeit mit dem Stundensatz des Betriebsmittels und addiert mit den zusätzlichen Rüstkosten.

Rüstzeit und Rüstkosten müssen nicht zwingend positive Werte annehmen. Das ist zunächst schwer vorstellbar, hat aber durchaus praktische Bedeutung. Denken wir an eine Maschine, die ähnlich einem "Fließband" arbeitet (z. B. eine Färbestraße). Muß hier zwischen zwei Aufträgen nicht gerüstet werden, dann kann der Nachfolger schon bearbeitet werden, bevor der Vorgänger die Maschine vollständig verlassen hat. Die negative Rüstzeit gibt nun die Zeit an, um die sich Vorgänger und Nachfolger überlappen dürfen. Negative Rüstkosten ergeben sich beispielsweise, wenn durch einen Auftrag ein "Bonus"-Effekt (z. B. eine Reinigung der Maschine) eintritt.

Das Regelwerk kann nun auch noch für eine Dynamisierung der Prozeßwege eingesetzt werden. Da Rüstzeiten und -kosten in Abhängigkeit der Technologiegruppe und der Rüstfamilie bestimmt werden, kann für jeden Auftrag die kostengünstigste Maschine bestimmt werden, darüberhinaus können auch jeweils nicht zulässige Maschinen oder Vorgänger-Nachfolger-Kombinationen ausgeschlossen werden.

Zur Definition von Constraints (Nebenbedingungen) zwischen den Herstellungsverfahren der Arbeitsgänge eines Auftrags werden spezielle - global gültige - Regeln eingeführt. Jede dieser Regeln beschreibt ein bestimmtes Constraint. Derzeit werden z. B. angeboten:

- minimale Verweilzeit und maximale Haltbarkeit von Zwischenprodukten,
- parallele Bearbeitung,
- maximale Größe von Zwischenlagern,
- parallele Belegung von Transportmitteln und
- Rüstarbeitsgänge, deren Dauer sich dynamisch der reihenfolgeabhängigen Rüstzeit anpaßt.

Das Modul dynamischer Rüstanpassung gibt dem Steuerer die Möglichkeit, sein fertigungsspezifisches Wissen, das in der Regel nirgendwo dokumentiert ist, nach und nach zu erfassen und damit die Qualität der Reihenfolgeplanung Schritt für Schritt zu verbessern.

2.2 Reihenfolgeoptimierung

Die Wahrscheinlichkeit, in der Fertigung eine "optimale Planung" mit Berücksichtigung unterschiedlicher Abhängigkeiten und Randbedingungen zu erzielen, ist auch mit Einsatz modernster leistungsfähiger Rechnersysteme äußerst gering, wie sich aus folgendem einfachen Beispiel ersehen läßt [5].

Beispiel: Es sollen n Aufträge auf 1 Maschine eingeplant werden. Die Kombinierungsmöglichkeit bei n Aufträgen ist n! Es wird angenommen, daß ein leistungsfähiger Rechner eine Kombinantion in 10^{-6} (1 millionstel Sekunde) ermitteln kann. Bei 10 Aufträgen ergibt sich für die Errechnung aller Kombinationsmöglichkeiten eine Rechenzeit von 3,6 sec. Bei 20 Aufträgen eine Rechenzeit von ca. 77.000 Jahren.

Da in der Praxis Anzahl Aufträge und Maschinen weitaus höher sind als in diesem kleinen Beispiel und zusätzlich häufig eine Vielzahl von Reihenfolgeabhängigkeiten und Randbedingungen (Constraints) berücksichtigt werden müssen, ist es erforderlich, geeignete Verfahren einzusetzen, die in vertretbarer Zeit anstatt zur "optimalen" zu einer "guten" Lösung führen.

Da sich in der Praxis gezeigt hat [4], daß bisher noch kein Verfahren verfügbar ist, das in allen Situationen allen anderen Verfahren überlegen ist, wurde von AHP eine Methodenbank von Optimierungsverfahren zur Reihenfolgeplanung entwickelt. Diese Methodenbank ist so gestaltet, daß alle Verfahren auf der gleichen Schnittstelle arbeiten und sich gegenseitig ergänzen können.

Um eine schnelle Optimierung (innerhalb einiger Minuten) bei gleichzeitig guten Ergebnissen zu gewährleisten, werden für jeden Problemkreis jeweils sich ergänzende Verfahren angeboten: der schnelle "Voroptimierer" und der zeitaufwendigere "Nachoptimierer". Bei dem ersten Verfahren handelt es sich jeweils um eine Heuristik etc., mit der schnell aus den nicht eingeplanten Arbeitsgängen eine akzeptable Lösung erzeugt wird. Ein Nachoptimierer liest alle in einem bestimmten Zeitabschnitt eingeplanten Arbeitsgänge und versucht, die bestehende Lösung zu verbessern. Für die Nachoptimierer kommen sogenannte "lokale Suchverfahren" und ein genetischer Algorithmus zum Einsatz [5]. Durch die "Voroptimierung" gelingt es, den Nachoptimierern bereits gute Lösungen anzubieten, so daß die Rechenzeiten wesentlich geringer und die Ergebnisse besser sind, als wenn nur einstufige Verfahren verwendet werden.

Wie werden nun aber die Ziele für die Reihenfolgeoptimierung vorgegeben? Häufig wird hier von Zielkonflikten gesprochen, wenn z. B. die Forderung nach pünktlicher Fertigstellung der Aufträge im Widerspruch mit der Forderung nach geringen Rüstzeiten und hoher Auslastung steht. In den Unternehmen müssen diese Zielkonflikte aber in der täglichen Praxis bewältigt werden. Daher können für die Verfahren der AHP-Methodenbank Zielfunktionen vorgegeben werden, mit denen für jeden Arbeitsgang und jede Maschine/Maschinengruppe einzeln eine Gewichtung der unterschiedlichen Ziele erfolgen kann und somit die Reihenfolgeoptimierung den bestmöglichen Kompromiß zwischen den verschiedenen Zielen sucht.

2.3 Planungsvarianten

Für die Anwendung von Optimierungsverfahren ist eine Verwaltung von Planungsvarianten hilfreich.
Es können unterschiedliche Planungsergebnisse unter Einsatz verschiedener Optimierungsverfahren,
veränderter Zielvorgaben oder manueller Änderungen erzeugt werden, siehe auch untenstehendes
Schema. [4]. Diese Varianten können analysiert und bewertet und als Entscheidungshilfe dem Management vorgelegt werden.

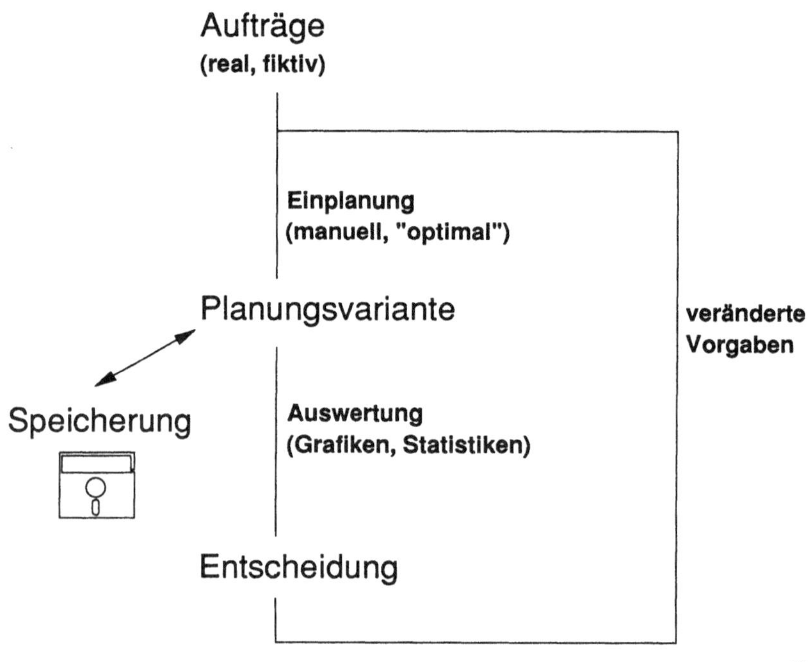

Ablauf der Reihenfolgeoptimierung.

3. KBL - Knowledge Based Leitstand

Mit dem oben beschriebenen Ansatz werden Fertigungsunternehmen unterschiedlicher Branchen leistungsfähige Feinplanungssysteme (Leitstände) angeboten. Die Softwaretechnologie hinkt in der Entwicklung
der Hardware immer hinterher. Erst jetzt stehen erste Entwicklungswerkzeuge und Datenbanken für
objektorientierte Systeme zur Verfügung. Diese Systeme werden auch die Basis für die Entwicklung der
Leitstandsysteme der nächsten Generation bilden.

Im Herbst 1990 startete AHP im Rahmen eines ESPRIT-Projektes zusammen mit drei europäischen Partnern die Entwicklung eines Leitstandes der nächsten Generation: KBL - Knowledge Based Leitstand (siehe
auch [6]). Es wird dabei das Ziel verfolgt, alle Erkenntnisse und Erfahrungen mit dem heutigen Leitstand
in dieses zukunftsorientierte System einfließen zu lassen.

Bereits 1988 wurde in Zusammenarbeit mit der TU Berlin, Institut Prof. Dr. Krallmann, ein Regelerfas-
sungssystem entwickelt, das es einem Anwender ermöglichen sollte, seine spezifischen Anforderungen an
die Optimierung der Reihenfolgeplanung dem Leitstand in Form von Regeln mit

"WENN-", "UND-", "ODER-" und "DANN-Bedingungen"

sowie arithmetischen Funktionen zu übergeben (vgl [7]). KBL soll auch auf den hierbei erzielten Erfahrungen aufbauen.

3.1 Erfassung der Zusatzbedingungen

Der KBL wird zur Formulierung von Zusatzbedingungen eine eigene Sprache bereitstellen.

3.2 Optimierungsverfahren

Die heutigen Erkenntnisse mit Optimierungsverfahren sollen in einem KBL weiter genutzt und verbessert werden.

3.3 Flexible Integration

Leitstandsysteme werden immer wieder mit unterschiedlichen PPS- und anderen Systemen in der Fertigung gekoppelt. Dies erfordert eine ständige Schnittstellenanpassung, da am Markt keine Standard-
schnittstellen existieren. Hier sollen leistungsfähige externe Generatoren eine flexible Anpassung an
unterschiedliche Systeme erleichtern.

3.4 Intelligente Benutzerunterstützung

In der Regel geben heutige Software-Systeme statische Hilfe für den Anwender zur Bedienung des Systems. Im KBL wird ein intelligentes Unterstützungssystem implementiert, das dem Anwender auf Anforderung dynamisch unter Berücksichtigung der aktuellen Situation Hinweise für mögliche Aktionen geben wird. So wird der Anwender z.B. bei Maschinenstillstand oder fehlendem Material Hinweise für mögliche Aktionen oder zusätzliche Analysen erhalten.

3.5   Simulation

Die Simulation verschiedener Planungsstrategien und ihre Bewertung wird ein wichtiger Bestandteil des KBL darstellen. Mit Hilfe von Simulationen lassen sich dann auch im voraus Engpässe erkennen und entsprechende Gegenmaßnahmen ergreifen.

4. Resumee

Trotz einer relativ jungen Entwicklungsgeschichte haben elektronische Leitstandsysteme bereits heute einen hohen Reifegrad an Funktionalität erreicht. Leitstandsysteme haben auch heute schon in vielen Branchen ihren Einzug gehalten und finden sowohl bei Steuerern wie beim Management aufgrund ihrer einfachen, grafikorientierten Handhabung und ihrer guten Planungsergebnisse Anerkennung.

Die Entwicklung zu objektorientierten Leitstandsystemen beginnt und wird durch eine dynamische Steigerung von Rechnerleistung und neuer Softwaretools begünstigt.

5. Literatur

[1]   Havermann, H.: "Internationale Erfahrungen bei der Einführung eines Leitstandsystems"; AWF-Symposium, Februar 1992 in Bad-Soden

[2]   Kanet, J.: The Leitstand - Real Decision Support for Production Scheduling and Control. Production & Inventory Management, Septmeber 1991, Herausgeber APICS, USA

[3]   Rauwolf, V.: "Der AHP-Leitstand bei A. W. Faber-Castell GmbH&Co", HMD 151 (1990).

[4]   Plapp, Chr.: Reihenfolgeoptimierung und detaillierte Kapazitätsplanung unterstützen die Fertigungssteuerung; ZWF CIM 11/91

[5]   Kanet, J. J.: "Manufacturing Logistics Systems: The Shape of Things to come". AWF/IWI-Fachtagung April 1991, Universität des Saarlandes, Saarbrücken.

[6]   Schreier U, u.a.: "The Concept of a Knowledge-based Leitstand - Summary of First Results and Achievements in ESPRIT Projekt 5161" CIM-Europe, 8th Annual Conference 1992 in Birmingham

[7]   Sieber, V.; Stein, H.: "Der CIM-Leitstand", CIM-Management, Heft 2, 1989.

Simulation und Fertigungsleitstand

M. Wirbel und G. Schmidt-Weinmar
ExperTeam SimTec GmbH
Pappenstraße 36
4100 Duisburg 1

In Japan ist mit der "schlanken" ("mageren" oder "straffen") Produktion (Ref.1) eine Produktionsweise entstanden, die für alle sichtbar besser funktioniert als alles Bekannte, aber auch von ihren Erfindern nicht schlüssig erklärt werden kann. Das "Geheimnis" dieses japanischen Erfolgs besteht eben gerade darin, daß hier eine erfolgreiche Innovation des sozialen Systems der Produktion stattgefunden hat. Deswegen, nicht wegen eines noch nicht gelüfteten "Geheimnisses", ist es eine offene Frage, ob die japanischen "Methoden" (oder Teile davon) einfach übernommen werden können; eher sollte man versuchen, die japanisch entstandene schlanke Produktion "in einen anderen Kulturkreis zu übersetzen". In Deutschland hat das Individuum einen erheblich höheren Stellenwert als in Japan; welche auf dem Indivduum aufbauenden, sozialen oder kulturellen Werte könnten dazu beitragen, die Produktion in Deutschland flexibler zu gestalten? Und welche EDV-Werkzeuge könnten hierzu hilfreich sein?

Der Versuch, menschliche Fähigkeiten zu ersetzen, hat dazu geführt, daß diese heute fehlen u.a. deshalb, weil die Menschen vom Produktionsprozess durch falsch konstruierte Systeme abgeschirmt wurden. Moderne EDV-Systeme dürfen nicht Ersatz, sondern müssen Medium für menschliche Fähigkeiten sein. Die wichtigste dieser Fähigkeiten, die besonders während großer Innovationsphasen benötigt werden, ist der Umgang mit unverstandenen Systemen. Es gibt eine Reihe von theoretischen Ansätzen, die für diese Problemlage besonders geeignet scheinen: neuronale Netze, logische Programmierung, Objektorientierung, fuzzy logic, Chaostheorie und nicht zuletzt zeitdynamische Nachbildung (Simulation) des Produktionssystems. Parallel diesen methodischen Ansätzen zum Umgang mit dem Unverstandenen hat sich der Leitstand als Werkzeug zur Entscheidungsunterstützung entwickelte; der Leitstand wird vor Ort eingesetzt und gewinnt die zur Entscheidung erforderliche Information aus dem Vergleich von Plan- und Ist-Zustandsdaten.

Anforderungen an die Fertigung heute

Ein Arbeitsprozeß mit nur einem Auftrag, mit nur einem Menschen und mit nur einer Maschine ist, bis auf statistische Ereignisse, zeitlich berechenbar und somit exakt zu planen. Viele Aufträge, viele Maschinen und viele Menschen in einer Fertigung sind mit den Methoden eines traditionellen Produktionsplanungs- und -steuerungssystems (PPS-Systems) nicht mehr exakt zu planen. Insbesondere wenn die Fertigung ständig gestört und zusätzlich mit kleinen Puffern ("lean") gefahren wird, geht die gewohnte Kausalität: "Kleine Ursache, kleine Wirkung" verloren, und das Planen und Steuern einer solchen Fertigung mit den traditionellen PPS-Systemen ist nicht mehr nmöglich.

Dazu kommt, daß ein lebendes Produktionssystem teilweise vom Zufall beherrscht wird ("deterministisches Chaos", Ref.2) und seine Vitalität gerade auf der Initiative der Mitarbeiter zur Selbststeuerung vor Ort im Falle des Eintretens nicht vorhersehbarer Eignisse beruht. Wenn z.B. der Planungs- und Steuerungsaufwand in einer Fertigungszelle - einschließlich der Bereitstellung von Materialien, Werkzeugen und NC-Software - einen gewissen Umfang übersteigt, sodaß die traditionelle Plantafel zur Steuerung nicht mehr ausreicht, wird der Planer einen elektronischen Leitstand einsetzen wollen, um damit die anstehenden Werkstattaufträge "optimal" und widerspruchsfrei einzulasten.

Dabei treten aber die folgenden Probleme auf:
- die Aufgabe, die vor einer Fertigungszelle anstehenden Aufträge "momentan" "optimal" einzulasten, verlangt auch ein zuverlässiges Vorhersagen der zu erwartenden Endbearbeitungstermine;
- Materialien innerhalb der Fertigungszelle sind vorausschauend bereitzustellen;
- für alle Aufträge, die die gesamte, aus mehreren Fertigungszellen bestehende Produktion durchlaufen, müssen - bestmöglich - Terminpläne (einschließlich des geplanten Liefertermins) erstellt und die Materialbereitstellung koordiniert werden.

Zur Lösung dieser Aufgaben ist ein anderes Werkzeug als der Leitstand erforderlich, mit dem ein "holistisches" Abbild der Betriebabläufe (soweit überhaupt planbar) über einen ausgedehnten Zeithorizont erstellt wird; nur so ist es möglich, die zur Steuerung, d.h. für Terminpläne und Koordination, erforderliche Informationen bereitzustellen, insbesondere für eine flexible und straffe ("lean") Produktion.

Planung mit PPS-Systemen und Fertigungsleitständen

Zur Durchsetzung der oben angesprochenen Zielsetzungen (Termintreue, optimale Kapazitätsauslastung, minimale Durchlaufzeiten, ...) müssen dem Planer in der Fertigungsindustrie moderne Werkzeuge an die Hand gegeben werden, da ein 'manuelles' Planen aufgrund der vorhandenen Produkt- und Fertigungskomplexität meistens nicht möglich ist. Mit Hilfe dieser Werkzeuge soll er Fragen beantworten können zu folgenden Problemgebieten:
- Produktionsplanerstellung: Auf welchen Maschinen soll ein Auftrag wann gefertigt werden? Soll ein bestimmter Auftrag geteilt werden? Wann kann ein bestimmter Auftrag ausgeliefert werden? Gibt es Alternativen? ....
- Kapazitätsplanungsvorgaben: Sind Überstunden erforderlich? Müssen Arbeiten zur Entlastung einer Maschine auf andere Maschinen verlegt werden? ...

- Bereitstellungslogistik: Wann werden bestimmte gekaufte Materialien gebraucht? Wann werden bestimmte eigengefertigte Teile zur Montage gebraucht? Wann werden bestimmte Werkzeuge gebraucht? ...
- Produktionsplananpassung bei Störfällen: Welche Auswirkungen hat ein Maschinenausfall? Welche Auswirkungen hat das Fehlen von Material oder von Werkzeugen? ...
- ...

Die in der Fertigung verbreitetsten Planungssysteme sind
- PPS-Systeme und
- Fertigungsleitstände.

Beide haben wesentliche Schwächen, die ihren Einsatz zur gleichzeitigen Kapazitäts- und Terminplanung (Simultanplanung) in Frage stellen.

Die in dem hier diskutierten Zusammenhang wichtigste Schwäche von PPS-Systemen liegt in der Benutzung geplanter Liegezeiten zur Kapazitäts- und Materialterminierung (Ref.3). Diese Liegezeiten sind Systemparameter, die in der Regel bei der Installation des PPS-Systems festgelegt werden. Wie Untersuchungen zeigen, mögen sie zwar für den Durchschnitt aller zu planenden Aufträge zutreffen, im Einzelfall schwanken sie aber "chaotisch" - abhängig von Auslastung, Auftragsmix, Abarbeitungsreihenfolgen usw. Die in dem PPS-System hinterlegten Liegezeiten müssen daher so groß gewählt werden, daß trotzdem sichergestellt ist, daß jeder (!) Auftrag termingerecht gefertigt werden kann. Dies führt dazu, daß die geplanten Liegezeiten etwa 90% der Durchlaufzeiten ausmachen. Einfache Vorwärts- und/oder Rückwärtsterminierung ergibt dann die Planungsvorgaben für die Fertigung. "Das Ergebnis ist eine selbsterfüllende Prognose" (Ref.3) für die Terminierung der Aufträge und damit auch für die Material- und Lagerplanung.

Die Tatsache, daß die der Terminierung zugrunde liegenden Liegezeiten Vorgaben sind und nicht Resultat einer Rechnug, hat weitreichende Konsequenzen. Falsche Liegezeiten führen zu:
- Endterminabweichung, d. h. Aufträge werden entweder zu früh oder zu spät fertiggestellt;
- falschen Materialbereitstellungsterminen mit allen Konsequenzen etwa für beabsichtigte Just-In-Time Fertigung;
- falsch terminierter Kapazitätsbelastung mit sich daraus ergebenden kurzfristigen Konsequenzen wie Überstunden oder Kurzarbeit.

Um wenigstens die aus den PPS-Systemen übernommenen "falschen" oder zumindest "schlechten" Planungsvorgaben bei der Kapazitätsbelastung flexibel handhaben - sprich: umsetzen - zu können, wurde dem Planer vor Ort mit den Fertigungsleitständen ein wichtiges Werkzeug zur Verfügung gestellt. "Ein Leitstand ist ein computergestütztes grafisches System und dient als Entscheidungshilfe für die interaktive, kurzfristige Produktionsplanung und -steuerung." (Ref.4)

In dieser Definition kommen bereits die Schwerpunkte heute existierender Leitstände zum Ausdruck:

- grafische Komponenten zur Darstellung der Planung;
- Editor zur manuellen Abänderung der übernommenen Planung oder auch Neuplanung von Aufträgen.

Die Bedeutung der Leitstände liegt darin, daß Schwächen in der Planung schnell erkannt werden können. Ebenso kann kurzfristig auf Probleme reagiert werden, indem der Plan direkt abgeändert wird. Dies bedeutet allerdings, daß in der Regel sehr viele Aufträge und Arbeitsgänge manuell eingeplant bzw. umgeplant werden müssen.

Leitstände dienen zur "Steuerung vor Ort", d. h. etwa zur Steuerung isolierter Fertigungsinseln oder Meisterbereiche. Der Planungshorizont ist hier begrenzt und geht in der Regel nicht über den zu planenden Bereich und damit auch nicht über einen zeitlichen Horizont von einigen Tagen hinaus.

Die beiden wesentlichen sich hieraus ergebenden Probleme liegen auf der Hand:
1. Zur Erstellung eines guten Produktionsplans muß sich der Planungshorizont eigentlich bis zur Fertigstellung des Endprodukts ertrecken (Termintreue!). Aufgrund des begrenzten zeitlichen Planungshorizonts von Leitständen fehlt daher die Möglichkeit, Planungsänderungen auf ihre langfristigen Auswirkungen hin zu beurteilen.

2. Planungsoptimierung - besser: Planungsverbesserung - in einem begrenzten Fertigungsbereich muß selbstverständlich nicht gleich Planungsverbesserung in dem gesamten Fertigungsbereich bedeuten. Reihenfolgeänderungen bei der Bearbeitung in einer Fertigungsinsel können ungeahnte Auswirkungen in den nächsten Bereichen haben - es sei denn, daß wiederum mit großen Puffern, diesmal zwischen einzelnen Fertigungsbereichen, geplant wird.

Eine der unangenehmen Konsequenzen für den Anwender ist, daß ihm die Möglichkeit fehlt, den von ihm erstellten Terminplan zu beurteilen nach Kriterien wie Termintreue oder Gesamtdurchlaufzeit eines Auftrags.

Ein idealer Leitstand sollte demnach enthalten (Ref.3)
1. eine Graphik-Komponente zur bildhaften Darstellung des Terminplans ,
2. einen Plan-Editor zur manuellen Erzeugung und Veränderung des Terminplans ,
sowie
3. eine Evaluierungs-Komponente, zur Bewertung eines Terminplans,
4. eine Automationskomponente zur automatischen Erzeugung und Änderung von Terminplänen.

Als weitere Schlüsselkomponente wird von J. J. Kanet noch genannt ein
5. "Datenbankmanagementsystem, um alle relevanten Informationen und Regeln, mit Schnittstellen zu anderen Subsystemen wie PPS, BDE, etc. zu verwalten"

Bei typischen, heute verfügbaren Leitständen sind die Komponenten 3 und 4 nicht vorhanden oder nur schwach ausgeprägt.

Planung mit Hilfe von "Zeitdynamischer Simulation"

Simulation findet auch in der Planung von industriellen Abläufen immer stärkeren Eingang. "Unter Simulation versteht man dabei ganz allgemein den Prozeß der Modellbeschreibung eines realen Systems und des anschließenden Experimentierens mit diesem System." (Ref.5) H.-P. Wiendahl unterscheidet dabei zwischen zwei Typen der Simulation:

- Simulationstypen, bei denen es sich nur um "eine Art Proberechnung" handelt, bei denen etwa das PPS-System selbst als Simulationsmodell benutzt wird, und
- Simulationstypen, "bei denen auch das Durchführungssystem als Modell vorhanden ist. Der als Sollplan vorgegebene Ablauf wird Schritt für Schritt im Durchführungsmodell nachgebildet." Hier handelt es sich um einen "Probebetrieb".

Zeitdynamische Simulation ist in diesem Sinn ein Probebetrieb der Fertigung im Rechner. Im Simulationsmodell wird dabei so realitätsnah wie erforderlich ein Modell der Fertigung nachgebildet. Ein heute bereits verfügbares Werkzeug, das einen simulativen Probebetrieb der Fertigung ermöglicht, ist FACTOR[1]. FACTOR wurde zur Produktionsplanung und -steuerung mit dem Ziel entwickelt, Terminpläne zu erstellen, die die begrenzten Kapazitäten einer Fertigung genau berücksichtigen. Auf der Grundlage der alltäglichen Realitäten (z. B. begrenzte Materialverfügbarkeit, begrenzt vorhandene Maschinen und Ressourcen) sowie unter Berücksichtigung der operativen Logistik werden für die Produktionslenkung die richtigen und genauen Informationen über die zu erwartenden Fertigstellungstermine der Aufträge, die Termine der einzelnen Bearbeitungsschritte, die zu erwartenden Materialbereitstellungstermine und die Belastung der Ressourcen ermittelt.

Zeitdynamische Simulation benutzt die Simulationstechnik der "diskreten Ereignisse", um Aufträge, die bereits eingelastet sind oder in der Zukunft eingelastet werden sollen, in ihrem zeitlichen Durchlauf durch die Fertigung darzustellen. Im Simulationsmodell schreitet z. B. ein Werkstattauftrag durch eine Folge von Aktivitäten voran, genau wie es dem Arbeitsplan entspricht. Jede Aktivität benötigt Zeit zur Bearbeitung und braucht eine oder mehrere Ressourcen und/oder Materialien bevor der eigentliche Bearbeitungsvorgang beginnen kann. Wenn mehrere Aufträge vor einer Ressource zur Bearbeitung anstehen, entstehen Warte- oder Liegezeiten, die einen erheblichen Anteil an der Durchlaufzeit ausmachen können. Diese Zeiten, die - wie bereits diskutiert - in konventionellen Planungssystemen nur als konstante Schätzwerte berücksichtigt werden, werden mit Hilfe der zeitdynamischen Simualtion reihenfolge- und belastungsrichtig und daher mit der vollen zeitlichen Dynamik bestimmt (Ref.6). Die Durchlaufzeit ist daher Resultat eines Probebetriebs der Fertigung.

---

[1] FACTOR ist eingetragenes Produkt der PRITSKER Corporation, Indianapolis, Indiana, USA

Die zeitdynamische Simulation verfolgt im hinterlegten Modell der Fertigung genau den Fortschritt jedes einzelnen Werkstattauftrags und die Zuordnung jeder Ressource. Wenn in der Fertigung, z. B. vor einem Bearbeitungsschritt, eine Entscheidung getroffen wird, benutzt die Simulation an dieser Stelle im Modell eine logische Regel, die der in der Werkstatt angewandten entspricht. Mit Hilfe der zeitdynamischen Simulation werden so ganze Fertigungsabläufe mit einem Modell der Fertigung über einen ausgedehnten Zeithorizont nachgebildet. Als Resultat ergeben sich richtige und genaue Vorhersagen der Betriebsabläufe. Wichtig ist, daß die Simulation auf dem von der BDE übermittelten Ist-Zustand der Fertigung aufsetzt. Die Simulation liefert deshalb gute und durchsetzbare Termin-vorhersagen.

Der Probebtrieb der Fertigung in Form der zeitdynamischen Simulation ist nicht auf abgegrenzte Fertigungsinseln oder auch einen zeitlich eng begrenzten Horizont beschränkt. Die Simulation erlaubt damit einen Probebetrieb der Fertigung unter Berücksichtigung der Produkt- und Fertigungs-komplexität.

Fertigungsleitstand und die hier beschriebene Simulation ergänzen sich also: Mit einem Leitstand wird die freie Planung zur Zeit "jetzt" unterstützt. Ein Simulationssystem hingegen unterstützt die terminliche Absicherung ganzer Auftragsdurchäufe und diente der Erkundung optimaler Logistik. Der fortschrittliche Leitstand wird einen Simulator als Plangenerator besitzen (Komponenten 3 und 4 des 'idealen' Leitstands), und das zur Produktionslenkung gestaltete Simulationswerkzeug wird Leitstandsfunktionen zum Vergleich von Plan- und Ist-Zustand, zur freien Disposition vor Ort und zum Wiederaufsetzen der Simulation auf der Grundlage der "jetzt" vorliegenden Ist-Zustandsdaten besitzen.

Der hier beschriebene Ansatz der zeitdynamischen Simulation, liefert keine optimale Planung der Fertigung. Ansätze, die versuchen, die Produktionsplanung zu optimieren, besitzen kaum praktische Relevanz. Die Ursache dafür liegt in der großen Anzahl der in der Praxis auftretenden Variablen, die eine Lösung des Optimierungsproblems mit einem angemessenen (Zeit-)aufwand verhindern (Ref.7). Soweit erforderlich können Optimierungsalgorithmen - für begrenzte Bereiche - als Regeln berück-sichtigt werden. Eine Optimierung des gesamten Planungshorizonts scheint allerdings heute -gerade im Bereich der Fertigungsindustrie mit ihrer hohen Produktkomplexität - ausgeschlossen.

Produktionsplanung und -steuerung mit FACTOR als Beispiel für den Einsatz zeitdynamischer Simulation

Zweck des Einsatzes der zeitdynimschen Simulation - hier beschrieben am Beispiel von FACTOR - ist es, möglichst verläßliche Voraussicht in die zu erwartende Leistung der Fertigung (von der Auftragseinlastung bis zur Endbearbeitung) zu erstellen. Die typische FACTOR-Anwendung gliedert sich in folgende Schritte (Bild 1):

1. Die aktuellen Ist-Zustands- und Auftragsdaten werden aus vorhandenen Datenbanken übernommen und bei Bedarf ergänzt.
2. Simulationsläufe werden über einen ausgedehnten Zeithorizont durchgeführt, um Auskunft über die zukünftige Leistung der Produktion zu erhalten.
3. Die Produktionslenkung überprüft und analysiert die Ergebnisberichte der Simulation.
4. Zur Verbesserung der simulativ vorhergesagten Produktionsleistung können die zur Disposition stehenden Fertigungsvariablen, z. B. Anzahl von Ressourcen, Losgrößen oder Prioritätsregeln, verändert werden. Diese Vorschläge werden durch einen weiteren Simulationslauf überprüft.
5. Die Schritte (2) bis (4) können solange wiederholt werden, bis die simulierte Produktionleistung zufriedenstellend ist, oder keine weiteren Möglichkeiten zur Erhöhung der Produktionsleistung mehr auszumachen sind.
6. Die Produktionslenkung übernimmt die simulativ erhaltene Empfehlung und Produktionsleistungs-Vorhersagen. Der ausgewählte, simulativ erstellte Fertigungsablauf wird zur Fertigungssteuerung benutzt.

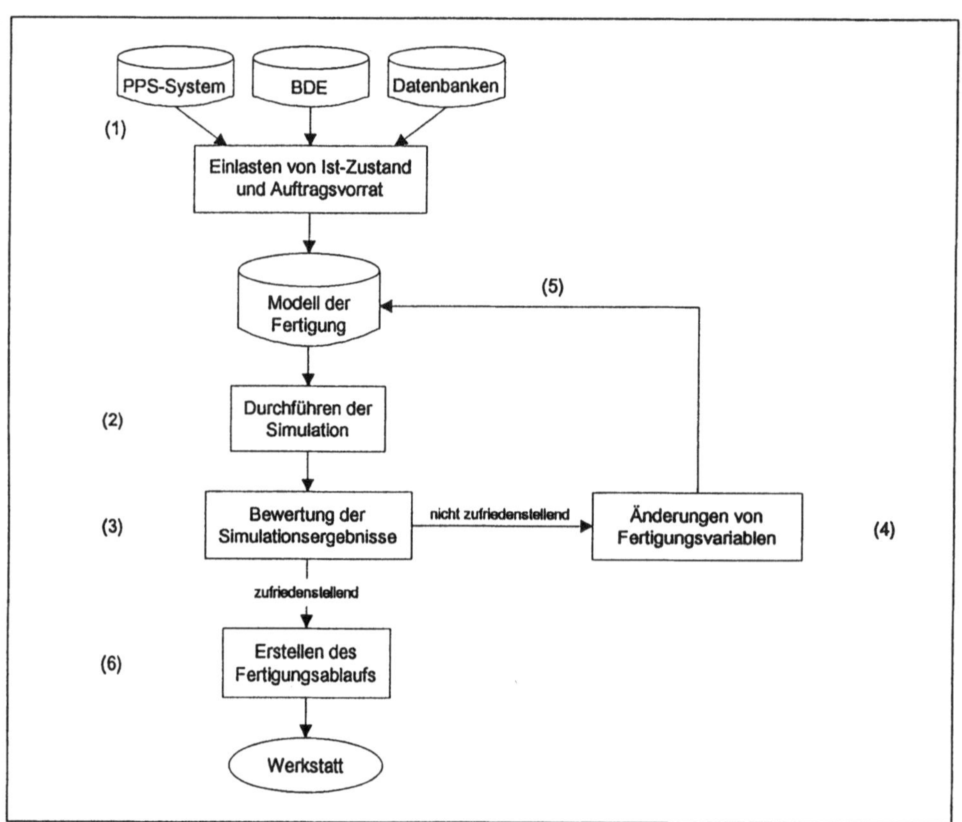

Bild 1: Typische FACTOR-Anwendung

<table>
<tr><td colspan="8" align="center">FACTOR Auftragsüberblick</td></tr>
<tr><td colspan="8" align="center">Datum: 24.06.91 11:47 Modell: TMB
Szenario: 70 - Ausgangsmodell, 2 Schichten</td></tr>
<tr>
<td>Teile-Nummer</td>
<td>An-
zahl</td>
<td>Warte-
zeit
(Std.)</td>
<td>Bearb.-
zeit
(Std.)</td>
<td>Freigabe-
termin</td>
<td>End-
termin</td>
<td>Fertigst.-
termin</td>
<td>Ver-
spätung
(Tage)</td>
</tr>
<tr>
<td>000041_00
491-500-001</td>
<td>75</td>
<td>763.5</td>
<td>13.6</td>
<td>08.07.91</td>
<td>08.08.</td>
<td>08.08.
09:09</td>
<td>1.4</td>
</tr>
<tr>
<td>000042_00
491-500-004</td>
<td>75</td>
<td>499.5</td>
<td>13.6</td>
<td>08.07.91</td>
<td>02.08.</td>
<td>29.07.
09:12</td>
<td>-3.6</td>
</tr>
<tr>
<td>000043_00
491-500-004</td>
<td>75</td>
<td>509.4</td>
<td>25.8</td>
<td>08.07.91</td>
<td>02.08.</td>
<td>30.07.
07:10</td>
<td>-2.7</td>
</tr>
<tr>
<td>000044_00
491-500-051</td>
<td>75</td>
<td>707.5</td>
<td>25.8</td>
<td>08.07.91</td>
<td>02.08.</td>
<td>07.08.
13:15</td>
<td>5.6</td>
</tr>
<tr>
<td>000044_00
491-500-030</td>
<td>75</td>
<td>306.6</td>
<td>13.6</td>
<td>08.07.91</td>
<td>29.07.</td>
<td>23.07.
13:36</td>
<td>-5.4</td>
</tr>
</table>

Bild 2: FACTOR Auftragsüberblick

FACTOR liefert zahlreiche - auch anwendungsspezifisch zu gestaltende - Ergebnisberichte, in denen die simulierte Produktionsleistung analysiert wird.

Bild 2 zeigt ein Beispiel für den Übersichtsbericht "Auftragsüberblick". Dieser Bericht zeigt, ob - auf der Grundlage der zum Simulationsbeginn vorliegenden Informationen - die Auftragstermine eingehalten werden und wann die einzelnen Aufträge durchgeführt sein werden. Ferner wird über die zu erwartende Verfrühung bzw. Verspätung sowie über die Warte- und Bearbeitungszeiten der einzelnen Aufträge berichtet.

Der Ressourcen-Terminplan (Bild 3) zeigt für jede Ressource die simulierte zukünftige Belegung mit Aufträgen bzw. Arbeitsgängen an. Dieser Bericht enthält die folgenden Informationen:
- Bezeichnug des Auftrags und des zu bearbeitenden Teils
- Beginn (A) bzw. Ende (F) des Bearbeitungsvorgangs
- Beschreibung des Bearbeitungsvorgangs

Mit diesem Bericht wird die Information darüber bereitgestellt, wann und in welcher Reihenfolge die anstehenden Aufträge bearbeitet werden sollen.

```
                FACTOR Ressourcen Terminplan
                    Ressource: 2950_01
              Ressource-Typ: 0 - Maschinen

                 Datum: 24.06. 11:55  Modell: TMB
           Szenario: 70 - Ausgangsmodell, 2 Schichten

Auftrags-Nr./  Los-Nr./  Simulations-
Teile-Nr.      Los-      Zeit         Code  Bearbeitungsvorgang
               Größe

000013_00      1         24.06. 13:40 A     00027    Rüsten
491-500-058    100

000013_00      1         25.06. 19:27 F     00030    Entgraten
491-500-058    100

000014_00      1         25.06. 19:27 A     00027    Rüsten
491-500-057    100
```

Bild 3: FACTOR Ressourcen-Terminplan

Darüberhinaus wird ein interaktives Werkzeug zur Verfügung gestellt, mit dessen Hilfe die Simulationsergebnisse grafisch in Form von Plantafeln oder "Gantt-Diagrammen" präsentiert und ohne Widerspruch zu den Eingangsdaten der Simulation editiert werden können (Leitstand-Modul, Bild 4).

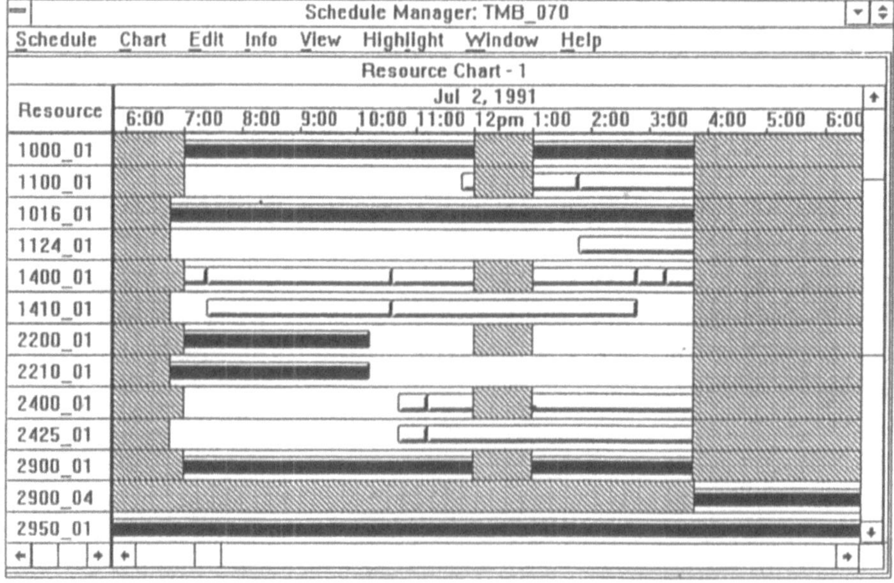

Bild 4: FACTOR Ressourcen-Gantt-Diagramm

Referenzen

Ref.1: J. P. Womack, D. T. Jones und D. Roos, Die zweite Revolution in der Autoindustrie, Campus Verlag, Frankfurt/New York, 1991

Ref.2: G. Morfill und H. Scheingraber, Chaos ist überall...und es funktioniert, Ullstein Verlag, Berlin, 1991

Ref.3: J. J. Kanet, Der Blick über die Grenzen. Internationale Perspektiven für die PPS-Weiterentwicklung in den neunziger Jahrern, AWF, PPS '91 Kongreß, Böblingen, 1991

Ref.4: H. H. Adelsberger und J. J. Kanet, The Leitstand - A New Tool for Computer Integrated Manufacturing, Produktion and Inventory Management Journal, Vol 2, 1991

Ref.5: H.-P. Wiendahl, Modellbildung von komplexen Abläufen. Realität und Chancen der Simulation, AWF, PPS '91 Kongreß, Böblingen, 1989

Ref.6: A. B. Pritsker, G. Schmidt-Weinmar, L. Ortmann, Management der Liegezeiten durch zeitdynamische Simulation, CIM-Management, 6/1991

Ref.7: A.-W. Scheer, Koordinierte Planungsinseln: Ein neuer Lösungsansatz für die Produktionsplanung, Veröffentlichungen des Instituts für Wirtschaftsinformatik, Universität des Saarlandes, Heft 86, November 1991

Planungsunterstützung für dezentrale Auftragsbearbeitung in Fertigungsinseln

K.-H. Rödiger, H.-C. Alberts, W. Arnaschus, P. Jadasch, O. Otto, H. Runge,
I. Schönfeld, B. Stronski, U. Szczepanek, N. Wattenberg

Universität Bremen, Fachbereich Mathematik/Informatik
Postfach 33 04 40, W-2800 Bremen 33

Zusammenfassung

Traditionelle Produktionskonzepte sind den gestiegenen Marktanforderungen nur schwer gewachsen. Forderungen nach kurzen Durchlaufzeiten und Termintreue, die Erfüllung individueller Kundenwünsche und ganz allgemein der Kostendruck verlangen nach neuen Produktionskonzepten. Abbau von Hierarchien, Dezentralisierung von Planungs-, Steuerungs- und Kontrollaufgaben, ganzheitliche Fertigung in Inseln oder lean production heißen die Schlagworte; wie aber sieht ein dazu angemessenes Produktionsplanungs- und -steuerungssystem (PPS-System) aus? In diesem Beitrag wird ein Planungsunterstützungssystem für dezentrale Auftragsbearbeitung in Fertigungsinseln vorgestellt, das dispositive Anteile der Arbeit mit den ausführenden zusammenführt, dabei die Schwächen zentralistischer PPS-Syteme überwinden hilft und einen Beitrag zum Abbau betrieblicher Hierarchien, zur Rückbesinnung auf Eigenverantwortlichkeit sowie Kompetenz der Facharbeiter und damit auch zur Kostensenkung leistet. Den Arbeitenden in den Fertigungsinseln werden unterstützende Hilfsmittel an die Hand gegeben, die sie befähigen, Planungsaufgaben zu übernehmen. Das Planungsunterstützungssystem ist als Prototyp auf Unix-Workstations mit einer OSF/Motif-Benutzungsoberfläche realisiert.

1 Entwicklung von Produktionskonzepten

In der Einzel- und Kleinserienfertigung fordert die Marktsituation von den Unternehmen kurze Lieferzeiten und hohe Flexibilität bezüglich Kundenwünschen bei kleiner werdenden Losgrößen. Noch immer versuchen Betriebe, diese Ziele unter Beibehaltung alter Organisationsstrukturen mit verstärktem Einsatz neuer Technik zu erreichen. Ob traditionelle Organisationsstrukturen noch eine geeignete Antwort auf die veränderten Markterfordernisse sind, ist fraglich; solche Lösungsansätze scheinen nur noch bedingt erfolgreich [11].

Eine andere, arbeitspolitische Antwort auf die veränderten Markterfordernisse ist die aus der Automobilindustrie kommende lean production [4, 14]; sie meint eine neue soziale Organisation der Produktion mit der Abkehr von tayloristischen Rationalisierungsprinzipien, mit der Rücknahme von Arbeitsteilung, mit dem Abbau betrieblicher Hierarchien, aber auch erhöhte Wirtschaftlichkeit durch Optimierung des Materialflusses. Dabei werden durch Daten- und Funktionsintegration technische und betriebswirtschaftliche Tätigkeiten, die ursprünglich arbeitsteilig erledigt wurden, zusammengeführt. Mit der Rückbesinnung auf Eigenverantwortlichkeit und Kompetenz der Facharbeiter sollen Kosten gesenkt und die Flexibilität der Produktion erhöht werden. Die Grundgedanken dieses Konzepts sind im folgenden auch die Leitlinien für die hier vorgestellte Planungsunterstützung.

Neue Produktionskonzepte, wie das Konzept der Fertigungsinsel [7, 9], unterstützen eine so skizzierte arbeitsorientierte Umgestaltung der Betriebe. Sie stellen eine angemessenere Antwort auf die Ansprüche des Marktes dar, da sich damit viele der hier genannten Ansätze realisieren lassen.

2 Fertigungsinselorientierte Produktion

Ziel des Fertigungsinselkonzepts ist es, Produkte ganzheitlich und kostengünstig zu bearbeiten. Der Aufbau einer Fertigungsinsel ist an Teile- bzw. Produktfamilien orientiert; die Betriebsmittel werden nach dem Objektprinzip räumlich angeordnet. Fertigungsinseln sollen den Kriterien hoher Fertigungstiefe, Produktionsflexibilität und geringer Stationenzahl entsprechen.

Ein weiteres Charakteristikum von Fertigungsinseln ist die Dezentralisierung von Planungs-, Entscheidungs-, Steuerungs- und Kontrollaufgaben. Die Integration von planenden, durchführenden und überwachenden Tätigkeiten innerhalb einer Insel führt zu geschlossenen Informationsflüssen und zusammenhängenden Produktionsabläufen. Tätigkeiten werden durch eine weitgehend eigene Arbeitsplanerstellung, Personal- und Maschinendisposition bereichert. Inselinterne Qualitätskontrollen gewährleisten, daß nur einwandfreie Produkte die Fertigung verlassen. Das Verantwortungsbewußtsein der Facharbeiter, Synchronisationsprobleme beim Zugriff auf die Betriebsmittel eigenverantwortlich zu lösen, wird gesteigert; sie können damit besser auf Störfälle reagieren. Rüstzeiten und Bestände an den einzelnen Fertigungsstationen werden optimiert. Immaterielle Anreize wie Gruppenarbeit und hoher Autonomiegrad tragen dazu bei, Arbeitszufriedenheit und Motivation zu fördern. Alle Mitarbeiter werden gleich qualifiziert; das Know-how der Mitarbeiter wird dazu genutzt, Ausschuß zu reduzieren und die Flexibilität der Fertigung zu erhöhen [12].

Um diese Vorstellungen zu verwirklichen, müssen Unternehmen ihre Aufbau- und Ablauforganisation ändern, Funktionen zusammenführen und kurze Informations- und Kommunikationswege durch flache Hierarchien schaffen. Für die Produktionsplanung- und -steuerung werden Hilfsmittel benötigt, die die Facharbeiter bei der Auswahl, Planung, Steuerung und Überwachung von Aufträgen unterstützen.

Maschinenbauunternehmen mit wenigen Produktgruppen aber großer Variantenvielfalt haben sich auf die Erfüllung kundenspezifischer Aufträge spezialisiert. Die Fertigungsinseln eines solchen Betriebs sind ähnlich ausgestattet, damit sie prinzipiell jeden Auftrag fertigen können. Eine stochastische Struktur der Fertigung soll den Mitarbeitern einen möglichst großen Handlungs- und Entscheidungsspielraum lassen; dies beugt Engpässen in der Fertigung vor. Hierfür wird ein System benötigt, das die Feinplanung von Fertigungsaufträgen und die Angebotskalkulation unterstützt.

Das hier vorgestellte und als Prototyp implementierte Planungssystem unterstützt die Auswahl von Aufträgen, die rechtzeitige und kostensparende Materialanforderung, die Auswahl der einzusetzenden Betriebsmittel sowie die Kooperation mit anderen Fertigungsinseln; zudem beteiligt es die Mitarbeiter in den Fertigungsinseln an der Angebotskalkulation. Unterauftragnehmer können als externe Fertigungsinsel angesehen werden. Zur Kooperation und zur Bearbeitung von Störfällen gibt es eine adäquate Kommunikationsunterstützung. Darüber hinaus werden die aufgabenbezogenen Daten ständig aktualisiert und benutzungsfreundlich visualisiert. Mit diesem Planungsunterstützungssystem wird der Produktionsprozeß für die Facharbeiter transparenter gemacht; sie können damit die Komplexität des Prozesses angemessener bewältigen und die Abläufe besser koordinieren.

3   Fertigungsinseln und Konzepte von Produktionsplanungs- und -steuerungssystemen

Nachfolgend werden die derzeitigen PPS-Methoden entlang den zuvor formulierten Anforderungen betrachtet. Traditionelle Produktionskonzepte wie Material Resource Planning System (MRP II), Optimized Production Technology (OPT) oder die belastungsorientierte Auftragsfreigabe (BOA) werden für die Einzel- und Kleinserienfertigung zwar empfohlen [2], zeigen bei neuen Fertigungsprinzipien jedoch Schwächen.

Grundlage von MRP II, einer deterministisch ausgerichteten Methode, ist die Abkehr von der verbrauchsgesteuerten Materialdisposition [6]. Die Funktionsbausteine der PPS werden zentral koordinert und kontrolliert. Auf der Grundlage scheinbar vollständiger Informationen werden exakte Terminvorgaben gemacht. Da aber in der Einzel- und Kleinserienfertigung Daten oft grob geschätzt werden müssen, und weil häufig Störungen im Produktionsprozeß auftreten, muß ständig neu geplant werden. Facharbeiter werden nicht in den Planungsprozeß einbezogen, obwohl sie mit ihrer Erfahrung flexibel auf Störungen reagieren könnten. "MRP cannot tolerate 'informal systems' for getting the job. Therefore a MRP system appears to work best for companies with mass production assembly lines" [1].

OPT ist ein Produktionsplanungs und -steuerungsverfahren, das einen Betrieb in ein Netzwerk von Fertigungseinheiten, Kundenaufträgen, Produkten und Rohmaterialien abbildet [5]. Durch eine Engpaßsteuerung werden die Produktionsprozesse optimiert. OPT setzt auf implementierte Algorithmen und läßt daher nicht zu, Planungsaufgaben an Inselmitarbeiter zu übertragen. Da in Fertigungsinseln jede Maschine zum Engpaß werden kann, ist es problematisch, die tatsächlichen "Flaschenhälse" zu finden [8].

Die belastungsorientierte Auftragsfreigabe (BOA) ist ein stochastisches Verfahren zur Fertigungssteuerung [13]. Das BOA zugrundeliegende Trichtermodell berücksicht durch die Einführung von Belastungsschranken und einer Terminschranke Leistungsschwankungen in der Fertigung. Freigegebene Aufträge werden in die Belastungssituation der nachfolgenden Arbeitssysteme eingerechnet. Zwar wird die Leistung der Mitarbeiter als Engpaß miteinbezogen; dabei wird jedoch vernachlässigt, daß in Fertigungsinseln die Anzahl der Maschinen oft höher als die der Facharbeiter ist [7]. Die ex post ermittelten Parameter erschweren es außerdem, neuen Auftragsanforderungen nachzukommen. Somit ist auch BOA nur schwer in der Fertigungsinselorganisation einzusetzen.

In neueren Konzepten für die Fertigungsinselorganisation wird es als notwendig erkannt, die mittelfristige Mengen-, Termin- und Kapazitätsplanung den Fertigungsinseln als Aufgabe zuzuordnen. So wird in einem Konzept [3] zwischen einem zentralen PPS-System und den Inseln eine Inselkoordination plaziert, die die Betriebsmittel der Fertigungsinseln koordiniert, den Aufträgen zuordnet und über Betriebsdatenerfassung (BDE) kontrolliert. Nach der hier vertretenen Auffassung reicht dieser Schritt in Richtung Dezentralisierung nicht aus, da fertigungsinselorientierte Produktion nach einem Planungs- und Steuerungsverfahren verlangt, das sowohl den stochastischen Ablauf der Produktion als auch die Erfahrung der Mitarbeiter in den Inseln berücksichtigt.

4   Planungsunterstützungssystem

In einem Maschinenbaubetrieb mit Einzel- und Kleinserienfertigung wird nach den hier vertretenen Vorstellungen ein zentrales PPS-System lediglich für die Grobplanung der Produktion, für die Vorbereitung der Fertigungsaufträge, zum Einlasten von Planungsaufträgen (inkl. Stücklisten und Konstruktionszeichnungen) in den Pool sowie für die Rückmeldung von Auftrags- und Maschinendaten genutzt. Des weiteren ist das zentrale PPS-System für die Entlohnung und für statistische Auswertungen zuständig.

Welche Fertigungsinsel jedoch welchen Auftrag in welcher Reihenfolge mit wem zusammen fertigt, ist nicht mehr Aufgabe der zentralen Planung; diese Aufgaben sind vollständig den Inseln übertragen, die aufgrund ihrer Erfahrungen den besseren Überblick besitzen und außerdem auf das aktuelle Geschehen, wie Störfälle, schneller und adäquater reagieren können. Die Inseln verfügen hierzu über eine nachfolgend beschriebene und als lauffähiger Prototyp realisierte dezentrale Planungsunterstützung, die mit dem zentralen PPS-System über ein Gateway verbunden ist. Zwischen dem zentralen PPS-System und den Fertigungsinseln ist eine sog. Poolebene eingefügt. Diese Poolebene ist sowohl Puffer für die zur Fertigung freigegebenen Aufträge (Auftragspool) als auch Sammelstelle für Planungsaufträge zur Angebotskalkulation (Planungspool). Der Planungspool dient der Vervollständigung von Auftragsdaten und damit zur Unterstützung der Angebotserstellung und der Fertigungsplanung.

Aus beiden Pools können sich die Fertigungsinseln im Rahmen der vorgegebenen Endtermine selbständig ihre Aufträge heraussuchen und diese dann einplanen. Zum einen sollen damit betriebliche Hierarchien abgebaut, Kommunikationswege verkürzt und Aufgaben dorthin verlagert werden, wo die Praxiserfahrungen vorliegen. Zum anderen erhalten die Facharbeiter den notwendigen Handlungs- und Entscheidungsspielraum, Aufträge z.B. so entgegenzunehmen, daß möglichst geringe Rüstzeiten anfallen. Für die Auswahl und Einlastung von Aufträgen steht den Fertigungsinseln ein entscheidungsunterstützendes Werkzeug zur Verfügung, das abwechselnd aus den Reihen der Mitarbeiter von einem sog. Inseldisponenten benutzt wird.

Um zu vermeiden, daß Liefertermine überschritten, Lieferfristen für Materialien nicht beachtet werden und für Abstimmungsaufgaben der Fertigungsinseln untereinander, ist ein sog. Poolkoordinator vorgesehen. Er wird aus den Reihen der Inseldisponenten ebenfalls nach dem Rotationsprinzip bestimmt und ist Ansprechpartner bezüglich Fertigungs- bzw. Terminfragen. Des weiteren ist er dafür zuständig, Eilaufträge und die Störfallbeseitigung zu koordinieren, sowie zu verhindern, daß Aufträge wegen mangelnder Attraktivität nicht gefertigt werden. Hierzu finden regelmäßig Sitzungen zwischen dem Poolkoodinator und den Inseldisponenten statt.

4.1 Planungspool

Der Planungspool unterstützt ein Unternehmen bei der Kalkulation neuer Produkte, der Angebotserstellung und der Fertigungsplanung. In ihm werden Auftragsbeschreibungen mit allen vorhandenen Eckdaten abgelegt. Die Fertigungsinseln können diesem Pool Planungsaufträge entnehmen, sie den Anforderungen entsprechend vervollständigen, indem sie z.B. Durchlaufzeiten schätzen oder fehlende Arbeitspläne erstellen, und sie dann wieder zurückgeben. Damit werden die Qualifikationen und Kompetenzen der Mitarbeiter vor Ort einbezogen, die genauere Aussagen zu Fertigungsproblemen und Arbeitsplänen machen können. Fragen der Optimierung von Rüst- und Bearbeitungszeiten sowie der Materialnutzung gehen dadurch ebenso in die Planung ein wie mögliche Risiken, die in der Fertigung unmittelbar besser abgewogen werden können.

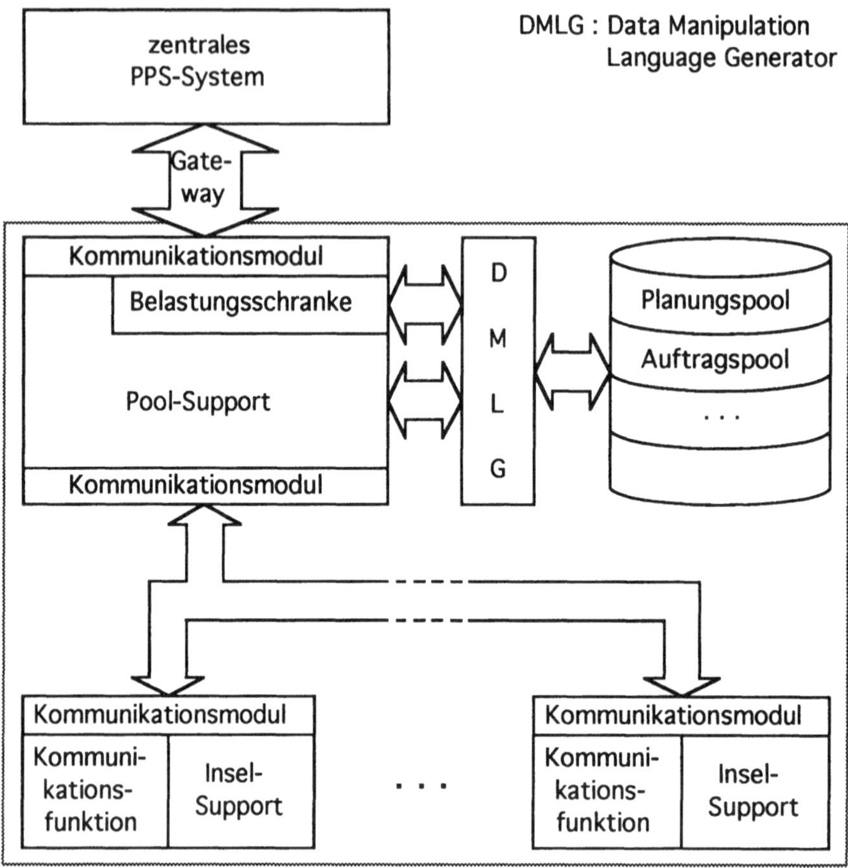

Abb. 1: Systemstruktur

4.2 Auftragspool und Belastungsschranke

Der Auftragspool verwaltet alle vom PPS-System vergebenen Fertigungsaufträge. Zu einem vollständig beschriebenen Auftrag gehören Arbeitspläne, Stücklisten und gegebenenfalls Konstruktionszeichnungen und NC-Programme. Normalerweise sind in einer Fertigungsinsel mehr Maschinen- als Personalkapazitäten vorhanden; deshalb wird die Aufnahmefähigkeit des Auftragspools durch die Personalkapazität aller Inseln beschränkt. Um eine Überlastung zu vermeiden, müssen Aufträge vor der Einlastung in den Auftragspool eine Belastungsschranke passieren.

Die Belastungsschranke soll eine Überlastung des Auftragspools verhindern; vor ihrer Einlastung in den Pool müssen alle Aufträge diese Schranke passieren. Dies zielt nicht so sehr auf eine optimale Maschinenauslastung ab; vielmehr sollen damit kurze Durchlaufzeiten und eine hohe Termintreue erreicht werden. Die Personalkapazitäten werden dabei einschließlich aller Urlaubs- und Fehlzeiten als Berechnungsgrundlage genutzt. Als technische Parameter gehen die Durchlaufzeit und der Endtermin eines Auftrags, die Beschaffungszeiten für die Materialien sowie die Zielvorstellung, einen Auftrag möglichst ganzheitlich auf nur einer Insel zu fertigen, in die Rechnung ein. Die Belastungsschranke ist ein vom Poolkoordinator einstellbarer Wert, der berücksichtigt, welche Personalkapazitäten in einem wählbaren Zeitraum zur Verfügung stehen. Wird dieser Wert entsprechend niedrig (< 100%) eingestellt, wirkt er einer deterministischen Planung entgegen; man kann dann die Reihenfolge der Aufträge flexibel planen sowie auf Eilaufträge und Störungen angemessen reagieren. Änderungen an der Einstellung der Belastungsschranke, z.B. aufgrund der Erfahrung, daß vermehrt Störfälle auftreten oder Endtermine nicht eingehalten werden können, sollten nur in Absprache zwischen Poolkoordinator und Inseldisponenten vorgenommen werden.

Ein Auftrag wird nur dann in den Auftragspool eingelastet, wenn er zuvor eine Rückwärtsterminierung durchlaufen hat: der Endtermin darf abzüglich der Durchlaufzeiten und der längsten Materialbeschaffungszeit nicht den frühest möglichen Starttermin unterschreiten; vom Fertigstellungstermin zum spätest möglichen Starttermin rückgerechnet muß der Auftrag kontinuierlich bearbeitet werden können. Unter der Prämisse ganzheitlicher Fertigung auf einer Insel ist zu berücksichtigen, ob die dafür notwendigen Personalkapazitäten täglich zur Verfügung stehen. Sind die erforderlichen Kapazitäten nicht vorhanden, wird der Auftrag am nächst früheren Tag eingerechnet. Auf diese Weise wird der Auftrag unter Berücksichtigung der gesamten Belastungssituation rückwärts eingelastet. Dieses Verfahren wird proportionale Einrechnung genannt. Bei der Berechnung des Zeitraums zwischen spätest möglichem und aktuellem Starttermin werden die erforderlichen Personalkapazitäten mit der üblichen täglichen Arbeitszeit eingerechnet. Stehen diese aus Urlaubs- oder Krankheitsgründen nicht zur Verfügung, wird für den vorherigen Tag ein Übertrag gebildet. Dieser Vorgang der Übertragseinrechnung wird so lange fortgesetzt, bis der Auftrag mit den Prämissen vollständig eingelastet werden kann. Terminiert dieser Prozeß nicht innerhalb der insgesamt zur Verfügung stehenden Zeit, wird er als Störfall an den Poolkoordinator gemeldet und an das übergeordnete PPS-System zurückgegeben. Nach der Einrechnung ist der Auftrag nur an die gesamte Personalkapazität gebunden; damit wird einer deterministischen Planung entgegengewirkt.

Ist ein Auftrag vor dem festgelegten Endtermin fertiggestellt, werden die noch von ihm gebundenen Personalkapazitäten vor dem Endtermin nach der proportionalen Einrechnung freigegeben. Dies geschieht auch dann, wenn ein (Teil-) Auftrag von einem externen Fertiger übernommen wird.

Um die Materialbestände möglichst gering zu halten, wird erst bestellt, wenn der entsprechende Auftrag zur Fertigung ansteht. Deshalb müssen die längsten Lieferzeiten der benötigten Fertigungsmaterialien in die Berechnung des frühest möglichen Fertigungsbeginns einbezogen werden. Diese Zeiten werden als Kennwerte eines Auftrags vom zentralen PPS-System mitgeliefert. Der Zeitraum für die Einplanung von Aufträgen in den Fertigungsinseln ist danach auszurichten.

4.3 Pool- und Inselsupport

Der Support erhält vom zentralen PPS-System neue Aufträge bzw. mögliche Änderungen zu bereits eingelasteten Aufträgen. Neue Planungsaufträge werden in die Datenbank eingetragen. Durch Änderung der Statusinformation wechselt ein Planungsauftrag nach dessen Vervollständigung in den (Fertigungs-) Auftragspool. Der Support legt die Dringlichkeit der Aufträge fest. Sie wird aus der Restpufferzeit und einer Priorität berechnet. Bei den Prioritäten werden zwei Klassen unterschieden: Eine dezentral auf den Inseln einstellbare Priorität, die bei gleich großen Restpufferzeiten berücksichtigt wird. Hierbei können die Mitarbeiter in den Fertigungsinseln verschiedene Faktoren berücksichtigen. Des weiteren eine zentral in der Grobplanungsphase vergebene Priorität, mit der ein Auftrag über andere gestellt werden kann, die sonst aufgrund ihrer geringeren Restpufferzeit dringender eingestuft würden. Dieses stärkere Mittel des Eingriffs in die Dringlichkeit sollte nicht die Regel sein, sondern nur bei wichtigen Aufträgen angewendet werden, wenn beispielsweise die Gefahr einer hohen Konventionalstrafe größere Pufferzeiten rechtfertigt. Diese Priorität kann durch einen Prozentsatz angegeben werden, der die Verkürzung der normalen Restpufferzeit angibt. Durch den Einsatz dieses Instrumentes kann es dazu kommen, daß Aufträge mit kürzerer Restpufferzeit in der Dringlichkeit nach hinten fallen und somit vernachlässigt werden.

Bei Veränderungen des Pools wird ein Ereignis ausgelöst, das alle Fertigungsinseln über die entsprechen- den Bewegungen informiert. Der Support ermöglicht den Beschäftigten einer Fertigungsinsel nur Einsicht in die Aufträge, deren Fertigung sie beginnen können. Inseln, die nur Folgefertiger sind, wird der Auftrag nur angezeigt, wenn sich der Erstfertiger mit ihr über eine Zusammenarbeit abstimmen möchte. Dieser Vorgang wird über das Kommunikationsfenster abgewickelt.

Eine Funktion des Poolsupports ist es, den Auftrags- und Planungspool zu verwalten und die betroffenen Fertigungsinseln über alle Veränderungen darin zu informieren. Im Auftragspool befindliche Aufträge werden nach den laut Arbeitsplan benötigten Maschinen mit der Maschinenkonfiguration der Fertigungs- inseln verglichen. Komplett- bzw. Erst- und Folgefertiger werden ermittelt und die Aufträge nach dem Kriterium der Erstfertigung an die Fertigungsinseln verteilt. Die Erstfertigerermittlung bezieht sich auf die ersten zusammenhängenden Arbeitsgänge eines Auftrags, die während der Planung in den Ferti- gungsinseln festgelegt wurden. Dabei gilt es, die benötigten Betriebsmittel und insbesondere Spezialma- schinen zu berücksichtigen. Zur Koordinierung mit dem Erstfertiger erhalten dann die Folgefertiger Zugriff auf die Auftragsdaten. Werden an bereits eingelasteten Aufträgen aus dem zentralen PPS-System heraus Daten verändert, bekommen die betroffenen Inseln eine Nachricht. Dies gilt auch für den Fall, daß Aufträge gänzlich gelöscht werden. Im Support wird des weiteren die Dringlichkeit der Aufträge fest- gestellt; darüber hinaus signalisiert der Poolsupport dem Koordinator eine drohende Überschreitung des spätest möglichen Fertigungsbeginns oder der längsten Lieferzeit für die benötigten Materialien.

Ein Disponent verfügt mittels des Inselsupports über die seine Fertigungsinsel betreffenden Daten. Der Inselsupport stellt ihm eine Benutzungsoberfläche mit entscheidungsunterstützenden Funktionen für die Auftragsverwaltung zur Verfügung. In den Inseln werden nur die Aufträge angezeigt, die diese unmit- telbar fertigen können; sie werden in Form modifizierter Gantt-Diagramme dargestellt. Der Inseldispo- nent verfügt des weiteren über Funktionen, Aufträge aus bestimmten Perspektiven zu betrachten. Die Blickwinkel haben dabei die Wirkung von Filtern; man sieht nur diejenigen Aufträge, die das entspre- chende Kriterium erfüllen. So können Aufträge beispielsweise unter den Kriterien ganzheitlicher Fertigung, Folgefertiger, Durchlaufzeiten, Entlohnung oder weiteren, selbst definierten betrachtet wer- den. Wenn kein Filter benutzt wird, werden alle von der jeweiligen Fertigungsinsel zu bearbeitenden Aufträge auf dem Bildschirm angezeigt.

Auftragsdaten und der Zugang zu einem Kommunikationsfenster lassen den Planungs- und Steuerungs- prozeß transparenter werden. Eine eigenverantwortliche Personaldisposition wird unterstützt; außerdem werden die Daten über die Belastungssituation und die in der Fertigung befindlichen Aufträge auf die jeweilige Insel bezogen verwaltet.

4.4 Kommunikationsmodul und Kommunikationsfenster

Das Kommunikationsmodul wird zur Koordinierung von Aufträgen, zur Bearbeitung von Anfragen und für die Störfallbearbeitung genutzt. Es ist die Schnittstelle zur verwendeten Hardware, einem ISDN-Netz, und verwaltet die Übertragungsprotokolle sowie die Netzbefehle zum Auf- bzw. Abbau einer Datenlei- tung. Durch den Einsatz einer eigens entwickelten Übertragungssprache können externe Fertiger hard- und softwaremäßig unabhängig integriert werden. Die ISDN-Nebenstellenanlage wird für die gleichzeiti- ge Übermittlung von Sprache und Daten eingesetzt; jede Fertigungsinsel verfügt über einen ISDN-Basisanschluß. Der Inseldisponent hat mittels des Kommunikationsmoduls Zugang zum zentralen elektronischen Telefonbuch. Ferner wird mit dem Kommunikationsmodul der Datentransfer zwischen Auftrags- bzw. Planungspool und den Fertigungsinseln koordiniert.

Das Kommunikationsfenster ist das Werkzeug der Inseldisponenten. Damit sind sie in der Lage, e-mail-Mitteilungen, Materialbestellungen und Telefonate zu bearbeiten. Bei nicht ganzheitlicher Fertigung oder bei Störfällen kann der Erstfertiger über das Kommunikationsfenster einen Folgefertiger suchen. Nach dem Aufbau der Sprachleitung wird den beteiligten Fertigungsinseln über die vom Kommunikationsmodul zugeschaltete Datenleitung der Auftrag detailliert dargestellt. Nachdem die Inseldisponenten die Übergabetermine diskutiert haben, trägt der Folgefertiger diese über seine Datenleitung verbindlich in die Datenbank ein.

Sollte ein Arbeitsplatz nicht besetzt sein, werden eingehende Anfragen in einer Warteschlange (Anrufbeantworter) gespeichert; sie können später abgearbeitet werden.

4.5 Benutzungsschnittstelle

Um die Benutzungsoberfläche bezogen auf die Aufgaben und die Anforderungen der Mitarbeiter in den Fertigungsinseln angemessen zu gestalten, wurde für das Planungsunterstützungssystem eine graphische Benutzungsschnittstelle auf der Basis von OSF/Motif [10] entwickelt. Nur wenn konsequent Standards und Normen verwendet werden, sind unterschiedliche Systeme an einem Arbeitsplatz zumutbar. OSF/Motif kann als Quasi-Standard auf UNIX-Workstations bezeichnet werden. Die Benutzungsoberfläche stellt verschiedene Fenster zur Auftragsauswahl, zur Planung, für die Kommunikation mit anderen Fertigungsinseln etc. zur Verfügung. Sie sind einheitlich strukturiert und ikonisiert und bieten den Arbeitenden für ihre Aufgaben alle notwendigen Informationen und Hilfen. Über einheitlich symbolisierte und zu nutzende Widgets können sie sich auf ihrem Bildschirm die Daten anzeigen lassen, die für sie im Moment relevant sind. Die Filterfunktion erlaubt ihnen zudem, sich Aufträge unter verschiedenen Blickwinkeln anzusehen. Ein besonderes Problem beim Entwurf der Benutzungsoberfläche für das Planungsunterstützungssystem stellt die Tatsache dar, daß OSF/Motif ebenso wie die überwiegende Mehrzahl der wissenschaftlichen Publikationen zum Thema Software-Ergonomie auf Büroarbeitsplätze abzielen und - bei graphischen Oberflächen - die Schreibtisch-Metapher als Leitbild der Oberflächengestaltung zugrundelegen. Wieweit diese Metapher auch für Arbeitsplätze in der Fertigung tragfähig ist, ist eine gegenwärtig noch offene Frage. Durch die Implementierung geeigneter Symbole glauben wir, einen verständlichen und leicht erlernbaren Zusammenhang zwischen der Benutzungsoberfläche und der Funktionalität hergestellt zu haben.

5 Ausblick

Das Planungsunterstützungssystem ist objektorientiert entworfen und in C++ auf UNIX-Workstations implementiert. Dieses System stellt den Facharbeitern in den Fertigungsinseln auftragsbezogene Daten bereit und ermöglicht ihnen damit eine transparente Planung. Es werden Funktionen zur Verfügung gestellt, die eine Dezentralisierung von Kompetenzen unterstützen; sie erlauben eine flexible Fertigungsreihenfolge entsprechend den jeweiligen Gegebenheiten. Das System ermöglicht es, im Sinne einer lean production Tätigkeiten zusammenzuführen, Hierarchien abzubauen, und durch kompetente Entscheidungen Kosten zu senken. Liege- und Rüstzeiten können verringert, Lagerkosten für noch nicht benötigtes Material können gesenkt werden. Das System überläßt den Facharbeitern in den Fertigungsinseln eine große Verantwortung; ob die in dieser Art akzeptiert wird, muß noch evaluiert werden.

Datenschutzrechtliche Probleme bei der Benutzung eines ISDN-Netzes können durch eine andere Art der Konfiguration überwunden werden. Entscheidend scheint, daß durch die konsequente Unterstützung des Konzepts der teilautonomen Arbeitsgruppen ein entscheidender Schritt zur Nutzung bisher brachliegender Innovations- und Produktivitätspotentiale getan wird.

6 Literatur

[1] Aggarwal, S.C.: MRP, JIT, OPT, FMS? - Making sense of production operations systems, Harvard Business Review 63 (1985) No. 5, pp. 8-16.

[2] Aue-Uhlhausen, H. und H. Kühnle: Von ABS bis OPT - PPS-Methoden im Vergleich, in: AWF (Hrsg.), PPS 88, Eschborn 1988, S. 177-230.

[3] AWF (Hrsg.): Integrierte Fertigung von Teilefamilien, Band 2, Köln 1990.

[4] Brödner, P. und U. Pekruhl: Rückkehr der Arbeit in die Fabrik, Institut Arbeit und Technik, Gelsenkirchen 1991.

[5] Fox, R.E.: MRP, KANBAN or OPT - what's best?, Inventories and Production Magazine 2 (1982) No. 4, pp. 4-12.

[6] Hackstein, H.: Produktionsplanung und -steuerung (PPS), Düsseldorf 1989.

[7] Keller, G. und S. Kern: Das Fertigungsinselprinzip als Bestandteil von CIM, CIM-Management 6 (1990) H. 1, S. 44-49.

[8] Kerr, R.: Knowledge-Based Manufacturing Management, Sydney 1990.

[9] Lentes, H.P.: Fertigungsinseln, in: AWF (Hrsg.), Fertigungsinseln, Eschborn 1988, S. 9-65.

[10] Open Software Foundation Inc.: OSF/Motif™ - Style Guide, Release 1.1, Englewood Cliffs, NJ 1991.

[11] Savage, C.M. and D. Appleton: CIM and Fifth Generation Technology, CASA/SME Technical Council, Dearborn 1988.

[12] Ulich, E.: Gruppenarbeit - arbeitspsychologische Konzepte und Beispiele, in: J. Friedrich und K.-H. Rödiger (Hrsg.), Computergestützte Gruppenarbeit (CSCW), Stuttgart 1991, S. 57-77.

[13] Wiendahl, H.-P.: Belastungsorientierte Fertigungssteuerung, München 1987.

[14] Womack, J.P., D.T. Jones, and D. Roos: The Machine that Changed the World, New York 1990.

Die Koppelung von Leitständen insbesondere mit PPS-Systemen

Prof. Helmut Kernler
FH Furtwangen
FB Wirtschaftsinformatik
Gerwigstraße 11
7743 Furtwangen

Elektronische Leitstände haben sich als wichtige PPS- und CIM-Komponenten etabliert. Die meisten dieser Leitstände sind einerseits mit den Steuerungssystemen der Werkstatt und andererseits mit einem PPS-System gekoppelt. Die ersten Leitstände entstanden aus der Notwendigkeit, PPS-Systeme mit NC-Maschinen und Lagersteuerungsrechnern zu koppeln. Sie fungierten zunächst als elektronische Schaltzentralen.

1. Koppelungsebenen

Eine Koppelung auf der Nachrichtenebene ist aber keineswegs ausreichend. Vielmehr sind bei der Koppelung von Leitständen mit anderen CIM-Komponenten, insbesondere mit PPS-Systemen, fünf Ebenen zu beachten:

> 1. Hardware
> 2. Datenbank
> 3. Funktionen
> 4. Organisation
> 5. Management

Erst wenn auf allen fünf Ebenen ein Verbund geschaffen ist, kann von einer gelungenen Integration gesprochen werden.

1.1 Hardware-Ebene

Koppelungen auf der Hardware-Ebene sind zum heutigen Zeitpunkt kein ernstzunehmendes Problem mehr. Die Vielfalt der Netze, Protokolle und Verfahren wird beherrscht und auf beliebigen Schichten unterstützt. Die ursprüngliche Funktion der Leitstände als elektronische Schaltzentrale ist eine selbstverständliche Basis geworden.

1.2 Datenbank-Ebene

Drei Datenbankarchitekturen werden derzeit am Markt für Leitstandinstallationen angeboten

a) eine zentrale Datenbank mit redundanzfreier Datenhaltung für alle Anwendungen,

b) mehrere lokale Datenbanken mit teilredundanter Datenhaltung,

c) eine Datenbank je Arbeitsplatz mit vollredundanter Datenhaltung.

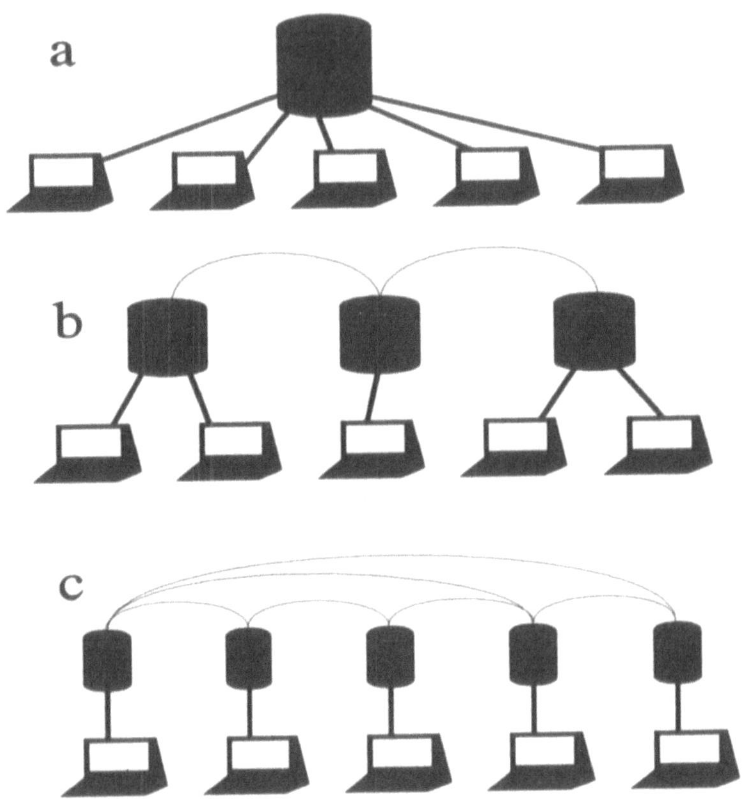

Abb. 1: Drei verschiedene Datenbankarchitekturen:

a. Die zentrale Datenbank speichert alle PPS-Daten zentral und redundanzfrei.

b. Die teilverteilte, teilredundante Datenbank verwaltet die Daten auf lokalen Fileservern. Konzepte für die Pflege der redundanten Daten auf den verschiedenen Teilsystemen sind noch nicht standardmäßig verfügbar, was durch die dünnen Linien angedeutet ist.

c. Die vollverteilte, vollredundante Datenspeicherung an jedem Arbeitsplatz erhöht die Verfügbarkeit und verbessert die Antwortzeiten. Die dünnen Verbindungslinien deuten an, daß für die Konsistenzerhaltung Systemroutinen erforderlich sind.

a) Die zentrale Datenbankarchitektur kommt nur für homogene Systeme in Frage. Nachteilig ist die Gefährdung der gesamten Anwendungen bei Ausfall der zentralen Datenbank und die lange Antwortzeit bei Zugriffen auf die Datenbank. Dafür ist aber die Datenkonsistenz stets sichergestellt, das Transaktionsdesign ist beherrschbar und alle Funktionen des Data-Dictionary sind auf allen Stationen verfügbar.

c) Den Extremfall dazu stellt die vollverteilte, vollredundante Datenbank da. Auch sie ist derzeit nur auf homogenen Systemen realisiert. Alle Daten, die an einem Arbeitsplatz benötigt werden, werden in der lokalen Datenbank gespeichert. Die Zugriffszeiten auf die lokalen Daten sind kurz. Beim Ausfall einer beliebigen, lokalen Datenbank können alle anderen Anwendungen ungehindert weiterlaufen. Eine zerstörte lokale Relation kann problemlos von einem beliebigen der anderen lokalen Systeme übertragen werden. Ein großer Overhead entsteht aber durch die automatische Pflege der redundanten Daten auf allen Arbeitsplätzen. Kollisionen beim Update von Feldern können fast völlig vermieden werden, wenn alle Daten atomar gespeichert werden; darauf gehe ich im nächsten Abschnitt ein.

b) Die am meisten praktizierte Lösung ist die Aufteilung der Unternehmensdaten in mehrere souveräne Datenbanken. Meist versorgt ein Datenbankserver jeweils ein autarkes Teil-System. Innerhalb eines Teilsystems gelten die Kriterien einer zentralen Datenbank, zwischen den Teilsystemen die Kriterien der redundanten Datenhaltung. Leider werden die konsistenzerhaltenden Algorithmen zwischen den Teilsystemen stark vernachlässigt. Der anschließend erläuterte Info-Bus hilft bei der Koppelung heterogener Datenbanksysteme weiter.

Bei homogenen Systemen kann man mit Hilfe von Optimierungsalgorithmen aufgrund der Lese- und Update-Zeiten, der Netzbelastung und der Datenvolumina ausrechnen, welche Verteilung die optimalen Antwortzeiten für die Benutzer bringen würde.
Für die geplante PPS-Installation der Firma Baier & Schneider mit 15 Arbeitsplätzen wurde im Rahmen einer Diplomarbeit untersucht, welche der drei Verteilungsstrategien die besten Antwortzeiten erbringen kann. Das dort eingesetzte VPPS-System der Firma infor kann entweder mit einer vollredundanten, verteilten Datenbank oder mit einer zentralen Datenbank mit Fileserver betrieben werden. Die Antwortzeit-Unterschiede zwischen der vollverteilten und der zentralen DB-Anordnung sind in diesem Praxisfall verschwindend gering ausgefallen. Eine merkliche Reduktion der Antwortzeiten würde durch eine Kombination aus zentral gespeicherten und teilweise oder voll verteilten Relationen erreicht. Die Optimierungsrechnung mit unterschiedlichen Hardwarerestrik-

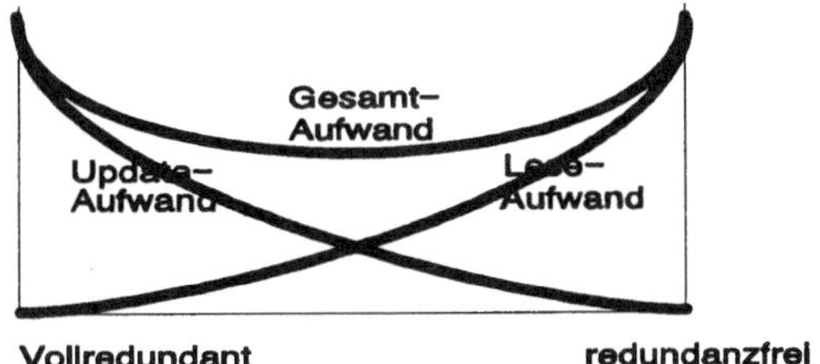

Abb.2: Die Zeiten für lesende Zugriffe sind am günstigsten, wenn alle Daten lokal und vollredundant gespeichert werden. Diejenigen beim Schreiben verhalten sich umgekehrt dazu. Die günstigste Verteilung der Relationen ist erreicht, wenn die Relationen gemäß ihrem Zugriffsverhalten teilredundant gespeichert werden können.

tionen (Netzdurchsatz, Plattenkapazität, Plattenzugriffszeit, Hauptspeicherkapazität) ergab, daß erst in Grenzsituationen die Lösung c) bessere Antwortzeiten liefert. Die Optimierungskurve scheint zumindest kein sehr ausgeprägtes Minimum zu besitzen.

1.3 Funktionen

Im Industriebetrieb sind stets alle Ressourcen gemeinsam zu planen, erkannte Gutenberg schon vor 25 Jahren. Daraus ist zu schließen, daß alle Funktionen, die Planungs- und Steuerungselemente beinhalten, auf allen Arbeitsplätzen verfügbar sein sollten. So benötigt fast jeder Disponent, Einkäufer, Arbeitsvorbereiter, Logistiker oder Auftragsplaner die Funktionen

> Rückwärtsterminierung
> Vorwärtsterminierung
> Bedarfsauflösung
> Verfügbarkeitsprüfung
> Reihenfolgeplanung
> Auftragsverwaltung
> Stücklistenverwaltung
> Arbeitsplanverwaltung
> Kapazitätsverwaltung
> Stammdatenverwaltung

Der Detailierungsgrad der Daten im Leitstand ist mindestens eine Zehnerpotenz größer, als derjenige der PPS-Systeme. Dafür ist der Planungshorizont auch entsprechend kurz. Ungelöst ist das Problem, dieselben Funktionen für unterschiedliche Detailierungsstufen verwendbar zu machen. So gibt es für die Funktionen

> im Vertrieb,
> in der Materialwirtschaft,
> in der Zeitwirtschaft,
> bei der Freigabe und
> im Leitstand

jeweils eigenständige Programme, die keineswegs immer zu denselben Ergebnissen kommen.

Redundante Funktionalität ist für die Software-Entwickler problematisch. Bei einer Programmänderung muß sichergestellt werden, daß alle Programme in allen Workstations den geänderten Zustand haben. Während des laufenden Betriebs ist diese Forderung sicher schwierig zu verwirklichen. Da üblicherweise die Änderungshäufigkeit bei Standardprogrammsystemen auf einige Zeitpunkte des Jahres beschränkt ist, verblasst dieses Argument.

Für den Betrieb von PPS- und Leitstandsystemen ist redundante Funktionalität wünschenwert und sinnvoll, da ohne das ständige Downloading von Programmen die volle Funktionalität des Gesamtsystems an jedem Arbeitsplatz verfügbar ist.

1.4 Organisation

PPS-Systeme sollen dazu dienen, die Prozessketten im administrativen Bereich zu verkürzen und transparent zu machen. Der Weg eines Auftrags von

> der Auftragsannahme im Vertrieb
> über die Disposition
> und die Kapazitätsplanung
> zur Freigabe
> und Materialfreistellung
> über den Transport
> bis zur Bearbeitung

soll möglichst knappe Puffer enthalten. Hinderlich ist dabei der Taylorismus, der jedem Sachbearbeiter ein Teilstück der Prozesskette zuordnet, ohne daß dieser die anderen Teilstücke erkennen oder gar beeinflussen kann. Zwei Eigenschaften stehen bei derzeitigen PPS- und Leitstandsystemen einer flexiblen Organisation entgegen:

> Es gibt viele Summenfelder
> es gibt viele Gemeinschaftsfelder.

Ein Gemeinschaftsfeld ist beispielsweise der späteste Termin, zu dem ein Werkauftrag begonnen werden muß, damit der Kundenwunschtermin eingehalten werden kann. Sowohl der Vertriebssachbearbeiter, wie auch der Materialdisponent, der Einkäufer und der Auftragsbearbeiter sollten diesen Termin bei Bedarf ändern. Damit ist aber die Transparenz, wer was geändert hat, verloren. Gemeinschaftsfelder können in mehrere Felder aufgeteilt werden: Es gibt dann fünf Terminfelder, aus denen jederzeit - sogar nach Abschluß des Auftrags - ersichtlich ist

- welchen Termin der Kunde wünschte,
- welchen der Einkauf anbot,
- welcher der Kapazitätssituation am ehesten entspricht und
- welcher letztendlich realisiert wurde.

Auch Summenfelder sind gefährlich und oft schädlich. So verwischt sich im Lagerbestandsfeld der für die Produkthaftung vorteilhafte Nachweis, welche Zu- und Abgänge einander zugeordnet wurden.
Die einzelnen Bedarfe eines Loses sollten nicht zu einer Losmenge zusammengefaßt, sondern atomar geführt werden, damit allfällige Losteilungen aufgrund der Bedarfverursacher getroffen werden können.

Löst man alle Gemeinschaftsfelder und alle Summenfelder in atomare Felder auf, dann ist auch das Problem der Kollisionen durch konkurrierende Updates gelöst: Sie kommen nicht mehr vor, da ja der Vertriebssachbearbeiter und der Leitstandführer in zwei verschiedenen Terminfeldern Änderungen vornehmen. Das Problem der Eingabe widersprüchlicher Termine ist damit allerdings auch nicht lösbar, aber man kann zumindest den Widerspruch erkennen.

1.5 Management

Die vier Logistikziele

> hohe Kapazitätsauslastung
> geringe Lagerbestände
> kurze Durchlaufzeiten
> hohe Termintreue/Lieferbereitschaft

sind vom Management so festzulegen, daß das Unternehmen langfristig wirtschaftlich arbeitet. Jede PPS- und CIM-Komponente muß diese vom Management geforderte Zielsetzung bestmöglich erfüllen. Alle Funktionen im Logistik- und CIM-Bereich müssen auf die gewünschte Strategie ausgerichtet werden. Falls die Produktionsplaung maximale Lieferbereitschaft, die Materialwirtschaft niedrige Lagerbestände, die Zeitwirtschaft hohe Kapazitätsauslastung und der Leitstand kurze Durchlaufzeiten anstrebt, wird die gemeinsame Zielsetzung nicht erreicht werden. Der DV-Kampf der Funktionen gegeneinander muß ersetzt werden durch gleichwirkende Funktionen gemäß den Managementzielen.
Es gibt zwei besonders wirkungsvolle und interessante Gebiete, auf denen der Informatiker die Koppelungsfähigkeit von Systemen unterstützen kann:

> Das Datenmodell und
> das Koppelungssystem.

2. Das Unternehmensdatenmodell

Veröffentlichte Unternehmensdatenmodelle enthalten etwa 300 Relationen mit jeweils 20 - 50 Feldern. Gängige PPS-Systeme besitzen zwischen 4000 und 10000 Attribute. Diese extreme Vielfalt rührt daher,
> daß die semantische Ähnlichkeit der Attribute aus verschiedenen Bereichen ignoriert wird und
> daß viele Summenfelder in den Stammsätzen geführt werden.
So stellt das Feld Mengenfaktor in einer Stückliste semantisch dasselbe dar, wie die Stückzeit im Arbeitsplan. Die Benennung eines Arbeitsplatzes, eines Werkzeugs, einer Baugruppe und eines Einkaufsteils sind in ihrer Bedeutung identische Attribute. Generell kann der Güterfluß im Industriebetrieb aus zwei Sichten betrachtet werden:

- Die Ressourcensicht zeigt die Zu- und Abgänge eines Kontos.
- Die Prozeßsicht zeigt die Zusammenhänge der Prozesse.

Für beide Sichten gibt es eine neutrale und eine auftragsspezifische Betrachtungsweise. Die auftragsspezifische Prozeß-Sicht wird aus der neutralen Prozeß-Sicht erzeugt, indem eine Kopie der neutralen Stückliste mit Mengen und Terminen zur Auftragsstückliste ergänzt wird. Eine neutrale Prozeßsicht ist der Arbeitsplan, die spezifische Sicht der Werkauftrag.

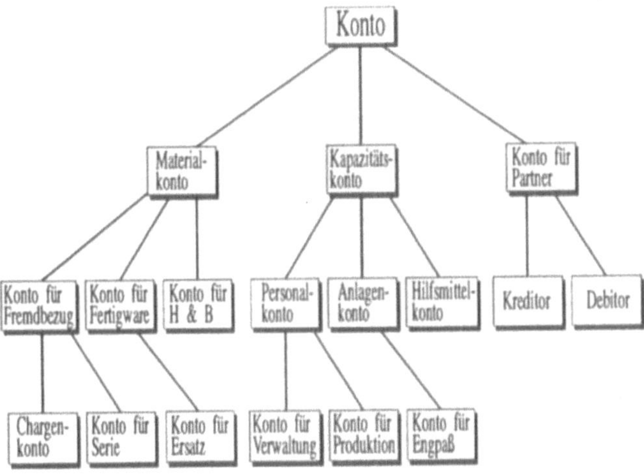

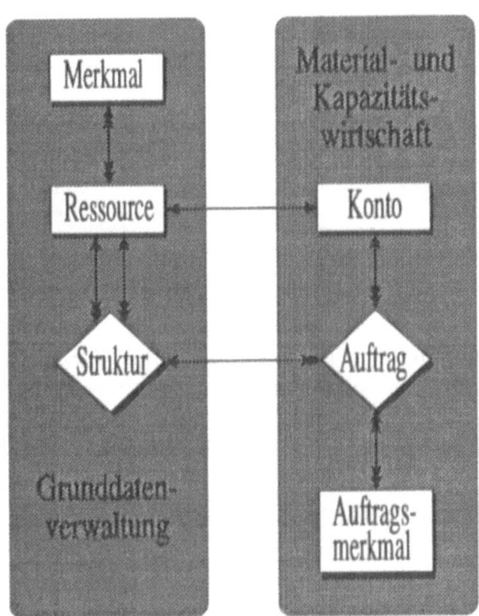

Abb.3: Objektorientierte Sicht der Konten und Unternehmensdatenmodell mit den 4 Grundklassen Ressource, Struktur, Konto und Auftrag.

Das Unternehmensdatenmodell vereinfacht sich dadurch auf vier Grundklassen. Bei objektorientierter Betrachtung kann jede dieser Grundklassen Attribute und Funktionen enthalten, die sie weitervererbt. Die Anzahl der Attribute und die Anzahl der Funktionen wird so wirkungsvoll reduziert.

3. Der Info-Bus

Die meistverbreitete Datenbankarchitektur, nämlich die unter b) genannte, teilverteilte, teilredundante Struktur auf heterogenen Systemen, ermangelt derzeit noch einer wirkungsvollen, allgemeingültigen Koppelung zur Pflege der redundanten Daten. Die praktizierte netzartige Koppelung von n Systemen erfordert 2*n*(n-1) Sende- und Empfangsprogramme. Für ein Unternehmen mit 15 zu koppelnden Systemen, wie

Vertriebssystem
Marketingsystem
Kostenrechnung
Personalplanung
Einkauf
PPS
CAD
CAM
Lagersteuerung
Leitstand
NC-Steuerung
BDE
Transportsteuerung
CAQ
Controlling

müssen 420 Koppelungsprogramme individuell erstellt werden. Für hochintegrierte, umfangreiche CIM-Systeme kommt nur ein Bus-System in Frage, da dieses mit 2 * n = 30 Koppelungsprogrammen auskommt. Diese Koppelungsprogramme sind beim Bus-System außerdem noch so gleichartig, daß sie mit verschwindend geringen Modifikationen in die heterogenen Systeme einpflanzbar sind. Prototypen von Bus-Systemen für PPS-Anwendungen wurden entwickelt vom IWi in Saarbrücken, von der FH Furtwangen und vom Institut für Wirtschaftsinformatik in Münster.

Ein Info-Bus besteht aus folgenden Komponenten (siehe auch Abb.4):

Das Anwendungsprogramm und die lokale Datenbank werden nicht angetastet. Lediglich im Zugriffsmodul wird ein kleiner Eingriff vorgenommen, der jeden Satz nach dem Lesen und nach dem Update dem Exportmodul übergibt.

Der Exportmodul scannt das Before- und After-Image und ermittelt so, welche Felder verändert wurden. In der zentral verwalteten, aber lokal gespeicherten Allokationstabelle sind alle Felder des Unternehmens beschrieben. Die Tabelle enthält für jedes Attribut

dessen Lokalitäten,
das dort gewählte Format,
das erforderliche Schlüsselattribut,

eventuell semantisch damit zusammenhängende weitere Attribute und Filterfunktionen.

Der Exportmodul extrahiert das Before- und After-Image des geänderten Feldes, das Schlüsselattribut, eventuell zugehörige weitere Attribute und prüft die Relevanz der Änderung mit Hilfe der Filterfunktion. Er übergibt dieses Datenatom an den Concurrency Controller. Dieser startet eine Netztransaktion, indem er das Datenatom an alle betroffenen Rechner des Netzes schickt. Er wartet auf die Bestätigung aller betroffenen Concurrency Controller, ehe er die Transaktion erfolgreich abschließt.

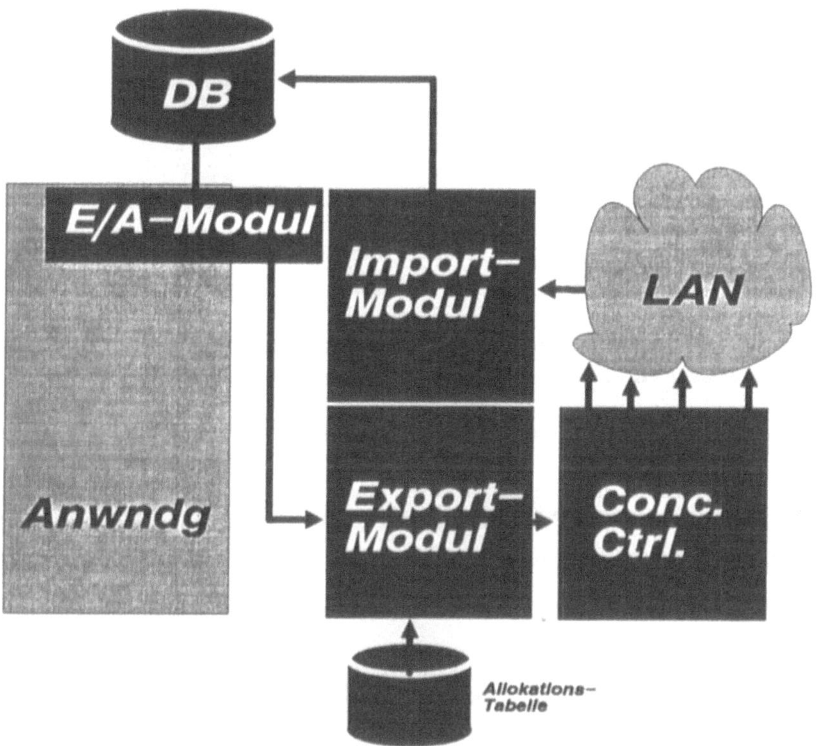

Abb.4: Die Bestandteile des Info-Bus-Systems

Der Concurrency Controller eines Zielrechners empfängt das Datenatom und übergibt es an den Import-Modul. Dieser liest den Satz aus der lokalen Datenbank, vergleicht das Before-Image des betroffenen Feldes, überträgt das After-Image aus dem Datenatom in den Satz und schreibt diesen in die Datenbank zurück.

Auf Wunsch wird das Datenbank-Update in einer Maildatei vermerkt.

4. Zusammenfassung

Leitstände haben sich von elektronischen Schaltzentralen zu integrierenden CIM-Komponenten gewandelt. Es gibt fünf Ebenen der Koppelung, von denen die Ebenen 2 = Datenbank und 3 = Funktionen für den Informatiker am interessantesten sind.

Die Inflation der Datenbankattribute ist ein ernstes Hindernis für die unternehmensweite Integration. Die Reduktion der Grundrelationen auf vier prinzipielle Klassen reduziert auch die Komplexität der Funktionen und ist günstig für die Koppelung.

Für die Koppelung heterogener, redundanter Datenbanken wird ein Bus-System vorgeschlagen. Das Bus-System funktioniert problemfrei, wenn alle Datenfelder atomar gespeichert sind.

Literatur:

Becker, J.: **Die universelle CIM-Schnittstelle - mehr als ein Data Dictionary?** HMD 161 (1991), Forkel-Verlag, Wiesbaden.

Braun, M.: **Der INFO-Bus.** HMD 157 (1991).

Gutenberg, Erich: **Grundlagen der Betriebswirtschaftslehre** Bd.1, Berlin/Heidelberg/New York: Springer 24.Aufl. 1983.

Hess,H., Scheer A-W.: **Koppelung von CIM-Komponenten - ein europäisches Projekt.** HMD 157 (1991).

Manz, E.: **VPPS - eine verteilte PC-Datenbank mit Replikaten für den Einsatz in CIM-Systemen.** HMD 157 (1991).

Mertens, P.: **Integrierte Informationsverarbeitung 1,** , Wiesbaden: Gabler-Verlag, 8.Aufl. 1991.

Scheer, A-W.: **Enterprise-Wide Data Modelling (EDM),** Berlin/Heidelberg: Springer-Verlag, 1989.

Incorporation of a Knowledge-Based Scheduling System into a Genetic Algorithm

Ralf Bruns*

Universität Oldenburg
Fachbereich Informatik
Postfach 2503
2900 Oldenburg (FRG)

Abstract

A genetic algorithm for the solution of real-life production scheduling problems is presented in this paper. The approach is based on the incorporation of a knowledge-based scheduling system into the evaluation procedure of a standard genetic algorithm. The knowledge-based system plays the role of the application environment and guarantees the feasibility of the generated schedules. The resultant genetic algorithm is applicable to a great variety of real-world scheduling problems by virtue of the employment of a knowledge-based system which has already been proven to work well under realistic application conditions.

1. Introduction

Genetic algorithms (GAs) represent a class of adaptive search strategies inspired by the process of natural evolution. They have already been applied to a wide range of problem domains from optimization problems to machine learning. However, only very few approaches have tried to apply GAs to production scheduling problems so far and, moreover, most of them were restricted to simplified versions of scheduling, e.g. one-machine problems, one operation per job, etc. The present paper introduces an alternative approach to real-life production scheduling problems which is based on the incorporation of a knowledge-based scheduling system into a standard GA. The GA performs reproduction and mutation on a population of encoded solutions to the problem. Prior to the evaluation process, the knowledge-based system decodes the encoded solutions to enable the determination of their fitness. In this model the knowledge-based system takes over the part of the application environment and hides the problem structure from the GA. Hence, the GA performs blind recombination of encoded solutions combined with a decoding procedure that guarantees the feasibility of the produced solutions. The wide applicability of the resultant system to real-world scheduling problems is provided by the employment of a knowledge-based system which has been applied to scheduling problems in industrial reality. The GA can be integrated as an automatic planning component into a production control system.

The goal of the investigated (manufacturing production) scheduling problem is the temporal planning of the execution of a given set of jobs. The execution of a job corresponds to the production of a product and is achieved by the execution of a set of operations in a predefined order on certain machines, under consideration of several constraints. The result of scheduling is a (production) schedule showing the temporal assignment of operations of jobs to the machines to be used.

---

* This research was performed while the author was a visiting scholar in the Berkeley Expert Systems Technology Laboratory of the University of California at Berkeley.

2. Genetic Algorithms

Genetic algorithms are search techniques based on the paradigm of biological evolution. They can be characterized as an iterative procedure which maintains a population of dynamic structures (genotypes), representing candidate solutions to the current problem. A population consists of an unordered set of strings (chromosomes), where each string represents a complete solution to the problem at hand. Each feature (gene) of a string, identified by its position (locus), describes certain characteristics of the solution and may take on a value out of a set of possible values (alleles). The scheme of a simple standard GA is depicted in figure 1.

```
generate & evaluate an initial population of solutions;
while evolution do
    while new population not full do
        select members for reproduction according to their fitness; {SELECTION}
        create offspring by combining features of parents;          {CROSSOVER}
        randomly mutate offspring;                                  {MUTATION}
    end;
    evaluate each member of the new population;
end.
```

Fig. 1: Scheme of a standard GA

An initial population of candidate solutions (strings) is generated randomly. Each member of the population is evaluated and a fitness value is assigned to it, quantifying the quality of the solution. The strings are selected for reproduction by a stochastic process that ensures that the expected number of offspring associated with a given string is proportional to the string's observed performance (fitness), i.e. the higher the fitness the higher the likelihood of reproduction. A new population (next generation) of candidate solutions is formed using specific genetic operators (crossover and mutation). Applying these operators result in offspring inheriting features from the parent solutions. This procedure is iterated until a certain terminal state is reached.

As good solutions (strings with high fitness) are more likely to take part in reproduction, their good properties are inherited by their offspring. A GA efficiently creates new solutions from the best partial solutions of previous generations. Thus, successive populations are likely to be better than their ancestors.

Standard GAs are blind, i.e. they need no auxiliary information of the particular problem domain. They only require evaluation function values associated with each string. Hence, the evaluation function takes over the role of the problem environment. This blindness assumption is the foundation of the great flexibility of GAs. For a more detailed introduction to GAs see [Goldberg 89, Mertens 91].

GAs have already been applied to various combinatorial optimization problems, including the Travelling Salesman Problem [Braun 90, Fox et al. 91, Oliver et al. 87, Suh et al. 87], the Vehicle Routing Problem [Thangiah et al. 91], the Pallet Loading Problem [Prosser 88], the Bin Packing Problem [Davis 85], the Graph Coloring Problem [Davis 85], and the Production Scheduling Problem [Husbands 92, Kanet et al. 91].

3. A Knowledge-Based Scheduling System

A knowledge-based system for the solution of production scheduling problems was developed and implemented in the EUREKA-project PROTOS (Prolog Tools for Building Expert Systems [Sauer 90]).

The intensive evaluation of this system under realistic conditions in a scheduling application in the chemical industry showed that this approach is applicable to real-world scheduling problems. The underlying algorithm of the PROTOS system is sketched in figure 2.

```
0: calculate job priorities & sort list of jobs according to priorities

1: select job with highest priority
   if all jobs scheduled then FINISH

2: select time interval for execution of job
   if job scheduled then 1
   else 2

3: select production variant for job
   if variant scheduled then 1
   else if no alternative variant available then 2
   else 3

4: select operation
   if all operations scheduled then 3
   else if operation not plannable then 3
   else 4

5: select machine
   if machine free then 4
   else if no alternative machine free then 4
   else 5
```

Fig. 2: Scheme of a job-based Scheduling Algorithm (PROTOS)

This approach employs a job-based perspective of the problem decomposition, i.e. one job is selected from all unscheduled jobs and all operations of this job are completely scheduled before continuing with the next job. The algorithm generates exactly one solution to a given scheduling problem and performs no backtracking. It is therefore computationally relatively inexpensive, but it nevertheless creates fairly good schedules. The search for a good solution is guided by different problem-specific heuristic rules for the selection of appropriate time intervals, variants, operations, and machines.

The order of the list of jobs determined in step 0 is of decisive importance for the quality of the generated schedule, because the allocation of a job significantly restricts the solution space of all not yet scheduled jobs. Hence, even slightly different sequences of jobs could cause the generation of radically different schedules. Important is the relative position of jobs, e.g. product X should always be scheduled before product Y, as well as their absolute position, e.g. important jobs should be scheduled as early as possible. The individual job priorities in the PROTOS system are calculated as the weighted sum of the following four heuristic rules: a) increasing start days (FIFO), b) increasing number of alternatives (critical products first), c) increasing planning intervals (critical products in time first), and d) increasing user priority (critical products of the user first). Yet, the algorithm is applicable to any list of jobs irrespective of the manner in which they were generated and ordered.

Since scheduling problems in industrial reality often have a more complex problem structure than that assumed in most previous scheduling approaches, some additional parameters that are relevant to many real problem situations have been integrated into the PROTOS scheduling system, e.g. alternative production variants for the execution of a job, alternative machines for the execution of an operation, cleaning times, and special production structures. Hence, the common distinction between process planning and scheduling does not hold for the PROTOS system. It realizes a more general view of scheduling that comprises process planning. This has considerably extended the applicability of the system to numerous realistic production scheduling problems.

4. Combining a Genetic Algorithm with a Knowledge-Based Scheduling System

A genetic algorithm for the solution of real-life production scheduling problems is presented below. The approach is based on the incorporation of a knowledge-based scheduling system into the evaluation procedure of a standard GA. This incorporation is described by means of the PROTOS system (as an example of a knowledge-based scheduling system). The GA and the knowledge-based system collaborate as follows:

a) The GA works on a population of encoded solutions to the scheduling problem and performs the reproduction process by applying standard genetic operators to the encoded solutions.
b) The knowledge-based scheduling system (KBS) decodes the encoded solutions into consistent schedules in order to enable their evaluation. After the decoding process the quality of the schedules and, consequently, the fitness of the corresponding encodings can be determined.

This approach is based on the idea, proposed by [Davis 85], of blind reproduction of encoded solutions in combination with a decoding technique that guarantees the feasibility and consistency of the produced solutions. With the PROTOS system a complex scheduling system was chosen for the decoding routine in order to create realistic production schedules that are as good as possible. Figure 3 illustrates the processing architecture of the resultant system.

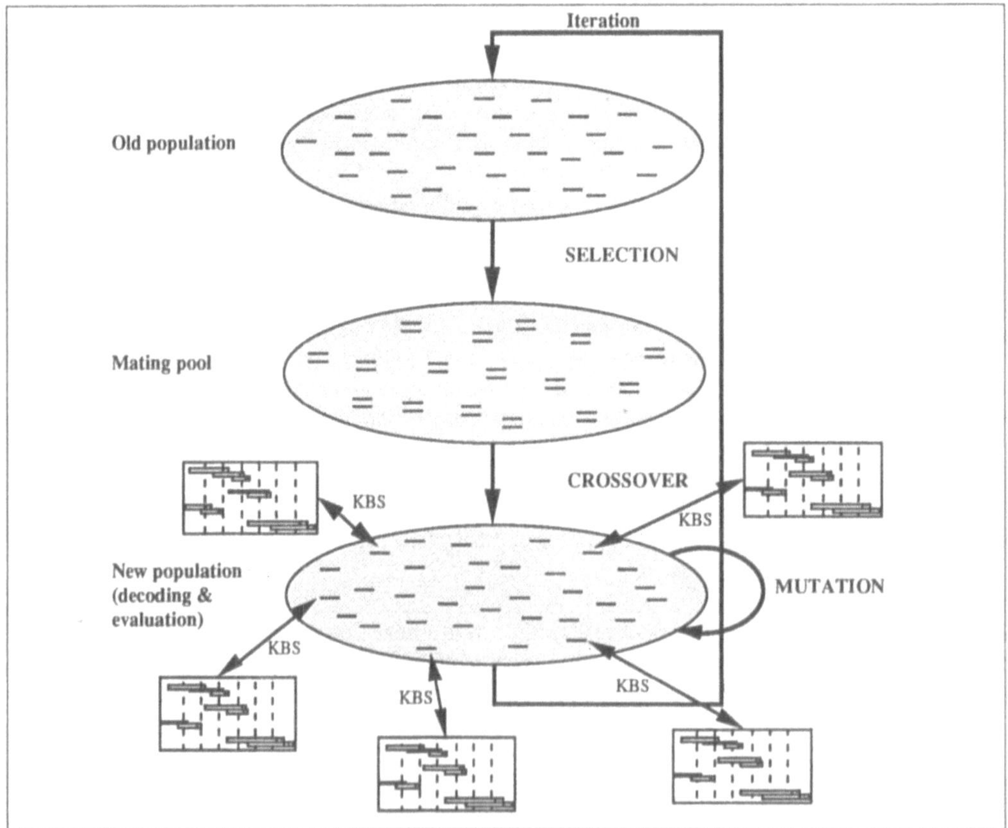

Fig. 3: Processing Architecture of the resultant Scheduling System

For the chromosomal representation of solutions to the scheduling problem, an ordered list of all jobs to be scheduled was chosen. As each job can be identified by a unique number, each member of a population (string) can be regarded as a list of numbers. Through this approach the scheduling problem is reduced to a sequencing problem, as e.g. the Travelling Salesman Problem (TSP).

The scheme of the resultant GA is shown in figure 4. The GA proceeds exactly in the same way as when applied to the TSP, i.e. it iteratively generates new permutations of lists of numbers (in our system sequences of jobs, in the travelling salesman case sequences of cities). Yet, in each decoding step the PROTOS system is employed to convert each encoded solution (list of jobs) into a feasible production schedule to enable its subsequent evaluation.

```
generate initial population of encoded solutions;
decode each member of population by KBS;                {see scheme in fig. 2}
evaluate each decoded solution;
assign fitness to corresponding encodings;
while evolution do
   while new population not full do
        select members for reproduction according to their fitness; {SELECTION}
        create offspring by combining features of parents;         {CROSSOVER}
        randomly mutate offspring;                                 {MUTATION}
   end;
   decode each member of new population by KBS;         {see scheme in fig. 2}
   evaluate each decoded solution;
   assign fitness to corresponding encodings;
end.
```

Fig. 4: Scheme of a GA with integrated KBS

Starting with an initial population of strings (lists of numbers) generated at random, at first the selection operator chooses strings for reproduction according to their fitness in order to generate a mating pool. Subsequently, by combining features of mates, the crossover operator creates new offspring, e.g. retain the absolute position of some numbers of one parent while preserving the relative position of the remaining numbers from the other parent or determine the position of each number in an offspring by its position in one of its parents. The mutation operator is only applied occasionally to randomly alter an offspring, e.g. exchanging the position of two numbers in the list. After the reproduction the PROTOS system is used prior to the evaluation process to decode the newly generated strings into feasible solutions (schedules). Therefore, the system is invoked separately for each member of the current population, i.e. it takes each individual list of jobs and generates the corresponding production schedule according to the sequence of the jobs - the first job on the list is scheduled first, then the second one, and so forth, see scheme in figure 2. After the decoding process an evaluation function is applied to the decoded solutions (schedules) to determine their quality and the resultant fitness values are assigned to the corresponding encodings. The evaluation function can be any arbitrary function, e.g. mean weighted flow time, maximum lateness, or sum of squared latenesses. This process is iterated until a certain termination condition is fulfilled.

Since this approach is based on a standard GA only, several different genetic operators like order crossover [Davis 85], cycle crossover [Oliver et al. 87], partially mapped crossover [Goldberg 89], and the intersection & union operators [Fox et al. 91] as well as the mutation operators swap, splice, and inversion [Fox et al. 91] are applicable. For a detailed discussion of these genetic operators see [Fox et al. 91]. In addition, results concerning the selection of appropriate values for parameters of the GA, e.g. population size, probability of applying genetic operators, selection strategy, etc., are already available as well [Grefenstette 86].

5. Conclusion

An approach to the production scheduling problem has been presented in this paper which integrates a knowledge-based scheduling system into the evaluation procedure of a genetic algorithm. The GA works on encoded solutions to the problem (lists of jobs to be scheduled) and generates permutations of the sequence of jobs. The knowledge-based scheduling system is used during the evaluation process. It decodes the encoded solutions in order to determine their quality (fitness), i.e. it generates the corresponding schedule to each list of jobs, and ensures that every permutation of the sequence of jobs represents a feasible solution. Hence, the GA can never generate any inconsistent schedules. While proceeding, the GA creates new permutations from the permutations of the previous trials that led to the best schedules and, consequently, the quality of the solutions (schedules), which have inherited the good properties of the selected permutations, is likely to be improved.

The presented GA is applicable to a great variety of real-world scheduling problems by virtue of the knowledge-based system which hides the problem structure from the GA. Changes in the production environment or the integration of additional features, e.g. continuous-flow production, capacities, raw materials in stock, or setup costs, require only the alteration of the knowledge-based system - the GA remains unaffected. The knowledge-based system plays the role of the problem environment and is therefore responsible for the applicability of the whole system. With the PROTOS system a knowledge-based system was chosen for the decoding routine which has been proven to work well under application environments of industrial reality. The GA can be applied to exactly the same problems as the PROTOS system.

A complex scheduling system (as opposed to a simple one) was selected for the decoding procedure. It performs many optimizations on the schedule under creation in order to quickly build good production schedules.

The most time-consuming part of the algorithm is the evaluation procedure (creating the schedules). To further enhance the efficiency of the system, the evaluation process could be easily performed in parallel due to the fact that the evaluation of a single string can be performed independently from the evaluation of any other member of the population.

Acknowledgements

I am most grateful to my advisor at the University of California at Berkeley, Prof. Alice M. Agogino, for her encouraging support of my research. This work was enabled by a special fellowship by the 'Studienstiftung des deutschen Volkes'.

References

[Braun 90] Braun, H.: "On Solving Travelling Salesman Problems by Genetic Algorithms", Parallel Problem Solving from Nature, 1st Workshop, Dortmund, 1990.

[Davis 85] Davis, L.: "Applying Adaptive Algorithms to Epistatic Domains", Proceedings of the 9th International Joint Conference on Artificial Intelligence, 1985.

[Fox et al. 91] Fox, B.R.; McMahon, M.B.: "Genetic Operators for Sequencing Problems", G.J.E. Rawlings (ed.): Foundations of Genetic Algorithms, 1991.

[Goldberg 89] Goldberg, D. E.: "Genetic Algorithms in Search, Optimization, and Machine Learning", Addison Wesley, Reading, MA, 1989.

[Grefenstette 86] Grefenstette, J.J.: "Optimization of Control Parameters for Genetic Algorithms", IEEE Transactions on Systems, Man, and Cybernetics, Vol. SMC-16, No. 1, January/February 1986.

[Husbands 92] Husbands, P.: "An Ecosystem Model for Integrated Production Planning", to appear in International Journal on Computer Integrated Manufacturing, 1992.

[Kanet et al. 91] Kanet, J.J.; Sridharan, V.: "PROGENITOR: A genetic algorithm for production scheduling", Wirtschaftsinformatik, August 1991.

[Mertens 91] Mertens, P.: "Artificial Life - Generative Algorithmen", Wirtschaftsinformatik, April 1991.

[Oliver et al. 87] Oliver, I.M.; Smith, D.J.; Holland, J.R.C.: "A Study of Permutation Crossover Operators on the Travelling Salesman Problem", Proceedings of the International Conference on Genetic Algorithms, 1987.

[Prosser 88] Prosser, P.: "A Hybrid Genetic Algorithm for Pallet Loading", Proceedings of the European Conference on AI, Munich, 1988.

[Sauer 90] Sauer, J.: "Design and Implementation of a Heuristic Planning Algorithm", in Appelrath, H.-J.; Cremers, A.B.; Herzog, O. (eds): "The EUREKA Project PROTOS", IBM, Zuerich, 1990.

[Suh et al. 87] Suh, J.Y.; Gucht, D. Van: "Incorporating Heuristic Information into Genetic Search", Proceedings of the International Conference on Genetic Algorithms, 1987.

[Thangiah et al. 91] Thangiah, S.R.; Nygard, K.E.; Juell, P.L.: "GIDEON: A Genetic Algorithm System for Vehicle Routing with Time Windows", Proceedings of IEEE Conference on Artificial Intelligence Applications, Miami, Florida, 1991.

Konnektionistisch motivierte Reihenfolgeplanung in Fertigungsleitständen

Andreas Ruppel, Jukka Siedentopf
Westfälische Wilhelms-Universität Münster
Institut für Wirtschaftsinformatik
Grevener Str. 91
4400 Münster

Zusammenfassung

Im Rahmen der Untersuchung betrieblicher Anwendungspotentiale konnektionistischer Verfahren in einem von der DFG geförderten Forschungsvorhaben wird u.a. deren Anwendbarkeit auf Reihenfolgeprobleme analysiert. Zur Ermittlung initialer Maschinenbelegungspläne für einen elektronischen Fertigungsleitstand wurde eine auf einem konnektionistischen Verfahren basierende Softwarekomponente entworfen und prototypisch realisiert. Vorgehensweise und Ergebnis werden im vorliegenden Beitrag dargestellt.

1 Problemstellung

1.1 Maschinenbelegungsplanung

In industriellen Fertigungsbetrieben sind Reihenfolgen vor allem innerhalb der Maschinenbelegungsplanung (MBP) zu ermitteln: Eine Menge gegebener Fertigungsaufträge ist unter Berücksichtigung von Nebenbedingungen auf eine Menge gegebener Betriebsmittel einzulasten (Feinterminierung, Feinplanung). Zur Lösung von Reihenfolgeproblemen sind einerseits mathematisch exakte Optimierungsmodelle formuliert worden, die eine eindeutige Abbildung zulässiger Reihenfolgen auf eine ein Vergleichskriterium repräsentierende quantifizierbare Größe vornehmen [10,12]. Existiert eine entsprechende Abbildungsvorschrift (Zielfunktion), so besteht die Aufgabe der MBP im Idealfall in der Ermittlung derjenigen Reihenfolge, die einen optimalen Zielfunktionswert liefert. Für realistische Problemstellungen erreichen DV-gestützte Umsetzungen exakter Verfahren aufgrund der NP-Vollständigkeit der Reihenfolgeproblematik bisher jedoch kein akzeptables Antwortzeitverhalten [9,12].

Andererseits werden einfach handhabbare heuristische Verfahren, etwa in Form von Prioritätsregeln, oder auch Methoden der Künstlichen Intelligenz (KI) vorgeschlagen. Diese Verfahren weisen jedoch i.a. Schwächen bzgl. der Zielerfüllung auf und nehmen Qualitätsverluste durch einen Optimalitätsverzicht in Kauf [12,14].

1.2 Elektronische Fertigungsleitstände

Der Mangel an geeigneten Planungsmodellen und -werkzeugen führte zusammen mit ständig wachsenden Planungsanforderungen seit etwa Mitte der 80er Jahre zur Entwicklung interaktiver grafischer Feinplanungssysteme in Form elektronischer Leitstände [6]. Vor der Notwendigkeit, kurzfristig auf Änderungen und Störungen innerhalb des Planungsumfelds reagieren zu können, wird auch in diesen Systemen der Ermittlung einer zulässigen, d.h. allen betrieblichen Restriktionen genügenden Lösung, Priorität eingeräumt.

Zentraler Bestandteil eines Leitstands ist eine am Bildschirm manipulierbare Plantafel, auf der Fertigungsaufträge grafisch dargestellt und über einer Zeitachse auf die vorhandenen Betriebsmittel eingelastet werden können [6]. Durch Anbindung an vorhandene Produktionsplanungs- und Steuerungs- sowie Betriebsdatenerfassungssysteme wird eine flexible Planung und Kontrolle der Fertigung realisiert: Änderungen im Fertigungsauftragsbestand, Störungen oder Fertigmeldungen in der Produktion etc. werden automatisch erfaßt und dem Leitstand gemeldet. Die MBP wird unter Berücksichtigung der aktuellen Fertigungssituation vom Fertigungsleiter interaktiv unter Einbringung seiner Erfahrung vorgenommen und kann somit als heuristisch charakterisiert werden.

1.3 Die Initialisierungsplanung

Eine rein manuelle Einplanung umfangreicher Fertigungsauftragsbestände ist nicht praktikabel. In gängigen Leitstandsystemen wird daher eine vorläufige Bearbeitungsreihenfolge von einer automatischen Einplanungskomponente berechnet, die i.d.R. auf einfachen klassischen Verfahren zur Reihenfolgeermittlung basiert [6]. Anschließend wird diese Reihenfolge manuell an die jeweilige Fertigungssituation angepaßt.

Die Anforderungen an eine effiziente automatische Einplanungskomponente werden durch die gewünschte Flexibilität und Effizienz der Fertigungssteuerung bestimmt: Ein adäquates Planungssystem soll interaktiv arbeiten, Lösungen also schnell und wiederholbar bereitstellen, und der Umfang manuell vorzunehmender Eingriffe (i.S.v. Nachbesserungen) soll möglichst gering gehalten werden. Die Initialisierungslösung muß einem gewünschten Zustand also möglichst nahe kommen bzw. bzgl. dieses Zustands eine hohe Qualität aufweisen. Als Alternative zu den o.g. Verfahren wird im vorgestellten Ansatz eine konnektionistische Optimierungsstrategie an diese Anforderungen angepaßt.

2 Konnektionistische Optimierungsansätze

Der Konnektionismus ist ein ausgeprägt interdisziplinärer Forschungszweig, der im Bereich der Informatik i.d.R. der Künstlichen Intelligenz zugerechnet wird. Die vom Konnektionismus bereitgestellten Modelle der Informationsverarbeitung werden als *neuronale Netzwerke* oder *konnektionistische Modelle* bezeichnet [5]. In der betrieblichen Praxis werden Anwendungen konnektionistischer Modelle insbesondere bei Problemstellungen der Musterverarbeitung sowie der Verarbeitung unvollständiger und/oder verrauschter Daten erfolgreich eingesetzt [11]. Zunehmend werden jedoch auch Ansätze aufgezeigt, spezifische Modelle, z.B. sogenannte *Hopfield-Netzwerke*, auf Optimierungsprobleme anzuwenden [2,4,13]. Da der hier beschriebene Ansatz auf einem solchem Modell basiert, werden die zum Verständnis erforderlichen Grundbegriffe kurz erläutert.

2.1 Grundstrukturen neuronaler Netzwerke

Neuronale Netzwerke bestehen i.a. aus einem Netz einfach aufgebauter und komplex miteinander verknüpfter Verarbeitungseinheiten (*Knoten, Neuronen*), die über gewichtete Verbindungen *Signale* miteinander austauschen. Die Stärke eines Signals ist vom Gewicht der Verbindung sowie von der sogenannten *Aktivierung* des sendenden Elementes abhängig, die wiederum von dessen Eingangssignalen beeinflußt wird. Die Gewichte der Verbindungen zwischen den Knoten eines neuronalen Netzwerks werden i.a. in einer *Trainings-* oder *Lernphase* ermittelt, können in einigen Modellen jedoch auch direkt berechnet werden [1,2,5]. Während der Informationsverarbeitung werden zunächst bestimmte Knoten des Netzes, die *Input-Neuronen*, extern aktiviert und lösen so die Neuberechnung der Aktivierungen der mit ihnen verbundenen Knoten aus. Falls im Netz Signale nur in eine Richtung gesendet werden, so ist der Vorgang beendet, wenn keine nachfolgenden Knoten mehr existieren. Sind Rückkopplungen zugelassen, so wird eine Terminierungsbedingung definiert, z.B. das Erreichen eines stabilen Zustands, in dem sich keine oder nur noch marginale Aktivierungsänderungen im Netz ergeben. Das Ergebnis der Informationsverarbeitung kann an bestimmten, nach außen sichtbaren Knoten, den *Output-Neuronen*, abgelesen werden [11].

2.2 Hopfield-Netzwerke

Das Modell von Hopfield [3] ist physikalisch motiviert und bildet die Dynamik spezifischer Vielteilchensysteme ab, deren Elementarteilchen so in magnetischer Wechselwirkung zueinander stehen, daß die Energie des Gesamtsystems einem Minimum zustrebt. In seiner Grundform besteht es aus einer Menge vollständig miteinander verknüpfter Knoten. Für Aktivierungen und Signale sind nur binäre Werte zugelassen. Über dem Netzwerk wird eine *Energiefunktion* definiert, in welche die Aktivierungen der Knoten jeweils paarweise multipliziert und mit dem entsprechenden Verbindungsgewicht bewertet eingehen. Jedem Zustand eines Hopfield-Netzwerks entspricht somit genau ein Punkt im Energieraum, der wiederum als Funktion der zwischen den Elementen anliegenden Verbindungsgewichte dargestellt werden kann.

Auf eine externe Aktivierung eines oder mehrerer Knoten reagiert ein Hopfield-Netzwerk mit der zyklischen Neuberechnung der Aktivierungen aller Neuronen. Aufgrund der zugelassenen Aktivierungsänderungen (*Dynamik*) nimmt der Wert der Energiefunktion dabei im Zeitablauf stets ab und niemals zu. In einem Energieminimum erreicht das Netzwerk daher einen stabilen Zustand.

2.3 Optimierung mit Hopfield-Netzwerken

Das Verhalten eines Hopfield-Netzwerks kann für Optimierungsprobleme genutzt werden, wenn es gelingt, den Zustandsraum des realen Ausgangsproblems so auf die Struktur (*Topologie*) des Netzwerks abzubilden, daß die zu optimierende Zielfunktion als Energiefunktion über dieser Struktur definiert werden kann.

Im Grundmodell können die Verbindungsgewichte eines Hopfield-Netzwerks aus den energieminimalen Zuständen abgeleitet werden [3]. Bei Optimierungsproblemen sind jedoch genau diese Zustände unbekannt. Da außerdem sinnvolle Werte für alle Gewichte i.a. a priori ebenfalls nicht angegeben werden können, wird ein von einzelnen Verbindungen abstrahierender Ansatz gewählt: Zielfunktion und alle Nebenbedingungen des Optimierungsproblems gehen als Funktionen der jeweils betroffenen Netzknoten (und nicht der Gewichte) in die Energiefunktion ein. Die entstehenden Funktionsterme werden mit konstanten Faktoren bewertet, die den jeweiligen Einfluß auf das Energieniveau beschreiben und somit als aggregierte Gewichtsgrößen aufgefaßt werden können. Restriktionen werden so beispielsweise als *Penaltyterme* dargestellt: Die Anzahl der Restriktionsverletzungen wird gezählt und mit einem positiven *Bestrafungsfaktor* bewertet. Sie wirkt somit energieerhöhend.

Während des Optimierungsprozesses wird die Aktivierung jeweils eines (zufällig ausgewählten) Knotens geändert (*Flip*) und der Wert der Energiefunktion neu berechnet. Ergibt sich ein geringeres Energieniveau, so wird der Flip akzeptiert, anderenfalls verworfen.

2.4 Simulated Annealing

Im dargestellten Ansatz kann das Erreichen eines globalen Energieminimums nicht garantiert werden, da das Verfahren auch in jedem lokalen Minimum terminiert. Um dies zu verhindern, wird der Prozeß um eine stochastische Komponente erweitert: Die Akzeptanz einer Aktivierungsänderung hängt nicht länger nur vom Energieniveau ab, sondern zusätzlich auch von einem externen Parameter, der sogenannten *Temperatur*. Die Temperatur beeinflußt die Wahrscheinlichkeit für die Akzeptanz einer Aktivierungsänderung positiv und nimmt im Zeitablauf ab. Anfangs sind daher Aktivierungsänderungen sehr wahrscheinlich und auch eine Erhöhung des Energieniveaus des Gesamtsystems ist erlaubt. Mit der Temperatur sinkt auch der stochastische Einfluß - das Verhalten des Modells gleicht sich dem des Grundmodells an (vgl. Abs. 3.3). Dieser extern gesteuerte Vorgang wird in Anlehnung an verlangsamte Abkühlungsprozesse bei der Kristallzüchtung als *Simulated Annealing* bezeichnet [8].

2.5 Schwachstellen

Die Anwendbarkeit von Hopfield-Netzwerken auf Optimierungsprobleme wurde innerhalb des Forschungsprojekts speziell bzgl. der MBP untersucht. Dabei wurden folgende Schwachstellen beobachtet [7]:

- Erhebliche Probleme bereitet die heuristische Ermittlung der Bewertungsfaktoren in den Penaltytermen der Energiefunktion. Es gilt, daß eine milde Bestrafung von Restriktionsverletzungen die Ermittlung unzulässiger Lösungen begünstigt, während eine harte Strafe das Erreichen einer optimalen Lösung tendenziell behindert.

- Die Abhängigkeit zwischen Netzwerktopologie und Energiefunktion schränkt den Abbildungsspielraum ein. Eine adäquate Modellierung des zu lösenden Problems (*Mapping*) kann zu unverhältnismäßig großen Netzstrukturen führen (vgl. Abs. 3.1).

- Die Ermittlung unzulässiger Lösungen wird im Modell nicht ausgeschlossen und bedingt zusätzliche zeitkritische Konsistenzprüfungen (vgl. Abs. 3.1).

3 Das Modell

Für den interaktiven Einsatz in einem Fertigungsleitstand verspricht eine Einplanungskomponente auf Basis eines Hopfield-Netzwerks einen großen Vorteil: Zu jedem Zeitpunkt steht eine Lösung in Form eines Maschinenbelegungsplans zur Verfügung, dessen Qualität im Zeitablauf verbessert wird und somit nicht nur vom angewendeten Verfahren, sondern insbesondere vom gewährten Antwortzeitverhalten abhängt. Um diesen Vorteil zu wahren und die erwähnten Schwachstellen zu beseitigen, wurde das skizzierte Modell weiterentwickelt.

3.1 Anforderungen und Anforderungsumsetzung

Der Realisierung einer interaktiven Systemkomponente für einen Fertigungsleitstand stehen insbesondere die effizienzmindernden Schwachstellen komplexer Netzstrukturen und des hohen Aufwands zur Konsistenzsicherung im Wege. Als Anforderungen an ein umsetzbares Planungsmodell wurden daher definiert:

1. Der Suchraum ist auf möglichst wenig Zustandsvariablen abzubilden.

2. Es sollen nur zulässige Maschinenbelegungen generiert werden.

Ad 1.:

Im Hopfield-Ansatz kann ein Maschinenbelegungsplan in einem dreidimensionalen Zustandsraum abgebildet werden: Es gilt, daß Auftrag i auf Maschine j an k-ter Stelle bearbeitet wird, falls die Aktivierung des entsprechenden Knotens a_{ijk} den Wert 1 annimmt.

Für i = 1,...,I, j = 1,...,J und k = 1,...,K sind während der Optimierung also Aktivierungsänderungen von I·J·K Elementen zu analysieren.

Im vorliegenden Ansatz wird demgegenüber nur der in einer geordneten Liste organisierte Arbeitsgangvorrat betrachtet. Während der Lösungssuche werden Vertauschungen der Elemente in dieser Liste vorgenommen. Die so erreichte Reduktion des Suchraums wird dabei mit dem Verlust der Zuordnung einzelner Arbeitsgänge zu bestimmten Betriebsmitteln erkauft. Diese Zuordnung wird durch einen Einplanungsalgorithmus ex post wiederhergestellt (vgl. Abs. 3.3).

Ad 2.:
Der Aufwand zur Bestimmung aller Reihenfolgeverletzungen in einer Liste von Arbeitsgängen wächst quadratisch mit der Zahl der Arbeitsgänge. Tests mit einem auf dem beschriebenen Modell basierenden Prototypen ergaben, daß die Bestimmung der Reihenfolgeverletzungen in einer Liste von ca. 100 Arbeitsgängen bereits etwa 1 Sekunde dauert. Da im Modell die Bestimmung von Reihenfolgeverletzungen sehr häufig nötig ist, erwies sich dessen Umsetzung für große Datenvolumina als nicht praktikabel.

3.2 Die Rahmenbedingungen

Zielsystem für die projektierte Feinplanungskomponente war ein am Institut für Wirtschaftsinformatik unter OSF-Motif entwickelter grafischer Fertigungsleitstand, dessen Datenbestände unter Oracle verwaltet werden. Die Feinplanungskomponente selbst wurde auf einem Transputersystem in C implementiert. Zugunsten einer schnellen Realisierbarkeit wurden folgende Rahmenbedingungen vorgegeben:

Technische Realisierung:
Zunächst wurde nur 1 Prozessor (T800, 33 MHz) des Transputers genutzt. Die Implementierung einer möglichen Parallelverarbeitung in C hätte einen erheblichen Mehraufwand verursacht und dabei nur Performance- nicht jedoch Qualitätsvorteile erbracht. Die Kommunikation zwischen der Datenbank und der Feinplanungskomponente erfolgt durch einen automatisierten Dateitransfer (Remote-Shell-Scripts, SQL, SQL*Loader) über ein Ethernet-LAN.

Planungsverfahren:
Als Ziel der Planung wurde zunächst die Minimierung der Gesamtdurchlaufzeit des Auftragsbestands gewählt. Alle planungsrelevanten Daten des Leitstands werden berücksichtigt, bzgl. des Schichtmodells und des Fabrikkalenders wird einschränkend von einem 3-Schichtbetrieb ohne Pausen und Feiertage ausgegangen.

3.3 Die Planungsstrategie

Als einfache Erweiterung des Simulated Annealing wurde eine Einplanungsstrategie formuliert, die folgende, im Anschluß detaillierter beschriebene Teilschritte umfaßt:

1. Erzeugung einer Arbeitsgangliste als Ausgangslösung, Einplanung dieser Liste und Bewertung des resultierenden Plans anhand der Zielfunktion, Speicherung von Liste und Bewertung als temporäres Optimum.

2. Modifikation der Arbeitsgangliste, erneute Einplanung und Bewertung.

3. Vergleich der Bewertungen der modifizierten Liste und der Ausgangslösung und ggf. Speicherung der neuen Lösung als neues temporäres Optimum. Übernahme der modifizierten Liste als neue Ausgangslösung in Abhängigkeit des Vergleichs und des externen Temperatur-Parameters (vgl. Abs. 2.4).

4. Prüfung des Terminierungskriteriums, ggf. Abbruch oder Fortsetzung mit Schritt 2.

Ad 1.:
Der Fertigungsarbeitsgangvorrat wird intern als Liste geführt, in der zunächst die Fertigungsarbeitsgänge jeweils eines Fertigungsauftrags direkt aufeinander folgen. Die Fertigungsaufträge werden in der Reihenfolge ihrer Prioritätswerte bzw. bei gleichen oder fehlenden Prioritäten in der Reihenfolge ihrer Übergabe an die Einplanungskomponente in der Liste gehalten.

Die Einlastung der Arbeitsgänge auf die Betriebsmittel erfolgt gemäß folgender Heuristik: Nacheinander werden die Arbeitsgänge jeweils auf dem Betriebsmittel eingeplant, auf dem sie am schnellsten beendet werden. Bestehen Alternativen, so wird das in einer internen Liste erstgenannte Betriebsmittel gewählt. Start- und Endzeiten eines eingeplanten Arbeitsgangs werden unter Berücksichtigung von Rüst- und Überlappungszeiten bestimmt.

Ad 2.:
Im zweiten Schritt wird die Reihenfolge der Elemente in der Arbeitsgangliste unter Berücksichtigung der Reihenfolgebedingungen manipuliert: Zunächst wird ein Arbeitsgang zufällig ausgewählt, dann werden die Grenzen bestimmt, innerhalb derer der Arbeitsgang verschoben werden darf. Ein Vorziehen darf dabei bis maximal unmittelbar hinter den vorangehenden Arbeitsgang desselben Fertigungsauftrags erfolgen. Eine Verschiebung an das Listenende ist dementsprechend bis maximal direkt vor den unmittelbar nachfolgenden Arbeitsgang desselben Fertigungsauftrags erlaubt (Abb. 1).

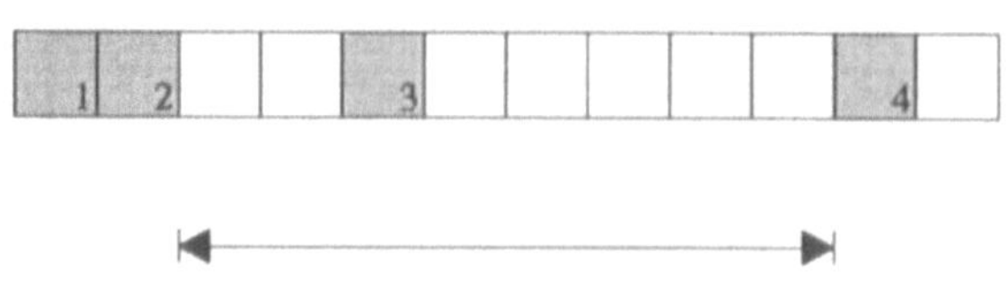

Abb. 1: Zulässiger Verschiebebereich

Innerhalb des zulässigen Verschiebebereichs wird die neue Position über eine gleichverteilte Zufallsvariable ermittelt. Anschließend wird der gewählte Arbeitsgang aus der Liste entfernt, alle nachfolgenden Elemente bis zur neuen Zielposition um eine Position eingerückt und der Arbeitsgang an der Zielposition wieder eingefügt (Abb. 2). Zuletzt wird die neue Fertigungsarbeitsgangliste eingeplant und der resultierende Plan mittels der Zielfunktion bewertet.

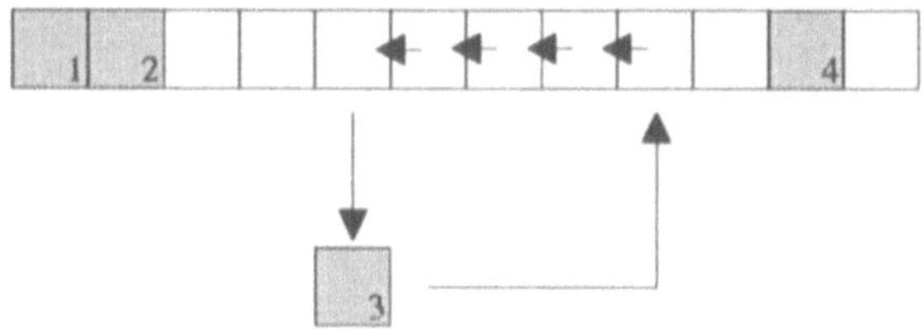

Abb. 2: Verschieben eines Arbeitsgangs

Ad 3.:

Die Bewertungen der Ausgangslösung, der bisher besten Lösung (temporäres Optimum) und der aktuellen Lösung werden miteinander verglichen. Ist die Durchlaufzeit der aktuellen Lösung kleiner als die der bisher besten Lösung, so wird sie zusammen mit der entsprechenden Fertigungsarbeitsgangliste als neues temporäres Optimum gespeichert. Eine Übernahme als neue Ausgangslösung erfolgt davon unabhängig entsprechend des Simulated Annealing mit einer Wahrscheinlichkeit p, für die gilt:

$$p = 1 / (1 + \exp ((E_{neu} - E_{alt}) / T))$$

E_{alt} bezeichnet dabei das Energieniveau (die Durchlaufzeit) der alten Ausgangslösung, E_{neu} das Energieniveau der neuen Betriebsmittelbelegung und T den Parameter Temperatur, der durch eine monoton fallende Funktion der Zeit beschrieben wird.

Für große Werte von T nähert sich die Wahrscheinlichkeit der Übernahme der neuen Lösung dem Wert 0,5, wobei der Einfluß der Bewertung gegen 0 geht. Nähert sich T hingegen 0, so wird die neue Arbeitsgangliste eher dann als neue Ausgangslösung akzeptiert, wenn die Durchlaufzeit des entsprechenden Belegungsplans geringer ist als die der alten Ausgangslösung. Allgemein gilt, daß die Wahrscheinlichkeit der Übernahme einer Lösung mit einer geringeren Durchlaufzeit umso größer ist, je kleiner die Temperatur ist. Für sehr kleine Werte vom T gleicht das Verfahren somit einem echten Gradientenabstiegsverfahren. Abb. 3 zeigt den Verlauf der Wahrscheinlichkeitsfunktion p in Abhängigkeit von T.

Ad 4.:

Im realisierten Prototyp wurde ein Abbruchkriterium (T_{min}, A_{max}) definiert, das aussagt, daß die Suche nach einer Lösung abgebrochen wird, falls die Temperatur T den Wert T_{min} unterschreitet und/oder die Anzahl unmittelbar aufeinander folgender Iterationen ohne Ermittlung einer neuen Ausgangslösung den Wert A_{max} erreicht.

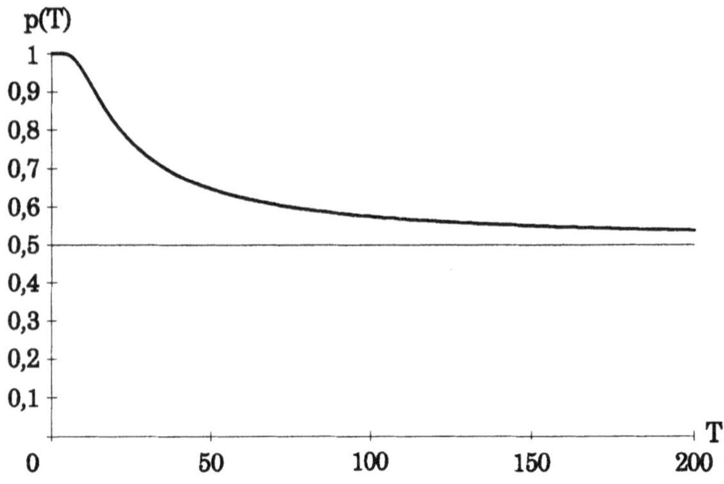

Abb. 3: Verlauf von p in Abhängigkeit von T (hier: E_{neu} - E_{alt} = -30)

3.4 Bewertung

Das vorgestellte Verfahren wurde zunächst an kleinen Auftrags-, Arbeitsgang- und Betriebsmittelvolumina getestet, die es erlaubten, zu Kontrollzwecken statistische Auswertungen der zulässigen Lösungsalternativen vorzunehmen. Für das Abbruchkriterium (0,1, 4·n), wobei n die Anzahl der einzuplanenden Fertigungsarbeitsgänge bezeichnet, war die gefundene Lösung in keinem Fall um mehr als 5% schlechter als die optimale Lösung. Da ein Einsatz in einem Fertigungsleitstand ohnehin die Adaption der Lösung an die aktuelle Fertigungssituation vorsieht, wird dieses Ergebnis als akzeptabel erachtet.

Die Abkühlungsfunktion und der Ausgangswert der Temperatur stellen hinsichtlich der Lösungsqualität und der Konvergenzgeschwindigkeit kritische Parameter dar. Große Werte von T und ein langsamer Abkühlungsprozeß verringern die Konvergenz*geschwindigkeit* des Systems, während kleine Werte von T und ein schneller Abkühlungsprozeß seine Konvergenz*fähigkeit* beeinträchtigen (vgl. auch Abs. 2.4). Die Wahl dieser Parameter bestimmt somit die Eignung einer entsprechenden Komponente für einen Einsatz in einem interaktiven grafischen Leitstandsystem.

Es erwies sich als vorteilhaft, die Temperatur T über einen gewissen Zeitraum in der Grössenordnung des Absolutwerts der Energiedifferenz zu halten ($|\Delta E|$ mit ΔE = (E_{neu} - E_{alt})), wobei die Größenordnung von ΔE etwa der Dauer einzelner Arbeitsgänge entsprach. Um den günstigen Temperaturbereich nicht zu schnell zu durchlaufen, erfolgt der Abkühlungsprozeß daher im vorgestellten Ansatz nicht linear, sondern logarithmisch:

$$T(t) = T(0) / \log(t)$$

Dabei bezeichnet t die Zeit, die im System über einen Zählparameter simuliert wird, der nach jeder Zustandsänderung um eins erhöht wird. T(0) bezeichnet die Anfangstemperatur zum Zeitpunkt 0.

4   Ausblick

Die mit dem vorgestellten Ansatz erzielten Ergebnisse werden vor allem hinsichtlich der Effizienz als sehr positiv bewertet und spornen zu Erweiterungen an, zumal die Möglichkeiten der Parallelisierung bisher ungenutzt blieben (verfügbar ist ein Transputercluster mit 32 T800-Prozessoren). Um eine Anwendbarkeit auch in betrieblichen Umfeldern zu ermöglichen, müssen die angegebenen Restriktionen (vgl. Abs. 3.2) beseitigt und insbesondere eine Berücksichtigung unterschiedlicher - ggf. auch konfliktärer - Zielsetzungen ermöglicht werden. Zu diesem Zweck wird z.Zt. ein *Combiner* modelliert, mit dessen Hilfe die Erfassung und Kombination der Ziele ebenfalls interaktiv vorgenommen werden soll.

Literatur

[1]   Dorffner, G.: Konnektionismus, Stuttgart 1991.

[2]   Hertz, J., Krogh, A., Palmer, R.G.: Introduction to the Theory of Neural Computation, Redwood City et al. 1991.

[3]   Hopfield, J.J., Neural networks and physical systems with emergent collective computational abilities, Proceedings of the National Academy of Sciences, USA 79, pp. 2554-2558.

[4]   Hopfield, J.J., Tank, D.W.: Neuronal Computation of Decisions in Optimization Problems, Biological Cybernetics 52 (1985), pp. 141-152.

[5]   Kemke, C.: Der neuere Konnektionismus - Ein Überblick, Informatik-Spektrum 11 (1988), S. 143-162.

[6]   Kurbel, K., Meynert, J.: Flexibilität in der Fertigungssteuerung durch Einsatz eines elektronischen Leitstands, ZwF CIM 12 (1988), S. 581-585.

[7]   Kurbel, K., Pietsch, W.: Eine Beurteilung konnektionistischer Modelle auf der Grundlage ausgewählter Anwendungsprobleme und Vorschläge zur Erweiterung, Wirtschaftsinformatik 5 (1991), S. 355-364.

[8]   McClelland, J.L., Rumelhart, D.E.: Parallel Distributed Processing, Volume 1, Cambridge MA et al. 1986.

[9]   Mehlhorn, K.: Graph Algorithms and NP-Completeness, Berlin et al. 1984.

[10]   Müller-Merbach, H., Operations Research: Methoden und Modelle der Optimalplanung, München 1988.

[11]   Nelson, M.M., Illingworth, W.T.: A Practical Guide to Neural Nets, Reading MA et al. 1991.

[12]   Paulik, R.: Kostenorientierte Reihenfolgeplanung in der Werkstattfertigung, Bern u.a. 1984.

[13]   Takefuji, Y.: Neural Network Parallel Computing, Boston et al. 1992.

[14]   Zelewski, S.: PPS-Expertensysteme für die Terminfeinplanung und -steuerung, Teil 1: Konzepte, Information Management 1 (1990), S. 56-65.

Verteilte kooperierende wissensbasierte Systeme in der Fertigungssteuerung[1]

Dipl.-Inform. S. Albayrak,
Prof. Dr. H. Krallmann
TU-Berlin
Fachbereich Informatik
Institut für Quantitative Methoden
Fachgebiet Systemanalyse und EDV
Sekr. FR 6-7
Franklinstr. 28/29
1000 Berlin 10

1. Einleitung

Die Fertigungssteuerung nimmt zunehmend die zentrale Stellung im Unternehmen ein und stellt das eigentliche Herz des Produktionsbetriebes dar. Die Zielsetzungen einer hohen Termintreue, kurzen Durchlaufzeit und bestandsarmen Produktion werden mit konventionellen Methoden nicht effektiv unterstützt. Zur Überwindung dieser Schwächen müssen neue Konzepte entwickelt werden.

In /ALBAYRAK90a/ wurden die Probleme konventioneller Methoden zur Lösung der Aufgaben in der Fertigung und die Vorteile des Einsatzes KI-basierter Methoden ausführlich beschrieben.

Die für die Durchsetzung des Fertigungsprogrammes notwendigen Teilaufgaben (Reihenfolge- und Feinplanung, Konflikterkennung, Konsistenzerhaltung, Störungsbehandlung) sind in /ALBAYRAK90b/ beschrieben und es wird gezeigt, daß diese Teilaufgaben eine Komplexität aufweisen, die es nahezu verbietet, auf konventionelle Lösungsansätze zurückzugreifen. An dieser Stelle soll die Komplexität am Beispiel der Feinplanung (Maschinenbelegungsplanung), die in der englischsprachigen Literatur als "scheduling" bekannt ist, aufgezeigt werden. Zu dieser Problemstellung schreibt Fox:

"[...] in a single factory having 85 orders, 10 operations, and only one substitutable maschine, we could create over 10^{880} alternative schedules. Therefore, while this style of search is theoretically interesting, it is impractical because too many alternatives must be considered. Search must be smarter; in fact, search must be structured such that the search space is reduced from 10^{880} to something much smaller and more manageable."/Fox90/

Darüber hinaus ist das für die Lösung der einzelnen Teilaufgaben notwendige Wissen auf verschiedene Personen verteilt.

---

[1]   Diese Arbeit wird von den Firmen Digital Equipment GmbH und KRONE AG Berlin finanziell unterstützt.

Bei der Lösung des Problems findet eine intensive und zielgerichtete Kooperation zwischen den am Problemlösungsprozeß beteiligten Agenten (Experten) statt. Die Modellierung dieser Vorgehensweise in einem Einagentensystem (Expertensystem) ist nicht nur äußerst schwierig, sondern auch unzweckmäßig. Eine adäquate Modellierung des Problemlöseprozesses in der Fertigung fordert ein Mehragentensystem, bei dem auch die Kommunikation zwischen den Agenten adäquat nachgebildet wird.

Das erzwingt die Analyse von Konzepten aus dem Bereich des verteilten Problemlösens bzw. verteilter wissensbasierter Systeme (distributed artificial intelligence, DAI) und deren Umsetzung innerhalb zukunftsorientierter Fertigungssteuerungskonzepte.

2. Problemsituation in der Fertigung

Die Fertigungssteuerung umfaßt alle Entscheidungen und Maßnahmen, die unmittelbar vor, während und nach der Durchführung des von der Produktionsplanung und -steuerung vorgegebenen Fertigungsprogrammes notwendig sind, um einen möglichst reibungslosen, termingerechten und wirtschaftlichen Fertigungsprozeß sicherzustellen. Demnach ist die zentrale Aufgabe der Fertigungssteuerung in der Durchsetzung des Fertigungsprogrammes zu sehen. Alle Durchsetzungsaufgaben zielen letztlich darauf ab, die Realisierung vorgegebener Pläne zu gewährleisten. Sie sind daher schwerpunktmäßig mit dem augenblicklichen Geschehen, sowie der kurzfristigen Planung und Steuerung der Aktivitäten in der Fertigung verbunden. Hierbei können die Teilaufgaben der Planung, Überwachung und Störungsbehandlung unterschieden werden. Diese Teilaufgaben sind stark miteinander verzahnt, wobei Planungs- und Steuerungselemente vielfach ineinandergreifen.

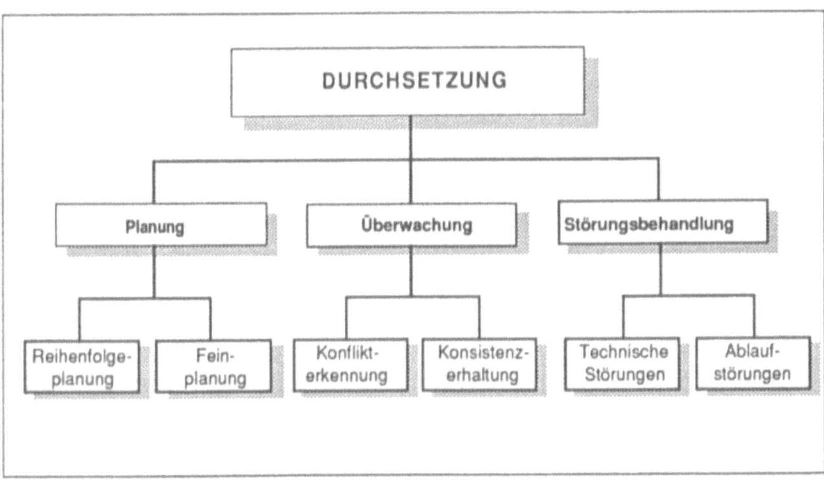

Abb. 1: Aufgabenprofil der Fertigungssteuerung

Die Planung läßt sich in die Reihenfolge- und Feinplanung untergliedern. Bei der Reihenfolgeplanung wird festgelegt, in welcher Reihenfolge die mit dem Fertigungsprogramm gegebenen Werkstattaufträge einzuplanen bzw. abzuarbeiten sind. Liegen keinerlei Randbedingungen vor, die beachtet werden müssen, lassen sich $J!$ (J = Anzahl der Werkstattaufträge) verschiedene Reihenfolgen bilden. Bei nur 10 Aufträgen ergibt sich bereits eine Zahl von insgesamt 3 628 800 verschiedenen Reihenfolgen.

Das bedeutet, daß die Komplexität der Reihenfolgeplanung mit der Anzahl der Werkstattaufträge kombinatorisch wächst.

Die Feinplanung bestimmt zum einen, wie die in den Werkstattaufträgen festgelegten Arbeitsfolgen den verfügbaren Maschinen und Arbeitsstationen zuzuordnen sind, zum anderen muß auch die zeitliche Abarbeitungsreihenfolge, der zu verschiedenen Aufträgen gehörigen Arbeitsfolgen an den einzelnen Kapazitätplätzen festgelegt werden. Die Komplexität dieser Aufgabe übersteigt die der Reihenfolgeplanung bei weitem. Das Problem der Fein- oder auch Belegungsplanung fällt in die Klasse der NP-vollständigen Probleme. Ein einfaches Beispiel zeigt die Komplexität auf. Seien nur 5 Aufträge mit je 5 Arbeitsfolgen die auf 5 verschiedenen Arbeitsstationen in beliebiger Reihenfolge abzuarbeiten sind feinzuplanen, lassen sich bereits ca. $24,8 * 10^9$ verschiedene Belegungspläne finden. Der Lösungsraum wächst allgemein gemäß folgender Beziehung $(J!)^M$ (M = Anzahl der Arbeitsstationen bzw. Arbeitsfolgen).

Zusätzlich zur Belegungsplanung der anstehenden Werkstattaufträge ist im Rahmen der Feinplanung auch eine Umplanung durchzuführen. Das ergibt sich insbesondere dann, wenn Störungen im Fertigungsablauf zu berücksichtigen sind, beziehungsweise kritische Abweichungen festgestellt werden.

Im Rahmen der Überwachung lassen sich zwei Phasen abgrenzen. Zum einen das Erkennen von Abweichungen durch Analyse der eingehenden Fortschrittsmeldungen (Konflikterkennung), zum anderen das Reagieren auf die Abweichnung, indem die Ist-Daten an die Plan-Daten und/oder die Plan-Daten an die Ist-Daten angepaßt werden (Konsistenzerhaltung). Hierbei sind oftmals viele Beschränkungen zu berücksichtigen.

Als Abweichung wird eine beobachtete Differenz zwischen Soll- und Ist-Zustand verstanden. Demnach ergeben sich zwei Möglichkeiten, wie es zu einer Abweichung kommen kann.

- Der Arbeitsfortschritt ist kleiner als erwartet, d.h. es liegt eine Verzögerung vor.

- Der Arbeitsfortschritt ist größer als erwartet, d.h. es liegt eine Beschleunigung vor.

Wird ein solcher Konflikt erkannt, ist es notwendig, eine Interpretation durchzuführen, um entscheiden zu können, welche Auswirkungen ein Konflikt auf andere Aufträge hat. In Abhängigkeit von der zeitlichen bzw. mengenmäßigen Abweichung wird eine Klassifikation in die beiden Gruppen "unbedeutend" oder "kritisch" möglich. Ist die Abweichung klein und läßt sich absehen, daß sich der Konflikt in der nächsten Zeit selbstständig löst, ist es nicht notwendig den Plan zu ändern. Wird eine Abweichung jedoch als "kritisch" erkannt, d.h. die Abweichung läßt sich nicht mehr kompensieren, muß der als inkonsistent erkannte Plan an die Realität angepaßt werden.

In der Praxis zeigt sich das Problem, daß die Fortschrittsmeldungen zu unregelmäßigen Zeitpunkten anfallen und der Entscheider oftmals nicht in der Lage ist, alle Abweichungen hinsichtlich ihrer Auswirkungen auf andere Aufträge zu beurteilen. Auch hier zeigt sich, daß die Komplexität dieses Aufgabenfeldes beträchtlich ist.

Das dritte Aufgabengebiet stellt die Störungsbehandlung dar. Störungen werden unterteilt in technische und Ablaufstörungen. Technische Störungen führen zu einem Ausfall einer Arbeitsstation bzw. Maschine deren Ursache ein technischer Defekt ist. Eine technische Störung hat immer den Ausfall einer verplanten Kapazität zur Folge. Die Konsequenzen eines solchen Ausfalls sind im wesentlichen von der Ausfalldauer und der Größe des Puffers hinter der betroffenen Arbeitsstation abhängig.

Aus einer technischen Störung kann bei großer Ausfalldauer eine Ablaufstörung resultieren. Es sind grundsätzlich zwei Fälle denkbar:

- Nach einer auf die gestörte Kapazität folgenden Belegungseinheit kann infolge des Ausfalls nicht mehr produziert werden, weil der Puffer (Arbeitsvorrat) erschöpft ist.

- In einer vor der gestörten Kapazität liegenden Belegungseinheit wächst der Puffer, da in einer nachfolgenden Belegungseinheit der Fertigungsprozeß unterbrochen ist.

Um solche Ablaufstörungen zu kompensieren, müssen frühzeitig Maßnahmen ergriffen werden, um die Störungsauswirkungen zu begrenzen. Daß eine solche Störungsbehandlung auf mehrere Personen, die miteinander kooperieren, verteilt ist, wird an folgendem Beispiel verdeutlicht (vgl. Abb. 2).

Ist auf der Maschinenebene eine technische Störung aufgetreten, wird zunächst der zuständige Einrichter, der für die Einrüstung und Funktion der Maschine verantwortlich ist, hinzugezogen. Er versucht, die Ursache der Störung zu lokalisieren und das Ausmaß der Störung zu bewerten. Er entscheidet schließlich, ob die Störung von ihm selbst behoben werden kann, wie lange die Reparatur dauern wird oder, ob sogar der Maschinenhersteller benachrichtigt werden muß, um die Störung zu beheben. Diese Informationen teilt der Einrichter seinem Vorgesetzten, i.d.R. dem Werkstattmeister, mit. Dieser wiederum beurteilt auf der Basis der voraussichtlichen Störungsdauer die Auswirkungen auf die durchzuführenden Werkstattaufträge in seinem Werkstattbereich und ergreift, ggf. in Absprache mit der Produktionsplanung und -steuerung, Anpassungsmaßnahmen. Auf der Produktionsebene wird der Ausfall bewertet und nach einer Überprüfung von eventuellen Kundenterminverletzungen und dem

Abgleich mit anderen Fertigungsbereichen, werden die von der Störung betroffenen Aufträge neu priorisiert und ggf. eine neue Reihenfolge festgelegt, die dann auf der Werkstattebene zu einer Umplanung führen kann.

Wie das obige Beispiel zeigt, ist das für die Durchsetzung der Fertigung notwendige und im Rahmen der Problemlösung benötigte Wissen auf mehrere verschiedene Experten verteilt. Um für dieses Aufgabenbündel eine rechnergestützte Lösung zu realisieren, ist es unumgänglich, die einzelnen an der Problemlösung beteiligten Agenten zu modellieren.

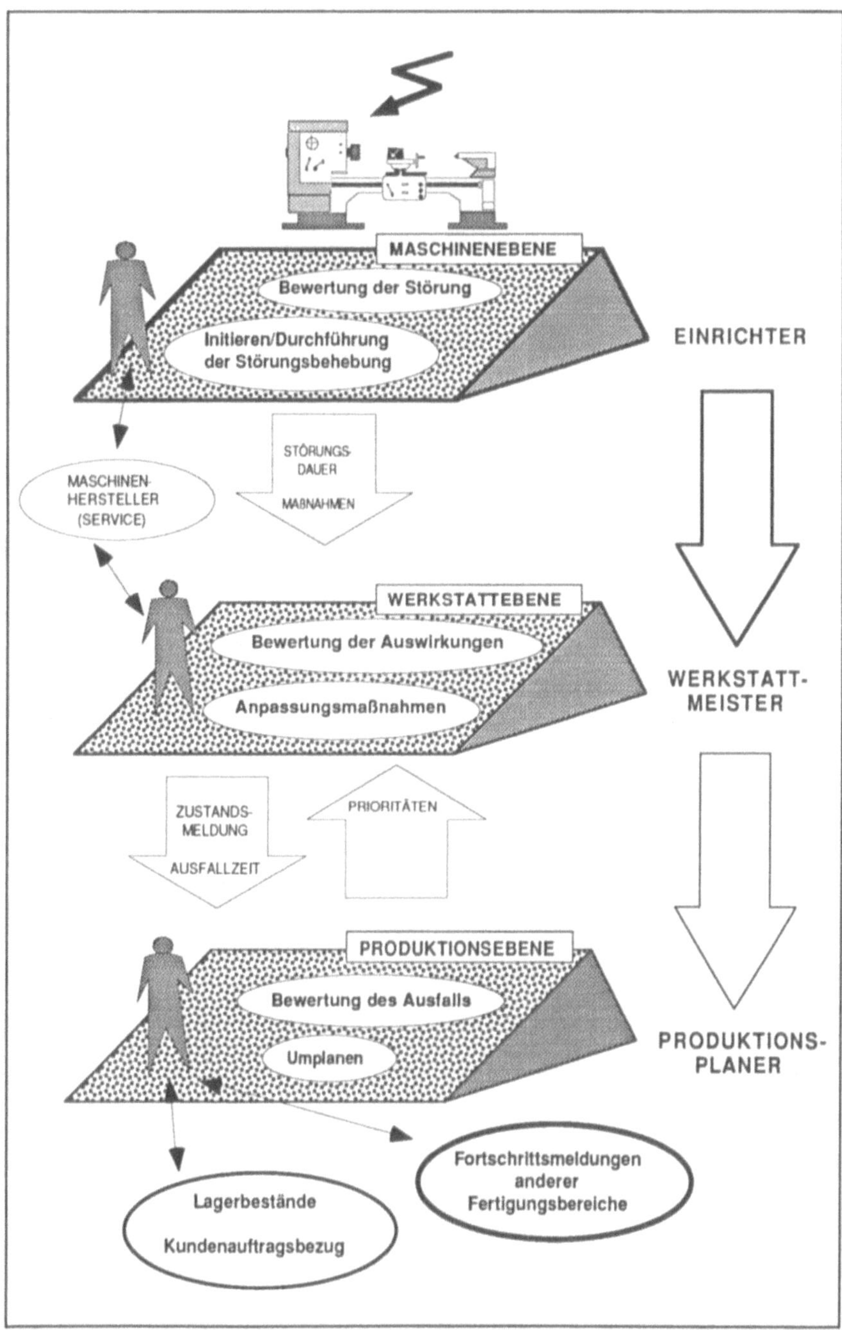

Abb. 2: Ablauf einer Störungsbehandlung

3. Ein verteilter Lösungansatz zur Problemlösung in der Werkstattsteuerung

Im Rahmen eines Forschungsprojektes wurde an der TU Berlin ein Lösungsansatz entwickelt, der den in Kapitel 2 beschriebenen Problemen gerecht wird. Für die Lösung jedes der in Kapitel 2 genannten Teilprobleme wird eine Knowledge-Source (Expertensystem) realisiert. Der Problemlöseprozeß ist, wie gefordert, kooperativ modelliert; die Kooperation wird über Blackboards verwirklicht /Hayes-Roth85/, /Engelmore88/, /Nii86/. Der Lösungsansatz besteht aus zwei Teilen:

- der Benutzerschnittstelle; sie erlaubt das Planen "per Hand",

- einem wissensbasierten Ansatz zur Störungsbehandlung, Um- und Feinplanung, der mit der Benutzerschnittstelle kombiniert ist.

Beide Teile verwenden eine gemeinsame Wissenbasis. Die einzelnen Knowledge-Sources haben die Fähigkeit, Aufgaben zu lösen und Ziele zu verfolgen. Sie bestehen aus einer expliziten Aufgabenliste, problemklassenspezifischen Problemlösungsmethoden, einer Kooperationskomponente und Wissensbasis. Ferner sind jeweils Ziele definiert, die verfolgt werden sollen (vgl. Abb. 3).

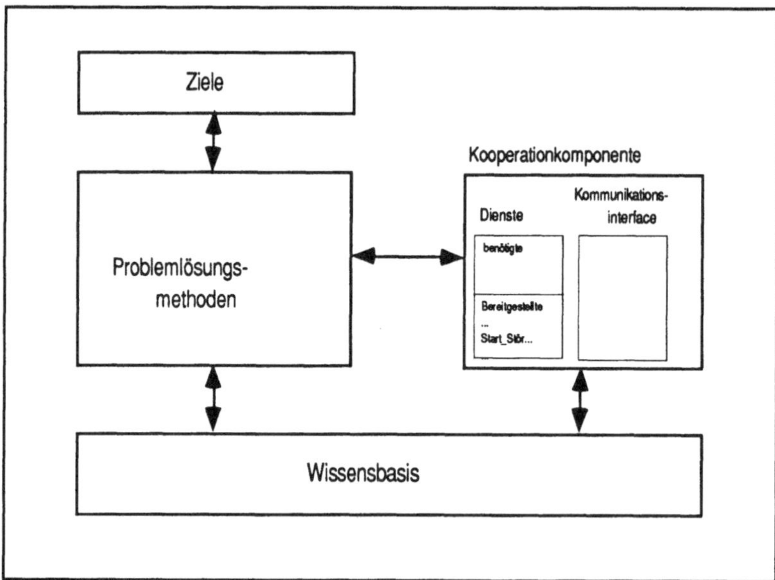

Abb. 3: Struktur der Knowledge-Source

Die Kooperationskomponente besteht ihrerseits wiederum aus drei Teilen: einem Kommunikationsinterface, welches, basierend auf dem Socket-Konzept, die Interprozesskommunikation realisiert; einer Liste von nach außen zur Verfügung gestellten Diensten, die von der Knowledge-Source erfüllt werden (z. B. Aufgaben, die die Knowledge-Source lösen kann) und einer Auflistung der Dienste, die vom Blackboard-Server zur Verfügung gestellt werden.

Die Architektur des Systems *verFLEX-BB* (verteilte Fertigungsleitstand-Expertensysteme auf Basis einer Blackboard-Architektur) ist in Abb. 4 dargestellt und wird im Folgenden näher erläutert.

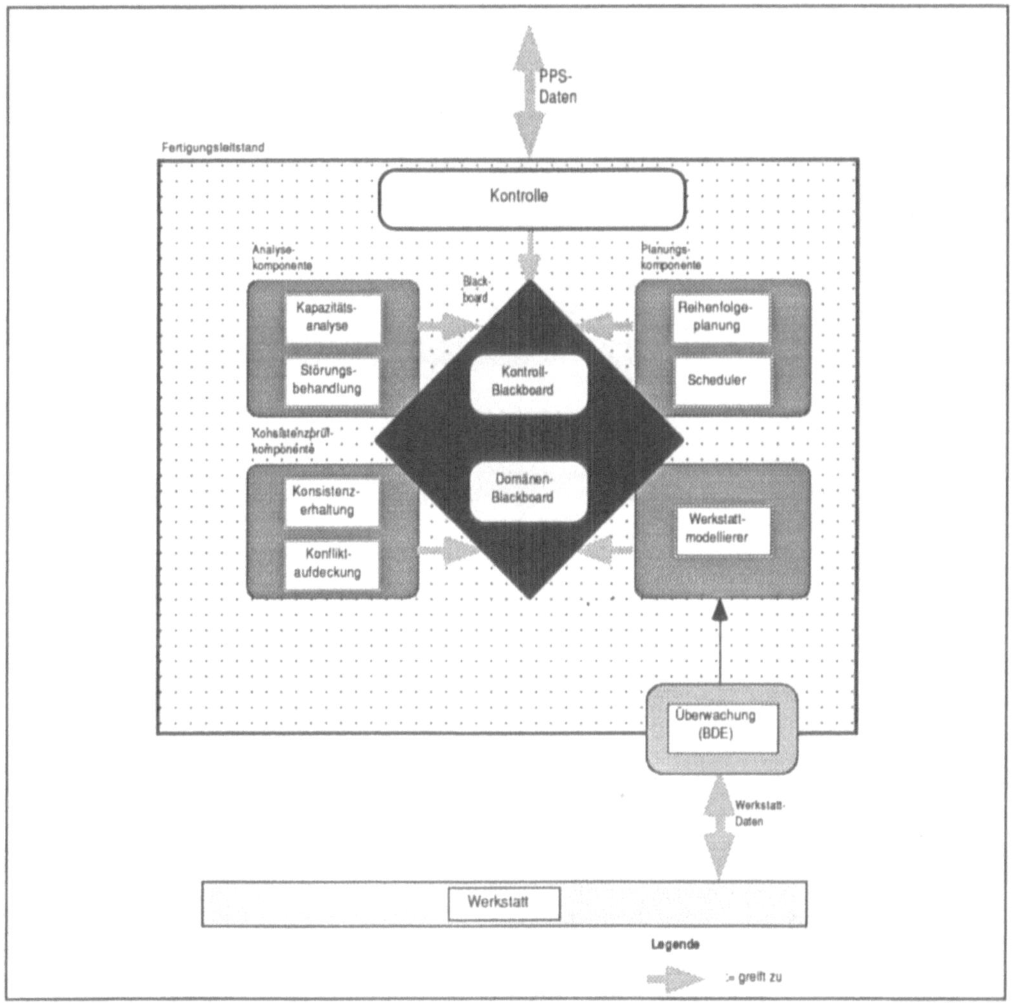

Abb. 4: Systemarchitektur des Systems *verFLEX-BB*

Abbildung 5 gibt eine Übersicht über die Benutzeroberfläche des Systems *verFLEX-BB*.

3.1. Werkstattmodellierer

Der Werkstattmodellierer stellt auf der Domänen-Blackboard ständig den aktuellen Zustand der Werkstatt dar, die sog. aktuelle Werkstatt.

Hierzu erhält diese Komponente von der Überwachung (BDE) die Daten über Kapazitäten, Maschinen, Personal, Materialien und andere Ressourcen (z.B. Werkzeuge) und aktualisiert das Modell der Werkstatt diesen Daten entsprechend auf der Domänen-Blackboard.

Diese Komponente sorgt dafür, daß den anderen Komponenten aktuelle und korrekte Daten bereitgestellt werden.

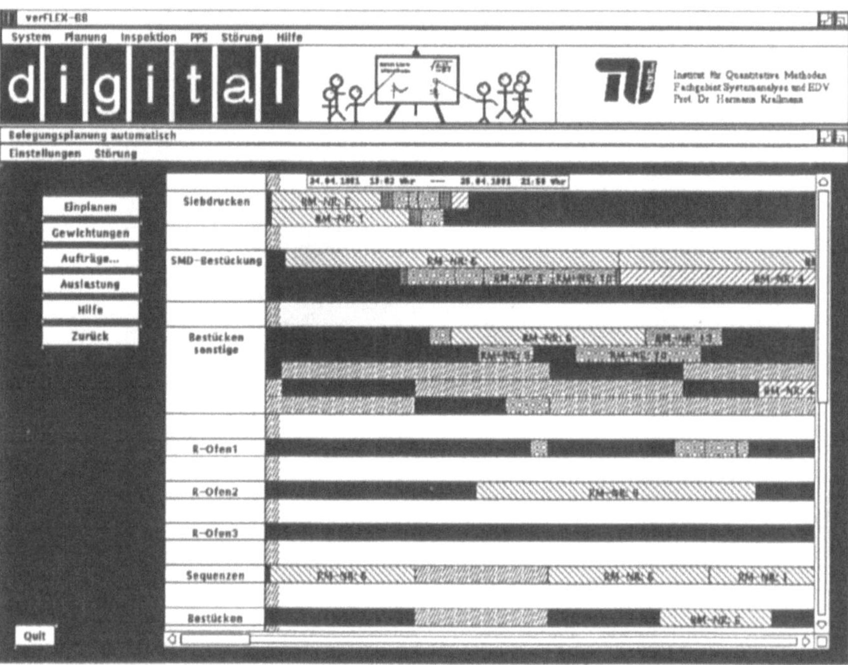

Abb. 5: Ausschnitt aus der Oberfläche des Systems *verFLEX-BB*

3.2. Konsistenzprüfung

Diese Komponente besteht aus zwei Knowledge-Sources. Sie dient zur

- Erhaltung der Konsistenz der Belegungspläne, die von der Planungskomponente oder durch den Benutzer erzeugt wurden;

- Aufdeckung von Konflikten zwischen Soll- und Ist-Zustand in der Werkstatt. Die hierzu notwendigen Daten werden vom Werkstattmodellierer übermittelt. Diese Knowledge-Source besteht ihrerseits wiederum aus zwei Komponenten:

- eine Teilkomponente dient der Aktualisierung der Planungsdatenbasis (Status von Ressourcen, Arbeitsgängen und zugehörigen Restriktionen, etc.);

- die andere Teilkomponente dient zur Überprüfung der Restriktionen (bezogen auf die Reihenfolge der Arbeitsgänge, mit den zugehörigen Start- und Endzeiten innerhalb eines Auftrages).

Bei der Überprüfung können Konflikte auftreten, die durch den Ausfall von Ressourcen, (Maschinen, Personal, Material) oder die Überlastung von Kapazitäten bedingt sind und zur Verzögerung von einzelnen Arbeitsgängen und des gesamten Fertigungsauftrages führen.

3.3. Die Analysekomponente

Die Analysekomponente setzt sich aus zwei Knowledge-Sources zusammen:

- Kapazitätsanalyse

- Störungsbehandlung

Die Kapazitätsanalyse vergleicht die verfügbaren Kapazitäten und die jeweilige Auslastung durch Fertigungsaufträge. Dabei werden sowohl über- als auch unterbelastete Kapazitätsplätze lokalisiert, was sich dann auf die Planungskomponente auswirken kann, da schlecht ausgelastete und Engpaß-Ressourcen gefunden werden. Von der Knowledge-Source Kapazitätsanalyse werden Heuristiken erzeugt, die auf der Kontroll-Blackboard abgelegt werden und zu einem veränderten Scheduling führen können. Beispielsweise wäre ein mögliches Ergebnis, daß beim Scheduling immer zuerst die Engpaß-Ressourcen betrachtet werden.

Die Störungsbehandlung betrachtet Störungen jeder Art (Maschinen, Personal, fehlendes Material) und schlägt Planrevisionsmethoden vor, die alle, oder zumindest einen Teil der betrachteten Störungen beheben sollen. Diese Vorschläge werden auf der Kontroll-Blackboard abgelegt, wodurch die Planungskomponente aktiviert wird. Die Planrevisionsmethoden zur Konfliktbeseitigung sind beispielsweise:

- Ausweichen auf alternative Kapazitäten (alternative Maschinen, manuelle Fertigung, etc.),

- Veränderung der Auftragsreihenfolge,

- Verschiebung von Arbeitsgängen und Aufträgen,

- Veränderung der Arbeitsgangreihenfolge.

3.4. Planungskomponente

Auch die Planungskomponente besteht aus zwei Knowledge-Sources, nämlich der

- Reihenfolgeplanung und dem

- Scheduler.

Die Reihenfolgeplanung legt die Arbeitsgangreihenfolge fest. Diese Komponente wird bspw. im Falle eines Kapazitätsausfalles aufgerufen. Dann wird eine neue Arbeitsgangreihenfolge unter Berücksichtigung des ausgefallenen Kapazitätsplatzes generiert.

Der Scheduler ordnet den einzelnen Arbeitsgängen Kapazitätsplätze innerhalb einer Kapazitätsgruppe zu und legt für jeden Arbeitsgang exakte Start- und Endtermine fest.

3.5. Kontrollkomponente

Um alle Knowledge-Sources zu koordinieren und einen effizienten Einsatz aller Systemkomponenten zu gewährleisten, wird Kontrollwissen benötigt. Kontrollwissen dient zur Steuerung der Aktivierung der am Planungsprozeß beteiligten Teilsysteme. Es ist in einer übergeordneten Kontroll-Knowledge-Source, abhängig von der aktuellen Werkstattsituation aggregiert, und aktiviert die für die jeweilige Problemstellung am besten geeignete Komponente.

3.6. Blackboards

Im System existieren zwei verschiedene Blackboards, die Domänen-Blackboard und die Kontroll-Blackboard. Zu beiden Blackboards folgt eine exemplarische Aufzählung von darauf vorhanden Daten:

<table>
<tr><td>

Domänen-Blackboard
- Werkstattmodell
    - Kapazitätsplätze (evtl. gestört)
    - welche Arbeitsgänge wo aktuell in welchem Zustand sind (gefertigte Teilprodukte, Stückzahlen, Warteschlangen, ...)
    - Existenz u. Zustand von Materialien u. Werkzeugen
    - Transportsysteme
- aktueller Belegungsplan; welche Arbeitsgänge künftig auf welchen Kapazitäten abgearbeitet werden sollen (Plantafel)

</td></tr>
</table>

<table>
<tr><td>

Kontroll-Blackboard
- Problembeschreibungen, Ziele (Termintreue,
  Kapazitätsauslastungsoptimierung ...)
- Strategien, Heuristiken
- Agenda von möglichen Planungsschritten
- Durchgeführte Planungsschritte (Protokoll des
  Problemlöseprozesses)

</td></tr>
</table>

4. Zusammenfassung

In diesem Beitrag wurde, ausgehend von den Aufgaben, die für die Durchsetzung
des Fertigungsprogrammes notwendig sind, gezeigt, wie komplex die einzelnen
Teilaufgaben sind, und das diese Teilaufgaben nicht mit konventionellen Ansätzen gelöst werden sollten. Das gilt insbesondere dann, wenn die Zielsetzungen
einer bestandsarmen Produktion und kurzer Durchlaufzeiten verfolgt werden
sollen.

Darauf aufbauend wurden Ansätze und Konzepte aus dem Bereich der verteilten
Künstlichen Intelligenz vorgestellt, die zur Lösung der Problemstellung herangezogen werden können. Weiter wurde gezeigt, daß der Bereich der DAI Möglichkeiten bietet, den in der Fertigung existierenden Problemlöseprozeß adäquat
zu modellieren. Schließlich wurde ein an der Technischen Universität Berlin entwickelter Lösungsansatz, der auf Konzepten der DAI beruht, vorgestellt.

Durch die Integration einer Störungsbehandlung gewinnt der Ansatz große
Bedeutung. Im Falle einer Störung wird der Planungskomponente eine zuverlässige Angabe der Störungsdauer zur Verfügung gestellt und es können Heuristiken (Umplanungsstrategien) zum Einsatz kommen, die den aktuellen Plan,
der von der Planungskomponente verwaltet wird, hinsichtlich einer Minimierung
der Konsequenzen der Störung modifizieren.

Der Kern des Systems verFLEX-BB wurde mit Hilfe des Blackboard-Tools GBB
/Johnson88/, die Störungsbehandlungskomponente mit dem Regel-Interpreter
FOXGLOVE und die Oberfläche mit OSF/Motif entwickelt. Das System verFLEX-BB
läuft sowohl unter dem Betriebssystem UNIX als auch unter VMS.

5. Literaturverzeichnis

/Albayrak90a/ Albayrak, S.; Drewes, B.; Krallmann, H.; Wissensbasierter Fertigungsleitstand auf der Basis einer Blackboard-Architektur, in: Hübers, W. (Hrsg.): Congressband VIII zur 13. Europäischen Congressmesse für Technische Kommunikation ONLINE `90, Hamburg 1990, S. VIII.18.01-18.41

/Albayrak90b/ Albayrak, S.: Verteilte wissensbasierte Systeme in der Fertigung. In: Krallmann, H; Rieger, B. (Hrsg.): Wissensbasierte Systeme in der Betriebswirtschaft, Erich Schmidt Verlag, Berlin 1990

/Engelmore88/: Engelmore, R.S., Morgan, A.J.: Blackboard Systems. Addison-Wesley, 1988

/Hayes-Roth85/: Hayes-Roth, B.: A Blackboard Architecture for Control. In: Artificial Intelligence 26, 1985, S. 251-321

/Fox90/ Fox, M.S.: AI and Expert System Myths, Legends, and Facts. In: IEEE EXPERT February 1990

/Johnson88/: Johnson, P.M., Gallagher, K.Q., Corkill, D.; GBB Reference Manual, GBB Version 1.2. COINS Technical Report 88-66, July 1988

/Nii86/: Nii, P.; Blackboard Systems: The Blackboard Model of Problem Solving and the Evolution of Blackboard Architectures. AI Magazine, (38-53), Summer, 1986

Repräsentation und Auswahl von Ablaufplanungsverfahren durch Heuristiken

Jürgen Sauer
Universität Oldenburg, FB Informatik
Postfach 2503, 2900 Oldenburg

Zusammenfassung

Ein wesentliches Problem für die Erstellung "guter" Ablaufpläne stellt die Auswahl des "richtigen" Planungsverfahrens dar. Dabei spielen sowohl die zu erfüllenden Zielsetzungen als auch die auftretenden Ereignisse, die zu Störungen der Planung führen können, eine Rolle. Ein Ansatz wird vorgestellt, der es erlaubt, Ablaufplanungswissen und das für die Auswahl von Planungsverfahren nötige Meta-Wissen explizit und transparent darzustellen. Damit wird es z.B. an einem Leitstand möglich, ziel- oder ereignisbezogen geeignete Ablaufplanungsverfahren aus einer Sammlung möglicher auszuwählen und anzuwenden.

1. Ablaufplanung

Die **Ablaufplanung** als zeitliche Zuordnung von gegebenen Aufträgen zur Herstellung von Produkten auf vorhandenen Ressourcen, wobei bestimmte vorgegebene Bedingungen erfüllt sein müssen, stellt einen wichtigen Aufgabenbereich innerhalb der Produktionsplanung und -steuerung (PPS) dar. Ablaufplanung umfaßt die Bereiche:

- **Planerstellung**: Neu-Erstellung eines Ablaufplanes, der den Produktionsablauf längerfristig im voraus festlegt. Dieser Bereich ist eher der Produktionsplanung zuzuordnen.
- **Plankorrektur** (Replanning): aktuelle, reaktive Anpassung eines bestehenden Ablaufplans bei sich ergebenden Änderungen im Umfeld der Planung und Produktion. Plankorrektur wird i.a. durch ein **Ereignis** nötig, womit hier eine externe (z.B. Auftragsausfall, Eilauftrag) oder interne (z.B. Maschinen-, Ressourcenausfall) Störung mit Einfluß auf die Planung oder den bereits erstellten Plan gemeint ist. Plankorrektur stellt eine der wesentlichen Aufgaben innerhalb der Produktionssteuerung dar.

1.1 Modellierung von Ablaufplanungsproblemen

Ein Ablaufplanungsproblem kann durch ein Schema (A, P, R, HC, SC) beschrieben werden, mit der Bedeutung:

- $A = \{A_1, ..., A_o\}$ bezeichnet eine Menge von Aufträgen zur Herstellung von bestimmten Mengen von Produkten zu gewünschten Terminen,
- $P = \{P_1, ..., P_p\}$ bezeichnet eine Menge von herstellbaren Produkten mit Informationen über Varianten, Operationen, deren Dauer und den verwendbaren Ressourcen,
- $R = \{R_1, ..., R_r\}$ bezeichnet eine Menge von Ressourcen, z.B. Maschinen,

- **HC** = {H$_1$, ..., H$_h$} bezeichnet eine Menge von Hard Constraints, die bei der Planung eingehalten werden müssen (z.B. technische Produktionsvorschriften),
- **SC** = {S$_1$, ..., S$_s$} bezeichnet eine Menge von Soft Constraints, die eingehalten werden sollten, aber in gewissem Umfang auch verletzt werden können, um überhaupt Pläne zu finden (z.B. die Einhaltung von Fertigstellungsterminen).

HC $\cup$ SC wird auch als Menge der **Constraints** bezeichnet.

Gesucht wird ein **Plan**, der die zeitliche Zuordnung der einzelnen Operationen zu den zugehörigen Ressourcen darstellt und die vorgegebenen Constraints erfüllt. Zu beachten sind dabei vor allem auch die verfolgten **Ziele**, die die planerischen Aufgaben beschreiben, die mit dem erstellten Plan erreicht werden sollen, u.a. globale Ziele wie Termineinhaltung, oder lokale wie Auslastung einer speziellen Maschine oder Reduzierung von Reinigungsaufwand.

Der Problemraum der Ablaufplanung - unter Berücksichtigung von alternativen Produktionsvarianten und Maschinen - läßt sich als **heterogener Und/Oder-Baum** darstellen.

Das Finden eines Ablaufplans entspricht dem Finden einer Lösung für den Und/Oder-Baum für die die Constraints erfüllt sind. Eine Lösung (siehe Abb. 1) ist ein Teilbaum ST, für den gilt:

a) die Wurzel gehört zu ST

b) gehört ein UND-Knoten zu ST, so auch alle direkten Nachfolgerknoten (falls sie existieren)

c) gehört ein ODER-Knoten zu ST, so auch genau ein direkter Nachfolgerknoten (falls Nachfolger-knoten existieren).

Ein Ablaufplan heißt gültig, wenn alle Hard Constraints erfüllt sind, und konsistent, wenn er gültig ist und alle (evtl. abgeschwächten) Soft Constraints erfüllt sind.

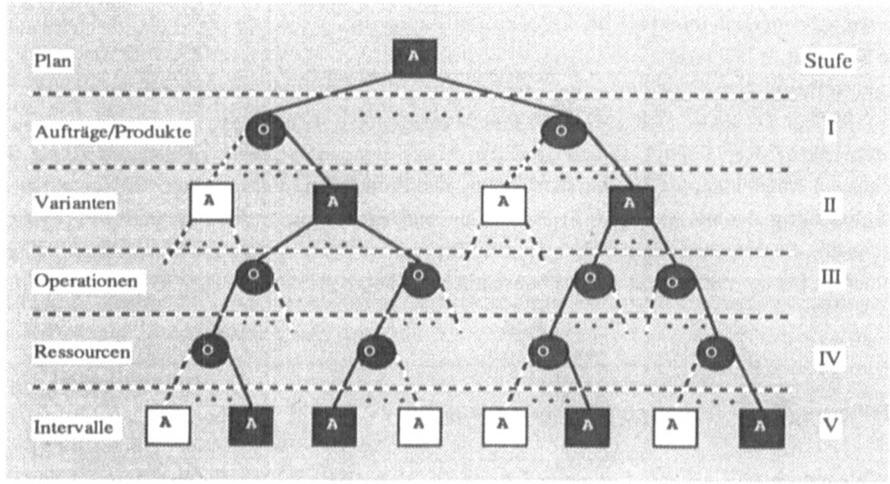

Abb. 1:   Und/Oder-Baum der Ablaufplanung

1.2 Wissensbasierte Lösungsansätze für Ablaufplanungsprobleme

Optimale Lösungen sind wegen der kombinatorischen Komplexität des Suchraums (er wird durch alle mög-lichen Lösungen und Teillösungen für den Und/Oder-Baum gebildet) i.a. nicht zu ermitteln. Damit ergibt sich als eine wesentliche Aufgabe der Ablaufplanung die Ermittlung konsistenter, "guter" Lösungen ohne den gesamten Problemraum betrachten zu müssen. Die Bewertung der Lösungen kann dabei quantitativ über Bewertungsfunktionen, die einem Plan einen numerischen Wert zuordnen, oder auch qualitativ durch den Benutzer erfolgen.

Wissensbasierte Ansätze verwenden verschiedene Methoden, vor allem auch das Erfahrungswissen eines Planers, um den Problemraum zu begrenzen und dabei annehmbare Lösungen zu erzielen, u.a.:

- **Heuristische Suche**
  die meisten der beschriebenen Systeme verwenden heuristische Suchverfahren oder heuristische Regeln zur Reduzierung des Suchraumes; heuristische Verfahren des OR, die Prioritätsregeln verwenden [Huber 90], zählen ebenso zu dieser Klasse wie die Constraint gesteuerte Suche bei ISIS [Fox 87] oder der PROTOS-Ansatz [Sauer 90].

- **Problemzerlegung**
  um den Suchraum zu verkleinern wird das Ablaufplanungsproblem in eine Reihe einfacherer Planungsprobleme zerlegt, deren Lösungen die Gesamtlösung ausmachen; praktisch angewandte Zerlegungen sind der auftragsbasierte Ansatz, z.B. [Fox 87], [Sauer 91], der operationsbasierte Ansatz, z.B. [Keng 88], oder der ressourcenbasierte Ansatz, z.B. [Liu 88].

- **Opportunistische Planung**
  in diesem Ansatz werden die erfolgversprechenden Aktionen zuerst betrachtet, z.B. diejenigen, für die die meisten Constraints vorliegen, oder die die Engpässe beseitigen [Smith 90].

- **Kooperative Planung**
  das Planungsproblem wird durch eine Gruppe kooperierender Problemlösungsagenten gelöst, dabei ist ein Agent z.B. für eine bestimmte Ressource zuständig [Ow 88, Sycara 91].

Da eine Vielzahl von Ablaufplanungsalgorithmen existieren, stellt sich als wichtige Aufgabe die Auswahl und Anwendung des in der gegebenen Planungssituation unter den aktuellen Planungszielen am besten geeigneten Algorithmus. Diese Aufgabe soll mit dem im folgenden vorgestellten Ansatz gelöst werden. Der Ansatz basiert auf der expliziten Repräsentation von Zielen und Ereignissen als Kontrollwissen und "dynamischem" Ablaufplanungswissen zur Integration und Auswahl geeigneter Ablaufplanungsverfahren. Damit lassen sich folgende Zielsetzungen erreichen:

- Verbesserung der Planqualität durch
  - zielorientierte Auswahl von geeigneten Planungsalgorithmen
  - angemessene Reaktion auf Ereignisse durch Auswahl geeigneter Plankorrekturverfahren
- Flexibilität in der Anwendung von Planungsalgorithmen
- Integration unterschiedlicher (auch "neuer") Planungsalgorithmen.

1.3 Dynamisches Ablaufplanungswissen

Ablaufplanungswissen läßt sich in verschiedene Kategorien unterteilen. Besonders wichtig dabei sind das dynamische Ablaufplanungswissen bestehend aus kombinierbaren Skeletten und Regeln und das Kontrollwissen über die Anwendbarkeit von Ablaufplanungswissen. Im einzelnen sind zu betrachten:

- **Statisches Planungswissen**

dazu gehören Fakten über den Planungsbereich, z.B. Beschreibungen der Produkte und Maschinen und fest implementierte Planungsalgorithmen.

- **Dynamisches Planungswissen**

dies besteht aus den Fakten, die dynamisch während der Planung erzeugt werden, wie der aktuelle Plan oder aktuelle Kapazitäten, und dem dynamischen Ablaufplanungswissen, das aus Planskeletten und Regeln zusammengesetzt wird. Die Unterteilung in Planskelette und Regeln resultiert aus folgender Beobachtung: Viele der Ablaufplanungsansätze können als Algorithmus zur Konstruktion einer Lösung für den Und/Oder-Baum beschrieben werden. Durch den Algorithmus wird ein Durchlauf durch den Baum bzw. die Abarbeitung der einzelnen Stufen des Baumes beschrieben. Dabei werden unterschiedliche Regeln zur Auswahl der nächsten zu betrachtenden Knoten verwendet, z.B. Prioritätsregeln zur Auswahl des nächsten Auftrags. Als Basiskomponenten für einen solchen Ablaufplanungsalgorithmus lassen sich damit identifizieren:

- die zugrundeliegende Durchlaufart (wie man den Baum bzw. die einzelnen Stufen des Baumes durchlaufen muß), die auch als **Planskelett** (nach [Friedland 85]) bezeichnet wird. Durchlaufarten sind z.B. ein Tiefendurchlauf durch den Baum oder die auftragsbasierte, ressourcenbasierte oder operationsbasierte Abarbeitung des Baumes (das in Abb. 2 dargestellte Verfahren stellt das Schema des PROTOS-Verfahrens dar und ist auftragsbasiert).
- die Regeln zur Auswahl unter alternativen Knoten (z.B. welcher Auftrag als nächstes betrachtet werden muß). Regeln können empirisch (z.B. EDD oder SPT), benutzerdefiniert (siehe Abb. 2, Regel 3) oder kombiniert (siehe Abb. 2, Regel 1) sein.

Durch die Kombination von Planskelett und Auswahlregeln ergeben sich eine Vielzahl "neuer" Ablaufplanungsalgorithmen. Abb. 2 zeigt ein Beispiel für ein Planskelett und zugehörige Regeln.

```
WHILE Aufträge zu planen
      wähle   Auftrag/  Produkt
      Regel      Kombination von
                 (Engpass-Ressourcen, EDD, minimaler Slack, Benutzerpriorität)

      wähle   Intervall  für  Auftrag
      Regel      beginne mit frühest möglichem Start, wenn nötig Verschiebung in die Zukunft

      wähle   Variante
      Regel      'Stammvariante' zuerst, dann Alternativen

      WHILE Operationen einer Variante zu planen
            wähle  Operation
            Regel      in absteigender Reihenfolge

            wähle  Apparat
            Regel      'Stammapparat' zuerst, dann Alternativen
      END
END
```

Abb. 2:   Skelett eines Ablaufplanungsalgorithmus mit möglichen Regeln

- **Kontrollwissen (Meta-Ablaufplanungswissen)**

Das Kontrollwissen beschreibt mit Hilfe der Ziele und Ereignisse die Anwendbarkeit der Algorithmen bzw. Regeln. Bzgl. bestimmter Zielsetzungen sind einige Ablaufplanungsalgorithmen sowie die darin verwendeten Konfliktlösungsstrategien oder Auswahlregeln besser geeignet als andere, dieses Kontrollwissen soll darstellbar und anwendbar sein.

Gleiches gilt auch für Algorithmen zur Plankorrektur. Wichtig ist hier die Angabe der Ereignisse bzw. Störungen, die mit den entsprechenden Verfahren beseitigt werden können.

2. Repräsentation von Ablaufplanungswissen durch Heuristiken

Heuristiken können als Basis für die beschriebenen Aufgaben verwendet werden. Eine **Heuristik** (heuristische Regel) der Form "IF situation THEN action" beschreibt, in welchen Situationen welche Aktionen geeignet sind, um ein bestimmtes Ziel zu erreichen [Lenat 83]. Dieser Formalismus wird erweitert zu dem Schema:

```
HEURISTIC  <name>                              eindeutiger Name der Heuristik
    IF    SITUATION      <situation>           Situation, die zur Anwendung der Heuristik vorliegen muß
          GOAL           <goal>                Ziele, die mit der Heuristik erreicht werden können
          EVENT          <event>               Ereignisse, die mit der Heuristik verarbeitet werden können
    THEN
          <actions>                            Aktionen, die diese Heuristik ausmachen
END  HEURISTIC.
```

Im IF-Teil werden das Kontrollwissen zur Anwendung der Heuristik durch die explizite Darstellung von Zielen (`<goal>`) und Ereignissen (`<event>`) und die Situation, die bei Anwendung vorliegen muß, beschrieben. Die Situation (`<situation>`) wird durch eine mit AND verkettete Folge von einfachen (Retrieval-) Operationen und Prolog-Literalen beschrieben.

Der THEN-Teil einer Heuristik (`<actions>`) erlaubt die Repräsentation von Ablaufplanungsverfahren, die Syntax dafür lautet:

```
<actions>          ::=   <action> | <action> AND <actions>
<action>           ::=   WHILE <w_condition> DO <actions> END WHILE |
                         OR [ <action>, <act_list> ] | <simple_action>
<act_list>         ::=   <simple_action> | <simple_action>, <act_list>
<simple_action>    ::=   HEURISTIC-CALL(<heuristic_name>, <goals>, <events>) |
                         <rulecall> | <operation> | <prolog_literal>.
```

Damit besteht der THEN-Teil entweder nur aus dem Aufruf eines vorgegebenen, fest implementierten Verfahrens, z.B.

```
HEURISTIC  protos_algorithm
    IF    SITUATION
          GOAL           [scheduling:[meet_due_dates]]
          EVENT          []
    THEN
          call(protos_basic_algorithm)
END  HEURISTIC.
/* Falls das Ziel der Planerstellung Termineinhaltung ist, dann ist der PROTOS-Basis-Algorithmus
geeignet. */
```

oder aus der Beschreibung des Verfahrens (z.B. zeigt Abb. 3 den auftragsbasierten PROTOS-Basis-Algorithmus als Heuristik) mit Hilfe der Konstrukte:

AND: einzelne Aktionen werden mit AND konkateniert

WHILE: Schleifenkonstrukt, um z.B. alle direkten Nachfolger eines Und-Knotens abarbeiten zu können, dabei bezeichnet <condition> eine Bedingung, die zum Durchlaufen der While-Schleife erfüllt sein muß

OR: Alternativenbetrachtung, eine Liste alternativ anwendbarer Aktionen kann angegeben werden; OR unterstützt z.B. das Springen im Baum, um alternative Pfade oder Teilbäume zu betrachten.

Als "einfache" Aktionen (<action>) sind möglich:

- HEURISTIC-CALL: Heuristiken können explizit durch ihren Namen (<heuristic_name>) aufgerufen werden, oder durch Angabe von gewünschten Zielen (<goal>) und Ereignissen (<event>) können gewünschte Heuristiken beschrieben werden; dabei sind erlaubte Aufrufbeziehungen zu beachten
- Regelaufrufe (<rulecall>), z.B. Aufruf einer Regel zur Auswahl einer Maschine
- einfache Operationen (<operation>) auf den Planungsfakten (retrieve, insert, delete), z.B. ein Retrieval von Informationen zu einem bestimmten Objekt einer Klasse von Objekten
- Prolog-Literale (<prolog_literal>), z.B. Sortierroutinen oder Vergleichsoperationen.

```
HEURISTIC  plan_order_based_PROTOS
   IF    SITUATION    no_plan
         GOAL         [scheduling:[meet_due_dates]]
         EVENT        []
   THEN
         create_orderlist
         AND
         WHILE orders_to_plan DO
            select_order_fifo
            AND
            select_interval_earliest_start
            AND
            select_variant_stem_first
            AND
            WHILE steps_to_plan DO
               select_step_fifo
               AND
               select_app_stem_first
               AND
               OR[plan_step, HEURISTIC-CALL(solve_overlap_basic,[],[])]
            END  WHILE
         END  WHILE
END  HEURISTIC.
```

Abb. 3:   Darstellung des PROTOS-Planungsverfahrens als Heuristik

Regeln und die zugrundeliegenden Planungsobjekte werden in ähnlicher Art repräsentiert, Regeln in der Form:

```
RULE  <rule_name>                      eindeutiger Name der Regel
   IF SITUATION  <rule_situation>      Situation, die zur Anwendung der Regel vorliegen muß
   THEN  <rule_actions>                Aktionen, die diese Regel ausmachen
END  RULE.
```

Erlaubte Aktionen in einer Regel sind Operationen, Regelaufrufe oder Prolog-Literale.
Ziele und Ereignisse werden durch eindeutige Namen repräsentiert:

```
GOAL  <goalname>.              z.B. GOAL termineinhaltung.
EVENT <eventname>.             z.B. EVENT auftragsausfall.
```

Heuristiken erlauben damit die Repräsentation des Planungs- und Kontrollwissens, das für eine flexible Ablaufplanung nötig ist. Für die Repräsentation von dynamischem Ablaufplanungswissen ergeben sich vier Gruppen von Heuristiken, die alle durch den vorgestellten Formalismus darstellbar sind:

- **Heuristiken zur Planerstellung**:
  beschreiben Verfahren oder Skelette zur Generierung eines Plans und die Anwendbarkeit bezogen auf bestimmte Ziele und Situationen, z.B. das in Abb. 3 dargestellte Verfahren, das bei Planungsziel Termineinhaltung (meet_due_dates) verwendet werden kann und eine auftragsbasierte Abarbeitung des Baumes beschreibt, bei der auf den einzelnen Stufen bestimmte Regeln zur Auswahl von Knoten aufgerufen werden. Läßt sich eine getroffene Auswahl von Operation, Maschine und Zeit nicht einplanen, so wird eine spezielle Heuristik zur Konfliktlösung aufgerufen.

- **Heuristiken zur Plankorrektur**:
  beschreiben Verfahren oder Skelette zur Korrektur eines Plans und deren Anwendbarkeit bzgl. aufgetretener Ereignisse, Ziele und Situationen, z.B. ein Verfahren, bei dem möglichst wenige Teile des bestehenden Plans verändert werden.

- **Heuristiken zur Auswahl von Regeln**:
  beschreiben die Anwendbarkeit bestimmter Regeln zur Auswahl von Knoten auf den Stufen des Baumes, z.B. verschiedene Prioritätsregeln zur Auswahl von Aufträgen.

- **Konfliktlösungsheuristiken**:
  beschreiben Strategien zur Lösung von Konflikten unter Beachtung bestimmter Situationen, Ziele und Ereignisse. Konfliktlösung ist i.a. die Auflösung einer Überlappung (gleichzeitige Belegung von Maschinen durch mehrere Operationen), aber auch die Lösung von Problemen wie Nichtverfügbarkeit von Ressourcen (Material, Personal).

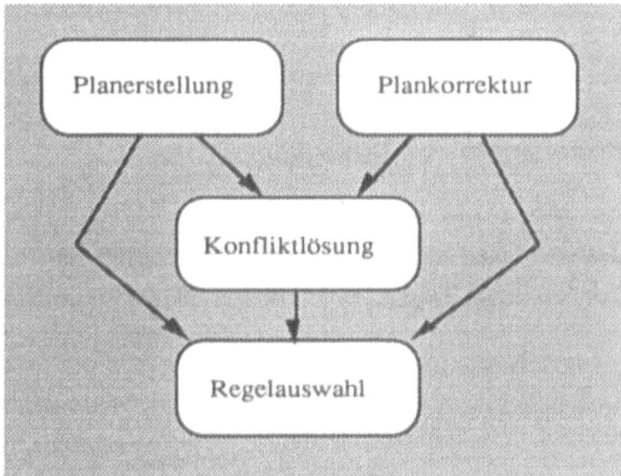

Abb. 4:   Kategorien von Heuristiken

Heuristiken zur Auswahl von Regeln und zur Lösung von Konflikten werden innerhalb der Heuristiken zur Planerstellung und Plankorrektur verwendet. Abb. 4 zeigt die erlaubten Aufrufbeziehungen zwischen den verschiedenen Heuristiken.

3. Auswahl und Anwendung geeigneter Heuristiken

Auswahl und Anwendung geeigneter Ablaufplanungsstrategien basieren auf dem in Abb. 5 dargestellten Verarbeitungsmodell, das folgendermaßen beschrieben werden kann:

Aufgrund von vorgegebenen Zielen und Ereignissen werden geeignete Heuristiken - Heuristiken, die die gegebenen Ereignisse und Ziele erfüllen - gewählt und angewendet. Die "am besten geeignete" dieser Heuristiken ist die, die die meisten Ziele abdeckt. Sie wird zuerst versucht. Führt eine Heuristik zum Erfolg, d.h. ein konsistenter Plan wurde erzeugt, so ist die Aufgabe gelöst, falls nicht, so muß eine nächste Heuristik gewählt und angewendet werden.

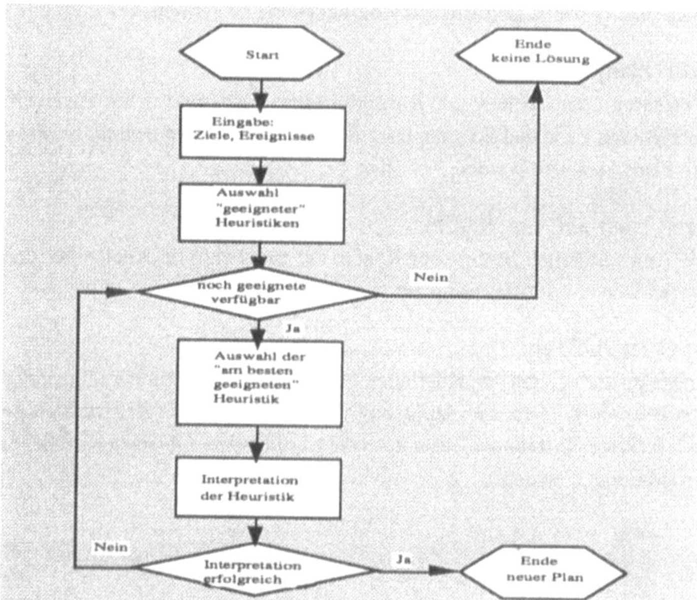

Abb. 5: **Verarbeitungsmodell für Heuristiken**

Führt die gewählte Heuristik zum Erfolg, so wird ein neuer Plan erzeugt und die Ablaufplanung war erfolgreich. Schlägt sie fehl, so wird die "nächste" Heuristik entsprechend der Auswahlregeln gewählt. Ist keine Heuristik mehr vorhanden, so schlägt die gesamte Planung fehl und es wird kein neuer Plan erzeugt.

Wird eine Heuristik angewendet ("Interpretation einer Heuristik" in Abb. 5), so werden zunächst anhand des Situationsteils die Anwendungsvoraussetzungen geprüft, sowie benötigte Informationen zusammengestellt. Dies geschieht durch Interpretation der durch AND verknüpften Prolog-Literale und Operationen. Dabei ist Backtracking wie in Prolog möglich, um auch Fragen nach der Existenz von Fakten in der Wissensbasis beantworten zu können. Ist der Situationsteil erfolgreich abgearbeitet, so wird der THEN-Teil der Heuristik interpretiert. Schlägt der Situationsteil fehl, so ist die Heuristik nicht anwendbar.

Der Aktionsteil (THEN-Teil) ist erfolgreich, wenn alle mit AND verknüpften Aktionen erfolgreich abgearbeitet werden können. Für die einzelnen Arten von Aktionen gelten folgende Regeln:

- eine OR-Aktion ist erfolgreich, **falls** eine der einfachen Aktionen erfolgreich ist
  (falls alle Aktionen fehlschlagen, dann schlägt auch die OR-Aktion fehl)
- für eine WHILE-Aktion gilt: solange die While-Bedingung erfüllt ist, werden die durch AND verknüpften Aktionen des Rumpfs interpretiert
  (falls die Bedingung schon beim ersten Aufruf nicht erfüllt ist, dann wird der Rumpf nicht interpretiert; falls eine der Aktionen im Rumpf fehlschlägt, dann schlägt die gesamte WHILE-Aktion fehl)
- ein Heuristik-Aufruf ist erfolgreich, **wenn** gilt:
  wird der Name der Heuristik angegeben, **falls** die benannte Heuristik erfolgreich ist, oder
  werden Ziele und/ oder Ereignisse spezifiziert, **falls** der Verarbeitungszyklus für die gegebenen Ziele/ Ereignisse erfolgreich ist
- ein Regelaufruf ist erfolgreich, **falls** die entsprechende Regel erfolgreich ist
- eine einfache Operation auf Planungsobjekten oder ein Prolog-Literal ist erfolgreich, **falls** die Interpretation durch das Prolog-System erfolgreich ist.

Falls eine der Aktionen fehlschlägt, so schlägt der THEN-Teil der Heuristik und damit die Heuristik selbst fehl.

Eine Regel ist erfolgreich, falls Situationsteil und Aktionsteil der Regel erfolgreich sind. Die Abarbeitung des Situationsteils entspricht der bei Heuristiken, für den Aktionsteil der Regel bestehend aus Regelaufrufen, Operationen oder Literalen gelten die entsprechenden Regeln der Abarbeitung von Heuristiken.

4. Realisierung

Das System METAPLAN integriert die Repräsentation unterschiedlicher Ablaufplanungsverfahren sowie deren situations- und zielgerichtete Auswahl und Anwendung. Abb. 6 zeigt die Architekturskizze des Systems.

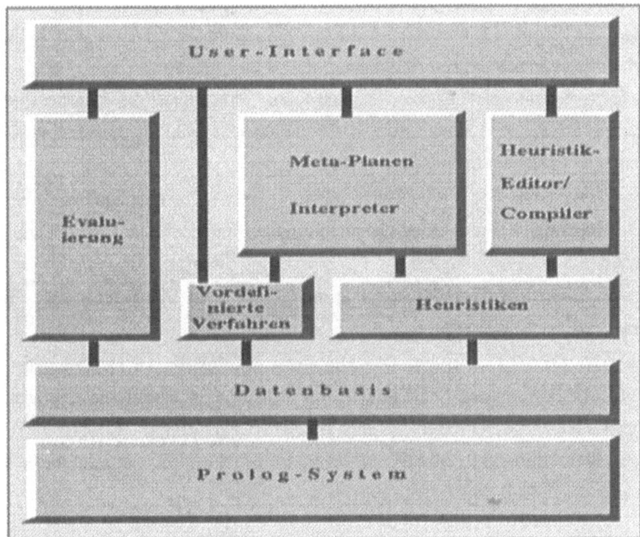

Abb. 6: Architekturskizze METAPLAN

Das gesamte System basiert auf einem kommerziellen Prolog-System (Quintus-Prolog mit Prowindows). Die "Datenbasis" enthält das statische und dynamische Faktenwissen über den Planungsbereich. Die Verknüpfung zu vordefinerten Verfahren wird über die entsprechende Komponente realisiert. "Heuristiken" enthält das dynamische Planungswissen in Form von Heuristiken und Regeln und damit die Realisierung der Heuristik-Sprache. Die "Evaluierung" dient zur Auswertung und damit zum Vergleich verschiedener Pläne auf Basis unterschiedlicher Bewertungsfunktionen wie Summe der Terminüberschreitungen oder Verzug einzelner Aufträge. "Meta-Planen" realisiert die Auswahl und Anwendung der geeigneten Ablaufplanungsheuristiken. Der "Heuristik-Editor" dient zur Integration neuer Heuristiken in das System. Das "User-Interface" umfaßt die Funktionen zur Kommunikation mit dem Benutzer sowie die Darstellung der Ergebnisse als Gantt-Diagramm.

Mit Hilfe des Systems ist es möglich, unterschiedliche Ablaufplanungsverfahren zu integrieren oder Verfahren zu beschreiben und neue zu kombinieren. Damit ist es möglich, verschiedene Verfahren zu testen und zu vergleichen. Neu konstruierte und getestete Verfahren können in Produktionsplanungs- und -steuerungssysteme übernommen werden. Eine Integration des Systems METAPLAN in ein Produktionsplanungs- und -steuerungssystem würde zum einen die Auswahl unter verschiedenen Verfahren unterstützen und zum anderen dem Benutzer selbst die Möglichkeit zur Gestaltung neuer Verfahren geben, z.B. durch Hinzufügen oder Ändern von Auswahlregeln.

Literatur

[Fox 87]	Fox, M.: "Constraint Directed Search: A Case Study of Job-Shop Scheduling", Pitman Publishers, London, 1987.
[Huber 90]	Huber, A.: "Wissensbasierte Planung und Überwachung in der Fertigung", Erich Schmidt Verlag, 1990.
[Friedland 85]	Friedland, P.E., Iwasaki, Y.: "The Concept and Implementation of Skeletal Plans", in: Journal of Automated Reasoning, No. 1, 1985.
[Keng 88]	Keng, N.P., Yun, D.Y., Rossi, M.: "Interaction sensitive planning system for job-shop-scheduling", in: Oliff, D.M.: "Expert Systems and Intelligent Manufacturing", Elsevier, 1988.
[Lenat 83]	Lenat, D.B.: "Toward a Theory of Heuristics", in: Groner, R., Groner, M., Bischof, W.: "Methods of Heuristics", Lawrence Erlbaum, Hillsdale, 1983.
[Liu 88]	Liu, B.: "A Reinforcement Approach to Scheduling", Proc. 8th ECAI, München, 1988.
[Ow 88]	Ow, P.S., Smith, S.F., Howie, R.: "A Cooperative Scheduling System", in: Oliff, D.M.: "Expert Systems and Intelligent Manufacturing", Elsevier, 1988.
[Sauer 90]	Sauer, J., Appelrath, H.-J.: "Knowledge-Based Production Planning and Scheduling", in: Carnevale, M. et.al.: "Modelling the Innovation: Communications, Automation and Information Systems", IFIP TC7 Conference, North Holland, 1990.
[Sauer 91]	Sauer, J.: "Knowledge Based Scheduling in PROTOS", in: Vichnevetsky, R.: "Proc. of IMACS 91", Trinity College, Dublin, 1991.
[Smith 90]	Smith, S.F., Ow, P.S., Matthys, D.C., Potvin, J.-Y.: "OPIS: An Opportunistic Factory Scheduling System", in: Proc. of 3rd International Conference on Industrial and Engineering Applications of Artificial Intelligence and Expert Systems, IEA/AIE, Charleston, USA, 1990..
[Sycara 91]	Sycara, K.P., Roth, S.F., Sadeh, N., Fox, M.S.: "Resource Allocation in Distributed Factory Scheduling", in: IEEE Expert, Feb. 1991.

Anpaßbarer Leitstand auf objektorientierter Basis

Dr.-Ing. Dipl.-Math. K. P. Fähnrich
Dipl.-Wirtsch.-Ing. A. Huthmann
Dipl.-Ing. Dipl.-Kfm. M. Kroneberg
Dipl.-Math. T. Otterbein

Fraunhofer-Institut für Arbeitswirtschaft und Organisation (IAO)/ Institut für Arbeitswissenschaft und
Technologiemanagement der Universität Stuttgart (IAT), Stuttgart

1. Anforderungen und Gestaltungsziele für Leitstände

Zur Planung, Steuerung und Überwachung von Aufträgen in der Fertigung werden heute überwiegend
Planungsvorgaben von zentralen Produktionsplanungs- und -steuerungssystemen (PPS-Systemen)
verwendet. Die Vorgaben dieser PPS-Systeme an die ausführenden Bereiche der Fertigung sind jedoch
aufgrund ihrer zentralen Erstellung zum Teil bereits "veraltet"oder unrealistisch, wenn sie in die Fertigung
gelangen. Es werden keine aktuellen Vorkommnisse im Fertigungsbereich, wie z.B. Maschinenausfall,
berücksichtigt was zu Konflikten mit lokalen Restriktionen, wie z.B. Verfügbarkeit von Material und
Kapazität von Mitarbeitern führt (Köhler 90). Dies gilt vor allem für die Vorgaben an die
Fertigungssteuerung und hier im besonderen für die Einzel- und Kleinserienfertigung in Montage und
Teilefertigung. Für das Personal im Werkstattbereich führt diese Situation häufig zu deutlichen
Belastungen: Die Mitarbeiter(innen) müssen die "veralteten" oder unrealistischen Vorgaben von "oben" von
Hand korrigieren und in eine tatsächlich ausführbare Planung für die Auftragsabarbeitung umsetzen,
wodurch eine "Schattenwirtschaft" zum zentralen PPS entsteht.

Diese Situation legt nahe, im Werkstattbereich eine größere Planungsautonomie bei der Verwaltung des
Auftragsbestandes bereitzustellen. Elektronische Leitstände auf PC- oder Workstationbasis ermöglichen
eine kurzfristige, detaillierte Feinplanung der Bearbeitungsreihenfolgen und Organisation der notwendigen
Steuerungs- und Überwachungsmaßnahmen. Sie verdrängen damit die manuellen Leitstände mit ihren
Wandtafeln und Hängetaschenordnern. Eigene Rechnerleistung und eigene Datenbank dieser Leitstände
ermöglichen es, eine bessere technische Unterstützung der Fertigungssteuerung zu gewährleisten: Datenbestände lassen sich einfacher verwalten, visualisieren und weitgehend beleglos handhaben.

Seit nunmehr 6 Jahren werden Leitstände für die Fertigungssteuerung angeboten. Die Erfahrungen der
Anwender mit den ersten Generationen von Leitständen zeigen, daß eine hoher Anpassungsbedarf der
Leitstände an den konkreten betrieblichen Einsatzfall vorhanden ist. Der Anpassungsbedarf erstreckt sich
dabei auch auf die Daten, die Funktionen und die Benutzungsoberfläche. In nachfolgender Aufstellung sind
einige wesentliche Einflußfaktoren für den Anpassungsbedarf aufgeführt, die spezifische Lösungen für
einen betrieblichen Einsatz von Leitständen erforderlich machen:
- Anpassungen an betriebliche Aspekte (Ablauf- und Aufbauorganisation, Arbeitsplatzumgebung,
  Planungs- und Steuerungsphilosophie);
- Anpassungen an die vom Benutzer mit dem Leitstand zu bewältigenden Aufgaben (Häufigkeit,
  Wiederholrate, Dauer, Variabilität, Offenheit);
- Anpassungen an die unterschiedlichen Benutzer (Qualifikation, Motivation, Akzeptanz,
  Individualisierbarkeit der Handlungs- und Planungsprozesse);
- Einbettung des Leitstandes in die Informationsumgebung in der Fertigung (Bedienung anderer Systeme,
  systemtechnische Integration des Systeme, Verfügbarkeitsanforderungen, akzeptable Rechenzeiten).

Die am Markt verfügbaren Leitstände weisen unterschiedliche Konzepte auf, um diesen Herausforderungen gerecht zu werden: modularer Aufbau, Verwendung von Masken- und Formulargeneratoren sowie standardisierter Datenbanken und Fenstersysteme, umfangreiche Parametrisierungs- und Konfigurierungsmöglichkeiten. In nachfolgender Tabelle ist eine Klassifizierung (mit absteigendem Rang) für die Erfüllung des Gestaltungsziels "Anpassungsmöglichkeiten" exemplarisch darstellt (in absteigender Reihenfolge). Eine Untersuchung (Kroneberg et al. 92) ergab dabei, daß überwiegend mächtige, proprietäre Werkzeuge für die Anpassung eingesetzt werden. Für Datenbanken und Fenstersysteme werden auch "standardisierte" Werkzeuge verwendet, bei denen dennoch die Anpassungen sehr aufwendig sind (Bild 1).

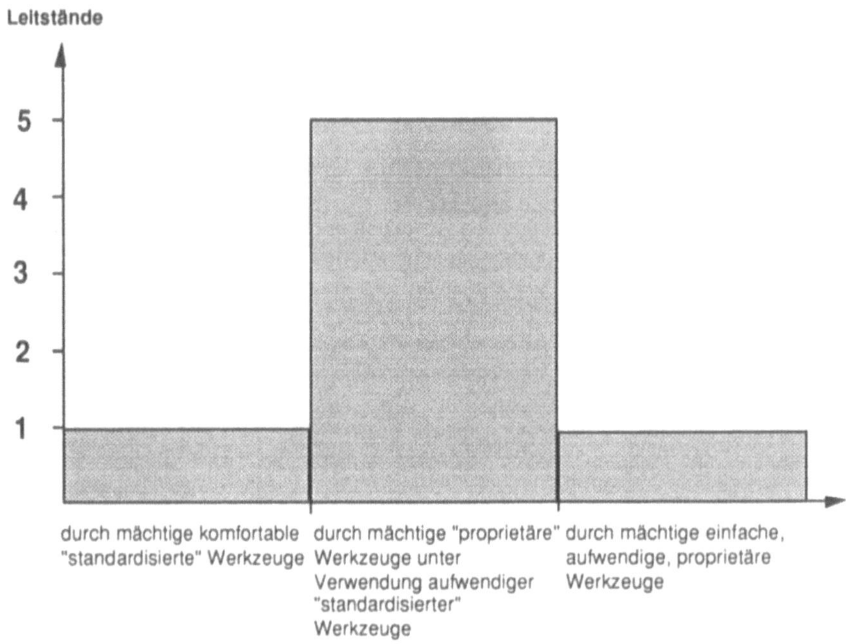

Bild 1:   Erfüllung des Gestaltungszieles "Anpassungsmöglichkeiten" bei 7 untersuchten Leitständen

Die Untersuchung zeigt jedoch, daß die realisierten Konzepte nicht ausreichend sind, um den hohen Anpassungsanforderungen gerecht werden zu können. Somit übersteigt der Anpassungsaufwand leicht das Doppelte des Kaufpreises eines Standardleitstandes.

Daher werden derzeit objektorientierte Konzepte entwickelt, um Anpaßbarkeit, Änderbarkeit und Wiederverwendbarkeit bei Leitständen in praxisrelevantem Maße zu ermöglichen.

2. Anpaßbarkeit und objektorientierte Gestaltung

Anpaßbarkeit, Änderbarkeit und Wiederverwendbarkeit sind erst in neuerer Zeit als wichtige Kriterien für die Beurteilung von Software in der Diskussion. Sie werden inzwischen als die bedeutendsten Instrumente angesehen, um die heutigen Probleme bei der Produktion von Software lösen (Wallmüller 90). Insbesondere die Schaffung von wiederverwendbaren Entwürfen und Implementierungen gelten als der geeignetste Ansatz.

Bei der Anpaßbarkeit ist zwischen zwei unterschiedlichen Formen zu unterscheiden:
1. **A priori** Anpaßungsfähigkeit
2. **A posteriori** Anpaßungsfähigkeit

In der a priori Anpaßbarkeit wird die Erfüllung aller zu erwartenden Anforderungen schon von vorneherein in das System mit eingebaut. Es wird für die spezifische Anwendung zumeist konfiguriert. Dieser Ansatz erfordert von vorneherein umfassende Kenntnis aller nur möglichen Anforderungen sowie einen hohen Investitionsaufwand, um es zu implementieren. Ein solches System ist naturgemäß sehr komplex. Stellt sich später heraus, daß Anforderungen übersehen wurden, so ist es zumeist schwierig, das System entsprechend zu ändern.

In der a posteriori Anpaßbarkeit wird von einem gegenteiligen Punkt ausgegangen: Es werden zunächst viele kleine Einheiten erzeugt, welche nicht zwingend mit den zu erwarteten Anwendungsanforderungen zu tun haben, sondern die zunächst die grundsätzlich benötigten Basiselemente der Implementierung darstellen. Aus diesen werden kompliziertere und anwendungsnähere Objekte zusammengesetzt. Dieser Vorgang wiederholt sich solange, bis schließlich Einheiten zusammengesetzt werden können, die das geforderte Applikationsumfeld vollständig abdecken.

Die objektorientierte Vorgehensweise unterstützt die a posteriori Anpaßbarkeit in mustergültiger Weise: Die Einheiten werden durch Klassen dargestellt, den Grundbaustein objektorientierter Vorgehensweise. Jede der Klassen kann leicht durch eine andere ersetzt und damit das Verhalten des Systemes geändert werden, ohne daß dies Einfluß auf die anderen Klassen hätte. Wird hierzu noch das Konzept der Vererbung addiert, so können aus vorhandenen Klassen leicht zusätzliche Klassen gebaut werden, die das Verhalten der Vaterklasse erben und an ausgesuchten Stellen zusätzliche Möglichkeiten bieten. Anpaßbarkeit kann hiermit auch nach der Erstellung der Software erreicht werden. Mit objektorientierter Vorgehensweise können wiederverwendbare Entwürfe und Implementierungen erreicht werden (Meyer 90).

Im Bereich der Fertigungssteuerung, insbesondere durch Leitstände, ist permanent den in der Praxis sehr unterschiedlichen Anforderungen gerecht zu werden (Rautenstrauch 91). Selbst für eingesetzte Systeme sind spätere neue Anforderungen an Organisations- und Produktionsstrukturen umzusetzen. Hierzu müssen die Systeme durch schnell durchführbare Erweiterungen und Änderungen angepaßt werden. Dies bedeutet, daß hier bezüglich der Anpaßbarkeit langfristig nur der a posteriori Ansatz sinnvoll ist.

Wichtige Grundlage für eine wahre Anpaßbarkeit an die Erfordernisse ist eine Form, die den Anwender in seinen Möglichkeiten nicht einschränkt. Dies kann u.U. zu der Forderung führen, daß der Anwender Zugriff auf den Source-Code des Leitstandes hat und so selbst diejenigen Anforderungen umsetzen kann, die er selbst erst nach und nach erkennen kann. Natürlich können derartige Änderungen auch nach wie vor durch das Systemhaus durchgeführt werden. Für beide Fälle ist Objektorientierung ideal geeignet, da durch Ableitung einer neuen Klasse alle Eigenschaften bereits implementierter Klassen automatisch beibehalten und nur diejenigen Teile des Verhaltens modifiziert/erweitert werden, die den neuen Anforderungen entsprechen.

3. Die Gestaltung eines anpaßbaren Leitstandes auf objektorientierter Basis

Für einen solchen beliebig anpaßbaren objektorientierten Leitstand ist es unumgänglich, ein geeignetes Grundklassensystem zu schaffen, in dem alle standardmäßig in Leitständen benötigten Daten und Funktionen durch geeignete Klassen abgedeckt sind. Um dieses Klassensystem aufbauen zu können, müssen die grundlegenden Beziehungen zwischen den verschiedenen Objekten innerhalb eines Leitstandes untersucht und auf geeigneter Abstraktion in weitere Klassen überführt werden.

Am Fraunhofer Institut für Arbeitswirtschaft und Organisation (IAO) wurde in Zusammenarbeit mit dem Institut für Arbeitswissenschaft und Technologiemanagement der Universität Stuttgart (IAT) ein derartiges Klassensystem mittels der objektorientierten Programmiersprache C++ entwickelt. Dieses System hat das Ziel, als Ausgangspunkt für kundenspezifische Leitstände zu fungieren. Wichtigstes Design-Kriterium ist die Anpaßbarkeit und Änderbarkeit an Kundenwünsche. Das System ist ausdrücklich so ausgelegt, daß es in vorhandene Umgebungen (z.B. PPS-Systeme, mit SQL-Datenbanken oder anderen Speicherungsformen) als zusätzlicher Modul hinzugefügt werden kann. Es kann aber auch genauso als Einzellösung eingesetzt werden.

Das System basiert auf einem allgemeinen Modell für die Fertigungssteuerung, welches auf Grundlage der KCIM-Aktivitäten (DIN 89) am IAO/ IAT entwickelt wurde. Dieses Modell hat das Ziel, die organisatorischen Vorgänge in der Werkstattsteuerung so allgemeingültig und umfassend wie nur möglich darzustellen. Die im Modell entwickelten Verallgemeinerungen wurden voll in das Klassensystem übernommen. Mit ihm ist es möglich, aufgrund verallgemeinerter Arbeitspläne beliebige Hierarchien von Leitständen aufzubauen (also Werkstattleitstände, Bereichsleitstände, Fabrikleitstände etc.), die miteinander kooperieren. Gleichzeitig ist es möglich, mehrere gleichberechtigte Leitstände parallel zu betreiben, die gegenseitig Informationen austauschen und sich somit gegenseitig koordinieren. Die Konzeption des Klassensystems ist so vielseitig, daß auch Problemstellungen der verteilten Mehrfabrikeinplanung, wie sie in international operierenden Konzernen aufzufinden sind, mit Hilfe dieses Klassensystemes in dem ESPRIT-Projekt DISCO angegangen werden.

3.1 Gestaltungsbeispiel: Bedarf

Ein wesentlicher Bestandteil des Modelles ist die Frage der Zuordnung von Aufträgen/ Arbeitsgängen zu Ressourcen. Hier stellt sich einerseits die Problematik, daß Ressourcen sehr vielseitig sind und gänzlich unterschiedliches Verhalten zeigen. Ebenso sind die Zusammenhänge zwischen verschiedenen Arbeitsgängen im allgemeinen sehr komplex. Wenn zusätzlich in das Planungsgeschehen noch Mehrressourcenplanung einbezogen werden soll, so ergeben sich zusätzliche Anforderungen an die Gestaltung.

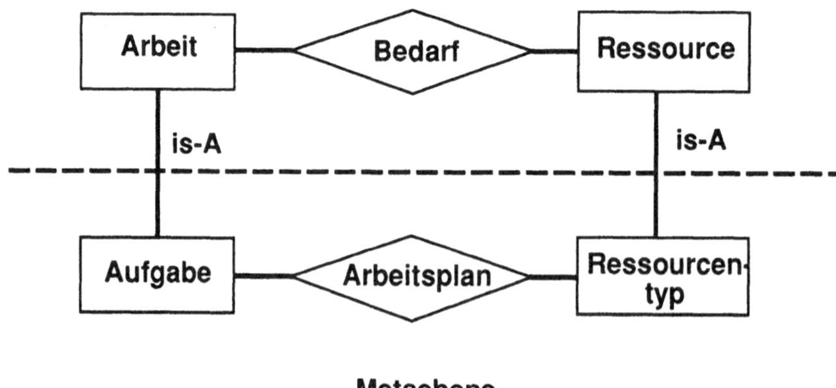

Bild 2: Arbeitspläne und Bedarf

Für das Modell und das implementierte Klassensystem wurde folgendermassen verfahren. Objekte wie Aufträge, Fertigungsaufträge, Arbeitsgänge (und weitere synonym Begriffe wurden unter dem Begriff der Arbeit zusammengefaßt. Ressourcen aller Art von einer einfachen Drehmaschine, Bedienern, flexiblen Fertigungssystemen, Fertigungsgruppen und Inseln, Maschinenklassen usw.) wurden unter dem Oberbegriff der Ressource zusammengefaßt. Bei beiden existieren weitere Unterstrukturierungen, die gemeinsame Eigenschaften zusammenfassen (Otterbein 91).

Zwischen Objekten der Arbeit und Objekten der Ressource wurde eine allgemeine Beziehung unter der Bezeichnung Bedarf eingeführt. Diese stellt sämtliche Beziehungen zwischen der Arbeit und den Ressourcen dar.

Arbeitspläne stellen dieselben Beziehungen auf Metaebene dar: Zwischen Kategorien von auszuführender Arbeit (z.B. dem Fertigen eines bestimmten Teiles) und Ressourcentypen wird eine Beziehung hergestellt. In die verallgemeinerten Arbeitspläne sind z.B. Stücklisten mitintegriert, da im Falle der Verwendung alternativer Arbeitspläne die Stückliste von dem jeweils ausgewählten Arbeitsplan abhängt.

Diese grundlegende Modellierung wurde vollständig in das Klassensystem übernommen. Hierzu wurden Gebilde wie Bedarfsnetze und Arbeitspläne implementiert.

3.2 Gestaltungsbeispiel: Belegungsplanungsalgorithmen

Neben a posteriori Anpassungsbedarf im Bereich der Werkstattmodellierung (siehe vorhergehenden Abschnitt) gibt es a posteriori Anpassungsbedarf im Bereich der Belegungsplanungs-, Steuerungs- und Verwaltungsfunktionen eines Leitstands. Die Gewährleistung des notwendigen Anpassungsbedarfs soll hier exemplarisch am Beispiel der Belegungsplanungserstellung erläutert werden.

Ziele der Werkstattsteuerung lassen sich im allgemeinen nicht durch eine mathematische Zielfunktion beschreiben (Zäpfel 82; Kreimeier 87; Kernler 91). Zielkriterien, wie z.B. Durchlaufzeitminimierung und Kapazitätsauslastung, verhalten sich gegenläufig zueinander (Ablaufdilemma). Individuelle Bewertung der Erreichung der verschiedenen, in einer bestimmten Anwendung relevanten, Zielkriterien ist somit notwendig (Hars et al. 90).

Abhängig von der Abbildung der in einem Anwendungsfall relevanter Restriktionen für die Belegungsplanung (Werkstattmodellierung) ergibt sich somit der Bedarf nach anpassungsfähigen Belegungsplanungsalgorithmen. Standardoptimierungsverfahren aus dem Operation Research lassen sich aufgrund der Nichtformalisierbarkeit der Zielfunktion und aufgrund der Komplexität der Aufgaben (NP-vollständige Problemstellungen) nicht verwenden.

Die Grunddimensionen des Anpassungsbedarfs sind am IAO/ IAT durch Analyse der einschlägigen Literatur und Aufgabenanalysen in verschiedenen Werkstatsteuerungen erarbeitet worden (Huthmann et al. 89; Huthmann et al. 90; Huthmann et al. 91). Diese Grunddimensionen sind am Beispiel der Belegungsplanung in Bild 3 gegeben.

Aufbauend auf diesen Grunddimensionen wurde ein allgemeines Modell der Belegungsplanung erstellt. Durch Konfigurierung dieses Modells kann jede Art individueller Belegungsplanung als Algorithmus instanziiert werden. Durch die Bereitstellung elementarer Problemdekompositionsprinzipien, Entscheidungsvariabler, Algorithmen bzw. Regeln, Kontrollstrukturen und Bewertungsfunktionen in einem Klassenkonzept wird dies ermöglicht (a priori Anpaßbarkeit). Notwendige a posteriori Anpaßbarkeit kann zusätzlich durch die Einfügung neuer Unterklassen für alle relevanten Dimensionen erfolgen.

Bild 3: Grunddimensionen des Anpassungsbedarfs für die Belegungsplanung

Jegliche Form tradierter Problemlösung der Belegungsplanung (z.B. ereignisorientierte Simulation, Mutation-Selektion Algorithmen, Enumerationsverfahren, Tiefensuche bzw. Breitensuche, Backtracking) läßt sich durch dieses allgemeine Modell konfigurieren. Standardlogiken wie Vowärts-, Rückwärts- (z.B. JIT) und Mittelpunktplanung können gleichermaßen abgebildet werden.

Überzeugung der Autoren ist aber, daß der Endbenutzer für seinen spezifischen Anwendungsbereich erfahrungsgeleitete, der Problemstellung angepaßte Algorithmen konfigurieren sollte. Nur über die Kenntnis der Logik der Belegungsplanungserstellung kann der Benutzer z.B. die aufgrund einer auftretenden Störung notwendige Umplanung durchführen. Es ist klar, daß die Verwendung eines intransparenten Algorithmus, wie es z.B. ein Mutation-Selektion Algorithmus darstellt, die Diagnose der Planerstellung erschwert bzw. unmöglich macht. Ein weiteres Argument für die Verwendung von anwendungsspezifischen, erfahrungsgeleiteten Algorithmen ist, daß erst hierdurch Erfahrung ständig in die Planung wieder eingebracht und somit langfristig aufgebaut werden kann.

3.3 Stand der Implementierung

Das Klassensystem wurde mit der Programmiersprache C++ erstellt. Derzeitige Entwicklungsumgebung sind SUN SPARC-Stations mit 24 MB Hauptspeicher unter UNIX. Eine Transfer auf eine andere UNIX-Umgebung ist problemlos möglich. Als graphisches Fenstersystem wird bisher XWindows R11 in Verbindung mit OSF-MOTIF verwendet. Zur Datenhaltung (vor allem Persistenz) wird bisher eine ORACLE Datenbank eingesetzt, hier soll später auf eine objektorientierte Datenbank gewechselt werden.

Aufgrund des Einsatzes eines Dialog-Management-Werkzeuges (ISA-Dialog-Manager) kann die gesamte Oberfläche mit geringem Aufwand in eine andere Umgebung portiert werden. Als mögliche Zielumgebungen für ein zukünftiges Produkt stehen somit alle Möglichkeiten offen. Eine Portierung nach

MS-Windows oder OS/2 Presentation Manager ist leicht möglich. Die Grundstruktur ist in Bild 4 wiedergegeben.

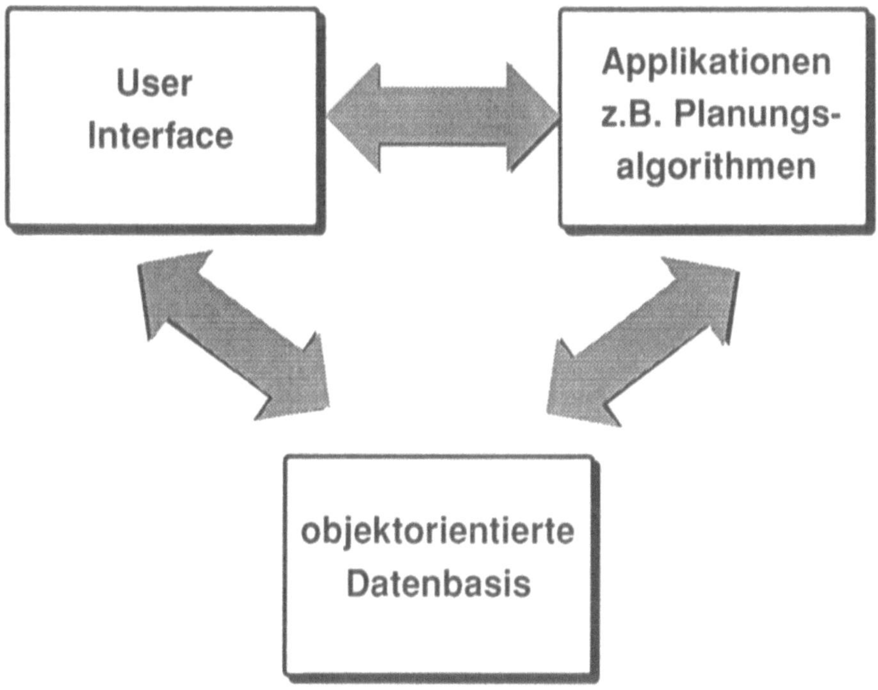

Bild 4: Grundstruktur des Systems

Zur leichteren Erstellung des Sourcecodes wurde eine umfangreiche Menge von Macros geschrieben, die große Teile des Codes automatisch generieren.

Das Klassensystem selbst setzt sich derzeit aus ca. 250 Klassen zusammen, der Umfang des Sourcecodes beträgt ca. 170.000 Lines of Code. Der Gesamtklassenbaum in seinem bisherigen Implementierungsumfang ist in Bild 5 wiedergegeben.

Der Schwerpunkt der Entwicklung lag bisher auf der inneren Struktur des Systemes. Die graphischen Elemente wie eine Plantafel sind aber schon prototypenhaft verfügbar. Insbesondere beim Aufbau der User-Interface Elemente wurde darauf geachtet, diese wie auch den inneren Aufbau des Systemes leicht anpaßbar und portierbar zu gestalten.

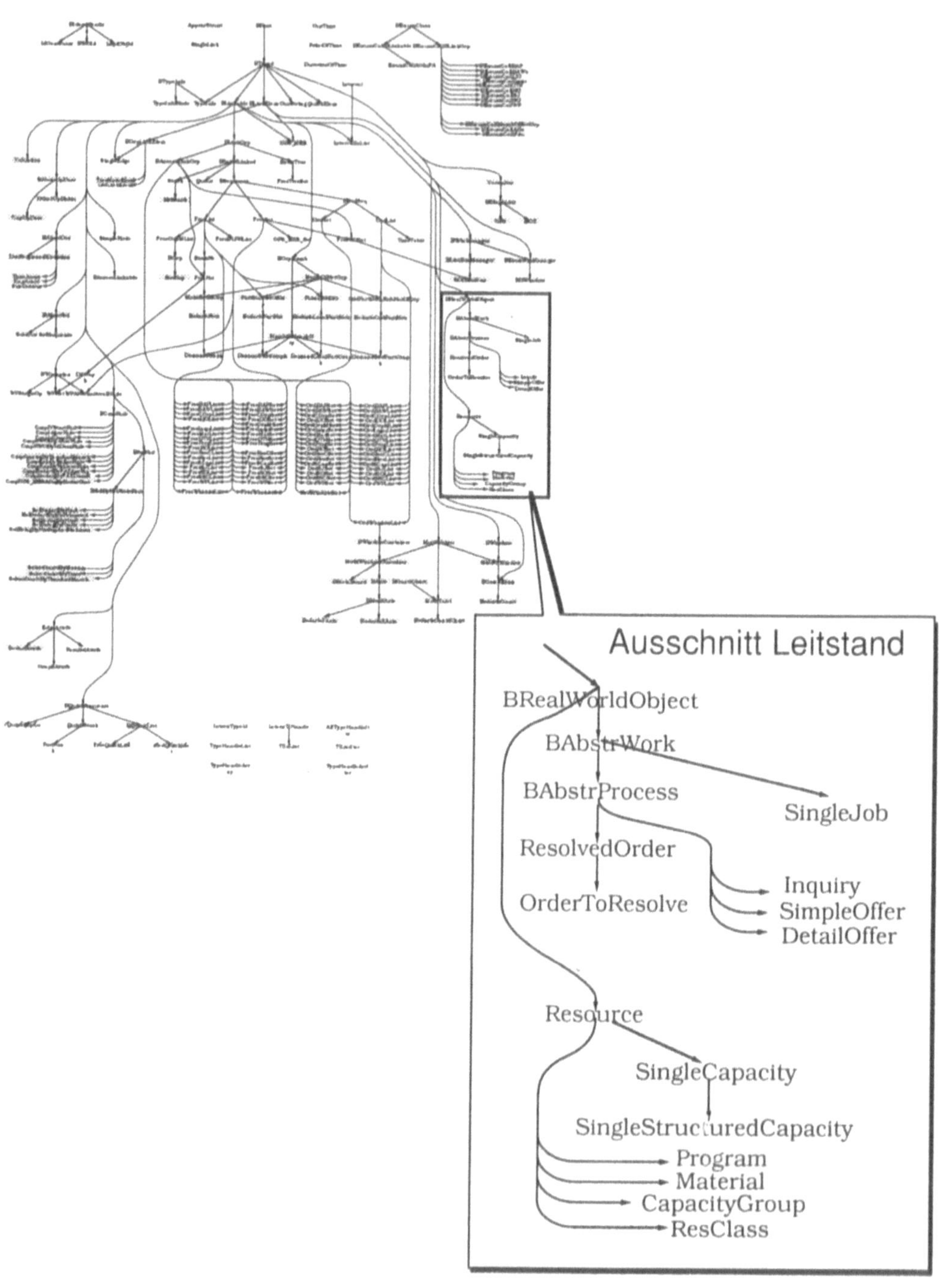

Bild 5: Klassenbaum Übersicht.

4. Zusammenfassung

Mit dem oben beschriebenen FIKS-Klassensystem steht ein umfangreiches Leitstands-Kernsystem zur
Verfügung, um hersteller- und kundenspezifische Leitstände auf objektorientierter Basis bauen zu können
(siehe Bild 6). Die Benutzungsoberfläche wird durch das Konzept von Benutzerwerkzeugen (Fähnrich/
Kroneberg 91) so gestaltet, daß sowohl eine leichte Anpaßbarkeit als auch eine hohe Benutzerfreundlichkeit
möglich ist.

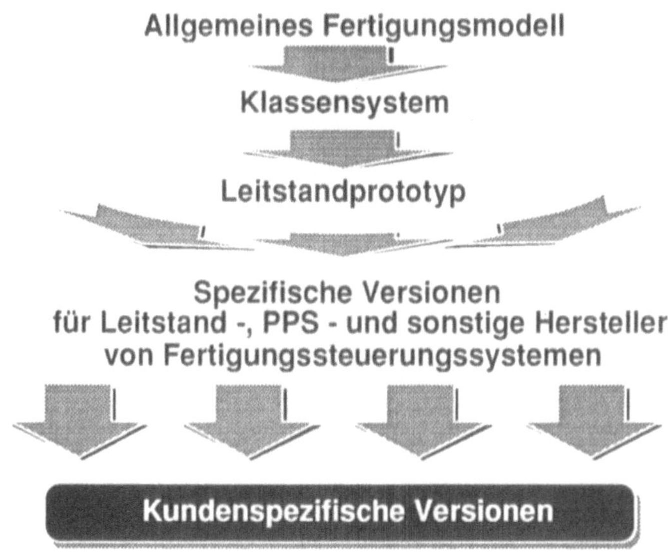

Bild 6: Entwicklung FIKS und weiterer Weg

Durch die Anpaßbarkeit des Systemes ist ein potentielles Einsatzgebiet gegeben, das über die eigentliche
Werkstattsteuerung noch weit hinaus geht. Kundenspezifische Anforderungen können mit dem System
leicht in eine Implementierung umgesetzt werden.

Das Klassensystem ist aufgrund seiner Breite und Flexibilität insbesondere auch zum Einsatz als Add-On-
Leitstands-Komponente bei Herstellern anderer Produktions- und Fertigungssteuerungssysteme geeignet.

5. Literatur

DIN (Hrsg): Schnittstellen der rechnerintegrierten Produktion (CIM) - Fertigungssteuerung und Auftragsabwicklung, Kommission Computer Integrated Manufacturing (KCIM), Berlin, Köln, Beuth Verlag, 1989.

FÄHNRICH, K., KRONEBERG, M.: Benutzungsgerechte Gestaltung von Leitständen. In: IAO-Forum Werkstattorientierte Produktionsunterstützung, Stuttgart, 5/6 September 1990.

HARS, A.; SCHEER, A.-W.: Entwicklungsstand von Leitständen. In: VDI-Zeitung 132 (1990) 3, S. 20-26.

HUTHMANN, A.; OTTERBEIN, T.; SCHWARZBURGER, L.: Ermittlung von Anforderungen für ein weiteres Fallbeispiel (MOZ) und Erweiterung des objekt-orientierten Leitstandsprototypen zur Verifizierung der Anpaßbarkeit. Interner Bericht (Projektbericht). Stuttgart: Institut für industrielle Fertigung und Fabrikbetrieb (IFF) der Universität Stuttgart, 1991.

HUTHMANN, A.; OTTERBEIN, T.; SCHWARZBURGER, L.: Design und Bau eines Prototypen zur Verifizierung der Anpaßbarkeit der entwickelten Leitstandsarchitektur an verschiedene Planungsvorgehenweisen. Interner Bericht (Projektbericht) Stuttgart: Institut für industrielle Fertigung und Fabrikbetrieb (IFF) der Universität Stuttgart, 1990.

HUTHMANN, A.; TREFZ, B.; TJIOK, C.: Aufnahme der Anforderungen und Grobstrukturierung eines Anwendungsrahmens für Leitsysteme. Interner Bericht (Projektbericht). Stuttgart: Fraunhofer-Institut für Arbeitswissenschaft und Organisation (IAO), 1989.

KERNLER, H.: PPS-Ziele mit dem elektronischen Leitstand erreichen. In: ZwF 86 (1991) 2, S. 60-64.

KÖHLER, C.: Nutzungsformen elektronischer Leitstände, Ergebnisse einer Anbieterbefragung. In: Werkstattoffene CIM-Konzepte, Alternativen für CAD/ CAM und Fertigungssteuerung/ Hrsg. von M. von Behr; C. Köhler, Projektträger Fertigungstechnik, Forschungsbericht KfK-PFT 157, Mai 1990.

KREIMEIER, D.: Konfigurierbares mikrorechnerunterstütztes Planungshilfsmittel zur Feinsteuerung autonomer Fertigungsstrukturen. Bochum, Universität, Diss., 1987.

MEYER, B.: Objektorientierte Software-Entwicklung, Wien, Verlag Carl Hanser, 1990.

OTTERBEIN, T.: Objektorientiertes Datenmodell als Basis für den Fertigungsleitstand dernächsten Generation, CIM-Stategien, Konzepte und Systeme der Gestaltung der Produktion: Online Congress VIII, 1991.

RAUTENSTRAUCH, C.: OOL: Ein Leitstand der 2. Generation - Individualisierbarkeit statt Standardsoftware, In: Leitstandsorganisation für die Fertigungssteuerung: Techno Congress, V. Fachtagung, Karlsruhe/ München, 12-13. Juni 1991.

WALLMÜLLER, E: Software-Qualitätssicherung in der Praxis, München, Wien: Carl Hanser Verlag, 1990.

ZÄPFEL, G.: Produktionswirtschaft. Berlin u.a.: Walter de Gruyter Verlag 1982.

Konzeption und Entwicklung eines Objektmodells für einen individualisierbaren Leitstand

Michael Nietsch, Matthias Rinschede, Claus Rautenstrauch
Westfälische Wilhelms-Universität Münster
Institut für Wirtschaftsinformatik
Grevener Straße 91
4400 Münster

1 Problemstellung

Graphische Leitstände sind rechnergestützte Systeme für die kurzfristige Fertigungssteuerung, welche die Betriebsmittelbelegung und die Reihenfolgeplanung für Arbeitsgänge mit Hilfe elektronischer Plantafeln unterstützen [1]. Sie schließen damit die Lücke zwischen der lang- bis mittelfristig orientierten Planung eines Produktionsplanungs- und -steuerungssystems und der kurzfristigen, ereignisorientierten Fertigung [2, 3]. Die Konzeption von Leitständen als Standardsoftware geht jedoch häufig am Bedarf mittelständischer und größerer Betriebe vorbei, da hier gerade im fertigungsnahen Bereich eine Umsetzung individueller Anforderungen notwendig ist [4]. Dieser Individualisierungsbedarf spiegelt sich u.a. in hohen Installations- und Anpassungskosten wieder, die bei der Systemeinführung konventioneller Systeme anfallen und ein Umdenken auch im Entwicklungsbereich erforderlich machen. Bei der Suche nach alternativen Entwicklungsstrategien kommen objektorientierter Ansätze in Betracht, weil bei diesen Wiederverwendbarkeit und Erweiterbarkeit vielzitierte Vorteile sind.

Am Institut für Wirtschaftsinformatik der Universität Münster wird daher ein individualisierbarer, objektorientierter Leitstand unter der Leitung von Prof. Dr. K. Kurbel prototypisch entwickelt [5]. Gegenstand dieses Beitrags ist die Konzeption und der Entwurf eines Objektmodells für den Leitstand, das Grundlage für die Implementierung des Systems ist. Es unterscheidet sich von den in herkömmlichen Entwicklungen genutzten Datenmodellen vor allem durch die Modellierung dynamischer und zeitlicher Aspekte. Weiterhin kann das Objektmodell direkt in eine objektorientierte Systemarchitektur umgesetzt werden und damit den bei herkömmlichen Entwicklungen häufig auftretenden Bruch zwischen Spezifikation und Entwurf auf der einen und Realisierung auf der anderen Seite vermeiden.

Traditionelle Entwurfsmethoden (SA, SADT, JD etc.) [6] unterstützen die objektorientierte Entwicklung aufgrund ihrer stark funktionalen Ausrichtung nur unzureichend, so daß im Projekt eine speziell für die objektorientierte Systementwicklung zugeschnittene Entwicklungsmethodik eingesetzt wird. Heß gibt einen Überblick über die wichtigsten objektbasierten und objektorientierten Designmethoden [7]. Für das Projekt wurde die Methode "OO Design" von Booch gewählt, da sie eine relativ leicht verständliche Notation besitzt und Beschreibungsmöglichkeiten für verschiedene Abstraktionsebenen anbietet [8]. Im Rahmen dieses Beitrags kann nur kurz auf die objektorientierte Entwicklung und die verwendete Methode eingegangen werden. Eine ausführlichere Beschreibung sowohl der Methode als auch des objektorientierten Entwurfs ist der Literatur zu entnehmen [9, 10, 11]. Darüber hinaus beschränkt sich der Beitrag im wesentlichen auf das Teilmodell der elektronischen Plantafel und läßt z.B. die Funktionalität der Kapazitätsdisposition und von Browseranwendungen außen vor [12].

2 Generelle Vorgehensweise bei der Modellierung

Auch im Rahmen einer objektorientierten Softwareentwicklung geht der Implementierung ein Systementwurf voraus. Das Vorgehen im objektorientierten Umfeld unterscheidet sich von konventionellen Ansätzen jedoch durch die Art und Weise, wie aus einer Anforderungsdefinition eine Softwarearchitektur herausgearbeitet wird [13]. Objektorientiert oder nicht objektorientiert - bei beiden Vorgehensweisen verlangt der Entwurf vom Entwickler Erfahrung, Urteilskraft und Gefühl. Dieser kreative Prozeß kann durch eine sinnvolle, den Entwickler in seiner Denkweise unterstützende Methode erleichtert werden. Darüber hinaus sollte eine Methode die Entwurfsergebnisse in geeigneter Weise dokumentieren können. Hier haben sich für die objektorientierte Entwicklung graphische Notationen in Form von Diagrammen etabliert.

Die dem evolutionären Prototyping verwandte objektorientierte Vorgehensweise kann durch folgenden vereinfachten Zyklus beschrieben werden:

Zunächst werden Schlüsselabstraktionen im Problembereich identifiziert. Für die Fertigungssteuerung sind dies bspw. Begriffe wie Betriebsmittel, Arbeitsgang, Planung, Terminierung etc. Unter ihnen werden die Kandidaten für eine erste Klassenbildung ausgewählt. Diese Klassen werden im weiteren mit einer Beschreibung ihrer Semantik erweitert und in Beziehung zueinander gesetzt. Sie bilden die Basis für weitere Abstraktionen, die wiederum in Form von Klassen niedergelegt werden. Ein Vergleich mit dem abzubildenden Problembereich und das Erkennen von Mustern bzw. Gemeinsamkeiten von Klassen führen zu einer ständigen Reorganisation des Klassendiagramms. Ziel dieses Prozesses ist die Vereinfachung und Verallgemeinerung des Modells, ohne daß für die Applikation relevante Schlüsselabstraktionen des Problembereichs unerkannt bleiben. Dieser Prozeß terminiert, wenn keine sinnvollen Abstraktionen mehr gefunden und/oder die entstandenen Klassen mit Hilfe existierender, wiederverwendbarer Softwarekomponenten realisiert werden können. Der gesamte Prozeß ist dabei vom Problembereich ausgehend top-down und von den existierenden Klassenbibliotheken ausgehend bottom-up strukturiert.

3 Modellierung des Leitstands

Für den Problembereich der Fertigungssteuerung waren die für die Plantafel wesentlichen Schlüsselabstraktionen aus der Spezifikation des Leitstands direkt ersichtlich. Diese sind im einzelnen:

- Betriebsmittel,
- Kapazitäten,
- Arbeitsgänge,

- Fertigungsaufträge,
- Werkstatt- und Arbeitspläne,
- Kundenaufträge,
- Kundenauftragspositionen,
- Schichtmodelle,
- Fabrikkalender,
- Plantafel und
- Fabrik.

Ausgehend von den gefundenen Schlüsselabstraktionen wird zunächst ein Top-Level-Klassendiagramm entworfen. Es bildet den Ausgangspunkt einer quasi top-down orientierten Zerlegung des Problembereichs. Dieses Klassendiagramm wird im folgenden durch weitere Klassendiagramme, in die dann auch die restlichen Schlüsselabstraktionen einfließen, verfeinert bzw. erweitert. Alle Diagramme sind in der Booch-Notation gehalten, auf die im weiteren kurz eingegangen wird. Ein der beschriebenen Vorgehensweise vorangegangener Versuch, das komplexe Problemfeld der Fertigungssteuerung in einem einzigen Klassendiagramm zu beschreiben, führte zu einer komplexen und wenig verständlichen Darstellung.

Exkurs:

Ein Klassendiagramm zeigt neben dem Klassennamen auch die beiden wesentlichen Beziehungsformen zwischen den Klassen, die "USE-" und die "IS-Relation". Erstere beschreibt die Nutzung von persistenten oder zur Laufzeit instanziierten Objekten einer oder mehrerer Klassen durch ebenfalls persistente oder zur Laufzeit instanziierte Objekte einer anderen Klasse. Letztere deutet auf die Vererbungsbeziehung zwischen den Klassen hin. Es hat sich gezeigt, daß sich die in der realen Welt auftretenden Beziehungen hinreichend durch diese beiden Beziehungstypen beschreiben lassen. Im Klassendiagramm wird die Vererbung in Form eines Pfeils, dessen Spitze auf die vererbende Klasse - Vaterklasse - weist, die USE-Relation in Form einer Doppellinie, die ein- oder beidseitig mit einem Kreis abgeschlossen ist, dargestellt. Die Kreise kennzeichnen die Klasse, die auf eine andere verweist. Doppellinien mit zwei Kreisen symbolisieren einen wechselseitigen Verweis. Wechselseitige n:m-Beziehungen können durch Ziffern an den jeweiligen Enden direkt ausgedrückt werden.

3.1 Das Top-Level-Modell

In der Abbildung 1 ist die Klasse "Fabrik" der logisch höchsten Abstraktionsebene zuzuordnen. Sie enthält eine Menge von Kundenaufträgen (KA-Menge) und Betriebsmitteln (BM-Menge). Darüber hinaus sind ihr über die Klasse Meta-Plan einer oder mehrere Leitstände zugeordnet. Mit der Klasse "Meta-Plan" können diese Leitstände verwaltet und gesteuert werden. Die Dreiteilung des Leitstands in die Komponenten Plantafel, Kapazitätsgebirge und Browseranwendungen wird durch die USE-Relationen zwischen diesen Klassen und der Klasse "Leitstand" ausgedrückt. Jedem Leitstand wird eine Datenbanksicht (DB-

Sicht) auf die Unternehmensdatenbank zugeordnet. Die durch eine schattierte Wolke hervorgehobene Klasse "DB-Sicht" umfaßt keinen Datentyp, sondern eine Menge von Utilities. Diese ermöglichen die Handhabung von Stamm- und Bewegungsdaten in einer SQL-Datenbank sowie in Leitstand-Objekten. Durch die Anordnung der Datenbank-Utilities auf dieser Ebene kann ein Großteil der für die Koordination verteilter Leitstände notwendigen Funktionalität in die Datenbank ausgelagert werden. Eine tiefer angesiedelte Zuordnung der Klasse "DB-Sicht" würde zu Konsistenzproblemen zwischen Plantafel, Kapazitätsgebirge und Browsern führen. Die verschiedenen Sichten werden in der "DB-Manager"-Klasse, die der Klasse "Meta-Plan" zugeordnet ist, verwaltet. Die unternehmensweite Datenbank ist der Klasse "Fabrik" zugeordnet. Hierbei ist es auch denkbar, daß die einzelnen Sichten Fragmente der Datenbank darstellen, die über "Meta-Plan" koordiniert werden.

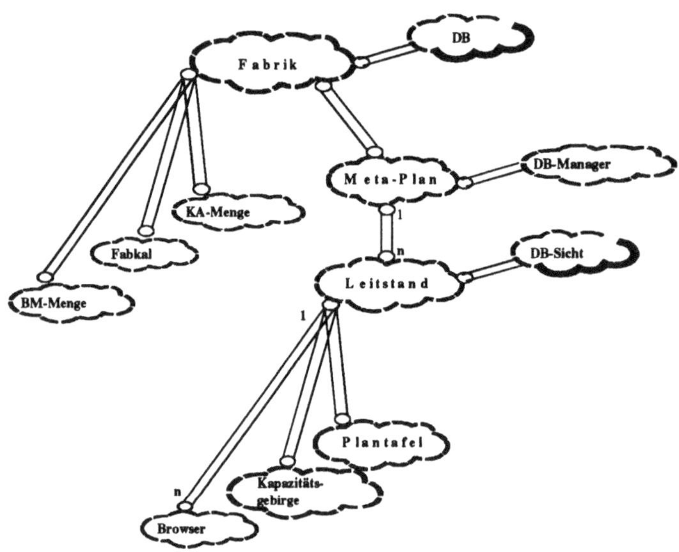

Abb. 1:   Top-Level-Klassendiagramm

3.2 Verfeinerung zur Plantafel

Analog zur betriebswirtschaftlich-organisatorischen Sicht erfolgt der Einstieg in das Klassendiagramm der Plantafel (Abbildung 2) über den Kundenauftrag. Er besitzt eine Menge mit Kundenauftragspositionen (KPOS-Menge). Die Klasse "KPOS-Menge" erbt die Eigenschaften der Klasse "Set", die Mengenfunktionen und Mengeneigenschaften realisiert. Jede KPOS-Menge besitzt wiederum eine Reihe einzelner Kundenauftragspositionen (KPOS) bzw. eine Reihe interner Aufträge (IA), die in den entsprechenden Klassen berücksichtigt werden. Unter internen Aufträgen sind hierbei Gruppierungen gleichartiger Kundenauftragspositionen unterschiedlicher Kundenaufträge zu verstehen, wodurch bereits auf oberster Ebene eine Losgrößenbildung durchgeführt wird. Jede Kundenauftragsposition ist eine Menge von Ferti-

gungsaufträgen (FA-Menge) zugeordnet und deshalb Erbe der Klasse FA-Menge. Die FA-Menge setzt sich aus einer Reihe unterschiedlicher Fertigungsaufträge (FA) zusammen und ist Bestandteil der Plantafel, da jeder Fertigungsauftrag (FA) verallgemeinert aus einer Menge von Arbeitsgängen (AG-Menge) besteht. Daher ist sie Erbe der Klasse AG-Menge.

Für den Problembereich der graphischen Fertigungssteuerung wurden die Gemeinsamkeiten der verschiedenen Anwendungsbereiche in der Klassenbibliothek "ZWEID" umgesetzt [14]. ZWEID ist als "Rahmenapplikation" (Framework) konzipiert, d.h. sie stellt eine Reihe allgemeiner Klassen zur Verfügung, die vom Entwickler zu einer konkreten Anwendung mit verhältnismäßig geringem Aufwand erweitert bzw. verfeinert werden kann. Sie kann als Werkzeug zur Erzeugung eines zweidimensionalen Raums sowie zur graphischen Visualisierung und Manipulation der in diesem Raum dargestellten Objekte genutzt werden. Sie enthält auch die Klasse "ZWEID", die, wie aus der Abbildung 2 ersichtlich ist, als Vaterklasse der Plantafel alle wesentlichen graphischen Methoden und Objekte bereitstellt.

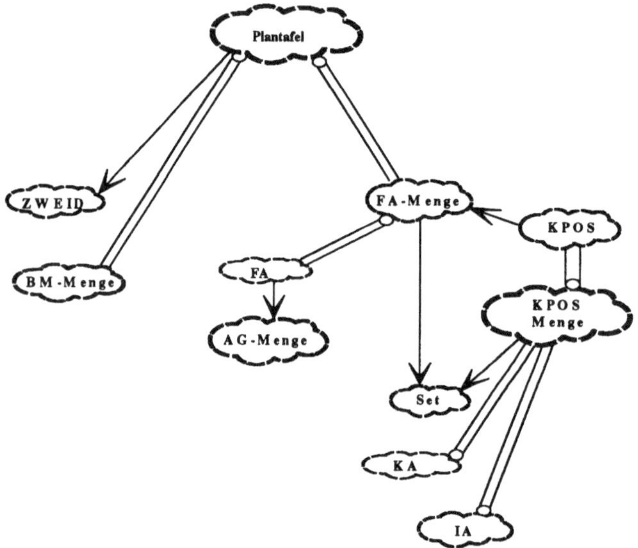

Abb. 2: Klassendiagramm Plantafel

3.3 Verfeinerung der Klassen für Arbeitsgänge, Betriebsmittel und Schichtpläne

Bei der Anwendung der Plantafel kann der Benutzer die Plantafel über die Fertigungsauftragsmenge (FA-Menge) oder über die Betriebsmittelmenge (BM-Menge) mit Arbeitsgängen füllen. Durch die direkte Zuordnung einer BM-Menge zur Plantafel kann die Gesamtbetriebsmittelmenge der Fabrik auf mehrere Plantafeln verteilt werden. Die Koordination der Leitstände erfolgt über die Klasse Meta-Plan (siehe Ab-

bildung 1). Die Klassen BM- und AG-Menge werden in den Klassendiagrammen der Abbildung 3 erläutert.

Die AG-Menge setzt sich aus einer Menge einzelner Arbeitsgänge (AG) zusammen. Neben der AG-Menge, die einen Fertigungsauftrag bildet, existieren weitere AG-Mengen. So werden bspw. die auf einem Betriebsmittel eingeplanten Arbeitsgänge in Form einer AG-Menge dem Betriebsmittel zugeordnet. Jedes Betriebsmittel besitzt daher einen Verweis auf ein AG-Mengen-Objekt, welches durch den Kreis der Doppellinie an der Klasse "BM" in der Abbildung 3 gekennzeichnet ist. Weitere AG-Mengen bilden die noch einzuplanenden Arbeitsgänge. Da sie aufgrund der Betriebsmittelgruppenzugehörigkeit unterschieden werden können, werden sie den jeweiligen Betriebsmittelgruppen (BM-Gruppe) über eine USE-Relation zugeordnet.

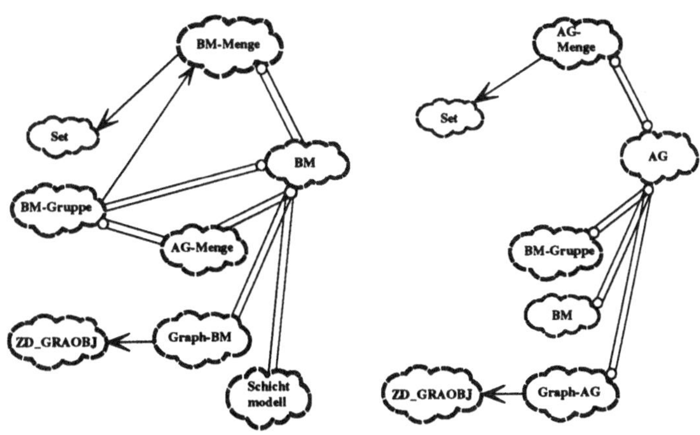

Abb. 3: Klassendiagramme für BM-Menge und AG-Menge

Der in der Abbildung 3 ebenfalls beschriebene Arbeitsgang besitzt für die Fertigungssteuerung eine Schlüsselposition. Er ist Ausgangspunkt bzw. Gegenstand der meisten vom Benutzer angestoßenen Aktionen der Plantafel. Im Klassendiagramm wird zwischen dem logischen und dem graphischen Arbeitsgang unterschieden. Zwischen diesen besteht eine USE-Relation, die den Zugriff auf den logischen Arbeitsgang über die graphische Repräsentation ermöglicht. Eine Vererbungsrelation, die das Vorhandensein redundanter Schnittstellen vermeidet, wäre in diesem Zusammenhang ebenfalls denkbar. Hierdurch würde jedoch die Austauschbarkeit der graphischen Darstellung zwischen Plantafel, Kapazitätsgebirge und Browsinganwendungen erschwert. Mit der gleichen Begründung besteht zwischen der Betriebsmittelklasse und der dazugehörigen graphischen Klasse im Klassendiagramm "BM-Menge" ebenfalls eine wechselseitige USE-Beziehung. Beide graphischen Klassen erben von der allgemeineren Klasse "ZD_GRAOBJ", die zu der Klassenbibliothek "ZWEID" gehört. Die dem Betriebsmittel (BM) zugeordnete Klasse Schichtmodell wird in der Abbildung 4 verfeinert.

Das Schichtmodell sagt aus, zu welchen Zeiten die Maschine, der Arbeitplatz etc. verfügbar ist. Als Erbe der generischen Klasse "Set" setzt er sich aus einer Menge von Schichtobjekten (Instanzen der Klasse "Schicht") zusammen.

Alle gezeigten Diagramme zusammengefaßt ergeben ein erstes Klassendiagramm für eine Plantafel, als Teil eines objektorientierten Leitstands. Im nächsten Schritt des objektorientierten Entwurfs werden die Klassen in Form von Templates beschrieben. Klassentemplates fassen die in den Diagrammen bereits dargestellten Informationen verbal zusammen. Sie werden im Laufe der Entwicklung immer mehr gefüllt und stellen letztendlich eine komplette Spezifikation der Klasse dar.

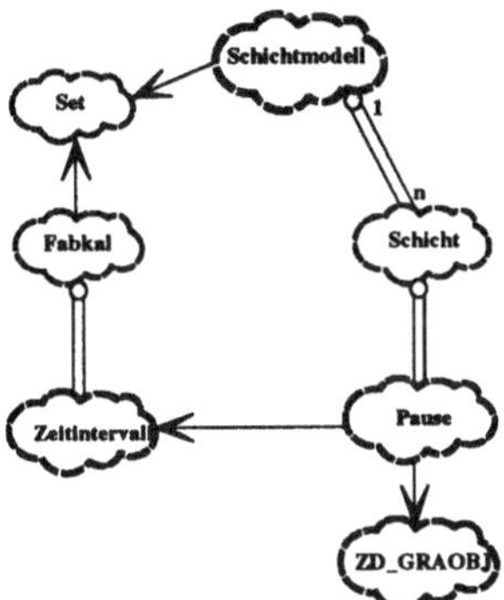

Abb. 4: Klassendiagramm Schichtmodell

4 Modellierung des dynamischen Verhaltens

Klassendiagramme erlauben keine Aussagen über das dynamische Verhalten einer Instanz der Klasse. Hierzu verwendet Booch Zustandstransitionsdiagramme, die bspw. auch zur Beschreibung endlicher Automaten herangezogen werden. Die Zustände der Objekte einer Klasse werden durch den Anfangszustand, also den Zustand bei Objektinstanziierung, den Endzustand, d.h. der Zustand bei Objekteliminierung, sowie eine Reihe möglicher Zwischenzustände beschrieben. Der Anfangszustand wird graphisch durch einen doppelten Ring, der Endzustand durch einen breiten Ring und die Zwischenzustände durch einfache Ringe gekennzeichnet (siehe Abbildung 5). Anfangs- und Endzustände sind optional. Zustandswechsel werden durch Aktionen angestoßen, die von Methoden des beschriebenen oder eines anderen Objekts ausgeführt werden. Die Zustandswechsel werden graphisch durch Pfeile gekennzeichnet. Die Pfeilspitze weist hierbei auf den Zustand nach dem Zustandswechsel, während das andere Pfeilende am Zustand vor dem Zustandswechsel ansetzt. Jeder Pfeil ist mit dem Namen derjenigen Aktion beschriftet, die den Zustandswechsel herbeiführt. Abbildung 5 zeigt beispielhaft das Zustandstransitionsdiagramm eines Arbeitsgangsobjekts.

Die Objekte der Klasse "Arbeitsgang" haben im Beispiel der Plantafel immer den Anfangsstatus *grobgeplant*. Für den Fall, daß die tatsächliche Zeit, die durch das Zeitlot im Leitstand nachgehalten wird, größer wird als die geplante Startzeit, oder daß die tatsächliche Zeit eines begonnenen Arbeitsgangs größer wird als die geplante Endzeit, dann ist erhält der Arbeitsgang den Status *verspätet* bzw. *begonnen & verspätet*. Durch eine Umplanung kann ein verspäteter Arbeitsgang wieder den Status *freigegeben* erhalten. Ein *begonnener* Arbeitsgang erhält bei einer Störung den Status *gestört*. Durch die Aktion "weiter" kann der Arbeitsgang den Status *gestört* verlassen und wieder den Status *begonnen* oder, wenn die geplante Endzeit nicht mehr ereichbar ist, den Status *begonnen & verspätet* erhalten. Wird der Arbeitsgang fertiggemeldet, so erhält er den Endstatus *fertig*.

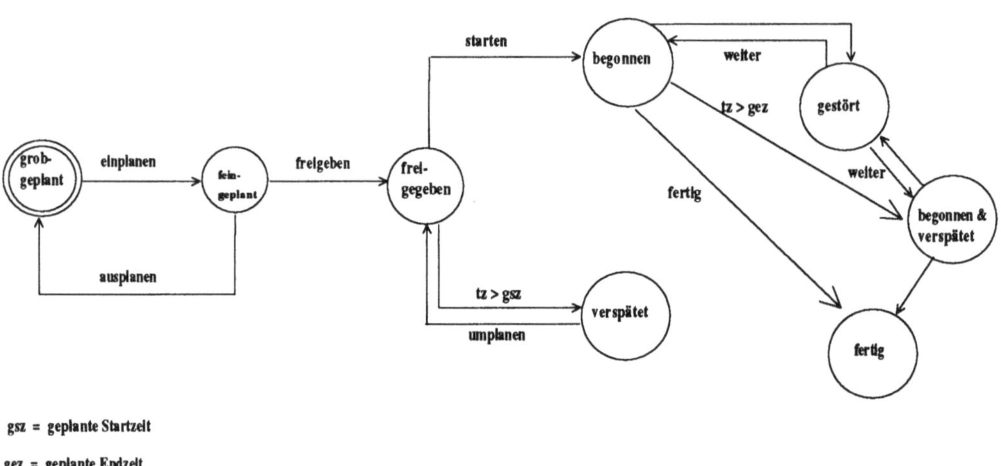

gsz = geplante Startzeit

gez = geplante Endzeit

tz = tatsächliche Zeit

Abb. 5: Zustandstransitionsdiagramm für Arbeitsgänge (AG)

Das Erstellen der Zustandstransitionsdiagramme eröffnet dem Entwickler wertvolle Informationen über das Verhalten der Klasseninstanzen. Mindestens ebenso interessant wie das Verhalten eines einzelnen Objekts ist das mehrerer oder aller Objekte. Dies kann durch die Objektdiagramme ausgedrückt werden. Ein Objektdiagramm zeigt einen Snapshot der betrachteten Objektmenge, d.h. genau einen zeitpunktbezogenen Zustand der Menge. Alle möglichen Zustände ergeben eine komplette Definition des betrachteten Teilsystems. Die Abbildungen 6 und 7 zeigen ein Objektmodellausschnitt mit einem dazu passenden Zeitablaufdiagramm. In Abbildung 6 wird die zeitliche Abfolge von Aktionen bezogen auf die Objekte dargestellt. In Abbildung 7 werden Objekte als Instanzen der Klassen AG, BM, etc. sowie der Nachrichtenfluß zwischen diesen Objekten dargestellt. Wolken mit durchgezogenen Begrenzungslinien verkörpern hierbei die einzelnen Objekte. Die Beschriftungen der Verbindungslinien zwischen den Objekten symbolisieren die Nachrichten. Die Verbindungslinien selber stellen die USE-Relation des Klassendiagramms dar wobei das mit dem Quadrat gekennzeichnete Objekt das jeweils andere nutzt.

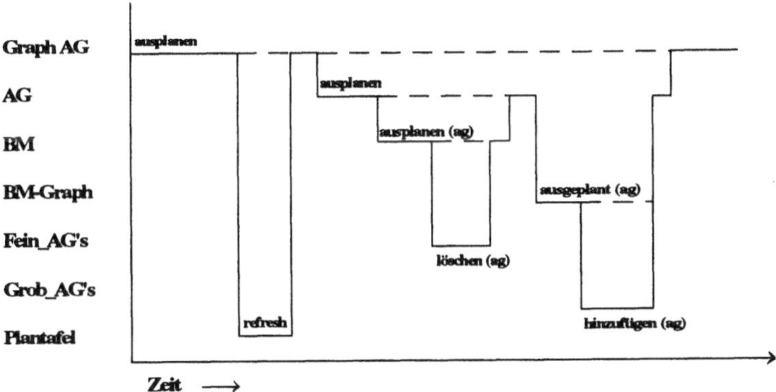

Abb. 6: Zeitablaufdiagramm

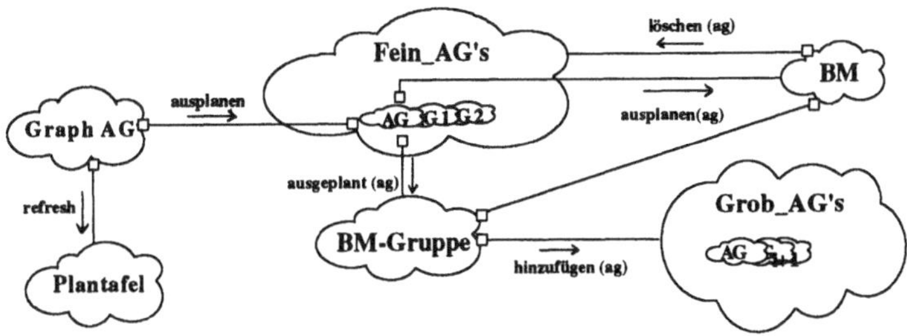

Abb. 7: Ausschnitt des Objektmodells

5 Ausblick

Auch wenn die Darstellung des Objektmodells eines individualisierbaren Leitstands und seiner Verfeinerungen in diesem Beitrag eher top-down dargestellt ist, war der gestalterische Prozeß für die Entwicklung dieser Modelle eher durch eine zyklische Vorgehensweise geprägt. Schwächen und Verbesserungspotentiale höher angesiedelter Modelle offenbaren sich häufig erst bei der Betrachtung von Verfeinerungen, so daß Review-Zyklen unvermeidlich sind.

Das Konzept der Rahmenapplikation hat außerdem gezeigt, daß die Implementierung nicht an späte Phasen der Objektmodellierung gebunden sein muß. Die Parallelität von Modellierung und Implementierung von Verfeinerungen aus einem höheren Objektmodell bzw. Teilen der Rahmenapplikation heraus, schließen eine Vorgehensweise nach "klassischen" Software-Life-Cycle-Modellen in objektorientierten Entwicklungsumgebungen praktisch aus. Die Entwicklung des objektorientierten Leitstands und des dazugehörigen Objektmodells erfolgt z. Zt. nach Konzepten des evolutionären Prototyping.

Abkürzungen

AG	Arbeitsgang
BM	Betriebsmittel
DB	Datenbank
Fabkal	Fabrikkalender
FA	Fertigungsauftrag
IA	Interner Auftrag
KA	Kundenauftrag
KPOS	Kundenauftragsposition

Literatur

[1] Kurbel, K., Meynert, J.: Flexibilität in der Fertigungssteuerung durch Einsatz eines elektronischen Leitstands; ZwF 83 (1988) 12, S. 581-585.

[2] Hammer, H.-J., Hoff, H.: Elektronische Leitstände; FB/IE 40 (1991) 6, S. 260-263.

[3] Baumgärtel, W.: Konzipieren und Einführen einer rechnerunterstützten Fertigungssteuerung; ZwF 86 (1991) 2, S. 80-83.

[4] Nietsch, M., Nietsch, T., Rautenstrauch, C., Rinschede, M., Siedentopf, J.: Anforderungen an einen elektronischen Leitstand; FB/IE 40 (1991) 6, S. 266-272.

[5] Projekt "Individualisierung von Fertigungsleitstandsoftware auf der Basis objektorientierter Softwaretechnologie", gefördert von der Stiftung Industrieforschung, Köln, unter Fördernummer S241.

[6] Balzert, H.: Die Entwicklung von Software-Systemen: Prinzipien, Methoden, Sprachen, Werkzeuge; Mannheim, Wien, u.a. 1982.

[7] Heß, H.: Vergleich von Methoden zum objektorientierten Design von Softwaresystemen; Arbeitsbericht 78, Universität des Saarlandes 1991.

[8] Booch, G.: Object Oriented Design with Applications; Redwood City (Calif.) 1991.

[9] Meyer, B.: Objektorientierte Softwareentwicklung; München (1990).

[10] Rumbaugh, J. et al.: Objectoriented Modelling and Design; New Jersey (1991).

[11] Foote, B., Johnson, R.: Designing Reusable Classes; Journal of Object-Oriented Programming (1988) June/July, S. 22-35.

[12] Kurbel, K., Rautenstrauch, C.: Graphisches Navigieren durch eine PPS-Datenbasis mit Hilfe von Browsern; ZwF 86 (1991) 12, S. 615-620.

[13] Loy, P.H.: Comparison of Object-Oriented and Structured Development Methods; ACM SIGSOFT Software Engineering Notes 15 (1990), S. 44-48.

[14] Burgholz, M.: Konzeption und Realisierung einer Rahmenapplikation für die graphische Fertigungssteuerung; Diplomarbeit an der Universität Dortmund 1992.

Modellierung von Fertigungsleitständen

R. Herterich
Institut für Wirtschaftsinformatik
Universität des Saarlandes
6600 Saarbrücken.

1. Problemstellung

Problem der Programmierung ist die strukturierte Umsetzung betriebswirtschaftlich-technischer Anwendungskonzepte in Software-Code [1]. An der Realisierung integrierter Informationssysteme sind Partner aus unterschiedlichen Fachabteilungen, Informatik sowie externe Berater und Hersteller beteiligt [2]. Zur Rationalisierung der Software-Entwicklung bedarf es klar definierter Strukturen, um Teilaufgaben auf unterschiedliche Entwicklerteams verteilen und handhaben zu können [3]. Diese Systematik wird als Software-Architektur bezeichnet [4] und erlaubt aufgrund der streng strukturierten Vorgehensweise die EDV-Unterstützung [5] durch sogenannte Software- oder CASE-Tools. CASE wird oft lediglich als Werkzeug zur maschinell unterstützten Programmentwicklung interpretiert; wesentlich wichtiger ist jedoch die sorgfältige EDV-gestützte Aufbereitung des Entwurfs [6].

Ein Großteil der Kosten sowohl der Software-Anbieter als auch der Software-Kunden entfällt auf die Erweiterung und Pflege der Programme [7]. Der Grund liegt in fehlenden Abstraktionsmechanismen, die die Anpassung an kundenspezifische Anforderungen erleichtern. So verstärkten sich in den letzten Jahren die Aktivitäten bezüglich der "pyhsischen und konzeptionellen Wiederverwendbarkeit" [8] von Softwarebausteinen, um Produktivität und Qualität der Software-Entwicklung und -pflege zu steigern [9].

2. "Wiederverwendbarkeit" durch Objektorientierte Modellierung

Zur Zeit sind zwei Forschungsrichtungen festzustellen. Die erste versucht mit Hilfe von Kompositionsmechanismen, die in Applikationen eingebunden sind, die Wiederverwendung atomarer,

[1] Vgl. Scheer, A.-W.: Konzept für ein betriebswirtschaftliches Informationsmodell, in: ZfB 60(1990)10, S. 1016.
[2] Vgl. Scheer, A.-W.: Architektur integrierter Informationssysteme, Berlin et al. 1991, S. 1.
[3] Vgl. Pocsay, A.: Methoden- und Tooleinsatz bei der Erarbeitung von Konzeptionen für die integrierte Informationsverarbeitung, in: Jacob, H.; Becker, J.; Krcmar, H.: Integrierte Informationssysteme, SzU, Band 44, Wiesbaden, 1991 S. 65-80.
[4] Vgl. Krcmar, H.: Bedeutung und Ziele von Informationssystem-Architekturen, in: Wirtschaftsinformatik 32(1990)5, S. 395-402
[5] Vgl. Hildebrand, K.: Klassifizierung von Software Tools, in: Wirtschaftsinformatik 33(1991)1, S. 13-25.
[6] Vgl. Thome, R.: CASE - der Weg ist das Ziel, in: Wirtschaftsinformatik 33(1991)1, S. 4-5.
[7] Vgl. Schwall, E.: Flexible Software-Gestaltung für Werkstattsteuerungssysteme, in: VDI-Berichte Nr. 890, Düsseldorf 1991, S. 51.
[8] Vgl. Wegner, P.: Concepts and Paradigms of Object-Oriented Programming, in: OOPS Messenger, 1(1990)1, S. 16.
[9] Vgl. Bonsiepen, L; Coy, W.: Szenen einer Krise - Ist Knowledge Engineering eine Antwort auf die Dauerkrise des Software Engineering?, in: KI 4(1990)2, S. 5-11.

passiver Bausteine zu ermöglichen, die zweite verwendet aktive Komponenten, die als Generatoren oder Transformationssysteme Zielapplikationen erzeugen [10]. Objektorientierte Ansätze unterstützen vor allem die Bildung passiver Bausteine. Wesentliche Forderungen, wie Trennung von Schnittstellenspezifikation und Implementierung sowie ein hohes Abstraktionsniveau sind möglich. Zusätzliche Features, wie Polymorphismus und Vererbungsmechanismen bieten besonders elegante Möglichkeiten zur Verwendung bzw. Anpassung vorhandenen Codes [11].

Entsprechende Projekte definieren Bausteinbibliotheken, die vor allem die Entwicklung von Systemsoftware unterstützen [12]. Objektorientierte Klassenbibliotheken zur Verwendung in Leitständen für Industrieunternehmen existieren bisher noch nicht. Dennoch gewinnt die Informationsmodellierung [13] in der Produktion zunehmend an Bedeutung [14]. Bisher beschriebene Referenzmodelle gehen allerdings noch sehr stark von funktions- und datenorientierten Ansätzen aus [15].

Die Kombination von Ergebnissen der betrieblichen Datenmodellierung mit den neuesten Methoden der Softwareentwicklung erlaubt es, Bausteine zu entwickeln, die eine weitergehende inhaltliche Unterstützung bei der Entwicklung betrieblicher Informationssysteme anbieten. Allgemein verwendbare Bausteinbibliotheken auf dem Leitstandsektor werden benötigt, um die Produktivitätsgewinne, die objektorientierte Entwicklungen versprechen, auch hier zu nutzen. Die Objektorientierung erlaubt die Bildung von Klassenhierarchien und die Vererbung von Eigenschaften als Mittel der Wissensstrukturierung, wobei generelle Eigenschaften, zugehörige Methoden, Normalsituationen und Stereotypen immer an eine möglichst allgemeine Klasse angebunden werden [16]. Im Vortrag dargestellte Strukturierungs- und Segmentierungsansätze liefern dazu einen Beitrag.

Die effiziente Ablage und Suche nach verwendbaren Modulen ist unabdingbar für eine sinnvolle Integration der Wiederverwendung in den Softwareentwicklungsprozeß. Vorschläge reichen von einfacher Auflistung der Namen, Beschreibungen mit Hilfe von Schlüsselwörtern, mehrdimensionalen Klassifizierungssystemen [17], Ähnlichkeitsvergleichen anhand algebraischer Spezifikationen [18] bis

[10] Vgl. Biggerstaff, T. J.; Perlis, A. J.: Foreword to special issue of IEEE TOSE, in: IEEE Transactions on Software Engineering (1984)20, S. 474-476. Vgl. Endres, A.: Software-Wiederverwendung, in: Informatik-Spektrum 10(1988)11, S. 85-95. Vgl. Endres, A.: Einige Grundprobleme der Software-Wiederverwendung und deren Lösungsmöglichkeiten, in: Hass, W. J. (Hrsg.): Softwaretechnik in Automatisierung und Kommunikation - Wiederverwendbarkeit von Software, ITG-Fachberichte, Berlin et al. 1989, S. 1-18.

[11] Vgl. Becker, J.: Objektorientierung - eine einheitliche Sichtweise für die Ablauf- und Aufbauorganisation sowie die Gestaltung von Informationssystemen, in: Jacob, H.; Becker, J.; Krcmar, H.: Integrierte Informationssysteme, SzU, Band 44, Wiesbaden 1991, S. 142.

[12] Vgl. Lenz, M.; Schmid, H. A.; Wolf, P.: Sofware engineering with reusable design and code, in: IEEE Software 4, 1987, S. 34-42. Vgl. Booch, G.: Software components with ADA, Menlo Park et al., 1987.

[13] Vgl. Scheer, A.-W.: Vom Informationsmodell zum integrierten Informationssystem, in: Information Management (IM), 5(1990)2, S. 6-16.

[14] Vgl. Spur, G.; Mertins, K.; Süssenguth, W.: Integrierte Informationsmodellierung für offene CIM-Architekturen, in: CIM Management, 5(1989)2, S. 36-42. Vgl. Spur, G.; Mertins, K.; Süssenguth, W.: Wege zu einem unternehmensspezifischen Referenzmodell der rechnerintegrierten Fertigung, in: ZwF 83(1988)10, S. 481-485.

[15] Vgl. Keller, G.; Kirsch, J.; Nüttgens, M: Informationsmodellierung in der Fertigungssteuerung, in: Scheer, A.-W.: Veröffentlichungen des Instituts für Wirtschaftsinformatik, Heft 80, Saarbrücken 1991.

[16] Vgl. Radermacher, K. J.: Ein Blick in die Zukunft - Planung und Expertensysteme, in: Jünemann, R. (Hrsg.): Planungs- und Betriebsführungssysteme für die Logistik, Köln 1990, S. 161.

[17] Vgl. Prieto-Diaz, P.; Freeman, P.: Classifying Software for Reusability, in: IEEE Software (1987)4, S. 6-16. Vgl. Beutler, K.: Auswertung von quantitativen Ähnlichkeitsmaßen bei der Suche nach wiederverwendbarer Software, in: Haas, W. J. (Hrsg.): Softwaretechnik in Automatisierung und Kommunikation - Wiederverwendbarkeit von Software, ITG-Fachberichte, Berlin et al. 1989, S. 1-18.

[18] Vgl. Wirsing, M.: Algebraic Description of reusable software components, in: Proceedings of Compeuro '88, Com. Soc. Press of the IEEE 834 1988, S. 300-312.

hin zum Einsatz von Expertensystemen [19].

Grundlage für die Software-Entwicklung und den späteren Einsatz des Leitstands ist die sogenannte Meta-Struktur, die redundanzfrei und disjunkt Objekte mit entsprechenden Daten und Funktionen enthält. Die Modellierung von Software zur Fertigungsplanung und -steuerung setzt also die systematische Aufbereitung der realen Welt in der Produktion unter Berücksichtigung des zu erreichenden Ziels voraus. Module, Klassen und Objekte des hier beschriebenen Ansatzes orientieren sich an tatsächlich existierenden Objekten in der Fertigung und Produktion. Der Vorteil besteht in der

- Zusammenfassung von Daten und Funktionen bei der Modellierung nach real existierenden Objekten in der Fertigung,
- Bildung von logischen Moduln, die die Programmkomplexität reduzieren,
- guten Verständlichkeit und Nachvollziehbarkeit der Programmstruktur,
- Analogie zwischen organisatorischen Abläufen der Fertigung und der Programmsteuerung.

Ziel der hier beschriebenen Strukturierung ist es, einen Ansatz für die Modellierung eines Leitstandsystems zu liefern.

3. Bildung von Moduln für den Fertigungsleitstand

Der betriebliche Leistungsprozeß erfordert den Einsatz von produktiven Faktoren, sogenannten Produktions-, Elementarfaktoren [20] oder objektbezogenen Faktoren [21], Arbeitsleistung, Betriebsmittel und Werkstoffe [22]. Der folgend vorgestellte und modellierte Strukturierungsansatz basiert auf der Idee, vier unterschiedliche Moduln zu bilden, die jeweils in sich geschlossene Objektstrukturen aufweisen. Diese sind Ressourcen, Material, Aufträge sowie Pläne und Listen.

3.1 Ressourcen-Modul

FRESE definiert Ressourcen als einen Bestandteil des Entscheidungsfeldes innerhalb der Unternehmung, über den eine organisatorische Einheit aufgrund physischer und rechtlicher Gegebenheiten verfügen und disponieren kann [23]. Eigenschaft von Ressourcen ist die Bereitstellung von Kapazität für die Bearbeitung von Fertigungsaufträgen. Weiterhin läßt sich für sie immer ein bestimmter Zustand beschreiben (Stillstand, Bearbeitung, Wartung oder Störung).

Abbildung 1 zeigt die Struktur von Ressourcenklassen innerhalb des Ressourcen-Moduls.

[19]   Vgl. Braun, U.: Ein Expertensystem zum Auffinden von Programmbausteinen, in: TR 05.373, IBM Laboratorium Böblingen, 1986.

[20]   Vgl. Gutenberg, E.: Grundlagen der Betriebswirtschaftslehre, Band 1, Die Produktion, 24. Auflage, Berlin et al. 1983, S. 2.

[21]   Vgl. Wöhe, G.: Einführung in die Allgemeine Betriebswirtschaftslehre, 17. Auflage, München 1990, S. 92.

[22]   Vgl. Gutenberg, E.: Grundlagen der Betriebswirtschaftslehre, Band 1, Die Produktion, 24. Auflage, Berlin et al. 1983, S. 3.

[23]   Vgl. Frese, E.: Grundlagen der Organisation, 4. Auflage, Wiesbaden 1988, S. 174ff.

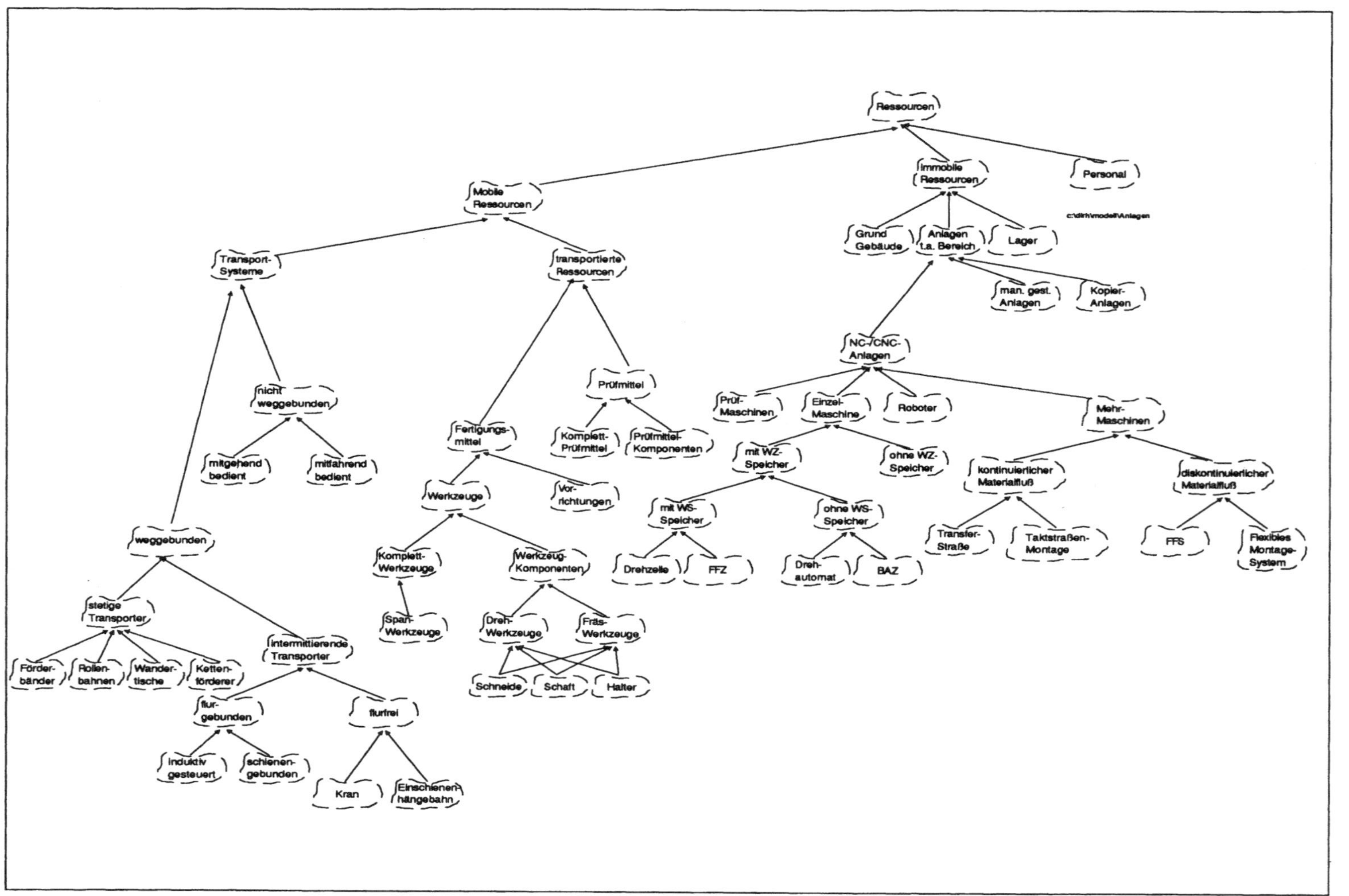

Abb. 1: Beispiel für Ressourcenklassen

Ziel der Modellierung ist das Zusammenfassen gleicher Eigenschaften von Ressourcen in der Fertigung in sogenannten Meta-Klassen. Auf der ersten Ebene existieren die Klassen Personal, immobile und mobile Ressourcen. Das Personal muß aufgrund arbeits- und datenschutzrechtlichen Gründen gesondert behandelt werden. Unter immobilen Ressourcen sind alle machinellen Anlagen eines Dispositionsbereichs subsummiert. Die Klasse "Lager" stellt ebenfalls eine bestimmte Kapazität zur Verfügung, unterscheidet sich allerdings von den anderen Ressourcenklassen durch die Tatsache, daß an den eingelagerten Teilen oder Objekten keine physische Veränderung vorgenommen wird. Allen moblien Ressourcen ist gemein, daß sie in der Fertigung bewegt werden, was die Lokalisierung des aktuellen Standorts durch einen entsprechenden Leitstand erfordert. Die weitere Unterteilung in die Klassen "Transportsysteme" und "transportierte Ressourcen" dient der Berücksichtigung des innerbetrieblichen Material bzw. Fertigungshilfsmittelflusses.

3.2 Material-Modul

Leitstände werden überwiegend in Industriebetrieben eingesetzt, deren Aufgabe die gewerbliche Herstellung von Gütern bzw. die Be- und Verarbeitung von Stoffen ist. Zur Erstellung einer "industriellen" Sachleistung bedarf es also des Einsatzes von Material. **Materialien** sind Güter, aus denen durch Umformung, Substanzänderung oder Einbau neue Fertigprodukte entstehen [24]. Das Material stellt das Objekt dar, an dem mit Hilfe des Ressourceneinsatzes eine bestimmte Sachleistung erbracht wird. In diesem Modul werden alle Informationen zu den Materialien gespeichert und verarbeitet.

3.3 Auftragsmodul

Die Aufgabe von Aufträgen besteht darin, bestimmte Aktivitäten, die der Leistungserstellung dienen, auszulösen. Jede Aktivität oder Handlung bedeutet eine Kombination von Ressourcen bzw. Verfügung über Ressourcen. Bei der Realisierung der Leistung werden Kapazitäten von Ressourcen belegt. Bei der Auftragsbearbeitung sind dispositive und operative Aufgaben zu erfüllen.
Der Auftrag enthält grundsätzlich die zu erbringende Leistung und den zeitlichen Rahmen der Leistungserstellung. Die einzelnen Arbeitsschritte sind dabei zunächst nicht näher spezifiziert. Zur Beschreibung der zu erstellenden (Teil-)Leistungen bedient man sich entsprechender Unterlagen, anhand derer die Auftragsplanung, -steuerung und -kontrolle durchführbar sind. Für die Fertigung sind dies z.B. Fertigungsstücklisten, Rumpfarbeitspläne und Arbeitspläne, die mehr oder weniger detailliert auflisten, welche Aktivitäten zur Erstellung der auftragsbezogenen Leistung notwendig sind und dazu einen entsprechenden Zeitrahmen vorgeben.

Bei der in Abbildung 2 aufgezeigten Strukturierung von Aufträgen aus der Sicht der Produktion existieren im Leitstand auf der ersten Ebene zwei unterschiedliche Auftragstypen: Bestell- und unternehmensinterne Aufträge.
Bestellaufträge sind Aufträge, die von Unternehmen nach außen gegeben werden.

---

[24]   Vgl. Wöhe, G.: Einführung in die Allgemeine Betriebswirtschaftslehre, 17. Auflage, München 1990, S. 330.

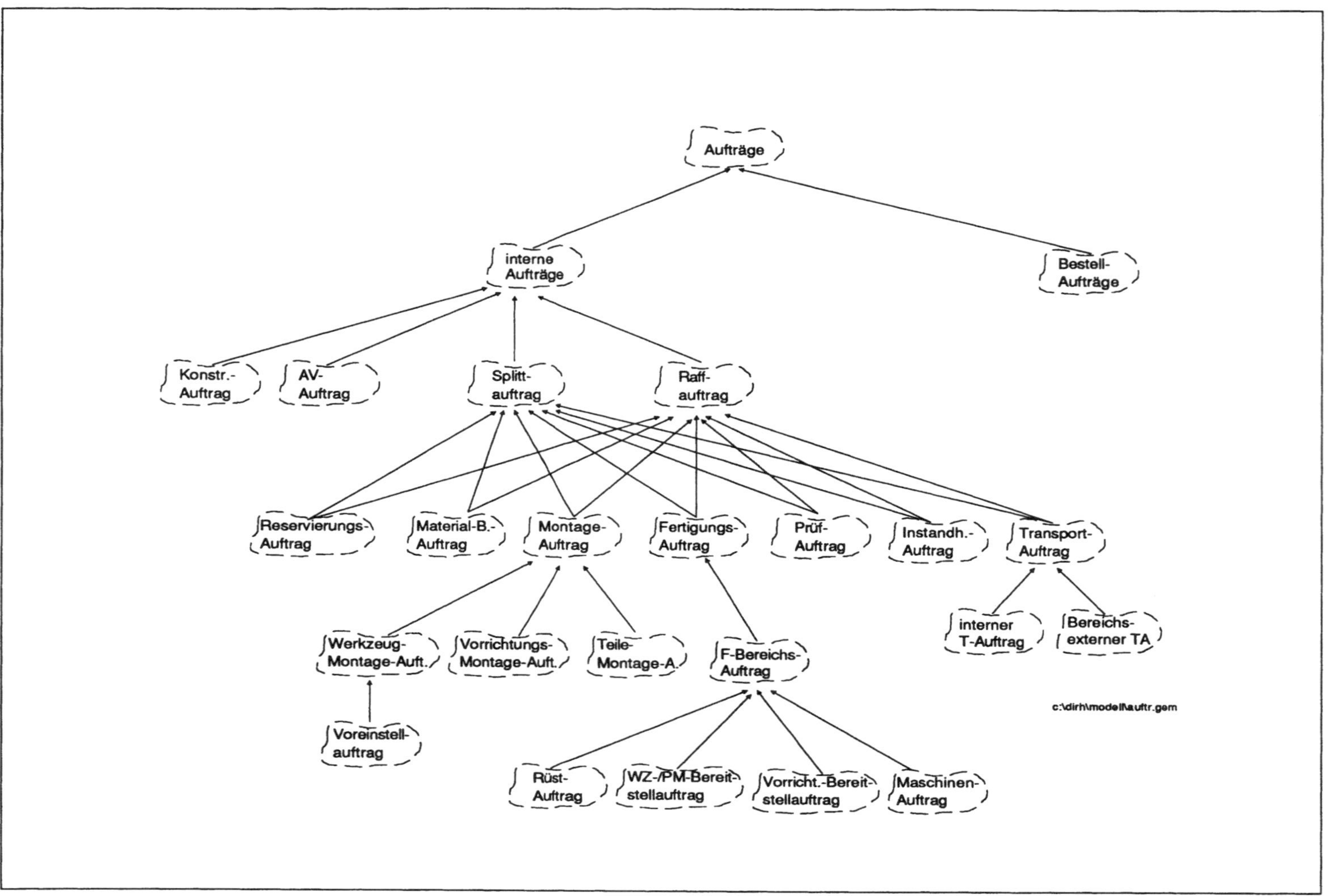

Abb.2: Klassen für Aufträge

Dabei kann es sich um die Beschaffung von Rohmaterialien, Zukaufteilen für Enderzeugnisse oder um Anlagen, Ersatzteile, Werkzeuge, Prüfmittel usw. handeln.

Interne Aufträge enthalten Kundenaufträge und von der Unternehmensleitung ausgelöste Aufträge. Für die Produktion ist in Konstruktions-, Arbeitsvorbereitungs-, Splitt- und Raffaufträge zu unterscheiden.

Reservierungen beziehen sich auf im Lager befindliche Erzeugnisse, Baugruppen, Einzelteile oder Rohteile, die bereits bei der Kundenauftragsbearbeitung belegt werden [25]. Materialbereitstellungsaufträge lösen die Bereitstellung von Erzeugnissen, Baugruppen oder Teilen an unterschiedliche organisatorische Bereiche aus. Montageaufträge lösen Aktivitäten zum Zusammenführen von unterschiedlichen Komponenten zu einem Gesamtobjekt aus.

Der Fertigungsauftrag dient dem Koordinationsleitstand als Dispositionsbasis. Die Fertigungsbereichsaufträge ergeben sich aus der Auflösung des Fertigungsauftrags nach teilautonomen Bereichen. Dabei kann ein Werkstück mehrere Bereiche durchlaufen. Diese Aufträge implizieren oft Rüst-, Werkzeug-, Vorrichtungs- und Prüfmittelbereitstellungsaufträge sowie den eigentlichen Maschinenauftrag. Solche Aufträge resultieren aus der bereichsinternen Kapazitätsterminierung. Die Trennung zwischen den beschriebenen Aufträgen ist aufgrund der unterschiedlichen Bereitstellungstermine und -orte sinnvoll. **Prüfaufträge** enthalten Prüftermine, Prüforte und Prüfmerkmale, die sich aus dem entsprechenden Prüfplan ergeben. **Instandhaltungsaufträge** dienen der Betriebssicherheit von Betriebsmitteln sowie der Erhaltung der Fertigungsqualität. **Transportaufträge** sichern den Material-, Werkzeug-, Prüfmittel- und Vorrichtungsfluß in der Fertigung.

3.4 Modul für Pläne und Listen

Unter Plänen und Listen für den Leitstand sind Unterlagen verstanden, die der Leistungserstellung dienen. Arbeitspläne, vor allem in detaillierter Form sind für den Leitstand des teilautonomen Bereichs von Bedeutung. Stücklisten, respektive die Fertigungsbaukastenstückliste dient dem Koordinationsleitstand zur Ermittlung des Rumpfarbeitsplans.

Aufträge lösen Aktivitäten mit dem Ziel aus, eine Sachleistung in der Produktion zu erstellen, allerdings ist nicht festgelegt, in welcher Reihenfolge oder Kombination Aktivitäten vorzunehmen und welche Ressourcen dabei zu verwenden sind. Erst durch die Verbindung eines Auftrags mit einem entsprechenden Plan, der Aufgaben und die zu verwendenden Ressourcen in strukturierter Form enthält, ist der Leistungserstellungsprozeß näher spezifiziert. Beispiele solcher Pläne - speziell für die Fertigung - sind Arbeits-, Prüf- oder Montagepläne.

4. Integration der Leitstandsmoduln

Die bei der objektorientierten Modellierung der einzelnen Moduln des Leitstands gebildeten Klassen sind möglichst nahe an die in der realen Welt existierenden Objekte angelehnt und ermöglichen damit ein einfaches Verstehen des Modells.

---

[25] Vgl. Brombacher, R.: Effizientes Informationsmanagement - die Herausforderung von Gegenwart und Zukunft, in: Jacob, H.; Becker, J.; Krcmar, H.: Integrierte Informationssysteme, SzU, Band 44, Wiesbaden 1991, S. 129.

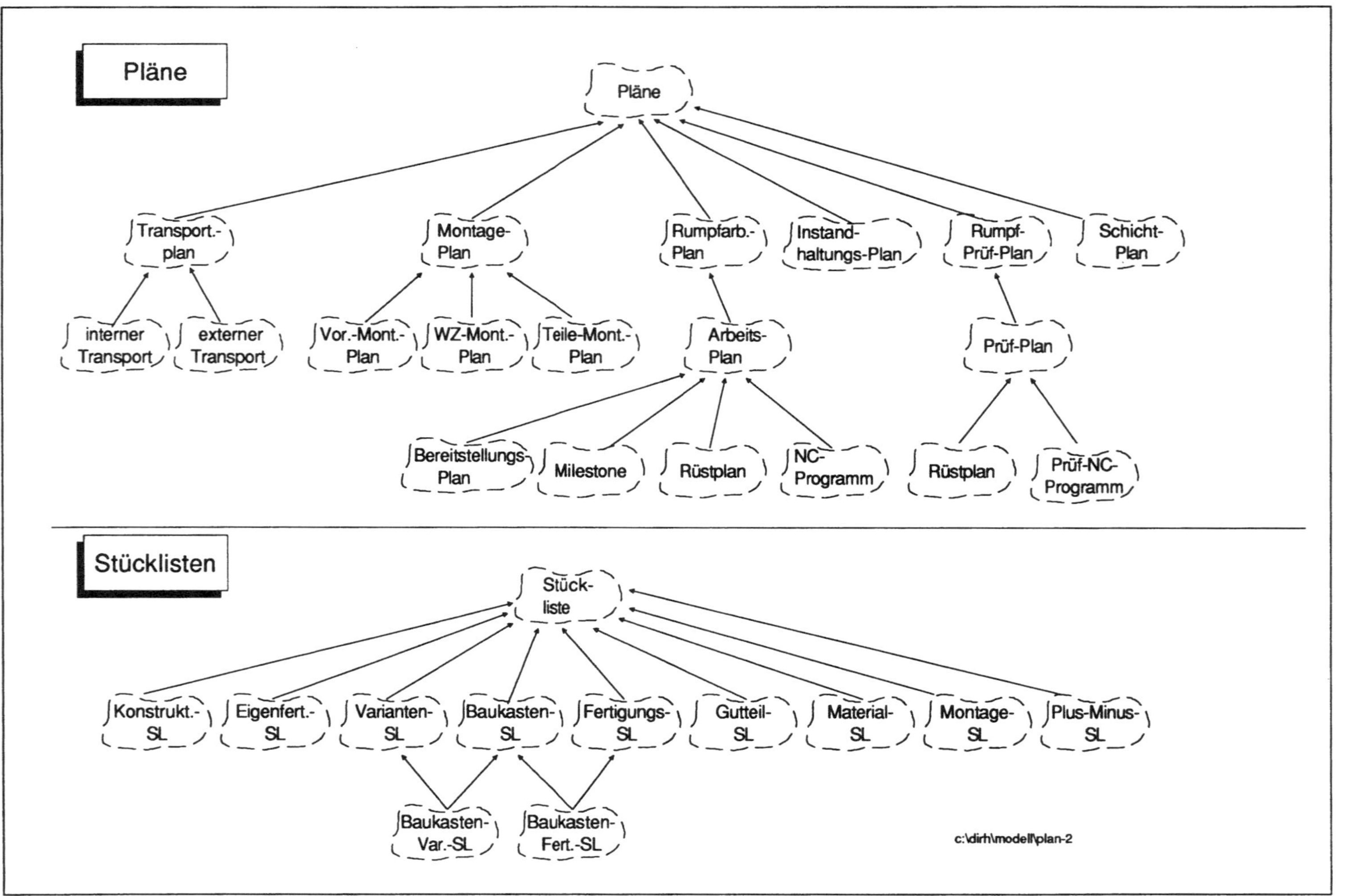

Abb. 3: Klassen für Pläne und Listen

Für die Moduln, Klassen und Objekte müssen Eigenschaften und Funktionen (Methoden) beschrieben werden. Die Daten (Instanzen, Variablen) ergeben sich detailliert aus der betriebsindividuellen Ist-Analyse. Bisher erfolgte nur die Strukturierung und Segmentierung von Klassen und Objekten unter dem Aspekt der Vererbung. Abbildung 4 zeigt die Verbindung zwischen Aufträgen, Plänen, Ressourcen und Material.

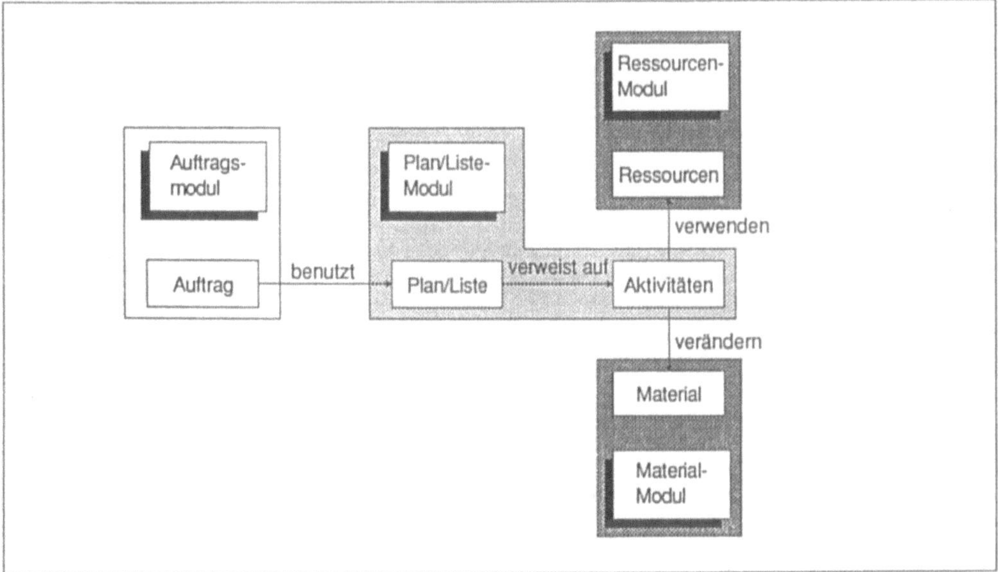

Abb. 4: Verbindung der Moduln

Das Bindeglied zwischen Auftrag, Ressourcen und Material ist der Rumpf- oder detaillierte Arbeitsplan. Bei der Auftragserstellung sind also Arbeitspläne erforderlich, um die einzelnen Arbeitsschritte (Arbeitsvorgänge) terminieren zu können. Zur Erstellung von Arbeitsplänen sind wiederum Stücklisten, Teile- und Ressourceninformationen notwendig. Somit ist bei den benutzenden Beziehungen zwischen Klassen eine bestimmte Struktur (Meta-Struktur) bereits vorgegeben.

5. Zusammenfassung

Aufgezeigt werden sollte ein objektorientiertes Leitstandsmodell das sich aus unterschiedlichen Moduln zusammensetzt. Innerhalb der einzelnen Moduln werden Klassenhierarchien nach gleichen Eigenschaften gebildet. Diese Vorgehensweise vereinfacht die Programmierung des Systems, da Funktionen und Daten in untergeordnete Klassen vererbt werden können. Die Kopplung der Moduln erfolgt über benutzende Beziehungen. Die objektorientierte Modellierung setzt nicht zwingend die Realisierung mit einer objektorientierten Programmiersprache voraus, vereinfacht allerdings aufgrund der angebotenen Feature (beispielsweise bei Smalltalk) die Realisierung des Systems. Der Vortrag beschreibt Auszüge aus einer am Institut für Wirtschaftsinformatik angefertigten wissenschaftlichen Arbeit. Die Realisierung bestimmter Teil-Module (Ressourcenverwaltung) soll 1992 an der IDS *products* GmbH erfolgen.

Literaturverzeichnis:

Becker, J.: Objektorientierung - eine einheitliche Sichtweise für die Ablauf- und Aufbauorganisation sowie die Gestaltung von Informationssystemen, in: Jacob, H.; Becker, J.; Krcmar, H.: Integrierte Informationssysteme, SzU, Band 44, Wiesbaden 1991, S. 142.

Beutler, K.: Auswertung von quantitativen Ähnlichkeitsmaßen bei der Suche nach wiederverwendbarer Software, in: Haas, W. J. (Hrsg.): Softwaretechnik in Automatisierung und Kommunikation - Wiederverwendbarkeit von Software, ITG-Fachberichte, Berlin et al. 1989, S. 1-18.

Biggerstaff, T. J.; Perlis, A. J.: Foreword to special issue of IEEE TOSE, in: IEEE Transactions on Software Engineering (1984)20, S. 474-476.

Bonsiepen, L; Coy, W.: Szenen einer Krise - Ist Knowledge Engineering eine Antwort auf die Dauerkrise des Software Engineering?, in: KI 4(1990)2, S. 5-11.

Braun, U.: Ein Expertensystem zum Auffinden von Programmbausteinen, in: TR 05.373, IBM Laboratorium Böblingen, 1986.

Brombacher, R.: Effizientes Informationsmanagement - die Herausforderung von Gegenwart und Zukunft, in: Jacob, H.; Becker, J.; Krcmar, H.: Integrierte Informationssysteme, SzU, Band 44, Wiesbaden 1991, S. 129.

Endres, A.: Software-Wiederverwendung, in: Informatik-Spektrum 10(1988)11, S. 85-95.

Endres, A.: Einige Grundprobleme der Software-Wiederverwendung und deren Lösungsmöglichkeiten, in: Hass, W. J. (Hrsg.): Softwaretechnik in Automatisierung und Kommunikation - Wiederverwendbarkeit von Software, ITG-Fachberichte, Berlin et al. 1989, S. 1-18.

Frese, E.: Grundlagen der Organisation, 4. Auflage, Wiesbaden 1988, S. 174ff.

Gutenberg, E.: Grundlagen der Betriebswirtschaftslehre, Band 1, Die Produktion, 24. Auflage, Berlin et al. 1983, S. 2.

Hildebrand, K.: Klassifizierung von Software Tools, in: Wirtschaftsinformatik 33(1991)1, S. 13-25.

Keller, G.; Kirsch, J.; Nüttgens, M: Informationsmodellierung in der Fertigungssteuerung, in: Scheer, A.-W.: Veröffentlichungen des Instituts für Wirtschaftsinformatik, Heft 80, Saarbrücken 1991.

Krcmar, H.: Bedeutung und Ziele von Informationssystem-Architekturen, in: Wirtschaftsinformatik 32(1990)5, S. 395-402

Kurbel, K.; Meynert, J.: Materialwirtschaft, in: Geitner, U.-W.: CIM Handbuch, 2. Auflage, Braunschweig 1991.

Lenz, M.; Schmid, H. A.; Wolf, P.: Sofware engineering with reusable design and code, in: IEEE Software 4, 1987, S. 34-42. Vgl. Booch, G.: Software components with ADA, Menlo Park et al., 1987.

Pocsay, A.: Methoden- und Tooleinsatz bei der Erarbeitung von Konzeptionen für die integrierte Informationsverarbeitung, in: Jacob, H.; Becker, J.; Krcmar, H.: Integrierte Informationssysteme, SzU, Band 44, Wiesbaden, 1991 S. 65-80.

Prieto-Diaz, P.; Freeman, P.: Classifying Software for Reusability, in: IEEE Software (1987)4, S. 6-16.

Radermacher, K. J.: Ein Blick in die Zukunft - Planung und Expertensysteme, in: Jünemann, R. (Hrsg.): Planungs- und Betriebsführungssysteme für die Logistik, Köln 1990, S. 151-197.

Scheer, A.-W.: Architektur integrierter Informationssysteme, Berlin et al. 1991.

Scheer, A.-W.: Konzept für ein betriebswirtschaftliches Informationsmodell, in: ZfB 60(1990)10, S. 1015-1030.

Scheer, A.-W.: Vom Informationsmodell zum integrierten Informationssystem, in: Information Management (IM), 5(1990)2, S. 6-16.

Schwall, E.: Flexible Software-Gestaltung für Werkstattsteuerungssysteme, in: VDI-Berichte Nr. 890, Düsseldorf 1991, S. 51-64.

Spur, G.; Mertins, K.; Süssenguth, W.: Wege zu einem unternehmensspezifischen Referenzmodell der rechnerintegrierten Fertigung, in: ZwF 83(1988)10, S. 481-485.

Spur, G.; Mertins, K.; Süssenguth, W.: Integrierte Informationsmodellierung für offene CIM-Architekturen, in: CIM Management, 5(1989)2, S. 36-42.

Thome, R.: CASE - der Weg ist das Ziel, in: Wirtschaftsinformatik 33(1991)1, S. 4-5.

Wegner, P.: Concepts and Paradigms of Object-Oriented Programming, in: OOPS Messenger, 1(1990)1, S. 7-87.

Wirsing, M.: Algebraic Description of reusable software components, in: Proceedings of Compeuro '88, Com. Soc. Press of the IEEE 834 1988, S. 300-312.

Wöhe, G.: Einführung in die Allgemeine Betriebswirtschaftslehre, 17. Auflage, München 1990.

Alternative Fertigungsstrategien

mbp datanorm Software GmbH, Freiburg

Gerard Daniels,RI,CPIM

Der Ist-Zustand (Das verwaltete Chaos)

Exaktplanung

 PPS-Systeme machen keine Exaktplanung - sie planen im Tages- oder Wochenraster und übergeben die Werkstattaufträge, um einen Freigabehorizont von mehreren Tagen verfrüht, an die Steuerung. Mit Hilfe von Plantafeln, Karteien, Listen, elektronischen oder konventionellen Leitständen erledigt die Produktion die Exaktplanung: sie teilt den freigegebenen Arbeitsfolgen die Werker, die Einzelmaschinen, die Werkzeuge und Vorrichtungen, die Einrichter und die Kontrolleure zu. Diese Zuteilung erfolgt auf Zuruf durch den Meister oder Vorarbeiter direkt in der Werkstatt. Wer erkennt, ob dabei Kollisionen, unnötige Wartezeiten, Doppelbelegungen vorkommen? Wie werden die Auswirkungen bei eventuellen Störungen überprüft?

Kommunikation

Noch schwieriger ist die Exaktplanung, falls mehrere Schichten gefahren werden. Die Spätschicht erfährt über Zettel oder über den Werkstattschreiber, was der Meister beschlossen hat. Die Störungen der Frühschicht werden ebenfalls über Zettel an den Meister gemeldet. Hier fehlt ein elektronisches Melde-System, das alle unklaren Vorgänge dem Fertigungslenker oder Meister in einem Briefkasten sammelt - ein papierloses Kommunikationssystem, das die tägliche Krisensitzung überflüssig macht und alle wichtigen Vorgänge zur Wiedervorlage aufbewahrt.

BDE

Die heutige BDE ist von der Kostenrechnung geprägt: erst nach Abschluß der Arbeit wird gemeldet, wer, womit, wie lange, wann, mit wem zusammen, auf welcher Anlage die Operation erledigt hat. Einerseits ist das für eine aktive Planung viel zu spät und andererseits wird unterstellt, daß erst bei Beginn der Ausführung feststeht, welche Maschinen, Personen, Werkzeuge zu Operationen zugeordnet werden können. Man unterstellt das Chaos als den Normalfall.

Die verspätete Rückmeldung führt natürlich dazu, daß nur durch Werkstattbegehung und Anweisungen vor Ort das Chaos verwaltet werden kann. Tatsächlich wird aber doch in fast allen Fällen auf der vorgesehenen Maschine vom eingeteilten Werker und mit den bereitgestellten Werkzeugen die Operation durchgeführt. In allen diesen Normalfällen würde es genügen, die Ausführung der Operation mit dem Vermerk: "Nach Plan ausgeführt" zurückzumelden, statt viele Einzelrückmeldungen vorzunehmen.

Simultane Planung

Jeder Arbeitsgang benötigt mindestens drei Ressourcen: Personal, Maschinenkapazität und Material. Für einen Werkstattauftrag kommen leicht fünfzig bis hundert gemeinsam benötigte Ressourcen zusammen. Fehlt eine einzige dieser Ressourcen, so wird der Auftrag gestoppt. Es genügt also nicht, nur zum Zeitpunkt der Auftragsfreigabe einmalig die Verfügbarkeit des Materials zu prüfen. Vielmehr kann nur dann störungsarm und planmäßig gefertigt werden, wenn ständig alle benötigten Ressourcen auf ihre Verfügbarkeit geprüft werden. Ohne Unterstützung durch eine leistungsstarke EDV mit Echtzeitverarbeitung ist eine permanente Verfügbarkeitsprüfung nicht möglich.

Strategie

In der Literatur werden verschiedene Steuerungsstrategien wie

1.   Just-in-Time (JIT),
2.   KANBAN,
3.   Belastungsorientierte Auftragsfreigabe (BOA),
4.   kürzeste Operationszeitregel (KOZ),
5.   Leerzeitminimierung oder
6.   Rüstzeitoptimierung

empfohlen. Jede dieser Strategien verfolgt eine andere Zielsetzung: Bestandssenkung, Durchlaufzeitverkürzung, Kapazitätsauslastung oder Termintreue sind die angestrebten Ziele. Nun können aber diese Ziele nicht alle gemeinsam verwirklicht werden, denn sie sind konfliktär. Die maximale Erfüllung eines der Ziele verschlechtert die Erreichung der anderen drei Ziele. Eine fest in die Software eingebaute Strategie muß also versagen, wenn die Zielsetzung des Unternehmens infolge von Marktänderungen wechselt.

Keine der Strategien gilt für alle Produkte und alle Ressourcen gleichermaßen - vielmehr gibt es unterschiedliche Strategien für Kunden- und Lageraufträge, für Engpaßmaschinen, Fertigungsinseln und Handarbeitsplätze, für ist sicher nicht eine mittlere Strategie für Serienprodukte und Kundenspezifische Produkte. Die beste Strategie ist sicher nicht eine mittlere Strategie für alle Aufträge und Ressourcen, sondern eine gezielte Strategie für die unterschiedlichen Produktgruppen und Werkstätten.

Die gläserne Fabrik

Exaktplanung

Bei der Freigabe werden die Materialtermine und den Fertigstellungstermin jedes Werkstattauftrags aus dem PPS-System übernommen. Alle restlichen Zusammenhänge zwischen den Ressourcen werden bei der Übernahme aus einer Leitstanddatenbank ergänzt. Zugewiesen werden die Vorrichtungen, Werkzeuge, Maschinen, das Personal, die Kontrolleure, Transporte, Einrichter und zusätzliches Material. Die automatische Zuordnung erspart die jeweils erforderliche manuelle Einzelzuordnung der Ressourcen vor Ort. Sofort im Anschluß an die Zuordnung wird die Verfügbarkeit der Ressourcen geprüft und auch in der Folge kann - z.B. bei Rückmeldungen die Verfügbarkeit für den Auftrag überwacht werden. Erkennbare Engpässe werden so frühzeitig entdeckt.

Kommunikation

Ein automatische Wachhund erkennt, wo Termine gefährdet sind, wo Aktivitäten erforderlich sind und wo Entscheidungen anstehen. Über ein Briefkastensystem werden Meldungen an die Verantwortlichen versandt, so daß jeder Fertigungslenker stets über alle erforderlichen Eingriffe informiert ist, ohne ständig am Bildschirm präsent sein zu müssen. Abstimmungen und Inspektionen vor Ort sind nur noch in ganz wenigen Ausnahmefällen nötig.

BDE

Statt der Rückmeldung des Arbeitsendes wird der Beginn jedes Arbeitsganges bzw. jeder Unterbrechung gemeldet. So erkennt der Leitstandführer den aktuellen Zustand jeder Ressource: er kann agieren statt zu reagieren!

Auch der Umfang und die Anzahl der Rückmeldungen wird reduziert, denn bei der Rückmeldung wird nur die Arbeitgangsnummer zurückgemeldet. Auf Grund der exakten Zuordnung in der Datenbank wird der Zustand aller anderen betroffenen Ressourcen wie Personal, Werkzeug, Maschinen und Material automatisch aktualisiert: gemeinhin reicht also die Erfassung einer Barcodenummer für die gesamte

Rückmeldung - nur bei Abweichungen vom Plan muß die Abweichung zusätzlich gemeldet werden (Management by Exceptions).

Simultane Planung

Alle Ressourcen eines Werkstattauftrag werden zu einem Auftragsnetz zusammengefaßt. Mehrere Auftragsnetze ergeben einen Kundenauftrag. Die Materialien und Kapazitäten eines Netzes werden stets gemeinsam terminiert und verschoben.

Andererseits können alle Netze, die über einen Kapazitätsengpaß laufen, gemeinsam geplant werden. Der Wachhund sorgt dafür daß Unstimmigkeiten oder Unverträglichkeiten manuell durch den Leitstandführer oder automatisch durch Softwareroutinen behoben werden. Durch die simultane Planung können alle Ressourcen terminlich kurzfristig und mengenmäßig knapp geplant werden.

Strategie

Über drei Parameter wird die Strategie festgelegt:

1.   Je Auftragsart wird die maximal zulässige Durchlaufzeitverlängerung,
2.   je Kapazitätsgruppe wird die Sicherheitszeit und
3.   insgesamt wird die Einlastungsstrategie der Kapazitätsplanung festgelegt.

Eine Veränderung der drei Parameter verändert die Zielsetzung des Leitstandsystems:

1.   minimale Lagerbestände
2.   kürzeste Durchlaufzeiten oder
3.   höchste Termineinhaltung
4.   maximale Kapazitätsauslastung

können gewählt werden. Aber auch beliebige, betriebswirtschaftlich sinnvolle andere Kombinationen sind möglich. Um die Auswahl zu erleichtern, können mehrere Strategien am Leitstand simuliert werden. Die Zielerreichungsgrade der simulierten Alternativen werden grafisch dargestellt.

Der moderne Leitstand - Das Profil

Ein Leitstand ist das Bindeglied zwischen einem Produktionsplanungssystem und den Maschinensteuerungen. Er stellt damit eine wichtige CIM-Komponente dar. Der Leitstand ist ein Durchsetzungssystem, das die aus der Produktionsplanung freigegebenen Werkstattaufträge ergänzt, verwaltet, überwacht, an die darunterliegenden Steuerungen terminrichtig weiterleitet und andererseits die Rückmeldungen bucht, verdichtet, ergänzt und an die darüber liegenden Planungs- und Abrechnungssysteme zurückmeldet.

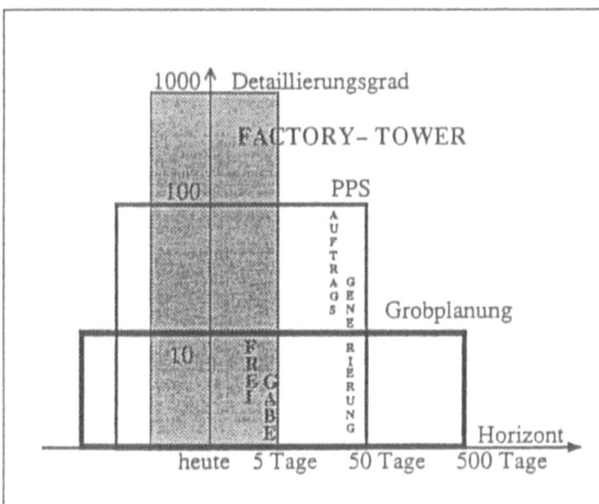

Abb. Detaillierungsgrad

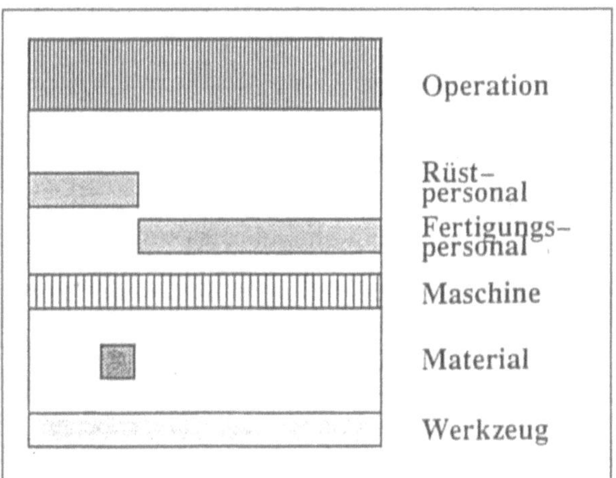

Abb. Gliederung einer Operation

Planungs- und Steuerungssysteme unterscheiden sich nicht in den Strategien und Terminierungsmethoden, sie unterscheiden sich aber im Detaillierungsgrad und im Planunghorizont:

Die langfristige Planung des Vertriebs hat einen Horizont über mehrere Jahre. Der Detaillierungsgrad beschränkt sich auf einige wenige, pauschale Engpässe.

PPS-Systeme planen über einen Horizont von mehreren Monaten tagesgenau die Bedarfe ein. Der Detaillierungsgrad ist durch Stücklisten und Arbeitspläne vorgegeben.

Der Planungshorizont der Leitstände erfaßt nur die freigegebenen Werkstattaufträge, beträgt also nur wenige Tage oder Wochen. Dafür steigt der Detaillierungsgrad um eine Zehnerpotenz: nicht nur eine Arbeitsplatzgruppe sondern mehrere Werkzeuge, Vorrichtungen, Transportmittel, Personengruppen, Materialbereitstellungen und Kontrolleure sind je Arbeitsgang zu überwachen. Auch reicht die Tagesgenauigkeit nicht mehr: minuten- oder sekundengenaue Termine unter Berücksichtigung unterschiedlicher Schichtpläne sind von Nöten. Je Operation können beliebig viele Ressourcen definiert werden, die dann alle gemeinsam auf Verfügbarkeit geprüft werden.

Der Planung basiert auf den bewährten Algorithmen der Netzplantechnik, die um fertigungsspezifische Algorithmen der Ressourcenplanung (Kapazitätsaugleich) erweitert wurden. Diese Algorithmen sind in einem leistungsfähigen, allgemeingültigen Netzprozessor (NP) realisiert. Der Netzprocessor verwaltet, terminiert und überwacht alle Auftragsnetze.

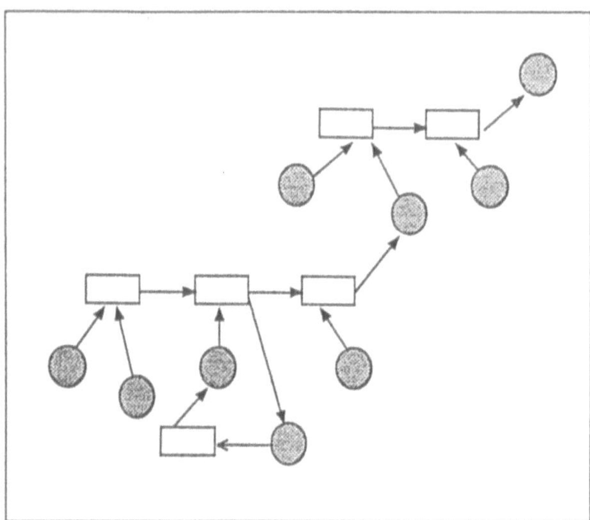

Abb. Auftragsnetz

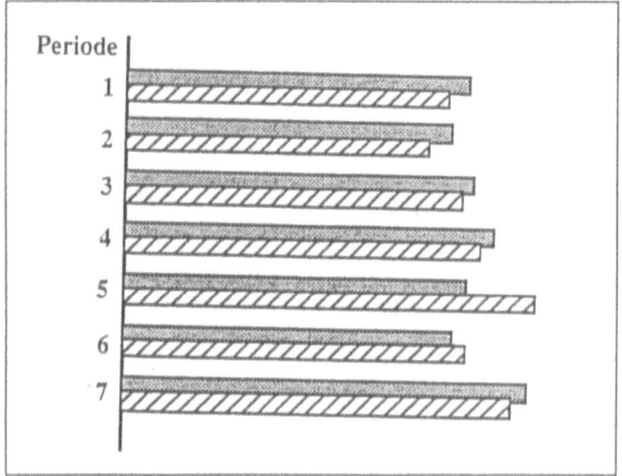

Abb. Kapazitätsgebirge

Ein Auftragsnetz besteht aus:
1. Operationen, das sind die Arbeitsgänge
2. Ressourcen, das sind Material, Personal, Werkzeuge, Vorrichtungen usw.
3. Ressourcenflüsse die angeben, zu welchem Termin, in welcher Menge die Ressource benötigt wird.

Ein Kundenauftrag kann aus mehreren Werkstaufträgen mit Zwischenprodukten bestehen. Der Netzprozessor terminiert alle Werkstaufträge des Kundenauftrags mit allen Ressourcen gemeinsam.

Je Ressource (Material, Maschine, Personengruppe, Transportmittel) führt der Netzprozessor ein Konto. Die zugehenden Ressourcenflüsse stellen die Bestellungen oder das Kapazitätsangebot dar. Die abgehenden Ressourcenflüsse sind die Ressourcenbedarfe für die einzelnen Auftragsnetze.

Die Zu- und Abgänge werden saldiert. Der Saldo darf auch in der Zukunft nie negativ sein, sollte allerdings stets möglichst gering sein, um die Werkstattbestände gering zu halten. Auch für jede Kapazitätsressource wird ein Konto geführt. Dort entspricht der negative Saldo einer Überlast, der positive Saldo zeigt eine zu geringe Auslastung (und damit die Gefahr von Gemeinkosten) an.

Der Netzprozessor besitzt mehrere Algorithmen, um einen Kapazitätausgleich vorzunehmen:

Der Ausgleich kann bei Überlast zur Gegenwart oder zur Zukunft hin erfolgen und es kann Unterlast in der Gegenwart oder in der Zukunft vermieden werden.

Im Industriebetrieb gibt es für den Güterfluß vier meßbare Ziele. Die Zielpyramide zeigt die vier Ziele. Es sind:

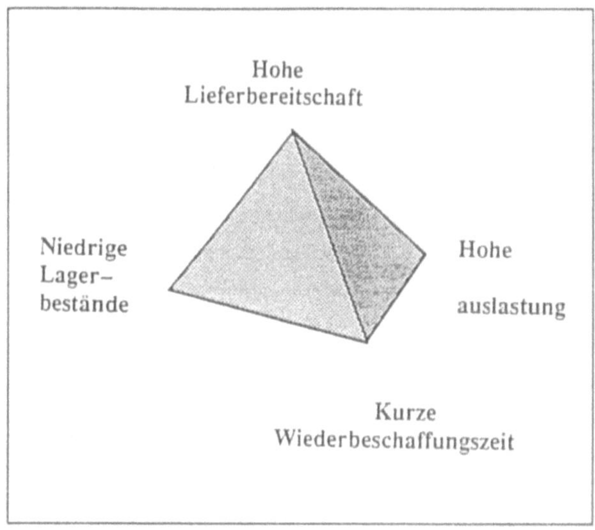

Abb. Zielpyramide

1. eine hohe Lieferbereitschaft ohne Terminabweichungen,
2. eine kurze Wiederbeschaffungszeit, die erreicht wird durch kurze Durchlaufzeiten in der Werkstatt,
3. eine hohe Auslastung aller Kapazitäten,
4. niedrige Bestände in den Fertigwaren- und Materiallagern.

Diese vier Ziele sind konfliktär: Es kann nur eines der vier Ziele ganz erreicht werden, die anderen drei Zielsetzungen verschlechtern sich dadurch. Das Logistik-Management muß auswählen und bestimmen, welche Kombination der Zielerreichung für das Unternehmen anzustreben ist. Diese Zielvorgabenkombination nennt man eine Strategie. Eine Einigung der Manager ist unbedingt erforderlich, da sonst jede Abteilung ihr eigenes Ziel maximiert und damit die Zielerreichung der anderen Abteilungen verhindert: Trotz großer Anstrengungen aller Abteilungen bleibt das Chaos unverändert.

Die vom Management gemeinsam erarbeitete Strategie muß aber auch vom Leitstand durchgesetzt werden. FACTORY-TOWER kennt drei Parameter, mit denen kundengruppenbezogen und/oder abteilungsbezogen eine Strategie eingestellt werden kann. Es sind die Parameter:

1. maximales Vorziehen

Dieser Parameter legt fest, wie lang ein Auftrag insgesamt unbearbeitet in der Werkstatt verweilen darf, fixiert also die maximale Gesamtwartezeit des Auftrags.

2. Sicherheitszeit

Über diesen Parameter wird gesteuert, wie lange die Liegezeit an einem Arbeitsplatz sein muß. Große Sicherheitszeiten verlängern den Auftragsdurchlauf, erleichtern aber die

3. Algorithmus für den Kapazitätsausgleich

An zwei Beispielen sei die Parameterwahl demonstriert:

Die JIT-Strategie zielt auf niedrige Lagerbestände und kurze Durchlaufzeiten. Demgegenüber ist hohe Überkapazität erforderlich und die sofortige Lieferbereitschaft für ungeplante Kundenanfragen ist mäßig Die JIT-Strategie wird erreicht, indem:
- das maximale Vorziehen und
- die Sicherheitszeit klein festgesetzt werden,
- bei Kapazitätsengpässen ein negativer Saldo zur Gegenwart hin ausgeglichen wird.
Der Kundenwunschtermin darf dabei nicht überschritten werden.

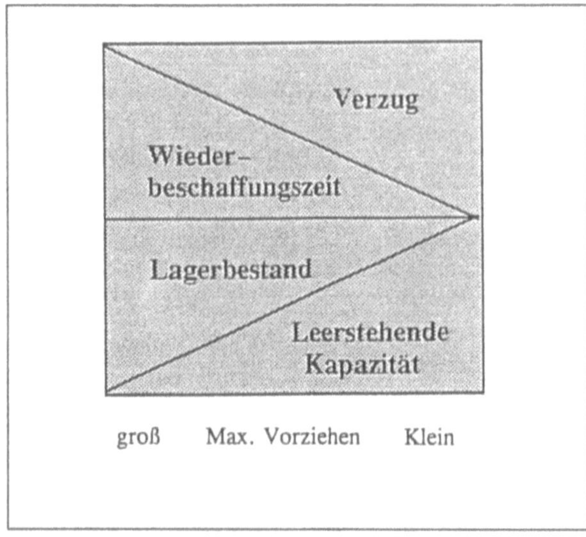

Abb. Einfluß auf Strategien

Die Strategie der Kapazitätsauslastung, die bei teuren Anlagen und geringwertigen Gütern oft gewählt wird, zielt auf hohe Lieferbereitschaft und hohe Kapazitätsauslastung hin. Hohe Lagerbestände und eine lange Durchlaufzeit müssen hingenommen werden. Die Parameter werden dann so gewählt:
- das maximale Vorziehen wird reichlich gewählt,
- bei Engpaßmaschinen können noch zusätzlich Sicherheitszeiten angelegt werden,
- bei kritischen Maschinen werden alle Arbeitsgänge so früh eingeplant, wie die Materialverfügbarkeit dies zuläßt. Engpässe und Auslastungstäler werden so vermieden.

Am Beispiel des Parameters maximales Vorziehen wird verdeutlicht, daß durch die Wahl des maximalen Vorziehens bestimmt wird, welche Zielkombination innerhalb der Zielpyramide angestrebt werden soll. Da die Parameter abteilungs- und auftragsartenabhängig gewählt werden können, können auf einem Leitstand auch unterschiedliche Strategien für unterschiedliche Auftragsarten/Abteilungen realisiert werden.

Produktion Controlling

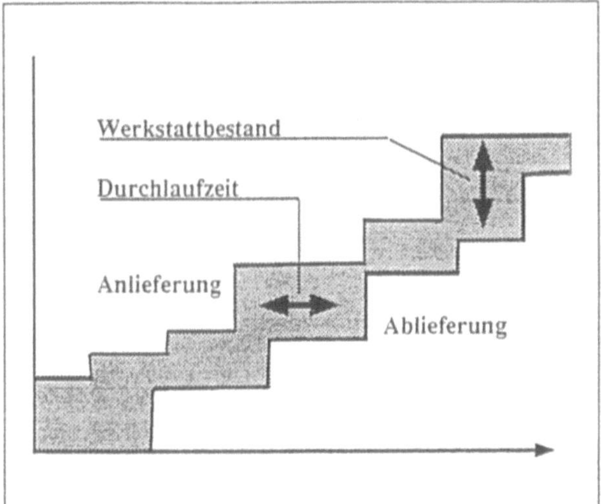

Abb. Durchlaufdiagram (DLZ/Bestand)

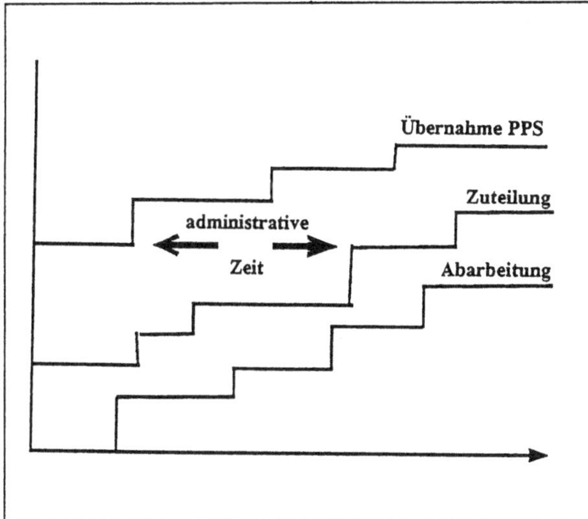

Abb. Administrative Zeit

Eine Grafik sagt mehr als tausend Zahlen. Das Durchlaufdiagramm basiert auf Fortschrittszahlen. Die Zugänge werden als kumulierte Zugangskurve, die Abgänge als kumulierte Abgangskurve dargestellt. Der horizontale Abstand beider Kurven zeigt die aktuelle Durchlaufzeit, der vertikale Abstand den Werkstattbestand an. Diese Darstellung kann auch für Abteilungen (z. B. Fräserei, Vormontage) oder Zwischenlager gewählt werden. Dann empfiehlt es sich, die Zu- und Abgänge mit Kostensätzen bewertet aufzutragen. Aber auch für Kapazitäten und Kapazitätsgruppen sind Durchlaufdiagramme nützliche Darstellungen. Sie zeigen, ob der produktive Zeitanteil steigt und ob die Gesamtkostenanteile fallen.

Ein Vergleich der Termine, - bei der Übernahme aus dem PPS-System, - nach der Terminierung, bei Zuteilung an die Maschinen, - bei der Abarbeitung zeigt deutlich, welche administrativen Zeiten in den vorbereitenden Abteilungen benötigt werden und wo die größten Abweichungen herrschen. Mittelwerte, Standardabweichung, minimale und maximale Werte ergänzen die Grafiken.

Produktionsfaktor Mensch:
Auswirkungen rechnerintegrierter Arbeitsplätze auf
Informatiker und Ingenieure

Ob und wie der integrierte Einsatz von Informationstechnik die Qualität und Produktivität der Arbeit selbst steigert, wird momentan heftig diskutiert. Unübersehbar ist die radikale Veränderung der Arbeitsbedingungen, der Arbeitsorganisation und der Arbeitsplätze für die beteiligten Informatiker und Ingenieure. CAD, CAE, CASE und viele andere rechnergestützte Techniken auf dem Weg zu CIM laufen in der Arbeit der Träger dieser Veränderung, der Informatikerinnen und Informatiker und Ingenieure, die solche Techniken einsetzen, zusammen. Für das Fachgespräch stellen sich folgende Fragen:

- Wie verändern sich Qualität und Quantität der Arbeit der technischen Intelligenz?
- Gewinnt die Qualität der Arbeit und ihrer Produkte durch Simulation und vorplanbare Varianz der Entwürfe?
- Steigt der Erwartungsdruck?
- Welche Wirkungen hat die mit diesen Techniken einhergehende Standardisierung?
- Wirken neue Versionen der Soft- und Hardware als permanente Qualifizierung oder führt die zunehmende Abstraktion zum Verlust der alltagspraktischen technischen Qualifikation?

Fachgesprächsleiter: Prof. Dr. W. Coy, Universität Bremen, Fachbereich Informatik

Arbeitsorientierte Gestaltung von DV-Systemen für Ingenieure

Peter Brödner
Ileana Hamburg
Hansjürgen Paul
Institut Arbeit und Technik
Florastr. 26-28
DW-4650 Gelsenkirchen 1

1 Einführung

Die Frage nach den Auswirkungen integrierter DV-Systeme im allgemeinen und insbesondere auch auf die Arbeit von Ingenieuren läßt sich nicht ohne weiteres in eindeutiger Weise beantworten. Ob neue DV-Systeme mit Qualifizierung einhergehen oder ob deren Einsatz infolge zunehmender Abstraktion zum Verlust der alltagspraktischen technischen Qualifikation von Ingenieuren führt, ist anhand der Betrachtung der eingesetzten Technik allein nicht auszumachen. Früher weit verbreitete Vorstellungen eines technologischen Determinismus, demzufolge erstens der autonome technische Wandel allein den eigenen Gesetzmässigkeiten seiner Entwicklungsdynamik folge und zweitens der Einsatz einer bestimmten Technik jeweils die Arbeitsstrukturen und Qualifikationsanforderungen der lebendigen Arbeit determiniere, gelten inzwischen als theoretisch widerlegt und empirisch falsifiziert.

Weder bestimmt ein Produkt und sein Markt das Herstellungsverfahren noch legt die eingesetzte Technologie Arbeitsorganisation und Qualifikationsanforderungen fest. Zwischen diesen Merkmalen eines Produktionsprozesses bestehen bei einem gegebenen Entwicklungsstand allenfalls lockere Affinitätsbeziehungen. Folglich gibt es bei der Wahl einer Produktionsstrategie hinsichtlich Produkten, Produktionstechnik und Arbeitsorganisation beträchtlichen Gestaltungsspielraum.

Technik und ihre Artefakte fallen weder vom Himmel noch sind sie Resultate ihrer eigenen Entwicklungslogik. Entwicklung und Einsatz von Technik sind vielmehr das Ergebnis sozialer Bedürfnisse, Beziehungen und Interessen. Diese setzen Bedingungen und Ziele technischer Entwicklungsprozesse. Als Arbeitsmittel stellen Werkzeuge und symbolverarbeitende Maschinen, einmal in die Welt gesetzt, ihrerseits Handlungsanforderungen an ihren zweckmäßigen Gebrauch. Sie sind mithin auch Medium und Nachricht. Zugleich bilden sie die Grundlage für neue Handlungen, neue Erfahrungen und künftige Objektivierungen in Gestalt neuer Maschinen. So ist einerseits die Möglichkeit gegeben, Technik in gewissen Grenzen zu gestalten, weil sie das Ergebnis sozialer Beziehungen ist, während andererseits die Notwendigkeit besteht, sie bewußt nach sozialen Kriterien zu entwerfen, weil sie Handlungsanforderungen stellt. Dabei ergeben sich die Gestaltungsspielräume aus den sozialen Kräfteverhältnissen und den Grenzen der Objektivierung von Wissen. Die Gestaltung selbst erfordert, bei der Entwicklung technischer Funktionen und ihrer Realisierung deren künftige, im Gebrauch zu erwartende Handlungsanforderungen zu antizipieren. Mithin darf die Entwicklung technischer Systeme nicht allein als technische Aufgabe mißverstanden, sondern muß als soziale Beziehung begriffen werden, derzufolge die Systementwickler die Bedingungen setzen, unter denen die Benutzer zu handeln haben.

Wenn Technik auf diese Weise Handlungsanforderungen und Arbeitsbedingungen setzt, dann muß ihre bewußte Gestaltung wie die anderer Faktoren auch - etwa der Zuschnitt von Arbeitsaufgaben, die Arbeitsorganisation oder die Arbeitsumgebung - als Teil der Arbeitsgestaltung betrachtet werden. Dann steht nicht mehr die Frage nach den Auswirkungen und Folgen einer wie auch immer gegebenen Technik im Vordergrund, sondern die Frage nach der konkreten Gestaltung von Technik als Arbeitsmittel, als benutzergerechtes und aufgabenangemessenes "Werkzeug" derart, daß die damit verrichtete Arbeit gewünschte Inhalte, Formen und Eigenschaften erhält. Dann ergeben sich umgekehrt aus der Forderung nach wirtschaftlich effizienter und sozialverträglicher Arbeitsgestaltung Anforderungen an Entwicklung und Einsatz von DV-Systemen. Dies ist ohne ein adäquates Menschenbild, aus dem die Leitlinien der Technikgestaltung zu gewinnen sind, nicht zu machen.

2 Arbeitsorientierte Systemgestaltung

Diesem Menschenbild zufolge ist es ein Kennzeichen menschlicher Arbeit, daß wir als denkende und handelnde Subjekte, von unseren Bedürfnissen angetrieben und körperlich mit entwickelter Sensibilität und Motorik ausgestattet, bewußt und zielgerichtet in die uns umgebende und mit uns gewordene Welt (als einem operational unabhängig gegebenen Milieu) eingreifen. Dabei begegnen wir stets auch unseren Mitmenschen, mit denen wir interagieren und so die gesellschaftlichen Verhältnisse begründen.
Durch unser Handeln lösen wir Bewegungen in unserer Umwelt aus und erfahren dabei durch die Sinne die Wirkungen, in denen wir die Bedeutung unseres Tuns wiederfinden. Mittels dieser Erfahrungen, die den bedeutungsvollen Kontext vergangener Handlungen (mit ihren Absichten und Wirkungen) herstellen und die Vorstellungen und Erwartungen für künftiges Handeln liefern, können wir umso gezielter auf unsere Umwelt einwirken. Erst durch besondere Anstrengungen, durch vielfältiges Handeln aufgrund bestimmter Vorstellungen in kontrollierten Situationen (z.B. durch Experimentieren), gelingt es uns kraft unserer Fähigkeit zur Abstraktion, in der Vielfalt das Wiederkehrende und im Besonderen das Allgemeine hervorzuheben. Indem wir in unserer Umwelt wahrgenommene Objekte ergreifen und mit ihnen umgehen, begreifen wir deren Funktion, verstehen wir sie als etwas, mit dem wir zweckmäßig handeln können.
Das derart im Prozeß der Veränderung der Umwelt und in der symbolisch koordinierten Interaktion mit den Mitmenschen gebildete begriffliche Wissen läßt sich dann in Gestalt von Sprache oder von Werkzeugen objektivieren und als solches im Prozeß der Sozialisation tradieren. Werkzeuge und Maschinen sind mithin "geronnene Erfahrung" und verkörpern objektiviertes Wissen - Wissen, wie sie funktionieren und Wissen, wie sie hergestellt werden, das nur durch praktischen Gebrauch hinreichend reproduziert wird. Mit anderen Worten: sie sind "implementierte Theorie". Dem entspricht auch die Auffassung, daß es das Grundproblem allen Programmierens ist, das Problem (die Arbeitsaufgabe) zu verstehen. Programmieren heißt, ein begriffliches Verständnis des Arbeitshandelns, eine Theorie über den Arbeitsprozeß zu bilden, in dem die Programme benutzt werden ("programming as theory building", Naur 1985).
Eine wichtige Konsequenz dieses Verständnisses von Arbeit und Technik ist, daß es immer nur partiell und erst aufgrund besonderer Anstrengungen gelingen kann, das primäre, in der Arbeit gebildete praktische Erfahrungswissen, das Können, das als implizites, unaussprechliches Wissen ("tacit knowledge") allein der Arbeitsperson verfügbar ist, in objektiviertes, theoretisches und sprachlich vermitteltes Wissen zu verwandeln. Daher ist auch eine vollständige Theorie über Arbeitsprozesse prinzipiell nicht zu gewinnen. Hinzu kommt, daß Softwareentwicklung obendrein ein rückbezüglicher Vorgang ist: der Arbeitsprozeß, für den die Software entwickelt wird, ändert sich durch deren Einsatz. Infolgedessen lassen sich prinzipiell weder die funktionalen Anforderungen an ein technisches System im vorhinein vollständig spezifizieren, noch läßt sich dessen Gebrauchstüchtigkeit unabhängig von seinen Benutzern prüfen. Demselben Umstand ist auch (unbeschadet unterschiedlicher Interessen) die subjektive Sicht der Sachverhalte und Dinge geschuldet, die auf der jedem Menschen eigenen individuellen Erfahrung und Lebensgeschichte beruht und gleichen Dingen unterschiedliche Bedeutung verleihen kann. Demzufolge haben Systementwickler und ihre Auftraggeber im Unterschied zu den Benutzern jeweils andere und nicht von Erfahrung geleitete Sichtweisen des Arbeitsprozesses. Diese Sachverhalte sind die eigentliche Wurzel der vielfach beklagten Softwarekrise, die folglich mit Mitteln der Softwaretechnik allein nicht zu bewältigen ist. Sie verdeutlichen auch,

warum eine evolutionäre und zugleich partizipative Systementwicklung eine besonders angemessene und realistische Vorgehensweise ist.

Eine weitere wichtige Konsequenz dieses Verständnisses von Arbeit und Technik ist, daß die Systemgestaltung als Teil von Arbeitsgestaltung zu begreifen ist. Dabei kommt es darauf an, die besonderen menschlichen Fähigkeiten, statt sie durch Computerartefakte nachzuahmen und letztlich zu ersetzen zu suchen, mit der Leistung von Maschinen produktiv zu verbinden. Zu den einzigartigen menschlichen Fähigkeiten gehört, wie aus dem skizzierten Menschenbild ersichtlich, ganzheitliche Muster erkennen, deren Ähnlichkeiten und Abweichungen unterscheiden, Veränderungen im Kontext von Handlungen und deren Intention bewerten, aus Erfahrung lernen, mit unvorhergesehenen Ereignissen umgehen und zielgerichtet handeln zu können, auch ohne festgelegten Regeln zu folgen.

Damit sich diese Fähigkeiten erhalten und entwickeln können, müssen Arbeit und Technik, das heißt im einzelnen die Arbeitsorganisation, die Funktionsteilung und die Interaktionsformen zwischen Mensch und Maschine angemessen gestaltet werden. Als Leitlinien sozialverträglicher Gestaltung ergibt sich daraus ferner, daß Inhalte und Bedingungen der Arbeit einen weiten Handlungsspielraum in sachlicher und zeitlicher Hinsicht gewähren müssen, der den arbeitenden Menschen die Initiative, Bewertung und Entscheidung überläßt und planende mit ausführenden Tätigkeiten verbindet. Sie müssen ferner erlauben, die Arbeitsbedingungen und -abläufe individuell zu gestalten, sie müssen Möglichkeiten zu vielfältigen körperlichen Betätigungen und sinnlichen Erfahrungen bieten und direkte soziale Interaktion ermöglichen. Darüber hinaus müssen sie üblichen Kriterien der Ausführbarkeit, Schädigungs- und Beeinträchtigungsfreiheit genügen. Damit Maschinen und insbesondere DV-Systeme als Arbeitsmittel genutzt werden können, müssen deren Funktionen und Interaktionsformen aufgabenangemessen gestaltet werden; ihr Verhalten muß vollständig definiert, erwartungskonform und durchschaubar sein. Für die Interaktion ist besonders wichtig, daß die Benutzer den Zusammenhang zwischen ihren Absichten, ihren Handlungen und den Wirkungen, die sie hervorrufen, erkennen können.

3 Beispiele für arbeitsorientierte Technikgestaltung

Im folgenden werden einige der Ergebnisse von den Projekten EXPLORE und FABER des Instituts Arbeit und Technik vorgestellt. Es war dabei in beiden Projekten erklärte Absicht, Technik so zu gestalten, daß der Mensch als denkendes und handelndes Subjekt begriffen wird. Der Benutzer der in den Projekten entwickelten Systeme wird als ein bewußt handelndes Individuum verstanden, der in der Lage ist, auch unter Ungewißheit und in unstrukturierten Situationen zielgerichtet zu handeln und dessen Fähigkeiten nicht nachgeahmt und durch maschinelle Artefakte ersetzt, sondern produktiv mit den möglichen Leistungen von Maschinen verbunden werden sollen: vom lückenbüßenden Bediener zum autonomen Benutzer (vgl. Brödner, 1989, 1990).

3.1 EXPLORE - Technikgestaltung jenseits der Oberfläche

Viele Überlegungen zur Benutzbarkeit von interaktiven Systemen machen an der Oberfläche halt. Sie legen fest, wie ein Button auszusehen hat, wie Maus-Cursor zu gestalten sind oder wann welcher Typ von Funktion wie zu präsentieren ist. Diese "Guidelines" sind wichtig und helfen, Licht in das Dickicht des Machbaren zu bringen. Aber: das Befolgen dieser Regeln allein garantiert keinesfalls die Benutzbarkeit eines Werkzeugs. Dazu ist es notwendig, tiefer in die Prozesse der Arbeit mit interaktiven Systemen einzudringen. EXPLORE will dazu beitragen, hinter das "Interface" zu schauen.

Forschungen auf dem Gebiet der Handlungstheorie haben über Jahrzehnte gezeigt, daß nichts Lernprozesse so sehr fördert wie das eigene praktische Handeln. Dadurch wird es erst möglich, eine Fähigkeit zu erwerben und zu einer Fertigkeit weiterzuentwickeln. Computer-Spezialisten wenden diese Vorgehensweise an, wenn sie mit einem neuen System konfrontiert werden: sie explorieren. Dabei wechselt sich die reguläre Anwendungsinteraktion zur Erfüllung einer konkreten Arbeitsaufgabe mit den Handlungsformen des Experiments und der Erkundung ab. Die Auswirkungen der Aktivitäten werden u. a. durch Fachwissen und Erfahrungen mit ähnlichen Systemen abgeschätzt (vgl. dazu Paul / Foks, 1991).

Der Benutzer soll durch EXPLORE nicht etwa zum "Applikationsexperten" umgeschult werden, sondern nur aufgrund seiner Fachkenntnisse bezüglich der Arbeit und der damit zusammenhängenden Arbeitsaufgaben sowie seiner natürlichen Lernfähigkeiten in die Lage versetzt werden, die Anwendungssoftware explorativ zu benutzen, um sie so besser beherrschen zu lernen.

Um sowohl ein gefahrloses, *experimentierendes Agieren* als auch ein problemloses *erkundendes Agieren* zu ermöglichen, sollte ein interaktives System aus Sicht des Benutzers bestimmte Eigenschaften aufweisen (für eine nähere Vorstellung der Explorationswerkzeuge vgl. u.a. Paul, 1991; Paul / Foks, 1991). Ein System ist umso mehr als explorationsfreundlich zu bezeichnen, je mehr von den folgenden Fragen positiv beantwortet werden können:

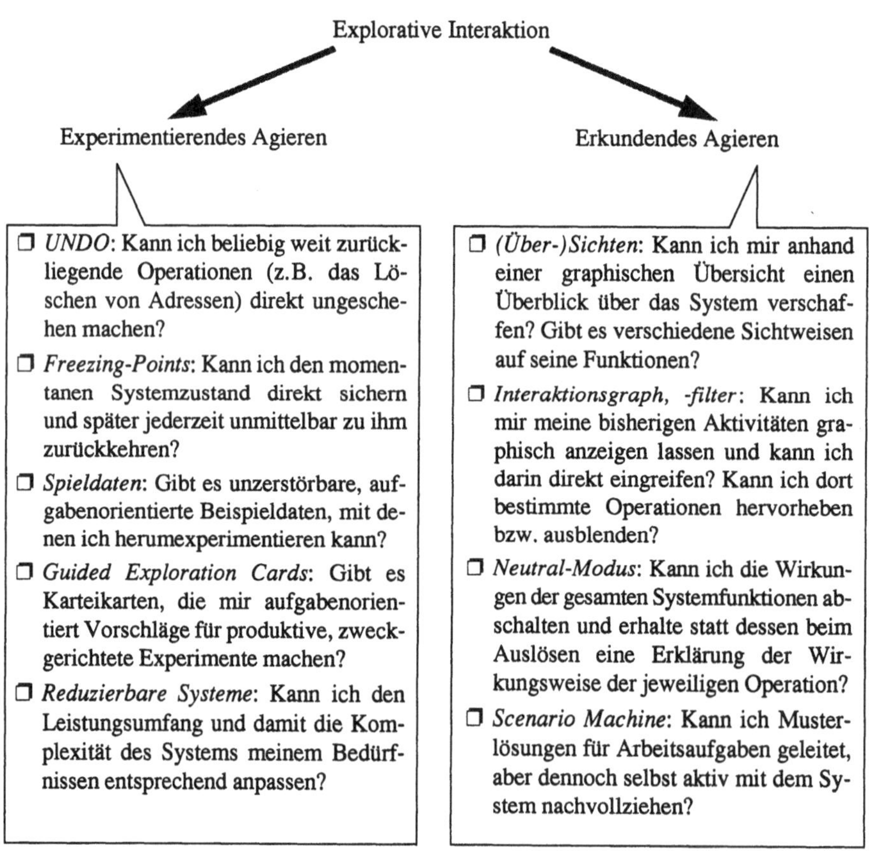

Explorationsfreundliche Anwendungsprogramme sind ein grundsätzliches Ziel menschengerechter und aufgabenangemessener Gestaltung von Computersystemen, die als "Werkzeug" benutzt werden können. Demgemäß ist es immer dann sinnvoll, ein explorationsfreundliches System einzusetzen, wenn die Arbeit mit einem Computersystem sinnvoll ist. Besondere Maßnahmen müssen nur dann ergriffen werden, wenn unmittelbare Operationen an der realen Welt vorgenommen werden (Prozeßsteuerung u. ä.) oder aus juristi-

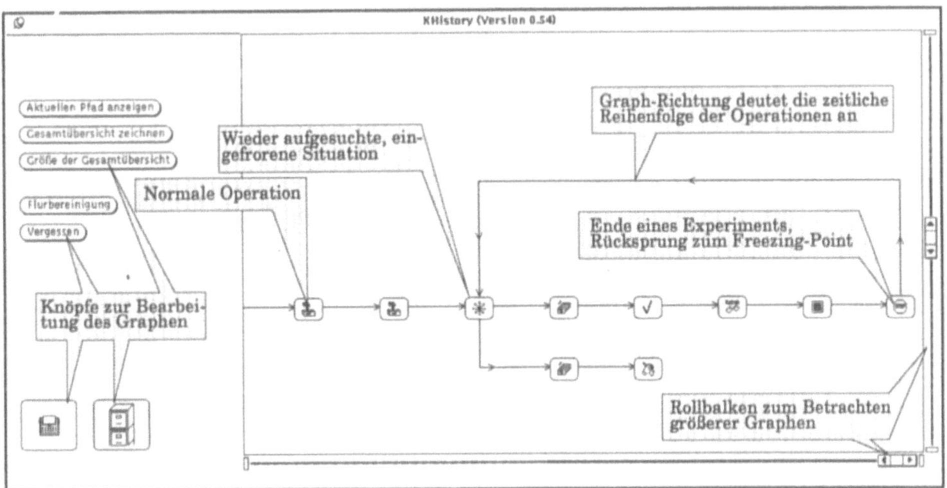

Abb. 1: Visualisierung der Interaktionshistorie im Interaktionsgraph (EXPLORE)
(Jede Benutzer-Operation wird als Knoten durch die korrespondierenden
Ikonen aus der Applikationsoberfläche repräsentiert)

schen Gründen irreversibel sein sollen (Buchungssysteme, Haushaltsüberwachung). Dies kann beispielsweise mit speziellen Simulationsprogrammen erreicht werden (zu den grundsätzlichen Voraussetzungen explorativen Agierens vgl. Paul / Foks, 1991).

Im Rahmen des Projekts wurden die Voraussetzungen und Eigenschaften der explorativen Interaktion erarbeitet und anhand eines ersten Prototyps (Adreß-Verwaltung) umgesetzt und erprobt. Die Abbildung 1 zeigt beispielhaft eine Situation aus der Arbeit mit diesem Prototyp: die Visualisierung der Interaktionshistorie in einem Interaktionsgraphen mit einem Freezing Point, einem nachfolgenden Experiment, dem Rücksprung zu dieser eingefrorenen Situation und der anschließenden Weiterführung der Interaktion. Zur Verwaltung der Interaktionshistorie wurde in der Programmier-Sprache *C* eine wiederverwendbare Funktionen-Bibliothek erarbeitet, die die ansonsten aufwendige Implementation der Protokollierung der Interaktionshistorie, der Stornierungsfunktionen und der Freezing-Points stark vereinfacht (vgl. Paul 1991, 1992b, Paul / Foks, 1991). Dieses Toolkit ist dann einsetzbar, wenn

1. alle Funktionen der Anwendung keine undefinierten Seiteneffekte produzieren,

2. alle Funktionen ein inverses Gegenstück haben, d.h. das jeder erzielte Effekt mit einer anderen Operation zurückgenommen werden kann und

3. wenn 1. und 2. auch für Operationen gelten, die sich aus elementaren Operationen zusammensetzen, die wiederum 1. und 2. erfüllen.

Explorationsfreundliche Systeme sind nicht nur ein Weg zu besserer Software, weil sie eine präzisere und sorgfältigere Implementation der Systemfunktionen mit sich bringen. Wie durch eine Evaluierung anhand des software-ergonomischen Leitfadens EVADIS untersucht und bestätigt wurde, führen die Eigenschaften dieser Systeme direkt zu angemesseneren Werkzeugen für die tägliche Arbeit, weil sie bei den natürlichen Eigenschaften und Fähigkeiten des Menschen ansetzen und so ein schnelles Lernen, ein stressfreieres Einarbeiten in und letztlich auch ein produktiveres Arbeiten mit den interaktiven DV-Systemen erlauben.

Das Projekt EXPLORE verlagert z.Zt., nachdem die grundsätzliche Nützlichkeit des explorativen Modells gezeigt werden konnte, seinen Schwerpunkt auf produktionstechnische Anwendungsbereiche. Dazu sollen Prototypen für die entsprechenden Einsatzfelder entwickelt und mit Partnern aus der Industrie unter All-

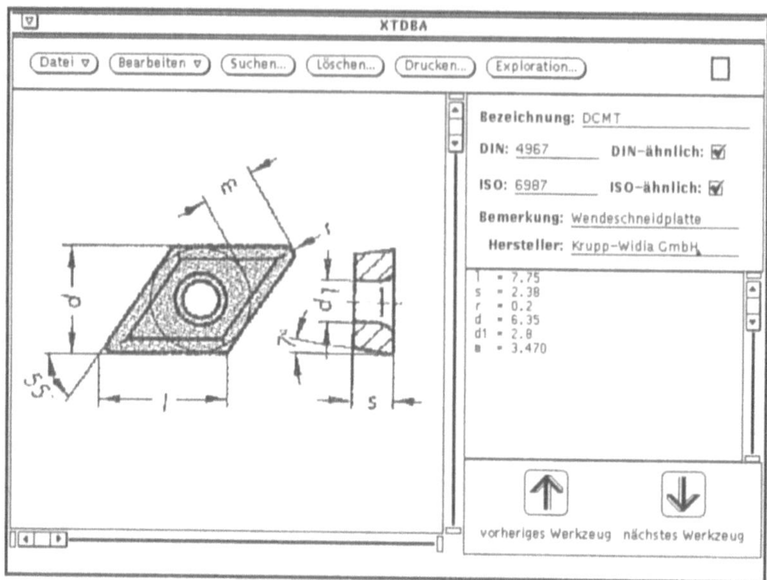

Abb. 2: Prototyp der Werkzeug-Datenbank XTDBA (EXPLORE)

tagsbedingungen erprobt werden. Ein produktionstechnisch orientierter Prototyp - eine Datenbank-Applikation (☞ Abb. 2) zur Verwaltung von Werkzeugen des Maschinenbaus (Wendeschneidplatten u. ä.) - entsteht zur Zeit (Paul, 1992c).

3.2 FABER - interaktive Auslegung von Funktionsbaugruppen

In diesem Projekt wurde ein objektorientierter Prototyp eines DV-unterstützten Berechnungssystems für die interaktive Auslegung von Funktionsbaugruppen und deren Maschinenelementen am Beispiel von Zahnradgetrieben entwickelt.

In den letzten Jahren wurden zahlreiche DV-Systeme erarbeitet, die zunehmend auch die frühen Phasen der Konstruktion (wie Konzipieren und Entwurf) unterstützen. Das Spektrum der in diesen Systemen angewendeten Techniken ist reicher und breiter geworden. Die Benutzung dieser Systeme stellt immer höhere Anforderungen an die Konstrukteure in bezug auf EDV-Kenntnisse, denen weniger Erfahrene nur mit Mühe gerecht werden können. Die meisten bisher erarbeiteten Berechnungsprogramme zur Auslegung von Maschinenelementen sind nicht ausreichend interaktiv gestaltet und verlangen vom Benutzer von Anfang an die Kenntnis aller wichtigen Eingabedaten. Sind die vom System in einem Zuge vollständig berechneten Ergebnisse nicht alle annehmbar, so müssen die Berechnungen von Anfang an erneut durchgeführt werden. Der Benutzer kann die vom Rechner vorgeschlagenen Teillösungen nicht ändern, er kann seine Entwurfskenntnisse bei der rechnerunterstützten Auslegung nicht ausreichend einbringen. Eine interaktiv aufgebautes System ist dagegen für die kreative, auf Erfahrung basierende Arbeitsweise des Konstrukteurs ein eher geeignetes Werkzeug.

Das in FABER entwickelte System bietet für die Auslegung von zweistufigen Zahnradgetrieben dem Benutzer am Anfang eine Übersicht über die vom System unterstützten Arbeitsschritte (siehe Menüleiste in Abb. 3). Ausgehend von den Kundenvorschriften werden bei einer neuen Konstruktion zunächst überschlägige Dimensionierungen mit Hilfe einer integrierten Wissensbasis interaktiv bearbeitet. Das üblicherweise

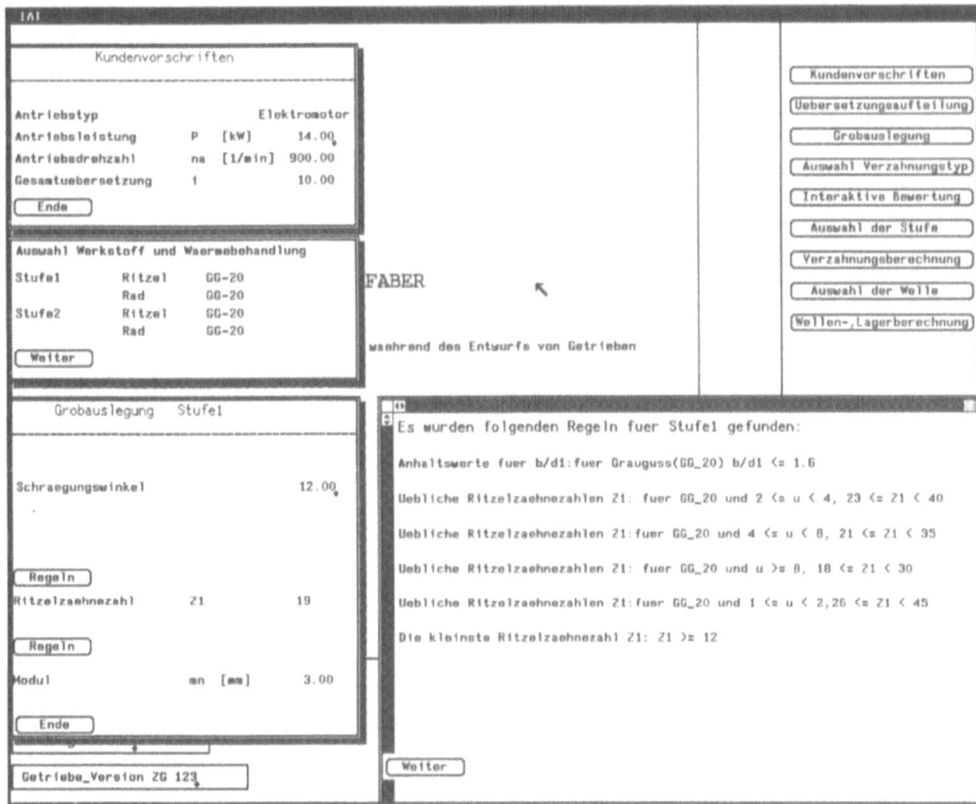

Abb. 3: Interaktive Grobdimensionierung (FABER)

in Richtlinien, Normen und Handbüchern existierende objektivierte Wissen wird im System zur interaktiven Verwendung verfügbar gemacht (☞ Abb. 3).

Das System hilft dem Konstrukteur bei der Bestimmung einiger Größen (z.B. Zähnezahl des Ritzels und Modul) und berechnet die anderen (z.B. werden Zähnezahl des Rades und Zahnbreite berechnet). Der Konstrukteur kann die Zwischenergebnisse bewerten, auf die von ihm als unwichtig betrachteten Regeln verzichten und die Wirkungen der vorgenommenen Veränderungen sofort am Bildschirm ablesen. Dadurch gewinnt er einen weiteren Handlungsspielraum und kann den Zusammenhang zwischen den in den Daten vorgenommenen Veränderungen und ihren Wirkungen erkennen.

Die im Laufe der Grobdimensionierung gewählten und berechneten Größen werden in der Nachrechnung als Eingabedaten benutzt. Der Ingenieur kann auch Teilentwürfe und Alternativlösungen speichern und später, anhand von Merkmalen, aussuchen und bei einer Variantenkonstruktion wieder verwenden.

Um der praktischen Denkweise des Konstrukteurs näher zu kommen, ist das System objektorientiert gestaltet. Der Benutzer trifft im System die ihm aus seiner Erfahrung wohl bekannten Begriffe (Ritzel, Welle usw.) mit deren Eigenschaften und Zuständen wieder. Auch die Interaktion ist aufgabenangemessen gestaltet und in der Fachsprache des Konstrukteurs ausgeführt. So erscheint beispielsweise bei einem Eingabefehler eine situationsgerechte Erklärung: "Zähnezahl muß eine ganze Zahl sein" oder, wenn der Benutzer Verzahnungsberechnungen durchführen will, ohne die Stufe anzugeben, erscheint die Meldung: "Für welche Stufe?".

Im Laufe des Entwurfes muß man das Erfülltsein einer größeren Anzahl von Nebenbedingungen nachprüfen. Diese Gegebenheit sowie die geringe Flexibilität der mit konventionellen Methoden erstellten bisheri-

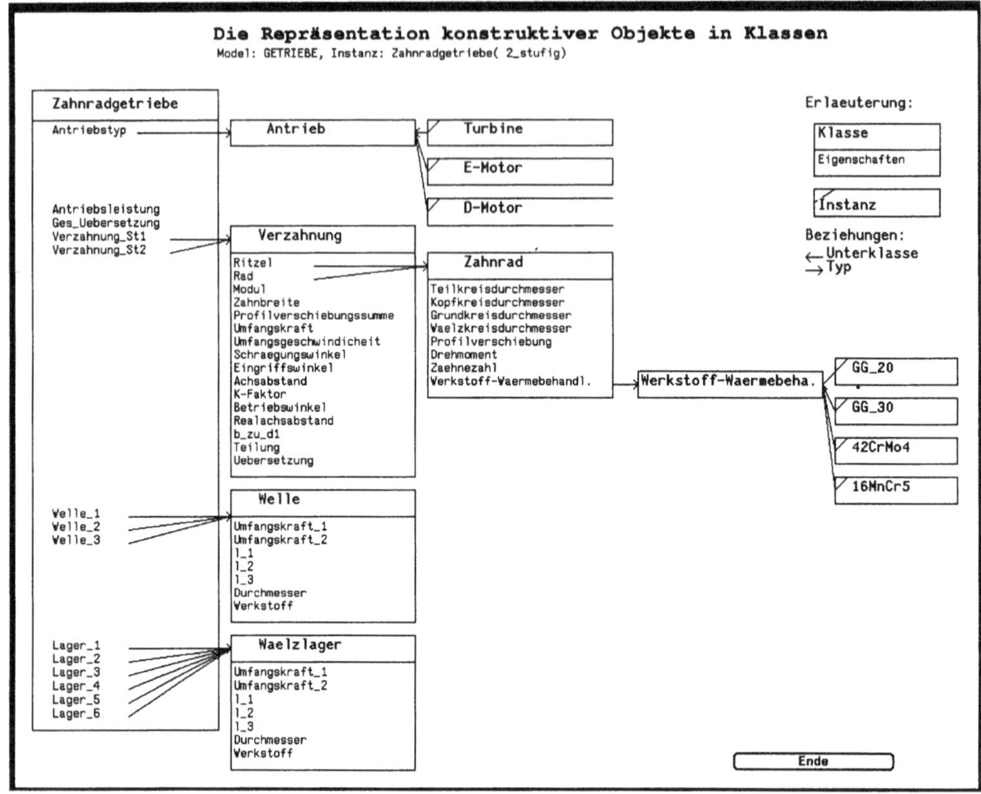

Abb. 4: Gruppierung von Objekten und Klassen

gen Systeme im Hinblick auf Veränderungen der Bedingungen führten uns zum Einsatz wissensbasierter Techniken, die auch eine aufgabenangemessene Interaktion zwischen dem Konstrukteur und dem System erlauben. Mit Hilfe speziell entwickelter Prozeduren kann der Konstrukteur die Wissensbasis durch sein eigenes oder firmenspezifisches Konstruktionswissen erweitern. Das System zeigt ihm, wie die Objekte mit ihren Eigenschaften in Klassen zusammengefaßt sind (☞ Abb. 4), wie eine Regel oder Prozedur zu formulieren ist und hilft ihm, damit sein in der Arbeit erworbenes praktisches Wissen in objektiviertes, theoretisches Wissen zu verwandeln (☞ Abb. 5). Die Prozeduren, die zu diesem Zweck geschrieben wurden, überprüfen auch die Konsistenz der Wissensbasis.

Die Implementierung der Klassen und die Formulierung der Regeln und Bedingungen wurde in der in BIM-Prolog geschriebenen CML-Sprache realisiert. Die Berechnungsprogramme wurden in C++ programmiert. Die Klassen könnten in CML und in C++ ähnlich aufgebaut werden. Die Berechnungsergebnisse können von einem CAD-System übernommen werden. Als geplante Weiterentwicklung des Systems sind Schnittstellen zur CAD-Systemen und Datenbanken vorgesehen.

Auf diesem Wege werden moderne Softwaretechniken wie deklarative Programmierung oder objektorientierte Methoden genutzt, um qualifizierte und in hohem Maße erfahrungsgeleitete Arbeit von Konstrukteuren zu unterstützen und nicht etwa nachzuahmen und zu ersetzen. Der Kern ihrer Fachkompetenz kann sich durch diese Art der Arbeits- und Systemgestaltung in der Arbeit erhalten, weil sie nach wie vor abgefordert wird. Die Arbeit wird nun produktiver, erfordert aber keine besonderen EDV-Kenntnisse.

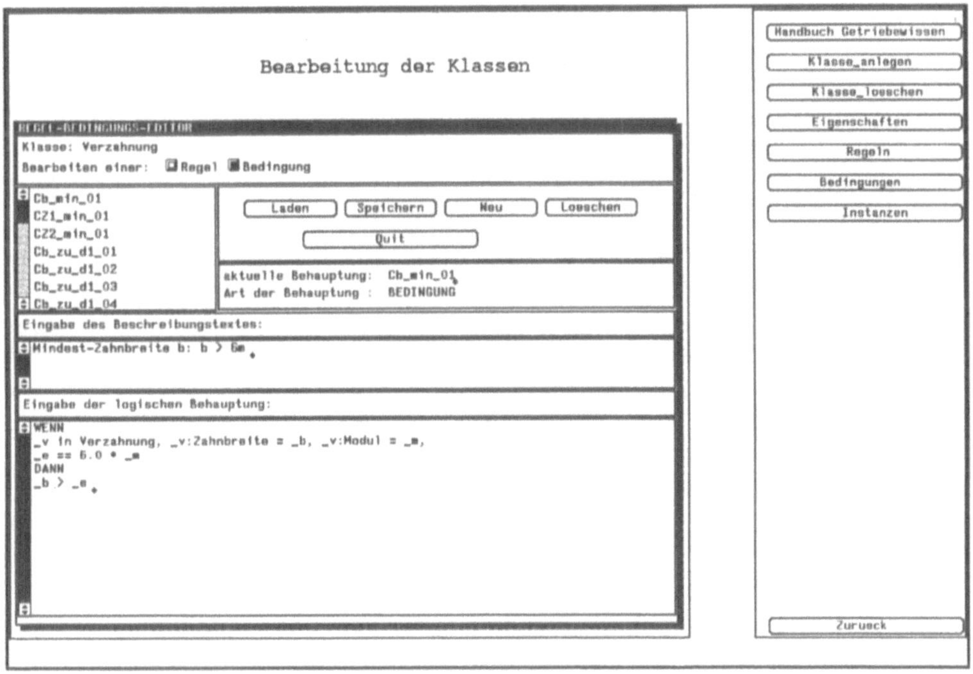

Abb. 5: Bearbeitung einer Bedingung

4 Schlußbemerkung

DV-Systeme wurden bislang häufig mehr unter der Perspektive des technisch Machbaren, des Nachahmens und Ersetzens lebendiger Arbeit, und weniger nach der Leitlinie des sozial Wünschbaren, einer effizienten und sozialverträglichen Arbeitsgestaltung entwickelt und eingesetzt. Auf diese im Lichte von grundsätzlichen Erwägungen über Bedingungen menschlichen Handelns besehen unangemessene Perspektive ist - neben immanenten Problemen der Softwaretechnik - auch ein großer Teil der Einsatzschwierigkeiten hinsichtlich Qualifikation und Effizienz zurückzuführen (Brödner / Simonis / Paul, 1991). Wenn DV-Systeme entworfen werden, die (sofern das überhaupt gelingen kann) wesentliche Teile der Fachkompetenz betrieblicher Fachleute ersetzen, dann sehen sich diese auf Restaufgaben mit minderen oder einseitigen Qualifikationsanforderungen zurückgedrängt. Ihre fachliche Qualifikation verkümmert, EDV-Kenntnisse für den Umgang mit dem System sind kein angemessener, zudem mit jeder Systemgeneration veraltender Ersatz.

Hier wird dagegen plädiert, die Systementwicklung als Teil von Arbeitsgestaltung zu begreifen derart, daß Funktionsteilung und Interaktionsformen zwischen Mensch und Maschine bewußt unter der Perspektive einer produktiveren Bewältigung der Arbeitsaufgabe und der Nutzung der Stärken und der Handlungskompetenz menschlicher Experten gestaltet werden. DV-Systeme erhalten dann den Charakter von Arbeitsmitteln, deren Gebrauch die Qualifikation in der Arbeit erhalten und entfalten kann. Die angeführten Beispiele zeigen, wie dies konkret geschehen kann.

5 Literatur

Brödner, Peter, 1989: In Search of the Computer-Aided Craftsman. AI & Society. Vol. 3/1. 39-46.

Brödner, Peter, 1990: Computersysteme - Ersatz oder Hilfsmittel des Menschen in der Produktion. IAT Discussion Paper. Gelsenkirchen: Institut Arbeit und Technik.

Brödner, Peter / Hamburg, Ileana, 1991: DV-gestützte Auslegung von Getrieben beim Entwurf. IAT-PT 01. Gelsenkirchen: Institut Arbeit und Technik.

Brödner, Peter / Simonis, Georg / Paul, Hansjürgen (Hg.), 1991: Arbeitsgestaltung und partizipative Systemgestaltung. Opladen: Leske + Budrich.

Hamburg, Ileana, 1991: Wissensbasierte Unterstützung des Konstruktionsprozesses in der Entwurfsphase. In: Günther, A. et al. (Hg.), Tagungsband des 5. Workshops "Planen und Konfigurieren", Universität Hamburg.

Hamburg, Ileana, 1991: Rechnerunterstützte Auslegung von Maschinenelementen. In: Protokoll des Workshops "Kreatives und produktives Problemlösen mit CAD", Bad Münstereifel.

Hamburg, Ileana: Interactive calculation during the design phase. In: Brödner, P./ Karwowski, W. (Eds.), Ergonomics of Hybrid Automated Systems III - Proceedings of the 3rd International Conference on Human Aspects of Advanced Manufacturing and Hybrid Automation. Amsterdam: Elsevier (in print).

Naur, Peter: Programming as Theory Building, Microprocessing and Microprogramming 15, 253-261

Paul, Hansjürgen, 1991: EXPLORE - Eine Fallstudie zum explorativen Modell. In: Rauterberg, M. / Ulich, E. (Hg.): Posterband zur Software-Ergonomie 91. Zürich: ETH.

Paul, Hansjürgen, 1992a: Implizites Erfahrungswissen bei der Arbeit mit interaktiven Computer-Systemen. In: Ergonomie & Informatik (März 1992).

Paul, Hansjürgen, 1992b: Explorative Acting in Interactive Systems. In: Mattila, Markku / Karwowski, Waldemar (Eds.), Computer Applications in Ergonomics, Occupational Safety and Health. Amsterdam: Elsevier North-Holland. 89-96.

Paul, Hansjürgen, 1992c: EXPLORE - Interface Building beyond the Interface. In: Brödner, P. / Karwowski, W. (Eds.), Ergonomics of Hybrid Automated Systems III - Proceedings of the 3rd International Conference on Human Aspects of Advanced Manufacturing and Hybrid Automation. Amsterdam: Elsevier North-Holland (in print).

Paul, Hansjürgen / Foks, Thomas, 1991: Exploratives Agieren in Interaktiven Systemen. IAT PT-02. Gelsenkirchen: Institut Arbeit und Technik.

$$\text{Rationalisierung der Ingenieurarbeit:}$$
$$\text{Widersprüchliche Facetten und keine adäquaten Antworten.}$$

Wilfried Müller und Dagmar Cords
Universität Bremen
Forschungszentrum Arbeit und Technik (artec)
Postfach 330440
2800 Bremen 33

Einleitung

Seit Ende der 60er Jahre wird wissenschaftlich systematisch über die arbeitsprozeßlichen und -situativen Konsequenzen organisatorischer und informationstechnischer Rationalisierungsmaßnahmen der Ingenieurarbeit diskutiert. Äußerer Anlaß war eine seit Anfang der 60er Jahre zu beobachtende Tendenz des Ausbaus von Abteilungen für Forschung, Entwicklung und Konstruktion in der bundesdeutschen Industrie. In steigender Zahl wurden Naturwissenschaftler, Ingenieure und Techniker eingestellt (insbesondere in der Elektroindustrie und der chemischen Industrie, aber auch im Stahl-, Maschinen- und Fahrzeugbau), um über Produktinnovationen auf den entsprechenden Weltmärkten Gewinne realisieren zu können.

In der sich herausbildenden ingenieursoziologischen Diskussion wurde die These aufgestellt, daß als Reaktion auf diese quantitativ steigende Anzahl von Ingenieuren deren Arbeit notwendigerweise "ökonomisiert" werden müsse (z.B. Beckenbach, Braczyk, Herkommer, Malsch, Seltz und Stück 1975). In diesem Diskussionszusammenhang rückten die zu dem Zeitpunkt einsetzenden neuen informationstechnischen Arbeitsmittel in den Blickpunkt. So maßen einige Autoren schon frühzeitig dem Einsatz von CAD-Systemen eine besondere Bedeutung zu, da sie in Anlehnung an den englischen Ingenieur und Gewerkschafter Cooley (1972, dt. Fassung: 1978) von der sozialhistorischen Analogie ausgingen, daß für Ingenieure die arbeitsprozeßlichen Konsequenzen des CAD-Einsatzes vergleichbar den arbeitsbezogenen Wirkungen des Maschineneinsatzes für Facharbeiter in der "großen Industrie" des 19. Jahrhunderts sein könnten. Cooley verwandte die Kategorie "Taylorisierung" für eine spezifische Verknüpfung von informationstechnischer Substitution konstruktiv-zeichnerischer Arbeiten und steigender Unterordnung der "Restarbeiten" unter die Kontrolle des Managements. Mit zunehmendem CAD-Einsatz wurden für eine steigende Zahl von technischen Angestellten, bis hinauf zu den Ingenieuren, die folgenden Wirkungen befürchtet: Reduktion des Qualifikationsniveaus, Sinken der beruflichen Autonomie, Anstieg der psychischen Belastungen und Verschärfung der Kontrolle (Bednarz, Heitmann und Kempin 1984).

Im folgenden Text sollen thesenartig die Ergebnisse zweier Studien dargestellt werden, die sich ausschließlich[1] bzw. am Rande[2] mit dem CAD-Einsatz in der industriellen Konstruktion befaßt haben und im Zeitraum von 1987 bis 1990 in bundesdeutschen Firmen des Stahl-, Maschinen- und Fahrzeugbaus bzw. in Abteilungen für mechanische Konstruktion der Elektroindustrie durchgeführt worden sind. Zwei Vorbemerkungen sind jedoch unverzichtbar, da die nachfolgenden Thesen vor diesem Hintergrund zu sehen sind:

1. Vorbemerkung

Die arbeitsbezogenen Effekte des CAD-Einsatzes differieren stark von Betrieb zu Betrieb. Denn zum einen unterscheiden sie sich je nach den Charakteristika des eingesetzten CAD-Systems (z.B. 2D, 3D) und dem Grad der Durchdringung der Konstruktionsabteilung mit CAD. Zum zweiten existieren sehr unterschiedliche arbeitsbezogene Wirkungen je nach Verknüpfung von CAD-Einsatzbereich (z.B. Neu- oder Variantenkonstruktion), Wettbewerbsstrategie und organisations- bzw. personalpolitischen Traditionen des jeweiligen Unternehmens. Im Rahmen des sehr breiten Spektrums unterschiedlicher Einsatzbedingungen beschränken wir uns darauf, den "dominanten Strom" zu beschreiben, d.h. die Konsequenzen, die - mehr oder weniger stark ausgeprägt - in der Mehrzahl der Betriebe mit mehrjähriger CAD-Erfahrung und relativ großer Durchdringung der Konstruktionsarbeit mit CAD sich durchgesetzt haben.

1 Müller, W., Cords, D., Peters, W.: Computer Aided Design und Ingenieurarbeit. Gestaltungsperspektiven und Rationalisierungsverständnis von Ingenieuren bei der Entwicklung, Einführung und Anwendung von CAD-Systemen, Universität Bremen, Mai 1990.

2 Müller, W.: Betriebliche Technikgestaltung durch Ingenieure. Sozialverträgliche Technikgestaltung im Urteil von gewerkschaftlich orientierten Ingenieuren aus Unternehmen der Metallindustrie im Ruhrgebiet. Opladen (i.E.)

2. Vorbemerkung

Es ist problematisch, von arbeitsbezogenenen "Wirkungen des CAD-Einsatzes" zu sprechen. In der Regel verändern sich parallel zur Einführung von CAD-Systemen andere für die Arbeitssituation von Konstrukteur/Innen relevante betriebliche Bedingungen. Drei Trends sind hier besonders wichtig: Zum einen haben wir die Tendenz zu technisch komplizierteren und qualitativ besseren Produkten vorgefunden, die zudem aufgrund von Marktzwängen in kürzerer Zeit konstruiert und hergestellt werden müssen (insbesondere bei Investitionsgütern). Zum zweiten scheint es einen industriekulturell bedingten Trend zur Abflachung der Hierarchien in allen betrieblichen Abteilungen, auch in der Konstruktion, zu geben. Und schließlich haben sich auf dem Arbeitsmarkt die Relationen zwischen Ingenieuren und den geringer qualifizierten technischen Angestellten (Techniker, Technische Zeichner/Innen) zugunsten der ersten Gruppe verschoben. CAD-spezifische Wirkungen sind aus diesem komplizierten Geflecht von Bedingungsfaktoren nicht herauszulösen. Aus diesem Grunde sprechen wir im folgenden von Wirkungen **im Zusammenhang** des CAD-Einsatzes.

1. These: CAD trägt zur Intensivierung der anspruchsvollen Arbeiten bei.

Die meisten Konstrukteur/Innen mit CAD-Erfahrung (in der Regel arbeiten sie - anders als Technische Zeichner/Innen - weniger als 4 Stunden pro Tag am CAD-System) deuten die im Zusammenhang eines mehrjährigen CAD-Einsatz zu beobachtenden Veränderungen ihrer Arbeitssituation, insbesondere der Anforderungen an ihre Fähigkeiten, nicht als Tendenz einer inhaltlichen Entleerung ihrer Arbeit bzw. einer Dequalifizierung ihres Arbeitsvermögens, sondern als inhaltliche Anreicherung und Höherqualifizierung.

Diese Einschätzung beruht auf der Erfahrung, daß sie (trotz neuer DV-bedingter Routinen) ingesamt weniger Zeit für zeichnerische Routinetätigkeiten aufbringen, Änderungen wesentlich leichter vornehmen und vor allem mehr Konstruktionsalternativen schnell durchspielen können. Insbesondere die Nutzung von 3D-Systemen (es dominiert allerdings quantitativ noch die Nutzung von 2D-Systemen/Modulen) erlaubt es ihnen, sich Fragestellungen zuzuwenden, die sie bisher nur in einem zeitaufwendigen "trial und error" in Absprache mit anderen Abteilungen lösen konnten (z. B. Kollosionsbetrachtungen). Sie bringen mehrheitlich ihre Erfahrungen auf den folgenden Nenner: "Wir können mit CAD in kürzerer Zeit komplizertere Aufgabenstellungen mit weniger Fehlern bewältigen".

Diese Tendenz scheint neuerdings auch für Technische Zeichner/Innen zu gelten. Während vor fünf bzw. zehn Jahren Firmen sich noch häufig entschieden haben, als Reaktion auf den CAD-Einsatz Technische Zeichner/Innen nicht mehr einzustellen, deutet sich in der letzten Zeit eine Trendwende an: sie nämlich systematisch in der Detailkonstruktion einzusetzen.

2. These: Die psychische Belastung ist deutlich gestiegen!

Mehr oder weniger stark werden alle Betriebe unserer Untersuchung mit dem marktbedingten Zwang konfrontiert, in kürzerer Zeit qualitativ bessere Produke zu konstruieren und herzustellen. Den daraus resultierenden kürzeren terminlichen Vorgaben können Konstrukteur/Innen nur durch eine Mischung aus Überstunden und intensiverer Erbringung ihrer Arbeit entsprechen. Aufgrund des Wegfalls von zeichnerischen Routinearbeiten reduziert CAD einerseits das Überstundenkontingent, verdichtet jedoch andererseits die anspruchsvollen Aufgaben während der Arbeitszeit. CAD-Systeme tragen also unter den gegenwärtig "durchschnittlichen" betrieblichen Bedingungen zu einer Intensivierung der anspruchsvollen Arbeiten und dadurch zu einem Anstieg der psychischen Belastung bei. Dieser Trend tritt verschärft bei CAD-Systemen auf, die - mit Hilfe von Programmierschnittstellen, Makrosprachen und Variantenmodule - an produktspezifische Gegebenheiten und aufgabenspezifische Anforderungen der Mitarbeiter angepaßt sind.

Der subjektiv verbindliche Eindruck des Anstiegs der psychischen Belastung ist nicht zuletzt deshalb so stark, da selbst nach mehrjähriger Arbeit an CAD-Systemen es den Konstrukteur/Innen nicht gelingt, die Nutzung des CAD-Systems zu habitualisieren. Sie wissen jedoch zugleich, daß Fehlbedienungen am CAD-System gravierende Konsequenzen haben können. Vor diesem Hintergrund beschreiben alle CAD-Nutzer einen Zwang zur gedanklichen Explikation des Zusammenhangs von Prozedur und konstruktiv-zeichnerischem Resultat, aus dem erhöhte Anforderungen an ihr Konzentrationsvermögen resultieren. Die Quintessenz: "Am CAD-System kann man nicht mehr abschalten."

3. These: Tendenz: "Freiwillige Selbstkontrolle"

Auch in der "CAD-freien" Vergangenheit konnten Konstrukteur/Innen, gerade im Bereich der Varianten- und Anpassungskonstruktion, den konstruktiven Ansatz eines Produktes mehrheitlich nicht beeinflussen. In
den letzten Jahren sind allerdings die Handlungsfreiräume in der Konstruktionsarbeit durch Richtlinien der Kunden, Werksnormen, DIN-Vorschriften und neuerdings Vorgaben aus der eigenen Fertigung und Montage eingeengt worden. Ein steigender Teil dieser Vorschriften ist auf
CAD-Systeme übertragen worden und steht damit den Konstrukteur/Innen
als Informationsgrundlage schneller und kompletter als in der Vergangenheit zur Verfügung. CAD hat diesen Trend der Standardisierung zwar
nicht erzeugt, aber verstärkt.
Da jedoch parallel zu dem sich verdichtenden Geflecht von Vorschriften
die Vielfalt der zu konstruierenden Produkte deutlich gestiegen ist,
neue Materialien und Werkstoffe in der Konstruktion immer öfter berücksichtigt werden müssen und neue Prinzipien (wie das recyclingge-
rechte Konstruieren) an Bedeutung gewinnen, empfinden Konstruk-
teur/Innen zum gegenwärtigen Zeitpunkt diese Einengung ihrer Handlungsfreiheiten noch nicht als gravierend. Zudem hat der CAD-Einsatz
ihre Handlungsfreiheiten im Hinblick auf die inhaltliche Bestimmung
der Arbeitsschritte und die Einteilung der Arbeitszeiten nicht reduziert. Die Quintessenz: "Die Schmerzgrenze ist noch nicht erreicht!"
Auch die arbeitsbezogenen Kontrollen des Konstruktionspersonals sind
im Zusammenhang mit dem CAD-Einsatz nicht detaillierter gestaltet worden. Informationstechnisch mögliche Kontrollen des Arbeits- und Lei-
stungsverhaltens werden von Management, Konstruktionsleitern und
Systembetreuern bewußt nicht genutzt. Dabei spielt nicht nur eine
Rolle, daß Kontrollen dieser Art nach dem Betriebsverfassungsgesetz
mitbestimmungspflichtig sind, sondern auch die Einschätzung, daß solche Kontrollformen die Arbeitsmotivation ihres hochqualifizierten Personals beeinträchtigen würden. Das entscheidende Kontrollkriterium für
Konstruktionsarbeiten besteht weiterhin darin, eine vorgegebene Aufgabe zu einem festgelegten Zeitpunkt unter Berücksichtigung des definierten Kostenrahmens bewältigt zu haben.
Management und Konstruktionsleiter erwarten heute von Konstrukteur/In-
nen stärker als in der Vergangenheit, sich "freiwillig", d.h. ohne direkte hierarchische Kontrolle, auf vorgegebene Qualitätsstandard und
Zeit- und Kostenkalküle einzustellen. Auch diese Tendenz scheint durch

CAD leicht verstärkt worden zu sein. Denn bei einer steigenden Zahl von Firmen, noch nicht bei der Mehrzahl, ist die Zeichnungsfreigabe aus der Hand der Konstruktionsleiter bzw. der Normstelle in die der konstruierenden Sachbearbeiter gelegt worden.

4. These: Ohne grundlegende Veränderung der Aufbauorganisation eine effizientere Ablauforganisation

Selbst in Betrieben mit einer realisierten informationstechnischen Kopplung von CAD-System und NC-Programmierung bzw. mit Vorarbeiten in Richtung eines CIM-Konzeptes sind in der Regel die Aufgabenzuschnitte der Konstruktion bzw. der Arbeitsvorbereitung nicht grundlegend verändert worden. So ist die informationstechnisch naheliegende organisatorische Zusammenfassung von Konstruktion und Arbeitsvorbereitung nur im Ausnahmefall (bei relativ einfachen Arbeiten in der NC-Programmierung) realisiert worden.
In der Mehrzahl der Betriebe sind allerdings die Abteilungsgrenzen im Zusammenhang mit der Implementation von CAD- bzw. CAD/CAM-Systemen exakter definiert worden. Häufig sind Konstruktionsabteilungen nicht mehr nur für die Konstruktionszeichnungen zuständig, sondern haben von der Arbeitsvorbereitung die Erstellung der fertigungstechnisch relevanten Zeichnungen übernommen. Auch die Anforderungen in der Arbeitsvorbereitung sind allerdings aufgrund der größeren Komplexität der Produkte und komplexerer Produktions- und Montageverfahren gestiegen. Als Folge dieser genaueren Definition der Abteilungsgrenzen haben stärker formalisierte Absprachen zwischen Beschäftigten aus Arbeitsvorbereitung und Fertigung und technischen Angestellten aus der Konstruktion gegenüber den bis dahin dominierenden informellen Kommunikations- und Kooperationsformen an Bedeutung gewonnen.

5. These: Qualitätsverbesserung der Arbeitsergebnisse sichert Arbeitsmotivation

Der Anstieg der psychischen Belastung wird von den Konstrukteur/Innen zwar häufig kritisch kommentiert, insgesamt aber akzeptiert. Dies dürfte auch daran liegen, daß sie die Steigerung der Qualität ihrer Arbeit bzw. die Qualität ihrer "Arbeitsprodukte" infolge des CAD-Einsatzes positiv bewerten. Denn für ihr berufliches Selbstverständnis ist es von essentieller Bedeutung, daß die ihnen vom CAD-System gebotene Möglichkeit, neue Berechnungsverfahren zu nutzen, mehrere Lösungsvarianten durchzuspielen und schneller auf bereits vorhandene Zeichnungen und Konstruktionen zugreifen zu können, sich in fehlerfreieren und informationshaltigeren Arbeitsprodukten niederschlägt. Konstrukteur/Innen nehmen den mit der Intensivierung verbundenen Anstieg der psychischen Belastung angesichts der von ihnen wahrgenommenen Höherqualifizierung und Qualitätssteigerung in Kauf.

Exkurs: Rationalisierung der Entwicklungsarbeit

Auch wenn in den letzten Jahren in empirischen Untersuchungen die arbeitsbezogenen Konsequenzen des EDV-Einsatzes in der industriellen Entwicklung nur am Rande untersucht sind, erlauben die vorliegenden Studien (Müller 1992, Neef und Rubelt 1986, Paul 1989) die These, daß die im Zusammenhang mit dem CAD-Einsatz in der industriellen Konstruktion beobachteten Phänomene mit gewissen Einschränkungen auf die industrielle Entwicklung übertragen werden können. Entwickler kommen eigentlich durchgängig zu dem Urteil, daß mit EDV-Systemen lediglich ihre intellektuellen Routinearbeiten technisch ersetzt worden sind. Während in der Konstruktion eine Tendenz zur Aufgabenerweiterung besteht, ist in der Entwicklung eher ein Trend zur Spezialisierung zu beobachten. Angesichts des verkürzten Innovationszyklus und der verringerten betrieblichen Durchlaufzeiten führt auch diese Tendenz zu einer Verdichtung der inhaltlich anspruchsvollen Bestandteile technisch-organisatorischer Tätigkeiten.
Auch Entwickler können das von den Unternehmensleitungen als Reaktion auf veränderte Marktbedingungen vorgegebene Ziel, die gesamtbetrieblichen Durchlaufzeiten und die Innovationszyklen zu verkürzen, nur erreichen, wenn sie eine Mischung aus Überstunden und Intensivierung der Arbeit zu akzeptieren bereit sind. Sie begreifen jedoch noch stärker als Konstrukteure diese neuartigen Anforderungen als Herausforderung, der man sich erfolgreich zu stellen habe.

6. These: Bisher sind keine adäquaten arbeitspolitischen Antworten sichtbar

Bisher haben sich Ingenieure, Naturwissenschaftler und Informatiker - wenn überhaupt - nur vereinzelt mit diesem neuen Rationalisierungstypus auseinandergesetzt. Ansätze einer kooperativen Interessenvertretung sind fast nicht zu erkennen.

Auf der anderen Seite sind auch die arbeitspolitischen Antworten der IG Metall nicht geeignet, sich der beschriebenen Tendenz entgegen zu stellen. So trifft der im vorletzten Jahr abgeschlossenen Manteltarifvertrag für technische Angestellte zwar Regelungen, die sich auf formale Qualifikationen, betrieblich angeeignete Fähigkeiten und Dispositionsfreiräume beziehen. Er behandelt jedoch nicht die Frage der psychischen Belastung. Auch die Politik einer reinen Verkürzung von Arbeitzeiten für tariflich angestellte Entwickler und Konstrukteure bietet keine Voraussetzung, einer weiteren Intensivierung der Arbeit entgegenzuwirken. Die Ausarbeitung von Modellen zur Ausgestaltung der Arbeitszeit, z.B. die Einforderung verbindlicher Phasen für Weiterbildung und Kommunikation innerhalb der Arbeitszeit, ist ein notwendiger Schritt.

Da die möglichen gesundheitlichen Beeinträchtigungen des geschilderten Rationalisierungstypus für Entwickler und Konstrukteure erst langfristig auftreten werden, reichen empirische Untersuchungen über arbeitsprozeßliche Veränderungen im Zusammenhang mit dem Einsatz von CAD- bzw. CAE-Systemen nicht aus, um unter Konstrukteuren, Ingenieuren und Informatikern eine gewisse Aufmerksamkeit zu erzielen. Notwendig sind vielmehr zukunftsorientierte Studien einer Technik- bzw. Organisationsfolgenabschätzung, die Hinweise zu einer "antizipatorischen Regulierung" dieses Problemfelds enthalten. Diese erfordert aber neben einer Technikfolgenabschätzung auch positive Vorstellungen darüber, wie die Arbeit im Konstruktionsbüro in Zukunft aussehen soll.

Nicht zuletzt die Fixierung der bisherigen Technikfolgenabschätzung für informationstechnische Systeme auf "Expertensysteme" leistet ihrerseits ungewollt einen Beitrag dazu, daß arbeitsbezogenen Wirkungen alltäglicher informationstechnisch-organisatorischer Rationalisierungen im Umfeld der industriellen Entwicklung und Konstruktion gesellschaftlich nicht angemessen wahrgenommen werden.

Literatur

Beckenbach, N., H.-J. Braczyk, S. Herkommer, Th. Malsch, R. Seltz und H. Stück: Ingenieure und Techniker in der Industrie. Eine empirische Untersuchung über Bewußtsein und Interessenorientierung. Frankfurt 1975

Bednarz, K., G. Heitmann und P. Kempin: CAD/CAM und Qualifikation. Auswirkungen intergrierter Computersysteme auf Arbeitsprozesse in Konstruktion und Fertigung. Frankfurt/New York 1984

Cooley, M.: Computer Aided Design. Sein Wesen und seine Zusammenhänge. Stuttgart 1978

Manske, F., O. Mickler, H. Wolf, P. Martin und H-J. Widmer: Computerunterstütztes Konstruieren und Planen in Maschinenbaubetrieben. Entwicklungstrends, soziale Auswirkungen und Hinweise zur Arbeitsgestaltung. KfK-PFT-Bericht 158, Kernforschungszentrum Karlsruhe, 1990

Müller, W.: Betriebliche Technikgestaltung durch Ingenieure. Sozialverträgliche Technikgestaltung im Urteil von gewerkschaftlich orientierten Ingenieuren aus Unternehmen der Metallindustrie im Ruhrgebiet. Opladen (i.E.)

Neef, W. und J. Rubelt (Projekt: Organisierung von Ingenieuren): Berufliche Situation und Selbstverständnis von Ingenieuren, Technikern und Naturwissenschaftlern. Forschungsvorhaben im Auftrage der Hans-Böckler-Stiftung in Zusammenarbeit mit der IG Metall. Abschlußbericht Berlin 1986

Paul, G.: Die Bedeutung von Arbeit und Beruf für Ingenieure - eine empirische Untersuchung. Frankfurt/Main 1989

Die Auswirkungen von CASE

Dipl. Wirtschaftsinformatiker
Christian Roth
Volksfürsorge Deutsche Lebensversicherung AG
An der Alster 52
2000 Hamburg 1
040/2865-4867

Zusammenfassung

Durch CASE werden Arbeitsverfahren festgelegt, den Softwareentwicklern vorgegeben und durch Werkzeuge automatisiert. Dies wirkt auf die CASE-Benutzer, indem es ihre Handlungsweisen verändert und ihren Umgang mit den Werkzeugen selbst beeinflußt. Die Auswirkungen auf das Arbeitsverhalten der Entwickler werden hier in Form von Thesen zur Diskussion gestellt, die auf Erhebungen in der Softwarepraxis beruhen. Sie beschreiben mögliche Auswirkungen auf Emotion und Kognition sowie Produktivität und Produktqualität.

1. Was leistet CASE ?

Im Softwareengineering sind Prinzipien, Methoden und Verfahren definiert. *Prinzipien* wie etwa das top-down Vorgehen oder das Information Hiding stellen Handlungsgrundsätze dar, die Ausgangsbasis für Methoden sind. *Methoden* wie Strukturierte Analyse oder Strukturierte Programmierung sind wiederum systematisierte Vorgehensweisen als detailliertere Sicht auf bestimmte Prinzipien. In der dritten Ebene können *Verfahren* als determinierte Methoden bezeichnet werden. Die Regeln einer Methode werden nach formalen Kriterien in Aufgabensequenzen beschrieben ("algorithmisiert") und bilden so konkrete Vorgehensmuster ab, wie etwa die Struktogramm- oder die Entscheidungstabellentechnik.

Werkzeuge stellen die unterste Ebene dieses Gedankenmodells dar. Sie automatisieren Verfahren und unterstützen damit Diagrammtechniken, das Verwalten von Dokumenten, das Prüfen auf formale Konsistenz et cetera. Aus technischer Sicht wird dies erreicht durch

- Organisationsmechanismen, etwa zur Definition von Vorgehensmodellen mit Ergebismustern, Arbeitsabfolgen und den einzelnen Arbeitsschritten zugeordneten Methoden und Werkzeugen;
- eine phasen- und projektübergreifende Datenbasis zur Dokumenten- bzw. Ergebnisverwaltung (Entwicklungsdatenbank);
- formale Konsistenzprüfungen auf den Ergebnissen in der Entwicklungsdatenbank;
- Generierungsfunktionen auf den Objekten in der Entwicklungsdatenbank, etwa zum Zusammenstellen und Ausdrucken von Phasenergebnissen, zum Transformieren in eine andere semantische Ebene (z.B. sog. CODE-Generierung);
- in der Regel grafische Editoren zur Manipulation von Objekten in der Entwicklungsdatenbank (Modellierung von Funktionen und Daten).

Damit stellen CASE-Werkzeuge tatsächlich Dokumentationssysteme dar, die das Erfassen, Ändern und Verwalten von Arbeitsergebnissen unterstützen. Sie sind Hilfsmittel, um nach Prinzipien und Methoden des Software-Engineering vorzugehen, sie "enthalten" aber keine Methoden oder ersetzen diese.

Bei der Einführung und dem Einsatz von CASE-Werkzeugen müssen folgende Tatbestände berücksichtigt werden:

1. CASE-Arbeitsverfahren legen einen wesentlichen Schwerpunkt der Entwicklungstätigkeit auf den Modellbildungsprozeß.

2. CASE-Werkzeuge setzen umfangreiches Wissen über Softwareengineering-Methodik sowie die Bereitschaft zum systematischen Vorgehen voraus.

3. CASE-Arbeitsabläufe *müssen* den persönlichen Handlungsstilen widersprechen, weil letztere individuell verschieden, durch CASE aber vereinheitlichend festgelegt sind.

4. CASE ist eine Automatisierungs- und Rationalisierungstechnik und verändert Arbeitsinhalte und -verfahren.

2. Was bewirkt CASE ?

Hinsichtlich der im folgenden aufgestellten Thesen muß eingeräumt werden, daß diese keinen Anspruch auf Vollständigkeit erheben. Die Thesen sind das Ergebnis eigener Erfahrungen und Beobachtungen und daher subjektiv. Sie beschreiben auf der anderen Seite aber auch keine Einzelfälle. Der Formulierung der Thesen liegen in erster Linie Interviews mit CASE-Anwendern sowie eigene Beobachtungen bzw. Projekterfahrung zugrunde.

These 1: CASE erzeugt Angst vor Qualifikationsdefiziten

Durch CASE werden Arbeitsweisen und -inhalte verändert. Mit dieser Veränderung gehen neue Qualifikationsanforderungen und Bewertungsmaßstäbe einher und üben psychischen Druck auf die Entwickler aus. Es entsteht häufig Angst, den neuen Anforderungen nicht gewachsen zu sein.

In vielen Unternehmen liegt der Schwerpunkt der Softwareentwicklung heute noch im Bereich der Programmierung und des Testens; CASE-Arbeitsabläufe legen hingegen starkes Gewicht auf die Modellbildungsprozesse während der Spezifikation und des Entwurfs. Die Entwickler haben Angst, mit den neuen Verfahren und Techniken nicht zurecht zu kommen, sich durch CASE zu dequalifizieren und erreichte Macht- und Prestigepositionen zu verlieren.

These 2: CASE erzeugt Angst vor Überwachung

Eine der am stärksten gepriesenen Vorteile von CASE ist die unternehmensweite Entwicklungsdatenbank, in der stets alle Arbeitsergebnisse der Entwickler sichtbar sind. Für die Entwickler bedeutet dies auf der anderen Seite die Gefahr der Überwachung und Kontrolle. Sie befürchten die heimliche Bewertung ihrer Arbeit durch Führungskräfte und Kollegen, weil ihnen die Kontrolle nie bekannt wird und die Ergebnisse der eventuell stattfindenden Begutachtung intransparent bleiben.

These 3: CASE erzeugt Erwartungsdruck

CASE erfordert hohe Investitionen in Werkzeuge, Hardware und begleitende Schulungen. Von den Entwicklern wird erwartet, daß sie diese Investitionen durch schnellere und z.B. fehlerarme Entwicklung armortisieren. Alle Rechenexempel zur Rechtfertigung von Investitionen in CASE basieren auf Produktivitäts- und Qualitätssteigerungen, die letztlich von den Entwicklern geleistet werden müssen. Es entsteht damit ein Erwartungsdruck, der durch Angst vor Qualifikationsmängeln und die Furcht vor Überwachung zusätzlich verschärft werden kann.

These 4: Durch CASE wird Konformitätszwang ausgeübt

Eine weitere Quelle für psychischen Druck hat ihre Ursache im Wegfallen des Selbstbestimmungsrechtes von Arbeitsmitteln und -verfahren. Entwickler müssen sich bei ihrer Arbeit konform zu den von CASE-Werkzeugen vorgegebenen Verfahren verhalten. Es geht hierbei nicht um die Qualität oder den Sinn automatisierter Verfahren. Allein das Bewußtsein des Festgelegtseins auf ganz bestimmte Vorgehensweisen schafft das Gefühl von Fremdbestimmtheit und übt Konformitätsdruck aus. Ein Beispiel dafür ist die Spezifikationstechnik "Strukturierte Analyse" [mcmena84], die vor CASE kaum eine Rolle in der industriellen Praxis gespielt hat. Durch die Verbreitung der CASE-Werkzeuge ist die SA zu einem de facto Standard geworden [hruschk91]; daran zeigt sich deutlich, welche Macht die Werkzeuge damit über die Arbeitsweisen der Entwickler ausüben.

These 5: CASE enttäuscht

Viele Softwareentwickler halten CASE offenbar für ein Problemlösungsverfahren. Sie glauben, durch CASE eine Rezeptur zu erhalten, mit der man bei Durchführung der vorgegebenen Arbeitsschritte "automatisch" zu einer Lösung kommt. Aber auch im Umgang mit CASE bleiben die Problemanalyse, das Finden innovativer Lösungsalternativen sowie die Auswahl und Realisierung einer Lösungsvariante der intellektuelle Beitrag des Entwicklers.

Das Finden einer Problemlösung wird durch CASE nicht leichter; der vermeintliche Komfort der Werkzeuge führt zu einer Zunahme an Komplexität der Arbeitsverfahren (Komplexität der Werkzeuge bzw. ihrer Handhabung). Die Arbeit der Softwareentwickler wird durch CASE deshalb nicht einfacher, nur anders. Das enttäuscht und wirkt sich auf ihre Motivation aus, mit CASE zu arbeiten und sich den veränderten Arbeitsbedingungen zu unterwerfen (Hinweise dazu auch in [hansen91] und [ludewig91]).

These 6: CASE wird als wenig nützlich empfunden

Wenn man Softwareentwicklung aus der Sicht der Implementierung heraus betreibt, bedeuten die meisten Arbeitsschritte mit CASE Mehrarbeit. Aus ihrer Sicht empfinden Softwareentwickler den Aufwand im Umgang mit CASE deshalb oft als zu hoch. Sie wollen sich den Umstellungen ihres Arbeitsstils nicht unterwerfen, weil sie die methodische Notwendigkeit nicht einsehen oder ihnen die "Mehrarbeit" in bezug zu den - wenn überhaupt - erst zeitversetzt wirksam werdenden Arbeitserleichterungen als unangemessen hoch erscheint. Sie bezweifeln generell den Nutzen von CASE (vgl. z.B. auch [ludewig91], Bericht 4).

These 7: CASE führt zu Bürokratismus

Fehlende Erfahrung und fehlendes Methodenwissen führen oft zu unreflektiertem Umgang mit den Werkzeugen. Entwickler orientieren sich bei ihrer Arbeit an den Formalismen der Tools und weniger an problemimmanenten Kriterien. Werkzeugformalismus wird mit Methode verwechselt. Werkzeuge provozieren häufig sogar formalistisches Vorgehen, weil sie selbst formalistisch orientiert sind.

Durch die CASE-Bürokratie entstehen eine Menge von Einzelinformationen, die am Bildschirm nur schwer überschaubar sind und ausgedruckt eine Papierflut ergeben - 150 bis 200 Seiten für ein Funktionenmodell mit Strukturierter Analyse bei einem einfachen Erfassungs- und Änderungsdialog mit 2 Masken sind keine Seltenheit [hansen91]. Entwickler laufen Gefahr, an der eigentlichen Problemlösung vorbei zu arbeiten, indem sie sich auf die Werkzeuge anstatt auf die Aufgabe konzentrieren. Sie schaffen Dokumente, die wegen ihres Umfanges, der Struktur ihrer Einzelkomponenten und der sich einstellenden strukturellen Komplexität schwer verstehbar und änderbar sind -eine Ironie angesichts der Zielsetzung von CASE.

These 8: CASE hemmt die Kreativität

Kreativität bedeutet Neues zu schaffen, Ideen zu produzieren, phantasievoll Unterbewußtes aufgreifen, verarbeiten und darstellen zu können. Hierbei spielt die Stimulans der Umwelt eine große Rolle. Die Vielfältigkeit und Vielseitigkeit der Arbeitsumgebung muß Freiräume eröffnen, aus denen heraus Kreativität überhaupt erst möglich wird. Je restriktiver Werkzeuge wirken, um so mehr wird Kreativität eingeschränkt. Bei der Arbeit mit CASE-Werkzeugen kann diese Restriktivität an folgenden Sachverhalten festgemacht werden:

Strukturen versus individuelle Handlungsstile

Durch CASE-Werkzeuge werden folgende Strukturen festgelegt:

-       Aufbau von Ergebnismustern;
-       Aufgabenstruktur und Bearbeitungsreihenfolgen;
-       "Metastrukturen" der Entwicklungsdatenbank;
-       Tätigkeit-Methode-Ergebnis-Verknüpfungen.

Diese Strukturen sind manchmal anpaßbar, aber i.d.R. nicht für den einzelnen Entwickler, d.h. die Arbeitsmethodik ist für den Einzelnen nicht frei wählbar. Das Korsett der Werkzeuge behindert bei der Problembearbeitung, indem es das Agieren auf die werkzeugkonformen Möglichkeiten einschränkt. Der Erfolg bzw. Mißerfolg der Entwicklungstätigkeit beruht aber auf sehr unterschiedlichen, individuellen Handlungsstilen [dylla89][werth88]. Das bedeutet, die individuelle Arbeitsorganisation dominiert die Ablaufmodelle [schreg91]. Dies steht dem Charakter der CASE-Werkzeuge als normierendes und standardisierendes Instrument radikal entgegen; Kreativität und dafür erforderlicher Individualismus werden durch CASE schwerer erreichbar.

Grafikunterstützung

Durch Imagination kann Kreativität begünstigt werden. Das "Denken in Bildern" erhöht u.U. die Gedächtnisleistung, weil bildhafte Informationen im Gegensatz zu Texten im Gehirn dual kodiert und daher besser behalten und abgerufen werden können. Die Darstellung von Sachverhalten durch Bilder kann ferner zu flexiblerer Ideensuche führen, weil Bilder in ihrer Grammatik weniger eingeschränkt sind als Texte und Zusammenhänge über Einzelinformationen hergestellt werden können [brand89].

CASE-Werkzeuge sind hinsichtlich ihrer Grafikunterstützung aber sehr eingeschränkt, weil zum Zeichnen nur ganz bestimmte grafische Elemente zugelassen sind, für die weiterhin eine festgelegte Grammatik gilt. Bei SA sind zum Beispiel Kästchen, gerader Pfeil und Kreis zugelassen, wobei zwei Kästchen (Datenspeicher) aus methodischer Sicht nicht miteinander verbunden werden können. Damit wird das Denken und Ideenproduzieren auf bestimmte Suchräume festgelegt und nicht etwa flexibles Suchen gefördert.

Weiterhin ist die Darstellung von Zusammenhängen in CASE-Grafiken oft nur schwer möglich. Bei SA kann man in der Regel immer nur **ein** Datenflußdiagramm und dadurch immer nur eine Schicht eines mehrstufigen Modells zur Zeit betrachten. Denert [denert91] weist darauf hin, daß diese transaktionsorientierte, grafische, portionsweise Bearbeitung durch CASE-Werkzeuge eher hinderlich sei.

Die Repräsentations- und Arbeitstechniken der CASE-Werkzeuge im Bereich der Grafikunterstützung führen also nicht zu den durch Bilder erhofften Vorteilen. Im Gegenteil dazu werden kreative Prozesse durch Einseitigkeit und die dadurch fehlende Stimulans behindert.

Monotonie

Bei der Arbeit mit CASE sind mitunter umständliche Handhabungsweisen oder überflüssige, d.h. im Sinne der Aufgabenstellung wenig nützliche, Tätigkeiten zu verrichten. Den CASE-Herstellern scheint beim Entwurf ihrer Systeme offensichtlich nicht immer ganz bewußt oder klar zu sein, welche Arbeitsverfahren Entwickler anwenden bzw. welchen Problemen sie dabei gegenüber stehen. Von einem Wegfall langweiliger Routineaufgaben kann daher gar keine Rede sein, durch CASE wird Monotonie oft nur automatisiert! Von einem Zeitgewinn zu Gunsten kreativer Arbeit darf man jedenfalls nicht ausgehen.

These 9: Verlust der Privatsphäre verhindert kreatives Probieren

Das Öffentlichmachen von Arbeitsergebnissen in einer übergreifenden Entwicklungsdatenbank führt neben der Überwachungsangst zu einem Verlust der Privatsphäre der Entwickler. Sie sind es gewohnt, ohne Auswirkung auf und ohne Kenntnis durch andere in ihren privaten Bibliotheken auch einmal zu experimentieren und zu probieren. Ferner betrachten sie mitunter ihr Arbeitsergebnis als "Geheimnis" und wollen es ungern mit anderen teilen (vgl. [weiz77], Seite 155ff). Auch wenn letzteres nicht der Teamarbeit dient, darf doch der Zwang nicht übersehen werden, immer alle Ergebnisse öffentlich machen zu müssen.

These 10: CASE baut Verantwortungsbewußtsein ab

Die Vorgabe von Arbeitsabläufen und Verfahrenstechniken durch CASE-Werkzeuge nimmt den Entwicklern das Verantwortungsbewußtsein für ihr Handeln [demarco91]. Sie müssen sich in das durch andere Vorgedachte fügen und haben wenig Möglichkeit zur Mitgestaltung. Durch die Trennung von Planung und Ausführung im Sinne des Taylorismus geraten Softwareentwickler in eine Defensive, aus der heraus sie sich nicht trauen, alternative Verfahren zu probieren oder auch einmal Fehler zu machen. Falsche Ansätze verwerfen zu können ("you should better do it twice" [brooks75]), ist angesichts permanenter Zeitknappheit in Projekten ohnehin ein Problem und wird durch den Erwartungsdruck im Zusammenhang mit CASE noch schwerer.

Aus technischer Sicht ist den CASE-Werkzeugen dabei anzulasten, daß sie das Arbeiten mit Alternativen - hinsichtlich von Lösungsvarianten, aber auch hinsichtlich der Arbeitsmittel in Form eines "Methodenrepertoires" [floyd91] - in der Regeln nicht unterstützen.

Ferner besteht durch die Vernetzung von Informationen auf unternehmensweiter Ebene die Gefahr, daß Kollegen das verändern, was ein anderer als "sein" Ergebnis betrachtet (fehlendes Zugriffskontroll-Konzept bei den meisten CASE-Werkzeugen). Dieses gegenseitige Verändern geschieht meistens unbewußt, weil die Seiteneffekte einer Änderung über die "Metastruktur" der Entwicklungsdatenbasis nicht immer bewußt oder bekannt sind. Auf jeden Fall sind Zuständigkeiten für einzelne Objekte dadurch oft nicht eindeutig; kein Entwickler möchte hierfür die Verantwortung übernehmen.

Davon ist unter anderem auch die Qualität der Dokumentation betroffen. CASE fördert zwar das Dokumentieren, bewirkt aber nicht automatisch konsistente Dokumente. Fehlendes Verantwortungsbewußtsein, fehlende Sorgfalt oder das "Vergessen" von Dokumentationsarbeiten bei zeitknappen Projekten führen rasch - meistens noch, bevor ein Anwendungssystem überhaupt eingeführt ist - zu gegenüber dem Produkt inkonsistenten Dokumenten in der Entwicklungsdatenbank.

These 11: CASE führt nicht zu mehr Qualität

Was zuvor über die Qualität der Dokumentation gesagt wurde, gilt darüber hinaus für qualitative Aspekte im allgemeinen Sinn. Weil Werkzeuge weder Prinzipien noch Methoden forcieren, sondern lediglich Verfahren automatisieren, kann ohne hinreichendes Softwareengineering-Wissen auch keine Qualitätsverbesserung der Arbeitsergebnisse erreicht werden.

Qualifizierte Entwickler können mit CASE-Werkzeugen sehr wohl qualitativ hochwertige Ergebnisse erzielen. Bei den beobachteten Projekten war allerdings nicht nachvollziehbar, ob dieser Qualitätsstand nun durch CASE erreicht oder lediglich durch CASE nicht zunichte gemacht wurde. In diesem Zusammenhang sei aber noch einmal auf die vorgenannten Thesen verwiesen, die Qualitätseinbußen wegen des CASE-Bürokratismus, des Kreativitätsabbaus und des Nachlassens von Verantwortungsgefühl erahnen lassen.

Vollkommen jenseits der CASE-Technologie liegen die für Qualität eigentlich ausschlaggebenden, sozialen Fragestellungen. Bei der Teambildung und -führung, der Zusammenarbeit in Gruppen und der Kommunikation kann kein Werkzeug helfen. Durch CASE sind Verbesserungen hier sicher nicht erreichbar.

These 12: CASE hat nur geringe Auswirkungen auf Produktivität

Bei ausreichendem Methodikwissen sind Produktivitätssteigerungen durch CASE erreichbar (vgl etwa [jones91]), wenngleich damit noch keine Aussage über die Qualität der Ergebnisse verbunden ist ("quality is productivity and vice versa" [ng90]). Aus zwei Gründen muß den vermeintlichen Produktivitätssteigerungen mit Vorsicht begegnet werden:

1. Gemessen an den Investitionen für CASE sind die damit erreichbaren Produktivitätssteigerungen eher gering (vgl. etwa [schirmer92]).
2. Ausgewiesene Produktivitätssteigerungen orientieren sich i.d.R. an den Herstellungskosten von Software. Erfahrungsgemäß sind die Folgekosten aber weitaus größer. Über Produktivitätsaspekte bei der Softwarewartung liegen hingegen kaum Zahlen vor.

3. Ist CASE die richtige Lösung ?

Die dargestellten, negativen Auswirkungen von CASE-Werkzeugen hinsichtlich ihrer Akzeptanz müssen insofern relativiert werden, da diese stark von der Mentalität und der Persönlichkeit Einzelner abhängig ist. In Einzelfällen war zu beobachten, daß technikbegeisterte Entwickler CASE-Tools mit Enthusiasmus und Begeisterung anwenden. Ferner kann mit teuren, anspruchsvollen Werkzeugumgebungen ein Prestigegewinn verbunden sein, der mitunter zu sonst ungeliebten Aufgaben, etwa in der Softwarewartung, motiviert.

In der Mehrzahl der Fälle aber bewirkt CASE Angst und Zwänge, Demotivation und generellen Nutzenzweifel, Bürokratismus sowie den Abbau von Kreativität und Verantwortungsbewußtsein.

Diese Auswirkungen dürfen nicht isoliert voneinander betrachtet werden, denn sie üben Wechselwirkungen aufeinander aus. Die Demotivation, mit CASE zu arbeiten, verstärkt den Abbau von
Verantwortungsbewußtsein und geht mit CASE-Bürokratismus einher. Die durch CASE entstehenden Zwänge sind im Zusammenhang mit Qualifikationsdefiziten und Erwartungsdruck als
emotionale Hürde für Kreativität zu sehen. Dies zusammen beeinträchtigt im Ergebnis wiederum
Qualität und Produktivität.

Die Auswirkungen des CASE-Einsatzes haben ihre Ursachen nicht allein in den Werkzeugen, sondern müssen insgesamt zurückgeführt werden auf Qualifikationsdefizite, dem Außerachtlassen sozialer Faktoren bei Einführung und Einsatz von CASE sowie der fehlenden Problemlösungsunter-
stützung der Werkzeuge.

CASE kann ein möglicher Weg sein, mehr Methodik in den Entwicklungsprozeß einzubringen. Von
den Werkzeugen wäre aber zu fordern, daß sie stärker Problemlösungsprozesse unterstützen, z.B.
die Handhabung von Lösungsalternativen, das Einbeziehung von Erfahrungswissen oder die Krea-
tivitätsförderung. Durch flexible, frei wählbare Arbeitsstile [schreg91] und mehr Methodik anstatt
Automatisierung könnten Qualitätsverbesserungen besser erreicht werden. Methodenflexibilität im
Sinne eines Methodenrepertoires [floyd91] würde nicht nur das Gefühl der Einengung abbauen,
sondern gleichzeitig zu mehr Engineering-Kompetenz führen.

Literatur:

[brand89]   Brandner, S.; Kompa, A.; Peltzer, U. (1989):
            Denken und Problemlösen
            Westdeutscher Verlag, Opladen

[brooks75]   Brooks,F.P. (1975):
            The Mythical Man-Month
            Addison-Wesley 1975, Reading, Mass.

[demarco91] DeMarco,T; Lister,T. (1991):
            Wien wartet auf Dich!
            Hanser Verlag München, 1991

[denert91]   Denert, E. (1991):
            Software Enginering
            Springer Verlag, Berlin

[dylla89]   Dylla, N. (1989):
            Experimental Investigationm of the Design Process
            In: Proceedings of the Institution of mechanical Engineers
            ICED 89, Harrogate.Bury St.Edmunds:IMechE, 1989

[floyd91]   Floyd, c.; Züllighoven, H. (1991)
            Softwaretechnik und Systemgestaltung
            Kolloquium Uni Hamburg, FB Informatik, 11.11.91
            Handschriftliche Notizen zum Vortrag

[hansen91]   Hansen, D.; Roth, C. (1991):
              Requirements Engineering- Ein Erfahrungsbericht
              "Structured Analysis" und verwandte Ansätze
              Marburg, April 1991, Proceedings
              Informatik Fachberichte Nr. 273, Seite 67-85, 1991,
              Springer Verlag, Berlin

[hruschk91]   Hruschka, P. (1991) :
              Structured Analysis auf dem Weg zum De-facto-Standard
              Inf. Fachberichte 237 Requirements Engineering '91
              M.Timm (Hrsg.)
              Heidelberg, Springer Verlag

[jones91]   Jones, C. (1991):
              CASE in Context
              3. Europäische CASE-World Konferenz
              3.-4. Dezember 1991, CCH Hamburg

[ludewig91]   Ludewig, J (1991):
              Software- und Automatisierungsprojekte
              B.G. Teubner, Stuttgart 1991

[mcmena84]   McMenamin, S.; Palmer, J. (1984):
              Essential System Analysis
              Yourdon Press, New York

[ng90]   Ng,P.A.; Yeh,R.T. (1990):
              Modern Software Engineering
              van Nostrand Reinhold 1990, New York

[schirmer92] Schirmer,S.; Roth,C. (1992):
              Ketzerische Behauptungen zur CASE-Euphorie
              ONLINE 6/92, R. Müller Verlag, Köln

[schreg91]   Schregenberger, J.W. (1991)
              Methodikbedarf im Engineering
              Intern.Conf.on Engineering Design
              Zürich, 27.-29. August 91

[weiz77]   Weizenbaum, J. (1977):
              Die Macht der Computer und die Ohnmacht der Vernunft
              Suhrkamp, Frankfurt a.M. 1977

[werth88]   von der Werth, R. (1988):
              Konstruktionstätigkeit und Problemlösen
              In:Rechnerunterstützte Konstruktion
              Frieling,E; Klein,H. (Hrsg)
              Huber, Bern 88

Ein wissensbasiertes Assistenzsystem für die Fabriklayoutplanung

Matthias Kloth, Ingo Land
Fraunhofer-Institut für Materialfluß und Logistik
Emil-Figge-Str.75, 4600 Dortmund 50

Jürgen Herrrmann
Universität Dortmund, Fachbereich Informatik
Postfach 500 500, 4600 Dortmund 50

Einleitung

Im vorliegenden Beitrag wird ein unterstützendes Werkzeug für die Fabriklayoutplanung vorgestellt. Der Ansatzpunkt ist dabei nicht ein Programm, das als „Problemlöser" selbsttätig einen Anordnungsplan für eine Produktionsfläche oder ein Lager generiert. Vielmehr soll dem menschlichen Experten ein Programmpaket zur Verfügung stehen, das die Kompetenzen des Planers nutzt und die Qualität der Lösung durch die Überprüfung berechenbarer Kriterien sicherstellt. In dieser Arbeitsumgebung sollen sich die jeweiligen Stärken von Mensch und Maschine derart ergänzen, daß sich die kreativen und innovativen Impulse mit einer berechenbaren Optimierung in einem praxisrelevanten Layoutplan vereinigen.

1. Die Fabrikplanung

Die Aufgabenstellungen in der Fabrikplanung sind vielfältiger Natur. Beginnend mit der Strategieplanung werden iterativ mehrere Planungsphasen [Brandt 89] durchlaufen, die mit der Erstellung eines maßstabsgetreuen Anordnungsplanes enden. Dieser Layoutplan zeigt die Anordnung aller Organisationseinheiten (bspw. Maschinen, Büroflächen oder Lagerzonen) auf dem Grundriß der Fabrikhalle. Die Verschiedenartigkeit der Planungsobjekte führt zu einer fast unübersehbaren Menge von relevanten Informationen, Vorschriften, gesetzlichen Auflagen und Beziehungen [Aggteleky 82], die in den Planungsprozeß eingehen. Dieser Prozeß ist demzufolge vom Fachwissen der Planer, die zum Teil auf einzelne Planungsphasen oder -bereiche spezialisiert sind, und von ihrer Intuition und Kreativität geprägt.

Die zu treffenden Entscheidungen beruhen häufig auf einer Datenbasis, die durch Unvollständigkeit und Unsicherheiten charakterisiert ist. Damit kann es nötig werden, einmal getroffene Entscheidungen zurückzunehmen, deren Eingangsvoraussetzungen sich als unhaltbar erwiesen haben. Hinzu kommt die große Wahlfreiheit bei der Auswahl und Dimensionierung der technischen Systeme. Die permanente Weiterentwicklung und Variationsbreite der Produktionsanlagen, Lager- und Fördertechniken macht es nahezu unmöglich, schon vor Beginn des Planungsprozesses die Beschreibung aller technischen Alternativen für die Entscheidungsfindung bereitzustellen.

2. Bestehende Werkzeuge

Schon seit den frühen sechziger Jahren wird versucht, durch Computerprogramme automatisiert eine Lösung für einen Layoutplan zu generieren. Die Integration der frühen Planungsphasen, in der wichtige Entscheidungen über die Ziele und Strategien des Unternehmens, die Art der Produktionsmethoden und der Lagerverwaltung, sowie die Auswahl und Dimensionierung der technischen Systeme getroffen werden (Abb. 1, erste Ebene), erwies sich jedoch derart schwierig, daß die Werkzeuge für die Fabrikplanung auf die Anordnung von Flächen (Abb. 1, zweite Ebene) reduziert worden sind. Für diese Anordnungsplanung (Koopmans-Beckmann-Problem [Burkhard 79]) existieren eine große Anzahl von Randbedingungen und Optimierungskriterien, da jedes Planungsprojekt seine spezifischen technischen, gesetzlichen, ökonomischen und ergonomischen Schwerpunkte hat, die selbst wiederum von vielen Faktoren abhängen.

Um trotz der daraus resultierenden Komplexität dennoch automatisch eine Lösungsvariante berechnen zu können, wurde die Fabrikplanung auf ein einfaches Anordnungsproblem reduziert, bei dem lediglich bzgl. eines Kriteriums optimiert wird (Abb. 1, dritte Ebene). Dieses Kriterium basiert auf den Materialflußbeziehungen zwischen den am Produktionsprozeß beteiligten Organisationseinheiten. Über einfache Rechenverfahren kann aus diesen Zusammenhängen eine Kostenkennzahl abgeleitet werden, die neben der Entfernung und der Transportmenge noch von den Einflußgrößen Transportmittel, Transporthilfsmittel und Losgrößen abhängt.

Die Beschränkung auf quantifizierbare Kriterien mag zwar hinsichtlich der zugehörigen Kennzahlen eine gute Lösungsalternative generieren, ein praxisgerechtes Layout ist durch die Mißachtung vieler Zusammenhänge kaum zu erreichen. Bereits technische Voraussetzungen, wie die Bereitstellung aller technischer Alternativen (z. B. von Produktions-, Lager- oder Transporttechniken) und die hohe Komplexität der Zusammenhänge (z. B. Materialflüsse bzgl. verschiedener Transportmittel und -güter, Informationsflüsse oder Sympathie- und Kollisionsbeziehungen) zwischen den beteiligten Planungsobjekten verhindern das Auffinden einer optimalen oder auch nur zufriedenstellenden Lösung. Viel schwerer wiegen jedoch die grundsätzlichen Schwierigkeiten, die mit der Vernachlässigung der menschlichen Intuition und Kreativität für die Umsetzung kundenspezifischer Anforderungen einhergehen.

Selbst neuere, interaktive Systeme [Dangelmeier 90] erstellen in ihrer Ausrichtung als „problemlösende" Werkzeuge ein Layout auf Basis der eindimensionalen Optimierung eigenständig und degradieren den Benutzer infolgedessen zum Datentypisten. Somit muß der menschliche Planungsexperte das Layout nachträglich verbessern, Transportwege im nachhinein einfügen, eine Gruppierung nach den verschiedensten Zusammenhängen vornehmen oder auch alternative technische Systeme in den Anordnungsplan einbinden. Diese unzureichenden Berücksichtigung der Stärken des menschlichen Planers und der damit einhergehende Aufwand zur nachträglichen Anpassung an reale Bedingungen stellt die Brauchbarkeit dieser Werkzeuge erheblich in Frage [Dangelmeier 90].

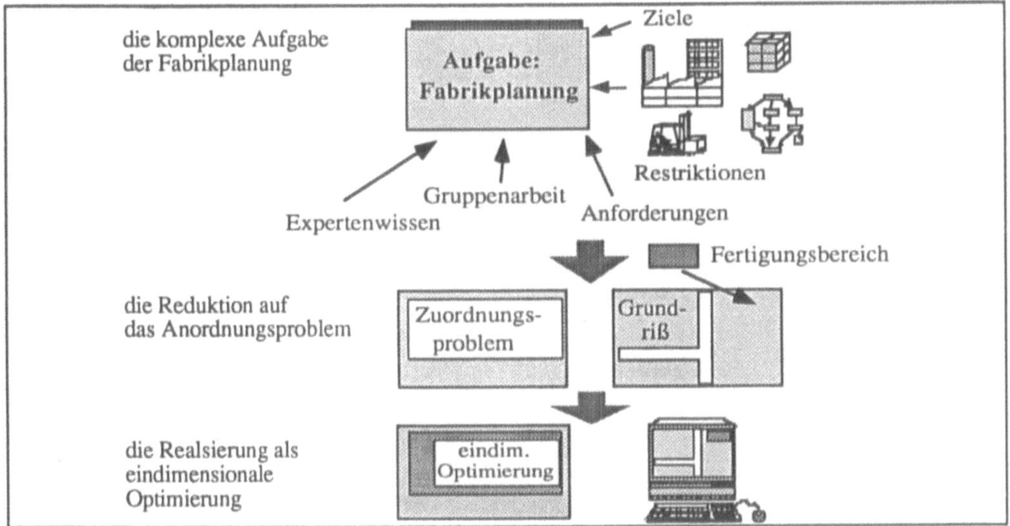

Abbildung 1: Reduktion der Fabrikplanung in „modernen" Planungswerkzeugen

Die Analyse des Planungsvorganges von Fabrikplanungsexperten bestätigte, daß anstelle der vorhanden Layoutplanungssoftware in erster Linie unspezialisierte CAD-Werkzeuge Verwendung finden und selbst als vorteilhaft bekannte Berechnungsverfahren aufgrund des hohen manuellen Aufwandes nicht zum Einsatz kommen.

3. Die Idee eines Assistenzsystems für die Layoutplanung

Der Ansatz für das Konzept eines adäquaten Werkzeugs läßt sich aus der Analyse des Planungsprozesses der menschlichen Experten ableiten. Dabei werden die Abschnitte der menschlichen Arbeit analysiert, in denen die Ausnutzung der maschinellen Stärken eines Computersystems die Vorgehensweise des Menschen unterstützen kann. Davon ausgehend wird eine Aufgaben- und Funktionsverteilung zwischen Mensch und Maschine gesucht, die den jeweiligen Stärken gerecht wird [Volpert 87, Klotz 91, Boy 91, Floyd 91].

Der Rechner übernimmt beispielsweise die Berechnungen von Kennzahlen, einen konsistenten Abgleich zwischen seiner Datenbasis und der aktuellen Layoutalternative oder unterstützt den Anwender durch die geeignete Visualisierung von Daten, deren Interpretation dem Benutzer überlassen bleibt. Der Planer kann über eine graphische Benutzeroberfläche Fachwissen, Kreativität und Intuition in den Planungsvorgang einbringen und behält während des gesamten Prozesses die Gestaltungsinitiative. Die Funktionalität des Assistenzsystems ist stets als Angebot an den Planer zu verstehen. Ohne erst den Anspruch erheben zu wollen (oder zu können), von dem Rechner eine optimale Lösung generieren zu lassen, wird dem Planer durch die Bereitstellung geeigneter Funktionen des Werkzeugs ein intensives Zusammenspiel mit der Maschine ermöglicht. Damit kann die Integration berechenbarer Aspekte des Problems mit den auf Intuition und Kreativität basierender, nicht berechenbarere Bestandteile der Planung sichergestellt werden. Mit der

Entwicklung eines Systemmodelles ist am Fraunhofer-Institut für Materialfluß und Logistik ein Prototyp entwickelt worden, der die Machbarkeit und Möglichkeit des praktischen Einsatzes im Fabrikplanungsprozeß belegt.

Eine Klassifizierung der notwendiger Systemfunktionen führt zu einer Einteilung in verschiedene Nutzungsformen, die durch die Verwendungsabsicht des Benutzers charakterisiert sind [Herrmann 91, Kloth 91].

3.1 Die Nutzungsformen des Assistenzsystems

<u>Die Nutzungsform „Informationen verwalten"</u>
Die Verwaltung und Dokumentation der Informationen enthält die Zugriffsfunktionen auf die gespeicherten Daten, eine Historienverwaltung für die Wiederherstellung zurückliegender Planungszustände, sowie die Mechanismen für die Konfiguration verschiedener Benutzerprofile. Zusätzlich existieren Schnittstellen zu externen Daten- und Methodenbanken und Ausgabemöglichkeiten, die eine Dokumentation des Planungsprozesses und -ergebnisses zulassen.

Wie auch für die folgenden Nutzungsformen ist dabei die Gestaltung der Benutzeroberfläche von entscheidender Bedeutung. Hier soll der Planer seine gebräuchliche, vom Anwendungsgebiet abhängige, Arbeitsumgebung wiederfinden, um seine Arbeit voll auf die eigentliche Planungsaufgabe konzentrieren zu können. Für die Darstellung umfangreicher Datenbestände bedeutet dies beispielsweise, daß er seine gewohnten Visualisierungsmethoden in dem Planungswerkzeug wiederfinden muß.

<u>Die Nutzungsform „Hypothesen prüfen"</u>
In der vorliegenden Domäne wird eine Hypothese durch einen Planungszustand, also u. a. durch die Koordinaten der Planflächen innerhalb der Basisfläche beschrieben. Auch die im Planungsverlauf vom Planer entwickelten Teillösungen werden damit als Hypothese aufgefaßt, die vom Assistenzsystem jederzeit auf Konsistenz bezüglich der für das jeweilige Projekt relevanten Bedingungen geprüft werden können. Als Beispiel seien hier die in der Fabriklayoutplanung häufig anzutreffenden Kollisionsbeziehungen aufgeführt, welche die direkte Nachbarschaft von Organisationseinheiten verhindern. Damit kann der Planer schon im Vorfeld die Korrektheit seiner Layoutalternative überprüfen und die aufgedeckten Inkonsistenzen frühzeitig beheben. Darüberhinaus kommen Bewertungsfunktionen zum Einsatz, die die Berechnung der quantifizierbaren Kennzahlen übernehmen. Neben der bereits aufgeführten Materialflußintensität können auch Kennzahlen bezüglich des bisherigen Flächenverbrauchs, der Installationskosten oder auch des immer mehr an Bedeutung gewinnenden Informationsflusses genutzt werden. Diese unvollständige Aufzählung deutet bereits an, daß das Assistenzsystem neben der Bereitstellung von standardisierten Kennzahlen auch die Möglichkeiten für die Verwendung neuer, projektspezifischer Bewertungsfunktionen vorsehen muß.

Die ständige Aktualisierung der ausgewählten Bewertungsfunktionen ermöglicht es dem Planer, sowohl seine Teillösungen als auch vollständige Anordnungsvarianten hinsichtlich der präsentierten Kennzahlen zu vergleichen und diese Ergebnisse in seine Entscheidungsfindung mit einfließen zu lassen. Aus der Notwendigkeit, Kennzahlen für verschiedene Layoutalternativen vergleichen zu können, leitet sich der Bedarf für die graphische Präsentation der Resultate ab, die der Auffassungsgabe des Benutzers entgegen kommen.

<u>Die Nutzungsform „Probleme lösen"</u>
Beschränkte Aufgaben können durchaus durch das System bearbeitet werden und als Vorschläge in die
Entscheidungsfindung des Planers eingehen. So ist zum Beispiel die Berechnung und Präsentation einer
Rangfolge der noch nicht plazierten Objekte bezüglich ihrer Materialflußbeziehungen zu den bereits plazierten Organisationseinheiten denkbar, die dem Planer die Auswahl der als nächsten zu plazierenden Planflä-
che erleichtert. Als Ergänzung kann ein vom Benutzer bestimmtes Objekt auf dem bestehenden Layoutplan
derart angeordnet werden, daß der Materialfluß minimiert wird. Der Planer kann nun ausgehend von dieser
Position eine geeignet erscheinende Plazierung bestimmen, die neben den angezeigten Bewertungsfunktionen auch dem System unbekannte Aspekte berücksichtigt. Aber auch für vollständige Layoutpläne kann die
Problemlösungskomponente eingesetzt werden. Durch das Verschieben oder Vertauschen der Planflächen
werden Arbeitsschritte für eine Optimierung der Layoutalternative vorgeschlagen, die der Planer in Abhängigkeit der übrigen Einflußgrößen akzeptieren oder zurückweisen kann. Im Gegensatz zu automatisierten
und damit ergebnisorientierten Problemlösungen bisheriger Systeme, d. h. der reinen Präsentation des
Ergebnisses ohne Partizipation des Benutzer am Lösungsprozeß, werden in dieser Nutzungsform nur
kleine, abgegrenzte Teilaufgaben gelöst. Infolgedessen kann der Benutzer die eher prozeßorientierten
Lösungen, die er mitgestaltet hat, nachvollziehen und besser in den gesamten Planungsprozeß integrieren.

3.2 Die Interaktionsformen des Assistenzsystems

Eine angemessenen Mensch-Maschine-Schnittstelle eines benutzerorientierten Werkzeugs muß Interaktionsformen zur Verfügung stellen, die auf die obige Nutzungsformen zugeschnitten sind. Als zentrale Interaktionskomponente steht ein Bildschirmbereich zur Verfügung, der die Anordnung der Planungsflächen innerhalb der Basisfläche zeigt. Diese Darstellung entspricht den Unterlagen, die der Planer in der herkömmlichen Layouterstellung nutzt. Für die Nachbildung der „Zeichnen- und Radier"-Methode[1] stehen Funktionen
zur Verfügung, welche die Plazierung neuer Planflächen, das Verschieben und die Drehung bereits posi-
tionierter Objekte, sowie das Entfernen nunmehr unerwünschter Planflächen ermöglichen.

Darüberhinaus existiert auch eine graphische Übersicht über die noch unplazierten Planflächen in einer vom
Planer bestimmbaren Ordnung. Die graphische Präsentation der Bewertungsfunktionen des Hypothesenprüfers findet sich in einem eigenen Bildschirmfenster wieder. Eine vom Benutzer festgelegte Auswahl
dieser Funktionen ermöglicht nach jeder Aktion, die den Layoutzustand ändert, die Auswirkungen auf die
wesentlichen Kennzahlen zu erkennen. Dazu wird in einer funktionsorientierten Darstellung neben der
aktuellen Bewertung auch die Auswertung der zurückliegenden Planungszustände angezeigt. Es werden
aber nicht nur die unmittelbar vergangenen Zustände in die Bewertung mit einbezogen, sondern auch vom
Planer zuvor besonders gekennzeichnete Planungszustände. Diese Teillösungen sind vom Benutzer als
vorteilhafte Ausgangsposition für ein weiteres exploratives Planungsvorgehen erkannt worden und können
bei Bedarf schnell wieder automatisch rekonstruiert werden. Neben einer mehrfachen UNDO-Funktion
bietet der Prototyp damit auch den Zugriff auf Planungszustände an, die in der Planungshistorie schon
weiter zurückliegen.

---

[1]   Dieses Vorgehen spiegelt die alltägliche manuelle Vorgehensweise der Planer bei der Layouterstellung wieder.

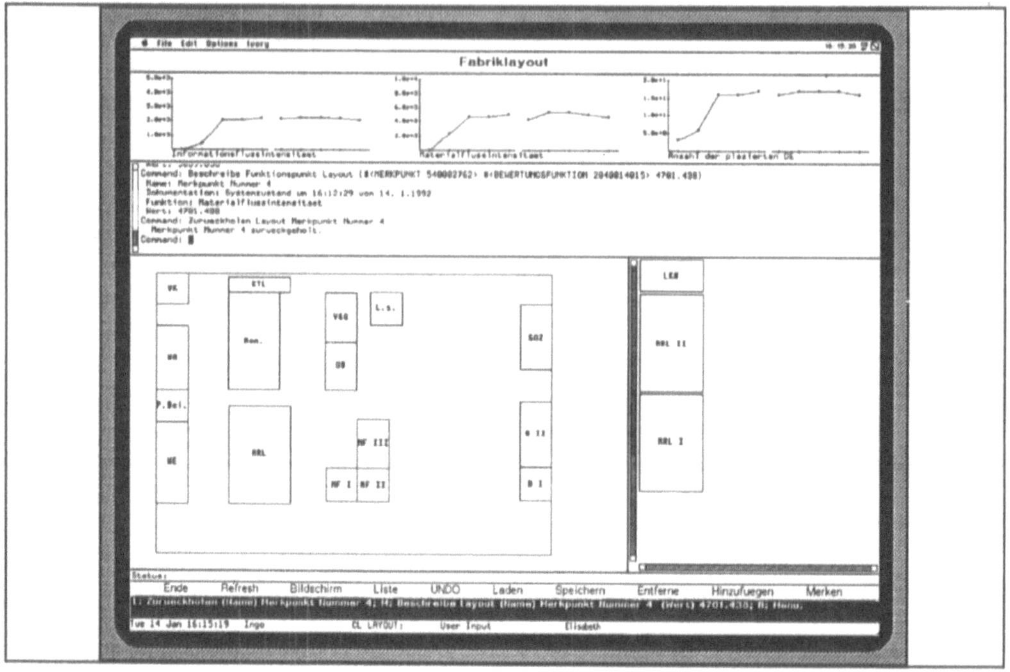

Abbildung 2: Bildschirmansicht des Prototypen

Neben den drei graphischen Dialogfenstern existieren noch eine Menüleiste, eine Statuszeile für System-meldungen, sowie eine kommando-orientierte Interaktionskomponente, die zur Informationsabfrage bzw. zur Problemlösung von Teilfunktionen vom Planer genutzt werden können. Die Abbildung 2 zeigt die realisierte Programmoberfläche des Prototypen, der bereits die grundlegenden Funktionen der verschie-denen Nutzungsformen bereitstellt.

3.3 Die Systemarchitektur des Assistenzsystems

Das interne System basiert auf einer Blackboard-Architektur [Hayes-Roth 88], die für dieses System um einige, auf Planungsaufgaben zugeschnittene Erweiterungen ergänzt worden ist. Die Entscheidungen des Benutzers haben im Zusammenspiel von Mensch und Maschine die vorrangige Priorität, das System ver-sucht durch eine geschickte Wahl seiner Arbeitsschritte den Bedürfnissen des Benutzers möglichst effizient entgegen zu kommen. Der Zugriff des Benutzers auf die benötigten Informationen wird in Aktionen geeigneter Wissensquellen umgesetzt, die ihrerseits wieder lesende und schreibende Zugriffe auf den Systemkern vornehmen können. Der Systemkern umfaßt die statische Wissensbasis und das Blackboard, einem dynamischen Datenbereich für den Informationsaustausch zwischen den Wissensquellen (vgl. Abbildung 3).

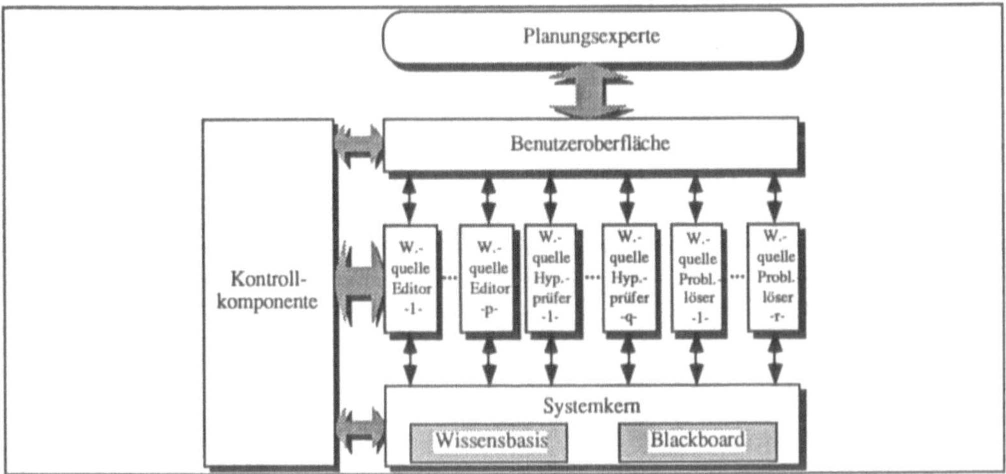

Abbildung 3: Das Systemmodell

Auf dem Blackboard werden die Informationen gesammelt, die zu der Lösung des Anwendungsproblems beitragen können. Die Wissensquellen können Informationen von den verschiedenen Blackboardebenen lesen, diese verarbeiten und Informationen wieder zurückschreiben. Sie repräsentieren die verschiedenen Nutzungsformen des Assistenzsystems.

Über die Anwendung einer Wissensquelle, also der Ausführung ihrer zugehörigen Aktionenfolge entscheidet die Kontrollkomponente, die für diese Entscheidung Informationen aus dem Blackboard und Kontrollinformationen aus den jeweiligen Wissensquellen heranzieht. In einer Blackboard-Architektur sind also zwei Aufgaben zu lösen: zum einen das Anwendungsproblem, das in der Aktionsfolge der Wissensquellen bearbeitet wird, und das Kontrollproblem, welches sich mit der möglichst günstige Auswahl der als nächstes auszuführenden Wissensquelle auseinandersetzen muß. Die Kontrollkomponente soll also verhindern, daß durch die Auswahl ungünstiger Wissensquellen unnütze Arbeitsschritte angestoßen werden und stattdessen zielgerichtet eine möglichst effiziente Folge von Wissensquellen zu der Lösung der gestellten Aufgabe führt.

Aus der für Blackboard-Systeme aufgestellten Prämisse, daß die Wissensquellen untereinander unabhängig sein sollen und nur über das Blackboard zueinander in Verbindung stehen, folgt, daß die Kontrollstrukturen in der Kontrollkomponente kodiert werden müssen. Als Hilfsmittel steht dazu in einigen Systemen ein Kontroll-Blackboard zur Verfügung, welches konsequenterweise für seine Bearbeitung wiederum ein Meta-Kontroll-Blackboard erfordert usw.. Die fehlenden Kontrollinformationen haben jedoch in herkömmlichen Blackboard-Systemen häufig ein relativ planloses Verhalten der Kontrollkomponente bei der Auswahl von Wissensquellen zur Folge, was zu der zeitaufwendigen Produktion unnötiger Fakten führen kann. Dadurch kann es trotz einer gelungenen Repräsentation der Methoden aus dem Anwendungsgebiet zu einer vergleichsweise schlechten Systemperformanz kommen. Damit ist der Ansatz für eine Weiterentwicklung der Blackboardarchitektur vorgegeben. Für die Modellierung der anwendungsspezifischen Kontrollinformationen als Zusammenhänge zwischen den einzelnen Wissensquellen soll die Struktur dieser Abhängigkeiten explizit gemacht werden.

<u>Das hierarchische Blackboard-Modell</u>

Um die zum Teil bekannten Abhängigkeiten zwischen verschiedenen Wissensquellen, die ja den unterschiedlichen Arbeitsschritten eines menschlichen Experten entsprechen sollen, explizit darstellen zu können, wurde in der Konzeption des Systems von dieser Prämisse Abstand genommen. Stattdessen werden die Wissensquellen schon vor der Lösung eines konkreten Anwendungsproblem in eine hierarchische Ordnung [Land 92] gebracht. Hier ist der Zusammenhang zwischen den übergeordneten Wissensquellen und den von ihnen genutzten untergeordneten Wissensquellen vermerkt (Abbildung 4). An der Spitze der Hierarchie steht demnach abstrakte Aufgaben, deren Lösung durch die Auswahl untergeordneter Wissensquellen schrittweise bis zu den elementaren Arbeitsschritten sichergestellt wird. Die Auswahl der jeweiligen Wissensquelle muß nun nicht mehr von der Kontrollkomponente geleistet werden, sondern kann in Abhängigkeit des aktuellen Blackboard-Zustandes im Aktionsteil der Wissensquelle durchgeführt werden.

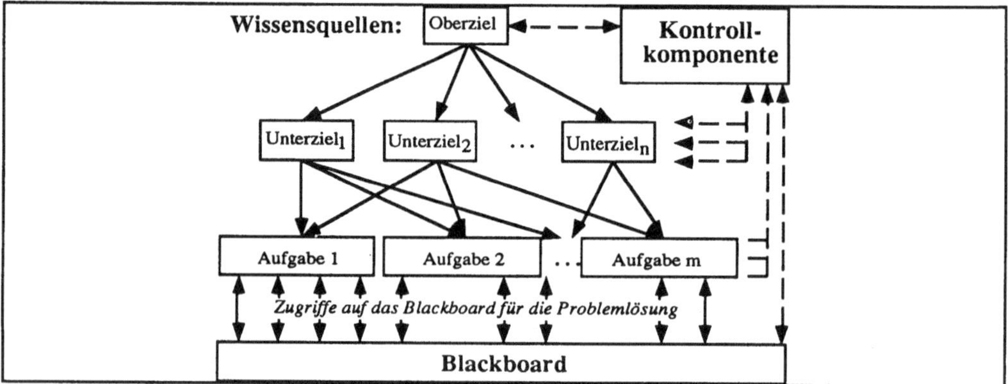

Abbildung 4: Hierarchisches Netz der Wissensquellen[2]

Die Aufgabe der Kontrollkomponente kann damit auf die Suche eines Pfades aus Wissensquellen in einem hierarchischen Netz eingegrenzt werden. Die Aufnahme einer Wissensquelle in einen zu bearbeitenden Wissensquellenpfad, der während des Suchvorganges aufgebaut wird, kann neben der Aktionsfolge einer übergeordneten Wissensquelle auch durch das Aufdecken fehlender Daten für bestehende Wissensquellenpfade hervorgerufen werden.

Durch diese beiden grundlegenden Mechanismen der Pfadexpansion kann dieses Modell zielgerichteter als bisherige Blackboardsysteme seine Wissensquellen zur Lösung des Anwendungsproblems nutzen, was auch den Mehraufwand bei der Erstellung und Pflege der Pfadliste rechtfertigt.

---

2   In der Praxis wird die hierarchische Ordnung nicht auf eine baumartige Struktur abgebildet, sondern auf einen gerichteten, zyklenfreien Graphen, der in mehrere Teilgraphen zerfallen kann.

4. Zusammenfassung

Ausgehend von Untersuchungen über die Vorgehensweise der Planungsexperten und den Akzeptanzproblemen bestehender Layoutsoftware wurde ein Systemkonzept entwickelt, daß als Assistenzssystem den Benutzer durch die Bereitstellung verschiedener Nutzungsformen unterstützen kann. Dazu wurde die Layoutplanung als letzte Phase in der Fabrikplanung als derjenige Abschnitt hervorgehoben, in welcher die Ergebnisse aller vorgelagerten Planungsphasen eingehen und die kreativen Gestaltungsaspekte mit den berechenbaren Kriterien die Entwicklung des Planungsergebnisses bestimmen. Die Stärke des Konzeptes liegt in der Annerkennung der menschlichen Planungsleistung, die als Ausgangspunkt für Unterstützungsangebote dient. Mit der offenen Systemgestaltung wird nicht der Anspruch erhoben, die gesamte Bandbreite der Fabrikplanung oder auch nur der Layoutplanung abzudecken. Stattdessen kann durch eine Weiterentwicklung der Datenverwaltungsmodule, des Hypothesenprüfers und des Problemlösers die Qualität der menschlichen Planungsarbeit weiter gesteigert werden, um so der steigenden Komplexität des Anwendungsbereiches auch in Zukunft gerecht zu werden.

Der beschriebene Prototyp ist unter COMMON LISP und CLOS implementiert. Die Nutzung der relativ neuen Erweiterung CLIM sichert die Portabilität der Oberfläche auf die gängigen Computersysteme, sodaß die Entwicklung und der Einsatz parallel auf Symbolics-, SUN- und Macintosh-Rechnern durchgeführt wird. Bei der Umsetzung dieses Systems erwies sich die modifizierte Blackboard-Architektur als probates Mittel, die verschiedenen Nutzungsformen und die dazugehörigen Teilaufgaben zu repräsentieren. Insbesondere der hierarchische Aufbau der Wissensquellen löst dabei das Kontrollproblem und stellt infolgedessen eine zielgerichtete und effiziente Verarbeitung der Teilaufgaben sicher.

Literatur

[Aggteleky 82]   B. Aggteleky: Fabrikplanung, Weiterentwicklung und Betriebsrationaliserung; Band 2 Betriebsanalyse und Feasibility-Studie; Carl Hanser Verlag, (1982)

[Boy 91]   G. A. Boy: Intelligent Assistent Systems; Academic Press; London, San Diego, New York, 1991

[Brandt 89]   H.-P. Brandt: Rechnergestützte Planung des Betriebslayouts mit dem Programmsystem LAPLAS; in: Logistik Spektrum Nr 6, (1989)

[Burkhardt 79]   R. E. Burkard: The asymptotic probabilistic behavior of quadratic sum assignment problems; in: Zeitschrift für Operation Research 23, 1979, S. 73 - 81

[Dangelmeier90]   W. Dangelmeier: Interaktive Anordnungsplanung; in: Fördertechnik 5/1990

[Floyd 91]   Chr. Floyd, et. al.: STEPS; Arbeitsunterlagen zur Lehrveranstaltung Wintersemester 1990/91, TU Berlin

[Hayes-Roth 88] B. Hayes-Roth; M. Hewett: BB1: An Implementation of the Blackboard Control Architecture; in: Blackboard systems (Hrsg.: R. Engelmore; T. Morgan); Addison-Wesley, (1988)

[Herrmann 91] T. Herrmann; B. Busch; M. Geenen: Vielfalt von Interaktionsmöglichkeiten - ein Gestaltungsziel bei Experten Systemen; in: Software Ergonomic '91; Stuttgart, (1991)

[Kloth 91] M. Kloth, F. Feldkamp: Zur Aufgaben- und Kompetenzverteilung in der Interaktion zwischen Expertensystemen und ihren Benutzern; in: Publikationsreihe des Technikfolgen-Abschätzung-Projektes „Veränderungen der Wissensproduktion und -Verteilung durch Expertensysteme" des KI-Verbundes NRW, März 1991

[Klotz 91] U. Klotz: Auf dem Weg zum fast gewöhnlichen Werkzeug; in: Technische Rundschau 39, 1991, S. 24-33

[Land 92] I. Land: Hypothesenprüfer zur Unterstützung bei der Fabriklayoutplanung - Systementwurf und Implementierung eines Prototypen; Diplomarbeit Universität Dortmund (1992)

[Volpert 87] W. Volpert: Kontrastive Aufgabenanalyse des Verhältnisses von Mensch und Rechner als Grundlage des Systemdesigns; in: Zeitschrift für Arbeitswissenschaft 41, S. 147-152

Anwendungsprogramm

Fertigungssteuerung, Informations- und Organisationssysteme

Hochflexibles Standardwerkzeug zur Realisierung von prozeßleittechnischen Applikationen auf dezentralen Rechnersystemen

Dipl.-Ing. N. Lohse
Leiter Softwareentwicklung
MS Mikro Software GmbH
Im Wiesengrund 30
5358 Bad Münstereifel

1. Einleitung

In den meisten Industriesparten sehen sich die Firmen mit dem Problem konfrontiert, bei wachsendem Konkurrenzdruck und immer kürzeren Produktlaufzeiten die Produktionseinrichtungen in kurzen Umrüstzeiten auf neue Produkte umstellen zu müssen. Dies ist nur unter Einsatz einer flexibel konzipierten industriellen Automatisierungstechnik und dem Einsatz von modernen Prozeßleit- bzw. Überwachungssystemen möglich. Eine der wichtigsten Forderungen an solche modernen Überwachungswerkzeuge ist die Anpassungs- und Änderungsfreundlichkeit, durch welche unterschiedlichste Anlagenmodifikationen und Betriebsumstellungen auch kurzfristig in der rechnergestützten Leittechnik Berücksichtigung finden sollen. Ein weiteres Bestreben ist der Einsatz von weitgehend standardisierten Werkzeugen, um eine Aufwärtskompatibilität und somit auch einen weitgehenden Investitionsschutz errreichen zu können. Wichtige Aspekte dabei sind die Auswahl der Hardware nach Gesichtspunkten wie Ausbaubarkeit, Flexibilität und Servicesituation sowie die Auswahl der Software nach Gesichtspunkten wie Erweiterbarkeit, Informationsverteilung auf verschiedene Rechnerknoten und Systemoffenheit.

2. Standardwerkzeug VXL

VXL ist ein universal einsetzbares Standardwerkzeug. Mit Hilfe von VXL können auch komplexe Automatisierungs- und Steuerungsapplikationen in kurzen Projektierungsphasen erstellt werden. Das umfangreiche Softwarepaket eignet sich sowohl für industrielle Anlagen im Bereich der Prozeß- und der Fertigungsindustrien als auch für Informationsleitsysteme. Es kann überall dort eingesetzt werden, wo technische Prozesse oder Anlagenbilder in graphischer Form benutzergerecht dargestellt werden, Kontroll- bzw. Überwachungsaufgaben anfallen und Prozesse statistisch zu analysieren sind. Dabei kann VXL von kleinen bis hin zu sehr großen Anwendungen durchgängig eingesetzt werden. VXL ermöglicht das Entwickeln und Generieren von Prozeßdatenbanken, Prozeß- und Anlagebildern sowie SPS-Schnittstellen auf DECwindows-basierenden Rechnersystemen. Mit einem CAD-ähnlichen graphischen Editor können die Anlagenbilder vom Anwender am Bildschirm gezeichnet und mit dem entsprechenden Simulationswerkzeug getestet werden. Weitere Editoren unterstützen die Definition der Datenpunkte, Alarme usw. ohne entsprechende Programmierkenntnisse des Benutzers. Bereits als Standardprodukte verfügbare bzw. für beliebige I/O-Geräte erstellbare Treiber ermöglichen die Datenerfassung und -steuerung zu einer Vielzahl von frei programmierbaren Steuerungen und Peripheriegeräten. CIM-Funktionen, wie statistische Auswertungen zum Zweck der Qualitätssicherung, Trendmeldungen im Produktionsbetrieb usw. können auf dem Bildschirm sichtbar gemacht werden. Bild 1 zeigt eine typische Anwendung. Hierbei handelt es sich um eine Übersicht über eine Fabriksteuerung.

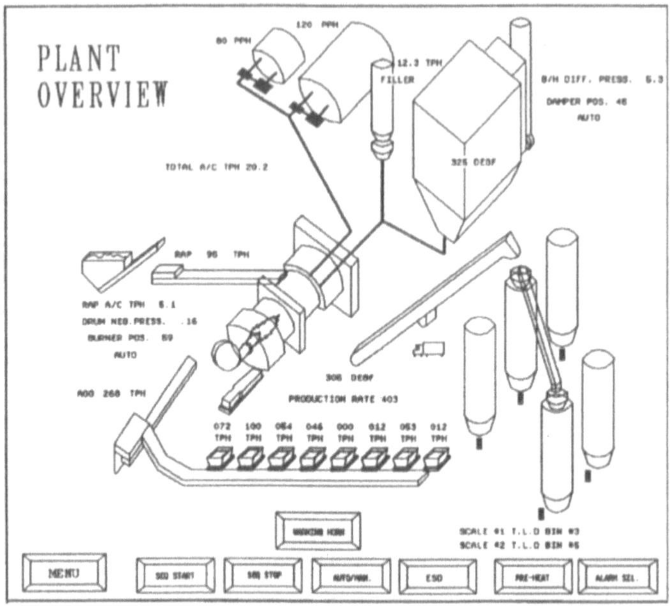

Bild 1: Typisches VXL–Übersichtsbild für eine Anlage

VXL ist ein modulares Anwendungspaket. Die verfügbaren Module lassen sich in vier Funktionsbereiche zusammenfassen (Bild 2). Der erste Funktionsbereich ist die VXL Entwicklungsumgebung. Zu ihr gehören die Produkte VXL BUILD, VXL ACCESS und VXL SICL, die unten beschrieben werden. Ergänzend zur Entwicklungsumgebung steht eine Arbeitsumgebung zur Verfügung. Diese

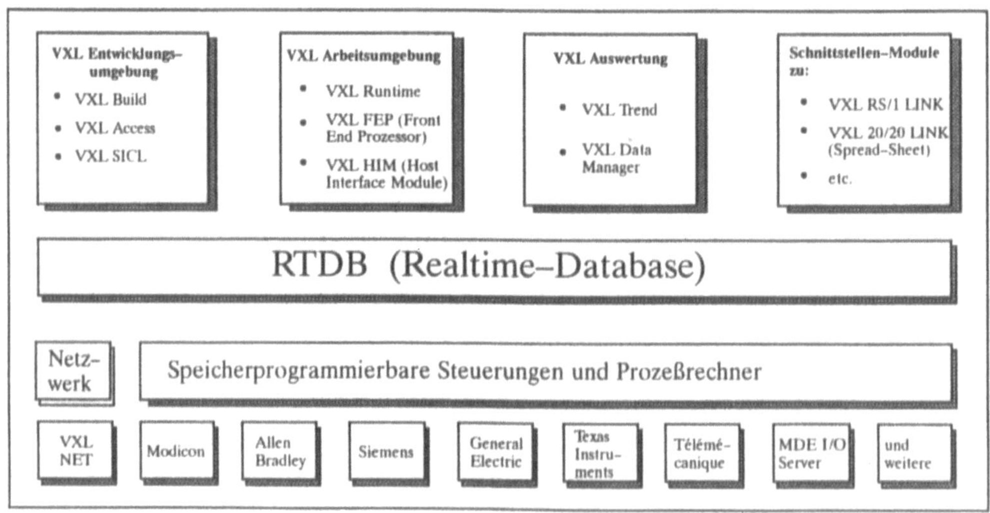

Bild 2: VXL Funktionalität und Tools

besteht aus den ModulenVXL RUNTIME, dem FRONT END PROZESSOR und dem sogenannten HOST INTERFACE MODULE. Zur Auswertung stehen der VXL DATA MANAGER und der

TREND PROZESSOR zur Verfügung. Schnittstellenmodule gibt es zum Datenanalysesystem RS/1, zum SPREAD-SHEET Produkt 20/20 und zu anderen Auswerteroutinen. Entsprechend dem Prozeßmodell werden alle aktuellen Prozeßvariablen in der RTDB (Real-Time Database) gespeichert. Das Prozeßmodell selbst wird in der relationalen Datenbank RdB vorgehalten. Die RTDB dient neben anderen Aufgaben zur Kopplung der VXL Funktionalität mit den Treibern zu speicherprogrammierbaren Steuerungen und Prozeßrechnern. Diese gegebenenfalls über Netzwerk anbindbaren Peripheriekomplexe können Steuerungen von Modicon, Allen Bradley, Siemens, General Electric, Texas Instruments, Télémécanique oder auch vom Distributor oder Anwender erstellte I/O-Server sein.

2.1 Entwicklungsumgebung

Kern der Entwicklungsumgebung ist VXL BUILD. VXL BUILD dient dazu, ein oder mehrere Anwendungssysteme (RUNTIME-Systeme) zu erzeugen, zu pflegen und auf die lizensierten Zielsysteme zu transferieren. VXL BUILD bietet alle Ressourcen, die für die Entwicklung und die datenbankorientierte Datenhaltung benötigt werden. Mit VXL BUILD Editoren kann der Benutzer Prozeßanzeigen entwerfen, so daß sich Informationen auf den jeweils angewählten Bildern in Form von farbgraphischen Symbolen oder alphanumerischen Darstellungen dynamisch ändern. Interaktive Text- und Graphikfenster werden dargestellt und Eingaben des Bedienungspersonals zu den frei programmierbaren Steuerungen bzw. anderen Prozeßperipherieelementen transferiert. Die verfügbaren Editoren dienen zur Erstellung der Graphiken, zur Konfiguration des Systems, zur Definition der Datenpunkte und zur Vorgabe des gewünschten Systemverhaltens im Falle des Eintreffens von Alarmen. Des weiteren stehen ein Übersetzer, ein Dokumentationstool und Hilfsroutinen zur Verfügung. VXL BUILD wird in einfacher Weise über mausorientierte Menüs bedient. Es stellt eine hohe Graphikauflösung (1.024 x 864 bzw. 1.284 x 1.024 Bildpunkten je nach verwendetem Graphikprozessor) zur Verfügung. Erstellte Fließbilder können im Graphikeditor dynamisch simuliert werden. Die Pflege aller Applikationen erfolgt zentral in VXL BUILD. In jedem VXL BUILD-Umfang ist eine VXL RUNTIME-Lizenz enthalten. Das bedeutet, daß VXL BUILD offline zur Anwendungsentwicklung oder online im RUNTIME-Mode betrieben werden kann.

VXL bietet mit VXL ACCESS eine offene Architektur. VXL ACCESS ist ein Werkzeug, mit dessen Hilfe VAX/VMS-Applikationsprogramme in ein VXL-System integriert werden können. Fremdsoftware, die unter dem VMS Betriebssystem läuft, läßt sich durch dieses Werkzeug ebenfalls schnell in jede VXL-Umgebung integrieren. Es wird somit der Zugriff auf Echtzeitdaten aus beliebigen Anwendungsprogrammen ermöglicht. Außerdem können Rechenergebnisse von Anwendungsprogrammen in die VXL-Umgebung übertragen werden, um dort Anzeige-, Alarm- und Archivierungsvorgänge sowie Berichtsfunktionen anzustoßen.

VXL SICL leistet die Formulierung von Rechenvorschriften, die hinsichtlich Komplexität und Umfangs über die in VXL BUILD enthaltenen Rechen- und Verknüpfungsvorschriften hinausgehen.

2.2 VXL Arbeitsumgebung

Die in der Entwicklungsumgebung erstellten Prozeßbilder, Meßstellendeklarationen, Kommunikationsverbindungen, Trend- und Archivierungsvereinbarungen sind in einer Datenbasis enthalten, die auf den Zielknoten im Netzwerk übertragen wird. Auf dem Zielknoten werden die Daten von VXL RUNTIME verwaltet. Das VXL RUNTIME-Modul bringt das neue System in den ablauffähigen Zustand und aktiviert alle RUNTIME-Merkmale und Optionen. Solche sind die Prozeßsteuerung, die Prozeßkontrolle, das Alarmmanagement, der Reportgenerator, der Trendprozessor, die statistische Analyse, das Spread-Sheet-Interface und das Interface für das Statistikpaket RS/1. Zum Betrieb auf dem RUNTIME-Knoten ist die Entwicklungsumgebung nicht erforderlich. Die gesamte Benutzeroberfläche ist wie in der Entwicklungsumgebung maussensitiv und interaktiv farbgraphisch. Mittels VXL RUNTIME sind schnelle Datenzugriffe auf die speicherresidente netzwerksweite Real-Time Database möglich.

Der VXL FEP (Front-End-Prozessor) ist ein Subset des VXL RUNTIME-Systems. Dieser Subset ermöglicht es, VAX/VMS-Systeme als Front-End-Kommunikationsprozessoren einzusetzen. Mit Hilfe solcher Front-End-Prozessoren wird die Echtzeitdatenerfassung und -verteilung in einer über DECnet/Ethernet verteilten VXL Architektur unterstützt. VXL FEP kann auch an Allen Bradleys Pyramid-Integratoren direkt installiert werden. VXL FEP erzeugt einen hohen Datendurchsatz, wenn eine große Anzahl von Steuerungen oder Konzentratoren angekoppelt sind.

VXL HIM (Host-Interface-Module) ist ebenfalls ein Subset des VXL-Systems. Es dient dazu, VAX VMS Computer ohne Graphikbildschirm am Echtzeitdatenaustausch mit anderen VXL/VAX-Knoten in einem Netzwerk teilhaben zu lassen. Die Funktionalität ist VXL FEP ähnlich. VXL HIM unterstützt jedoch keine direkte Kommunikation zu frei programmierbaren Steuerungen. VXL HIM wird daher meistens auf leistungsfähigen Rechnern installiert, die dann zur Produktionsplanung, zur Modellbildung und Simulation, zum Datenbankmanagement und zur Entscheidungsvorbereitung mit Expertensystemen benutzt werden.

2.3 VXL Auswertung

Der VXL DATA MANAGER dient zur Anlage von Historiendatenbanken, zu deren Datenversorgung und Archivierung. Der Datenmanager kann große Mengen von zeitorientierten Prozeßdaten wie Temperaturen, Drücke und Fließgeschwindigkeiten verwalten. Sampling-Raten, zulässige Fehler bei der Datenkompression und Skalierungsfaktoren für jeden archivierten Datenpunkt sind einfach menügesteuert einzustellen. Statistische Kompressionstechniken können eine Datenkompression um den Faktor 30 unterstützen. Der Datenmanager enthält drei Editoren. Einer dient zur Konfiguration, einer der Reportgenerierung und einer, der sogenannte Scheduler, zur zyklischen Aktionsveranlassung. Der Konfigurationseditor dient zur Auswahl von Datenpunkten für die Archivierung einschließlich der entsprechenden Abtastrate und anderer Archivierungsparameter.

Der Reportkonfigurator unterstützt die einfache Gestaltung von Berichten auf der Basis archivierter Daten. In den Berichten können statistische Werte und auch Zeitfunktionen auf die gespeicherten Werte angewendet werden. Jedem Datenpunkt, der in einem Bericht enthalten ist, kann man eine textliche Erläuterung zuordnen. Die gespeicherten Daten werden als zeitlich diskrete Ereignisse oder in Zeitbereiche zusammengefaßt dargestellt. Bei der Zusammenfassung der Daten in Zeitbereichen können das Maximum, das Minimum, Mittelwerte, die Standardabweichung, der Medianwert, die zeitliche Lage des Maximums, das Datum des Maximums sowie Zeit und Datum des Minimums ausgeworfen werden.

Der Scheduler kann die Berichtgenerierung zu bestimmten Zeiten des Tages, auf einer periodischen Basis oder auf Anweisung des Bedienungspersonals auslösen. Berichte können visualisiert, gedruckt und/oder auf Platte gespeichert werden.

VXL TREND ist ein Tool zum Qualitätsmanagement. Es unterstützt den Abruf historischer Daten aus den zugeordneten Datenbasen sowie die Datenanalyse in einer Vielfalt von Anzeigeformaten. Zu diesen Formaten gehören Datentabellen, Trend–Kurven, Korrelationsrechnungen, Frequenzverteilung, kumulative Frequenzverteilung, Mittelwerte und Standardabweichungen sowie andere. VXL TREND arbeitet dabei mit der Datenbasis, die vom VXL DATA MANAGER angelegt worden ist. VXL TREND greift dabei auf Daten für jeweils bis zu sechs Prozeßvariable in einem Auswertebild zu. Auch VXL TREND wird über ein leistungsfähiges, fensterbasiertes Benutzerinterface gesteuert. Die Auswahl und Manipulation der Prozeßvariablen folgt über "Pop–up–Menüs".

2.4 Schnittstellen–Module

VXL 20/20 LINK dient zur Anbindung der VXL Produkte an das Spread Sheet 20/20. Hier können unter Benutzung des Lotus 1–2–3 Interfaces formfreie Berichte und Graphiken auf Bildschirm oder Papier entworfen werden. Außerdem ist es möglich, Echtzeit– oder historische VXL–Daten in 20/20 einzulesen, dort komplexe Berechnungen durchzuführen und bei Bedarf errechnete Daten in VXL oder zu peripheren Schnittstellen zu transferieren. Auf diese Weise können auch alphanumerische Arbeitsplätze eingerichtet werden, die mit VXL–Daten arbeiten, jedoch nicht die farbgraphische Ausstattung von VXL–Stationen besitzen.

Mit dem VXL RS/1–Interface steht eine Verbindung zum leistungsfähigen, statistischen Analysetool RS/1 zur Verfügung. Hier werden komplexe Beziehungen zwischen Produktionsfaktoren und errechneten Resultaten untersucht. Mit Hilfe des RS/1–Interfaces können alle dort durchgeführten Berechnungen als Resultate wiederum in die VXL–Umgebung eingespeist werden.

3. VXL im netzwerksweiten Verbund

Der Schlüssel zur erfolgreichen Implementierung einer verteilten Prozeßstrategie ist ein leistungsfähiges Rechnernetzwerk. Ein solches Netzwerk wird zur Implementierung der vertikalen und horizontalen Konnektivität eingesetzt, die wichtig für die Funktionalität des umfangreichen Leitsystems ist. Eine leicht implementierbare Verbindung von Leitsystemkomponenten erleichtert den schnellen effizienten Datenaustausch zwischen frei programmierbaren Steuerungen, Zellencontrollern und Prozeßrechnern in einer CIM–Architektur. VXL–Systeme verwenden das lokale Netzwerk Ethernet/DECnet. Leicht zu benutzende Systemkonfigurationseditoren unterstützen die Definition der Knoten–zu–Knoten Kommunikation in einem vernetzten Rechnersystem ohne Programmierung.

VXL Knoten stehen im Netz als unabhängige Rechenplattformen zur Verfügung, wobei jeder Knoten seine eigenen Verarbeitungseigenschaften erhält. Auf diese Weise wird es möglich, CPU–Belastungen zu verteilen, so daß die hohe Rechnerbelastung eines bestimmten VXL Knotens keinen signifikanten Einfluß auf den Rest der VXL Knoten im Netz ausübt. Dies ist besonders wichtig, wenn Front–End–Prozessoren notwendig sind, um Kommunikationsengpässe zu beheben.

Bild 3 zeigt ein Beispiel für die Konfiguration eines VXL–Systems. Dieses System stellt allerdings keine Basislösung dar. Eine solche würde lediglich eine VAXstation, beispielsweise vom Typ VAXstation 4000/60, erfordern. Sofern zusätzliche Prozeßleit–Arbeitsplätze erforderlich sind, kann eine solche Workstation mit einem oder mehreren X–window–Terminals verbunden werden. Auf der Workstation ist zusätzlich ein Treiber zur Verbindung mit der entsprechenden Prozeßperipherie erforderlich. Größere Anwendungen können zusätzlich zu den beschriebenen Leitstandskomponenten eine Entwicklungsumgebung auf der Workstation oder einer zusätzlichen Workstation enthalten. Hier erfolgt die Entwicklung neuer Prozeßumgebungen und deren Pflege. Außerdem werden die entsprechenden Peripherietreiber vorgehalten. Bei Bedarf kann ein VAX–System im Netz betrieben werden, welches VAX HIM und ein oder mehrere Schnittstellen enthält, ohne direkt Prozeßanzeigezwecken zu dienen. Beim Einsatz von Terminalservern sind Steuerungen über serielle Kommunikationsprotokolle integrierbar. Es ist aber auch möglich, beispielsweise Siemens–Steuerungen über das Sinec H1–Protokoll und die Koppelprodukte VAXomni/osap direkt im Ethernetnetz zu verwalten. In Bild 3 ist zusätzlich optional ein Allen Bradley Pyramid–Integrator enthalten, der die Verbindung zu einem oder mehreren Allen Bradley Data Highways herstellt. Auf einem solchen Integrator kann beispielsweise das Produkt VXL FEP betrieben werden.

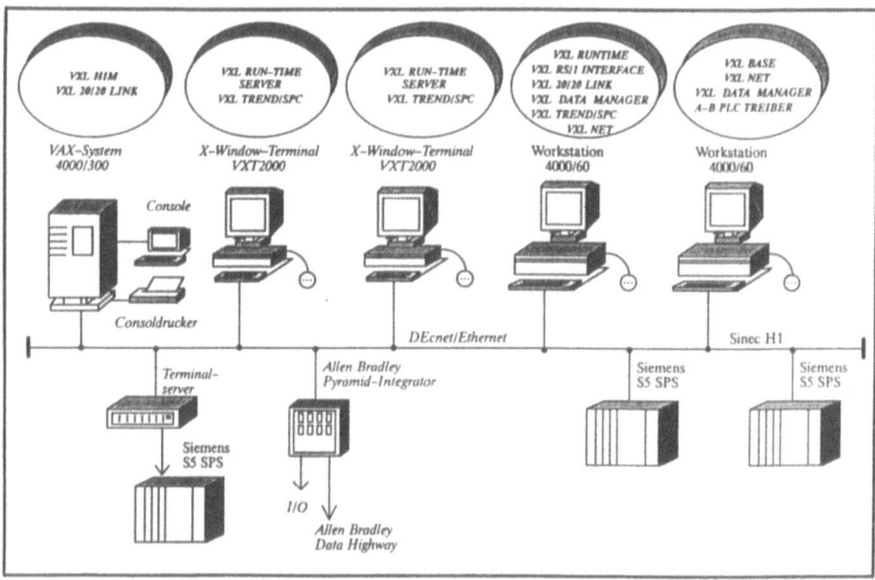

Bild 3:   Beispiel für die Konfiguration eines VXL–Systems

In jedes VXL–System können weitere VXL–Knoten einfach eingefügt werden. Zu diesem Zweck sind lediglich zusätzliche VAX Computer in das Netzwerk zu integrieren und mit der entsprechenden VXL–Software auszustatten. Dabei kann auch auf Dateien zugegriffen werden, die auf Rechnersystemen von IBM, HP oder anderen Herstellern gespeichert sind.

4.   Zusammenfassung

VXL dient zur flexiblen X–window– bzw. OSF/Motif–basierenden Datenvisualisierung, Prozeßkontrolle und Prozeßleitung. VXL enthält Entwicklungs– und Runtime–Umgebungen sowie Module zur Datenarchivierung und –auswertung mit statistischen Basisfunktionen. Alarmverarbeitung und Protokollgenerierung sowie die Einbindung der Steuerungsperipherie gehören zum modularen Leistungsumfang. Schnittstellen zu anderen Standardsoftwareprodukten sind verfügbar. Die Anbindung externer Softwaretools an die VXL Welt, wie die netzwerksorientierte Kommunikation zwischen den VXL–Knoten, sind einfach möglich.

Die Implementierung der Belastungsorientierten Auftragsfreigabe (BOA) im Programmpaket FRIDA®

Verfasser:

Dipl.-Informatiker (FH) M. Schultis
Bereichsleiter für PPS-Systeme der Firma command

1. Einleitung

Die Firma command entwickelt und vertreibt kommerzielle Standardsoftware für die Hardware-plattform IBM AS/400 unter dem Produktnamen **FRIDA®**.

"**FRIDA®** Von der Fertigung zum Rechnungswesen: Integrierte Datenbankanwendung" ist eine umfassende Softwarelösung bei der sämtliche kaufmännische und materialwirtschaftliche Bereiche abgedeckt werden.

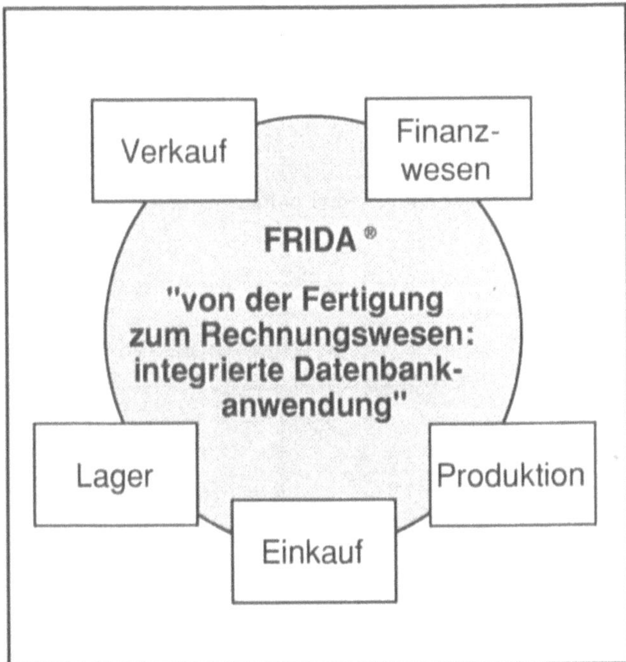

* Finanzwesen:
  Lohn & Gehaltsabrechnung
  Finanzbuchhaltung
  Anlagenbuchhaltung
  Kostenrechnung

* Verkauf:
  Angebotswesen
  Auftragsabwicklung
  Fakturierung
  Interessentenverwaltung
  Marketingmodule

* Produktion:
  Stücklisten
  Arbeitspläne
  Vor- und Nachkalkulation
  Fertigungssteuerung
  Kapazitätsplanung
  Materialdisposition

* Lager:
  Lagerbestandsführung
  Inventur

* Einkauf:
  Bestellverwaltung
  Wareneingang
  Rechnungsprüfung

Bild 1: Modulübersicht

Gezielt für den Teilbereich Fertigungsauftragssteuerung, in den meisten Betrieben ein neuralgischer Punkt, mußte u.a. ein wirkungsvolles EDV-gestütztes Verfahren entwickelt werden.

Nach umfangreichen Recherchen stießen wir auf das "Belastungsorientierte Fertigungssteuerungsverfahren" des IFA Hannover (Institut für Fabrikanlagen). Dieses Verfahren ist seit Anfang der 80-iger Jahre immer häufiger in der Diskussion über Produktionssteuerung anzutreffen.

2. Das theoretische BOA-Modell

2.1 Einleitung

Die belastungsorientierte Werkstattsteuerung ist als Methode der Produktionssteuerung besonders für die Einzelfertigung, die variantenreiche Kleinserien- und Serienfertigung geeignet. Für Firmen also, deren Produktionsprozess nach dem Werkstattprinzip organisiert ist. Der Ansatzpunkt des BOA-Verfahrens liegt in einer gezielten maschinellen Freigabe von machbaren Aufträgen.

Untersuchungen des IFA-Hannover haben ergeben, daß, je mehr offene Aufträge sich in einem Arbeitssystem befinden, desto länger ein Auftrag im Mittel für den Durchlauf braucht.

Bei zu vielen offenen Aufträgen blockieren sich die Ressourcen (Maschine, Personal, Werkzeuge und Material) gegenseitig und sorgen so für eine Erhöhung der Bestände in der Fertigung und die Nichteinhaltung von geplanten Terminen.

Um aus diesem Teufelskreis auszubrechen, gibt das BOA-Verfahren dem Steuerer einen Mechanismus in die Hand, mit dem der Zufluß von Aufträgen in die Werkstatt effektiv geregelt wird. Das kann man sich wie folgt vorstellen:

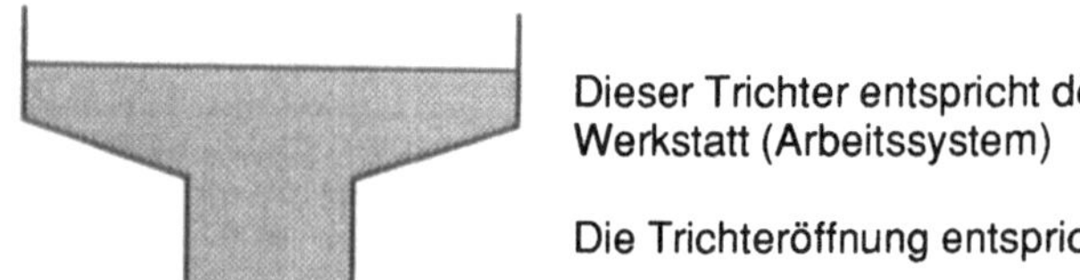

Dieser Trichter entspricht der Werkstatt (Arbeitssystem)

Die Trichteröffnung entspricht der Kapazität

Über dem Arbeitssystem-Trichter befindet sich ein weiterer Trichter gefüllt mit offenen Aufträgen (siehe Bild 2).

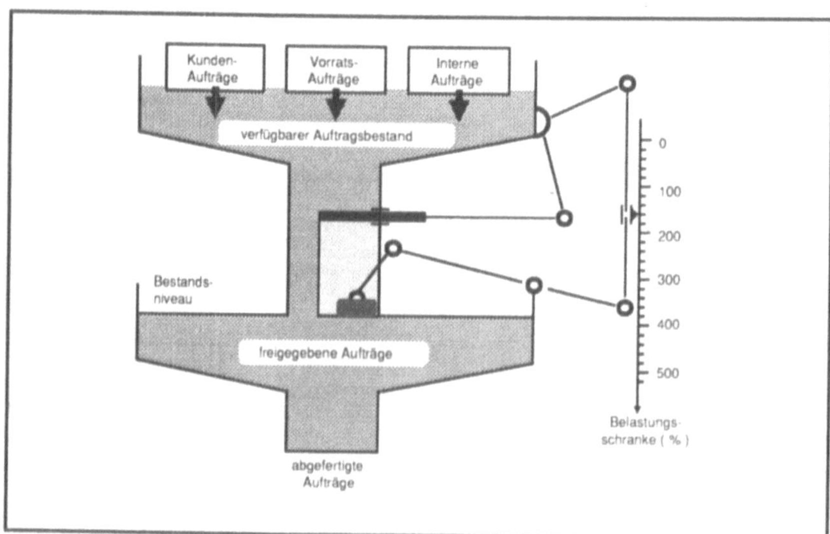

Bild 2: Trichtermodell

Ein Regelmechanismus ("Belastungsorientierte Werkstattsteuerung") sorgt dafür, daß der untere Trichter regelmäßig gefüllt ist und vor allem nicht überläuft.

Schwankungen im Auftragszugang wirken sich lediglich im oberen Trichter aus. Leistungsschwankungen des Arbeitssystems lassen sich durch Freigabe von mehr oder weniger Aufträgen ausgleichen. Dort pendelt sich ein gleichmäßiger Bestand ein und daraus folgend auch gleichmäßige Durchlaufzeiten.

2.2 Verfahrensbeschreibung

Das Verfahren an sich besteht grob gesehen aus zwei Schritten:

- der auftragsbezogenen Durchlaufterminierung und
- der arbeitsplatzbezogenen Auftragsfreigabe.

Diese Schritte werden zyklisch (am besten täglich) ausgeführt.
Zwei Steuerparameter liegen dem Verfahren zugrunde:

- Terminschranke und
- Belastungsschranke.

Im ersten Verfahrensschritt werden ausgehend von Soll-End-Termin die Aufträge rückwärts terminiert. Das Ergebnis ist ein Plan-Starttermin, der als Maß für die Dringlichkeit als Auftragspriorität verwendet wird.

Die Zwischentermine der einzelnen Arbeitsgänge werden als Prioritätsmerkmal bei der Abfertigung am Arbeitsplatz verwendet.

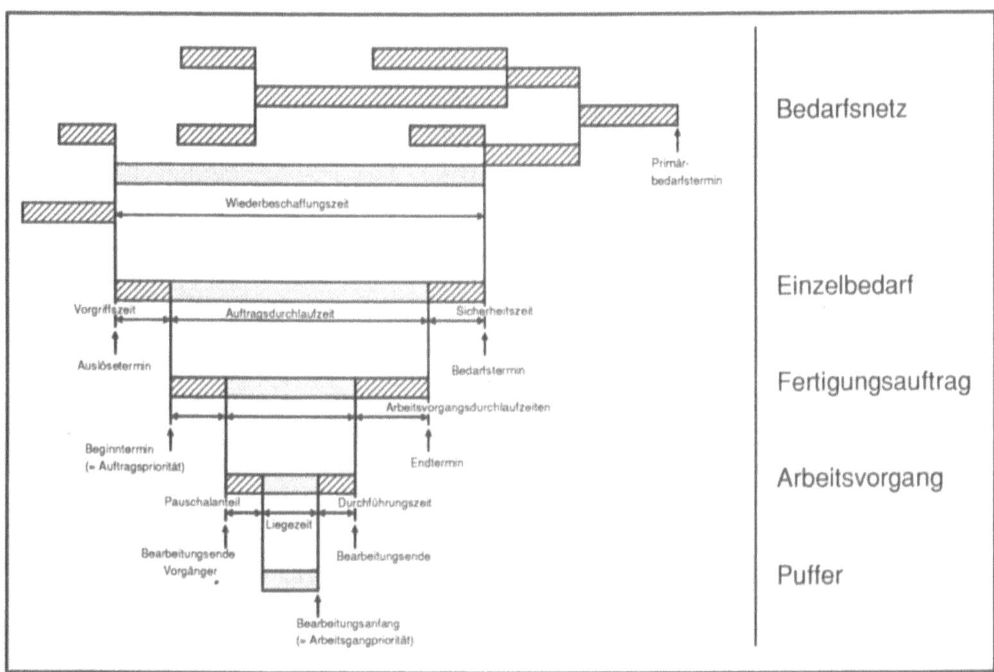

Bild 3: Elemente der Durchlaufterminierung

Im zweiten Schritt werden die noch nicht freigegebenen Aufträge überprüft.

Liegt der Plan-Starttermin jenseits der **Terminschranke**, so ist dieser Auftrag nicht dringend und wird daher zurückgestellt. Liegt der Auftrag innerhalb der Terminschranke, so gilt er als dringend und wird dem eigentlichen Freigabeverfahren unterzogen.

Das Verfahren prüft, ob der Auftrag an irgendeiner Ressource (Maschine, Personal, Material und Werkzeuge) zu einer Überlastung führen könnte. Ist das der Fall, so wird der Auftrag vom Verfahren abgewiesen. Führt er jedoch zu **keiner** Überlastung, so wird die Belastung auf den Ressourcen-konten gebucht.

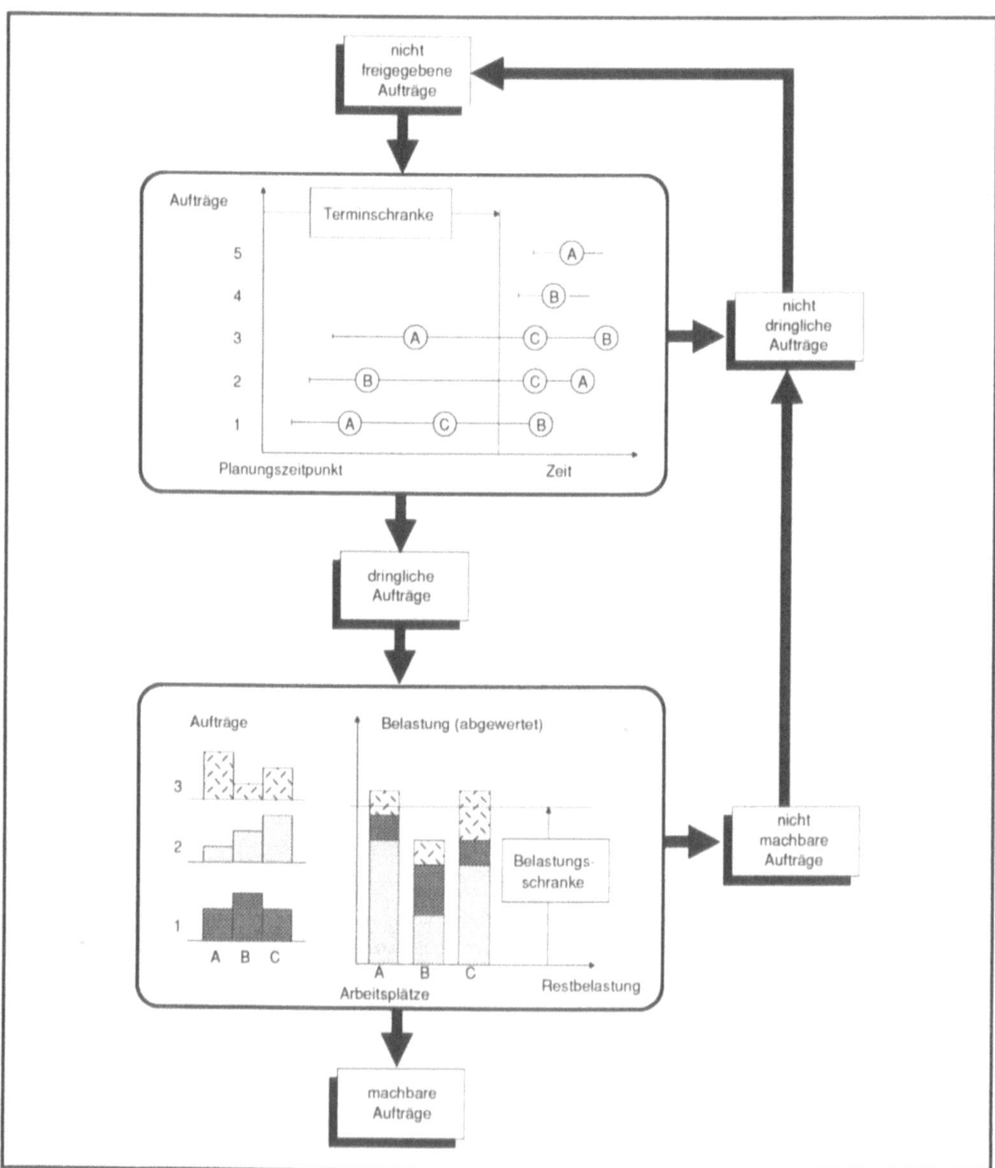

Bild 4: Schritte der Belastungsorientierten Auftragsfreigabe

In diesem Beispiel werden Auftrag 1, 2 und 3 als dringlich erkannt und überprüft. Bei dieser Überprüfung wird Auftrag 1 und 2 problemlos akzeptiert; Auftrag 3 sorgt bei Arbeitsplatz A und C für eine Überlastung und wird daher abgewiesen.

Gäbe es nun einen weiteren Auftrag im System, der nur Arbeitsplatz B belasten würde, so würde er als machbar freigegeben, sofern der Planstarttermin vor dem Vorgriffshorizont liegt. Es wäre also einer der vorgezogenen Aufträge, die für eine gleichmäßige Auslastung der Werkstatt sorgen.

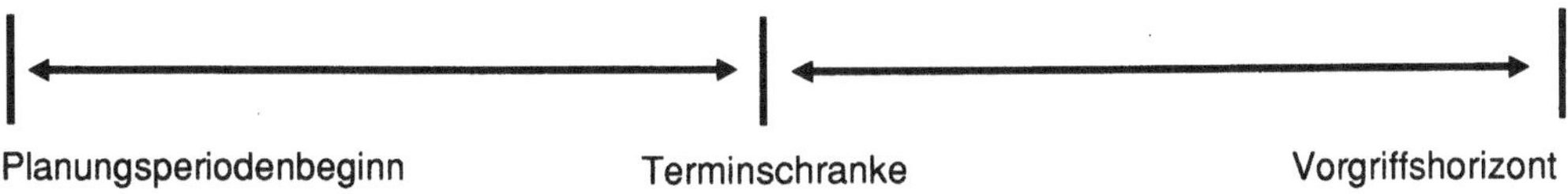

Bild 5: Aufteilung Planungshorizont

Die Belastungsschranke je Arbeitssystem errechnet sich aus der zur Verfügung stehenden Kapazität für den Auftragsfreigabezeitraum plus dem mittleren Bestand an Arbeit (mittlere Durchlaufzeit x Tageskapazität). Das Verhältnis zwischen Belastungsschranke und zur Verfügung stehender Kapazität wird Einlastungsprozentsatz genannt (kurz EPS). Der Soll-EPS liegt bei richtiger Einstellung über 200 %. Das Verfahren gibt Aufträge frei, die zum größten Teil erst zu einem späteren Zeitpunkt bearbeitet werden.

Auftrag 1

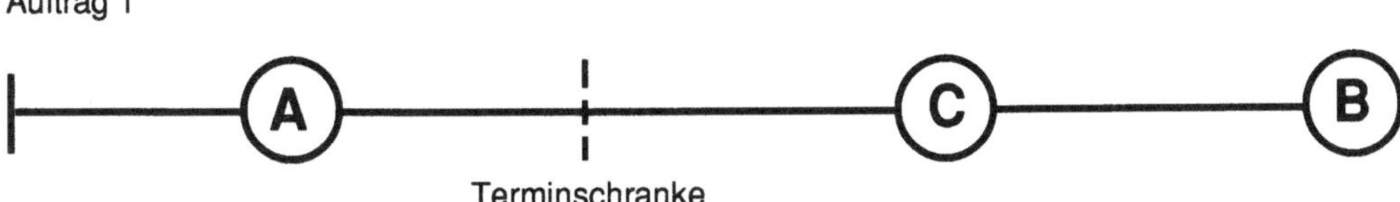

Bild 6: zeitliche Abfolge der Arbeitsschritte eines Auftrages

Die Arbeitsinhalte dieser Arbeitsvorgänge (A, C und B) werden bei der Freigabe als Belastung gebucht. Damit Folgearbeitsgänge, die weit später liegen und deren Machbarkeit nicht garantiert werden kann, die Belastungskonten nicht unrealsitisch hoch belasten, werden die Stundeninhalte abgewertet (oder abgezinst). Der erste Arbeitsgang wird voll eingelastet (direkt). Der Stundeninhalt des nächsten wird mit einem Faktor (100/Soll-EPS) multipliziert. Bei einer Belastungsschranke von 200 % ergibt sich der Faktor von 0,5. Das ist die Wahrscheinlichkeit mit der dieser Arbeitsgang zum nächsten Arbeitsplatz gelangt. Beim dritten Arbeitsgang errechnet sich der Abwertungsfaktor vom Vorgänger / Soll-EPS usw..Diese Vorgehensweise stellt sicher, daß dem Steuerer ein realistischer Belastungswert errechnet wird. Der Erwartungswert der Belastung ist ein wichtiges Merkmal des Verfahrens. Er macht es wirkungsvoll und gleichzeitig einfach, bei geringem Rechnenaufwand.

2.3 Voraussetzungen

- Der Erfolg des Verfahrens hängt von der Richtigkeit und Vollständigkeit der zugrundeliegenden Daten ab.
- Ohne Rückmeldungen (Belastungsabgänge) ist keine BOA-Steuerung möglich. Der aktuelle Zustand der Werkstatt muß über Rückmeldungen ermittelt werden.
- Das BOA-Verfahren ist ohne Kapazitätsplanung sinnlos.

Der Steuerer muß nach Bildung von Fertigungsaufträgen die Kapazitäten planen. Er muß frühzeitig auf Engpässe durch Überstunden, Sonderschichten und Auswärtsvergabe reagieren. Bei der Auftragsfreigabe ist es für die Kapazitätsplanung zu spät.

3. Implementierung in FRIDA®-PPS

3.1 Vereinfachtes Daten-Modell

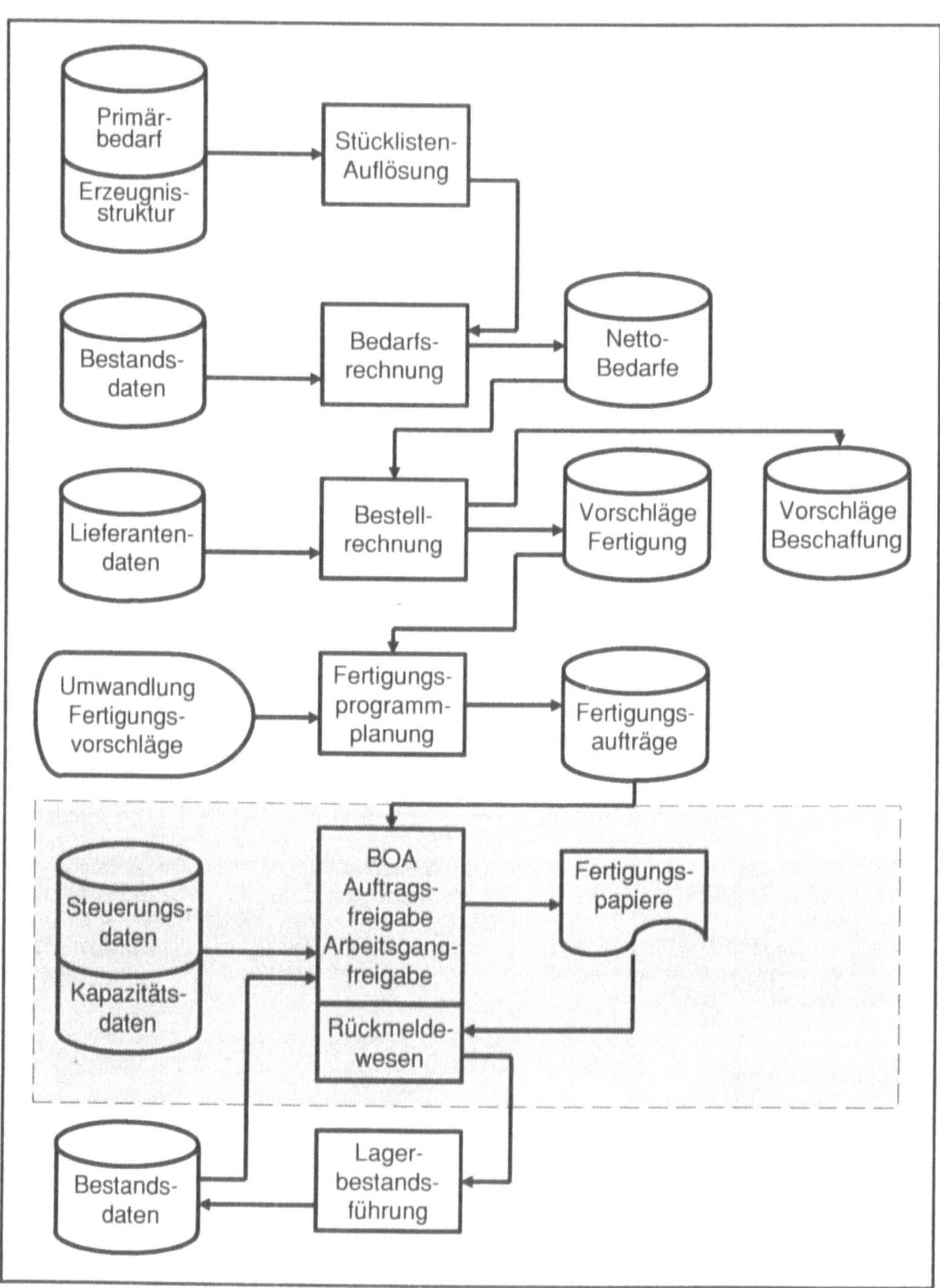

Bild 7: Datenmodell

3.2 Programmbeschreibung

Das BOA-Verfahren unterteilt sich in eine Auftragsfreigabe und optionale Arbeitsgangfreigabe. Sie teilt in kurzen Abständen die Arbeit so zu, daß einerseits bis zur nächsten Zuteilung genügend Vorrat vorhanden ist, und daß andererseits alle dringenden Aufträge zugeteilt sind.

Zur Parametereinstellung stehen dem Steuerer Zeitanalyseprogramme zur Verfügung. Nur durch permanente Anpassung der Parameter an die Istbegebenheiten arbeitet das System zufriedenstellend.

Nach dem Freigabelauf läßt sich der Steuerer die Belastungskonten anzeigen.

```
PW54300R          BOA - Belastungskonten anzeigen          10:23   18.03.92   4.0
980 command gmbh                                           M. Schultis
 Kapazitätseinheit      :   049000001          Endmontage
 Erste Abweisungsnr.    :   5                  Freigabe-Datum...:        18.03.92


 Planzeiten (Tage)           Ressource       Freigabewerte Ressource (Stunden)

 Pauschalzeit     :     6,00                  Soll (Parameter)        Ist (Bestände)
 Pufferzeit       :     0,60
 Durchführngszt   :     0,50                  Kapazität :  32,34      Indirekt :    0,00
 Durchlaufzeit    :     7,10                  Bestand   :  32,79      Direkt   :   91,66
 Pufferfaktor     :     2,20                  Schranke  :  65,13      Gesamt   :   91,66
                                              Soll-EPS  :  201%       Ist-EPS  :   283%

 Belastungen        Anzahl/Std./abgezinst     Belastungen        Anzahl/Std./abgezinst

 Ungeprüft      :          0,00      0,00     Indirekt     :            0,00      0,00
 Unwichtig      :          0,00      0,00     Direkt       :    2     91,66     91,66
 Zurückgestellt : 48   2859,74   2859,74      Gesamt       :    2     91,66     91,66
 Abgewiesen     : 48   2859,74   2859,74
 Vorgezogen     :  1      8,33      8,33      Aufgehalten  :   48   2859,74   2859,74
 Angenommen     :  1     83,33     83,33      Angehalten   :            0,00      0,00
 Freigegeben    :  2     91,66     91,66      Angestossen  :    1      8,33      8,33
 Alles          : 50   2951,40   2951,40      Unklar       :            0,00      0,00

 Folgemaske ...:
 F3=Verlassen      F4=Liste       F12=Vorherige Anzeige      F24=Weitere Tasten
```

Bild 8: Belastungskonten

Von hier kann er ohne Umwege in die abgewiesenen Aufträge verzweigen und weitere Maßnahmen ergreifen.

Ebenso besteht eine Verzweigungsmöglichkeit in die Kapazitätsbelastungsanzeige, mit Aufzeigen der Belastungsprofile und deren Verursacher.

Alles in allem ein sehr handliches und flexibel einzusetzendes Steuerungssystem, das innerhalb von **FRIDA®** zu jedem Zeitpunkt aktiviert werden kann.

Literatur

- Prof. Dr. Ing. Hans-Peter Wiendahl, Dr. Ing. Burkhard Erdlenbruch, Belastungsorientierte Werkstattsteuerung, Baustein S. 1.1.4.2

- Dr. Ing. Burkhard Erdlenbruch, Aufbau eines Fertigungssteuerungssystems zur Kapazitäts-, Durchlaufzeit- und Bestandsplanung

- Prof. Dr. Ing. Hans-Peter Wiendahl, Grundlagen und Entwicklungsstand der belastungsorientierten Steuerung; Vortrag zum Seminar "Praxis der belastungsorientierten Fertigungssteuerung" am 10. und 11. Oktober 1989 in Hannover

Das neue Ersatzteillager und Verteilzentrum
der Mercedes Benz AG in Germersheim

Dipl.Ing. Dietmar Engelke

SIEMENS AG

Gleiwitzerstraße 555

8500 Nürnberg

1. Allgemeines

In der Automobilindustrie haben Kundendienst und Teilevertrieb zu einer neuen logistischen Herausforderung geführt. Die Versorgung von Kunden und Werkstätten mit autombilherstellerspezifischen Teilen und Zubehör innerhalb kürzester Zeit, sind ein wichtiger Faktor bei der Sicherung der Absatzmärkte geworden. Dieser logistischen Herausforderung hat sich die Mercedes Benz AG gestellt. In vorbildlicher Weise wurde ein Verteilzentrum für Mercedes Benz Originalteile und Zubehör in Germersheim errichtet. Die Planung der Automatisierung und deren Realisierung wurden durch die SIEMENS AG Unternehmensbereich AUT (AUT 4) durchgeführt.

In der jetzigen Ausbaustufe des Zentralen Versorgungslagers Germersheim wird hier die gesamte Lagerung und Abwicklung der PKW- und Nutzfahrzeuge für Klein- und Mittelteile konzentriert. Hierfür war eine Bebauung von 143 000 qm notwendig.

2. Gewerkebeschreibung

In der ersten Ausbaustufe wurden von dem Gesamtlogistikkonzept folgende Hauptgewerke realisiert :   1. Wareneingang   2. Kleinteilelager   3. Mittelteilelager 4. Gefahrengutlager   5. Batterieladestation   6. Warenausgang und 7. Versand.

2.1 Der Wareneingang

Der Wareneingang bildet die Schnittstelle des ZVL zu den Zulieferanten und den Mercedes Benz eigenen Werken. Nach der Torerfassung und der Entladeplatzzuweisung wird der LKW entladen. Die Gitterboxen werden auf einer ca. 1000 Stellplätze umfassenden Bereitstellfläche in freien Zonen abgestellt. Über mobile Funkterminals, die mit dem WE Rechner verbunden sind, erfolgt die Warenvereinnahmung. Der weitere Transport im WE erfolgt vorwiegend mit funkgesteuerten Gabelstaplern. Die Gitterboxen werden, je nach Bearbeitungszustand, dann weiter in folgende Bereiche transportiert : Umpacken, Vorverpacken, Rückwarenbearbeitung, Qualitätskontrolle , I-Punkt oder im ungünstigstem Fall zum Clearing WE. Die gesamte organisatorische Abwicklung erfolgt auf einem eigenständigem WE Rechner.

2.1 Das Kleinteilelager (KTL)

Im Kleinteilelagerbereich werden Artikel gelagert deren Gewicht kleiner 21 Kg ist. Das Kleinteilelager besteht aus zwei Lagerbereichen.

A. Das automatische Kleinteilelager (KT-AKL)

Dieses Lager ist ein aus 21 Gassen bestehender Bereich, in dem Teile mit geringer Umschlagshäufigkeit gelagert werden. Hier wird nach dem Kommissionierprinzip "Ware zum Mann" gearbeitet. Je drei   Regalgassen mit Reagalbediengeräten sind einem Arbeitsplatz zugeordnet, die diesen mit Material über die Fördertechnik versorgen . Die Artikel im Lager liegen in Kartons unterschiedlicher Größe, die sich wiederum auf sogenannten Lagertablaren befinden. Jedes Lagertablar hat max. 16 Lagerorte (Kartons). Im Lager befinden sich 69 000 Lagertablare mit insgesamt 230 000 Lagerorten.

B. Das manuelle Kleinteilelager (KT-FL)

In diesem Lagerbereich werden hochgängige Artikel gelagert. Hier wird nach dem Kommissionierprinzip "Mann zur Ware" gearbeitet. Das Lager hat 36 000 Lagerorte, die von den Kommissionierern mit Handkarren angefahren werden. Die kommissionierten Artikel werden dann am DV Arbeitsplatz in Transportbehäter umgepackt, die auf einer Behälterfördertechnik weiter transportiert werden.

Der gesamte Kleinteilebereich ist, beginnend vom Wareneingang bis zum Warenausgang, durch eine Behälterfördertechnik durchzogen. Sie hat eine Streckenlänge von ca. 5 Km. Zur Materialflußverfolgung ist in jedem Transportkommissionierkasten (TKK) ein mobiler Datenträger MOBY-M eingebaut. Die Datenträger werden beim Einschleusen in das Fördersystem vom KTL Rechner mit Informationen beschrieben .Diese werden an den Erfassungsstellen von der S5 Steuerung oder dem Kleinteilerechner ausgewertet. Entsprechend den vorliegenden Informationen werden die TKK an Ihre Ziele gesteuert.

Bei Kommissionieraufträgen wird nach jeder Kommissionierung der Inhalt des Datenträgers aktualisiert. Durch den Einsatz dieser mobilen Datenträger ist eine 100% ige Synchronisierung zwischen Material- und Informationsfluß möglich. Insgesamt wurden 105 MOBY Lese- und Beschriftungsstationen eingesetzt.

2.2 Das Mittelteilelager (MT-HRL)

Das Mittelteilelager ist ein Stollen-Regallager für Gitterboxpaletten in Silobauweise (Bild1). Es bietet Stellplatzfläche für ca. 84 000 Gitterboxpaletten. Es besteht im wesentlichem aus zwei Bereichen. Dem Vorratsbereich und einem Kommissionierbereich mit insgesamt 36 Kommissionierstollen, wobei der Vorratsbereich auf dem Kommissionierbereich aufgesetzt ist. Im Vorratsbereich werden die Ladeeinheiten doppelt tief gelagert. Der Kommissionierbereich ist in das HRL integriert und befindet sich unterhalb des Vorratsbereiches. Er teilt sich in 3 übereinanderliegende Kommissionierebenen mit jeweils 3 übereinander angeordneten Gitterboxpaletten. Über Regalbediengeräte werden die Kommissionierbereiche mit Material versorgt. Das entstehende Leergut wird an speziellen Auslagerplätzen durch die Regalbediengeräte abgegeben. Hier werden auch die Komplettauslagerungen abgegeben. Das Kommissionierprinzip ist auch hier "Mann zur Ware". Die Kommissionierung erfolgt in leere Gitterboxpaletten. Nach Kommissionierabschluß werden diese an speziellen Abgabeplätzen abgegeben und über Fördertechnik an das fahrerlose Transportsystem übergeben. Dieses transportiert die Behälter in den Warenausgang, wo

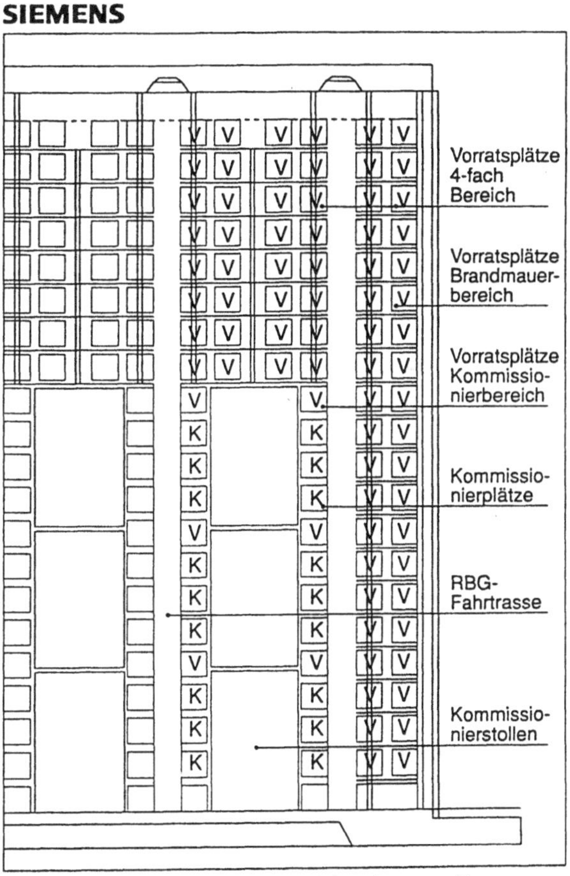

Prinzipbild Mittelteile-Hochregallager

BILD 1

sie an das Warenausgangssystem übergeben werden. Auch der Einlagerbereich des MT-HRL wird durch das FTS versorgt. Insgesamt sind 37 FTS Fahrzeuge eingesetzt. Diese können max. 2 Gitterboxpaletten auf einmal transportieren. Das FTS-System verbindet den Wareneingang mit dem MT-HRL, dem Gefahrengutlager und dem Warenausgang. Dieses System wird über einen eigenen Rechner gesteuert.

2.3 Das Gefahrengutlager

Das Gefahrengutlager umfaßt folgende vier manuelle Lagerbereiche : Regalanlage für Kleinteile, ein Palettenlager, ein Lager für pyrotechnische Artikel und ein Blocklager für Batteriesets. Der gesamte Gefahrengutlagerbereich ist EX - geschützt.

2.4 Der Warenausgang und Versand

Im Warenausgang treffen die Materielströme aus dem Kleinteile-, dem Mittelteile- und dem Gefahrengutbereich zusammen. Hier müssen nun die vereinzelten Kundenaufträge wieder zusammengefaßt werden. Um eine zeitliche Entzerrung zu erreichen, stehen im Warenausgang Pufferzonen zur Verfügung. Die Mittelteile werden über funkgesteuerte Gabelstapler vom FTS - System übernommen und in den Bereitstellzonen abgestellt oder am zugeordnetem Packplatz abgestellt. Die Kleinteile kreisen in einem Sortierspeicher oberhalb der Packplätze. Bei bereitstehenden Mittelteilen werden die Kleinteile aus dem Sortiespeicher abgerufen und dem zugeordenetem Packplatz zugeführt. Insgesamt stehen 40 Packplätze zur Verfügung. Diese sind zu Gruppen von je 8 Plätzen zu einer Packzone zusammengefaßt. Am Ende der Packzone erfolgt das Ausdrucken der Versandpapiere und das Versandfertigmachen der Packstücke. Anschließend werden die Packstücke an das Versandsystem übergeben. Hier werden die Ladungen zu Staufolgen bzw. Ladungsumfängen entsprechend den Versandarten zusammengestellt und anschließend auf die bereitstehenden LKW's verladen.

3. Soft- und Hardware im ZVL Germersheim

Die vorgestellten Gewerke zeigen eine hohe Komplexität sowohl in materialflußtechnischer als auch ablaufmäßiger Hinsicht. Dies bildet sich in der soft- und hardwaretechnischen Realisierung ab. Zur Bewältigung eines Mengengerüsts von ca 900000 Transaktionen, 3 000 000 Plattenzugriffen, ca. 132 000 Dialogen und ca 73000 Belegen pro 16 Stunden Tag, mußte eine entsprechende Software erstellt werden. Für das ZVL wurden insgesamt 700 PASCAL- und Assemblerprogramme erstellt. Hierzu war ein

Zeitaufwand von ca. 100 Mannjahren notwendig. Entsprechend komplex gestaltete sich auch die Hardware Struktur. Insgesamt wurden 16 SICOMP M80 mit 111 Plattenlaufwerken, 52 Datenkonzentratoren und 73 SIMATIC S5 Steuerungen mit ca. 20 000 Ein- und Ausgängen installiert. Alle Geräte kommunizieren über den SINEC H1 Bus miteinander. Entsprechend hoch war auch die Anzahl der Peripherie-Anschlüsse : 194 Bildschirme, 175 Drucker, 88 BDE Terminals, 47 Scanner, um nur einige zu nennen. Da

viele Endgeräte an mehreren Rechnern logisch angeschlossen sind, liegt die Anzahl der logischen Geräteverbindungen bei weit über 1000. Bild 2 zeigt die Hardwarestruktur.

4. Inbetriebnahmekonzept

Bei einer Anlage dieser Größenordnung muß die Inbetriebnahme bis aufs Detail geplant werden. Hierzu wurden vor der eigentlichen Inbetriebnahme viele Einzeltest durchgeführt. Bei der Inbetriebnahme kam die sorgfältige Vorplanung zum Tragen, die beruhend auf Programmierrichtlinien, Spezifikation und Dokumentation für eine Durchgängigkeit in allen Bereichen sorgte. Hinzu kam eine ausgeplante Inbetriebnahme vor Ort, die nach einem Phasenplan durchgeführt wurde.

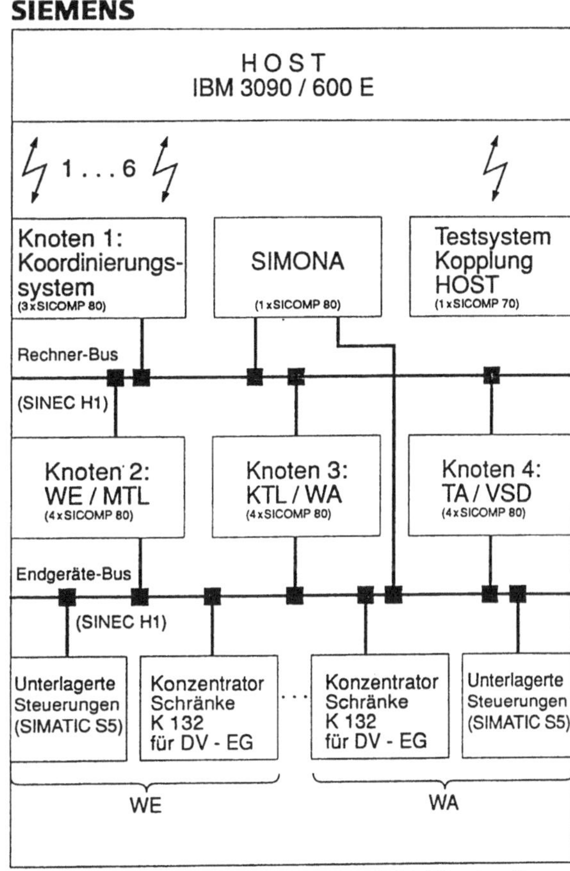

Hardware-Struktur ZVL-DV-Technik

BILD 2

So konnte erreicht werden, daß eine so hochkomplexe Anlage termingerecht am 01.05.1990 an die Mercedes Benz AG übergeben werden konnte.

Ausfallgesicherte Steuerung eines "Catering Material Handling Systems"

Planung und Realisierung eines Informationssystemes für SAS Service Partner am Flughafen Kopenhagen

Prof. H. Herbstreith
Steinbeis Transferzentrum IDA
Moltkestraße 4
7500 Karlsruhe 1

1. Einleitung

Die Firma SAS Service Partner (SSP) bietet ihren Kunden am Flughafen Kopenhagen folgende Dienstleistungen an :

- Die fluggerechte Bereitstellung der Bordverpflegung und der sonstigen an Bord angebotenen Waren in geeigneten Transportbehältern (sog. Carts).

- Die Anlieferung der Carts ans Flugzeug.

- Die Entsorgung und Reinigung der verschmutzten Carts mitsamt Geschirr.

Durch Einsatz moderner Materialflußtechnik der Firma psb GmbH Förderanlagen + Lagertechnik (zentrale Paletten- und Kassettenlager, lokale Materialpuffer mit Hochgeschwindigkeits-RFZ, FTS) und Steuerungstechnik wurden Flexibilität und Effizienz des gesamten Ablaufes verbessert.

Eine Arbeitsgruppe des STZ-IDA unter der Leitung von Prof. H. Herbstreith erstellte die dazu erforderliche Software auf Leitrechnerebene.

Die Aufgabe des STZ-IDA umfaßte :

- Die Mitarbeit an der Erarbeitung der Anforderungsspezifikation.

- Die Erstellung einer Hard- und Softwarespezifikation

  -- Entwicklung eines Hardwarekonzeptes, das die notwendige hohe Verfügbarkeit des Systems gewährleistet.

  -- Entwicklung eines Materialflußsteuerungssystems, das die hohen Anforderungen des Kunden an Flexibilität und Schnelligkeit erfüllen kann.

  -- Entwicklung einer robusten, ergonomischen Benutzungsoberfläche

- Konzeption und Realisierung der erforderlichen Softwaremodule

- Inbetriebnahme der Software beim Kunden

2. Skizzierung des Materialflusses

Die für die Bereitstellung der Bordverpflegung notwendigen Utensilien (Geschirr, Besteck, Zahnstocher, Zucker, Erfrischungstücher etc.) trifft auf Paletten bei SSP ein. Die Paletten werden identifiziert und im Palettenlager (bestehend aus zwei Gassen mit einem Regalfahrzeug) zwischengelagert. Bei Bedarf werden die Güter in kleinere Transportbehälter (sog. Bins) umgepackt und im Kassettenlager für den Transport in den Kommissionierbereich zwischengelagert. Nach Anforderung werden die Bins aus dem Kassettenlager um Fördersysteme zu den sechs verschiedenenen Kommissionierbereichen gebracht, wo sie nochmals in lokalen Materialpuffern zwischengelagert werden, bis sie endlich zu dem anfordernden Kommissionierer ausgelagert werden.

Zum zweiten werden die angelieferten verschmutzten Carts bei SSP gereinigt und zwischengelagert. Auch sie werden bei Bedarf von den verschiedenen Kommissionierbereichen angefordert und werden dann mittels FTS dorthin gebracht.

Die Carts werden fluggerecht neu bestückt und dann ebenfalls mit FTS zum sog. Outbounddock transportiert wo sie vom Highloader übernommen und zum Flugzeug transportiert werden.

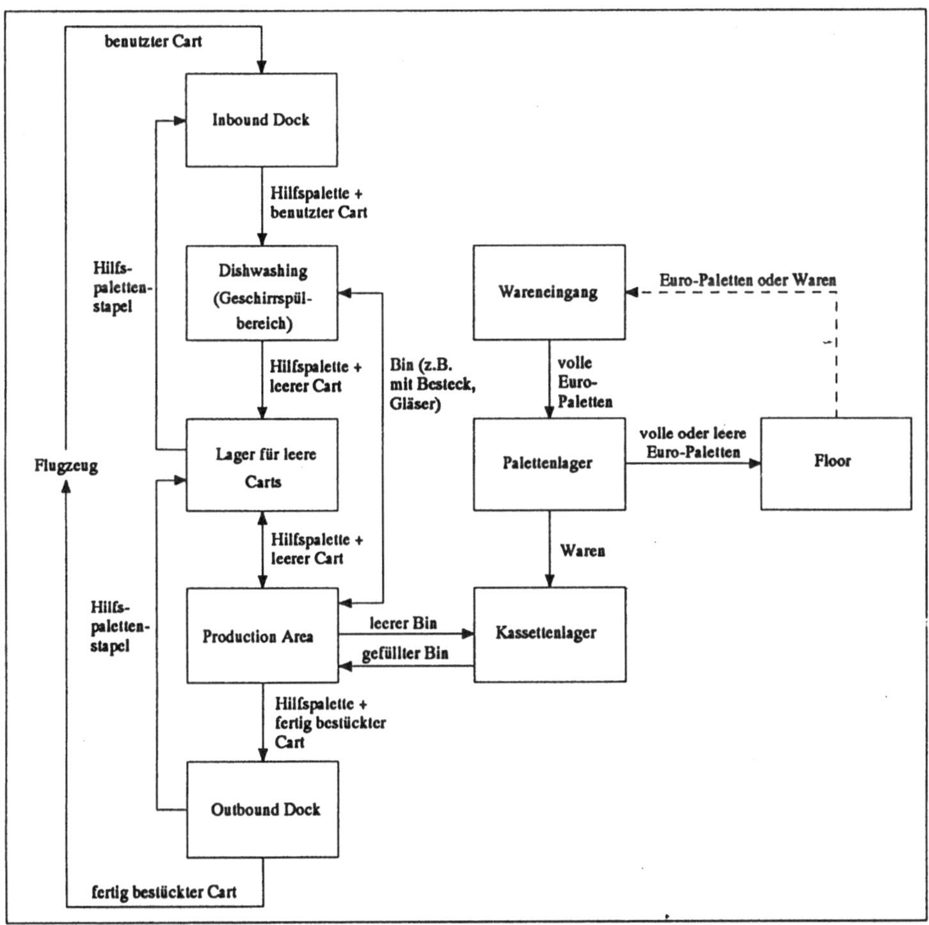

3. Beschreibung des Hard- und Sofwarekonzeptes

3.1 Softwarekonzept

Die zum Betrieb der Anlage notwendige Prozeßrechnersoftware lässt sich in folgende Bereiche einteilen :

- Kommunikation mit Host
  Das beim Kunden vorhandene PPS übermittelt Stammdaten sowie eine Liste der aktuell zu bearbeitenden Carts. Der Datenaustausch erfolgt über Ethernet und Decnet auf Basis von Filetransfer

- Lagerverwaltung
  Bestandsführung der 9 Materialpuffer mit Hilfe der Datenbank RDB

- Materialflußsteuerung
  (Steuerung der Regalbediengeräte, Entscheidung an Scannern, FTS-Management)

- Benutzungsoberfläche
  Programme zur

  -- Identifikation der Transportbehälter

  -- Materialanforderung

  -- Beauskunftung

  -- Überwachung, Korrektur

- Kommunikation mit unterlagerter Steuerung

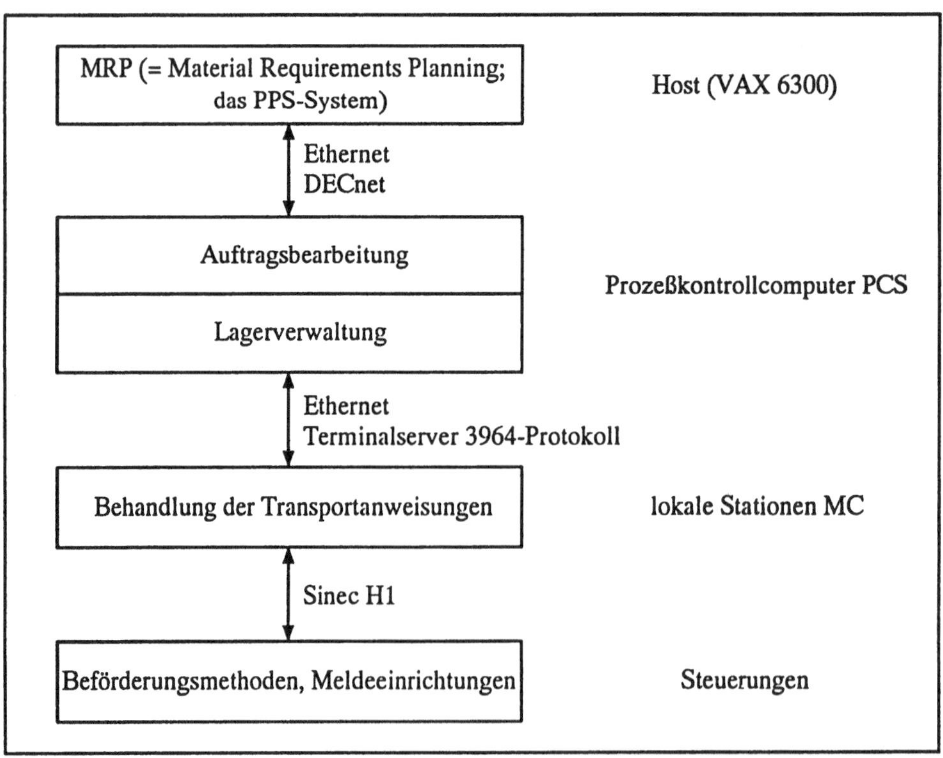

3.2 Hardwarekonzept

Die Firma SSP arbeitet an 364 Tagen im Jahr rund um die Uhr. Um eine möglichst hohe Verfügbarkeit der Prozeßrechnerhardware gewährleisten zu können, wurde folgende Hardwarekonfiguration ausgewählt :

Das Prozessrechnersystem (PCS) besteht aus zwei VAX 4000 - 200 der Firma Digital Equipment (DEC). Über DSSI-Bus sind zwei Plattenpaare mit beiden Rechnern verbunden; bei beiden Plattenpaaren dient eine der Platten als Arbeitsplatte, während auf der anderen Platte zur Sicherheit die Daten parallel mitgeführt werden (shadow recording). Bei Ausfall eines Rechners kann die gesamte System- und Anwendersoftware auf dem verbleibenden zweiten Rechner gestartet werden. Bei Ausfall einer Platte wird automatisch auf die Sicherungsplatte zugegriffen.

Sämtliche Peripheriegeräte (Terminals, Drucker, Datenkonzentratoren) sind über Ethernet und Terminalserver mit dem PCS verbunden.

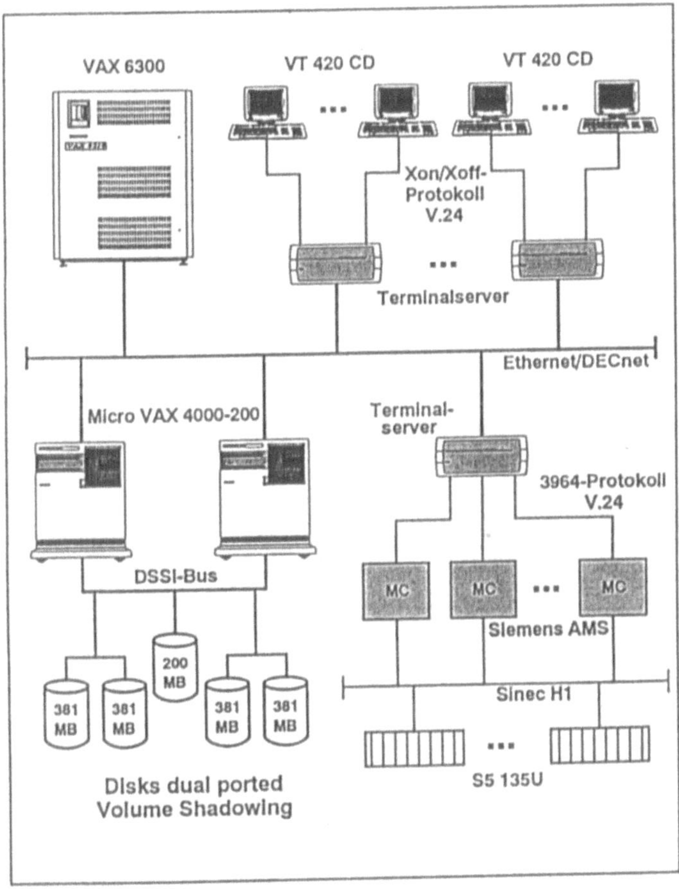

Bewertungskriterien für User Interface Management Systeme

Dr.-Ing. Dipl.-Math. K.-P. Fähnrich, Dipl.-Inform. C. Janssen
Fraunhofer-Institut für Arbeitswirtschaft
und Organisation (IAO)
Holzgartenstr. 17
7000 Stuttgart 1

1.   Einleitung

User Interface Management Systeme haben zum Ziel, den erheblichen Entwicklungsaufwand für graphische Benutzungsschnittstellen zu senken, die Einarbeitung für Entwickler zu erleichtern, sowie den neuen Ansätzen beim Vorgehen in der Software–Entwicklung, wie Prototyping und iterative Entwicklung, gerecht zu werden (Fähnrich und Janssen, 1991). Eine vorliegende Studie zeigt, daß höhere Entwicklungswerkzeuge wie User Interface Management Systeme Vorteile gegenüber reinen Programmierwerkzeugen haben (Myers und Rosson, 1992). Für den Praktiker ist jedoch die Orientierung im Bereich dieser Werkzeuge immer noch sehr schwierig, da Begriffe und Leistungen sehr heterogen sind. Insbesondere ist in der Literatur bisher noch kein Kriterienkatalog für User Interface Managment Systeme und verwandte Werkzeuge vorgestellt worden.

Der vorliegende Beitrag geht von einer Klassifizierung von Entwicklungswerkzeugen für graphische Benutzungsschnittstellen aus und gibt einen Überblick über einen detaillierten Kriterienkatalog, der einer vom IAO durchgeführten Marktstudie zugrunde liegt. Dabei wird die Ausprägung der Kriterien exemplarisch für einige User Interface Management Systeme gezeigt.

2.   Klassifizierung von Entwicklungswerkzeugen für graphische Benutzungsschnittstellen

Entwicklungswerkzeuge für graphische Benutzungsschnittstellen kann man in verschiedene Klassen einteilen, die sich in einem zweidimensionalen Klassifizierungsschema anordnen lassen (vgl. Fähnrich und Janssen, 1991). *Oberflächenbaukästen* bieten den niedrigsten Abstraktionsgrad und unterstützen nur die Entwicklung der Präsentationskomponente, während die Dialogsteuerung zusammen mit der Anwendungskomponente programmiert werden muß. Höhere Oberflächenwerkzeuge (*Oberflächenbeschreibungssprachen* und *Oberflächeneditoren*) erleichtern zwar die Erstellung der Präsentationskomponente, unterstützen aber ebenfalls nicht die Dialogsteuerung. *Anwendungsrahmen* bieten Unterstützung auf allen Ebenen, bleiben aber Programmierwerkzeuge und sind entsprechend schwer zu erlernen und wenig für Prototyping geeignet.

User Interface Management Systeme (UIMS) bieten dagegen Unterstützung bis zur Dialogsteuerungsebene. Durch eine Dialogbeschreibungssprache und Struktureditoren für die Oberfläche und die Dialogbeschreibung (letzteres nicht bei allen Systemen) bieten UIMS eine gute Erlernbarkeit, verringerten Entwicklungsaufwand und Unterstützung für Prototyping an. In eine ähnliche Richtung gehen in letzter Zeit durch den Anschluß graphischer Oberflächen *Werkzeuge der vierten Generation* (4GL-Werkzeuge), die dann typischerweise noch den Zugriff auf Datenbanken besser unterstützen. *Hypermedia-Werkzeuge* beinhalten ebenfalls eine spezielle Programmiersprache für Benutzungsschnittstelle und Anwendung. Darüberhinaus bieten sie noch besondere Möglichkeiten für multi- und hypermediale Benutzungsschnittstellen. Ein Forschungsgegenstand und noch nicht in kommerzielle Systeme eingeflossen ist gegenwärtig die *automatische Generierung* von Benutzungsschnittstellen (siehe z.B. Wiecha et al., 1989; Weisbecker und Kern, 1991). Hierbei müssen nur noch höhere Beschreibungen angegeben werden, die keine Details mehr über die physischen Oberflächenobjekte und das Layout enthalten.

3. Ein Kriterienkatalog

Im diesem Abschnitt wird ein Überblick über die wichtigsten Punkte aus dem am IAO entwickelten Kriterienkatalog zur Beurteilung von Entwicklungswerkzeugen für graphische Benutzungsschnittstellen gegeben. Die Ausprägung wird exemplarisch für fünf reale User Interface Management Systeme gezeigt (anonymisiert A–E benannt). Tabelle 1 enthält Kriterien, die die dem Werkzeug zugrundeliegende Plattform, die Präsentationsschicht und die Dialogschicht betreffen, während sich Tabelle 2 auf die Bereiche Anwendungsschnittstelle und Unterstützung des Software–Engineering–Prozesses erstreckt.

3.1 Basis-Plattformen

Die Systeme A, B und D unterstützen mehrere Oberflächensysteme (MS–Windows, Presentationmanager, OSF/Motif). Bei A und D sind sogar Versionen für alphanumerische Terminals vorhanden, wobei natürlich nur ein Ausschnitt aus den graphischen Oberflächenobjekten abgebildet werden kann. Entsprechend einfach ist die Portierung von Anwendungen, die mit diesen Werkzeugen entwickelt wurden, über die unterstützten Plattformen hinweg. Dagegen handelt es sich bei den Systemen C und E um auf OSF/Motif ausgerichtete Werkzeuge. (Bei E existiert noch eine Laufzeitversion für MS–Windows).

3.2 Präsentationsschicht

Werkzeuge, die mehrere Plattformen unterstützen, geben meist ein eigenes Modell für Oberflächenobjekte vor, während andere Werkzeuge typischerweise das Modell des unterliegenden Baukastens (toolkitspezifisches Modell) übernehmen. Ein eindeutiger Trend ist, neben den Standard–Objekten unterliegender Baukästen, auch allgemeine Objektgraphik, Rastergraphik, graphische Anzeigeinstrumente und Geschäftsgraphik sowie Tabellen zu unterstützen. Für manche Anwendungen werden auch ganz eigene Objekte benötigt. Die Erweiterbarkeit ist aber nicht bei allen Systemen gegeben, bei D undokumentiert. In der Zukunft werden schließlich Multimedia–Erweiterungen immer wichtiger werden.

Meist noch nicht optimal unterstützt ist die Internationalisierung von Anwendungen, d.h. die Anpassung der Oberfläche an nationale Eigenheiten. So sollten insbesondere Texte und Datenformate für mehrere Sprachen definiert und einfach umgeschaltet werden können. Dabei sollte sich das Layout an geänderte Textlängen anpassen, was bei den meisten Systemen noch nicht der Fall ist.

Besonders wichtig ist ein Konzept, mit dem sich Klassen für Oberflächenobjekte mit gemeinsamen Eigenschaften definieren lassen. Auf diese Weise können z.B. für Fenster Darstellungsattribute wie die Hintergrundfarbe, aber auch komplexere Eigenschaften wie die Menü-Struktur, an einer Stelle in einer Anwendung festgelegt und für alle entsprechenden Fenster wiederverwendet werden. Nachfolgende Änderungen wirken sich dann auf alle Instanzen einer Klasse aus. Das Klassenkonzept sollte Vererbungsmechanismen beinhalten.

3.3 Dialogschicht

Kennzeichnend für User Interface Management Systeme ist eine Dialogbeschreibungssprache, die bei nahezu allen kommerziellen Systemen einem ereignisorientierten Dialogmodell folgt. Das daten– oder constraint–orientierte Dialogmodell (Bass et al., 1990) ist aber in Forschungssystemen anzutreffen. Analog zur Präsentationskomponente sind auch in der Dialogbeschreibungssprache objektorientierte Konzepte und Erweiterbarkeit sinnvoll. Für manche Anwendungen, z.B. bei der Überwachung von technischen Prozessen, müssen außerdem asynchrone Anwendungsprozesse in die Dialogsteuerung integriert werden können.

			System A	System B	System C	System D	System E
Platt-formen	Betriebs- und Fenstersysteme	DOS, MS-Windows	•	•		•	nur Laufz.
		OS/2, Presentationmanager	•	•		•	
		UNIX,X,OSF/Motif	•	•	•	•	•
		UNIX,X,OpenLook		geplant			
		VMS,X,Motif	•	•	•	•	
		Apple Macintosh					
		alphanum. Terminals	•			•	
		andere					
Präsen-tations-schicht	Standardobj.	eigenes Modell	•	•		•	
		toolkitspez.Modell			•		•
	Spezielle Objekte	Objektgraphik		•		in Entw.	
		Rastergraphik	•	•	•	•	
		Anzeigen (Meßinstrumente)		•			
		Geschäftsgraphik					
		Tabellen	•	•		in Entw.	•
		Erweiterbarkeit	•		•	undok.	•
		Multimedia				•	
	Entwick-lungs-Werkzeuge	Standard-Oberfl.beschr.spr.			•		
		eigene Oberfl.beschr.spr	•		•	•	•
		graph. Editor, Baumdarst.	•		•	nur Darst.	•
		graph. Editor, WYSIWYG	•	•	•	•	•
		Layouthilfen	•	•	•	•	•
	Internationa-lisierung	Texte umschaltbar	•	•		•	•
		autom. Layoutänderungen	•				
		Datenformate umschaltbar	•			•	•
	Objektposi-tionierung	relativ zu Geschwistern			•		
		relativ zu Vater	log. Gitter	•	•	•	•
	Koordinaten-system	Bildschirmkoordinaten		•	•	•	•
		benutzerdefinierbar				eingeschr.	
		relativ zu Referenzfont	log. Gitter		•	•	
	Objektorien-tierung	Klassenkonzept	•	•	•	•	•
		Vererbung in Klassenhier.	•	•		•	
		Vererbung in Teilehierachie			•		•
	sonstige Kriterien	Formatkontrolle	•	•	•	•	•
		Tastatur-Äquiv.	•	•		•	•
Dialog-schicht	Dialog-beschrei-bungs-sprache	eriegnisorient.Dialogmodell	•	•	•	•	•
		datenorient. Dialogmodell					
		objektorientierte Konzepte	•			•	
		Erweiterbarkeit			•	undok.	•
		Asynchrone Anw.prozesse	•	unter QNX	•	•	•
	Editoren	Browser/Regeleditor		•		•	•
		syntaxgesteuerter Editor				•	

Tabelle 1: Kriterien für Entwicklungswerkzeuge (1)

3.4 Anwendungsschnittstelle

Das Grundmodell für die Anwendungsschnittstelle ist der Aufruf von Funktionen bzw. Prozeduren der Anwendungsprogrammiersprache. Beim System A werden Mechanismen der Interprozeß–Kommunikation benutzt, da Anwendung und Dialog in verschiedenen Prozessen laufen. Objektorientierte Mechanismen, d.h. der Aufruf virtueller Funktionen bzw. das Versenden von Nachrichten sind bisher hauptsächlich aus Forschungssystemen bekannt geworden (Trefz und Ziegler, 1989). In umgekehrter Richtung sehen die meisten Systeme den Zugriff auf die Dialogobjekte des UIMS sowie den Zugriff auf das unterliegende Fenstersystem vom Anwendungsprogramm aus vor. Hierüber ist dann eine erweiterte Funktionalität der Benutzungsschnittstelle realisierbar, die in der Dialogbeschreibungssprache nicht implementiert werden kann.

Von Bedeutung ist der Anschluß von Benutzungsschnittstellenwerkzeugen an Datenbanken. Bei den Systemen B und D sind externe (d.h über Funktionsbibliotheken) und in die Dialogbeschreibungssprache integrierte Lösungen realisiert oder in Entwicklung. Wichtiger werden wird auch die Unterstützung von Datenaustausch zwischen Anwendungen und die Verteilbarkeit von Anwendung und Dialog. Auch hier weisen noch nicht alle Werkzeuge Funktionalität auf.

Im Hinblick auf die unterstützten Programmiersprachen kann man reine C oder C++-Werkzeuge (Systeme B, C und E) und Werkzeuge mit breiterem Sprachenspektrum (A und D) unterscheiden.

			System A	System B	System C	System D	System E
Anwen-dungs-schnitt-stelle	Kommunik. Anwendung/ Dialog	Funktionsaufruf objektorientiert	IPC	•	•	•	•
		Zugriff auf Dialog aus Anw.	•	•	•	•	•
		Zugriff auf Fenstersystem	•		•	•	•
	Datenbank-schnittstelle	extern		•		•	
		integriert		•		in Entw.	
	Kooperation Verteilung	Datenaustausch-Protokolle			•	•	
		Client-Server	•			•	•
	Programmier-sprachen	C	•		•	•	•
		C++	•	•	•	•	
		Cobol	in Entw.			•	
		Fortran	•				
		Pascal	•				
		4GL				geplant	
		andere					
Soft-ware-Enginee-ring	Generierbare Formate	Zielprogrammiersprache			•		•
		Dialogbeschreibungsspr.			•	•	
		Standard-Oberflächenspr.			•		
		Binär-Repräsentation	•	•	•	•	•
	Sonstige Unterstützung	Gener. Code-Rümpfe (Anw.)				•	•
		Simulation	•	•	•	•	•
		Debugger			•		•
		Log and Replay				•	
		Modularisierung (Dialog)	•	•	•		•
		Einbettung CASE				in Entw.	
		Mehrbenutzerfähigkeit	•			in Entw.	

Tabelle 2: Kriterien für Entwicklungswerkzeuge (2)

3.5 Einbettung in den Software-Engineering-Prozeß

Zunächst werden in diesem Bereich mehr technische Kriterien, wie generierbare Formate für Benutzungs-schnittstellenbeschreibungen und Generierung von Code-Rümpfen für das Anwendungsprogramm erhoben.

Besonders wichtig ist dann eine Simulationskomponente für die interpretative Ausführung der Dialog-beschreibungssprache, so daß Prototyping erleichtert wird. In software–technischer Hinsicht ist eine Modularisierbarkeit innerhalb der Dialogsteuerung erforderlich (also über die ohnehin unterstützte Trennung von Benutzungsschnittstelle und Anwendung hinaus). Ebenso wird in der Zukunft die Integration in allgemeine CASE-Systeme benötigt. Das System A unterstützt bereits die bei CASE–Systemen übliche Mehrbenutzerfähigkeit. Beim System D ist eine CASE–Integration in Entwicklung.

4. Zusammenfassung und Ausblick

Die hier vorgestellte Arbeit hat zum Ziel, die Vereinheitlichung von Begriffen im Bereich der Entwicklungs-werkzeuge für graphische Benutzungsschnittstellen voranzutreiben und eine Grundlage für die Beurteilung von Werkzeugen zu schaffen. Klassen von Werkzeugen wurden definiert und ein detaillierter Kriterien-katalog aufgestellt. Im Verlauf der Marktstudie werden für ca. 30 Werkzeuge die Kriterien vollständig erhoben und so ein Vergleich des Leistungsspektrums ermöglicht. Neben den hier im Überblick gezeigten technischen Kriterien sind weitere, z.B. ökonomische Konditionen, im Kriterienkatalog enthalten. Ferner werden in laufenden Arbeiten Testbeispiele für Benutzungsschnittstellen (Benchmarks) entwickelt, die für einen weitergehenden Vergleich von Entwicklungswerkzeugen herangezogen werden können.

Ein weiteres Ziel dieser Arbeit ist es, den Anstoß für Weiterentwicklungen zu geben. So weisen z.B. in den Bereichen Erweiterbarkeit, Internationalisierung, Datenaustausch, Verteilbarkeit, Datenbankschnittstelle und CASE–Anbindung viele UIMS noch Lücken auf. Ebenso sind Neuerungen in Richtung auf daten-orientierte Dialogmodelle, die Anbindung objektorientierter Programmiersprachen und automatische Gene-rierung von Benutzungsschnittstellen zu erwarten.

Literatur

Bass, L., Hardy, E., Little, R., Seacord, R. (1990). Incremental Development of User Interfaces. Cockton, G. (Ed.). Engineering for Human-Computer Interaction. Amsterdam: Elsevier.

Fähnrich, K.-P, Janssen, C. (1991). User Interface Management Systeme und ihre Eingliederung in Anwendungsarchitekturen. In: Zorn, W., Bender, K. (1991). TOOL´91. 2. Int. Fachmesse und Kongreß für Sofware- und Datenbank-Management. Berlin, Offenbach: VDE-Verlag, 69-78.

Myers, B.A., Rosson, M.B. (1992). Survey on User Interface Programming. In: CHI´92 Conference on Human Factors in Computing Systems. Reading: Addison Wesley, 195-202.

Trefz, B., Ziegler, J. (1989). DIAMANT - Ein User Interface Management System für graphische Benutzerschnittstellen. In: Maaß, S., Oberquelle, H. (1989). Software-Ergonomie´89. Stuttgart: Teubner, 264-273.

Weisbecker, A., Kern, P. (1991). Unterstützungswerkzeuge zur benutzergerechten Gestaltung der Mensch-Maschine-Schnittstelle In: Frese, M. et al. (Hrsg.), Software für die Arbeit von morgen. Ergänzung zum Tagungsband, 361-372.

Wiecha, C., Bennett, W., Boies, S., Gould, J. (1989). Generating Highly Interactive User Interfaces. In: CHI´89 Conference on Human Factors in Computing Systems. New York: ACM, 277-282.

Neue Software- und Hardwaretechnologien

CAN, ein flexibles Protokoll auch für industrielle Anwendungen

Frieder Heintz, Robert Hugel
Vorentwicklung Meß- und Informationstechnik
ROBERT BOSCH GmbH
7505 ETTLINGEN

Das ursprünglich für Kfz-Anwendungen entwickelte
CAN-Datenprotokoll und die entsprechenden Controller
finden immer mehr Anwendungen auch im industriellen
Sektor.
Es wird zunächst die Notwendigkeit der Einführung im Kfz
erläutert, anschließend das Protokoll und seine
Eigenschaften beschrieben, die Vernetzung in der
industriellen Steuerung anhand eines Beispiels in der
Haustechnik aufgezeigt und ein Überblick vorhandener
Bausteine und Entwicklungshilfsmittel gegeben.

1. Einleitung

Schon vor ca. 10 Jahren wurden in Fahrzeuge der oberen Klasse digitale elektronische Steuergeräte für Zündung, Einspritzung, ABS, usw. eingebaut und durch zunehmende Ansprüche an Sicherheit, Komfort und Umweltverträglichkeit nimmt der Anteil an elektronischen Steuergeräten auch in allen anderen Fahrzeugen ständig zu.

Die zunehmende Komplexität der Elektronik im Kraftfahrzeug hat dazu geführt, daß neue Konzepte hinsichtlich Verdrahtung und Funktionsverteilung erarbeitet wurden und weiterentwickelt werden.

Ein Beispiel hierfür ist die Vernetzung der elektronischen Steuergeräte durch serielle Bussysteme.

Man sah diese Entwicklung voraus und schon Ende der 70er Jahre wurden sogenannte Multiplex-Systeme vorgestellt, die den Aufwand an Verkabelung und Steckern reduzieren sollten, indem Stellglieder und Sensoren an beliebiger Stelle an einen ringförmig im Fahrzeug verlaufenden Bus, der Steuer- und Versorgungsleitungen enthielt angeschlossen werden konnten.
Diese Idee führte schließlich Mitte der 80er Jahre zur Definition des CAN-Protokolls von BOSCH und der Hardwareintegration von INTEL. (CAN = Controller Area Network)
Heute ist CAN bereits ein fester Begriff im Kfz-Bereich und findet auch Einzug in artfremden Bereichen wie Prozeßsteuerungen, Textil-, Medizin- und Haustechnik.

2. Anforderungen an Protokolle im Kraftfahrzeug

Damit man die Eignung dieses Protokolls für den Einsatz in diesen Bereichen abschätzen kann, sollen zunächst einmal die Anforderungen hinsichtlich der Applikation im Kraftfahrzeug aufgezeigt werden.

2.1 Grundsätzliches

Im Kfz sind viele unterschiedliche, relativ kurze Datentelegramme schnell und in gestörter Umgebung möglichst sicher zwischen einzelnen Steuergeräten zu übertragen.
Der Datenverkehr darf aber seinerseits keine anderen Geräte wie Autoradio oder Telefon stören.

Aus diesen Forderungen ergeben sich die folgenden Spezifikationen:

2.2 Multimasterkonzept

Durch die ständige strukturelle Änderung im Zuge der Weiterentwicklung darf die Abwicklung des Datenaustauschs nicht von der speziellen Ausstattung des Fahrzeugs abhängen. Konfigurationsänderungen sind nur dann einfach durchzuführen, wenn jeder Teilnehmer unabhängig von einer übergeordneten Instanz gleichberechtigt Zugang zum Bus hat.

2.3 Inhaltsbezogene (objektorientierte) Adressierung

In einem CAN-System werden die Teilnehmer nicht durch eine Adresse angesprochen, sondern der Inhalt der zu übertragenden Botschaft wird durch einen Identifier gekennzeichnet und für alle zugänglich auf den Bus gelegt (broadcasting). Jeder Teilnehmer kann die ihn interessierende Botschaft entgegennehmen. Durch die Akzeptanzprüfung verliert man zwar etwas Zeit, gewinnt aber wesentlich an Flexibilität für das gesamte System.
Ein 11 Bit breites Identifierfeld gestattet die Verwendung von bis zu 2032

verschiedenen Objekten in einem Netz.

Um auch gezielt Daten von einem Teilnehmer anfordern zu können, ist ein Remote-Request-Bit in Verbindung mit dem Identifier vorgesehen.

2.4 Kurze Latenzzeiten

Die Latenzzeit muß auch bei starker Busauslastung eine für den eigentlichen Regelprozeß tolerierbare Größenordnung haben (ca. 1ms bei Industrieanwendungen).

Durch geeignete Wahl von Übertragungsgeschwindigkeit, Datenlänge und Buszugriffsverfahren muß ein Optimum gefunden werden.

Die meist 8 bis 16 Bit breiten Meßdaten sowie Statussignale können in bis zu 8 Byte langen Telegrammen zusammengefaßt werden. Damit ist ein günstiger Kompromiß zwischen Übertragungskapazität und für die Echtzeitanwendung notwendiger Latenzzeit getroffen.

Größere Datenmengen, die aber nicht echtzeitrelevant sind, müssen vor der Übertragung segmentiert werden und sind hauptsächlich für verbindungsorientierten Datenaustausch gedacht.

2.5 Priorisierung

In einem Echtzeitsystem ist es notwendig, daß die wichtigsten Botschaften möglichst ohne Vezögerung beim Empfänger ankommen. Dies wird durch Vergabe von Prioritäten erreicht. Da Inhalt und Priorität stets eng miteinander verknüpft sind, bietet es sich an, Inhaltskennzeichnung (Objekt-Identifier) und Priorität direkt miteinander zu verbinden. In CAN-Systemen hat das Objekt mit der niedrigsten Nummer die höchste Priorität.

2.6 Arbitrierung

Wenn alle Teilnehmer gleichberechtigt Zugang zum Übertragungsmedium haben sollen, muß ein Mechanismus gefunden werden, der den Zugang regelt.

In diesem Fall wurde die nichtdestruktive bitweise Arbitrierung gewählt, da bei diesem Verfahren keine Kenntnis der Netzwerkkonfiguration nötig ist und

keine Botschaft durch Kollision verloren geht. Außerdem setzt sich bei einer
Kollision die höher priorisierte Botschaft durch. Es ist nur dafür zu
sorgen, daß anschließend die zurückgestellte Botschaft auch gesendet wird,
was per Definition CAN erledigt.

2.7 Fehlererkennung und -behandlung

Großer Wert wurde bei der Definition des CAN-Protokolls auf die Sicherheit
der Datenübertragung gelegt. Es müssen deshalb Maßnahmen getroffen werden,
gestörte Botschaften, sei es lokal oder global, zu erkennen und Fehler zu
korrigieren.
Ein Sender kann durch bitweises Rücklesen seiner Botschaft feststellen, ob
eine Störung vorliegt und bei Bedarf das Telegramm wiederholen.
Zur weiteren Absicherung werden Stuffbits eingefügt, ein Datenblock durch
ein 15-Bit CRC-Polynom abgeschlossen, das Format fester Felder überwacht und
die positive Bestätigung eines Empfängers geprüft.
Diese Maßnahmen garantieren eine vernachlässigbar kleine Restfehlerwahr-
scheinlichkeit.[1]

Ein von einer Station als falsch erkanntes Telegramm wird allen Teilnehmern
durch ein "Errorflag" als fehlerhaft gekennzeichnet. Nur so kann die
Integrität der Daten über das ganze Netz sichergestellt werden.
Ein gestörtes Telegramm wird vom Sender wiederholt.

Der Ausfall eines Teilnehmers darf nicht zum Totalausfall führen. Stellt ein
Teilnehmer bedingt durch seine Eigenüberwachung fest, daß er den Busverkehr
permanent stört, so koppelt er sich automatisch vom Bus ab.

2.8 Physical Layer

Prinzipiell ist das CAN-Protokoll unabhängig vom gewählten physikalischen
Netz.
Um den Verdrahtungsaufwand und die Datensicherheit zu optimieren, wird meist
die bitserielle Übertragung auf einem verdrillten Zweidrahtbus mit
gegenphasigen Spannungspegeln gewählt (Push-Pull). CAN-Bausteine lassen sich

aber auch für Eindrahtbusse (active pull up, active pull down, floating)
konfigurieren.

2.9 Zusammengefaßt die wichtigsten Spezifikationen:

-Multimasterkonzept
-bitweise nichtdestruktive Arbitrierung
-objektorientierte Botschaften
-max. 2032 Objekte
-Priorisierung durch Identifier (Objektnummer)
-Telegrammlänge 0-8 Datenbytes
-Fehlererkennung durch Rücklesen, CRC, Stuffbits sowie Form-Überwachung
-Fehlerbehandlung : positves ACK bei ungestörtem Empfang aller Teilnehmer
                    Wiederholung gestörter Telegramme
                    selbständiges Abschalten dauerhaft gestörter Stationen
-serieller Zweidrahtbus
-maximale Datenrate 1Mbit/s

3. Industrielle Anwendung

Das Multimaster-Konzept und die objektorientierte sichere Datenübertragung
machen CAN auch für industrielle Anwendungen zu einer attraktiven
Alternative. Eine Beschränkung der Buslänge auf ca. 40m, die bei Baudraten
von 1MBd nicht überschritten werden soll, kann durch reduzieren der Baudrate
leicht aufgehoben werden. Sicher kann man davon ausgehen, daß CAN nicht für
km-lange Netze und entsprechend hohe Datenraten geeignet ist, aber Buslängen
von 400-500m bei einer Übertragungsgeschwindigkeit von bis zu 100kBd sind
realisierbar.

Eine mögliche Anwendung, die in diesen Bereich fällt, ist die Informationsverarbeitung in der Haustechnik.
Neben der Installation der Energieverteilung findet man in der Haustechnik
heute eine ganze Reihe von Steuerleitungen, die oft für gleichartige Zwecke
mehrfach verlegt werden müssen. Bei einer Klingelanlage in einem Hochhaus
kann z.B. die Verkabelung durch den einfachen Zweidrahtbus erheblich reduziert werden.

Über den selben Bus können die Verbrauchsdaten einzelner Wohneinheiten sowie Meßwerte für die Heizungssteuerung wie Außentemperatur von verschiedenen Stellen, Vorlauftemperaturen, Brennstoffvorrat, u.v.m., zu einer Zentrale gelangen, sodaß keine Zusatzverdrahtung anfällt.

Durch die objektorientierte Adressierung können die Daten direkt den Meß- und Stellgrößen zugeordnet werden (z.B. Außentemperatur-Nord = Identifier, 17°C = Daten).

Da die Daten jedem Teilnehmer am Bus zugänglich sind, kann die Heizungssteuerung die für die Jalousiensteuerung vorgesehenen Werte von Sonnenstand, Windrichtung und -stärke ebenfalls verwerten.

Alarmanlagen mit den vielen verteilten Sensoren lassen sich einfacher verdrahten und der Meldeort sowie die Priorität können durch den Objektidentifier schon festgelegt werden.

Für eine intelligente Treppenhausbeleuchtung unter Einbeziehung der Bewegungssensoren eignet sich CAN ebenso wie für die Aufzugsteuerung (CAN ist heute das einzige bekannte Protokoll, das für Aufzüge freigegeben ist). Modifikationen eines bestehenden Systems sind leicht durchführbar, denn jeder zusätzliche Teilnehmer im Netz kann als Master Daten auf den Bus legen und bereits vorhandene verwerten.

4. Tools

Auch wenn heute Bausteine verfügbar sind, die den gesamten Datenverkehr auf den untersten Schichten abwickeln, so ist die eigentliche Applikation und der Test dem Systementwickler überlassen.

Die Anbindung eines Bausteins an Microcontroller ist sehr einfach: die Daten werden über ein DPRAM (INTEL 82526) bzw. zwei Register (PHILIPS 82C200) ausgetauscht. Weiterhin sind schon Microcontroller mit integrierter CAN-Schnittstelle auf dem Markt.

Verschiedene Firmen bieten für die Systementwicklung eine ganze Reihe von Hilfsmitteln und Werkzeugen an, wie z.B.

* Busanalyser, um den Datenverkehr auf dem Bus bis zum einzelnen Bit zu beobachten

* Emulatoren, um Teilnehmer nachzubilden

* Simulatoren, um eine geplante Konfiguration auch ohne Hardware auf

Busauslastung und Konsistenz zu prüfen,sowie

* Softwarebibliotheken für CAN-spezifische Funktionen (Treiber) in den Sprachen ASM, C, TurboC und

* PC-Interfacekarten.

5. Zusammenfassung

Bussysteme im industriellen Sektor bieten viele Vorteile hinsichtlich Flexibilität und Funktionalität sowie eine Kostenreduktion bei Installation und Verkabelung. Neben bereits bestehenden Systemen gewinnt auch das CAN-System in diesen Bereichen zunehmend an Bedeutung.

6. Literaturverzeichnis

[1] J.Unruh, H.-J.Mathony, K.-H.Kaiser,
    "Error Detection Analysis of Automotive Communication Protocols",
    SAE Paper 900699.

Neurocontrol for industrial applications

L.Spaanenburg, B. Höfflinger, A. Klofutar*, and S. Neusser
Institut für Mikroelektronik Stuttgart,
7000 Stuttgart 80 (FRG)

1. Introduction

Electronic control for industrial applications has long been trailing on the path of microelectronic developments. This is not because the required functions are too complex or because the required speed/dissipation figures are hard to reach, but mainly because the safety requirements are high and because the environment is hard to model during ASIC design. And improper modelling costs in lengthened product lead time!

Of late the fuzzy controler has become popular. Its major advantage is the easy adaption to environmental changes. The environment is reflected by a structuring into classes, upon which control rules are defined. Small functional changes imply a mere change in class assignment. It is clear, that this advantage does not come to bear where such a classification can not be easily achieved by straight analysis. Neural techniques come into support of this process [1]. Based on actual measurement data, a neurocontroller: (a) builds correlations for fuzzy class assignment, and (b) evaluates rules over such classes.

A neurocontroller can be built from a standard controller with appropriate software. Here, at least, the electrical interface with the environment is properly defined. The design recursion path then takes a change in software constants plus a re–loading of the compiled module, as is common practice in conventional controller design. Because the neurocontroler is emulated, its performance is at best still a factor 10 worse than a straight hardware implementation. So, for time–critical or fail–safe applications, the efficient solution is a client–specific neurocontrol chip with standardized interface. Though a number of such specialized designs are known from literature, many practical controllers can already be handled by cell–based semi–custom designs. This has the added benefit, that conventional logic and neural logic can be arbitrarily mixed in one IC package, as required to achieve low-power and small size.

2. Neural signal processing

In order to experiment with classification tasks for sensory signals, a signal composer is developed. It handles the assembly of a signal from its harmonic components and allows for the insertion of four noise sources, namely power line noise, cross–coupling noise, baseline shift, and EMG. All parameters are given in a single file, that contains also information on the measurement duration and the sampling frequency. From these values, the sampled data are calculated and written to an output file together with a phase flag which indicates the starting time within the measurement frame. This file in turn serves as input for the signal processing by means of the NNSIM neural network development environment, where the characteristic signal features are retrieved [2].

* on leave from the University of Ljubljana, Slovenija.

Power line and respiration noise are simulated as a sine–wave with selectable frequency and amplitude. Only the base frequency is used i.e. no harmonics. The mean frequency of base line shifts as well as the size of the shifts are selectable. The base line shift noise is simulated as a random change of the signal base line. EMG noise is modeled as a random noise with selectable amplitude.

The applied signal detector was based on a multi–layer feedforward network composed of an input layer with 20 neurons, each taking a delayed sample of the supplied signal, a hidden layer with 6 neurons, and an output layer with a single neuron, from which the detected signal is to emanate.

The neural network was trained with a perfect noise–free signal. Signal fragments with and without the feature to be detected together with the phase flag were presented to the neural network randomly. The same probability of occurrence for both kinds of fragments was selected. Data samples were fed one by one to the first input neuron and from there to the next input neuron and so on until they reached the last input one. This images a tapped input delay–line. After each transition, the network output was calculated and compared to a threshold. If the output neurons activation exceeded a certain threshold value, the feature was claimed to be detected.

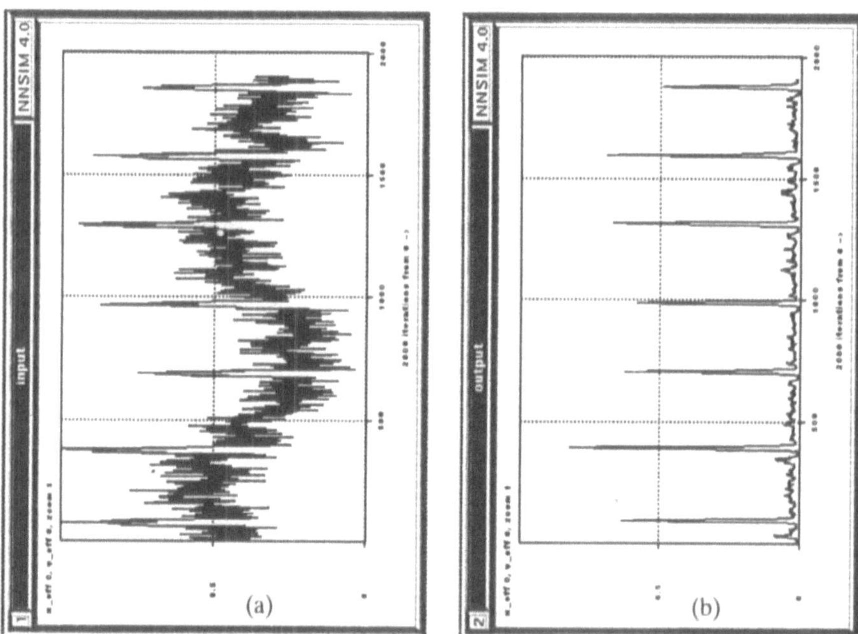

Figure 1 V5 ECG signal (a) corrupted with noise, (b) detected by the neural detector.

After the training the neural network successfully recognized not only perfect and noise free signal features but also those that were highly corrupted with noise (figure 1) and mixed with other related signals (figure 2). Typically, a noise suppression of better than 30 dB is reached.

3. Comparison to classical ECG signal processing

Heart disease is currently the major cause of mortality. More than half of the people with a heart disease die within two hours after the attack, that may start as angina pectoris, myocardial infarction, or congestive failure. The most susceptible category is formed by men in the age of 40 to 50 years.

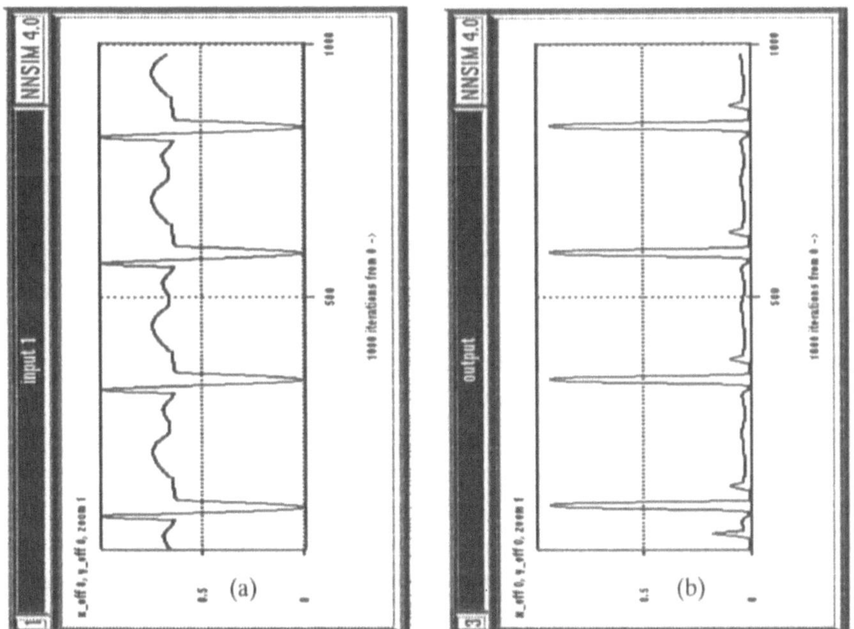

Figure 2 V2 ECG signal (a) corrupted from other lead, (b) detected by the neural detector.

A physician could monitor such cases better if equipped with highly integrated medical instrumentation, that should be safe, reliable, accurate, and robust.

The QRS detector represents a building block for critical care electrocardiogram monitoring and also heart rate monitoring during activities as jogging, aerobics or cycling. The device could improve the reliability of arrhythmia diagnosis and implanted pacemakers monitoring. The goal of the here reported research was to investigate and simulate the neural QRS detector on artificial ECG test data representing the normal heart function. Later on, the performance of the detector should be augmented, for instance to detect other features of the PQRST complex and heart malfunctions [3].

The classical DSP–oriented approaches for QRS detection are based on signal amplitude (and 1th–order derivative) measurements and are therefore oversensitive to noise – especially abrupt base line shift and EMG noise [4]. To reduce unwanted effects of false QRS detection i.e. to detect the QRS where no actual QRS exists, several preprocessing techniques are used. In only a few cases of ECG interpretation raw data are used i.e. the data are used without preprocessing. Normally the raw ECG signal is filtered by low and high–pass filters [5, 6] using FFT [5] and/or standard signal processors [6]. Some additional data transformation procedures like normalization, centering, base line shift reduction, and R peak detection are also in use. The next step is feature extraction by classical means [7], including QRS width, QRS amplitude, QRS offset, T slope, T prematurely [7], power spectral density [5], or 37 standard ECG variables by the HP program (like sex, age, and a set of nonlinear functional transforms of the input parameters) [8].

A first, coarse evaluation shows, that the classical approaches have some problems in correctly classifying the patterns. The MCNC approach of Roy [4] makes already good progress with respect to the classification of actually occurring beats, but still has appreciable difficulty in the area of false detections when the noise levels become larger than 0.1% of the full signal range. The neural approach improves slightly the detection of beats, and outperforms by factors where false classifications are concerned.

4. Closed–loop control

Another characteristic application area for neural networks is in closed–loop control. Here, the behaviour of the control system w.r.t. its environment can be grasped and validated by direct measurements, but withstands short–term mathematical modelling. A typical procedure based on neural informatics starts from a large (but not too large) neural network, trained by lacquer–proof measured fragments. By inspection, the correlations within the neural network can be validated using the interruptable mode of NNSIM. This facilitates a structured network damaging approach, wherein gradually the network is sized down to the bare necessities.

A typical example of such a development path is in the control of a car for tracking a highway lane [9]. Though an analytical model exists, introducing the characteristics of a specific car and/or driver is hard to accomplish. With measured data from the VISTA system, a multi–layer feedforward network with 60 input neurons (10 delayed samples for each of the 6 signals), 135 hidden neurons and 1 output neuron was trained as shown in Figure 3. It proved to have an accurate recall capability for the steering wheel control.

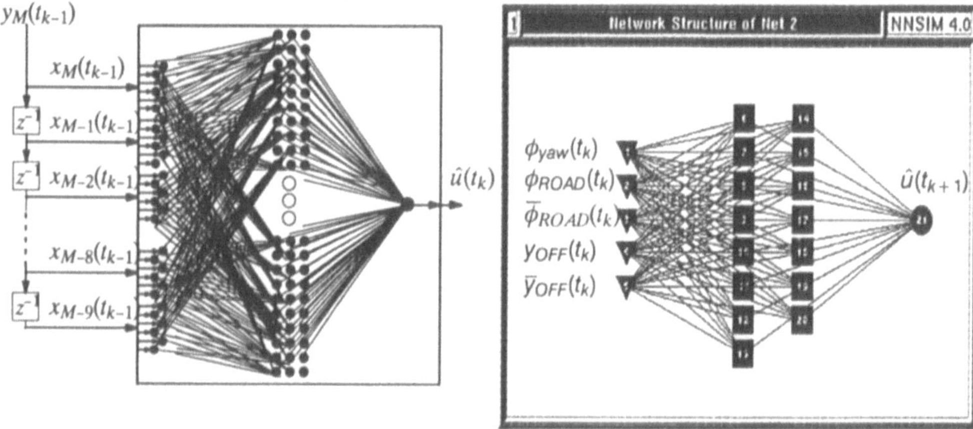

Figure 3. Lane–tracking controller: (a) initial network, (b) final reduced network.

From a visual inspection of the network internals, a number of unwanted/unused parameter correlations were identified. These were removed and, in an attempt to minimize the network size, a final reduction was pursued leading to a network with 5 input neurons (for 3 signals and 2 derivate thereof), 15 hidden neurons and 1 output neuron. Though this network has a maximum 5% aberration from the human-originated driving control data, it accurately performs the desired lane-tracking under realistic road conditions. Furthermore, because the internal time-constants are directly derived from the actual car behaviour, its steering wheel correction performance is extremely comfortable.

5. Discussion

The realization of neural networks can take several shapes [10]. The emulation on standard microcontrol boards is supported from NNSIM by table-driven compiled code. This can be introduced to existing application software to enhance its performance. Such allows fast turn–around prototyping. Real–time behaviour requires the use of high–performance parts, which because of their general–purpose nature will not always provide a low power and/or low cost solution. The alternative is the application of ASICs. To apply such chips, a board is developed that communicates over a serial–line interface with a workstation (WS), hosting the NNSIM neural network development environment. The serial–line controler is realized with an ACTEL FPGA. On–board a parallel bus handles the initialization of the neuro–ASICs with training data and the monitoring of the neural status by the WS, where advanced graphics provide a user–friendly insight in the operational effects.

For the construction of digital neurocontrol ASICs, two approaches are practized at the IMS. The first one is based on pulse–density modulation and fuses slowly changing signals. A small 15 MHz FPGA realization is in use, and a cell–based Sea–Of–Gates prototype is in production. It is expected to operate with a 40 MHz clock and provides 16 6–bits synapses and a 12–bits neuron. The alternative uses fast DIGILOG vector processing and aims at fast changing conditions. Again, a small FPGA realization is available, and a cell–based Sea–Of–Gates prototype is under test, that provides 4 16–bits neurons with each 64 16–bits synapses. It has shown functionality in a 1MHz wafer test, and is expected to operate with a 100 MHz clock on board level. These various prototypes have a compatible pin–out to support operation from a single board. As discussed in [11], such a board with standardized ports and busses is extremely usable to provide a basic level of neuro–control and classification within an industrial AI–driven environment.

5. References

[1] B. Höfflinger, and L. Spaanenburg, ”Silicon solutions to fuzzy problems”, *Tagungsband Seminar "Fuzzy Logik in der industriele Anwendung"* (Stuttgart, November 1992).

[2] J.A.G. Nijhuis, S. Neußer, A. Siggelkow, and L. Spaanenburg, ”NNSIM: An environment for the simulation of applications with fine–grained massive parallelism”, *International Journal of Computer Simulation*, Vol. 2, No. 2 (Ablex Publishing, Norwood, N.J., 1992).

[3] J.R.Hampton, ”EKG–leicht gemacht”, Jungjohann Verlagsgesellschaft, Neckarsulm, Stuttgart, 1991.

[4] S.C. Roy, ”A Testable CMOS QRS Detector and Arrhythmia Monitor”, Technical Report TR90–45, MCNC, 1990.

[5] Y.S.Tsai e.a., ”An Experiment on ECG classification using Back–Propagation Neural Network”, *Annual International Conference of the IEEE Engineering in Medicine and Biology Society*, Vol. 12, No. 3, 1990.

[6] Akira Iwata e.a., ”A Fast Analyzing System For Holter Recording Using Digital Signal Processores And Neural Networks”, *Annual International Conference of the IEEE Engineering in Medicine and Biology Society*, Vol. 12, No. 2, 1990.

[7] T.H.Yeap e.a., ”ECG Beat Classification by a Neural Network”, *Annual International Conference of the IEEE Engineering in Medicine and Biology Society*, Vol. 12, No. 3, 1990.

[8] G.Bortolan e.a., ”Design of Neural Networks for Classification of Electrocardiographic Signals”, *Annual International Conference of the IEEE Engineering in Medicine and Biology Society*, Vol. 12, No. 3, 1990.

[9] S. Neußer, J.A.G. Nijhuis, and L. Spaanenburg, ”Developments in autonomous vehicle navigation”, *Proceedings IEEE CompEuro'92* (The Hague, The Netherlands, May 1992) pp. 453 – 458.

[10] S. Neußer, B. Schonewille, L. Spaanenburg, and P.J.H. Speckreijse, ”Rapid prototyping of neural networks for control applications”, *Digest IEEE SPIE'92* (Orlando, Fl., March 1992).

[11] E. Schöneburg, ”Diagnosis using neural nets”, *Proceedings IEEE CompEuro'92* (The Hague, The Netherlands, May 1992).

Einsatz wissensbasierter Methoden für Konstruktion, Fertigung und Test von LIGA-Mikrostrukturen

I. Brauch, H. Eggert, K. P. Scherer, P. Stiller
Kernforschungszentrum Karlsruhe GmbH
Institut für Angewandte Informatik
Postfach 3640, 7500 Karlsruhe 1, FRG

1. Einleitung

Durch Lithographie, Galvanoformung und Abformung (LIGA-Verfahren) /7, 11, 12, 13, 14, 15, 16/ entstehen dreidimensionale Mikrostrukturen aus Metall, Kunststoff und Keramik. Das am Kernforschungszentrum Karlsruhe entwickelte LIGA-Verfahren eröffnet für eine zukünftige Mikrosystemtechnik (Verknüpfung von Komponenten aus der Mikromechanik, der Mikrooptik sowie der Mikroelektronik zu intelligenten Systemen) völlig neue Perspektiven in den unterschiedlichsten Anwendungsfeldern (z. B. Medizintechnik, Nachrichtentechnik, Automobiltechnik).

Der LIGA-Prozeß besteht aus weit über einhundert einzelnen, zum Teil äußerst komplexen Fertigungsschritten, welche ohne Rechnereinsatz nicht durchführbar wären. Allerdings sind heute sämtliche Rechneranwendungen voneinander isoliert und damit sogenannte "Insellösungen". Die Probleme, die aus informationstechnischer Sicht in einem derartigen Fertigungsumfeld auftreten können werden hier als bekannt vorausgesetzt.

In diesem Papier zeigen wir eine Lösungsmöglichkeit, mit wissensbasierten Methoden CIM (Computer Integrated Manufacturing) /1, 2, 3/ im Fertigungsumfeld von LIGA-Mikrostrukturen zu realisieren.

Ausgehend von einer gesamthaften Sicht wird durch partielle Verfeinerungen an Beispielen die verwendete Methodik deutlich gemacht.

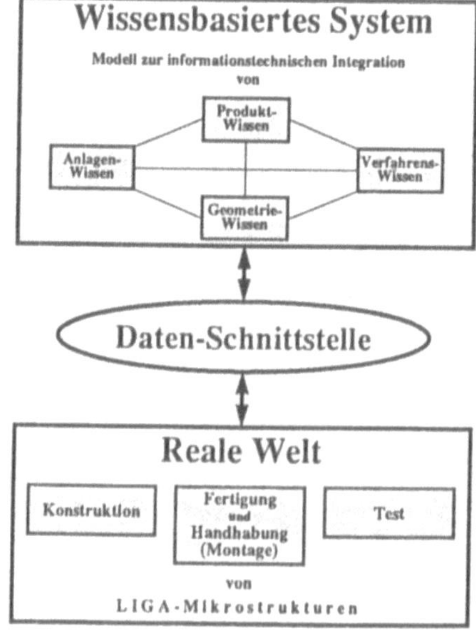

Abb. 1 : LIGA-Verfahren und Informationstechnik

Abb. 1 soll vermitteln, daß in der realen Welt die globalen Prozeßschritte Konstruktion, Fertigung und Test von LIGA-Mikrostrukturen in bezug auf informationstechnische Hilfsmittel weitgehend unabhängig voneinander ablaufen. Die notwendige informationstechnische Verknüpfung zwischen den Prozeßschritten wird durch den menschlichen Experten durchgeführt, wobei der Experte die Wissensbereiche Produktwissen, Geometriewissen, Verfahrenswissen und Anlagenwissen in sich vereinigen muß, was wiederum für einen einzelnen Experten in seiner Gesamtheit aus Komplexitätsgründen nicht möglich ist. Das Wissen ist also auf viele Experten verteilt.

Da zur Erfassung der komplexen Zusammenhänge zwischen dem Konstruktions-, dem Fertigungs- und dem Testprozeß numerisch analytische Verfahren nicht ausreichen, um die kausalen Zusammenhänge zu beschreiben bzw. sie nutzbar zu machen, werden wissensbasierte Methoden /5, 6/ eingesetzt, um die heuristischen Erfahrungen und das Wissen der Experten in einer informationstechnisch integrierten Weise abzubilden.

2. Integrationsproblem und abstrakte Lösung

Aus Abb. 2 wird an der Datenschnittstelle deutlich, daß die reale Welt der LIGA-Mikrostrukturtechnik informationstechnisch aus verschiedenen Teilwelten, die nicht ohne weiteres miteinander kommunizieren können, besteht.

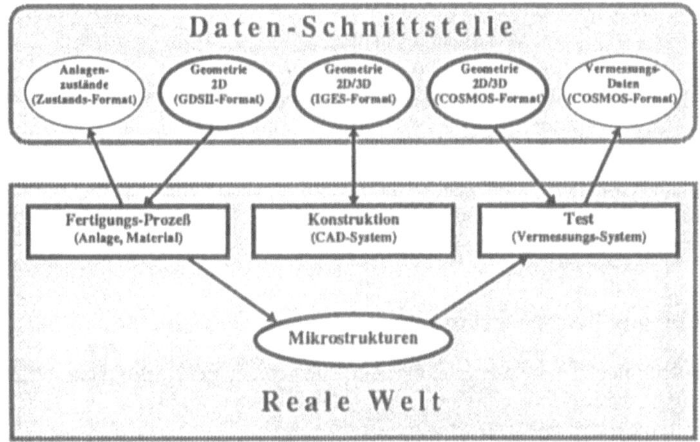

Abb. 2 : Integrationsproblem in der Realität

Der Konstruktionsbereich gehört in eine CAD-Umgebung /17, 18/ für mechanische Konstruktion. Die Konstruktionsvorschriften für 2D/3D-Geometrien sind in den einschlägigen DIN-Vorschriften des Maschinenbaues und der Feinmechanik festgelegt und werden datentechnisch auf den Industriestandard IGES-Format /3/ abgebildet. Der Fertigungsprozeß des LIGA-Verfahrens beginnt mit einer Zwischenmaskenherstellung, wofür die relevanten 2D-Geometriedaten in dem Industriestandard GDS II /4/ vorliegen müssen.

Um im Rahmen einer rechnergestützten Qualitätssicherung (CAQ) LIGA-Mikrostrukturen einem Test durch Vermessung unterziehen zu können, müssen 2D/3D Geometriedaten in wiederum einem anderen Format (COSMOS-Format /8, 9, 10/) vorliegen, aus dem Vermessungsaufträge für ein rechnergestütztes Vermessungssystem abgeleitet werden können. Fertigungsprozeß und Vermessungsprozeß erzeugen ihrerseits Daten in wiederum voneinander abweichenden Formaten.

Eine Problemlösung zu der beschriebenen Problematik besteht darin, die Datenschnittstelle mit einem wissensbasierten System, welches im Kern in einer objektorientierten Repräsentation vorliegen muß, zu verknüpfen.

Die Abb. 3 beschreibt die prinzipielle Strukturierung der Wissensbasis. Ein objektorientiertes Datenmodell

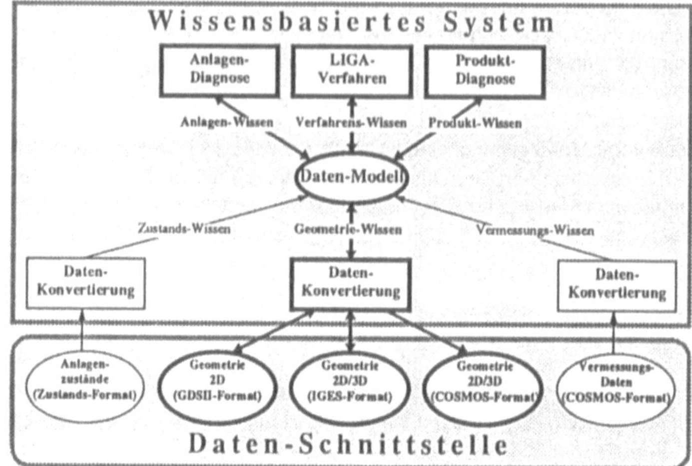

Abb. 3 : Integrationslösung

in Verbindung mit den entsprechenden Methoden (z. B. Datenkonvertierung) repräsentiert die vorher genannten Wissensbereiche zur LIGA-Mikrostrukturtechnik und ist damit in der Lage, die Kommunikationsproblematik zu lösen.

Durch die Vereinigung der Wissensbereiche ist es darüberhinaus auch möglich, weitere wichtige Aufgaben wie z. B. rechnergestützt Anlagen- und Produktdiagnose durchzuführen, sowie ein rechnergestütztes Informationssystem zum eigentlichen LIGA-Verfahren bereitzustellen.

3. Modellierung aus Konstruktionssicht

Abb. 4 zeigt beispielhaft unterschiedliche zweidimensionale geometrische Strukturen, wie sie in einem CAD-System entworfen, danach als dreidimensionale LIGA-Struktur mit bestimmter Tiefe hergestellt und schließlich in einem Inspektionsschritt (Test) vermessen werden.

Die Vermessung selbst geschieht in einem rechnergestützten System (Vermessungssystem), wobei die Vermessungsstrategien in dem vorher erwähnten wissensbasierten System beschrieben sind. Anhand des Geometrie- und Vermessungswissens werden schon beim Konstruktionsprozeß im CAD-System die Vermessungsaufträge über die Bemaßung vorgegeben. Eine einfach zusammenhängende CAD-Struktur wird geometrisch darüberhinaus durch eine wohldefinierte Reihenfolge von Kanten verschiedenen Typs (Geraden, Kreisbogen, Spiralen) beschrieben. Weiterhin werden die Schnittpunkte der verschiedenen Kanten als Ecken (auch verschiedenen Typs) objektorientiert realisiert, wobei die Ecken- und Kanteninformation mit dem über die Bemaßung vorgegebenen Vermessungswissen verknüpft wird (siehe Abb. 5).

Im Rahmen eines gesamten Fertigungsprozesses wird an bestimmten Punkten ein Inspektionsprozeß durchgeführt, bei dem das Zwischen- bzw. Endprodukt vermessen wird. Bei der Produktdiagnose muß das fertigungstechnische Wissen mitberücksichtigt werden. Die Modellierung von Prozeßschritten (Abb. 5, rechte Seite) erfolgt im nächsten Kapitel.

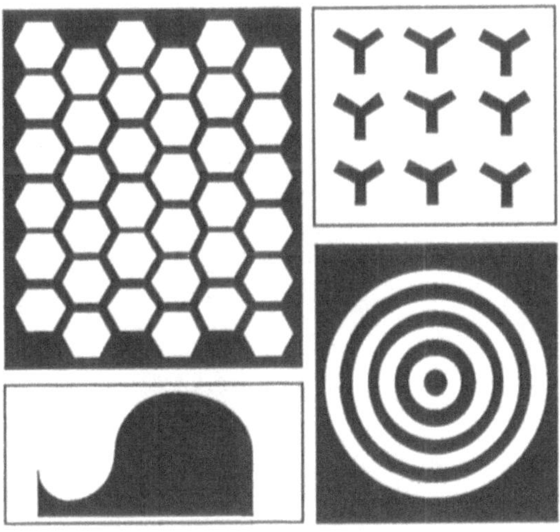

Abb. 4 : Zweidimensionale Geometrien für LIGA-Strukturen

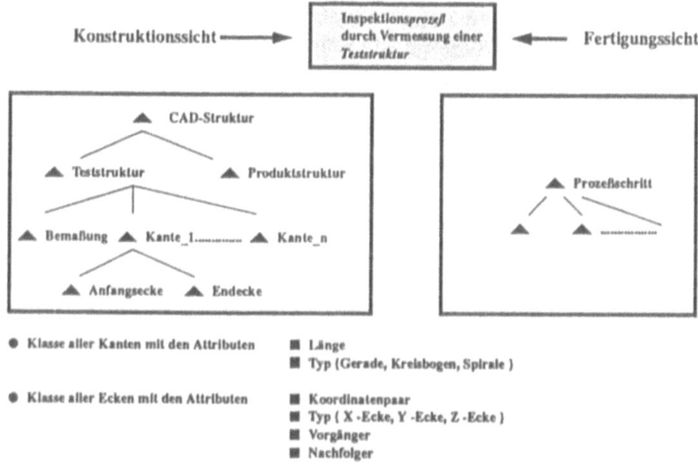

Abb. 5 : Geometrieinformation für den Inspektionsprozeß

4. Modellierung aus fertigungstechnischer Sicht

Da das LIGA-Verfahren die Grundlage für die Modellierung von Fertigungswissen ist, sollen im folgenden die Grundgedanken kurz erläutert werden. Die linke Seite von Abb. 6 zeigt eine grobe Prozeßreihenfolge für dieses Verfahren. Durch die Bestrahlung eines Resists (Kunststoffpolymer) mit Synchrotronstrahlung wird in diesem über eine Maske eine Struktur festgelegt, welche durch anschließende Entwicklung herausgearbeitet wird. Die Struktur kann anschließend galvanisch aufgefüllt werden, wodurch ein metallischer Formeinsatz entsteht, der als Werkzeug für die Abformung von Kunstoffstrukturen dient. Jeder der auf der linken Seite dargestellten Schritte besteht aus einer größeren Anzahl von Unterschritten und besitzt darüberhinaus auch Alternativmöglichkeiten. Die rechte Seite der Abb. 6 hebt zwei der Alternativen für die Herstellung einer Röntgenzwischenmaske hervor (aus der später eine Arbeitsmaske erstellt wird). Die Maske

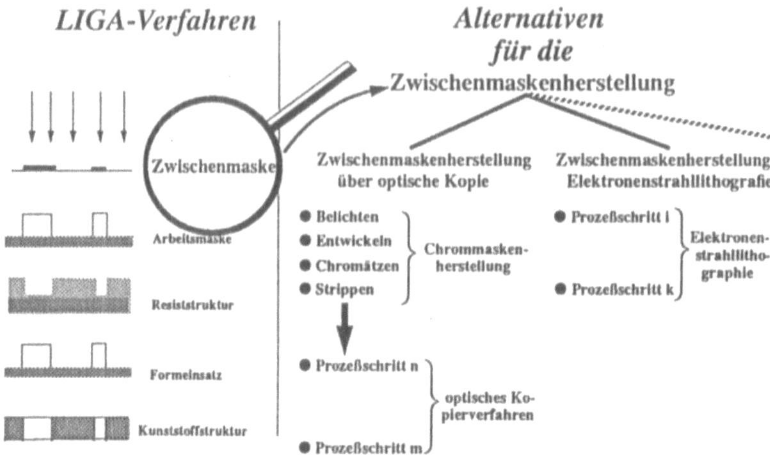

Abb. 6 : Das LIGA-Verfahren

kann über direkte Belichtung mit dem Elektronenstrahlschreiber oder über die Durchführung eines optischen Kopierverfahrens, bei welchem die Struktur von einer Chrommaske durch optische Belichtung in das Resist übertragen wird, hergestellt werden. Welche Variante bei der Fertigung realisiert wird, hängt von einer Vielzahl von Faktoren ab, z.B. von den Anforderungen an das zu fertigende Produkt (Geometrie, geforderte Toleranzen und Material des Endproduktes). Außerdem kann die Wahl einer bestimmten Prozeßalternative die Durchführung späterer Prozeßschritte beeinflussen.

Um z. B. bei der Qualitätssicherung durch Strukturvermessung fertigungstechnische Aspekte einfließen lassen zu können, muß zunächst eine geeignete Strukturierung des Fertigungswissens erfolgen. Die Wissensbasis soll einerseits Grundlage für ein Informationssystem über den Fertigungsprozeß sein. Andererseits sollen andere Teilwissensbasen auf die Datenstruktur zugreifen können, um bereichsübergreifend das hier vorhandene Wissen mitverwenden zu können. Von zentraler Bedeutung bei der Modellierung ist die Erfassung der Prozeßschritte mit ihrer zeitlichen Reihenfolge und möglichen Alternativen. Außerdem werden weitergehende Informationen z.B. über wesentliche Prozeßparameter, Arbeitsmittel und zum Prozeß gehörige Ausrüstungsgegenstände benötigt. Es muß außerdem gewährleistet sein, daß bei der Strukturierung, fachspezifisches Wissen von Verarbeitungsstrategien getrennt wird, damit eine Fortschreibung ohne Eingriffe in das Steuerwissen möglich ist. In der in Abb. 7 gezeigten Baumstruktur werden die Zeitlogik sowie zusätzlich die Alternativen zur Prozeßführungen partiell beschrieben. Zeitlich aufeinanderfolgende Prozeßschritte werden durch die in Listen angeordneten Blätter des Prozeßschrittbaumes repräsentiert. Ein Prozeßschritt wird nach einer Verfeinerungsstrategie in Unterprozeßschritte untergliedert. Die semantische Beziehung hierfür lautet „besteht aus".

In Abb. 8 wird exemplarisch ein Knoten des Baumes herausgegriffen, um die Struktur detaillierter betrachten zu können. Jeder reale Prozeßschritt wird durch eine Instanz einer Klasse "Prozeßschritte" dargestellt und kann somit Attribute und Methoden dieser Klasse erben. Darüberhinaus besitzt ein Prozeßschritt als Unterobjekte zusätzlich Instanzen weiterer, zur Beschreibung des Verfahrens benötigter Klassen. So können für jeden Prozeßschritt die zugehörige Ausrüstung, die zur Bearbeitung verwendeten Rohstoffe und Materialien sowie Prozeßparameter beschrieben werden. Typische Attribute eines Prozeßparameters sind beispielsweise der numerische oder linguistische Wert des Parameters oder ein Datum das die Gültigkeit des Parameters festlegt. Eine typische Methode ist z. B. die Ermittlung eines Parameterwertes aufgrund von an-

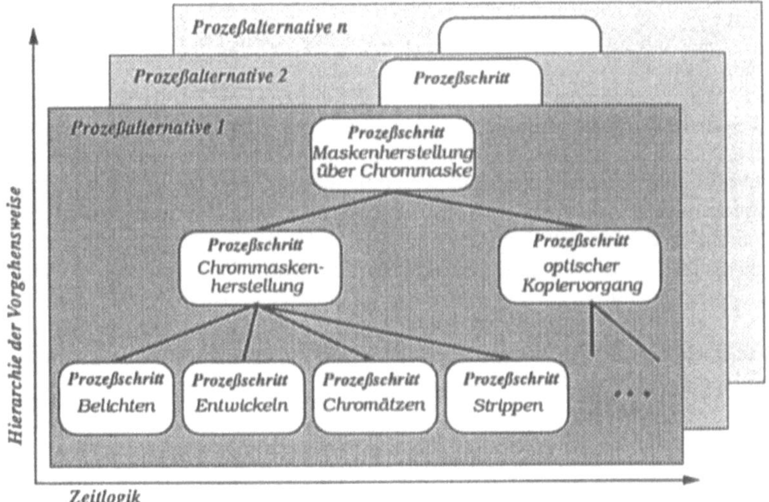

Abb. 7 : Verfeinerung von Prozeßschritten

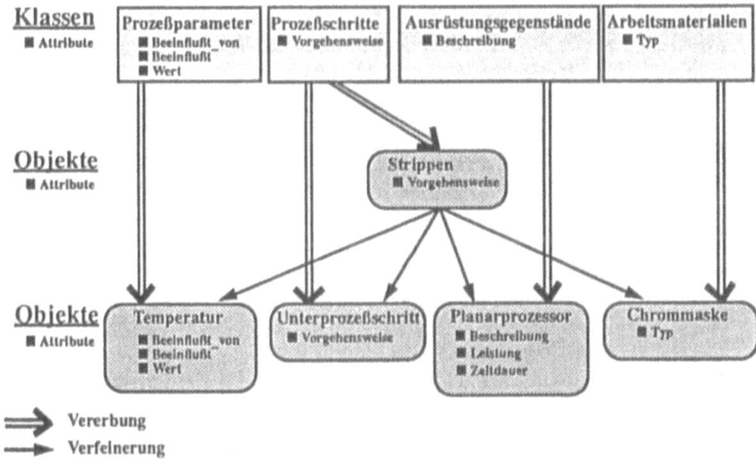

Abb. 8 : Objektorientierte Modellierung des Fertigungsverfahrens

derem im System vorhandenem Wissen. Abhängigkeiten der einzelnen Prozeßschritte werden durch spezielle Strukturen repräsentiert. So werden beispielsweise Prozeßparameter durch eine Netzstruktur beschrieben, die ihre gegenseitigen Einflüsse widerspiegelt. Damit wird es möglich, die betroffenen Teile des Systems über Änderungen und Auswirkungen von Prozeßparametern zu informieren.

5. Ausblick

Die Verknüpfung des bereichsspezifischen Wissens über Geometriestrukturen, kritische Bereiche, Vermessungsstrategien, Analyseergebnisse und Fertigungswissen muß in einen Zyklus integriert werden. Im Sinne einer rechnergestützten Qualitätssicherung (CAQ) ist es dann möglich, an vordefinierten Punkten in einem Gesamtfertigungsprozeß für ein Zwischenprodukt eine Inspektion durchzuführen, um in dieser Fertigungskette möglichst frühzeitig Fehler erkennen und interpretieren zu können. Damit wird eine Rückkopplung zu früheren Fertigungsschritten und auch dem Konstruktionsprozeß möglich, worin letztlich das Ziel von Computer Integrated Manufacturing (CIM) besteht.

Die Strukturierung des Gesamtwissens im Rahmen des in Kapitel 2 erwähnten zentralen Datenmodells orientiert sich, soweit heute möglich, an den relevanten Informationen aus der "CAD Framework Initiative CFI" /19/.

Speziell die Strukturierung des Geometriewissens berücksichtigt die dafür relevanten Informationen aus STEP (Standard for the External Representation of Product Definition Data) /20/.

6. Literatur

/1/   BULLINGER, KORNWACHS, *Expertensysteme -Anwendungen und Auswirkungen im Produktionsbetrieb-*, Beck-Verlag, München 1990

/2/   FARIA, VAN PUYMBROECK (ed), *Computer Integrated Manufacturing*, Proceedings of the 6th CIM-Europe Annual Conference, Springer Verlag, London Berlin Heidelberg 1990

/3/   REED (ed), *Initial Graphics Exchange Specification (IGES), Version 5.1*, National Institute of Standards and Technology, Gaithersburg MD 1991

/4/   ROSENSTIEL, CAMPOSANO, *Rechnergestützter Entwurf hochintegrierter MOS-Schaltungen*, Springer Verlag, Berlin Heidelberg 1989, p 136

/5/   RZEVSKI (ed), *Applications of Artificial Intelligence in Engineering V, Vol. 2: Manufacture and Planning*, Springer Verlag, Berlin Heidelberg 1990

/6/   PHAM (ed), *Expert Systems in Engineering*, Springer Verlag, Berlin Heidelberg 1988

/7/   HEUBERGER, *Mikromechanik -Mikrofertigung mit Methoden der Halbleitertechnologie-*, Springer Verlag, Berlin Heidelberg 1989

/8/   BÜRG, *Parametrisches optisches Messen bei der Herstellung von Mikrostrukturen mit beliebiger Oberflächengeometrie*, Dissertation TU Karlsruhe 1991

/9/   BÜRG, GUTH, HELLMANN, *Parametric Optical Measurements of Micromechanical Structures with Arbitrary Plane Surface Geometries: The COSMOS-2D System*, in REICHL (ed), Micro System Technologies 91, 2nd International Conference on Micro Electo, Opto, Mechanic Systems and Components, Berlin 1991, VDE-Verlag, Berlin Offenbach 1991

/10/   BÜRG, GUTH, HELLMANN, *Bildanalytische Qualitätskontrolle in der Mikrofertigung*, in Mustererkennung 1989, 11. DAGM Symposium Hamburg 1989, Informatik Berichte 219, Springer Verlag, Berlin Heidelberg 1989

/11/   EHRFELD, *The LIGA Process for Microsystems*, Microsystems, Berlin 1990

/12/   EHRFELD, GÖTZ, MÜCHMEYER, SCHEIB, SCHMIDT, *LIGA Process: Sensor Construction Techniques via X-Ray Lithograpy*, IEEE Solid-State Sensor and Actuator Workshop, Hilton Head Island SC 1988

/13/   MENZ, *Einführung in die Verfahren der Mikrostrukturierung*, Erstes Symposium Mikrosystemtechnik, FH Regensburg 1991

/14/   BLEY, GÖTTERT, HARMENING, HIMMELHAUS, MENZ, MOHR, MÜLLER, WALLRABE, *The LIGA Process for the Fabrication of Micromechanical and Microoptical Components*, in REICHL (ed), Micro System Technologies 91, 2nd International Conference on Micro Electo, Opto, Mechanic Systems and Components, Berlin 1991, VDE-Verlag, Berlin Offenbach 1991

/15/   WALLRABE, BLEY, KREVET, MENZ, MOHR, *Theoretical and Experimental Results of an Electrostatic Micro Motor with large Gear Ratio Fabricated by the LIGA Process*, in BENEKE, PETZOLD (eds), Proceedings of the IEEE Micro Electro Mecanical Systems, Travemünde (Germany) 1992

/16/   HARMENING, BACHER, BLEY, EL-KHOLI, KALB, KOWANZ, MENZ, MICHEL, MOHR, *Molding of Threedimensional Microstructures by the LIGA Process,* in BENEKE, PETZOLD (eds), Proceedings of the IEEE Micro Electro Mecanical Systems, Travemünde (Germany) 1992

/17/   EIGNER, MAIER, *Einstieg in CAD,* Hanser-Verlag, München Wien 1985

/18/   REISBECK, *CAD/CAM,* Hoppenstedt Technik Tabellen Verlag, Darmstadt 1990

/19/   BORTOLAZZI, MÜLLER-GLASER, *Framework Integration of an Environment for Microsystem Design,* in REICHL (ed), Micro System Technologies 91, 2nd International Conference on Micro Electo, Opto, Mechanic Systems and Components, Berlin 1991, VDE-Verlag, Berlin Offenbach 1991

/20/   SCHLECHTENDAHL, *STEP/EXPRESS/STEP-Datei,* Das aktuelle Schlagwort, Informatik Spektrum, Band 14, Heft 2, April 1991, p 104 - 106

Diagnosesysteme in der Handhabungs- und Fördertechnik und im Lagerbetrieb

H. Kleinevoß, Mannesmann Demag Fördertechnik AG

1. Einleitung

In Fertigungssystemen mit verketteten Bearbeitungsmaschinen werden für den Werkstücktransport automatische Transportmaschinen eingesetzt. Teilaufgabe der Mannesmann Demag Fördertechnik AG innerhalb des Verbundprojektes "Sicherung des spanabhebenden Bearbeitungsprozesses" des Bundesministeriums für Forschung und Technologie (BMFT) bestand in der die Erhöhung der Verfügbarkeit von Materialflußkomponenten.

Zu diesem Zweck ist bei Mannesmann Demag Fördertechnik AG ein Stördatenerfassungs- und Diagnosesystem entwickelt worden. Es besteht aus Hardware- und Softwaremodulen für die Erfassung und statistische Auswertung von Störungen. Aufbauend auf einem Steckkartensystem für Mikrocomputer wurden angepaßte Peripheriebaugruppen entwickelt und getestet. Es sind festgelegte Schnittstellen zur Ankopplung an Maschinensteuerungen und übergeordnete Datenerfassungssysteme realisiert worden. Mit diesem System werden bei Störungen automatisch der Ort, die Art und die Dauer des aufgetretenen Fehlers erfaßt. Ein zentraler Diagnoserechner sammelt diese in einer Datenbank. Mit Hilfe dieser Datenbank sind statistische Auswertungen möglich. Fehlerursachen und Möglichkeiten zur Vermeidung von Fehlern, d.h. Möglichkeiten zur Erhöhung der Verfügbarkeit, sind daraus ableitbar. Prototypen der Überwachungsgeräte wurden an einem verketteten Fertigungssystem mit zwei Fertigungszellen und einem gemeinsamen Lager in der Getriebefertigung der Mannesmann Demag Fördertechnik AG im Werk Wetter erprobt.

2. Die Pilotanlage

Die Abbildung 1 zeigt den Aufbau der Pilotanlage in der Getriebefertigung im Werk Wetter, bestehend aus einem verketteten Fertigungssystem mit zwei Fertigungszellen und einem gemeinsamen Lager zur Bearbeitung von Getriebegehäusen und Innenzahnkränzen.

Die Steuerungsstruktur mit dem integrierten

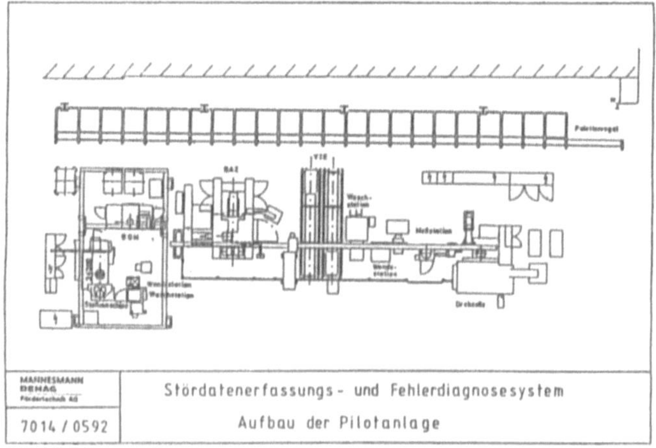

Abbildung 1

Stördatenerfassungs- und Diagnosesystem ist in Abbildung 2 dargestellt. Die Steuerungsstruktur ist gekennzeichnet durch den Fertigungszellenrechner, der über DNC-Verbindung die unterlagerten Koordinierungssteuerungen für die Stoßzellen, die Drehzelle sowie den Fertigungspuffer steuert. Das Stördatenerfassungs- und Diagnosesystem ergänzt die bestehende Steuer

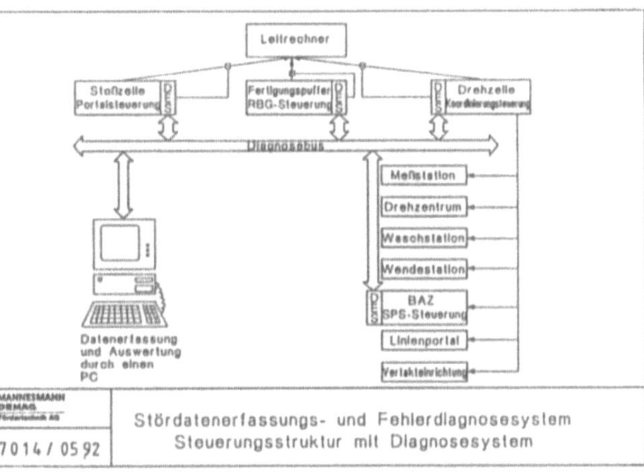

Abbildung 2

ungsstruktur redundant in Hardware und Software. Der Eingriff in die Steuerungsstrukur beschränkt sich auf das "Einschleifen" des Datenerfassungssystems (DES) in die Datenverbindung zwischen dem Fertigungszellenrechner und den drei Koordinierungssteuerungen. Darüberhinaus ist, abweichend von diesem Konzept, ein Parallelmodul eingesetzt, welches es ermöglicht, Maschinensignale direkt aus einer SPS-Steuerung zu entnehmen. Durch die Busverbindung zwischen den DES und dem Diagnoserechner, einem PC-AT, sind alle erforderlichen Datenverbindungen hergestellt.

3. Das Datenerfassungssytem (DES)

Die DES-Baugruppen (vgl. Abbildung 3) sind im Europakartenformat erstellt worden. Sie ermöglichen den Anschluß einer beliebigen CNC-Steuerung über eine serielle Schnittstelle, d.h. Kanal A des Bustreiberbausteins 82530. Für die jeweils angeschlossenen CNC muß eine Subroutinen mit dem entsprechenden Fehlercode dieser Steuerung vorhanden sein. Dann können

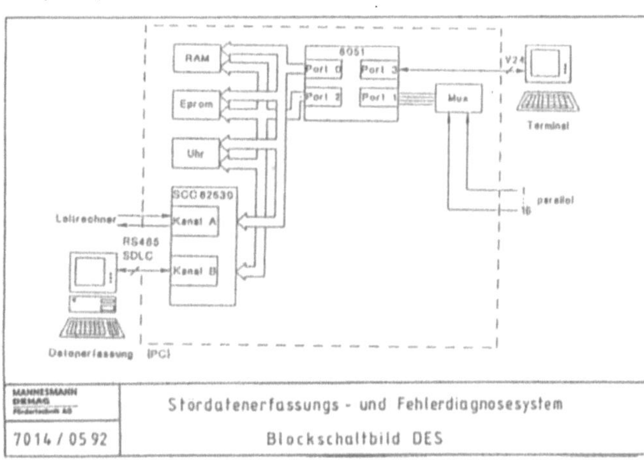

Abbildung 3

alle Status- und Fehlermeldungen , nachdem sie mit der aktuellen Zeit versehen sind, in den internen Speicher geschrieben werden. Weitere Schnittstellen können über zusätzliche Module und den vorgesehenen Pfostenstecker bei Bedarf ergänzt werden. Ein Parallelmodul ist so eingesetzt worden. Über Kanal B ist die DES-Baugruppe gemäß RS485 an den Diagnosebus angeschlossen. Es ist die SDLC-Prozedur mit 50K-Baud eingesetzt. Über diese Schnittstelle fragt der Diagnoserechner die DES-Baugruppe auf Fehlermeldungen hin ab. Diese werden zu dem Diagnoserechner übertragen und in einer Datenbank gespeichert. Die

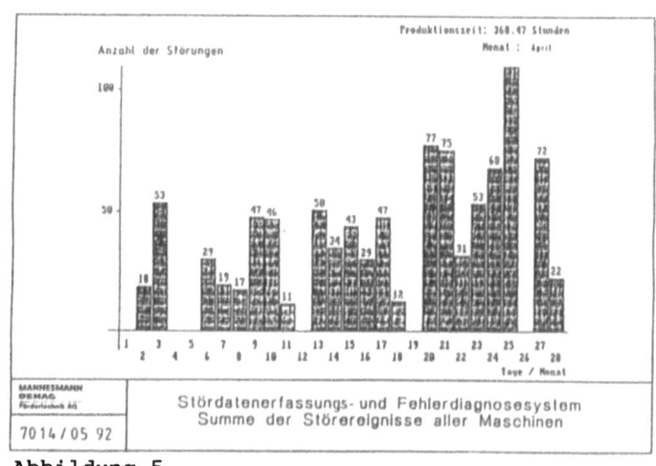

Abbildung 4

Fehlermeldungen sind sowohl auf dem Bildschirm des Diagnoserechners, als auch dezentral auf einem Terminal, das an der DES-Baugruppe angeschlossen ist, darstellbar (vgl. Abbildung 4).

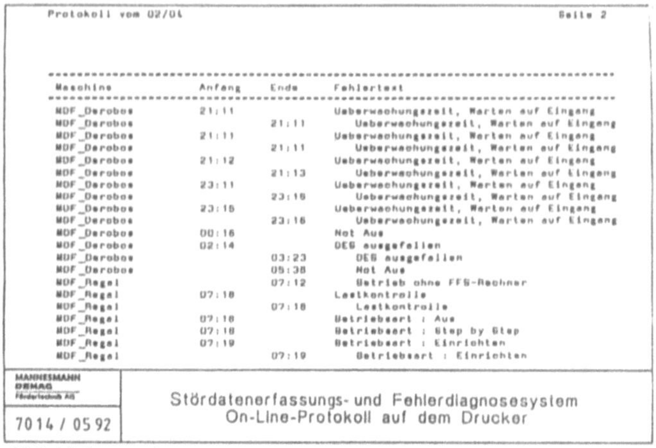

4. Statistik und Stördatenauswertung

Die Statistikfunktionen und Stördatenauswertung stehen auf dem Diagnoserechner zur Verfügung. Neben globalen Übersichten über die Stillstandszeiten aller Maschinen , die am häufigsten auftretenden Fehler sowie die Verfügbarkeit, ist die zeitliche Verteilung der Stillstandszeiten der gesamten Anlage darstellbar. Beispielhaft zeigt Abbildung 5 die Summe aller Störereignisse an allen Maschinen. Diagnoseunterstützung erfolgt über einen einzugebenden Kommentar. Er erhält Informationen über die Störungsursache, sowie über Maßnahmen, die zur Fehlerbeseitigung geführt haben. Wenn der gleiche Fehler zum wiederholten Male auftritt, erscheint auf dem Bildschirm automatisch der beim ersten Auftreten des Fehler eingegebene Kommentar, der dann Hinweise zur Fehlerbehebung liefern kann (vgl. Abbildung 6).

Abbildung 5

5. Ergebnisse des Pilotbetriebs

Es zeigt sich für die Hardware, daß das redundante Einschleifen der DES-Baugruppen in eine Anlagen eine problemlose Methode auch zur Nachrüstung von bestehenden Anlagen ist. Das gewählte Buskonzept erweist sich auch bei hohen Datenübertragungsraten im industriellen Einsatz als sehr zuverlässig.

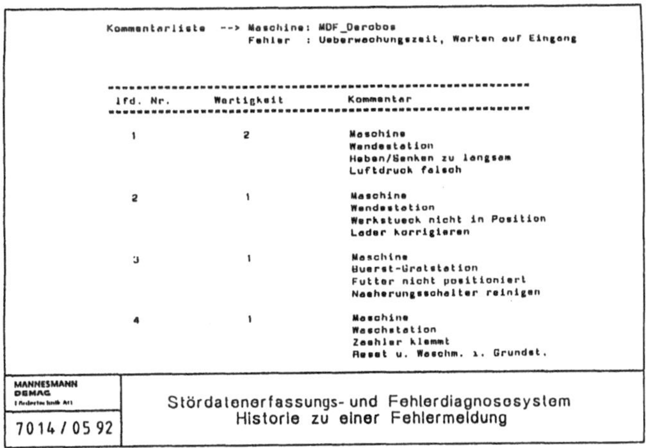

Die dezentrale Datenerfassung durch die intelligente DES-Baugruppe gewährleistet hohe Flexibilität bei der Integration in verschiedene Anlagenumgebungen.

```
Kommentarliste  --> Maschine: MDF_Derobos
                    Fehler  : Ueberwachungszeit, Warten auf Eingang


--------------------------------------------------------------
 lfd. Nr.      Wertigkeit          Kommentar
--------------------------------------------------------------
    1              2              Maschine
                                  Wendestation
                                  Heben/Senken zu langsam
                                  Luftdruck falsch

    2              1              Maschine
                                  Wendestation
                                  Werkstueck nicht in Position
                                  Lader korrigieren

    3              1              Maschine
                                  Buerst-Gratstation
                                  Futter nicht positioniert
                                  Naeherungsschalter reinigen

    4              1              Maschine
                                  Waschstation
                                  Zaehler klemmt
                                  Reset u. Waschm. i. Grundst.
```

MANNESMANN DEMAG · Fördertechnik AG
7014 / 05 92

Stördatenerfassungs- und Fehlerdiagnosesystem
Historie zu einer Fehlermeldung

Abbildung 6

Die Methode der zentralen Datenspeicherung auf einem Diagnoserechner ermöglicht den Online-Vergleich von allen im System befindlichen Maschinen.

Im Hinblick auf den zunehmenden Einsatz von Maschinen in flexiblen Fertigungssystemen und deren Diagnoseüberwachung erscheint eine Vereinheitlichung des Informationsgehaltes an der Schnittstelle zu den Maschinensteuerungen sinnvoll. Hierdurch wäre eine aussagekräftige automatische Erfassung des jeweiligen Maschinenzustandes gewährleistet.

Solaris und Rightsizing - UNIX für Client-Server Computing

Referent: Michael Binder, Sun Microsystems, Stuttgart

A)   Solaris - Die UNIX Betriebssystemumgebung für Intel und SPARC

Solaris™ 2.0 ist die nächste Generation der Distributed Computing Lösung von SunSoft™ und hat System V Release 4 als Grundlage. Solaris 2.0 setzt sich aus SunOS™ 5.0, erweitertem ONC™, OpenWindows™ V3, DeskSet™ V3 und OPEN LOOK⁹ zusammen. Gewappnet mit der Leistungsfähigkeit des führenden Multitasking- und Multiprocessing-Betriebssystems mit erweiterten Netzwerkfunktionen stellt Ihnen Solaris 2.0 die leistungsfähigste — und intuitivste — graphische Benutzeroberfläche zur Verfügung, die jemals entwickelt wurde.

Vereinfachte Benutzerumgebung

Solaris 2.0 ist leicht verständlich und anwendbar und nutzt die Vorteile einfacher Fenster, Menüs und Mausoperationen. Da OPEN LOOK ein konsistentes Look and Feel zur Verfügung stellt, brauchen Sie nur eine Anwendung zu beherrschen, um auch die anderen problemlos erlernen zu können.

Leistungsstarke Produktivität

Solaris 2.0 enthält eine Gruppe von 15 leistungsstarken DeskSet-Anwendungen und erhöht damit die Produktivität von einzelnen Benutzern und Arbeitsgruppen. Multimedia Mail ermöglicht die problemlose Übermittlung von Mitteilungen, wobei Dateien jedes beliebigen Typs einschließlich Audio- und Grafikdateien angefügt werden können. Der Arbeitsgruppen-Terminkalender hilft bei der Zeitverwaltung. Mit dem neuen Multi-Browser können Sie andere Terminkalender im Netz einsehen und übereinander lagern, um gleichzeitig freie Termine sämtlicher gewünschter Personen festzustellen und Konferenztermine festzulegen. Mit dem Audio Tool können Sie Mitteilungen aufzeichnen und abspielen und sogar an Ihre Electronic Mail anheften und dadurch Ihrer Kommunikation eine neue Dimension verleihen.

Alle DeskSet-Anwendungen unterstützen das Drag and Drop Prinzip und ermöglichen dadurch die Ausführung komplexer UNIX® Befehle mit der Maus. Solaris 2.0 erweitert Ihren Zugriff über das gesamte Netzwerk hinweg durch nahtlose Integration von DeskSet-Anwendungen auf lokalen und entfernten Systemen.

Umfangreiche Umgebung für die Anwendungsentwicklung

OpenWindows V3 erfüllt nicht nur die Ansprüche von Entwicklern, sondern bietet außerdem fortschrittliche Technologie für die Entwicklung der leistungsfähigen Anwendungen von morgen. Der X11/NeWS™ Window Server ist die Hochleistungsplattform für die Erstellung von X11 und NeWS Anwendungen. Hochentwickelte vernetzte Fensteranwendungen können mit Hilfe der XView™, OLIT und TNT toolkits und ihren Bausteinen für die graphischen Benutzerschnittstellen schnell auf den Markt gebracht werden.

Informationsintegration zwischen Anwendungen

Mit den eingebauten Cut-, Copy- und Paste-Mechanismen erlaubt Solaris 2.0 den einfachen Datenaustausch zwischen Anwendungsprogrammen. Drag-and-Drop ermöglicht den Benutzern die Integration und den Austausch von Daten zwischen Applikationen mit Hilfe der Maus. ToolTalk verbindet Anwendungsprogramme und erlaubt den automatischen Update von Daten in einer Anwendung, wenn die Daten in einer anderen Anwendung verändert werden.

Verteilte Vernetzung

Solaris 2.0 macht die Vernetzung einfach und leistungsstark. Die ONC-Familie von Protokollen und verteilten Dienstleistungen ermöglicht die transparente Verteilung von Anwendungen und Daten im Netzwerk unabhängig davon, an welcher Stelle diese sich befinden. Benutzer können Dateien innerhalb von heterogenen Netzwerken mit PCs, Workstations, Servern und Großrechnern gemeinsam und unabhängig vom zugrundeliegenden Betriebssystem verwenden. Entwickler können diese Werkzeuge und diese Umgebung zur Verteilung ihrer Anwendungen über den Rechnerverbund nutzen und damit den Vorteil der vollen Leistung des Systems nutzen. Auch die Netzverwaltung ist vereinfacht; Systemverwalter haben von jeder Stelle des Netzes aus Zugriff auf alle Netzressourcen.

The Power of UNIX

Solaris 2.0 unterstützt symmetrisches Multiprocessing mit einem multithreaded kernel, wodurch die Systemleistung beträchtlich erhöht wird, weil getrennte Anwendungen auf mehreren Prozessoren gleichzeitig ablaufen können. In dieser SMP/MT Umgebung (symmetric multiprocessing/multithreading) kann eine Vielzahl von Funktionen im Tandemverbund betrieben und dadurch die Produktivität einer Arbeitsgruppe gesteigert werden. Existierende Anwendungen müssen nicht verändert zu werden, um den Vorteil dieser zusätzlichen Leistungsfähigkeit nutzen zu können.

Schutz Ihrer Investition in Software

Mit SVR4 als Grundlage bietet Solaris 2.0 ein Maximum an Portabilität zwischen unterschiedlichsten Hardwareplattformen. Endbenutzer profitieren von der Fülle von neuen UNIX Anwendungen, die quer über viele Hardwareplattformen kompatibel sind. SunOS 5.0 entspricht den wichtigen Industriestandards und Spezifikationen, wodurch die Übertragbarkeit von Anwendungen maximiert und Ihre Software-Investition gesichert werden:

• SCD 2.0	ANSI C
• Generic ABI	SVID, Ausgabe 3
• SPARC® ABI	IEEE 754
• OPEN LOOK	DKI/DDI
• POSIX	ISO 9660
• X/Open (XPG3)	X11
• Intel® ABI	

Internationalisierung

Solaris 2.0 vereinfacht die Anpassung Ihrer Betriebssystemumgebung und Ihrer Anwendungen auf unterschiedlichste Sprachumgebungen. Die Unterstützung von internationalen Umgebungen umfaßt den extended UNIX Code (EUC) entsprechend den Spezifikationen des Multi-National-Language Supplement (MNLS). Solaris 2.0 unterstützt 8-bit Zeichen und internationale Tastaturen, Local Collation, Formatting und Messaging, Mehrfachzeichensätze und Multibyte-Zeichen. Lokalisierte Umgebungen für Französisch, Deutsch, Italienisch und Schwedisch werden mitgeliefert.

B) Rightsizing - Client-Server Computing

1. Downsizing

Im Prinzip geht es hier darum, Lösungen, die bisher typischerweise auf Mainframes realisiert wurden, auf verteilten offenen Client-Server Architekturen zu implementieren.

Folgende Lösungsansätze sind dabei zu unterscheiden:

1.1 Neuentwicklung

auf Basis eines offenen (hardware-unabhängigen) RDBMS (Beispiele: Oracle, Sybase, Informix oder Ingres). In der Regel mit Unterstützung einer 4 GL (DBMS-herstellerspezifisch oder -unabhängig). Optimalerweise sogar weitgehend mit Hilfe integrierter CASE Tools (Beispiel: ORACLE CASE).

Anbindung an Mainframe über RDBMS/CICS/DB2-Schittstelle.
Anbindung an andere DBMS über offene DB-Serverschnittstellen
Frontenanbindung über Embedded SQL (weitgehend standardisiert).

Vorteile: Hardware-Herstellerunabhängigkeit der Applikation, kostengünstige Entwicklung, insbesondere besser wartbare Systeme. Nutzung innovativer Technologien (GUIs etc.)

Nachteile: Bestehende Entwicklungen sind kaum zu nutzen. Das ist insbesondere deshalb ein Problem, weil in der Mainframewelt die wenigsten Applikationen auf einem relationalen DBMS basieren! HW-Herstellerunabhängigkeit wird häufig durch SW-Herstellerabhängigkeit ersetzt. Es gibt keinen Standard für 4GL.

Diese Lösung kommt immer dann zum tragen, wenn neue, relativ klar abgrenzbare Einsatzbereiche erschlossen werden sollen. Häufig wird das Interesse hier durch spezielle Lösungen geweckt, in denen modernere Technologien intergriert sind, an die in der Mainframewelt nicht zu denken wäre. Partner sind hier neben den DBMS-Herstellern, SW- und Systemhäuser, die Lösungen oder Dienstleistungen anbieten; häufig aber natürlich direkt die großen Entwicklungsabteilungen der Endkunden.

1.2. Portierung der Anwendung inklusive der zugehörigen Basissysteme auf offene Plattformen

Wenn ein komplettes kompatibles CICS/Cobol, vielleicht sogar DB2 Environment auf Sun laufen würde, sicher die einfachste Art, Downsizing zu machen (Beispiel: UniKix von Unicorn Systems).

Vorteile: Mainframe CICS Anwendungen können als Services direkt eingebunden werden (Funktionskopplung, nicht nur Datenkopplung wie in 1.1.). Bestehende Applikationen können portiert werden. Voraussetzung ist allerdings, daß auf Ressourcen sauber über CICS Kommandos zugegriffen wird. Reale Anwendungen sind häufig eng mit ISAM-, VSAM- oder IMS-Zugriffen verwoben. Einarbeitungsaufwand ist gering (für die Mainframler:-).

Nachteile: Die Vorteile der offenen Systeme, nämlich die Nutzung innovativer Technologien, werden nicht genutzt. Mit alten Mitteln auf neuer HW-Plattform. Problematische Emulation unter UNIX – man weiß noch nicht so genau, ob's wirklich funktioniert.

Diese Lösung kommt dann zum tragen, wenn man es mit ausgesprochenen Mainframe-Hardlinern zu tun hat, die möglichst ohne Entwicklungsaufwand von ihren hohen Hardwarekosten herunterkommen wollen. Vorsicht! Wenig praxiserprobt, aber möglicherweise zukünftig interessant.

1.3 Portierung der Anwendung auf einen offenen Transaktionsmonitor (OLTP)

Analog CICS in der Mainframewelt, kann mit modernerer Client–Server Architektur, z.B. TUXEDO (AT&T) oder Encina (Transarc) als offene Transaktionsmonitor eingesetzt werden.

Zumindest TUXEDO gilt mittlerweile als sehr ausgereift. Wird von UI favorisiert (interessanterweise auch von DEC). Transarc is DCE–basiert und läuft mehr auf der OSF–Schiene (wird z.B. DCE Basiswerkzeuge für die Sun anbieten).

Vorteile: Unterstützung globaler Transaktionen (2–Phase–Commit) über völlig heterogene Ressource–Manager hinweg. Einbindung von CICS Services. Für reale Anwendungen häufig der einzige Weg. Immer dann, wenn die Ressourcen stark verteilt sind (CICS, verschiedene DBMSe etc.). Standardschnittstelle (XA von X/OPEN) für die Einbindung von Ressource–Managern (bisher nur von Informix unterstützt, andere RDBMS werden folgen, z.B. ORACLE 7.0). Es gibt moderne Frontends (Beispiel: iTran von Independent Technologies mit OPEN LOOK Frontends). DevGUIDE kann genutzt werden. Lastverteilung des Transaktionsmonitors auf viele Server ist einfach. Administration verteilter Services wird unterstützt.

Nachteile: 4GL–Einbindung und integrated CASE problematisch. Programmierung in der Regel mit Sprachen der 3. Generation (meistens C oder C++).

Die OLTP–Lösung kommt dann zum tragen, wenn wirklich große reale Anwendungen zu implementieren sind. Hier geht nichts ohne Systemintegratoren, da es sich um Spezialentwicklungen handelt.

2. Upsizing

Hier geht es darum, die vielen an der Grenze ihrer Leistungsfähigkeit arbeitenden PC–Netze oder gar Standalone–PCs hochzurüsten.

2.1 PC–Server

mit speziellen Netzwerkbetriebssystemen können durch offene NFS–Server ersetzt werden. Damit entfällt eine Betriebssystemebene (z.B. das Novell–BS), da UNIX Systeme ohnehin in den meisten Organisationen Einzug finden.

Problem sind hier die Applikationen, welche explizit Dienste dieser Netzwerk–Betriebssysteme benutzen (NetBIOS). Alternative ist hier, NetBIOS auf den NFS–Servern mit anzubieten (z.B. in Zukunft SunLink Netware).

2.2 Leistungsschwache PCs

können duch UNIX Workstations ersetzt werden.

3. Re–Engineering

Dahinter steckt die an sich triviale Erkenntnis, daß sich eine aus vielen Systemen bestehende Client–Server Hardware sehr viel flexibler an die Bedürfnisse anpassen läßt, die sich aus Re–Organisation von Unternehmen ergeben. Die ORG/DV paßt sich den Unternehmensstrukturen und den Geschäftspraktiken an und nicht umgekehrt. Leider in der Praxis noch meistens ein Wunschtraum für die Unternehmensarchitekten.